RAILWAY
SIGNALING SYSTEM
ENGINEERING

철도신호 시스템공학

공학박사 · 철도신호기술사 서 석 철 저

동일출판사

PREFACE

머리말

오늘날의 복잡한 사회생활과 일상 업무는 많은 교통수요를 유발하고 이는 필연적으로 안전을 저해하는 요소들이 존재합니다. 이로 인한 인명, 재산의 손실은 인간에게 정신적, 물질적으로 엄청난 충격과 피해를 주는 까닭에 대중교통으로서의 철도 안전 운행은 모든 사람의 염원이라 할 수 있으며, 친환경 교통수단인 철도수송은 경영개선과 안전의 확보를 할 수 있어 철도신호의 역할이 중대하다 할 수 있습니다.

1825년 영국에서 최초로 열차가 운행되었을 때는 증기기관차의 앞에서 깃발을 든 기수가 말을 달려 전방의 상황을 파악하여 알렸다고 합니다. 이것이 최초 철도신호의 효시가 되었으며, 세월이 흐름에 따라 국가별 수많은 종류의 신호 설비가 개발되었고, 열차의 안전 운행을 위하여 승무원에게 전방의 열차 운행조건을 제시하는 것이 신호의 사명으로 자리매김하였습니다.

한국철도는 1989년 9월 18일 개통 이래 2004년 4월 세계에서 5번째로 고속철도를 개통하였으며 최근에는 고속철도 차량과 신호시스템을 국산화하는 등 비약적인 발전을 거듭하고 있습니다. 철도신호도 2007년 ATP(ERTMS ETCS Level 1) 설비를 시작으로 세계 최초로 LTE-R을 기반으로 하는 한국형 무선통신 열차제어시스템 KTCS를 개량하여 해외시장 진출에 박차를 가하고 있습니다. 그동안 한국철도는 각국의 신호시스템이 혼재되어 있어 유지보수의 어려움과 운영상의 혼란으로 설비의 표준화 필요성이 절실하게 대두되었습니다.

이제는 기존에 혼재되었던 신호기술의 이론을 이해하고 새로운 기술에 대한 보다 명확한 이론을 정립하기 위한 바램과 신호시스템의 근본적인 제어 원리를 이해하기 위하여 이 책을 발간하게 되었습니다.

이 책은 그동안 열악한 환경 속에서도 한국철도를 지켜내고 기술 발전에 노력해 오신 수많은 선구자가 정리하고 연구한 자료들을 집대성하고 철도에 필요한 최신 지식을 보완하였으며, 최근 우리나라에 도입되어 운영되는 모든 시스템을 망라하여 수록하였으므로, 처음으로 신호에 입문하시려는 분, 대학에서의 학습교재, 국가기술사 자격시험을 준비하는 수험생, 철도, 지하철, 경전철, 고속철도 등에 종사하는 실무자는 물론 세계 시장으로 진출하려는 신호인들에게도 유용하게 사용될 것으로 기대합니다.

이 책이 나오기까지 격려해 주신 선후배 철도신호인 여러분에게도 감사의 말씀을 전합니다.

공학박사 · 철도신호기술사
서 석 철

CONTENTS
차 례

05 열차 간격 제어

06 열차 제어 시스템

07 ERTMS/ETCS 신호시스템

08 건널목 보안장치

09 신호시스템 접지, 전원장치, 전기방식, 전식

10 EMI, EMC, EMS

11 RAMS

16 TRAM

17 고속철도 안전설비

부록

철도신호기술사 최근 기출문제 113~130회

참고문헌

저자약력

RAILWAY SIGNALING SYSTEM ENGINEERING

철도신호 시스템공학

1장 궤도회로장치

1 궤도장치 일반

1.1 궤도

궤도는 철도시스템의 도로이다. 궤도는 레일, 침목(목, 콘크리트, 철), 레일과 침목 사이의 침목판, 레일 파스너(스크루, 스파이크 또는 클램프)와 자갈도상 아래의 노상의 표면은 궤도 상에 물이 충분히 빠질 수 있도록 작은 경사(궤도의 양면 또는 단면)가 있게 건설된다. [그림 1]

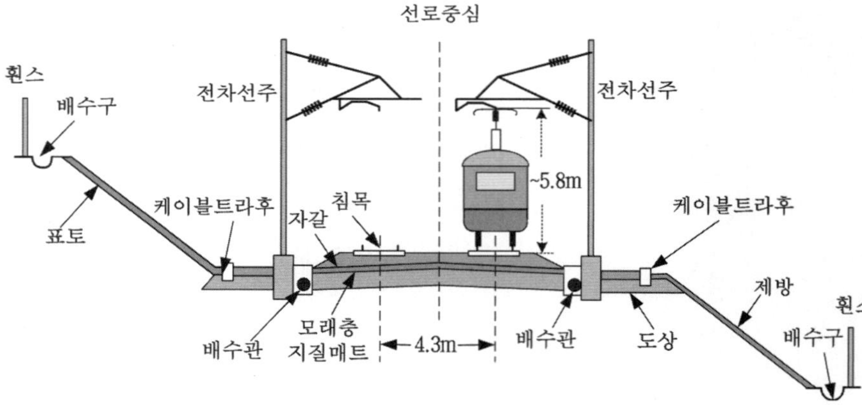

[그림 1] 복선철도 궤도 단면도

궤도 간격은 궤도의 레일두부의 안쪽 측면 사이의 거리이다. 거의 모든 궤도 간격은 1,435 mm(4'-81/2")이다. 이 궤도 간격은 전 세계 철도선로의 약 2/3가 사용하고 있다. 이러한 이유로 이 간격을 표준간격이라고 한다.

운영을 목적으로 궤도는 본선과 측선으로 나누어진다. 본선의 모든 궤도는 정규적인 열차운행에 사용할 수 있으며 통과나 측선을 이용한 추월에 사용된다. [그림 2]

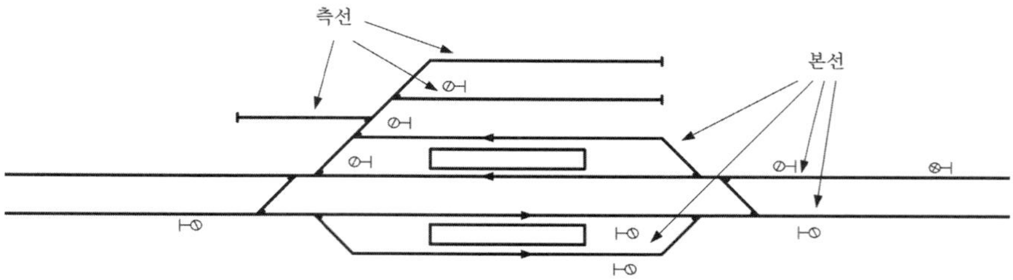

[그림 2] 궤도의 구성

신호제어의 범주에서 보면 본선에는 열차운행을 위하여 신호장치가 설치되며, 선로전환기와 신호기는 연동되고, 선로전환기와 신호기는 대부분 연동되나 연동되지 않는 특수한 예도 있다. 측선의 모든 궤도는 입환 운행에 사용된다.

북미에서는 Loop를 측선, 본선을 제외한 나머지는 Yard, 또는 산업 궤도라고 부르며, 단선궤도가 본선에 연결될 때의 궤도를 지선이라고 부른다.

1.2 분기기

분기기는 레일의 조립체로, 선로전환기에 의해 움직이는 첨단, 궤도의 탄젠트 분기에 영향을 주는 크로싱, 열차 또는 차량을 한 궤도에서 다른 궤도로 전선 하는 역할을 한다. [그림 3]

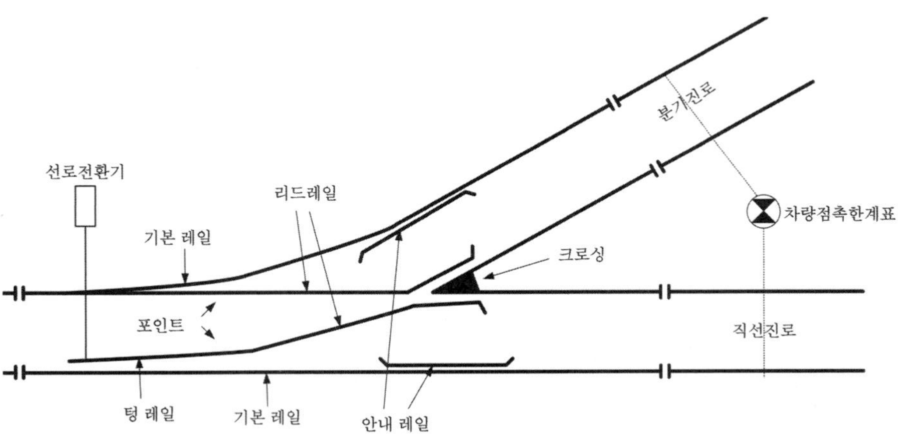

[그림 3] 분기기의 구성품

선로전환기는 수동 또는 자동으로 동작할 수 있다. [그림 4]

선로의 속도가 높은 곳에 사용되는 18번 분기 또는 46번 분기 등의 작은 각도에서는 추가로 선로전환기를 설치하여 운영하며 가동 크로싱(콧날 있는 크로싱 [그림 6])을 사용한다. 분기기의 움직임은 선로전환기의 접근 방향에 따라 선로전환기를 전면으로 바라보고 이동하면 "대향 선로전환기"로 부르고 선로전환기를 후면으로 바라보고 이동하면 "배향 선로전환기"로 부른다.

[그림 4] 선로전환기가 있는 분기기

[그림 5] 고정 크로싱

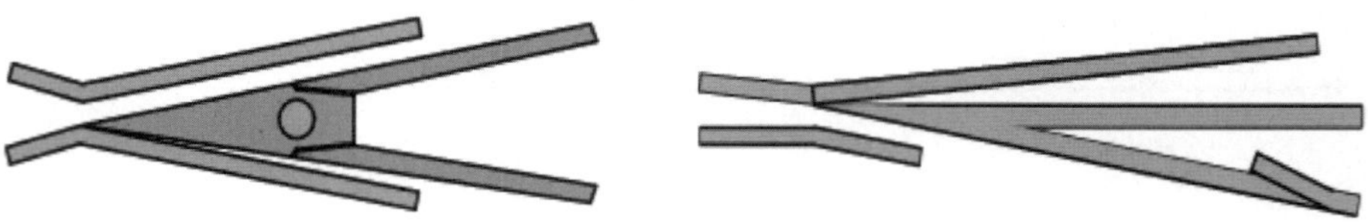

(a) 회전관절 철차　　　(b) 가변철차

[그림 6] 가동 크로싱

주 : 분기기는 철도토목 엔지니어링에서 거의 모두 사용된다.

철도운영과 신호제어에서의 분기기는 비록 원래의 의미는 선로전환기가 자리 잡은 장소의 분기기 부품으로 적용되지만, 통상적으로 쌍동 또는 단동으로 부른다. 북미의 철도에서는 분기기 일부를 Switch라 부르며, 선로전환기를 Switch Machine으로 부른다. 유럽 철도에서는 분기기를 Point로 부른다.

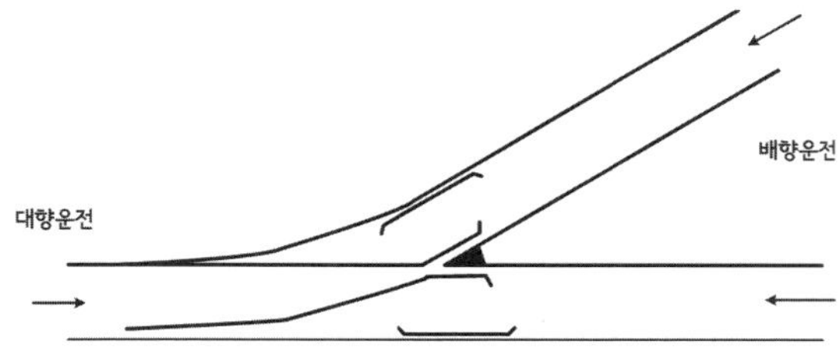

[그림 7] 선로전환기의 전환

[그림 8] 차량접촉 한계표(한국 철도)

분기궤도의 접촉한계는 "Fouling Point"라고 부른다. 많은 철도에서 차량접촉한계표를 궤도 측면에 차량접촉한계점으로 표시한다. [그림 8]

1.3 크로싱

크로싱은 두 개의 궤도가 같은 레벨에서 교차하는 레일의 집합체로 이루어져 있으며, 선로전환기와 차량접촉한계표시기가 함께 설치된다. 크로싱 일부분은 “다이아몬드”라고 부른다. 교차점의 큰 각 크로싱은 강체로 설치된다. 교차점의 작은 각(통상 1:9보다 작은)이면 크로싱을 Frog[그림 9] 대신에 가동 선로전환기를 사용하기도 한다. 작은 각의 크로싱은 한 궤도에서 다른 궤도로 이동을 허용하기 위해 슬립 연결 선로전환기를 설치하기도 한다. 한쪽 옆에 슬립 연결간이 있는 크로싱은 "싱글 슬립"이라고 부르며 양면에 슬립 연결간이 있으면 "더블슬립"이라고 부른다. [그림 9와 10] 북미철도에서는 슬립 크로싱을 "슬립 스위치"라고 부른다.

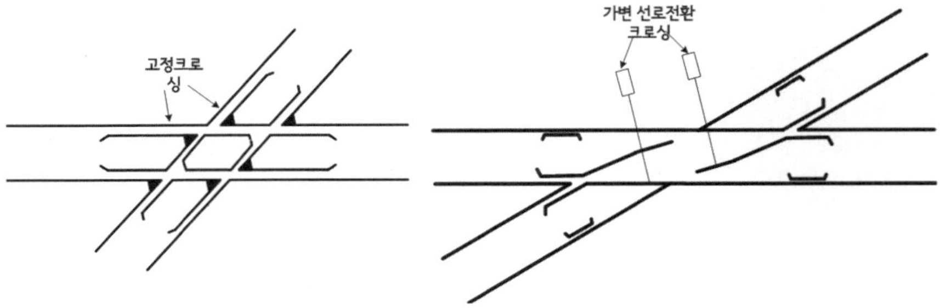

[그림 9] 크로싱

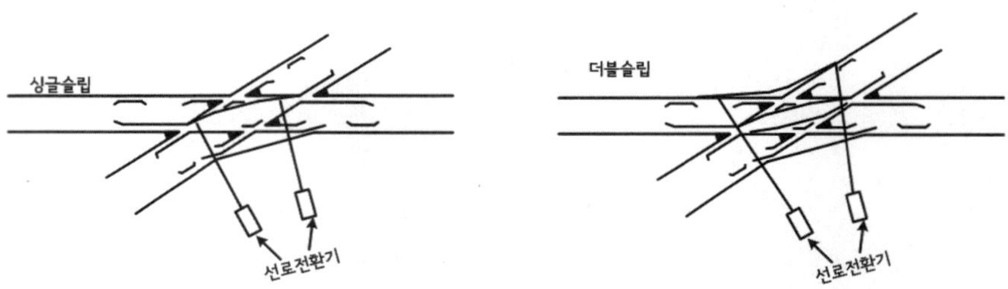

[그림 10] 슬립 크로싱

많은 철도의 신호 설계 도면에서 분기기와 크로싱은 접선의 교차점에 맞는 궤도 분기를 하나의 선으로 표시되는 직선 도면의 형태로 그려진다. 어떤 철도에서는 어떻게 선로전환기가 동작하는지를 특별한 심벌로(예를 들면 접선 사이에 다른 패턴을 삼각형 내에 채워 넣는 방법으로) 표시한다. [그림 11]

[그림 11] 강체 크로싱 주변의 더블슬립 크로싱 궤도

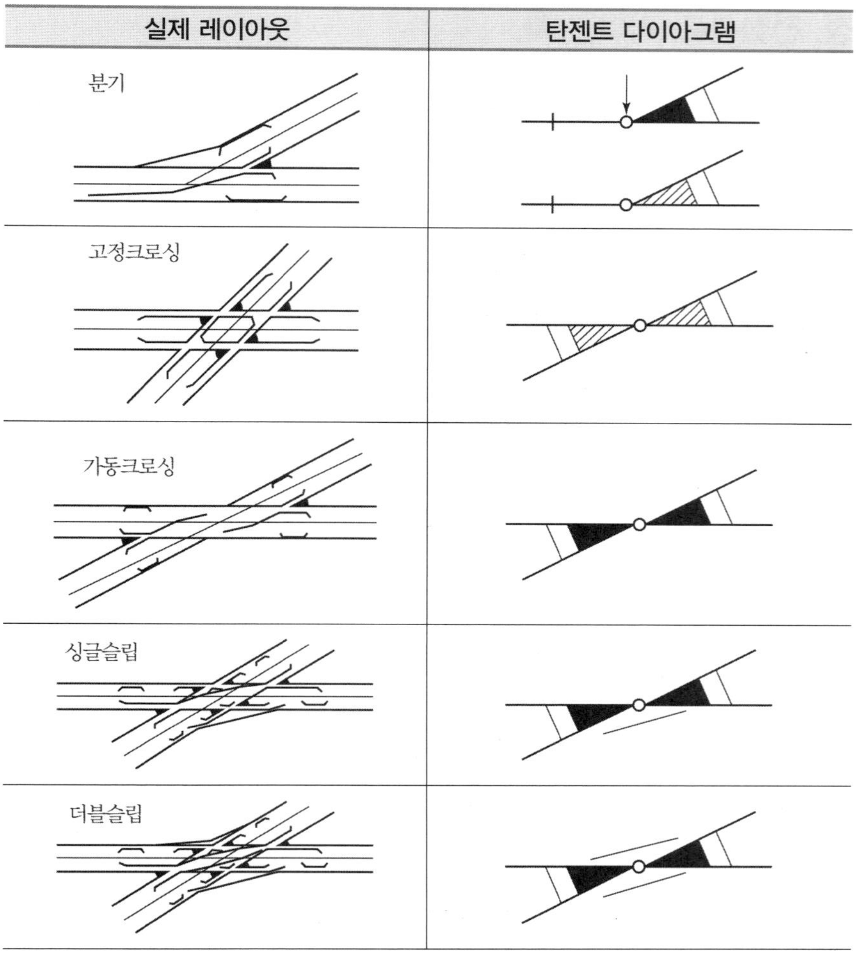

[그림 12] 접선 다이어그램의 예

참고사항 탈선장치

탈선장치는 궤도측의 장치로 분기 궤도상에서 차량의 이동이 원하지 않는 방향으로 움직일 때 열차를 보호하기 위하여 사용된다. 안전하지 못한 이동은 보호하는 진로와 만나기 전에 탈선시킨다. 선로전환기 같은 경우에는 수동 또는 자동으로 동작시킬 수 있다. **[그림 13]** 모든 철도에서 본선 궤도에 탈선장치를 설치하는 것은 아니다.

[그림 13] 선로전환기에 의한 탈선 운영

1.4 교차점, 전철선로, 라다, Y자

선로가 다른 선로와 연결되는 궤도와 분기기장치를 말한다. 전철선로(轉鐵線路)는 두 개의 병렬 궤도[그림 14(b)] 사이에 일체 분기기로 연결하는 장치를 말한다. 라다 또는 라다궤도(북미철도에서는 첨단이라고 부른다)는 여러 개의 병렬궤도[그림 14(c)]의 궤도에 접근할 수 있도록 분기기가 직렬로 되어 있는 궤도를 말한다. 라다궤도는 일반적으로 차량기지와 종단역 배치에 사용된다. Y자는 세 개의 분기기 또는 두 개의 분기기를 말하며, 궤도가 큰 각도를 가지고 있는 형태이다. [그림 14(d)]

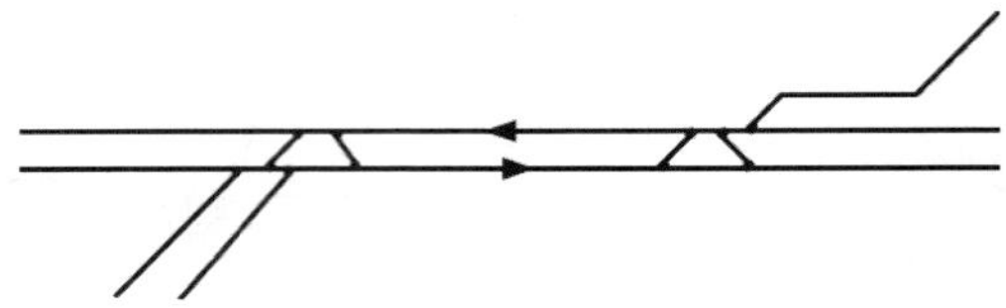

(a) 교차

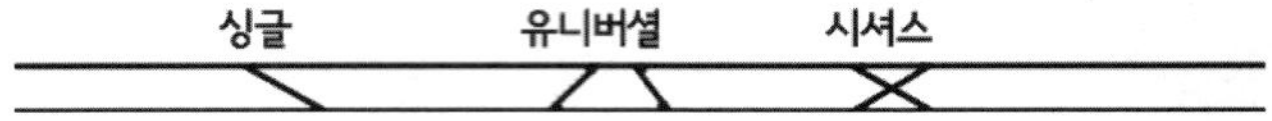

(b) 전철선로

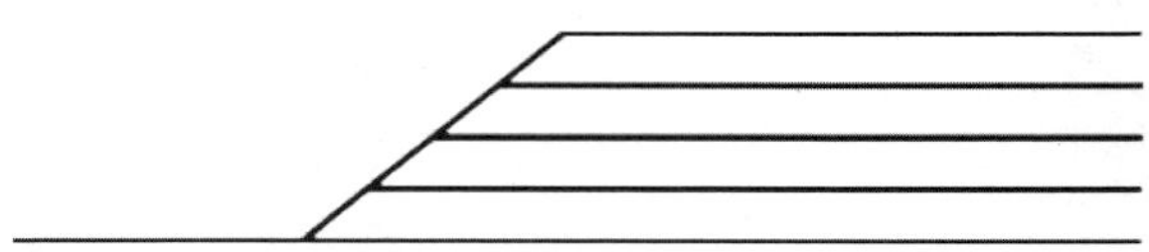

(c) 측선

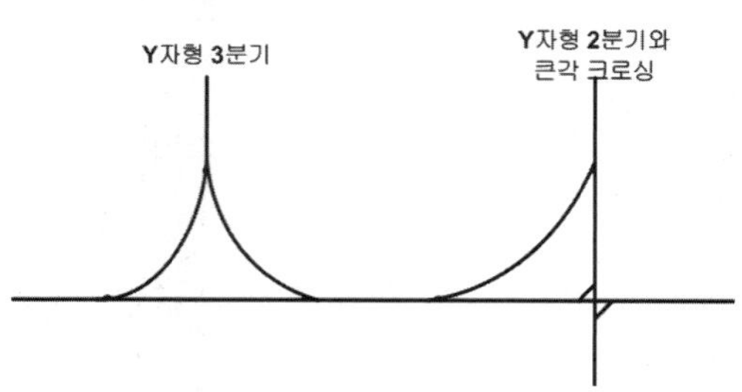

(d) Y분기

[그림 14] 기본 분기기 배열

1.5 차량기지

차량기지는 열차를 조성하던가, 차량과 열차를 유치하던가. 또는 이와 유사한 목적으로 사용되는 많은 측선을 부설해 놓은 곳을 말한다. [그림 15]

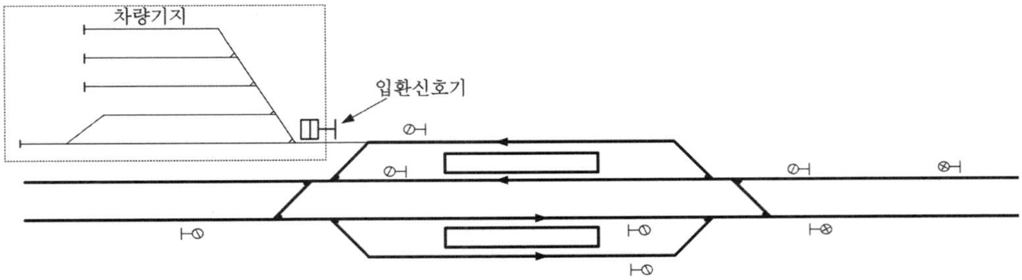

[그림 15] 차량기지 배치도

1.6 터미널

터미널은 열차의 조성, 분류, 정리, 중계를 목적으로 종단(縱斷)이나 중간지점의 선로에 설치되는 설비의 집합을 말한다. 일반적으로 화물터미널은 열차의 출발과 도착하는 궤도그룹을 포함하고 있으며, 분류(分類)와 차량의 유치, 산업 측선과 연결할 수 있는 입환 구역을 갖추고 있다. 일반적인 여객터미널은 여객 차량을 분류할 수 있는 약간의 Yard 설비와 플랫폼 궤도 그룹을 포함하고 있다. 큰 터미널에서는 차량 분야 서비스 설비를 설치하는 예도 있다. 큰 터미널은 교차점이나 다른 선과 연결지점에 위치하기도 한다.

1.7 캔트

철도차량이 곡선 지점을 원활하게 통과할 수 있도록 안쪽 레일을 기준으로 바깥쪽 레일을 높게 부설하는 것을 말하는데, 중력을 궤도의 중심으로 끌어들이기 위해 곡선의 바깥쪽 레일을 안쪽 레일보다 높게 함으로써 운동 때 원심력에 의한 중력 방향으로의 이탈을 막는 작용을 한다.

국유철도건설규칙(부령 제222호)에서 '차량이 곡선부를 원활하게 통과하도록 안쪽 레일을 기준으로 바깥쪽 레일을 높게 부설하는 것'으로 정의하였다. (2조 11호) 철도차량은 직선 레일 위를 달릴 때는 중력이 앞뒤로만 이동하기 때문에 전진운동에 의한 전복의 위험이 없으나, 곡선부를 운행할 때는 곡선반지름의 크기와 속도에 따라 원심력이 크게 작용하여 중력이 밖으로 이동하게 된다.

이 때문에 중력을 궤도의 중심으로 끌어들이기 위해 곡선의 바깥쪽 레일을 안쪽 레일보다 높게 함으로써 운동 때 원심력에 의한 중력방향으로의 이탈을 막는 작용을 하게 하는 것이다.[그림 16] 캔트 수치 계산의 공식은 C= GV2/127R9(C=캔트, G=궤간, V=속도, R=곡선반지름)로 하고 있으나, 여기서 속도(V)의 책정이 문제가 된다.

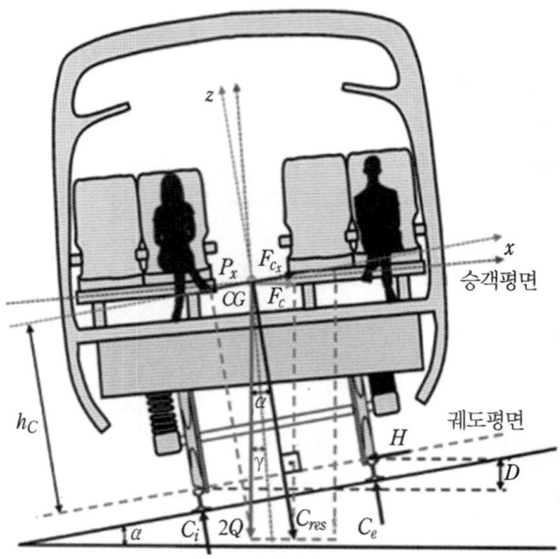

[그림 16] 평형 캔트

엄격히 따지면 속도가 커질수록 캔트가 커져야 하지만, 같은 선로 위에 고속운전열차와 저속운전열차가 모두 운행되므로, 일반적으로 평균속도의 열차를 기준으로 캔트를 정하는 것이 원칙이다. 고속열차를 기준으로 캔트를 높이면 그 지점에서 정차하는 차량은 기울어져 넘어질 우려가 있으며, 넘어지지는 않더라도 여객에게 불안감을 줄 수 있기 때문이다. 따라서 법령에서 그 기준을 정하고 있다.

도시철도건설규칙(부령 제231호)에서는 분기부에 부대 되는 곡선의 경우를 제외하고는 곡선부의 바깥쪽 레일에 열차의 운행안전을 위해 캔트를 두도록 규정한다(8조 1항). 표준캔트는 해당 곡선의 반경과 열차의 운행속도 등을 고려하여 시 · 도지사가 정하되, 최대 높이는 160 mm를 초과할 수 없다. (8조 2항)

또 캔트를 붙이면 모든 곡선부가 똑같은 수치를 가질 수는 없으므로 다음과 같이 체감거리를 규정한다.

① 완화곡선이 있는 경우에는 그 곡선 전체의 거리

② 완화곡선이 없는 경우에는 표준캔트의 600배 이상의 거리

③ 복심곡선이 있는 경우에는 반경이 큰 곡선상에서의 캔트 차의 600배 이상의 거리

④ ①과 ③의 경우로서 시 · 도지사가 정하는 부득이한 경우에는 표준캔트의 450배 이상의 거리로 정한다(12조).

$$\text{캔트량} = \frac{\text{궤간} \times \text{속도}^2}{0.127 \times \text{곡선반경}}$$

$$C = \frac{11.8\,V^2}{R} - C'$$

여기서, C' : 캔트 조정량(0～100 mm)

1.8 캔트 부족

설명된 바와 같이, 캔트는 곡선 궤도를 주행하는 열차의 횡가속도를 줄이기 위해 사용될 수 있다. 이것은 원심력(곡선 바깥쪽으로 밀어내는 힘)과 구심력(곡선 안쪽으로 밀어내는 힘)의 균형을 맞추기 위한 것이다. 더 빠른 속도에서는 원심력이 더 높다. 반대로, 더 높은 캔트는 더 높은 구심력을 생성한다. 이에 대한 계산은 일정한 반경 곡선에서 일정한 열차 속도를 가정한다.

열차의 속도와 캔트의 양이 균형을 이루는 경우(원심력이 구심력과 일치)를 평형이라고 한다. 이렇게 하면 휠 대 레일의 구성 요소가 내부 레일과 외부 레일에 대해 같은 집계를 하는 궤도의 평면에 수직이 된다. 이것은 또한 열차의 승객이 횡방향 가속도(옆으로 밀기)를 감지하지 못하게 한다.

고정된 양의 캔트의 경우에 균형을 만드는 속도를 평형 속도라고 한다. 달리는 열차의 일정한 속도의 경우, 균형을 달성하는 데 필요한 캔트의 양을 평형 캔트라고한다.

캔트 부족은 곡선에서 철도차량의 속도가 바퀴 대 레일 힘의 구성 요소가 선로의 평면에 수직인 속도보다 클 때 존재한다. 이 경우 결과적인 힘(총 중력 및 원심력)은 내부 레일보다 외부 레일에 더 많이 가해지며, 이로 인해 곡선 바깥쪽으로 측면 가속도가 생성된다(기울어지거나 탈선할 수 있음). 캔트 부족을 줄이기 위해 속도를 줄이거나 편경사를 높일 수 있다. 캔트 부족의 양은 두 레일 사이의 결과 힘의 균형을 맞추기 위해 추가해야 하는 편경사로 표현된다.

화물 및 고속철도 승객 서비스와 같이 작동 속도가 다른 열차의 공유 궤도 구성에서 커브의 캔트는 고속 및 저속 모두에 대해 고려되어야 한다. 고속열차는 캔트 부족을 경험하고 저속 열차는 캔트 초과를 경험할 것이다. 이러한 매개변수는 안전, 승객의 편안함, 장비나 레일의 마모를 포함하는 곡선 성능에 상당한 영향을 미친다.

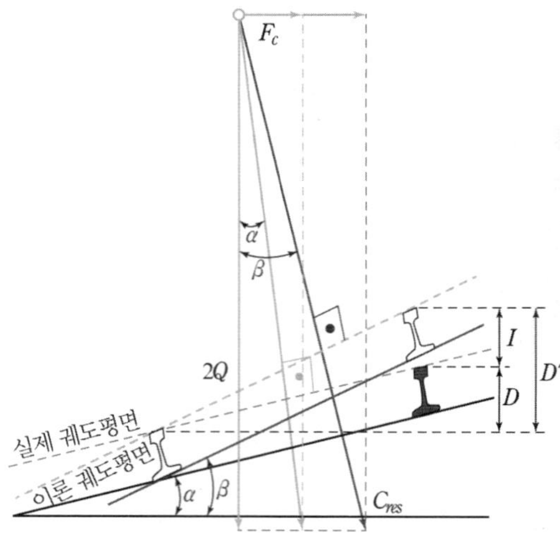

[그림 17] 캔트 부족의 정의

1.9 슬랙(SLACK)

철도차량은 자동차와 달리, 2개 또는 3개의 차축을 대차에 강결(强結)시켜 고정차축으로 구성되어 있다. 이것이 곡선을 통과할 때 전후 차축의 위치이동이 불가능할 뿐 아니라 차륜에는 플랜지(Flange)가 있어 곡선부를 원활하게 통과하지 못한다.

그러므로 곡선부에서는 직선부보다 궤간을 확대해야 한다. 이처럼 곡선부에서의 궤간확대를 슬랙이라고 하고 일반적으로 곡선의 안쪽 레일을 궤간 바깥쪽으로 확대한다. 선로에 슬랙을 두는 것은 다음과 같은 2가지 이유 때문이다.

① 철도차량은 그 길이가 대개 10m 이상이나 되며 2개의 차륜 대차가 1량의 차량에 한 개씩의 핀으로 결합되어 회전성을 유지한 채 운행된다. 차륜 대차란 바로 차륜의 형성체인 바퀴 틀로써 고정된 차륜으로 된 2~3개의 윤축이 고정 결합되어 있다. 궤도를 달리는 것은 이 바퀴들이며 차량은 여기에 얹혀서 다니는 셈이 된다. 바퀴 틀은 차체 밑에서 마음대로 회전되므로 곡선부를 운행할 때는 차체가 그냥 있고 바퀴들만이 곡선을 타게 된다. 바퀴 틀도 직선 구조이므로 직선과 곡선이 포개지려면 선로의 폭이 넓어져야 한다.

② 차륜은 2개가 1개의 축에 고정되어 있으므로 양 차륜의 회전수는 항상 같다. 그런데 곡선부를 운행할 때는 외곡선의 주행거리가 더 길어져 같은 크기의 차륜이 같은 회전수를 가지고 서로 다른 주행거리를 달리므로 탈선의 위험이 생긴다. 이를 방지하기 위하여 차륜 구배를 두었다. 레일에 닿는 면에 따라 차륜의 크기를 변하게 만들었다.

차량이 곡선부를 주행할 때는 원심력에 의하여 차체가 밖으로 쏠리므로 차륜도 그 방향으로 쏠리게 된다. 그 결과 외곡선의 차륜은 그 지름이 커지며, 내곡선의 차륜은 지름이 작아지게 되어 주행거리를 조절하게 된다. 이때 선로의 궤간이 직선부에서와 같으면 차륜의 이동이 자유롭지 못하게 된다. 이상과 같은 이유로 철도건설규칙에는 반지름 800 m 미만의 곡선부에서는 궤간에 상당한 슬랙을 두도록 규정하고 있다.

그 크기는 곡선반지름의 크기에 따라 다르나, 윤축 거리가 일정하므로 무제한 넓힐 수는 없고, 30 mm를 초과할 수 없다. 그리고 궤간 및 슬랙의 정비기준치는 크로싱의 경우 증(+) 3 mm, 감(−) 2 mm, 그 외에 증 10 mm, 감 2 mm로 하나, 지형 또는 노반의 사정이나 교량 또는 터널, 기타 건조물의 시설 등으로 부득이한 때에는 운영기관의 장이 그 기준치를 증감할 수 있게 되어 있다.

$$S = \frac{2400}{R(\text{곡선반경 m})} - S'$$

여기서, S : 슬랙량

S' : 현지 사정에 따라 결정되는 조정상수(0~15 mm)

슬랙은 다음 기준에 따라 점진적으로 감소해야 한다.

- 전환 곡선이 제공되는 경우, 전체 길이에 걸쳐 점진적인 감소가 수행되어야 한다.
- 전환 곡선이 제공되지 않는 경우, 원형 곡선의 끝에서 곡선을 통과하는 차량의 최대 휠베이스 이상의 길이 구간에서 느슨함이 점진적으로 감소해야 한다. 단, 분기기 곡선의 경우에 요건이 적용되지 않을 수 있다.

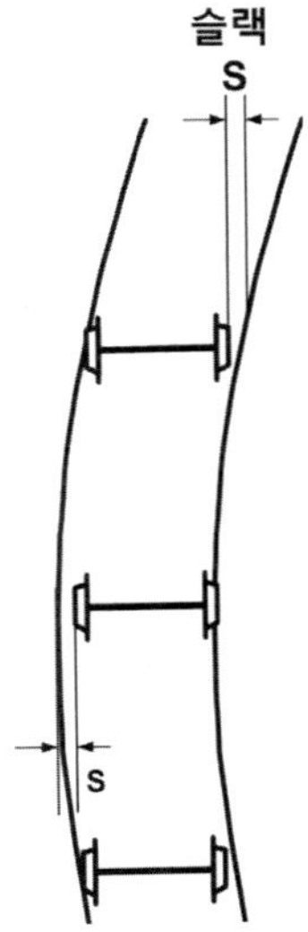

[그림 18] 슬랙량

1.10 정렬

정열(선형)이라는 용어는 수평 배열과 수직 배열 모두에서 레일의 선 균일성(직선성)을 설명하는 데 사용된다.

수평정렬(선형)은 기준 레일의 게이지 측면을 따라 측정하기 위해 미리 정의된 길이의 문자열 선을 사용하여 수행된다. 이 값은 문자열 선의 중간지점에서 기준 레일의 게이지까지의 거리이다. 접선 트랙에 대한 설계 수평 정렬은 0이다. 다른 판독 값은 편차를 나타낸다.

수직정렬(종단)은 수직 평면의 표면 균일성이다. 균일성 측정은 궤도를 따라 사전 정의된 길이의 문자열 선(일반적으로 수평 정렬에 사용되는 길이와 동일)을 사용하여 수행된다. 측정값의 중간점이 표고가 높은 경우에 이를 혹 편차라고 한다. 반면에, 중간점의 표고가 낮으면 이를 딥 편차라고 한다.

설계 선형으로부터의 이러한 편차는 속도 한계를 할당하는 모수로 사용된다.

2 궤도회로 개요

궤도회로장치는 전철화가 되어 있거나 비전철 구간에서 열차가 운행되는 선로에 전기회로를 구성하여 열차점유 여부와 레일절손 유무를 검지하여 신호제어 조건으로 사용하는 설비로 설비 대부분이 선로변에 설치되어 있다. 따라서 낙뢰, 고압 전원 및 전차선 트립과 같은 외부의 영향을 그대로 받기 때문에 항상 장애를 유발할 수 있는 요인을 내포하고 있다. 궤도회로장치는 장애 발생빈도를 되도록 억제할 수 있고, 유지보수 및 관리에도 쉬우면서 장애 발생 시 신속하게 복구될 수 있도록 선로 특성 및 안전성, 경제성 등을 고려하여 선정하여야 한다.

2.1 역사

1869년에 미국인 윌리엄 로빈슨(William Robinson)에 의해 발명이 되었다. 처음 발명될 당시에는 개전로식(Open Circuit System, 開電路式)이었으나 1872년부터 폐전로식(Closed Circuit System, 閉電路式)으로 개량되어 오늘에 이르고 있다.

3 궤도회로 분류

궤도회로는 직렬식으로 구성하는 것을 원칙으로 하며 다만 분기기를 포함하는 구간 등에서는 병렬식을 사용할 수 있으나 병렬 부분의 길이는 단락감도를 확보할 수 있는 경우에 한하며 50m까지로 한다.

3.1 직류 궤도회로

직류 궤도회로(DC Track Circuit)는 직류전원을 이용한 궤도회로로써 궤도계전기는 직류 궤도계전기를 사용한다. 직류 궤도회로의 전원은 정전에 대비하여 부동식 충전(Floating Charge) 방식이 사용되고 있는데 이것은 평상시에 축전지에 충전된 전원을 상용전원이 정전되었을 때 사용하기 위한 것이다. 또 궤도회로 이외에도 건널목경보장치 등의 확실한 교류전원의 확보가 어려운 지역에서 신호제어설비의 안정을 도모하기 위하여 사용되고 있다.

3.2 교류 궤도회로

교류 궤도회로는 교류전원의 무정전 확보가 가능한 지역인 비전철 구간이나 직류 전철구간에서 주로 사용하는 방식으로 [그림 19]과 같이 사용주파수에 따라 50 Hz 또는 60 Hz를 사용하는 상용주파수 방식과 25 Hz 또는 30 Hz를 사용하는 분주 궤도회로 방식 및 100 Hz 또는 0 Hz를 사용하는 배주궤도회로 방식 등이 있다.

교류 궤도회로의 특징은 가동부분이나 트랜지스터 등 반도체가 사용되지 않으므로 수명이 길고 신뢰성이 높으며 제어구간이 길고 보수가 간편하다.

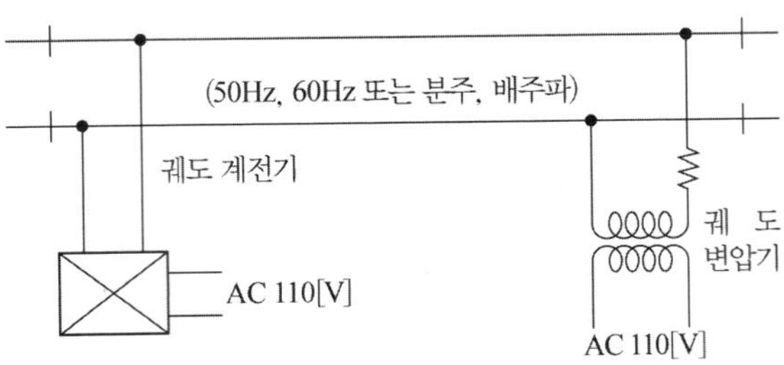

[그림 19] 교류 궤도회로도

3.3 상용주파수 궤도회로

직류 전철화 구간용으로 개발된 방식으로 50 Hz 또는 60 Hz의 사용전원을 그대로 사용하므로 이와 같은 명칭이 붙었다. 궤도회로의 구성은 전자기기를 주체로 하고 있으므로 신뢰도가 높고 특성이 안정되어 있다. 궤도계전기의 교류2원형을 사용하기 때문에 궤도전압 외에 동일주파수의 국부전압을 주어 이 전압 상호 간의 위상을 확인한다.

궤도회로의 길이는 누설컨덕턴스의 변동이 0.5~0.1 s/km인 범위 내에서는 약 1,400 m~1,500 m이며, 단락감도는 조정이 가능한 0.06 Ω 이상으로 규정되어 있다. 그러나 레일 표면이 대기오염 등으로 반도체 피막이 발생하기 때문에 궤도계전기의 궤도 코일에 직렬저항을 삽입하여 궤도회로의 착전단 레일전압을 3.5 V~4.5 V로 하여 열차검지 성능을 개선하고 있다. 궤도계전기는 역 중간의 경우에 2원3위형을 사용하며, 역 구내에서는 2원2위형을 사용한다.

3.4 분주 궤도회로

분주 궤도회로는 송전측에서 상용주파수를 1/2 주파수로 변환하여 신호전류를 송전하지만 분배주 궤도회로와는 달리 송전주파수로 착전측의 궤도계전기에 전압을 인가한다.

착전측에는 궤도회로에서 유입된 방해전압을 억제하기 위해 계전기변압기 [Filter부착]를 설치한다.

궤도회로의 제어길이는 누설컨덕턴스의 변동이 0.5 s/km~0.1 s/km인 범위에서 약 500 m로 이때의 단락 감도는 0.06 Ω 이상으로 정해져 있다. 교류 방해 특성은 분배주 궤도회로와 같이 최대 40 A로 그 이상의 방해에 대해서는 과전류검지기가 동작하여 궤도계전기의 궤도측을 단락하여 오동작을 방지한다. 궤도계전기는 고압 임피던스계전기로 정격은 25 Hz(20 V)와 30 Hz(24 V)이다. 또한 궤도회로 기기는 계전기실에 집중적으로 설치된다.

3.5 코드 궤도회로

코드 궤도회로는 궤도에 흐르는 신호전류를 소정 횟수의 코드 수로 단속하고 이 코드 전류가 코드계전기를 동작시킨 다음 복조기를 통하여 정규의 코드 수 일 때에만 코드반응계전기를 동작시킨다. 이것은 궤도회로 제어거리의 증대와 궤도 단락감도의 향상 및 미세한 전류에 의한 오동작을 방지해 주는 특징이 있다. 제어방식으로는 무극코드를 사용하는 방식과 유극코드를 사용하는 방식이 있다.

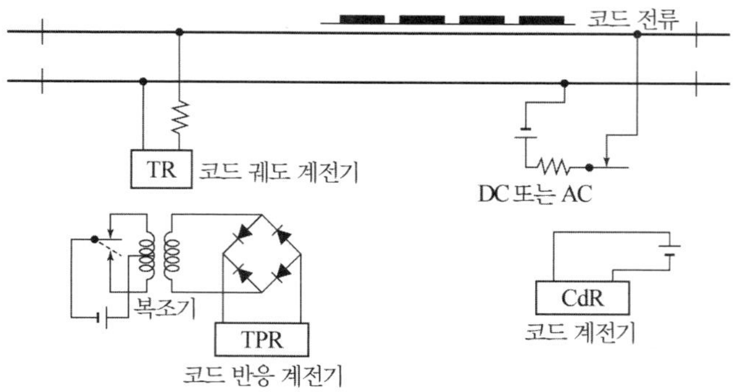

[그림 20] 코드 궤도회로

3.6 고전압 임펄스 궤도회로

고전압 임펄스 궤도회로장치(High Voltage Impulse Track Circuit)는 교류 25,000 [V] 전철 구간에 주로 사용되며 복궤조 궤도회로에서 전차선의 귀선전류(전기차 전류)는 레일을 통하여 변전소로 흘려보내고 신호전류는 임피던스본드에서 차단하여 궤도회로의 기능을 하는 것으로 비전철 구간에서도 사용할 수 있다.

전차선과 팬터그래프와의 이선, 낙뢰 등의 발생으로 궤도회로에 이상전압의 유기 시에도 절연내력이 크므로 신호설비 보호 효과가 높으며 초퍼, VVVF 차량 운행 시에도 면역 특성이 크므로 오동작이 발생하지 않는 장점이 있다.

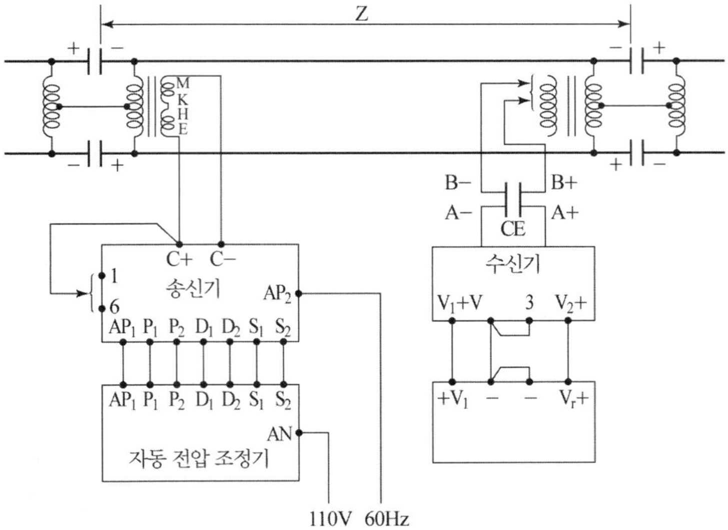

[그림 21] 고전압 임펄스 궤도회로도

이 설비는 DC 임펄스를 사용하므로 송 · 수신거리에 따른 전압강하가 거의 발생하지 않으며 1개 궤도회로의 소비전력이 50~60[VA] 정도로 비교적 작아 에너지 절감 효과가 크며 우천 시에도 자갈 누설저항의 변화가 적어 안정성이 우수하고 장애 발생 시 고장지점 발견이나 부품의 교환이 쉽다.

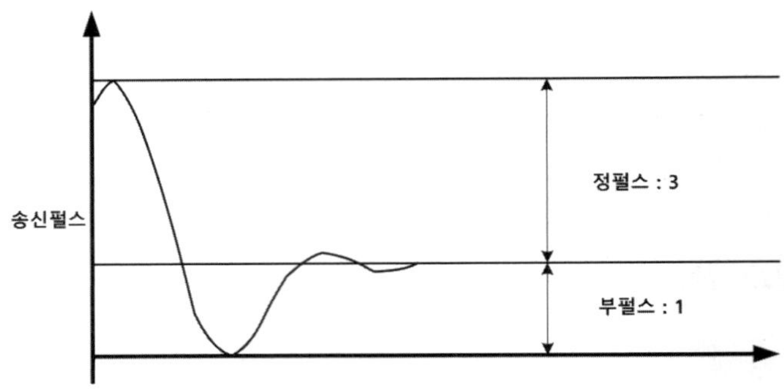

[그림 22] 송신 임펄스

- 송신기의 임펄스는 180 Pulse/Min ±5% 이내이어야 한다.
- 임펄스의 정펄스와 부펄스의 비는 3:1 이상이어야 한다.
  (조건: 사리누설저항이 2 Ω/km일 때)
- 임피던스본드의 궤도측 임피던스는 AC 5V 60Hz에서 3.6Ω ±15%이어야 한다.

참고사항 고전압 임펄스의 펄스

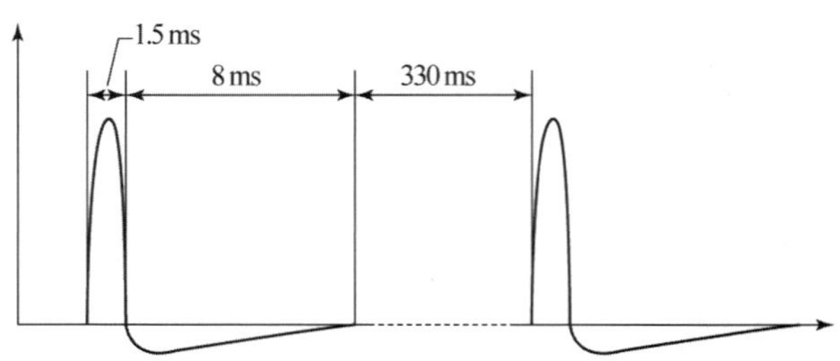

[그림 23] HVI 궤도회로 펄스

양의 진폭이 음의 진폭의 7배이고 펄스는 비대칭이다. 양의 피크 지속시간은 5ms이고 음의 펄스 지속시간은 8ms이다. 펄스의 반복 주파수는 3Hz에 불과하다.

3.7 AF 궤도회로

AF 궤도회로장치는 사람이 들을 수 있는 16 Hz~20,000 Hz대의 가청 주파수를 사용한다. 열차운행 빈도가 조밀하여 안전이 필수적인 도시철도 구간이나, 열차가 고속으로 운행하여 시속 200 km/h를 넘어서게 되면 기관사의 신호기 확인에는 가시거리 한계가 있어 지상신호는 사용할 수 없게 되는 구간에서 전방 열차와의 운행간격, 제동거리 등을 차상으로 직접 전달할 수 있는 차상신호설비가 필수적으로 갖추어야 한다.

AF 궤도회로장치는 차상신호용의 가장 적합한 시스템으로 설계방식에 따라 여러 가지 형태로 나눌 수 있다. 최근에는 디지털 신호기술의 발달로 열차운행 및 제어정보를 코드화하여 차량과 현장설비 간에 유도무선을 사용하여 정보를 전송하는 방식으로 기술이 발전되어 있다.

AF 궤도회로는 단순한 열차검지기능 뿐만 아니라 전방 열차와의 운행간격, 해당 열차의 지시 속도, 차량 운행정보를 기관사에게 전달하고, 제동장치에 직접 연결하여 신호모진 시에도 열차를 자동으로 정지하게 하므로 열차안전운행을 달성할 수 있다.

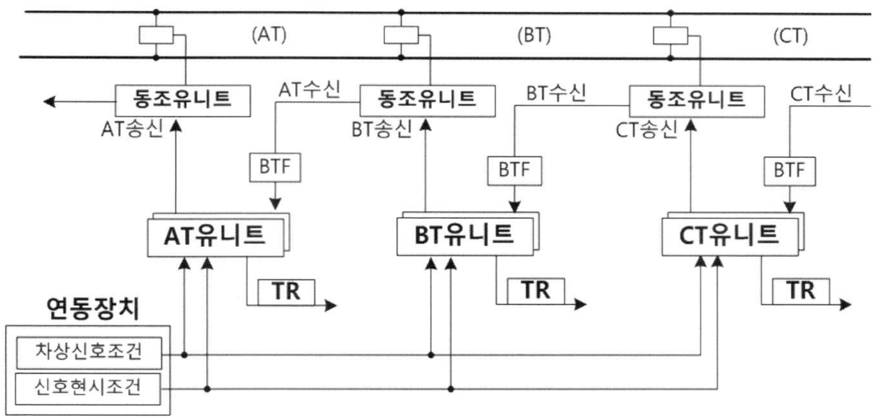

[그림 24] DC 용 AF 궤도회로

4 궤도회로장치의 장 · 단점

4.1 유절연궤도회로 방식

유절연궤도회로는 레일의 전기적 연속성을 방해하고 이음매판의 기계적인 강도를 확보하여야 한다. 그러나 열차에 의해 반복적으로 기계적인 부하를 가했을 때 유절연 궤도회로는 고장의 요인이 된다. 유절연 궤도회로는 기계적, 전기적으로 약하고 장대 용접레일 설치 시 절연 위치에 맞추어 설치하기가 곤란하며 중량품인 임피던스본드가 궤도 가까이에 설치되어야 하는 단점이 있다.

4.2 무절연 궤도회로 방식

무절연 궤도회로 방식은 궤도회로 경계지점에 궤조절연을 설치하는 대신에 본드나 튜닝유니트를 설치하여 전기적으로 회로를 분리하는 궤도회로 방식이다. 이 방식은 송 · 수신설비를 신호계전기실에 집중화하여 장비의 신뢰성을 향상시킴으로써 유지보수가 쉽고 다량의 정보전송 및 원거리의 궤도회로 제어가 가능한 방식으로 고밀도 운전이 요구되는 철도에 주로 사용한다.

4.3 궤도회로 특성 비교

[표 1] 유절연과 무절연 구간의 비교

구분	유절연방식	무절연방식
장점	• 궤도회로 경계가 명확하게 구분	• 절연파괴에 의한 장애발생이 없다. • 절연유지보수 불필요 • 급곡선 개소에도 궤도회로 경계구성이 가능 • 소음공해 감소 및 열차 승차감 개선
단점	• 절연파괴로 장애발생 가능성이 높다. • 궤도회로 구성시 제약받는 사항이 많다. (급곡선개소, 교량상 등)	• 궤도회로 경계지점에 과주여유거리 구간이 발생된다.

[표 2] 고압임펄스와 무절연AF 궤도회로의 특성 비교

구분	고전압 임펄스 궤도회로	AF 궤도회로
장점	• 궤도회로 경계가 명확하게 구분 • 비용이 AF 궤도회로 보다 저가	• 절연불량으로 인한 장애 요소 제거 • 승차감 향상 및 차륜마모 감소 • 유지보수 간편
단점	• 절연설치로 장애빈도 높음. • 귀선회로 구성 복잡	• 궤도경계 구분 불명확(동조 영역 20 m) • 상대적으로 고가(임펄스의 약 1.1배)

[표 3] AF 궤도회로장치 제품별 특성

구분	UM71	JADE	TI21	FTG-S
사용주파수	F1~F4	F1~F4	F1~F8	F1~F8
변조방식	주파수변조 (FM)방식	주파수 천이 (FSK방식)	주파수 천이 (FSK방식)	주파수 천이 (FSK방식)
현장설비	궤간내 동조유닛	궤간내 동조유닛	궤간내 동조유닛	궤간내 동조유닛
궤도회로 길이	50m~1,500m	50m~2,000m	50m~1,100m	50m~600m
제어현장	7.5Km	5Km	5Km	6.5Km
공급사	France CSEE	France Alstom	Sweden Bombardier	Germany Siemens

[표 4] 궤도회로 송수신기 설치 방법에 따른 장 · 단점 비교

구분	유절연방식	무절연방식
장점	• 송수신장치 집중 설치 – 송수신설비 장애시 복구시간 단축 – 케이블접속개소 장애발생 우려	• 다량의 송수신 케이블 불필요 – 건설비 저렴 – 케이블접속장애 예방 • 지상신호방식의 ABS장치와 인터페이스 용이
단점	• 궤도회로 송수신케이블 증가 – 건설비 증가 – 케이블접속개소 장애발생 우려 • 지상신호방식 사용시 원격제어방식 자동폐색시스템 설치 필요	• 송수신장치 현장 기구함에 설치 – 장애발생시 복구시간 지연 – 가스, 분진에 의한 기기 조기 노후화 – 보수유지 불편

5 궤도회로의 특성

5.1 전기적 형태

궤도회로 전송회선은 [그림 25]와 같이 회로의 연속적인 기본 형태로 볼 수 있다. r과 L은 궤도회로의 직렬 변수이고 R_i와 C는 병렬 변수이다. 이 형태는 대지와 관련되어 두 레일이 같은 형태로 절연될 때 적용되며 이를 궤도회로가 평형을 이루었다고 한다.

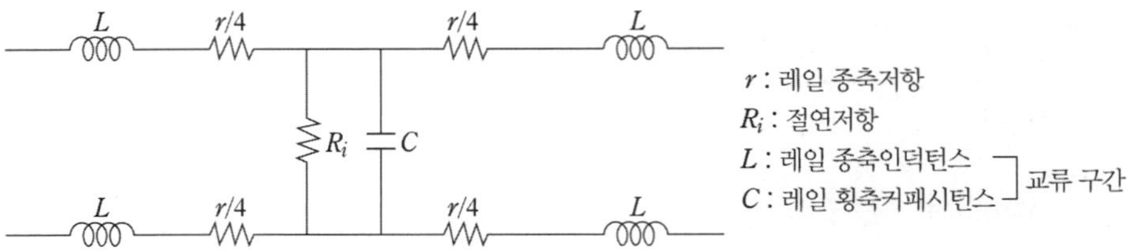

[그림 25] 궤도회로 이론적 형태

5.2 특성

5.2.1 직류 궤도회로

직렬저항 r 은 레일 저항값을 말하며, 60 kg 형 레일의 경우에 약 0.04～0.08[Ω/km]이다. 절연저항 R_i는 궤도회로의 길이와 반비례한다. 또 길이 L 의 궤도회로의 절연저항은

$$R_o[\Omega/\text{km}] = \frac{R_i[\Omega]}{L[\text{km}]}[\Omega/\text{km}]$$

로 R_o는 수[Ω/km]부터 수백[Ω/km]까지 다양하다. 일반적으로 [km] 당 절연저항은 궤도회로를 조정할 때 고려하는 값인 2[Ω/km]보다 작아서는 안 된다.

5.2.2 교류 궤도회로

교류 궤도회로에서는 표피효과에 의해 주파수가 증가할 때 직렬저항값이 증가한다. 직류에서의 r 값은 0.04～0.08[Ω/km]이나 교류에서는 50[Hz]일 경우, 0.15[Ω/km] 2,000[Hz]일 때 2[Ω/km]로 증가한다. 절연저항 R_i와 [km] 당 절연저항 R_o는 직류에서의 값과 같다.

직렬인덕턴스 L은 주로 궤도회로가 루프회로를 형성하기 때문에 생기는 것으로 그 값은 1~2[mH/km] 정도이다.

5.2.3 누설컨덕턴스

[그림 26]의 등가회로에서 직류 궤도회로에서는 누설컨덕턴스 G의 값이 클수록 감쇠되며, 상용 · 분주 · 분배주 주파수 등의 궤도회로에서는 레일 임피던스 Z의 값이 클수록 감쇠한다. 레일 임피던스는 교류주파수와 거의 비례하므로 주파수가 높을수록 감쇠가 현저하며 AF 궤도회로인 경우는 수전단의 전압이 송전단의 몇 분의 1, 또는 몇십 분의 1로 감쇠한다.

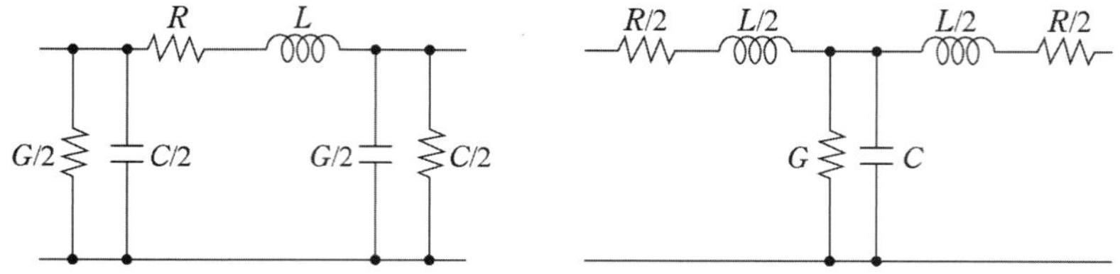

[그림 26] 궤도회로의 등가회로

[표 5] 날씨 변동에 따른 임피던스 변화

구 분	날 씨		비 고
	계속해서 건조	호우 · 장마 · 눈	
누설인덕턴스	작음(0.01~0.1 S/km)	작음(0.3~1 S/km)	
누설저항	큼(100~10Ω · km)	작아짐(3~1 Ω · km)	
감쇄량	적음	많아짐	
궤도계전기 전압	높음	낮아짐	

AF 궤도회로 장치의 누설저항 값은 특별히 지정하지 않는 한, 날씨 또는 환경의 변화에 따라 장치에 지장이 없도록 다음 값 이상을 확보하여야 한다.

(1) 자갈도상 : 3 Ω · km 이상

(2) 콘크리트도상 : 8 Ω · km 이상

5.2.4 감쇠 특성

송전단의 전압은 레일의 전압강하나 레일 간의 누설 때문에 약해지면서 궤도계전기 쪽으로 전해진다. 이처럼 줄어드는 것을 감쇠라 한다.

5.3 궤도저항

레일이음매판이 설치된 궤도회로에서는 직렬저항(r)이 이음매판 표면적의 전기저항 때문에 증가하므로 이를 감소시키기 위해 레일 간을 본드로 연결한다.

5.4 본드류와 점퍼 구성법

궤도에 전류가 잘 흐르게 하려면 레일이음매 볼트만으로는 완전한 전기적인 접속회로를 구성할 수가 없으므로 궤도이음매 부분의 전기저항을 적게 하려면 궤도 상호 간을 본드로 연결한다.

또한 궤도회로에 점퍼선을 설치하는 방법에 다라 직렬법, 병렬법, 직 · 병렬법 등으로 구분하고 있으며, 안전도측면에서는 직렬법이 우수하다.

(1) 본드설치 개략도

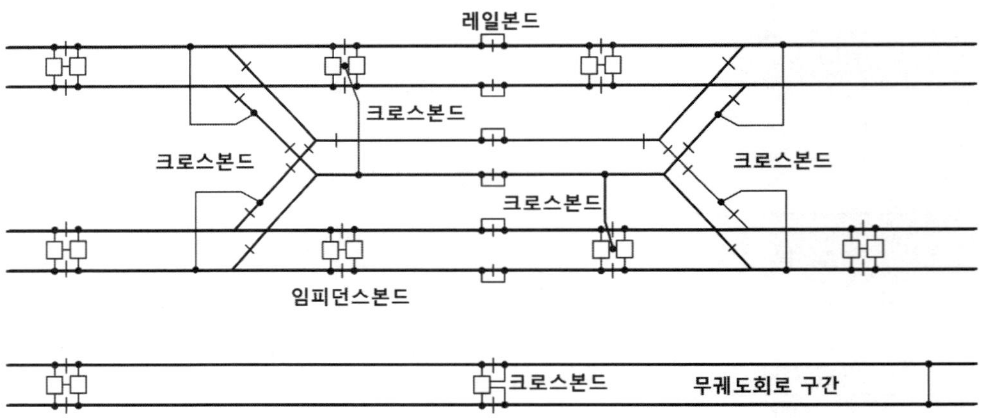

[그림 27] 본드 설치도

전철구간에서는 귀선전류가 흐르게 되므로 수백 A의 전류를 안전하게 흐르게 하려면, 단면적이 큰 레일본드를 사용하고 그 밖의 구간에서도 궤도회로의 특성에 맞는 단면적의 레일본드 또는 신호본드를 사용한다. 또한 전차선 회로의 귀선 저항을 감소시키기 위한 목적으로 좌우 궤도 또는 인접 궤도회로와의 사이를 접속시키는 크로스본드를 사용한다.

(2) 점퍼 구성 방법

① 직렬법

직렬법은 [그림 28]과 같이 직렬로 연결할 수 업슨 분기기의 크로싱부분과 중간 구간을 제외하고 레일절손 접지가 용이하여 안전도가 우수한 방식이다.

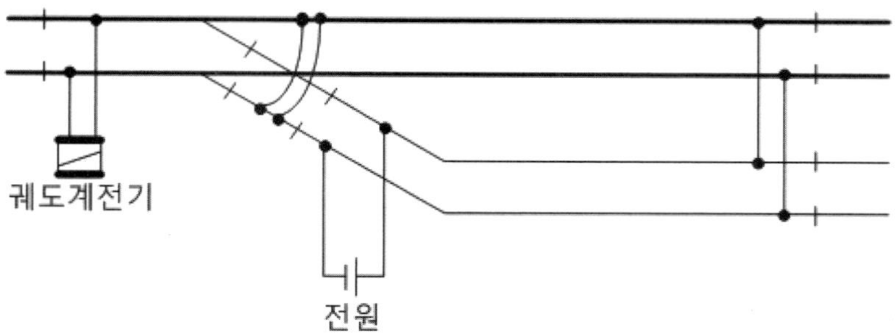

[그림 28] 직렬법

② 병렬법

병렬법은 [그림 29]와 같이 병렬분기기의 궤도구간은 점퍼선을 이용하여 주궤도에 병렬로 연결한다. 궤도회로를 구성하는 레일의 길이가 짧은 장점은 있으나 병렬연결구간에서 본드선이 탈락되거나 단락감도가 저하될 경우 열차가 점유하여도 검지를 못하는 경우가 발생할 수 있다.

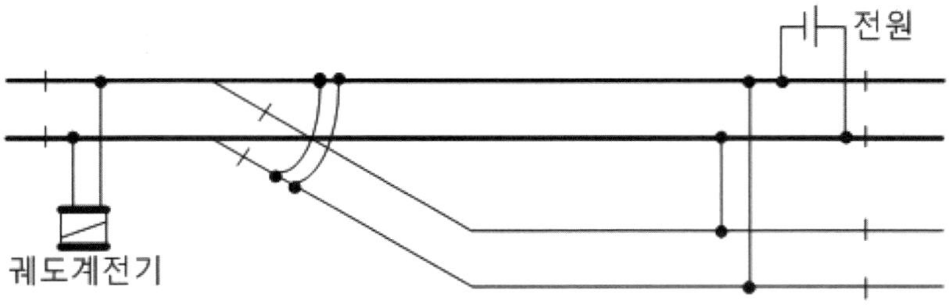

[그림 29] 병렬법

③ 직 · 병렬법

직 · 병렬법은 역구내의 복잡한 분기구간과 같은 특별한 경우에 사용되며 [그림 30]과 같이 직렬법과 병렬법을 혼합하여 사용하는 방법이다.

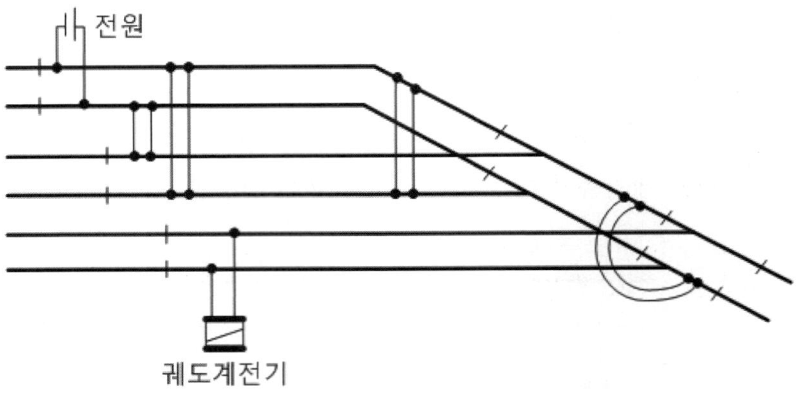

[그림 30] 직 · 병렬법

5.5 궤도회로 단락

열차의 단락 저항은 레일 면의 접촉저항을 포함한 열차측의 전기저항이며 열차 대신에 그 장소의 레일 사이를 저항기로 단락시켰을 때에 열차 단락시의 수신 전압이 되는 저항값으로 열차의 운전상태, 레일면의 상태, 레일 간 전압 등에 따라 그 값이 다르다. 한편 궤도회로의 단락감도는 궤도계전기를 낙하시킬 수 있는 단락 저항의 최댓값, 즉 궤도회로의 열차검지 성능에 관한 평가척도이며 조정상태에 따라 크게 변한다. 열차 단락저항이 궤도회로의 단락감도보다 작아야 한다.

5.5.1 열차 단락저항

한 차축의 열차 단락저항은 레일면 2개소의 접촉저항과 한 차축의 저항으로 이루어지나 대부분은 레일면의 접촉저항이다. 차축이 복수라도 단순한 병렬 구성은 되지 않고 차량의 요동 등도 관계하여 복잡하게 변화한다.

5.5.2 단락감도

어떤 조정상태에서 궤도계전기를 낙하시킬 수 있는 레일간 단락저항의 최댓값이 단락감도이다. 통상 사용하는 단위는 [Ω] 이며 단락감도를 높이기 위해서는 다음과 같은 조정 방법이 효과적이다.

- 필요 이상의 전압을 궤도계전기에 주지 않는다.
- 송 · 수전단의 임피던스를 될 수 있는 한 높인다.
- 단락시의 위상변화를 이용한다.

(1) 단락감도

단락감도는 궤도회로 기능의 양부를 판단할 목적으로 궤도회로 내의 임의의 레일 사이를 저항으로 단락하여 궤도계전기의 여자 상태를 시험한다. 폐전로식에 있어서는 궤도계전기의 무여자접점이 떨어지려 할 때의 단락 저항값을, 개전로식에 있어서는 무여자접점이 접촉하려 할 때의 단락 저항값을 나타낸다. 궤도의 단락감도는 임피던스본드 및 AF 사용구간에서는 맑은 날 0.06 Ω 이상, 그 밖의 구간에서는 맑은 날 0.1 Ω 이상이 되어야 한다. 궤도회로 내의 임의의 점 X에 있어 단락감도(R_m)는 다음 식 (1)로 표시한다.

$$R_m = \frac{1}{(F-1)G} = \frac{1}{(\frac{V_{UP}}{V_{DN}} - 1)G} \qquad \cdots\cdots (1)$$

여기서, F : 동작 전압/낙하 전압

G : X점에서 본 회로 전체의 임피던스

V_{UP} : 계전기 동작 전압[V]

V_{DN} : 계전기 낙하 전압[V]

(2) 단락감도의 기준

궤도회로의 단락감도는 그 궤도회로를 통과하는 열차에 대하여 다음과 같은 기준 이상을 확보하여야 한다.

- 임피던스본드, AF 궤도회로(TI21형 제외) 구간 : 맑은 날 0.06[Ω] 이상
- 기타 : 맑은 날 0.1[Ω] 이상

(3) 단락감도의 측정

- 직류 궤도회로의 경우 : 송전단 레일 위
- 교류 궤도회로의 경우 : 착전단 레일 위
- 병렬 궤도회로의 경우 : 위 두 경우 이외의 병렬부분의 끝 레일 위

5.6 궤도회로의 불평형

5.6.1 불평형

복궤조 궤도회로는 좌우 2개의 레일이 전기적으로 평형을 이루는 것이 필요하다. 평형한 궤도회로에서는 [그림 31]과 같이 신호전류는 좌우 역방향으로 같은 크기로 흐

르며, 전동차 전류는 좌우 같은 방향으로 같은 크기로 흐른다. 그런데 불평형한 궤도회로에서는 좌우 레일에 흐르는 전류의 값이 다르므로 신호전류는 구간 밖으로 유출되고 전차전류는 임피던스본드의 임피던스를 저하하거나 레일 사이에 잡음을 발생시키며 임피던스본드 자체에 불평형도 포함된다.

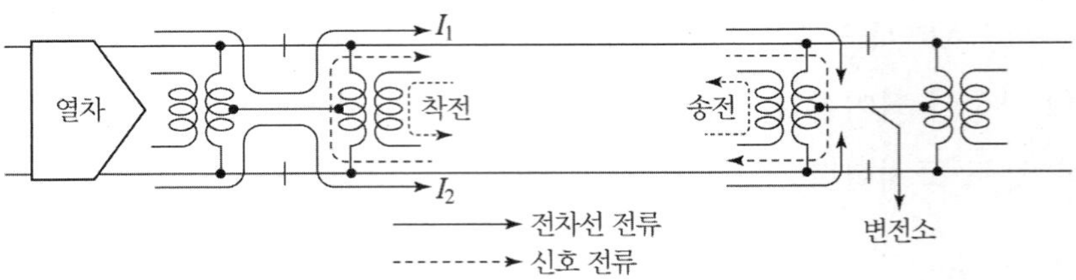

[그림 31] 궤도회로의 레일전류의 흐름방향

불평형 정도를 정량적으로 표현하고자 할 때는 다음 식(2)에서 정의되는 불평형율을 사용한다.

$$U_B = \frac{|I_1 - I_2|}{I_1 + I_2} \times 100 \qquad \cdots\cdots (2)$$

여기서, U_B : 불평형률[%]

I_1, I_2 : 각 레일의 전류

예를 들면 [그림 32] (a)는 완전한 평형상태이나 (b)는 525[A]와 475[A]이기 때문에 불평형 상태이다. 불평형률 U_B를 위 식으로 계산하면 5[%]가 된다. 이 불평형 상태는 (c)와 같이 475[A]의 평형전류와 50[A]의 편측전류의 중첩이라 생각할 수 있다.

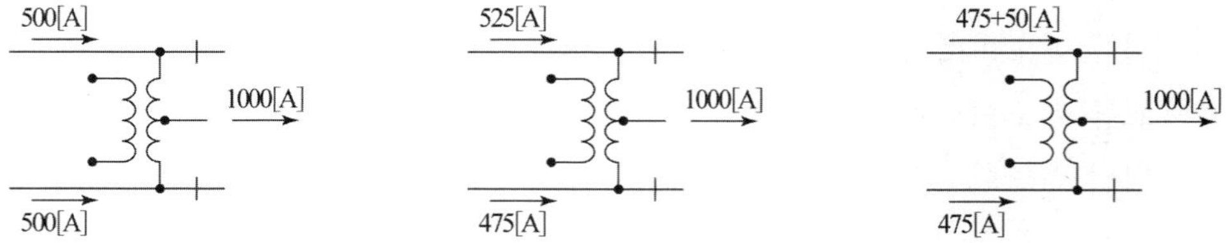

(a) 500[A]와 500[A]에서 평형 (b) 525[A]와 475[A]에서 불평형 (c) 한쪽편에 불평형성분 50[A]

[그림 32] 레일전류의 평형상태와 불평형상태

5.6.2 불평형 전류의 영향

(1) 궤도계전기 전압의 저하

임피던스본드에 사용되고 있는 철심은 자속밀도가 지나치게 커지면 자기적으로 포화하는 성질이 있고 철심이 포화하면 여자임피던스 (임피던스본드 자체의 임피던스)가 저하되어 정상적인 변압기의 기능을 발휘하지 못하여 궤도계전기의 전압이 낮아지게 된다. 또한 불평형이 발생하면 전차전류에 포함된 교류성분이 임피던스본드의 변압기 작용으로 2차 측으로 유기되어 발생하는 잡음이 신호제어설비에 나쁜 영향을 미치게 된다. [그림 33]은 여자임피던스가 직류인 불평형 전류에 의해 감소하는 것을 나타내는 특성의 예이다. 불평형 전류가 정격전류의 20%를 넘으면 여자임피던스는 정격치 0.5Ω의 반 정도로 저하한다. 특히 단락불량 대책인 공진 콘덴서를 사용하고 있는 궤도회로에서는 여자임피던스의 변동에 따른 영향이 크므로 주의가 필요하다.

(2) 잡음 발생

전차전류에 교류성분이 포함되어 있어 궤도회로에 불평형이 있으면 그 교류성분이 임피던스본드의 트랜스 작용으로 2차 측으로 옮겨져 잡음이 발생하며 궤도회로에 나쁜 영향을 미친다. 이와 같은 이유로 직류 전동차의 노치(Notch)가 온(On)된 순간에 궤도계전기의 동작에 문제가 되는 경우가 발생한다. 입력부에 여과기가 있는 분배주 궤도회로는 특히 영향이 강하기 때문에 시소 계전기를 사용해서 혼란을 방지한다.

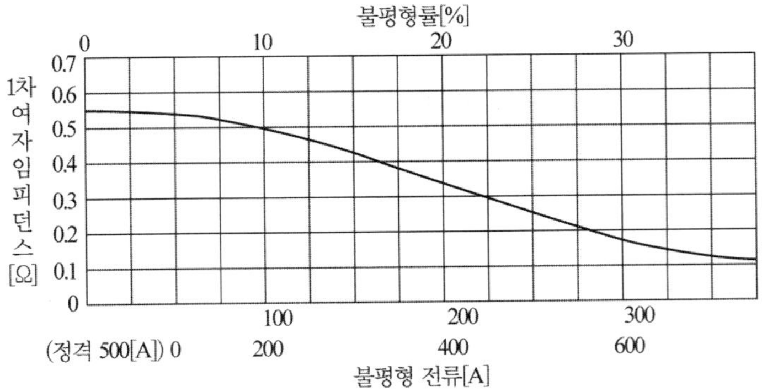

[그림 33] 불평형 전류에 의한 여자임피던스의 저하

5.6.3 불평형의 실태

(1) 레일절손

레일절손이나 송착점퍼선이 탈락하면 수신레벨은 저하하나 궤도계전기가 반드시 낙하한다고는 할 수 없다. 그 이유는 [그림 34(a)]에 나타나듯이 전류가 다른 계전기나 대지를 우회하기 때문이다. 이를 고려해서 상하선 간의 크로스본드의 간격은 두 개의 궤도회로 이상 떨어지지만 짧은 궤도회로에서는 우회 회로의 임피던스가 부족하여 낙하전압 이하가 되지 않는 일이 있다. 그러나 그와 같은 경우라도 열차가 진입하면 [그림 34(b)] 혹은 (c)에 나타나듯이 문제없는 선로에서는 열차와의 전류가 평형상태가 되고 궤도계전기는 낙하한다. 만약 2개소에서 절손하면 열차의 점유를 검지할 수 없는 부분이 생긴다. 또한 전차전류는 임피던스본드의 1차 측 편측 코일에만 흐르기 때문에 임피던스가 포화하고 커다란 잡음이 2차 측에 발생한다.

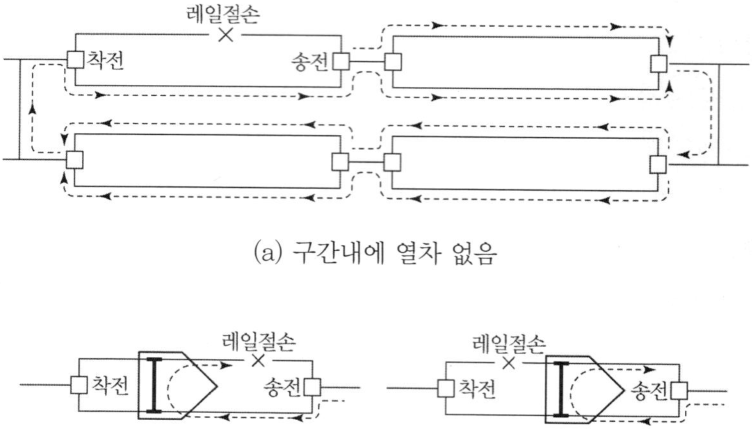

(a) 구간내에 열차 없음

(b) 착전측에 열차 있음 (c) 송전측에 열차 있음

[그림 34] 레일절손 시 신호전류

(2) 한쪽 레일의 지락

레일을 조이고 있는 볼트는 절연되어 있지만, 절연이 파괴되어 교량의 철빔 등에 전류가 흐르면 레일이 지락(대지로 단락)하는 불평형 상태가 되어 레일절손의 경우와 거의 같은 결과가 된다. 크로스본드가 레일의 바닥과 접촉하여 불평형이 되는 예도 있다.

5.7. 내 잡음 특성

5.7.1 전차전류에 포함되는 잡음 성분

(1) 직류변전소의 리플

직류변전소는 3상 교류를 직류 1,500 V로 변환하여 전차선에 공급하나 그때에는 다음과 같은 주파수의 전압이 흐른다.

① 300/360 Hz의 배수 : AF 궤도회로 대역에서는 1 A 정도의 레일전류가 흐른다.

② 100/0 Hz : 3상 교류측의 불평형에 기인하는 리플이 10 A 정도이다.

③ 50/60 Hz : 정류회로에 불평형이 있으면 발생하는 것으로 3 A가 흐르는 경우가 있다.

(2) 초퍼(Chopper)제어차

초퍼제어차는 전차선 전압을 사이리스터 초퍼에 의해 일정한 주파수로 단속하여 직류모터에 주고 그 통전시간의 비율을 가감하여 속도를 제어한다. 단속주파수 220 Hz의 3상식은 660 Hz로써 배수 또는 단속주파수 300 Hz의 2상식은 배수인 600 Hz가 잡음주파수가 된다.

(3) 일반 교류 전동차

교류전철구간을 주행하는 전동차는 전차선의 교류를 전력 다이오드나 사이리스터에 의해 직류로 변환하고 직류모터를 회전시킨다. 그때 50/60 Hz의 고주파가 발생하며 레일에 흐른다. 전력 다이오드에 의한 고주파는 주로 홀수째이지만 사이리스터의 경우는 짝수 째도 포함하여 속도에 따라 변화한다. 이전에는 시험 차량에서 25 Hz를 발생한 일이 있다.

(4) VVVF 인버터제어 전동차

전차선으로부터 직류 혹은 교류를 받아들이고, VVVF(Variable Voltage Variable Frequency : 가변전압 가변주파수) 인버터에 의해 교류로 변환하여 인덕션 모터를 회전시킨다. 발생하는 잡음은 넓은 주파수 범위에 걸쳐 시시각각 변화한다.

5.7.2 전철구간의 궤도회로 영향

전기철도에는 직류전철과 교류전철 방식이 있으며, 우리나라의 경우에 지하철은 대부분 직류방식이고 국철은 대부분 교류방식을 이용하고 있다.

(1) 궤도회로에 미치는 영향

귀선전류를 같이 사용하는 궤도회로에서는 전차전류와 같은 상용주파수를 사용할 수 없으므로 순간적인 이상 전류에도 안정이 되게 하려면 궤도회로의 설비 비용이 많이 든다.

(2) 흡상변압기에 의한 영향

유도장애를 줄이기 위하여 흡상변압기 및 흡상선을 설치하는데 레일에 흐르는 전차선 전류는 흡상선의 위치에서 최대가 되므로 궤도회로에 미치는 영향도 이 위치에서 최대가 된다.

(3) 과도전압 및 전류에 의한 영향

과도현상에 의한 이상전압 및 전류 중에서 접지나 단락사고에 의한 경우는 수초 이내에 변전소의 차단기에서 차단되어야 한다. 그러므로 그 시간 내에 신호기가 부정동작을 하지 않도록 고려해야 하며 기관차 운행전류의 이상 전류에 대해서도 검토해야 한다.

5.7.3 신호기기의 유도장애

(1) 정전유도

정전유도란 일반적으로 전계 내에 정전용량을 가진 어떤 도체를 놓았을 때 그 도체에 전압이 유기되는 현상을 말한다. 도체에 유기된 전압을 정전유도 전압이라 하고 도체를 접지했을 때 도체를 통해서 대지로 흐르는 전류를 정전유도전류라 하며 정전유도는 [그림 35]와 같다. [그림 35]의 (a)에서 기유도체의 충전 전압을 V_0, 피유도체의 대지 정전용량을 C, 기유도체와 피 유도체의 상호 정전용량을 C'라 하면 유기되는 유기전압 V는 다음과 같다.

$$V = \frac{C' \cdot V_0}{(C' + C)}$$

[그림 35]의 (b)와 같이 피 유도체가 접지되었을 때 정전유도전류 I_1이 흐르며 I_1은 다음 식으로 나타낼 수 있다.

$$I_1 = \omega C \cdot V$$

단, $\omega = 2\pi f$, f =주파수이며 접지저항은 무시한다. 이상 두 가지 식에서 유도전압은 주파수와 관계가 없으나 유도전류는 주파수에 비례한다.

교류 전차선 가까이에 신호기가 설치되어 있다면 전차선과 신호기는 하나의 콘덴서 회로가 구성되어 신호기에 전압이 유기되므로 접지 등을 고려해야 한다.

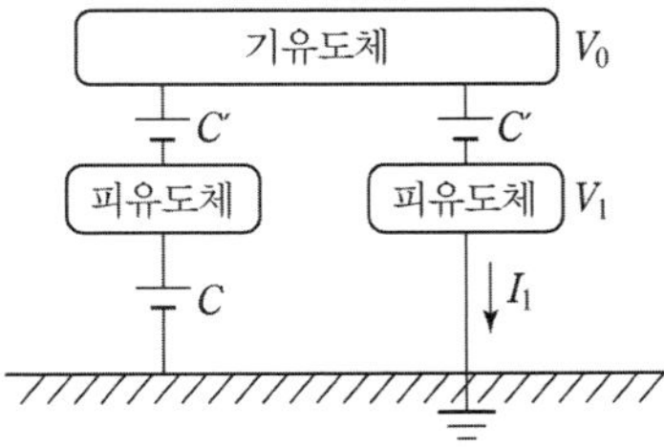

[그림 35] 정전유도

(2) 전자유도

공간 중에 어떤 도체에 전류가 흘렀을 때 그것에 근접하고 있는 상호인덕턴스를 가진 도체에 전압이 유기되는 현상을 말한다. 도체에 유기된 전압을 전자유도전압이라 하고 전류를 전자유도전류라 하며 전자유도는 [그림 36]과 같다. 예를 들어 기유도체를 고압선, 피 유도체를 신호선이라 했을 때 고압선의 1선 지락전류를 I, 신호선과의 상호인덕턴스를 M[H/m], 평행길이를 L[km]라 하면 신호선에 유도되는 전압 $V = J\omega MIL$ 이다. 단, $\omega = 2\pi f$ 이다.

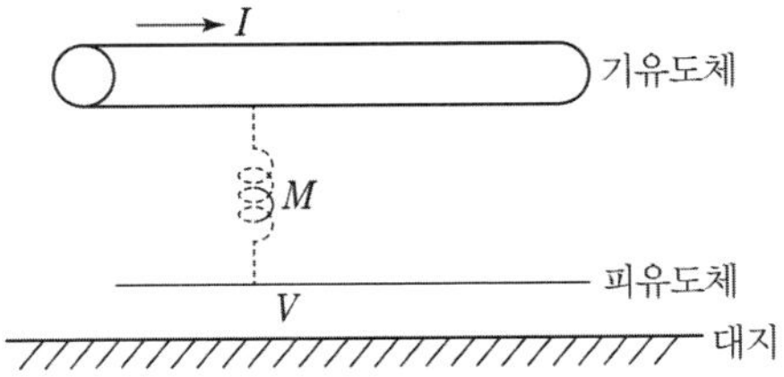

[그림 36] 전자유도

이 전자유도에 의해 신호선에 발생하는 유도전압에는 전차선 지락 고장전류에 의한 위험전압이나 부하전류에 함유된 고조파에 의한 잡음전압이 있는데 이것은 작업자의 감전이나 신호선의 절연파괴 및 전자카드의 오동작 원인이 되므로 전철구간의 궤도회로는 특별히 방호대책을 고려해야 한다.

5.7.4 고조파

고조파란 60 Hz 기본 주파수의 정배수 주파수를 갖는 전압 또는 전류로, 이것을 포함한 전압과 전류와 고조파를 포함하지 않는 전류로 구분된다. 고조파는 기본 주파수의 5

배라든가 7배의 주파수를 의미하며, 일반적으로 제3 고조파 이상의 홀수 차 고조파가 많은 영향을 준다. 최근 사이리스터의 발달에 따라 이를 사용하게 되고 대용량화됨에 따라 교류측에서 여러 가지의 문제가 발생하고 있어 고조파가 주는 영향을 고려하여야 한다.

(1) 고조파의 원인

전력 계통의 전압과 전류 파형을 일그러뜨리는 원인이 되는 고조파의 발생은 정류기나 변환기 등 사이리스터의 반도체를 사용한 기기와 아크의 비선형 부하특성을 지닌 기기와 변압기의 자기포화에 의한 것이 있다. 이 중에서 사이리스터를 사용한 변환기 및 아크의 대용량화가 문제가 되고 있으며 이들 기기의 공급 시에는 고조파에 대한 영향을 검토하여야 한다.

(2) 고조파 경감 대책

고조파의 발생 원인과 이에 의한 실태가 복잡하고 다양하며 현재 경감 대책으로 채택되고 있는 방법은 다음과 같다.

① 고조파 장해의 예방 : 직렬 리액터 삽입과 콘덴서와 직렬 리액터의 용량을 변경한 방법이다.

② 계통에서의 대책 : 정류 상수의 증가로 변환기의 다상화와 과대한 위상제어의 회피 및 교류필터를 설치한다.

③ 피해 기기측의 대책 : 설비측의 정수를 변경 즉, 고조파 분류조건을 변경하여 유입 고조파를 줄이거나 기기 자체의 고조파를 감내하는 힘을 강화하는 것이다.

5.7.5 전철구간의 유절연궤도회로

궤도회로의 동작 구조를 바꾸지 않으면서 전차선 귀선전류의 연속성을 확보하기 위하여 궤조절연개소에 임피던스본드의 중성점에 있는 넓은 단면적의 중성바를 사용한다. 대부분은 중성바 권선은 변성기를 구성하기 위하여 두껍지 않은 동판을 사용한다.

(1) 임피던스본드와 전차선 귀선전류

각 임피던스본드의 중성바 권선의 양단은 [그림 37]과 같이 각 레일에 각각 연결되어 있으며 인접한 궤도회로에 속하는 두 임피던스본드의 중심점에서 모두 분리되어 있다. 전차선 귀선전류 I는 2개의 전류로 나누어지는데 이들은 $I/2$가 각 레일에 흐르고 반대 방향에 있는 각 임피던스본드의 반 권선 2개 즉, $N/2$권선에 흐를 경우와 거의 같다.

직류 전차선 구간은 2개의 반 권선으로 전차선 귀선전류가 흐를 때 약 0.001 Ω 정도의 매우 낮은 저항을 갖는다. 또 교류 전차선 구간에서는 2개의 반 권선에 의해 발생한 자속은 거의 0으로 임피던스는 저항의 크기와 순서가 같다. 2가지 경우에 모두 귀선전류는 큰 전압강하가 없이 임피던스본드 중성점을 통해 유절연궤도회로에 흐른다.

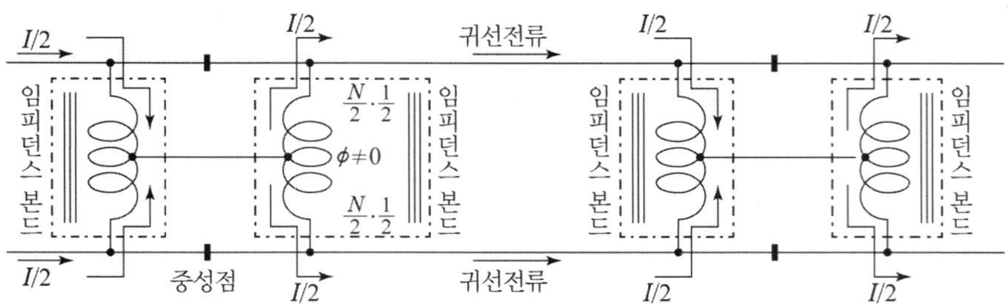

[그림 37] 전차선 귀선전류의 연속성

2개의 레일이 레일의 연결이나 대지와 관련된 절연 차이 또는 레일의 재질 차이 등 전기적 특성이 불평형을 이룰 때는 한쪽 레일의 강도는 다른 한쪽보다 크다.
이 경우, 임피던스본드에서 발생한 자속은 0이 아니므로 임피던스본드가 포화되어 궤도계전기가 낙하한다. 또 귀선전류와 관련된 고조파로 인하여 임피던스본드 2차 권선에 유도가 발생하는 등 궤도회로 동작에 방해를 받을 수 있다. 따라서 궤도회로 각 레일의 전차선 귀선전류의 값은 대략 같으며 약 10% 정도의 불평형은 허용할 수 있다.

(2) 임피던스본드와 궤도회로

궤도회로 전류는 같은 방향으로 2개의 레일과 각 임피던스본드의 중성바 권선을 순환하면서 높은 임피던스의 역할을 한다. 2차 권선은 임피던스본드를 궤도회로 주파수에 맞추거나 궤도회로 신호를 송신 또는 수신하는 데 사용한다.

(3) 임피던스본드

① 원리

전철구간에서는 전차선의 귀선전류와 신호전류가 동일 궤도를 공용한 전기회로로 구성되어 있다. 따라서 신호전류는 1개의 궤도회로에만 흘려보내야 하고 귀선전류는 변전소까지 연속적으로 회로가 구성되어 있어야 하므로 신호전류를 차단하고 귀선전류가 흐르게 하는 임피던스본드를 복궤조 궤도회로의 경계점에 설치해야 한다.

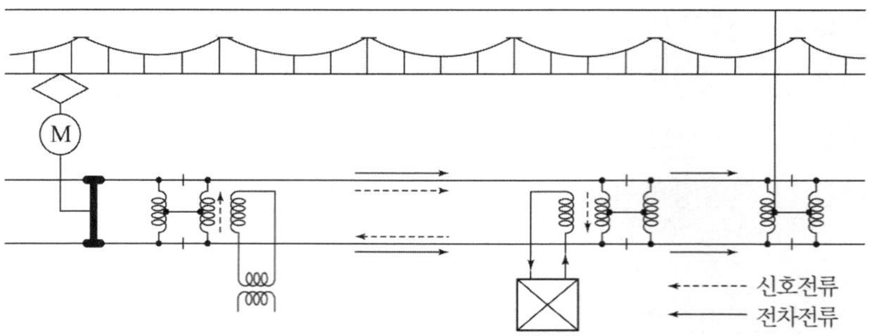

[그림 38] 임피던스본드의 원리

[그림 38]과 같이 전차전류는 변전소까지 회로가 구성되어 있고 신호전류는 1개의 궤도회로 내에만 전류가 흐른다. 전차전류는 코일의 반반씩 반대 방향으로 흐르므로 철심은 자화하지 않으나 신호전류는 코일이 감긴 방향으로만 흐르므로 임피던스의 저하를 가져온다.

임피던스본드는 계전기에 충분한 전류를 공급하여 변동을 적게 하려고 도상 자갈의 누설임피던스에 비해 적은 값으로 신호전류에 대하여 영전위의 중성점을 상호 접속하여 인접 궤도회로에 서로 영향을 받지 않게 한다.

② 구조

내철형의 성층 철심에 1차 코일과 2차 코일이 감겨 있어 1차 코일은 2개로 나누어져 각 코일에 흐르는 귀선전류에 의해서 발생하는 자속이 서로 상쇄되도록 배치되어 있다. 도체로써는 평각 구리선이 사용되고 권수는 5~10회 정도이다. 2차 코일은 평형의 구리선으로써 권수는 1차 코일과 같은 권수이며 1차 코일 사이에 삽입한다. 3차 코일을 설치하여 콘덴서를 접속하는 예도 있다. 철심에는 전차전류의 불평형 전류에 의하여 리액턴스가 변화하거나 포화하지 않게 공간을 두었는데 그사이에는 파이버를 삽입하여 부착하였다. 일반적인 변압기와 같이 열을 방지하기 위하여 변압기유를 사용하기도 한다. 임피던스본드를 궤도에 접속할 때는 전차전류의 전류량에 적합한 충분한 굵기의 점퍼선을 사용하여야 한다.

5.7.6 교류전철구간의 궤도회로

교류전철에 있어서 귀선레일 사이에 발생하는 전압을 궤도계전기로 차단한다는 것은 절대 값이 신호전압에 비하여 크기 때문에 곤란하다. 교류전철구간의 궤도회로는 전차선의 주파수나 전압이 걸려도 잘못된 동작이 없어야 하고 평상시 여자에도 지장이 없도록 해야 한다. 이를 위해서 신호 전원은 전철주파수와 다른 주파수를 사용해야 하고 또

궤도회로에 걸리는 귀선회로의 유도전압을 줄이기 위하여 방호장치가 필요하다. 한국철도의 교류전철구간에서 대표적으로 사용되는 궤도회로는 고압임펄스 궤도회로와 무절연 AF 궤도회로가 있다.

(1) 고압임펄스 궤도회로

① 개요

고압임펄스 궤도회로장치는 AC 25,000V 전철 구간에 주로 사용되며 복궤조 궤도회로에서 전차선의 귀선전류는 레일을 통하여 변전소로 흘려보내고 신호전류는 임피던스본드에서 차단하여 궤도회로의 기능을 하는 것으로 비전철 구간에서도 사용할 수 있다. 전차선과 팬터그래프와의 이선, 낙뢰 등의 발생으로 궤도회로에 이상전압의 유기 시에도 절연내력이 크므로 신호제어설비 보호 효과가 높으며 초퍼, VVVF차량 운행 시에도 면역 특성이 크므로 오동작이 발생하지 않는 장점이 있다. 이 설비는 DC임펄스를 사용하므로 송, 수신 거리에 따른 전압강하가 거의 발생하지 않으며 1개 궤도회로의 소비전력이 50 VA~60 VA 정도로 비교적 작아 에너지 절감 효과가 크며 우천 시에도 사리 누설저항의 변화가 적어 안정성이 우수하고 장애 발생 시 고장발견이나 부품의 교환이 쉽다.

6 궤도회로의 사구간

6.1 사구간

궤도회로의 사구간(Dead Section)이란 궤도회로를 구성하는 궤도 일부분에 열차가 점유하여도 궤도계전기가 낙하하지 않는 구간을 말하며 선로의 분기 교차지점, 크로싱 부분, 교량 등에 있어서는 좌우의 레일 극성이 같게 되어 열차에 의한 궤도회로의 단락이 불가능한 곳이 생기게 되는 구간을 사구간이라 한다.

사구간의 길이는 7[m]를 넘지 않도록 해야 하며 7[m]가 넘는 곳에서는 사구간 보완회로를 구성해야 하며 사구간이 1,210[mm] 이상이면 사구간 상호 또는 다른 궤도회로와는 15[m] 이상 떨어지어야 한다.

역 구내 분기부는 모터카 등 짧은 차량 운행으로 궤도계전기가 순간적으로 여자할 경우에 부정동작이 될 수 있어 이 경우에 사구간의 길이를 3[m] 미만으로 한다.

부정동작 우려가 있을 때 시소계전기로 완방시간 2초 정도를 삽입하여 궤도계전기를 늦게 낙하시킬 필요가 있다.

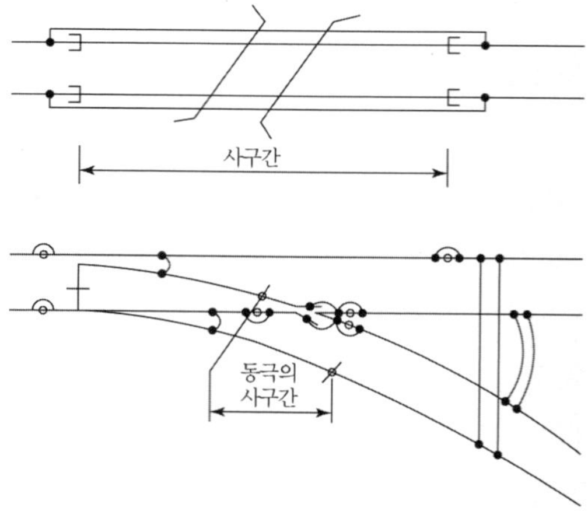

[그림 39] 궤도회로의 사구간

6.2 사구간 보완회로

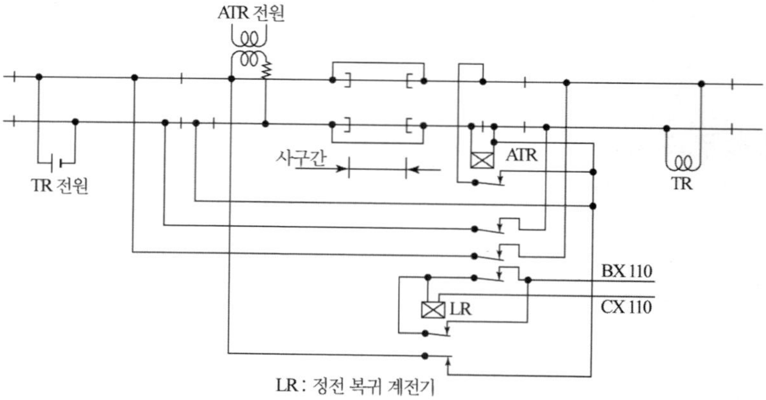

[그림 40] 사구간 보완 회로

사구간 보완회로는 1량 이상의 차량이 완전히 들어갈 수 있는 사구간이 발생하는 구간에 설치하는 특별한 궤도회로 구성 방법이다.

사구간을 포함하는 궤도회로의 양단에 짧은 복귀회로와 자기 유지회로를 설치하고 있는 것이 특징이며, 차량이 진입하면 궤도계전기는 낙하하고 차량이 사구간에 빠져도 자기 유지회로가 차단하고 있으므로 궤도계전기는 복귀되지 않는다.

또한 차량의 맨 뒤쪽 차축이 복귀회로를 통과할 때 이 차축을 통하여 전류를 보내 궤도계전기를 동작시켜 자기 유지되도록 구성한다. 만약, 정전 시에는 궤도계전기가 낙하하여 자기 유지회로가 차단되지만, 정전 회복 후 자동으로 복귀시키는 회로로 구성되어 있다.

7 TI 21 무절연 궤도회로

7.1 특징

- ATC 정보는 없고, 궤도검지 정보만 사용한다.
- 내장된 시간 지연으로 인해 일반적으로 TPR을 선택하는 데 느린 시간이 필요하지 않다.
- 대부분의 교류, 직류 및 비전철화 영역에서 사용할 수 있다.
- 이것은 무절연 궤도회로이지만 절연체이음매와 함께 사용할 수도 있다.
- 종단 또는 중앙급전 구성으로 사용할 수 있다.

7.2. 이론

궤도 주파수 편이 키(FSK) 신호는 튜닝유닛 또는 종단유닛을 통해 Tx로부터 공급된다. 계전기 끝에서 Rx는 튜닝유닛 또는 종단유닛을 통해 올바른 궤도 신호를 수신하고 필요에 따라 궤도계전기를 작동한다.

8개의 공칭 주파수를 사용하여 같은 선로의 인접 궤도회로와 인접 라인의 인접 궤도회로 사이에 격리를 제공할 수 있다. 이러한 주파수는 [그림 42]와 같이 신호 코드에 의해 참조된다.

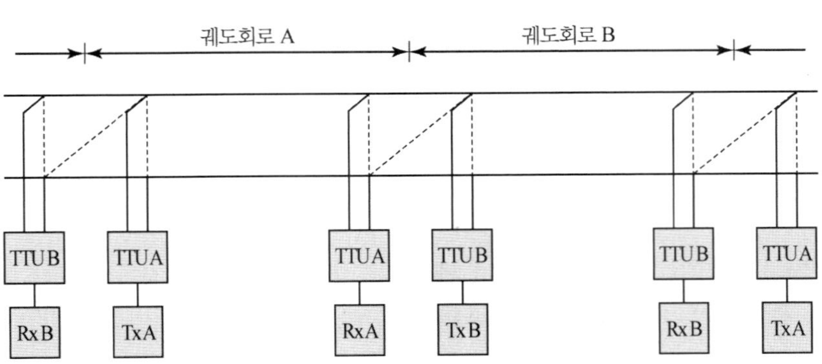

[그림 41] 두 개의 궤도회로 사이의 경계

[그림 41]을 참조하면, 두 개의 궤도회로 사이의 경계는 20 m 떨어진 레일에 연결된 두 개의 튜닝유닛에 의해 정의된다. 궤도회로의 끝은 두 튜닝장치 사이의 대략 중간쯤 되는 것으로 간주할 수 있다.

7.3 주파수 할당

TI21 궤도회로는 [그림 42]와 같이 8개의 공칭 주파수 중 하나에서 작동하며, 이는 A-H 신호 코드이다. [그림 43]과 같이, 격리를 제공하기 위해 교대로 사용되는 두 개의 공칭 주파수가 각 궤도에 할당된다.

신호 코드	공칭주파수	사용	
A	1699 Hz	하선	두 개의 궤도 영역에서 사용할 주파수
B	2296 Hz	하선	
C	1996 Hz	상선	
D	2593 Hz	상선	
E	1549 Hz	하선	4개의 궤도 영역에서 사용할 추가 주파수
F	2146 Hz	하선	
G	1848 Hz	상선	
H	2445 Hz	상선	

[그림 42] 공칭주파수와 할당

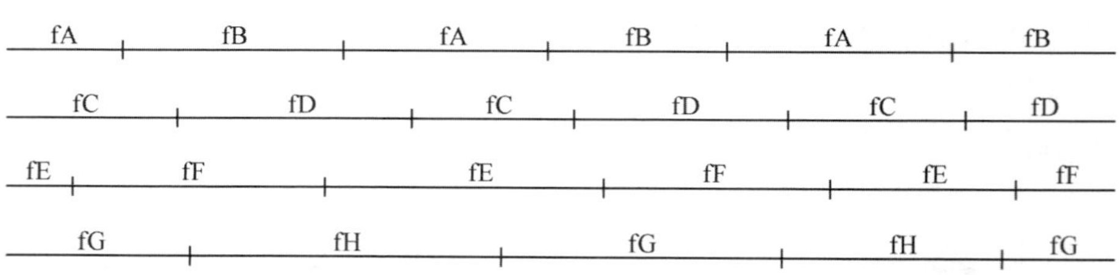

[그림 43] 격리를 위한 두 공칭 주파수 할당

7.4 송신기 동작

Tx의 블록 다이어그램은 [그림 44]에 나와 있다. 다중 진동자(1)는 4.8 Hz의 구형파 주파수를 생성한다. 이 주파수는 변조기(2)가 발진기(3)의 출력을 변조하는 데 사용되므로 4.8Hz의 속도로 반송파 주파수에 대해 ±17 Hz씩 변화하는 신호를 생성한다.

증폭기(4)는 이 신호를 궤도로 전송하기에 적합한 전력 레벨로 증가시킨다. 변압기(5)는 증폭기 출력을 부하에 일치시킨다. 필터(6)는 장치를 원치 않는 직류 및 교류 전압으로부터 분리한다. 신호는 2코어 케이블을 통해 관련 튜닝유닛에 공급한다.

Tx 장치에는 조정장치가 제공되지 않는다.

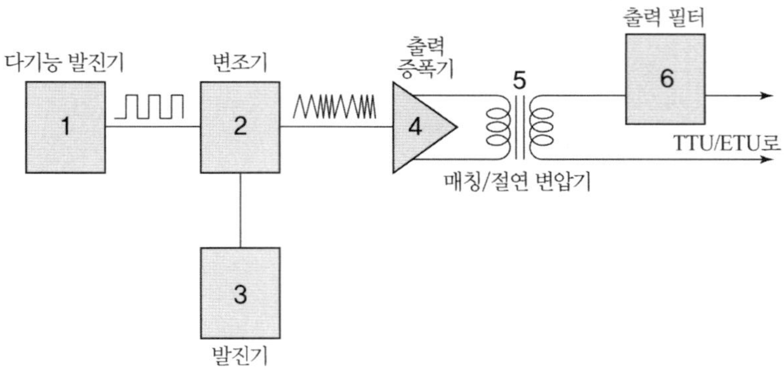

[그림 44] 송신기 블록 다이어그램

7.5 수신기 동작

궤도 주파수는 튜닝유닛을 통해 Rx에 공급된 다음, 궤도계전기(TR) 역할을 하는 교류 면역, 직류 중성, 50V 라인 계전기(BR931)로 공급된다.

Rx의 블록 다이어그램은 [그림 45]에 나와 있다. 입력 신호는 튜닝유닛/종단유닛에서 입력 변압기(1)로 공급되며, 이는 Rx와 튜닝유닛/종단유닛을 일치시키고 전체 수신기 이득을 설정하는 수단을 제공한다. Rx에는 두 개의 병렬 채널이 있다. 하나는 더 높은 주파수로 조정되고 다른 하나는 더 낮은 주파수로 조정된다. 각 채널에서 신호는 AND 게이트(6)에 한 쌍의 반상 구형파가 인가되도록 필터링(2), 증폭(3), 필터링(4) 및 최종적으로 복조(5)된다.

AND 게이트는 두 구형파가 서로 반상일 때만 필요한 일정한 음의 출력을 제공한다. 이 음의 출력은 캐패시터 타이머(7)에 공급되며, 이 타이머는 50V 계전기 드라이브(8)를 생산할 수 있을 만큼 높은 전위에 도달하는 데 2초가 걸린다.

올바르게 변조된 두 주파수의 존재는 계전기가 통전 되기 전에 최소 2초 동안 필요하므로 간섭으로부터 내성이 확보된다. 열차 단락 또는 기타 이유로 인해 1msec 동안 Rx 입력이 없으면 계전기 구동 출력이 0으로 감소한다.

Rx를 조정할 수 있는 유일한 방법은 필요한 이득을 제공하기 위한 입력 변압기 태핑 설정이다.

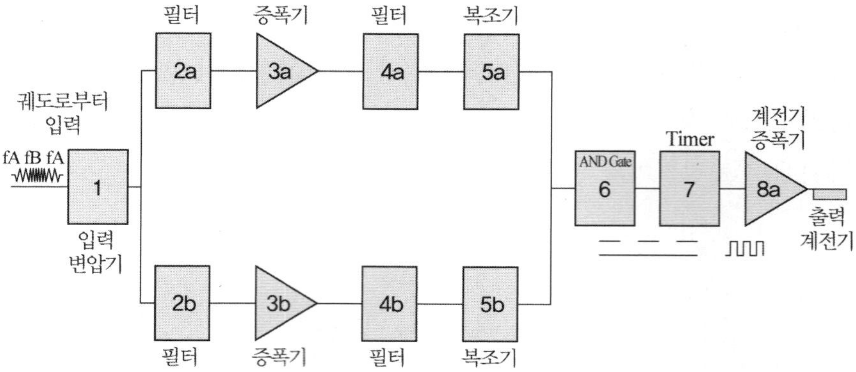

[그림 45] 수신기 블록 다이어그램

7.6 튜닝 유닛

튜닝된 캐패시터/인덕터 회로는 TI21 궤도회로의 끝을 정의하는 올바른 종단을 제공하는 데 사용된다. 튜닝 장치에는 튜닝유닛과 종단유닛의 두 가지 유형이 있으며, 공칭 궤도 주파수를 거부하거나 통과시키는 데 사용된다.

7.7 작동

7.7.1 End Fed 구성

종단 급전 구성의 예는 [그림 46]에 나와 있다. 종단 급전 궤도회로의 길이는 송신기 튜닝 영역의 중심에서 수신기 튜닝 영역의 중심 또는 적절한 경우에 절연체이음매까지이다. ([그림 47] 참조)

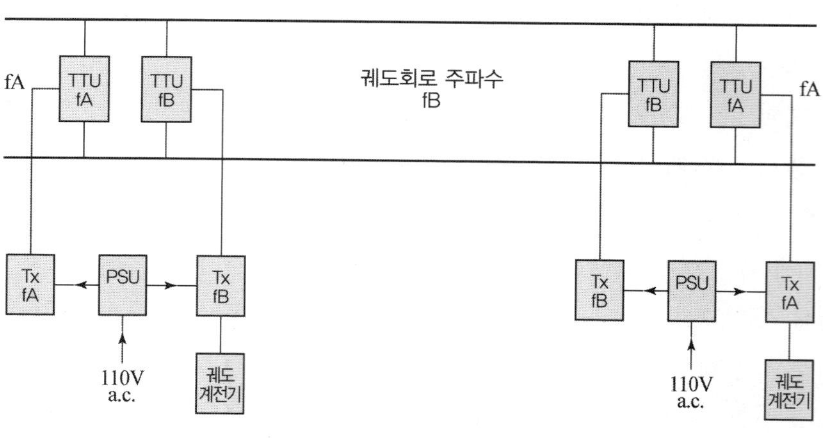

[그림 46] 종단 급전 회로의 구성

절연체이음매에서 종단유닛을 사용하면 열차 단락이 절연체이음매까지 효과적일 수 있다. 이 경우 종단유닛은 [그림 47]과 같이 송신기나 수신기와 함께 사용할 수 있다.

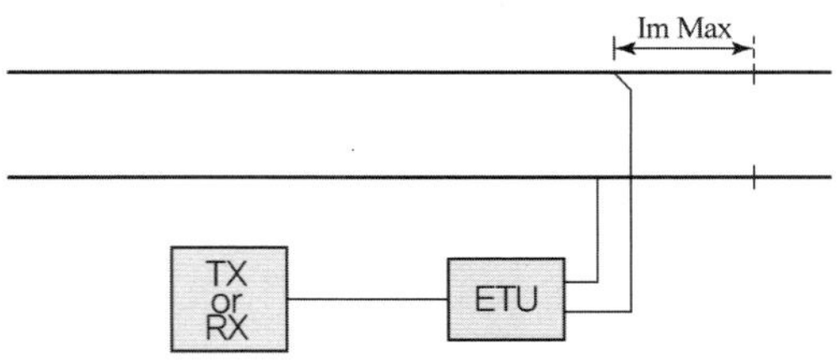

[그림 47] 종단 급전 종단유닛 사용회로의 구성

(1) 튜닝된 영역에서 사용되는 튜닝유닛

두 개의 무절연 궤도회로가 맞닿은 곳에서, 각 궤도회로의 튜닝유닛은 [그림 48]과 같이 20 m 간격으로 레일에 연결되어 튜닝된 영역을 형성한다. 각 궤도회로의 단락 영역은 튜닝유닛 사이의 중간 지점을 넘어 확장되며, 결과적으로 튜닝된 구역의 중심 주위에 교차 영역이 형성되며, 두 궤도회로가 점유된 상태로 등록된다.

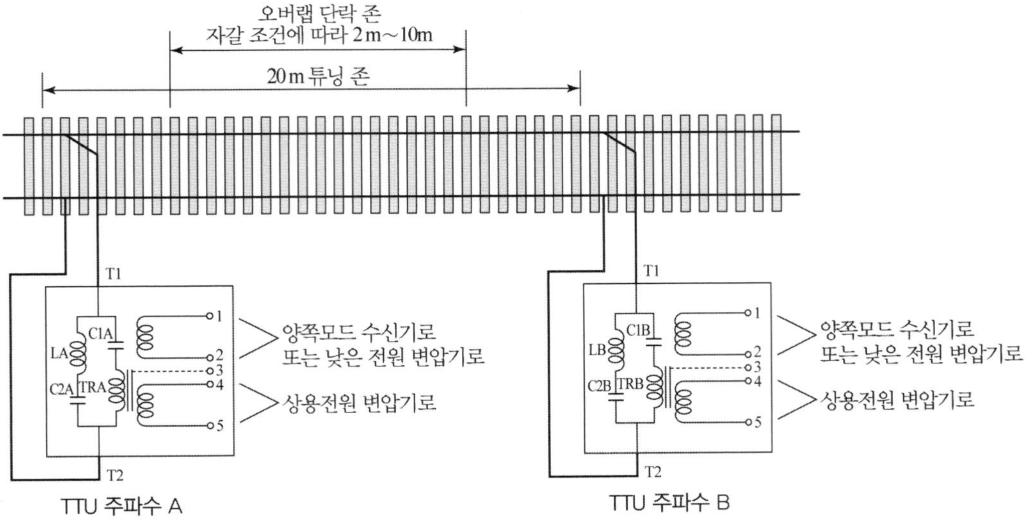

[그림 48] 튜닝 회로의 간격

각 튜닝유닛은 올바른 주파수에 대해 지정된 부하를 제공하며 인접한 궤도회로의 주파수에 대한 단락 역할을 한다.

[그림 48]을 참조하면, 주파수 A 튜닝유닛은 주파수 B에서 단락을 나타내고, 주파수

B 튜닝유닛은 주파수 A에서 단락을 나타낸다. 이러한 방식으로 튜닝된 영역 밖의 휠 세트는 해당 휠 세트가 서 있는 궤도회로에서만 검지되며 인접한 궤도회로에는 검지되지 않는다.

주파수 ATU

- 주파수 B에서 직렬 튜닝 단락으로 작동한다.
- 주파수 A에서 레일 인덕턴스 40 m로 병렬 튜닝 회로를 구성한다.

주파수 BTU

- 주파수 A에서 직렬 튜닝 단락으로 작동한다.
- 주파수 B에서 레일 인덕턴스 40 m로 병렬 튜닝 회로를 형성한다.

(2) TI 21 비궤도회로 영역 연접

다음 구간이 궤도회로가 아닌 경우 [그림 49]와 같이 하나의 튜닝유닛과 튜닝유닛을 넘어 18.5 m의 레일 사이의 단락을 사용하여 조정 구역을 만들 수 있다. 이 방법은 특히 TI21 영역이 진행됨에 따라 해당 영역이 이미 궤도회로가 구성되지 않은 경우에 스테이지 작업 중에 유용할 수 있다.

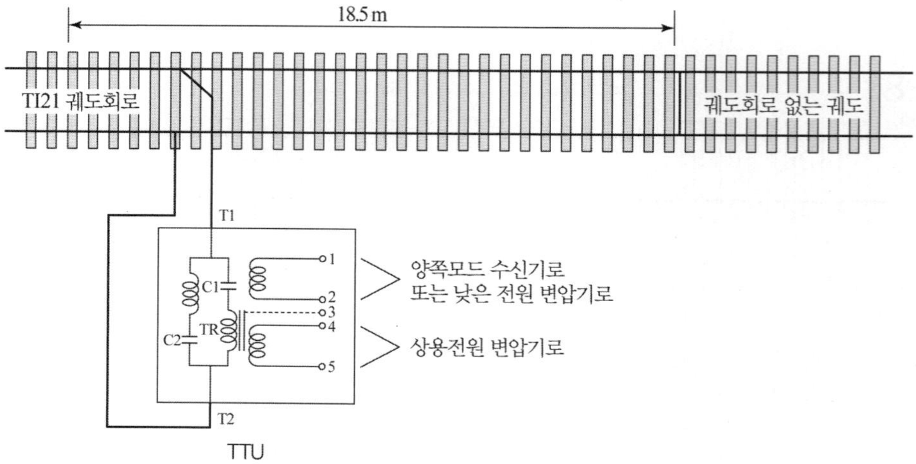

[그림 49] 비궤도회로의 구간과의 간격

7.7.2 중앙급전장치 구성

앞서 설명한 바와 같은 종단 급전 구성은 궤도회로의 길이를 제한하고 추가 궤도회로를 추가할 때 어려움을 초래할 수 있다. 따라서 장비는 [그림 50]과 같이 중앙급전 모드로 배치할 수 있다.

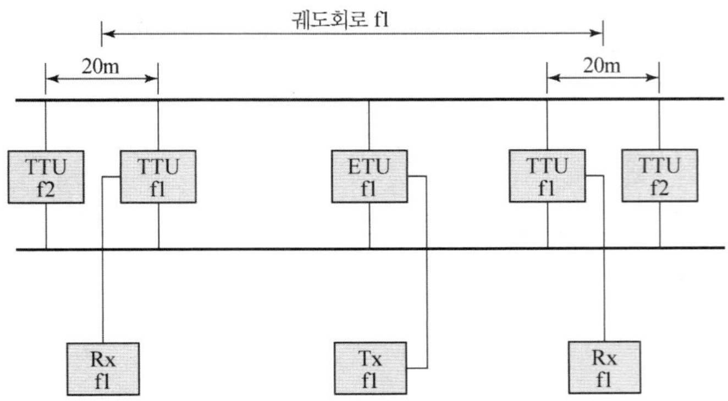

[그림 50] 중앙 급전모드의 간격

종단유닛은 송신기가 같은 주파수의 두 수신기 유닛을 공급할 수 있게 한다. 길이 요건을 위반하지 않는 한, 피드는 궤도회로의 물리적 중간 지점에 있을 필요가 없다. 구성의 두 반쪽은 효과적으로 분리되어 있으며 독립적인 궤도회로인 것처럼 사용할 수 있다. 그러나, 송신기 종단유닛에서 단락 영역의 길이는 매우 가변적이기 때문에, 구성은 두 개의 분리 구간으로 처리하는 것이 가장 좋다.

8 UM 71C AF 궤도회로

8.1 개요

(1) 일반적인 운영조건

무절연이음매(JES)가 설치된 UM 71C(보상 콘덴서) TVM 430 궤도회로는 직·교류 전철화 또는 비전철화 구간에 같이 사용할 수 있다.

이 궤도회로 설비는 고속선의 TVM 430 궤도/차상전송 시스템에서 신호정보 전송에 사용된다.

서로 다른 주파수에서 동작하는 연속적인 궤도회로는 일반적으로 레일의 연속성을 무절연이음매로 분리하여 전기적으로 구분한다. 궤도회로는 또한 절연이음매(JI)로도 분리될 수 있다. 전차선 귀선 전류는 두 레일에 의해 확보된다.

8.2 구성

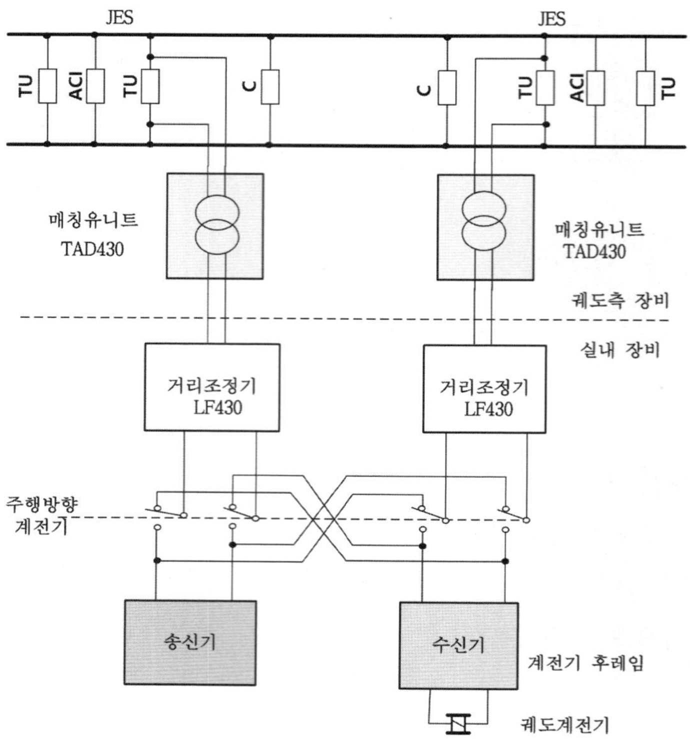

[그림 51] UM 71C TVM 430 무절연 궤도회로 형태 및 기능도

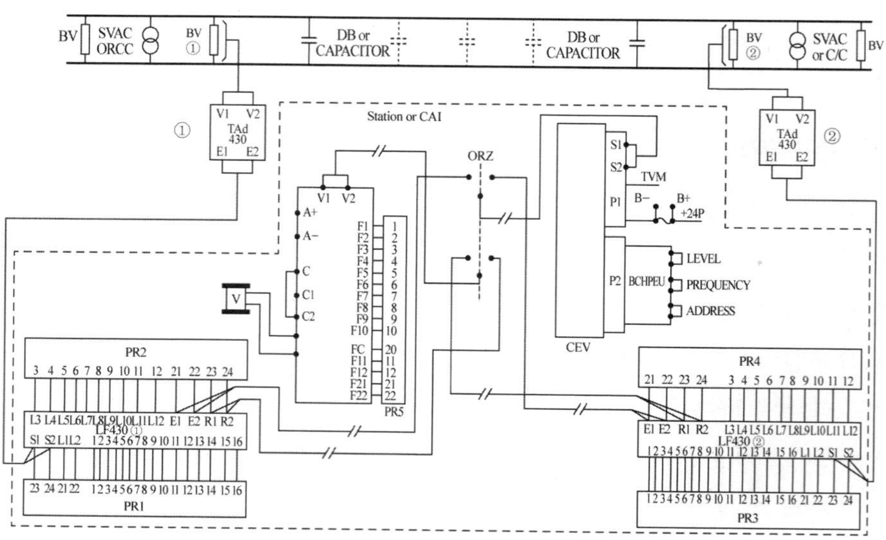

[그림 52] 장비 구성도

UM 71C TVM 430 형 궤도회로는 무절연이음매가 있는 개소에 두 개의 동조 유닛(BU)과 그 사이 중앙에 공심유도자(SVAC), 또는 단락회로(C/C)가 있는 회로로 대체해서 사용한다. 이처럼 무절연이음매(JES)로 불리는 궤도회로의 목적은 각 궤도회로 경계로부터 타 구간의 신호 전파를 방지하며, 각 주파수에서 궤도회로 신호와 최상의 조건으로 관련 정보를 송·수신하기에 충분한 임피던스 값을 제공하며, 전차선 귀선 전류를 재균형 시킨다.

사실상, 두 개의 삽입된 병렬공진회로는 무절연이음매로 구성된 관련 두 궤도회로 주파수로 각자 대체해서 설비된다.

거기에는 무절연이음매의 두 가지 형태가 있다. :

- 공심유도자(SVAC)가 있는 무절연이음매 (2 × 9.80m),
- 단락회로(C/C)가 있는 무절연이음매 (2 × 16m).

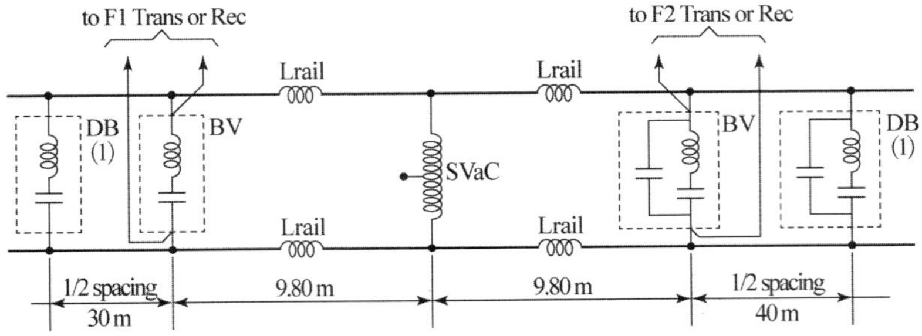

[그림 53] 무절연 AF 궤도회로 설계도

SVAC가 있는 무절연이음매는 3m의 최댓값에서 무절연이음매 단락의 불확실을 제한하는 이점을 제공한다. 그러나 궤도회로 경계에 서로 다른 신호의 전파를 제한하기 위해(종적 혼선), 이 무절연이음매는 두 개의 양극자 블록장치(DB)에 의해 둘러 쌓이게 된다. DB의 동작이 병렬접속 절연 궤도회로 구간에 설치될 때 최적 조건이 아닌 경우, SVAC가 있는 무절연이음매는 선로변 장치와 근접해서 설치되지 않는다.

무절연이음매형 궤도회로가 있는 고속선의 열차운전은 TVM 430 차상시스템으로 제어하는 차상컴퓨터 하부시스템에 의해 제어된다.

속도제어 곡선은 차상장치에서 계산에 필요한 안전, 목표거리, 평균 구배를 확보한 최대 허용속도가 되도록 설계되었다.

궤도회로는 동등한 중요성을 가진 두 가지 기능을 수행한다.

궤도회로의 어느 지점에서 한 대, 또는 두 대 연속적으로 검지, 궤도/차상 전송(TVM)

매개체 역할을 한다.

송신기로부터의 전송되는 전류는 차량의 첫 번째 차축으로 인해 폐회로가 된다. 차축 앞 레일 위에 있는 전류 센서는 차상에 예정된 정보를 픽업하는 데 사용된다. 고속선은 양방향 선로이기 때문에 궤도회로는 열차운행 방향에 따라 송·수신 측이 달라진다.

송신기(CEU)는 궤도회로 발진기 기능의 조정된 TVM 430 신호 연속정보 코드 발진기 기능을 동시에 수행한다.

궤도로부터 수신된 신호는 필터 및 복조한 후 수신기는 직류계전기를 제어하게 된다.

8.3 장비 특성

8.3.1 실내설비

(1) 궤도회로 송신기

궤도회로 송신기는 반송주파수(2,040 Hz, 2,400 Hz, 2,760 Hz, 3.0 Hz) 별로 4종류가 사용되며, 종류별로 오접속 방지용 Pin이 설치되어 있고 보드 전면에는 반송주파수를 육안으로 확인할 수 있는 LED가 부착되어 있으며, 송신기의 기능은 다음과 같다.

- 신호주파수 변조 기능
- 반송주파수 변조 기능
- 변조신호 증폭 기능

궤도회로 송신기는 TVM 430의 WCE(선로변 컴퓨터 장비) 설비에 내장되어 있다.

① 연속송신보드 (CEU)

CEU 보드는 TVM의 입력/출력 큐비클(BES)의 범용송신랙(PEU)에 설치된다. 동작주파수에 한 가지 형태의 CEU보드가 있다. 이 보드는 UM71 궤도회로 송신기 및 차상신호를 위해 TVM으로부터 연속정보를 위해 코드발진기 기능을 확보한다.

반송주파수는 2,040, 2,400, 2,760 Hz 또는 3.0 Hz로 할 수 있다. 차상에 전송할 디지털 메시지를 특성화한 27개의 초저주파수의 선형 구성으로 변조된 주파수다. 이 변조주파수는 0.64 Hz의 비율을 가진 0.88 Hz~18.52 Hz 안의 범위에 들어 있다.

25.68Hz의 특수화된 변조주파수는 수신기에 의해 궤도계전기를 동작하도록 사

용된다.

CEU는 연차적으로 27개의 일치된 변조주파수의 결여 존재가 송신되기 위한 27bit 정보의 논리상태로 정의된 명령 메시지를 받는다.

명령의 결여 또는 변조주파수의 비 확실성은 송신기가 정지되는 원인이 된다.

S1-S2 포인트는 궤도회로 신호의 출력 전원을 구성한다. 그들은 보드에 직접적으로 영향을 받지 않는다. 파워레벨의 조정은 최대 70VA를 얻도록 15~135V까지 단계별로 출력전압을 가능하게 한다. 어떤 초과는 출력 차단을 통한 송신기의 즉시 정지 결과를 가져온다. CEU 정면 패널에 있는 3개의 표시등은 보드의 동작 상태를 표시한다.

② CEU보드 조정

조정은 다음과 관련 있다. :

보드 어드레스[표 6], 궤도회로 주파수[표 7], 출력전압 레벨[표 8]

위의 3가지 조정은 코드화된 플러그로 된 보호장치에 의해 얻어진다. (BCH PEU) [표 9]

CEU 정면 패널은 [표 10]에 주어진 방법으로 3가지 LED를 형성한다.

〈표 6〉 CEU 보드플러그-주소 코딩 브리지(흰색선)

Address	Bridge, Points to interconnected					
	A4	A3	A2	A1	A0	
Interconnection	A12 to C12	A12 to C12	A12 to C12	A12 to C12	A12 to C12	
3	×	×	×			00011
6	×	×			×	00110
9	×		×	×		
12	×			×	×	
15	×					
18		×	×		×	

〈표 7〉 CEU 보드플러그-주파수 코딩 브리지(흰색선)

Frequence	Bridge, Points to be interconnected		
	A6	A5	
	A16 to C16	A14 to C14	
1700 Hz	×	×	00
2000 Hz	×		10
2300 Hz		×	01
2600 Hz			11

〈표 8〉 출력레벨 조정

LEVEL	Output voltage	Links BCH PEU plug(P2)	
1	135 V	A22 to C30	A20 to C20
2	120 V	A22 to C28	A20 to C20
3	105 V	A22 to C26	A20 to C20
4	90 V	A22 to C24	A20 to C20
5	75 V	A22 to C22	A20 to C20
6	60 V	A22 to C30	A20 to C22
7	45 V	A22 to C28	A20 to C22
8	30 V	A22 to C26	A20 to C22
9	15 V	A22 to C24	A20 to C22

〈표 9〉 BCH PEU 코딩 플러그(뒷면)

	C2	A2
ADDRESS	C4	A4
	C6	A6
	C8	A8
	C10	A10
	C12	A12
FREQUENCE	C14	A14
	C16	A16
	C18	A18
LEVEL	C20	A20
	C22	A22
	C24	A24
FREQUENCE	C26	A26
	C28	A28
	C30	A30
LEVEL	C32	A32

〈표 10〉 LED 표시상태

종류	색깔		의미
Watchdog (CG)	Green	Normally on	CEU software의 적정한 작동표시
Frequency Identification	Red	Normally out	만약 on, 코딩된 주파수 고장표시
Safety 24 V	Green	Normally on	만약 off, iTVM은 CEU 출력을 차단했다는 것을 표시

(2) 궤도회로 수신기

UM71 수신기는 DC 24V를 사용하며, 4가지 반송주파수에 따른 4종류의 수신기를 사용하며, 다음과 같은 기능이 있다. 수신되는 코드 신호의 품질과 진폭을 최종 분석하고 신호가 정확할 경우에 궤도계전기를 여자시키고 신호가 부정확할 경우에 궤도계전기를 낙하시킨다. 수신기는 2개의 모듈박스(Module Box) 에 조합되어 NSI[1] 계전기랙에 설치된다.

① 수신기의 특성

㉮ 동작 환경

- 전원 : DC 24V
- 사용온도 : −25℃ ~ +70℃
- 습도 : 30℃에서 95%

㉯ 전기적 특성(DC 24V, 20℃, NSI 계전기 250Ω에서 측정)

- 소비전류 : 350mA
- 계전기 여자전압 : 205 mV±5 mV
- 계전기 낙하전압 : 175 mV±5 mV
- 반응시간 : DC 24V에서 ≤ 500 ms

② 수신기 유닛

동작주파수 당 한 가지 형태의 수신기 유닛이 있다. [그림 54] 설계다이아그램, [그림 55] 후면 궤도에서 수집된 신호는 위조된 주파수 삭제에 필요한 여과 입력(40Hz 대역) 후 수신기 입력에 적용되며 다음과 같은 2가지 기능을 확보한다. : 단락검지를 하기 위한 임계값 검사(동작전압 : 200mV 낙하전압 : 160mV) 25.68Hz 변조주파수는 열차검지를 위하여 사용된다. 주파수 변조는 궤도로부터 전자기 간섭과 구별되기 위해 유용한 신호를 가진다. 이 두 가지 조건은 **수신된 신호가 송신기에 의해 전송을 유효화하도록 확보하기 위해 최소한 2초가 필요**하다. 유닛은 그때 궤도계전기에 전원을 공급하게 된다.

입력 변압기는 KRV 조정을 통해 수신기 입력에 정합시키기 위한 신호레벨을 가능하게 한다. 수신기는 전자적인 시간지연 계전기를 구성한다. 수신기와 연결된 궤도계전기의 동작시간 지연은 ;

---

1) NSI(Safety Relay modular technology) : 안전 계전기 모듈방식 기술

0.3 s with C–Cl link

2 s min with C–C2 link

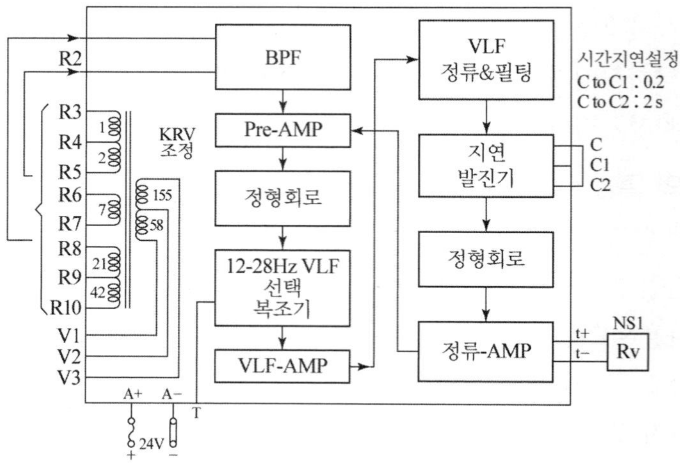

[그림 54] 수신기 설계도

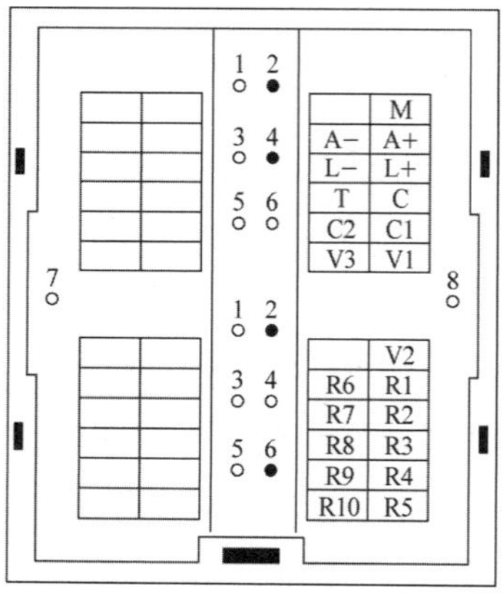

[그림 55] 수신기 유닛 - 뒷면

③ 수신기 유닛 조정

수신부 조정은 궤도회로 길이에 달려있다. 수신기 조정은 최소 동작 임계값에 따라 적용되어야 한다. 조정은 NS1(안전 계전기 모듈방식 기술)프레임에 위치한 PR5 커넥터로부터 전송비(KRV 조정 : 1에서 15위치)를 통해 만들어진다.

〈표 11〉 KRV 조정표

KRV	Links in plugs PR5		
	1 to	2 to	REMARK
1	3	4	
2	5	4	
3	3	5	
4	5	7	3 to 6
5	5	7	4 to 6
6	4	7	3 to 6
7	6	7	
8	3	7	4 to 6
9	4	7	5 to 6
10	3	7	5 to 6
11	9	7	3 to 8/5 to 6
12	9	7	4 to 8/5 to 6
13	9	7	3 to 8/4 to 6
14	9	7	6 to 8
15	9	3	4 to 716 to 8

(3) LF430 NSI 가상선

UM71 궤도회로장치의 거리 조정기(Symmetrical fictive line)는 한 궤도회로의 송신기와 수신기의 케이블의 길이가 같게 구성되도록 전류를 감쇄시키기 위하여 사용되며, 사용되는 케이블의 길이는 0.5km, 1km, 2km, 4km이며, 이것은 운행정보 전송을 위한 회로의 반전을 쉽게 한다.

가상 라인(NSl-LF 430)은 각각의 송·수신회로에 설치된다.[그림 56] 모든 주파수에 한 가지 형태의 가상라인이 있다. 조정은 두 개의 프로그래밍된 플러그에 의해 시행된다.(PR)

이 가상 라인의 목적은; 6,750m의 이론적인 정숫값에 각 케이블(송·수신)의 균등한 길이를 고정한다. 가상라인에 의해 제공된 조정 가능성 때문에 사실상 얻어진 동등한 길이는 7.5km와 7km 사이에 있다.

장비측에서 가상 라인에 포함하는 부하코일 인덕터(Lp)의 추가로 케이블 내 궤도회로 신호의 전송을 개선한다. Lp 값은 주파수 및 궤도회로 적용에 따라서 8, 16, 20 or 24 mH로 할 수 있다.

궤도회로 적용에 따라 가상 라인 설정을 자동으로 조정할 수 있도록, 계전기 접점 중심축 적용을 위해 송신기나 수신기 유닛 접속을 구성하는 배열이 적용될 것이다.

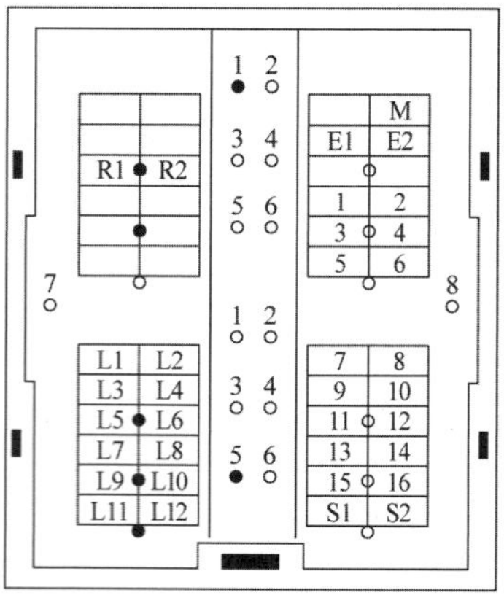

[그림 56] NS1-LF430 가상 라인 뒷면-단자 배열

〈표 12〉 NS1-LF430 가상 라인-코일 부하 조정

Frequency	TRANSMISSION			RECEPTION		
	Coil loading value《L》	Fictive line	Plugs PR2 or PR4 (1)	Coil loading value《L》	Fictive line	Plugs PR2 or PR4 (1)
1700 Hz	24 mH	E1 to L11	21 to 11	20 mH	R1 to L9	23 to 9
		E2 to L12	22 to 12		R2 to L10	24 to 10
2000 Hz	20 mH	E1 to L9	21 to 9	16 mH	R1 to L7	23 to 7
		E2 to L10	22 to 10		R2 to L8	24 to 8
2300 Hz	16 mH	E1 to L7	21 to 7	12 mH	R1 to L5	23 to 5
		E2 to L8	22 to 8		R2 to L6	23 to 6
2600 Hz	12 mH	E1 to L5	21 to 5	8 mH	R1 to L3	23 to 3
		E2 to L6	22 to 6		R2 to L4	23 to 4

(4) 궤도계전기

UM71 궤도회로장치에 사용되는 궤도계전기는 NSI24, 4.0.4(안전 계전기 모듈방식 기술)타입이며 다음과 같은 특성이 있다.

- 15℃에서 선륜 저항
- 전원 : DC 24V
- 최대 여자전류 : 64mA
- 최소 리셋전류 : 20mA

(5) 방향계전기

열차가 진행하는 방향에 따라 궤도회로의 송신기와 수신기의 위치가 변경되어야 한다. 즉, 열차가 임의의 궤도회로 구간에 진입할 경우에 반드시 수신기가 설치된 곳으로 진입하여 송신기가 설치된 방향으로 진행하여 운행정보를 수신할 수 있게 된다. UM71 궤도회로는 이런 특성을 고려하여 [그림 57]과 같이 방향계전기를 설치하여 궤도회로의 송신부와 수신부를 절체할 수 있도록 하였으며, 거리 조정기에 의해 송·수신 케이블의 길이가 같도록 조정되어 있다.

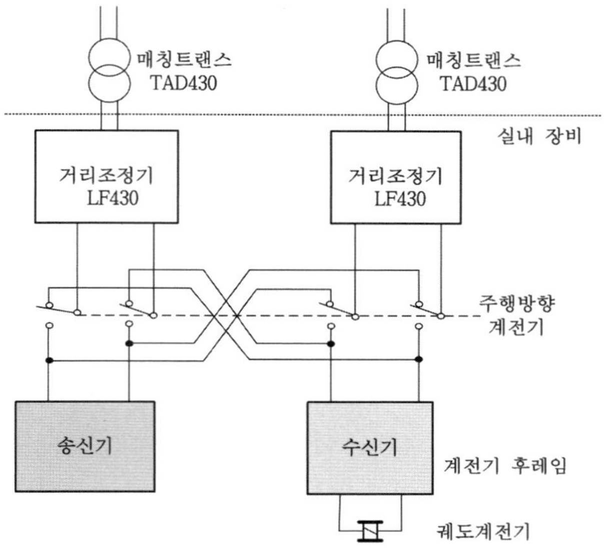

[그림 57] 방향 계전기회로

8.3.2 현장 설비

(1) TU(Tuning Unit)

TU는 BU 타입과 BA 타입의 2가지를 사용하며,

- BU 타입 TU는 무절연 궤도회로에 사용한다.
  - BU 타입 TU는 선로에 직접 연결하고 방수 장치가 되어 있으므로 자갈도상에 매설한다.
- BA 타입 TU는 유절연궤도회로에 사용한다.
  - BA 타입 TU는 ACI에 연결하여 병렬공진회로를 구성하여 주파수에 동조한다.
- TU의 임피던스는 주파수와 관계되어 캐패시터에 의해 결정되며, ACI와 동조회로를 구성하여 최대 임피던스값을 이용하며, TU에는 반송주파수 별로 다음과 같은 4가지 타입을 사용한다.

− 2,040Hz(V1−F1)	− 2,760Hz(V1−F2)
− 2,400Hz(V2−F1)	− 3.0Hz(V2−F2)

(2) ACI(Air Core Inductor)

ACI는 손실이 적고 임피던스가 높으며, 동조회로 특성계수 개선에 사용하고, 전차선 전류를 15A로 제한시켜 평형을 유지한다. 이 기능은 운행정보 전송을 위해 매우 중요한 것으로 차상 수신기는 2개 센서의 차이에 의해 전차선 전류의 평형 요소에서 발생한 DC 전송에 대해 보호를 받는다.

전차선 전류의 불평형은 수신기 입력단에 신호를 발생시키게 되며, 이러한 간섭을 평형 개선으로 감소시키게 되며 이 기능을 ACI에 의해서 수행된다.

ACI는 SVA타입과 SVAC타입의 ACI를 사용하며,

- SVA 타입 ACI는 유절연 AF궤도회로
- SVAC 타입 ACI는 무절연 AF궤도회로에 사용한다.

① SVA

유절연방식 AF 궤도회로에 사용되는 SVA타입 ACI는 BA타입 TU와 연결되어 LC 공진회로의 Q값을 개선하는 데 사용되며, 허용전류는 연속 불평형 전류에서 150A(중성점에서는 300A) 이내이고 4분 이내의 불평형 전류에서 150A(중성점에서는 300A) 이내이고 4분 이내의 불평형 전류에서 500A(중성점에서 1,000A) 이내이다.

② SVAC

무절연방식 AF 궤도회로에 사용되는 SVAC타입 ACI는 궤도회로 고조파 성분을 제한하고 전차선 전류와 관련된 궤도회로의 면역성 레벨을 상승하게 하여 전차선 귀선 전류를 재조정하는 데 사용한다.

(3) MU(Matching Unit)

MU는 궤도와 UM71 궤도회로장치의 송신기나 수신기 사이의 임피던스 정합에 사용되며, 주파수와는 무관한 설비이다.

MU는 플라스틱 함체에 내장되어 있으며, 선로변에 설치한다.

(4) 보상용 콘덴서

선로의 캐패시터를 증가시켜 길이의 인덕턴스를 보상하여 전송을 개선하는 보상용 콘덴서(캐패시터)는 선로에 일정한 간격으로 설치하여야 하며, 보상용 콘덴서의 기능은 다음과 같다.

- 궤도회로 길이의 연장
- 궤도회로에서 열차로의 완벽한 전송을 허용할 수 있는 강력한 레일 신호전류의 획득

(5) 접속케이블

궤도/역간 접속케이블은 특수하다. (쿼드 케이블). 각 케이블의 균등 길이(송신 또는 수신)은 6,750m의 이론적인 정숫값을 가진다.

(6) 양극자 블록장치(DB)

이 장치는 TVM 및 궤도회로에 관련해서 동조 유닛 단락 기능 실패의 방해 효과를 제한하는 데 사용된다. (종적 혼선위험)

동작주파수에 따라서 각각 한 가지 형태의 DB가 있다. 주파수 F1 DB는 F2 주파수에서 회귀하는 직렬 LC 회로로 구성된다.

주파수 F2 DB는 F1주파수에서 회귀하는 LC회로로 직렬LC회로와 콘덴서의 병렬접속으로 구성된다.

DB는 자기 궤도회로 주파수에서는 25μF 콘덴서로써 작용하고 인접 궤도회로 주파수에서는 단락회로로써 설비된다.

9 Axle Counter

9.1 Axle Counter

Axle Counter는 궤도의 두 지점 사이에서 열차가 지나가는 것을 감지하는 철도 장치이다. 카운터 헤드(감지 지점)가 구간의 각 끝에 설치되며 각 열차 차축이 구간의 시작 부분에서 계수 헤드를 통과할 때 카운터가 증가한다.

감지 지점은 2개의 독립적인 센서로 구성되어 있으므로 센서는 차축이 통과하는 순서와 시간에 따라 열차의 방향과 속도를 감지할 수 있다.

열차가 구간 끝의 카운터 헤드를 통과함에 따라 카운터의 끝에서 계산된 값과 시작 부분에서 계산된 계수가 비교된다.

두 개의 카운트가 같으면 구간은 두 번째 열차를 위해 구간이 비어 있다는 것으로 판단된다.

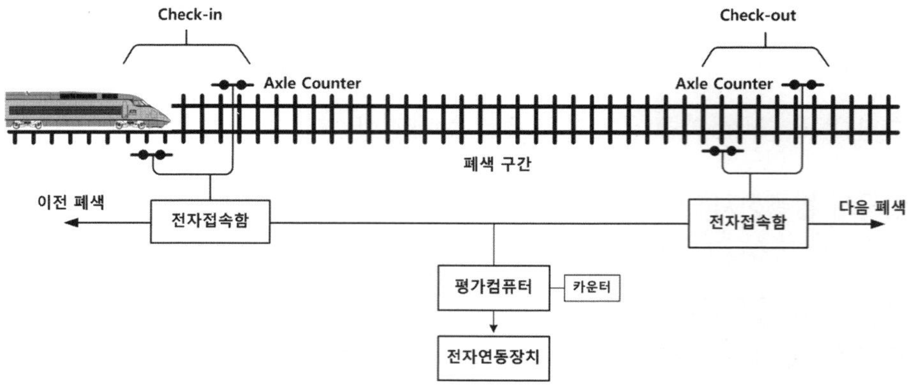

[그림 58] Axle Counter 시스템 구성도

이는 중앙에서 위치한 안전에 중요한 '평가컴퓨터'에 의해 수행되며 차륜의 감지는 현장의 레일에 부착되어 있다. 감지 지점은 전용 케이블을 통해 또는 통신 전송 시스템을 통해 평가컴퓨터와 연결된다.

이는 감지 지점이 평가컴퓨터로부터 상당한 거리에 위치하게 한다. 중앙 집중식 연동 장비를 사용할 때 유용하지만 신호 장비가 장비 캐비닛이 선로변에 분산될 때는 유용성이 떨어진다.

9.2 궤도 무점유 검지

(1) 철도신호

액슬카운터의 가장 일반적인 용도는 궤도 무점유 검지를 위한 철도신호이다. 이것은 두 대의 열차가 동시에 같은 폐색 안에 있는 것을 허용하지 않는 폐색 신호 방식인데, 이것은 선로가 폐색으로 분할되어 열차 사이에 항상 충분한 공간이 확보되어, 앞에 있는 열차와 충돌하기 전에 정차할 수 있도록 함으로써 충돌 가능성을 감소시킨다.

(2) 철도 건널목

액슬카운터는 철도 건널목을 열고 닫는 데에도 사용된다. 열차의 존재가 감지될 때 보행자와 자동차로의 건널목을 폐쇄하고 열차의 성공적인 횡단이 기록되었을 때 다시 열 수 있도록 한다.

(3) 차량기지에서 선로전환기 보호

액슬카운터는 열차 또는 차량이 분리되는 것을 감지하기 위해 차량기지에서 사용된다. 액슬카운터는 각 선로전환기 앞 궤도와 선로전환기에서 나가는 각 궤도에 설치된다. 차량기지 관리 소프트웨어는 액슬카운터의 점유 데이터를 사용하여 선로전환기를 쇄정하고 차량이 다른 차량이 점유하고 있는 선로로 이동하는 것을 방지한다.

9.3 장 · 단점

(1) 장점

① 절연 레일 조인트를 설치하지 않아도 된다.
② 견인력 본딩 및 임피던스본드를 설치하지 않아도 된다.
③ 설치와 유지보수비용이 저렴하다.
④ 궤도에 습기 문제가 있는 경우에도 유용하다. 일반적으로 휠 센서는 수중에서도 작동한다.
⑤ 레일 헤드 녹, 기름 등 오염에 문제가 없다.
⑥ 습식 터널과 철골 구조물에서도 유용하다.
⑦ 장거리 구간에서도 사용할 수 있다.

(2) 단점

전원 장애와 같은 여러 가지 이유로 구간에 얼마나 많은 차축이 있는지 잊어버릴 수 있다. 따라서 시스템을 재설정하려면 수동 재지정이 필요하다. 이 수동 재지정은 신뢰할 수 없는 인간 요소가 필요하다.

9.4 분기기

연동된 분기기가 있는 경우에 해당 분기기의 각 분기기에 대해 액슬카운터 유닛이 제공되어야 한다. 비연동/수동식 선로전환기가 있는 선로에서는 선로전환기 지점의 감지를 별도로 감시해야 하지만, 궤도회로 선로에서는 잘못 정렬된 지점이 궤도회로를 자동으로 차단하도록 설정할 수 있다.

9.5 절손 레일

궤도회로는 AC 궤도 영역에서만 제한적으로 감지되고 DC 궤도 영역의 공통 레일에서는 감지되지 않지만 많은 종류의 파손된 레일을 감지하는 추가 기능을 제공한다. 액슬카운터는 그러한 기능을 제공하지 않는다. 일반적인 궤도회로는 배선 연결부에서 절연조인트까지의 길이가 약 1 m인 사각지대를 가지고 있다.

9.6 측선 및 입환

액슬카운터는 열차 휠이 카운터 메커니즘에 직접 정지할 때 올바른 카운트를 유지하는 데 문제가 있다. 이를 '휠 록'이라고 한다. 이는 차량이 이동, 결합 및 분할되는 역이나 다른 지역에서 문제가 될 수 있다. 또한, 주 노선에 측선, 스퍼 또는 순환 선로로 전환되는 경우, 궤도회로가 있는 경우, 그러한 기반 시설은 특별한 주의를 필요로 하지 않는 선로에 진입하거나 나가는 열차를 감지하기 위해 추가 카운터를 배치해야 한다.

뉴질랜드 오클랜드에서는 하이 레일 정비 차량이 선로에 있거나 선로를 벗어난 특별한 장소를 제외하고 궤도회로가 필요한 모든 노선에 액슬카운터가 사용되었다. 공공 건널목의 모든 도로 건널목 선로는 하이 레일 액세스 포인트로 간주하며 짧은 단일 레일 DC 궤도회로가 사용된다. 또한 하이 레일 차량이 선로에 접근할 수 있는 건널목이 아닌 곳에는 여러 개의 단일 레일 DC 궤도회로가 있다.

9.7 전자기 브레이크

전자기 브레이크는 고속열차(최대 속도는 160 km/h)에 사용된다. 전자기 브레이크를 구성하는 금속 조각들은 궤도에서 불과 몇 센티미터 위에 있는 차량 대차에 장착된 물리적으로 큰 금속 조각이다. 액슬카운터에 의해 또 다른 차축으로 잘못 감지될 수 있다. 이 문제는 자기장 곡률, 궤도 기하학적 결함 또는 기타 문제로 인해 궤도 폐색의 한 쪽에서만 발생할 수 있으며, 신호 시스템을 혼란에 빠뜨리고 감지 메모리를 재설정해야 한다. 최신 액슬카운터는 '에디 전류' 브레이크에 대한 면역성이며, 위에서 설명한 브레이크 시스템의 자기 효과가 극복되므로, 마그네틱 브레이크가 장착된 차량이 감지 지점의 레일 접점을 통과하는 동안에도 카운트 정보가 안정적으로 유지된다.

9.8 설치

액슬카운터를 장착하는 두 가지 주요 방법은 먼저 레일에 구멍을 내어 고정하는 것이다. 이는 시간이 오래 걸리고 레일이 손상될 수 있다. 그러나 이를 통해 유지관리 비용을 절감하는 데 도움이 될 수 있는 레벨링이 필요하지 않다.

두 번째는 레일 마운트로, 레일 아래에서 레일의 양쪽에 클램프를 고정한다. 이는 올바른 조건에서 더 빠르고 쉽게 장착할 수 있지만 올바른 위치를 확인하기 위해 점검을 더 자주 수행해야 한다는 것을 의미할 수 있다.

9.9 재설정 및 복원

다음 네 가지 방법으로 액슬카운터를 재설정 및 복원하여 사용할 수 있다.

시스템에 예비 재설정 기능이 적용되면, 액슬카운터는 해당 구간에 열차 이동이 한 번 발생할 때까지 계속 점유된 구간으로 표시된다. 논리적으로 열차가 해당 구간을 성공적으로 통과하면 해당 구간은 비어 있고 액슬카운터는 다시 비어 있는 상태로 설정된다.

조건부 재설정에서는 마지막 카운트가 바깥쪽인 경우에만 구간이 재설정된다. 이는 적어도 재설정 당시 해당 구간의 모든 열차가 이동 중이었음을 보여준다. 재설정 구간을 보호하는 신호는 궤도의 틈새를 스위프(Sweep) 또는 물리적으로 확인할 때까지 점유된 상태로 유지된다.

무조건 재설정은 마지막 카운트 작업과 관계없이 구간을 재설정한다. 보호 신호는 재설정 후 즉시 지워진다. 재설정이 수행되기 전에 선로 구간이 차량이나 공구에 닿지 않도록 일련의 절차를 수행한다.

협동 재설정을 위해서는 정비사와 신호원 모두가 협력하여 구간을 재설정한 다음에 서비스를 제공해야 한다. 이러한 유형의 재설정 배열은 현재 이러한 유형의 재설정 배열을 사용하는 기존 방식에 영향을 미치는 체계에만 사용된다.

대부분 국가는 위의 네 가지 방법의 변형을 사용하며, 때로는 다양한 양의 자동화 또는 인적 입력을 사용한다.

Alstom Axle counter

Thales Axle counter

[그림 59] Axle Counter Head 설치 예

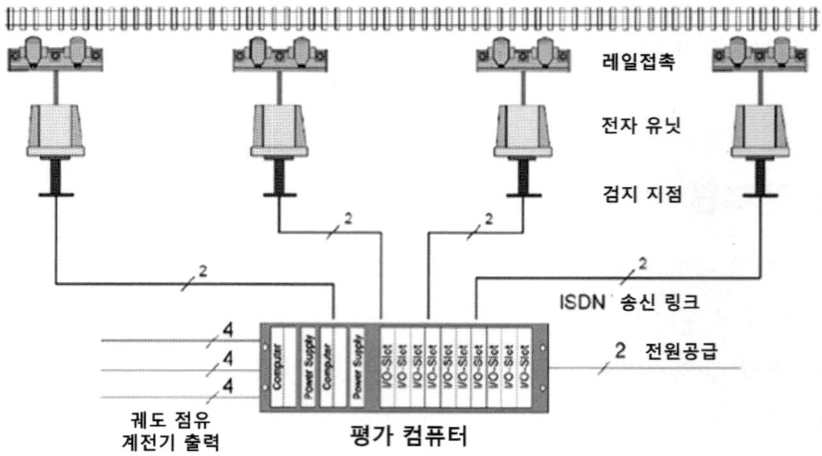

[그림 60] 다중 구간 Axle Counter System 구성

2장

신호기 장치

1 신호기

철도 신호기(鐵道信號機, Railway Signal)는 기관사에게 열차의 진행, 정지 및 속도나 진로 등의 운전조건을 제시하여 주는 장치이다. 제시하는 방법은 색상이나 형태로 표시하는데 열차의 안전운행을 확보하는 데에 목적이 있다.

2 신호기의 분류

2.1 구조상 분류

(1) 색등식 신호기

색등식 신호기(Color Light Signal)는 색상에 따라 신호등을 현시하는 방법을 말하며 주야간 모두 신호등의 색상을 배치위치에 따라 신호를 현시하는 것으로 단등형 신호기와 다등형은 2현시, 3현시, 4현시, 5현시로 구분된다.

(2) 등열식 신호기

등열식 신호기(Position Light Signal)는 2개 이상의 신호등을 한조로 하여 신호를 현시하는 방식을 말하며 유도신호기와 중계신호기 등에 사용되고 있다.

① 유도신호기는 평상시에는 소등되어 정지신호 상태로 있다가 진행신호를 현시할 때만 2개의 신호등을 45°로 점등하는 신호기이다.

② 중계신호기는 주신호기의 현시를 중계하기 위하여 주신호기의 제어계전기 여자접점을 사용하고 제어회로를 구성하여 유백색등 3개가 동시에 수평으로 현시되

면 정지신호, 45°로 현시되면 제한(주의) 신호, 수직으로 현시되면 진행신호를 나타낸다.

2.2 조작상 분류

(1) 수동신호기

신호취급자가 신호를 취급함으로써 현시하는 신호기로 비자동구간의 신호기가 이에 해당한다.

(2) 자동신호기

자동신호기는 궤도회로를 이용하여 열차 또는 차량의 궤도 점유 여부에 따라 자동으로 신호를 현시하는 것으로써 신호취급자가 조작할 수 없는 신호기이다. 자동 폐색구간의 폐색신호기가 이에 해당한다.

(3) 반자동신호기

반자동신호기는 자동신호기와 마찬가지로 궤도회로에 의해 자동으로 신호를 현시할 수도 있으나 신호취급자도 조작할 수 있는 신호기이다. 자동 폐색구간의 장내신호기와 출발신호기가 이에 해당한다.

2.3 기능별 분류

(1) 상치신호기

상치신호기는 신호 확인이 쉽도록 지상 또는 지하 구간의 고정된 장소에 설치되어 있는 신호기로 사용 목적에 따라 주신호기, 종속신호기, 신호부속기로 분류한다.

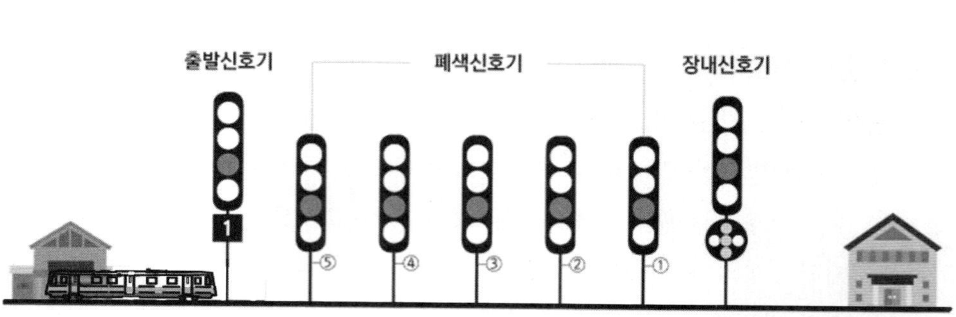

[그림 1] 출발, 폐색, 장내신호기

(2) 주신호기

주신호기(Main Signal)는 일정한 방호구역을 가지고 있는 신호기로써 다음과 같은 종류가 있으며 방호구역이란 신호기에 의해 열차 또는 차량을 운전할 수 있는 구역을 말한다.

① 장내신호기(Home Signal)

장내신호기는 정거장에 진입할 열차에 대하여 정거장 안쪽으로 진입 가부를 지시하는 신호기이다. 장내신호기를 동일 지점에 2기 이상 설치할 때는 동일 방향에서 병행하는 진입선이 2 이상 있으면 각각 본선에 대한 신호기를 같은 높이로 하여야 한다.

② 출발신호기(Starting Signal)

출발신호기는 정거장에서 출발하는 열차에 대하여 정거장 바깥쪽으로 진출 가부를 지시하는 신호기이다. 동일 출발선에서 진출하는 선로가 2 이상 있으면 출발신호기는 1기로 하고 진로 표시기를 설치한다.

③ 폐색신호기(Block Signal)

폐색신호기는 폐색구간에 진입할 열차에 대하여 폐색구간의 진입 가부를 지시하는 신호기이다. 정거장 구내 동일 선로의 장내신호기에서 출발신호기 사이에 구내폐색신호기를 설치할 수 있다.

④ 엄호신호기(Protecting Signal)

정거장 또는 폐색구간 도중에 평면교차분기, 기타 특수시설로 인하여 열차방호를 필요로 할 때 통과할 열차에 대하여 신호기 안쪽으로의 진입 가부를 지시하는 신호기이다.

⑤ 유도신호기(Caller Signal)

유도신호기는 장내신호기에 신호를 현시할 수 없을 때, 그 신호기의 방호구역에 열차를 진입시키고자 할 때 설치한다.

⑥ 입환신호기(Shunting Signal)

입환차량에 대하여 신호기 안쪽으로의 진입 가부를 지시하는 신호기이다.

[그림 2] 출발, 입환, 엄호, 장내신호기

(3) 종속신호기

종속신호기(Subsidiary Signal)는 주신호기가 현시하는 신호의 확인 거리를 보충하기 위해 그 바깥쪽(외방)에 설치하는 신호기이다.

① 중계신호기(Repeating Signal)

중계신호기는 [그림 3]과 같이 자동구간의 장내, 출발, 폐색 또는 엄호신호기에 종속되며 확인거리 부족에 따른 주신호기의 신호를 중계하기 위하여 설치한 것이다.

[그림 3] 진행/제한/정지중계신호......장내 및 중계신호기

② 원방신호기

원방신호기는 비자동구간에 설치된 장내신호기의 확인거리가 신호기 확인거리에서 정한 거리보다 미달할 때 설치한다.

(4) 신호부속기

신호부속기(Signal Appendant)는 주신호기에 부속하여 그 신호기의 지시조건을 보완하는 장치를 말하며 진로표시기 또는 진로선별등이 있다.

(5) 임시신호기

임시신호기(Temporary Signal)는 선로의 작업이나 고장 등으로 인하여 열차가 정상적인 속도로 운전할 수 없을 때 임시로 설치하는 신호기로 다음과 같은 종류가 있다.

① 서행예고신호기(Slow Speed Approach Signal)

서행신호기 바깥쪽(외방) 400[m] 이상의 지점에 설치하여 전방에 서행신호기가 있음을 예고하는 신호기이다. 다만, 선로 최고속도 130[km/h] 이상 선구에서는 700[m], 지하구간에서는 200[m] 이상의 지점에 설치한다.

② 서행신호기(Slow Speed Signal)

서행을 필요로 하는 구역을 통과하려는 열차에 대하여 그 구역을 제한속도로 서행할 것을 지시하는 신호기이다

③ 서행해제신호기(Slow Speed Release Signal)

서행 구역을 벗어나는 열차에 대하여 서행이 해제되었음을 지시하는 신호기이다.

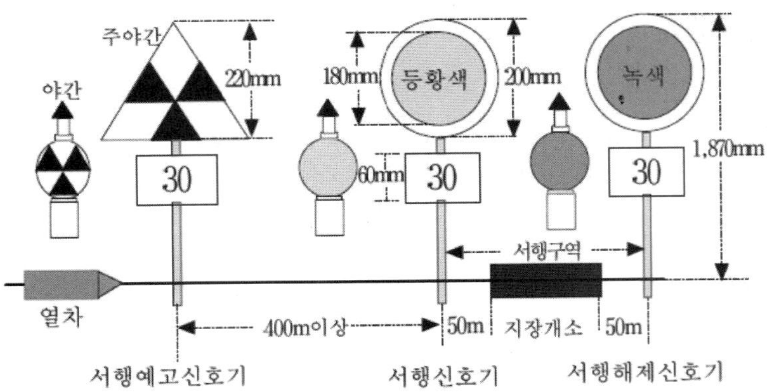

[그림 4] 임시신호기

(6) 수신호등

수신호는 고장 또는 기타의 사유로 인하여 장내신호기, 출발신호기 또는 엄호신호기에 장기간 진행을 지시하는 신호를 현시할 수 없는 경우에 관계 선로전환기의 개통방향과 쇄정상태를 확인하고 진행 수신호를 현시하는 것을 말하며 대용 수신호, 통과 수신호등, 임시 수신호등이 있다.

(7) 특수신호

특수신호(Special Signal)는 낙석, 낙뢰, 강풍 또는 긴급히 열차를 방호하기 위하여 경계가 필요할 때 빛 또는 음향에 의해서 신호를 발생하는 장치가 있다.

2.4 운영상 분류

(1) 절대신호기 (Absolute Signal)

열차는 신호기가 진행 또는 주의 신호를 현시하거나, 수신호에 의하지 아니하고는 절대로 진행할 수가 없다. 이처럼 신호기가 정지신호를 현시하였을 때 반드시 정지해야 하는 신호기를 절대신호기라 하며 장내, 출발, 엄호, 유도 및 입환 신호기가 있다.

(2) 허용신호기(Permissive Signal)

자동폐색신호기와 같이 정지신호가 현시되었다 하더라도 열차가 일단 정지한 다음 제한속도로 신호기 안쪽(내방)에 진입할 수 있는 신호기를 허용신호기라 한다. 허용신호인 자동폐색 신호기에는 식별 표지가 부착되어 있다.

2.5 신호현시별 분류

(1) 2위식 신호기

2위식(Two-Position System) 신호기는 신호기의 현시를 정지, 진행 또는 주의, 진행으로 점등하는 것으로 2현시 방법이 있다.

(2) 3위식 신호기

3위식(Three-Position System) 신호기는 신호기 현시를 정지(Red), 주의(Yellow), 진행(Green) 3색으로 점등시키는 현시방법이며 3현시, 4현시, 5현시가 있다.

① 3현시 : 정지(R), 주의(Y), 진행(G)

② 4현시 : 정지(R), 경계(YY), 주의(Y), 진행(G) (지하철)

정지(R), 주의(Y), 감속(YG), 진행(G) (국철)

③ 5현시 : 정지(R), 경제(YY), 주의(Y) 감속(YG), 진행(G)

(3) 신호현시 방식

1) 신호현시 방식

신호현시 방식은 열차의 안전운행을 확보하기 위하여 운전상황별로 신호현시 체계와 분기기 제한속도 등을 고려하여 일정한 방식을 정하여 운용하고 있다.

2) 신호기의 정위

① 장내, 출발, 엄호, 입환신호기 : 정지신호 현시

② 유도신호기 : 소등(무현시)

③ 원방신호기 : 주의신호 현시

④ 폐색신호기 :

- 복선구간 : 진행신호 현시
- 단선구간 : 정지신호 현시

⑤ 복선 자동폐색 구간의 장내, 출발신호기 :

- 주본선에 소속된 것 : 진행신호 현시, 다만, 특별히 지정하거나 폐색방식을 변경하여 대용폐색방식 또는 전령법을 시행할 때는 정지신호 현시
- 부본선에 대하는 것 : 정지 신호현시

(4) 신호기의 정위

1) 신호기의 정위

① 장내, 출발, 엄호, 입환신호기 : 정지신호 현시

② 유도신호기 : 소등(무현시)

③ 원방신호기 : 주의신호 현시

④ 폐색신호기 :

- 복선구간 : 진행신호 현시
- 단선구간 : 정지신호 현시

⑤ 복선, 자동폐색구간의 장내, 출발신호기

- 주본선 : 진행신호 현시
- 부본선 : 정지신호 현시

⑥ 차내신호기 : 진행신호 현시

2.6 신호기의 내방 · 외방

기관사가 신호기를 보고 있는 쪽을 외방 또는 바깥쪽이라 하고 신호기가 방호하고 있는 쪽을 내방 또는 안쪽이라 한다.

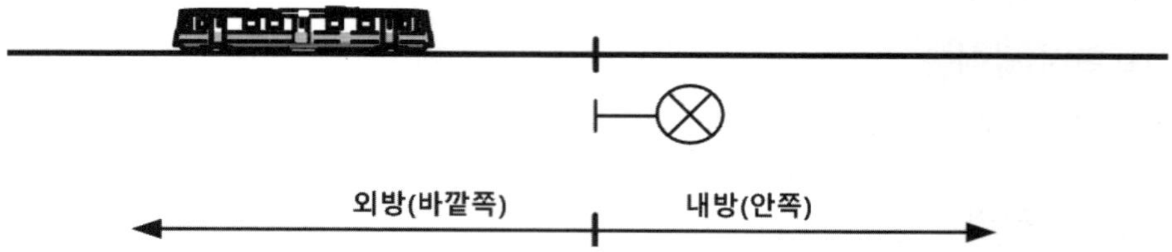

[그림 5] 신호기의 내방과 외방

3 상치신호기의 설치

상치신호기는 정거장 또 역간에 설치할 때 기관사가 해당 운행선로에 대한 신호 식별을 쉽게 하려고 다음과 같이 설치한다.

1) 상치신호기는 그 소속하는 선로의 상부 또는 좌측에 설치하는 것을 원칙으로 한다. 다만, 다음과 같은 경우에는 예외로 한다.
   - 선로 간격의 부족으로 건축한계에 지장을 주는 경우
   - 전차선로와의 이격거리 확보가 어려울 때
   - 신호기의 확인 거리를 확보하기 어려울 때
2) 신호현시가 [표 1]의 확인 거리를 확보할 수 있도록 하고 선로의 곡선부, 터널 내, 교량, 노반의 절취부 등은 가급적 피한다.
3) 자동 구간에 있어서는 소정의 운전시격으로 운전할 수 있는 위치로 한다.
4) 신호기의 확인 거리에도 불구하고 지형, 기타 특수한 경우에는 다음과 같이 설치할 수 있다. 이 경우, 선로가 곡선으로 필요한 확인 거리에서 확인할 수 없을 때는 보완 조치를 한다.
   - 열차가 시발하는 선로에 대한 출발 신호기는 100[m] 이상으로 한다.
   - 전호 이외의 신호기는 200[m] 이상으로 한다. 다만, 유도신호기는 제외한다.
5) 신호기를 설치할 때는 전차선 절연구분장치와 신호기와의 관계를 고려하여 운전상 지장이 없는 곳에 설치한다.

6) 상치신호기는 동일 방향으로 병행하여 운전하는 선로가 2 이상 인접하였을 경우에 동일 지점에 설치할 때는 선로를 식별할 수 있도록 하며, 동일 지점에 설치할 때는 선로의 배열순으로 한다.
7) 정거장에서 열차의 과주에 의해 다른 열차 또는 차량에 지장을 줄 우려가 있을 때 과주여유거리 내의 선로전환기와 신호기, 입환신호기 상호 간에는 쇄정을 한다.
8) 구내 운전을 하는 차량의 과주에 의해 다른 열차 또는 차량에 지장을 줄 우려가 있을 때는 입환신호기 또는 차량정지표지의 안쪽(내방)에 다음과 같은 설비를 한다.
   - 안전측선
   - 50[m] 이상의 과주여유거리
   - 구내 운전속도 이하로 운행할 때는 안전측선을 생략한다.
9) 신호기의 확인 거리는 신호기에 접근하는 열차 또는 차량에 승차한 기관사가 어느 일정 지점에서 전방 신호기의 신호현시 상태를 정확히 확인할 수 있는 거리를 말하며 신호기별 확인 거리는 다음과 같다.

[표 1] 신호기별 확인 거리

신호기 종류	투시거리[m]	비 고
장내, 출발, 폐색, 엄호신호기	600 이상	해당 폐색구간이 600[m] 이하이면 그 길이 이상
원방, 중계, 입환 신호기	200 이상	
주신호기, 진로표시기(진로선별등)	200 이상	
유도신호기, 입환신호기용 진로표시기	100 이상	
수신호등	400 이상	

4 표지

표지(Indicator, Market)는 장소의 상태를 나타내는 설비이며 다음과 같은 것이 있다.

4.1 자동폐색식별표지

자동식별표지(Automatic Discrimination Indicator)는 자동폐색 구간의 폐색신호기 신호등 아래에 설치하여 폐색신호기가 정지신호를 현시하더라도 일단 정차한 다음 15[km/h] 이하의 속도로 폐색구간을 운행하여도 좋다는 것을 표시한 것으로써 고휘도

반사재를 사용한 백색 원판의 중앙에 폐색신호기의 번호를 표시한 것이다. [그림 6]

자동식별표지에 번호를 부여하는 것은 역과 역 사이에 많은 폐색신호기가 있으므로 이를 식별하기 위하여 도착역의 장내신호기 다음 폐색신호기부터 순차적으로 번호를 부여하고 있다.

4.2 서행허용표지

서행허용표지(Slow Speed Permissive Indicator)는 1,000분의 10 이상의 급한 상구배, 그 밖에 특히 필요하다고 인정되는 지점에 있는 자동폐색 신호기주에 설치한 것으로써 백색 테두리를 한 짙은 남색의 고휘도 반사재 원판중앙에 백색으로 폐색신호기의 번호를 표시한 것이다.

또 폐색신호기의 정지현시에 따라 열차가 정지하였을 때, 열차의 출발이 어렵다고 인정되는 장소의 폐색신호기에 열차가 일단 정지하지 않아도 좋다는 것을 표시한 것이다. [그림 7]

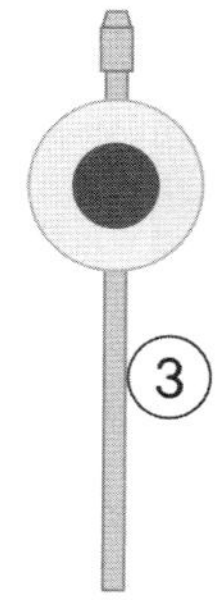

[그림 6] 자동식별표지

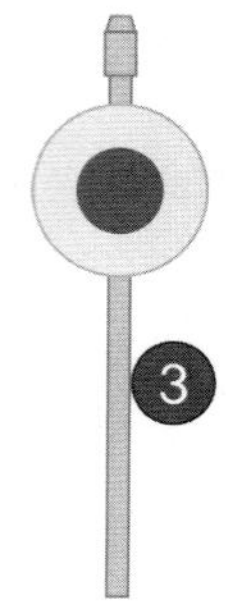

[그림 7] 서행허용표지

4.3 출발신호기 반응표지

출발신호기 반응표지(Starting Signal React Indicator)는 승강장에서 역장, 차장 또는 기관사가 출발신호를 확인할 수 없는 정거장에 설치하는 것으로써 3개의 백색등을 45° 사선으로 점등하여 출발신호를 표시하기도 하고 유백색 단등형을 설치하여 사용하기도 한다.

출발신호기가 정지신호를 현시하고 있을 때는 소등되어 있고 진행신호를 현시하였을 때는 점등되어 출발신호기의 현시를 알려준다.

4.4 상치신호기 식별표지

상치신호기 식별표지(Fixed Signal Identification Indicator)는 동종의 상치신호기가 2개 이상 설치되어 있는 장소에서 신호 오인 우려 개소의 상치신호기에 사용하는 표지로써 자호식등 또는 자호식 야광 도료관으로 상치신호기 등 하단 1[m] 지점을 기준으로 설치하여 열차에서 확인이 쉽게 한다.

4.5 입환표지

입환표지(Shunting Indicator)는 차량의 입환을 하는 선로의 개통 상태를 표시할 필요가 있는 경우에 사용하는 것으로 입환표지에 진행신호가 현시되어도 반드시 수송원의 진행유도가 있어야만 입환표지 안쪽으로 운행할 수 있다.

4.6 선로전환기표지

선로전환기표지(Switch Stand)는 기계식 선로전환기에 설치하여 정위 · 반위의 개통 방향을 먼 거리에서 확인하기 쉽도록 설치하는 표지로써 본선에는 대형을 측선에는 중형 또는 소형을 설치한다.

4.7 차량정지표지

차량정지표지(Car Stop Indicator)는 정거장에서 입환전호를 생략하고 입환차량을 운전하는 경우 운전구간의 끝 지점을 표시할 필요가 있는 지점 또는 상시 입환차량의 정지 위치를 표시할 필요가 있는 지점에 설치하는 표지이다.

4.8 열차정지표지

열차정지표지(Train Stop Indicator)는 정거장에서 항상 열차의 정차할 한계를 표시할 필요가 있는 지점에 설치하며 그 선로에 도착하는 열차는 열차정지표지 설치지점을 지나서 정차할 수 없다.

4.9 차막이(차지)표지

차막이표지(Car Protection Marker)는 본선 또는 주요한 측선의 끝 지점에 있는 차막이에 설치하는 표지이다.

4.10 차량접촉한계표지

차량접촉한계표지(Car Limit Post)는 선로가 분기 또는 교차하는 지점에 선로상의 차량이 인접 선로를 운전하는 차량에 지장을 주지 않는 한계를 표시하기 위하여 설치하는 표지이다.

4.11 속도제한표지

속도제한표지(Speed Limit Post)는 선로의 속도제한을 할 필요가 있는 구역에 설치하는 표지이다.

4.12 전동차 운행구간의 표지

(1) 장내경계표지

차내신호 폐색식 시행구간에서 정거장내로 진입하는 열차에 대하여 장내진로의 경계를 표시하기 위하여 장내진로 시작지점에 설치하는 표지이다.
선로의 좌측 또는 우측에설치하며 지하구간에서는 벽면에 설치한다.

(2) 출발경계표지

차내신호 폐색식 시행구간의 정거장 내에서 진출하는 열차에 대하여 출발진로의 경계를 표시하는 표지이다.

(3) 폐색경계표지

차내신호 폐색식 시행구간에서 차내신호 폐색구간으로 진입하는 열차에 대하여 폐색구간의 경계를 표시하는 표지이다. 폐색경계표지는 도착역 장내신호 전방 폐색경계표지가 1호가 되도록 출발경계표지로부터 역순으로 번호를 정한다.

(a) 장내경계표지 (b) 출발경계표지 (c) 폐색경계표지

[그림 8] 전동차운행구간의 표지

5 차내신호방식

5.1 개요

차내신호방식은 지상에 설치되어 있는 상치신호기의 현시 조건에 의해 열차가 운행하는 것이 아니라 차내 운전석 전면에 설치되는 차내신호의 현시 조건에 의해 열차가 운행하는 방식으로 제동목표지점을 차내 컴퓨터가 연산하여 운행할 수 있기 때문에 열차의 속도를 향상시킬 수 있고 운전시격을 단축할 수 있어 선로의 이용효율을 증대시킬 수 있다.

5.2 차내신호방식의 속도체계

[표 2] 차내신호 속도체계(일반적인 경우)

<table>
<tr><th rowspan="2">수도권전동차</th><th rowspan="2">80 km/h</th><th rowspan="2">70 km/h</th><th rowspan="2">60 km/h</th><th rowspan="2">40 km/h</th><th rowspan="2">25 km/h</th><th rowspan="2">0</th><th>기지</th></tr>
<tr><th>정지후25</th></tr>
<tr><td>고속철도</td><td>300 km/h</td><td>270 km/h</td><td>230 km/h</td><td>170 km/h</td><td colspan="2">정지예고</td><td>RRR</td></tr>
<tr><td>고속화구간
(ATP)</td><td colspan="7">속도체계는 별도로 정의되지 않음(선행열차와의 거리 계산 때문에 수시로 속도를 제어함)</td></tr>
</table>

5.3 차내신호방식의 종류

차내신호방식은 연속제어 차내신호방식인 ATC(Automatic Train Control) 시스템과 점제어 차내신호방식인 ATP(Automatic Train Protection) 시스템으로 대별할 수 있으며, ATC 시스템은 선로 중앙에 루프(Loop) 케이블을 설치하고 이 루프 케이블에 의해 궤도와 열차간의 정보를 교환하는 CATC(Continuous Automatic Train Control) 시스템과 열차가 운행하는 선로에 AF(Audio Frequency : 가청주파수) 궤도회로를 구성하여 레일을 통해 열차로 정보를 전송하는 일반적인 ATC 시스템으로 구별할 수 있다.

[그림 9] ADU와 기관사 제어콘솔

5.3.1 ATC 시스템

ATC 시스템은 궤도회로를 AF 궤도회로장치로 구성하고 레일을 정보전송의 매체로 사용하여 궤도회로의 반송주파수에 신호주파수를 변조해 송신하면 레일 위를 주행하는 열차의 안테나에 의해 이 주파수 신호를 수신하여 차내 컴퓨터에 의해 분석되어 신호속도를 차내신호 표시반에 표시하며, 운행중인 열차의 속도가 신호 속도보다 높을 경우에 제동장치가 동작되는 설비로써 연속적으로 신호조건을 차내에 제공하기 때문에 안전성과 신뢰성이 우수하고 열차의 운행효율을 증가시켜 운전시격의 단축이 용이하고 열차속도 향상이 가능하여 선로 이용율을 증대시킬 수 있는 시스템이다.

5.3.2 ATP 차내신호

(1) 개요

점제어방식인 ATP(Automatic Train Protection System) 차내신호시스템은 폐색구간 경계지점의 양 선로 중앙에 발리스(Balise)를 설치하고 이 지상자를 통해 폐색구간의 길이, 구배, 분기위치 등 지역정보(불변정보)와 지상신호기 현시정보(가변정보) 등의 지상정보를 차내로 전송하면 차내시스템은 지상정보와 열차길이, 제동력, 열차종별 등에 대한 차내정보와 결합하여 목표속도와 제동목표거리를 계산하여 운행속도가 목표속도보다 높은 경우에 경보를 제공하고 제동장치를 작동시키는 거리연산제어(Distance To Go) 시스템이다.

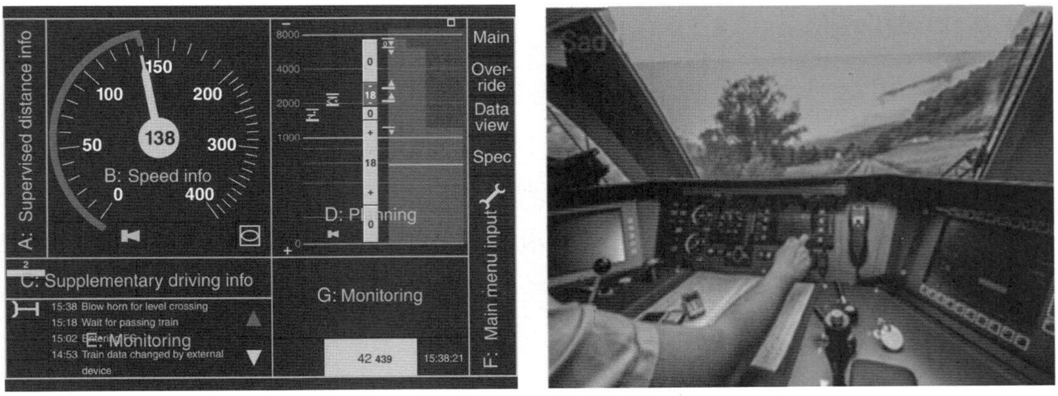

[그림 10] DMI와 기관사 제어콘솔

(2) ATP 시스템의 구성

유럽연합 각국에서 개발하여 설치운영 중에 있는 차내신호시스템이 국가별로 달라 상호 호환성이 없으므로 유럽통합 이후 열차를 국가 간 상호 운행하는데 지장을 초래하고 있어 이를 해소하기 위해 ERA(European Railway Association)에서 국가 간 열차의 상호운행이 가능하도록 ERTMS/ETCS 열차제어시스템을 표준화 및 규격화하였다.

1) 차내설비

① 차내컴퓨터　　② 차내표시반
③ 안테나　　④ 기록장치

2) 지상설비

① 발리스　　② 신호부호전송기

[그림 11] 차상BTM 안테나와 지상 발리스

5.4 CBTC 시스템

경제, 사회 발전에 따라 생활권 및 경제권의 확대로 주요 간선의 선로용량 부족과 교통 혼잡 및 물류비용이 증가하여 수도권을 비롯한 대도시권의 도시화가 외곽지역으로 확장됨에 따라 광역교통량 및 도시교통량이 급증하였다. 생활수준의 향상 및 생활근거지의 원격화 등으로 인한 사회적 요구의 변화와 21세기 교통 환경에 적극 대응하기 위해서는 철도의 신설 등 사회기반 투자와 별도로 기존 시설의 효율적인 활용을 위한 열차제어방법의 기술적인 개선이 요구된다.

5.4.1 CBTC 특징

- 궤도회로를 사용하지 않는다.
- 선로변 신호기를 사용하지 않는다.
- 열차위치 결정의 더 높은 정밀도 - 궤도회로와 무관함
- 열차와 선로 사이의 지속적인 데이터 통신.
- 위치는 선로변과 열차 사이의 양방향 통신에 의해 결정된다.
- 열차는 자신의 위치를 전송한다.
- 선로변 장치는 목표 지점을 전송한다.
- 두 열차 사이의 간격은 물리적인 궤도회로 폐색에 의해 시행되지 않고 후속 열차에 의한 동적 계산에 의한다.
- 열차 사이에는 인위적인 간격은 없으며 열차 사이의 안전거리를 유지하기 위해 필요한 최소한의 간격만 있다.
- 안전거리는 더 이상 고정된 폐색에 의해 시행되는 정적 개체가 아니라 열차 속도의 실시간 계산을 기반으로 조정 가능한 거리이다.
- 열차가 고속으로 주행하는 경우에 안전거리는 길어지고 열차속도가 느려짐에 따라 줄어든다.
- 폐색 길이가 고정된 기존 신호시스템과 달리 CBTC는 선행열차의 속도 변화에 따라 폐색 길이가 지속적으로 조정되는 이동폐색 개념으로 작동한다.
- 열차 상태 및 제어 데이터를 처리하여 지상 및 열차 기반 프로세서를 사용하여 지속적인 자동열차방호(ATP), 자동열차운영(ATO) 및 자동열차감시(ATS)을 구현한다. [그림 12] 참조
- CBTC 시스템은 선로 설계당 최대 용량을 추출한다.
- 최대 수의 열차가 시스템을 통과할 수 있다.

5.4.2 기대 효과

(1) 열차가속 및 제동거리를 최소화함으로서 이동속도 증가

① 표정속도 최대 40% 단축 가능(35 km/h → 50 km/h)

② 승객 시간가치 절약(광역전철의 열차제어방식 개선을 통한 주행속도 개선방안 기초조사 연구)

(2) 배차간격을 좁힐 수 있어 수송용량 증대

① 운전시격 단축(150초 ⇒ 85초) → 수송량 76% 증가

② 차량혼잡도 완화에 크게 기여

(3) 속도 증가, 좌석 확대 등 승객만족을 통하여 이용율 제고

분당선의 경우에 승객증가율을 개별형태 모형으로 추산한 결과 약 49% 증가 예상 (수송분담율 17.3% → 25.9%)

(4) 기타 전철 이용 증가에 따른 재무 수입 호전 등

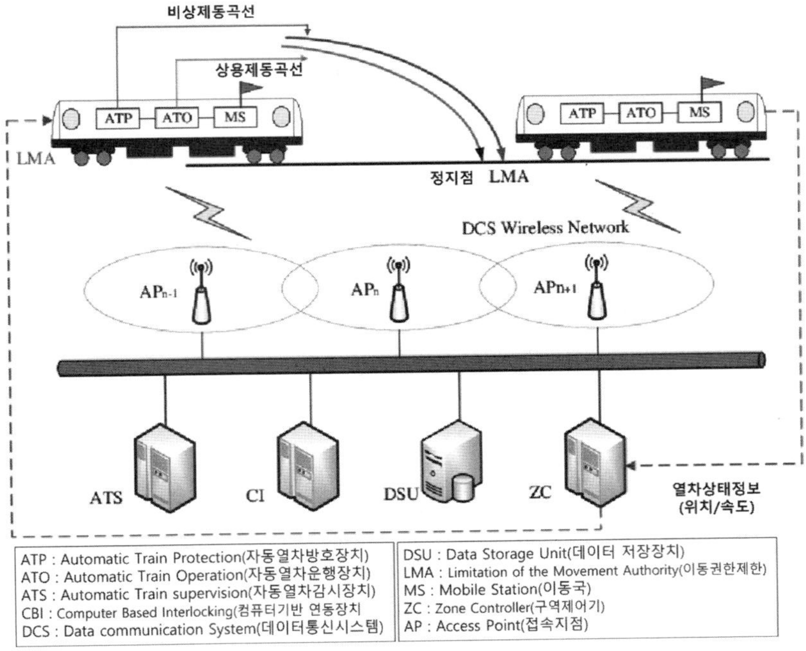

[그림 12] CBTC 개요도

3장 연동장치

연동장치(interlocking)란 철도 신호에서 크로싱 지역이나 건널목과 같은 선로에서 선로 정리를 통해 서로 충돌하는 움직임을 방지하는 신호장치의 역할을 말한다. 신호장치와 궤도를 연동장치라고 통칭하기도 한다. 연동장치는 사용할 경로가 안전하다는 것이 입증되지 않는 한 신호기가 진행신호를 표시할 수 없도록 설계되어 있다. 연동장치는 신호기와 선로전환기가 부적절한 순서로 변경되는 것을 방지하기 위해 설계된 안전장치이다.

1 연동장치의 목적

연동장치는 다음과 같은 안전 조건을 만족하기 위해 설비한다.

- 연동장치는 열차 또는 차량을 안전하고 신속하게 운행하기 위하여 신호기, 선로전환기, 궤도회로 등을 연쇄한다.
- 정거장 구내의 많은 선로에 대한, 열차의 도착과 출발 및 입환 등을 하기 위하여 효율적으로 선로전환기를 전환하고 신호기를 현시한다.
- 선로전환기나 신호기 등 신호제어설비의 조작을 잘못조작하면 동작하지 않고 일정한 순서나 절차에 의해서만 동작하도록 한다.
- 연동장치는 반드시 안전측 동작(Fail-safe)이 되도록 회로를 구성하여야 한다.
- 전자연동장치는 자기진단 기능과 데이터 저장(Data Logging) 기능이 있는 장치로 구성하여야 하고 입·출력(I/O)부를 포함하여 다중계로 구성하여야 하며, 절체 시 정보의 일치와 연속성이 보장되어야 한다.
- 전압 변동 및 순간 정전 시에도 연동장치가 정상적으로 동작하도록 무정전 전원설비를 갖추어야 한다.

2 연동장치의 전기 쇄정

열차안전 운행상 신호기와 선로전환기 사이에 전기적인 방법에 따라 쇄정이 이루어지는 것을 전기 쇄정법이라고 한다.

전기적인 쇄정법의 활용에 따라 쇄정 범위도 증대되고 열차의 유무와 신호기, 선로전환기 등이 관련된 궤도회로를 전기쇄정법에 적용함으로써 획기적인 보안도의 향상을 도모할 수 있었다.

계전기의 동작으로 쇄정을 하는 전기 연동방식은 여러 종류의 전기 쇄정법을 조합하여 응용한 것이다. 주요 쇄정은 다음과 같다.

(1) 철사쇄정

철사쇄정(Detector Locking)은 선로전환기가 존재하는 궤도회로를 열차가 점유하고 있을 때 그 선로전환기를 전환할 수 없도록 하는 것을 말하며 다음의 선로전환기에는 철사쇄정을 한다.

- 전기선로전환기
- 전기/전자연동장치에서 본선과 측선의 중요한 선로전환기

(2) 진로쇄정

진로쇄정(Route Locking)은 열차가 신호기 또는 입환신호기가 진행을 지시하는 현시에 따라 그 진로에 진입하였을 때 관계 선로전환기가 있는 모든 궤도회로를 통과할 때까지 그 진로를 쇄정하는 것을 말하며 다음 구간의 신호기와 선로전환기에는 진로쇄정을 한다.

- 자동 구간
- 진로 내에 선로전환기를 설비한 비자동 구간

(3) 진로구분쇄정

진로구분쇄정(Sectional Route Locking)은 열차가 신호기 또는 입환신호기에 진행을 지시하는 신호 현시에 따라 그 진로에 진입하였을 경우에 관계 선로전환기 등을 전환할 수 없도록 하고 열차 진로의 일정 구간을 통과하였을 때 그 구간 내의 선로전환기 등을 해정하는 쇄정을 말한다.

(4) 접근쇄정

접근쇄정(Approach Locking)은 다음과 같은 경우에 선로전환기를 전환할 수 없도록 하는 장치를 말한다.

- 신호기에 진행을 지시하는 신호가 현시되고, 신호기의 외방 일정 구간에 열차가 진입하였을 때
- 열차가 신호기의 외방 일정 구간에 진입하고 나서, 신호기에 진행을 지시하는 신호를 현시하였을 때

또한 접근 궤도회로가 구성된 신호기와 입환신호기에는 접근쇄정을 한다. 다만 접근 궤도회로가 구성되어 있어도 열차의 제동거리를 확보하지 못하면 보류쇄정으로 처리한다.

접근 궤도회로는 신호기 외방에 열차제동거리와 여유거리를 더한 거리 이상으로 하며 본선의 궤도회로는 해당 신호기 또는 입환 표지의 접근 궤도회로를 이용할 수도 있다. 접근쇄정의 해정은 다음 경우에 의한다.

- 접근 궤도회로에 열차가 없을 때는 즉시 해정
- 열차가 있으면 그 신호기 내방에 진입하였을 때 또는 해당 신호기에 정지 신호를 현시하고 나서 정해진 시간이 지난 후에 해정
- 접근쇄정의 해정시간은 다음과 같다.
  - 장내신호기 : 90초±10%
  - 출발 신호기, 입환신호기 : 30초±10%

(5) 보류쇄정

보류쇄정(Stick Locking)은 신호기 또는 입환신호기에 일단 진행을 지시하는 신호를 현시한 후 열차가 그 신호기 또는 입환신호기의 진로에 진입하든가 또는 신호기 외방 접근 궤도에 열차의 점유 유 · 무에 관계없이 신호기나 입환신호기에 정지 신호를 현시한 후 상당 시간에 지날 때까지 진로 내의 선로전환기 등을 전환할 수 없도록 한 것을 말하며 접근쇄정을 시행하지 않았으면 보류쇄정을 설치한다. 보류쇄정의 해정 시간은 접근쇄정의 해정 시간을 적용한다.

(6) 시간쇄정

시간쇄정(Time Locking)은 A와 B의 취급 버튼 상호 간에 쇄정하는 A의 취급 버튼을 정위로 복귀하여도 B의 취급 버튼은 일정 시간이 경과할 때까지 해정되지 않는 것을 말하며 다음의 선로전환기 등에는 필요에 따라 시간 쇄정을 적용한다.

- 진로 내의 선로전환기에 진로 쇄정을 적용할 수 없는 선로전환기
- 진로 내의 선로전환기에 열차 도착 전 해정할 수 있는 선로전환기
- 과주여유거리 내의 선로전환기

(7) 폐로쇄정

폐로쇄정(Closed Circuit Locking)은 출발신호기와 입환신호기를 소정의 위치에 적용할 수 없는 경우에 열차나 차량 정지표지에서 출발신호기와 입환신호기까지의 궤도회로 내에 열차가 점유하고 있을 때 취급 버튼을 정위로 쇄정하는 것을 말하며, 다음과 같은 신호기에 폐로쇄정을 적용한다.

- 출발신호기를 소정의 위치에 설치할 수 없는 관계로, 그 위치에 열차 정지 표지를 설비한 경우
- 지형, 기타의 사유로 인하여, 신호기 취급자로부터 열차 또는 차량의 유무를 확인하기 곤란한 신호기

(8) 표시쇄정

표시쇄정(Indication Locking)은 정지 정위인 신호기가 정지로 복귀되어 그 표시가 확인될 때까지 관계 진로가 쇄정되는 것 또는 선로전환기 취급 버튼을 정위에서 반위로 또는 반위에서 정위로 할 때 해당 진로의 신호기 정지(정위) 표시 계전기가 낙하할 때는 선로전환기를 정위 또는 반위로 전환할 수 없도록 하는 쇄정을 말한다.

(9) 조사쇄정

조사쇄정(Check Locking)은 신호취급소가 다른 개소에서 열차 상호 간 지장을 받지 않도록 정자 간에 연쇄 관계를 하는 쇄정이다.

3 전기연동장치의 분류

3.1 진로선별식

열차의 진로는 신호 정자와 진로 선별 압구의 취급으로 선별하고 진로상의 각 선로전환기를 동시에 전환하여 진로를 구성하는 방식이다.

열차의 진로를 출발점 취급 버튼과 진로 도착점 취급 버튼의 취급으로 선별하고 진로

상의 각 선로전환기를 동시에 전환하여 진로를 구성하는 방식으로 조작이 쉽고 잘못 취급하면 동작하지 않거나 안전측으로 동작한다. 현재 연동장치는 대부분 이와 같은 진로선별식이 사용되고 있다.

3.2 진로정자식

신호정자의 조작으로 진로상의 각 선로전환기를 동시에 전환하여 진로를 구성하는 방식으로 진로마다 1개의 정자를 두고 이 정자를 취급하면 진로상의 모든 선로전환기는 정해진 방향으로 개통되며 진로에 지장을 주는 다른 진로와의 연쇄를 계전기의 동작으로 쇄정한 다음 그 진로의 신호를 현시한다.

3.3 단독정자식

선로전환기의 전환을 신호정자 등의 취급에 의하지 않고 전철 정자 취급으로 개별로 전환하여 진로를 구성하는 방식이다. 이들 전기연동장치는 연쇄하는 방법과 진로설정 방식에 따라 다음과 같이 정리할 수 있다.

선로전환기의 전환과 신호 정자를 개별적으로 조작하여 진로를 구성하는 방식으로 노선 배선이 간단하고 신호기의 진로가 적으면 단독 또는 진로정자식으로 한다.

그러나 차량기지와 같은 큰 구내에서와 같이 배선이 복잡하면 단독 및 진로정자식으로는 정자 수가 많게 되어 조작이 불편해 진로선별식이 편리하고 안정적이다.

4 쇄정과 인쇄

4.1 연쇄의 정의

연쇄(chain interlock)는 정거장 구내에서 열차의 도착, 출발 혹은 차량의 입환 등 복잡한 작업을 하는 경우에 관계되는 신호기, 입환표지 및 선로전환기 등의 기기 상호 간에 일정한 순서에 의해 직접 또는 간접으로 서로 쇄정 관계를 갖도록 하는 것이다. 이처럼 신호기, 입환표지 및 선로전환기 등을 전기적 또는 기계적으로 동작하지 않도록 잠금장치(쇄정)를 하는 것을 쇄정(lock) 이라 말하며 기기 상호 간 일정한 순서에 의해서만 동작하도록 한다.

(1) 정위쇄정

[그림 1]에서 장내신호기 A와 B의 진로가 상호 대향으로 A와 B가 동시에 진행신호가 현시되면 열차 충돌과 같은 중대한 사고가 발생한다.

이와 같은 사고를 방지하기 위하여 A 또는 B 중 한쪽의 신호기를 반위(진행)로 하였을 때는 다른 한쪽의 신호기는 반위로 할 수 없도록 정위(정지)로 쇄정하는 것을 정위쇄정이라 한다.

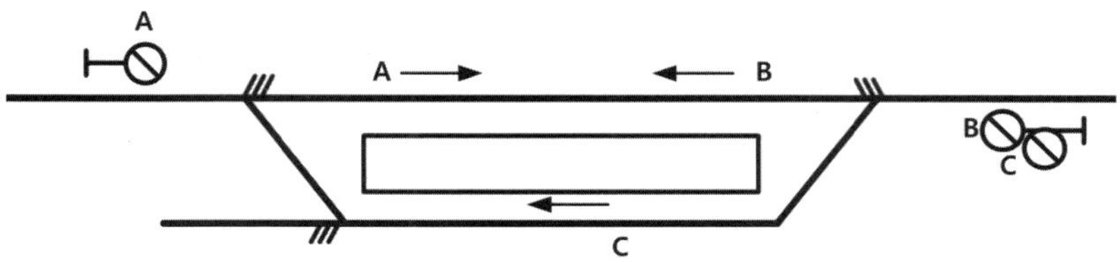

[그림 1] 정위쇄정

(2) 반위쇄정

[그림 2]에서 A신호기가 반위(진행)로 될 때 51호 선로전환기가 정위로 되면 안전측선 쪽으로 열차가 진입하여 사고가 발생하게 된다.
이처럼 A신호기를 반위로 하려면 51호 선로전환기는 반위로 전환되어야 하고 신호기가 반위로 되었을 때는 51호 선로전환기를 반위로 쇄정되어야 하는 것을 반위쇄정이라 한다.

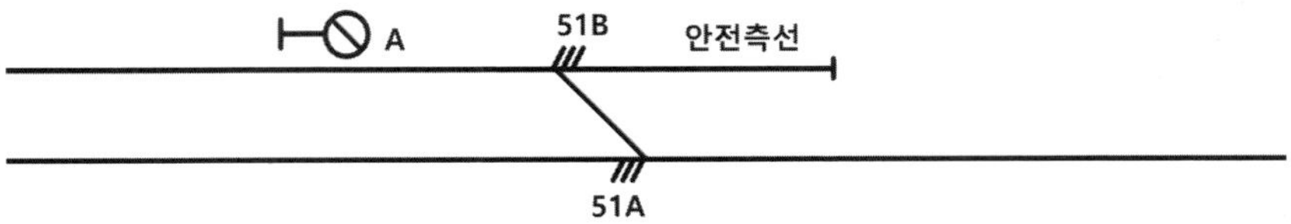

[그림 2] 반위쇄정

(3) 정반위쇄정

[그림 3]에서 11호 입환표지는 A 또는 B 방향으로 진로를 구성할 수 있다. A 방향으로 입환표지를 정위로 할 때는 21호 선로전환기는 정위에서 쇄정되어야 하고, B 방향으로 입환 표지를 반위로 할 때는 21호 선로전환기는 반위에서 쇄정되어야 하는 것을 정반위쇄정이라 한다.

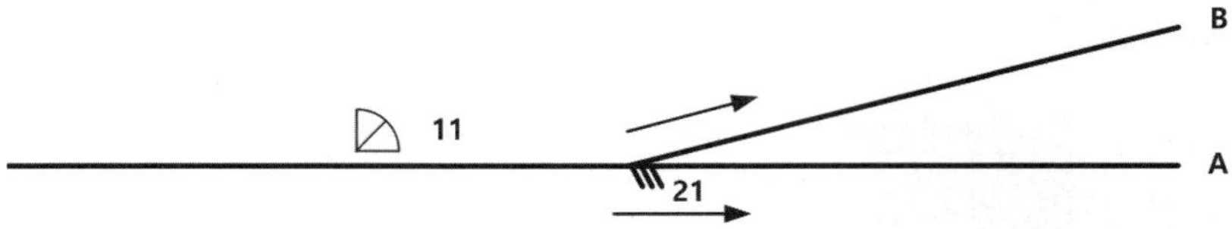

[그림 3] 정반위쇄정

(4) 조건부쇄정

[그림 4]에서 신호기 1A 또는 1B가 1번 선 또는 2번 선으로 진로를 확보하기 위해서는 선로전환기 21호의 진로에 따라 정해진다. 즉 21호 선로전환기가 정위일 때는 23호 선로전환기가 정위에 있어야 하며 21호 선로전환기가 반위일 때는 22호 선로전환기가 정위에 있어야 한다. 이러한 쇄정을 조건부쇄정이라 한다.

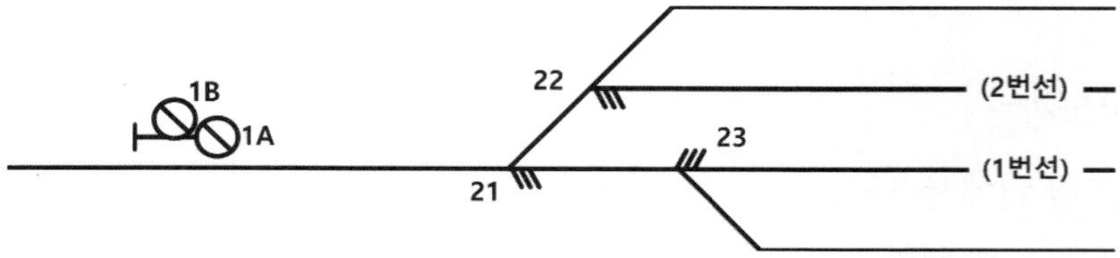

[그림 4] 조건부쇄정

4.2 연쇄의 기준

4.2.1 신호기 상호간의 연쇄

신호기 상호 간에 연쇄하지 않고 열차를 운전하게 되면 중대 사고가 일어나기 때문에 상호 연쇄하여야 한다. 신호기 상호 간, 신호기와 입환표지 간 또는 입환표지 상호 간에 연쇄하여야 한다.

(1) 신호기 A와 B으| 연쇄

신호기 A는 21호가 정위 시에 진행신호가 현시되고, 신호기 B는 21호가 반위 시에 진행신호가 현시되므로 신호기 A 또는 B는 21호 선로전환기에 의해 간접 쇄정된다.

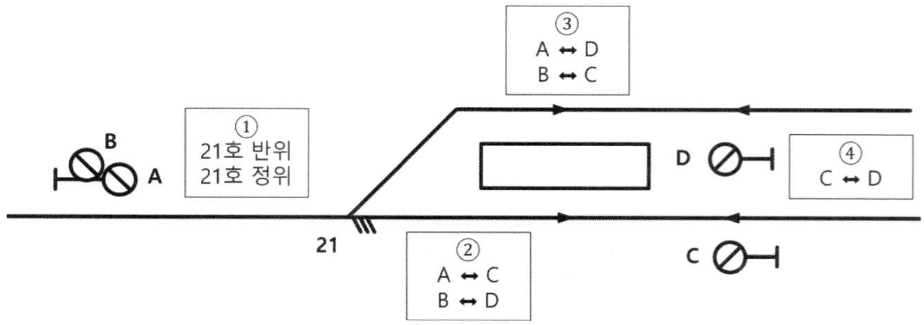

[그림 5] 신호기 상호간의 연쇄

(2) 신호기 A와 C 또는 B와 D간의 연쇄

신호기 A와 C 또는 B와 D는 해당 진로가 대향이므로 한 개의 신호기가 진행을 현시하면 다른 신호기는 진행을 현시할 수 없도록 쇄정하여야 한다.

(3) 신호기 A와 D 또는 B와 C간 연쇄

신호기 A의 진행신호로 열차가 21호 선로전환기를 통과 중 D신호기에 진행이 현시되어 진입하는 열차가 정지위치를 지나서 계속 진행하면 사고가 발생되므로 신호기 A와 D는 쇄정하여야 하며 신호기 B와 C도 같은 이유로 쇄정하여야 한다.

(4) 신호기 C와 D간의 연쇄

신호기 C와 D의 진행현시에 의하여 2개 열차가 동시 진입 중 정지위치를 지나서 계속 진행하면 사고가 발생하므로 양쪽 신호기 간에는 쇄정을 하여야 한다. 다만, 과주여유거리 이상으로 위험이 없으면 쇄정을 생략할 수 있다.

4.2.2 신호기와 선로전환기 간의 연쇄

열차가 정거장 구내에 진입 또는 진출하려면 신호기의 취급버튼을 반위로 하면 그 진로의 관계 선로전환기가 정당한 방향으로 전환한 다음 진행신호를 현시하게 된다, 따라서 신호기와 선로전환기 사이에 취급의 순서가 있고 또 신호기 취급버튼에 의해 선로전환기를 쇄정하기 때문에 연쇄 관계가 성립된다.

신호기와 선로전환기 사이의 연쇄는 신호기의 진로에 대한 선로전환기를 정당한 방향으로 전환되고 쇄정할 뿐만 아니라 진로 외의 선로전환기에도 다른 열차 또는 차량이 진입할 우려가 있는 선로전환기는 위험이 없는 방향으로 신호기와 연쇄 관계를 구성하여야 한다.

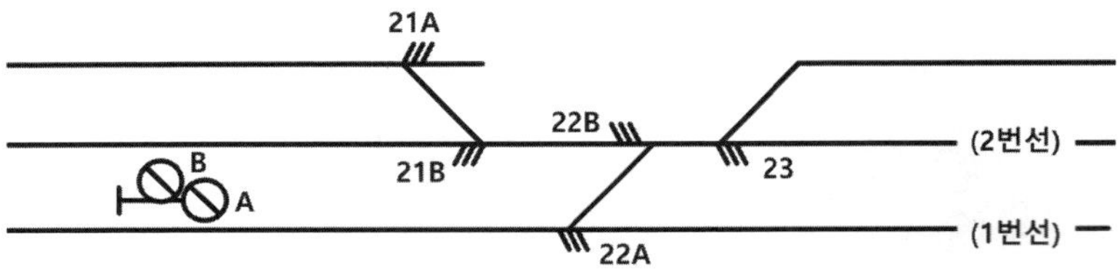

[그림 6] 신호기와 선로전환기 연쇄

[그림 6]에서 신호기 A는 1번 선, 신호기 B는 2번 선으로 진입할 수 있는 신호기이다. 22호 선로전환기를 정위로 전환하면 진로가 1번 선으로 개통되고, 신호기 A의 취급버튼을 반위로 하면 22호 선로전환기는 정위로 쇄정된다.

신호기 B의 진로 상에 있는 선로전환기 22호 반위, 23호 정위로 하고 진로 위의 선로전환기 21호를 정위로 하여 신호기 B 취급버튼을 반위로 하면 선로전환기 22, 23, 21호가 현재의 상태에서 쇄정 된다. 또한 선로전환기 22호가 반위로 쇄정되어 있을 때 신호기 A의 취급버튼을 반위로 하여도 다른 진로이므로 진로 구성이 안 되며 선로전환기 21호가 반위로 쇄정되어 있을 때 신호기 B의 취급버튼을 반위로 하여도 진로 구성이 되지 않는다.

4.2.3 선로전환기 상호 간의 연쇄

신호기 및 입환표지 등을 사용하여 열차를 운전하는 경우는 관계 선로전환기를 정당한 방향으로 개통하고 쇄정하므로 열차가 안전하게-운전할 수 있는 진로가 확보된다.

그러나 신호기 또는 입환표지를 사용하지 않고 열차 운전 또는 차량을 입환할 때는 각 선로전환기를 단독으로 취급하는 경우가 되기 때문에 취급자가 잘못 취급하면 사고를 일으킬 우려가 있다.

선로전환기를 취급한다는 것은 전환된 방향으로 열차를 운전한다는 것이므로 이 선로전환기와 근접하고 있는 다른 선로전환기가 정위 또는 반위로 있지 않으면 안 된다. 이처럼 취급버튼을 집중하여 선로전환기에 연쇄를 붙여서 오취급의 위험을 방지한다.

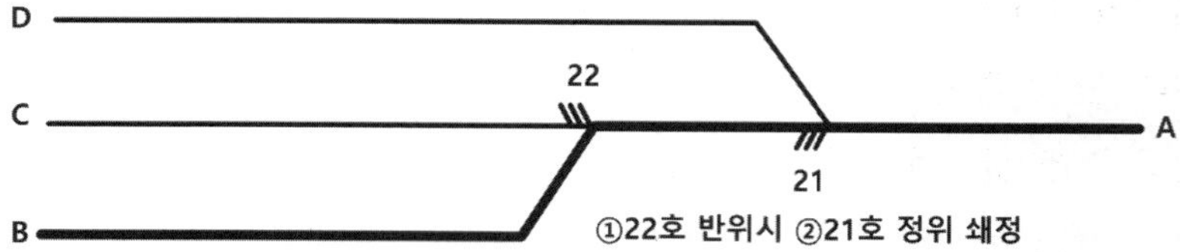

[그림 7] 선로전환기 상호 간의 쇄정

[그림 7]과 같이 선로전환기 21, 22호가 근접하고 있을 때 선로전환기 22호를 반위로 하는 것은 A ➡ B 또는 B ➡ A 간에 진로를 설정하기 위한 것으로 21호 선로전환기는 정위에 있지 않으면 안 되므로 22호 선로전환기를 반위로 하였을 때에 21호 선로전환기를 정위로 쇄정한다.

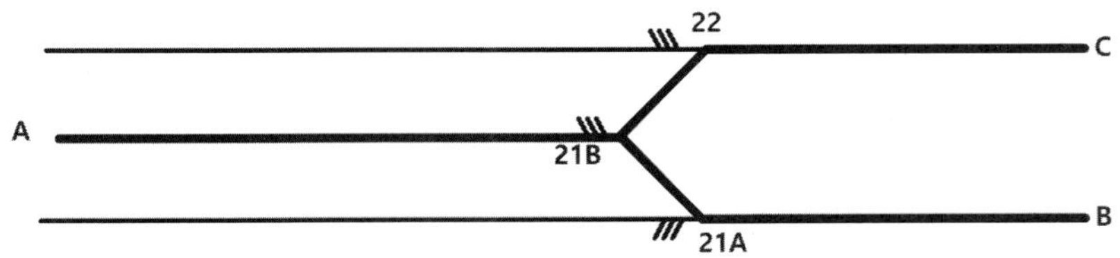

• A ↔ C 진로에서 ① 22호 반위시 ②21호 정위 쇄정
• A ↔ B 진로에서 ① 21호 반위시 ②22호 정위 쇄정

[그림 8] 선로전환기 상호간의 쇄정

[그림 8]과 같이 21호 선로전환기를 반위로 하는 것은 A ➡ B 또는 B ➡ A간에 진로를 설정하기 위한 것으로 22호 선로전환기를 정위 또는 반위 어느 쪽으로도 전환할 수가 있다면 반위에서는 위험이 따르므로 정위에 있지 않으면 안 된다. 또한 22호 선로전환기를 반위로 하는 것은 A ➡ C 또는 C ➡ A간에 진로를 설정하기 위한 것으로 21호 선로전환기는 정위에 있지 않으면 안 된다. 따라서 이 두 선로전환기 간에는 정위로 쇄정한다.

• A↔D 진로에서 ① 22호 반위시 ②21호 정위 쇄정
• B↔C 진로에서 ① 21호 반위시 ②22호 정위 쇄정

[그림 9] 선로전환기 상호간의 쇄정 3

[그림 9]에서는 22호 선로전환기가 반위일 때 A ➡ D 또는 D ➡ A간에 진로를 설정하기 위한 것으로 21호 선로전환기는 정위로 쇄정 한다. 또한 21호 선로전환기가 반위일 때 B ➡ C 또는 C ➡ B간에 진로를 설정하기 위한 것으로 22호 선로전환기는 정위로 쇄정한다.

5 전기연동장치의 주요 회로

5.1 접근쇄정

(1) 목적

접근쇄정은 운영자 또는 자동진로설정 계획이 접근 중인 열차 앞의 진로를 설정하지 못하도록 제공되는 쇄정이며, 이는 접근 열차 앞의 새로운 진로를 설정하지 못하도록 하여 접근 열차의 안전을 확보한다.

접근쇄정은 일반적으로 연동되는 모든 신호 진로에 적용된다. 접근쇄정은 신호를 해정하고 또한 모든 해제 조건이 사용할 수 있는 것으로 입증되면 효과적이다.

제어된 신호기가 같은 신호 또는 다른 신호의 다른 진로와 직간접적으로 연동되는 하나 이상의 진로를 가진 경우, 신호기는 접근쇄정 기능을 제공하여야 한다.

(2) 속도 신호를 위한 보조 입환 현시 또는 저속 현시

접근쇄정은 접근할 신호기에 진행 현시가 표시되고 접근 열차가 즉시 후방에서 주행신호를 통과하고, 신호기의 가시거리 내에 있으며, 신호기의 600m 이내에 있거나 신호가 해제될 때 유효해야 한다.

일단 시작된 접근쇄정은 접근쇄정 신호기의 후면에서 적절한 접근쇄정 거리에 걸쳐 궤도회로의 점유로 유지되어야 한다. 접근쇄정 지점은 600m 또는 접근쇄정 신호기의 외방 또는 때에 따라 외방의 첫 번째 신호기에서 시야 거리를 시작할 수 있다.

(3) 지상 입환신호

접근쇄정은 접근쇄정 신호기에 진행 현시가 표시되고 접근 열차가 외방에서 신호기를 통과하여 신호의 가시거리 내에 있고 접근쇄정 신호기의 300m 거리 내에 있는 경우에 유효해야 한다.

후방에 궤도회로가 제공되지 않는 위치에 입환 신호기가 배치된 경우, 즉시 접근쇄정이 설정되어야 하고 신호는 진행을 현시하여야 한다.

(4) 접근쇄정 해제

접근쇄정은 열차가 접근쇄정 신호기에 거의 접근 또는 정지신호기에 접근하거나 또는 정지한 것으로 증명된 열차를 허용하기 위해 시간이 경과한 후 정지 및 열차 통과 신호에 의해 해제되어야 한다. 접근 구역 내에 열차가 없으면 신호 취소 시 접근쇄정을 해제할 수 있다.

(5) 주행 신호기

접근쇄정은 접근쇄정 신호기를 바로 지나 진로가 설정된 방향으로 또는 시간 해제 후에 첫 번째 및 두 번째 궤도회로를 통과하는 열차의 정상적인 통과로 해제되어야 하며, 정지를 위해 접근쇄정 신호가 변경된 즉시 타이밍을 시작해야 한다.

접근쇄정에 대한 해제 표준시간은 작동 및 보조 신호의 경우에 90초이고, 입환 신호의 경우 30초이다. 보조 신호가 보조 신호에 대한 접근쇄정 시간보다 주 신호에 대한 별도의 접근쇄정 시간이 있는 경우에 90초가 될 수도 있다.

특정 위치에서 다른 시간이 적용될 수 있으며 시간 해제 시간을 결정할 때 신호기 사이의 거리를 고려해야 한다. 이 거리가 증가함에 따라 접근쇄정 시간 해제 시간을 늘려 열차가 정지 상태에 이르렀는지 확인해야 한다. 이는 진행신호가 열차 제동 거리보다 큰 경우에 적용된다.

(6) 속도 신호를 위한 입환 현시 또는 저속 현시

접근쇄정은 접근쇄정 신호를 통과한 직후 또는 접근쇄정 신호가 변경되어 정지되는 즉시, 타이밍을 시작해야 하는 시간 해제가 만료에 따라 첫 번째 궤도회로를 통과하는 열차의 정상적인 통과로 해제되어야 한다.

시간 해제 만료 시간은 60초이어야 한다. 보조 입환 현시시간 해제 주기는 특정 작동 조건에서 주 현시시간 해제 주기와 같을 수 있다.

(7) 지상 입환신호

접근쇄정은 접근쇄정 신호 직전에 또는 정지하기 위해 변경되는 즉시 타이밍을 시작하는 시간 해제의 만료 직후에 첫 번째 궤도회로를 열차가 정상적으로 통과하여 해제되어야 한다. 시간 해제 만료 시간은 30초로 한다.

차량기지에서 지상 입환신호는 접근 궤도회로가 있는 경우에 30초의 해제 시간을 적용한다.

(8) 단순화된 자동 정상 운행을 위한 접근쇄정 해제

A 궤도회로의 점유만으로 신호의 자동 정상 운행이 제공되는 경우, 주요 주행 현시에 대해서는 궤도점유 접근쇄정 해제가 제공되지 않는다.

궤도점유 해제가 필요한 경우, 궤도점유 해제 기능이 주요 주행 현시에 효과적이지 않도록 선택해야 한다.

(9) 입환에서 주 현시로 신호 단계적 전환

신호는 먼저 접근쇄정을 해제하지 않고 입환 현시에서 주 현시로 직접 올라갈 수 있다. 그러나 접근쇄정을 해제하지 않고 제한이 적은 쇄정이 적용되는 입환 현시에서 신호가 내려올 수는 없다.

5.2 진로쇄정

(1) 목적

상충하는 신호, 선로전환기 및 건널목이 열차의 통행이 위험하지 않도록 쇄정될 때에만 열차가 진행되도록 신호가 현시되어야 한다. 여기에는 진로에 대한 각 신호 구간과 과주여유거리가 모두 포함된다.

진로쇄정은 열차가 노선 내의 다양한 신호기, 선로전환기, 건널목을 통과할 때까지 유지되며 열차 통행을 위태롭게 하지 않고 쇄정장치의 전부 또는 일부를 해제하는 것이 가능하다.

진로쇄정은 관련 기능 간의 궤도회로 점유에 의한 진로에서 진로, 진로에서 선로전환기, 또는 유사한 쇄정의 효과를 유지하기 위해 제공된다.

(2) 진로쇄정 요구 조건

신호기에서 진로가 같은 신호기상의 다른 진로와 충돌하거나, 하나 이상의 선로전환기 또는 지상설비를 유도하거나, 하나 이상의 반대 신호(진로)를 판독할 때 다음과 같이 처리되어야 한다.

① 같은 신호로부터 멀어지는 상충 진로를 정상적으로 쇄정 한다.

② 진로 또는 진로의 과주여유거리로 이어지는 모든 반대 신호 진로를 정상적으로 쇄정 한다.

③ 진로 또는 진로의 과주여유거리에 트랩 또는 측면 보호를 제공하는 선로전환기와 함께 진로 방향에 따라 필요한 경우에 선로전환기를 쇄정 한다.

④ 진로의 정상 또는 그 과주여유거리의 지상설비를 쇄정 한다.

⑤ 과주여유거리가 설정된 적절한 방향으로 과주여유거리의 모든 후행 선로전환기를 쇄정 한다.

⑥ 과주여유거리 내부 또는 과주여유거리로 이어지는 다른 쇄정 조건이 이를 필요로 하는 경우에만 과주여유거리의 모든 면을 정상 또는 역방향으로 잠근다. 특별한

경우를 제외하고 항상 역쇄정이 적용되어야 한다.

(3) 진로제어

진로제어는 진로요청, 진로조사, 진로설정, 진로쇄정 및 진로입증의 단계를 거친다.

① 진로요청은 원격제어나 역 자체 조작반에 의해 진로제어를 요청하는 단계로 이 진로 요청이 이루어지면 해당 진로에 대해 기본조건을 조사한 후 진로설정 단계로 넘어간다.

② 진로설정 단계는 진로요청 단계의 기본조건이 만족하였을 때 진로 구성에 필요한 모든 선로전환기를 정위 또는 반위로 전환하여 진로를 구성한다. 또 진로쇄정 단계는 선로전환기의 전환이 완료되면 안전한 진로의 확보를 위하여 진로쇄정을 수행한다.

③ 진로 입증은 진로와 관계된 모든 설비가 정확하게 동작했는지를 확인한 후에 열차자동제어장치나 신호기 또는 입환 표지 등으로 진로정보를 제공하여 해당 진로를 현시할 수 있도록 한다.

(4) 진로의 해정

열차가 당해 궤도회로를 점유한 후 전방 궤도회로를 점유하고 다시 당해 궤도회로를 벗어나서 순차적으로 점유와 비점유 상태가 되면 진로는 자동으로 해정된다.

(5) 진로의 연속제어

동일 진로를 연속하여 여러 열차가 통과하여야 할 때 반복적인 진로설정 없이 한 번의 진로설정으로 여러 열차의 취급이 가능해야 한다. 또한 운영자가 일정한 제한조건 하에 연속제어로 설정된 진로를 취소할 수 있다.

5.3 보류쇄정

많은 철도에서 교차점의 쌍동 선로전환기는 항상 쇄정 되고 동시에 해정 된다.

진로가 출발신호기 내방에 선로전환기 쇄정과 겹쳐서 과주여유거리가 요구될 때에 접근쇄정 또는 보류쇄정이 설치되며, 열차가 출발신호기 전 구간의 궤도를 점유한 후에 지연시간이 설정된 선로전환기는 자동으로 해정 된다.

고장 난 진로의 해정인 경우나 신호기로부터 이미 독립적으로 쇄정된 진로에서 어떤 이유로 진로를 변경하고자 할 때는 특별한 주의를 기울여 취소하여야 한다. 진로 취소에는 여러 가지 다른 원칙이 적용된다.

철도에서 보류해정은 다음과 같은 목적으로 사용된다.

① 쇄정된 진로의 타이머를 취소하면 신호기(보류쇄정)를 복구한 후 작동에 들어간다. 정의한 시간 간격(보통 몇 분, 접근 열차가 신호기 또는 정지점을 지나기에, 충분한) 후에 진로쇄정은 자동으로 해정된다.

② 취소 진로에서 강제적으로 시간 지연을 주었기 때문에 열차는 선로전환기 또는 정지할 때 확실히 안전을 유지할 수 있다.

5.4 진로쇄정과 해정

열차가 신호기를 지난 후에는 열차가 신호기를 통과하거나 안전하게 정지할 때까지 모든 진로 구간을 쇄정하여야 한다.

많은 철도에서, 진로쇄정은 접근쇄정의 원칙을 기반으로 한다. 열차가 접근하지 않는 한, 진로는 해제된 신호기로 인해 쇄정된다. 신호를 복원하면 진로가 즉시 해제된다. 접근하는 열차가 진로를 취소하여 열차 앞의 신호기의 현시가 바뀌는 위치에 도달하면 진로가 접근쇄정이 걸린다. 이제 신호기를 복구한 후에 접근쇄정으로 진로를 유지한다. 신호기를 통과하면 정상 진로쇄정이 적용되고, 모든 요소가 움직이는 열차 아래에서 쇄정 상태를 유지하게 된다. 일부 철도에서는 접근하는 열차와 독립적으로 신호를 해제할 때, 접근쇄정을 사용하지 않고 즉시 전체 진로쇄정을 설정한다. [그림 10]에 두 진로쇄정 원칙이 비교하였다.

일반적으로 진로쇄정 해제는 보통 열차가 해당지점을 통과한 후 자동으로 이루어진다. 자동 진로 해제 기능은 단일 해제 지점을 사용하여 진로를 완전히 해제하거나 부분 경로 해제로 수행할 수 있다. 진로를 완전히 해제하려면 열차가 전체 지점 구역을 통과하고 목적지 궤도를 점유해야 한다.

부분 진로 해제를 위해서는 별도로 해제할 수 있는 궤도요소가 필요하다.

열차가 통과하기 전에 궤도 구간을 분리하여 해제하지 않도록 하려면 열차 내 두 축 사이의 최대 가능 거리를 초과하는 최소 길이를 가져야 한다.

안전상의 이유로 별도로 해제되는 궤도요소는 소위 연속 쇄정에 의해 연결된다.이렇게 하면 이전 요소가 해제될 때까지 궤도요소가 해제되지 않는다. 열차가 통과하기 전에 정리할 궤도구간을 별도로 해제하지 않으려면 열차 내 두 차축 사이의 가능한 최대 거리를 초과하는 최소 길이가 있어야 한다.

과주여유거리가 제공되는 경우 과주여유거리 내의 선로전환기는 시간 해제 기능을 갖추고 있다. 열차가 진로 이탈 신호에 접근하여 마지막 궤도 구간을 점유한 후, 정해진 지연과 함께 자동으로 해제된다.

열차 통과하지 못한 채로 진로를 취소해야 하거나 열차가 통과한 후 정상적인 진로 해제에 실패한 경우에는 직원 책임 하에 쇄정된 진로를 수동으로 해제해야 할 수도 있다. 후자의 경우, 대부분의 철도는 비상 진로 해제를 제공한다. 진로 취소 및 비상 진로 해제는 시간 쇄정 또는 자동 기록을 사용한 특정 명령 절차에 의해 보호된다.

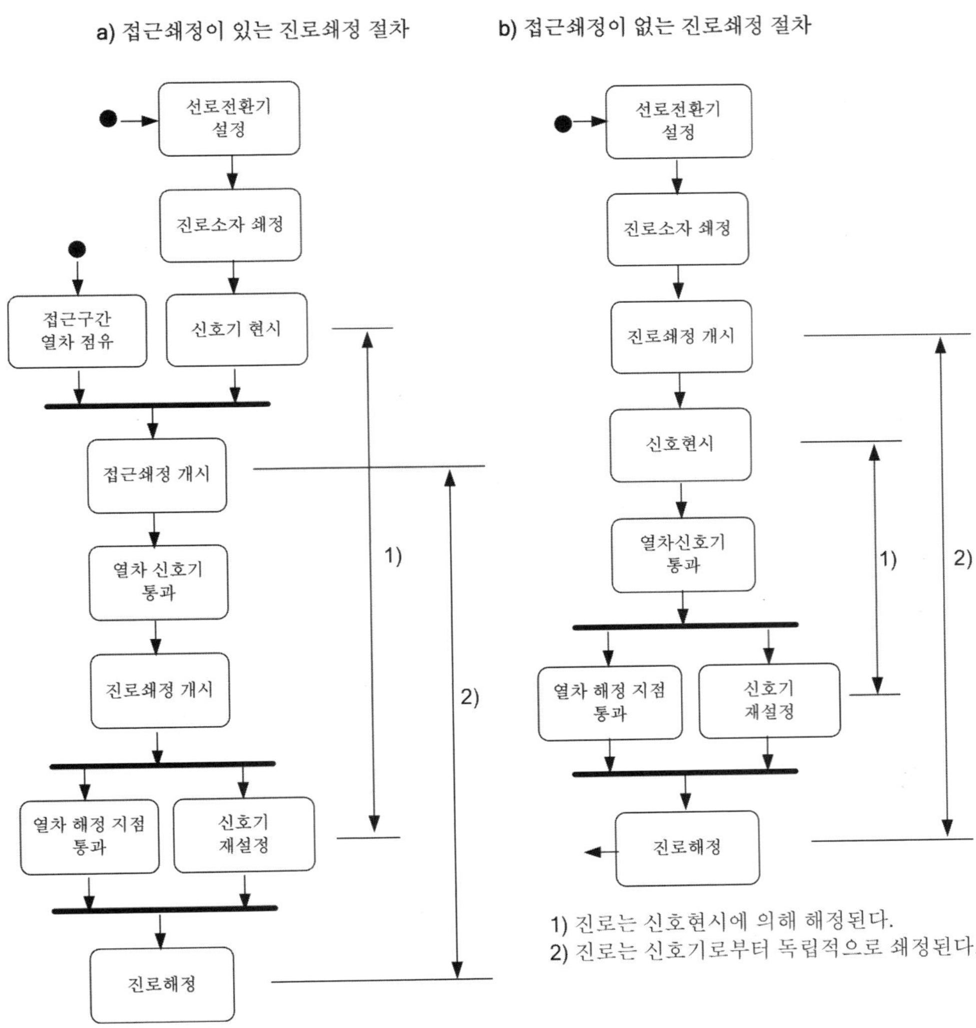

[그림 10] 진로쇄정 원칙

5.5 충돌 진로

서로 반대 위치에서 선로전환기를 쇄정해야 하는 진로는 쇄정된 선로전환기에 의해 서로 자동으로 쇄정된다. 이를 '상호쇄정'이라고 한다. [그림 11] 충돌하는 두 진로의 지점 위치에 차이가 없으면 지점과 신호기 간의 연동이 충돌하는 움직임을 막지 못한다. 이럴 때 충돌하는 진로를 잠그기 위해 특별한 연동 기능이 제공되어야 한다. 예를 들어, 예를 들어, 같은 선로로 이어지는 반대 진로('상호 쇄정'이라고도 함)와 움직이는 선로전환기가 없는 크로싱에 교차로가 있는 진로가 있다.

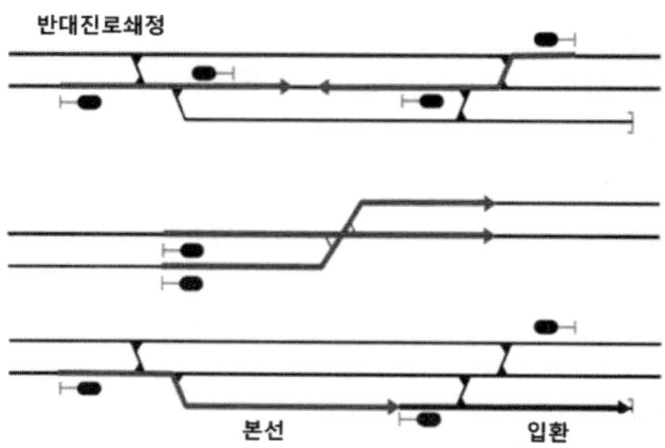

[그림 11] 선로전환기의 위치가 다르지 않은 충돌 진로

열차가 역 선로에 도착하여 입환 모드로 진행하려고 할 때, 많은 철도에서는 열차가 멈추기 전에 입환 권한을 발급해서는 안 된다는 규칙을 가지고 있다. 이를 위해, 역 선로로 이어지는 주요 진로와 다음의 입환 진로가 서로를 쇄정 한다.

5.6 측면방호

측면방호는 접근하는 열차 진로로 유입 또는 합류하는 열차 주행으로 인해 발생하는 위험을 방지하기 위한 것이다. 측면방호는 아래 사항에 의해 이행될 수 있다.

- 운영규칙
- 측면방호 기기
  - 안전 선로전환기
  - 탈선기
  - 정지 신호

운영규칙에 따른 측면방호는 열차의 진로에 합류하는 선로의 부주의한 움직임으로부터 주 진로를 보호하기 위해, 진로가 설정된 한 특정 선로를 입환 또는 장비 보관하는데 사용해서는 안 된다는 것을 의미한다. 이러한 형태의 보호는 그다지 효율적이지 않기 때문에, 다른 형태의 측면 보호를 사용할 수 없을 때만 사용해야 한다.

측면방호장치는 제어되는 선로변 요소이다. 측면방호는 측면 선로전환기, 탈선기 또는 정지 신호기로 제공될 수 있다. 정지 신호는 운전자가 제어하는 움직임에 대한 측면방호에만 충분하다. 의도치 않게 움직일 수 있는 차량(예: 장비가 보관된 선로 위) 또는 많은 입환이 있는 선로로 인한 측면 위험으로부터 열차를 보호하려면 측면 선로전환기나 탈선기에 의해 측면방호가 이루어져야 한다. 많은 철도에서, 탈선기는 측면 외부에 설치해서는 안 된다. 고속 선로의 경우, 입환 이동과 주차된 장비로부터 측면방호는 항상 측면 선로전환기의 영향을 받는다.

(1) 원격 측면방호

가능하면 측면방호는 보호할 진로에 바로 인접한 요소에 의해 제공되어야 한다. 사용할 수 있는 적절한 요소가 없는 경우 보호할 지점에서 더 멀리 떨어진 요소에 의해 측면방호가 제공될 수 있다. 이러한 종류의 측면방호를 원격 측면방호라고 한다. [그림 12]

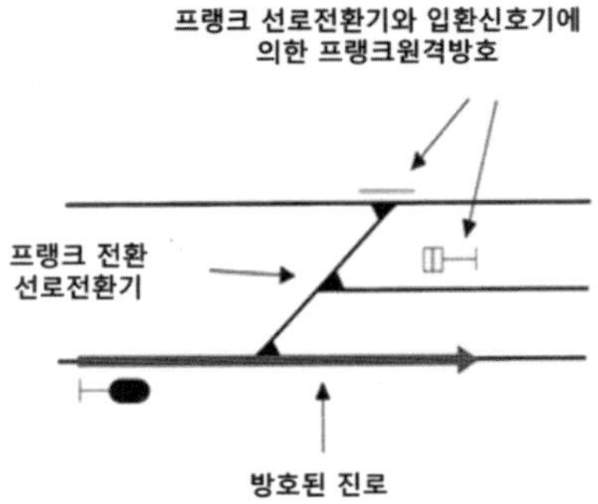

[그림 12] 원격 측면방호

방호 요소와 방호할 선로전환기 사이에 있는 선로전환기는 측면방호를 보호하는 것이 아니라 전달하기 때문에 측면 이동 지점이라고 불린다. 측면 이동 지점에서는 방호 진로가 분할되어 하나의 진로 요소가 여러 방호 요소에 의해 보호된다.

측면 구역(UIC, 2012)은 측면 방호 장치와 진로의 파울링 지점 사이의 궤도 구간이다. [그림 12]의 예와 같이 옆구리에 분기점이 있을 때, 옆구리는 여러 갈래로 나뉘어서 방호할 진로의 파울링 지점이 여러 방호 요소에 의해 방호된다. 측면 지역은 차량으로부터 멀리 떨어져 있어야 하지만, 방호진로를 해치지 않고 측면 지역을 가로지르는 움직임이 있을 수 있다. [그림 13]

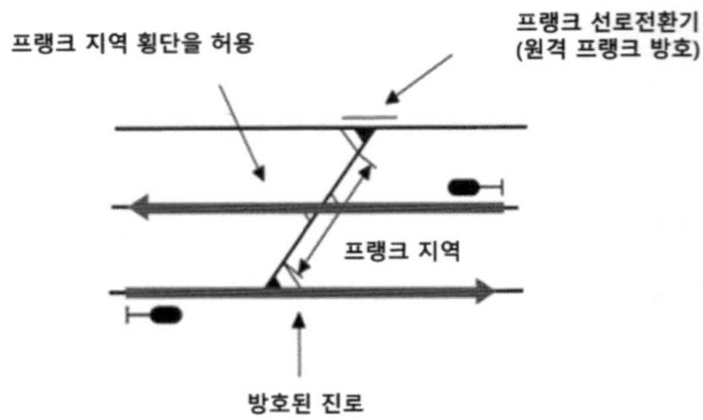

[그림 13] 측면을 통한 횡단 이동

(2) 선택적 방호 선로전환기

측면 방호의 구체적인 배치는 선택적 방호지점이며 이중 측면이라고도 한다. [그림 14] 이것들은 서로 다른 열차 이동 진로로부터 경쟁적인 측면 호출을 받을 수 있는 측면 선로전환기들이다. 선택적 방호 지점의 위치에 의해 진로가 서로 쇄정되는 것을 방지하기 위해 이러한 지점의 방호 위치는 일반적으로 두 진로 중 하나에 할당된다. 다른 진로에 대한 방호 부족을 보완하기 위해, 그 진로는 원격 측면 방호를 받을 것이다. 그래서, 그 진로에서, 선택적 방호 지점은 측면 전달 지점이 될 것이다.

선택적 방호 지점을 제어하는 세 가지 원칙이 있다.

- 두 진로 중 하나에 영구적으로 할당된 방호 위치
- 우선순위 제어로 유연하게 할당된 방호 위치
- '선입선출'(First In– First Out) 원칙에 따라 유연하게 지정된 방호 위치

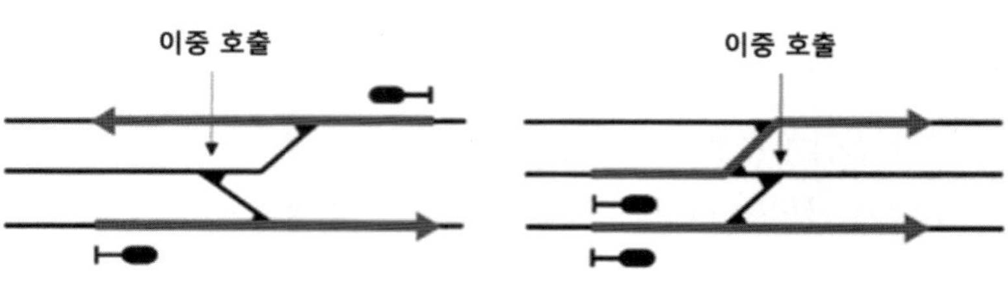

[그림 14] 이중 호출 선로전환기

방호 위치를 한 진로에 영구적으로 할당할 경우, 선로전환기는 항상 해당 진로에 의해 방호 위치에 쇄정된다. 이러한 원칙은 오래된 연동시스템에서 일반적인 관례이지만, 일부 철도는 현대 기술에서 계속 사용하고 있다. 선택적 방호 선로전환기의 방호 위치는 일반적으로 더 높은 우선순위의 진로에 할당된다.

우선순위로 제어되는 측면 방호는 측면방호를 할당하는 데 있어 더 많은 유연성을 제공한다. 두 진로 중 하나만 설정되면 선택적 방호 선로전환기는 해당 진로에 대한 방호 위치로 이동한다. 두 진로가 동시에 설정되면 우선순위가 높은 진로의 경우에 선택적 방호 지점이 방호 지점으로 이동하게 된다. 우세한 진로는 우세한 진로의 측면방호까지 빼앗기게 된다. 두 진로의 우선순위가 같으면 '선입선출' 원칙에 따라 측면방호를 할당하는 것이 최선의 해결책이다. 선택적 방호 지점은 항상 먼저 설정된 진로에 대한 방호 위치로 이동한다.

측면방호가 유연하게 할당된 선택적 방호 지점을 사용하는 철도에서는, 경쟁적인 측면 호출을 받는 한, 이러한 지점을 쇄정하지 않은 상태로 두는 것이 관례이다. 다른 진로에서 측면방호를 요청할 때도 쇄정 된 선로전환기를 해정한다. 이를 통해 작업자는 방호 위치를 수동으로 재할당 할 수 있다. 이럴 때 항상 원격 측면방호가 있어서 안전하다.

추가로 측면방호가 유연하게 할당된 선택적 방호 지점은 '보조' 방호 모드에서 작동할 수 있다. 측면방호가 제공됐던 진로가 해제된 후 두 번째 진로는 자동으로 선택적 방호 지점 방호 위치로 이동한다.

선로전환기는 또한 단 하나의 진로 또는 같은 열차 이동에 속하는 연쇄 진로로부터 경쟁적인 측면 호출을 얻을 수 있다. [그림 15] 그러한 종류의 이중 호출 지점은 자체 선택 방호 선로전환기라고도 한다. 이럴 때 방호위치는 방호할 두 지점 중 하나에 영구적으로 지정되거나 자체 선택 방호 선로전환기가 쇄정 해제된 상태로 유지된다. 그런 다음 공통 원격 측면 방호 요소에 의해 방호된다.

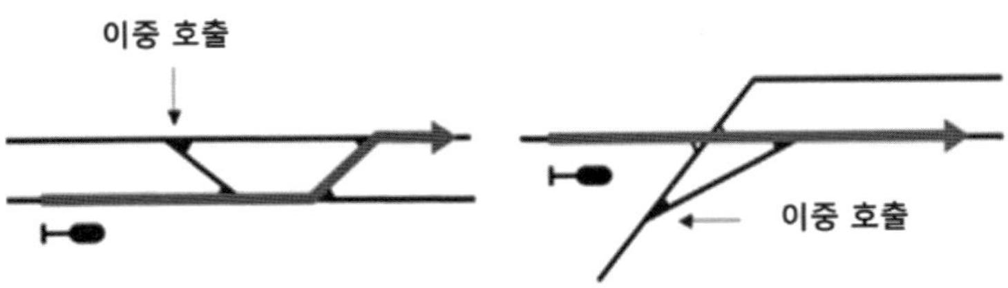

[그림 15] 자가 선택 방호 포인트

5.7 교차쇄정

교차쇄정에서 한 쌍의 선로전환기는 탈선 또는 다른 한 쌍의 선로전환기와 영구적으로 연동된다.

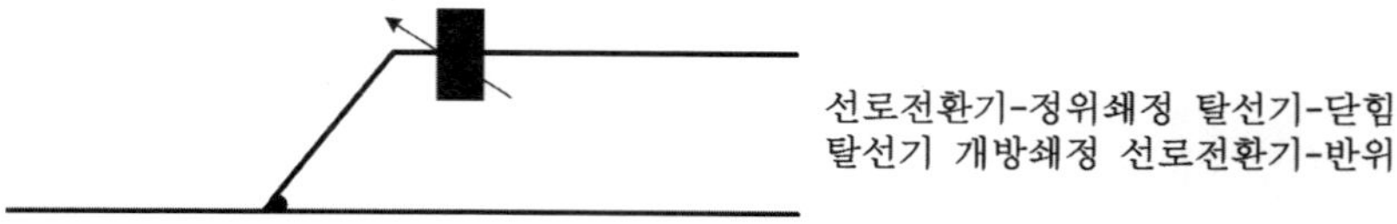

[그림 16] 교차쇄정의 예

교차쇄정은 진로쇄정 없는 열차의 이동 안전을 개선해준다. (입환운전이나 비정규 열차의 운전)

- 탈선 선로전환기와 배향 선로전환기의 적절치 못한 설정을 방호한다.
- 방호위치의 선로전환기와 탈선 선로전환기를 쇄정하여 측면 방호를 제공한다.

다중 교차쇄정은 두 지점 사이의 연동이 세 번째 한 쌍의 선로전환기 또는 탈선기의 위치에 따라 달라지는 특수한 유형의 교차쇄정이다. 처음 두 쌍의 선로전환기는 간단한 교차쇄정의 형태로 세 번째 요소에 연동된다.

[그림 17]은 3쌍 선로전환기 다중 형태의 상호쇄정의 예이다.

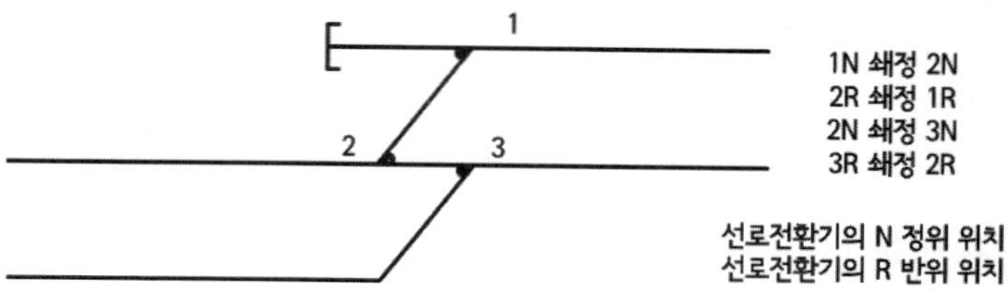

[그림 17] 3쌍 선로전환기 다중 상호쇄정의 예

참고사항

선로전환기 간 교차쇄정은 영국 및 북미 관행에 따라 연동방식에서 매우 일반적이지만, 독일의 연동방식에서는 선로전환기 간 교차쇄정이 매우 희귀하다. 그러나, 그것들은 선로전환기와 탈선기 사이의 연동을 위해 정기적으로 사용된다.

5.8 과주여유거리

일반적으로 철도에서 과주여유거리가 사용된다. 철도에서는 과주여유거리를 많이 사용하지는 않지만, 연동신호기와 신호기 외방의 첫 번째 선로전환기 사이에 최소 안전거리가 요구될 때 사용한다.

이 안전거리는 신호시스템에 의해 제어되지 않기 때문에 신호시스템에서 과주여유거리를 조회하지는 않는다. 철도에서의 과주여유거리는 과주여유거리 보호에 사용되는 2가지 다른 원칙이 요구된다.

- 첫 번째 선로전환기 앞에 최대 과주여유거리에 연동신호기가 배치될 때.
- 연동신호기가 접근구간의 신호기와 연쇄된 과주여유거리 범위 내에 선로전환기를 갖고 있을 때

일반적으로 철도에서 첫 번째 원칙은 모든 장내신호기에서 사용한다. 사용하는 주된 원인은 폐색 과주여유거리가 연동장치와 연계되므로 폐색시스템과 연동장치 사이에 복잡한 인터페이스가 불필요하기 때문이다.

그러나 교통량이 매우 높은 철도(지하철 및 유사한 시스템)에서는 장내신호기와 첫 번째 선로전환기(도착 선로전환기라 불리는 장내신호기 내방) 사이의 최대 과주여유거리를 줄 수 있지만, 이는 선로용량을 감소시킬 수 있다. 그것이 선로에서 장내신호기를 도착 선로전환기의 외방에 직접 설치하는 이유이다.

장내신호기는 접근구간의 신호기와 연동된 장내신호기 외방 과주여유거리 내의 선로전환기와 함께 동작한다. 따라서 장내신호기 뒤에 있는 마지막 신호기로부터 연동된 진로를 선별한다. 후부의 신호기일지라도 어떤 선로전환기도 직접 방호하지 않으며, 이는 역사 연동장치와 연결된다.

상용 폐색신호기로부터 이 차이 때문에 이 신호기는 "접근신호기"라 부른다. (그림 18)

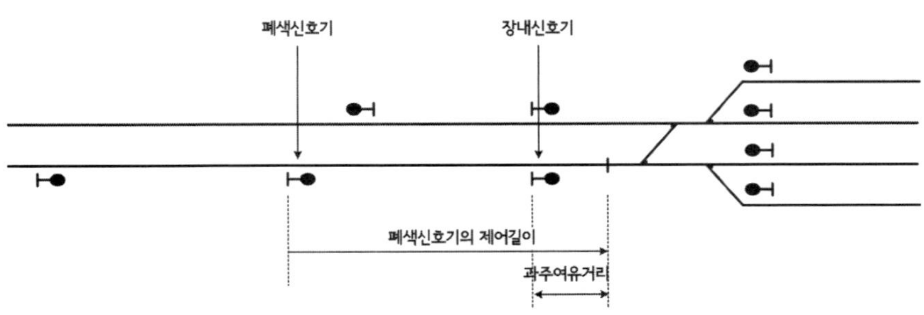

(a) 선로전환기 도착전에 최대 과주여유거리에서의 장내신호기 위치

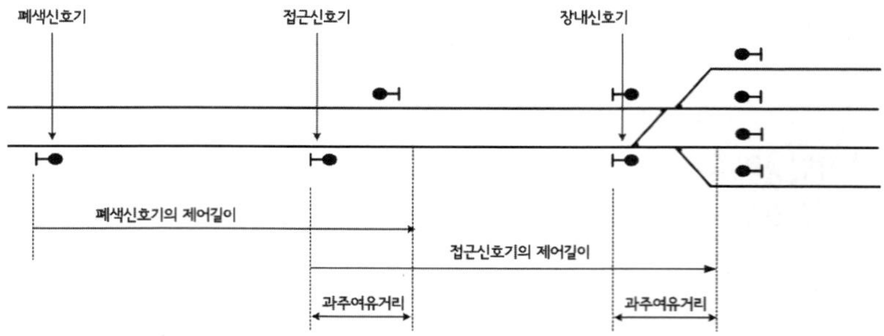

(b) 접근신호기의 사용법

[그림 18] 장내신호기 설치 위치의 여러 가지 원칙

연동신호기는 장내신호기보다 선로전환기 전방에서 최대 과주여유거리를 확보하지 못하는 경우가 발생한다. 그러므로 연동신호기, 후방의 과주여유거리 내의 선로전환기는 보통 접근구간의 신호기와 연동하고 있다. 장내신호기 범위 내의 연속적인 연동신호기 때문에 그곳에는 항상 연동 진로가 설정된다.

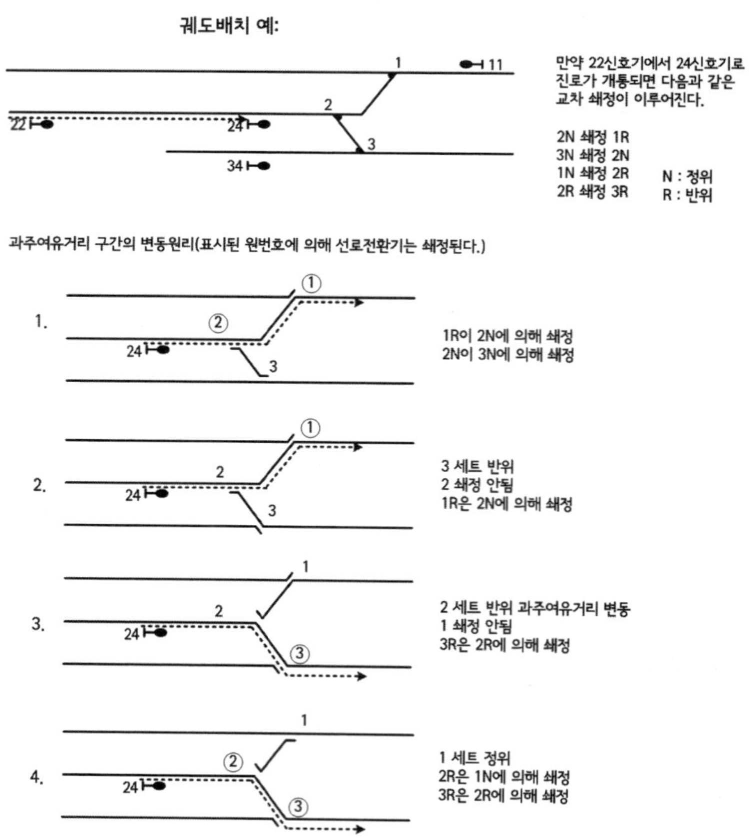

[그림 19] 조건별 상호쇄정에 의한 과주여유거리 구간 방호

폐색신호의 과주여유거리 부족시에는 폐색신호기의 속도제어(Y, YY 또는 R)로 과주여유거리를 확보하는 방법을 강구 할 수 있으며, 이때 장내신호기 현시는 장내신호기에 의해 연동되도록 한다.

철도에 따라 과주여유거리 내의 선로전환기 쇄정 원칙은 극명하게 다르다. 일부 철도에서는 과주여유거리 내의 모든 선로전환기를 쇄정하며, 어떤 철도에서는 대향 또는 배향 선로전환기만 쇄정한다. 어떤 철도에서는 측면 방호에도 과주여유거리를 두며, 또 다른 철도에서는 이를 사용하지 않는다.

다음은 연동장치 관행으로, 영국철도 연동장치에서는 과주방호의 특별한 형태로 "조건별 과주여유거리"를 사용한다. 그것은 진로의 취소 없이 선로전환기 과주여유거리가 다른 궤도로 들어가는 것을 허용한다.

이것은 조건부 교차쇄정을 사용한 것에 의하여 영향을 받는다. 보통, 과주여유거리의 선로전환기는 다중 교차쇄정의 형태로 연동 쇄정된다.

새로운 과주여유거리가 설정된 후에 대향 선로전환기는 해정 되고, 새로운 과주여유거리를 위하여 작동된다. [그림 20]

지하철과 도시철도에서 같은 원칙을 사용한다.

같은 시간에 서로 다른 진로를 설정하는 연동장치의 과주여유거리는 각각 중첩된다. 이러한 목적으로 과주여유거리의 안쪽에 있는 배향 선로전환기는 해정된다.

진로의 출발 신호기를 지나 활주할 가능성은 매우 낮다. 그러므로 두 개의 열차가 동시에 해당 과주여유거리 안으로 들어올 확률은 매우 낮다.

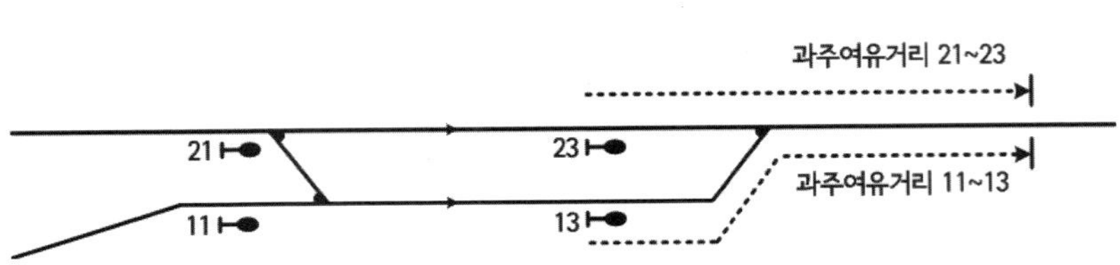

[그림 20] 연동장치의 과주여유거리 중첩구간

5.9. 선로전환기 쇄정

(1) 일반적인 선로전환기 쇄정 요구 조건

① 선로전환기 이동을 직간접적으로 쇄정하는 궤도가 최소 1초 동안 지속적으로 통전될 때까지 선로전환기는 자유롭게 이동할 수 없어야 한다.

② 선로전환기에 대한 신호기 진로의 사전 선택은 허용되지 않는다. 선로전환기 선택 회로는 작동 유형과 관계없이 저장되지 않도록 설계되어야 한다. 열차 제어시스템에서는 요청 기능이 진로 요청의 일부일 경우에 진로 요청의 사전 저장이 허용된다.

③ 선로전환기 모터는 중부하 접점을 가진 접촉기와 동등한 유형에 의해 제어되어야 한다.

④ 선로전환기 모터 전원 공급을 제어하기 위해 선로전환기 '격리 계전기' 접점이 각 선로전환기 모터 회로에 있어야 한다. 이들은 선로전환기를 구동하기 위해서만 통전되어야 한다. 회로 기능은 반복 계전기에 우선하여 로컬 궤도계전기의 접점을 포함해야 한다. 격리 계전기는 선로전환기 모터 회로를 이중으로 개폐해야 한다.

⑤ 선로전환기 접촉기 및 격리 계전기는 가장 가까운 접속함, 또는 계전기실에 서로 인접해 설치되어야 한다.

⑥ 선로전환기의 비상 현장 작동은 비상 크랭크 핸들 또는 수동 레버를 사용하여 가능하다.

⑦ 선로전환기 크랭크 핸들을 애닛 쇄정 장치에서 제거하면 선로전환기 모터에 대한 전원 공급이 차단되고 모든 신호가 정지 시 유지된 선로전환기와 연동된다. 이는 검출 계전기를 절단하고 계전기 회로를 차단함으로써 이루어진다.

⑧ 이중 제어 선로전환기의 경우 모터 또는 수동 작동을 선택할 수 있는 레버가 있어야 한다. 이 레버는 일반적으로 지정된 작동 키에 의해 해제되는 자물쇠로 모터 위치에 잠가야 한다. 수동 위치에 있는 레버는 모터와 검지 회로를 격리해야 한다.

⑨ 작동 시간이 정상 작동 시간의 300%를 초과할 경우에 모든 선로전환기에 선로전환기 모터로의 공급을 절단할 수 있는 타이밍 장치가 제공되어야 한다. 이 타이밍 장치는 선로전환기를 다른 위치로 되돌리기 위해 선로전환기를 제어할 경우에 재설정되어야 한다.

⑩ 선로전환기에서 자기 접촉기가 사용되는 경우에 검출기 회로에서 반대쪽 쇄정 계전기를 점검해야 한다. 이 경우 접점이 검출기 회로와 격리 계전기를 차단해야 한다.

⑪ 일반적으로 과주여유거리 내의 대향 선로전환기는 쇄정 되어 있지 않다. 선로전환기 쇄정 해제는 다음 중 하나에 의해 이루어진다.

ⓐ 접근 선로에 열차가 있는 상태에서 접근쇄정을 벗어나는 시간
ⓑ 노선유지시간에서 명시된 시간 동안 마지막 진로 내 궤도점유 또는
ⓒ 제어표에 명시된 진로 내의 그룹 궤도회로 점유 또는
ⓓ 진로를 통한 열차의 통과 (즉, 열차가 다음 신호를 지나쳐 진행됨) 또는

ⓔ 접근쇄정이 해제된 경우에 신호 취소

(2) 진로 내 선로전환기

선로전환기를 포함하는 궤도가 진로 내 첫 번째 궤도일 때, 선로전환기는 관련된 신호기에 의해 쇄정되고 신호의 접근쇄정 또는 점유된 선로전환기 궤도에 의해 유지된다. 선로전환기가 첫 번째 진로 내 궤도에 위치하지 않는 경우, 필요한 위치에서 선로전환기를 쇄정하기 위해 진로 유지가 필요하다. 관련된 신호기에 의해 시작되어야 하며, 신호기의 접근쇄정 또는 신호기와 선로전환기 궤도 사이의 궤도점유에 의해 유지되어야 한다.

(3) 기지 입구/출구

기지를 지나는 주요 진로를 보호하는 입환기지 진입/출구 선로전환기는 주요 진로를 보호하기 위해 해당 주요 진로에 의해 쇄정되어야 하며, 기지 내에서 분기가 느슨해지고 반대 또는 측면 방향으로 이동할 가능성이 있는 경우, 과주여유거리가 된다. 진로 또는 과주여유거리는 기지 입구/출구에서 충돌 선로전환기까지의 거리가 250 m 미만일 경우 또는 신호 설계 기관이 달리 결정하였을 때 발생한다.

(4) 캐치 포인트에서의 탈선

캐치 포인트(탈선 분기기)에 의해 탈선한 차량이 주 주행 선로를 위반할 가능성이 있을 경우, 캐치 포인트에 의해 탈선되었을 때 주 주행 선로를 따라 신호 해정을 방지할 수 있는 수단(예: 회로 차단기)이 제공되어야 한다.

5.10 궤도회로 선로전환기 쇄정

(1) 목적

궤도회로 쇄정은 선로전환기 쇄정에 대한 직접 진로가 정상화되고 열차가 선로전환기와 선로전환기를 통과하는 신호기 사이에 있을 경우에 열차 통과를 위해 제 위치에 유지되도록 보장하기 위해 선로전환기에 제공된다.

(2) 요구 조건 – 선로전환기 제어 장치의 궤도회로 쇄정

모든 동력으로 작동하는 선로전환기는 선로전환기를 포함하는 궤도회로의 점유로 인해 정위 및 반위 위치 모두에서 쇄정되어야 한다. [그림 21]을 참조.

선로전환기를 포함하는 궤도회로 또는 궤도회로의 한계는 적어도 궤도회로 한계 및 차량한계점에 따라 선로전환기 차량한계점까지 확장되어야 한다.

선로 배치 및 열차 이동이 궤도 쇄정 연장을 허용하지 않는 경우에 진로쇄정에 설명된 대로 진로쇄정이 제공되어야 한다.

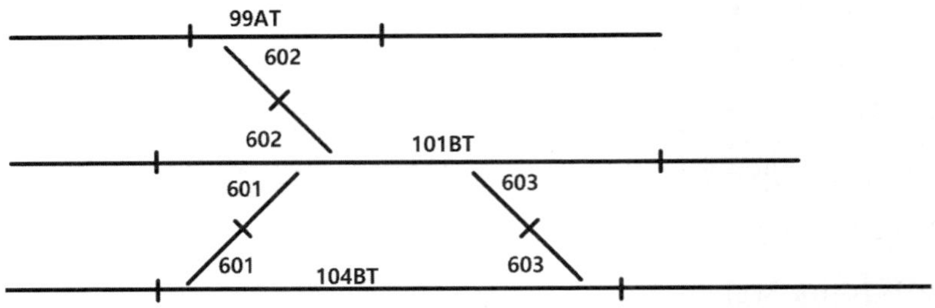

선로전환기 No	궤도회로가 점유되면 정위 또는 반위로 쇄정
601	101BT, 104BT
602	99AT, 101BT
603	101BT, 104BT

[그림 21] 과주여유거리 내 선로전환기 검지

5.11 중간 선로전환기

중간 선로전환기는 두 연동신호기 사이에 설치된 선로전환기를 말하며, 열차는 전방 신호기가 개통되지 않으면 대기하여야 한다. [그림 22]

과주여유거리를 사용하는 철도에서 중간 선로전환기의 쇄정은 보통 출발 신호기 내방 과주여유거리 내의 선로전환기와 같이 함께 해정 된다.

과주여유거리가 없는 선로의 중간 선로전환기는 보류쇄정이나 다시 개통될 때까지 쇄정된 상태를 유지하도록 설비되어 있다.

중간 선로전환기는 전방에 신호기가 현시되면 반드시 쇄정 되어야 한다.

그러므로 중간 선로전환기는 전방과 후방의 신호기 모두와 연동되어야 한다.

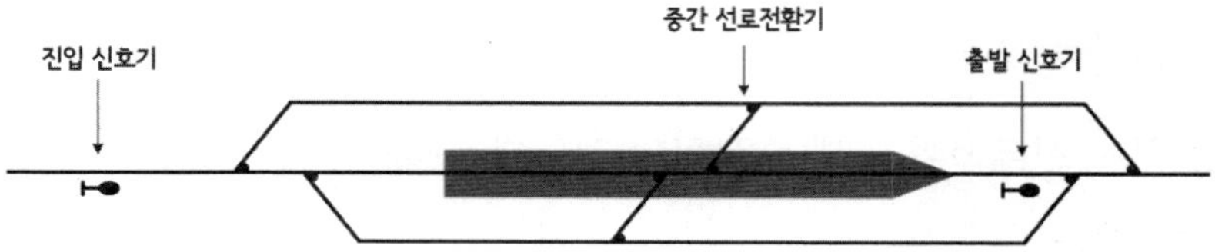

[그림 22] 중간 선로전환기

5.12 궤도회로 무점유 검지

연동장치 내의 주요 궤도는 언제나 연속 궤도회로 무점유 검지장치가 설비되어 있다. 선로전환기 인접 궤도구간은 가능한 하나의 궤도구간을 예비 궤도회로 또는 액슬카운터를 연합 사용하여 무점유를 검지한다.

그러나 이는 단지 독립된 진로를 생성하는 과정에서 경합이 없을 때 이루어진다.

따라서 인접 선로전환기는 다음과 같은 경우의 레일절연이음매 또는 액슬카운터에 의해 언제나 분리되어야만 한다. [그림 23]

- 선로전환기가 분기기의 일부일 때
- 신호기가 선로전환기의 사이에 설치되었을 때

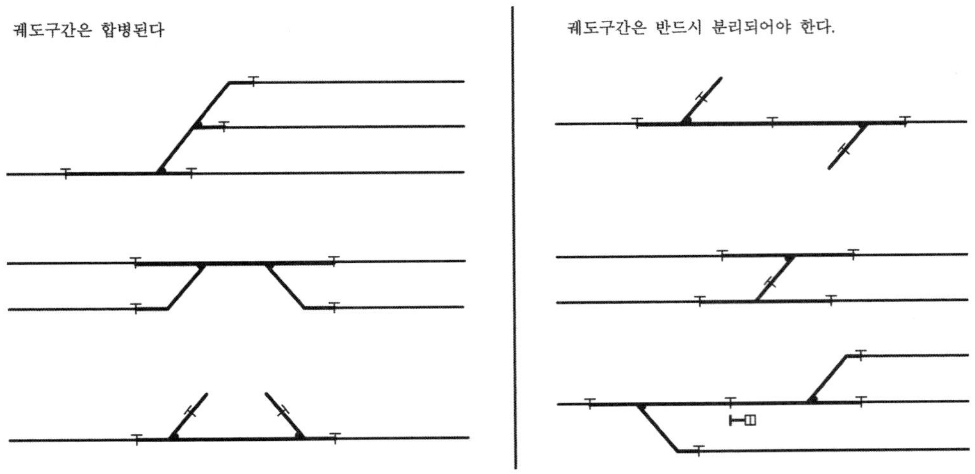

[그림 23] 궤도구간과 인접 선로전환기의 분리와 합병

5.13 자동 진로 구성(Fleeting)

종종 같은 진로상의 신호기에서는 서로 다른 열차번호를 갖는 열차에 대하여 자동 진로를 구성하여 더욱 효과적인 운영을 할 수 있다.

각자 연동신호기가 있는 작은 연동장치에서는 한 개의 진로를 자동으로 구성한다.

이러한 자동 연동장치는 광범위하게 사용하고 있으며, 단독 분기 배치와 등급이 서로 다른 선로 또는 모든 대향 선로전환기가 작동되는 같은 복궤조의 시점 또는 종단에 대한 간단한 크로싱의 일반적인 예를 나타내었다.

연동장치는 자동모드로 전환할 수 있고, 조작자가 필요에 따라 반자동으로 연동신호기를 제어한다. 자동모드로 사용하는 동안에는 진로상에 영향을 주며, 수동으로 취소할 때까지 신호기가 자동으로 작동된다. 이러한 방법은 같은 진로에서 서로 다른 열차가 뒤따라 운행될 때 매우 효과적인 운영 방법이다.

자동진로 동작에는 2가지 다른 원칙이 있다.

- 자동모드 동안에는 진로를 쇄정된 상태로 유지하고 그 진로를 제어한다.
  신호기의 작동은 자동폐색신호기와 같다.
  이 원칙을 "Fleeting"이라 부르며, 신호기가 그렇게 작동하는 자동모드를 "연속신호기"라고 부른다.
- 각 열차가 운행된 후 진로는 해정 되며, 다음 개통구간은 열차가 통과한 후 자동으로 진로가 설정된다.

6 연동시스템의 내부 로직

연동시스템의 로직과 관련된 두 가지 원칙이 있다.

- 테이블 형식 연동장치
- 지리학적 연동장치

6.1 테이블 형식 연동장치

테이블 형식 연동시스템에서 신호기와 선로전환기 간의 쇄정은 모든 열차진로의 쇄정조건을 포함하는 연동도표의 형태로 이루어진다.

이와 같은 테이블 형식 연동장치에는 두 종류의 방식이 있다.

- 분기 쇄정
- 진로 관련 쇄정

분기 쇄정은 전통적인 영국과 북미의 연동장치에서 채택하고 있는 방식이며, 진로 관련 테이블 형식 연동장치는 전통적인 독일 방식으로, 이를 유럽철도에서 채택하고 있다.

(1) 분기쇄정

분기 연동시스템에서 진로는 분기 쇄정에 의해 설정되며, 선로전환기와 신호기 사이와 서로 다른 선로전환기 사이에 상용 및 조건부에 의해 쇄정된다.

선로전환기와 신호기 사이의 상시 쇄정은 항상 같은 장소에서 신호기 개통이 요구될 때 선로전환기에 사용된다.

선로전환기와 신호기 사이의 조건부 쇄정은 각 선로전환기의 위치에 따라 신호기 개통으로 관련 선로전환기를 쇄정할 때 사용된다.

이는 각기 다른 진로의 진입신호기와 같이 신호기를 동작시킬 때 사용된다.

그 다음에 대향 선로전환기의 다른 위치와 관련된 쇄정 조건이다.

교차 쇄정 형태의 선로전환기 사이의 상시 쇄정은 어떤 선로전환기를 반위로 틀 때 한 위치에서 또 다른 선로전환기의 전환 요구를 언제나 할 수 있다.

선로전환기 사이의 그러한 상시 쇄정은 기계 쇄정에서 다른 진로의 쇄정바(Lock Bar) 숫자와 구성요소를 감소시키기 위하여 폭넓게 사용된다.

그렇지만 분기 쇄정 시스템에서는 선로전환기 사이의 어떠한 상시 쇄정이 없이 설계되었다. 기본 원칙에 대한 보다 많은 이해를 위하여 이 같은 예는 선로전환기 간의 어떠한 상시 쇄정도 포함되지 않는다.

연동도표의 심벌과 도표는 철도마다 서로 다르다.

테이블의 오른쪽 칼럼에는 왼쪽 칼럼 요소 운영을 위하여 쇄정되는 사항을 기록하고 설명한다.

선로전환기의 번호에 동그라미가 있는 선로전환기는 반위에서 쇄정 됨을 나타낸다.

같은 줄에 동그라미와 동그라미가 없는 선로전환기 번호가 포함되면, 선로전환기는 위치와 관계없이 쇄정된다. 이것들은 다른 진로로 분할되는 대향 선로전환기이다.

중간 칼럼은 조건부 쇄정 조건을 기록하고 나타내며, 우측 칼럼의 요소는 관련 있는 조건을 쇄정 한다.

조건부 쇄정은 선로전환기와 대향 선로전환기의 위치와 관련된 반대신호기를 쇄정하는 것을 요구한다.

중간 칼럼의 현장 상시 쇄정은 공란으로 남겨놓는다.

분기 연동장치의 장점은 조건부 교차쇄정에 의해 매우 쉽게 조건별 과주여유거리를 개선할 수 있다는 것이다.

(2) 진로 관련 쇄정

진로 관련 연동시스템에서 선로전환기와 신호기는 연동순서와 직접 연결되어 있지 않다. 각 진로에는 특별한 진로쇄정 요소가 있으며 이 진로에 모든 선로전환기가 적절한 위치에 있도록 운영된다.

기계적인 레버 프레임은 진로쇄정 요소가 진로 레버에 의해 표시되며, 이러한 형태는 영국과 북미 연동장치의 형태 일부이다. (아래 설명 참조)

진로쇄정 요소의 운영은 진로상의 모든 선로전환기와 신호기는 진로 구성을 위해 해정 되었던 것이 개통을 위해 쇄정된다.

신호기가 개통되면 진로를 구성하는 쇄정 요소들은 취소할 수 없다. 따라서 신호기는 진로상의 모든 선로전환기를 간접적으로 쇄정한다.

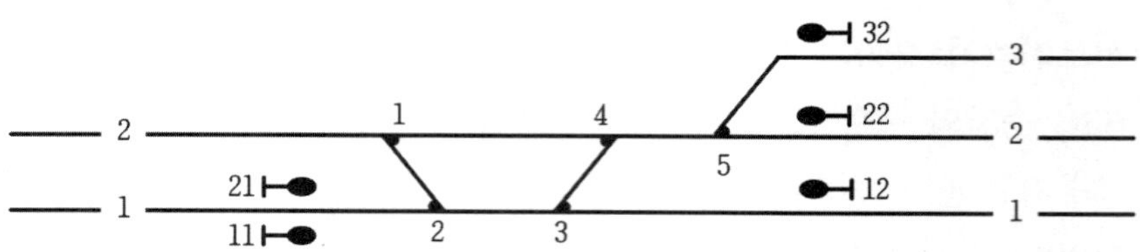

SIG	IF	LOCKS	SIG	IF	LOCKS
11		1 2 3 ③	12		2 ② 3 4
	3	4 12		2	1 11
	③	④ 5 ⑤		②	① 21
	③ 5	22	22		1 2 4 ④ 5
	③ ⑤	32		4	3 21
21		1 ① 2 3		④	③ 11
	1	2 5 ⑤	32		1 2 4 ④ ⑤
	1 5	22		4	3 21
	1 ⑤	32		④	③ 11
	1	② 12			

2 　2번 선로전환기 정위
② 　2번 선로전환기 반위
2 ② 2번 선로전환기 어느방향이든 쇄정

[그림 24] 분기쇄정 연동도표

일부 연동장치는 간단한 크로싱에서 경합 진로를 쇄정하는 진로레버가 있다. 이러한 진로레버는 선로전환기를 쇄정과 측면 방호용 탈선 선로전환기에 사용된다. 이는 분기와 진로 관련 쇄정 사이에 혼합으로 관련이 되어 있다.

진로 : Ⅰ 간단한 쇄정에 의한 경합진로 쇄정

Ⅱ 특별한 쇄정에 의한 경합진로 쇄정

– 진로 매트릭스에서 주요 사선

선로전환기 : + 선로전환기 정위쇄정

– 선로전환기 반위쇄정

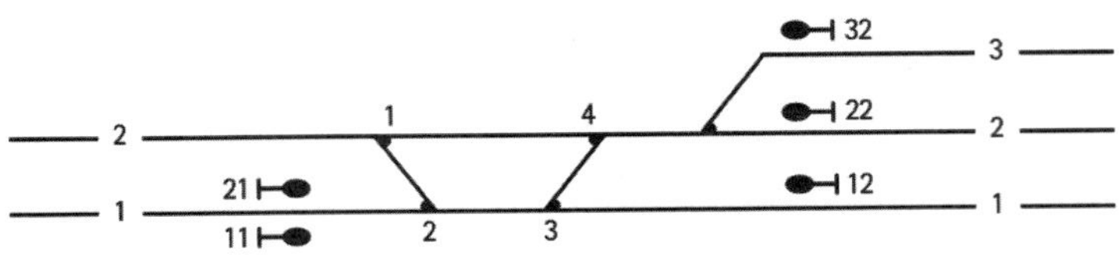

<table>
<tr><th rowspan="2">진로</th><th colspan="12">충돌진로</th><th colspan="5">선로전환기</th></tr>
<tr><th>11-1</th><th>11-2</th><th>11-3</th><th>21-1</th><th>21-2</th><th>21-3</th><th>12-1</th><th>12-2</th><th>22-1</th><th>22-2</th><th>32-1</th><th>32-2</th><th>1</th><th>2</th><th>3</th><th>4</th><th>5</th></tr>
<tr><td>11-1</td><td>-</td><td>|</td><td>|</td><td>|</td><td></td><td></td><td>||</td><td>|</td><td>|</td><td></td><td>|</td><td></td><td>+</td><td>+</td><td>+</td><td>+</td><td></td></tr>
<tr><td>11-2</td><td>|</td><td>-</td><td>|</td><td>|</td><td>|</td><td>|</td><td>|</td><td>|</td><td>||</td><td>|</td><td>|</td><td>|</td><td>+</td><td>+</td><td>-</td><td>-</td><td>+</td></tr>
<tr><td>11-3</td><td>|</td><td>|</td><td>-</td><td>|</td><td>|</td><td>|</td><td>|</td><td>|</td><td>|</td><td>|</td><td>||</td><td>|</td><td>+</td><td>+</td><td>-</td><td>-</td><td>-</td></tr>
<tr><td>21-1</td><td>|</td><td>|</td><td>|</td><td>-</td><td>|</td><td>|</td><td>|</td><td>||</td><td>|</td><td>|</td><td>|</td><td>|</td><td>-</td><td>-</td><td>+</td><td>+</td><td></td></tr>
<tr><td>21-2</td><td></td><td>|</td><td>|</td><td>|</td><td>-</td><td>|</td><td></td><td>|</td><td>|</td><td>||</td><td>|</td><td>|</td><td>+</td><td>+</td><td>+</td><td>+</td><td>+</td></tr>
<tr><td>21-3</td><td></td><td>|</td><td>|</td><td>|</td><td>|</td><td>-</td><td></td><td>|</td><td>|</td><td>|</td><td>|</td><td>||</td><td>+</td><td>+</td><td>+</td><td>+</td><td>-</td></tr>
<tr><td>12-1</td><td>||</td><td>|</td><td>|</td><td>|</td><td></td><td></td><td>-</td><td>|</td><td>|</td><td></td><td>|</td><td></td><td>+</td><td>+</td><td>+</td><td>+</td><td></td></tr>
<tr><td>12-2</td><td>|</td><td>|</td><td>|</td><td>||</td><td>|</td><td>|</td><td>|</td><td>-</td><td>|</td><td>|</td><td>|</td><td>|</td><td>-</td><td>-</td><td>+</td><td>+</td><td></td></tr>
<tr><td>22-1</td><td>|</td><td>||</td><td>|</td><td>|</td><td>|</td><td>|</td><td>|</td><td>|</td><td>-</td><td>|</td><td>|</td><td>|</td><td>+</td><td>+</td><td>-</td><td>-</td><td>+</td></tr>
<tr><td>22-2</td><td></td><td>|</td><td>|</td><td>|</td><td>||</td><td>|</td><td></td><td>|</td><td>|</td><td>-</td><td>|</td><td>|</td><td>+</td><td>+</td><td>+</td><td>+</td><td>+</td></tr>
<tr><td>32-1</td><td>|</td><td>|</td><td>||</td><td>|</td><td>|</td><td>|</td><td>|</td><td>|</td><td>|</td><td>|</td><td>-</td><td>|</td><td>+</td><td>+</td><td>-</td><td>-</td><td>-</td></tr>
<tr><td>32-2</td><td></td><td>|</td><td>|</td><td>|</td><td>|</td><td>||</td><td></td><td>|</td><td>|</td><td>|</td><td>|</td><td>-</td><td>+</td><td>+</td><td>+</td><td>+</td><td>-</td></tr>
</table>

진로 | 간단한 쇄정에 의해 충돌 진로 쇄정

|| 특별한 쇄정에 의해 충돌 진로 쇄정

\- 진로 매트릭스 내 주사선

선로전환기 + 정위에서 간단한 쇄정

\- 반위에서 선로전환기 쇄정

[그림 25] 진로 관련 쇄정의 연동도표

진로 관련 쇄정용 연동도표에서 표의 각 줄은 하나의 진로를 나타낸다.

각 줄에는 이 진로에 필요한 쇄정된 모든 선로전환기의 위치와 모든 경합 진로가 포함된다. 경합진로는 자기 영향의 "순수쇄정"에 의해 선로전환기는 각기 쇄정된 서로 다른 위치에 쇄정이 되도록 요구된다.

테이블상의 그러한 경합진로는 특이한 형태로 진로쇄정 요소 사이에 특별한 연동이 요구되며, [그림 25]는 [그림 24]와 같이 같은 배치의 예를 보여 준다. 따라서 양 원칙을 확실히 비교 검토할 수 있다.

분기쇄정과 진로 관련 쇄정의 연동도표에서 사용하는 심벌은 철도마다 모양이 다를 수 있다.

[그림 25]에서 사용한 심벌은 전통적으로 독일 연동도표에서 사용하는 것이다.

진로 관련 연동시스템에서 조건별 과주여유거리의 이행은 매우 복잡하다.

그것이 모든 철도에서 진로 관련 연동시스템을 사용하는 이유이다.

조건별 과주여유거리는 사용하지 않는다.

만약 서로 다른 과주여유거리가 연동신호기 뒤에 제공되면 운영자는 뒤의 연동신호기가 개통될 때 하나의 과주여유거리를 선택하여야 한다.

신호기가 개통된 후에는 과주여유거리는 진로가 해정될 때까지 변경할 수 없다. 궤도검지 개통 조건이 있는 연동도표에는 궤도구간의 검지해제에 대한 추가적인 조건을 칼럼에 기술한다.

연동도표의 목차는 전자연동장치 프로그램 또는 계전연동장치의 결선도로 직접 변경된다. 이 원칙을 따르는 계전연동장치의 내부 로직은 연동장치마다 각각의 연동도표에 따라 특수 결선을 하므로 "자유 결선" 로직이라 부른다.

6.2 지리학적 쇄정

지리학적 연동장치 시스템에서는 궤도요소(신호기, 선로전환기, 탈선 선로전환기, 궤도구간, 진입 및 진출 선로전환기, 진로)가 각기 다른 형태의 궤도 배치도와 연결된 [그림 26] 로직 대상에 의해 설명된다.

진로가 설정되었을 때 진입과 진출 요소를 지정하면, 탐색 전류는 진로의 진입 요소로부터 출발한다.

대향 선로전환기에서 탐색 전류는 양 분기 궤도를 따라 흐른다. 탐색 전류는 나무 구조를 한 결과를 보여 준다. 탐색 전류가 한 줄기일 때 진로의 출발 요소를 발견하게 되면, 반응 전류는 진입 요소로 되돌려 보낸다.

대향 선로전환기에서 탐색 전류의 다른 줄기는 지워진다.

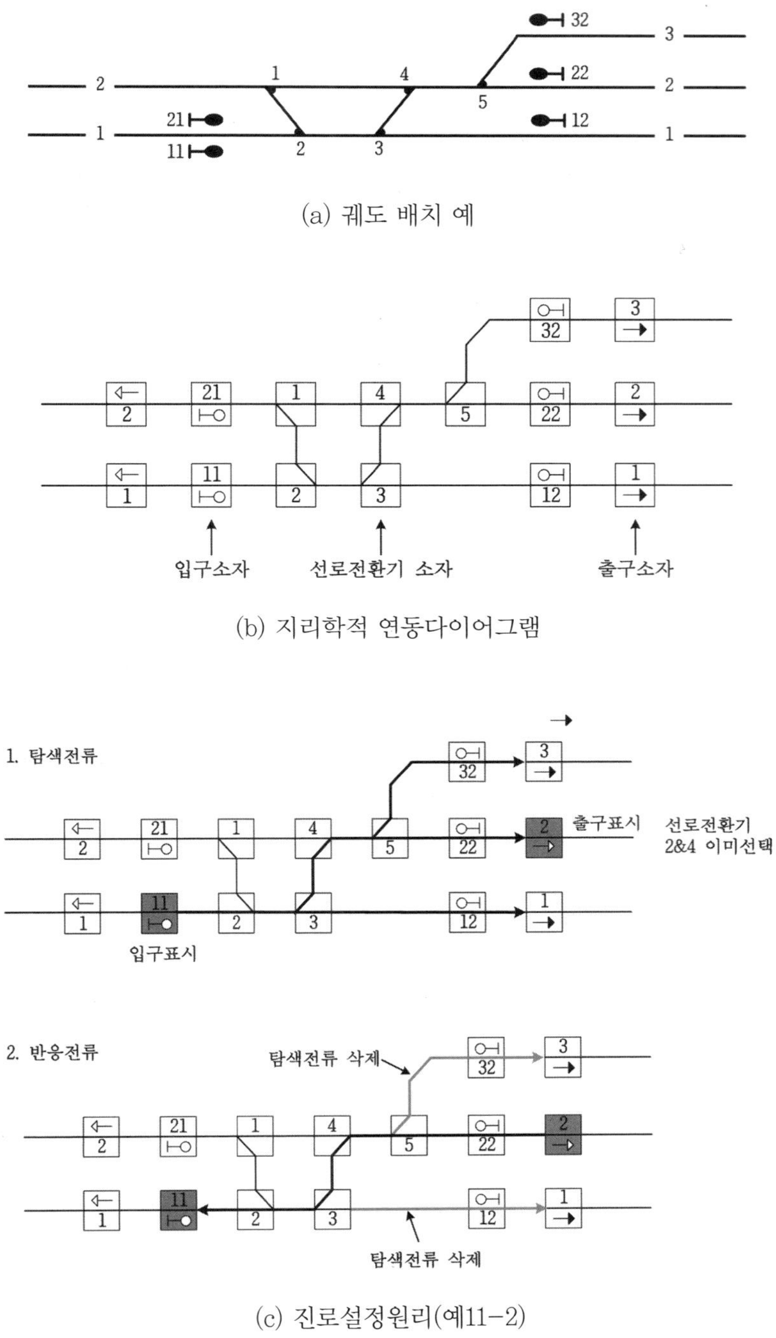

[그림 26] 지리학적 연동장치

이러한 진행이 있고 난 뒤에 모든 선로전환기는 같은 위치에서 탐색 전류와 반응 전류가 진로의 통로 형태에 따라 위치를 잡아가는 움직임에 의해 양쪽이 지정될 것이다.

경합진로는 탐색 전류가 겹침에 따라 자동으로 피하게 된다.

진로 내의 모든 쌍동 선로전환기는 또한 특수 탐색 전류를 분기 궤도에 넣어 측면방호를 제공하는 분기 요소를 찾는다.

분기 궤도에 적절한 측면 방호 요소가 없을 때는 특수(가상) 측면방호 반위 요소[그림 27]에 의해 탐색 전류를 되돌려 보내야만 한다. 어떤 연동장치 시스템에서의 선로전환기의 요소는 측면방호 탐색 전류가 출발하지 못하도록 프로그램되어 있다. 그러한 시스템에서 측면방호 반위 요소는 필요하지 않다.

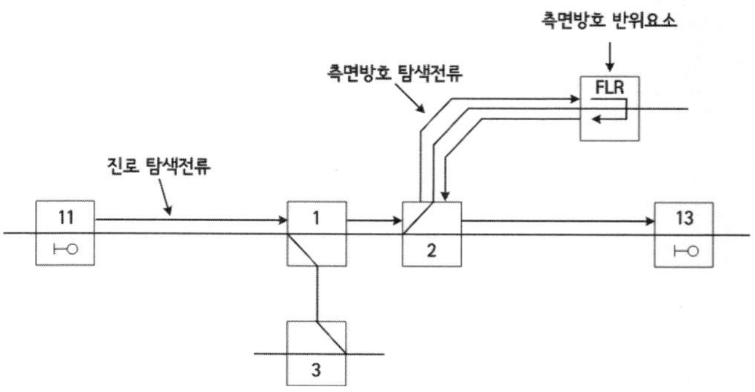

[그림 27] 지리학적 연동장치에서 측면 방호 반위 요소

지리학적 연동장치에서 선로전환기의 서로 다른 위치가 아닌 경합진로의 특수 쇄정은 필요치 않다.

출발 요소의 과주여유거리와 역방향으로 해도 똑같은 다른 진로는 자동으로 쇄정된다. 입환 진로의 불필요한 쇄정을 예방하며, 출발 요소는 정리되므로 중첩은 발생하지 않는다. [그림 28]

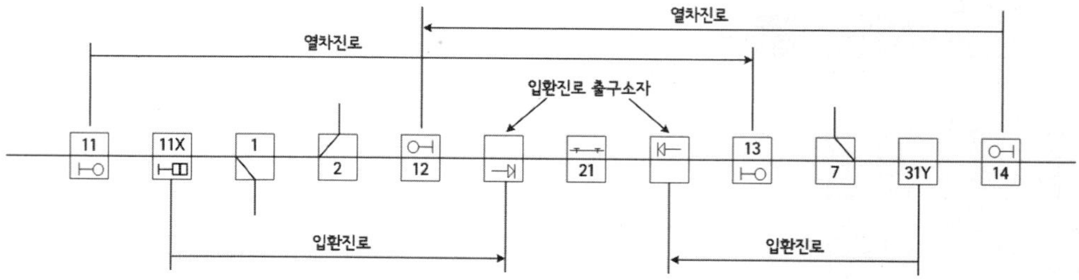

[그림 28] 출발 요소 중첩에 의한 경합 역진로 쇄정

선택방호 선로전환기의 문제점은 프로그램된 규칙에 따라 해결될 수 있다.

그것이 어떻게 한 쌍의 선택 방호 선로전환기가 결정되는가는 서로 다른 진로에서 같은 시간에 측면방호가 요구될 때 서로 작용하게 될 것이다.

선택적 방호 선로전환기에 의해 측면방호 없이 설정되는 진로는 보통 원격 측면방호와 함께 설비된다. [그림 29]

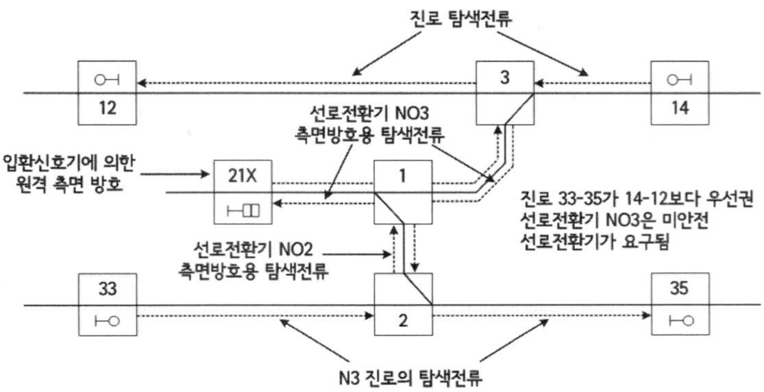

[그림 29] 지리학적 연동장치의 선로전환기 선택방호

7 연동장치

7.1 기계 연동장치

기계 연동장치는 연동장치의 가장 오래된 형태이다. 19세기에 발전되었지만, 일부에서는 현재까지도 기계 연동장치가 사용되고 있다.

기계 연동장치에서는 선로전환기와 신호기는 현장 운영자의 근육의 힘으로 동작한다.

선로전환기와 신호기의 레버는 기계레버 프레임에 연동되어 있다.

연동장치는 분기 쇄정장치 또는 진로 관련 쇄정 원칙을 따른다.

레버는 선로전환기와 신호기에 기계적인 신호 강선 또는 파이프로 연결되어 있다. [그림 30, 31]

[그림 30] 북미의 기계연동장치

[그림 31] 독일 기계연동장치

선로전환기를 수동으로 제어하기 때문에 제어거리는 400m로 제한된다.(1m=28ft)

한 연동장치의 역방향 연동장치 신호기 사이의 대략적인 거리는 300~400m이다. 강선제어 신호기의 제어거리는 선로전환기보다 길며, 신호기는 운전취급실에서 1,200m 거리에 설치된다. 이는 장내신호기의 접근 제동거리에 위치한 원방신호기의 운영에 요구되는 조건이다. 어떤 연동장치 시스템에서는 운전취급실에서 1,800m 떨어진 장거리 신호기를 제어하기 위하여 레버 대신에 크랭크를 사용하기도 한다.

7.2 전기연동장치

19세기 말에 설치가 시작되어 전기와 전기-공기 형태의 연동장치는 20세기에 들어와 첫 10년간 개발되었고 설치되었으며 지금까지도 사용되고 있다.

전기 연동장치에서 선로전환기와 신호기는 전기적으로 제어되고 전기모터 장치로 동작되었다.

이 기계는 소형 레버가 있는 레버프레임을 갖고 있어, 기계연동장치와 같은 원리의 기계식으로 연동된다. 제어 요소의 위치와 레버 위치가 일치하도록 전기회로에 의해 감시되며, 전기-공조 연동장치에서 선로전환기와 신호기는 전기적으로 제어되고 공조 실린더 장치로 동작한다.

레버 프레임은 전기 연동장치[그림 32]와 유사하다.

[그림 32] 전기 연동장치

전기 연동시스템은 언제나 연속적인 궤도검지장치 설치와 궤도의 점유상태가 나타나는 궤도 다이어그램이 표시된다.

7.3 전기계전연동장치

전기계전연동장치에서 전체 기능은 어떤 기계적인 요소 없이 계전기회로에 의해 실현된다. 선로전환기와 신호기는 레버에 의해 더 이상 운영되지 않고, 지리학적인 궤도 다이어그램에 표시된 간단한 압구를 눌러 동작한다.

모든 계전연동장치는 개발은 1920년대에 시작되었다. 전기계전연동장치는 진입-진출 조작 운영 기술(NX제어)이 설비되어 있다.

NX제어 운영기술이 있는 시스템에서 진로를 설정할 때 운영자는 진로의 입구-도착에서 압구를 누르면 된다. 선로전환기의 방향과 신호기의 개통이 진로가 초기화된 후에는 자동으로 행하여진다.

전기계전연동장치는 단독정자식과 진로선별식으로 구분된다.

(1) 진로정자식

진로정자식은 매 진로마다 정자가 설치되어 있어 복잡한 역구내에는 많은 수의 정자 관계로 해당 진로의 정자설정에 혼돈할 수 있는 우려가 있는 것이 결점이나 보안상에는 아무 문제가 없다. 진로선별식에 비해 설비규모가 적고 경제적으로 작은 규모의 구내에 사용했으나 최근에는 구내의 대소와 관계없이 진로선별식이 사용되고 있다.

진로정자식이나 진로선별식은 정자취급 과정 이외에는 선로전환기제어, 접근쇄정, 진로쇄정, 신호제어등의 회로가 같으나, 진로정자식에서는 신호기마다 고유의 정자를 보유하며 진로설정회로가 각각 독립되어 있다.

(2) 진로선별식

열차 출발점과 도착점에 각각 1개의 버튼을 설치하는 방식으로 출발점에서 필요한 도착점 버튼을 취급하면 진로선별회로에서 자동으로 필요한 회로를 선택하여 선로전환기가 필요한 방향으로 전환되는 방식의 회로로 구성된 것이다. 다시 말하면, 조작반상의 신호기 지점에 설치된 출발점 취급 버튼과 도착선 지점에 설치된 도착점 취급 버튼의 조작으로 진로를 선별한 후 진로상의 모든 선로전환기를 제어(진로 개통)하고 쇄정하여 신호기에 진행신호를 현시하는 방식이다. 즉, 궤도 배선과 유사한 진로선별회로의 진로선별계전기에 의해 진로를 결정하고 그 후에 선로전환기 단위로 설치한 선로전환기 선별계전기에 의해 선로전환기를 총괄제어하는 방식이다.

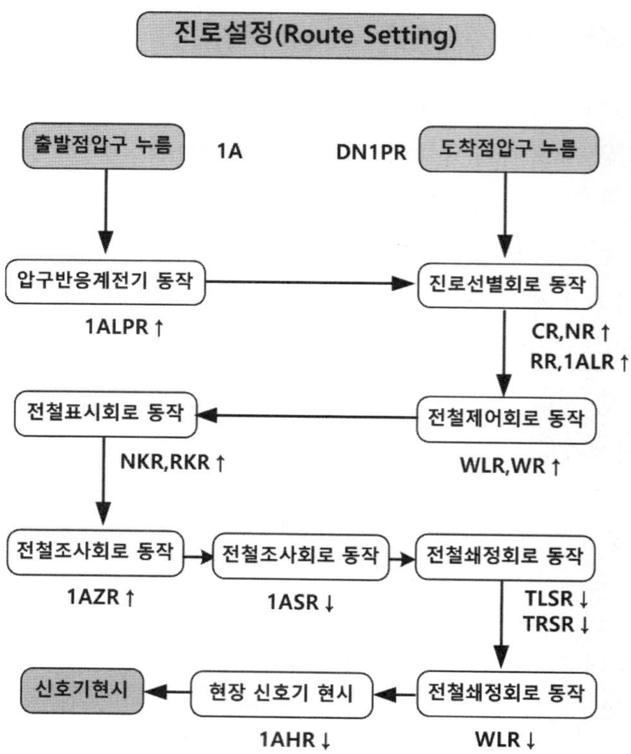

[그림 33] 진로설정 흐름도

① 진로선별회로의 특징

- 진로정자식의 정자계전기회로와 같이 대향 또는 같은 방향의 진로를 쇄정하는 것 이외도 다른 방향의 지장진로를 쇄정한다.
- 선별회로는 연동범위에 속하는 각 부분의 망상회로를 사용하므로 회로에 삽입되는 접점은 많은 진로에 쓰임으로 접점의 절약을 도모할 수가 있으며 장애 발생 횟수를 감소시킬 수 있다.
- 진로선별에 있어서는 지장진로의 선별여부를 조사하며, 지장진로의 선별회로를 차단함으로서 안전도를 향상시킬 수 있다.
- 선로전환기의 전환은 선별회로에 설치한 전철선별계전기에 의하여 이루어지므로 전철제어회로를 간소화할 수 있다.

이 회로에는 전철선별계전기, 진로선별계전기, 압구 반응계전기 등이 접속되어 있으며 이들 계전기는 진로가 선별되지 않을 때는 무여자가 되고 진로가 선별될 때는 여자가 된다. 전철선별계전기에는 선로전환기를 정위로 전환하는 정위전철선별계전기와 반위로 전환하는 반위 전철선별계전기가 있다.
또 선별회로에는 우행회로와 좌행회로가 있는데 우행진로를 선별할 때는 최초의 우행선별회로에 의해서 지장 진로가 선별되지 않는 것을 확인한 다음 도착점 계전기를 여자시킨다.
다음에 좌행선별회로에 의하여 전철선별계전기를 선별 여자하고 지장 선별회로를 차단한다. 좌행진로를 선별하는 데에는 좌행 선별회로로부터 선별을 시작하여 진로를 설정하는 것이다.

② 진로선별회로

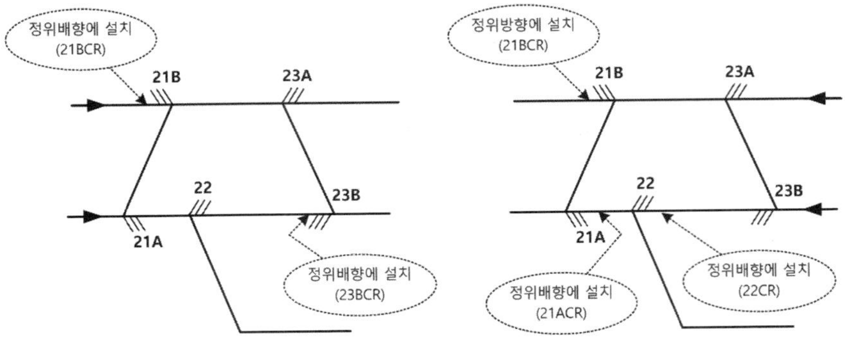

(a) 우행회로 (b) 좌행회로

[그림 34] 진로선별계전기의 설치법

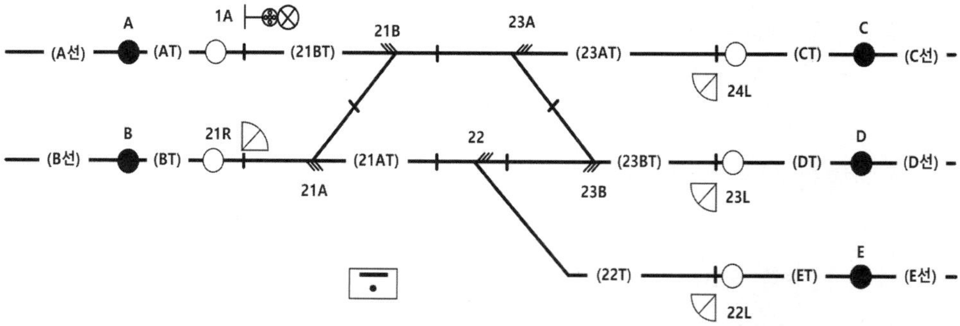

[그림 35] 00역 선로 배선도

[그림35]에서와 같이 신호 취급버튼 1AR을 반위로 하면 취급버튼 접점이 자기유지되고 다른 진로는 선별이 되지 않은 상태이므로 A점의 도착점 반응계전기 APR은 무여자된다. 다음에 반위 전철선별계전기 21BCR을 여자하여 21BCR의 여자조건으로 선별할 진로 1AR의 선별회로를 구성하고 1AR의 지장 진로인 21R ➡C의 선별진로를 차단하여 21R의 진로를 쇄정 한다.

23호 선로전환기는 모든 진로가 선별되지 않는 조건이므로 반위 전철선별계전기 23RR의 무여자접점을 통해서 C 도착점으로 가며 반위로 선별하는 회로는 23ACR, 23ANR 의 무여자접점과 21BCR 의 여자접점, 22/23BNR, 23BCR 의 무여자접점을 통하여 D 도착점을 향하여 출발한다.

여기서 D 도착점으로 향하는 선별회로에 삽입된 21BCR 의 여자접점을 사용하는 목적은 1AR 로부터 21 정위, 23 반위로 D 도착점으로 가는 진로는 선별되지만 21R로부터 21 반위로 D 도착점으로 가는회로의 선별이 되지 않도록 하기 위한 것이다. 만일 이러한 진로가 설정된다면 이것과 병행 진로인 1AR ➡ C의 진로를 설정하는 것이 불가능하기 때문이다.

여기서 도착점 취급버튼 DP를 눌러서 접점을 구성하면 입환표지 23L의 신호 취급버튼은 정위로 있어 L23LPR 무여자접점이 도착점 취급버튼 DP의 접점이 구성되어 있으므로 DPR 이 여자하여 D 도착점의 선별이 이루어진다.
DPR 이 여자하였다는 것은 1AR-D의 진로 설정을 하여도 좋다는 뜻이므로 이에 따라 진로의 선로전환기를 전환하게 된다. 도착점 계전기 DPR 이 여자하면 진로상의 선로전환기를 도착점에 가까운 것부터 순차적으로 전환하여 진로를 구성한다.

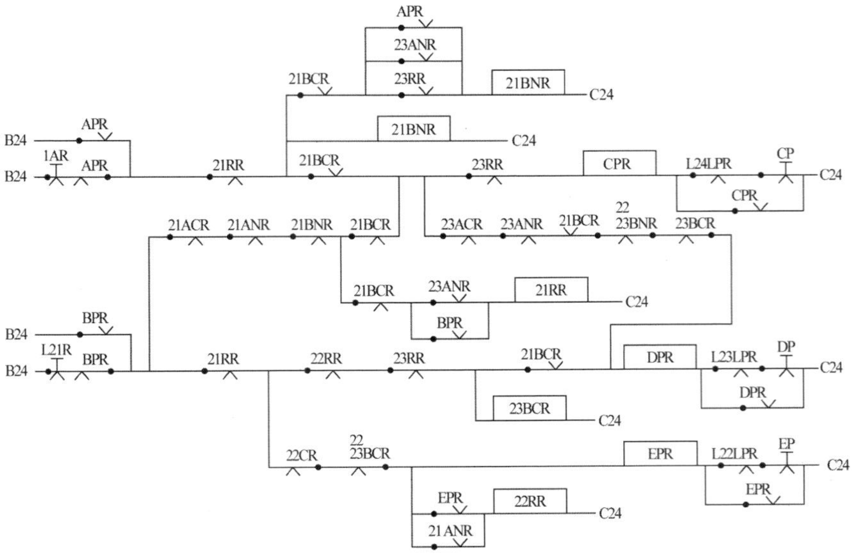

[그림 36] 우행진로선별회로

진로를 구성하기 위해서는 선로전환기의 전철선별계전기를 여자시켜야 하는데 DPR의 여자접점을 통하여 좌행 진로선별회로에 전원이 공급됨에 따라 선별계전기의 선별이 시작된다.

좌행 진로선별회로의 가는회로는 DPR 이 여자하고 있으므로 좌행 진로선별회로에 DPR의 여자접점을 통하여 ⊕전원을 공급하며 DPR의 무여자접점을 개방하여 23L 진로를 쇄정한다. 23호 선로전환기 개소의 23BCR, 22/23BNR, 23ANR, 23ACR 모두 무여자가 되어 접점을 통하여 선로전환기의 반위쪽 선별회로는 앞으로 나아가는 동시에 DPR의 여자접점을 통하여 반위 전철선별계전기 23RR 이 여자되고 23호 선로전환기에 반위 전환을 지시한다.

23RR의 여자조건에 따라 23B 선로전환기의 정위쪽 선별회로를 동시에 차단하여 24L의 진로를 쇄정하므로 23ANR는 여자하지 않으며 23호 선로전환기의 반위선별회로만이 확보된다.

여기서 좌행 진로선별회로의 종단부를 보면 21RR은 무여자가 되므로 회로는 앞으로 나아가 신호 취급버튼 1AR 의 자기유지로 1ARPR 이 여자되어 있으므로 도착점 취급버튼 AP를 눌러도 1ARPR 무여자접점 때문에 APR은 여자하지 않으므로 1AR-D의 선별회로가 유지된다.

앞에서는 좌행회로의 23RR이 여자하였으나 우행진로선별회로는 23호가 정위회로에서 23RR 의 무여자접점을 개방하여 C 도착점의 진로를 쇄정하고 있다.

21B 선로전환기를 정위로 전환시키는 21BNR는 23RR 이 여자하고 있으므로 우행회로에서 이미 여자한 21BCR 의 여자접점과 23RR 의 여자접점을 통하여 2BNR를 여자시켜 21호 선로전환기에 정위전환을 지시한다. 이와 같이 무여자접점을 개방하여 먼저 여자하고 있는 21BCR와 같이 21R로부터의 진로를 쇄정한다.

반위 전철선별계전기 21RP의 회로에 21BCR 의 무여자접점을 삽입하지 않으면 우행진로선별회로에 있어서 1AR ➡ C의 진로선별이 끝나 23ANR 이 여자하였을 때 신호취급버튼 21R 이 반위로 되어 있다면 21RR의 회로가 구성되어 21BCR 이 여자하고 있을 때에는 21RR은 여자하지 않도록 되어 있다.

이상과 같이 진로선별이 완료되었을 때에는 설정한 진로의 선별회로는 완전히 구성되어 지장진로는 쇄정된다.

진로선별계전기는 망상회로에서 회로의 진로를 선별하는 역할을 하는 것이다. 우행회로의 진로를 선택하여 지장이 없는 것을 확인한 다음 좌행회로의 선로전환기를 진로의 방향으로 전환 시켜 지장 회로를 쇄정하면서 같은 회로로 돌아오는 것으로 오는 회로를 정확하게 만들지 않으면 안 된다. 따라서 우행회로가 정위 배향으로 될 때 진로선별계전기는 여자하고, 회로가 도착점으로 향하여 연장됨에 따라 반위쪽의 진로를 쇄정하여 좌행회로를 정위 쪽으로 설정한다.

또 분기점을 반위 배향으로 통할 때에는 무여자가 된 상태로 그 회로를 도착점에 연장하여 정위 쪽의 진로를 쇄정하여 좌행회로에서 반위 쪽으로 설정한다. 또 선별회로의 분기점에 있어서 정위 또는 반위 전철선별계전기를 여자하여 다시 불필요한 우행진로가 구성되지 않도록 진로의 한정을 하기 위하여 사용한다.

전철선별계전기는 진로상의 선로전환기를 어느 방향으로 전환할 것인지를 결정하여 설정된 진로가 다른 진로에 사용되지 않도록 쇄정하는 것으로서 선로전환기를 정위로 전환하기 위한 정위 전철선별계전기(NR)가 있다.

정위전철선별계전기 및 반위전철선별계전기는 '가는회로'에서 도착점 반응계전기가 여자한 다음 진로의 도착점에 가까운 것으로부터 순차적으로 여자하는 것이므로 도착점에 가까운 전철선별계전기 여자접점을 삽입한다. 즉, 1AR ➡ D 방향시 도착점에 가까운 순서는 23PR, 21BNR 이되므로 DPR 여자로 21RR 여자접점으로 21BNR 이 여자된다.

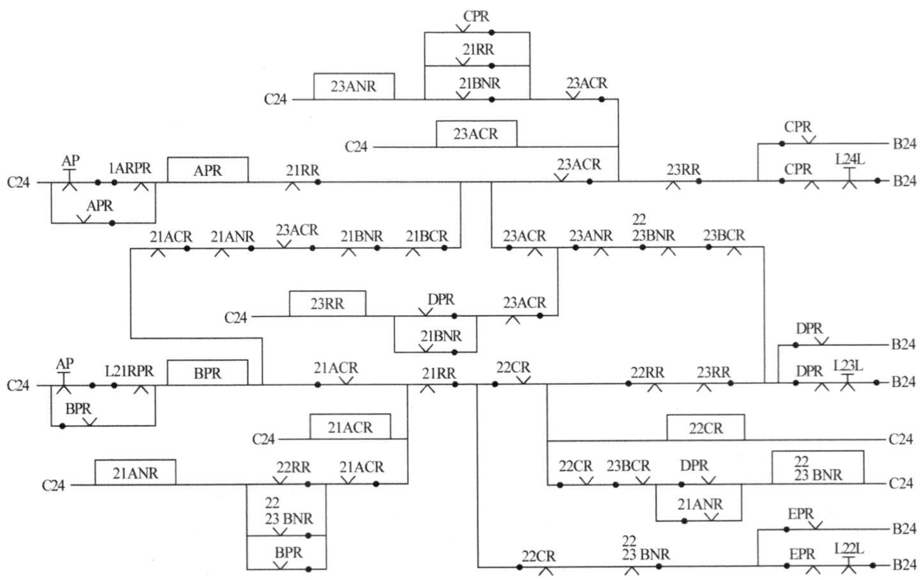

[그림 37] 좌행진로선별회로

도착점 반응계전기는 진로를 취급하였다는 것과 지장 진로가 설정되지 않았다는 것을 말하며 여자접점을 사용하여 선로전환기의 전환 및 진로의 조사, 신호제어에 사용되고 있다.

참고사항 우행(좌행)진로선별회로 동작 순서

- 우행회로(좌행회로)의 출발점 압구 동작접점에 전원(+)이 접속되고 배향정위부분에 진로선별계전기가 동작되며, 도착점 압구 동작접점이 전원(−)이 접속된다.
- 우행회로(좌행회로)의 착점계전기가 동작을 한다.
- 좌행회로(우행회로)의 착점계전기의 동작접점으로 전원(+)에 접속되고 정위선별계전기 또는 반위선별계전기가 동작한다. 이때 우행회로(좌행회로)에서는 좌행회로(우행회로)에서 동작된 정위선별계전기 또는 반위선별계전기의 동작접점에 의해 우행회로(좌행회로)의 정위선별계전기 또는 반위선별계전기가 동작을 한다. 즉, 선로전환기의 선별은 도착점에서 가까운 선로전환기부터 선별을 하여 정위선별계전기나 반위선별계전기가 동작을 하게 된다.

7.4 전자연동장치

컴퓨터 기반 연동장치(전자 또는 SSI라고 부른다)의 기능은 소프트웨어에 의해 실현된다. 첫 번째 컴퓨터 기반 연동장치는 1980년대에 설치되었다.

운영자는 조작반보다는 컴퓨터 콘솔에서 제어한다. [그림 38]

Fail-Safe 비교가 가능한 서로 다른 채널이 안전 위험 정보를 병렬 처리하여 그 결과에 따라 안전 결과가 제공된다.

시스템에 따라서는 서로 다른 소프트웨어의 안전 위험 데이터 병렬처리가 추가 안전용으로 사용되기도 한다.

컴퓨터 기반 연동장치의 운영 능력은 최근의 계전연동장치와 비슷하다.

[그림 38] 전자연동장치

7.5 전기연동장치와 전자연동장치의 비교

[표 1] 전기연동장치와 전자연동장치의 비교

구분	전기연동장치	전자연동장치
장치 구성	• 대형, 중량 구조 • 계전기, 랙, 다량의 배선 • 모자이크형 수동 진로조작반	• Micro Processor 용 PCB 구조 • 소형 경량 구조 • VDU 및 프린터, 키보드
운영체계	• 계전기에 의한 논리회로 구성 • 설비확장 시 계전기 변경 • 처리속도 느림	• 프로그램에 의한 논리회로 구성 • 열차운행기록, 유지관리기는 기록 • Data의 고속처리
확장성	• H/W 추가설치, 개수기간 과다 소요	• H/W, S/W 간단처리
안전성	• Fail-Safe 설비구현 가능 • 계전기 다수 소요, 신뢰성 영향 • 단일시스템 고장으로 특정계전기 고장으로 전체시스템 마비 우려	• 2중계 구성으로 시스템 고장시 자동 백업으로 지속적인 운영상태 유지 • Fail-Safe 구현 • 자기진단에 의한 고장 조기 발견
면적산정	• 계전기랙설치로 인한 면적 크게 소요	• 설치면적 적게 소요
시공성	• 다량의 배선으로 시공 복잡	• 표준화된 코넥터 사용 시공 간편

구분	전기연동장치	전자연동장치
인터페이스	• 별도의 설비 필요	• 통신모템사용 I/F 간단
운용체계	• 운용 중 점검 불가능	• 자체진단에 의해 자동 절체되며 시스템운용 중 모듈 교체 및 예방점검이 가능
유지보수성	• 국내 사용 경험 다수, 인력 확보 용이 • 장애발생시 원인조사 기간 소요	• 국내 사용경험 증가, 기술인력 증가
기능	• 열차운전을 위한 최소한의 감시와 신호설비의 제어	• 신호설비의 상태와 감시제어 • 시스템 자기진단 기능 • 스케쥴에 의한 자동운행관리 • 승객에게 열차운행정보 제공
호환성	• 역 구내 확장 및 변경시 자체 수급 및 설치에 많은 경비와 기간이 소요	• 역조건의 변동에 따른 지역 데이터 수정만으로 연동장치 계속 사용이 가능

8 연동도표

8.1 개요

정거장 구내의 열차운전이 안전하게 이루어지도록 여러 가지 방법의 쇄정이 연동장치에 의해서 이루어지고 있다. 이러한 연동장치가 어떤 내용인지 일목 요연하게 알 수 있도록 도표로 표시한 것이 연동도표이다. 연동도표는 신호제어설비의 기초 자료로서 신호제어설비를 설계할 때와 연동장치가 완성된 다음의 보수를 위하여 필수 요건이다. 따라서 연동도표를 작성하는 방법에는 여러 가지 기호나 부호, 연동내용의 기재 방식을 일정하게 정하여 어느 때, 어느 곳에서 누가 작성한다 하더라도 같은 사항은 똑같이 기재하여 읽을 수 있도록 작성해야 하며, 이를 위하여 연동도표의 제조요령이 규정되어 있다. 우선 열차를 안전하게 운행하기 위한 기본조건을 들어보면 다음과 같다.

- 진로가 완전히 구성되어 있어야 한다.
- 진로상에 열차 또는 차량이 없어야 한다.
- 진로를 방해하려는 열차의 운전 가능성이 없어야 한다.

이상의 조건이 만족 되면 열차를 안전하게 운행할 수 있으며 안전한 상태가 확보되어야 신호기에 진행신호를 현시할 수 있다.

8.2 연동도표 작성기준

8.2.1 연동도표 작성 시기

① 역구내 연동장치 신설 및 개량
② 신호기, 입환표지 신설(폐지) 또는 진로 변경
③ 궤도회로 신설 또는 폐지
④ 보안장치가 설치되는 선로전환기 신설 또는 폐지
⑤ 기타 연동조건 변경

8.2.2 연동도표 표기사항

(1) 배선약도(기점을 좌측으로 한다.)

① 운전취급실의 위치
② 연동범위 내가 아니더라도 신호제어설비(전철쌍동기, 단동기, 전철표지 등)가 설치되는 곳까지 배선의 약도를 그리되 각 신호설비의 위치는 선로평면도 위치와 유사하도록 작성한다.
③ 본선의 양단에 선로의 기점, 종점 및 인접 역명, 인접구간 열차제어장치
④ 홈 및 역 구내건널목 필요에 따라 본 역사 및 과선교
⑤ 열차운전방향 및 선로명칭 또는 필요에 따라 선로 번호 및 지점명칭.
⑥ 신호기(입환표지 포함), 진로표시기, 선로표시표지 및 무유도표지의 번호
⑦ 연동 관계가 있는 선로전환기, 탈선기 및 그 번호
⑧ 현장취급 선로전환기(에스케이프식이 아닌 추붙음 전환기를 제외함) 및 종별 약호
⑨ 열차, 차량 정지표지 및 차량접촉한계표지
⑩ 전차선 구간의 연동도표는 선로배선약도에 전차선 비가선 부분을 표기한다.
⑪ 궤도회로명 및 그의 경계
⑫ 레버취급소 외에 있는 전철리버에 붙어 있는 전기쇄정기, 선로전환기, 회로제어기, 전철쇄정기
⑬ TTB 및 본선과 부본선의 표시
⑭ 선로 양단에 열차진향방향 표시(단선 : ▶◀, 복선 : ▶ 또는 ◀)
⑮ 역간 첫 번째 폐색신호기의 위치(상, 하행) 및 명칭
⑯ 기타 특히 필요한 것.

(2) 연동도표

신호기(장내, 출발, 역방향장내, 역방향출발, 엄호, 유도, 구내폐색, 입환) 및 표지의 종별과 선로전환기 종별 등을 기재한다.

① 진로방향

해당 신호기의 출발점 및 도착점 압구가 위치한 궤도명을 표기한다.

- 궤도회로가 없는 출발점 및 도착점은 출발 및 도착 압구 명을 기재한다.
- 구내폐색신호기는 제어신호기의 출발점과 도착점 압구 명을 기재한다.
- 기계연동장치는 번호란에 해당 시설물 번호를 기재한다.

② 취급버튼

출발점, 도착점을 기재한다.

③ 쇄정

ⓐ 그 번호의 취급버튼을 반위 즉, 취급버튼을 조작하여 소요의 진로를 구성하였을 때 쇄정되는 선로전환기 또는 취급버튼 번호

- 선로전환기 또는 쇄정되는 시설물번호는 열차 또는 입환차량의 통과하는 방향 순으로 기재한다.
- 간접으로 쇄정되는 시설물 번호는 구분하여 기재한다. 다만, 쇄정간은 제외한다.

ⓑ 그 번호의 폐로쇄정에 관계가 있는 궤도회로 명

ⓒ 도중분기가 있는 개소는 양역에 같이 표시하여야 한다.

- 제어역은 쇄정란에 분기명칭을 표기한다.
- 인접역은 신호제어란에 표기하되 다른 역 분기의 의미로 [00역 0호]로 표기한다.

ⓓ 그 번호의 취급버튼을 반위로 하였을 때 해정되는 다른 운전취급실의 취급버튼 번호.

ⓔ 그 번호의 취급버튼이 편쇄정 되는 다른 운전취급실의 취급버튼 번호.

ⓕ 전기 및 전자연동장치에 있어서 관계 진로 구성 후 상호 쇄정되는 신호기(표지 포함, 이하 같다.)는 다음과 같다.

- 장내, 출발 및 입환신호기의 진로구성이 같은 경우, 또는 관계 진로 안에 있는 상대 신호기는 상호 쇄정한다.
- 도착지점을 공유하는 상대 신호기는 해당 진로만 상호 쇄정하는 것으로 한다. 다만, 동일선상 2이상의 신호기가 상호 연동되어 있는 개소에서 먼저 취

급한 신호기에 의하여 상대신호기가 상호 쇄정될 때는 이를 생략할 수 있다.

ⓖ 번호만을 표시한 것은 정위쇄정된 것을 표시한다.

ⓗ ○을 붙인 것은 반위 쇄정되는 것을 표시한다.

ⓘ 노스가동형 선로전환기는 명칭 앞에 영문자 N을 붙인다.

ⓙ [ ]를 붙인 것은 다른 운전취급실 또는 상호쇄정임을 표시한다.

ⓚ 〈 〉를 붙인 것

- 기계연동장치에 있어서 기계적인 리버쇄정 연쇄에 의한 것을 표시한다.
- 궤도회로 명을 표시한 것은 폐로 쇄정되어지는 것을 표시한다.

ⓛ { }를 붙인 것은 취급버튼이 전기적인 연쇄에 의한 것을 표시한다.

ⓜ (51 단 4A)는 4A신호기가 정지일 때 한하여 51호를 정위로 쇄정하는 것을 표시한다.

ⓝ ◎은 전기 또는 전자연동장치에 있어서 일괄제어되는 것을 표시한다.

ⓞ 유도신호기의 과주여유거리는 고려하지 않아도 된다.

④ 신호제어

ⓐ 열차진행 순서별로 도착점까지 신호제어에 관계되는 궤도회로명을 표기하되 입환표지(진로표시기, 선로별표시등 포함) 및 유도신호기의 도착점 궤도회로는 기재하지 않는다.

ⓑ 운전방향 및 진로조사에 관계있는 궤도회로명.

ⓒ 전기, 전자 연동장치에 있어서 단선 구간에 한하여 다음과 같은 조건을 기재한다.

- 연동폐색구간에 있어서 폐색조건 (최외방 선로전환기를 포함한 궤도회로명 TPS)
- 자동폐색구간에 있어서 출발신호기 폐색완료계전기 조건(BR)

ⓓ 복선 자동폐색구간의에서 반대선 운전설비 반대선 운전설비와 역방향 신호설비를 설치한 경우 역방향 폐색완료 수속 확인 계전기SBR(Signal Black Relay)

ⓔ 궤도회로명을 표시한 것은 신호기에 있어서 신호현시가 해당 궤도회로에 의한 철사쇄정이 되어지는 것을 표시한다. 운전방향 또는 진로조사에 있어서는 해당 궤도회로에 의하여 그 취급버튼이 쇄정되는 것을 표시한다. 번호만을 표시한 것은 정위에 있어서 제어회로를 구성하는 것을 표시한다.

ⓕ ○을 붙인 것은 반위에 있어서 제어회로를 구성하는 것을 표시한다.

ⓖ (53BT 단 53)은 53호 선로전환기가 정위에 있을 때에 한하여 궤도회로 53BT에 의하여 제어되는 것을 표시한다.

ⓗ 신호제어란에 인접역의 궤도회로가 포함되는 경우 타역 궤도회로의 의미로 [00역00T]로 표시한다.

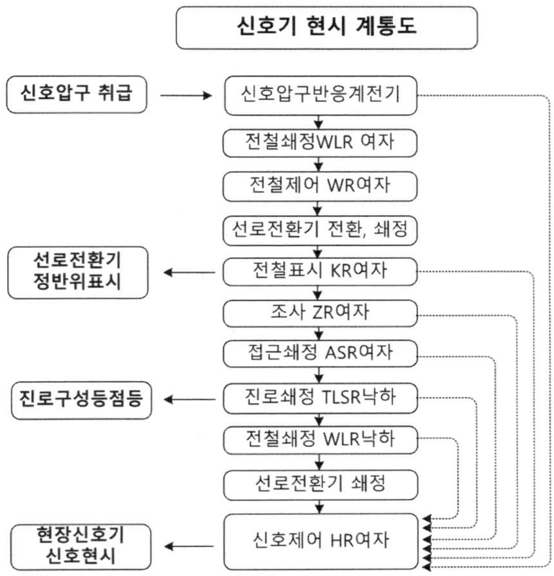

[그림 39] 신호현시 계통도

8.3 연동구간의 방호시간

연동구간에서 각 궤도요소(선로전환기 분기 궤도구간)는 각자 가지고 있는 방호시간이 각각 다르다.

진로는 같은 시간에 진로를 쇄정하는 진입신호기로부터 다음 출발신호기로 모든 궤도구간이 동시에 설정된다.

열차가 진로에 들어온 후에 궤도구간의 열차 방호 시간은 열차 진행에 따라 구분진로 해정이 이루어진다.

과주여유거리가 필요한 선로에서는 방호시간 그래프에서 두 가지 경우의 과주여유거리를 고려하여야 한다. (그림 40)

첫 번째 선로전환기 또는 크로싱 앞에 최대 과주여유거리에 설치된 신호기는 폐색구간의 방호시간 일부를 고려하는 과주여유거리의 방호시간 간격을 보여주는 것이 필요치(그러나 또한 실제로는 잘못되지 않은) 않다.

같은 원리로 폐색구간의 방호시간을 설명할 때 사용된다.

이는 그러한 과주여유거리의 신호기 방호시간은 폐색구간의 개방 시간에 영향을 주기 때문에 할 수 있으나 다른 연동 진로는 쇄정되지 않는다.

[그림 40]의 신호기 11, 13, 17에 적용하였다.

신호기는 연동진로의 출발신호기와 선로전환기 또는 과주여유거리 내에 있는 크로싱과의 상황은 서로 다르다. 그곳 과주여유거리 범위 내의 선로전환기는 진로 상의 진입신호기에 연동되어 있다. 과주여유거리 방호시간이 동작 중에 과주여유거리 구간을 통하여 제어되는 모든 진로는 열차가 신호기에 정차 완료 후 과주여유거리 해정이 허용될 수 있도록 쇄정된다. (수동 또는 자동 시소 해정)

그러므로 과주여유거리 방호시간은 신호기에 접근하는 궤도구간이 여전히 방호되는 시점에서 종료될 수 있다. 그것이 왜 방호시간 그래프에 과주여유거리를 위한 방호시간이 포함하여야만 하는 이유이다. [그림 40]에 신호기 15를 적용하였다.

과주여유거리를 사용하지 않는 철도에서는 과주여유거리 쇄정용 방호시간은 존재하지 않는다. 폐색구간의 방호시간은 폐색구간의 개방시간이 다음 신호기 뒤에 과주여유거리 해소용의 어떤 시간도 포함되지 않기 때문에 폐색 과주여유거리가 있는 선로보다 짧다. 출발 신호기[그림 41] 전에 역사 궤도구간은 같다.

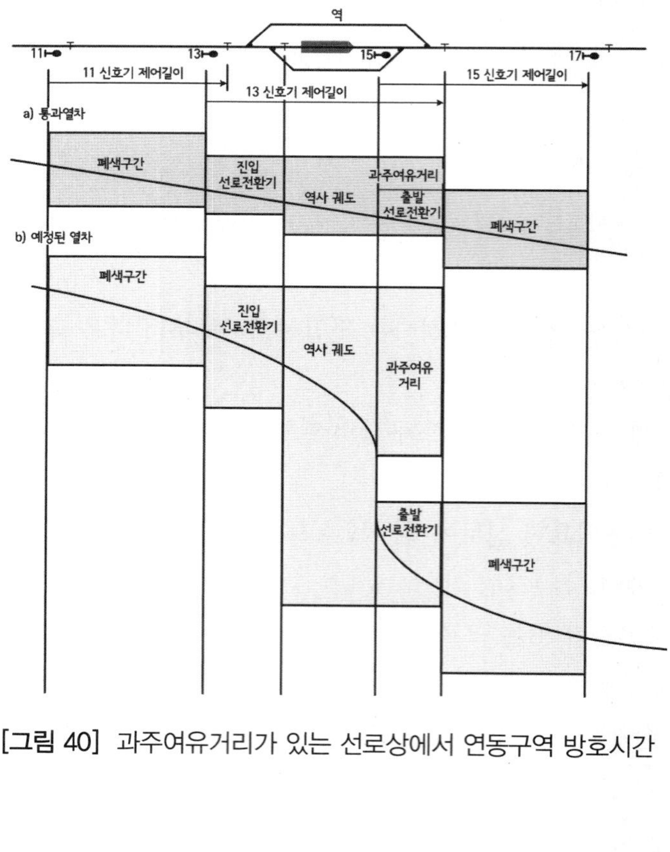

[그림 40] 과주여유거리가 있는 선로상에서 연동구역 방호시간

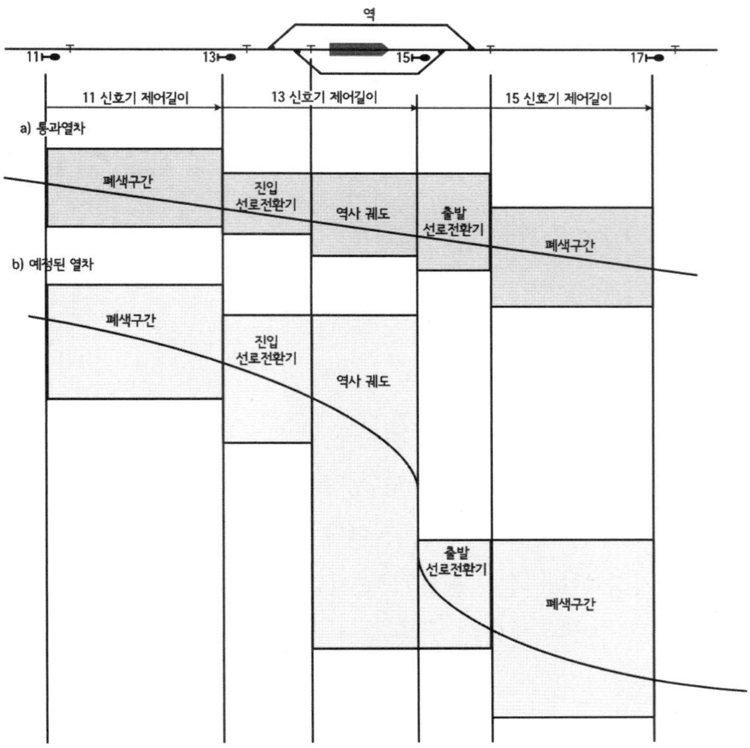

[그림 41] 과주여유거리가 없는 선로상에서 연동구역 방호시간

4장
선로전환기 장치

선로전환기 장치는 본선에 운행되던 열차를 측선으로 진로를 바꾸는 등 하나의 선로에서 다른 선로로 전환하기 위하여 분기되는 곳에 설치되어 첨단레일이나 노스가동 레일을 전환하는 장치를 말한다. 또 이것을 전환해서 분기기의 방향을 변화시키는 것을 선로전환기 또는 전철기라 한다. 선로전환기는 신뢰성, 낮은 유지 보수, 경제적 타당성 및 보편적 적합성이 확보되어야 한다.

1 분기기

1.1 분기기의 구성

분기기(Turnout)란 선로가 두 방향으로 분리되거나 합쳐지는 부분에 설치하는데 열차를 유도하고 싶은 방향으로 전환해 주는 포인트(Point or Switch)부, 두개의 선로가 동일 평면에서 교차하는 크로싱(Crossing)부, 포인트와 크로싱 중간의 리드(Lead)부 등으로 구성되어 있다.

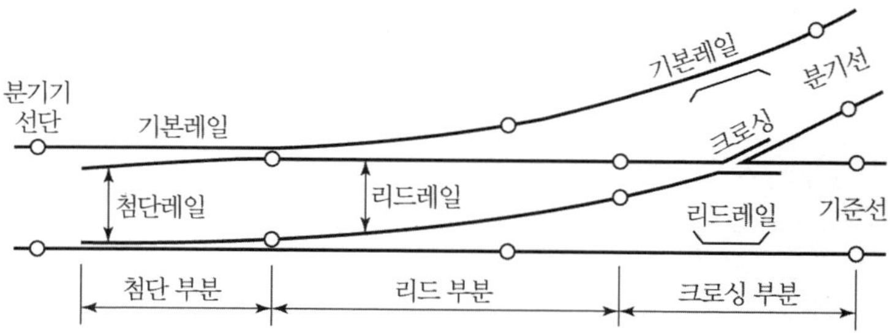

[그림 1] 분기기 구성

정거장 구내에는 많은 분기기가 복잡한 구조로 설치되어 있는데 가동 부분의 작용도 까다로워 열차를 운행하는 데 있어 가장 취약 개소로써 사고 발생률도 매우 높은 편이다.

1.2 분기기의 종류

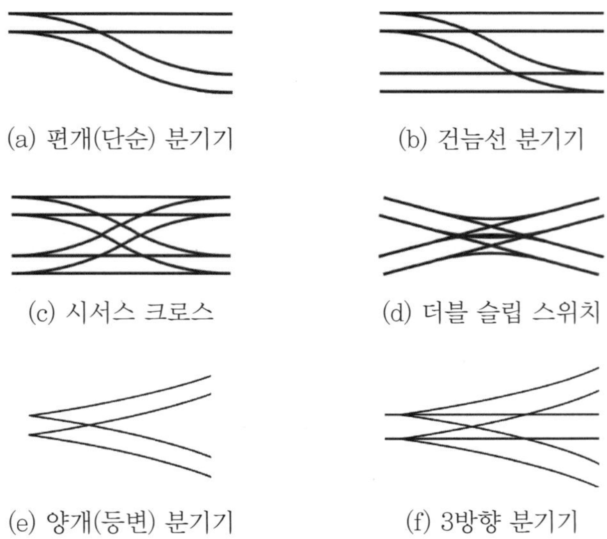

[그림 2] 분기기 종류의 개략적 도면

1.3 크로싱

궤간선이 서로 교차하는 부분을 크로싱(Crossing)부라 하며 크로싱은 [그림 3]과 같이 각도를 가지는데 각도의 크기에 따라 크로싱 번호(Crossing Number)도 달라진다.

예를 들면 ab가 1[m]가 되는 지점에서 cd 간의 거리가 8[m]이면 8번 크로싱, 12[m]이면 12번 크로싱이라 한다.

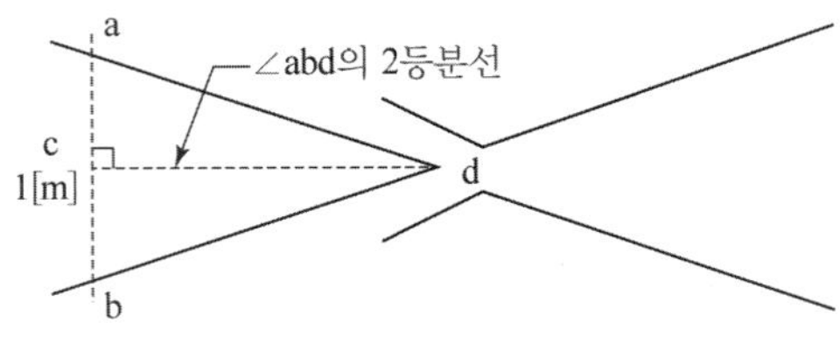

[그림 3] 크로싱 번호

[표 1] 분기기 번호와 제한속도

분기기 번호	지상구간				지하구간	
	편개		양개		편개	양개
	곡선반지름 [m]	속도 [km/h]	곡선반지름 [m]	속도 [km/h]	속도 [km/h]	속도 [km/h]
8	145	25	295	40	25	35
10	245	35	490	50	30	45
12	350	45	720	60	40	55
15	565	55	1,140	70		

분기기를 통과하는 열차의 속도는 리드 곡선 및 입사각, 크로싱 번호 등에 따라 영향을 받게 되는데 크로싱 번호에 따른 양개 분기기의 곡선반지름과 제한속도는 [표]와 같다.

[표 2] 고속철도용 분기기 규격

분기기 번호	길이 [m]	통과속도 [kph]	선형	곡선반경 [m]	포인트	크로싱	사용 침목
18.5	67.97	90	원곡선 (크로싱 포함)	1,200	탄성(용접)	재질 : 망간강 구조 : 노스가동 이음부 : 용접	PC 침목
26	91.95	130		2,500			
46	152	170	원곡선+완화곡선	3,000			

2 선로전환기 일반

2.1 선로전환기의 역사

초기의 나무 철도에서는 선로 사이에서 마차를 이동시키기 위해 간단한 단일 첨단 스위치가 사용되었다. 18세기에 철제 철판이 일반화되면서 주철 부품은 체크 레일이 있는 스위치를 만드는 데 사용되었다. 1797년, 존 커는 그가 개발한 단일 철제 첨단을 사용하여 판상도로에 기대도록 가늘어진 수직 핀에 경첩이 달린 시스템을 만들었다. 1808년까지 존 커의 기본 디자인은 일반적으로 사용되었다.

1838년 찰스 폭스는 스위치에 대한 특허를 받았다.

전기가 널리 보급되기 전에, 이동이 많은 교차로의 스위치는 선로 근처에 설치된 신호박스(신호취급실)에서 로드와 레버가 결합된 정교한 시스템을 통해 작동되었다.

레버는 철도 신호를 제어하여 각 지점에서 열차의 이동을 제어하는 데도 사용되었다. 결국, 열차가 안전할 때만 선로전환기를 사용하여 진행할 수 있도록 신호를 설정할 수 있는 연동장치로 알려진 기계 시스템이 도입되었다. 순수한 기계적 연동은 결국 전기 제어가 가능한 통합시스템으로 개량되었다. 교통량이 적은 일부 지선, 독립적인 마샬링 기지 또는 전통 철도에서는 선로전환기가 여전히 초기 유형의 연동을 가질 수 있게 되어 있다.

2.2 대향과 배향

분기기는 열차의 통과 방향에 따라 [그림 4]와 같이 대향 선로전환기와 배향 선로전환기로 나뉘는데 대향 선로전환기의 경우에는 첨단의 밀착이 불량하면 열차가 탈선할 우려가 있다.

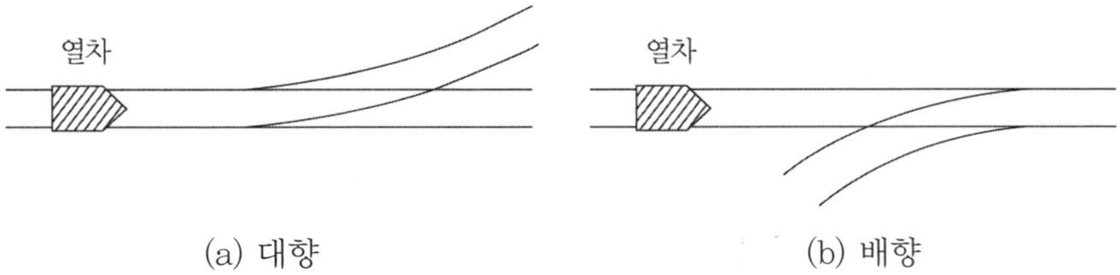

[그림 4] 대향 및 배향 선로전환기

(1) 대향

열차가 분기를 통과할 때 [그림 4(a)]와 같이 분기기 전단(前端)으로부터 후단(後端)으로 운행할 경우를 대향(Facing)이라 한다.

(2) 배향

진행하는 열차가 분기기 후단으로부터 전단으로 운행할 때를 배향(Trailing)이라 하며 열차 안전 면에서 배향 분기는 대향 분기보다 안전하고 위험도가 적다.

2.3 선로전환기 정반위

(1) 정위결정법

선로전환기(전철기)가 항상 개통되는 방향을 정위(Normal Position)라 하고 그 반대 방향을 반위(Reverse Position)라 하는데 정위(定位) 결정법은 [표 3]과 같다.

[표 3] 선로전환기 정위 결정법

① 본선과 본선 또는 측선과 측선의 경우는 주요 한 방향	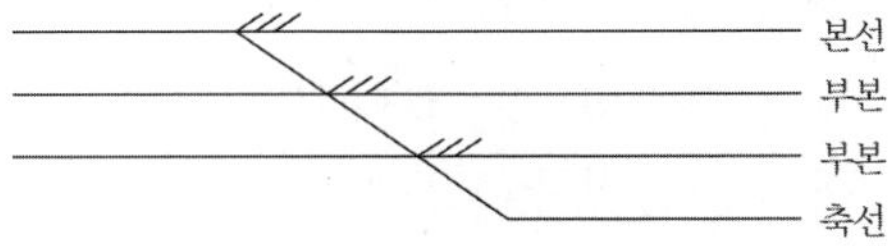
② 단선에 있어서 상 · 하본선은 열차의 진입하는 방향	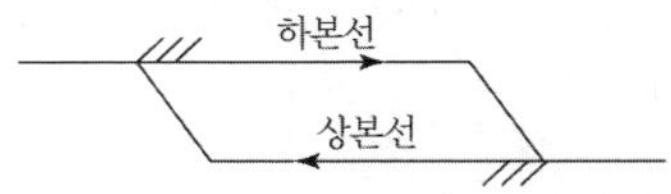
③ 본선과 측선과의 경우에는 본선의 방향	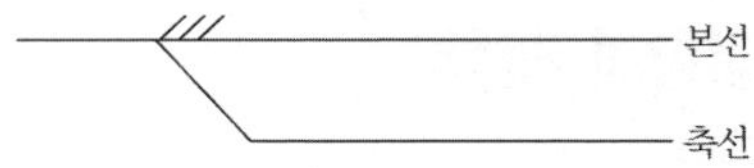
④ 본선과 또는 측선과 안전 측선(피난선 포함)의 경우에는 안전 측선의 방향	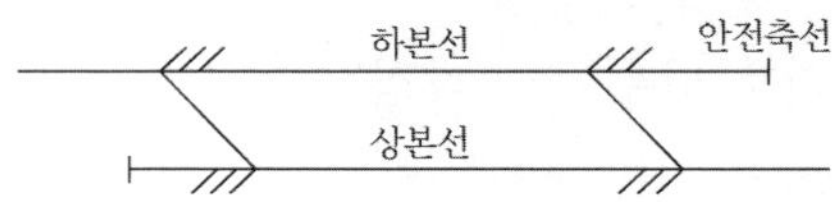
⑤ 탈선 선로전환기는 탈선시키는 방향	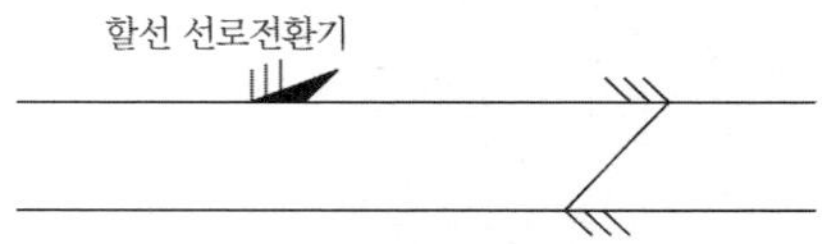

2.4 안전측선과 탈선 선로전환기

열차가 교행하는 장소에서 [그림 5(a)]와 같이 열차가 정차(과주) 여유거리를 지날 경우, 반대 방향에서 진입하는 열차와 충돌할 우려가 있으므로 [그림 5(b)]와 같이 안전측선을 설치하여 열차의 충돌을 방지하여야 하며 안전측선의 끝에는 차막이 표지를 설치하여 쉽게 정차할 수 있도록 하고 있다.

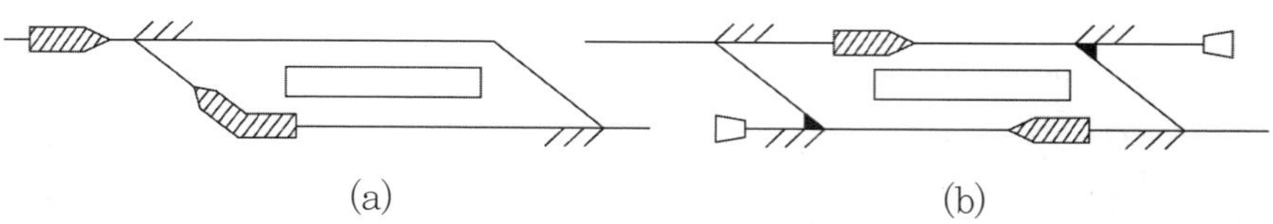

[그림 5] 안전측선

탈선 선로전환기는 공간 확보 등의 이유로 안전측선을 설치하지 못하면 텅레일만 설치하고 리드부 및 크로싱부를 설치하지 않는 분기기를 말한다.

유사시 탈선은 되더라도 대형 열차 충돌을 방지하는 데 목적이 있고 완전한 분기기 구성은 되지 못하고 첨단의 전환 기능만 가지고 있다.

3 전기 선로전환기

원거리에 설치한 선로전환기와 사용 횟수가 많은 선로전환기를 하나하나 인력으로 전환한다는 것은 매우 어려울 뿐만 아니라 동작의 확인도 불확실하므로 이와 같은 불편과 결점을 보완하기 위하여 전기 선로전환기를 사용하고 있다. 전기 선로전환기는 전환장치와 쇄정장치로 구성되며 이처럼 선로전환기의 전환 및 쇄정 과정을 전기적인 힘인 전동기(Motor)에 의한 것이 전기 선로전환기이다.

3.1 선로전환기 특징 비교

[표 4] 선로전환기 특징 비교

구분	NS 형			MJ81형	하이드로스타	비고
	마찰클러치	클러치 일체	전자 클러치			
사용전원	1φ220V AC			1φ220V / 380V AC 3φ220V / 380V AC	3φ380 V AC	
동작전류	1φ220 V =3.85 A	1φ220 V =4.5 A	1φ220 V =4.25 A	3φ220V=3.0A 이하 3φ380V=2.0A 이하 1φ220V=7.0A 이하	3.7A / 6.4A	
동정	동작간 : 185 mm, 쇄정간 : 130~180 mm			110 mm ~ 260 mm	160 mm 이하	
전환력	300 kgf		400 kgf	최대 400 daN 정상 200 daN	5,000~30,000 N 조정 가능	
밀착력	100 kg			–	첨단 : 2,000~2,500N 가동 : 최대 2,000N	
중량	330 kg			91 kg	–	
동작시간	6초 이하	4~4.5초	7초 이하	4.2초	평균 4.5초	
밀착 및 쇄정검출기능	없음(별도의 검지기 설치)			좌동	있음	
설치조건	선로변 기본레일 안쪽에서 1,200 mm 이격			2,100 mm	레일 안쪽	

3.1 NS형 전기선로전환기

NS형 전기선로전환기는 AC 110/220[V], 단상[Hz]을 정격으로 사용하고 있는 전기선로전환기로써 과부하 또는 전동기 공회전 시 전동기를 보호하기 위하여 마찰클러치를 사용하고 있다.

3.1.1 NS형 전기선로전환기의 구성

전기 선로전환기는 제어장치, 전동기, 전환부, 쇄정부, 표시장치, 외함 등으로 구성되어 있다.

[그림 6] 선로전환기 전환과정

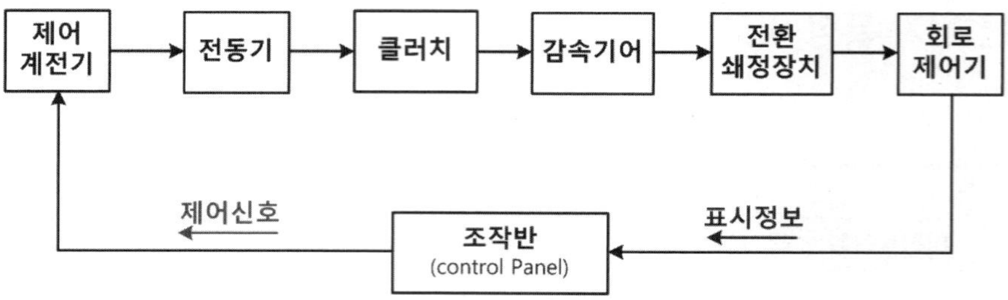

[그림 7] NS형 전기선로전환기 동작 과정

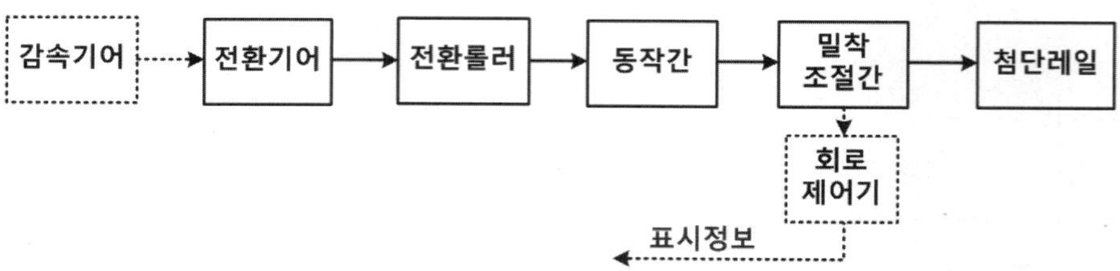

[그림 8] NS형 전환쇄정장치 상세

(1) 취급 버튼

취급 버튼은 전기 선로전환기의 전동기로 유입하는 전원을 개, 폐하는 스위치로서 전기연동장치의 종류에 따라 개별 제어버튼과 일괄 제어버튼으로 분류할 수 있다.

(2) 제어계전기

제어계전기(Switch box or switch circuit controller)는 삽입형으로서 유극 2위식 자기유지형 계전기이며 정격 동작전압은 DC 24[V], 전류는 120[mA]이고 코일 저항은 200[Ω]이다.

(3) 전동기(ACIM: AC Induction Motor)

전동기(Motor)는 콘덴서 기동형 단상 유도전동기로써 2상 4극으로 기동력이 크고 정격 전압의 80[%]에서도 동작이 확실하게 이루어져야 하고 베어링은 밀봉형 볼 베어링(Ball Bearing)을 사용하므로 급유가 필요 없는 구조이다.

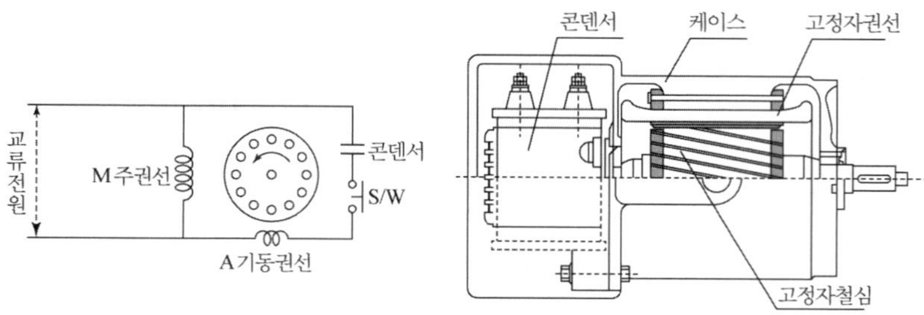

[그림 9] 전동기(콘덴서 기동형)

선로전환기에 사용되는 AC 단상 유도전동기는 일정한 속도를 유지하는 것이 특징이며, 기동시의 토크를 보완하기 위하여 진상용 콘덴서를 사용한다.

① 동작 원리

ACIM의 작동 원리는 고정자에서 회전자까지의 전압 유도에 기반한다. 고정자 권선에 전원 전압이 공급되면, 전류가 권선에 흐르고 고정자에 회전 자계가 생성된다. 회전자 권선의 유도 전압은 회전자 전류와 회전자 자기장을 생성한다. 두 개의 자기장 사이의 상호 작용은 회전자를 돌리는데 필요한 기계적 토크를 생성하여 회전하게 된다.

② 동기속도

작동 회전자 속도는 회전 토크를 달성하기 위해 고정자 자기장 속도보다 낮다. ACIM의 작동 변수에는 동기속도, 슬립 속도 및 슬립의 3가지로 정의 할 수 있다. 동기속도는 공급 주파수에 비례하고 극성 쌍의 수에 반비례한다.

$$synch_{speed}[\text{rpm}] = \frac{60 \cdot suppy\_frequency[\text{Hz}]}{\text{no of pole pairs}[-]}$$

③ 슬립속도, 슬립

슬립 속도는 동기속도와 정격 속도의 차이로 표시된다. 슬립은 슬립 속도와 동기속도 사이의 비율이며 회전자 속도가 부하에 의해 얼마나 떨어지는지를 보여준다. 예를 들어, 7% 슬립을 갖는 60Hz, 4극 ACIM은

$$synch_{speed} = \frac{60 \cdot 60}{2} = 1{,}800[\text{rpm}]$$

$$slip_{speed} = 4\% \times 1{,}800[\text{rpm}] = 72[\text{rpm}]$$

$$rated_{speed} = 1{,}800[\text{rpm}] - 72[\text{rpm}] = 1{,}728[\text{rpm}]$$

④ 콘덴서

전동기의 무효전력(전압파형이 전류파형보다 늦은 전력)을 최소화해 역률을 개선하여 기동 상태를 최적화하기 위해 "AC 저압진상용 KSC4801 105V 120㎌"를 부착하여 사용한다.

⑤ 메커니즘

㉮ 전동기의 회전을 첨단레일의 이동으로 바꾸기 위해서는 감속기어장치와 회전운동을 직선운동으로 변환하는 기어장치가 필요하다.

㉯ 전동기의 회전은 베벨기어를 통해 최종부하에 자갈 등이 끼어 정상적으로 동작하지 못할 때 모터의 소손을 방지하기 위해 슬립을 일으키는 마찰클러치와 수동핸들로 선로전환기를 움직일 수 있는 핸들기어가 설치되어 있으며

㉰ 회전속도를 줄이기 위한 5.7 비율로 감속되는 중간기어가 설치되어 있고

㉱ 이 기어는 최종단의 회전운동을 직선운동으로 바꾸어 주는 동작간과 6.1 비율로 감속되도록 연결되어 최종단계에서는 11.1 rpm의 속도로 회전하도록 설계되어 있다.

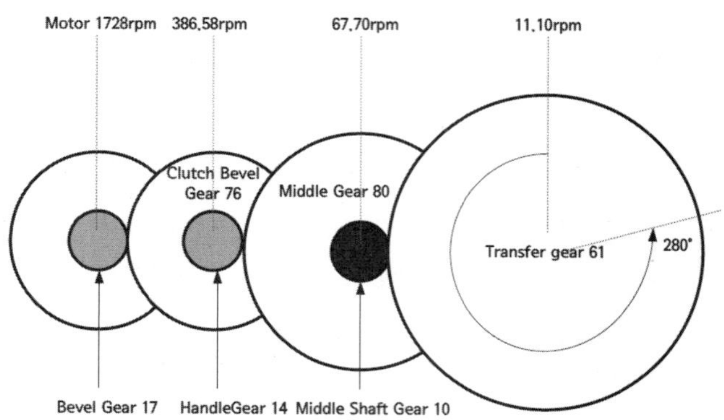

[그림 10] 전동기 속도 및 각 기어 축의 회전속도

㉲ 이 회전은 동작간의 좌우 이동 운동으로 변환되며 이동이 완료되면 기계적인 작동으로 회로제어기가 움직여 DC전원을 차단하게 된다.

㉥ 회전속도의 증가는 선로전환기 동작속도를 결정하는 요소이므로 모터의 정속도는 매우 중요함을 알 수 있다. [그림 10]에 기어별 나사산의 수와 회전속도를 나타내었다.

(4) 초기 모터 속도

현재의 메커니즘은 전동기가 1,728 rpm의 속도로 일정하게 회전할 때 동작간이 185 mm를 7초 동안에 이동하도록 설계되어 있다.

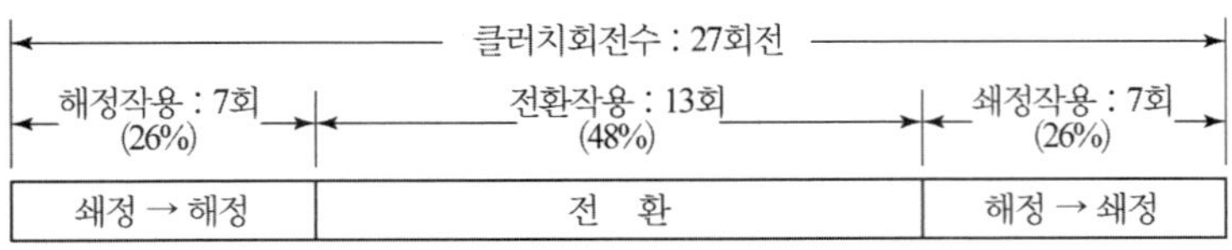

[그림 11] 쇄정–해정–전환 해정–쇄정에 따른 클러치 회전수

(5) 마찰클러치(마찰연축기)

클러치는 전동기의 회전력을 전달하고 전동기가 회전 또는 정지할 때 기어(gear)에 충격을 주지 않도록 관성을 흡수하는 역할을 한다. 과부하 또는 전환도중에 방해를 받았을 때 전동기를 보호하기 위하여 설치하는 것으로써 NS형 전기선로전환기는 [그림 12]와 같은 마찰클러치(Friction Clutch)가 사용되고 있다.

마찰클러치는 특수 그리스가 봉입된 다중 합판식 클러치로 회전 마찰판과 고정 마찰판을 서로 겹쳐 스프링으로 눌러 마찰 회전력을 전달하는 방식으로써 쉽게 회전력을 가감할 수 있다.

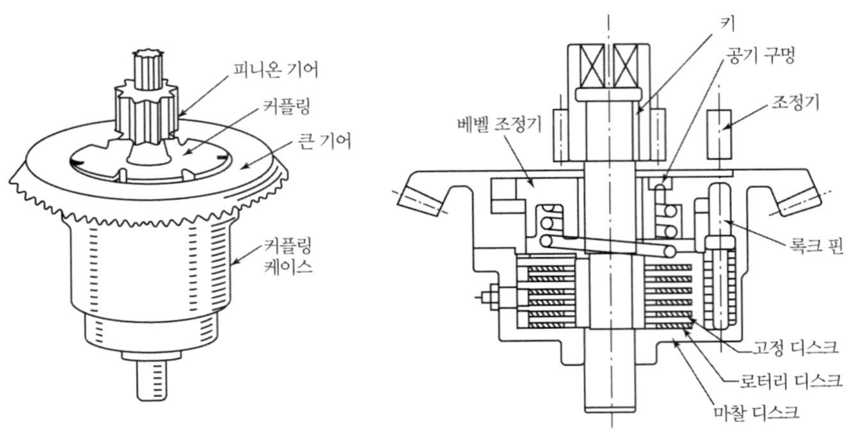

[그림 12] 마찰클러치

(6) 감속기어 장치

전동기는 회전수가 많으므로 [그림 14]와 같이 3개의 기어(Gear)를 사용하여 강한 회전력을 감속하거나 전달하기 위하여 설치한 것이다.

1단은 베벨기어이며 2, 3단은 평 기어이다. 3단은 전환기어라고 하며 베어링은 밀봉형 볼 베어링을 사용하고 있으므로 급유가 필요 없다.

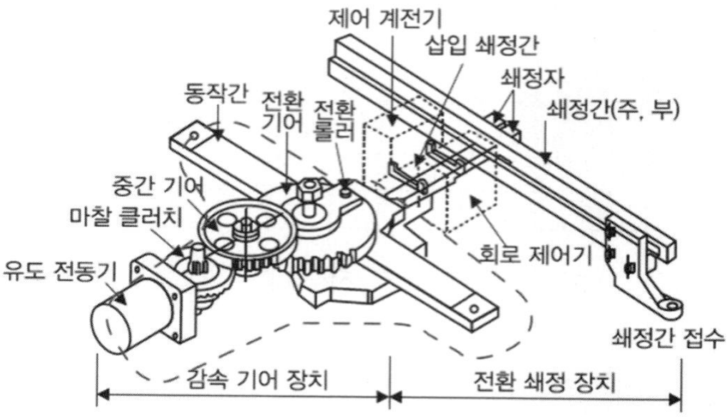

[그림 13] NS형 선로전환기의 전환장치

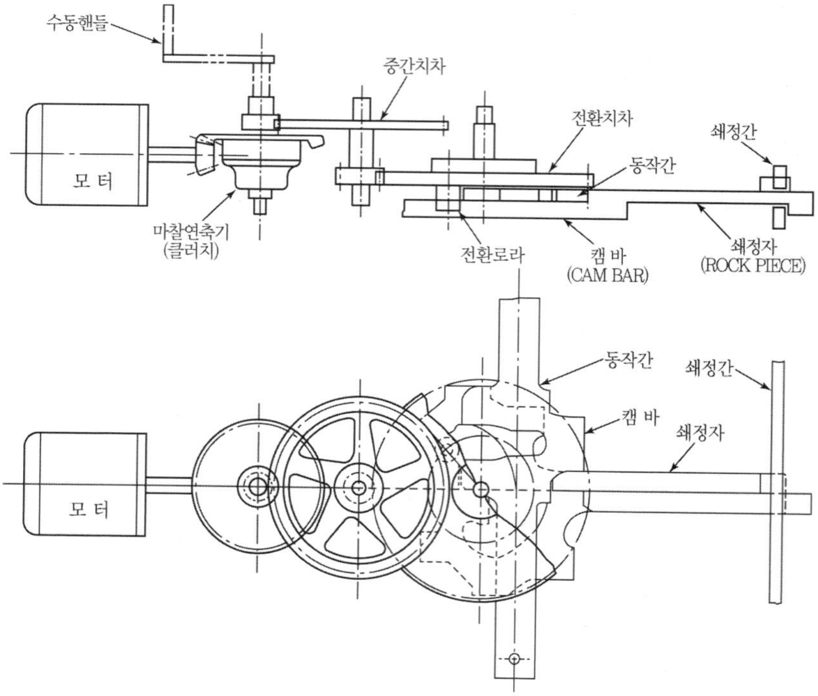

[그림 14] 감속기어장치 및 전환쇄정장치

(7) 전환쇄정장치

NS형 전기선로전환기의 해정, 전환, 쇄정의 세 가지 작용을 하는 동작부로써 전환 기어(Gear)가 1회전 하는 동안 하부 롤러(Roller)에 의하여 삽입된 쇄정간의 쇄정자를 해정하고 동작간을 움직여 첨단레일(Tongue Rail)을 전환시킨 다음 삽입된 쇄정간으로 동작간 및 쇄정간을 쇄정한다.

(8) 회로제어기

전환쇄정장치가 동작을 완료하면 전동기를 정지시키고 선로전환기가 소정의 위치로 전환한 것을 확인하기 위하여 바(bar)의 중앙에 있는 4개의 조정볼트가 회로 제어기(Circuit Controller)의 정자를 교대로 작용시켜 회로제어기를 동작시키며 동작이 끝난 다음에는 전동기 전원을 차단하여 표시회로(Indication Circuit)를 구성한다.

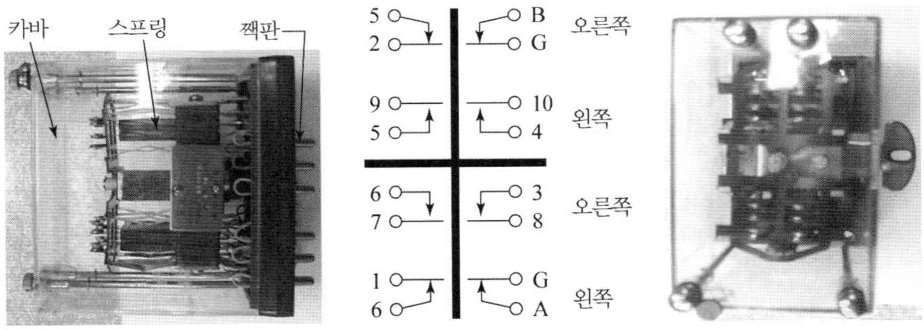

[그림 15] 회로제어기의 구조

(9) 표시회로

회로제어기는 삽입형으로써 2조의 Cam Bar의 상호 운동으로 3위식으로 동작하며 선로전환기가 완전히 전환하여 쇄정동작을 완료하면 크랭크가 레바를 움직여 전동기 회로를 off하고 표시 접점을 구성한다.

3.1.2 NS형 전기선로전환기의 주요 제원

NS형 전기선로전환기의 주요 제원은 [표 2.3]과 같으며 정부하 특성에 있어 전동기의 슬립전류를 마찰클러치가 미끄러지기 시작하여 1분 이상 지난 뒤 측정하였을 때 8.5[A] 이하로 한다. 다만, 동작전류는 1.2배 이하로 되지 않도록 한다.

[표 5] NS형 전기선로전환기의 주요 제원

구분	동작범위[mm]		정격전압		정격(운전) 전류	전환 시간	최대 전환력	중량
	동작간	쇄정간	전환	제어				
성능	185	130~185	AC 105/220[V] 단상 60[Hz]	DC 24[V] (유니트 방식 DC 12[V])	7.5[A] 이하	6[sec] 이하	300[kg]	330[kg]

※ 전환 시간이란 표시 계전기 접점이 개방되면서부터 선로전환기가 전환하고 표시 계전기의 접점이 구성되기까지의 시간을 말하며 6[sec] 이하이다.

3.1.3 NS형 전기선로전환기의 설치

(1) 설치

① 전기선로전환기는 소속하는 분기부가 정위로 개통해 있는 측에 설치함을 원칙으로 하고 보수 점검 및 구내 작업상 안전한 위치에 설비해야 한다.

② 대향좌측에 설치할 때는 주쇄정간이 아래쪽에 오도록 하고 대향 우측에 설치할 때는 주쇄정간이 위쪽에 오도록 설치한다. (우상좌하)

③ 건축한계와의 관계는 설치측 레일 안쪽에서 선로전환기 중심까지 1,200[mm] 이상을 표준으로 하고 편개분기는 직선레일에 평행(양개분기는 분기각도의 2등분선에 평행)하고 밀착조절간이 직선측 레일(분기각도의 2등분선)에 직각이 되도록 설치한다.

④ 레일간격간은 시설 측의 궤간 정정 후 텅레일의 선단에서 약 300[mm]의 위치, 절연이 있는 것은 너트가 위에 오도록 설치한다.

⑤ 선로전환기는 깔판에 볼트로 체결하고 스크류 스파이크로 고정한다.

- 신설하는 분기부는 조립할 때 설치한다.
- 가설 분기부는 시설측에서 침목을 교환한 후에 설치한다.

⑥ 밀착조절간의 설치는 다음에 의한다.

- 밀착조절간의 옵셋은 롯트의 중심선과 죠부분이 평행하고 꼬이거나 구부러지는 일이 없도록 한다.
- 롯드를 설치하여 정반위 모두 균등한 밀착력이 되도록 조정한다. (선로전환기 표준 밀착력은 기본레일이 움직이지 않은 상태에서 첨단 1[mm] 벌리는데 100[kg]으로 하고 모자형과 60KN(탄성)형은 첨단 0.5[mm] 벌리는데 100[kg]으로 한다)

- 밀착 조절간은 부랏켓트와 통나사 6각 너트부와의 사이에 3[mm] 이상의 조정 범위를 갖도록 한다.

⑦ 첨단간 설치

- 롯드의 절연위치는 전기선로전환기에서 먼쪽 레일측이 되도록 하고 텅레일 첨단의 동정에 맞춰 설치한다.
- 조정용구는 조정 여유나 사부의 중앙이 되도록 고정한다.

⑧ 접속간을 설치한다.

⑨ 접속간, 밀착조절간과 레일 밑면과의 여유거리는 15[mm] 이상으로 한다.

⑩ 밀착조절간과 동작간을 접속하여 밀착을 조정하는데 선로전환기에 무리한 힘이 가해지는가를 알기 위하여 수동핸들로써 전환하여 확인하여야 한다.

⑪ 취부 당시는 각부에 틀림이 생길 우려가 있으므로 쇄정간의 쇄정홈 부분에 주의하여야 한다.

⑫ 선로전환기는 기본레일과 평행으로 놓고 선로전환기 함의 움직임을 방지하기 위하여 4개소의 취부위치에 주의하여야 하며 본체구멍과 보판 및 침목의 구멍이 일치하지 않으면 선로전환기가 흔들릴 요소가 되므로 주의하여 뚫어야 한다.

⑬ 전기선로전환기의 경우에 침목밑, 자갈의 유출방지를 위해 필요에 따라 방호재를 사용하여 자갈막이를 설치한다.

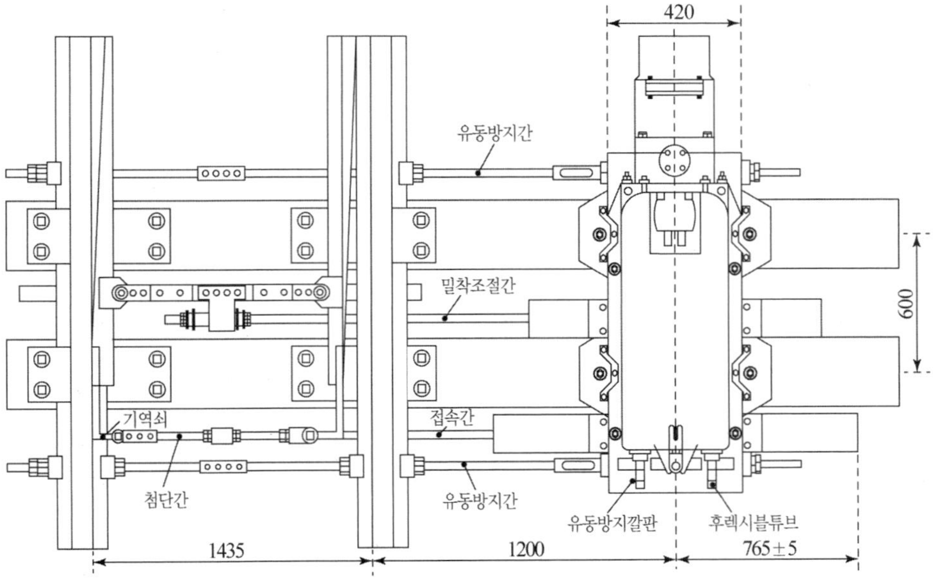

[그림 16] 전기 선로전환기 설치도 NS-AM형

⑭ 전기 선로전환기는 필요에 따라 전환쇄정기(OS형)에 눈덮개를 회로제어기 및 첨단 궤도에는 융설기를 설비할 수 있다.

⑮ 선로전환기 활출 등의 사고우려 개소와 본선의 분기에는 밀착검지기를 설치한다.

⑯ 전기 선로전환기, 쇄정간의 쇄정홈 간격을 첨단간 조정용구의 동정에 맞춰 조정하고 쇄정자와 쇄정홈의 간격은 좌우 균등하게 유지시키며 그 간격의 합은 4[mm] 이하로 한다.

3.1.4 NS형 전기선로전환기의 보수

신호설비 중 선로전환기는 열차 안전운행에 가장 취약한 장치이다. 따라서 NS 형 전기 선로전환기는 정반위 밀착상태와 주,부 쇄정의 확인 및 각종 할핀, 죠핀, 볼트류의 탈락, 마모, 균열 등이 있는지 육안으로 주기적으로 확인하여야 한다. 또 설치상태는 기본레일과 선로전환기가 직각상태를 유지하여야 하고 전환시험을 하였을 경우에 동작시 각각의 간류가 일체의 유동 없이 전환되어야 한다.

(1) 밀착

선로전환기(전철기)의 밀착이란 텅레일(tongue rail)이 압력에 의해 기본 레일과 접하고 있는 상태를 말한다. 텅레일과 기본 레일의 밀착의 압력은 밀착조절간(Switch Adjuster)의 6각 너트(Nut)를 적당히 조정하여 압력을 가하고 있으며 이러한 밀착의 세기를 밀착도라고 한다.

선로전환기의 밀착도는 기본 레일이 움직이지 않는 상태에서 1[mm]를 벌리는데 정위, 반위 균등하게 100[kg]을 기준으로 하고 있다.

(2) 공회전

선로전환기 첨단에 다른 물질이 끼었을 때 또는 선로전환기와 첨단간의 취부위치가 틀리거나 쇄정간 홈과 쇄정자가 불일치하면 전환로라는 쇄정 개시 상태로 정지하여 동작하지 않으므로 회로제어기도 원상태가 되어 전동기는 회전을 계속한다.

이것을 공회전이라고 하며 마찰클러치에서 발생하는 열에 의해 기내 온도가 상승할 뿐 아니라 전동기도 최대전류로 회전하게 되어 장기간 공회전할 때는 전동기가 소손될 위험성이 생기므로 선로전환기의 불일치에는 각별히 유의하여야 한다.

3.2 NS-AM형 전기선로전환기

NS-AM형 전기선로전환기는 기존의 NS형 전기선로전환기의 문제점인 온도변화에 민감한 마찰클러치를 전자(마그네틱)클러치화 한 것으로 그리스를 충전할 필요가 없으며, 과부하 또는 전환 도중 방해를 받을 시 모터를 보호할 수 있는 구조로 되어 있다.

또한 전환 종료 시 충격을 흡수하고 기구의 반전을 억제하며 전달 토크가 안정되어 있으므로 조정이 필요 없게 되어 주변 환경에 의한 장애요인 예방과 무보수화로 장치의 안전성과 신뢰성을 향상시킨 무보수형 전기 선로전환기로 최근에 많이 사용되고 있다.

[그림 17] NS AM형 선로전환기

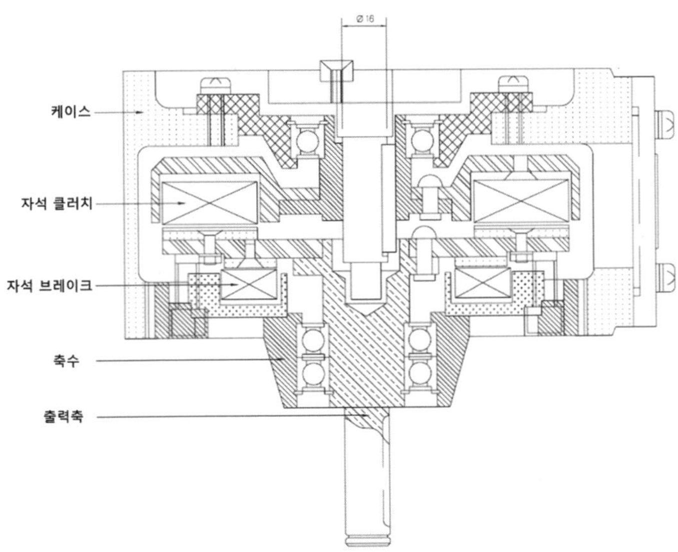

[그림 18] NS-AM형 마그네틱 클러치

전자클러치는 영구자석을 이용한 비접촉 구조로 입력측에는 영구자석을 출력측에는 도체(히스테리시스제)를 마주 보게 한 구조로 입력측과 출력측의 회전 차에 의하여 발생하는 와류 전류에 의하여 전달 토크가 발생한다.

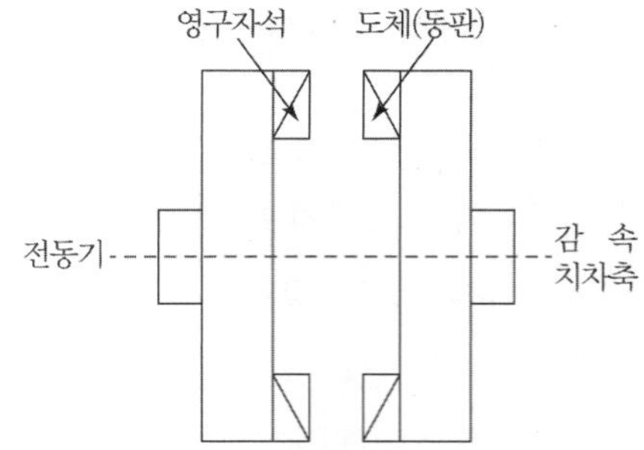

비접촉 타입의 클러치

[그림 19] 마그네틱 클러치 외형

(1) NS-AM형 전기선로전환기의 주요 제원

NS-AM형 전기선로전환기의 주요 제원은 [표 5]와 같다.

[표 6] NS-AM형 전기선로전환기의 성능

구분	부하[kg]		전환시간[초]		운전전류 [A]	슬립전류 [A]	최대전환력 [kg]	전압[V]
	시작	종료	105V	84V				
성능	100	500	7이하	8이하	8.5이하	16이하	400	정격전압 220V

(2) 전자 클러치의 주요 특성

① 외부 온도 변화와 관계없이 사용할 수 있다.

② 전자 클러치(Magnetic Clutch)는 과부하 또는 전환도중 방해를 받을 시 전동기의 보호를 위하여 삽입한 영구자석의 자력을 이용한 비접촉 타입의 클러치이므로 안전하다.

③ 전자 클러치(Magnetic Clutch)에 전환 종료시 충격을 흡수하고 기구의 반전을 억제하기 위하여 전자 브레이크(Magnetic Brack)를 동축상에 설치하였다.

④ 전자 브레이크(Magnetic Brake)를 사용하므로 전환종료시 반전이 생기지 않는다.

⑤ 일정 전압 인가 시 최대 400[kg]의 부하 제어가 가능하다.

3.3 MJ81형 노스 가동형 전기선로전환기

노스 가동형 전기선로전환기(MJ81형)는 프랑스의 Alstom사에서 개발한 전기 선로전환기로써 현재 프랑스 고속철도 TGV와 경부고속선 및 기존선/고속선 연결선에서 사용하고 있으며, AC 220/380[V], 3상을 사용하여 동작전류가 적게 소요되면서도 전환력이 큰 장점이 있는 전기선로전환기이다.

경부고속철도와 기존선의 연결선에 접속되는 분기기(F26번 이상)는 건넘선의 길이가 길어 많은 전환력을 필요로 하며, 고속열차가 통과하여야 하므로 기온 변화나 첨단반발에 의한 영향을 받지 않는 노스 가동형 전기선로전환기(MJ81형)를 사용하고 있다.

[그림 20] MJ81형 선로전환기 첨단부

[그림 21] MJ81형 선로전환기 크로싱부

[그림 22] MJ81형 선로전환기

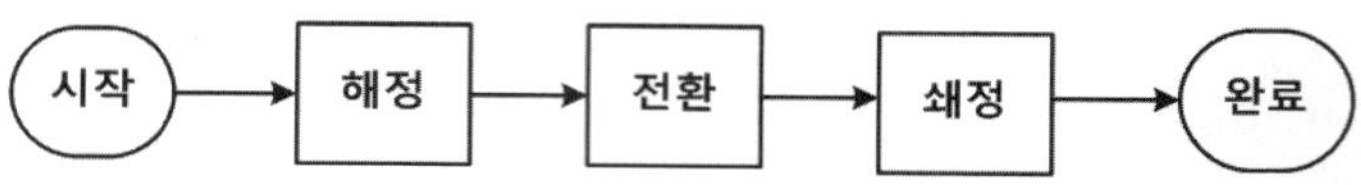

[그림 23] 선로전환기 전환과정

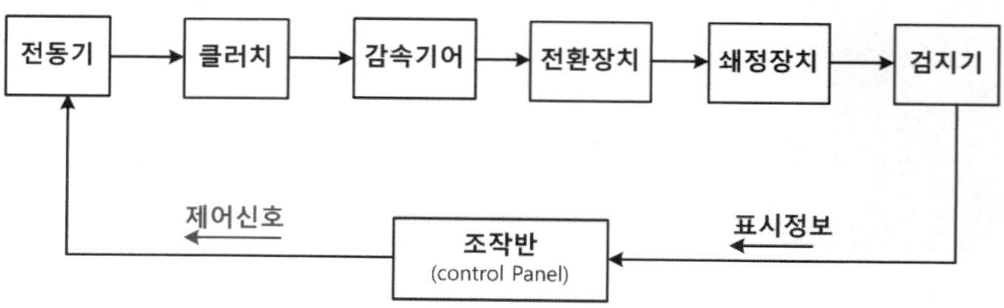

[그림 24] MJ81형 선로전환기 동작 과정

(1) MJ81형 전기선로전환기의 주요제원

MJ81형 전기선로전환기의 주요제원은 [표 7]과 같다.

[표 7] MJ81 선로전환기의 성능

구 분	정 격	비 고
사용전원	3상 60[Hz] 230/380[V]±10%	
사용온도	-30℃~+70℃	
동작전류	220V : 4A, 380V : 1.5A	
전환력	200~400kg	
전환시간	5초	
구동방식	모터 직접제어	
클러치	마찰	
동정	100~260[mm] 조절가능	
밀착 및 쇄정검지기능	있음	
분기기	F18.5~F46	

3.4 밀착검지기

(1) 개요

열차 운행회수의 증가에 따라 분기기 부분의 정확한 밀착이 중요하다.
텅레일과 기본레일간의 이격을 검지하여 열차운행의 안전을 도모할 목적으로 밀착검지기(근접센서형)를 부착하였다.

(2) 구조

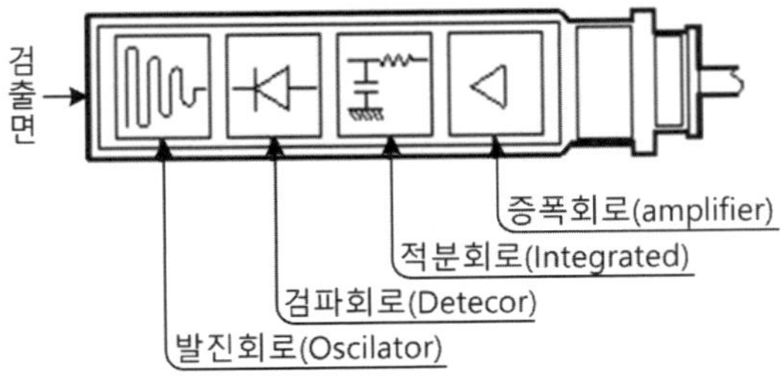

[그림 25] 밀착검지기 구조

(3) 동작원리

검출코일에서 발생되는 고주파 자계 중에 검출물체(금속)를 접근시키면 전자 유도현상에 의하여 검출물체에 와전류가 흐른다. 이 와전류는 검출코일에서 발생하는 자속의 변화를 방해하는 방향으로 발생하게 되어 내부 발진회로의 발진 진폭이 감쇠 또는 정지된다. 이 상태를 이용하여 검출물체의 유·무를 검출한다.

① 발진파형

근접센서는 발진회로에서 정파의 고주파를 발진하다가 검출물체가 센서 검출면 근방에 접근하면 발진회로의 발진 진폭이 서서히 감쇠하고 검출거리에 접근하면 정지한다. 이러한 변화를 전기적 신호로 전환하여 검출물체의 유·무를 검출하게 된다.

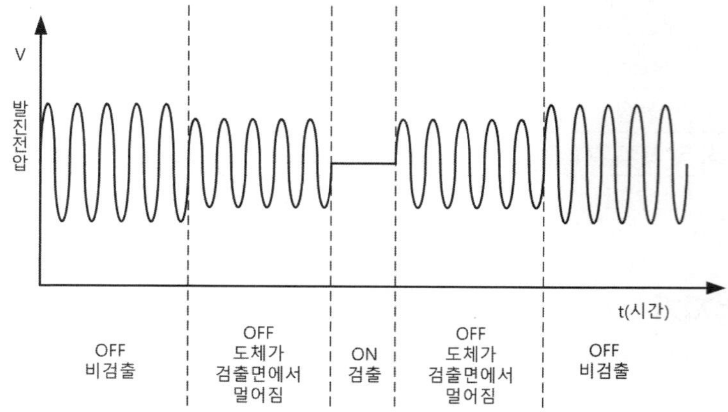

[그림 26] 근접센서의 동작

② 용어설명

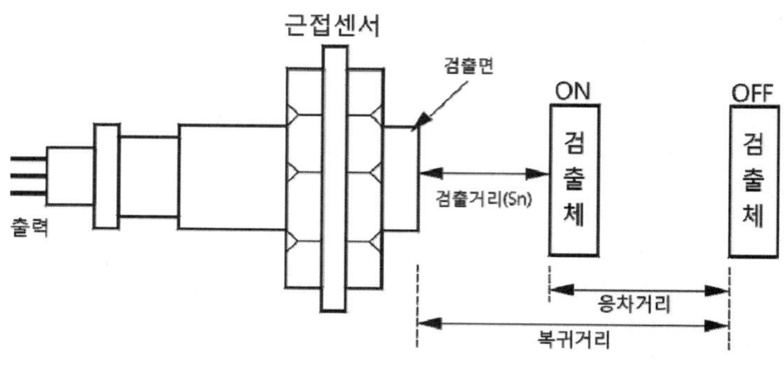

[그림 27] 근접센서

㉮ 근접센서 : 근접스위치는 기계적인 접촉 없이 검출체가 센서별로 정해진 검출거리에 접근 여부에 따라 ON/ OFF 출력을 내보내는 것

㉯ 검출거리 : 검출물체가 센서 검출 면에 접근하여 출력 신호가 ON 상태가 되는 지점까지의 거리

㉰ 응차거리 : 검출물체가 검출 면에 접근하여 출력 신호가 ON한 지점에서 멀어지면서 출력 신호가 OFF되는 지점까지의 거리

③ 근접센서 사용시 주의점

㉮ 출력단을 단락시키지 말 것

출력부는 트랜지스터 및 IC 반도체 소자를 내장시키고 있으므로 단락 상태로 두면 출력회로의 파손을 유발할 수 있음

㉯ 길게 연장하여 사용할 때는 동력선과 분리된 배관을 사용할 것

근접센서의 배선이 길어지면 주위의 노이즈가 혼입되어 오동작의 원인이 된다.

㉰ 상호 간섭에 따른 영향을 고려할 것

고주파 자계장을 방사시켜서 검출물체를 검출하는 방법을 채택하고 있으므로 근접스위치를 서로 밀착 접근시키면 상호 간섭에 의해서 오동작이 발생할 우려가 있음

(4) 특징

① 입력전원은 DC24[V] 또는 DC60[V] 공용임

② 선로전환기의 AC 전동기 전원을 전환 후 차단하여 도중전환 방지 및 전동기의 손상을 최소화한다. (동작시간 8~14[sec])

③ 좌, 우 센서 출력 확인 LED 부착(RS1, NS1 계전기 동작 상태)

④ 밀착검지기 고장이나 장애 발생 시 보수가 용이하도록 밀착검지기 제어부 및 전동기 전원제어부에 직결 스위치를 설치하였다.

(5) 성능

구분	성능	비고
정격전압	DC 24[V]	동작전압 DC10~30[V]에서 검지거리를 일정하게 검지함.
동작범위전압	DC 10 ~ 30[V]	
검지거리	8 ±0.5[mm]	
평상시 전류	15[mA] 이하	검지하지 않았을 때 소비전류
검지시 전류	200[mA] 이하	
사용온도범위	−30 ~ +85[℃]	

3.5 차상선로전환장치

차상선로전환장치는 조차장 구내 및 입환 전용선이 있는 역 구내에서 복잡한 신호취급을 피하고 운행하는 차량의 차륜 또는 기관사가 조작리버를 취급하여 선로전환기를 자동으로 전환하도록 한 장치이다. 배향으로 운전할 때 차상선로전환장치는 운행 중인 열차가 정차 없이 분기기를 전환할 수 있으며 운전할 때는 진행 중인 열차는 수송원 또는 열차 승무원이 조작 리버를 취급하여 분기기를 전환하는 전기 선로전환기로서 보안도를 높인 것이다.

[그림 28] 차상선로전환장치

3.5.1 차상선로전환장치의 제원

차상선로전환장치의 제원은 [표 8]과 같다.

[표 8] 차상선로전환장치의 제원

동작범위 [mm]	정격전압[V]		운전전류[A]	전환시간 [초]	전환력 [kg]	전동기
	전환	제어				
185~210	AC 110/220 단상 60[Hz]	DC 24	105[V] : 13.5 이하 220[V] : 6.5 이하	6 이하	350	콘덴서 단상유도전동기 (출력 750[W])

3.5.2 차상선로전환장치의 구조

(1) 차상선로전환기

차상선로전환기는 대향으로 쇄정을 하고 있으며 배향시에는 할출이 가능한 구조로 되어 있다. 제어방식으로는 차상전환장치용, 계전연동용으로 사용할 수 있으며 차상전환장치용에는 전동기 상부에 차상선로전환기의 전환 방향을 표시하는 개통 방향 표시 등을 붙일 수 있고 계전연동용에는 개통 방향 표시등 없이 사용할 수 있는 구조로 되어 있다.

(2) 개통방향표시등

차상선로전환기의 전동기 상부에 붙어 있는 삼위 전환방향을 나타내는 표시등으로 색은 다음과 같이 정해져 있다.

① 차상선로전환기가 대향측으로 개통되어 있을 때 : 청색

② 차상선로전환기가 배향으로 개통되어 있을 때 : 등황색

③ 차상선로전환기가 전환 도중일 때 : 적색 점멸(좌우의 첨단레일이 불밀착일 때)

(3) 조작리버 (리버표시등부)

차상에서 조작리버를 좌,우로 당김으로써 전기회로가 구성되며 진행방향으로 분기기를 전환시키는 장치이다. 조작리버는 조작 후 직립으로 자동 복귀되는 구조이다.

(4) 레일스위치

배향 운전의 경우에 열차의 차륜이 배향측 레일에 설치된 레일 스위치를 밟으면 전기회로가 구성되어 원하는 진행 방향으로 분기기를 전환하는 장치이다.

(5) 제어유니트

차상전환장치제어에 필요한 계전기, 전원장치, 기타 부품 등을 신호기구함에 수용한 것으로 분기기 1조분을 제어하는 단동용과 분기기 2조분을 제어하는 쌍동용 2종류가 있다.

개통방향표시등

레일스위치

[그림 29] 차상선로전환장치 표시등과 스위치

5장

열차 간격 제어

1 열차간격 이론

철도시스템에서 철과 철의 점착율은 도로교통보다 평균 8배 정도 작다. 따라서 열차에서 궤도로 전달할 수 있는 제동력은 고속버스에서 도로에 전송되는 제동력보다 또한 8배 정도 작다. 그러한 사유로 인하여 철도차량의 제동거리는 기관사가 보는 범위를 충분히 초과하게 된다. 그러므로 기관사의 시야에 의한 열차의 간격은 열차가 제한된 속도(보통 25 km/h 이하에서 15 km/h 미만)일 때인 입환 운행할 때와 비정규 열차운행에서만 가능하다. 정규 열차운행을 위한 열차간격 절차는 기관사의 시야 운전으로는 안전성을 보장하기 어려우므로 간격 보장에 대한 독립성이 요구된다.

열차간격은 다음의 3가지와 기본적으로 관련이 있다.

① 상대 제동거리

② 절대 제동거리

③ 고정 폐색거리

1.1 상대 제동거리에서의 열차 간격

상대 제동거리에서의 열차간격의 의미는 선행열차와 후속열차 사이의 거리가 제동거리가 다른 열차와 추가 안전거리 [그림 1]를 합한 것과 같다. 이 방정식에서 두 열차의 제동거리는 속도의 기능과 같은 제동곡선을 반드시 계산하여야 한다.

$$d = d_{제동2} - d_{제동1} + S$$

여기서, d : 열차 간의 거리, $d_{제동1}$: 제1 열차의 제동거리

$d_{제동2}$: 제2 열차의 제동거리, S : 안전거리

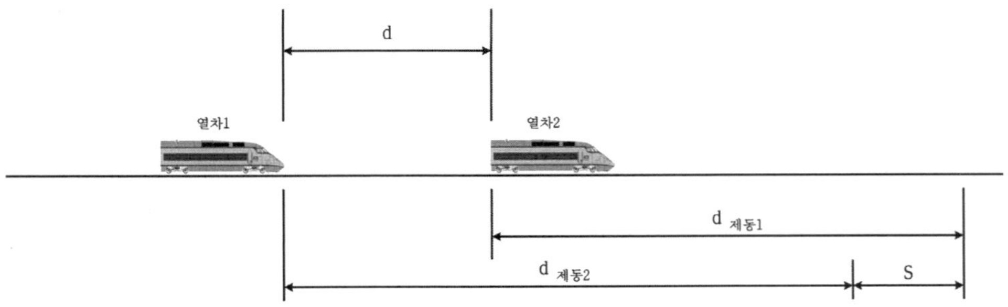

[그림 1] 상대 제동거리에서의 열차 간격

상대 제동거리 상에서의 열차간격은 선로용량의 최댓값이다. 그러나 여기에는 근본적인 문제점이 있다. 연동장치를 통과할 때 두 열차 사이의 선로전환기를 움직이는 것은 불가능하다. 두 열차 사이의 선로전환기를 움직일 때는 두 번째 열차는 선로전환기가 새로운 위치에서 쇄정될 때까지 제동하여야 한다. 또 다른 문제는 첫 번째 열차가 사고인 경우에 두 번째 열차는 정지할 기회가 없으므로 첫 번째 열차와 경합하게 된다. 이러한 문제점 때문에 상대 제동거리의 열차간격은 철도수송에서는 채택될 수 없는 이론적인 아이디어일 뿐이다.

1.2 절대 제동거리에서의 열차간격

절대 제동거리에서의 열차간격은 후속열차와 선행열차 사이의 제동거리는 두 번째 열차와 추가 안전거리[그림 2]를 합한 것과 같다.

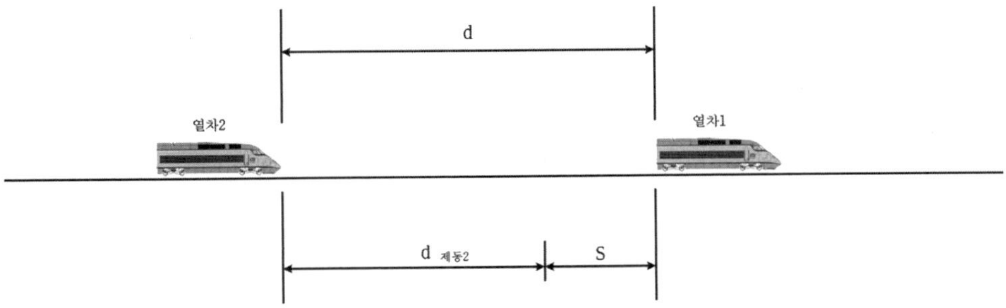

[그림 2] 절대 제동거리에서의 열차간격

절대 제동거리에서의 열차간격은 열차간격의 가장 적합한 원칙과 관계된다고 볼 수 있다. 문제점은 단지 지금까지 실제 철도운행에서 이 원칙의 도입을 회피하여 종단지역의 안전에 적합한 기술로서는 부족하였다. 그러나 무선통신 운행기술의 발전과 더불어 절대 제동거리에서의 열차 간격이 폭넓게 도입되고 있다. 절대 제동거리에서의 열차간격은 Moving Block(이동폐색)에서 사용되고 있다.

1.3 고정폐색거리에서의 열차간격

폐색거리에서의 열차간격을 사용하는 선로에서는 폐색구간으로 궤도가 분할된다. 폐색은 단지 한 개 열차에 의해서만 점유되도록 한다. 두 열차 사이의 거리는 최대 제동거리와 폐색구간의 길이에 추가 안전거리를 합한 것과 같다. [그림 3] 선로변 신호기가 있는 영역에서의 폐색구간은 폐색신호기에 의해 범위가 결정된다. 오늘날 고정폐색거리에서의 열차운행은 세계적으로 거의 공통 원칙인 열차 간격법이다.

$$d = d_{제동,\max} + l_{폐색} + S$$

여기서, d : 열차 간의 거리

$d_{제동,\max}$: 최대 제동거리

$l_{폐색}$: 폐색구간의 길이

S : 안전거리

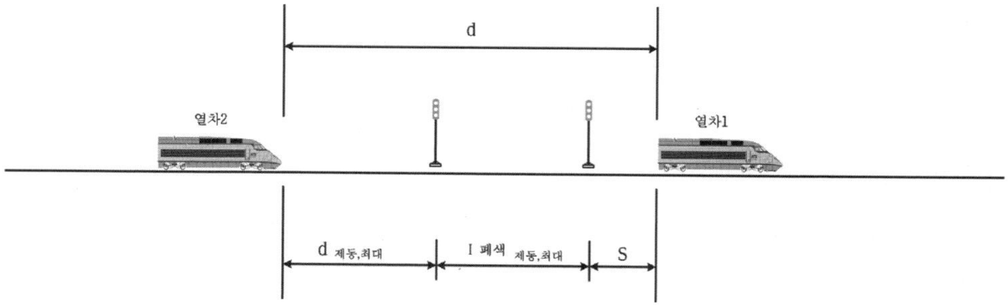

[그림 3] 고정폐색거리에서의 열차 간격

2 운전시격

2.1 운전시격 개념 및 정의

운전시격은 철도 노선 어느 구간의 그 구간을 통과하는 열차의 선로용량의 척도로 명확한 신호 현시 상태에서 노선 속도로 운행되는 연속 열차 사이의 시간 간격으로 정의된다.

운전시격은 각 시간 간격 동안 노선을 통과하는 열차의 수가 아니라 분 단위 또는 초 단위로 표시된다. 한 노선의 신호 간격은 다른 요인으로 인해 일관된 운전시격을 달성하지 못할 수 있다. 그런 노선의 운전시격은 개별 신호에서 최악의 경우 운전시격을 기준으로 한다. 운전시격은 특정 사양 또는 열차 성능에 대해 특징이 명시될 수 있다.

2.2 신호 간격

운전시격 고려사항이 열차 서비스의 성능에 매우 중요하기 때문에, 노선 속도, 제동 및 경사도의 영향을 고려하여, 균일한 시간 간격의 신호 시스템을 제공하는 것이 필요하다. 역 정차 시간, 화물 열차 가속/감속, 선로에서의 실제 성능(경사 및 곡선)과 같은 다른 운영 요소도 또한 운전시격 고려사항에 영향을 미친다. 이러한 효과를 결정하기 위해 열차 시뮬레이션이 필요할 수 있다.

신호 간격은 두 신호 사이의 거리로 정의된다. 종종 노선에 대한 특정 운전시격을 달성하기 위해 제공되는 연속 신호에 대해 평가된다.

2.3 주행 신호 간 거리

(1) 주행 신호 현시 사이의 최소 거리

열차의 제동거리는 표시할 신호 및 현시의 위치를 결정하는 데 있어 중요한 요소이며, 제동거리 및 허용 노선 속도는 열차 등급에 따라 다르다. 궤도부분의 경우 신호 설계는 모든 등급의 열차를 고려해야 하지만 등급 중 하나의 노선 속도 및 제동거리의 제한 성능에 의해 결정될 수 있다. 이것은 궤도속도, 경사도 및 곡률의 궤도 인프라 요소를 고려해야 한다.

"가장 긴 제동거리"는 특정 브레이크 적용 위치에서 최대 허용 및 달성 가능한 속도에서 목표 속도를 정지 또는 지정하는데 가장 긴 거리가 걸리는 열차의 상용 제동거리이어야 한다. 달성 가능한 속도가 노선 속도보다 상당히 낮은 경우, 이는 향후 열차가 이 설계 속도를 초과하지 않도록 하기 위한 다른 제어 장치나 완화가 있을 때만 사용되어야 한다.
첫 번째 경고 현시를 나타내는 신호기와 신호기가 적용되는 정지신호기 사이의 최소거리는 각각의 "가장 긴 제동거리" 이상이어야 한다. 이 거리는 신호시스템에서 제동거리에 따라 결정해야 한다.
첫 번째 경고 현시를 나타내는 신호와 적용되는 선로전환기 분기 사이의 최소거리는 지점 분기율에 필요한 제한 속도로 줄이기 위해 "가장 긴 제동거리" 이상이어야 한다.
첫 번째 경고 현시를 보여주는 신호와 진행 현시를 보여주는 보조 신호 사이의 최소거리는 그러한 제한 속도가 적용되는 경우 보조 신호 진행 현시를 요구하는 제한 속도로 줄이기 위한 "가장 긴 제동거리"가 되어야 한다.

(2) 3현시 폐색구간의 최소운전시격

3현시 폐색구간의 최소운전시격은 [그림 4]와 같이 역 사이에 설치된 3위식 자동폐색구간에서 항상 진행신호로 운행하는 경우의 최소운전시격은 다음과 같다.

$$T_R = \frac{2B+L+C}{\frac{1,000\times V}{3,600}} + t = 3.6\times\frac{2B+L+C}{V} + t \quad \cdots\cdots (1)$$

여기서 T_R : 열차 사이의 최소운전시격[sec]
B : 폐색구간의 길이 [m]
L : 열차길이[m]
C : 신호현시 확인에 요하는 최소거리[m]
t : 선행열차가 1의 신호기를 통과할 때부터 3의 신호기가 진행신호를 현시할 때까지의 시간[sec]
V : 열차속도[km/h]

또 폐색구간의 길이와 그 구간을 운행하는 열차의 제동거리와의 관계는 $B=b+k$가 된다.
여기서, b는 제동거리[m], k는 안전제동여유거리[m]이다.
따라서 이것을 식 (5-16)에 대입하면 최소운전시격 T_R은 다음과 같이 된다.

$$T_R = \frac{3.6}{V}2(b+k)+L+C+t \quad \cdots\cdots (2)$$

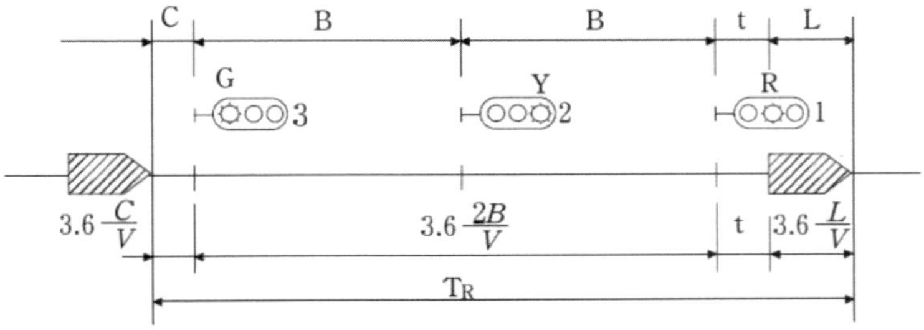

[그림 4] 자동신호 3현시 구간의 운전시격

(3) 4현시 폐색구간의 최소운전시격

4현시 폐색구간의 최소운전시격은 [그림 5]에 나타낸 바와 같이 4현시 자동폐색구간의 운전시격은 3현시 구간의 최소운전시격과 같은 방법으로 다음과 같다.

$$T_R = \frac{3.6}{V}(3B + L + C) + t \qquad \cdots\cdots (3)$$

여기서 $2B = (b+k)$라 하면 다음과 같이 된다.

$$T_R = \frac{3.6}{V}\frac{3}{2}(b+k) + L + C + t \qquad \cdots\cdots (4)$$

n현시 자동폐색구간의 운전시격은 다음과 같다.

$$T_R = \frac{3.6}{V}\frac{n-1}{n-2}(b+k) + L + C + t \qquad \cdots\cdots (5)$$

단, $(n-2)B = b+k$이다. 따라서 $n \to \infty$라면 $\frac{n-1}{n-2} \fallingdotseq 1$이 되므로

$$T_R = \frac{3.6}{V}(b + k + L + C) + t \qquad \cdots\cdots (6)$$

가 운전시격의 극한값이다.

그러나 4현시 이상의 자동폐색식으로서 신호기를 많이 설치하여 신호현시를 복잡하게 하더라도 운전시격은 비례하므로 최소가 되지 않는다.

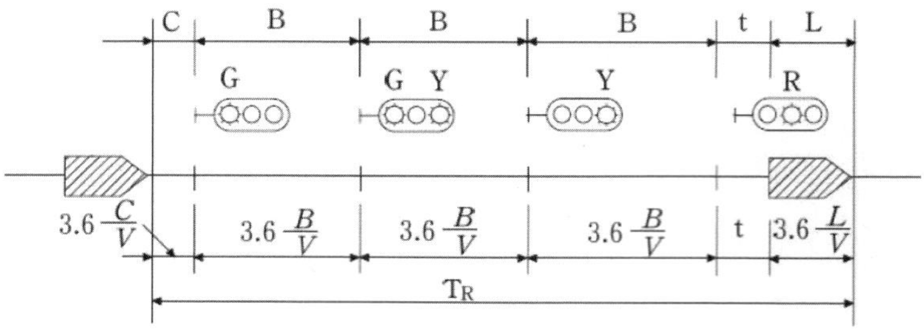

[그림 5] 4현 시식의 운전시격

(4) 고속철도구간의 최소운전시격

고속철도구간의 최소운전시격에 관해서는 잘 알려진 유럽철도 열차제어 시스템을 기준으로 설명하고자 한다. 유럽 열차 제어 시스템(ETCS)은 기존 열차를 대체하는 공통의 자동 열차 보호 시스템을 유럽철도 공동체에 제공하기 위해 처음으로 개발되었다. 이론적으로, 15개 이상의 서로 다른 호환되지 않는 ATP 시스템이 유럽 본선 철도 네트워크를 형성하고 있으므로, 이러한 시스템들은 상호 운용성이 없는 상태이므로 이를 해결할 시스템이 긴급하게 필요하게 되었다.

고속 철도노선 (HSL)에서 신호 및 자동 열차 보호 (ATP)를 제공하기 위한 표준이며, 차내 신호인 유럽 열차 제어 시스템의 레벨 2로 불리는 ETCS-L2는 수많은 폐색구간에 걸쳐 제동거리를 허용하고, 상당히 좋은 수준의 용량을 제공한다.

① 상용 절대 제동거리의 운전시격에 대한 영향

고속철도 최소 기술 운전시격 $h_{\min}$을 계산하는 방정식은 다음과 같이 나타낼 수 있다.

$$h_{\min} = t_{ind} + \frac{(1+1/n)\times v}{2d} + \frac{L_o + L_t}{v} + t_{IXL}[\text{sec}] \qquad \cdots\cdots (1)$$

단, t_{ind} : 표시/감시 시간[sec]

n : 열차가 순항 속도에서 멈추는 데 필요한 폐색구간 수

d : 안전 평균 상용 감속[m/s^2]

v : 속도 [m/s]

L_o : 과주 길이 197[m]

L_t : 열차 길이 [m]

t_{IXL} : 연동 시간 [s]

방정식 (1)에 대한 포괄적인 설명은 [Emery, 2008] 및 기타 많은 문서에서 확인할 수 있다. v가 높고 n이 4 또는 5보다 높으면 $h_{\min}$은 이동폐색시스템에서 얻은 최소운전시격에 근접한다.

$$h_{\min} = \frac{06 \times v}{d} + \frac{500}{v} + 10[\text{sec}] \qquad \cdots\cdots (2)$$

단, d : 안전 평균 감속[m/s²], v : 속도[m/s]

n : 5, L_o : 과주 길이 100[m]

L_t : 열차 길이=400[m]

$t_w + t_i = 10$초

식 (1)에서 추론한 방정식 (2)와 $v = 300/3.6$ m/s, $d = 1.0\text{m/s}^2$일 때 부분 $0.6v/d$는 $h_{\min}$의 75%이다. 그러나 상용 감속의 현저한 증가는 매우 어렵다. 기술적 진로를 매우 빠른 속도로 낮게 유지하기 위한 새로운 방법이 모색되어야 한다. 따라서 최소운전시격을 더욱 크게 줄이는 유일한 방법은 정상 작동 시 제동 거리를 더 깊이 조사하는 것이다. 철도 시스템에서 사용되는 절대 거리가 아니라 열차의 제동으로부터 상대적인 거리의 적어도 부분적인 부분을 고려해야만 노선의 용량을 크게 증가 시킬 수 있다고 알스톰과 REF기술진이 2004년에 학술지에 발표하였다.

(5) 정거장에 진입할 때의 최소운전시격

[그림 6]에서와 같이 정거장에 진입할 경우의 운전시격을 구해 보면 다음과 같다.

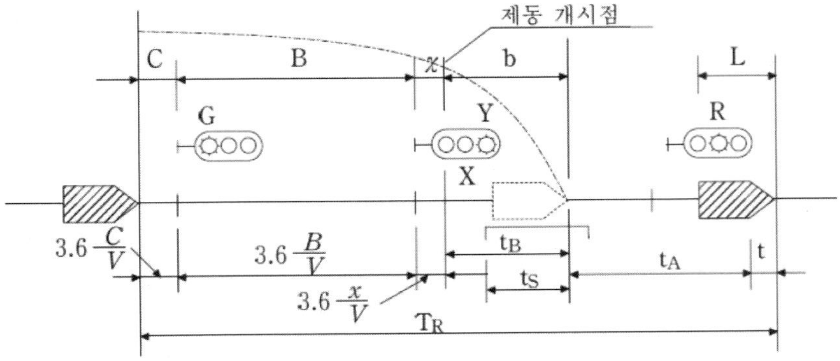

[그림 6] 정거장에 진입할 때의 운전시격

여기서, T_S : 정거장에서 운전시격[sec]
C : 신호현시의 확인 최소거리 [m]
B : 폐색구간의 길이[m]
χ : 제동개시지점과 장내신호기간의 거리[m]

장내의 내방은 (+)부호, 외방은 (−)부호
t_B : 제동시간[sec]
t_S : 정차시간[sec]
t_A : 열차가 출발하여 출발신호기를 넘을 때까지의 시간[sec]
t : 신호현시가 변화하는 데 필요한 시간 [sec]

$$T_{S1} = 3.6 \times \frac{C+B+\chi}{V} + t_B + t_S + t_A + t \quad \cdots\cdots (3)$$

(6) 정거장에서 진출할 때의 최소운전시격

정거장에 진입할 때의 최소운전시격에서와 같은 방법으로 정거장으로부터 열차가 출발할 경우의 운전시격은 [그림 7]과 같다.

t_y를 출발신호기를 넘어서 속도 V가 될 때까지의 시간이라 하면 이 경우의 최소운전시격은 다음과 같다.

$$T_{S2} = \frac{3.6}{V}(C+\chi+L+B-Y) + t_B + t_S + t_A + t_y + t \quad \cdots\cdots (4)$$

이들 식으로부터 명확히 역 사이의 최소운전시격에 의해서 정거장에 발차, 도착하는 경우의 운전시격 T_S가 약간 크게 되어 어떤 선로구간의 운전시격은 큰 정거장의 운전시격보다 크게 제한받는다.

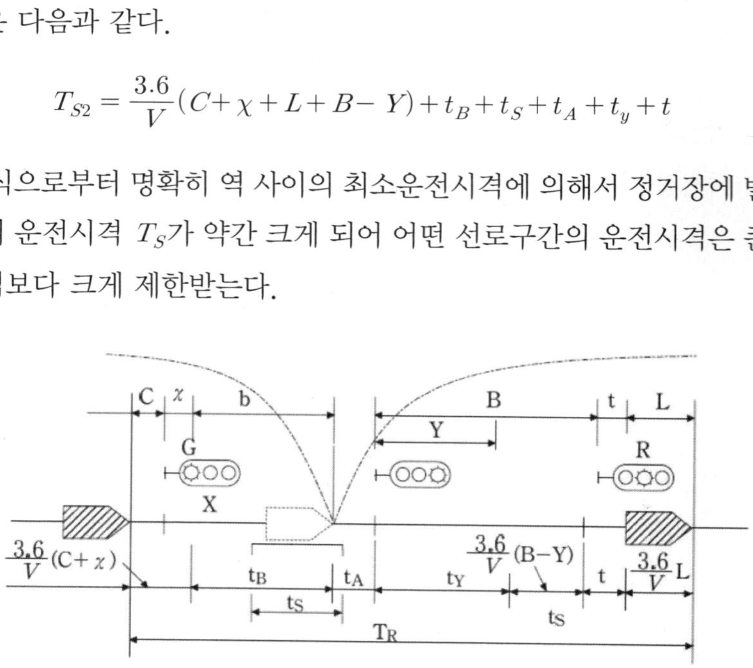

[그림 7] 정거장에 진출할 때의 운전시격

2.4 최소운전시격의 단축 방안

최소운전시격을 단축하여 선로 이용률을 높이기 위해서는 속도 가감이 쉬운 고성능 동력차를 사용하여 제동거리를 짧게 하거나 정차시간을 단축하는 방법이 필요하다.

신호설비에서 시행하는 방법으로는 정거장 도착선을 2개 이상 설치하여 도착선을 상호 사용하는 방법과 열차가 장내신호기 전방에 정지하는 횟수를 줄이기 위하여 열차운행이 빈번한 역 구내에서는 유도신호기를 설치하여 사용하는 방법이 있으며, 역 구내에서도 구내 폐색신호기를 설치하든가 시간 신호(Time Signal)를 사용함으로써 운전시격을 최소한으로 줄일 수 있다.

(1) 고성능 동력차 사용

열차의 가속도를 높이고 폐색구간의 운전시간을 단축하고, 제동거리를 짧게 하여 정차시간을 단축할 수 있는 고성능 동력차가 필요하다.

(2) 도착선의 상호 사용

[그림 8]과 같이 정거장에 도착선을 2개로 설치하고 선행열차 A가 1번 선에 도착하면 후속열차 B는 2번 선에 도착하도록 하여, 정거장에 진입할 때의 최소운전시격 산출식에서 t_S, t_A, t항에는 아무 관계가 없고 대신 21호 선로전환기를 전환하여 신호를 현시할 때까지의 시간 t_P를 더하면, 이 경우의 최소운전시격 T_S는

$$T_S = 3.6\frac{C+B+\chi}{V}+t_B+t_P \qquad \cdots\cdots (5)$$

가 되어 운전시격 단축에 효과적이다.

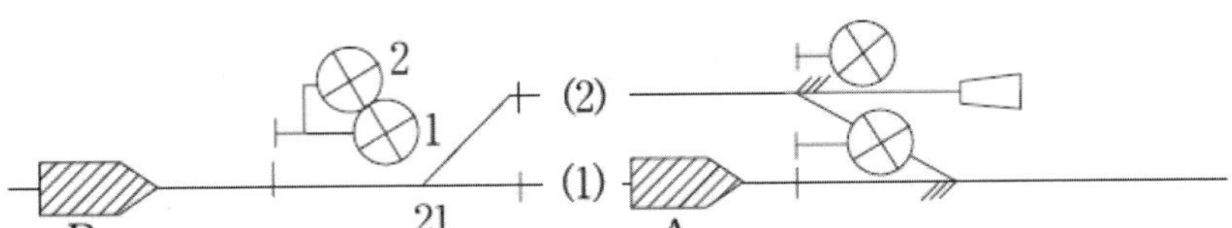

[그림 8] 도착선의 상호 사용에 의한 방법

(3) 유도신호기의 사용

운전시간의 단축 측면에서는 별 효과가 없으나 열차 운행이 복잡하고 열차를 장내신호기 앞에 정차할 기회를 적게 함으로써 여객에게 편의를 줄 방법으로, [그림 9]는 선

행열차가 b점을 지나면 장내신호기에 유도신호를 현시하고 시속 15[km/h] 이하로 진입을 허용하는 방법이다.

T_H가 T_H'로 적어지면 운전시격 T_R가 T_R'로 단축된다. 그러나 15[km]의 제한 속도의 주행시간 및 감속 운전시간이 많은 경우에는 여객에게는 편리하나 운전시격의 단축에는 별 효과가 없다.

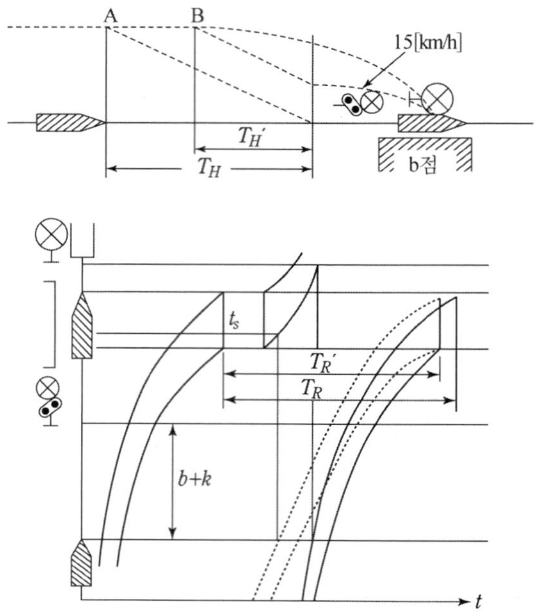

[그림 9] 유도신호기의 방법

(4) 구내에 폐색신호기 설치

[그림 10]과 같이 정거장의 장내와 출발신호기 사이에 폐색신호기를 설치하여 정거장 진입 시 최소운전시격 산출식에서 t_A가 t_A'로 줄여 운전시격을 단축하는 방법으로, [그림 10]과 같이 폐색신호기를 설치하여 이 신호기와 신호기 4L 과의 거리를 주의신호 45[km/h]의 속도에서 제동을 체결한 경우, 제동거리 이상으로 하여 선행열차의 후미가 구내의 폐색신호기를 넘어서면 신호기 4L은 주의신호를 현시하게 하여 운전시격을 단축하는 방법이다.

이상에서 설명한 방법 외에도 시간 신호 방법이 있는데 이 방법은 선행열차와 후속열차와의 간격이 제동거리에 상당하도록 신호기를 많이 설치하는 것이다.

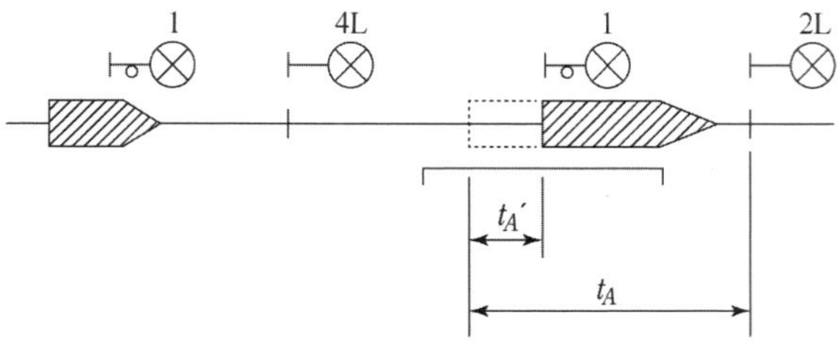

[그림 10] 구내 폐색신호기 방법

3 신호제어가 없는 구간에서의 열차운행

신호제어가 없는 구간에서의 열차운행은 관제사에 의해 통제된다. 관제사와 열차승무원 사이의 통신은 전화 또는 무전기에 의해 이루어진다.

3.1 열차시각표와 열차배차

열차시간표와 열차배차는 철도 운행의 전통적인 방법이다. 열차배차에서 열차는 열차시간표의 영향을 받는다. 열차는 진행 열차가 출발한 후에 결정된 시간 간격의 범위 내에서는 역사를 떠나지 않으나, 이러한 간격법은 선로를 따라 열차의 운행을 유지하여야 하므로 안전을 보증할 방법이 없다.

역방향 운행은 열차시각표에 의해 결정되는 모든 열차운행 순서에 다른 열차가 주행하는 방향을 바꿔 주행하는 것으로 간단한 규칙에 따라 방호된다. 지연이 될 때 열차는 전방 열차와의 경합을 피하려고 규칙 우선의 복잡한 시스템을 따라야 한다. 관제사는 배차표에 의해 열차 순서, 일정과 시간을 변경하여, 새로운 일정을 만들고, 일정표를 폐기하며, 여분의 차량을 승인한다.

4 신호시스템이 설비된 폐색구간에서의 열차운행

오늘날 신호시스템이 설비된 열차제어시스템으로 폐색시스템을 이용한 제어시스템이 가장 보편적이다. 선로변에 신호기가 설치된 신호시스템도 아직 사용되고 있으나 차내 신호시스템의 사용이 증대되어 열차가 고속으로 운행되는 고속철도선로에서는 선로변 신호기로는 안전을 확보할 수 없는 실정이다. 열차제어에 필수적인 폐색시스템의 종류, 운영 방법, 폐색 분할 방법 등에 대하여 알아본다.

4.1 폐색시스템

폐색시스템의 목적은 고정폐색구간을 사용하는 선로에서 열차의 안전한 간격을 확보하기 위함이다. 폐색시스템은 신호설비, 고유의 운영절차로 구성되어 있다. 아래에 2가지 기본 종류의 폐색시스템이 있다.

- 수동 폐색시스템
- 자동 폐색시스템

수동폐색시스템의 신호기는 열차가 이 폐색구간에 들어가는 것을 승인하기 전에 폐색구간에 열차가 없는지를 점검할 책임이 있는 로컬 운영자에 의해 운용된다. 자동폐색시스템에서는 폐색구간에 열차가 없는지는 궤도회로장치에 의해 검지되며, 신호기는 자동으로 작동된다. 그러므로 모든 열차는 자동으로 정지신호에 의해 방호된다.

이 폐색시스템의 신호기 역할과 관련하여 2종류의 폐색방법이 있다.

- 절대폐색방법
- 허용폐색방법

절대 폐색시스템에서는 한 번에 하나의 열차만 정의된 폐색구간을 차지할 수 있도록 하여 설계되었으며, 다른 열차에 의해 폐색구간이 점유되어 있으면 열차는 절대 들어갈 수 없다. 만약 폐색시스템의 기능이 고장 난 경우에는 열차는 정지신호를 표시하는 신호기를 지나기 위해 운영자로부터 특별승인을 받아야 한다.

이 시스템은 각 선로의 사용에 이동 방향이 할당되는 이중 또는 다중 선로에서 사용된다.

작업이 허가된 선로에서는 열차가 정지신호를 어떤 차량이나 장애물이 있으면 즉시 정차할 수 있는 속도로 주의하여 진행한다. 로컬 운영자가 열차 운행을 방호해야 하므로 허가 가능한 작업은 거의 모든 자동폐색시스템에서 일반적으로 사용된다.

4.1.1 폐색시스템의 로직

(1) 후속 열차운행 방호

여기에는 2가지 다른 폐색로직이 같은 방향의 후속 열차운행을 방호한다.

- 폐로 폐색

- 개로 폐색

페로 폐색시스템서는 열차가 지나가더라도 페로 폐색의 원칙이 폐색상태 안에서 선로에 정상위치로 남아 있어, 열차가 구간에 들어갈 때에만 해제된다.

개로 폐색시스템에서의 선로는 열차에 의해서 점유되었을 동안에만 구간이 닫히는 형태로 되어 있어, 직접적으로 열차가 구간을 떠나면 이것은 해제되고 정상위치에서 해제된 상태로 남는다.

(2) 역방향 운행 방호

2방향 운행에서의 선로방호는 역방향 쇄정에 의해 이루어진다. 알려진 3종류의 역방향 쇄정은 다음과 같다.

- 정상상태에서 한 방향은 열려 있고 다른 방향은 닫힌 상태
- 정상상태에서 양방향이 닫힌 상태의 시스템
- 정상상태에서 양방향이 열린 상태의 시스템

정상상태에서 한 방향이 열려 있는 시스템은 역 쇄정시스템에서 수동 운용 시에는 현재의 교통 방향을 변경시키는 것이 필요하다. (방향키를 이용하여) 이 원리는 전 세계의 많은 수동폐색시스템에서 사용되고 있다.

정상상태에서 양방향이 열려 있는 시스템은 열차가 선로에 들어오기 전에 반대방향을 닫아 주어야 한다.

4.1.2 수동 폐색

(1) 기본 원리

수동폐색시스템에서 폐색구간의 개통은 후미열차 마커에 의해 로컬 운용자가 점검한다. 폐색신호기 운영은 수동으로 하며, 전기신호로 폐색정보가 전송되고, 전화에 의한 폐색은 매우 간단하다. 전화 메시지에 의한 수동폐색시스템의 폐색수속은 다음과 같다.

A역의 운전취급원은 B역의 운전취급원에게 전화를 사용하여 열차 출발준비가 되었음을 알리면 B역의 운전취급원은 곧바로 역방향 운전에 대하여 방호하고 열차를 받을 준비가 되어 있음을 알린다. 열차를 출발하여 B역에 도착한다.

단선궤도에서 열차는 역에서 열차 순서가 바뀌는 다음역으로 떠난다. 열차를 받는 역에서는 교차하거나 통과할 수 있다. 열차를 받은 후에 모든 중간 폐색구간은 다음 열차를 위하여 예비로 전환된다. 열차가 출발하면 출발시간은 받는 역과 모든 중간

폐색역에 전송된다. 열차는 폐색구간을 지난 후에 정지신호에 의해 보호되며, 개통 메시지는 후방 폐색구간에 보내진다.

복선구간 선로에서 현 교통량의 영향은 현재의 교통량에 대하여 열차운행을 제시하고, 열차운행을 요구하는 것이다.

모든 열차운행과 열차메시지는 역운영자에 의해 수기로 기록된다. 이 운전기록표에는 다음과 같은 것이 기록된다.

① 출발역
- 열차 종류
- 수신역으로부터 받은 열차시간
- 출발시간
- 다음 폐색역으로부터 받은 역 개통메시지 시간

② 중간 폐색 역
- 열차 종류
- 출발역으로부터 열차 출발시간
- 폐색역을 통과한 열차시간
- 후방의 폐색역에 보낸 개통메시지 시간
- 다음 폐색역으로부터 받은 역 개통메시지 시간

③ 수신역
- 열차 종류
- 출발역으로부터 열차 출발시간
- 도착시간
- 후방의 폐색역에 보낸 개통메시지 시간

이 전화폐색시스템 종류는 열차운행을 로컬 운영자에 의해 승인하는 일반적인 유럽의 운영절차이며, 다른 철도에서는 약간 수정하여 사용한다.

전화메시지 대신에 어떤 철도에서는 램프나 이동표지에 의한 특수 폐색장치로 선로의 상태를 표시한다. 이는 전화 통신 보다 인간의 에러를 감소시키는 역할을 한다.

(2) 제어 가능한 수동폐색

수동폐색시스템에서 인간의 실수로 인한 사고의 위험을 없애기 위하여 제어 가능한 수동폐색시스템을 사용하고 있다. 제어 가능한 수동 폐색시스템에서는 신호기는 수동으로 동작되고 연속 궤도회로에 의해 제어되지만 인접역의 운영자간에 협조가 요구된다. 신호기는 열차가 폐색구간을 점유하고 있을 경우와 인접역의 운영자가 반대 방향의 신호를 개통시켰을 경우에는 신호가 현시될 수 없다. 열차방호를 위한 후방 마커 점검은 필요치 않다.

(3) 연동 수동폐색

연동 수동폐색 시스템은 “폐색과 쇄정” 원리를 적용한 것이다. 그것을 “폐색과 쇄정”으로 부르는 이유도 이 때문이다.

폐색장치는 신호기 폐색장치와 연동된다. 열차가 폐색구간에 진입한 후 신호기는 정지위치에서 폐색장치에 의해 쇄정되며, 다음 신호의 운영자로부터 개통정보를 받을 때까지 다시 신호를 현시하는 것에 대하여 운영자를 보호한다. [그림 11] 신호기가 정지위치로 리셋 된 후에 신호기는 회전 쇄정장치에 의해 자동으로 쇄정된다. 회전 쇄정은 폐색장치가 적절히 동작된 후에 해정되며, 열차는 전기적으로 폐색된다. 폐색구간을 위해 연속적으로 궤도를 검지하는 것은 필요 없다.

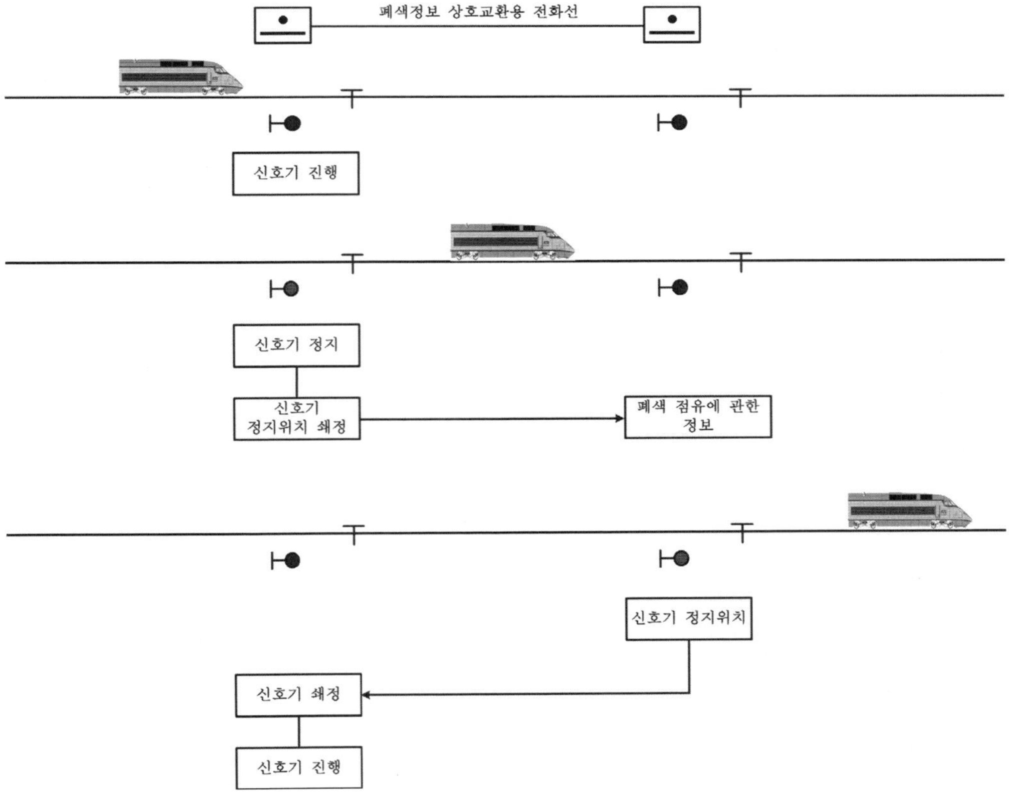

[그림 11] 연동폐색시스템에서의 후속열차운행 보호

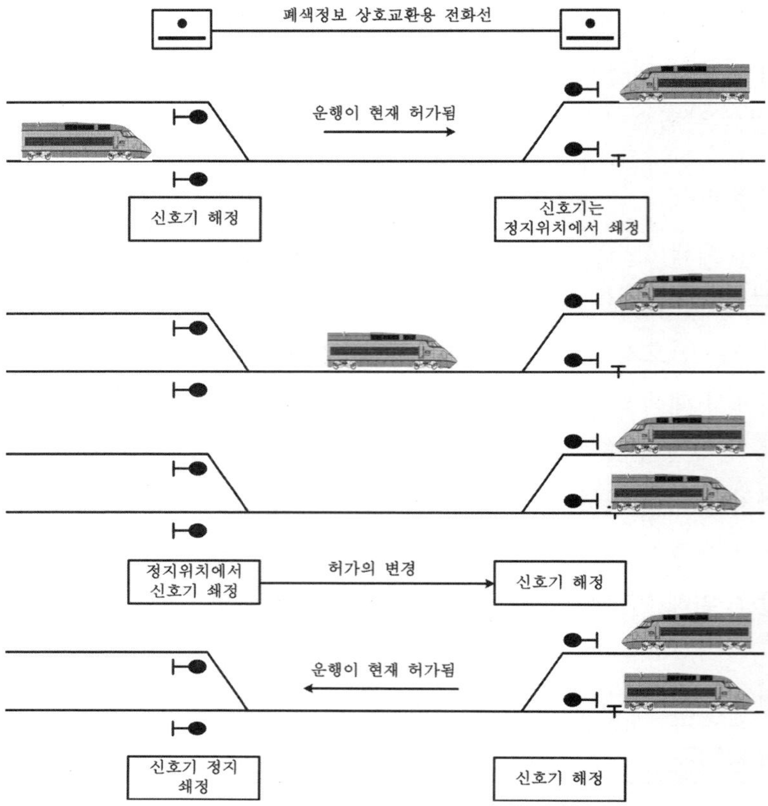

[그림 12] 연동폐색시스템의 역방향 쇄정

연동폐색시스템의 원리는 장내신호기의 내부 궤도구간, 연동폐색시스템 또는 열차가 회차하거나 또는 방향을 바꾸는 차량기지 범위에서는 사용될 수 없다.
그러한 경우에 열차는 다음 신호기 통과 없이 이 구간을 떠날 수 있으므로 장내 신호기의 쇄정은 열차가 구간 안으로 들어갈 때 해정되지 않도록 제어한다. 그 구간에서의 열차 간격은 궤도 무점유 검지에 의해 확인할 수 있다. 그것은 기술적인 이유로 폐색시스템은 언제나 연동폐색시스템을 의미하며, 궤도구간은 보통 폐색구간처럼 취급되지 않는다.

(4) Token Systems(통표폐색)

영국의 한 철도에서 예전에 단선구간에서 폐색시스템으로 토큰시스템이 사용되었다. 매우 간단한 형식으로 단선궤도구간에는 물리적인 토큰(스태프, 키 또는 패)을 갖고 있었다. 운영자만이 토큰을 갖고 있어 선로에 열차가 들어가는 것을 승인하였다. 방향을 바꿀 때는 토큰은 열차 기관사가 반대편 역으로 전달하였다.

더 나아가 이는 전기토큰 폐색시스템으로 발전하였다. 이 같은 시스템은 연동장치와 어우러져 각기 다른 폐색장치와 전기적으로 연결 설치되었다. 토큰 숫자의 결정은 매 궤도구간과 일치하였다. 모든 토큰 합계와 같이 두 장치의 연계장치에서 구간용 토큰과 궤도구간의 숫자는 같도록 결정되었다. 토큰이 나간 후에 양장치 안의 모든 다른 토큰은 쇄정 되었다. 연계 연동장치가 있는 운영자는 열차 기관사로부터 토큰을 인수하여 그 역의 폐색장치 안에 토큰을 넣는다. 그런 후에 양 장치 안의 토큰은 다시 해정 된다. 우리는 이것을 통표폐색이라 부른다.

4.1.3 자동폐색

(1) 자동폐색의 작동 원리

자동폐색영역에서는 폐색구간과 과주여유거리의 개통과 점유는 궤도검지장치가 신호시스템을 자동으로 동작하도록 검지한다. 그러므로 여기에서는 로컬운영자가 후미의 종단마커로 열차 조성을 점검할 필요가 없다. 양방향으로 동작하는 단선 궤도선로와 복선 궤도선로 상에서 자동폐색시스템은 역방향운행 보호장치가 설치된다. 이는 연동 또는 제어되는 수동 폐색시스템의 원리와 유사하게 역방향 쇄정에 의해서 영향을 받는다.

역방향 쇄정은 단지 열차운행이 신호표시기에 의해 승인되는 선로에서 필요하다. 자동폐색시스템의 선로에서 역방향 운행에 대한 방호는 특수 궤도회로의 특별 로직에 의해 영향을 받는다. (절대허용폐색 설명 참조)

어떤 자동폐색시스템에서 자동폐색신호기의 상용위치는 "개통"이다. 이 신호기의 정지를 현시하는 것은 열차가 궤도를 점유하였을 때이다. 그러나 어떤 철도에서는 접근-제어 자동폐색신호기를 사용하는데, 이는 열차가 구간을 지난 후에 정지신호로 남아 있는 경우이다. 이 경우에는 다음 열차가 접근하면 다시 개통된다. 그와 같은 선로에서는 자동폐색신호기의 상용위치는 "정지"이다.

궤도 개통검지를 위하여 유절연궤도회로, 무절연궤도회로, 고압임펄스 궤도회로, 액슬카운터 등의 장치를 사용한다.

(2) 자동폐색시스템의 신호기 로직

폐색신호기는 신호기의 안전한 제어거리가 확보되었을 때와 열차 전면의 정지신호에 의해 방호되었을 때에만 현시된다. 어떤 자동폐색시스템의 신호기는 열차의 제어거리가 완전하게 확보된 후에 즉시 현시된다. 이러한 간단한 시스템은 만약 열차가 지나간 후에 신호기가 고장 나 자동으로 정지위치로 재설정 되면 위험하다.
폐색신호기는 인접 폐색신호기와 다른 폐색신호기로부터 독립적으로 작동하지 않는다. 한 개의 폐색신호기가 고장이면 신호기는 2개 폐색구간을 방호한다.
어떤 철도에서는 더 복잡한 형태의 자동폐색로직을 사용한다. 이러한 시스템은 어떤 면에서는 연동된 수동폐색시스템의 로직과 유사한 원칙을 따른다. 열차가 폐색구간에 진입한 후에 신호기는 정지로 설정 될 뿐만 아니라 정지위치에서 쇄정된다. 신호기를 해정하기 위해서는 열차가 양 폐색구간을 확보해야만 하며, 다음 신호기를 반드시 지나가야만 한다. (이는 다음 폐색을 반드시 점유하여야만 한다)
만약 열차가 다음 신호기를(짧은 궤도회로 이거나 경량 열차가 녹슨 레일 지역을 점유할 때) 통과하지 않고 궤도회로가 살면 신호기는 그 폐색구간을 확보하지 못한 구간을 방호한다. 이러한 형태의 자동폐색시스템은 장내신호기 안에 연동신호기 또는 열차가 운행 종료는 지역이거나 방향을 바꾸는 Yard 구역 사이의 궤도구간에서는 사용할 수 없다.

(3) 자동폐색구간에서의 절대 신호기와 허용 신호기

절대 신호기가 정지를 현시하였을 때 통과하기 위해서는 관제사의 특별한 허가가 필요하다. (절대정지=정지 그리고 대기) 절대 신호기가 있는 고정폐색구간에서 자동폐색신호기가 고장인 경우에는 어떠한 기술 보호도 없이 수동폐색 원리에 따르는 하위모드에 의한 운전을 할 수밖에 없다.
폐색구간의 한계는 로컬 운영자와 같이 역사에 있는 후미의 열차 마커를 감시하여 점검하여야 한다. 열차는 서면 또는 구두 열차명령이나 또는 정지신호를 통과하는 특별 허가서를 받아야 한다. 로컬 관제사는 전화로 열차의 안전간격을 확인하여 통신하여야 한다. 이러한 행동은 안전레벨을 감소시킬 뿐만 아니라 선로의 용량을 감소시키게 된다.
대도시의 전기철도와 같이 교통량이 많은 선로에서 하위모드로 운전한다는 것은 받아드릴 수 없다. 그러나 교통량이 적은 철도에서도 원격제어지역에서 로컬운영자의 책임 때문에 하위모드 운전과 같은 수동폐색 원리의 사용이 사실상 불가능하다.
이에 대한 대안으로 허용신호기를 사용한다. 이 시스템에서 절대 신호기는 역방향 허용신호기는 열차간격과 어떠한 선로전환기도 방호하지 않는 보통 자동폐색신호기에만 사용된다. [그림 13]

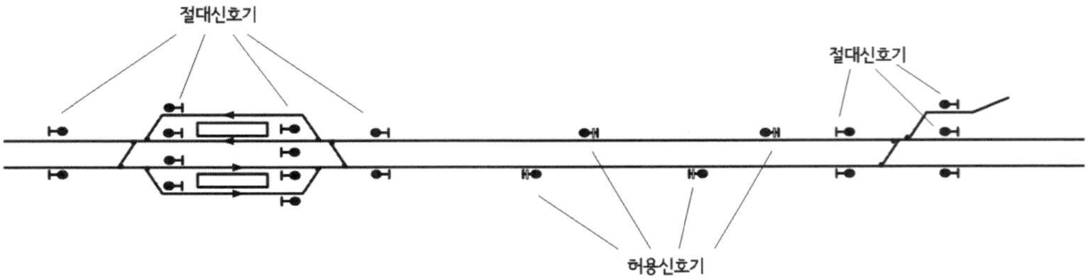

[그림 13] 자동폐색구간에서 절대, 허용신호기

열차는 신호기의 전방에 정차하고 기관사는 허용신호기임을 확인한 후에 정지신호 위치의 허용신호기(허용 정지=정지 후 진행)를 조심스럽게 지난다.

그러므로 허용신호기는 특수표시판이나 특정한 정지표시기를 사용하여 표시한다. 열차가 정지 표시된 허용신호기를 지나가는 경우 열차운행은 전방 폐색구간을 선행 열차가 점유하고 있으므로 짧은 거리에서 차량이 나타날 때도 정차할 수 있도록 다음 폐색부터 속도를 줄여야 한다.

허용신호 영역에서는 열차가 폐색구간에 들어간 후에 매우 높은 신뢰도로 신호기를 정지위치로 리셋 시키는 것이 매우 중요하다. 만약 실패하였을 때 열차가 지나간 후에 신호는 진행으로 남아 있게 되며, 다음 열차가 점유된 폐색구간에 진입할 수 있게 허용 규정에 따라 달릴 수 있도록 승인되어야 한다.

폐색시스템에서는 보증할 수 없는 열차가 지나간 후에 신호의 리셋팅은 매우 높은 신뢰도가 요구되며, 열차는 다음 신호의 현시를 무시해도 되고, 다음 폐색구간까지 운행이 허용되어 갈 수 있는 정지신호를 지난 후에 규정에 따른 운행이 되어야 한다. 열차가 두 번째 진행신호 위치에 있을 때만 진행신호를 현시하여야 한다.

(4) 자동폐색구간에서의 과주여유거리

모든 철도에서 폐색 과주여유거리는 불필요하다. 만약 폐색 과주여유거리를 자동폐색 노선에서 사용하였다면 거기에는 과주여유거리 방호의 다른 원칙이 제공된다. 자동폐색구간에서 과주여유거리 방호의 가장 간단한 형태는 궤도가 살아나는 임계범위 거리가 과주여유거리와 같아지기 전의 거리에 신호기를 설치하는 것이다.

[그림 14(a)]

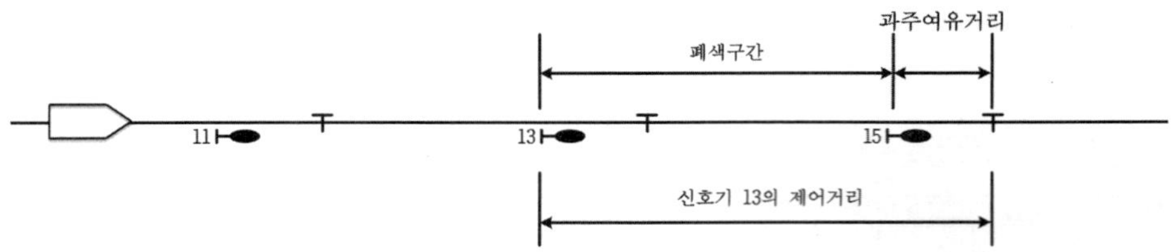

(a) 궤도 개통 검지범위 전 과주여유거리에서의 폐색신호기 위치

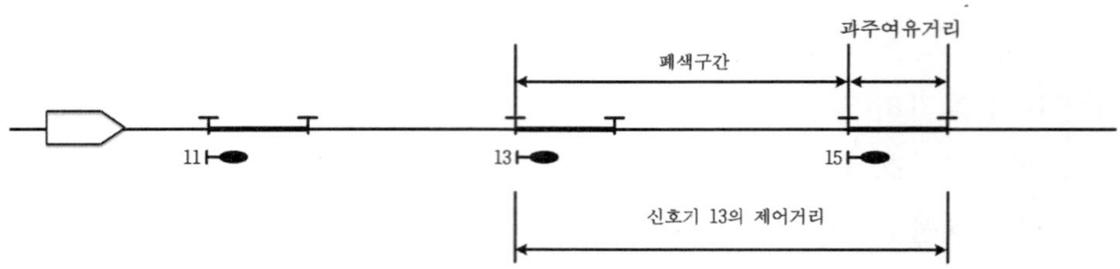

(b) 과주여유거리구간용 궤도개통검지 궤도구간의 간격

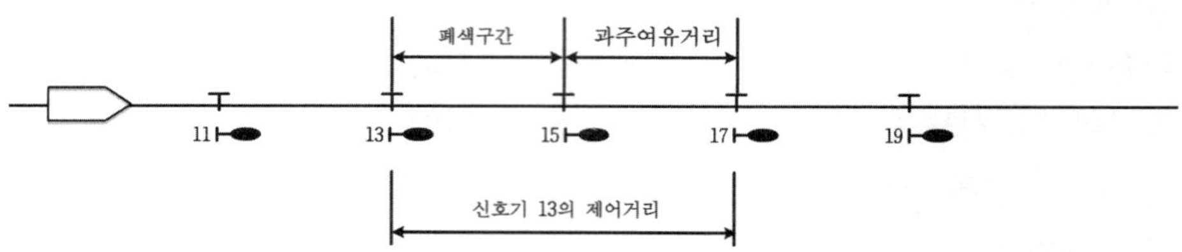

(c) 과주여유거리를 사용한 다음 폐색구간

[그림 14] 자동폐색구간에서 과주여유거리 방호의 원리

비록 많은 철도에서 사용되기는 하지만 이 원리는 신호기가 아주 늦게 정지위치로 리셋 되는 단점이 있다. 기관차가 신호기 바로 뒤에 위치할 때 정지 현시에 의해 방호하지 못하는 경우가 있다. 이 같은 문제는 허용신호기가 설치된 선로 상에서 발생한다. 이러한 문제는 신호기 뒤에 추가 레일접점을 설치하여 해결하는 방법이 있다. 이 접점은 열차가 궤도점유가 끝나는 범위에 도달하기 전에 신호기를 리셋 한다. 또 다른 해결방법은 과주여유거리용 궤도검지가 있는 분리된 궤도구간을 사용한다. [그림 14(b)] 허용신호기가 있는 선로 상에서 이 원리는 가능한 빨리 신호기를 정지 상태로 리셋 하는 높은 신뢰도를 갖는 장점이 있다. 매우 짧은 폐색구간을 갖는 선로 상에서 전체 폐색구간은 신호기 외방의 과주여유거리를 사용한다.[그림 14(c)] 이 원리는 전철화 구간에서 폭넓게 사용되고 있다.

4.2 고정폐색 운영의 기본규칙

고정폐색시스템은 신호기(선로변 또는 차내신호)의 방호에 의해 고정폐색구간이 정해지는 폐색시스템이다. 열차가 폐색구간에 들어가기 위해 신호를 현시할 때에는 다음 조건이 반드시 선행되어야 한다.

① 열차 전방의 폐색구간은 반드시 비 점유되어야 한다.

② 열차 전방의 다음 신호기 뒤의 과주여유거리는 반드시 확보되어야 한다. (단지 선로에서 폐색 과주거리를 사용할 때)

③ 열차 전방의 정지신호에 의해 다음 열차운행으로부터 방호되어야 한다.

④ 열차는 역주행에 대하여 방호되어야 한다.

폐색 과주여유거리를 필요치 않는 철도에서는 신호기의 제어거리와 폐색구간은 같다. 예를 들어 북미와 러시아의 본선 철도가 그렇다. 다른 철도에서도 폐색구간보다 더 긴 신호기의 제어거리가 요구된다.

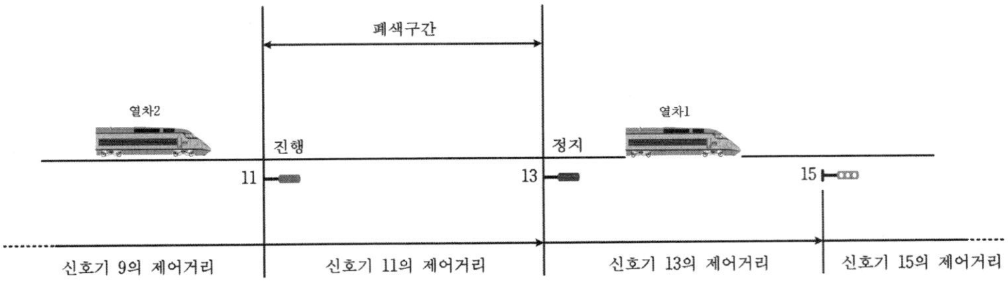

(a) 폐색 중복이 없는 선로

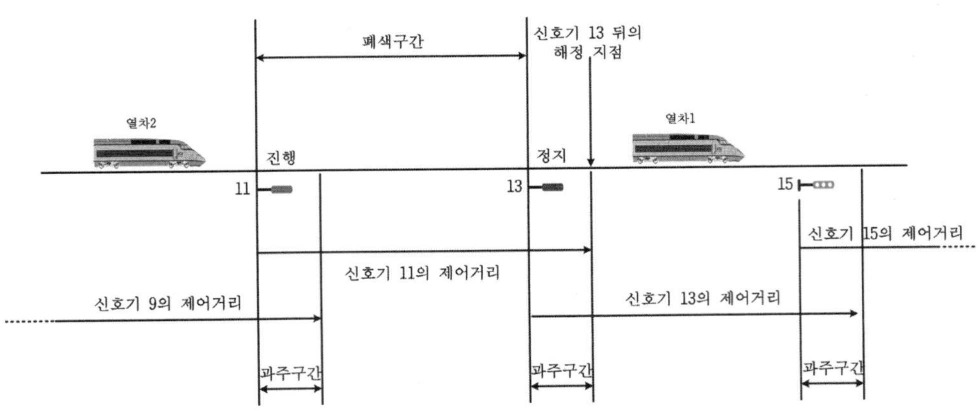

(b) 폐색 중복이 있는 선로

[그림 15] 고정폐색영역에서 신호기의 제어길이

다음 신호기의 길이와 신호기 과주여유거리의 제어길이 안에 차이가 있기때문에 "과주여유거리(Overlap)"라고 부른다. 과주여유거리의 주된 목적은 정지신호기 전에 기관사가 제동을 실패하였을 경우에 추가 안전을 제공하기 위함이다. 신호기는 신호기에서 방호하는 전체 길이가 공간이 될 때까지 현시되지 않을 것이다. 그러므로 신호기 뒤의 현시점은 후방신호기의 제어거리 끝과 같다. 폐색 과주여유거리는 유럽철도에서 사용되며, 유럽 외의 전 세계의 많은 철도, 지하철, 경전철 등에서도 사용된다.

4.3 방호시간과 운전시격 이론

운전시격은 연속으로 운행하는 두 열차 사이의 시간 간격이다. 고정폐색시스템에서 최소운전시격은 방호시간에 달려 있다.

방호시간은 폐색구간에 놓여 있는 지정열차와 다른 열차 간의 방호시간 간격이다. 그러므로 최종 방호시간은 지정열차와 다른 열차가 같은 폐색구간에 들어가는 가능성을 운행승인(신호현시)하는 것이다.

궤도요소의 방호시간은 보통 궤도요소의 열차 점유시간 보다 많이 길다. 선로변 신호기 영역에서 스케줄이 정지 없이 열차를 운행하기 위하여 폐색구간의 방호시간은 다음 시간 간격을 포함하고 있다.[그림 16]

- 신호기 현시 시간
- 기관사가 후방 폐색구간의 신호기 입구에 접근하여 신호기 현시를 확인하는 확실한 시간(이는 후방의 폐색신호기 또는 간격거리 신호기라 할 수 있다)
- 접근을 나타내고 폐색구간의 입구 신호기를 제공하는 신호기 사이의 접근시간
- 폐색신호기와 신호기 사이의 시간
- 폐색구간이 무 점유되는 시간과 열차 전체 길이의 과주여유거리
- 폐색시스템의 해정 시간

만약 열차가 폐색구간의 입구 신호기에서 정규적으로 정차하였다면 접근시간은 적용하지 않는다. 그러한 경우에는 그 신호기에 경계시간을 더해준다.

차내신호 영역에서 접근시간은 신호를 보고 차내 신호시스템에 의하여 제동시간을 포함하여 열차가 달린 시간을 말한다.

모든 폐색구간의 방호시간 그림은 열차가 지나가는 시간-거리 다이어그램으로 표시되며 "방호시간계단"으로 불린다.[그림 17] 방호시간계단은 선행열차 길이의 운행실적을 완벽하게 나타내준다.

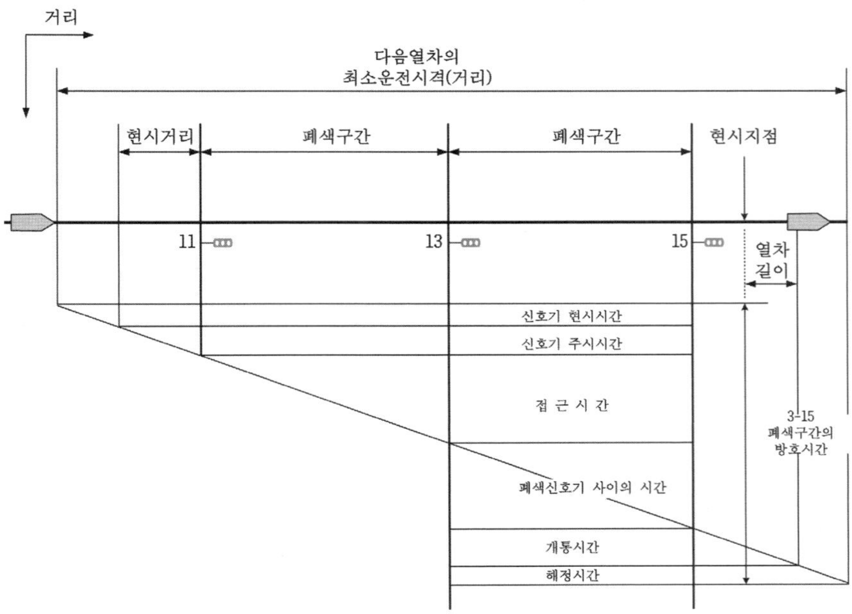

(a) 정지없는 열차

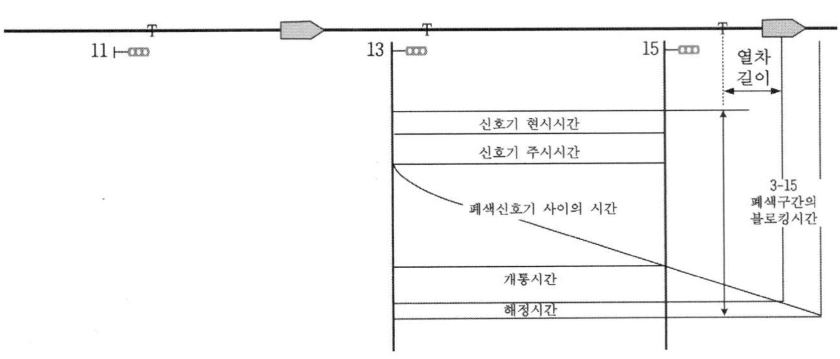

(b) 정차하는 열차

[그림 16] 폐색구간의 방호시간

그림에서 보는 바와 같이 방호시간은 폐색구간에서 나란히 선로를 주행하는 두 대의 열차에 기술적으로 적용 가능한 최소 열차 간격시간을 의미한다.

폐색구간 시작점을 알리는 신호 앞에 진입하는 열차의 경우, 접근시간은 생략된다. 이 경우, 신호 인지시간은 폐색신호 현시를 의미한다.

방호시간을 도식화 하는 것의 의미는 근본적으로 철도시설 및 설비의 다각화와 철도 운영 관계를 연구하는데 도움이 되고 이해가 빠르게 되기 위함이다.

폐색구간의 방호시간을 지정함으로서 소위 방호시간 계단표가 형성된다. [그림 18] 방호시간 계단표는 두 열차의 최소운전시격을 결정하는 것이 가능하도록 해준다. 방호시간 표시는 우선적으로 고정 공간간격 주행을 위해 개발되었지만, 다른 모든 형태의 간격유지 주행법에도 사용될 수 있다. 또한 각 방법을 육안으로 쉽게 구별할 수 있도록 한다. 절대 또는 상대 제동거리를 주행할 때의 방호시간은 지속적으로 연결된다.

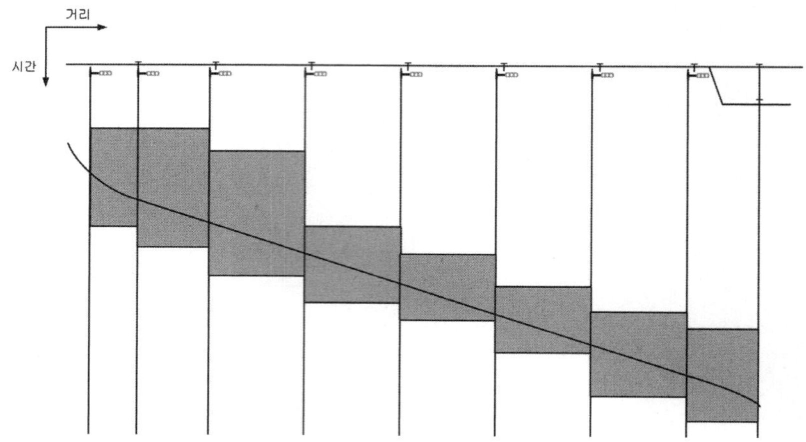

[그림 17] 방호시간 계단표

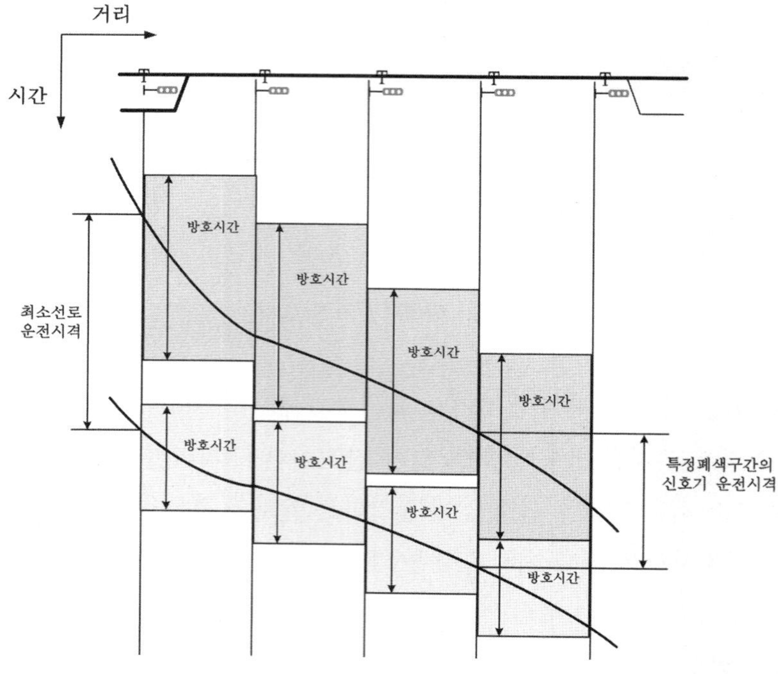

[그림 18] 신호운전시격과 선로운전시격

선로 운전시격은 한 폐색구간에 두개 열차뿐만 아니라 선로[그림 18]의 전체 방호시간 계단표 사이의 최소 운전시격이다. 이 경우에 두개의 연속된 열차의 방호시간 계단표는 가장 적은 하나의 폐색구간(특정 폐색구간)에 어떠한 허용 오차 없이 각각 접촉된다.

혼합된 교통 선로에서 최소운전시격은 두 열차 사이의 속도차이에 의해 결정된다고 볼 수 있다. 모든 열차가 거의 같은 속도로(일반적인 통근 도시철도) 달리는 선로에서 특정 폐색구간의 방호시간은 보통 정차시간(역사구간 그림 19)에 포함되는 폐색구간이다.

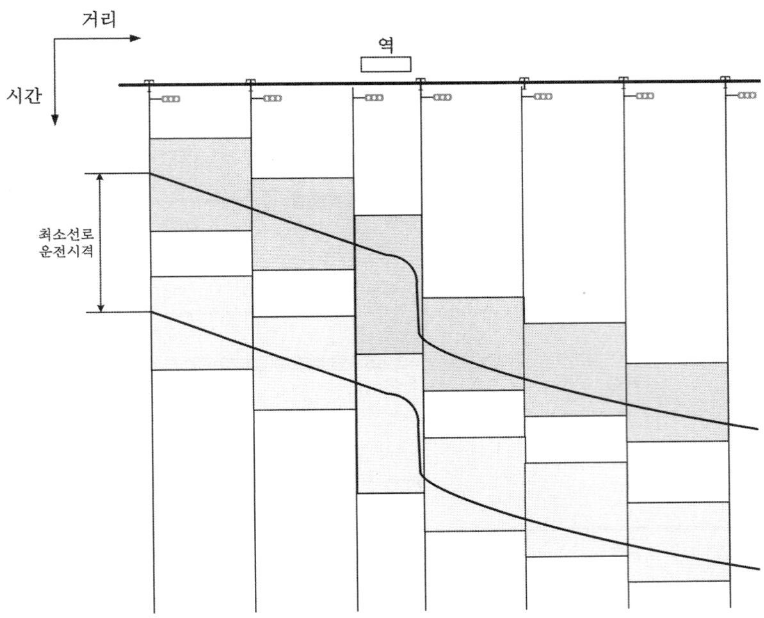

[그림 19] 도시철도 통근열차에서의 최소 운전시격

4.4 방호구역 모델

방호구역 모델은 신호시스템이 열차의 간격에 미치는 영향을 모델링하기 위한 대안적 접근법이다. '방호구역 모델'이라는 용어는 (Pachl, 2018)에서 처음 사용되었다. 기본적인 아이디어는 모든 열차 뒤에 신호시스템이 뒤따르는 열차로부터 열차를 방호하기 위한 특정 구역을 제공한다는 것이다. 방호구역은 두 부분으로 나눌 수 있다. [그림 20(a)]

첫째, 빨간색으로 표시된 절대 방호 부분이 있다. 이 부분은 방호 열차가 독점적으로 점유할 수 있는 모든 선로 부분으로 구성된다. 이것은 정지신호로 방호되는 구역이다.

둘째, 다른 열차가 절대적인 방호 부분에 부딪히는 것을 막기 위해 어쩔 수 없이 속도를 줄이는 부분이 있다. 그 구역은 뒤따르는 열차에 의해 처음 마주치는 제한 신호에서 시작된다. 다이어그램에서 이 부분은 노란색으로 표시되어 있다.

방호구역은 열차가 폐색구간을 통과할 때 최대 길이에 도달한다. [그림 20(b)] 열차가 폐색구간을 통과하면, 방호구역의 길이가 가장 짧아지고 다시 커지기 시작한다. [그림 20(c)]

[그림 20(b)]의 상황에서 [그림 20(c)]의 상황으로의 변화는 폐색시간 계단에서 하나의 '단계'를 나타낸다. 열차 이동 진로를 따라 신호를 감시하고 운행하기 위한 추가 시간으로 방호구역을 도표화하면 차단 시간 계단과 유사한 그림이 그려질 수 있지만, 한 가지 본질적인 단점이 있다.

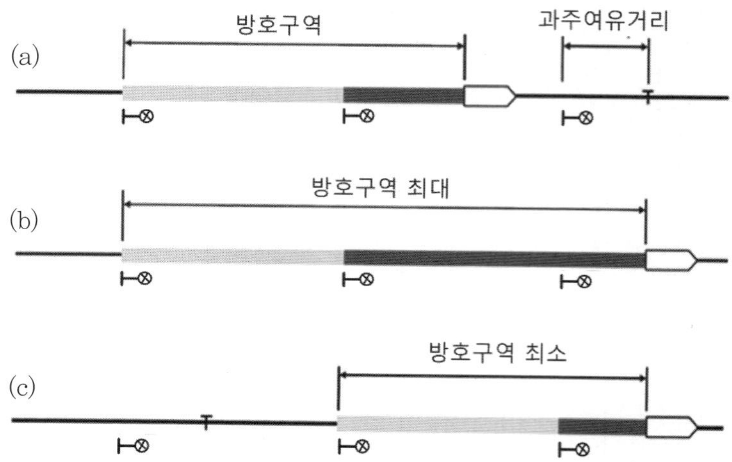

[그림 20] 방호구역 모델

접근시간은 폐색구간 점유의 시작 부분에서 추가되지 않고 끝부분에서 추가되기 때문에, 방호구역 모델은 신호 제동거리가 열차의 실제 속도에 따라 달라지는 차내 신호시스템을 처리할 수 없다. 이러한 시스템에서, 열차는 자신의 제동거리만 계산할 수 있고 다음 열차에 대한 제동거리는 계산할 수 없다.

4.5 차내신호에 의한 열차제어

차내신호에서 이동 권한은 운전자 데스크에 직접 표시된다. 차내신호를 사용하는 대부분 철도에서, 차내신호에 대한 제어 데이터를 제공하는 지속적인 자동열차방호(ATP) 시스템과 결합한다. 차내신호는 인프라 운영자가 선로변 신호를 완전히 제거할 수 있게 하지만, 차내신호는 선로변 신호가 장착된 선로에서 중첩 시스템으로 사용될 수도 있으므로 열차는 선로변 신호 또는 선로변 신호 때문에 제어될 수 있다. 기관사의 혼란을 피하고자, 대부분 철도는 이러한 노선에서, 차내 신호 표시는 항상 선로변 신호보다 우월하다는 규칙을 확립하였다.

일부 철도에서는 보조 시스템으로만 작동하는 오래된 차내 신호시스템이 여전히 사용되고 있다. 이러한 노선에서, 열차는 여전히 선로변 신호 때문에 통제되지만, 차내 신호 표시는 선로변 현시를 관찰하는 운전자를 지원한다.

(1) 고정 폐색구간이 있는 차내 신호

차내 신호가 있는 노선에 고정 폐색구간을 두는 주된 이유는 궤도 검지에 의한 열차의 완전성 확인의 필요성 때문이다. 화물 열차의 완전성을 확인하기 위한 충분한 해법이 아직 존재하지 않기 때문에, 화물 운송이 있는 모든 노선의 경우가 그렇다.

이 기술은 승인된 기술로서, 그것은 또한 전용 승객을 취급하는 많은 노선에서도 사용된다. 선로변 신호가 없는 차내 신호 노선에서, 대부분 철도는 성능 저하 모드 작동을 위한 폐색 한계를 표시하기 위해 폐색 마커 보드를 사용한다.

간혹 궤도 검지 없이 열차의 완성도를 확인하는 전용 승객을 취급하는 차내신호 제어 노선에도 폐색구간이 사용된다. 폐색구간은 선로를 따라 현장 설치 없이 가상 시스템에만 존재하기 때문에 이 원리를 가상 폐색이라고 한다. 폐색 이동 대신 가상 폐색구간을 두는 이유는 무선으로 전송되는 데이터양을 줄이기 위해서다. 이동 권한을 지속해서 갱신하려면 매우 짧은 간격으로 데이터를 전송해야 하는 이동 폐색시스템과 달리 가상 폐색시스템의 이동 권한은 전방 열차가 폐색구간을 해제한 후에야 갱신된다. 이는 궤도에서 열차로 전송되는 데이터 교통을 상당히 줄여준다. 용량 개선이 필요한 경우 현장에서 아무것도 변경하지 않고 제어시스템에서 폐색 길이를 쉽게 줄일 수 있다.

선로변 신호가 있는 고정 폐색시스템에서 고정 폐색구간이 있는 차내 신호의 주요 차이점은 선로변 신호시스템의 접근 거리로부터의 독립성인데, 이는 폐색구간의 입구에 있는 신호와 접근 표시를 제공하는 후방에 있는 신호 사이의 거리이다. 접근시간은 이 두 신호 사이의 실행 시간이 아니라 차내 신호시스템의 감독 곡선에 기초한 실제 제동거리 내의 실행 시간이다. 또한, 선로변 신호의 부재로 인해 특정 위치에서 신호 현시를 발견하기 위한 신호 관찰 시간이 더 이상 필요하지 않다. 폐색시간의 다른 요소는 선로변 신호가 있는 시스템과 다르지 않다. [그림 21]

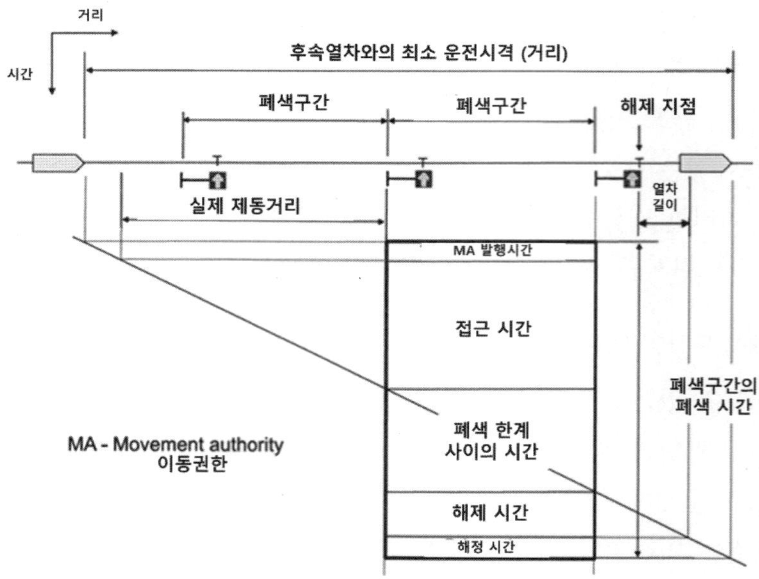

[그림 21] 차내신호 선로에서의 폐색구간 폐색시간

(2) 이동 폐색을 사용한 차내 신호

이동 폐색은 절대 제동거리를 기준으로 한다. 고정 폐색구간이 제거되기 때문에, 노선은 움직이는 열차의 후미 끝에서 연속적으로 제거된다. 열차 위치와 열차 완전성의 지속적인 검지 외에도, 이동 권한의 지속적인 상향 등급이 필요하다. [그림 22] 는 고정 폐색 차내 신호 시스템과 비교하여 최소 운전시격에 미치는 영향을 보여준다.

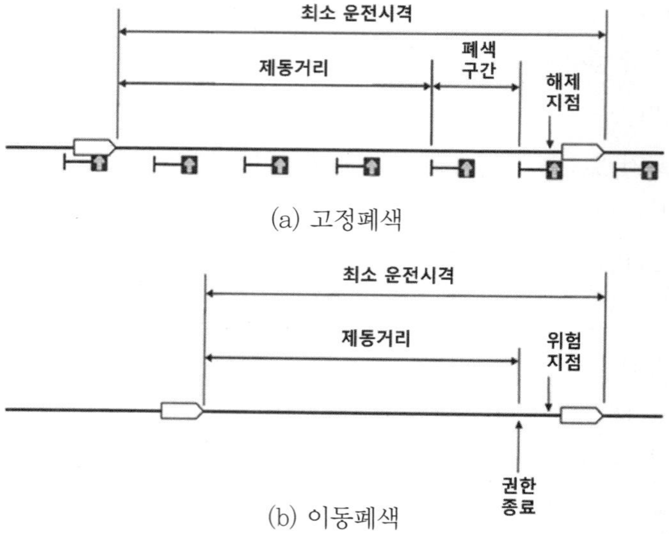

[그림 22] 고정폐색과 이동폐색을 사용한 차내 신호 운전시격

오늘날, 이동 폐색은 일부 교통 시스템에서만 사용된다. 표준 철도의 이동 폐색에 관한 관심이 다소 제한적인 이유 중 하나는 이동 폐색의 도입에 의한 선로용량의 잠재적 개선이 종종 과대 평가되기 때문이다.

이동 폐색 노선에서 폐색구간의 길이가 0으로 줄어든다. 즉, 폐색구간 내의 실행 시간이 폐색시간 다이어그램에서 제거된다. 폐색시간의 다른 모든 성분도 이동 폐색에서 찾아볼 수 있다. 대부분 노선에서 이러한 다른 성분들의 합계는 이동 폐색에 의해 제거될 수 있는 폐색시간 부분보다 훨씬 크다.

폐색구간이 짧은 고정 폐색 작동보다 폐색을 이동하면 용량이 다소 향상되는 효과를 거둘 수 있는 이유다. 서로 다른 속도로 운행되는 열차의 교통이 혼합된 노선에서, 폐색구간이 짧은 시스템에 비교해 가능한 개선은 거의 미미하다. 양방향 연산이 있는 단선의 경우에도 마찬가지이다. 즉, 많은 철도가 무선 기반 차내신호시스템의 새로운 개발에서 가상 폐색의 원리를 선호하는 이유이다.

5 폐색 제어 원리

안전한 열차 간격을 위해, 제어 절차는 다음과 같은 두 가지 기본 조건이 적용되지 않는 한, 노선 구간에 진입하기 위한 이동 권한이 발행되지 않도록 보장해야 한다.

- 노선은 원하는 권한 한도까지 확보되어 있으며, 전방의 마지막 열차의 후단은 이 제한 때문에 안전하게 방호된다.
- 같은 노선에서 반대되는 모든 움직임은 안전하게 쇄정 된다.

이러한 기본 안전 요구사항은 고정 폐색 및 이동 폐색시스템 모두에서 유효하지만, 이러한 요구사항을 충족하는 해법은 서로 다르다.

5.1 구두 소통에 의한 폐색 제어

저속 및 매우 낮은 교통 밀도로 운영되는 지선에서는, 직원 책임 아래 운행 규칙에 따라서만 열차 이동이 방호될 수 있다. 이것은 무선이나 전화를 통한 구두 소통에 기초한다. 이를 위해 두 가지 원칙이 존재한다.

- 열차 운행 관리원의 통제 운영
- 지역 운영자에 의한 열차 제어

5.2 고정 폐색 운전을 위한 폐색시스템

간선 운영에서, 고정 폐색 기준은 열차가 이러한 신호가 보호하는 폐색구간으로 진입하는 것이 안전하지 않은 한 정지 위치에서 신호의 양의 쇄정을 제공하는 폐색시스템에 의해 시행된다. 폐색시스템은 역 영역 사이의 선로 구간에서 고정 폐색 운영을 강제하는 데만 사용되기 때문에 종종 선로 폐색시스템이라고 불린다. (UIC, 2012; Theeg & Blasenko, 2020) 연속 연동 신호 사이의 역 궤도에서는 신호 간 진로를 설정할 때 고정 폐색 작동이 폐색시스템이 아니라 연동시스템에 의해 시행된다. 많은 철도에서, 연속적인 연동 신호 사이의 역 선로는 폐색구간으로 지칭되지 않는다.

(1) 폐색 작업 원칙

폐색구간에 진입한 열차를 뒤따르는 열차로부터 보호하기 위해 구간 입구의 신호기가 정지 위치에 고정된다. 신호는 선로변 신호일 수도 있고 열차가 차내 신호 없이 진행해서는 안 되는 구간 한계 (일반적으로 폐색 마커 보드로 표시)일 수도 있다. 집중되는 선로가 같은 구간으로 이어지는 경우 해당 폐색구간으로 이어지는 모든 신호에 대해 폐색 쇄정이 적용된다. 열차가 과주여유거리를 포함한 폐색구간을 완전히 벗어나고 (과주여유거리가 필요할 경우) 정지신호로 보호되면 폐색구간이 해제된다. 이제, 폐색 구역의 입구에 있는 신호는 다음 열차를 위해 해제될 수 있다. [그림 23]

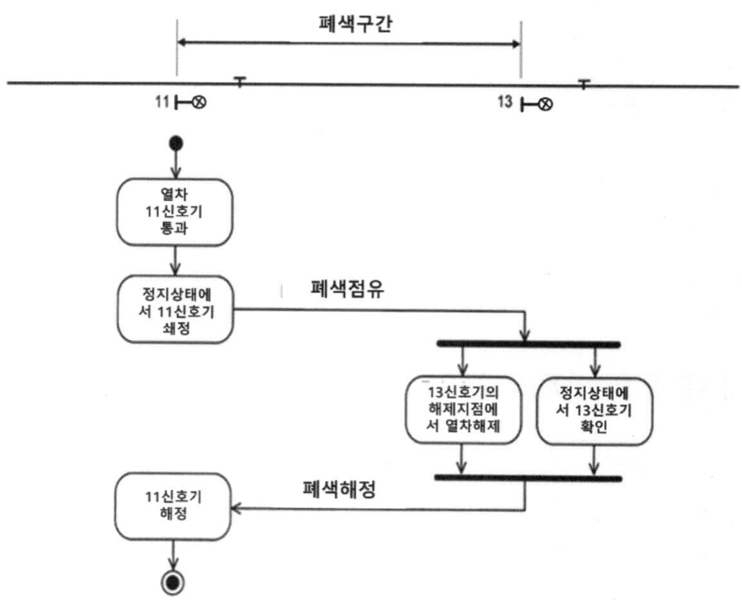

[그림 23] 후속 이동신호의 폐색 방호

선로가 하나의 폐색구간으로만 구성된 경우, 폐색구간에 진입하기 위한 신호기가 해제되기 전에 반대되는 모든 신호기를 정지 위치에 쇄정 해 놓음으로써 반대되는 움직임을 쉽게 쇄정 할 수 있다. 여러 폐색구간으로 구성된 긴 선로에서 반대 방향 이동은 방향 쇄정에 의해 쇄정 된다. 이러한 선로에 들어가기 위한 신호는 원하는 방향으로 전체 구간을 쇄정 한 후에만 해제할 수 있다. 방향 쇄정은 노선에 적어도 한 대의 열차가 있는 한 모든 반대 신호를 정지 위치로 유지한다.

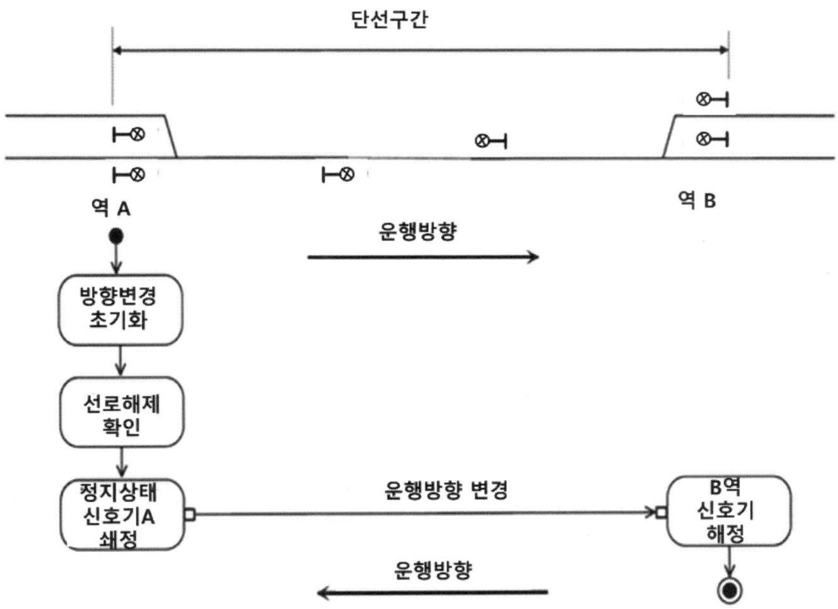

[그림 24] 비대칭 정상 위치에서 방향 쇄정

일부 시스템에서는, 전체 구간이 열차에서 완전히 제거된 후, 방향 쇄정이 해제된다. 이러한 시스템에서, 방향 쇄정은 한 방향의 다음 열차가 단선 구간으로 진입할 때 다시 설정된다. 따라서 정상 상태에서는 방향이 지워지지 않는다. 이것은 대칭적인 정상위치에 있는 폐색시스템으로 알려져 있다. 다른 시스템에서, 방향 쇄정은 마지막 열차가 단선 구간을 떠난 후에도 유효하다. 열차가 반대편에서 구간에 진입할 때만 쇄정이 다른 방향으로 전환된다. 그런 다음, 새로운 방향은 다른 방향 변경이 필요할 때까지 쇄정 된다. 이것은 비대칭 정상위치의 폐색시스템으로 알려져 있다. [그림 24] 서로 다른 운영자의 제어 영역을 연결하는 선로 구간에 비대칭 정상위치의 방향 쇄정을 사용하는 경우 방향 변경을 제어하기 위한 두 가지 원칙이 있다.

- 방향 변경은 현재 방향을 잡은 역에 의해 시작된다.
- 방향 변경은 방향을 요청하는 역에 의해 시작된다.

방향 변경이 현재 방향을 잡은 역에 의해 개시될 경우, 두 운영자 사이에 열차 제공 및 수용 절차가 수립되어야 한다. 그렇지 않으면, 열차를 받는 운영자는 방향 변경을 개시할 필요성을 인식하지 못할 것이다. 방향을 요청하는 역에 의해 방향 변경이 시작되는 경우, 방향을 요청하는 운영자는 제어 인터페이스에 방향 변경이 현재 가능하며 반대 측 역의 지워진 신호 때문에 차단되지 않음을 표시해야 한다. 그렇지 않으면, 방향 요청 실패 시, 운영자는 그 이유를 알 수 없을 것이다. 열차를 제공하고 수락하는 절차가 꼭 필요한 것은 아니지만 때로는 교통 통제 충돌을 피하고자 사용된다. 반대 운행을 보호하기 위한 대안 원리는 북미의 표준 해법인 방향 쇄정이다. (Obertin, 2018) 여기서, 연동 영역 사이의 양방향 선로 구간에 있는 자동신호는 양쪽에서 정상 상태로 해제된다. 연동 영역을 벗어나도록 제어된 신호가 해제되면 다음 연동 영역까지 모든 반대되는 자동신호가 '텀블 다운'된다. 즉, 정지 상태로 복원된다. 전체 방향이 폐색 될 때까지 구간 간에 '텀블 다운' 절차가 촉발된다. 그러면, 인접한 연동 영역에서 더는 반대되는 제어 신호를 해제할 수 없다. [그림 25]

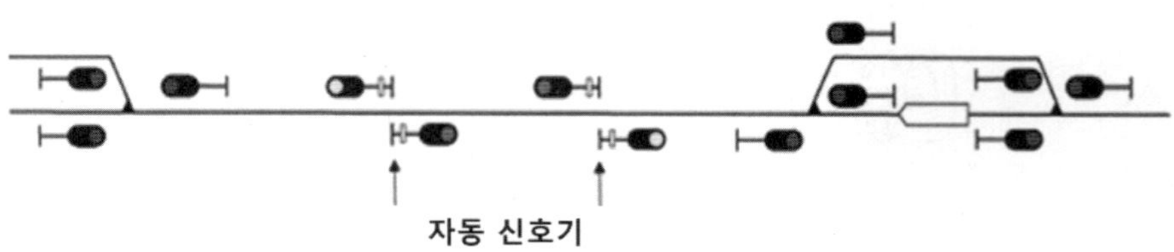

(a) 양방향 해제되는 자동신호기

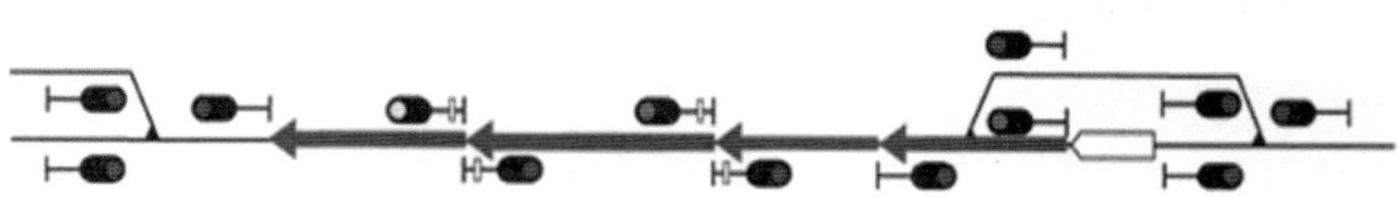

(b) 방향쇄정에 의해 반대 신호기 제어

[그림 25] 방향 쇄정 원리

(2) 수동 폐색시스템

수동 폐색시스템에서는 폐색구간이 아직 연속적인 궤도점유 검출 기능을 갖추고 있지 않다. 폐색구간을 보호하는 신호는 로컬 운영자가 수동으로 제어한다. 그 역들은 폐색 선로로 연결된 전기 폐색장치를 갖추고 있다.

열차가 폐색구간에 진입한 후에는 구간 입구에 있는 작업자가 신호를 복구하고 폐색장치를 작동시켜 정지 위치에 신호를 쇄정 한다. 폐색구간의 출구 쪽에 있는 작동 장치는 접근하는 열차의 다음 기관사에게 알린다. 폐색 입구에서 작업자가 폐색장치를 작동하지 못할 경우, 회전 쇄정 장치는 폐색장치에 의해 신호가 올바르게 쇄정 될 때까지 정지 위치에서 신호를 쇄정 한다.

열차가 구간에서 이탈하면 하차 측 기관사는 후미 끝 마커를 보고 열차의 완성도를 점검한 뒤 정지신호를 복구한 뒤 폐색구간을 해제하는 폐색장치를 가동한다. 이렇게 하면 구간 입구에서 폐색장치가 해제되어 입구에서 신호가 정지 위치에 더 이상 쇄정 되지 않는다.

전동차가 아직 해당 구간을 떠나지 않았을 때 기관사가 실수로 폐색구간을 해제하는 것을 방지하기 위해 전동 쇄정장치를 설치해 열차가 신호를 벗어난 짧은 궤도회로를 통과할 때까지 출구 쪽에 있는 폐색장치의 작동을 막는다. 따라서, 이러한 공동 작용 폐색장치는 [그림 25]에서와 같이 폐색 사이클에 따라 정확하게 작동한다.

양방향 작동이 있는 노선에서, 방향 쇄정은 단선 부분의 양쪽에 있는 공동 폐색장치에 의해서도 영향을 받을 수 있다. 방향을 잡고 있지 않은 역에서 쇄정 방향을 가리키는 신호는 폐색장치에 의해 정지 위치에 고정된다.

방향을 변경하려면 현재 방향을 설정하는 역의 작업자가 정지 위치에서 신호를 쇄정하고 반대 역에서 폐색장치를 해제하는 폐색장치를 작동시킨다. 두 역 사이의 연장선은 여러 폐색구간을 포함할 수 있다. 방향 변경은 중간 폐색구간의 모든 폐색장치가 정상위치에 있는지 확인한다.

오늘날 대부분의 수동 폐색시스템은 폐색장치 대신 계전기 회로를 사용하는 소위 반자동 폐색시스템으로 작동한다. 반자동 폐색시스템에서는 열차가 폐색구간에 진입한 후 폐색 쇄정이 자동으로 적용된다. 하지만 열차가 이 구간을 떠난 후에는 운영자에 의해 수동으로 해제되어야 한다. 현대의 제어 센터에서 반자동 폐색시스템은 여전히 오래된 기술을 갖추고 있는 노선에서 인터페이스에 종종 사용된다.

위에서 설명한 수동 폐색시스템은 토큰리스 폐색이라고도 한다. 단선 궤도구간을 보호하는 또 다른 해법은 토큰 폐색이다. 가장 간단한 형태로, 모든 궤도구간에는 물리적 토큰(예: 직원, 키 또는 태블릿)이 있다. 토큰을 보유한 운영자만이 열차의 노선 진입을 허가할 수 있다. 허용된 방향을 바꾸기 위해, 토큰은 열차 기관사에게 전달되어 반대편 역으로 운반된다.

추가적인 개발은 전기 토큰 폐색시스템으로 이어졌다. 이러한 시스템에서 해당 제어 역은 서로 전기적으로 연결된 토큰 기기를 갖추고 있다. 정해진 수의 토큰이 모든 궤도 구간에 할당된다.

모든 열차는 그 구간에 들어가기 위해 토큰을 집어 들어야 한다. 연결된 장치에 보관된 모든 토큰의 총 수가 구간에 관해 결정된 토큰 수와 같다면 두 장치 중 하나에서 정확히 하나의 토큰을 해제할 수 있다.

토큰을 제거하면 두 장치의 다른 모든 토큰이 쇄정 된다. 반대쪽 관제소에 있는 운영자가 토큰을 토큰 장치에 반환하면 두 장치가 모두 해제된다. 그 후, 열차가 해당 구간에 진입하는 것을 승인하기 위해 다른 토큰을 제거할 수 있다. 한 번에 하나의 토큰만 출시할 수 있으므로 중간 폐색구간은 불가능하다.

토큰 폐색 제어는 오래된 기술이지만 토큰 폐색 노선이 제어 구역과 연결되는 현대의 제어 센터에서도 찾아볼 수 있다. 더 이상 이용할 수 있는 현지 직원이 없으므로 토큰 장치는 관제센터에서 원격으로 해제되어 열차 승무원이 운영한다. 새로운 개발은 디지털 토큰 폐색이다. 전통적인 토큰 폐색시스템 처럼 작동하지만, 토큰 장치는 더 이상 전기 폐색 회선이 아닌 인터넷 또는 디지털 무선으로 연결된다. 이것은 교통이 적은 지선을 위한 효율적인 비용 해법이다.

(3) 자동 폐색시스템

자동 폐색시스템에서 폐색구간에는 신호가 자동으로 작동할 수 있도록 자동 궤도 점유 검출 기능이 장착되어 있다. 자동신호는 다음 신호를 넘어 해제된 지점까지의 전체 제어 길이가 명확하고 전방 열차가 정지신호 때문에 보호되는 경우에만 해제된다. 폐색구간을 해제하려면 열차가 해당 구간을 비우고 (필요한 경우) 과주여유거리를 제거했을 뿐만 아니라 다음 신호도 복원해야 한다. 이 상태는 열차가 폐색구간의 출구 쪽을 안전하게 통과했음을 확인시켜 준다. 따라서 안전 폐색 작업은 궤도점유검출에 의존할 뿐만 아니라 [그림 27]의 폐색 사이클에 의해 과주여유거리가 된다. 이는 궤도회로에 기반을 둔 자동폐색시스템의 안전성을 향상시킨다. 열차가 아직 해당 구간을 떠나지 않은 상태에서 궤도회로에 이상이 생겨 폐색구간 점유가 사라지면 폐색구간이 해제되지 않는다. 열차가 해당 구간을 이탈했지만, 다음 궤도회로에 이상이 생겨 해당 구간 출구 쪽의 신호를 정지 위치로 복귀하지 못한 경우에도 해제되지 않는다. 액슬 카운터와 함께 작동하는 자동폐색시스템의 경우 열차가 카운트 지점을 통과하지 않으면 궤도점유가 사라질 수 없으므로 안전 절차가 자동으로 시행된다. 카운트 지점을 통과하면 정지신호가 안전하게 복원된다.

제어 원리와 관련하여 자동 폐색시스템은 두 가지 등급으로 나눌 수 있다. [그림 26]

- 분산형 자동폐색시스템
- 중앙집중식 자동폐색시스템

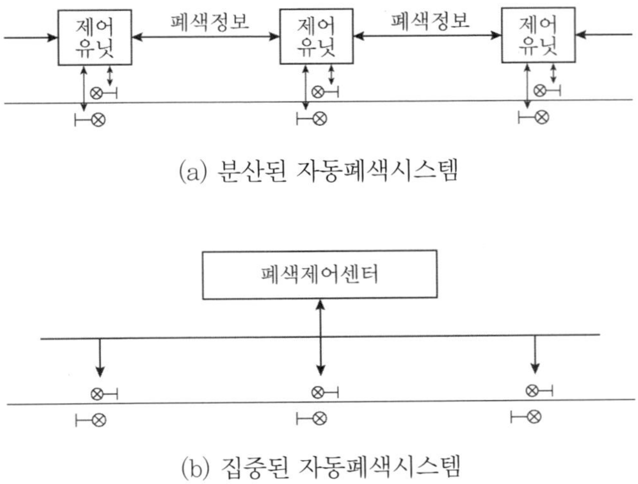

[그림 26] 자동폐색시스템의 집중화와 분산화

분산형 자동 폐색시스템에서 제어 장치는 폐색신호에서 직접 현장 캐비닛에 위치한다. 이러한 폐색신호 캐비닛은 전기 폐색 선로 또는 코드화된 궤도회로를 통해 폐색 제어 정보를 교환한다. 열차가 폐색구간을 떠난 후, 그 구간의 입구에 있는 신호는 즉시 해제된다. 그러므로 정상상태에서는 열차의 접근 여부와 상관없이 방향 쇄정으로 고정되지 않은 자동폐색 신호가 해제된다. 반대되는 움직임이 방향 쇄정으로 보호되는 양방향 라인에서는 쇄정 방향에 대해 관련되는 모든 신호가 정지 위치에 쇄정 된다.

방향 변경이 시작되면 모든 신호가 정지 상태로 현시된다. 새 방향을 쇄정하면 이 방향을 가리키는 모든 신호가 삭제된다. 반대 움직임이 교통 쇄정으로 보호되는 양방향 선로에서는 양쪽의 자동신호가 정상상태에서 해제되고 반대 움직임을 보호하기 위해 '터블 다운'만 한다.

중앙집중식 자동폐색시스템에서 폐색 제어는 연동 영역도 제어하는 중앙집중식 제어시스템의 일부이다. 폐색 제어 정보를 교환하는 대신, 중앙집중형 폐색구간은 연동시스템의 진로와 유사하게 취급된다. 그러나 이러한 '폐색 진로'는 인프라 구조의 지점이나 이동 가능한 부분을 쇄정하지 않는다. 그것들은 단지 폐색 제어 논리의 일부일 뿐이다. 중앙 폐색구간의 입구에서 신호를 해제하려면 폐색구간을 쇄정해야 한다. 열차가 신호를 통과하면 열차가 폐색구간을 해제하기 전까지 정지 위치로 유지된다. 입구 쪽에서 폐색 부분을 쇄정하고 출구 쪽에서 해제함으로써, 제어 논리는 [그림 25]에서 보이는 폐색 사이클의 원리를 충족시킨다.

정상상태에서는 모든 중앙집중식 폐색구간이 해제된다. 따라서 중앙집중식 자동폐색 선로의 모든 자동폐색 신호는 정지 위치에 있다. 제어된 신호를 삭제하여 자동폐색 선로를 입력하면 첫 번째 폐색구간이 쇄정 된다. 이 폐색구간은 다음 폐색구간 등을 촉발한다. 그래서, 모든 자동폐색 신호는 열차 앞에서 해제될 것이다. 양방향 작업이 있는 선로에서 반대 방향 이동은 방향 쇄정으로 보호된다. 모든 중간 폐색구간이 해제되어야 방향을 변경할 수 있다.

개별 철도의 규칙에 따라, 자동폐색 신호에서 폐색 과주여유거리가 제공될 수 있다. 폐색 과주여유거리가 자동폐색 선로에 사용되는 경우 과주여유거리 보호를 제공하는 세 가지 원칙이 있다. [그림 27]

- 궤도점유 검출 한계치 이전의 과주여유거리에 배치된 신호
- 과주여유거리를 위한 별도의 궤도점유 검지 구간
- 다음 폐색구간을 과주여유거리로 사용

궤도점유 검출 한계 이전에 겹치는 거리에 신호를 두는 것이 가장 간단한 해결책이다. 그러나 이러한 시스템에서 신호를 벗어난 과주여유거리는 해당 신호가 아니라 폐색구간의 입구에 있는 신호로 제어된다. 열차가 과주여유거리 구간에서 차량을 분실했을 경우, 분실된 장비는 폐색구간 입구에 있는 신호에 의해 보호되며, 출구 쪽의 신호는 점유된 과주여유거리를 보호하지 못하고 지워질 수 있다.

이것은 열차가 시야에서 조심스럽게 폐색구간을 통과하도록 승인된 경우 저하 모드 운영에서 안전 문제가 발생될 수 있다. 그런 다음 운전자는 점유된 과주여유거리 앞에서 지워진 신호를 만날 수 있다. 이러한 상황을 안전하게 처리하기 위해 일부 철도에서는 권한이 있는 열차가 폐색구간을 육안으로 확인하고, 해당 신호를 넘어 지정된 거리만큼 구간 끝에서 해제 신호를 통과한 후 주시 모드로 계속 진행해야 한다는 규칙을 제정했다.

별도의 궤도점유 검지구간을 가져올 때는 겹침이 필요하지 않다. 그런 다음 과주여유거리의 모든 점유는 항상 정지신호를 현시한다. 매우 짧은 폐색구간이 있는 선로에서 전체 폐색구간을 겹침으로 사용할 수 있다. 이 원리는 대중교통 철도에서 널리 사용된다.

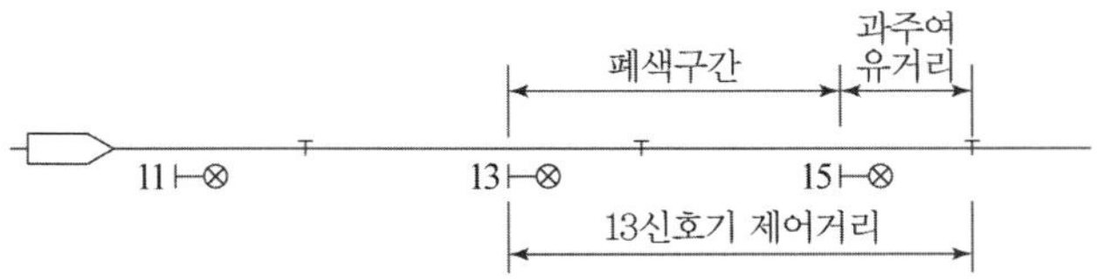

(a) 궤도 해제 감지 한계 이전에 과주여유 거리에 배치된 신호

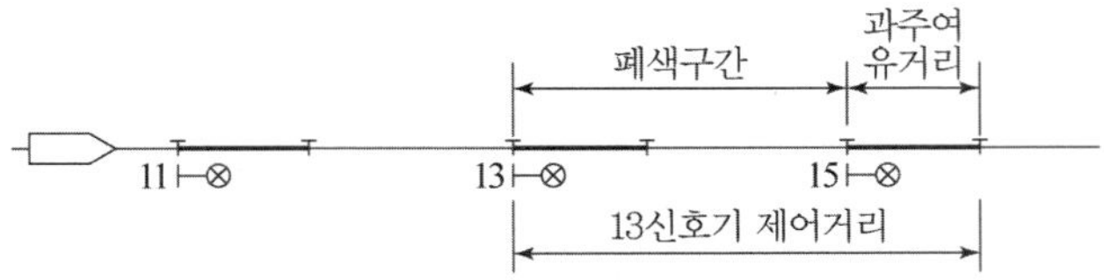

(b) 과주여유거리용 궤도해제검지 구간 분리

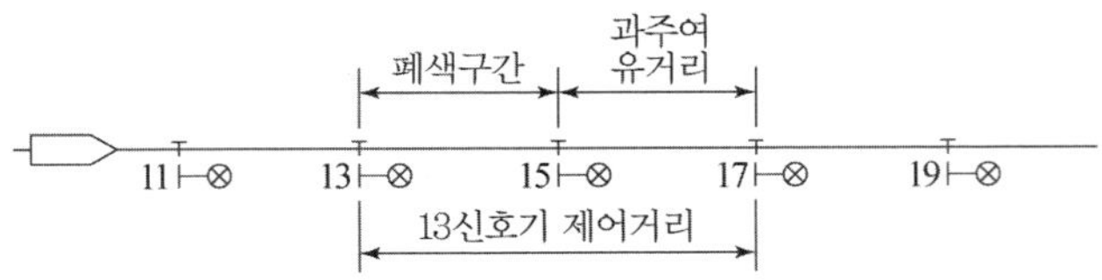

(c) 다음 폐색구간을 과주여유거리로 사용

[그림 27] 자동폐색 선로에서 과주여유거리 적용

(4) 취급 폐색시스템 장애

수동 폐색시스템이 오작동하는 경우 성능 저하 모드 작동은 로컬 사업자 간 구두 소통을 기반으로 한다. 열차가 폐색구간을 떠나면, 구간의 출구 쪽에 있는 기관사는 입구 쪽에 있는 기관사에게 구간의 허가를 보고한다. 그런 다음, 폐색 입구에서 운영자는 다음 열차가 폐색구간을 보호하는 신호를 통과하도록 허가하고 출구 쪽에 있는 운영자에게 출발을 보고할 수 있다.

양방향 운행이 가능한 노선에서, 제한역 운영자들은 반대되는 움직임을 보호하기 위해 모든 열차를 제공하고 받아들여야 한다. 이 메시지들은 모두 기록된다. 열차가 양방향 운행으로 노선 진입을 허가받기 전에, 기관사는 열차 기록을 점검해야 하며, 전방의 마지막 열차가 첫 번째 폐색구간을 통과했으며 반대 열차가 승인되지 않았음을 확인해야 한다.

자동 폐색 선로에서는 로컬 운영자가 없으므로 해당 절차가 불가능하다. 성능 저하 모드 운영의 경우, 두 개의 서로 다른 원칙이 개별 철도에서 사용된다.

- 절대 폐색이 작동하는 자동폐색 선로
- 허용 작업이 있는 자동폐색 선로

절대 폐색이 작동하는 자동폐색 선로에서 자동폐색 신호의 정지 현시는 절대적이다. 즉, 제어된 신호의 정지 현시와 다르지 않다. 열차는 작업자의 허가 없이 정지 위치에 있는 신호를 전달해서는 안 된다(정지 = '정지 후 유지'). 폐색시스템 고장이 발생하여, 운영자가 폐색구간을 해제하기 위한 재설정 명령을 실행하거나 정지 위치에서 폐색구간을 보호하는 신호를 열차가 통과하도록 허가해야 하는 경우, 운영자는 관련 폐색구간에 대한 간격 검사를 수행해야 한다.

그 간격 한계 확인을 위해, 운전자는 해당 폐색구간을 통과한 마지막 열차를 명확히 식별해야 한다. 해당 열차의 경우, 다음의 기준이 확인되어야 한다.

- 열차가 해당 폐색구간을 넘어 역에 도착했다.
- 열차는 정지신호로 보호되어야 한다. 여기에는 필요한 경우 해당 신호를 넘어서는 과주여유거리의 한계가 포함된다.
- 열차는 완전해야 한다. 이는 현지 직원이나 열차 승무원이 확인해야 한다.

양방향 운전을 하는 선로의 폐색구간에 진입하기 위해 열차가 정지신호를 통과하도록 승인하기 전에 운전자는 주어진 신호 사이의 전체 구간에 반대 열차가 없는지 확인해야 한다. 구간을 보호하는 반대제어 신호는 정지 위치에 고정된다.

만약 열차의 완성도를 확인할 수 없다면, 다음 열차는 보이는 대로 해당 구간을 통과할 수 있도록 허가해야 한다. 열차의 완전도를 확인할 수 없는 경우, 운영자가 직원의 책임 아래 폐색구간의 차축 카운터를 재설정할 경우, 재설정 명령이 실행되기 전에 즉시 진행하라는 명령이 내려져야 한다.

재설정이 실패하면 작업자는 정지 위치에서 관련 구간을 보호하는 신호를 고정해야 한다. 그런 다음, 운전자는 신호 유지자가 폐색시스템의 정상 작동을 다시 확립할 때까지 뒤따르는 모든 열차에 대해 간격 검사를 수행해야 한다.

작업자가 전방의 막차를 명확히 식별하지 못하면, 간격 점검이 불가능하다. 이런 경우, 다음 열차는 시야에 들어오는 해당 구간을 통과하도록 허가되어야 하지만, 운영자는 폐색구간을 재설정해서는 안 된다.

전방에 있는 마지막 열차에 관한 확인 없이, 운영자는 사용자 인터페이스에 표시된 선로 점유가 선로를 방해하는 장비 분실, 선로 정리 검지 실패 또는 여전히 구간을 점유하고 있는 '분실' 열차에 의한 것인지 확신할 수 없다.

마지막으로, 폐색구간을 재설정하는 것은 분실 열차가 예기치 않게 진행되면 위험으로 이어질 수 있다. 여객 노선에서는 차축 수가 같은 열차를 뒤따르는 일이 빈번하게 발생한다. 차축 카운터가 재설정된 후 두 번째 열차가 시야에 들어오는 구간을 점유한 경우, 예기치 않게 움직이는 첫 번째 열차는 두 번째 열차가 카운트한 것과 같은 차축 수를 계산할 수 있다. 따라서, 두 번째 열차가 여전히 점유하고 있는 동안, 해당 구간은 비워져야 한다.

각 개별 열차에 대한 간격 검사를 수행하는 규칙은 저하된 모드 작업 동안 작업자의 작업량을 증가시키고 선로용량을 많이 감소시킨다. 즉, 많은 철도가 자동 폐색 선로에서 허용 운행을 사용하는 이유이다.

허용 운행이 있는 자동폐색 선로에서는 제어된 신호만 절대 정지 표시를 하고 자동 신호는 허용 신호이다. [그림 28]

열차가 신호 앞에 정지한 후 기관사가 신호를 허용 신호로 명확히 식별한 후 열차는 정지 위치에 있는 허용 신호를 조심스럽게 통과할 수 있다. (완전 정지 = '정지 후 진행') 이를 위해, 허용 신호는 특별한 마커 플레이트로 표시되거나 특별한 종류의 정지 현시를 사용한다. 열차가 정지 현시를 나타내는 허용 신호를 통과했다면 열차는 시야에 들어오면 전체 폐색구간을 조심스럽게 통과해야 한다.

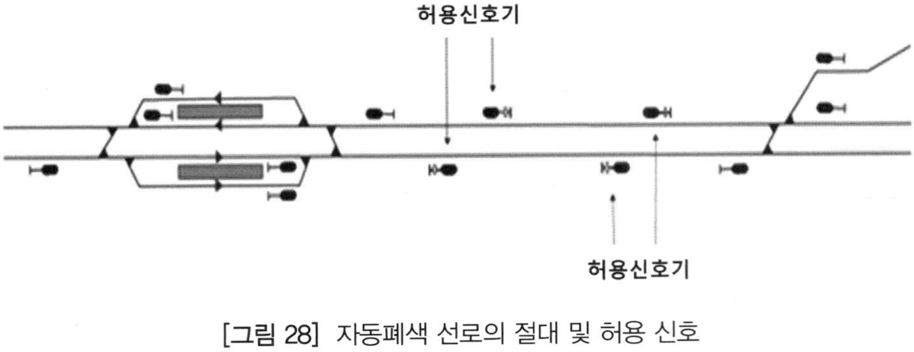

[그림 28] 자동폐색 선로의 절대 및 허용 신호

허용 신호가 있는 노선에서는 매우 높은 신뢰도로 정지하기 위한 신호를 현시하는 것이 매우 중요하다. 신호기가 신호를 통과한 열차를 보호하지 못하면, 폐색 입구의 신호는 폐색시스템에 의해 정지위치에 고정된다. 다음 열차가 허용 모드에서 정지신호를 통과하면, 해당 열차는 점유 폐색구간으로 이어지는 다음 신호에서 진행 현시를 마주하게 된다. 신호 현시에 있어서 요구되는 높은 신뢰성이 보장되지 않는 폐색시스템에서, 허용 모드로 운행되는 열차는 다음 신호에서 진행 현시를 무시하고 다음 폐색구간에서 허용 상태를 계속 운행해야 한다는 규칙 아래에 운행되어야 한다. 열차가 두 번째 신호에서 진행 현시를 통과했을 때만 기관사는 허용 모드를 종료하고 정상 속도로 진행할 수 있다.

5.3 이동폐색 운전 시 폐색 제어

이동 폐색시스템은 매우 짧은 간격으로 현재 위치를 무선 폐색 센터로 전송하는 정확한 열차 내 위치 시스템이 필요하다. 보고된 모든 위치와 함께, 열차는 또한 열차의 완전성(무결성)을 확인해야 한다. 이러한 데이터를 통해, 무선 폐색 센터는 열차의 후단을 보호하기 위한 위험 지점을 계산한다.

이어지는 열차의 위험 지점과 이동 권한 사이에는, 전통적인 고정 폐색시스템에서 폐색 과주여유거리와 동등한 안전거리가 있다. 두 번째 열차가 첫 번째 열차 뒤에 정차할 경우 두 열차 사이의 최소 안전 거리이다. 선로전환기가 이동폐색에서 서로 이어지는 두 개의 열차 사이에서 이동할 경우, 선로전환기를 이동하기 위한 추가적인 시간대가 필요하다. 시간대는 두 번째 열차의 이동 권한을 갱신할 때 무선 폐색 센터에 의해 계산된다.

무선 폐색 센터는 항상 서로 겹치는 이동권한을 차단해 정면충돌을 안전하게 예방할 것이다. 열차가 후진할 수 없는 역세권 밖의 노선 구간에서는, 고정 폐색시스템에서 방향 쇄정과 유사하게 작동하는 추가적인 방향 제어가 필요하다. 반대되는 움직임이 해당 구간을 통과하거나 열차 순서가 변경될 수 있는 다음 위치로부터 해당 구간으로 진입할 권한이 있는 한, 열차는 해당 구간으로 진입해서는 안 된다.

5.4 고정폐색 차상신호의 폐색설계

5.4.1 속도코드 검토

고정폐색에서 ATC 설비는 지상 폐색구간으로부터 구간별 속도제한을 차상장치로 전달할 수 있는 각 속도코드의 결정이 열차운전에 가장 기본적인 사항이다.

(1) 속도코드의 검토

① 속도코드의 결정

일반적으로 속도코드는 최고 속도로부터 몇 단계를 거쳐 제동에까지 이르게 되나 단계별 속도에서 그 다음 속도단계까지 저하시키는 제동거리가 비슷하도록 구간을 결정하는 것이 가장 이상적인 방식으로 단계별 속도를 구하는 계산식은 아래와 같다.

$$V_2 = \sqrt{\frac{V_1^2}{2} + (V_1 - \sqrt{\frac{V_1^2}{2}}) \times t \times \beta}$$

V_2 : 단계별 속도 (km/h)

V_1 : 열차의 최고속도 (km/h)

t : 공주시분(sec)

β : 열차의 감속도(km/h/s)

단 : 열차의 최고속도 : 80 km/h

- 공주시분 : 3 sec
- 열차의 감속도 : 3.5 km/h/s로 계산하면 대략

$V_1 = 80$ km/h, $V_2 = 58$km/h, $V_3 = 43$km/h, $V_4 = 32$km/h

상기 $V_1 \sim V_4$까지 4단계 속도는 선구의 제반조건을 무시한 일반적인 계산결과이나 실제 선로구간에서의 적용은 구배, 곡선, 분기기 등의 제한속도, 노선의 특수성 등을 고려하여 속도 단계로 결정한다.

노선에서 구간별 열차운전시분이 최고속도 분포는 62 km/h ~ 77 km/h의 속도가 대부분이고 선로의 구배 및 곡선 등의 선로 제한속도는 76, 70, 65 km/h의 속도가 대부분이며 70 km/h의 속도보다 75 km/h 속도가 더 많은 분포로 나타나 있을 때, 무엇보다도 선로의 제한 속도에 가까운 속도를 부여하여야 선로의 운전효율이 높고 등속도와 표정속도에 가까운 운전을 할 수 있다고 보며 이러한 조건을 감안한 경우 기본적으로 75, 65, 55 km/h에 해당되는 코드는 필수적으로 필요하다고 본다.

또한 전동차의 최고속도를 90 km/h의 속도로 상향 조정할 경우 하위 패턴을 90, 76 km/h로 단계를 조정하고 전동차의 최고속도가 80 km/h로 운행할 경우의 패턴은 80, 65 km/h의 단계로 조종하여 필요에 따라 병행하는 것이 운전효율을 높이는 방안이며 저속에 있어서 제한속도 코드 계산식에 의거 40, 30 km/h로 계산되나 구내 ATC 입환의 경우 분기기의 제한속도가 #8, #10, #12의 경우 각각 25, 35, 45 km/h 속도로 상향 조정됨으로 저속에 있어서 제한 속도를 각각 45, 35, 25, 코드로 할당할 수 있다.

선로구간의 구배, 곡선 등의 제한속도로 인해 표준현시 계열을 만족 할 수 없는 경우 원칙적으로 선구의 조건과 부합하는 다음과 같은 코드를 사용한다.

표 1 표준속도 변화계열

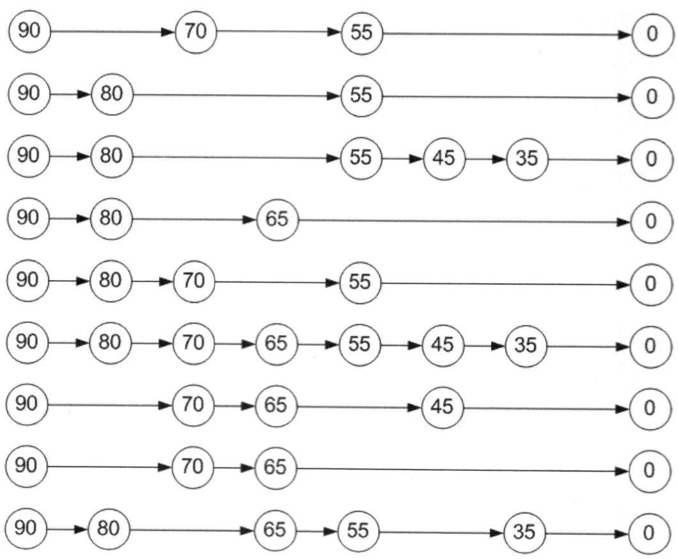

단 90과 80코드는 선로에서 동일 최고속도로 간주하고 함께 사용하지 않는 것이 효율적이며 35코드와 25코드로 동일 코드로 간주한다.

$$V_1 = 90\ \text{km/h},\ \ V_2 = 80\ \text{km/h},\ \ V_3 = 75\ \text{km/h},\ \ V_4 = 65\ \text{km/h}$$
$$V_5 = 55\ \text{km/h},\ \ V_6 = 45\ \text{km/h},\ \ V_7 = 35\ \text{km/h},\ \ V_8 = 25\ \text{km/h}$$

② 속도코드의 변화계열

표 2 속도코드 단계별 변화계열

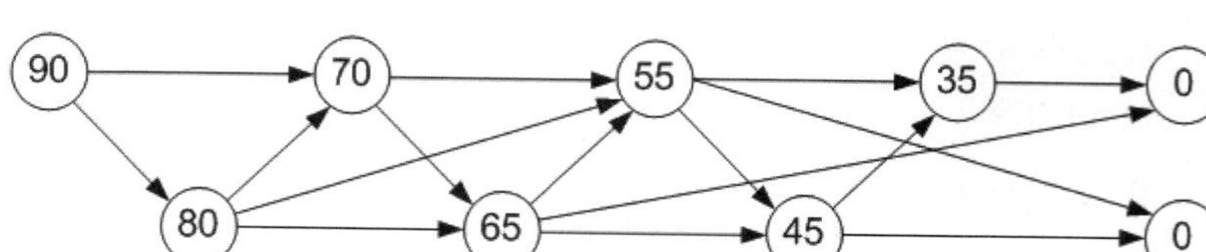

속도 코드에 의한 단계별 변화계열은 위와 같고 표준 변화계열은 아래와 같다.

③ 속도 패턴

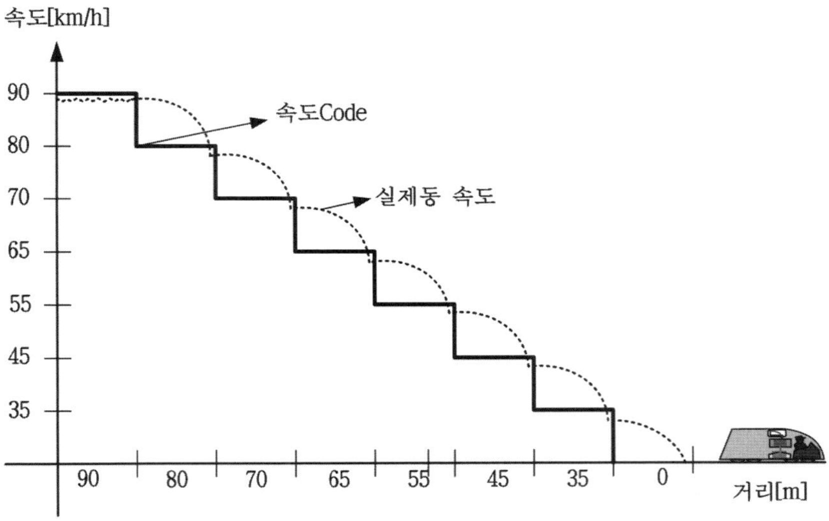

[그림 29] 속도코드와 실제 제동 속도

④ 제한속도와 속도코드의 부여

ⓐ 구배에서의 제한속도 및 속도코드

표 3 구배에서의 제한속도 및 속도코드

하 구 배	제한속도(km/h)	속도코드	비 고
5/1000	90	90	
10/1000	90	90	
15/1000	90	90	
20/1000	80	80	
25/1000	75	75	
30/1000	70	65	
35/1000	65	65	

ⓑ 곡선에서의 제한속도 및 속도코드

표 4 곡선에서의 제한속도 및 속도코드

곡선반경 (m)	제한속도 (km/h)	속도 코드	곡선반경 (m)	제한속도 (km/h)	속도 코드
130 – 134	35	35	300 – 349	65	65
135 – 139	35	35	350 – 399	70	65
140 – 149	35	35	400 – 449	75	75
150 – 199	40	35	450 – 499	80	80
200 – 249	50	45	500 이상	90	90
250 – 299	55	55			

ⓒ 분기기의 제한 속도 및 속도코드

표 5 분기기의 제한 속도 및 속도코드

분 기 기	편 개		양 개	
	제한속도(km/h)	속도코드	제한속도(km/h)	속도코드
# 8	25	25	40	35
# 10	35	35	50	45
# 12	45	45	60	55

5.4.2 폐색설계

가. 폐색구간 길이의 검토

$$\text{제동거리 } S = \frac{V}{3.6}t + \frac{V^2}{7.2\beta} + 20m(\text{여유거리})$$

반응시간 (공주시분) : 3 sec

상용에서 제동 $\beta = 3.5$ km/h/s

비상에서 제동 $\beta = 4.5$ km/h/s

단, 제동거리 계산에 있어서 여유거리를 25 m로 보았으나 운전능률의 향상으로 보아 부득이한 경우는 여유거리를 20 m로 계산하는 것으로 한다.

(1) 제한속도 구간에서의 감속거리

① ATC 운전특성에 따른 감속거리

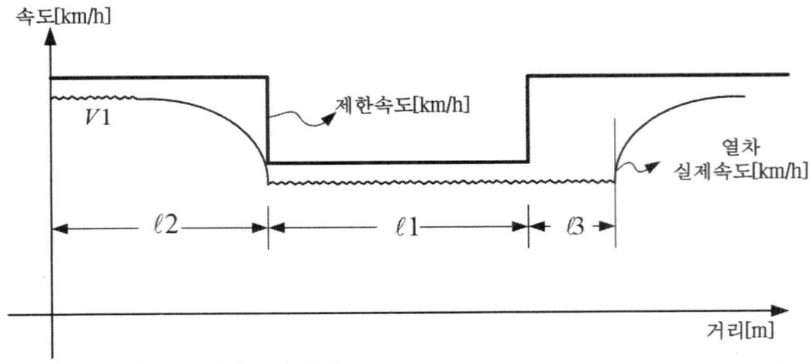

ℓ_1 = 실 속도제한구간 (m)
ℓ_2 = 제동속도에서 제한속도 이하로 떨어질 수 있는 감속거리 (m)
ℓ_3 = 열차 길이 (m)

[그림 30] 제한속도와 열차운행속도

일반적으로 ATC 열차가 속도 제한 구간을 운행할 경우는 상기 그림에 표기된 내용과 같은 운전특성을 갖는다.

즉, 선로구간에서 구배, 곡선 등의 조건에 의한 실제 제한속도는 그림에 나타난 바와 같이 ℓ_1(m) 구간으로 정해야 되지만 ATC 운전에 있어서는 실제 제한속도 구간인 ℓ_1외에 제동 초속도 (V_1)에서 실제 제한속도 (V_2)까지 감속할 수 있는 제동거리 (ℓ_2)와 열차길이 (ℓ_3)를 합산하여 제한속도구간으로 정해야 한다.

② 제한속도구간의 폐색분할

제한속도구간에서의 폐색구간 길이는 최소한 $L > \ell_1 + \ell_2 + \ell_3$로서 분할하여야 하며 아래 그림과 같다.

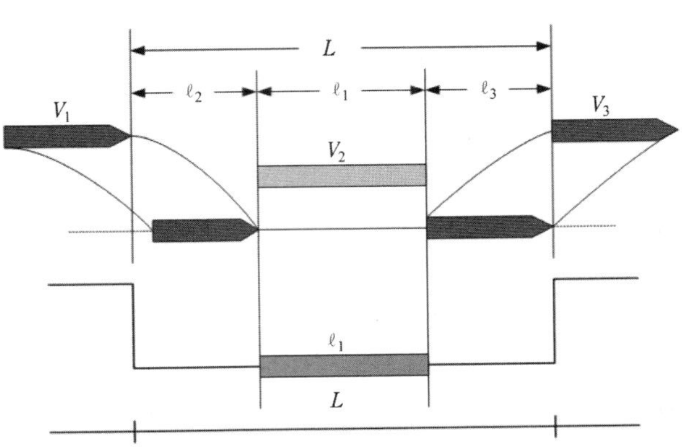

L : 속도 제한구간의 폐색구간
ℓ_1 : 실제 제한속도 구간
ℓ_2 : 제동 초속도에서 제한속도 이하로 떨어질 수 있는 감속거리
ℓ_3 : 열차 길이
V_1 : 제동 초속도
V_2 : 제한 속도

[그림 31] 제한속도 구간의 폐색분할

(2) 폐색구간의 분할

① 90 ➡ 70 ➡ 55 ➡ 0 속도코드 의 경우

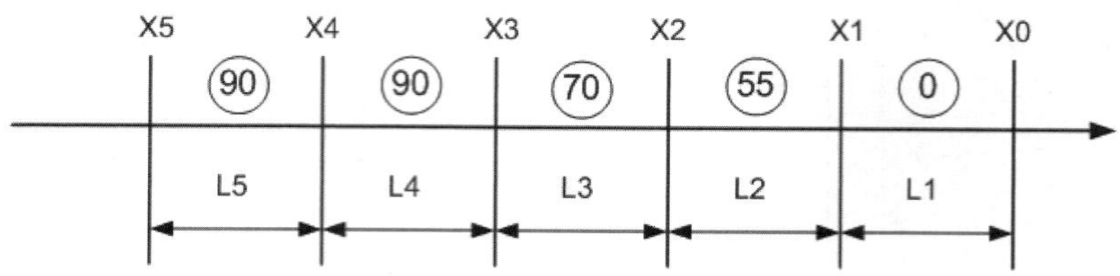

폐색구간 길이의 거리는 원칙적으로 다음의 L1 – L4 의 거리가 열차속도 패턴 변화에 따라 감속 또는 제동거리에 만족하여야 한다.

㉮ L1 > 57 km/h ➡ 0까지 감속할 수 있는 거리
거리 L1(m)은 열차가 초속도 57 km/h에서 X0 지점 전방 25 m 이내의 거리에서 정지할 수 있는 거리 이상이어야 한다.

㉯ L2 > 72 km/h ➡ 55 km/h 속도로 감속할 수 있는 거리
거리 L2(m)는 열차가 초속도 72 km/h에서 X2 지점에서 55 코드를 수신하여 X1 지점 전방 25m 이내의 거리에 서서 55 km/h의 속도로 감속할 수 있는 거리 이상이어야 한다.

㉰ L3 > 92 km/h ➡ 70 km/h 속도로 감속할 수 있는 거리
거리 L3(m)는 열차가 초속도 92 km/h로 주행하다가 X3 지점에서 70 km/h 속도 코드를 수신하여 X2 지점전방 25 m 이내의 거리에서 70 km/h의 속도로 감속할 수 있는 거리 이상을 확보하여야 한다.

② 90 ➡ 70 ➡ 55 ➡ 45 ➡ 0 속도 코드 의 경우

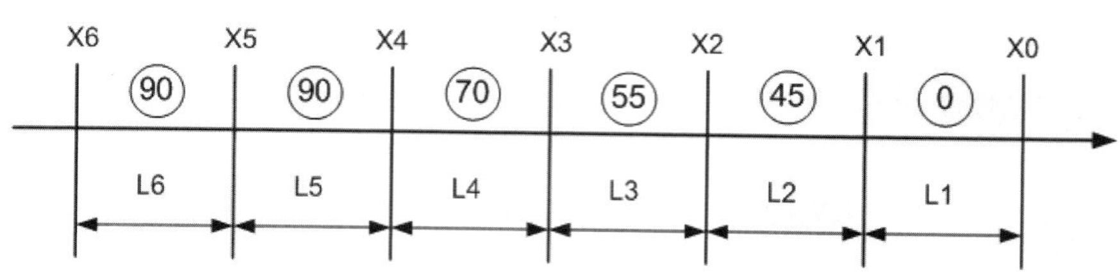

㉮ L1 > 42 km/h ➡ 0까지 제동할 수 있는 거리
L2 > 57 km/h ➡ 45 km/h 속도로 감속할 수 있는 거리
L1 + L2 > 57 km/h ➡ 0까지 상용제동의 거리

따라서 초속도 57 km/h에서 X1지점 전방 25 m 이내에 45 km/h의 속도로 감속할 수 있는 거리 (L2) 이상과 초속도 47 km/h에서 X0지점 전방 25 m 이내에 열차가 완전히 정지할 수 있는 거리 (L1)이상이어야 한다.

또한 57 km/h의 속도에서 열차가 상용제동이 걸렸을 때에도 상기조건을 만족하여야 한다.

㉯ L3 > 72 km/h ➡ 55 km/h까지 감속할 수 있는 거리

L1 + L2 +L3 > 70 km/h ➡ 0까지 제동할 수 있는 거리

㉰ L4 > 92 km/h ➡ 70 km/h까지 감속할 수 있는 거리

L1 + L2 +L3 + L4 > 92 km/h ➡ 0까지 제동할 수 있는 거리

㉱ 각 항목에 있어서 코드 현시 변화에 따른 폐색구간 길이의 결정은 상용제동의 거리에 만족하는 거리를 기준으로 하여 각 구간을 설정한다.

이때 비상제동거리를 감안하여야 하나 사실상 비상시의 감속도 β =4.5 km/h/s로 상용시의 감속도 β =3.5 km/h/s보다 절댓값이 많으므로 인하여 제동거리는 사실상 상용시의 제동거리를 기준으로 하였다.

④ 이상의 각 항목에 있어서 폐색구간 길이의 결정은 해당 선로구간이 레벨로 구배가 없는 전제 조건하에 계산하였다.

그러나 실제노선에 있어서는 구배 및 곡선부의 열차 주행저항을 계산하여야 한다. 따라서

$$\alpha \text{ 또는 } \beta \pm \left(\frac{800}{31R} + \frac{g}{31}\right)$$

R = 곡선반경(m), g = 구배(‰)

로 계산되며 α 또는 β에 대하여 상구배 및 곡선구간에는 α 또는 β에 (+) 로 계산하고 하구배구간에는 (−) 로 계산하여 이들의 값은 컴퓨터에 의하여 계산한다.

5.4.3 운전시격 단축을 위한 구내 폐색분할

지금까지 선로구간의 선로조건에 의한 역간 및 역 부근의 운전시격을 검토하였고 2분 운전시격에 맞추어 역간 폐색구간을 분할하였으나 열차가 정차장 구내의 정차시분에 따라서 운전시격은 현저하게 변화한다.

열차 지연에 따른 역구내 정차시분의 변동요인을 최소한으로 줄이도록 근접시키고 최소 운전시격의 단축을 위해서는 다음과 같이 운전시격의 결정요인을 검토하고 이에 따른 정차장 구내의 폐색분할방식을 검토한다.

(1) 정차장 구내 운전시격의 결정요인

지하철 구간에서는 철도 구간과는 달리 역간 거리가 짧아 선행 열차의 정차시간에 따라 운전시격이 크게 좌우되며 선로의 여건에 따른 구배, 곡선, 분기기 등의 제한속도와 폐색구간 길이에 따라서 운전시격의 주요 결정요인이 되며 특히 정차장 구내의 최소운전시격은 역에 정차중인 선행 열차의 정차 시분과 이에 따른 변수에 따라 변화되며 이의 계산식은 다음과 같다.

$$HW = 3.6 \times \frac{Lx + Lt + Lb}{Vn} + Td + Ts + Tb$$

HW : Headway(sec)
Lx : 열차간격(m)
Lt : 열차 길이(m)
Lb : 폐색거리(m)
Vn : 정차장에 접근하는 속도에서 정차하기까지의 평균속도(km/h)
Td : 열차의 정차시간(sec)
Ts : 선행열차가 발차하여 열차후부가 정차하기 위한 출발신호 내방을 통과해서 출발신호가 진행 신호현시까지의 시간(sec)
Tb : Vn의 속도에서 정차 하기까지의 제동시간(sec)

상기 식에서 정차장 구내에서의 운전시격을 단축할 수 있는 변수는 여러 가지가 있으나 이중

① 열차간격(Lx)은 이미 열차의 제동거리와 열차의 속도에 종속되므로 (Lx)의 거리를 줄일 수는 없다.
② 열차 길이(Lt)는 열차 편성이 8량으로 고정이다.
③ 폐색거리(Lb)는 역구내 폐색 궤도회로 거리로서 조정이 가능하다.
④ 열차의 정차시간(Tb)은 지연을 변수로 계상하므로 이는 오히려 운전시격이 상승된다.
⑤ Ts, Tb 역시 변화요인이 없다.

따라서 정차장 구내에서 운전시격 변화요인은 변수인 폐색거리(Lb)를 짧게 분할하여 정차장 구내에서 운전시격이 늦어지지 않도록 한다.

(2) 정차장 구내에서 운전시격의 단축

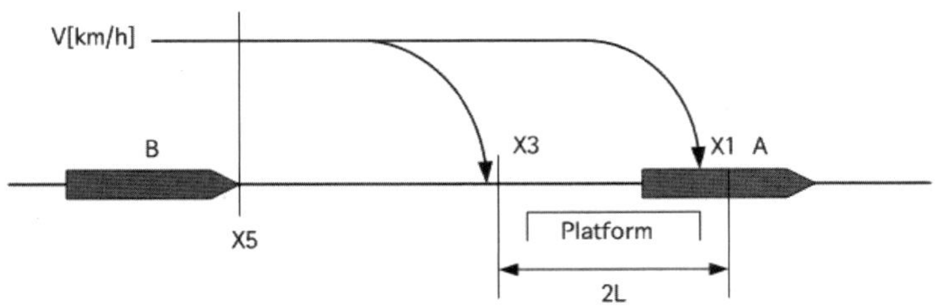

[그림 32] 구내 1개 폐색일 경우의 운전곡선

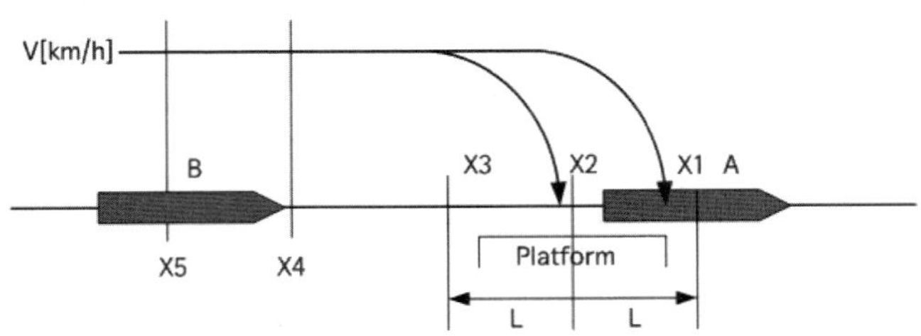

[그림 33] 구내 2개 폐색일 경우의 운전곡선

[그림 32] 에 표시된 역구내의 열차운전은 구내 폐색을 1개 폐색으로 하였을 때이고 [그림 33] 은 구내폐색을 2개 폐색으로 하였을 경우의 운전 패턴을 나타낸 것이다. 정차장 구내가 1개 폐색일 경우 그림에 나타난 바와 같이 선행열차 "A"가 정차장을 출발하여 열차 후부가 X1 지점을 통과하기 이전에는 후속열차 "B"는 X3 지점 전방에 정차하여야 하지만 구내폐색이 2개 폐색일 경우 선행열차 "A"가 정차장을 출발하여 열차후부가 X2지점을 통과하면 후속열차 "B"는 Platform에 진입할 수가 있으므로 운전시격의 단축으로 특히 열차지연에 따른 후속열차의 흐름을 원활히 하여 운전시격을 회복할 수 있는 가능성이 크다.

또한 [그림 34] 에 보인바와 같이 구내 폐색수를 증가시키면 운전시격은 단축되지만 구내폐색 L=2의 2개 폐색이상 증가할 경우 운전시격의 단축효과가 크게 나타나지 않으며 L=2개 이상일 경우 설비투자비도 그만큼 커지게 된다.

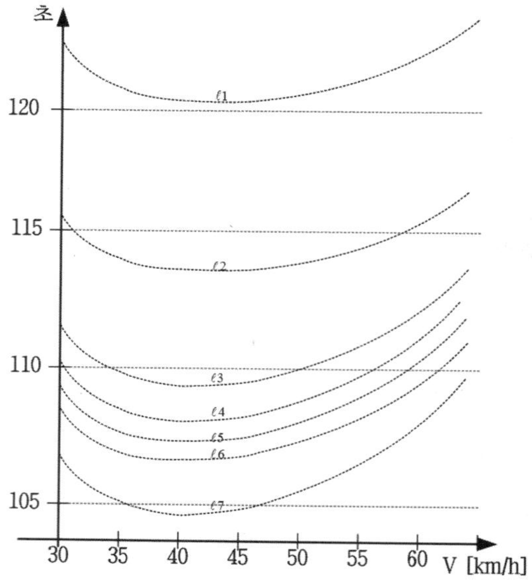

[그림 34] 역구내 폐색수의 변화에 따른 운전시격

5.5 고속철도 차상신호의 폐색설계

5.5.1 용어, 약어의 정리

(1) 허용속도

VA로 표시되며, 열차의 최고속도와 선로의 최고속도 중에 작은 것과 같다.

(2) 제어곡선

열차의 과속이 검지되어 비상제동 명령이 작용하게 되는 점들의 궤적이다.

(3) 제어제동

제어곡선을 계산하기 위해 사용되는 제동력의 크기이다. 이 값은 인간공학적인 측면을 만족하는 상용제동보다 커야 하며, 최대제동력보다 작아야 한다.

(4) 상용제동

정상조건하에서 신호체계가 충분히 고려되기 위해 필요한 제동력의 크기로서 정상조건에서 운전자가 이 제동력으로 제동을 가했을 때 실행위치에서 속도 제한을 확실히 인식할 수 있게 된다.

(5) 비상제동

비상제동은 속도 제어기능에 의해 동작되며 이는 대차분리 혹은 불규칙적인 문제들(과부하, 점착성능저하 등)로 인한 성능저하 등을 고려하여 최대제동력을 발생시키게 된다. 비상제동력의 크기는 폐색분할에 있어서의 안전도를 보장해 주는 중요한 요소가 된다.

(6) 동적질량

열차의 정적질량에다 열차의 등가회전관성 모멘트를 더한 값으로 Md로 표시된다.

(7) 정적질량

열차의 정적질량으로 Mp로 표시된다. 단위는 ton이다.

(8) 회전관성질량

회전부의 관성에 해당하는 등가질량이며, 단위는 ton이다.

(9) 실행위치

속도코드들이 차내에 표시되는 위치로 이 위치들은 선로변에 있는 표시들로서 나타나게 된다.

(10) 가시위치

속도를 줄이라는 경고정보가 차내에 표시되는 위치이다.

(11) 보호 혹은 위험위치

이는 어떤 경우에도 침범하여서는 안 되는 지점이다. 이는 일반적으로 선행열차의 후미, Fouling point, 혹은 속도제한의 시작점등과 같은 위치가 된다.

(12) TVM 시퀀스

이는 닫힌 정지점이나 속도제한구역 등을 접근하는데 있어서 운전석에 순차적으로 표시되는 정보이다. 하나의 시퀀스는 각각이 폐색분할에 관련된 표시를 설명하는 기본적인 시퀀스들로 이루어져 있다 예를 들어 300 ➡ 0의 정지순서는 다음의 5개의 폐색구간들에 걸쳐서 수행된다.

(300V) ➡ (270A) ➡ (230A) ➡ (170A) ➡ 000

이 순서는 속도제한으로 구성된 다음의 기본적인 4개의 시퀀스들로 이루어져 있다.

즉

(300V) ➡ (270A)
(270A) ➡ (230A)
(230A) ➡ (170A)
(170A) ➡ 000

실제적으로 각각의 기본 시퀀스는 정지위치와 관련된 기본적인 시퀀스를 제공해 주는 폐색분할위치에 의해 선정된다.

(13) 속도제어

열차의 가속이 검지되거나 닫힌 정지점을 통과했을 때 비상제동 명령을 내리는 ATP(Automatic Train Protection)에 의해 수행된다.

- Dref : 리셋팅 위치의 절대위치오차를 나타내며 단위는 m.
- Evit : 내부계산을 위해 사용하는 열차의 순간적인 속도측정오차를 나타내며, 단위는 %.
- Eodo : 열차에 설치되어 열차의 속도제어를 위해 사용되는 주행기록계의 오차를 말하며, 바로 이전의 리셋팅 위치 이후의 움직인 거리에 대한 비율(%).
- g : 중력가속도(9.81m/s/s)
- $gfc_{(p)}$: TVM 시퀀스의 폐색구간 p에서 제어곡선계산을 위해 사용되는 감속도.
- Lc : 현재 폐색구간의 길이.
- Md : 열차의 동적질량.
- Mp : 열차의 정적질량.
- Nca : TVM 시퀀스 상에서 열차가 정지하기까지에 필요한 폐색구간의 수.
- tbc : 제어제동이 실제적으로 인가되는 시간으로, 단위는 초.
- tbs : tbu와 개념은 같으나 상용제동에 해당되는 시간.
- tbu : 비상제동이 실제적으로 인가되는 시간이다. 즉, 제동력은 제동명령이 내려진 후 tbu 시간 후에 실제적으로 제동 작용이 이루어지게 된다. 단위는 초.
- tcapt : 궤도상에 존재하는 TVM 정보를 입수하는데 걸리는 시간.
- tcond : 제어제동을 인가하기 위한 운전자의 반응시간.
- tdj : 견인회로 차단기가 차단되는 데 걸리는 지연시간으로서 단위는 초.
- VA : 인가속도.
- $Vcf_{(p)}$: 폐색구간 p의 끝 위치에서의 제어속도.

- $Vci_{(p)}$: 폐색구간 p의 시작위치에서의 제어속도.
- $Vi_{(p)}$: 폐색구간 p의 끝 위치에서의 이론적으로 조정된 속도.
- Vfu : 비상제동이 작동된 순간에서의 속도.
- Vtrain : 속도계에 의해 측정된 열차의 순간속도.
- Xfu : 비상제동이 작동된 순간에서의 열차 선두부의 위치.
- Xlib : 진로해정 위치.
- Xpert : 정지 시퀀스정보를 위한 가시위치.
- $\triangle V_{(p)}$: $Vcf_{(p)}$ 와 $Vi_{(p)}$ 사이의 차.

5.5.2 개요

고속철도 신호시스템인 TVM 430 신호체계를 가진 고속선로의 폐색분할을 행하기 위해 사용되는 원리에 관해서 설명하고자 한다. 폐색구간 분할은 수송요구조건, 운전자에 대한 인간공학적인 고려, 안전도 등이 만족할 때 비로소 잘 설계된 폐색이라고 말 할 수 있다. 그 내용은 다음과 같다.

(1) 안전도(Safety)

운행에 대한 안전도는 속도제어 기능에 의해서 확보되며, 폐색구간은 어떤 위급한 상황에서도 비상제동이 작동되어 위험 위치 이전에서 모든 열차를 멈출 수 있도록 했을 때 비로소 설계가 잘 되었다고 할 수 있다. 이는 속도제어기능이 작용할 때 각 열차의 행동에 대한 모델링이 이루어져야 한다는 것을 의미하게 된다.

(2) 운전자에 대한 인간공학적인 고려 (Driving Ergonomic)

폐색구간에서의 인간공학적인 측면의 고려는 운전자가 미리 정해진 제동력으로 열차를 정지점에 정지시키거나 혹은 속도제한 시작점 전에서 미리 충분히 이를 수행할 수 있도록 정지 혹은 감속 순서들이 정해졌을 때 보장된다.

(3) 수송요구조건 (Traffic Requirements)

폐색구간의 설계에 의해 선로상의 어떤 위치에서도 후속 열차들과의 안전이 보장되는 운전시격에 따라 수송량이 결정될 것이다.

위의 제약조건들을 완전히 확보하기 위해 타당한 알고리즘이 필요하며, 이 알고리즘은 다음의 2가지로 분류된다.

첫째는 폐색구간의 길이를 계산하는데 사용되는 알고리즘과 관련이 있으며, 입환구역에서의 폐색구간의 길이는 다른 조건들에 의해 그 길이가 결정된다. 이러한 이유로 이를 폐색분할이라고 한다.

둘째는 생성된 폐색분할이 위의 3가지 측면, 즉 안전성, 인간공학적인 고려, 수송의 요구조건 등을 만족하는지의 여부를 검사해 보는 것으로써 검증 알고리즘이라고 불린다.

5.5.3 폐색 분할 원리

(1) 개요

고속철도 KTX의 신호시스템인 TVM 430 신호시스템을 기초로 하여 폐색분할의 원리에 대해 설명하고자 한다. TVM 430 신호시스템에서 열차들 사이의 간격을 조정하는데 사용될 수 있는 단 하나의 요소는 제동거리에 포함되는 폐색구간의 수이다. 폐색구간의 길이를 결정하는 요소는

- 열차 사이의 간격
- 상용제동 하에서 제동거리를 결정해 주는 상용제동 특성들
- 제어곡선의 정의
- 적은 범위에서의 인간공학적 측면에서의 고려사항은 다음의 변수들로 결정된다.
  - 운전자에게 할당된 반응시간
  - 적용된 제동력의 크기(폐색구간 분할이 선로의 형상이 어떻든 간에 새로 정의된 제동력을 적용하여 모든 열차들을 정지시키도록 하여야 하므로) 먼저 폐색구간 분할에서의 이러한 요소들의 영향을 고려 한 후 폐색구간 분할기법에 대한 방법에 대하여 알아보자.

(2) 상용제동에 의해 부가된 제약들

① 신호시스템의 원리

TVM 430 신호시스템에서는 상용 제동력을 가진 기준열차의 정지거리는 모든 폐색구간에 걸쳐서 분포되어야 하며, 제동거리는 상용제동이 시작되는 순간부터 측정되므로 제동적용시간(tbs)은 [그림 35]에 보이는 것처럼 경보구간이라 불리는 곳에서부터 수행된다.

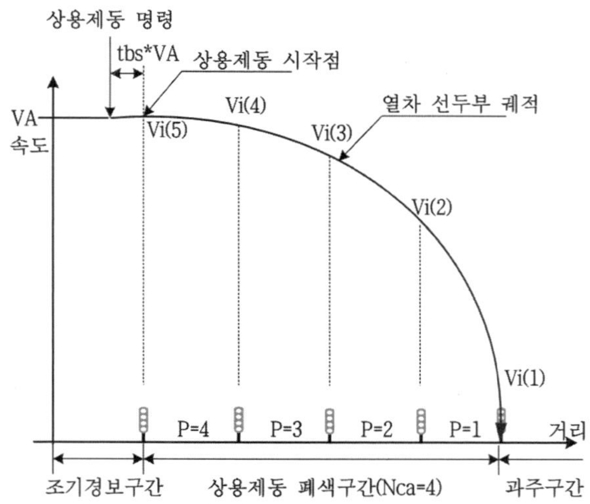

[그림 35] 상용제동 폐색분할

제동거리가 Nca 개의 폐색구간들로 나뉘어져 있다는 것은 총 제동에너지에 대한 비율로 각 폐색구간에서 소모된다는 것을 말하며, 이 에너지는 각 폐색구간의 진출입시에 속도의 제곱 항들의 차이에 의해서 측정된다. 이론적인 조정속도라 불리는 이 속도들이, 반올림 혹은 반내림 등을 한 후에 운전석에 표시될 속도들이다. 그러므로 궤도의 형상이 어떻든 간에 폐색구간분할은 속도를 줄이는 모든 정지 시퀀스들을 수행할 수 있도록 필요한 거리를 제공해야 한다. 상세원리는 다음과 같다.

각 폐색구간의 길이는 상세 순서에서 얻어진 속도를 줄이는 모든 기본적인 감속 절차가 허용 될 수 있도록 계산되어져야 한다. (그림 35) 참조) 즉,

$Vi_{(5)}$에서 $Vi_{(4)}$로의 감속
$Vi_{(4)}$에서 $Vi_{(3)}$로의 감속
$Vi_{(2)}$에서 $Vi_{(1)}$로의 감속

이론적인 조정속도 값들은 부록 2에서 설명된 열차의 상세모델을 사용하여 열차의 특성에 따라서 결정된다. 중력의 영향은 열차의 길이에 따라서 다르므로 기준 열차보다 짧거나 긴 열차들에 대해서도 설명될 것이다.

② 이론적인 조정속도 $Vi_{(P)}$의 결정

이를 위해 구배나 곡선이 없는 선로에서 열차를 VA의 속도로부터 상용제동으로 정지시키게 된다. 이론적인 조정속도 값에 대한 계산을 간략화하기 위해 구배나

곡선이 없는 선로를 선택하게 되었으며 구배나 곡선이 없는 선로에서의 중력의 영향은 무시되게 된다. 이것이 DAfs 라는 제동거리를 생성하게 되고 그 제동거리를 폐색구간의 개수(Nca)로 나누었을 때 각 폐색구간의 길이가 결정된다. 그 다음에 Vi(P)가 각 폐색구간마다 계산되는데 그에 대한 계산 원리는 다음과 같다.

❖ 상용제동 하에서 제동거리의 계산

상용제동 하에서 제동거리는 열차의 상세모델을 사용하여 계산되며 이때 열차의 주행저항은 무시된다.

❖ 상용제동 하에서 이론적인 폐색구간 길이의 계산

이론적인 폐색구간길이 (Ltcfs)는 상용제동으로 인한 제동거리를 제동폐색구간의 개수 (Nca)로 나눈 것과 같다. 즉,

Ltcfs = DAfs / Nca

❖ 폐색구간의 끝에서 이론적인 조종속도들의 계산

폐색구간 p의 끝에서 이론적인 조정속도는 다음으로 주어진다.

p = 2에서 Nca에 대해서

$$Vi^2_{(p)} = Vi^2_{(p-1)} + \frac{2}{Md} + \int_{s=0}^{s=cfs} fs(V) \times ds \quad \cdots\cdots ①$$

$Vi_{(1)} = 0$ and $Vi_{(NCA+1)} = VA$

$fs(V) =$ 열차의 속도에 따른 상용제동력

$ds =$ 열차의 기본적인 이동량

(3) 속도제어에 의해 부여된 제약조건

① 정의

제어곡선은 최대와 상용제동 사이의 값을 가지는 제동특성을 사용하며, 이 특성은 다음으로 정의된다.

㉠ 제동효과가 나타나기까지의 시간으로서 tbc로 표시된다. 이는 제동명령이 내려지고 실제로 제동효과가 나타나기까지의 시간이다.

㉡ 제동력이 작용할 때의 열차의 감속도로서 폐색구간 당 그리고 시퀀스 당 하나의 gtc 값을 가지게 된다. 이 값은 gfc(p)로 표시된다.

제어곡선에 사용되는 tbc와 gfc(p)는 다음과 같은 방법으로 결정된다.

㉢ 제어곡선이 폐색구간에 맞도록 결정

㉣ 이 제어곡선은 운전자의 인간공학적인측면을 충분히 보장하기 위해 상용제동 곡선 보다 위에 위치한다.

이러한 선택사항들은 안전도와 운전자의 인간공학적인 측면의 타협을 하여야 한다는 것을 의미하게 된다. 운전자는 어떤 경우에도 더 높은 제동력을 사용해서 열차를 정지시킬 수 있다.(안전도적인 측면에서는 열차의 상용 제동력에 대한 어떠한 제한도 가하지 않는다) 그리고 어떠한 제동성능의 저하에 대해서도 과주구간에 의해 보호받게 된다. 제어곡선과 상용제동과의 상대적인 위치는 인간공학적인 측면을 판단하는 중요한 요인이 된다. 여기서 인간공학적인 측면은 이 곡선들을 분리하는 거리에 비례한다. 이는 속도측면에 대한 에러보다 인간공학적인 측면에 대한 에러가 더 허용될 수 있기 때문이다.

② 제어곡선

만약 오동작이 있거나 폐색구간의 끝에서 요구속도를 초과할 가능성이 있는 경우에 비상제동이 작동된다. 거리와 속도의 평면상에서 열차선두부의 궤적이 제어제동 곡선에 의해 나타나게 되는데, 이는 다음의 두 부분으로 구성되어 있다.

㉠ 폐색구간 세로좌표의 vci(p)의 시작에 놓여 있는 수평 부분

㉡ 포물선의 gfc(p) 감속호(弧) 부분 이 부분은 세로 측 vcf(p)상의 폐색구간의 끝에 놓여있는 점과, 수평선 V = Vci(p)에 의해 제한된다.

동일한 평면상에서 동작점들의 궤적을 나타내는 제어곡선은 tbc*Vtrain에 대한 속도제어곡선의 선두부 궤적이다. 여기서 Vtrain은 열차의 순간속도이다.

[그림 36]는 이 곡선들의 위치를 보여준다.

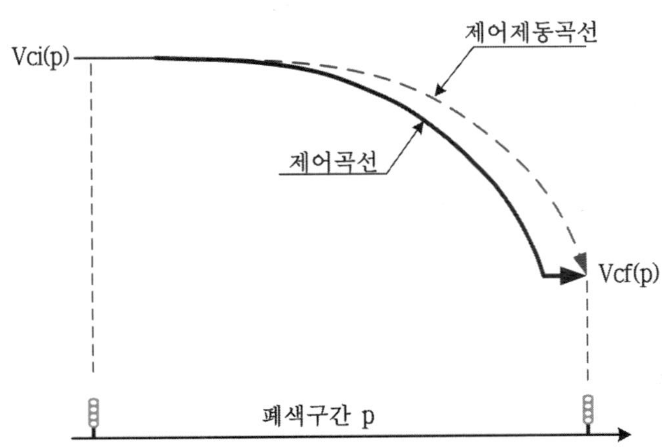

[그림 36] 제어제동 및 제어곡선의 위치

③ tbc 와 gfc(p)의 선택

이 변수들은 폐색구간 계산 이전에 전문가에 의해 미리 선택되어야 하며, 여기서는 그때 고려되어야 할 제약조건들에 대해서 고찰해 보고 그에 대한 정형화된 공식을 제공하게 된다.

이 변수들에 대한 값들이 제어곡선을 형성할 수 있도록 해야 한다. 즉,
- gfc(p)의 값으로 포물선의 감속호(弧)부분의 길이를 조정한다.
- tbc의 값으로 제동시의 조기인가위치를 조정한다.

이 값들에 대한 선정은 제어곡선이 형성되도록 선택되어져야 하며, 구배나 곡선이 없는 선로에서의 이 제약조건들에 대한 공식은 다음으로 표시된다.

a) $Vcf_{(p)} = Vi_{(p)} + \triangle V_{(p)}$; $Vci_{(p)} = Vi_{(p+1)} + \triangle V_{(p+1)}$
b) $gfs_{(p)} < gfc_{(p)} < gfmax_{(p)}$
c) $(tbc+tcapt) * Vci_{(p)} + ((Vci_{(p)}{}^2)-(Vcf_{(p)}{}^2) / (2* gfc_{(p)}) < Lc$

여기서, $gfmax_{(p)}$: 최대상용제동 감속도
$gfs_{(p)}$: 효과적인 상용제동 감속도

이 값들은 열차의 제동력 곡선으로부터 얻어지게 된다.
위의 관계식으로부터 tbc와 $gfc_{(p)}$에 대한 값들을 선택할 수 있고 각 폐색구간 마다의 $gfc_{(p)}$ 값은 선로의 최대 구배조건을 만족하여야 한다. 즉 c)번 항의 공식이 만족되도록 증명해 보아야 한다.
모든 경우에 있어서 제어곡선은 기 기술된 과정에 따라 비상제동으로 열차를 정지시켰을 때 과주구간(overlap) 안에 열차가 정지되는지를 증명해 보아야 하며, 이러한 조건들을 만족시키는 tbc와 $gfc_{(p)}$값이 사용될 수 있다.

(4) 운전에 의해 부여된 제약조건

운전에 있어서, 인간공학적인 측면에서의 고려는 다음의 두 가지 면에서 영향을 끼친다.
첫 번째는 경보구간에 대한 폐색구간의 길이와 관계가 있는데, 다음 사항들을 고려하여야 한다.
- 궤도상에 존재하는 정보의 포착시간, 이것은 tcapt 시간 동안 지속된다.
- 기관사의 반응시간, tcond
- 상용제동인가 시간, tbs

최소 길이는 다음으로 결정된다.

$$Lwarning = (tcapt + tcond + tbs) * VA$$

모든 폐색구간들은 가상적인 경보구간을 갖고 있기 때문에 이것이 모든 폐색구간에 대한 최소 길이가 된다.

둘째는 폐색구간이 그 선로에서 운행 할 수 있는 모든 열차들에 대해서는 운전자가 미리 정해진 규칙에 의해서 운행 시 실행위치를 준수 할 수 있는 거리를 보장하는 것이다.

5.5.4 폐색구간 분할방법

(1) 개요

선로의 폐색분할은 기준열차로 불리는 열차에 대해서 가장 가혹한 구성으로 계산이 되어야 한다. 예를 들어 경부고속철도 선로에서 폐색구간의 길이를 결정하는 2가지의 열차편성은 TGV14와 TGV18형이 된다.
폐색분할은 그 선로 상을 운행할 수 있는 모든 열차들에게 적합하다는 것을 확인할 필요가 있으며 이러한 이유로 더 상세한 동작이 다음의 두 단계를 통해 수행되어야 한다.

- 1단계는 실질적인 폐색구간 분할과 관계가 있으며, 목적은 각 폐색구간의 길이를 결정하는 것이다.
- 2단계는 검증과 관계가 있으며 이는 모든 차량들에 대해서 안전도 및 인간공학적인 제약조건이 만족되는지를 확인해 보는 것이다.

(2) 선로의 폐색분할

선로의 폐색분할은 다음의 두 단계로 이루어진다.

Ⓐ 시퀀스 계산단계

선로상의 고정된 속도제한에 의해 발생되는 정지 시퀀스와 관련된 변수들이 1 단계에서 결정된다. 이는 3가지의 세부단계로 구성된다.

㉠ 요구 속도의 계산

이는 2.2.2에서 이미 기술되었다.

㉡ $Vci_{(p)}$ 와 $Vcf_{(p)}$ 속도의 계산

$$Vcf_{(p)} = Vi_{(p)} + \triangle V_{(p)}$$

$Vci_{(p)} = Vi_{(p+1)} + \triangle V_{(p+1)}$

ⓒ 정보구간의 폐색구간길이 계산

$$L\ warning = (tcapt + tcond + tbs) * VA \qquad \cdots\cdots ②$$

Ⓑ 폐색구간 분할단계

각 폐색구간마다 3가지의 세부단계로 구성된다.

㉠ 상용 제동력으로 폐색구간의 길이 계산

두 가지 형태의 기준열차를 모두에 대해서 폐색구간의 길이를 계산하는 것이며, 실제적인 열차의 감속도 및 폐색분할을 위해 선택된 정지 시퀀스에 대한 선로의 형상도 고려되어야 한다.

기본 시퀀스(p)와 관련된 폐색구간의 길이 Lcs(p)는 다음 식의 해법으로 구해진다.

$$Vi^2_{(p)} = Vi^2_{(p+1)} - \frac{2}{Md} * \int_{s=0}^{s=lcs(p)} fs\ (v,s) * ds \qquad \cdots\cdots ③$$

Md : 열차의 동적질량이다.

$Vi_{(P)}$: 기본 시퀀스 p 에 해당하는 폐색구간 끝 위치에서의 속도

$Vi_{(p+1)}$: 기본 시퀀스 p에 해당하는 폐색구간 시작 위치에서의 속도

fs (v,s) : 속도 v에서 s 축 위치에 의해 구해진 열차의 제동력

ds : 기본적인 열차의 이동

lcs(P) : 속도 Vi(p)를 주는 이동 거리

p : 정지 시퀀스 상에 있는 기본적인 시퀀스 열 (列)

㉡ 제어제동력으로 폐색구간의 길이 계산

시퀀스 상의 각각의 기본 시퀀스들에 대해 제어곡선을 생성하는데 필요한 폐색구간의 길이 lck(p) 가 계산되어야 하며, 이를 위해 폐색구간의 시작위치에서 열차선두부의 속도를 $Vci_{(p)}$ 라 놓으면 X 축의 위치(tcapt +tbc) * $Vci_{(p)}$에서 제동이 시작된다. $Vci_{(p)}$에서 $Vcf_{(p)}$ 로 감속하는데 필요한 거리는 부록 1.에 있는 간략화된 열차의 모델을 이용하여 구한다. 이때 $Dfc_{(p)}$ 가 이 거리가 된다. 길이 lck(p)는 다음과 같다.

$$lck(p) = (tcapt + tbc) * Vci_{(p)} + Dfc_{(p)} \qquad \cdots\cdots ④$$

이때 폐색구간의 길이는 다음과 같이 구할 수 있다.

$$L_C = MAX_{(P=1\ to\ Nca)}\ (lcs_{(p)}\ ,\ lck_{\ (p)}\ ,\ Lwarning) \qquad \cdots\cdots ⑤$$

이에 대한 계산을 다른 열차의 구성에 대해서 반복해서 계산하게 되고, 그 중에 제일 긴 폐색구간의 길이를 취하게 된다.

ⓒ 구배의 결정

구배는 간략화된 열차의 모델을 이용하여 $Vci_{(p)}$ 로부터 $Vcf_{(p)}$ 까지의 속도를 줄이는데 필요한 비상제동거리를 계산하고 그 제동거리에 대한 구배를 추출함으로써 결정된다. 이를 위해

- 차량의 선두를 폐색구간의 끝에 놓는다. 그때 속도는 $Vcf_{(p)}$ 이다.
- 구배에 의해 변경된 $gfs_{(p)}$ 의 가속도로 $Vci_{(p)}$ 의 속도가 될 때까지 역으로 가속시킨다. 이때 $Dfc_{(p)}$ 가 이 거리가 된다.
- 구배는 다음 식으로 표시된다.

$$pm(p) = \frac{Vci_{(p)}^2 - Vcf_{(p)}^2}{2 \times Dfc(p)} - gfc_{(p)} \qquad \cdots\cdots ⑥$$

현재의 폐색구간에서 모든 pm(p) 중의 가장 작은 상구배 혹은 가장 큰 하구배에 대한 구배값이 사용되어야 하는데, 이는 Nca 폐색구간들에서 제동거리들이 같지 않고 그래서 각각의 폐색구간에서 가장 나쁜 조건에 해당되는 구배를 제공해야 할 필요가 있기 때문이다. 두 번째 열차의 구성에 대해서도 이 계산을 반복하여 가장 나쁜 조건에 대한 구배값을 선택한다.

$$pm = Min_{\ p=1\ to\ nca}\ (pm_{(p)}) \qquad \cdots\cdots ⑦$$

그때 pm보다 작거나 같은 값을 찾아서 이 값을 ptvm에 대한 값으로 취한다. (이 값이 TVM에서 구배값으로서 사용된다)

ⓒ 필요하다면 ptvm에 따라 폐색구간의 길이를 맞춘다.

ptvm의 값에 의해 주어지는 제어곡선에 필요한 폐색구간의 길이는 이전에 계산된 길이보다 더 클 수도 있는데 이것은 조정이 되어야 한다는 것을 의미하게 되고, 필요한 경우 조정을 행하기 위해서는 기본적인 시퀀스 lck(p) 의 제어곡선들에 대한 길이가 계산되어져야 하며 폐색구간 길이 Lc 와 비교되어야 한다.

$$lck_{(p)} = (tcapt + tbc) \times Vci_{(p)} + \frac{Vci_{(p)}^2 - Vcf_{(p)}^2}{2 \times (gfc_{(p)} + g \times pt\,Vm)} \qquad \cdots\cdots ⑧$$

$$lck = MAX_{\ P=1\ to\ nca}\ (lck_{(p)}) \qquad \cdots\cdots ⑨$$

만약 lck 가 L_C보다 크다면 L_C = lck 로 취하는 것이 필요하고, 만약 (lck − L_C)에 대한 조정이 한계 값(threshold)보다 크면 L_C에 대한 새로운 값을 가지고 ②와 ③번의 단계를 반복해야 된다.

※ 참조 : ③ 번의 단계에서 교정하기 전에 안전도검증에 의해 과주 등을 신중히 조사해 보고 그것이 크다면 이러한 교정을 해야만 한다.

(3) 속도제한의 경우

이 장에서는 선로상의 제약조건들(곡선, 구배, 터널, 선로전환기 등)에 의해 여러 폐색구간에 걸쳐 부가된 속도제한들에 대해서 다룰 것이며, 보다 큰 제한들은 또 다른 정지 시퀀스에 의해 다른 설명이 필요하다. TVM430에 대한 속도제한 실행 위치들은 폐색구간 분할위치에 놓여 있는데, 속도회복은 최끝단의 열차 액슬이 제한된 구역의 최종 궤도회로를 통과했을 때 발생한다.

1 단계는 어느 궤도회로에 속도제한을 가하느냐 하는 것을 결정하는 것이며, 이를 위해 전문가가 속도제한을 고려하지 않고 폐색구간 분할을 수행해야 하며, 그 후에 속도제한 구역이 폐색구간 분할에 따라 위치될 것이다.

① 감속 시퀀스의 결정

감속실행위치는 폐색분할 위치에 놓여 있으므로, 이런 감속을 보호하는 시퀀스는 폐색분할을 위해 사용된 정지 시퀀스로부터 유도될 것이다. 이를 위해 (그림 37 참조)

- 이미 수행된 폐색분할에 대해 의문을 제기하지 않는다.
- 따라서 속도코드의 개수 및 시퀀스의 수를 제한한다.

[그림 37]의 예에서 Va5의 속도에서 Va2의 속도로 감속하기 위해 3개의 폐색구간을 지나가는 것을 볼 수 있으며, 마지막 폐색구간에서의 속도 감속은 정지 시퀀스의 속도보다 작다는 것을 알 수 있고, 극단적으로 Va2의 속도는 Vi(2)의 값과 같아질 수도 있게 된다. 그 경우에, 이는 정지 시퀀스와 같게 된다. 만약 Va2 > Vi(2) 라면 감속도 gfc(1) 은 작아질 수 있게 되며, 이는 과주구간(overlap)의 길이를 줄이는 데 도움을 주게 될 것이다.

각각의 기본 시퀀스들은 제어곡선을 수렴하는 데에 사용되는 Vci(p)와 Vcf(p)를 제공하게 되며, 폐색구간 분할을 위해 사용된 구배값들은 감속 시퀀스들을 위해 유지되고, 이 가정이 검증과정에 의해 확인될 것이다.

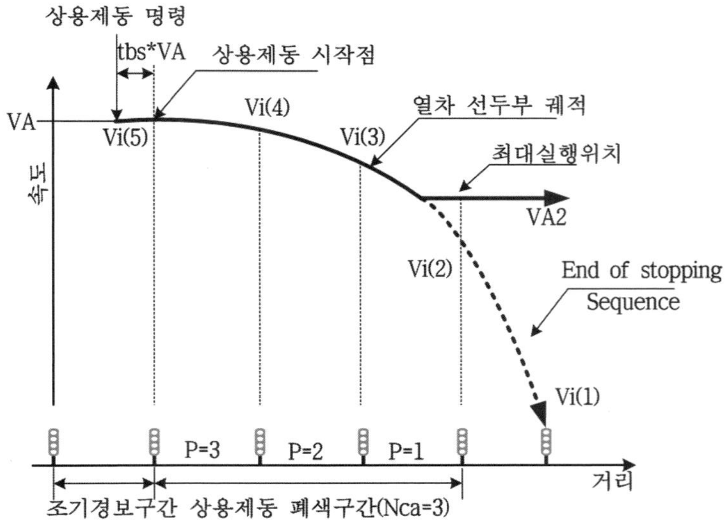

[그림 37] 감속 절차로부터 정지 절차로의 전이

5.5.5 폐색분할 검증

(1) 개요

검증의 목적은 선로 상에서 운행할 수 있는 모든 열차들에 대해서 폐색구간 분할이 안전도, 운전의 인간공학적인 측면, 성능제약조건들을 만족하는지에 대해서 검증해 보는 것이다. 인간공학적인 제약조건들은 수행된 폐색구간 분할이, 주어진 인간공학적인 열차의 운행으로써 상용제동으로 실행위치 전에서 모든 열차들을 정지시킬 수 있다는 것이 검사되어야 한다는 것을 의미하며, 안전도에 대한 제약조건은 각각의 폐색분할 위치와, 각 종류의 열차형태에 대해서 가장 나쁜 정지위치를 계산하고 그것이 보호 위치를 넘어가지 않는다는 것이 검증되어야 하며, 수송흐름에 대한 검사는 각각의 폐색분할 위치에 대해서 두 열차 사이의 가능한 간격을 계산함으로써 수행된다.

(2) 인간공학적인 측면에 대한 제약들에 대한 검사

운행에 있어서 인간공학적인 측면은 다음의 변수들로부터 결정될 수 있다.

- **운전자 반응시간** : 이는 운전자가 운전석에 표시된 경보를 보고 이를 인식하여 열차에 제동명령을 가하기 위해 운전자에게 할당된 시간을 의미하는데, 이전의 신호시스템에 대해서 이 시간은 운전자가 신호를 볼 수 있는 가시 시간에 해당된다.

• **상용제동 하에서의 열차의 정지거리** : 추천하는 상용제동으로 정의되는 특수한 제동명령으로 정의된다.

인간공학적인 제약조건들을 검증하기 위해 사용되는 원리는 각각의 폐색구간분할위치(가상적인 정지위치) 에 대해서, 그리고 각각의 속도제한 위치에 대해서 위에 정의된 조건하에서 운전자에게 경보를 가급적이면 빨리 가해서 열차를 정지시킬 수 있도록 보장한다는 것이다.
[그림 38] 에 검증논리를 나타내었다.

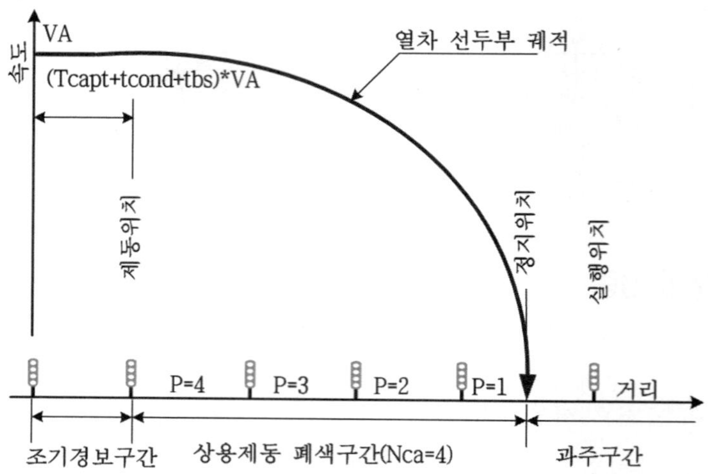

[그림 38] 상용제동으로 열차를 정차시키는 것에 대한 검증논리

[그림 37]에서 가시위치는 경보구간의 입구를 통과한 tcapt*VA의 위치에 있다. 운전자는 tcond 시간 후에 제동명령을 내리게 되고, tbc 시간 후에 실제적인 제동이 시작되게 된다. 정지위치는 실제 제동이 시작된 위치로부터 제동거리만큼의 위치에 놓여 있게 되는데, Xi jont(n)을 X축상의 정지실행위치라 하면, 열차는 다음의 위치에서 정지할 것이다.

$$Xstop = Xjoint_{(n-NCA-1)} + Va^{*}(tcapt + tcond + tbs) + Dffs$$

여기서 Dffs는 열차의 상세한 모델을 사용하여 계산된 상용제동거리이다.

만약 운전자의 인간공학적인 측면을 고려한다면, Xstop 은 $Xjoint_{(p)}$ 보다 작거나 같아야 하며, Xstop 과 $Xjoint_{(n)}$ 의 차이가 인간공학적인 측면에서의 여유분을 결정하게 된다. 이 원리가 최종속도가 0이 아닌 속도제한의 경우에도 똑같이 적용된다.

(3) 안전도 제약조건에 대한 검증

Ⓐ 과주구간의 역할

과주구간(overlap)의 역할은 실행위치의 지나침에 대한 어떤 위험을 보상하기 위해 보호 위치와 실행위치 사이에 충분한 여유거리를 제공하는 것이다.

[그림 38]은 정지하는 경우의 과주구간에 대한 표기를 보여준다. 보호 위치와 실행위치사이에는 항상 과주 값보다 같거나 큰 과주구간이라 불리는 거리가 항상 존재하게 된다. 과주는 실행위치와 최대정지위치 사이의 거리를 말하며, 최대정지위치는 열차에 비상제동이 인가되어 정지할 때 가장 악조건 하에서의 정지위치에 해당되며, 제한곡선은 가장 악조건 하에서의 열차선두부의 궤적을 나타낸다.

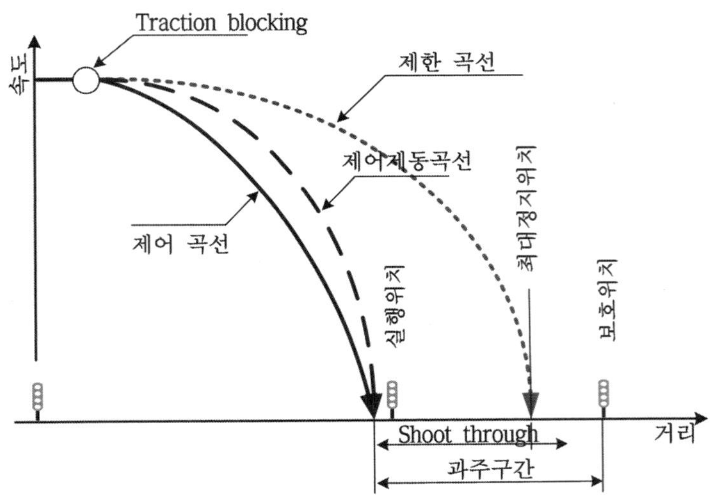

[그림 39] 과주구간 과주의 정의

원리는 실행위치와 감속제한위치가 사용된다는 것을 제외하고는 감속의 경우와 같다.

다음의 오동작이나 에러들이 과주구간 계산에 고려되어야 한다.

㉠ 주행기록계 오차 : 열차는 주행기록계에 의해 얻어진 위치보다 앞쪽에 있게 되는데, 그 값은 최근의 리셋팅 위치 이후로 Eodo * space가 된다.

㉡ 속도계 오차 : 열차의 실제속도는 측정값보다 Evit% 만큼 크게 된다.

㉢ 거리기준 오차: 거리기준이 완전하지 않아서 열차는 그의 실제위치보다 Dref 만큼 뒤에 있게 된다.

㉣ 폐색구간에 진입시 정보수집 불능 : 새로운 정보는 tcapt 시간보다 훨씬 큰 전송감지 timer(tstr)에 의해 설정된 시간동안 정보를 받지 못하게 되는데, 그래서 timer 시간제한이 비상제동을 유발시키게 된다.

비상제동 수행에 있어서 예측치 못한 기능저하로 인해 tbc 와 fu(v) 의 값에 영향을 주게 된다. 그러므로 과주구간의 하한선은 과주값이 된다.

Ⓑ 과주(過走)의 결정

이를 계산하기 위해 주행저항은 무시된다. 과주는 각각의 정지위치 및 기본적인 TVM 시퀀스에 대해서 다음과 같이 계산된다.

길이가 Lc인 현재 폐색구간의 입구에서 :

㉠ 비상제동 인가위치의 계산

X 축에 대한 인가위치는 다음으로 주어진다.

$$Xfc = Lc - \frac{Vtrain^2 - Vcf_{(p)}^2}{2\times(gfc_{(p)} + g\times pt\,Vm)} - tbc\times Vtrain \quad \cdots\cdots ⑩$$

여기서 Vtrain은 열차의 측정 속도이며, 인가위치의 좌표는 다음으로 표시된다.

V_0 = Vtrain * (1+ Evit)

X_o = Xfc * (1+Eodo) + D_{ref}

㉡ 실제적인 비상제동 인가위치의 계산

열차는 V_0 X_o 로부터 부록 3. 에 있는 타행상태에 있게 되고, 그 상태의 마지막에서 열차는 Xfu와 Vfu에 있게 된다.

㉢ 제어곡선을 위반한 경우에 X 축상의 제한 정지위치의 계산

X 축상의 제한정지위치는 X 축상의 위치 Xfu에 비상제동정지거리(DLF)를 더함으로써 계산된다. 여기서 DLF는 열차의 상세모델을 사용하여 주행저항을 무시하고 계산되어야 한다.

$XLA_{(k)}$ = Xfu + DLF

Vcf ≤ Vtrain ≤ Vci 인 모든 속도 Vtrain들에 대하여 이 작업을 반복한다.

㉣ 폐색구간의 진입시 정보의 부재에 대한 최대 정지위치의 계산

최대정지위치는 $V_0 = Vci_{(p)} * (1+ Evit)$ 와 $X_0 = V_0 * tstr$로 정의되는 원점으로부터의 정지거리를 계산함으로써 결정된다.

여기서 tstr는 TVM 전송감시 timer의 시간 경과이다.

이 원점 후에 다음과 같은 것이 있다.

- 열차를 Xfu와 Vfu로 유도하는 타행
- 그리고 거리 DLF의 비상제동정지

결국 최대정지위치는 다음과 같게 된다.

$$XLF_{(t)} = Xfu + DLF$$

㉤ 과주 길이의 계산

과주 길이는 다음으로 결정된다.

$$\text{과주} = MAX(XLA_{(k)}, XLA_{(t)}) - X_{exe}$$

여기서 $MAX(XLA_{(k)}, XLA_{(t)})$는 미리 계산된 모든 XLA들 중의 가장 먼 진행방향까지 위치한 최대 제동위치를 나타낸다.

X_{exe} 는 실행위치의 X 축 위치이다

감속의 경우에 제한위치는 위와 같은 방법으로 계산된다. 단지 최종속도가 최종감속 속도라는 것만 다르게 된다.

© 과주구간(Overlap)의 검증원리

n을 현 폐색구간의 번호라 하면, 모든 계산들은 그의 입구를 기준으로 하여 이루어지게 되며, 그때의 X 축 위치를 $Xjoint_{(n)}$ 이라 하자. 폐색구간 n에 적용된 기본 시퀀스 p는 joint n+p+1의 X 축 위치 $Xjoint_{(n+p+1)}$ 를 보호하게 된다. 이는 보호위치가 과주구간이 있는 폐색구간의 끝에 놓여 있기 때문이다. 과주구간(overlap) 검증원리는 다음과 같다.

㉠ 가장 나쁜 비상제동 인가위치의 계산

인가위치는 Ⓑ과주(過走)의 결정에서 $Vtrain = Vci_{(n,p)}$ 로서 계산되는데 여기서 $Df_{(n,p)}$ 는 다음과 같다.

$$Dfc_{(n,p)} = \frac{Vci^2_{(p)} - Vcf^2_{(p)}}{2\times(gfc_{(p)} + g\times pt\,Vm(n))} - tbc\times Vci_{(p)} \quad \cdots\cdots ⑬$$

인가위치를 계산해 보면,

$$Xfc_{(n,p)} = (Xjoint_{(n,+1)} - Dfc_{(n,p)} * (1+Eode) + Dref$$

만약 $Xjoint_{(n)} > Xf_{(n,p)}$ 라면 폐색구간에 제어곡선이 만들어지지 못한다는 것을 의미하는데, 이때는 이 사실은 보고되어야 하며, 검증과정을 끝내게 할 필요는 없다.

㉡ 불리한 조건에서의 인가위치의 조사

전송감시 timer의 시간경과에 따른 제동의 인가가 제어곡선을 지키지 않음으로써 인가되는 경우보다 더 위험한 것인지를 알아보는데 있다.

이를 위해 다음 항들을 계산해 보아야 한다.

- timer에 의한 인가위치의 계산

$$Xfe_{(n,p)} = tstr * (1 + Evit)$$

- 이 값을 $Xfc_{(n,p)}$ 와 비교하여 둘 중에 더 큰 값을 택한다.
- 열차를 $Xfu_{(n,p)}$, $Vfu_{(n,p)}$ 까지 타행으로 한다.

㉢ 최대정지위치에 대한 X축의 위치계산

최대정지위치에 대한 X축의 위치는 다음 항들의 합으로 계산된다.

$$XLA_{(n,p)} = Xfu_{(n,p)} + DLF_{(n,p)}$$

㉣ 보호위치에 대한 X축의 위치 계산

보호위치에 대한 X축의 위치는 $Xjoint_{(n+p+1)}$ 이다.

㉤ 보호위치에 대한 과주가 없는지를 조사해 본다.

(4) 수송흐름의 제약조건에 대한 검사

Ⓐ 가정

폐색분할 수행은 운전자와 열차의 행태를 가정함으로써 검증되는데, 감속일 경우를 제외하고 견인전동기의 견인특성은 견인특성에 관한 표로서 정의된다. 인가속도에 도달했을 때 그 속도보다 현재속도가 더 큰 경우 이를 저지하는 작용이 인가되게 된다.

운전자는 규정을 잘 지킨다고 가정했을 때, 이는 다음의 사항을 가능하게 한다.

- 제동 하라는 정보를 수신했을 때 tcond 시간 후에 제동을 가하게 되고

- 감속의 끝에서 최종목표속도에 도달하자마자 제동을 해제하게 되고, 이때 제동 회로에서는 시간지연이 개입되지 않는다.
- 제한적인 명령을 받았을 때, 필요한 경우만 제동명령을 가하게 된다. 예를 들어 (220V) 신호를 받으면 열차의 속도가 220V보다 클 때에만 제동을 가하게 된다.

Ⓑ 표준주행

시격계산은 선로상의 일부분에 대해, 특수한 열차의 궤적을 시간, 거리, 속도의 평면상에서 나타내고 "표준주행"이라 불리는 기능을 사용한다. 그때 열차는 정상적인 선로에서 주행하게 되고, 그에 인가된 속도제한들만을 지키게 되며, 감속과정은 TVM430 신호체계에 만족하게 된다.

열차의 궤적은 폐색구간 위치, 진로해정 위치, 정지위치 등 과 같은 특수한 지점들에서 추출되게 된다. 다음 표시는 이 위치들을 위한 것이다.

- 선두부 통과시각 (toc(n))
- 선두부에 대한 통과 속도 (Voc(n))
- 후미 통과 시각 (tlib(n))
- 후미 통과 속도 (Vlib(n))

이러한 모든 데이터들이 표준주행을 만들게 되는데, 이때 열차의 진행에 대한 모든 저항들이 고려되는 열차의 상세모델을 사용하여 표준주행을 만들게 된다.

Ⓒ 시격계산

두 열차사이의 시격계산을 위해서는 선로의 형상에 따라 여러 가지의 변수들이 있다. 다음 3가지의 경우가 고려된다.

㉠ 비점유 궤도

비점유 궤도에서 열차들 사이의 시격은 열차의 표준주행으로부터 다음과 같이 구해진다. (그림 40 참조)

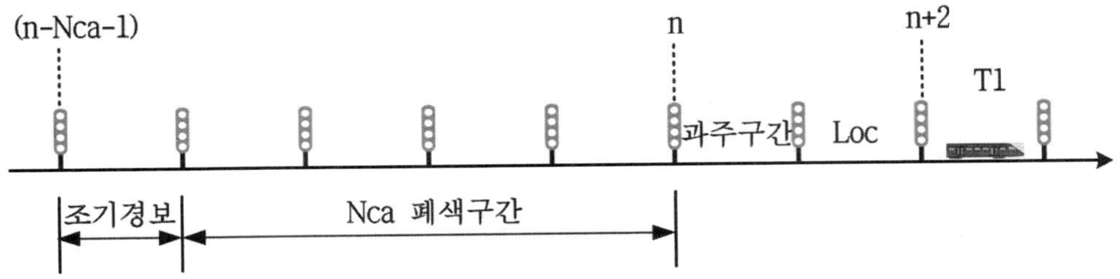

[그림 40] 비점유 궤도에서의 운전시격 요인

선행열차가 Loc 궤도를 벗어났을 때 Tsol 시간 후에 정보가 궤도로 전송되고, 후속열차는 경보구간을 통과하고 tcapt 시간 후에 이 정보를 받을 것이다. 실행위치 n을 원점으로 하면 점유된 폐색구간의 끝은 joint (n+2) 에 위치한다. 반면에 경보구간의 입구는 joint (n−Nca−1)이 된다.
이 조건하에서 시격은 그 거리를 가기 위해 걸리는 시간과 같게 된다.

$$d\,\text{int v} = \text{Xjoint}_{(n+2)} + \text{tsol}*\text{Val} + \text{Lt1\_(Xjoint}_{(n-nca-1)} + \text{tcapt)}*\text{Va2} \quad \cdots\cdots ⑭$$

$$d\,\text{int v} = \text{Xjoint}_{(n+2)} + \text{Lt1\_Xjoint}_{(n-nca-1)} + \text{tsol}^*\text{Val} - \text{tcapt}^*\ \text{Va2} \quad \cdots\cdots ⑮$$

여기서 Val는 선행열차가 폐색구간 (n+2)을 벗어나는 속도이고 Va2는 후속열차가 경보구간을 진입하는 속도가 된다.
표준주행 데이터를 고려하면 각 joint(n)에서의 시격은 다음과 같다.

$$\text{int}_{(n)} + \text{tlib}_{(n+2)} - \text{tocc}_{(n-nca-1)} - \text{tcapt} + \text{tsol}$$

여기서 tsol 은 TVM 지상장치의 시간 지연과 궤도회로의 상승시간(Rise time)을 포함한다. 일부분의 선로에 대한 시격은 모든 joint 값들 중의 최대값으로 한다.

ⓛ 분기의 경우

분기에서의 시격은 진로상의 원점표시에 해당하는 가시위치에서 계산된다. 실제로 후속열차는 그것이 그려지기 전까지는 진로를 취할 수 없을 것이다. 시격은 다음의 두 거리 사이를 가기 위해 열차의 선두부가 지나간 시간과 같다.

- 진로 원점위치로부터 가시위치까지의 상대적인 거리
- 열차의 후미가 그 진로를 해정하였을 때 그때의 위치

[그림 41]는 본선으로 운행하는 후속열차가 선행열차보다 빨리 달리고 있는 경우를 나타낸다.
이때 선행열차는 측선으로 운행하고 그의 속도는 선로전환기를 통과하기 위해 감속된다. 만약 다음과 같이 표시하면,

- K : 진로원점표시기의 joint 번호
- tlib(iti) : 진로가 해정되는 시각(선행열차의 후미가 진로 해정점을 통과한 시각)

- titi : 진로설정을 위한 요구시간으로서, 선로전환기를 동작하고 궤도에 정보를 전송하는데 요하는 시간

이 위치에서의 시격은 다음과 같이 표시된다.

$$\text{int}(K) + \text{tlib}_{(\text{iti})} - \text{toc}_{(k-\text{nca}-1)} - \text{titi} + \text{tcapt}$$

[그림 41]는 후속열차가 적어도 선행열차만큼 빨리 운행할 때에만 의미가 있다. 그렇지 않다면 그 문제는 분기 이전 구간의 입구에서의 문제로 넘기게 된다.

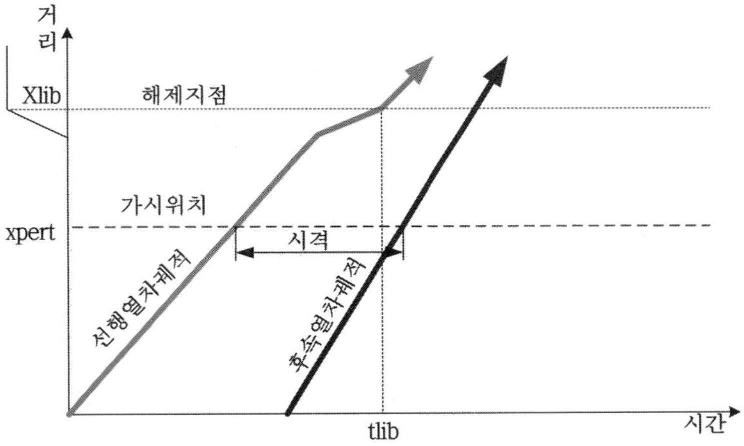

[그림 41] 분기에서의 운전시격

㉢ 집중분기의 경우

집중분기의 경우에는 선로전환기를 통해서 측선으로 통과하는 열차가 감속한 다음에 다시 허용속도로 가기 위해 가속을 하기 때문에 훨씬 더 복잡하다. 열차들 중 어느 한 열차가 감속한다는 것은, 시격이 이미 알고 있는 위치에서는 측정되지 않는다는 것을 의미하는데, 그 위치는 감속된 열차의 견인특성에 의존하게 된다. 만약 열차들이 같은 속도로 운행할 수 없다면 열차들이 통과하는 순서에 의해 따라잡거나 멀어질 것이다. 각 경우에 따른 시격을 계산하기 위해서는 각 종류에 대한 설명이 필요하다.

❖ catching up 의 경우

같은 속도로 주행하고 있는 열차들이 경우에 대해서, [그림 42]에 개략적으로

문제를 나타내었다. 후속열차는 선행열차보다 더 빨리 달리는데, 최소시격은 궤도의 공통구간의 끝에 놓여 있게 되고, 이 위치에서의 시격 값은 다음 둘 중의 하나가 된다.

- 신호체계에 의해 부여된 시격
- 통화에 의해 부여된 값

계산과정은 다음과 같다.

㉠ 후속열차의 표준주행을 마지막 폐색구간 위치까지 그린다.

㉡ 최종 정지위치는 가시위치를 통하여 후속열차의 궤적을 통과시킨다.

㉢ 필요하다면 고속철도 ATC시스템에 표시된 것처럼 공통 궤도부분에 대해 신호체계를 고려하여 후속열차의 궤적의 위치를 조정한다.

㉣ 만약 시격이 고려된다면, 신호간격과 적합한지를 조사해 본다. 고려된 시격이 신호간격보다 크다면 후속열차의 궤적을 고려된 시격에 맞게 이동시킨다. 그렇지 않으면 전문가에게 부적합성에 대한 보고를 하여야 한다.

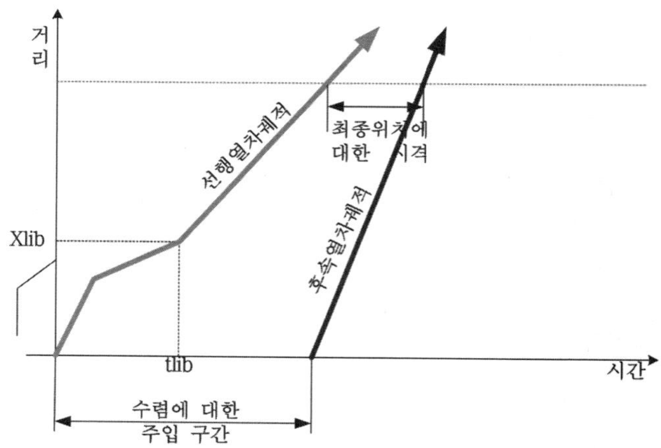

[그림 42] Catching up인 경우의 열차 궤적

❖ Distancing의 경우

여기서는 선행열차가 후속열차보다 더 빨리 주행하는 경우로서 [그림 43]에 나타나 있다. 바로 전에 집중분기에서의 시격에 대해 겪었던 후속열차의 표준주행에 대해 그렸기 때문에 문제가 더 간단하다. 집중분기에서의 시격(intv)은 다음 둘 중의 하나가 될 것이다.

- 신호체계에 의해 부여된 값
- 통화에 의해 부여된 값

계산과정은 다음과 같다.

㉠ 마지막 폐색구간 위치에서 선행열차의 표준주행을 그리고 진로 해정시각을 결정한다.

㉡ 후속열차의 궤적을 가시위치를 통하여 tlib(iti) + titi + tcapt의 시각에 통과시킨다. 그 후 필요하다면 공통 궤도 부분에 신호체계를 고려하여 후속열차의 궤적 위치를 조정한다.

㉢ 만약 시격이 고려된다면, 신호간격과 적합한지를 조사해 본다. 고려된 시격이 신호간격보다 크다면 후속열차의 궤적을 고려된 시격에 맞게 이동시킨다. 그렇지 않으면 전문가에게 부적합성에 대한 보고를 하여야 한다. 후속열차의 궤적은 공통구간의 출구에서 뒤따르는 열차들을 정의하는 데 사용된다.

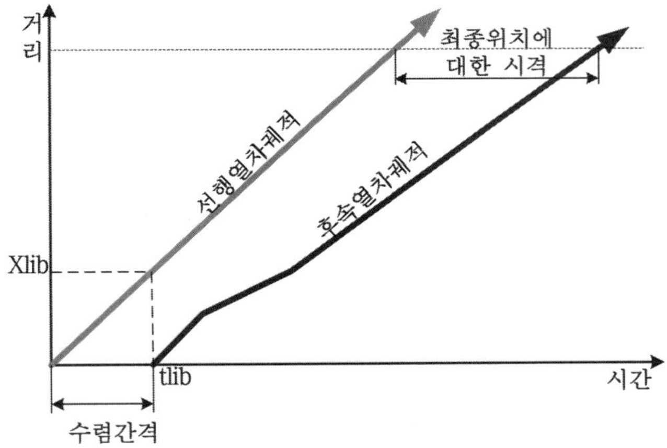

[그림 43] Distancing의 경우에 있어서의 열차의 궤적

Ⓓ 후속열차의 궤적위치

후속열차의 궤적을 위치한다는 것은 신호체계에 의해 부여된 제약조건들에 따라 후속열차의 표준주행에 대한 위치를 찾는다는 것을 의미한다. 그 원리는 후속열차의 궤적이, 시격이 가장 큰 위치와 접한다는 것이다. 이를 위해 후속열차를 강제적으로 진로원점 가시위치, 최대시격위치 등과 같은, 알고 있는 위치를 통과하

도록 위치시켜야 하는데, 이와 같은 강제적인 위치함은 열차가 폐색구간 위치들을 통과하는 시각을 한꺼번에 다룰 수 있도록 해준다.

궤도의 폐색분할 위치를 각각에 대해서, 열차의 궤적이 가시위치들과 직각이 되도록 놓여 있는지를 검사한다. [그림 44]는 열차궤적들의 상대적인 위치를 나타낸다.

후속열차의 궤적은 모든 joint들에 대하여 후속열차의 선두가 가시위치를 통과한 시간이 joint n 이 선행열차에 의해 해제된 시간에서 tsol−tcapt 보다 더 큰 시간에 위치되도록 해야 한다. 만약 이렇게 되지 않으면 잘못된 것이므로 유실된 시간을 기록해 놓고 계속하게 된다. 모든 폐색구간 위치들에 대해서 이 작업이 다 수행되었을 때 가장 큰 값을 취하고, 그 후에 필요하다면 수정작업을 하게 된다. 수정작업은 시격 int(k)에다 유실된 값을 더하고 후속열차의 궤적을 새로 위치시키는 것으로 이루어진다.

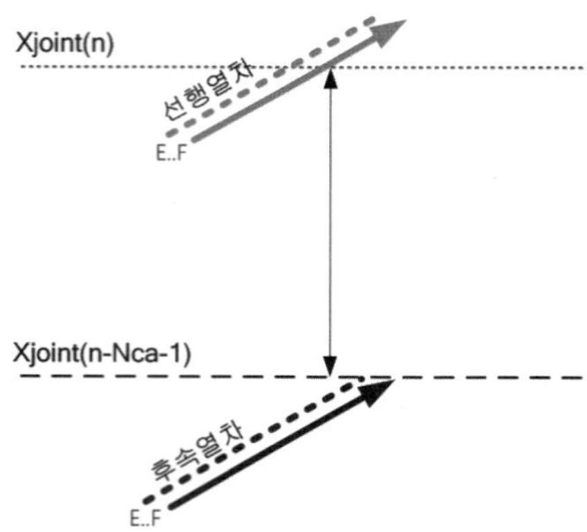

[그림 44] 후속열차의 궤적위치

Ⓔ 운전자의 운전행태 모델링

이 장의 목적은 신뢰성 있는 시뮬레이션에 필요한 시퀀스들의 숫자를 제한하기 위하여 충분히 신뢰성을 갖는 운전자의 모델을 정의하는 것이다.

만약 Nca를 정지위치를 보호해 주는 시퀀스에서 정지폐색구간의 수라 하면 경보폐색구간의 입구는 정상적으로 정지위치로부터 거슬러 올라가 Nca−1 번째 폐색구간에 놓여 있게 된다. 이는 시퀀스에서 설계된 속도로 열차가 운행 할 때 정확할 것이다. 만약 어떤 이유로 더 낮은 속도로 열차가 주행을 한다면 이는 더 이상 정확할 수 없으며, 이러한 상황들은 선로의 수송흐름 관점에서 배제되어야 할 것이다. 그래서 TVM430 신호시스템에 의해 주어진 표시들을 해독하는 운전자의 행태를 조사할 필요가 있다.

고속철도 선로에서 TVM430 신호체계는 운전자에게 가능한 한 빨리 속도에 대한 명령을 제공하는 것이며, 요구속도표시는 만약 다음 폐색구간에서 속도에 대한 제한이 없다면 현재 상태를 유지하고 있으며, 그렇지 않으면 깜빡거리게 된다. 운전자는 지시속도와 열차의 속도에 따라 행동을 해야 하는데 이에는 2가지의 가능성이 있게 된다.

- 만약 열차의 현재속도가 지시속도보다 클 때는 운전자는 제동을 가해야 하며 지시속도에 도달했을 때 지시속도 표시가 깜빡거리면 제동을 계속 가해야 되며, 그렇지 않으면 제동을 해제해야 한다.
- 만약 열차의 현재속도가 지시속도보다 작을 때는 운전자는 감시를 계속해야 한다. 현재 지시속도가 깜빡거리면 운전자는 어느 폐색구간에서 추진을 중지시켜야 할지를 결정해야 하는데 이 폐색구간이 경보폐색구간이 되고, 이곳이 시격을 결정짓는 폐색구간이 된다. 이를 위해 다음 폐색구간에 전송된 지시속도가 검사되어야 하는데, 이를 해석하기 위해 지상 TVM장치에 대한 다음과 같은 용어들이 사용된다.
- VE : 현 폐색구간에 인가된 속도를 표시, 즉 열차가 현 폐색구간에서 주행 할 수 있는 최대속도를 나타낸다.
- Vc : 위에 정의된 지시속도를 나타낸다.
- Va : 경보속도를 표시하며, 이는 다음의 폐색구간에 대한 지시속도를 나타낸다.

Vt는 열차의 속도를 나타내고, [그림 44]에서 폐색구간 n 이 검정 부분으로 진입하는 모든 열차들에 대해서 경보폐색구간이 될 것이다.

이러한 이유들로부터

[그림 45]에서 다음과 같이 놓으면

- n : 정지위치에 해당하는 joint의 색인
- p : joint n에 관련된 정지 시퀀스에서 폐색구간의 색인
- Nca : 정지시퀀스에서 관련된 폐색구간들의 수
- $Vt_{(n-p)}$: joint(n−p)에서 열차의 속도
- $Vi_{(p)}$: 폐색구간 p 의 끝에서의 지시속도

만약 $Vt_{(n-p)} > Vi_{(p-1)}$

and $Vt_{(n-p)} \leq Vi_{(p)}$ 혹은 $Vt_{(n-p+1)} > Vi_{(p-1)}$ 라면 폐색구간 p는 경보구간이 될 것이며, 가시위치는 폐색구간 진입후의 tcapt에 위치할 것이다.

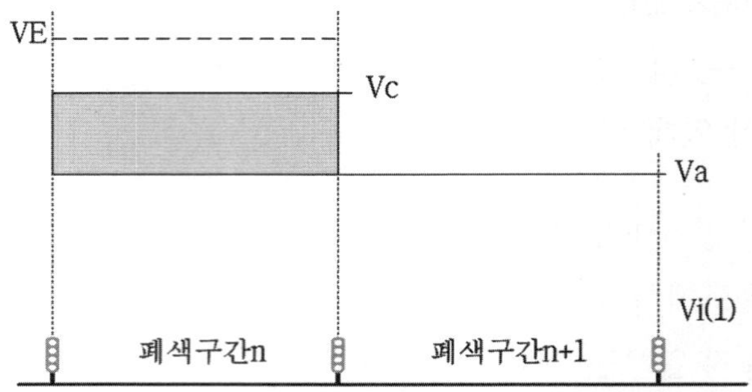

[그림 45] 폐색구간 n에 대한 경보구간

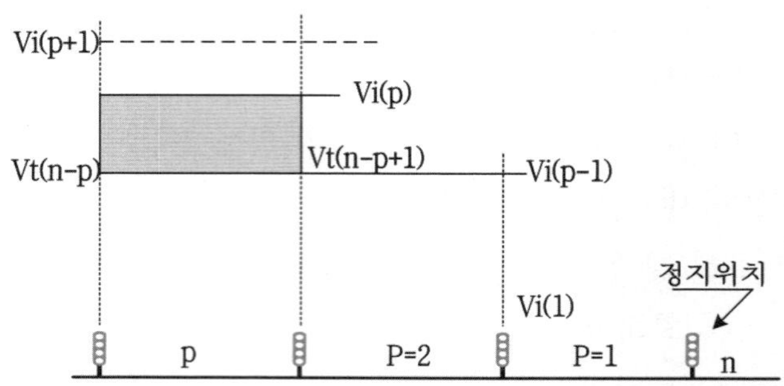

[그림 46] DESI 언어로의 변환

5.5.6 타행운행(Coasting Phase)

[그림 47]은 열차가 타행중인 경우 속고와 시간(V, t) 평면상에서 열차의 궤적을 나타낸다.

타행은 열차의 주행이 제어곡선을 위반한 것이 검지되고 비상제동이 작용되기까지의 순간에 일어나게 되는데, 안전문제로 인하여 열차가 최대 가속의 상태일 때 제어곡선을 위반한 경우 등 가장 악조건 하에서 고려된다. 열차 밑의 선로의 형상이 Fp하는 힘을 생성하게 된다.

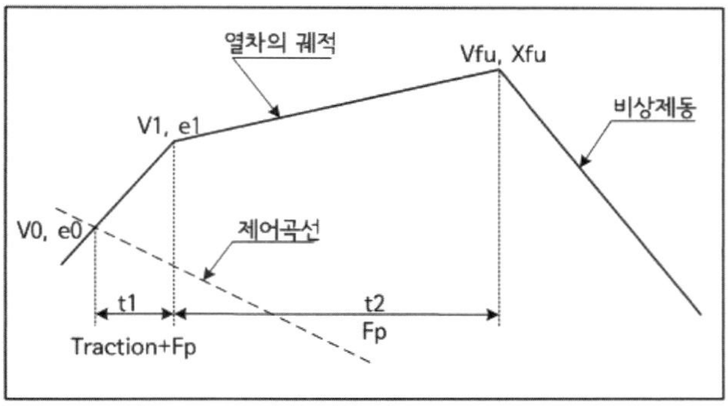

[그림 47] 타행 중인 경우의 열차의 궤적

제어곡선에 대한 위반이 검지되면 비상제동이 작동하게 되고 이는 다음의 결과를 초래한다.

- 위반 후 시간 후에 회로차단기의 개방이 실제적으로 이루어지게 되며, t1시간 동안 열차는 그전의 견인력 및 중력의 힘(Fp)을 받는다.
- t1과 t1+t2 사이의 시간 동안 열차는 중력의 영향을 받는다.
- t1+t2 의 시간에서 비상제동 장치가 작동되고 열차는 비로소 감속을 시작하게 된다.

타행의 끝에서의 열차의 속도 Vfu와 위치 Xfu를 구하는 것이 목적이다. 위반의 순간에 열차의 속도와 위치를 각각 V_0 X_0 라 하고, 열차의 상세모델을 사용하여 열차의 궤적은 다음을 적용하여 계산될 수 있다.

- 0에서 t1까지는 견인력과 중력을 적용
- t1에서 t2까지는 중력만을 적용
- t2 이후에는 비상제동력과 중력을 적용

6 자동열차방호(ATP) 시스템

80년대 초에 철도 안전을 높이고 각기 다른 철도 신호시스템이 설치되어 있는 유럽의 철도를 상호연계운행하기 위하여 새로이 도입된 신호시스템으로 열차의 속도를 지속적으로 감시할 수 있게 되었다. 그것을 ATP라고 부른다.

ATP 시스템은 목표 속도 표시와 음향 경고를 사용하여 열차가 빨간색(위험) 신호를 통과했는지 또는 속도제한을 초과했는지 여부를 기관사에게 알려준다. 이 경우 운전자가 경고에 응답하지 않으면 시스템이 자동 브레이크를 작동시켰다. ATP(Automatic Train Protection) 시스템은 운행 승인에 대한 정보를 송신하고 선로에서 열차로 제한 속도를 전송하며 만약 열차가 유효정보를 받지 못하면 자동으로 제동이 체결되는 원인이 된다. 선로변 신호기 시스템 영역에서 ATP 시스템의 작동은 선로변 신호기의 추가적인 작동이며, 주목적은 정지신호를 피하기 위함이다. 차상신호 영역에서의 ATP 시스템은 차상신호용 정보를 제공한다.

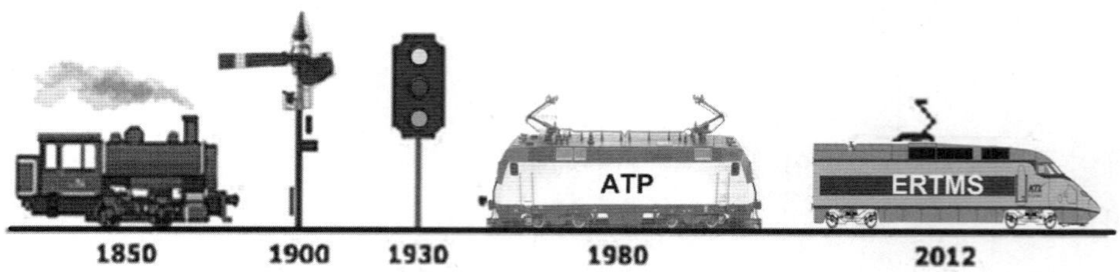

[그림 48] 신호시스템의 역사

여기에는 두 종류의 ATP와 관련된 궤도와 열차 사이에 데이터를 송신하는 방법이 있다.

- 불연속 ATP
- 연속 ATP

6.1 불연속 ATP 시스템

불연속 ATP 시스템은 궤도를 따라 특정 위치에서 열차로 데이터를 전송하는 시스템이다. 궤도에서 열차로 송신하는 기술 방법은 공통적이다.

- 기계적인 장치
- 전기적인 접점
- 유도에 의한 전기-전자 정보송신
- 발리스에 의한 데이터 텔레그램 송신

불연속 ATP 시스템의 운영 프로그램은 3가지 기능을 가지고 있다.

- 자동 경보 기능
- 제동 곡선 감시
- 열차 정지

그러나 이 세 가지 기능이 모든 시스템에 필요한 것은 아니다.

여기에는 매우 간단한 시스템을 사용하는데 열차가 정지신호를 통과할 때는 자동으로 열차가 정지된다. 이러한 시스템을 ATS(Automatic Train Stop)라고 부른다. 매우 간단한 형태로 ATS 시스템은 기계적인 트립 정지와 함께 작동되며 선로변 트립 암과 열차 측 제동 트립 스위치 사이에서 기계 접점에 의해 동작한다. 이러한 형태의 불연속 ATP 시스템 동작 상태를 [그림 49]에 나타내었다.

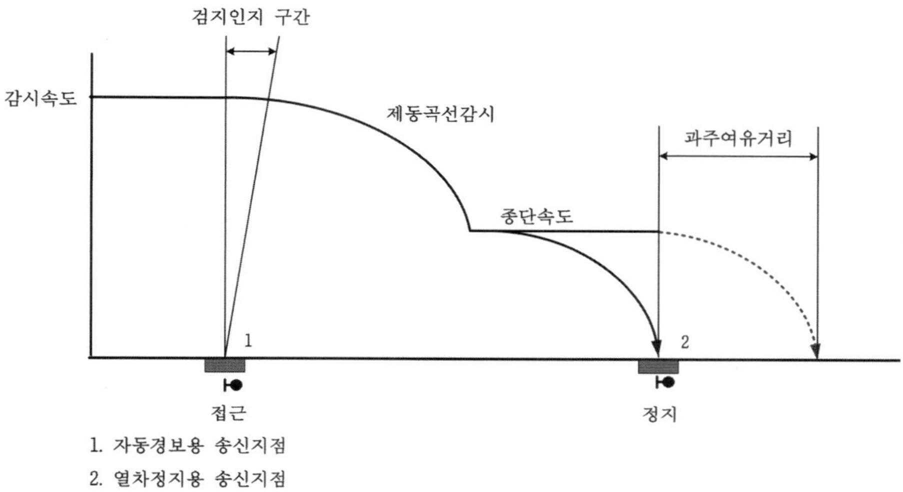

[그림 49] 불연속 ATP 동작 원리

열차가 신호기를 지나가면 "접근, 다음 신호에서 정지" 신호를 받으며, 자동 경보시스템이 동작에 들어간다. 기관사는 즉시 인지 버튼을 눌러 다음 신호에서 정지할 것임을 확인하여야 한다. 인지 버튼을 누르지 않으면 열차는 자동으로 정차한다. 인지 확인 후 열차시스템은 제동 곡선을 감시하기 시작한다. 만약 열차가 제동 곡선 감시 속도제한 범위를 따라가지 않으면 열차는 자동으로 정차한다. 제동 곡선감시는 열차가 신호기를 통과하여 일정한 속도가 되었을 때 종료된다. 이 종단 속도는 과주여유거리 구간 내에 열차가 정차할 수 있는, 즉, 안전을 보장할 수 있는 속도로 신호기를 통과하는 아주 낮은 속도이다.

이와 같은 간단한 형태, 불연속 ATP 시스템은 열차가 신호기를 통과하면 "접근, 다음 신호기에서 정지"를 보여주며 제동 곡선을 다음 신호기가 진행을 현시하여도 감시를 하여야 한다. 이러한 방식은 선로용량이 적은 선로에서 사용된다. 이러한 단점을 피하고자 현대시스템은 정지점 앞에 데이터 지점을 추가하여 신호기가 진행을 현시하면 제동 곡선 감시를 해제한다. (Infill 기능)

어떤 시스템에서는 기관사가 특수 조건으로 운전 해제 버튼에 의해 제동곡선 감시 해제가 가능하다. 허용 신호가 있는 철도에서는 기관사가 ATP를 허가 모드로 전환하는 버튼이 있어야 하며, 허용속도로 정지신호를 통과하여야 한다.

단지 적은 데이터 송신 지점을 가진 단순 불연속 ATP 시스템의 또 다른 문제는 정지신호 앞에서 갑작스러운 가속에 대하여 충분히 방호하지 못하는 점이다.

정상적으로 열차가 정차하였다면 제동곡선 감시는 해정 될 것이다. 정지신호 앞에서 가속되었다면 속도 감시가 없는 것이다. 그러므로 열차가 통과하기 전에 열차가 과주여유거리 범위 내에 멈추는 것이 가능하지 않은 속도에 접근할 수 있다. 열차가 이 신호기 뒤에 과주여유거리가 있고 해정 된 상태이며 과주여유거리 전체 길이를 활용할 수 없을 때 연동신호기 앞에서 갑작스러운 가속에 대응할 수 없다.

6.2 연속 ATP 시스템

연속 ATP 시스템에서 열차는 방호 시스템 제어를 위하여 언제나 데이터를 받는다. 열차의 속도제한은 연속적으로 감시된다. 데이터 송신을 위한 원리는 다음과 같다.

- 코드화된 궤도회로에 의한 데이터 전송(펄스 전류 또는 주파수에 의한 코드화)
- 궤도 안테나와 같은 케이블을 이용한 데이터 전송
- 무선을 기본으로 하여 데이터를 전송하고 열차 위치 검지용 발리스를 조합하는 방법

연속 ATP 시스템에서는 모든 궤도에 송신시스템을 설비한다. 또 다른 시스템에서는 송신시스템의 설치는 선로의 속도를 감시하기 위하여 데이터 송신이 필요한 궤도 구간에 제한적으로 설치한다.

연속 ATP는 항상 Cab 신호와 연관된다.

모든 열차가 연속 ATP가 설치된 선로에서 선로변 신호기는 쓸모없게 된다. 그러나 많은 철도에서 자동폐색신호기만 철거하고 연동장치용 신호기는 철거하지 않는다. 선로변 신호기 시스템을 줄일 때 이렇게 하는 이유는 차상신호 신호시스템이 작동하지 않을 때 열차를 연동신호기 사이 구간을 안전하게 운행하기 위해서이다. (그림 50)

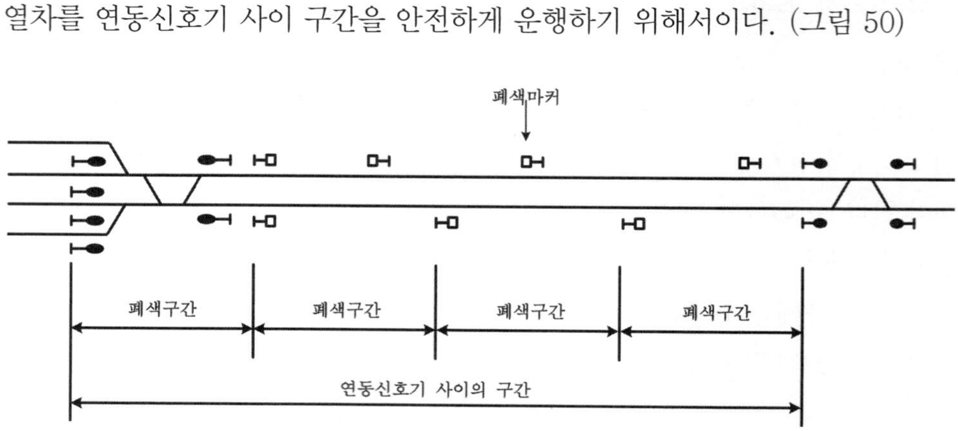

[그림 50] Cab 신호 영역에서 선로변 신호기 감소

일반적인 연속 ATP 시스템의 예는 Loop 형태의 SIMENS LZB 시스템이다. LZB 시스템에서 연속적인 케이블 루프 형태는 궤도 안테나 역할을 한다. 열차 위치 검지를 위하여 루프는 크로스포인트(Zero 점)에 케이블이 크로스 하여 기준점을 만드는 특별한 지점을 갖는다.

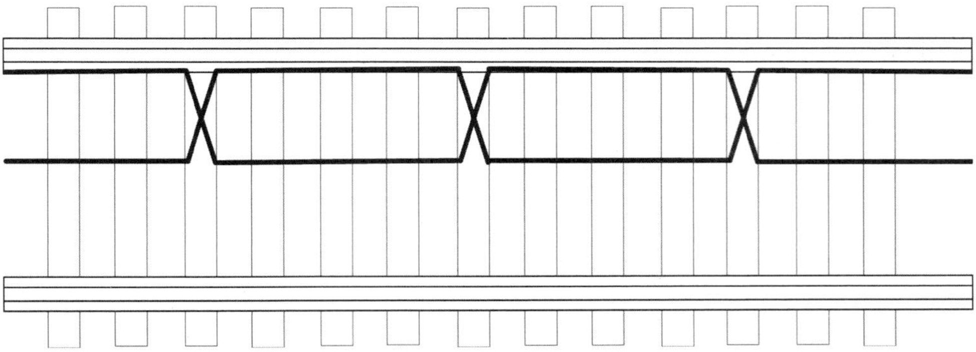

[그림 51] LZB 루프의 크로스포인트(영점)

두 개의 횡단 개소 사이에 차륜 회전 카운터를 이용하여 열차 위치를 파악한다. ATP 시스템은 정적속도 프로파일 정보를 열차로 송신한다. 이 정적속도 프로파일은 선로 상태에 관한 정보이다. 운전승인의 목표지점에서 열차의 동적 속도 프로파일(제동 곡선)은 정적속도 프로파일을 넘지 않아야 한다.

열차는 다음 정보를 추종한다. (그림 52 참조)

- 현재 속도제한
- 목표속도
- 목표 거리

목표속도는 열차가 다음 실행 점에서 넘지 말아야 하는 속도이다.

목표거리는 실제 열차 위치에서 다음 실행 점까지의 거리를 말한다.

지시정보는 Cab 신호가 기관사 앞에 표시되는 것을 말한다.

지멘스의 LZB 시스템에서는 모든 열차에 ATO 장비가 설치되어 있으며, LZB의 지시정보에 따라 자동으로 운행된다. ATO 스위치를 ON 시키면 기관사는 비정상적인 경우만을 감시하면 된다.

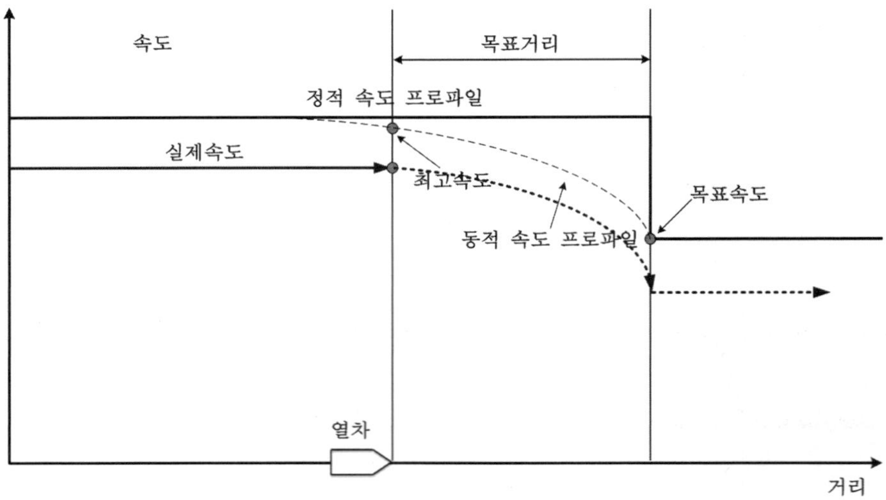

[그림 52] LZB 영역에서의 열차 운행원리

어떤 철도에서는 ATO와 결합한 연속 ATP 시스템을 ATC 시스템이라고 부른다.

연속 ATP 시스템을 사용하는 코드 궤도회로와 같은 오래된 시스템에서는 동적 속도 프로파일이 작동하지 않는다. 각각의 구간에 접근하였을 때 정지신호는 고정 속도 코드이다. 따라서 열차제어는 실제 제동 곡선이 아니고 계단과 같은 종류의 감시 곡선이다. (그림 53 참조)

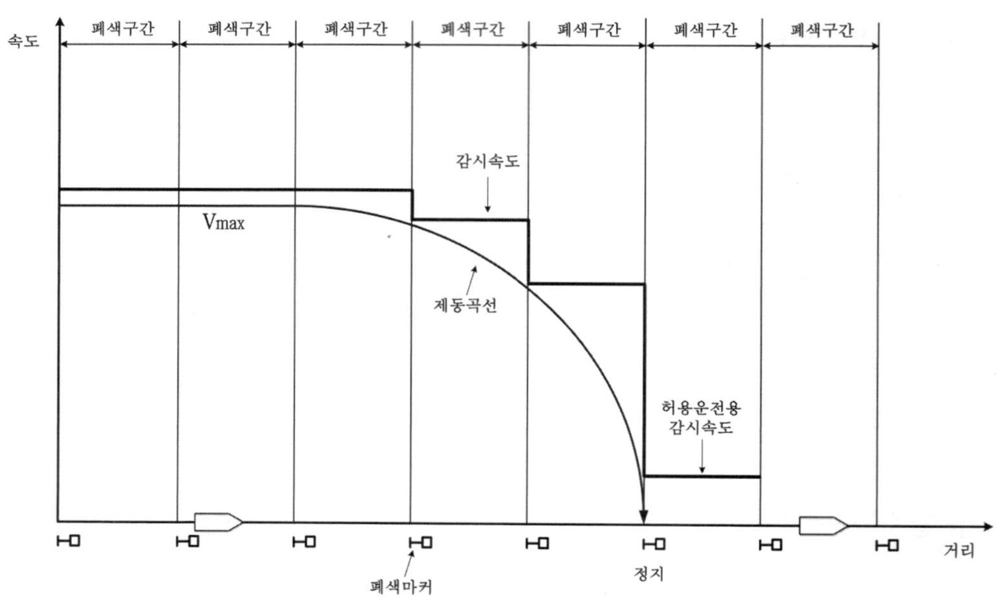

[그림 53] 코드 궤도회로를 사용하는 연속 ATP 시스템의 열차제어원리

속도 프로파일은 특수한 열차 데이터와 관련하여 차상에서 계산한 것이 아니므로 한 선로의 최대제동거리를 기준으로 하여 같은 속도 프로파일에 의해서 모든 열차를 감시한다. 이 원리의 선로용량 범위는 연속 ATP와 관련 없는 고정폐색 시스템의 용량이다.

매우 낮은 허용오차를 요구하는 차상 위치 시스템은 ATO 용 동적속도 프로파일을 자동으로 감시한다. 그러므로 차상 위치 파악용으로 선로변 기준점 사이의 작은 거리가 필요하다. 코드 궤도회로가 있는 연속 ATP 시스템의 폐색시스템은 ATO를 충족시키지 못해서 정위치 정차용 별도의 시스템을 필요로 한다.

6.3 도시철도 ATC/ATO 시스템

6.3.1 개요

대도시의 교통수단인 도시철도의 최종목표는 승객을 안전하고 신속, 정확하게 목적지에 도달하게 함으로써 교통 욕구를 충족시켜 주는 데 있다. 이러한 욕구를 충족시키는 수단으로 지하철이 건설되며 지하철의 열차운행을 제어하는 열차제어설비는 열차운행의 안전, 정확, 신속을 목표로 완벽한 운행관리 체제를 갖춘 설비로써 아래와 같이 크게 세 가지로 분류할 수 있다.

첫째, 열차가 운행되는 현장에 위치하여 직접 열차 안전 운행을 지원하는 전원장치, 선로전환기 장치, 궤도회로 장치, 신호기 장치, 자동폐색장치, 연동장치 등으로 구성된다.

둘째, 열차를 안전하고 효율적으로 운행하기 위한 자동제어설비로서

- 자동열차제어 (ATC: Automatic Train Control) 장치
- 자동열차운전 (ATO: Automatic Train Operation) 장치
- 자동열차정지 (ATS: Automatic Train Stop) 장치
- 열차와 현장 간 통신 (TWC: Train To Wayside Communication) 장치 등이 있다.

셋째, 각 현장에서 일어나는 모든 열차의 움직임을 통제하고 관리 감시하는 열차 종합제어 (TTC: Total Traffic Control) 장치로

- 운행제어 컴퓨터 (TCC: Traffic Control Computer)
- 관리자 운영 컴퓨터 (MSC: Management Support Computer)
- 데이터전송장치 (DTS: Data Transmission System) 등이 있다.

자동열차제어 및 자동 운전기능을 가진 ATC/ATO 시스템이 도입되어 사용되고 있으며 개략적인 구성도는 [그림 54]와 같다.

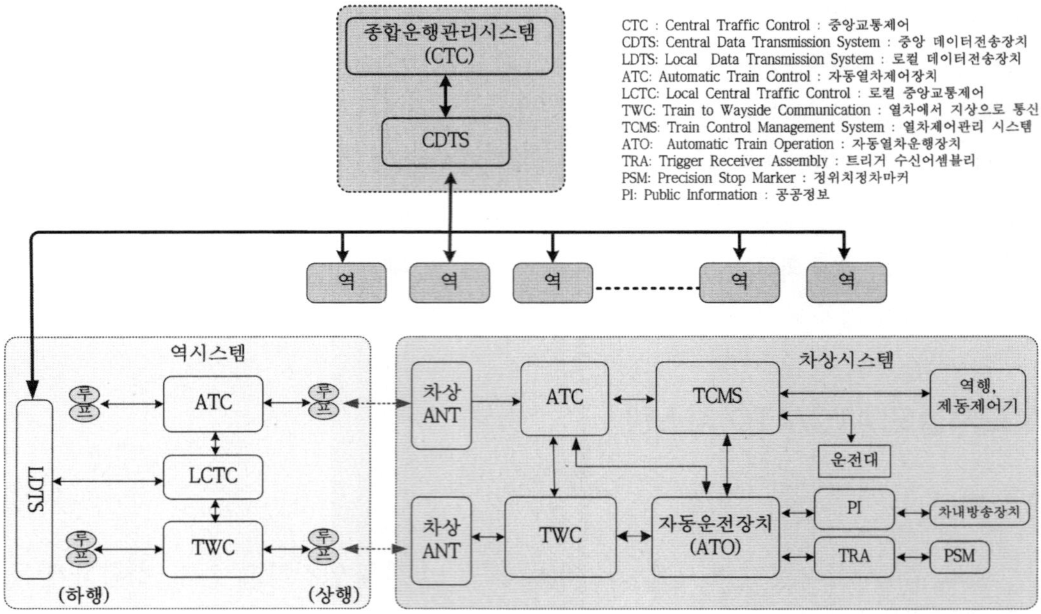

[그림 54] 도시철도 ATC 시스템 구성도

6.3.2 열차 위치 검지

주행 중인 열차에 승무원이나 내부의 열차 속도제어에 관계되는 장치에 필요한 정보를 전송하기 위해서는 해당 열차의 위치 파악이 가장 중요하며 이 위치에 따라 후속하는 열차에 대하여 앞으로 주행할 기본조건이 되므로 열차의 존재 여부는 열차운행 관리 및 제어에 있어서 가장 Vital한 존재이며 이 기능이 무너지면 치명적인 결과를 초래하게 된다.

이처럼 열차를 검지하는 방법으로서 레일을 직접 이용하여 전기적인 회로를 구성하고 이 회로에 흐르는 전기회로의 전원을 열차의 차축으로 단락하여 검지하는 방법인 궤도회로 방식과 일정 정규화된 구간에 입·출구 점을 정해 놓고 지나가는 열차의 차축을 세어서 입구 점과 출구 점의 차축 수를 계산하여 같은 경우는 열차가 정상적으로 지나간 것으로 인식하여 열차의 유무를 판단하는 방법인 액슬카운터(Axle Counter) 방법이 사용되고 있다.

6.3.3 레일을 이용한 열차제어 정보전송

열차를 제어하기 위해서는 신호기를 설치하고 신호기의 색깔로써 정보를 취득할 수 있다고는 하나 이것은 승무원이 개입되어 있어 승무원 개인의 판단 의지와 그때 당시 자연환경에 따라 정보의 처리 과정이 정규화될 수 없으므로 그보다 진보된 자동열차보호

(ATP) 기능을 기초로 한다. 그 대표적인 구현 방법으로 레일을 이용하여 열차를 검지하고 검지 된 열차가 주행하여야 할 운전속도정보를 전송하는 방법이 비교적 오래전부터 사용되었다. 주행하는 노반의 형태와 조건에 따라서 운행할 열차의 종류에 따라 여러 가지 정보전송 방법을 달리 할 수 있으나 전통적인 방법으로서 열차가 주행하는 레일을 직접 도체로 이용하여 전기적인 회로를 구성하고 이 회로에 흐르는 전기회로의 전원을 열차의 차축으로 단락하여 검지하는 방법이 가장 일반적이다. 이 경우 레일에는 열차를 구동하기 위해서 흐르는 구동 전류와 열차를 검지하는 전류 또는 제어용 주파수가 남아 있게 된다. 열차를 구동하기 위해 공급하는 전원과 구동용 전동기의 형태에 따라 직류전류와 상용주파수 성분이 포함된 교류전류도 함께 존재한다.

6.3.4 가청주파수 AF 궤도회로

이 방법은 레일을 직접 이용하여 전기적인 회로를 구성하고 이 회로에 열차 검지 및 제어에 필요한 정보를 가청주파수(Audio Frequency)대역의 주파수로 변조하여 전송하는 방법으로서 레일에 전송되는 가청주파수 신호를 열차의 차축으로 단락하여 검지하는 방법을 사용하며, 열차의 운전제어정보 역시 열차의 해당 궤도회로 점유 사실이 검지된 때에만 특정 제어에 필요한 가청주파수를 다시 신호 회로에 흘리고 열차가 이 정보를 입수하여 제어되도록 하는 방법이다. 국내 대부분의 도시철도 노선에서 도입하여 사용하는 방식으로 여기에 사용하는 주파수는 수 kHz로써 사용하는 대역은 도시철도 운용기관별로 달리한다. 도시 간 철도에서도 사용 가능하며 고속철도 350 km/h 구간에서도 전송하고 수신하는 데 문제가 없다. 다만 전송 거리에 있어서 도시철도의 경우 비교적 단거리(수 십m ~ 수 백m) 구간에서 사용 중이며 고속철도구간에서는 보완 소자를 사용하여 전송 거리를 수 km까지 전송하고 있다. 즉 필요한 경우 장거리 전송을 위해서는 부가적인 장비를 추가하여 사용한다.

(1) 열차의 검지 기능

서울 도시철도 5~8호선에서 사용하고 있는 가청주파수 궤도회로인 AF 궤도회로는 열차의 위치를 검지하기 위하여 지상의 제어실에서 레일로 주파수를 전송하고, 레일을 거쳐 다시 수신하는데 사용하는 주파수 출력은 다음 여덟 개의 AF 주파수가 사용된다. (F1 : 2,100Hz, F2 : 2,320Hz, F3 : 2,580Hz, F4 : 2,820Hz, F5 : 3,100 Hz, F6: 3,370Hz, F7 : 3,660Hz, F8 : 3,900Hz 8개 주파수) 여기서 홀수 번호의 주파수(F1부터 F7까지)는 하선 궤도회로에 사용하고, 짝수 번호의 주파수(F2부터 F8까지)는 상선 방향의 궤도회로에 사용한다.

또한, 4개의 AF주파수가 궤도회로마다 계속 차례로 연결되는데 첫 번째 주파수가 매번 네 번째 주파수 다음에 다시 반복 연결되는 식으로 궤도회로에 할당된다. 이 방식으로 뒤에 연결되는 궤도회로마다 각 궤도주파수가 다르게 연결되며, 결국 뒤에 연결되는 궤도회로에서 발생하는 간섭을 피할 수 있다.

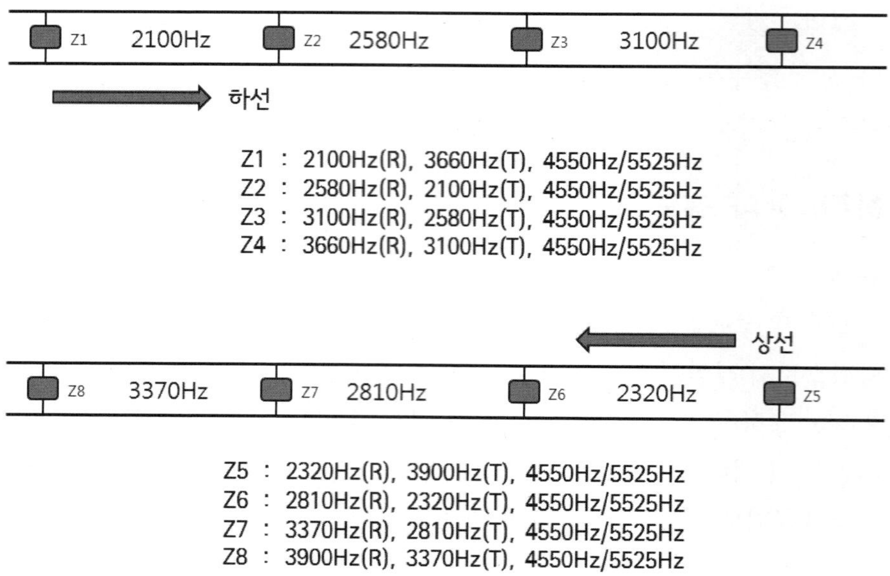

[그림 55] 상하선 궤도회로 주파수 배치도

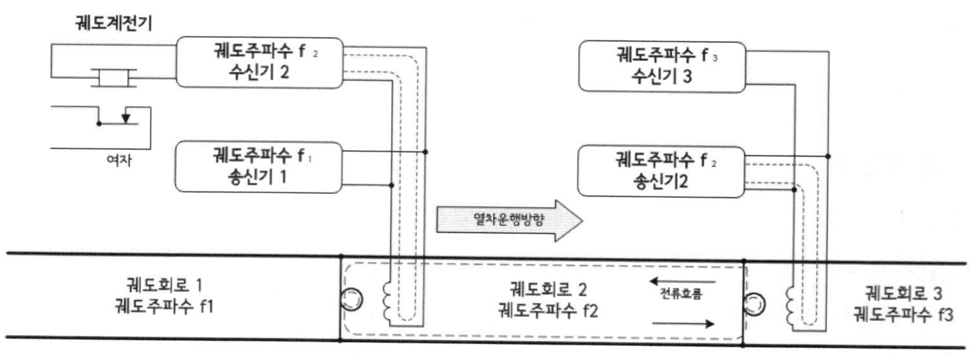

[그림 56] 열차 비점유시 전류의 흐름

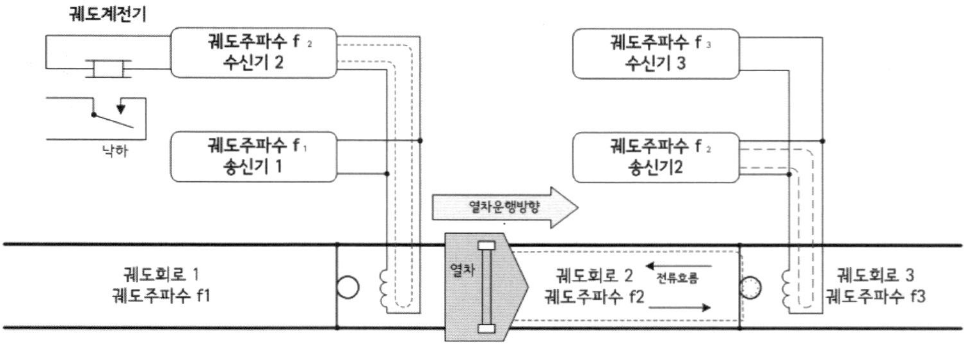

[그림 57] 열차 점유 시(속도 명령 송출) 전류 흐름

(2) 열차제어 정보전송

해당 궤도회로에서 열차가 점유하고 있는 것이 검지 되면 이 조건을 기본으로 하여 지상에 있는 제어 장치는 열차제어 정보를 레일을 통하여 전송하며, 해당 열차는 열차에 장착된 수신 장치를 통하여 읽어 들인 정보를 토대로 해당 열차의 주행할 속도 정보를 취득한다. 다음 표 6 서울도시철도 5호선 열차제어 정보 및 주파수 현황은 열차제어에 필요한 속도제어 명령과 이에 해당하는 주파수를 나타낸다. 여기서 FL 및 FH는 발진주파수로서 FL : 4,550Hz, FH : 5,525Hz 이다.

표 6 서울도시철도 5호선 열차제어 정보 및 주파수 현황

제어정보	CAB 주파수	Code rate(Hz)
K–down	FL	2.0
K–up	FH	2.0
01	FL	3.0
YARD	FH	3.0
25 kph	FL	4.5
65 kph	FH	4.5
35 kph	FL	6.83
70 kph	FH	6.83
45 kph	FL	10.1
75 kph	FH	10.1
55 kph	FL	13
80 kph	FH	13
60 kph	FL	21.5
90 kph	FH	21.5
좌측 문 열림	FL	27.5
우측 문 열림	FH	27.5

이들의 열차제어 정보는 주행 중인 레일을 통하여 전송되는데 직선 구간으로 구성된 구간에서는 레일이 평행하게 배열되어 있으므로 회로 구성에 무리가 없다. 그러나 주행노선이 분리되거나 합쳐지는 부분에서는 궤도구조 상 전기적인 회로 구성이 어렵다. 따라서 이러한 경우는 레일을 따라 유도 루프 케이블을 깔고 여기에 레일을 대신하여 열차제어정보를 전송한다.

[그림 58]은 분기 구간의 열차제어정보전송 블록 다이어그램으로서 분기 구간의 레일을 따라 유도 루프 케이블을 깔아 이 루프 케이블에 직선 구간에서 사용하는 같은 열차제어 정보를 전송하며 이 경우 열차 검지는 보안을 위하여 가청주파수 궤도회로가 아닌 상용주파수(PF : Power Frequency)를 사용하되 열차제어정보 전송은 유도 루프 케이블을 사용하며, 인접한 다른 궤도회로와의 제어의 연속성을 확보하고 있다.

그림의 점선 부분이 유도 루프 케이블이며, 궤도를 따라 전송로 형태를 구성한다.

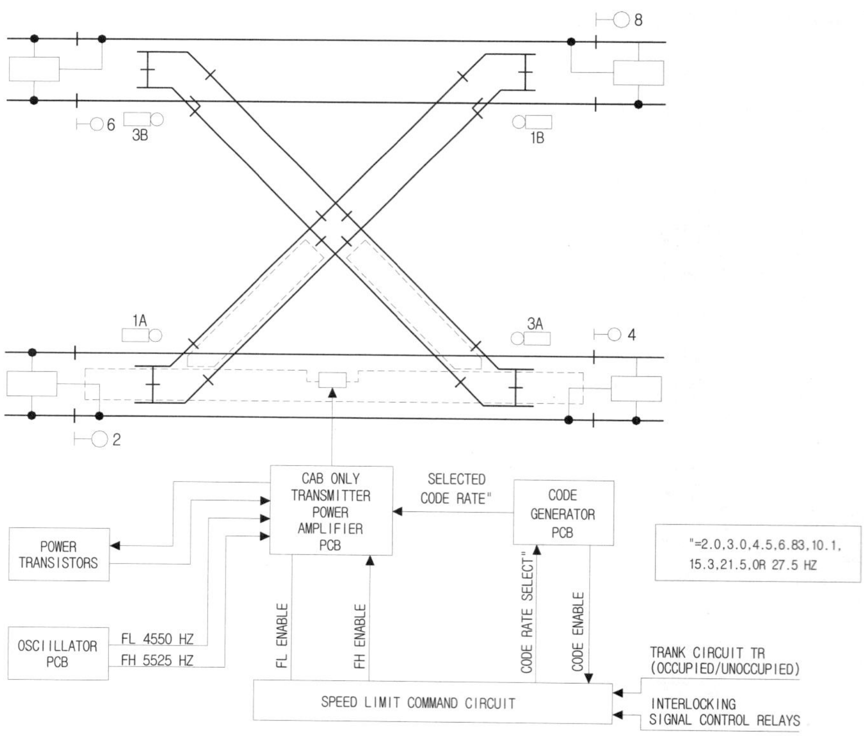

[그림 58] 분기 구간의 열차제어정보전송 블록 다이어그램

(3) 검지 및 제어에 사용되는 출력 파형 형태

검지 및 제어에 사용되는 출력 파형은 주파수 편이 방식(FSK : Frequency Shift Keying)을 사용하여 전송하며, 정상적으로 운행하는 열차에 의하여 궤도회로가 점유되면 궤도회로의 속도제어 명령 회로 내에서 이 내용이 검지 된다. 속도제어 명령 회로 내 계전기 접점의 상태나 다른 조건에 의해서 결정된 회로는 작동 중인 전력증폭기의 FH 또는 FL의 열차제어 가능 신호에 인가된다. 다시 이 신호 입력이 수신되면 전력증폭기의 차상 제어신호 펄스변조기에 전원이 연결된다. 이 펄스변조기는 선택된 Code rate에서 FL 또는 FH 주파수를 전력증폭기에 전달해주며, 이 과정은 궤도회로 주파수에 사용된 1/2 Cycle에서 남는 Code rate의 나머지 1/2 Cycle 동안에 발생한다. 궤도회로 주파수용 펄스변조기의 전력증폭기는 계속 작동하게 된다. 다음 [그림 59]는 송신기회로의 대표적 입력/출력 파형을 나타내며 반송 주파수에 열차 검지 및 열차제어에 필요한 입력/출력 파형을 각각 1/2 Cycle에 실어서 전송하는 파형을 나타낸다.

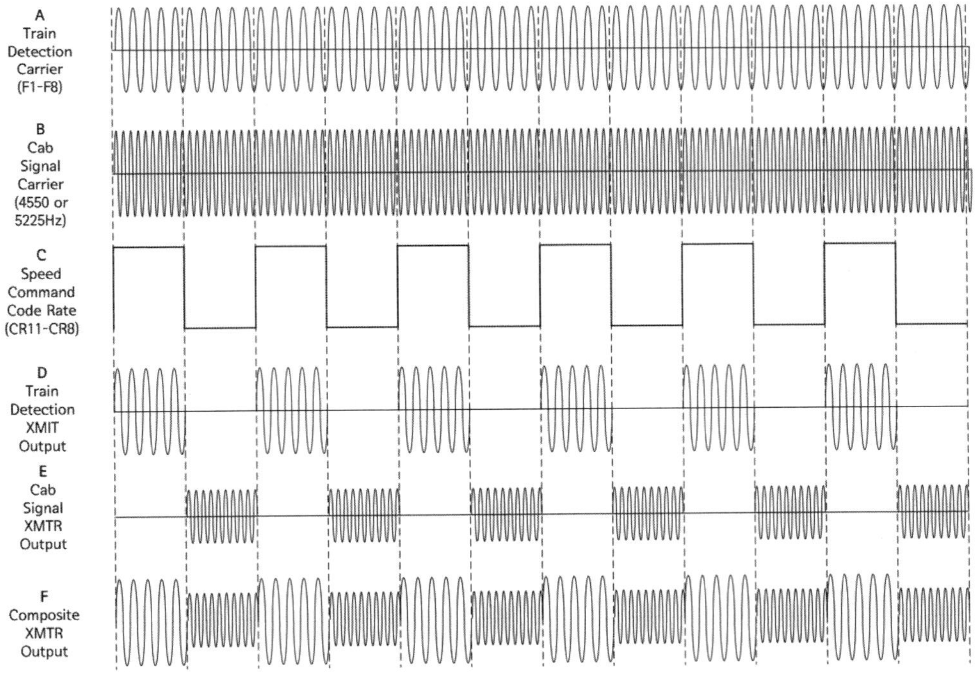

[그림 59] 송신기 회로의 대표적 입력/출력 파형

6.3.5 차상신호장치

궤도회로가 점유되면, 그 점유된 상태는 궤도회로의 제한속도 명령 회로에서 감지된다. 이때 제한속도 명령 회로에서 다른 조건들에 의해서 동작하는 전력 증폭 PCB에 FH 또는 FL 차상 Enable 신호를 가한다.

차상 Enable 입력이 수신되면 전력 증폭 PCB의 차상신호 펄스변조기가 on 된다. 이 부분은 궤도주파수로 사용되는 Code rate의 반 사이클로부터 또 다른 반 사이클 동안에, 선택된 Code rate에서 발생하는 선택된 FL 또는 FH 주파수의 burst를 전력증폭기 부분으로 공급한다.

궤도주파수 펄스변조기와 전력증폭기 부분은 열차 검지를 위해 설명한 바와 같이 계속 동작하며, 결과적으로 각기 바로 다음에 나타나는 궤도주파수와 차상신호 주파수로 구성되는 혼합 신호 주파수는 궤도회로의 송신 미니본드에 공급된다. (그림 59)

전두부의 차륜과 차축에 의해 궤도회로가 단락되면 궤도계전기를 여자시키기에 불충분한 에너지가 수신 PCB에 도달되는 것에 의해 궤도회로가 "점유" 된 것을 검지한다.

언급한 바와 같이 궤도점유 검지는 동작하는 전력증폭기에 선택된 FL이나 FH 차상신호 Enable을 인가하는 궤도회로의 제한속도 명령 회로를 동작시킨다. 이것은 결과적으로 레일에 공급되는 신호에 코드화된 차상신호를 중첩하게 된다. 이 신호는 레일 방향으로 흐르며, 열차의 전두부 차축과 차륜으로 흐른다. 차상신호 주파수는 전두부 차륜과 레일 위 6~8 inch의 열차 방향 전면에 설치된 Pickup coil에 유도된다.

유도된 차상신호 주파수와 코드 속도는 열차의 차상장치에 의해 검지 된다. 차상신호 주파수와 코드 속도의 조합은 다음과 같이 송신 속도와 기타 명령어로 사용한다.

6.3.6 차상 ATO 기능

(1) 개요

전동차의 자동운전장치(ATO: Automatic Train Control)는 열차의 무인 및 자동 운전을 위한 제어 및 감시 장치로 선로상의 규정된 위치에 포설되어 있는 지상 신호 설비로부터 ATO 운전에 필요한 신호화된 정보를 받아 가속 및 제동뿐만 아니라 역에서의 정밀 정위치 정차를 기관사 없이 이행할 수 있고 자동운전을 시행할 때는 단지 기관사의 출발 버튼 조작으로 출발이 가능한 시스템이며 열차의 출발지로부터 목적지까지 더욱 안전한 운행 및 승객의 편안함 도모와 가장 이상적인 주행으로서 시간과 에너지의 절약을 그 목적으로 한다.

(2) ATO 장치의 주요 기능

① 시스템 감시기능

② 상태 결정 및 동작 제어

③ 목표속도 제어

④ 정밀 정차 제어

⑤ 고장처리

⑥ 상태 및 에러 표시

(3) ATO 장치와 관련되는 장치

① ATC 장치

- ATC 장치는 궤도회로로부터 속도 명령을 수신받아 실행시키며, 수신된 속도 명령이 속도제한을 초과하지 않도록 감시한다.
- 출입문 명령을 수신받아 좌, 우 출입문을 개폐토록 TCMS를 지원하며, Key-down 및 Key-up 등 전동차의 전/후 위치변경에 필요한 정보를 수신받아 전/후 운전실의 자동교환을 실행한다.

② TWC

- TWC와 TWC Loop는 전동차와 지상장치 간의 양방향 정보전송을 위한 무선변, 복조기로서 동작하는 기능이 있으며 TWC Loop는 회차 위치, 각 역의 플랫홈 및 본선 입, 출구에 설치되어 있다.

③ TCMS

- 주 컴퓨터 장치로서 전동차에 탑재된 거의 모든 컴퓨터를 제어하며, 역행 및 제동장치를 제어하고, ATO에서 연산을 위해 사용되는 열차의 속도를 제공하며, 승객 안내 장치 방송에 필요한 정보를 제공한다.

④ 궤도회로

- 레일을 전기회로로 사용하여 ATC 안테나에 속도 명령과 출입문 제어 명령 및 전/후 운전실의 자동교환을 위해 필요한 정보 등을 제공하고 지상장치는 열차의 궤도점유를 통해 열차의 위치정보를 받는다.

⑤ PSM(Precision Stop Marker)

- PSM은 정차하여야 할 위치 이전에 설치하며 정밀정차를 위한 거리 계산용으로 사용된다.

⑥ TRA(Trigger Receiver Assembly)

- TRA는 TRA 안테나를 통해 PSM의 위치를 검지하여 TWC를 거쳐 ATO에 열차의 위치를 바로잡을 수 있도록 정보를 제공하는 장치이다.

⑦ 중앙제어장치

- 중앙제어장치는 TTC와 CTC로 이루어지며 중앙 ATO 기능은 TTC에서 수행되며 TTC는 종합관제실에 위치한다.

⑧ Local 신호장치

- Local 신호장치는 연동장치, 데이터 통신용 국부 ATO 장치, 궤도회로 장치, 전원공급장치 등으로 구성되어 있다.

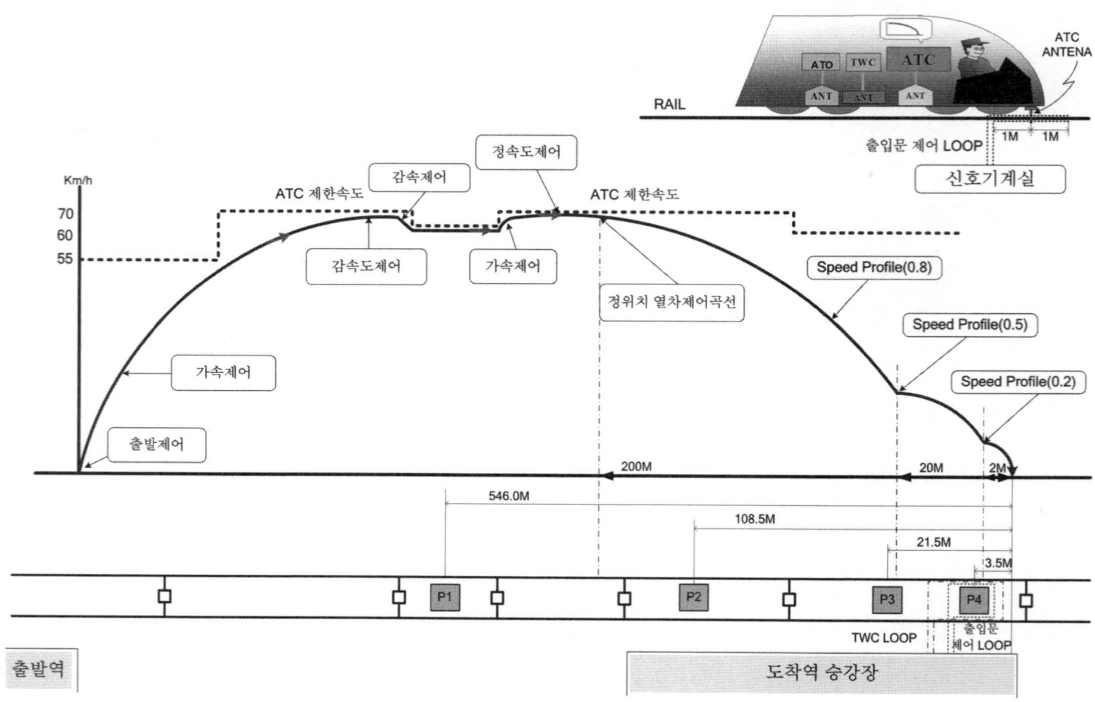

[그림 60] ATO 설비 개략도

(4) ATO 인터페이스 다이어그램

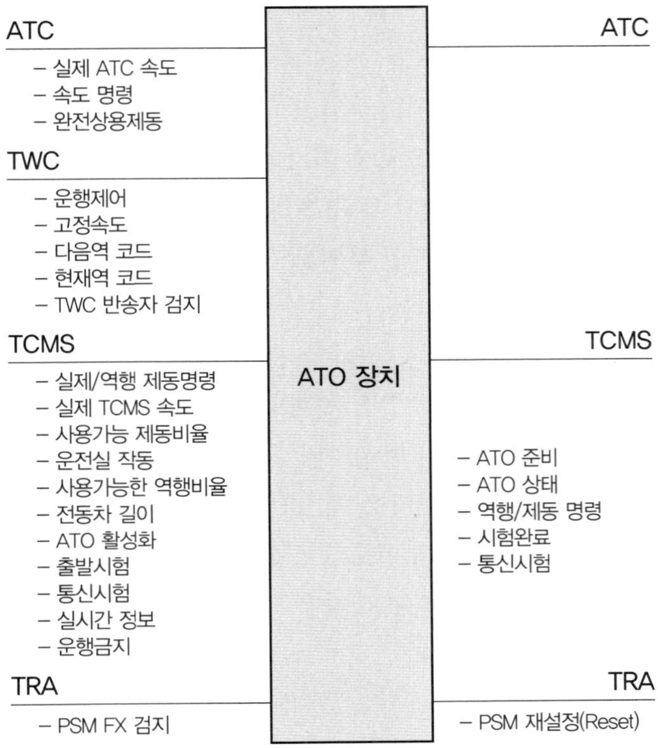

[그림 61] ATO 인터페이스 다이어그램

(5) ATC/ATO 모드

ATC/ATO 모드에는 기지모드, 수동모드, 자동모드, 무인모드, 비상모드의 다섯 가지의 모드가 있다.

① 기지모드

기지모드는 차량기지의 검수고나 유치선 등과 같이 ATO 및 궤도회로가 갖추어지지 않은 영역을 운전할 때 사용하며 이 모드를 사용하여 운전할 때의 제한속도는 ATC에 의해 감시된다. 기지모드에서 ATO는 수동상태이며 이때 ATO는 상호 동작하는 장치와의 통신 및 지속적인 자기 판단 만을 계속 수행한다는 것을 의미한다.

② 수동모드

수동모드는 기관사가 직접 전동차의 운전제어를 하고자 할 때 사용되며, 수동모드로 들어가면 기관사는 전동차의 가속 및 감속을 완전히 수동으로 제어한다. 그렇지만 기관사는 지상에서 주어지는 제한속도 내에서 속도를 유지하여야 하며 이 때 ATO는 상호 관련되어 동작하는 장치와의 통신 및 지속적인 자기진단만을 계속 수행한다.

③ 자동 및 무인모드

열차가 자동 및 무인모드로 들어가면 전동차를 운전하기 위한 모든 제어는 ATO에 의해 이루어지며, 단지 두 모드의 차이점은 자동모드는 기관사가 역마다 매번 출발 버튼을 눌러야 하지만 무인모드는 기관사의 어떠한 지시가 없어도 완전하게 운전될 수 있다는 것이다.

모드 스위치가 두 모드 중 하나로 선택되지 않았거나 모든 출발조건이 완료되지 않았다면 해당 모드 지시등은 점멸하게 될 것이며, 완전 상용 제동(FSB)이 인가될 것이다. 모든 조건이 만족하면 곧바로 ATC/ATO 모드 지시등은 점등된다.

전동차가 수동으로 들어갔을 때 ATO는 TWC를 통해 수신한 역정보를 삭제하므로 전동차가 자동 또는 무인모드로 설정하기 위해서는 다음 TWC Loop로부터 새로운 역정보를 받아야 하므로 다음 역까지는 기관사가 수동으로 운전하여야 한다는 점에 유의하여야 한다.

④ 비상모드

ATC/ATO 모드 스위치가 비상모드에 위치하면 ATO 장치는 전원은 인가하지만, 동작은 하지 않으므로 TCMS가 비상모드로 선택되자마자 ATO는 동작하지 않는다는 것을 뜻한다.

(6) 주요 기능에 대한 상세 설명

Ⓐ 시스템 감시

① 시스템 감시는 운영장치가 기본 시스템의 초기화 및 시스템 모니터의 기동을 감시하고, 통신링크는 상호 작동장치와의 인터페이스에 대한 모든 하위 레벨과 조정을 초기화하고 감시하며 지속해서 RAM, ROM 및 통신링크 등을 점검한다.

② 고장 발생 시 고장처리 기능으로 처리를 시행하며, 시스템상의 관심사에 대한 감시 및 기록을 하여 TCMS를 통해 전달한다.

Ⓑ 상태 결정 및 동작 제어

① 상태 결정은 기동이 완료되면 ATO는 수동상태에 있으면서 정차제동을 지속해서 요구하며, ATO가 설치된 운전실이 기동하자마자 ATO는 차상신호 활성

화 신호를 수신한다. ATO는 차상신호 활성화 신호를 수신하면 수동상태에서 능동-Idle 상태로 된다. (ATO는 차상신호 활성화 신호 제거하면 다시 수동상태로 됨) 능동-Idle 상태에서도 정차제동은 지속해서 요구되며, 능동-Idle 상태에서 능동-동작 상태로의 상태변경이 된다.

② 능동-Idle 상태에서 능동-동작 상태로 들어가기 위한 조건으로는 Activated ATO 신호가 참이어야 하며, 모든 통신링크가 심각한 고장 없이 정상 동작하여야 하고, 유효한 TWC, 데이터 수신(현재역 및 다음역 코드, 운행제어 및 경제속도) 및 전동차의 실제속도가 "0" 이어야 한다.

③ 능동 - 동작 제어

능동 - 동작 제어에는 역을 출발하기 위한 조건에 대하여 대기, 자동/무인모드 운행, 역 정지의 인식이 있다.

ⓐ 역을 출발하기 위한 조건에 대하여 대기

능동 - 동작 상태로 진입하거나 역정지 인식을 수신한 후 수행된다. TWC 통신을 시행하여 유효 데이터가 개정된 후 ATO는 ATC로부터 '0' (No Code) 혹은 Stop Code 외의 Code를 수신하자마자 열차는 출발한다. 만약 ATC 속도 코드가 수신되기 전에 TWC 데이터가 변경되어 재수신된다면 가장 최근에 수신된 정보를 사용한다.

ⓑ 자동/무인 운행

'0'(No Code) 혹은 Stop Code 이외의 속도명령을 수신하자마자 수행되며 "목표속도제어" 및 "정밀정지제어"에 의해 수행된다. 이 동작이 수행되는 동안 ATC는 ATO와의 통신으로부터 '전동차 정지=거짓' 신호를 설정한다. 또한, 이 동작이 진행되는 동안 능동-동작 상태를 유지하기 위해서는 Cab 활성화 및 활성 ATO 신호가 True(참)이어야 하며, 통신링크가 정상 동작하고 있어야 한다.

ⓒ 역 정지 인식

이 기능은 다음역으로 전동차가 운행하였을 때 수행된다. 즉, 전동차가 예상된 목표 역에서 정지 위치에 정차하고 있을 때 수행된다. 능동-동작 상태를 유지하기 위한 조건은 같다. 역 정지 인식은 ATC로부터 수신된 입력이 '0'으로 설정되었는가, 수신이 완료되었을 때, 그리고 '역으로 출발하기 위한 모든 조건'이 개시되었을 때이다.

ⓓ ATC로부터 수신된 속도명령의 여파

ATC로부터 수신된 속도명령은 ATO에 이 신호를 연계하는 ATO의 상태 결정 및 동작 제어기능을 가지고 있는 곳으로 전송된다. 그러나 ATO의 상태 결정 및 동작 제어기능에서는 다음과 같이 운행억제 신호에 따라 속도명령을 여자 한다.

여자 된 속도명령 = 운행억제가 “0”이면 = 참

ATC로부터 수신된 속도명령 운행억제이면 = 거짓

ⓒ 목표속도제어

① 일반 : 목표속도를 유지하기 위하여 ATO 목표속도를 요구속도로 하여 ATO는 ⊞ 또는 ⊟ 방식으로 역행력을 제어한다. ATO 목표속도는 ATC로부터 수신되는 속도명령과 관련되며, TWC로 수신되는 신호에 의해 정상(평상)운행과 회복운행 등 두 가지의 운행제어 방식 중 한 가지를 택하여 운행하게 되며 ATC 속도 코드에 대하여 정상모드 운전제어 방식과 회복모드로 운전 시 제한 속도와의 비교는 아래 표와 같다.

[표 7] 회복모드와 정상모드에서의 제한속도

ATC Speed Command(km/h)	90	80	70	60	45	35	25	0
회복모드 시 제한속도(km/h)	87	77	67	57	42	32	22	0
정상모드 시 제한속도(km/h)	85	75	65	55	42	32	22	0

운행제어를 위한 다른 한 가지 방법은 경제속도를 사용하는 방법으로서 TTC에 의해 제어되는 경제속도를 TWC에서 수신하거나 TTC가 다른 차량과 통신하고 있어 TTC에 의해 제어되는 경제속도 값을 수신하지 못할 때는 LCTC 자체에 기억되어 경제속도 값을 TWC를 통하여 공급받아 사용한다.

ATO Logging Data에서 경제속도 값의 기록은 최근 전 역에서 수신된 값과 같을 시는 기록되지 않는다.

ⓐ 경제속도 수신 경로

TWC 통신을 통하여 수신하며 다음의 경로를 갖는다.

- 지상 TTC → LCTC → 지상 TWC LOOP → 차상 TWC안테나 → 차상 TWC → ATO 경로
- 지상 LCTC → 지상 TWC LOOP → 차상 TWC안테나 → 차상 TWC → ATO 경로

ⓑ 경제속도의 제한을 받은 ATO 운전 스테이지는 회복모드

ⓒ ATO에 의해 제어되는 평상 운행 시 경제속도 값에 의한 실제속도 Profile의 운전 패턴

Ⓓ 성능 요구조건

① ATO의 성능

ⓐ ATO 속도 조절을 위한 정확도는 ±3 km/h 이내에서 정밀하게 조절되어야 한다.

ⓑ 정밀정지 제어에 의한 정밀도는 자동/무인모드 운전 하에서 역 플랫폼의 목표 정지점으로부터 ±0.35 m 이내에서 이루어져야 한다.

ⓒ 회차 지점의 목표 정지점으로부터 ±2.5 m 이내에서 정밀정차가 이루어져야 한다.

ⓓ 선로 출구에서 정지 정밀도는 목표 정지점으로부터 ±2.5 m 이내에서 이루어져야 한다.

ⓔ Jerk Rate가 0.8 m/s^3 범위를 벗어나지 않아야 한다.

ⓕ PSM을 감지한 후 운용을 위한 실행시간은 1 ms를 벗어나서는 안 된다. 즉 TRA 안테나가 PSM을 감지 후 운용을 위한 실행시간은 1 ms 이내이어야 한다.

ⓖ 출발시험에 대한 응답은 5초 안에 전송되어야 한다.

ⓗ ATO System은 Fail-Safe 개념이 도입된 장치가 아니다.

② 자동운전을 위한 ATO 주변의 필요 System

ⓐ ATC, TWC, TRA와 TCMS 장치는 충분히 사용할 수 있어야 한다.

ⓑ ATC(Master)가 ATO(Slave)를 호출 시는 4 Hz의 주파수를 사용하고 10초 동안 이루어지며, 호출 주파수는 ±5 %의 범위를 벗어나서는 안 된다.

③ 자동운전을 위한 ATO 주변의 필요 System에 포함되는 조건들

ⓐ TCMS(Master)가 ATO(Slave)를 호출 시는 20 Hz의 주파수를 사용하고 5초 동안 이루어지며, 호출 주파수는 ±5 %의 범위를 벗어나서는 안 된다.

ⓑ 휠 마모변수가 적절하게 설정되었을 때 TCMS로부터 수신된 실제 속도 치를 비교하여 실제 열차속도에서 0 % 범위를 벗어나서는 것은 필요하지 않으며 또한, 최대 1 km/h를 벗어나는 것은 사용치 않는다.

ⓒ TCMS 내에서의 전파지연 시간은 역행/제동 명령으로부터 역행/제동시스템의 기동시간까지 걸리는 시간은 100 ms 이내이어야 한다.

④ PSM 설치 위치

[표 8] PSM의 위치와 거리

종 류	거 리	정 확 도
PSM 1	546.0 m	±2.5 m
PSM 2	108.5 m	±0.5 m
PSM 3	21.5 m	±0.05 m
PSM 4	3.5 m	±0.01 m

6.4 고속철도 ATC 시스템

6.4.1 개요

고속철도 ATC 시스템의 ATC(Automatic Train Control)는 "선행 열차와의 간격 및 곡선, 분기기 등 진로의 조건에 대응하여 열차의 허용 운전속도를 알려주는 신호를 차내에 연속적으로 표시하여, 그 신호에 따라서 열차의 속도를 자동으로 낮추는 기능을 가진 장치"라고 할 수 있다. 지상으로부터 송신되는 속도 신호에 대응하여 자동으로 열차의 속도를 제어(제동제어)하는 시스템을 말한다. 이런 측면에서 ATC 시스템은 상호 열차 간의 안전을 책임지고 있는 핵심요소 중 하나라고 할 수 있다. 고속철도 시스템을 보유하고 있는 프랑스, 독일, 일본 등이 그들 나름대로 독특한 ATC 시스템을 보유하고 있으며, 각 신호시스템은 각각의 장단점을 보유하고 있다.

ATC 시스템은 열차운행에 있어서 열차운행의 안전을 보장하는 핵심요소 중 하나이다. 이 시스템은 선로 전 구간에 걸쳐 열차운행에 영향을 줄 수 있는 모든 정보를 수집하고 각 열차의 안전운행을 위하여 필요한 모든 조치를 하게 된다. 이러한 중요성으로 인해 ATC 시스템은 열차 대부분의 다른 시스템들과 유기적인 관계가 있다. 즉,

- 진로를 구성하는 연동장치
- 진로구성 명령을 내리고 특수한 개소에 속도제한 신호를 발생하고 열차 감시정보를 표시하는 CTC 시스템
- 경보상태와 고장 신호를 감시하는 2개의 원격 감시소
- 유지보수자가 선로에서의 안전작업을 위한 기술적 장치
- 차축 감시장치(Hot Box Detection) 시스템
- SCADA와 CTC를 통한 전차선 전압 감지 시스템
- 선로 전 구간에 설치되어있는 강우감지기, 강설감지기, 풍속측정기, 끌림검지기, 지장물검지기 등의 각종 검지기

• 차상 표시장치, 제동제어장치, 임무 수행 감시정보 등의 열차 내부장치
이러한 위의 요소들과 상호 유기적인 연관 관계를 맺고 있다.
다음 그림은 이들 상호 간의 관계를 나타내고 있다.

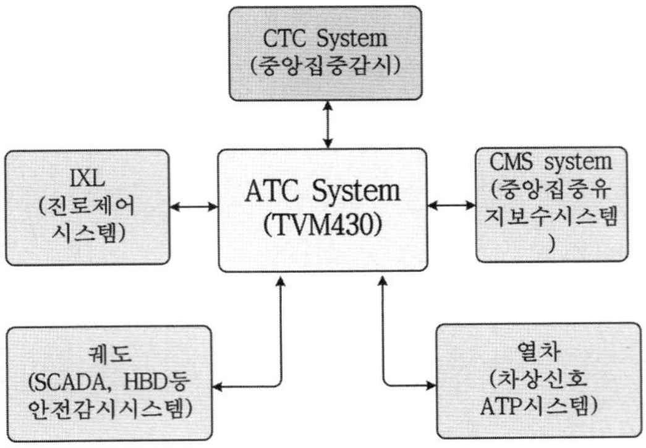

[그림 62] ATC 시스템 주변장치

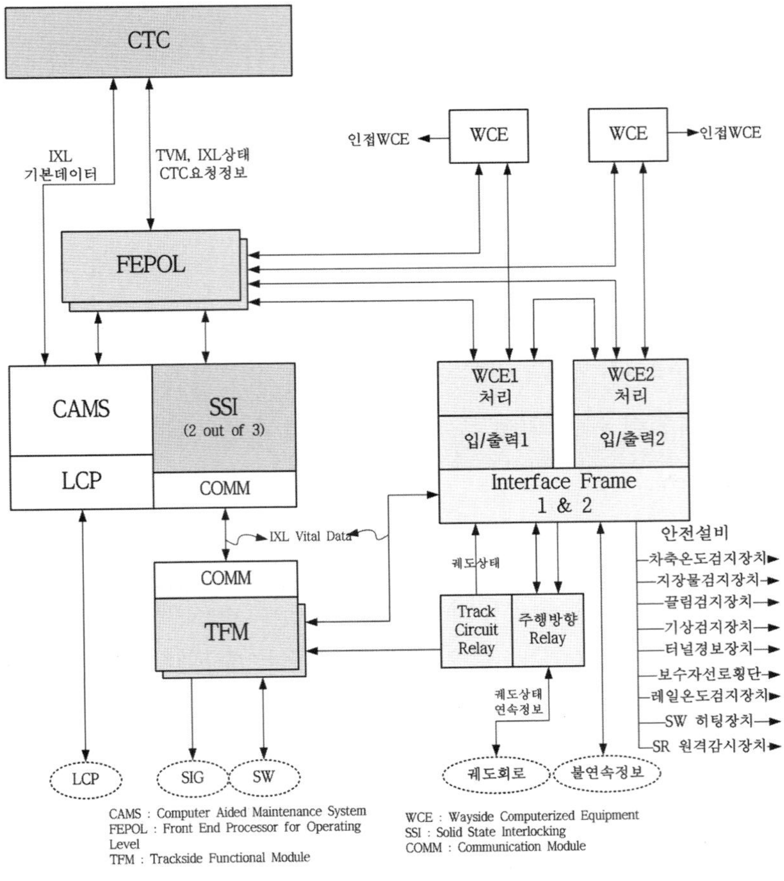

[그림 63] 고속철도 신호시스템 구성도

6.4.2 특징

지상 신호기에 의한 열차운전은 시속 200 km/h 이상의 고속 운전조건에서는 신호기의 투시 거리는 고정되어 있지만, 제동거리는 속도의 제곱에 비례하여 길어짐으로 지상 신호기에 의한 열차운전이 불가능해진다. 따라서 지상의 모든 사항 신호 조건을 차상으로 전송하여 운전석에 연속적으로 표시해주는 차상신호 방식을 채택하여야 한다. 운전석 표시판에는 현재 구간의 최고허용속도와 현재 열차운행속도가 표시되고 열차의 속도가 허용속도를 초과할 경우 자동으로 제동장치가 작동하여 허용속도 범위 내로 속도를 유지하는 자동열차제어장치(ATC)를 사용한다.

6.4.3 신호

(1) 속도 신호의 종류

열차의 운행속도를 제어하기 위한 속도 신호로는 다음과 같은 종류를 사용한다.

- RRR 신호 : 절대정지
- 0 신호 : 0 km/h (완충 구간)
- 170 신호 : 170 km/h
- 230 신호 : 230 km/h
- 270 신호 : 270 km/h
- 300 신호 : 300 km/h

속도 신호가 점멸하는 경우에는 그다음 폐색구간에서 속도를 더 줄여야 한다는 경보 신호로 여겨지며, 이 속도 신호 외에 선로전환기 통과속도를 위한 100 신호 (100 km/h)가 추가되며 이들 외에 특수한 개소들의 속도제한을 위해 다른 속도 신호가 사용될 수 있다.

(2) 과주검지

신호 속도에 대한 열차운행속도의 과주는 230 신호 이하에서는 10 km/h, 230 신호 이상에서는 15 km/h 이상의 범위에서 검지하여 비상제동이 작동되도록 설계되었다. 다음 그림은 감속 및 정차 시의 제동순서 및 그에 따른 속도 과주 감시 곡선을 나타낸다.

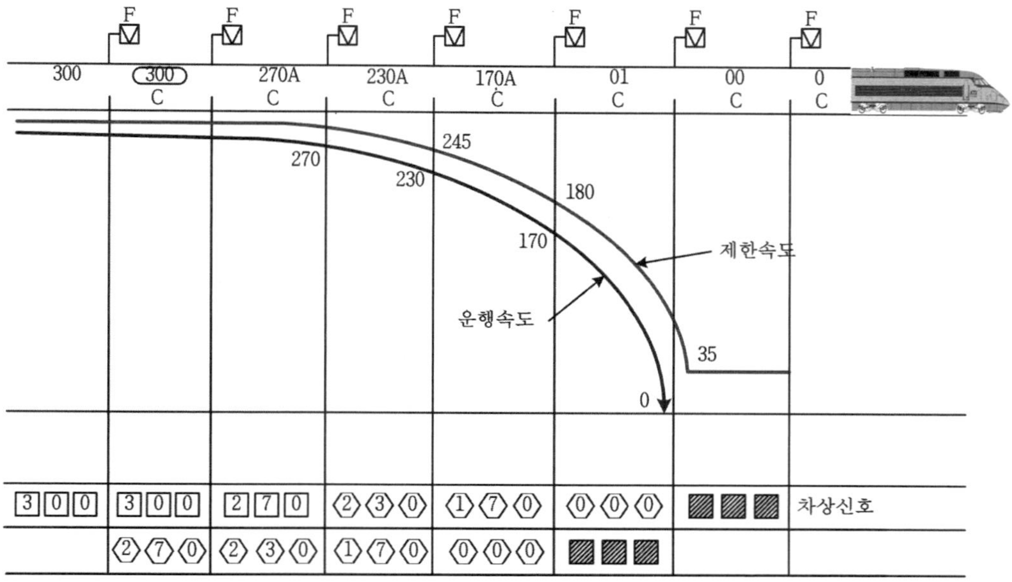

[그림 64] 감속 및 정차 시의 제동순서

(3) 신호현시체계

신호현시체계는 선행 열차의 운행지점에서부터
RRR ➡ 0 ➡ 170 ➡ 230 ➡ 270 ➡ 300 점멸 ➡ 300 신호 순으로 차례대로 부여한다. 다음 그림은 선행 열차의 운행에 따른 신호현시체계 계통도를 나타낸다.

RRR	RRR						
0	RRR	RRR					
170	0	RRR	RRR				
230	170	0	RRR	RRR			
270	230	170	0	RRR	RRR		
300	270	230	170	0	RRR	RRR	
VL	300	270	230	170	0	RRR	RRR

[그림 65] 신호현시 계통도

(4) 연속정보

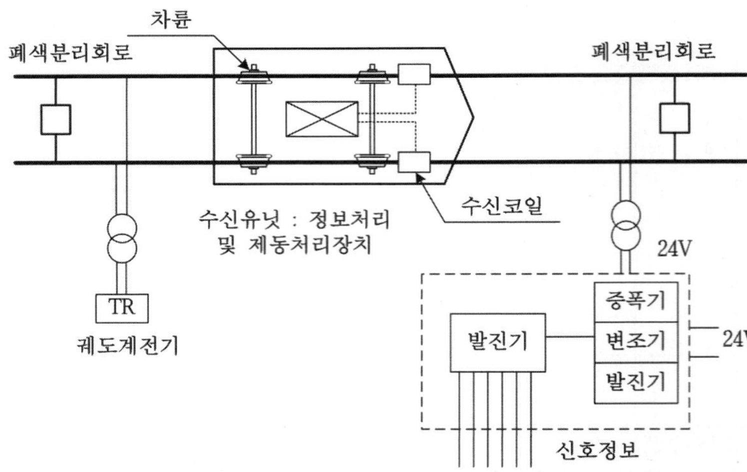

[그림 66] 연속정보전송 시스템의 원리

궤도에 흐르는 전류는 차상에 장치된 전용 안테나를 통해서 차상으로 정보를 전송하며, 차상장치에 열차의 주행에 관련된 명령을 제공하게 된다. 전송정보는 디지털로 정보가 구성되어 있고 총 28bit의 길이를 가지며 각 필드의 구성 및 의미는 다음과 같다.

<table>
<tr><td colspan="1">A</td><td colspan="6">B</td><td colspan="3">C</td><td colspan="6">D</td><td colspan="4">E</td><td colspan="8">F</td></tr>
<tr><td></td><td></td><td></td><td></td><td></td><td></td><td></td><td></td><td></td><td></td><td></td><td></td><td></td><td></td><td></td><td></td><td></td><td></td><td></td><td></td><td></td><td></td><td></td><td></td><td></td><td></td><td></td><td></td></tr>
</table>

- A 필드 : 1bit로서 coding 용으로 쓰인다.
- B 필드 : 6bit로서 현재는 쓰이지 않지만, 전송의 완전함을 보장하기 위하여 error detector code bit로써 쓰인다.
- C 필드 : 3bit의 spare bit로써 network address와 같은 user railway를 정의하는 데 사용된다.
- D 필드 : 6bit로써 목표 거리 즉 현재 지나고 있는 폐색구간의 길이를 전송하는 필드이다.
- E 필드 : 4 bit로써 평균궤도 구배 즉 현재 지나고 있는 폐색구간의 평균적인 구배값을 전송하는 필드이다.
- F 필드 : 8 bit로써 speed code 값을 전송하는 필드이다.

  속도 코드에는 다음과 같은 정보들이 포함된다.

Vc : 그 폐색구간에서 주행할 수 있는 추천속도
(Recommended speed on the current block section)
Ve : 그 폐색구간에서 초과해서는 안 되는 즉 주행할 수 있는 최고속도
(Maximum speed)
Va : 다음 폐색구간에서 주행할 수 있는 추천속도
(Recommended speed on the next block section)

(5) 불연속정보

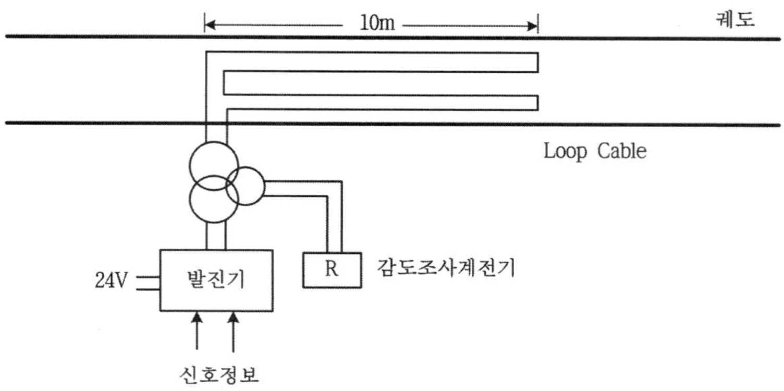

[그림 67] 불연속정보전송 시스템의 원리

궤도 사이에 설치된 약 10 m 정도의 Loop Cable을 통해서 열차에 설치된 전용 안테나를 거쳐 차상으로 정보전송이 이루어지며, 불연속정보의 역할은 주행하는 열차에게 필요한 기술적 정보를 제공하는 데 있다. 이곳에는 다음과 같은 정보들이 존재한다.

- 운행선로 변경(Change of track)
- ATC 지역으로의 진출, 진입 (Arming/disarming)
- 간헐적 속도제어(Intermittent speed control)
- 절대 정지점 제어정보 (Control of crossing of absolute stopping points)
- 차량 내 기압보상장치 동작 정보 (Order of pressure compensation system)
- 전차선 사구간 정보(Neutral section orders including)
  - 견인력 또는 회생제동(Tractive power or regenerative brake)
  - 회로 개폐기 강제 개방(Circuit breaker forced open)
  - 회로 개폐기 투입과 견인력 시작(Circuit breaker closed and ramp up of traction power)

6.4.4 구성

ATC 시스템은 크게 지상장치와 차상장치로 구성된다. 지상장치는 우선 발진기에서 ATC 용의 신호파와 신호파를 레일에 전송하는 반송파를 발생한다. 다음에 계전기 회로의 조합에 따라 그때의 조건에 맞는 ATC 신호를 선택하여 송신기로부터 보안기를 거쳐 레일에 보낸다.

한편 차상장치는 선두차의 하부에 있는 Pick-up Coil에서 레일에 흐르고 있는 ATC 신호전류를 수신한다. 수신된 ATC 전류는 수신 회로에서 해독되어, 지시속도를 차내 신호에 표시하게 되고, 속도 발전기에 의해 검출된 자신의 주행속도와 비교 조합한다. 비교된 결과는 지시속도와 비교하여, 주행속도가 높으면 제동 명령을 출력하고 지시속도 이하에 있으면 자동으로 제동 지령을 해제한다. 그러한 작용으로 열차는 항상 신호의 지시속도 이하에서 주행하게 된다. 다음 그림은 차상장치와 지상장치의 기능 및 역할들에 관한 그림이다.

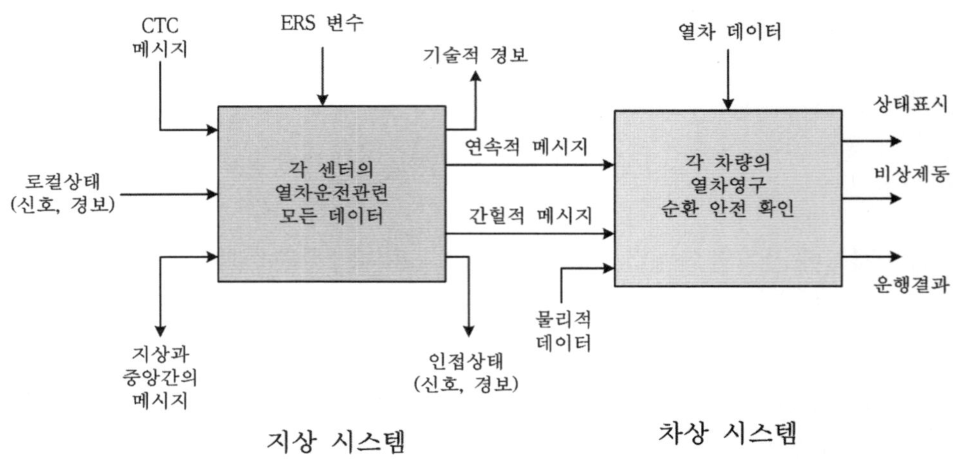

[그림 68] 지상과 차상 시스템 기능도

(1) 지상설비

지상설비는 담당하고 있는 구간에 존재하는 열차의 이동에 관련된 정보를 제공하고 그 구간의 현재 상태를 인접한 다른 지상설비들에 제공하는 역할을 담당한다. 다음은 각 모듈에 대한 상세한 설명이다.

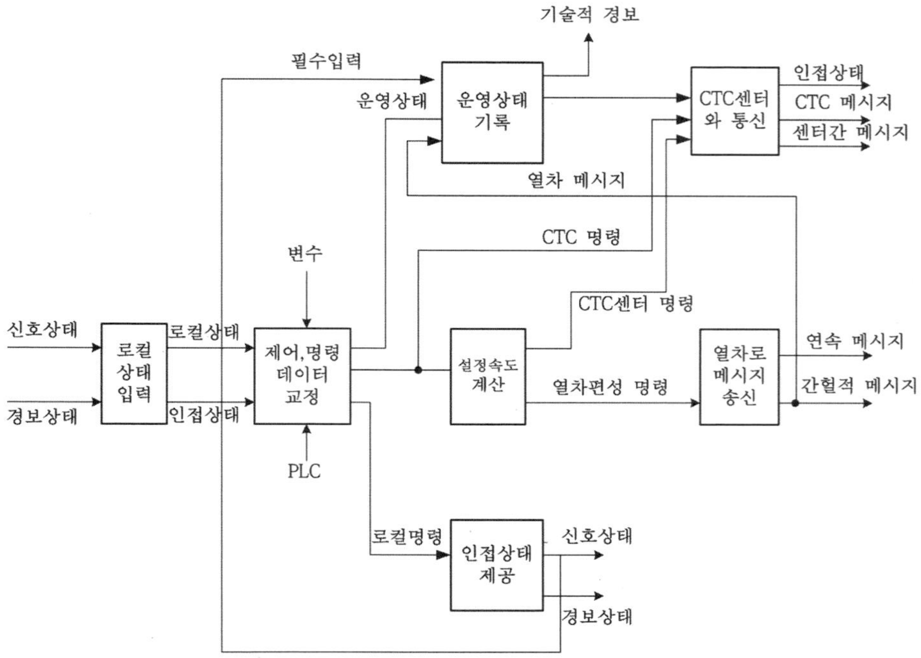

[그림 69] 지상 시스템의 기능 다이어그램

① 로컬상태 수집 모듈

이 모듈은 다음과 같은 상태정보를 받아들이는 모듈로써 이들 입력으로부터 다음의 폐색구간에서 사용될 수 있는 정보로 만들어 주는 역할을 한다.

- 진로설정 정보, 궤도회로의 신호상태
- 각종 검지기로부터 입력된 경보 신호

② 제어, 명령 데이터의 교정 모듈

이 모듈은 다음과 같은 입력들을 사용하여

- 로컬상태 수집 모듈에서 얻어진 정보
- 인접의 지상설비로부터 data link를 통하여 얻은 정보
- 그 지역의 궤도의 특성 및 모든 제어조건을 포함하는 각종 변수 특성치

다음과 같은 출력을 내게 된다.

- 그 지역의 동작 정보 및 동작 상황
- CTC 및 지상설비 내부의 각 모듈을 위한 각종 데이터

이런 동작들은 Parametering tool에 의해 PLC로 이루어지므로 각 설비는 다음과 같은 데이터의 준비가 필요하다.

- 그 지상설비개소의 특성에 따라 해당 회로에 할당된 입출력 데이터.
- 그 입출력 데이터 간의 논리적인 방정식(Logical Equations)
- 지형적인 데이터

③ 설정 속도 순환 계산 모듈

이 모듈은 PLC로부터 얻어진 제어정보를 사용하여 다음과 같은 출력들을 계산한다.

- 불연속정보 전송통로로 보내져야 할 정보들
- 연속정보 전송통로로 보내져야 할 속도 신호들
- 인접한 지상설비들에 보내야 할 경계지점들의 속도 신호

④ 열차로 메시지 송신 모듈

이 모듈은 다음과 같은 정보들을 사용하여

- 불연속정보 전송통로로 보내져야 할 정보들
- 각 지역으로 연속정보 전송통로를 통하여 보내져야 할 속도 신호들

다음과 같은 정보들을 결정하고 전송하게 된다.

- 각 loop 회로를 통한 불연속정보
- 각 지역으로 연속정보전송로를 통한 속도 신호들

⑤ 인접 상태 제공 모듈

이 모듈은 PLC에 의해 제공된 해당 지상설비의 지역적인 제어정보 출력 데이터들을 사용하여 그 지역의 지역적인 상황을 다음과 같은 시스템들에 제공하는 모듈이다.

- 진로를 설정하는 신호시스템
- 차축검지장치시스템(Hot Box detection system)

⑥ CTC와 인접 센터와의 통신

이 모듈은 다음과 같은 정보들을 받아들이고 그 정보들을 사용하여

- 경계 구간들의 속도 신호들
- PLC로부터 출력된 각종 정보
- 외부에서 받은 정보들

다음과 같은 정보를 전송하게 된다.

- 인접한 지상설비를 위한 정보들
- CTC 시스템을 위한 정보들

- 센터 메시지 간 binary data
- CTC 메시지로부터 binary data

⑦ 운영상태 다이아로그와 기록

이 모듈은 지상설비 내부의 다음 상태들을 진단하고 기록하는 역할을 담당하는 모듈이다.

- 동작에 필요한 입출력들
- 연속정보들
- 각종 장비의 고장 신호들

이 정보들은 고장 등의 경우에 있어서 문제의 해결에 도움을 주기 위하여 CMS(Centralized Maintenance Supervision: 중앙유지보수 감시)로 전송된다.

(2) 차상 설비

ATC 차상 설비는 궤도회로로부터 전송된 신호를 복조하여 운전자에게 지시속도(Recommended speed)를 표시하고 열차의 속도를 감시할 뿐만 아니라 열차 내의 자동 기능을 수행하는 역할을 담당한다. 이는 3개의 하부시스템으로 나뉘어 있으며 그 각각의 개략적인 기능 및 블록 다이어그램은 다음과 같다.

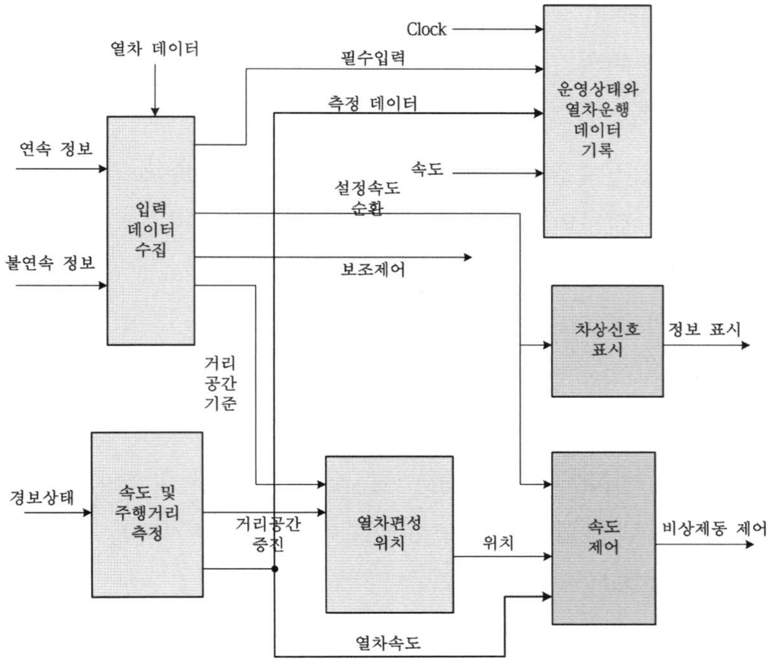

[그림 70] 차상 시스템의 기능 다이어그램

- 신호들은 이산시간 푸리에변환(Discrete Fourier Transform)을 행하는 두 개의 마이크로프로세서에 의해 병렬로 decode 된다.
- Coded mono processor가 위의 각각의 decoding 작용에 의한 결과를 비교하고 운전자의 표시 창에 지시속도를 표시한다.
- ATP(Automatic Train Protection) 정보와 각종 필요 데이터들이 각각 별도의 처리기(processor)에 의해 처리된다.

상세한 각 블록별 기능은 다음과 같다.

① 입력 자료수집 모듈

이 모듈은 입력으로 연속정보, 불연속정보, 열차의 특성 데이터 등을 취하여 그 입력 데이터들을 가지고 다음과 같은 출력을 내는 모듈이다.

- 속도 코드, 목표지점까지의 거리, 그 구간에서의 평균 구배 (Circulation set speeds)
- Technical information(Activate/Disactivate, tunnel entry/exit, radio channel number, etc)
- 열차의 위치를 재배치시키는 데 사용되며, 궤도회로의 joint를 통과하였을 때 얻어진다. (The space-distance references information)

② 차상신호표시(Cab signaling display) 모듈

이 모듈은 위의 입력 모듈에서 얻어진 Circulation set speeds를 사용해서 운전자에게 각종 신호정보를 표시하여 주는 부분이다.

③ 속도 및 거리 측정(Speed and distance measurement) 모듈

이 모듈은 열차의 2 개축의 앞에 설치된 속도검지기들로부터 정보를 받아들이는 모듈이며 이는 다음과 같은 정보들을 얻는다.

- 실제의 열차속도
- 열차 위치의 변위량 (The incremental displacement)

④ 열차 위치설정(Train location) 모듈

이 모듈은 Space-Distance reference와 열차 위치의 변위량 정보를 이용하여 최근에 통과한 궤도회로의 joint로부터 이동한 거리를 가지고 열차의 위치를 새로이 설정하는 모듈이다.

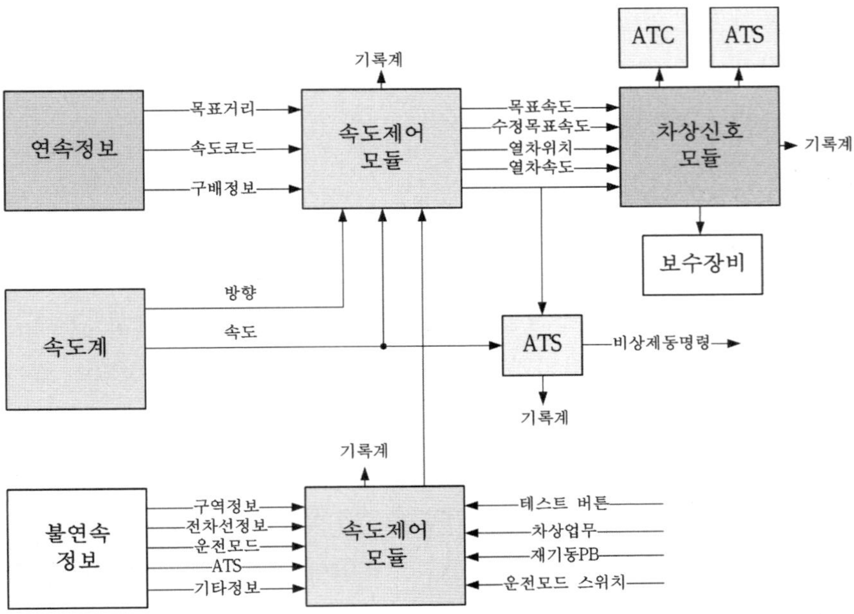

[그림 71] 차상신호 정보 흐름도

⑤ 열차의 속도제어(Speed Control) 모듈

이 모듈은 열차의 정확한 위치정보를 이용하여 계산된 최대 허용제어속도(Maximum Admissible Control Speed)보다 현재 주행하고 있는 열차의 현재 속도가 더 크면 비상제동(Emergency Braking) 작용을 조정하는 임무를 수행하는 모듈이다. 이와 같은 동작들은 다음과 같은 정보들을 가지고 이루어진다.

- 열차의 실제 속도 (The Actual Speed of the train)
- 주행한 거리 (The Distance Traveled)
- The Circulation Set Speed
- 열차의 특성 데이터 (The Train Data)

그리고 만약 필요하다면 비상제동 작용을 수행하게 된다.

⑥ 운전상황 제공 및 조작상태 기록 모듈

이 모듈은 첫째로, 열차 기록계(power car recorder)에게 열차운행 시에 있어서 조작에 필요한 주요 운전사건을 제공하며, 둘째로 off-line으로 유지보수에 있어서 필요한 운행상태를 기록하는 역할을 한다. 이러한 2가지 역할은 다음의 입력들 때문에 이루어진다.

- 이동에 관련된 데이터 (속도, Space-Distance)

- 기본적으로 얻어진 데이터 (Essential acquired data)
- 표시창에서 제공된 정보
- 비상제동 제어상태

6.4.5 ATC-ATS 간의 인터페이스

고속철도구간에 진입하면 차상 ATC 시스템은 특수한 불연속정보를 수신함으로써 자동으로 작동된다. 이때 기존에 작동되고 있던 ATS 장치는 자동으로 그 기능을 행하지 않게 된다. 또한, 만약 ATC 장치가 작동되지 않는다면 추가로 고정되어 있는 정지표시를 전송함으로써 ATS 장치가 제동 작용을 명령하게 된다. 고속철도구간을 떠날 때도 또한 마찬가지로 이러한 일련의 동작이 수행된다. 이러한 방법으로 유연하고 안전하게 ATC와 ATS 간의 전환이 이루어진다. TVM 430 ATC 장치 안에는 ATS 작용을 할 수 있는 장치가 포함되어있다. 그러므로 ATC 장치 안에 추가로 포함되어야 할 장비는 다음과 같은 장비들이다.

- 기존의 열차에서 사용되는 것으로서의 안테나 및 그와 관련된 단자함
- 주파수 수신기 및 운전자 콘솔과 관련된 입출력들
- 추가로 속도센서는 필요 없으며, 속도제어는 수집된 데이터들을 가지고 ATC에서 수행된다.
- 열차운행에 필요한 운전자표시와 명령들은 운전자 콘솔 안에 설치된다.

6.4.6 궤도회로

연속정보전송은 궤도에 흐르는 전류에 의해 이루어지는데 궤도는 궤도회로라 불리는 전기적으로 독립된 구간들로 나누어져 있다. 각각 독립된 구간들의 궤도회로는 다음의 요소들로 구성되어 있다.

- 송신기
- 수신기
- 전송 매체(궤도)

각각 독립된 구간의 궤도회로는 송신기와 수신기 사이에 있는 동작영역에서 다음의 기능들을 보장한다.

- 열차의 검지
- 전기적으로 파손된 궤도회로의 검지
- 궤도절연이나 전원의 내성(耐性) 등에 의한 견인전류로부터의 보호

– 귀선 전류의 흐름을 방해하지 말 것

또한, 궤도와 차량 간의 정보전송을 위하여 궤도회로는 다음과 같은 사항을 준수해야 한다.

– 안전하게 정보전송을 할 것
– 궤도들 사이에 놓여있는 단락 회로로 최소한의 전류를 흐르도록 할 것

이런 사항들을 만족시키기 위하여 프랑스에서는 UM71 궤도회로를 사용하며, 아래 그림은 UM71 궤도회로에 대한 개략적인 모습이다.

(1) ATP 속도제어 곡선

㉮ 300 kph에서 3분 시격을 맞추기 위한 설계사항은 다음과 같다.

- 속도 코드가 다음과 같이 설정(300 ➡ 270 ➡ 230 ➡ 170 ➡ 0)
- 속도감시 곡선이 계단형(Stepped)에서 ATP(Automatic Train Protection) 속도제어 곡선이라는 연속적인 감시 곡선으로 변화
- 다음 폐색구간에서의 속도정보로 인해 폐색구간의 길이를 1,500 m로 설정.

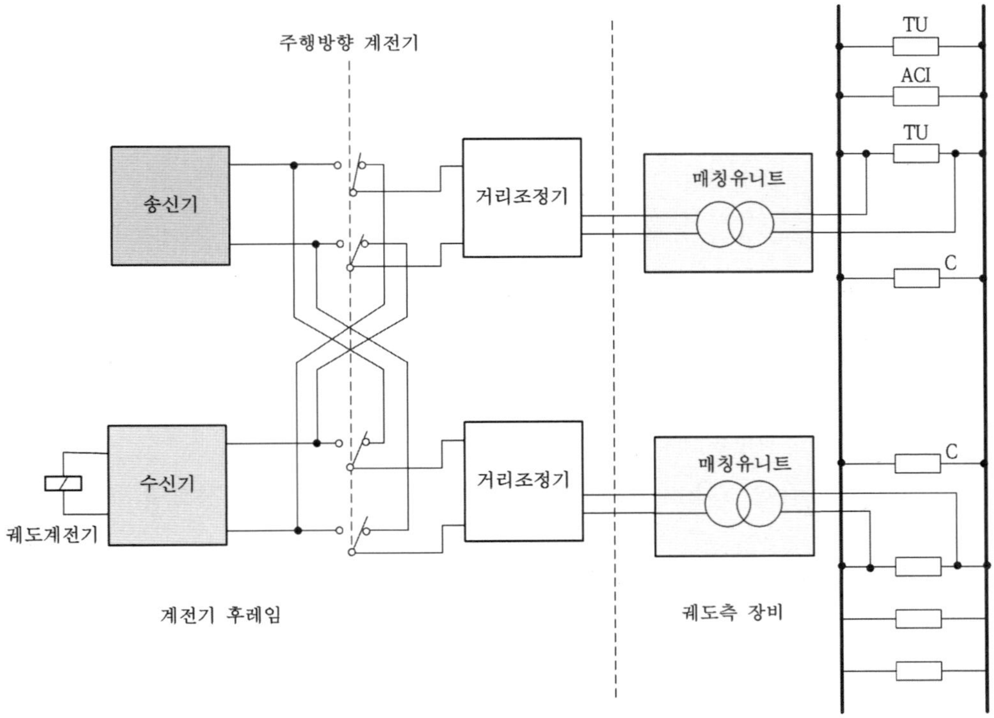

[그림 72] 궤도회로 배치

㉯ 이 곡선은 다음과 같은 조건을 사용해서 계산된다.

- 현재 및 다음 폐색구간에서의 지시속도
- 현재 폐색구간의 길이
- 현재 폐색구간에서의 궤도의 평균 구배값
- 열차의 제동성능

㉰ 차상장치는 자기가 주행한 거리(Running distance), 가야 할 거리(Distance–to–go), 속도제어 곡선 등을 계산하기 위하여 차량 하부에 장치되어있는 속도발전기(tachometer)를 사용한다.

이때 현재의 속도가 계산된 속도보다 높으면 즉, 과속일 때 제동을 요구하게 된다.

㉱ 계산식

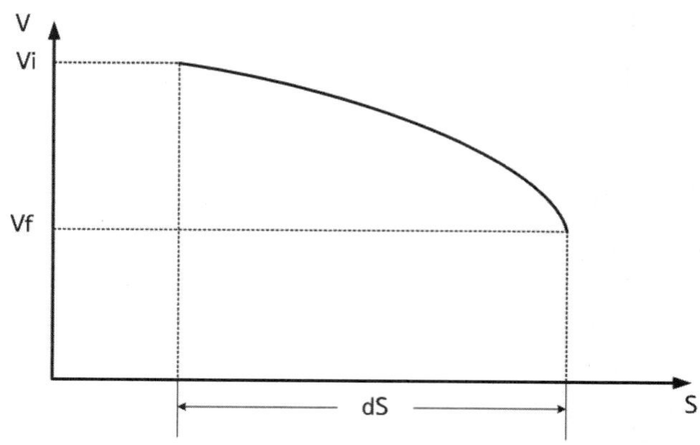

[그림 73] 감속 시의 열차속도 곡선

위 그림에서 다음의 변수를 줬을 때

V_{ci} : 초기속도 [km/h]

V_{cf} : 최종속도 [km/h]

ΔS : 총 이동 거리 [km]

α : 감속도 [km/h/h]로 그 구간에서 일정하다고 가정하면

속도 V 는 다음과 같은 식으로써 구할 수 있다.

$$V = \int_{t_0}^{t} \alpha \, dt = \alpha t - \alpha t_0 = \alpha t - V_{ci} \qquad \cdots\cdots ①$$

① 에서

$$t = \frac{V_{ci} + V}{\alpha} \quad \cdots\cdots ②$$

가 되고, $t = t_f$ 에서 $V = V_{cf}$ 이므로, $V_{cf} = \alpha t_f - V_{ci}$

그러므로

$$t_f = \frac{V_{ci} + V_{cf}}{\alpha} \quad \cdots\cdots ③$$

또한, 거리 S는 다음과 같은 식으로써 구할 수 있다.

$$S = \int_{t_0}^{t} V dt = \int_{t_0}^{t} (\alpha t - V_{ci}) dt$$

$t = t_0$ 에서 $S = 0$라 하면, $S = \frac{1}{2}\alpha t^2 - V_{ci} t$ ...... ④

$t = t_f$ 에서 $S = \Delta S$ 이므로

$$\Delta S = \frac{1}{2}\alpha t - V_{ci} t_f f^2 \quad \cdots\cdots ⑤$$

③을 ⑤에 대입하면

$$\Delta S = \frac{1}{2}\alpha\left(\frac{V_{ci} + V_{cf}}{\alpha}\right)^2 - V_{ci}\frac{(V_{ci} + V_{cf})}{\alpha}$$

위 식을 정리하면

$$\Delta S = \frac{V_{cf}^2 - V_{ci}^2}{2\alpha} \quad \cdots\cdots ⑥$$

그러므로 위 식에서 α를 구해보면

$$\alpha = \frac{V_{cf}^2 - V_{ci}^2}{2\Delta S}[\text{km/h/h}]$$

여기서 단위 변환을 하면

$$\alpha = \frac{V_{cf}^2 - V_{ci}^2}{2\Delta S \times 3600 \times 3.6}[\text{m/s/s}]$$

마찬가지로 ② 를 ④ 에 대입하여 정리하면

$$S = \frac{V^2 - V_{ci}^2}{2\alpha} \text{ [km]} \quad \text{가 되고}$$

$$V = \sqrt{2\alpha S + V_{ci}^2} \text{ [km/h]} \quad \text{가 된다.}$$

위 식을 검토해보면 초기속도, 최종속도, 현재의 거리를 안다면 거리에 따른 임의 시간에서의 속도를 구할 수 있다. 이러한 식을 가지고 각거리에서의 속도를 감시할 수 있게 된다.

7 Distance To Go 시스템

7.1 DTG 시스템이란?

ATP 발전의 다음 단계는 각 열차 뒤에 과주여유거리로 인해 발생하는 공간을 없애려는 시도이다. 이 공간을 없앨 수 있다면 선로 속도와 폐색 길이에 따라 20%의 선로용량을 끌어 올릴 수 있다.

아래 다이어그램에서 열차가 A1 폐색에 있을 때 뒤쪽의 속도는 연속적으로 감속하게 되어 A6 폐색에 열차가 들어오면 감속된 목표속도를 받게 된다.

이렇게 연속적으로 감속되어 A2 폐색에서는 0 속도가 되며, 나아가 A3 블록의 끝에서 정지할 때까지 속도 감속은 계속된다.

열차는 과주여유거리 폐색인 A2 폐색에 들어가기 전에 정차하게 된다.

제동 곡선은 그림에서 보이는 것과 같은 표준 제동 곡선이다.

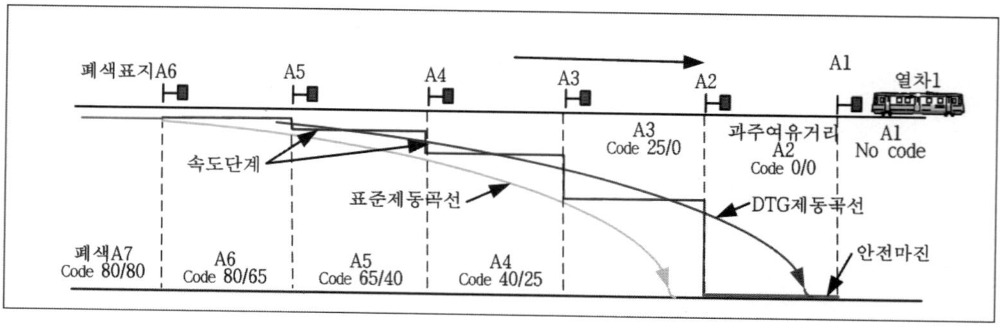

[그림 74] 속도단계방식과 DTG 제동 곡선 비교

제동 곡선을 앞으로 한 폐색 이동하는 "과주 여유 구간"을 이동시키는 문제를 생각해 볼 수 있다.

열차는 목표속도를 감속하기 전에 A6 대신에 A5 폐색에 더 가까이 진행하여 점유할 수 있다.

그렇다 하더라도 점유된 폐색구간에 근접하기 위해서는 열차에 의해 제동의 정확성과 일정함의 감시가 요구되므로 차상의 컴퓨터는 메모리 안에 저장된 선로의 지도를 사용하여 DTG의 정지점을 기반으로 하는 제동 곡선 산출이 요구된다.

새로운 곡선은 다이어그램에 푸른색으로 나타내었다.

열차는 A2와 A1 폐색 사이의 특정 지역에 접근하기 전에 언제나 정차하여야 하므로 에러 허용에 필요한 25m의 안전마진이 필요하다.

제동 곡선은 승객에게 편안한 정차를 제공하기 위하여 최종 정차지점에서 흔들림 없는 감속을 하여야 한다.

7.2 DTG의 운영

DTG ATP는 속도단계별 시스템보다 여러 가지 장점이 있다.

아래 그림에서 알 수 있듯이 선로용량을 증가시킬 수 있고, 제동거리는 주기적인 단계 변화를 유지할 필요가 없으므로 궤도회로 숫자를 감소시킬 수 있다.

폐색은 열차에 의해 점유되는 공간이며 더 과주 여유 구간으로 사용되지 않는다. DTG는 수동운전과 자동운전에 사용할 수 있다.

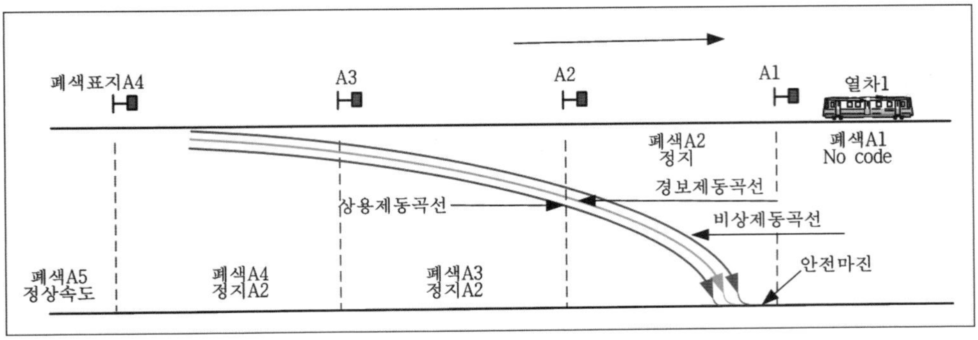

[그림 75] DTG에서의 상용, 경보, 비상제동 곡선

시스템은 다양하게 열차제동 프로파일용으로 여러 가지 곡선을 제공한다.

이 예는 3가지를 보여준다;

하나는 열차가 반드시 제동하여야 하는 정규곡선, 둘째는 기관사에게 경보를 제공하는 경보 곡선(시스템에 따라 상용제동적용 또는 소리-시각경보), 셋째는 정규곡선 내에서 속도를 기관사가 줄이지 않을 때 비상제동을 위한 비상제동 곡선의 생성이다.

7.3 DTG 차상신호의 폐색 설계

7.3.1 DTG-ATP의 기능

Distance to go의 주요 기능은 각 열차 뒤에 과주여유거리로 인해 발생하는 공간을 없애려는 시도이며, 이 공간을 없앨 수 있다면 선로 속도와 폐색 길이에 따라 **20%의 선로용량을 끌어 올릴 수 있는 장점**이 있다. 이러한 점들을 설계에 반영하여 위험지역을 설정하고 그 후방에 정지점과 안전구역을 설정한 시스템으로 인천1호선, 서울 2호선, 대전 1호선에서 채택하고 있는 LZB 시스템에 대하여 살펴보고자 한다.

(1) 감시 수동운전

LZB 시스템은 기관사에게 현재 권고속도로 이상적인 운행프로파일을 계속해서 지시한다. 권고 속도계산은 시스템과 제동장치의 반응시간을 고려한다. 따라서 기관사는 비상제동 곡선까지의 충분한 거리에서 속도를 제어 할 수 있다.

MCS 모드에서 기관사는 운전실 MMI에 주어진 속도와 거리에 대한 지시에 따라서 운행한다. 속도 이탈은 기관사에게 충분한 반응시간을 주기 위해 시각(점멸지시)과 청각 신호를 지시해준다. (사전경고)

열차속도가 권고된 속도(MSS -x km/h)를 초과하면 열차속도가 경고 속도보다 낮아질 때까지 두 번째의 청각적, 가시적인 경보가 기관사에게 보내진다.

열차가 비상제동 곡선을 초과하면 정지할 때까지 비상제동이 작용한다. 상세한 오류 메시지와 기록은 ATP 컴퓨터에 저장되고 고장 진단 컴퓨터로 판독하고 평가할 수 있다.

(2) 데이터입력

LZB 텔레그램 생성을 위한 데이터는 연동장치, 궤도회로, 인접 ATP 지상장치에 의해 제공된다. ATP 지상장치는 ATC로 제어되는 구간 내에서 목적지까지 각각의 열차에 대해 운전환경을 산정한다. 선로전환기 방향, 신호현시 상태, 궤도회로의 선로 데이터가 고려된다. 하나의 ATP 지상장치는 최대 56개의 궤도회로를 제어하며, 궤도회로는 정보 구간을 결정한다.

운전조건을 결정하기 위해 다음과 같은 데이터가 입력된다.

① 진로의 정의

궤도구간과 선로전환기와의 관련은 해당 제어영역의 LZB 지상장치에 영구적으로 저장된다.

② 규정된 속도제한

최대 권고속도 속도제한은 지상 조건에 따라 모든 진로 구간에 대하여 정의된다. 궤도회로의 속도제한 또한 LZB 지상장치에 저장된다.

③ 임시속도 제한구간 속도

특정 조건(예; 공사 장소, 일시적 위험지역)에 따라 제한 할 수 있다. 이러한 목적을 위해 운행 중 속도 제한구간을 지정하는 것이 가능하다. 임시속도제한 구간은 하나 또는 그 이상의 궤도회로로 구성된다.

④ 계획된 안전구간

궤도회로 설계 시, 각 궤도회로와 각 운행 방향에 대해 안전구간이 결정된다.

⑤ 선로전환기 쇄정

선로전환기 상태에 관한 정보는 연동장치시스템에 의해 제공된다.

⑥ 분기부 속도제한

선로전환기 분기에 일반적으로 적용되는 속도제한은 선로전환기의 방향에 따라 다르다.

⑦ 진로

연동장치시스템은 진로를 제공한다. 이는 ATP에 대해, 진로가 설정되고 쇄정되어 열차가 통과 할 수 있다는 것을 의미한다. 동시에 운행 방향은 연동장치시스템에 의하여 지정된다.

⑧ 궤도 비점유 검지

LZB 지상장치는 연동장치로부터 궤도비점유에 관한 정보를 수신한다.

⑨ 비상정지

플랫폼 주위의 궤도회로에 대하여 비상정지가 적용될 경우 비상정지는 ATP 지상장치에 의해 활성화된다.

(3) 안전조건

원칙적으로 Vital 정지위치와 운행상의 정지위치와는 구분한다. Vital 정지위치는 위험지점을 기반으로 정의된다. Vital 그리고 Non-Vital 정지점은 ATP 지상장치에서 서로 독립적으로 취급된다. Non-Vital 정지지점만 운전시스템의 요구 때문에 해제될 수 있다.

Ⓐ 안전구역 / 위험지점

위험지점은 어떤 상황에서도 통과해서는 안 되며, 이는 위험한 상황을 만들 수 있기 때문이다. 위험지점은 선행 열차에 의해 점유된 궤도의 시작 부분 또는 후속 열차가 통과해서는 안 될 궤도구간의 시작 부분이다.

이러한 이유로 위험지점에 안전구역을 둔다. 이러한 안전구역의 길이는 운행조건에 따라 달라진다. 제동 또는 비상제동 된 차량이 최종적으로 안전구역의 끝에(위험지점 전에) 멈추도록 보증하는 궤도 제한속도(최고속도), 감속특성, 구배 그리고 거리에 대한 측정의 오류로 발생하는 것과 같은 운전조건을 근거로 한다. 안전구간은 특수 컴퓨터프로그램(오버랩)으로 결정된다.

Vital 측면의 정지점은 안전구간의 시작 부분이며, ATP에 의해 감시되어야 한다. ATP는 열차가 멈춰야 하는 Vital 측면의 정지점을 이용하여 처리되는 기준 제동 곡선을 산정하여야 한다.

ATP는 비상제동 곡선을 산정한다.

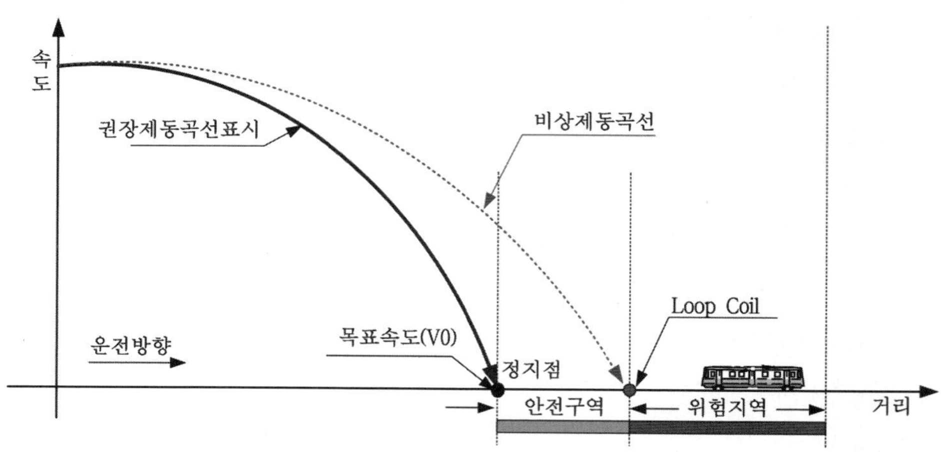

[그림 76] 안전구역과 제동 곡선

① 안전구간 계산

과주여유거리는 정지점 또는 신호기 이후 안전구간에서 계산되며 정지 열차가 허용 요구속도를 초과하여 비상제동으로 인해 원하는 정지점 이후에 정지상태가 될 경우를 위해 저장된다. 이러한 정지점은 고정하거나, 두 열차 간 거리를 최소화하여 운전 시격을 최적화하기 위한 시스템의 특성이다.

궤도시스템 및 열차를 사전에 보호하기 위해서는 선행 열차는 정지점 이후 충분한 길이의 과주여유거리를 유지하기 위한 신호시스템이 필요하다.

다음과 같은 두 가지 경우의 과주여유거리가 있다.

- ATP 과주여유거리는 최악의 상황에서 얼마나 열차가 정지점을 초과하는지 인지하면서 계산된다.
- 궤도회로 수가 사전에 결정된 연동 과주여유거리는 연동장치가 그 할당된 진로로 출발하기 전에 앞서서 고정된 정지점의 이동이 가능하다.

정지점은 운행 방향과 반대 방향으로 바뀐다. 프로젝트 특정 정지점은 LZB 정지점(LHP)이다. 정기적 제동 절차를 위한 ATP 과주여유거리는 N−1 번째 궤도회로의 끝을 초과하지 않게 정의된다. 궤도회로(Shn) 끝에서 정의된 거리는 ATP 과주여유거리와 같다.

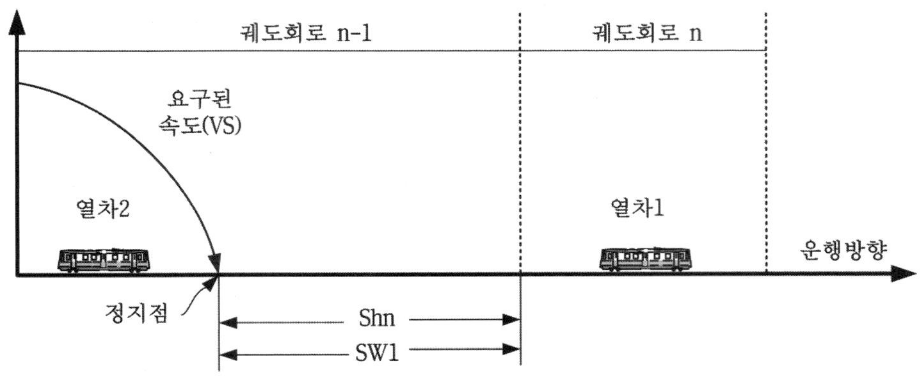

[그림 77] 안전구간과 과주여유거리

② 안전구간 적용

게다가 SW1 과주여유거리는 N−1 번째 궤도회로보다 매우 긴 경우 N−2 번째 궤도회로(Shn) 내에서 LZB 정지점을 위치하는 것이 가능해진다. 다음 그림은 일반적인 형태의 안전구간 적용이다.

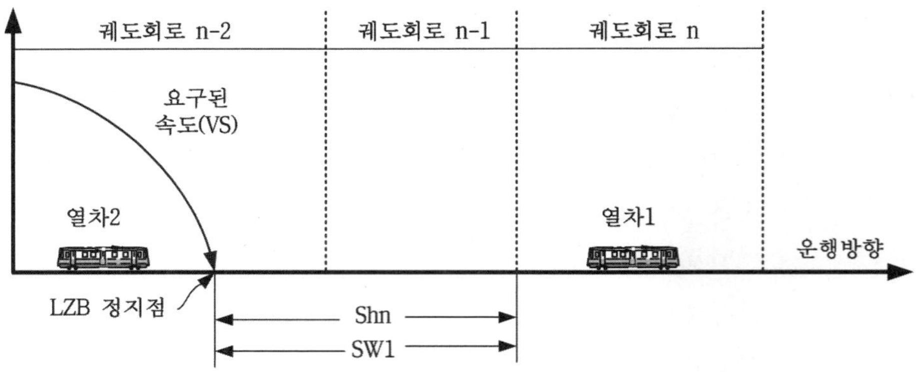

[그림 78] 안전구간 적용

③ 과주여유거리 계산

ATP 과주여유거리 계산의 기본은 궤도 레이아웃이다.

- 궤도회로 배치
- 궤도 구배
- 신호기, 선로전환기 및 정지점 위치
- 최고속도 프로파일
- 차량가속도
- 열차 제동력
- 제동반응시간

④ 과주여유거리 계산 그래프

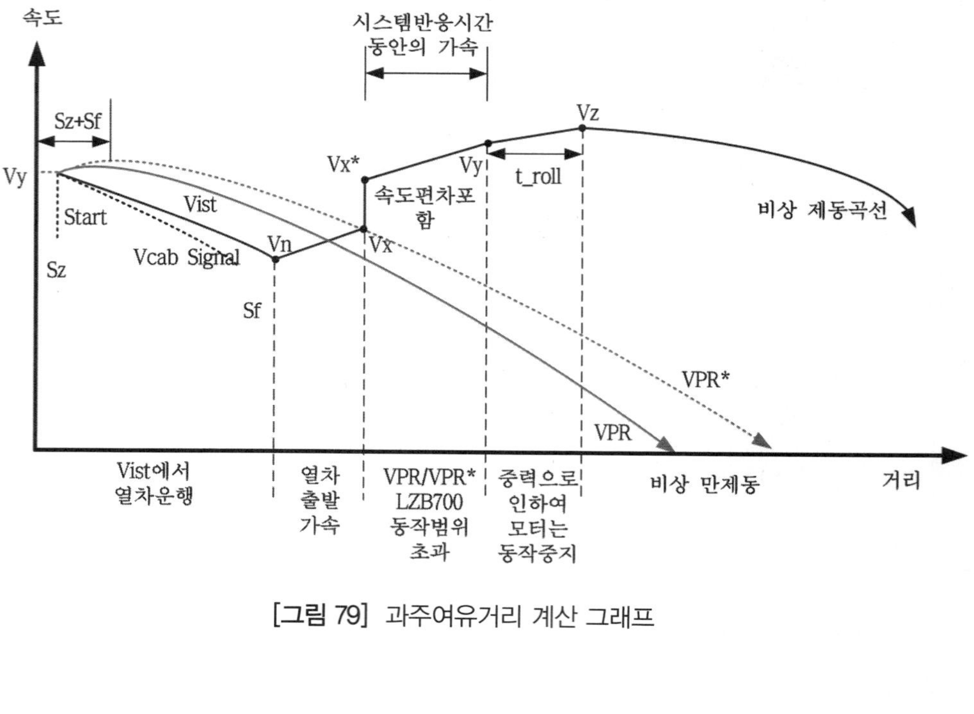

[그림 79] 과주여유거리 계산 그래프

비상제동은 VPR 곡선을 초과하는 실제 속도 Vist 지점에서 시작된다. 도착속도는 Vx로 설계된다. 어떤 속도(Vx)가 열차가 비상제동을 했을 때 앞의 정지점 내의 가장 긴 거리를 만들기 위해서 비상제동거리는 PR 곡선을 따라서 짧은 간격으로 계산된다. 제동면의 하나를 통한 이동 거리는 그때 계산된다. 사전에 결정된 절차에 따른 모든 계산에서 가장 긴 안전구간 계산결과(Maximum)가 정지점의 ATP 과주여유거리로 결정된다.

Ⓑ 열차 간격(Train Spacing)

열차 간격 제어기능은 열차운전제어를 보증하며 그래서 경합을 방지한다. 이는 위험지점의 결정을 기반으로 한다. 각각의 안전구역에 대한 매개변수들은 각각의 모든 궤도구역에 대하여 개별적으로 설계되고 ATP 지상장치에 저장된다. 매개변수는 점유된 궤도회로 전방의 점유되어서는 안 될 거리를 포함하고 있다.
운행상 정지점은 열차가 정지해야 하는 모든 역에 대해 설정된다. 이 운행상의 정지점 위치는 주행 방향에 따라 설정된다. 이 운전상의 정지점은 Vital 측면은 아니다. Vital 하거나 Non-Vital 한 정지점의 코드화된 데이터는 목표속도 V_D와 목표 거리 D (그림 '속도 곡선' 참조)로 차상장치에 전송된다. 목표 거리는 점유한 궤도회로의 시작 부분부터 정지점까지이다.

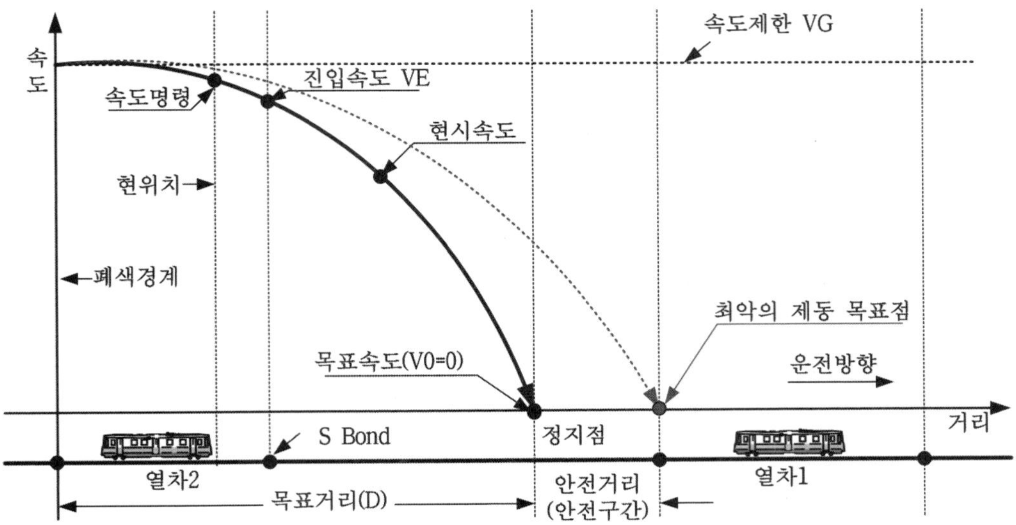

[그림 80] 열차 속도 곡선

© 속도프로파일

속도제한은 고정되거나 변경될 수 있다. 궤도 매개변수 등과 열차의 물리적 특성은 속도제한에 영향을 주지 않기 때문에 그러한 데이터는 프로젝트에 따라, 삭제 불가능한 데이터로 영구적으로 저장된다. 예를 들면 영구적인 속도 제한구역, 정지점 그리고 최대 열차속도 등은 운전상의 환경에 의해 부여된 것이다. 허용속도는 선로전환기 방향과 임시속도 제한구역에 따라 결정된다. 하나의 궤도구간에 적용되는 모든 속도 제한구간은 하나로 구성되므로 가장 높은 제한이 되는 속도가 해당 궤도의 위치에 적용된다.

❖ 속도 제한구역은 다음의 유형들로 이루어져 있다.

- 영구적 속도 제한구역
- 임시속도 제한구역
- 선로전환기의 방향에 따른 속도 제한구역
- 짧은 안전궤도가 있는 정지점에서의 속도 제한구역

❖ 현재 허용속도의 결정은 다음의 값들을 열차에 전송함으로써 영향을 미친다.

- 현재 궤도회로의 속도제한(VL)
- 다음 궤도회로 진입 시 속도(VE)
- 열차 주행을 제한하는 다음지점까지의 목표 거리 D와 목표속도 V_D(정지점의 경우: $V_D = 0$)
- 다음 속도 제한구역까지의 거리(TLAA)
- 속도 제한구역 끝까지의 거리(TLAE)
- 속도 제한구역 내에서의 허용속도(VLA)

모든 거리는 점유한 궤도회로의 시작점 을 기준으로 한다. 속도 프로파일을 처리하기 위하여 모든 궤도구간에 대하여 두 개의 속도 값이 이용될 수 있으며, 속도 프로파일의 다음 전환은 새로운 궤도에서만 이루어질 수 있다. 이 전환은 상향속도 및 하향속도로 실행될 수 있다. 따라서 그림 "한 궤도회로 내의 가능한 속도 프로파일"이서처럼 한 궤도에 원칙적으로 4개의 가능한 속도 프로파일이 있다.

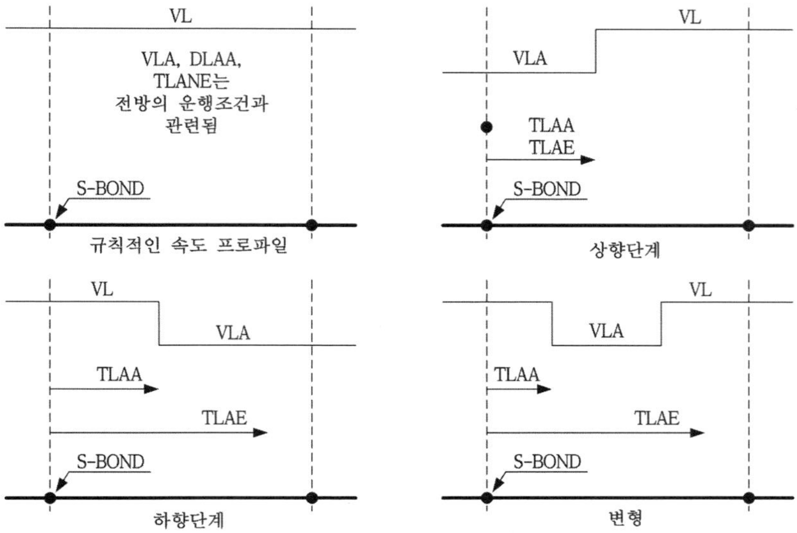

[그림 81] 한 궤도회로 내의 가능한 속도 프로파일

점유한 궤도회로 내의 수평 속도프로파일에 대하여, 운행 방향에서 다음 속도프로파일의 전환은 이어지는 궤도구간 중 하나에서 이루어진다. 그것은 계속되는 구간의 속도프로파일에 달려있으며, 관련 궤도구간 내에서의 속도는 열차에 속도제한으로써 전송된다.

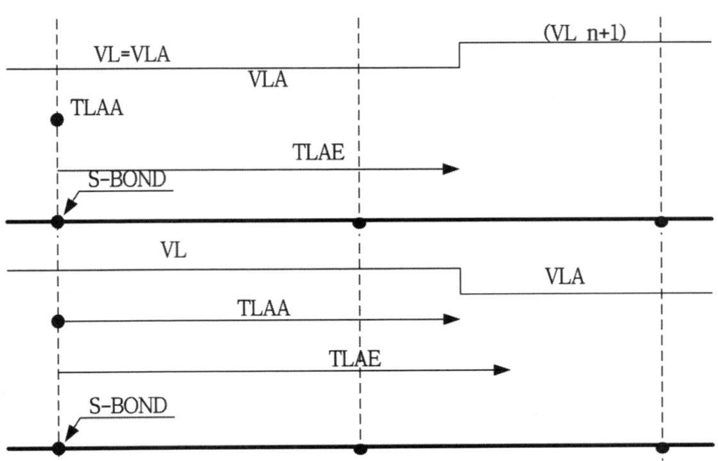

[그림 82] 속도프로파일이 다른 특성에서 텔레그램의 종속

[그림 82]는 인접 궤도회로에서 속도가 증가하는 곳과 감속되는 곳, 두 개의 변형을 보여준다.

운행 방향의 속도 프로파일에 두 번째 제한구역이 정지점 이전에 있는 경우, 두 번째 제한구역의 시작점이 목표지점이 된다. 목표속도(VT)는 두 번째 속도 제한구역의 속도를 나타내고 목표 거리(Z)는 두 번째 제한구역 시작점까지의 거리를 나타낸다. 첫 번째 속도 제한구역의 시작은 VLA 와 TLAA 를 조합하여 처리된다. 속도 프로파일 내에서 두개의 제한구역은 분리되거나 중첩될 수 있다.

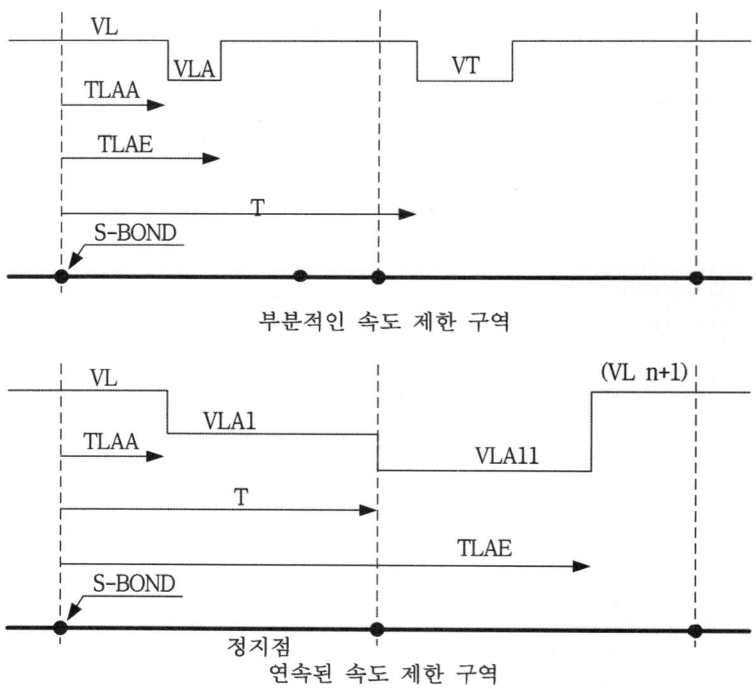

[그림 83] 속도프로파일에서 두 개의 속도제한(정지 없이)

정지지점이 두 번째 속도 제한구역의 시작 전에 위치하게 되는 경우, 예를 들어, 점유한 궤도구역에서 볼 때 VT와 D는 정지지점을 신호한다. 목표속도 VT는 '0'이고, 목표 거리 D는 정지지점까지의 거리를 나타낸다. 속도제한구역은 또한 몇 개의 궤도회로를 포함할 수 있다. VT=0

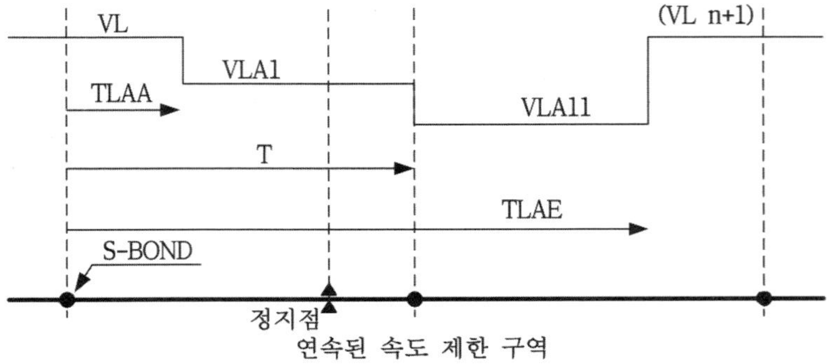

[그림 84] 연속된 속도제한(정지포함)

Ⓓ 제동 곡선(Braking Curves)

열차 주행을 제한하는 지역에 대한 제동 곡선은 다음의 공식에 따라 계산된다.

$$V(\text{rec}) = \sqrt{VZ + 2b_{res}(V)\triangle z}$$

$$V(\text{비상제동}) = \text{Rec} + \triangle \text{Vdiff}$$

V 비상제동이 사용되는 속도,

b_{res} 관련된 선로 구간의 구배와 계획된 감속을 고려하는 결과 제동 감속 속도,

△D 제동거리의 길이,

VT 열차운행을 제한하는 지점에서의 목표속도

△Vdiff 운전요원이 신호화된 속도 프로파일에 따라서 열차를 운전할 수 있도록 하는 계획된 속도 차이다.

모든 선로 구간에 대해 두 개의 가능한 제동 곡선이 적용된다. 두 가지의 제동 곡선 각각은 다른 감속률을 갖는 세 개의 속도 간격으로 구성될 수 있다. 감속률 b_{res} 는 매 5‰ 하강 구배에 대해 반영된 감속률을 0.05 m/s^2감소시켜서 계산된다. 상승 구배는 위와 유사하게 적용한다. 즉, 마찬가지로 b_{res} 는 증가된다.

(4) 동작 조건

Ⓐ 텔레그램 전송

텔레그램 전송은 ATP 지상장치에서 ATP 차상장치로 단방향 송신된다. 데이터는 고정된 길이의 텔레그램에 포함되어있다. 이러한 텔레그램은 궤도회로를 통하여 PSK(Phase Shift Keying) 변조 방식으로 주기적으로 전송된다. 전송채널은 필요한 Vital 신호 데이터, ATP 텔레그램, Non-Vital 신호 데이터, 및 ATO

텔레그램 전송을 위해 사용된다. 텔레그램 형식과 순서는 현재 궤도회로의 인식, 다음 궤도회로의 인식, 다음 궤도회로의 가청주파수, 열차운행 방향에 관한 정보, 궤도회로에 관한 인식, 또한 비상정지에 대한 정보전송이 열차가 궤도회로에 진입 시 즉시 보장되도록 선택된다. ATP 차상장치에 의해 최소한 매 5초마다 ATP 데이터 블록이 수신되도록 한다. 전송용량을 최대한 활용하기 위해 각각의 상관 텔레그램은 필요한 보호 코드를 전송한다.

① 고성능의 32bit CRC 보호 코드가 전송 장애를 검출하기 위해 사용된다. 이 코드는 모든 데이터 비트들에 대해 안전한 방법으로 형성된다. 이 코드는 안전요건 때문에 실책 수정을 위해 사용되지 않는다.

② 각각의 텔레그램은 추가로 로직 텔레그램 순차 제어를 위해 일련번호를 포함한다.

③ 각각의 텔레그램은 인식 코드를 갖고 있으며, 이는 텔레그램 내용 일치를 확인한다. 텔레그램 내용의 로직에 대한 타당성 확인은 수신기에서 수행한다. 이를 위해 현재 및 다음 궤도구간 인식 코드와 다음 궤도회로 수신주파수는 각 텔레그램에 포함된다.

④ 인접 궤도로부터의 노화(Cross talk) 방지는 각각의 궤도회로에 대해 반송 주파수를 달리 사용함으로써 이루어진다.

⑤ 특별한 전송프레임을 생성하는 비트스터핑 알고리즘을 사용하여 텔레그램의 길이를 최적화하고, 부가적인 텔레그램의 보호를 시행한다. 이 프레임을 검지하기 위해서 논리적 변환이 수행된다.

텔레그램 정보는 다음과 같다.

- 자동회차운행 (DTRO : Driverless Train Reversal Operation)
- 다음 궤도회로 제동 곡선 (BRN+1)
- 운행 방향(FR)
- 출입문 해정 (TFG)
- 진입속도 (VE)
- 제한속도 (VL)
- 비상정지 (VG0)
- 속도 제한구간에서의 속도 (VLA) VLA 는 TLAA 와 TLAE
- 목표속도 (VT)
- 목표거리 (D)

- 속도제한구간이 있는 목표 거리 시작점 (TLAA)
- 속도 제한구간이 있는 목표 거리 끝점 (TLAE)
- LZB 종단 (END)
- 현재 궤도회로 인식 (GKKn) / (GKKn+1)
- 궤도회로의 길이 (GKL)
- 다음 궤도회로의 구배 (in + 1)
- 긴 궤도회로 (KLGK)
- 허용 주행 (PERM)
- 다음 궤도회로의 궤도주파수 (TFN + 1)

궤도로부터 열차까지의 송신이 장해를 받거나 중단되면 차상장치는 어떠한 주행 정보도 수신하지 못할 것이다. 시스템은 텔레그램 오류에 대한 시간 간격의 운행 거리가 10 m와 5초 이하로 되어있다. 장애 시간이 5초 이상이고 운행 거리가 10 m 이상일 때 ATP 차상장치는 비상제동을 적용한다. 송신 장애의 원인은 일시적인 장애, 선로변 장애 혹은 차상측 장애일 수 있다.

Ⓑ 거리측정

운행 거리를 연속적으로 결정함으로써, LZB 700M 차상장치는 언제라도 정확하게 열차의 위치를 알 수 있다. 궤도회로는 개략적인 열차 위치에 관한 기준점을 제공한다. LZB 700M 지상장치에 의해 전송된 운행 명령에 포함된 모든 거리정보는 궤도회로 경계선에서부터 적용된다. 열차가 궤도경계선을 통과하면 거리측정이 동기화된다. 거리측정기능은 하나의 궤도회로 내에서 주행한 거리를 측정하는 것을 포함한다. 거리측정을 위해 필요한 거리정보는 거리측정시스템에 의해 제공되어야 하며, 이 시스템은 차량 바퀴회전수를 기록하고 이로부터 운행 거리를 산출한다.

산출 시에는 운행 방향과 차량 바퀴지름(차량지름은 조절 가능함)이 고려된다. 거리측정시스템의 거리정보는 다른 차축과 다른 측면에 설치된 두 개의 펄스 발생기에 의해서 검지 되며 데이터는 두 개의 채널을 통해 평가된다. 만일 결과가 일치하지 않으면, 안전측면에서 가장 긴 값이 맞는 값으로 고려된다. 궤도회로 전환 시, 열차가 유효한 시간 내(타임-스탬프)에 수신한 새로운 텔레그램을 수신하면, 측정은 '0'으로 재설정된다.

Ⓒ 실제 속도

열차의 실제 속도는 계속해서 결정되며 이 정보는 속도감시용으로 이용할 수 있다. 실제 속도는 거리측정 기능에 의해 산출된다. 실제 열차의 속도는 운행된 거리(측정된 경로 길이의 증가분에 대한 합)를 허용시간으로 나눔으로써 결정된다. 이 과정은 주어진 시간-분할패턴 내에서 연속적으로 반복된다.
다음 조건에서:

$$a\ train\ \{0 \cdots 25\ km/h\} = 1.1\ m/s^2$$
$$a\ train\ \{V > 25\ km/h\} = 1.1 * (25 / v)\ [m/s^2]$$
$$a\ track = 0.5\ m/s^2$$
$$a = a\ track + a\ train$$

속도 측정에 대한 정확도는 다음과 같다.

[표 9] 속도 측정의 정확도

V [km/h]	a [m/s²]	최종 속도 오류[km/h]	비 고
5	1.60	±1.37	

Ⓓ 그 밖의 기능

그 외의 기능으로 속도감시, 후진감시, 출입문제어, 자동회차운전, 비상제동기능이 있다.

7.4 ATO 기능

(1) 자동운전

이 운전방식은 ATP 및 ATO 장비가 갖추어진 열차의 일반적인 운전모드이다. 차상 ATO는 추진 및 제동장치를 자동제어 한다. 이에 대해 ATO는 ATP로부터 필요한 데이터를 공급받는다.

- ATP 지상장치로부터 수신된 모든 ATP 주행명령
- 속도 검출기데이터 (현 위치와 실제속도를 결정하기 위해)
- 위치식별(궤도회로 전환) 및 위치시스템 정보
- 열차 길이

❖ 운전시스템 LZB

지상장치에 대한 명령에 따라 열차운행계획 및 운행요구조건에 따라 열차의 자동운전에 영향을 준다.

- 출발 명령

• 다음 정거장에 도착할 예정시간

기본적인 운전의 3단계는 가속(시동을 포함), 정속 및 타행 주행(Cruising / Coasting) 그리고 제동이다. 원칙적으로 자동운전은 피드백제어로 수행된다 (그림 '자동운행에 대한 피드백제어' 참조). 속도 검출기는 ATP를 통하여 ATO에 열차의 실제 위치를 송신한다. 피드백 루프에 대한 기준입력은 ATP 데이터 및 운행제어 데이터로부터 나온다. 결과적으로, ATO는 정의된 값의 데이터 출력을 추진장치 및 제동제어기에 제공한다.

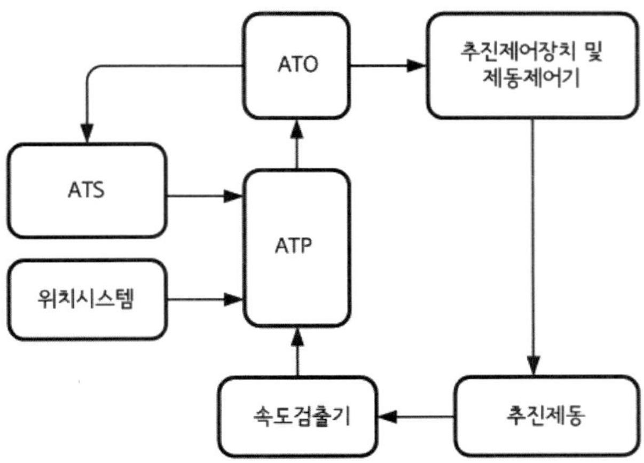

[그림 85] 자동운행에 대한 피드백제어

ATO 자체시험이 성공적으로 이루어지고 ATP 장치가 "ATO 스타트" 램프로 자동운전에 대해 해정 되었다는 표시를 나타내면 ATO 운전이 가능하다. ATO 모드는 다음 조건에서 작동된다.

• ATP가 MCS 모드로 되어있음.
• 역정차 시간이 종료됨 (출발 명령)
• 연동장치에 의해 진로 설정됨
• 출입문 닫힘
• 운전 레버는 '0' 위치임

기관사는 최종적으로 출발 버튼을 누름으로써 ATO 모드를 시작한다. 만약 전제조건 중 하나라도 이행되지 않는다면 작동되지 않는다. (출발 버튼이 점등되지 않음) ATP는 추진장치로의 ATO 제어 신호를 스위치-오프 한다. 출발 버튼으로 ATO가 작동된 후, 열차는 계산된 속도프로파일까지 가속된다.

이 속도에 도달하면 시스템은 이 속도프로파일에 따라 주행을 제어한다. 제동 작동지점에 접근하면 ATO 장치는 자동으로 상용제동을 제어하고, 열차는 제동 곡선을 따르게 된다. 속도제한지역을 통과한 이후에 열차는 자동으로, 산출된 속도프로파일까지 가속한다. 열차가 정거장에서 사전에 결정된 정지구역 내에 정지하면, ATO는 자동으로 문을 연다.

(2) 목표제동

ATO는 운행 정지점에 정확히 정차하기 위해 (열차와 제동시스템에 따른 허용범위를 가지고) 열차에 제동을 건다. 이는 정거장 내에서 부가적인 열차 위치시스템을 사용하여 이루어진다. ATP는 제동 곡선을 감시한다.

ATP 지상장치와 TTC 시스템은 정거장 정지점을 제어한다.

TTC 시스템과 연계하여, 정지지점, 정거장 정차시간 및 출발 명령을 원격제어 하는 것이 가능하다. TTC 시스템은 다음의 기능들을 수행한다.

- 열차가 정지하지 않고 정거장을 통과할 수 있도록 운전상의 정지점 기능을 취소시킴. (예; 회송 열차)
- 시간표와 운행상황에 따라 미리 규정된 정거장 정차시간을 줄이거나 연장한다.

(3) 자동 속도프로파일

역간 주행시간에 대한 진로표의 시간 입력을 기반으로 "추진차단점"을 산출하여 에너지를 최적화할 수 있도록 속도프로파일이 계산된다. 역간의 거리와 지상 속도프로파일은 ATO 차상장치에 저장된다. 결과적으로 이 계산 때문에 ATO는 3가지 특성을 제공한다.

① 열차운전 시각표 시간 매우 짧음, 열차는 최대가속도로 완전한 속도프로파일을 사용하고, 추진 차단 없이 목표속도 곡선에 따라 주행한다. (예; 시간최적화열차운행 (정속주행))

② 열차운전 시각표 시간이 최고허용속도로 계산된 주행시간보다 큼, 열차는 목표속도까지 최대가속도로 주행하며, 목표속도 곡선 근처에서 정속주행 후, 브레이크 동작 지점에 따라 산출된 차단지점에서 추진시스템은 차단된다. [예; 에너지 최적화 열차운행 (타행)]

③ 열차운전 시각표 시간이 너무 커서 최대허용속도로 주행해서는 안 될 때, 열차는 최대가속도로 주행하지만 목표속도 곡선은 낮은 레벨로 되어있다. 이로써 에너지 최적화 열차운행과 경제적인 전력 소비가 이루어짐 (감속된 타행)

(4) 그 밖의 기능

그 밖의 ATO 기능으로 역에서 열차출발, 가속, 정속주행 / 타행, 역간에서의 정지, 출입문 개방, 속도 제한구역, 무승객 운행, 차량기지로부터 출발, 자동회차운행이 있다.

8 이동폐색 시스템

8.1 이동폐색 이론

컴퓨터, IT 기술의 발전에 따라 신호기술은 발전되어 폐색 시스템은 매우 정밀하게 되었지만, 최근에 특히 고정 폐색 전부를 없애는 방안을 시도하게 되었다.

고정 폐색을 없애는 방안은 전방 열차와 후방 열차 사이의 실제속도 관계에서 거리 변화를 줄 수 있는 장점이 있다.

이것은 속도 간격에서 고속도로 규격을 적용하는 것과 같다.

누구도 죽음의 정지선을 넘기를 원하지 않기 때문에 전방 차량으로부터 후방 차량이 속도 만 제동이 필요하지 않다. 만약 당신이 그와 같은 속도로 움직인다면 이론적으로는 전방 차량이 제동하면 당신도 제동하여 전방 차량의 바로 뒤를 따라갈 수 있다. 만약 당신이 전방 차량의 제동 불빛과 제동 실행 변화에 대한 반응시간을 몇 m로 허용하면 그 일은 가능하다.

비록 고속도로 위에서 깜짝 놀랄만한 경합 없는 도로교통 이론을 단지 반증할 필요는 있지만, 철도의 세계에서는 좀 더 정리가 필요하다.

비록 열차 사이에 안전 만제동 없이 적용할 수 없지만, 가능성은 있다.

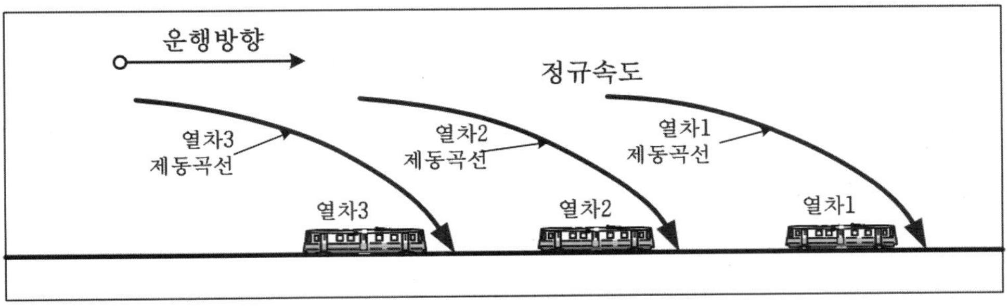

[그림 86] 이동폐색에서의 제동 곡선

다이어그램에서 각 열차가 같은 속도 같은 방향으로 운행하는 동안 각 열차는 같은 제동 능력을 갖추고 있을 때 이론상으로는 몇 m의 매우 가까운 거리를 운행할 수 있다. 열차의 반응시간과 약간의 에러를 허용하면 50 km/h시 50 m까지 가까이 운행할 수 있다.

이론상으로는 OK지만 실전에서는 다른 문제이므로 현재까지는 어려운 설계지만 일부에서는 실용화되어 있으며 머지않은 장래에 실현될 것이다.

8.2 필요성

철도신호는 전통적으로 변화하는 기후조건, 마모, 도난, 중량물 취급에 노출된 선로를 따라 크고 비싼 자재들이 사용되고 있다.

넓은 공간에 분포되어 있으므로 유지보수의 비용은 비싸고 가끔은 열차가 다니지 못하기도 한다. 고장이 발생하면 그 위치에 도착하기도 쉽지 않다.

특히 도시철도일 때 터널과 고가 구간으로 되어있어 열차 운행 중에는 접근이 쉽지 않다. 이러한 이유로 철도운영자는 현장 신호기기를 줄여 유지보수 비용을 줄이는 노력을 하고 있다. 현장 설비를 줄이면 설치비용을 감소할 수 있다.

이동 폐색은 고정 폐색보다 현장 설비가 적게 요구되며, 다른 하나는 수송 용량이 증대된다.

도시철도 구간에서 시간당 30편성의 열차를 2분 간격으로 운행할 수 있다.

이동폐색에서 역사 정차와 종착역 회차 등이 선로용량의 주된 손실로 작용하고 있으므로 높은 수송용량시스템으로 개선되었는지에 대한 논란의 여지가 있다.

홍콩과 같은 수송량이 많은 도시철도에서는 시간당 30편성의 열차보다 많은 수송용량을 만들기 위해, RH 시간대에 40～50초 이하로 정차시간을 줄이기 위해 노력하고 있다.

신호시스템 사용과 관계없이 이는 2분 또는 그보다 짧은 운전시격을 추진하고 있다. 유사한 문제점은 분기기 개통시간이 문제점으로 존재하나 이동폐색 신호시스템으로는 이를 해결할 수 없다.

짧은 운전시격은 할 수 있으나 열차는 짧고, 속도는 낮고, 승객 규모는 적은 시스템에서는 가능하다.

영국의 도크랜드와 프랑스의 도시철도에서는 95초 운전시격을 달성하였다.

또한, 지하철 선로에서 현대적인 환기시설과 연기제어시스템은 열차 간격을 200～300 m로 하여 특정 시간대에 환기하고 있다.

만약 이동폐색이 50 m 간격을 유지하면 어떤 곳에서는 매우 비싼 추가 환기시스템이 필요할 수 있다. 이는 또한 이동폐색의 장점을 감소시킨다. 이동폐색의 실제적인 장점은 현장 신호설비와 유지보수 비용의 감소이다.

이동폐색 기술은 더 좋은 신뢰성과 빠른 고장 개소 발견이 가능하다. 만약 무선기반 전송이 포함되면 모든 개선이 획기적으로 이루어질 수 있다.

다른 한 가지 사실은 많은 운영자가 고정폐색의 궤도회로와 같이 이동폐색에서도 레일절손 개소를 검지해 달라는 요구사항이다.

이동폐색 시스템에서도 분기부에는 아직도 궤도회로가 필요하다.

8.3 이동 폐색 대 고정 폐색 신호

전통적인 고정 폐색 신호 전달은 열차의 존재를 감지하는 최초의 Fail-Safe 방법을 제공하는 궤도회로의 발명에서 비롯되었다. 이 방법은 지난 150년 동안 신호 커뮤니티에 도움이 되었지만, 주요 도심지가 성장함에 따라, 교통 사업자에 대한 수요도 증가하고 있다.

고정 폐색 신호 엔지니어는 운영자가 서비스 빈도를 높일 수 있도록 설계 마진을 포함하지만, 많은 도시가 이 마진을 소진했거나 빠르게 접근하고 있다.

그 결과, 환승 사업자들은 두 가지 선택을 할 수 있다. 즉, 지하철 노선을 더 짓거나 CBTC 기술에 기반한 폐색 이동과 같은 새로운 기술을 적용하여 기존 인프라를 더 많이 짜내는 것이다.

이동 폐색 신호는 열차의 존재를 감지하기 위한 주요 메커니즘으로서 궤도회로의 필요성을 제거했기 때문에 CBTC 세계에서 성장한 개념이다. 궤도회로는 신호 엔지니어들에게 고정된 폐색 사고방식을 강요했기 때문에, 궤도회로를 제거하면 설계자들은 움직이는 새로운 폐색의 세계로 가게 되어 개념이 자유로워졌다.

(1) 고정 폐색 신호

고정 폐색 신호를 설명하는 문장이 하나 있다면 다음과 같아야 한다.

고정 폐색 신호는 열차 사이에 인위적인 분리를 만든다.

신호 해결책의 주된 목적은 고장 발생 시 열차를 정지시킬 수 있는 충분한 거리를 제공함으로써 열차 간격을 안전하게 유지하는 것이다. 하지만, 열차 간격이 너무 길면 처리량에 영향을 미칠 수 있다. 진행 방향으로 3분마다 열차가 도착하여야 하는데, 열차가 5분마다 도착할 수 있다.

고정 폐색 신호는 선로를 작은 폐색으로 나누어 안전을 위해 열차가 얼마나 멀리 떨어져 있고 얼마나 자주 정거장이 운행될지를 결정한다. 신호 엔지니어의 과제는 최적의 운전시격과 안전을 동시에 해결하기 위해 이러한 폐색 크기를 조정하는 것이다; 안전한 운전시격을 위한 폐색 조정은 영향을 미치며 또한 운전시격과 안전을 위한 폐색 조정은 영향을 미친다.

이는 간단한 예를 통해 가장 잘 이해할 수 있다.

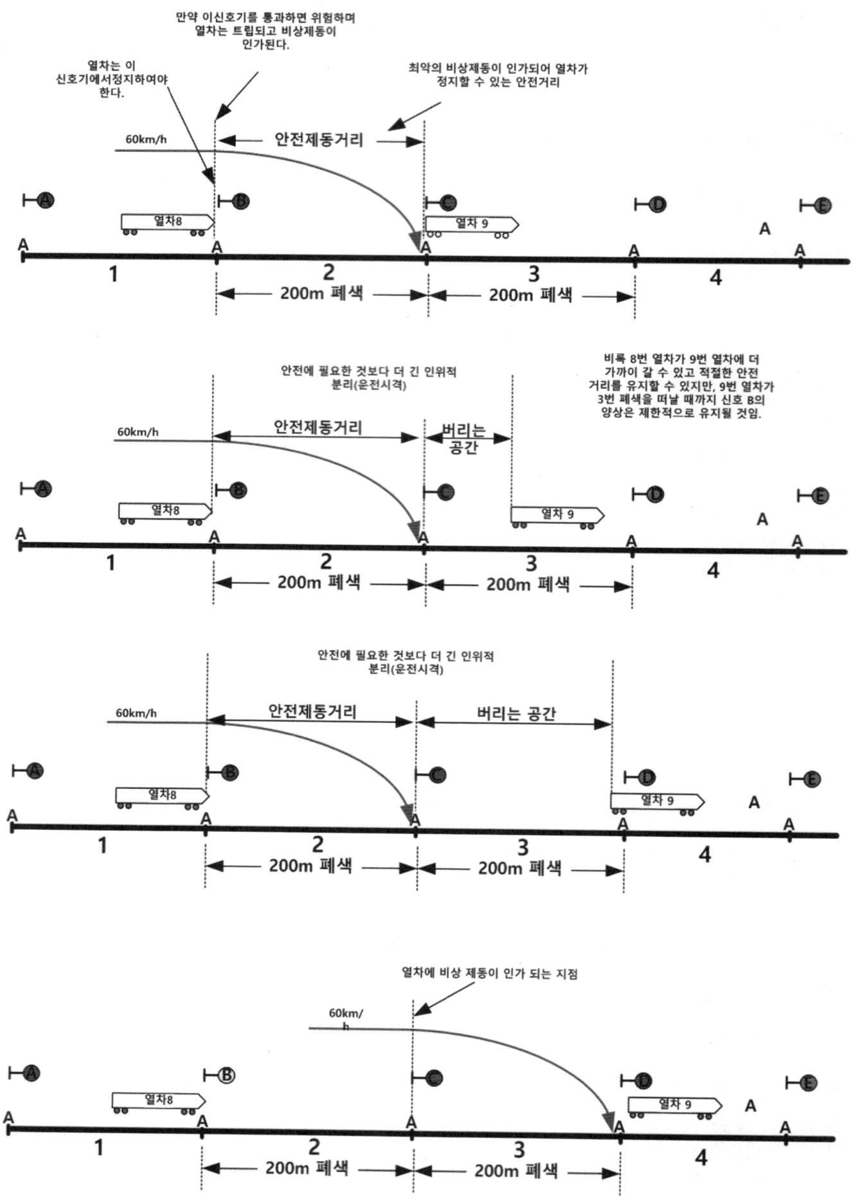

[그림 87] 고정폐색에서 안전제동거리와 완충거리

시속 60 kph로 주행하는 8호 열차가 정거장에 정차하기 위해 200m 이상 정지해야 하는 경우, 8호차와 9호차를 분리하는 폐색의 길이는 200m 이상이어야 안전 요건을 충족할 수 있다.

9호 열차가 C 신호로부터 멀어질 때, 8호 열차는 3호 폐색이 비어 있을 때까지 허용적인 측면을 부여받지 못한다. 대신, 8호 열차가 더 가까이 움직일 수 있고 여전히 안전한 제동 거리를 유지할 수 있음에도 불구하고 8호 열차와 9호 열차 사이에 인공적인 분리가 만들어진다.

그 결과 불필요하게 긴 진행이 가능해졌다.

폐색의 길이가 증가하면 더 긴 진로를 희생하여 안전 여유가 증가한다. 폐색 길이를 줄이면 안전성을 희생하여 운전시격이 짧아진다. 이것은 고정 폐색 신호의 특성이며 몇 가지 문제가 발생한다.

① 폐색의 길이는 200m일 수 있지만, 열차가 100m에 불과할 경우 폐색 내의 공간은 낭비된다(위의 예 참조). 신호 시스템은 열차의 길이를 폐색의 길이와 동일하게 간주한다. 폐색이 200m이면 열차는 200m 길이로 간주 된다.

② 60kph로 주행하는 열차에 기초하여 계산된 폐색 크기가 200m인 경우 40kph로 주행하는 열차도 200m 거리를 유지해야 한다.

고정 폐색 설계가 선로를 효율적으로 활용하지 못하기 때문에 불필요하게 긴 운전시격은 시스템을 통해 밀고 나갈 수 있는 열차에 대하여 운영자에게 수갑을 채우는 경우가 발생한다.

고정 폐색 신호는 1860년대에 발명된 기술에 기반한 해결책이다. 오늘날 마이크로프로세서 기반 시스템의 힘으로, 새롭고 더 효율적인 열차제어 방법을 모색할 때이다.

(2) 이동 폐색 신호

CBTC의 등장과 함께, 신호 엔지니어들은 가이드웨이를 작은 폐색의 체인이 아닌 하나의 연속적인 선로로 보기 시작했다.

이것은 전통적인 신호의 시각에서 급진적으로 벗어난 것이었다. 이동 폐색은 지난 150년 동안 발전해 온 고정 폐색 신호 개념들을 향상하게 하였다.

이 새로운 패러다임에서 벗어나기 위한 가장 중요한 특징은 안전거리가 더 이상 고정된 폐색에 의해 강요된 정적 실체가 아니라 열차 속도의 실시간 계산에 기초한 조정 가능한 거리였다는 것이다.

이러한 접근 방식의 즉각적인 이점은 열차들 사이의 거리가 감소한다는 것이다.

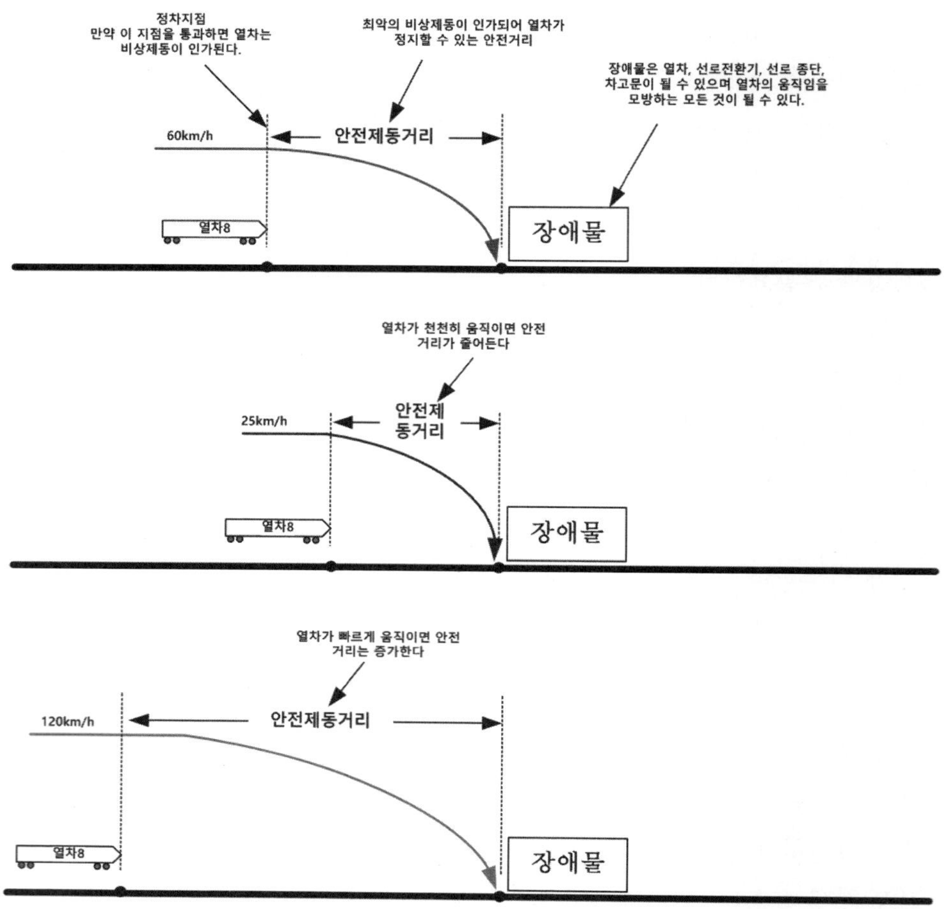

[그림 88] 이동폐색에서 안전제동거리

이동 폐색의 또 다른 측면은 열차와의 안전거리 이동이며, 따라서 이동 폐색이라는 이름이 붙었다. 더 이상 신호기 및 정거장의 위치로 정의되는 정적 개체가 아니다. 선두 열차가 전진함에 따라 후속 열차는 안전거리를 유지한 채 뒤따른다. 열차 간격 구간이 최소로 유지되기 때문에 낭비되는 공간이 없고, 열차가(고정 폐색에 있기 때문에) 폐색이 제거될 때까지 기다리지 않으며, 가장 중요한 것은 열차의 간격을 최대한 짧게 유지하는 것이다.

이동 폐색은 안전을 보장하면서 선로를 가장 효율적으로 활용한다.

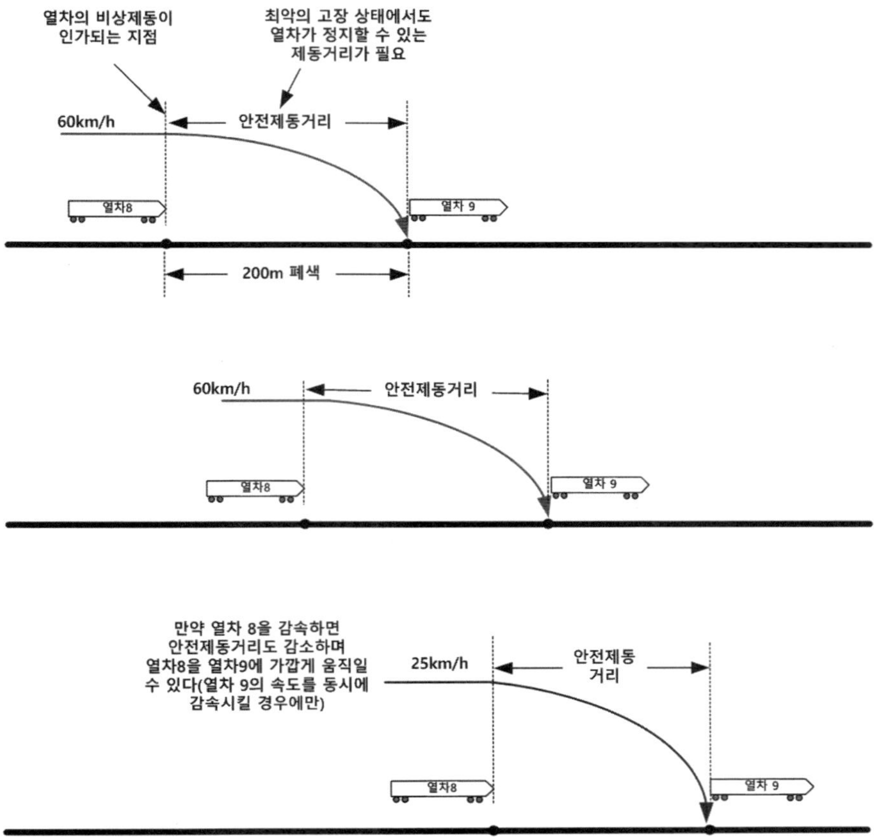

[그림 89] 이동폐색에서 안전제동거리

고정 폐색 신호는 신호의 진화에 있어 첫 번째 큰 단계였지만, 모든 교통 당국이 같은 인프라를 사용하여 더 많은 탑승자를 이동시키기 위해 더 짧은 운전시격을 요구하고 있는 상황에서 유용성이 떨어졌다. 하지만 오래된 방법들은 특히 지난 150년 동안 발전된 방법이 쉽게 사라지고 있다.

8.4 이동폐색신호와 선로용량

이동폐색신호는 고정 신호 시스템과 비교하여 철도 경로의 용량을 증가시킬 수 있지만, 실제로는 주로 열차제동 성능과 시간제한 때문에 여전히 제약이 존재한다. 즉, MBS가 제공하는 선로용량의 증가는 루트마다 다르다. 또, MBS에서는 대응할 수 없는 제약조건을, 분기와 역에 의해서도 작성할 수 있다. 열차들은 진행 허가를 받기 전에 교차로가 변경되거나 다른 열차가 역 플랫폼을 떠날 때까지 기다려야 할 수 있다.

이동폐색신호는 열차가 유사한 정지 패턴과 성능 특성을 가지고 같은 방향으로 유사한 속도로 이동하는 노선에서 가장 잘 작동한다. 현재까지 구현된 대부분의 이동폐색신호는 ETCS에 대한 대체 통신기반 열차제어시스템을 사용하여 지하철 노선에서 주로 사용하고 있다. 여기에는 Docklands 경전철, 밴쿠버의 Skytrain 및 싱가포르와 베이징의 지하 노선이 포함된다. 비수도권 철도에서의 MBS 사용은 주로 산업 용도(대부분 광산)와 카자흐스탄의 매우 낮은 용량 노선으로 제한되었다.

2010년, Transport Research Laboratory는 다양한 유형의 영국 철도 노선 모델링을 수행하였다. 그들의 연구는 이동폐색신호를 사용하는 ETCS 레벨 3이 ETCS 레벨 2와 비교하여, 10～20%까지 (서로 이어지는 두 열차 사이의 시간 간격)을 줄일 수 있다는 것을 제시하였다. 그러나, 같은 노선에 화물 열차를 포함함으로써, 이를 5～10%까지 줄일 수 있었다. 연구는 레벨 3가 현재 고정 폐색의 긴 구간에 의해 제약되는 지역 경로와 일부 고용량 도시 애플리케이션에서 주요 용량 편익을 제공할 수 있음을 시사했다. 대부분의 다른 시나리오에서 루트 용량은 기존의 신호가 일치하도록 이미 최적화되어 있는 다른 요인에 의해 제약되는 것으로 확인되었다.

8.5 CBTC 시스템

통신기반 열차제어장치(CBTC : Communication Based Train Control)는 통신을 이용한 열차제어장치로서 신뢰성 높은 차내 및 지상신호제어설비가 사용되고 지상의 중앙제어센터에 설치된 컴퓨터가 각 열차의 위치와 속도를 연속적으로 확인하여 선행열차 위치와 속도제한 지점까지의 거리를 열차로 전송하고, 차내의 컴퓨터가 열차성능에 맞는 최적의 속도제어를 하는 것으로 지상과 차내 간의 데이터 전송에 무선을 사용하는 것을 말한다.

8.5.1 통신기반 열차제어장치 제어원칙

(1) 통신기반 열차제어장치는 이동폐색방식을 원칙으로 한다.
(2) 지상～차내 간 실시간 양방향 통신이 가능하여 열차제어, 열차감시, 차량고장 등 상황 발생 시 원격제어가 가능해야한다.
(3) 실시간 열차위치를 검지하여야 한다.
(4) 안전성과 신뢰성이 입증되어야 한다.
(5) Vital(주요)장치는 다중계로 구성하여야 한다.
(6) 관제실에서 통합감시 및 제어방식으로 하며, 차량기지의 감시기능을 포함한다.

(7) 스케줄에 의한 입출고, 유치, 주박 등 일련의 배차관리 업무를 자동화하여야 한다.

(8) 구간 운행속도는 선행열차와의 안전한 여유거리에 의해 결정되는 방식으로 하며, 구간 최고속도는 선로의 구배, 분기, 곡선, 정거장, 기타 선로상 제한속도 범위를 초과하지 않는 범위 내에서 결정하여야 한다.

8.5.2 통신기반 열차제어장치 전송정보

(1) 지상 → 차내 전송정보

① 선행열차 위치정보, 제한속도, 운전방향, 행선지, 목표거리

② 열차번호, 운전시간, 다음 역 정차시간, 출입문 정보

③ 경계속도, 선로제한 정보

④ 지정운전모드, 이동권한

⑤ 모드전환

⑥ setup

⑦ 출입문 제어정보

⑧ 임시속도제한 정보

⑨ Key-up, Down 정보

⑩ Reset 정보

⑪ 분기기, 연동장치 정보

⑫ 승객안내 정보

⑬ 불연속 정보를 포함한 기타 정보 등

(2) 차내 → 지상 전송정보

① 열차번호, 행선지

② 편성정보

③ 운전모드, 운행모드

④ 정위치 정차 정보

⑤ 출입문 정보

⑥ 속도 "Zero" 정보

⑦ 이동권한

⑧ 차량고장 정보, 차량상태 정보

⑨ 현재 운행상황 정보(운행방향, 속도, 시간, 현재위치)

⑩ 지상제어의 응답

(3) CBTC 시스템 주요 기능

① 위험상황 발생방지
② 자동무인운전
③ 교통수요 변화에 대응하고 열차 운행 스케줄 최적화
④ 스케줄 및 서비스 통지
⑤ 임시속도제한에 대해 항시 감시구현
⑥ 추가 하드웨어 없이 양방향 운전가능
⑦ 열차에 대한 중앙집중 모니터링가능
⑧ 진로에 대해 연속적인 열차확인
⑨ 시스템 측면에서의 "열차의 역정차 유지" 특징
⑩ 스케줄조정 및 관련열차 감시기능가능

8.5.3 CBTC에 적용되는 기술

(1) 열차위치검지 방식

CBTC 시스템에서 열차위치를 결정할 때 사용되는 일반적인 기술은 발리스, 차내 센서와 결합하여 사용되는 유도루프 및 위성위치확인 시스템(GPS)이며, 또 한가지 시스템은 확산 스펙트럼 무선에 기반을 둔 삼각망(Triangulation) 기법을 사용한다.

① 발리스를 이용한 방법

위성중계기의 태그 또는 비콘으로도 알려진 발리스는 짧은 거리에 걸쳐 데이터를 전송하기 위해 제작된 소형 무선주파수장치이다.

이 발리스 장치들은 빌딩에 대한 액세스, 자동요금징수시설에서 요금징수에 이르기까지 CBTC 시스템 이상의 많은 응용장치에서 사용되고 있다. 열차제어용 응용장치로 적용된 발리스는 노반의 선로사이나 선로의 측면에 설치된다. 열차 하부에 부착되어 있는 발리스용 안테나는 열차가 발리스를 통과할 때, 데이터를 수신하여 차내에 송신한다. 각 발리스는 경로상의 고유위치와 관련되기 때문에, 내장시스템이 어느 발리스를 통과하고 있는지를 알게되면, 열차가 통과할 때 그 열차가 어디에 위치하고 있는지도 알게 된다.

ETCS 규격에 설명되어 있는 유로발리스는 수동장치인데, 즉, 전원공급장치가 없으며 열차가 통과할 때 차내의 안테나로부터 신호주파수를 수신할 때까지는 대기상태에 있게 된다. 이러한 에너지 흐름으로 유로발리스는 데이터를 전송하고 열차로부터 데이터를 수신할 수 있게 된다. 내장시스템은 27.115 MHz으로 발리스에서 데이터를 전송하며, 발리스는 열차로 3.9 MHz으로 데이터를 전송한다. 데이터 속도는 565 Kbite/sec이다. 최대 500 km/h 속도로 달리고 있는 열차에 대하여, 이 시스템은 열차의 안테나가 발리스를 통과할 때 최대 1,023 비트 데이터의 메시지를 전송할 수 있다.

자신의 성능을 수행하는 것 이외에도, 발리스는 주행거리계 및 타코메타와 같은 차내시스템에서 얻어지는 위치 확인 데이터를 보완할 수 있다. 이 태그에서 수집된 데이터는 차축 타코메타에서 구한 위치 확인 데이터에서의 누적 에러를 정정하기 위해 사용된다. 발리스의 한가지 장점은 위치 확인을 위해 사용되는 데이터뿐만 아니라 열차와 현장사이의 다른 데이터도 전송할 수 있다는 점이다. 이것은 ETCS 레벨 1 시스템에서 사용되는 기법이다. 발리스의 주요한 단점은 궤도상에 위치되기 때문에, 정상적인 마모 및 파손, 파괴, 또는 궤도 유지보수 과정 중의 파손이나 위치 이동과 같은 다른 궤도 요소들과 같은 위험에 취약하다는 것이다.

② 유도루프(Induction Loop)와 차내 센서(Onboard Sensor)를 이용한 방법

유도루프시스템에서, 초반에 설치된 와이어의 루프는 안테나 역할을 하며, 데이터를 열차에 설치된 안테나에 전송한다. 루프는 주로 열차~현장 통신매체의 역할을 하면서, 열차의 위치를 결정하는 데 도움을 주도록 사용될 수 있다.

CBTC 시스템에서, 루프는 약 24.4 m(80피트) 마다 교차하는 구조로, 내장 시스템이 이 교차지점을 검출하게 되면, 발리스를 통과하고 있는 열차와 거의 유사하게 그 위치를 결정한다. 그러나 유도루프는 궤도회로나 노반에 설치된 다른 장비와 동일한 종류의 파손위험에 노출되어 있다. 8.11절 참조

③ GPS(Global Position System)를 이용한 방법

위성 위치확인 시스템 (GPS)은 미국 국방성이 소유하고 있는 24개의 위성집단에 의존한다. 위치를 계산하기 위해, 위성 위치확인 시스템 수신기는 적어도 3개의 위성으로부터 신호를 받아야 한다. 각 위성으로부터 수신기에 도달하는 신호가 걸리는 시간을 비교하여, 수신기는 지구 상에서 대상의 위치를 계산할 수 있다. 열차제어시스템에서, 레일시스템 상에서 열차의 위치를 결정하기 위한 지리적 좌표는 열차의 데이터베이스와 관련된다.

좀 더 정확한 위치를 원하는 사용자는 차동 위성위치확인 시스템(DGPS)을 사용하여 자신의 위성위치확인 시스템 신호의 성능을 개선할 수 있다. 이 기술은 이동

하는 자동차에서 구한 위치를 센터에서 결정된 위치와 비교한다. 그렇게 하여, 시스템은 이동수신기에서 오차 정도를 계산하여 필요한 정정을 할 수 있으며, DGPS를 통해 구한 위치는 10 m 이상의 거리 이내까지 정확할 수 있다.

열차제어에서 위성 네비게이션을 사용하는 것에 대한 한 가지 주요 장점은 이 장비가 궤도 위가 아닌 열차에 설치되어 장비가 파손되는 것을 감소시키며 하드웨어를 유지보수 및 교체하는 것을 더 쉽게 해준다는 점이다. 그러나, GPS는 대부분의 도시 환경에서는 좋은 선택이 아니다. 내장 수신기가 위치를 확인하기 위해 적어도 3개의 위성을 수신해야 하므로, 이 기술은 높은 빌딩들이 하늘의 시야를 가리는 장소에서는 간헐적으로 작동하며 터널이나 지하 메트로 시스템에서는 전혀 작동하지 않는다.

④ 라디오 랭깅(Radio Ranging)을 이용한 방법

샌프란시스코의 Bay Area Rapid Transit(BART)에 설치된 고도자동 열차제어 시스템 (AATCS)으로 다른 CBTC 시스템과는 또다른 위치확인 방법을 사용한다. AATCS에 대한 기술은 원래 Hughes Aircraft(현재 Raytheon)사와 Morrison Knudsen사의 합작으로, 주요한 재정지원은 미국 연방 정부에 의해 BART 용으로 개발되었다. Harmon 사가 Raytheon사로부터 AATCS 기술을 사용 허가를 받아서 주 계약자가 되었다.

AATCS의 위치확인 구성요소는 확장 위치 보고시스템(EPLRS)이라고 불리며, 그 기술은 원래 전투시 응용하기 위해 미국 국방성에서 사용하기 위해 개발되었다. AATCS를 위해 데이터통신을 제공하는 동일한 현장 확산스펙트럼 무선망에 근거하여, EPLRS는 내장시스템과 여러 개의 현장 무선안테나 사이에 전달되는 데이터 전송 시간에 걸리는 시간을 측정하고 비교하여 위치를 결정한다. 이 시스템은 0.5초마다 각 열차의 위치, 속도 및 방향을 측정한다.

(2) 주요통신 방식

CBTC 시스템을 전통적인 열차제어시스템인 궤도회로를 사용하지 않는다. 파손에 대한 취약성 이외에도, 궤도회로는 특별한 또 다른 단점이 있다.

그 첫째 이유로, 전통적인 열차제어시스템은 근본적으로 단방향 통신기술이다. 궤도회로가 현장에 전달하는 열차에 관한 한 가지 정보는 열차가 폐색 내의 어딘가에 존재한다는 사실이다.

다른 방향에서, 궤도회로는 현재 폐색의 끝까지의 거리와 같은 데이터와 열차가 그

다음 폐색에 존재하는지에 대한 데이터를 전송하고 할 수 있고, 이 데이터들은 내장 시스템이 안전속도와 제동거리를 계산하여 자동열차보호(ATP) 기능을 제공하기 위해 사용될 수 있다. 이 데이터들은 또한 차내신호에 대한 신호를 나타내는 코드를 전송하기 위해 사용될 수 있다.

다음은 CBTC 시스템에 사용되는 기술로 발리스, 유도루프, 누설 도파관 및 몇몇 종류의 무선망 기술에 대하여 설명하였다.

① 발리스를 이용한 방법

현장과 열차사이에 통신용 주요 전송로로 발리스를 사용하는 대부분의CBTC 시스템은 ETCS 레벨 1 시스템이다. 이러한 시스템은 현장신호를 읽어 들여 사용하는 기존의 열차제어시스템을 능가하는 안전시스템이다. 차내신호 시스템에 전송하는 데이터는 발리스가 연결된 신호에 의해 전달되는 정보를 복사된다. 이것을 열차의 위치나 속도와 같은 다른 알려진 정보와 결합하여, 차내신호 시스템은 열차가 신호 지시를 따르고 있는지를 결정하고 그렇지 않으면, 제동을 적용한다. 발리스의 단점은 발리스가 열차와 간헐적(비연속적)으로 통신을 한다는 것이며, 열차 안테나는 발리스를 통과할 때만 발리스로부터 데이터를 수집할 수 있다는 점이다. 열차가 발리스 사이에 있는 동안 다른 상태의 신호상태가 변하면, 차내신호 시스템은 이 정보를 즉각 수신할 수 없다. 이처럼 비효율적인 상태를 보완하기 위해, 시스템은 발리스 사이에 연속적 또는 비연속적 전송을 제공하기 위해 인필(infill) 장치를 사용한다.

② 유도루프(Inductive Loop)를 이용한 방법

유도루프는 적어도 1980년대 중반부터 CBTC 시스템에서 사용되고 있다. 유도루프방식은 위에서 언급한 바와 같이 최대 1200 bit/sec의 비교적 낮은 대역폭을 제공하며, 파손에 취약하다. 8.11절 참조

③ 누설 도파관(Leaky Waveguide)를 이용한 방법

도파관은 무선주파수신호의 흐름을 전송시키기 위해 사용하는 장치이다. 이 장치는 속이 빈 금속 튜브, 동축케이블 또는 광섬유케이블을 사용한다. 누설 도파관은 길이를 따라 한 쪽에 슬롯이 있어서 RF 신호가 슬롯을 통과할 때, 신호는 한 방향으로 누설된다. 인필 통신을 위해 ETCS 규격에 따라 정의된 "유로루프"는 확산 스펙트럼 신호를 전송하는 누설 동축케이블로 구성된다.

누설 동축케이블은 현장과 차내시스템 사이에 양방향으로 데이터를 전송하는 주요 수단이다.

④ GSM-R를 이용한 방법

이동통신 세계화시스템(GSM : Global System for Mobile Communications -Railroads)은 유럽전기통신표준위원회(ETSI)에 의해 개발된 디지털 무선통신을 위한 표준이다. 이 표준에 근거하는 최초의 상업용 서비스는 1991년도에 유럽에서 시작되었으며 현재 전세계적으로 200개국 이상에서 제공되고 있다.

GSM-R은 철도에 사용할 목적으로 최적화된 GSM 버전이며 공공 GSM 서비스에 의해 사용되고 있는 대역 바로 아래의 900 ㎒ 범위에서 그 주파수 대역을 점유하고 있다. GSM 의 특수버전은 유럽의 철도가 철도통신 필요성이 점점 늘어가고 있는데 대하여 더 많은 스펙트럼을 필요로 하고, 철도통신시스템이 국경을 넘어서 상호동작 할 수 있도록 공통대역을 원했기 때문에 생겨나게 되었다.

GSM-R은 ETCS 및 다양한 다른 응용장치를 위한 음성 및 데이터 전송 모두를 제공하도록 설계되며 철도가 하나의 플랫폼 상에서 모든 무선통신을 결합하도록 해준다.

GSM 기술은 최대 9,600 bit/sec의 데이터전송을 제공한다. 다른 무선 매체와 같이, GSM-R은 현장의 궤도회로장치를 필요로 하지 않는다는 장점을 제공한다.

⑤ 확산스펙트럼무선(Spread Spectrum Radio)을 이용한 방법

확산스펙트럼무선 기술은 원래 군용으로 개발되었으며, 확산스펙트럼 전송은 끼어 들기나 전파방해가 어렵기 때문에 군용에서는 높이 평가되었다. 확산스펙트럼은 주파수 호핑(frequency hopping)이나 직접 시퀀스라는 두 가지 방법을 사용하여 무선송신에 일반적인 것보다 더 넓은 대역폭으로 신호를 확산한다.

주파수 호핑시스템 에서, 송신기는 자기 자신 또는 다른 종단에서 디코더에 의한 패턴에 따라, 규칙적인 간격으로 송신주파수를 변경한다. 직접 시퀀스 시스템에서, 송신기는 자신이 실제로 송신할 필요가 있는 각 비트 대신에 명백하게 랜덤인 데이터비트 패턴을 송신한다. 그 패턴을 알고 있는 수신기는 암호화된 메시지를 다시 원래의 형태로 변환할 수 있다. 두 가지 방법 중에서, 직접 시퀀스가 더 자주 사용된다.

확산 스펙트럼은 군용으로 개발되었음에도 불구하고, 현재 많은 일반 응용에서 사용되고 있다. 그 인기에 대한 한 가지 이유로는 여러 국가에서 허가 없이 사용되도록 승인된 주파수 대역에서 동작한다는 점이다.

철도응용을 위해 영업중인 확산 스펙트럼 무선시스템은 15,600 bit/sec, 21,200

bit/sec 또는 62,400 bit/sec로 데이터전송을 제공한다. 일반적으로, 확산 스펙트럼 기술은 최대 약 2 Mbite/sec의 데이터속도를 제공하며, 보통 900 MHz나 2.4 GHz 대역에서 동작한다.

8.5.4 CBTC 시스템의 장점

(1) 열차 위치에 대한 높은 정확성과 해상도는 열차 성능과 궤도 기하학의 제약 조건 내에서 60초의 운전시격(Headway)으로 운행할 수 있는 조건을 제공한다.
(2) 중요 데이터와 비-중요 데이터를 전달하는 중앙, 차내와 열차 간 양방향 고속, 고성능 통신이 가능하다.
(3) 차내신호를 위한 연속적인 ATP 기능성을 제공한다.
(4) 자동과 수동 작동 모드의 광범위한 선택을 허용한다.
(5) 운전 프로파일과 역 정차를 포함한, 지상으로부터 열차제어 기능을 제어한다.
(6) 전기철도에 적용하고 있는 입증된 기술이다.
(7) 예로는 10년 이상 영업 서비스를 제공해온 Vancouver Sky Train은 일반적으로 성공을 거둔 것으로 평가되고 있으며, 이 시스템의 실제 운행 간격은 적게는 40초이며, 교통시스템 중 최저의 운영비로 평가된다.
(8) 관제와 차내, 차내에서의 마이크로프로세서 설비 설정은 높은 시스템 가용성(적절한 상태 감시, 진단과 고장 난 부분에 대한 즉각적 유지보수) 신뢰성과 접근성을 제공할 수 있다.
(9) 차내시스템이나 상태는 실시간으로 원격 감시할 수 있다.
(10) 역 에서의 정확한 정위치정차(밴쿠버 시스템은 5.08cm 정차 정확성)를 가능하게 한다.
(11) 열차는 제어장소에서 연속적으로 확인 가능하며, 자동으로 진로가 설정될 수 있다. (더 정확한 열차 궤도 추적은 열차 위치결정의 정확성과 보고 기능에 의해 가능하다).
(12) 궤도 배선 때문에 제약을 받는 양방향 운전, 짧은 거리에서의 회차, 무정차 역을 포함해서 다양한 운영 환경을 제공한다.
(13) 특별한 소프트웨어를 위해 적은 추가 비용을 사용하여 양방향 모두에서 최소의 운영 거리 성능을 가지고 완전한 양방향 운전을 가능하게 한다.
(14) 서비스 규정을 최적화할 뿐만 아니라 전력 소비를 최소화하고, 회생 브레이크 시스템을 완전히 활용할 수 있게 해주는 융통성 있는 열차의 제어 수준을 제공한다.

(15) 수동 작동 하에 최적의 운전 기법을 가능하게 하는 향상된 디스플레이를 제공한다.
(16) 최신의 컴퓨터와 통신 하드웨어를 사용한다.
(17) 향후 하드웨어 업그레이드로 옮길 수 있는 높은 수준의 언어 소프트웨어를 채택할 수 있다.
(18) 완전히 시스템이 셋업되어 운영되면 어떤 지상 신호나 정지(Tripstops)를 필요로 하지 않는다.
(19) 영업 운영에 영향을 미치지 않고, 통신 연결을 광범위하게 시험할 수 있다.
(20) 완전한 이중 모드 설정에서 운영되며, CBTC가 적용되지 않은 열차는 고장이 나면 대체 시스템의 궤도회로 상태를 감시해서 추적할 수 있으며, CBTC가 적용된 열차는 그에 따라 제어될 수 있다.
(21) 고장 시 대체 시스템은 주요 프로세서와는 별개로 작동할 수 있다.
(22) 전원 소비는 다른 유형의 열차 제어 기술의 경우보다 낮다.
(23) 레일로부터 차내~지상 링크의 고립에 의한 전도성 전자기 간섭으로부터 개선된다.
(24) 궤도회로의 증가 없이 CBTC로 선로용량을 높일 수 있다.
(25) CBTC는 안전을 증가시키도록 설계된다.

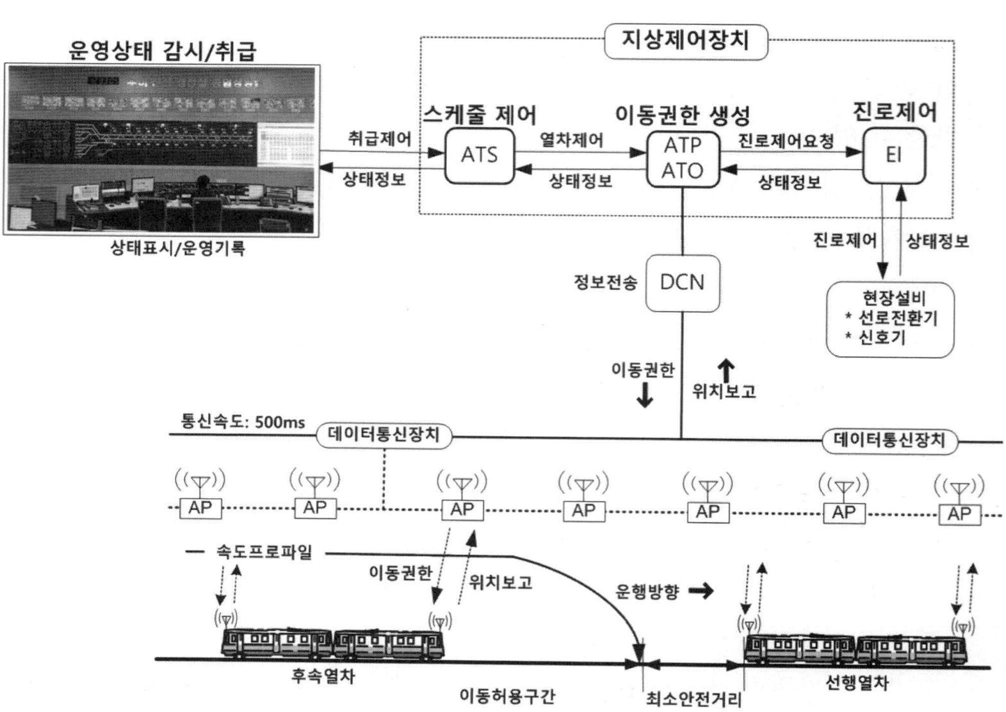

[그림 90] RF CBTC 시스템 구성도

(26) CBTC는 지상의 현장설비를 최소화할 수 있다.
(27) 기존 시스템과 병합하기 쉽다.
(28) CBTC 설치 후 새로운 응용설비를 추가할 수 있다.

8.5.5 CBTC 시스템의 단점

(1) 열차의 중요한 차내 프로세서의 고장은 노선의 넓은 지역에 대한 주요한 제어를 못하게 하는 결과를 초래한다. 일반적으로, 양쪽의 시스템에 모두 공통인 유일한 품목은 소프트웨어이다. 소프트웨어 오류가 교정되면 재발하지는 않는다. 밴쿠버에서 최근의 경험에 따르면 이는 현재 극히 드문 문제이다.
(2) 관제센터 건물에 수용되는 논 바이털 프로세서(Non-Vital Processor)와 바이털 프로세서(Vital Processor) 장치들의 집중화는 어떠한 사고에 의한 전체 시스템에 영향을 미치는 취약점으로 작용할 수 있다.
(3) 시스템은 상대적으로 낮은 대역폭을 사용하고 있다. 자기유도 루프(Loop) 시스템을 이용한 운영 시스템은 열차로 초당 1,200bit의 전송되는 데이터 전송률을 사용한다. 밴쿠버 시스템은 초당 1200bit의 업링크와 자기유도 통신을 이용한 40초의 운전시격으로 운행한다.
(4) 자기유도 루프는 파손 등의 가능성이 있다. 밴쿠버에서는 이러한 문제를 해결하지 못하지만, 독일 연방철도는 자기유도 루프로 20년 이상 성공적으로 운영해왔다. CBTC 시스템은 이러한 단점을 완화할 것이다.
(5) 시스템이 고장이 나면, 모든 열차는 운영을 다시 시작하기 전에 완벽하게 구축되어야 한다. 이는 무인운전 시스템에서 가장 중요한 사항이다. 대부분 시스템에서, 열차 기관사는 다음 역으로 수동으로 운전할 수 있다. 이는 지연을 크게 완화하는 방법이다.
(6) 개발과 디버그 시기 동안 많은 기능을 확인할 수 있으며, 응용설비는 대개 소프트웨어 위주이며, 수익 운영에 적용한 후에 미세한 조정이 예상된다.
(7) 기존의 시스템은 하나의 제조업체가 공급한 완전한 통합 패키지이다. 현재까지, 이러한 공급업체들은 하드웨어와 소프트웨어의 세부사항을 공개하기를 꺼렸는데, 세부사항은 하나의 시스템으로 완전히 인터페이스 되는 설비를 경쟁업체도 공급할 수 있게 해준다.

통신 주파수, 주기, 데이터 전송률, 비트 패턴 등의 정의는 각 부분이 수행하는 기능을 완전히 정의하기에는 충분치 않으며, 각 시스템에 대한 상당한 설계 세부사항이 필요하다.

[표 10] CBTC 장단점

장 점	단 점
• 90초의 운전시격 • 양방향 고속, 고성능 통신링크 • 연속적인 ATP 기능성 제공 • 작동모드의 광범위한 선택 • 열차제어 성능 제어 • 높은 시스템 가용성, 신뢰성, 접근성 제공 • 실시간 원격감시 • 정확한 역정차 기능 • 열차의 연속적인 위치 확인과 자동진로 설정 • 다양한 운영 설정 • 완전한 양방향 운전 • 융통성 있는 열차의 제어 수준 제공 • 향상된 디스플레이 제공 • 최신의 컴퓨터와 통신 하드웨어 사용 • 높은 수준의 언어 소프트웨어 채택 • 광범위한 통신 연결시험 • 대체 시스템 궤도회로의 상태를 감시 추적 • 고장이 나면 대체 시스템은 주요 프로세서와 별개로 작동 • 전력 소비가 낮다 • 전도성 전자기 간섭으로부터 개선 • 적은 궤도로 선로용량 증대 • 안전이 증가된 설계 • 지상의 현장설비 제거 • 기존 시스템과 병합 용이 • 새로운 응용설비 추가 가능	• 차내 프로세서의 고장으로 철도의 넓은 지역에 대한 주요한 제어 불가 • 높은 정도의 프로세서의 중심화는 수용되는 건물의 사고에 시스템 취약화 • 상대적으로 낮은 대역폭을 보이며 마모, 파손행위에 피해보기 쉬운 자기유도통신 사용 • 시스템 고장시 시간 소비 • 응용설비는 대개 소프트웨어 위주 • 인터페이스 시리즈나 수용 시 가능한 면허 프로그램 필요

[표 11] 기존 시스템과 CBTC 시스템의 비교

구 분		기존 열차 신호 시스템	CBTC 시스템
구성	열차위치 검지	궤도회로	Radio ranging, Balise, Inductive loop, GPS
	신호전송	궤도회로	무선통신
	폐색방식	고정폐색	이동폐색
특징		궤도회로 기초	궤도회로 필요 없음
		안전성이 증명된 기술	안전성 증명, 신뢰성 향상
		소량의 정보전송	다량의 정보전송
		날씨등 외부 조건에 취약	radio ranging의 경우 외부 조건의 영향이 적음
		설치 및 유지보수에 어려움	설치 및 유지보수 용이
			다른 시스템과 혼용으로 사용 가능
			무선통신의 질이 보장되어야 함

8.6 탈레스 이동폐색 시스템

8.6.1 개요

탈레스는 신분당선에 국내 최초로 통근형 중량 전동차에 이동폐색을 적용한 노선으로 현재 개통되어 운행되고 있으며, 열차제어시스템은 무선통신 기반의 열차제어시스템(CBTC) 환경에서 이동폐색을 사용한다. 선행하는 열차와 후속열차의 안전거리는 최대 운행속도 및 열차의 제동곡선과 열차의 현재 위치에 근거하여 계산되고 있으며, 자동열차방호(ATP), 자동열차운행(ATO), 자동열차감시장치(ATS) 기능들을 갖고 있다.

8.6.2 자동열차방호(Automatic Train Protection : ATP)

ATP는 안전한 열차 운영을 위한 ATC 시스템을 구성하는 바이탈 기능을 포함하고 있다. SelTrac IS Moving Block System은 아래의 기능들을 갖고 있다.

① 열차운행 경합(競合)으로 인한 충돌 방지
② 부적절한 선로전환기의 전환이나 설정으로 인한 충돌 방지
③ 예기치 못한 출입문 개방, 열차의 퇴행(退行), 선로 침입 등으로 인해 승객이 위험 상황에 노출되지 않도록 방지
④ 열차가 허용속도나 규정 속도를 넘어서 운행함으로써 선로 변에 위험을 초래하는 것을 방지
⑤ 차/지상 통신시스템을 사용하여 지속해서 차량의 위치정보 유지
⑥ 안전한 차간거리와 최소한의 안전 정차 거리를 확보
⑦ 열차가 선로전환기 구간을 지나갈 때 선로전환기가 전환되지 않도록 선로전환기 연동 로직을 제공하고 선로전환기가 정확한 방향에서 쇄정 되게 함으로써 안전하게 열차가 선로전환기 구간을 진입할 수 있도록 안전 확보
⑧ 선로전환기의 정렬, 진로쇄정 기능과 진로 병합, 분류를 통한 열차운행 감시
⑨ 안전 운행과 Civil Speed 제한을 통한 열차의 속도제한
⑩ 시스템을 통한 열차 운행 방향 감시
⑪ 열차의 퇴행(退行) 감시
⑫ 이동 장애물 감시
⑬ 열차 출입문의 안전한 운영제어
⑭ 관제에서의 비상정지 버튼 제공
⑮ 열차의 무결성 검지와 열차의 Train line 감시 가능 제공

⑯ 승객침입과 비상정지 시스템의 감시

8.6.3 자동 열차 운영(Automatic Train Operation : ATO)

ATO는 열차의 속도조정, 프로그램된 역에서의 정차와 출입문 제어와 같은 ATC 시스템이 관장하는 기능들을 포함한다. 언제나 ATO 명령들은 ATP 감시기능에 종속된다.

ATO 요소들은 아래와 같이 설계된다.

① ATP에 의해 제한된 범위 안에서 열차속도를 조정하고 승객 승차감 기준에 따라 열차의 이동기능을 제공

② 열차의 출입문 개폐를 포함한 프로그램된 역 정차 기능을 제공

③ 차량의 음성 및 시각 안내 정보제공

④ 승차장 내 음성 및 시각 안내 정보제공

⑤ 알람 감시와 보고

8.6.4 자동 열차 감시(Automatic Train Supervision : ATS)

ATS의 요소는 HMI(Human to Machine Interface)를 제공하는 것에 중점을 두어 설계된다. ATS 요소들은 다음과 같이 설계된다.

① 열차의 위치와 ATS 설비들과의 통신상태를 표시하고 감시한다.

② 정해진 열차 운영 계획을 유지하기 위해 열차 운영을 조정한다.

③ 열차를 서비스에서 빼거나 투입한다.

④ 노선의 상황에 따라 열차진로를 설정한다.

⑤ 시스템 지연에 반응하기 위해 시스템 운영파라미터를 조정한다.

⑥ 관제사의 명령에 응답하기 위해 시스템 운영파라미터를 조정한다.

⑦ 열차의 역 정차시간을 조정한다.

⑧ 시스템 유지관리 보고를 위해 자료를 수집한다.

⑨ 행선안내장치에 정보를 제공하기 위한 인터페이스를 제공한다.

ATS 관제사는 다음과 같은 명령을 수행한다.

① 시스템 초기화(예를 들어 다양한 컴퓨터 간의 날짜와 시간을 동기화(同期化)하는 등의)

② 열차의 진로설정(역과 본선 구간에서의 열차를 위한 진로설정)

③ 열차의 운행 할당(예를 들어 상업 운행을 위한 예비열차의 식별)
④ 열차 운행계획의 할당과 수정
⑤ 선로전환기 전환
⑥ 열차와 현장 정보의 요청/명령
⑦ 시스템과 열차의 유지/해제
⑧ 열차의 운행 할당과 운행종료(예를 들어 열차를 운행할 수 있도록 할당하거나 운행 중인 열차를 운행에서 제외하는) 기능
⑨ 자동 열차주박관리와 제어기능(Close-Up)
⑩ 자동 열차 운영기능
⑪ 열차와 현장 설비의 알람과 상태정보의 자동 감시기능(예를 들어 열차의 상태, 선로 전환기의 상태)
⑫ 자동 데이터 로깅(이벤트 기능) 기능
⑬ ATS는 VCC와 기타 외부 인터페이스를 위한 데이터 통신링크를 가지는 LAN (Local Area Network)에 접속된 몇몇 컴퓨터로 구성된다. ATS 하드웨어는 다음과 같다.
⑭ ATS I/O 랙 장비.
⑮ Schedule Regulation Subsystem (SRS)(2) 설비.
⑯ Chief Central Controller (CCC) 컴퓨터;
⑰ Control Operator Supervisor Workstation (COS) 컴퓨터.
⑱ 열차 운영 일정표 시스템.
⑲ LDP 컴퓨터
⑳ 데이터 로거
㉑ 운영자 워크스테이션
㉒ 프린터들
㉓ LDP와 인터페이스 되는 터미널 서버
㉔ 네트워크 스위치와 LAN 케이블

ATS는 관제사와 전송시스템 간의 링크와 모든 적절한 정보, 운영자가 제어할 수 있는 수단을 제공한다.

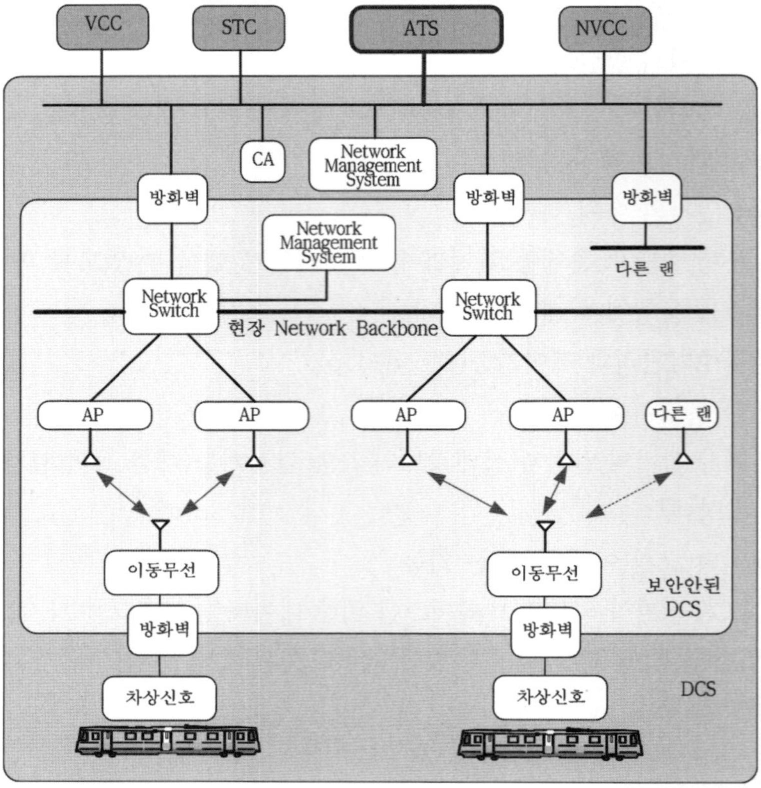

[그림 91] DCS 기반의 SelTrac시스템의 개념 다이어그램

8.6.5 위치 추정(Positioning)

(1) 기능적 개요

신분당선 열차제어 시스템은 열차의 위치 및 목적지를 표시하기 위해 여러 궤도 구간을 사용한다.

ATS에서의 열차 이동은 궤도 구간 단위로 측정되나. 대부분은 궤도 구간은 4개의 위치 길이로 구성된다. 관제사는 열차를 궤도 구간으로 진로를 설정할 수 있다. VCC는 ATS(Automatic Train Supervision) 관제사에 의해 지정된 궤도 구간에 열차를 중앙에 오도록 위치시킨다. VCC는 ATS에 열차가 위치한 궤도와 위치하지 않은 궤도구간을 보고한다. 그래서 선로 개략 화면에 열차 이미지는 궤도 구간 선상에 위치한다. 궤도 구간의 선형 표현은 개략 화면에 보기 쉽게 한다.

각 VCC 제어 구역은 Loop라고 불리는 선로 구역으로 나누어진다. 최대 길이가 512 포지션인 각 루프와 더불어 VCC 별로 최대 32개 루프가 있다 (일부 루프는 STC 및

PDIU와 통신용으로 예약되어 있다). 각 포지션의 길이는 6.25m이다.

VCC가 열차에 정차 위치를 명령하면, 정차 위치를 '활성화' 차상장치의 안테나로 전송한다. 열차는 6.25 m 단위로 위치한다. 열차는 안테나의 가운데 위치에 있도록 한다.

어떤 경우 열차 위치는 6.25 m보다 정교하게 위치한다. 승강장에 정차하거나, 열차 클로즈업을 하는 경우, VCC는 포지션 길이의 1/8 단위로 정차 위치를 포함한 Target Point 전문을 차상장치로 전송한다.

VCC는 포지션 단위보다 더 정교한 궤도 구간 단위를 사용한다. 이 궤도 구간은 파인(Fine) 포지션으로 참조되며, 포지션 길이를 1/128 한 단위이다. VCC는 파인(Fine) 포지션을 이용하여 열차를 더욱더 정교한 위치에 위치시키기 위해 사용한다. 이러한 위치 단위 식별은 궤도와 각 현장 설비를 시기적절하게 예약 및 해제하여 이동 블록 열차제어에 대해 향상된 기능을 제공하기 위함이다.

(2) 운영(Operations)

시스템 관제사는 궤도 구간 단위로 ATS 선로 개략 화면에서 볼 수 있다. VCC 열차 리스트는 관제사에게 포지션 단위로 열차의 위치를 보여준다.

8.6.6 열차 위치 추적(Train Tracking)

(1) 기능적 개요 (Functional Overview)

차량의 위치 탐색은 ATC 시스템의 지속적인 차량 위치보고 기능에 의해 제공된다. 명령 전문을 수신한 뒤 각각의 폴링된 VOBC에서 입력되어 VCC로 전달되는 응답 전문은 열차의 위치와 상태를 추적하는데 필요한 정보를 제공한다. 따라서 VCC는 일반적으로 초당 최소 한번은 위치 업데이트를 할 수 한다. 만약 3초 이내에 VCC 위치 업데이트가 이루어지지 않으면, VCC는 더 이상 정확하게 열차를 추적하거나 열차 중지를 위한 통신을 할 수 없다.

위치정보는 속도계 신호 (속도, 방향), 가속도계와 송신기 태그를 모두 이용하여 얻는다.

열차 위치는 '광역 위치'(Coarse Position) 단위로 VCC에서 다루어진다. 간략한 위치는 6.25 m의 길이를 갖는다. 간략한 위치는 0부터 511까지의 값에 의해 확인된다. 가상 루프 길이는 최대 512 위치로 제한된다. 가상 루프 번호, '광역 위치' 값 및 선로 전환기 위치는 열차 위치를 식별하기 위해 사용된다.

(2) Operation (운영)

열차의 움직임은 ATS Line Overview와 정기 열차 목록을 통한 VCC의 열차 정보를 이용하여 추적된다. ATS Line Overview에서, 열차 위치가 대략 25m 단위로 나타난다. VCC 열차 목록에서, 위치가 6.25m의 단위로 나타난다.

가) 루프 경계의 교차(Crossing a Loop Boundary)

Loop는 하나의 통신 "Loop" 채널을 통해 VCC로부터 제어되는 궤도 영역을 말한다. 통신 가능 열차가 하나의 Loop에서 다음 Loop로 이동할 때, 다음 루프 채널로 통신이 변경되는 것을 조정하기 위한 메시지를 교환한다.

통신 중인 열차가 Loop의 종단에 접근하면, VCC는 열차로 현재 Loop 채널과 열차가 진입할 Loop 채널에 대한 정보를 전송한다. 열차는 물리적으로 있는 궤도에 해당하는 Loop 채널에서 송신된 전문만 응답한다. 처음에 열차는 이전의 Loop 채널로 응답 전문을 전송한다. 그러나 열차가 새로운 Loop로 이동하면, 이전의 Loop 채널과 통신을 중지하고 새로운 Loop 채널과 통신을 개시한다. VCC가 새로운 Loop 채널과 통신을 유지한다는 것을 감지하면 이전의 Loop와의 통신을 중지한다.

열차가 Loop1에서 Loop2로 이동할 때 아래와 같은 과정이 발생한다.

나) VCC 이동 폐색 기능(VCC Moving Block Functionality)

① 열차 이동 제어(Train Movement Control)

• 기능적 개요(Functional Overview)

ATC 시스템의 주요 기능은 열차 목적지(목적지, 진로 번호, 운행 방향)에 따라 열차를 안전하게 운행하는 것이다. 목적지는 열차의 예정 도착지점이다. 열차가 목적지에 도착하고 정차할 때, 열차의 목적지가 다시 변경되지 않는 한 이동하지 않는다. 목적지라는 것은 궤도 구간, 마커(marker) 및 승강장을 뜻한다. "진로 번호"는 진로 위에서 열차 운행 방향에 있는 모든 선로전환기의 정, 반위를 지정한다. 열차 운행을 위해 예약된 각 선로전환기는 필요 진로에 따라 정반위로 전환된다. 그러면 열차는 목적지로 운행하게 된다.

ATC 시스템은 ATC 제어 영역에서 운행하는 통신 가능한 열차와 데이터 통신으로 통신을 유지한다. VCC는 모든 통신 가능한 열차의 위치를 감시하고, 통신을 통해 전송된 정보를 바탕으로 각 통제 열차에 Target Point를 전송하여 이동 권한을 부여한다. 목표지점 다른 열차, 진로 설정 및 장애물을 조사한 후에 결정된 안전 이동권한이다. 다음 그림은 열차의 '명령받은 정차 위치' 또는 목표지점을 보여준다.

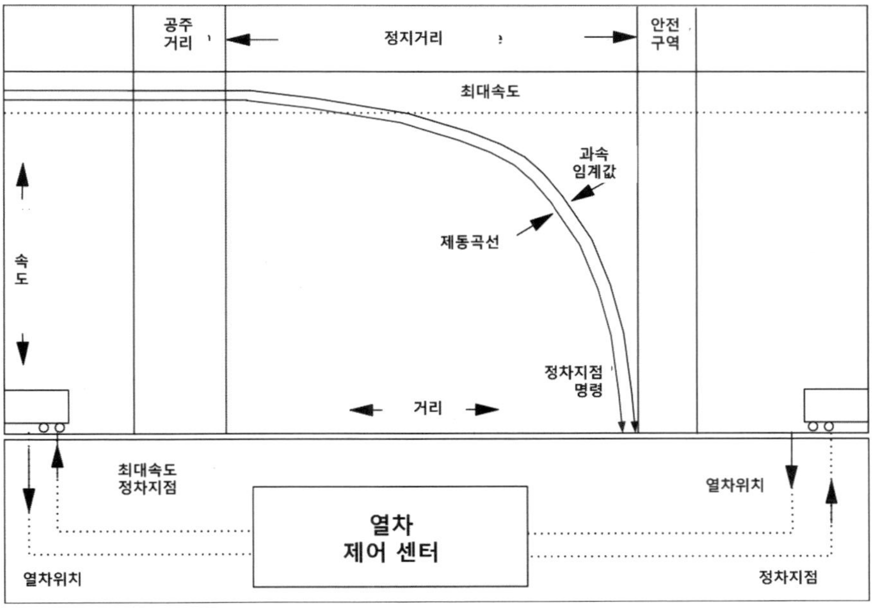

[그림 92] 목표지점의 설정

제어 열차에 대한 목표지점은 "Guideway Commanding Scan:선로 스캔 명령"이라 불리는 프로세스에 의해 연속적으로 산출된다. "선로 스캔 명령"은 VCC 데이터베이스에 제한 사항 및 정보를 스캔하여 열차를 운행하게 시킬 것인지, 단계별로 운행하게 시킬 것인지 결정한다. "선로 스캔 명령" 프로세스는 선행열차 또는 폐쇄 궤도와 같은 장애물을 만나면, 정차 지점을 장애물로부터 안전거리를 확보할 수 있는 지점으로 설정한다. 만일 장애물이 계속 같은 장소에 있다면, 열차는 정차 지점(Target Point)에서 정차해 있다.

자동 운전 모드인 열차에 송신되는 이동 권한은 선로를 스캔하여 결정된다.

"선로 스캔 명령"은 가장 제한적인 목표지점을 결정하기 위해 열차 선행, 후행의 다음과 같은 영구 또는 임시 제한 요소를 처리한다.

- 열차 특성
- 영구적인 제한 요소
- 임시적인 제한 요소
- 열차의 허용 가능한 최고 속도에 기초한 제한 속도 및 가장 긴 제동 거리

"선로 스캔 명령"이 진행되는 동안, ATC 시스템은 (임시 또는 영구적인) 속도 제한 구역 및 진입 금지 구역을 결정한다. "선로 스캔 명령"이 완료된 시점에 VCC는 진입 금지 구역에 열차가 정차하는 것을 피하려고 정차 지점에 제한 사항이 있는지를 결정한다.

그리고 VCC는 "선로 스캔 명령"에 의해 결정된 정차 지점보다는 속도 제한을 통해 도출된 정차 지점이 더욱더 열차제어에 최적인지를 결정한다. 만일 그렇다면, 정차 지점을 효과적으로 제어한다. 제한된 사항이 해제(선로전환기는 진로에 맞게 변경, 다른 열차는 이동, 목적지 변경 등)될 때, 정차 지점은 "선로 스캔 명령"을 성공적으로 수행되고 열차에 전방으로 전진하도록 허락한다.

• 운영(Operations)

목적지는 ATS 또는 VCC에 의해 설정된다. 정상 운영 상태에서 ATS는 일정표에 따라 새로운 목적지를 요청한다. VCC는 열차를 해당 목적지로 운행하게 시키고 열차 도착을 보고한다. ATS는 다시 새로운 목적지를 요청하고 이 과정이 반복된다. VCC 제어 모드, 클로즈업과 같은 특수 상황에서는 VCC에 의해 목적지가 결정된다.

목적지는 승강장 번호, 궤도 구간 번호, 마커(marker)와 같은 용어로 시스템에 의해 분류된다. 시스템은 열차의 현재 운행 방향에서 가능한 가장 인접한 승강장에 정차하길 요청한다.

목적지는 열차가 "Guideway Commanding Scan"을 하는 동안 열차가 승강장에 진입할 때 승강장 번호 또는 인접 승강장 요청으로 지정되어 열차 전방에 대한 정차 위치로 변경된다. 그리고 목적지가 결정되면 열차는 해당 승강장에 정차한다. 잠재적으로 목표지점은 정차 위치로 설정된다.

궤도 구간 번호로 지정된 목적지는 열차를 중앙에 위치하게 될 목적지이다. 열차가 "Guideway Commanding Scan"을 하는 동안 궤도 구간 목적지에 해당하는 궤도에 진입할 때, 목적지는 열차 정면에 정차 위치로 변경된다. 목표지점은 정차 위치로 설정된다.

8.6.7 이동폐색의 원리(Moving Block Principle)

신분당선 열차제어시스템은 무선통신 기반의 열차제어시스템(CBTC) 환경에서 이동폐색을 사용한다. 선행하는 열차와 후속열차의 안전거리는 최대 운행속도 및 열차의 제동곡선과 열차의 현재 위치에 근거하여 계산된다.

정확한 위치보고(6.25m 위치설정 단위-Position Unit) 시스템으로 인하여 후속 열차는 해당 지상 구간에 최대 허용 속도(관제실 운영자가 요구하는 속도 제한 및 상용 서비스 속도보다 낮은 속도로 제한)에 기초하며 선행 열차의 최근 마지막 위치까지 안전제동거리를 확보해 나가면서 안전하게 운행한다. 이러한 이동폐색 시스템이 고정폐색 시스템에 비해 운전시격이 감소하는 이유는 선행 열차의 점유 궤도회로에서부터 바로 뒤 궤도회로에 후속 열차가 정지할 필요가 없으므로 가능하다.

기존의 신호 시스템은 선행 열차에 의해 점유된 궤도회로에 후속 열차가 진입하지 않도록, 지상의 신호기, 열차 정지 및 기관사(운영자)의 감시로 열차운행 간격을 유지했었다. 그러나 기존 시스템과는 달리, 이동폐색 시스템은 향상된 위치식별 장치와 열차 이동 권한 갱신(更新)을 통하여 더욱 짧아진 열차운행 간격과 많은 선로용량을 제공한다. 또한 이동폐색 시스템은 고정폐색 시스템의 같은 폐색 구역에 대해 여러 대의 열차가 안전하게 점유될 수 있도록 허용한다.

안전 제동 모델은 지상 선로에 의해 프로파일이 만들어진다. 이 정보를 바탕으로 '안전이격거리'가 결정되고, 차상신호장치는 열차 사이의 간격을 안전이격거리로 유지하도록 제어한다. 안전이격거리란 선행 열차의 확인된 위치에서부터 후속 열차의 정지 위치 사이의 고정 거리이다. 안전이격거리는 일련의 최악이라도 안전이격거리가 확보되도록 설계되어 있다.

안전이격거리는 지상의 열차제어 시스템 지역별로 각각의 안전이격거리 값이 정의되어있다. 안전이격거리의 상호 연관성은 "다중 안전이격거리" 로직에서 다룬다. 열차이격거리의 Vital 감시는 차상 하부시스템으로 현재 정지 위치 및 최대 허용 속도에 관한 정보를 제공하여 구현된다. 연속적인 최신 정보를 열차가 활용할 수 있도록 하기 위해 통신은 주기적으로 갱신되며 열차는 다음과 같이 정의된 정보를 통해 안전하게 운행된다.

- 최대 속도
- 확인된 정차 지점
- 제동 곡선
- 궤도 구배

아래의 그림은 Seltrac 이동폐색 시스템의 열차 간 안전거리 확보의 원리(原理)를 설명한 것이다.

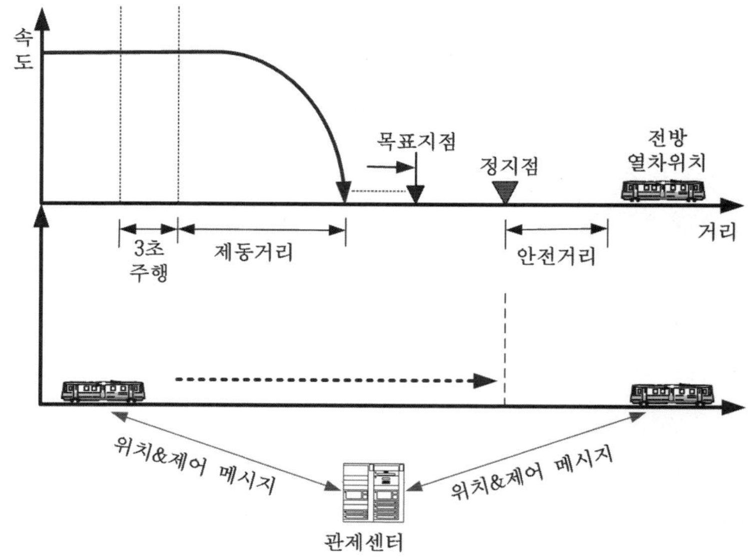

[그림 93] 이동폐색 시스템의 열차 간 안전거리 확보의 원리

8.6.8 안전이격거리

(1) 기능적 개요

차상신호장치 서브시스템은 열차 안전이격거리를 자동으로 보장하고 이동 폐색 환경에서 열차가 운행되도록 Vital 하게 제어한다. 차상신호장치는 최근 선행 열차(장애 선로전환기, 폐쇄 궤도와 같은 장애물)의 위치에서부터 안전제동거리에 기초하여 최소 안전이격거리를 보장한다. 안전이격거리는 서비스 운행 속도제한, 차량, ATC 특성에 따라 계산된다.

안전이격거리는 최고 운행속도, 제동 곡선, 열차의 위치에 기초하여 실시간으로 계산된다. 정교한 포지션 위치 추적(6.25m)은 포지션 단위이기 때문에, 후속 열차는 선행 열차의 최근 위치(차량의 후미 위치)로부터 안전제동거리를 확보하여 안전하게 선행 열차의 해당 구간에 최고 허용속도에 기초하여 접근할 수 있다.

안전제동거리는 후속 열차와 장애물(선행 열차–최근 확인된 차량 후미 위치, 장애 선로전환기, 폐쇄 궤도)의 예정 정차 위치 간의 고정된 거리이다. 안전이격거리는 최악이라도 안전이격거리가 확보되도록 설계되었다. 지역별로 각각 다른 안전이격거리 값이 정의된다. 안전이격거리의 상호 연관성은 “다중 안전이격거리” 영역에서 다루어진다.

(2) 운영

열차 안전이격거리는 관제사의 관여 없이 모든 제어 열차 간에 자동으로 구현된다. 일반적으로 열차 이격거리는 최소 안전거리이다. 열차간격을 조밀하게 운영되는 경우, 열차 안전이격거리는 안전거리보다 더 좁은 거리가 된다.

8.6.9 다중 안전이격거리

(1) 기능적 개요

안전이격거리는 지상의 장애물에 의해 정차 위치를 차상신호장치가 결정할 때, 일반적인 제동으로 정차하는 데 필요한 거리가 반영된 최소 안전 한계 거리이다. 안전이격거리는 만일 최악의 장애가 발생하면(제어할 수 없는 최대 가속도를 발생시키는 열차의 가속 시스템에 장애가 발생하였다고 고려해서 계산된 거리), 장애물을 회피하는 데 필요한 여분의 정차 거리를 고려한다. 이와 같은 장애의 예는 장애가 발생한 선로전환기가 발생한 시점이다. 최악의 제동 장애의 예는 비상제동이 ATC에 의해 체결되기 전까지 열차가 감속해야 할 때 가속하여 전체 추진 제어 장치에 장애가 발생한 경우이다. 시스템은 다중 안전이격거리를 취급하도록 설계되었다. 안전이격거리 전환 위치는 지상 데이터베이스에 미리 규정되어 있다.

이러한 안전이격거리 전환의 3가지 유형은 다음과 같다.

- 긴 안전이격거리에서 짧은 안전이격거리로 변경
- 짧은 안전이격거리에서 긴 안전이격거리로 변경
- 다중 안전이격거리 변경

가) 긴 안전 이격거리에서 짧은 안전이격거리로 변경

긴 안전이격거리에서 짧은 안전이격거리로 변경되는 구간으로 접근하는 열차는 열차 전면부가 변경 구간을 통과할 때까지 Target Point는 긴 안전이격거리가 적용된다.

나) 짧은 안전이격거리에서 긴 안전이격거리로 변경

짧은 안전이격거리에 긴 안전이격거리로 변경되는 구간으로 접근하는 열차는 장애물에 긴 안전거리가 확보될 때까지 긴 안전거리를 사용하지 않는다. 이 지점까지, 장애물과 짧은 안전거리를 사용하던지 변경지점 전에 한 위치를 사용한다.

다) 다중 안전 이격거리 변경

다음의 원칙은 장애물에 접근하는 열차의 Target Point를 계산하기 위해 차상신호장치에 의해 실시간으로 계산할 때 사용된다. 열차가 가장 긴 안전이격거리 구역에 있으면, 가장 긴 값은 열차 전두부가 다음 안전이격거리 전환지점을 통과할 때까지 사용된다.

만일 열차가 짧은 안전이격거리 구역에서 긴 안전이격거리 구역으로 이동 시 계산된 목표지점이 짧은 안전이격거리 구역을 벗어나 긴 이격거리 간에 진입하면 이격거리는 긴 이격거리로 변경된다.

(2) 운영

시스템 운영자는 안전거리 취급을 변경할 수 없다.

8.7 무선 전자 토큰 폐색

토큰 원리를 사용하는 무선기반 열차제어는 "무선 전자토큰 폐색(RETB)"은 영국철도에 의해서 최초로 소개되었다. 폐색로직은 예전의 태블릿 토큰시스템의 원리와 직접적으로 관련되어 있다.

각각의 단궤조 구간을 위하여 코드 형태의 전자토큰이 존재하는데 이는 관제사의 컴퓨터에 저장되어 있다. 이 구간에 열차운행이 있으면 열차 무선에 의하여 토큰이 전송된다. (그림 94)

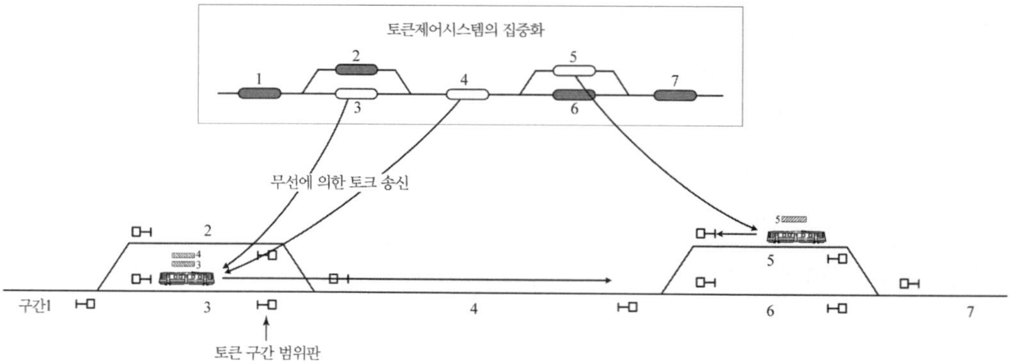

[그림 94] 무선 전자 토큰폐색의 원리

열차는 관제사로부터 토큰을 받은 후에 폐색구간에 진입할 수 있다. 폐색구간이 클리어된 후에 토큰은 관제사에게 되돌려진다. 그러면 관제사는 토큰을 다른 열차로 전송한다. 무선 토큰 폐색시스템은 매우 간편하나 단선 궤도로 교통량이 적은 선로에 유용하게 사용된다.

8.8 무선기반 가상 폐색구간

가상 폐색구간의 의미는 관제사의 컴퓨터에서 제어되는 지역은 고정폐색 범위와 같이 폐색으로 나누어져 있다. 그러나 이러한 폐색구간은 단지 "가상"을 한 것으로 선로상에는 어떠한 폐색구간도 없다. 그림에서와 같이 열차로부터 위치정보를 받는 점유되었다는 정보와 점유되지 않았다는 정보를 무선으로 송신한다. 열차 운행승인은 폐색구간의 배치 숫자에 의해서 열차에 제공된다. 열차운행 승인의 목표지점은 어떤 상황에서도 가상 폐색구간 내에 있다. (그림 95)

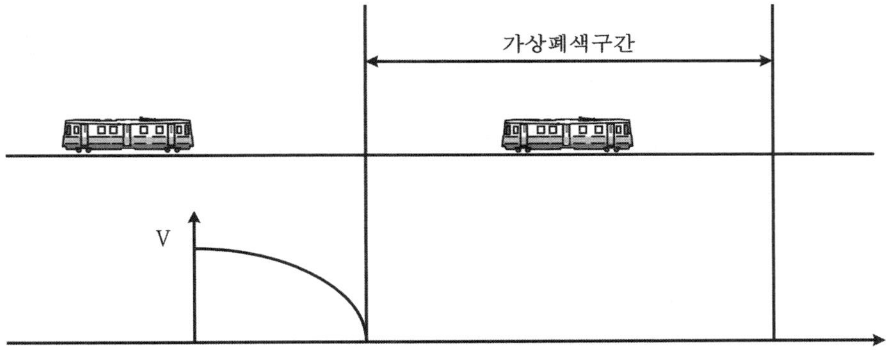

[그림 95] 가상 폐색시스템

8.9 이동폐색과 무선전송

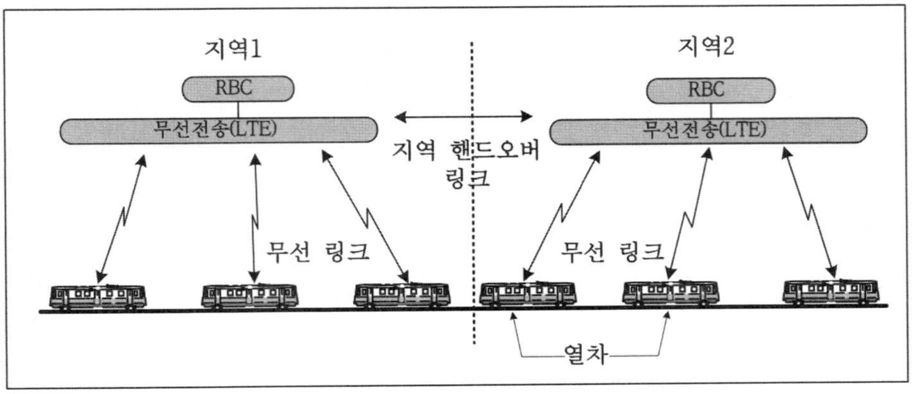

[그림 96] 이동폐색 시스템의 지역 간 Handover

철도에 이동폐색이 설치되면 선로는 보통 지역 또는 구역으로 나누어지며 각 지역은 컴퓨터에 의해 제어되고, 각 지역은 각기 무선전송 시스템이 설치된다.

각 열차는 자기 고유번호, 위치, 방향, 속도를 열차 안전 간격을 계산하는 지역 컴퓨터로 전송하며, 지역컴퓨터는 그림에서 보는 바와 같이 후속열차에 이를 전송한다.

각 열차와 각 지역 컴퓨터 사이는 무선 링크되며 컴퓨터는 연속적으로 모든 시간에 모든 지역, 모든 열차의 위치를 파악하고 있다.

전방 열차의 위치를 각 열차로 전송하며 열차가 도착하기 전에 정지를 위한 제동곡선을 전송한다.

이것이 동적 DTG 시스템의 특징이다. 이를 무선기반 열차제어시스템 (CBTC)이라고 부르며, 이동폐색의 특징은 열차와 열차 사이에 속도에 대한 만 제동 거리가 요구하는 것이 보류된다는 점이다.

따라서 만약 무선링크가 끊어지면 후방의 열차는 마지막 데이터를 유지하며 전방 열차에 도착하기 전에 정지하여야 한다.

8.10 이동폐색 – 위치 업데이트

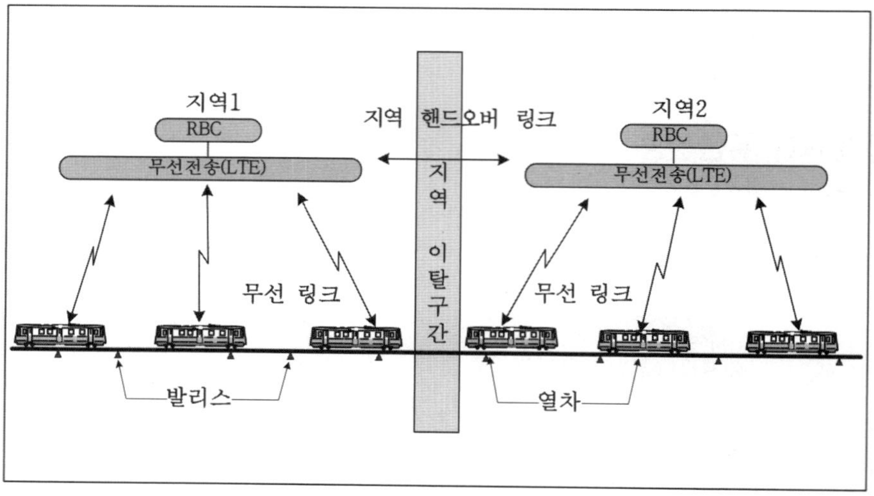

[그림 97] 이동폐색구간의 발리스 설치

우리가 알고 있듯이 이동폐색에서의 열차는 그 위치를 열차에서 지상 무선통신장치와 지역 컴퓨터로 연속적으로 보고한다.

각 열차는 또한 궤도를 따라 일정한 간격으로 설치된 발리스로부터 그 자신의 위치를 확인하며, 차상 컴퓨터의 선로 지도와 비교하여 위치를 바로잡는다.

열차가 한 지역에서 다른 지역으로 전환될 때 무선링크를 사용하여 전환되며 지역의 두 컴퓨터 사이에 링크로 추가된다.

각각의 과주여유거리 지역에서는 열차가 새 지역의 범위에 첫 번째로 도착하면 첫 번째 지역의 컴퓨터는 두 번째 지역의 컴퓨터와 접촉하며, 새로운 열차의 신호를 듣도록 경보한다. 또한 새 지역에 맞는 무선코드로 변경하여 열차로 보낸다.

새 지역에서 열차의 ID를 습득하면 첫 번째 지역에서 다음지역으로 완벽하게 전환되었음을 승인하는 것이다.

다른 버전의 이동폐색 시스템은 열차 안에 위치 컴퓨터를 갖고 있다.

각 열차는 다른 열차와 어디에서 관련되는지 알고 있으며, 이 데이터를 사용하여 안전속도를 설정한다.

이동폐색장치는 현장에 설치되는 장비는 적게 설치되나 전송되는 데이터는 매우 많은 것이 특징이다.

8.11 유도루프 이동폐색 시스템

시스템이 첫 번째로 이동폐색 시스템으로 구분되기 시작한 것은 Alcatel의 Seltrac이란 이름으로 시장에 나온 후부터이다.

이 설비는 영국의 도크랜드와 캐나다의 밴쿠버에 사용되었다. 이는 데이터를 이동 전송하는 방법으로 전송속도는 중간 정도이고 열차의 위치를 확인하기 위해 선로를 따라 궤도 중앙에 유도루프를 설치하고 25m마다 교차시키는 방법을 사용하였다.

데이터는 차상컴퓨터(VOBC)와 차량제어센터(차상신호장치) 사이에 루프를 통하여 연결되었다.

차상신호장치는 열차1의 위치를 점검하여 안전제동곡선을 계산하여 열차2의 속도를 제어하였으며 이 시스템의 자세한 내용은 다음과 같다.

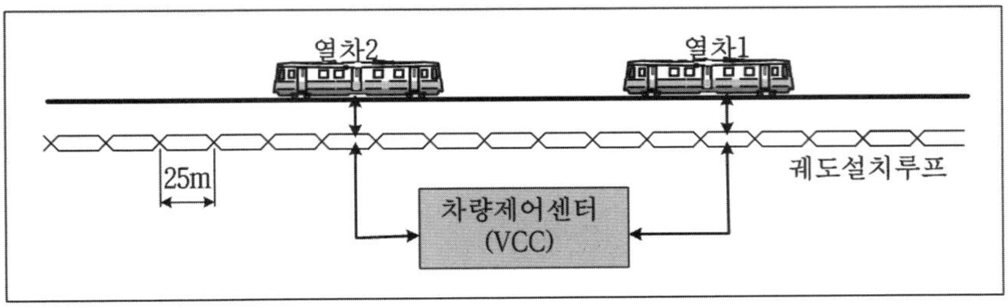

[그림 98] 유도루프를 사용한 이동폐색 시스템

Seltrac 시스템은 기관사가 필요하지 않은 전 자동시스템이다. 시스템의 고장으로 수동운전을 하면 루프의 제어로 열차 위치가 확인되는 것이 아니라 액슬카운터에 의해 열차 위치가 확인된다.

아마도 최대의 약점은 궤도를 따라 루프가 연속적으로 필요하다는 것이며 설치하는데 비용이 많이 들고 궤도 작업하는 동안에 손상을 입을 가능성이 있다.

이 시스템과 현재의 시스템과 다른 것은 데이터의 전자기 전송을 궤도케이블에서 무선기반시스템으로 변경한 것이다.

6장

열차제어시스템

1 자동열차정지장치(ATS)

1.1 개요

운전취급자가 열차운행의 안전을 확보하기 위해 신호시스템의 신호기를 통해 기관사에게 운행을 지시하는 장치로 기관사는 그 신호의 현시를 절대 엄수하여 운행하여야만 한다.

그러나 눈보라, 안개, 폭풍우 등의 자연현상으로 인해 운전시계가 나빠 신호현시 확인이 저해되거나 신호기가 소등되어 현시명령이 중단되었을 때와 기관사의 돌발적인 육체적 결함으로 신호현시를 착각할 경우에 중대한 운전사고를 유발할 수 있다.

이와 같이 신호기 내방이 위험구간일 때 운전자의 실수로 그 구간을 진입하거나 하면 기관사에 주의를 환기시키고 자동적으로 열차의 제동장치를 작동하여 정지시키는 안전설비가 ATS장치이다.

ATS장치(Automatic Train Stop : 자동열차정지장치)는 신호기가 현시하는 속도 특히 정지나 45km/H 이하의 저속도 구간을 기관사가 초과속도로 운전할 경우 표시등 혹은 벨, 차임 등 차내 경보를 통하여 기관사에게 경고하고 열차를 자동정지 시키는 장치이다.

1.2 원리

1.2.1 개요

지상신호기의 정보를 차상에 전송하기 위해 선로 간에 코일과 콘덴서의 공진회로가 f_o Hz의 공진주파수를 갖는 지상자가 있고 차상에는 2개의 코일로 구성된 Pickup Coil이 있다. Pickup Coil의 코일은 2개가 소결합하여 1차는 발진회로의 귀환회로와 2차는 수신회로를 구성하고 있고 발진회로에서 상시 f Hz 주파수를 발진하고 있다.

Pickup Coil의 f Hz 발진은 지상자 위를 통과하면서 지상자를 f_0 Hz로 공진시킨다. 이때 지상자의 LC 공진조건에 따라 공진주파수는 달라지는 현상을 변주방식이라 부른다.

1.2.2 변주

ATS장치에서 발진회로는 증폭작용을 하여 그 출력을 본래 목적에 이용함과 동시에 일부를 Feed-Back 하여 지속적인 발진을 계속하게 한다. 또 2차 회로를 결합할 때의 발진은 이와 같은 지속적인 발진회로와 별개의 공진주파수를 가진 공진회로를 결합하면 [그림 1]의 a가 b와 같이 등가회로가 되어 L이나 C를 부가한 효과로 나타내어진다.

원래의 발진주파수 f_1을 공진주파수 f_2를 가진 2차 회로에 결합시키면 발진주파수는 f_1에서 f_2에 가까운 값으로 변화하는 것을 Ziehen 현상이라 한다.

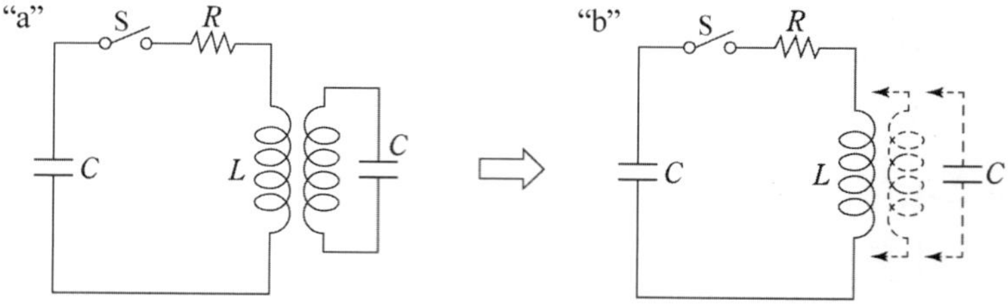

[그림 1] 2차회로 결합 등가회로

(1) 발진작용

변주식 회로는 증폭회로 일부를 Pickup Coil이라는 일종의 공심트랜스를 거쳐 입력 측에 Feed-Back 된다. 이와 같은 귀환 발진회로는 입력 측에 일정치 이상의 에너지가 필요하다.

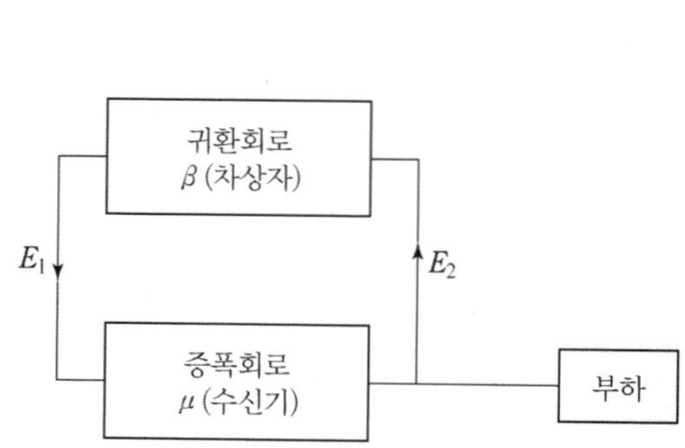

[그림 2] 발진회로의 등가회로

그림의 증폭회로에서 출력 E_2는 입력 E_1이 증폭되어 출력하므로 증폭률 μ배가 되어 $E_2 = \mu \times E_1$식이 성립되고, E_1은 E_2의 일부가 Feed Back되어 β만큼 손실이 발생하므로 $E_1 = \beta \times E_2$가 된다.

두 식을 대입하면 $E_1 = \mu\beta \times E_1$ 되어 연속증폭이 이루어지지 않으려면 $\mu \times \beta$는 반드시 1이 되어야 한다는 결론이다. 이 조건은 Feed Back회로에서 β배로 손실됨에 따라 처음의 E_2로 되어 출력전압은 일정치로 유지된다.

(2) 변주작용

변주작용에서 상시 발생하는 수신기의 발진주파수(78 kHz) f_1이 지상자와 결합할 때 지상자의 공진주파수 f_2에 끌려드는 현상을 변주라 한다. 보통 전기회로에서는 해가되는 현상이지만 이를 이용한 것이다.

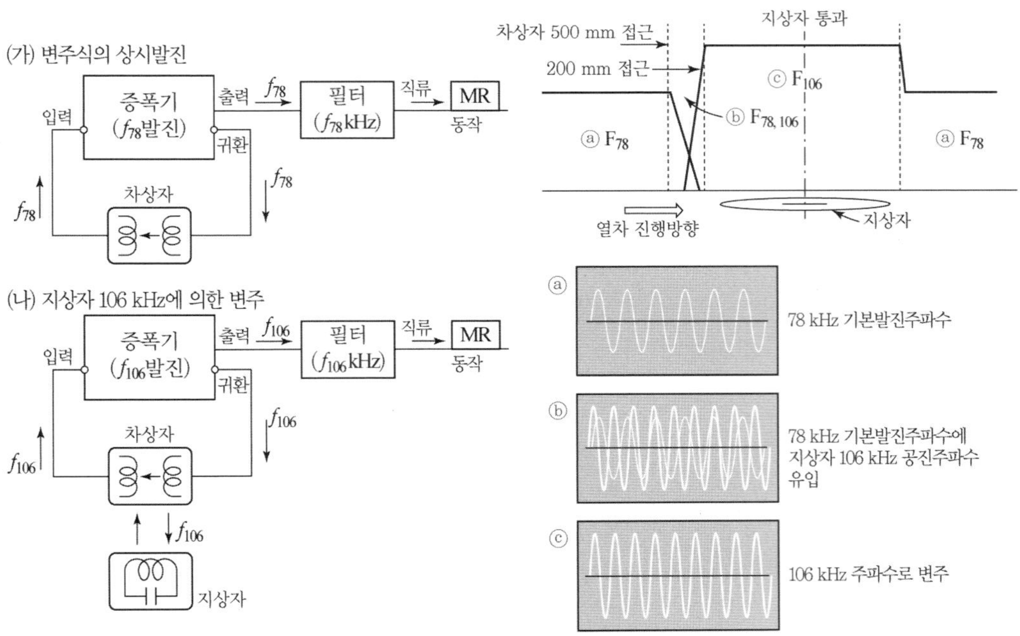

(a) 변주작용 (b) 변주작용의 과정

[그림 3]

예를 들어 Pickup Coil이 Y신호의 106 kHz와 결합한 경우

① 상시에 78 kHz의 발진조건 $\mu\beta \fallingdotseq 1.5$로 발진을 지속하고 있다.

② 106 kHz 지상자에 접근하면 변주현상이 시작되고 수신기와 Pickup Coil간에는 78 kHz와 106 kHz 또는 "비트" 주파수가 발생한다.

③ 다시 지상자가 접근하여 총합적인 특성이 78 kHz 대한 μ*β는 1보다 적게 되고 106 kHz는 $\mu\beta$가 1보다 크게 되어($\mu\beta \fallingdotseq 6$ 정도) 78 kHz 발진을 정지하고 완전히 106 kHz에 변주되어 안전한 상태로 된다.

1.3 ATS 동작방식과 제한속도

(1) 동작방식

ATS장치는 모든 개소에 사용되며 5현시 용은 5가지 신호에 따라 동작하는 다변주 방식에 의하여 차상장치가 동작한다. 차상장치의 동작 방식은 표 1과 같다.

[표 1] 차상장치 동작방식

종류	차상장치 동작 방식
5현시	속도 조사식, 다변주(78 [kHz] ➡ 5종류)

(2) 제한 속도

표 2는 ATS 장치 종류별 지상장치의 공진 주파수와 차상장치의 제한속도를 나타낸 것이다.

[표 2] 지상장치의 공진주파수와 차상장치의 제한속도

구 분		G	YG	Y	YY	R1	R0
5현시 전동차용	공진주파수[kHz]	98		106	114	.	130
	제한속도[km/h]	Free		45	25	.	0(15)
	조사속도[km/h]			45상당	25상당	.	0(15)상당

1.4 차상 속도조사식 ATS

4현시 속도조사식 ATS 장치는 다변주 점제어방식으로 수도권 전동차 운행구간에 사용하고 있으며 국철 구간에서는 R, Y, YG, G현시, 지하철구간에서는 R, YY, Y, G현시를 사용하고 있다.

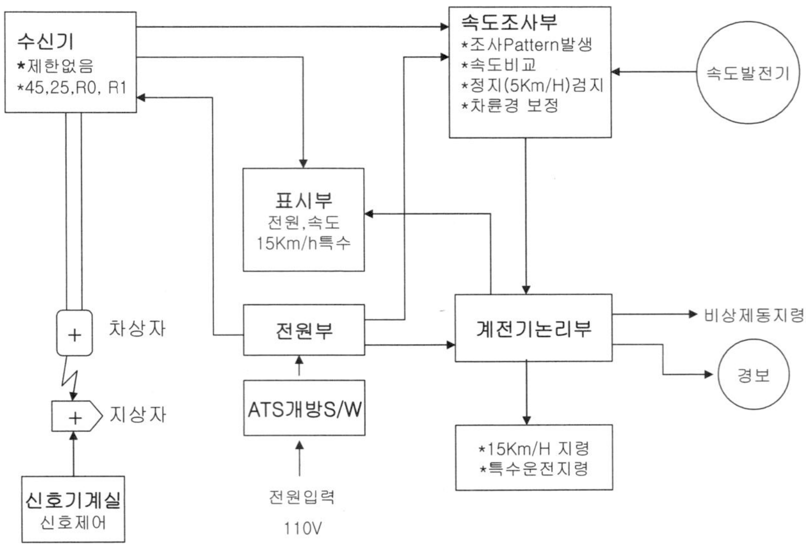

[그림 4] 차상속도 조사식 ATS 구성

(1) 지상자와 Pickup Coil간의 관계

ATS의 지상장치는 신호기의 현시 내용마다 개개로 가지고 있는 고유주파수로 공진할 수 있도록 준비하고 있다가 열차가 통과하는 순간 차상에서 발진하는 에너지로 공진하게 된다.

지상자의 공진시간은 열차속도가 높고 낮음 따라 차이가 있으나 Pickup Coil에 유도할 수 있도록 하고 Pickup Coil은 이들 내용의 주파수와 결합하여 자체에 고유발진주파수를 해당 주파수로 변주하여 정보를 열차의 제동장치에 연관되어 신호기의 실제 현시속도보다 초과 운전 시는 비상제동으로 열차를 긴급 제동하도록 하는 것이다.

(2) 지상자

지상자란 신호기에 의한 운전조건을 전기적 정보로 변조하여 공간파를 이용 열차의 Pickup Coil에 전송하는 지상설비장치이다.

ATS-S형의 지상자는 [그림 5]와 같이 직사각형 모양으로 외형 크기는 720×320 mm 이다. 사각 주위에 코일이 감겨져 내부에 콘덴서와 직렬 LC회로를 구성하고 있으며 이들 코일과 콘덴서는 주파수나 Q치가 변조되지 않도록 외부의 충격에 견딜 수 있고 방침수제인 강한 포리에치린 수지로 외장 되어 있다.

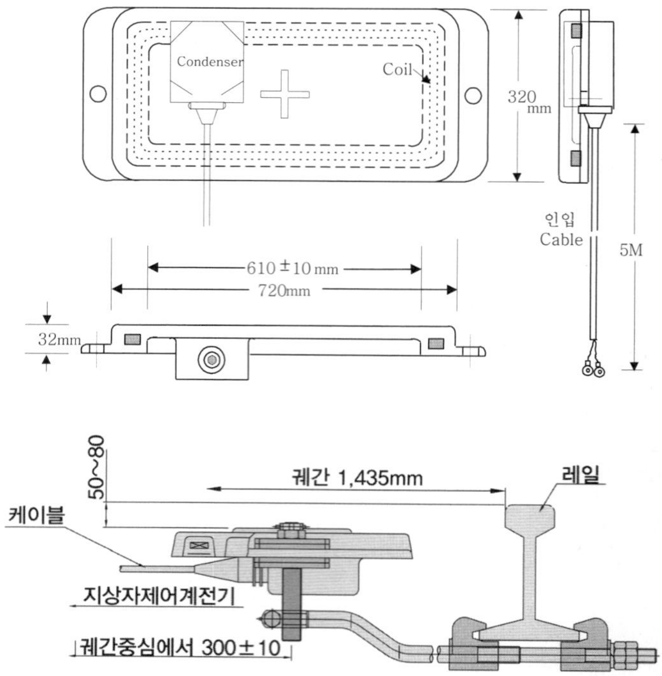

[그림 5] ATS지상자 외형

① 지상자 기술사양

ⓐ 방식 점제어 다현시 주파수변조방식

ⓑ 전기적 특성 코일 L = 310±10 μH

콘덴서 C = 약 0.005 μF

ⓒ 선택주파수 및 조사속도단계 5주파

G,YG (Free) 98 kHz

Y (45 km/h) 106 kHz

YY (25 km/h) 114 kHz

R1 (0 km/h) 122 kHz

R0 (0 km/h) 130 kHz

ⓓ 열차 응동 최고속도 130 km/h

ⓔ 지상자와 Pickup Coil의 간격 140 mm ~ 260 mm

좌우변위범위 ±70 mm 이하

ⓕ Pickup Coil 결합도 표준 80 mV

범위 70 mV ~ 90 mV

(3) ATS 제어 계전기함(Relay Control Box or QR Box)

① 계전기 제어함

신호기에 의한 운전지시 내용으로 지상자의 정보가 변조되도록 제어하는 계전기와 콘덴서들이 내장된 함을 계전기 제어함 혹은 QR Box라 한다.

[그림 6] 지상자와 제어계전기함

제어계전기함에는 신호현시의 G와 YG, Y, YY, R1에 상당하는 GCR, YCR, YYCR, R1CR 계전기들과 이들 계전기가 동작할 때마다 C가 접속되는 GC, YC, YYC, R1C등의 콘덴서가 있다.

이들 계전기와 콘덴서 관계는 신호현시에 따라 계전기가 동작하면 해당 콘덴서 유효화 되어 지상자의 고유 C에 병렬하여 용량을 추가하도록 되어있다.

제어계전기함은 A Type에서 S Type 7가지 형식으로 규격화되어 있어 해당신호기의 현시내용과 맞는 Type의 QR BOX를 사용하여야 한다.

② ATS제어

계전기는 평상시 모두 낙하상태로 있고 신호기 현시 내용에 따라 이하 제한속도에 해당되는 계전기는 모두 동작하게 되어 있다.

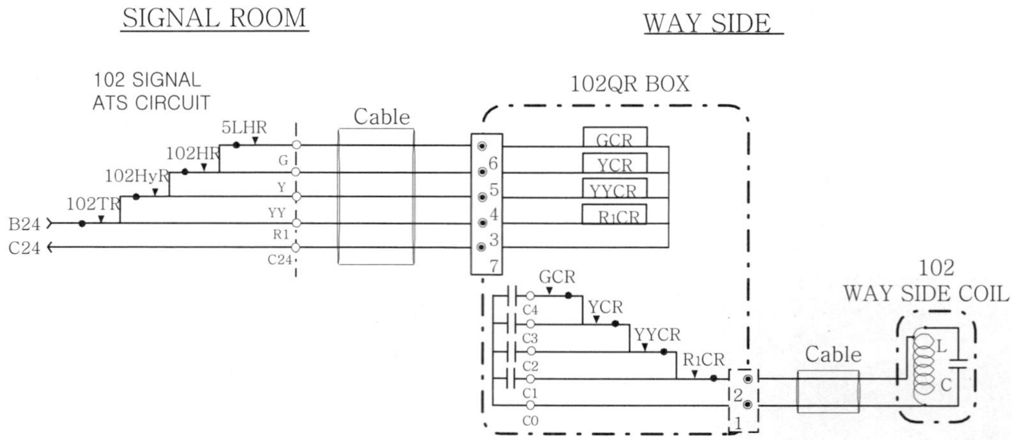

[그림 7] ATS지상자의 제어

그림에서 102신호기는 102HR 동작에 의해 Y신호가 현시되나 ATS 제어계전기는 그 하향신호에 해당되는 102HyR, 102TR이 동작하고 있으므로 R1CR, YYCR, YCR 3개의 계전기가 모두 동작하므로 콘덴서의 값이 CR1과 CYY, CY가 합성된다.

즉 신호현시가 R1때는 R1CR 하나만이 동작하여 콘덴서는 R1C만 지상자의 기본 고유 C값에 추가되나 YY때는 R1CR과 YYCR이 동작되어 R1C와 YYC의 합성용량이 추가되고 Y때는 R1CR과 YYCR, YCR이 동작되어 R1C와 YYC, YC의 합성용량이 YG나 G때는 R1CR, YYCR, YCR, GCR 모두가 동작되어 모든 콘덴서 R1C와 YYC, YC, GC의 합성용량이 기본값에 추가된다.

만약 제어계전기가 불량하여 동작하지 않거나 접점이 나빠도 현재 신호현시보다 하향하여 ATS가 공진하므로 안전에는 문제가 되지 않는다.

(4) 지상자의 전기적 특성과 공진주파수

지상자의 LC에 전기적 에너지를 가하지 않았을 때는 아무 반응이 없으나 Coil L에 외부로부터 전기적 에너지가 유입되면 L과 C는 상호 충방전 작용으로 전기적 진동을 일으키게 된다. 이때의 유입되는 전기적 에너지가 순간적일 때는 진동의 크기는 시간이 갈수록 작아져 소멸되며 소멸될 때까지의 전기적 진동수는 변하지 않고 일정한 주기로 진동하고 있다.

이러한 전기적 진동은 L과 C의 값이 일정하면 항상 일정하며, 이 값을 그 회로의 L과 C값의 공진주파수라 한다.

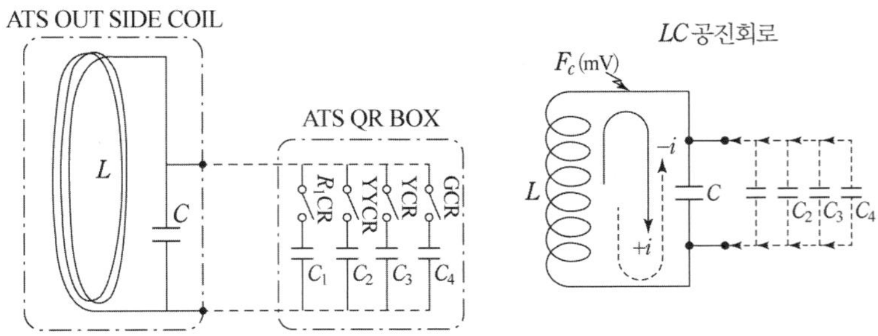

[그림 8] ATS지상자의 전기공진

ATS-S형 지상자의 공진주파수 변화는 후자를 사용하여 지상자가 가지고 있는 기본 L의 고윳값 310±10 μH는 고정되어 있고 C의 고윳값 약 0.005 μF(실제 계산은 0.0048 μF)에 제어 콘덴서가 추가되어 5주파 공진주파수를 만들고 있다.

공진주파수 산술공식 FC= $\frac{1}{2\pi\sqrt{LC}}$에 의해 정지신호는 모든 제어계전기가 낙하되어 있으므로 FR0= $\frac{1}{2\times 3.14\sqrt{(310\times 10^{-6})\times(0.0048\times 10^{-6})}} = 130\pm 5\,\text{kHz}$가 되고

R1신호 때는 FR1= $\frac{1}{2\pi\sqrt{L\times(C+R_1C)}} = 122\ \text{kHz}$

YY신호 때는 FYY= $\frac{1}{2\pi\sqrt{L\times(C+R_1C+YYC)}} = 114\ \text{kHz}$

Y신호 때는 FY= $\frac{1}{2\pi\sqrt{L\times(C+R_1C+YYC+YC)}} = 106\ \text{kHz}$

YG, G신호 때는 FG= $\frac{1}{2\pi\sqrt{L\times(C+R_1C+YYC+YC+GC)}} = 98\ \text{kHz}$가 된다.

1.5 차상설비의 구성

(1) 기본구성

ATS의 차상에는 정보를 수신하는 Pickup Coil과 실제 열차속도와 비교 조사하는 속도조사부, 공간파를 계전기에 적용하여 연동하는 계전기 논리부가 있는 수신기장치가 있고 그 밖에 표시부와 속도발전기, 전원부등으로 되어 있다.

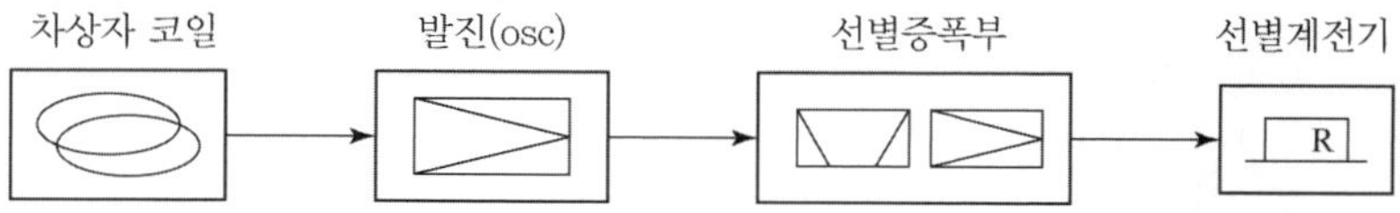

[그림 9] 수신부

(2) 차상장치 기술사양

① 최대 열차 감응속도 130 km/h

② 주파수 변조 5주파

③ 신호현시와 주파수

G(Free)	98 kHz
Y(45 km/h)	106 kHz
YY(25 km/h)	114 kHz
R1(0 km/h)	122 kHz
R0(0 km/h)	130 kHz

④ Pickup Coil과 지상자간의 거리범위 70 mm~260 mm

⑤ 좌우거리 변동 70 mm 이하

⑥ 지상자와 결합도 80 mV, 70 mV~90 mV

⑦ 응동하는 지상자 특성은 각 공진주파수 ±2 kHz, Q80 이상

⑧ Pickup Coil의 상호인덕턴스 1.5 μH, 1.5 μH

⑨ Pickup Coil의 Q치 80~110

⑩ 상시 발진주파수 78 kHz

⑪ 선별주파수 각 공진주파수 ±3 kHz

(3) 장치의 동작원리 및 성능

① 동작원리

지상자에 흐르는 전류는 차상자로부터 전자결합에 의하여 코일 L에는 전류 i_L이 흐르고 콘덴서 C에는 전류 i_C가 흐르며 값이 같을 때 LC 회로에는 최대 전류 IMAX(a점)가 흐른다. 이때의 주파수 $f_0\left(=\frac{1}{2\pi\sqrt{LC}}\right)$을 공진주파수라 하며, 또한, 회로의 저항 R을 증가시키면 최대 전류는 감소하기 때문에 회로의 저항 R이 작을수록 좋다. 이것을 선택도 Q라 하며 다음 식으로 나타낸다.

$$Q=\frac{WL}{R}=\frac{1}{R}\sqrt{\frac{L}{C}}=\frac{f_0}{f_2-f_1}$$

(4) Pickup Coil

Pickup Coil은 지상의 제어지점에 있는 지상자와 결합하여 제어신호(제한속도)를 차상으로 전달하는 유도코일이다. 지름이 170 mm과 225 mm의 원형 사이에 0.6 mm 경동선으로서 38회 감겨지고 2개의 공심코일이 상호결합하고 있다.

이것은 1차코일과 2차코일로 구성되어 발진증폭부의 귀환발진회로가 1차코일의 공심트랜스를 거처 입력 측에 Feed Back하여 지속적인 발진을 하도록 하고 2차코일은 지상자의 공진회로에 접근하여 전기적 결합으로 주파수가 변주되어 수신기에 입력된다.

1차코일과 2차코일로 이루어져 수신기(Receiver)의 발진기(OSC)와 결합되어 귀환발진회로를 형성하고 있다.

Pickup Coil의 전기적 특성은 Pickup Coil의 조정금구에 횡판을 분리 측정용 틀에 조립 2차 측에 1 kΩ 저항을 접속하고 1차 코일에 100 kHz 정현파 전류 100 mA를 유입시켰을 때 저항의 단자전압은 75±10 mV이다.

1차 코일과 2차 코일의 측정한 차는 ±2 mV를 범위내로 하며 이상의 2차 코일 저항의 단자전압을 결합도라 한다.

Pickup Coil의 취부는 차체하부에 주위 철조물이 100 mm 이상 지장 받지 않는 공간을 이용하여 지상자와의 이격거리를 100~260 mm 정도로 하였다.

위치는 차륜 중심으로부터 우측 300±10 m로 하고 지상자에 명시된 화살표시가 열차진행방향으로 취부 한다.

이 위치는 열차가 주행 중에 발생하는 좌우 편위 즉 열차의 요동거리가 ±70 mm를 조건에서 그림과 같이 지상자간의 거리가 약 300 mm까지 허용된다.

또 지상자와 응동 범위는 상하 이격 거리가 100 mm~200 mm 범위 상태에서 좌우는 ±200 mm 이상인 것을 알 수 있다.

(a) Pickup Coil 외형

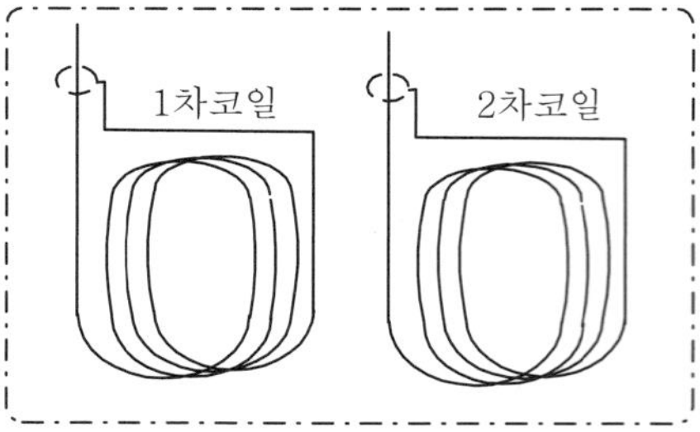

(b) Pickup Coil

[그림 10]

① Pickup Coil의 결합도 조정

Pickup Coil은 2개의 코일로 조립되어 있어 1차 코일에 100 kHz 100 mA의 일정 전류를 흘렸을 때 2차 코일에 유도되는 전압을 결합도라고 하였으며 표준 전압은 80±10 mV로 하고 있다.

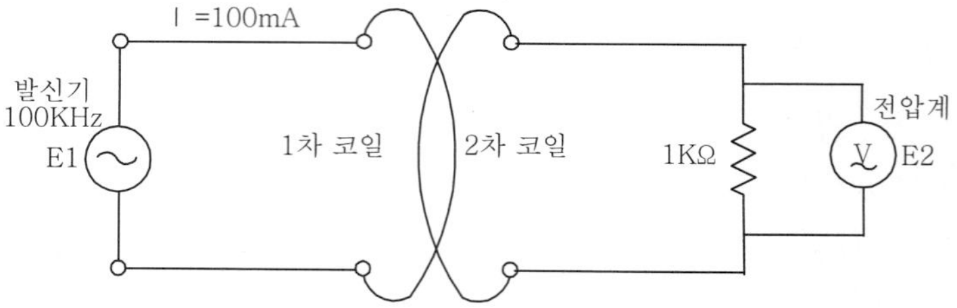

[그림 11] 결합도 측정

그림에서와 같이 Pickup Coil의 조정판을 상하로 이동하여 자속 변화를 줌으로서 상호 Inductance M이 변화되어 2차 코일의 E2를 적절히 조정한다.

(5) 수신기(Receiver)

수신기는 Pickup Coil과 결합된 발진기(OSC)의 주파수 즉 기준발진주파수를 걸러내는 대역필터(BPF)와 신호현시에 대응하는 대역필터(BPF(R1, 25−등)), 출력계전기(OPR등)등으로 구성되어있다.

발진기는 상시 78 kHz를 발진하여 BPF를 통하여 출력계전기의 자기유지전원(PR 여자조건)으로 되어있다.

예를 들어 지금까지 경계신호로 25PR이 자기 유지되어 진행하던 중 신호현시 G지상자 위를 통과할 때 발진기는 지상자의 공진주파수에 유입되어서 78 kHz에서 98

kHz로 변주하게 되면 BPF의 출력이 순간 차단하여 주계전기(MR)이 낙하하므로 25PR이 낙하되고 순간 무신호 상태가 되나 운전에는 지장 없는 짧은 시간이다. 동시에 지상자의 98 kHz로 BPF(Free)가 출력하여 발진주파수는 98 kHz로 되고 다시 출력한 BPF(Ref) 전원에 의해 FPR은 자기접점으로 유지하게 된다.

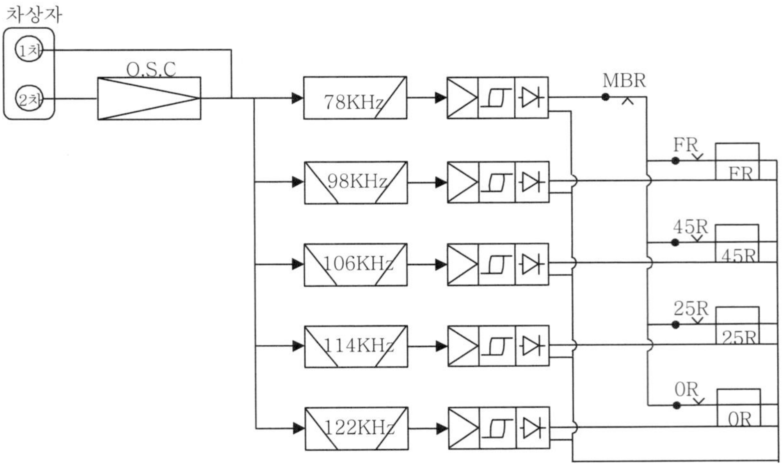

[그림 12] 수신기 회로

다음 표는 지상자에 통과하는 신호조건에 따라 계전기의 동작 논리를 표시한 것이다.

[표 3] 신호조건에 따른 계전기 동작논리

정보종별	조사속도	주파수	FR	45R	25R	0R
진 행	–	98 kHz	⇧	↓	↓	↓
감 속	–	98 kHz	⇧	↓	↓	↓
주 의	45 km/h	106 kHz	↓	⇧	↓	↓
경 계	25 km/h	114 kHz	↓	↓	⇧	↓
정지(R1)	0 km/h	122 kHz	↓	↓	↓	⇧
정지(R0)	0 km/h	130 kHz	↓	↓	↓	⇧

1.6 차상 속도조사식 ATS의 특성

ATS의 특성은 운행 취급, 신호현시와 관련하여 열차의 운행속도, 차량의 제동성능 등에 따라 조금씩 다를 수 있으나 열차 자동정지장치의 기본조건은 다음과 같다.

① 열차를 정지 신호현시 신호기 앞에 정지시켜야 한다.
② 다른 열차의 운행에 지장을 주지 않도록 해야 한다.
③ 정지 신호현시의 경우 기관사가 제동조작을 하지 않으면 자동적으로 비상제동이 작용해야 한다.

이러한 조건을 만족시키기 위하여 수도권 및 경부선 CTC 구간에서는 고밀도 전철 구간의 특수성을 고려하고 보안도를 확보하기 위하여 차상속도 조사식 ATS를 사용하고 있다.

속도 조사는 지상에서 전달되는 신호기의 현시정보를 기본으로 기억하고 항상 열차 속도와 비교하여 열차 속도가 지상의 신호현시에 해당하는 속도보다 높을 경우 비상제동이 작동한다.

(1) 5현시 속도 조사식ATS

① 진행 신호현시의 신호기로 진입한 경우에는 속도 조사는 받지 않고 자유주행(Free)으로 운행한다.
② 감속신호현시의 신호기로 진입한 경우에는 105[km/h] 이하의 속도로 운행한다. 속도를 초과할 경우에는 5초 이내에 105[km/h] 이하로 감속하고 제동변 핸들을 상용제동 위치로 놓고 운행한다. 5초를 초과할 경우에는 비상제동으로 정지 후 제동변을 비상제동 위치에 놓고 복귀취급한 후 105[km/h] 이하로 운행한다.
③ 주의 신호현시의 신호기로 진입한 경우에는 65[km/h] 이하의 속도로 운행한다. 속도를 초과할 경우에는 5초 이내에 65[km/h] 이하로 감속 운행한다. 5초를 초과할 경우에는 비상제동으로 정지 후 25[km/h] 이하로 운행한다.
④ 경계 신호현시의 신호기로 진입할 경우에는 20[km/h] 이하의 속도로 운행한다. 속도를 초과할 경우에는 5초 이내에 25[km/h] 이하의 속도로 주행한다. 5초를 초과할 경우에는 비상제동으로 정지 후 25[km/h] 이하로 운행한다.
⑤ 정지 신호현시의 신호기로 진입할 경우에는 관제사의 승인을 득한 후 최초 열차는 1회에 한하여 25[km/h] 이하의 속도로 운전할 수 있고 후속열차는 45[km/h] 이하로 운행한다.

2 열차자동방호장치(ATP)

2.1 ERTMS/ETCS 열차자동방호장치(ATP) 개요

ERTMS(European Railway Traffic Management System)는 안전하고 상호호환이 가능한 철도교통을 위하여 표준화된 제어시스템이다. ETCS(European Train Control System)는 ERTMS의 일부로 표준화된 요구조건에 따라 신호시스템에 중점을 두고 차상으로 차량 움직임에 대한 지속적인 감시기능을 제공하는 고성능 하드웨어와 소프트웨어가 복합된 시스템이다.

이 시스템은 각각 다른 전기동차 형태, 속도 특성, 차륜 둘레, 전원공급전압 및 제동시스템에 적용되며 안전측 동작(Fail-Safe)을 갖춘 시스템이다. 시스템 디자인은 CENELEC 표준에서 제시된 방법론에 기초한다.

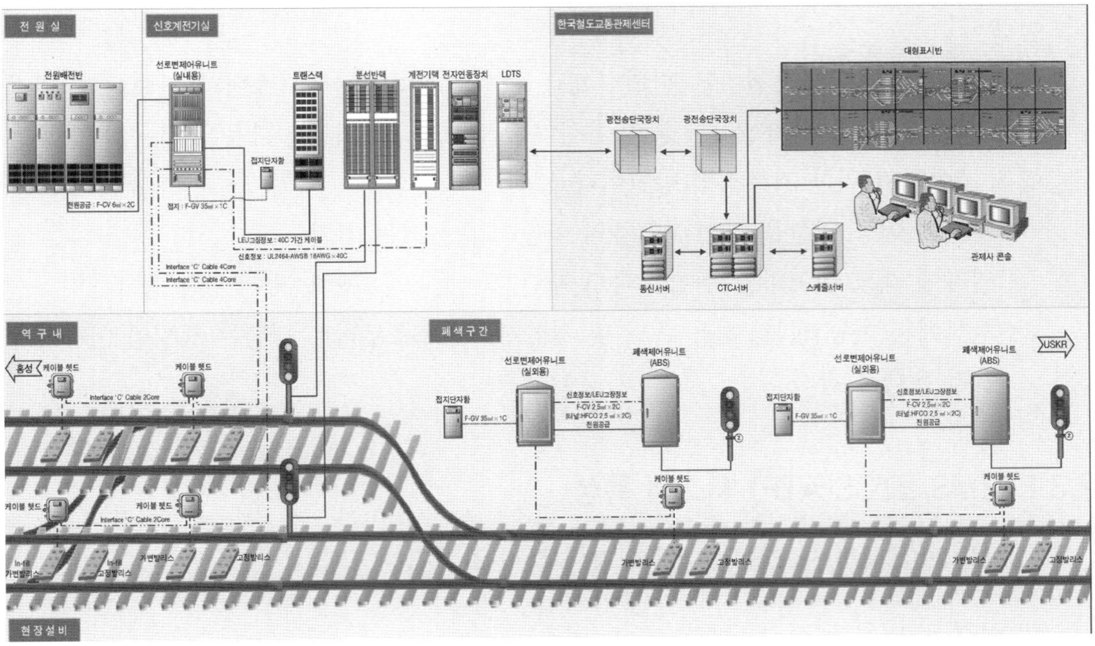

[그림 13] 열차자동방호장치 시스템 구성도

신호현시, 허용속도 및 기타 선로 조건(이동권한, 속도 프로파일, 구배 등)에 관한 정보는 발리스, 즉 텔레그램 전송장치를 통하여 차상으로 전송된다. 따라서, 이 시스템은 지속적인 열차 감시에 필요한 충분한 데이터를 제공하는 점 제어 방식의 자동 열차 제어

시스템이라 할 수 있다.

시스템의 주요 특징은 광범위한 진단 기능이다. 시스템의 기능을 처리하는 매우 높은 수준의 정확한 정보는 높은 교통량의 고속 선로에서 이동하는 차량의 광범위하고 안전한 보호를 제공한다. 본 시스템은 다음과 같은 장점을 갖고 있다.

- 높은 데이터 전송 용량과 성능
- 높은 수준의 무결성을 바탕으로 지속적인 차량 감시
- 진단 및 유지보수의 번거로움 완화
- 기존의 신호 시스템과의 호환성

2.2 ERTMS/ETCS(ATP) 시스템 기능

ERTMS/ETCS 시스템의 모든 단계에서 사용하는 기능과 메시지 형식은 표준화 되어 있다. ERTMS/ETCS 시스템의 주요 목적은 높은 신뢰성과 가용성을 갖는 시스템을 공급하여 열차를 효율적이고 안전하게 제어하고, 지상 설비와 유지 보수비를 절감하는 데 있다.

차상과 지상의 정보전송은 단방향으로 이루어지며 지상 시스템의 정보는 발리스(Balise)라고 부르는 지상자를 통해 차상 시스템으로 전송된다. 다음은 열차의 안전 운행을 제어하기 위한 기본적인 방안이다.

- 열차에 이동 권한을 부여 : 열차의 이동이 허용되는 거리
- 열차에 궤도 데이터를 부여 : 속도 패턴, 구배, 또는 속도 제한 구간 등
- 차상에서 이동 권한, 허용 속도 및 지상시스템으로부터 수신되는 명령을 이용하여 안전 운행을 감시

2.3 ERTMS/ETCS(ATP) 시스템 특성

ERTMS/ETCS 시스템은 다음과 같은 특성을 가진다.

(1) 인력 및 비용 절감

Level 1의 경우에는 규격화된 사양, 제품에 대한 다수 제작사의 경쟁 등에 의한 제품 개발 비용의 절감을 예측할 수 있으며, Level 2, 3단계에서는 무선 통신 방식에 근거한 정보의 교환으로 신호기 및 궤도회로 등의 지상설비의 필요성이 감소할 수 있으므로, 구매, 설치, 유지보수 및 예비품 등에 대한 비용이 절감된다.

(2) 운영의 최적화

열차 운영의 효율성이 증가함에 따라 열차운행 시간이 감소하며, 그 결과로 열차운행의 최적화를 달성할 수 있다. 안정성을 유지하면서도 선로용량을 증대시키고 운전 시격의 단축을 달성할 수 있다.

(3) 상호호환 운전

ERTMS/ETCS 시스템 기능과 텔레그램 형식이 표준화되어 있어 다른 노선, 단계, 시스템, 공급자 등에 의해서 구축된 ERTMS/ETCS 시스템 구간에서도 정상적인 운행이 가능하다. 따라서 지속해서 설비의 표준화를 기할 수 있고 융통성 있는 시스템 개량이 가능하다.

2.4 ERTMS/ETCS(ATP) 시스템 구조

ERTMS/ETCS시스템의 구조는 각 서브시스템의 애플리케이션과 구현되는 기능의 특성에 따라 아래의 그림과 같이 세 개의 그룹으로 구성된다.

- 지상 시스템(TSS)
- 차상 시스템(OBS)
- 애플리케이션 툴

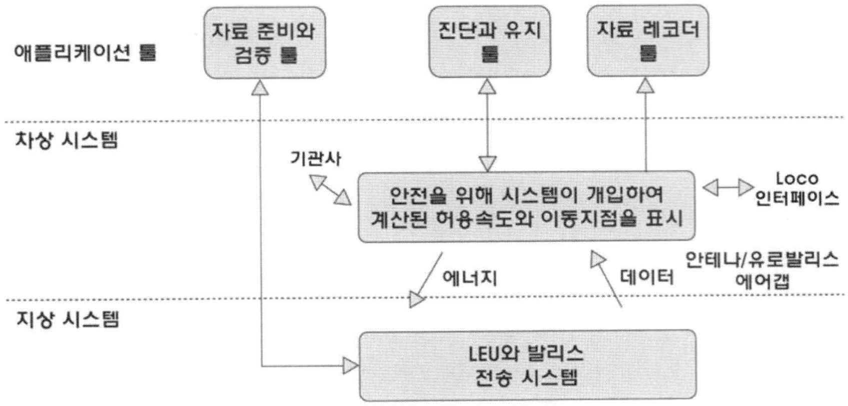

[그림 14] 서브시스템과 툴

지상시스템(LEU와 발리스)은 기존 신호시스템으로부터 필요한 정보를 받고 발리스를 사용하여 입력된 데이터 텔레그램을 차상으로 전송한다.

차상시스템은 지상으로부터 텔레그램을 수신하고, 속도와 거리를 측정하며, 차량 데이터, 제동성능 및 선로 데이터를 사용하여 실제 허용 속도를 계산하여, 지속해서 기관사에게 DMI 표시창에 표시를 제공한다. 만일 차량이 속도 제한을 초과하면, OBS는 우선 기관사에게 경고한 다음 비상 제동을 체결시킨다.

애플리케이션 툴은 지상 데이터를 준비/변경하고, 발리스 및 LEU를 프로그램하고 테스트하며, 메모리에 로드된 데이터를 검증하고, 지상으로부터의 진단 데이터를 읽기 위해서 운용 및 유지보수 요원에 의해 사용된다.

2.4.1 지상시스템(TSS)

ETCS 시스템의 지상 장치는 시스템의 실행을 위한 데이터 전달 및 정보전송 매체로 구성되며, 선로변 제어유닛(LEU)과 발리스가 주요 구성 요소이다. 기본적으로 각 신호기의 신호 정보전달을 위해 발리스를 설치하며, 추가로 속도 제한이 요구되거나 지상 정보가 필요할 때도 발리스를 설치하여 지상 데이터를 차상으로 전송한다.

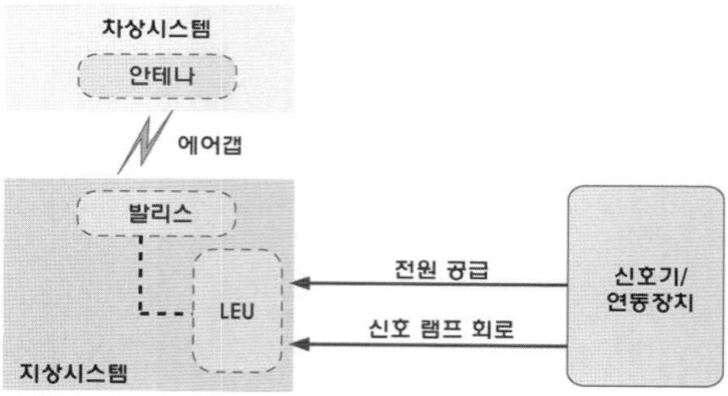

[그림 15] 지상 시스템 구조

(1) 발리스(Balise)

발리스는 지상에서 열차와 통신하여 텔레그램을 차상으로 전송하는 기능을 수행한다. 보통 모든 발리스 그룹은 정방향, 역방향 혹은 양방향을 위해 유효한 정보를 전송할 수 있다. 통과되는 방향에 따라 발리스 그룹으로부터 전송된 정보가 올바르게 해석되며, 모든 발리스 그룹은 고유 ID가 지정되고 동시에 전/후방 발리스 그룹에 연결된다.

가변 및 고정발리스는 패시브 장치이기 때문에 별도의 전원이 필요하지 않다. 기관차에 설치된 차상시스템(OBS) 안테나가 발리스 위를 통과할 때 27.095 MHz 주파수의 전력을 전송하여 작동한다. 이 에너지가 일시적으로 발리스에 저장되어, 즉시 메시지를 열차에 전송하기 시작한다. 연속적으로 전송되는 텔레그램은 중심 주파수 4.234 MHz로 변조되는 방식이다.

고정발리스는 유로발리스 프로그래밍과 시험툴(EPTT)을 이용하여 고정데이터 텔레그램과 디폴트 텔레그램을 프로그래밍한다.

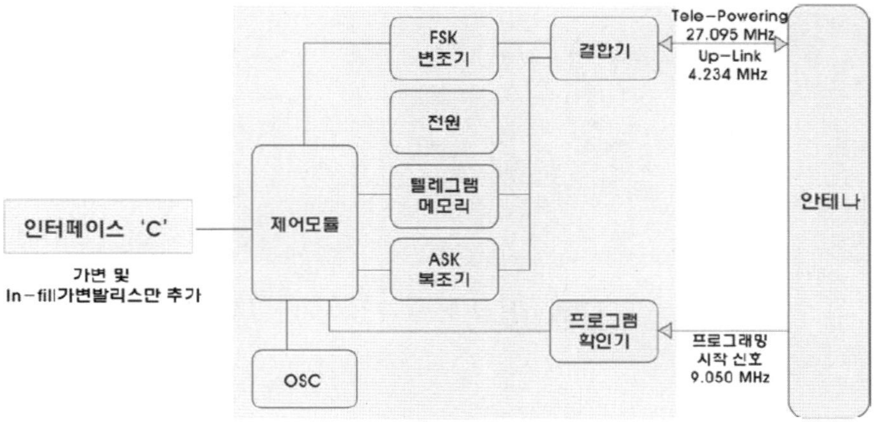

[그림 16] 발리스 내부 구성도

① In-fill 발리스 설치

ERTMS/ETCS Level 1 시스템은 점 제어 방식으로 발리스가 설치된 위치에서만 열차운행에 필요한 정보를 송신하고, 선로의 성능 향상과 열차 안전 운행을 위해 In-fill 발리스를 설치하고 있다.

㉮ In-fill 발리스 설치 개소

- 이동권한(MA: Movement Authority)이 필요한 위치에 설치
- 장내/출발신호기 설치 위치: 성능 향상
- 폐색신호기 설치 위치: 성능 및 안전성 향상

㉯ 이동권한(MA) 제공

ERTMS/ETCS 차상장치를 탑재한 열차가 최대 허용속도를 유지하며 운전하는 것을 보장할 수 있도록 열차는 상용제동거리(SBD : Service Brake Distance)에 도달하기 전에 전송되는 이동권한(MA)을 전송하기 위한 In-fill 발리스를 설치한다.

㉰ 장내/출발신호기

출발신호기 외방에 In-fill발리스를 설치하여 열차 운전성능을 향상하며, 효율적인 시공을 위해 현장 여건을 고려하여 In-fill 발리스를 설치한다.

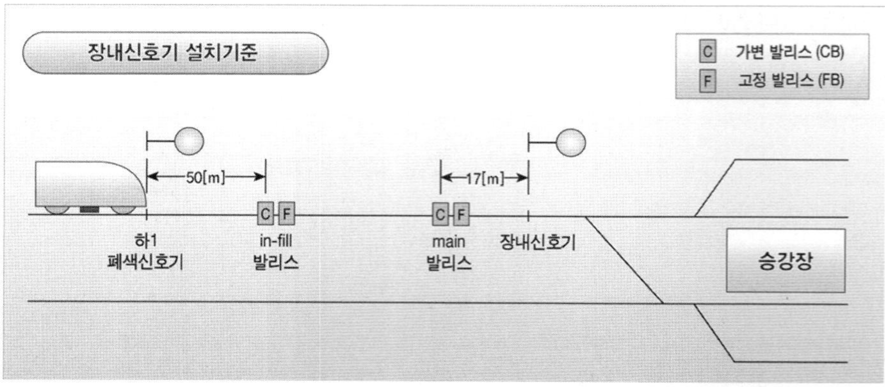

[그림 17] 장내신호기 설치 기준

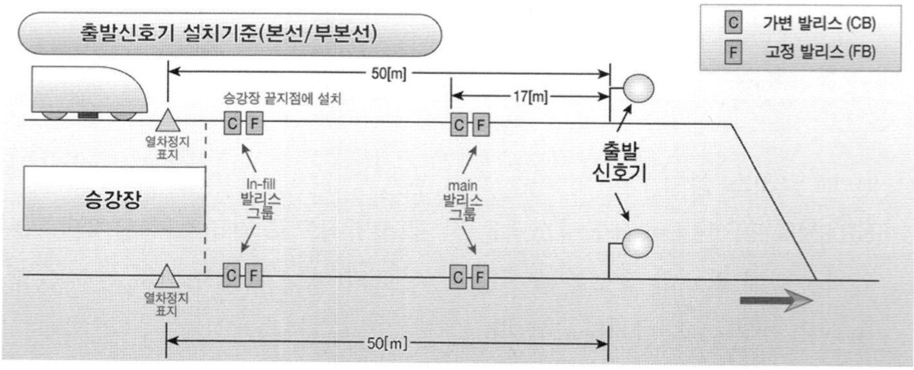

[그림 18] 출발신호기 설치 기준

㉱ 폐색신호기

승차장에 정지하는 열차의 성능 및 안전성은 승차장과 출발신호기 간에 In-fill 발리스를 설치하여 향상시켜야 한다. 열차가 정지상태에서 선로속도까지 즉시 가속할 수 있도록 조기에 이동권한(MA)을 제공하여야 한다.

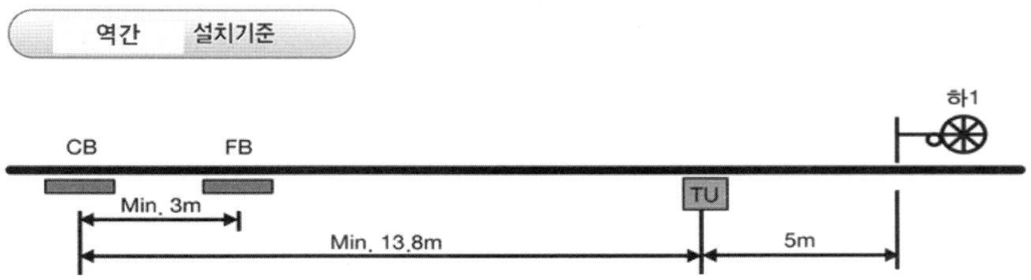

[그림 19] 역간 설치 기준

(2) LEU

LEU는 신호기 근방에 위치하며, 차상으로 전송할 가변 텔레그램을 연결된 발리스에 제공한다. LEU는 가변정보가 차상으로 전송되어야 하는 곳의 신호기 제어장치의 주변에 위치한다. LEU는 실제 신호 현시에 해당하는 신호 제어 접점을 감지하고, 사전 정의하여 코드화된 텔레그램을 선택해서, 그 코드를 지속해서 직렬 링크를 통해 가변 발리스로 보낸다.

만일 오류가 발생하면 기본 오류 텔레그램이 연결된 발리스로 전송된다. 아울러 LEU 연결 정보는 안전한 디지털 입력으로 읽는다. 이들은 결합한 LEU의 두 개의 계전기 접점에서 제어한다. 이러한 구성으로 신호 현시가 제공하는 것보다 많은 구간에 대한 이동 권한을 주기 위해 다음 신호기의 상태에 관한 정보를 교환하는 것이 가능하다.

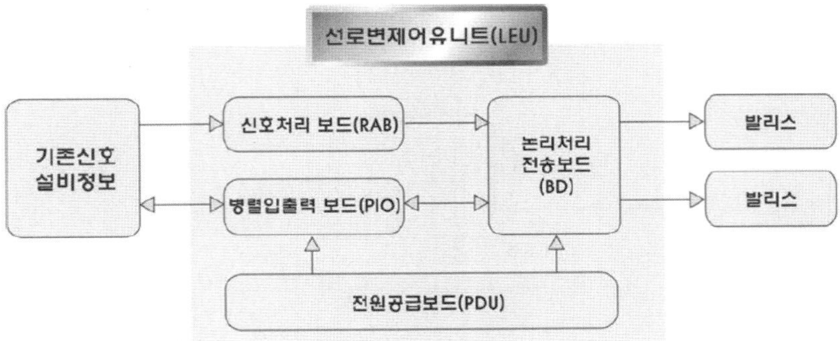

[그림 20] LEU 내부 구성도

[표 4] LEU 기능

구 분	내 용
텔레그램 선택	– 신호현시 상태에 근거한 텔레그램 선택 – 텔레그램 선택의 신뢰성 확보
텔레그램 전송	– FFFIS Interface 'C' 규정 만족 – 텔레그램 전송의 신뢰성 및 안전성 확보 – 전송상태의 무결성 보장
정보 수신	– 신호설비로부터 변동정보 수신 – 신호설비로부터 신호정보 수용 – 폐색 제어유닛 및 연동장치와 인터페이스 가능
안전측 동작	– 비교 논리구조(2 out of 2) – 고장 검지 – Default Telegram 차상으로 전송 – 정보 전송장치 분리 검출
텔레그램 저장	– 현장에서 저장 가능 – 저장기능의 안전성 확보 – 시스템 보안성 확보 – 다양한 텔레그램 저장

(3) 역 집중화된 LEU 지상 시스템

많은 신호기가 밀접하게 있는 역 구내의 경우, 신호계전기실에 실내용 LEU 랙을 사용하여 LEU간 정보 교환과 중앙 진단 기능을 수행한다.

[그림 21]에서 보는 바와 같이 역에 집중된 지상 시스템은 다음으로 구성된다.

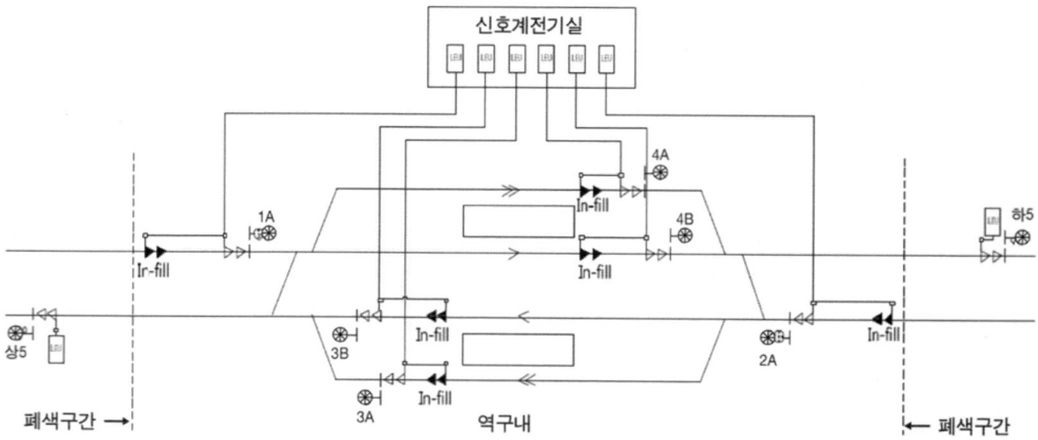

[그림 21] 역 집중화된 LEU 지상시스템

- 발리스와 LEU
- LEU와 전원장치 간 전원 케이블
- LEU와 가변 발리스 및 In-fill 발리스 간 인터페이스 'C' 케이블
- 연동 시스템과 신호 인터페이스를 위한 제어 케이블
- LEU간 정보전송을 위한 커플링 케이블

(4) 분산화된 LEU 지상시스템

현장의 폐색신호기나, 역 실내용 LEU랙의 설치할 수 없는 폐색 역에 대해 실외용 LEU 함을 사용하며, 신호기 근방에 배치된다.

[그림 22]에서 보는 바와 같이 지상 시스템은 다음으로 구성된다.

– 발리스와 LEU
– LEU와 자동폐색제어유닛(ABS) 간 제어 케이블
– LEU와 전원장치간 전원 케이블
– LEU와 가변발리스 및 In-fill 발리스 간 인터페이스 'C' 케이블
– LEU간 정보전송을 위한 커플링 케이블

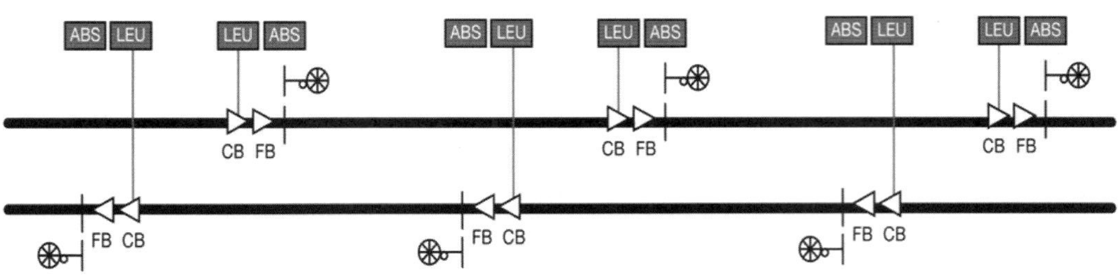

[그림 22] 분산화된 LEU 지상 시스템

(5) LEU 하드웨어

LEU 하드웨어는 전원공급보드(PDU) 1개, 신호처리보드(RAB) 1개 또는 2개(확장 시), 논리처리전송보드(BD) 1개와 병렬 입출력보드(PIO) 1개로 구성된다. 모든 구성 요소들은 [그림 23]에서 보는 바와 같이 백 패널에 장착된다. 역 실내용 LEU랙의 경우 백 패널 2개를 19인치 Self 한 개에 장착하며, 외부 커넥터들은 백 패널의 납땜 면에 장착하여 케이블 접근이 쉽게 한다.

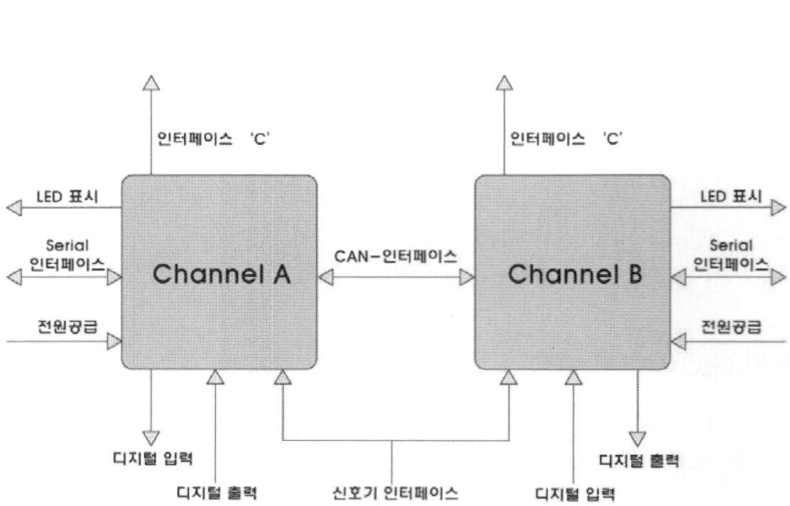

[그림 23] LEU 하드웨어 구조

(6) LEU 소프트웨어

LEU S/W는 2개의 별도의 채널로 구성되며, 시스템적 오류를 방지하는 데 필요한 곳에 다양하게 구현된다. 수행될 기능은 다음 [그림 24]와 같다

- 구성 데이터(LEU ID, 신호 현시 로직, 임계전류, 점멸 빈도 등)를 처리할 구성 매니저
- 구성, 텔레그램 및 진단 데이터의 전송을 위한 직렬 인터페이스 처리기
- 신호전류 데이터를 처리하고 신호현시 정보를 검지하기 위한 측정 처리기
- 계산된 신호현시에 따라 텔레그램 부분을 선택하는 텔레그램 관리자
- 인터페이스 'C', 프로세서간통신, 내부 테스트와 오류를 처리하기 위한 다른 기능들

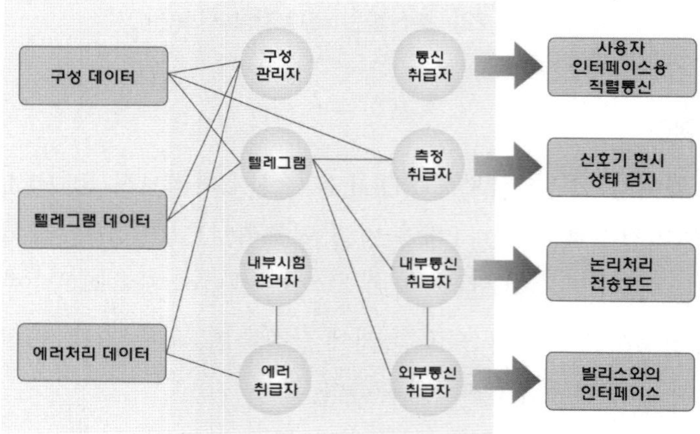

[그림 24] LEU 소프트웨어구조 (정상 운용 시)

2.5 인터페이스

2.5.1 기존 지상설비 인터페이스

기존 지상 신호설비는 전자연동장치, 자동폐색제어유닛(ABS), AF 궤도회로장치 등으로 구성되어 있으며, 기존 설비와 선로변제어유닛(LEU) 관련 설비 간의 인터페이스가 필요하다.

[표 5] 기존 지상설비 인터페이스 계획

구분	인터페이스 대상 장비	인터페이스
기존 설비	전자연동장치(계전기랙 포함)	– 장내/출발 신호기 및 진로표시기 현시 정보 (Dry Contact 방식)
	자동폐색제어유닛(ABS)	– 폐색신호기 현시 정보 – 선로변제어유닛(LEU) 고장정보 (Dry Contact 방식)
	TLDS TRANS 랙, AF 궤도랙	– 선로변제어유닛(LEU) 고장정보 출력접점 제공 (Dry Contact 방식)
	지장물 검지장치	– 지장물 검지 정보 – 접점(Dry Contact) 신호
	전원배전반, 접지단자함	– 선로변제어유닛(LEU) 전원 – 선로변에저유닛(LEU) 외함 접지

2.5.2 선로제어유닛(LEU) 간 커플링 인터페이스

EMU-180열차가 운행되는 선구에서 폐색구간의 길이를 평균 400~500[m] 로 하고, 5현시 신호체계에 의해 총 4폐색구간에 대한 이동권한을 받는 시스템 내에서의 최소 이동권한은 약 400[m]×4 = 1,600[m] 정도이므로 180[km/h]로 달리는 EMU-180열차의 경우의 안전제동거리 약 1,925[m]에 미치지 못하는 결과가 나온다.

이 경우 EMU-180 열차의 안전 제동거리 확보와 속도향상을 위하여 LEU간의 커플링이 필요하다. 이러한 LEU 커플링을 통하여 최소 4폐색구간의 길이 1,600[m]인 기존 제동거리에 추가로 2폐색을 더하여 6폐색구간의 길이인 2,400[m]로 연장하여 충분한 안전제동거리가 확보할 수 있다.

커플링 구간의 산출 기준은 다음 [표 6]와 같다.

[표 6] 커플링 구간 산출 기준

기준	설 명
1	– 가장 긴 열차 제동거리를 기준으로 함 (EMU–180 열차 기준)
2	– 제동거리가 4개의 폐색구간 거리보다 길어지는 때에만, 열차 제동거리 이상의 구간에서 이동권한을 받을 수 있도록 LEU간 커플링을 함 – 5현시 신호체계에서는 최대 4폐색구간의 신호현시 정보를 얻으므로, 4폐색 구간을 기준으로 함 – 4개의 폐색구간 합산 거리보다 제동거리가 짧은 경우에는 열차 진행 방향 전방에 위치한 선로변제어유닛(LEU)와 커플링 하여 구간을 연장함

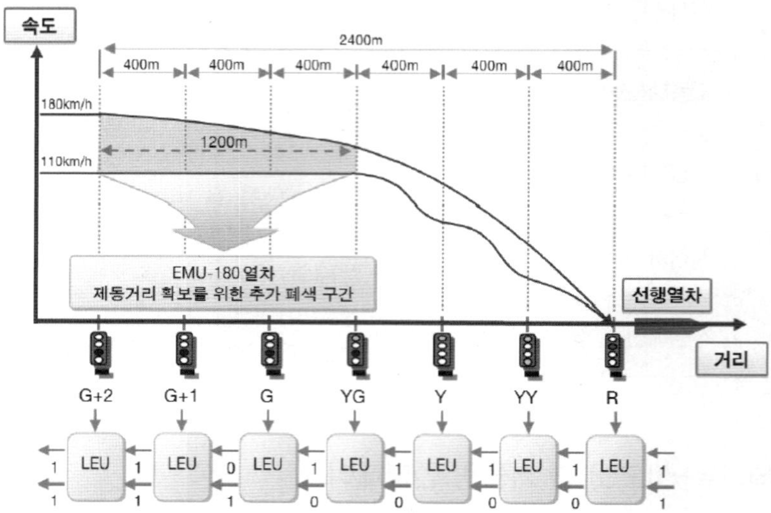

[그림 25] 커플링 예시도

3 ATO 제어 기술

열차의 자동운전장치(Automatic Train Operation)는 기관사 대신 노선 상황에 대응하여 역과 역 사이를 자동으로 주행하게 하기 위한 장치이다. 컴퓨터 기술의 발전에 따라, 그 주행제어방식도 점차 고도화되고 있다. 하지만 열차는 물리법칙에 따라 차륜 주행하는 이동체이며 주행제어에도 공통적인 기본원칙이 존재한다. 열차의 자동운전에 이용되는 기본적인 주행제어 기술에 관해 서술하는 것과 함께 그 발전 과정에 관해서도 설명한다.

3.1 개요

열차자동운전장치(ATO)는 그 명칭과 같이 차량탑재 컴퓨터 제어로 열차를 자동으로 역과 역 사이를 주행시키기 위한 장치이다. 열차의 운전이라는 관점에서는 그것이 기관사에 의한 것이든 자동장치에 의한 것이든 관계없이 열차라는 자력 주행 가능한 이동체를 운전 제어해서 주행하게 하는 점에서는 같다. 최근 컴퓨터 기술의 진전에 따라 베테랑 기관사의 매끄럽고, 정확하고 효율적인 운전기법과 같은 세밀한 주행제어가 ATO에 의해서도 가능하게 되었다.

열차의 운동은 엄밀히 물리법칙에 근거한 것으로 그 기본원칙만 따르면 다양한 열차 및 노선 조건에 따라 일반적으로 적용할 수 있는 기술이라고 말할 수 있다. 여기에서는 기본적인 열차 운동에 주목해서 이를 자동장치에 의해 어떻게 효율적이고 안정적으로 주행시켜가는가에 대하여 설명하고자 한다.

자동운전의 제어대상 열차로서는 현재 그 대세를 차지하는 VVVF 제어 전동열차를 전제로 하고 있으나, 그 이외의 차종에도 적용 가능한 것은 말할 필요도 없다.

3.2 열차 자동화의 등급

국제 대중 교통 협회 (UITP) 및 국제 표준 IEC 62290-1에 따르면 열차에는 4가지 자동화 등급 (GoA)이 있다. 이 레벨은 자동차 SAE J7 분류에 해당한다.

3.2.1 자동 열차 운행의 등급

자동 열차 운행(ATO)은 열차 운행을 자동화하는 데 사용되는 기술이다. 자동화 정도는 GoA(Grade of Automation)로 표시되며, 최대 GoA4에서는 직원이 탑승하지 않아도 열차가 자동으로 제어된다. GoA2까지 낮은 등급의 자동화를 위한 대부분의 시스템에는 오류 또는 비상사태와 관련된 위험을 완화하기 위한 기관사가 있다. 무인 자동화는 주로 자동화된 가이드웨이 운송 시스템에서 사용되며, 격리된 선로로 인해 안전을 더 쉽게 보장할 수 있다. 간선 철도를 위한 완전 자동화 열차는 연구 분야이다.

3.2.2 GoA3+의 장점

1. 인적 오류 원인 제거
2. 기존 철도 선로의 활용도를 높여 용량 증대
3. 운영 비용 절감. Paris Métro는 GoA 4의 경우 운영 비용 30% 절감

4. 전반적인 서비스 안정성 향상
5. 차량 관리 및 서비스 유연성 향상
6. 에너지 효율성 향상

3.2.3 열차 자동화 등급

자동화 등급	열차 운행	설명	SAE 수준
GOA0	현장	자동화 없음	0
GOA1	수동	기관사는 출발 및 정지, 문 작동, 비상사태 또는 갑작스런 우회 처리를 제어한다. 인적 오류로 인한 감독 신호는 ETCS L1과 같은 열차 보호 시스템에 의해 보호된다.	1
GOA2	반자동 (STO)	시동 및 정지는 ETCS L2 또는 3,와 같은 고급 열차 보호 시스템을 사용하여 자동화되지만 기관사가 문을 조작하고 필요한 경우 열차를 운전하고 비상사태를 처리한다. 많은 ATO 시스템은 GoA2이다. 이 시스템에서는 열차가 역에서 역으로 자동으로 운행되지만 운전실에는 문 닫힘, 열차 앞 선로의 장애물 감지 및 비상 상황 처리를 담당한다. GoA3 시스템과 마찬가지로 GoA2 열차는 직원이 탑승하지 않으면 안전하게 운행할 수 없다.	2
GOA3	기관사 없음 (DTO)	출발과 정지는 자동화되어 있지만 비상 시 열차 승무원이 문을 조작하고 열차를 운전한다. 이 시스템에서는 열차가 역에서 역으로 자동으로 운행되지만 비상상황 처리를 담당하는 직원이 항상 열차에 있다. GoA3 시스템에서는 직원이 탑승하지 않으면 열차를 안전하게 운행할 수 없다.	3&4
GOA4	무인 (UTO)	도어의 시작, 정지 및 작동은 모두 열차 내 직원 없이 완전히 자동화된다. 역에는 플랫폼 안전문을 설치하는 것이 좋다. 이 시스템에서 열차는 문 닫힘, 장애물 감지 및 비상 상황을 포함하여 항상 자동으로 작동 할 수 있다. 차내 직원은 고객 서비스와 같은 다른 목적으로 제공될 수 있지만 안전한 운영을 위해 필요하지는 않다. 컴퓨터 고장 시 열차를 수동으로 운전할 수 있는 제어 장치가 제공되는 경우가 많다. CBTC는 GoA4의 기본 조력자 기술로 간주된다. 예를 들면 국내에는 신분당선, 용인경전철, 김포경전철 등과 밀라노 지하철 4, 5호선, 토리노 지하철, 파리 지하철 14호선, 바르셀로나 지하철 9호선, 시드니 지하철, 코펜하겐 지하철 등이 있다.	5

3.3 자동운전장치의 분류

열차를 역 구간에서 자동주행하게 하기 위한 장치에는 흔히 말하는 ATO장치 이외에도 몇 가지의 종류가 있다.

3.3.1 정속운전장치

정속운전장치는 ATC 신호에 의한 제한속도가 일정하게 설정된 목표속도에 추종토록 일정 속도로 주행하게 하는 장치가 있으나. 역간 주행에서, 역 정위치정차를 위해 감속 제어 구간은 기관사에게 맡기고 있어 제외하고 있다. 그러므로 출발부터 목표속도에 도달하기까지의 가속과 목표속도를 추종하는 정속 운전제어를 주로 시행한다.

또한, ATC의 하위 현시 변화에 따라 감속은 ATC 장치로 시행할 수 없지만, ATC 제동 완해시의 충격완화와 정속주행에서의 주행은 정속운전장치에 의해 시행된다. 하구배 구간에서의 정속주행 유지를 위해서 역행 명령만이 아닌 제동명령수단도 병행해서 갖추고 있다. 구배와 곡선의 변화가 심하고 표정속도 때문에 정속주행의 유지가 곤란한 신교통시스템에서 주로 이용되고 있는 기술이다.

3.3.2 열차자동정지 제어장치

최근, 스크린도어가 설치되어, 확실하게 소정의 정지 위치 범위 내에 열차를 정차해야 하는 필요성이 높아지고 있다. 근소하지만 소정의 정지범위로부터 멀어지면, 스크린도어와의 연동 기능이 동작하지 않기도 하여 승하차에 지장을 주기 때문이다.

이래서 역간 주행에서, 역에서의 정위치 정차를 위해서 감속제어 기능을 담당하는 것이 열차 자동정지 제어장치이다. 기본적으로 감속제어를 하기 위해, 열차 자동정지 제어장치의 제어출력은 상용 제동 명령만 되는 역행 명령 제어장치는 갖고 있지 않다. 대부분의 역 사이의 주행은 수동운전이 되고, 역에서의 정지할 때만 동작하기 때문에 이것도 운전지원 장치로 불린다.

3.3.3 ATO장치(1인 운전 형식)

지하철 등에서는 자동운전장치가 가장 기본적인 형식이다. 역간 주행제어는 ATO장치에 의해 이루어지지만, 출입문 개폐제어, 출발 명령 등의 업무는 기관사에 의해 이행된다. 종래의 차장업무를 기관사가 담당하고, 그 부담 증가분을 자동운전에 의해 보완하고 있다고 볼 수 있다. 운전대에는 통상의 수동운전에 필요한 기기(마스콘, 제동핸들 등)는 전부 장비되어있고 자동/수동의 절환을 쉽게 시행할 수 있게 되어 있다.

3.3.4 ATO장치 (무인운전 형식)

신교통시스템, 공항 셔틀, 혹은 최근 무인운전 지하철 등에서 채용되고 있다. 기본적인 무인운전을 위해서 기존의 승무원 제어기능을 포함하고 있다. 예를 들어 초기의 신교통시스템 차량에서는 출입문 개폐 제어를 시작으로, 실내등, 전조등, 공조, 방송 등 열차 내 모든 기기의 자동제어기능이 ATO 장치에 집중해 있어서 복잡한 다기능의 장치로 되어 있다. 또한 최근에는 TCMS(Train Control and Monitoring System)의 보급과 함께 이것이 열차의 중추 기능을 담당하여, 다양한 제어를 실현할 수 있게 됨에 따라 ATO장치는 역간 주행제어 기능으로 특화하는 경향이 있다.

무인운전에서도 필요시에는 수동운전 가능하도록 쉬운 수동 운전설비가 장치되어있다. 운전 제어 데스크는 평상시에는 커버로 닫혀있어 불필요한 제어를 할 수 없게 되어 있으며. 필요시에 열쇠로 개방하여 수동운전 제어하게 되어 있다.

3.3.5 에너지절감 운전장치

일반적으로는 ATO장치에 의해 당해 역간 주행시간은 일정의 최소시간이 되도록 설정되어 있고, 러시아워 때에는 안정적인 고밀도 운행이 가능하도록 보장하고 있다.

한편, 에너지절감 운전장치는 비교적 거리가 먼 역 구간을 정해진 주행시간 내에 에너지 소비를 최소한으로 하는 주행제어를 목표로 한다. 기본적인 주행방법은 높은 가속, 고속정속주행, 무동력운전, 높은 감속이 있고 이러한 것을 조합해서 소정의 역간 주행시간을 유지하는 조건으로 가능한 한 무동력운전 모드를 계속하는 것으로 에너지절감 운전을 목표하고 있다. 효과로서는 에너지절감뿐만 아니라 아주 정확한 역간 주행시간을 실현하고 있다.

[그림 26]은 위의 각종 자동운전장치의 역간 주행에 있어서 일반적인 주행제어 범위를 나타낸다. 다음에서는 그중에 역간 주행 전체를 이루고 있는 일반적인 ATO 주행제어에 대해서 먼저 설명한다.

3.4 열차 주행제어의 기본

3.4.1 열차의 운동

열차도 물리적인 운동체이므로 뉴턴의 운동방정식을 따른다.

$$F[\mathrm{N}] = M[\mathrm{kg}] \times \alpha\,[\mathrm{m/s}]$$

이것이 우주공간에 있으면 추진력 F가 그대로 가속력에 직결되지만, 지상을 차륜으로 주행하는 열차라면 그것에 여러 가지 저항요소 R이 더해지게 된다.

$$F - R = M \times \alpha$$

출발 가속 정속 운전기능	역 정위치 정차 기능
정속운전장치(Constant Velocity Control)	열차 정위치정지장치
ATO 장치 (Automatic Train Operation) 1인운전 형식, 무인운전 형식	
에너지절감 운전장치	

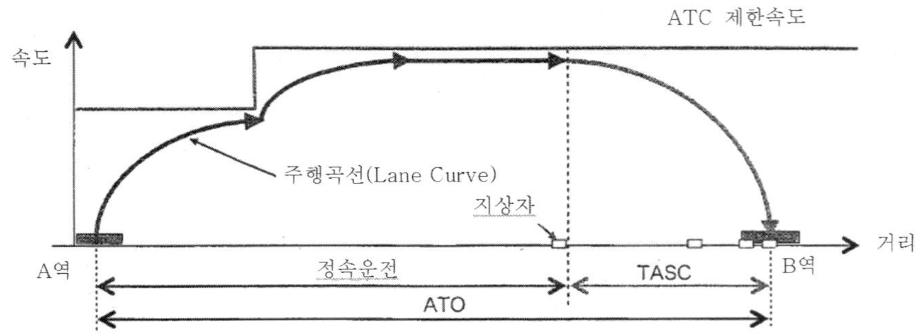

[그림 26] 자동운전장치의 분류

이를테면, 가해지는 힘 F가 주행저항력 R에 의해 일부 상쇄된 후에 실효적인 가속력이 얻어지게 된다. 열차가 주행할 때 받게 되는 주행저항에는 출발저항 (구름 마찰저항, 공기저항), 구배저항, 곡선저항, 터널 저항 등이 있고, 이러한 합력이 주행저항 R로 되어 나타난다.

(1) 출발저항

일반적으로 정지마찰이 동마찰보다 큰 것에 의해, 열차 기동 시에는 출발저항을 발생한다. 일단, 움직이기 시작하면 회전저항이 됨에 따라, 이 출발저항은 전체 차량이 움직이는 기동 시에만 관계된다. 장대 화물열차가 출발할 때는 큰 영향이 있으며, 이른바 연결기가 완전히 늘어난 상태에선 매우 크다.

한편, 연결기가 압축된 상태에서는 선두부터 순차적으로 화차가 움직이기 시작하며, 편성 전체의 출발저항을 한꺼번에 없애는 것은 없다. 전동열차에서는 약 3 km/h까지는 주행저항보다 출발저항이 높게 된다(그림 27 참조). 다시 말해, 자동운전의 대상이 되는 전동열차에서는 기동 토크가 충분히 크며 이것이 주행 제어 상 특히 문제가 되는 것은 아니지만, 이후 "기동모드"에 있어서 약간 저촉된다.

(2) 주행저항

평탄한 직선로에 있어서 열차가 속도에 대응해서 받는 저항을 주행저항이라 한다.

이것은 주로 열차의 구름마찰에 의한 것과 공기저항에 의한 것이 있다. 공기저항은 속도의 자승에 비례하며, 신칸센과 같은 고속열차에서는 큰 저항치가 된다. 이러한 수치는 선두형상, 열차 길이, 열차 질량 등에 의해 차이 나는 것이 일반적이다.

$$R=(a+b\times V)\times W+(c\times F+d\times L\times I)\times V^2$$

여기서, V : 속도, W : 열차 질량, F : 차량 단면적,

L : 열차 길이, I :열차 단면 주위 길이

a, b, c, d : 정수로 표현되지만,

재래선 전차에서는 $(0.7+0.1654\times V)\times W+0.4825\times V^2$ 혹은

$$(117+0.242\times V)\times Wm+(7.64+0.02744\times V)\times Wt$$
$$+\{0.2744+0.07644\times(V-1)\}\times V^2$$

: JIS에 의한 M차 Wm과 Wt를 나눌 경우.

신칸센 전차의 0계에 의하면

$(13.289+0.13357\times V)\times W+0.86775\times V^2$가 대표적인 예로 이용되고 있다.

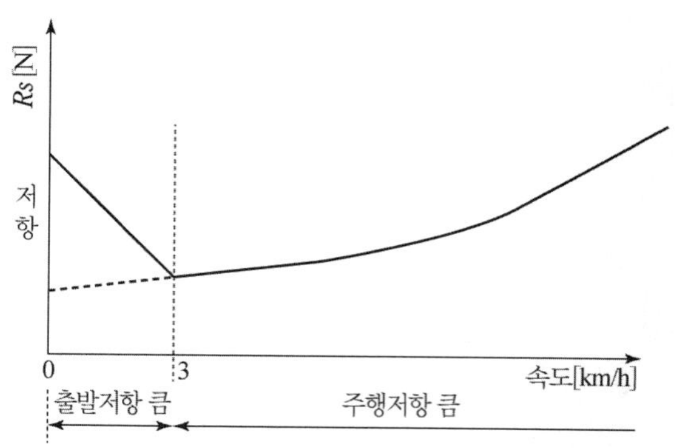

[그림 27] 출발저항과 주행거리

(3) 터널 저항

터널구간에서는 개활 구간보다 공기저항이 증대된다. 특히 고속주행에서는 그 영향이 크게 나타나고 고속주행을 하는 신칸센 전차에서는 차종에 따라 다르지만, 속도의 자승에 비례하는 계수가 크게 된다. (2) 항의 주행저항과 같이 재래선에 대한 실험식의 예를 표시했다. 이에 비해 공기저항의 감소를 도모한 500계 신칸센 전차에서는 두 식 모두 크게 내려간다는 것이 보고되고 있다.

재래선 : $(7.0+0.0214\times V)\times W+1.1245\times V^2$

신칸센 : $(13.289+0.13357\times V)\times W=1.32065\times V^2$

(4) 구배저항

열차의 주행제어에 있어서 구배저항은 가속, 감속 양면에 직접 크게 영향을 주는 외부 요소가 된다. 구배저항 Rg는 차량 중량 w에의 중력가속도 ($g=9.8$ m/s)가 구배(θ) 방향으로 나눈 힘으로 움직이므로 $Rg=9.8\times w\times\sin\theta$가 된다.

철도에서는 구배를 천분율 ‰로 표시되며 구배 I‰ 라고 하면 매우 작은 각도에서는 $\sin\theta\fallingdotseq\tan\theta$가 되므로, $\sin\theta\fallingdotseq\tan\theta=I/1000$, 따라서 질량 W를 kg에서 ton으로 환산하면 $W=w/1000$이 되고 $Rg=9.8\times W\times I$로 간단하게 표시할 수 있으며, 구배저항은 구배치에 비례하는 것을 알 수 있다.

구배저항은 부호를 가지고 상 구배에서는 ⊞값(감속력)이 되고 하 구배에서는 ⊟값(가속력)이 된다. 이것은 의외로 큰 수치가 되어 7.6 ‰에서 제동 1단계 상당(15단계에서 0.25 km/h/s)의 영향이 생기게 된다.

열차는 일정한 길이(열차 길이: m)를 가지고 있고 구배에 접어들면 서서히 영향을 받아, 전체 길이가 구배 위에 오르는 시점에서 전체 저항치가 된다. 계산 편의상, 구배에 접어들면서부터 완전히 올라탈 때까지의 사이는 최종 구배 저항치의 1/2로 등가적으로 대행하는 예도 있다. (그림 28 참조)

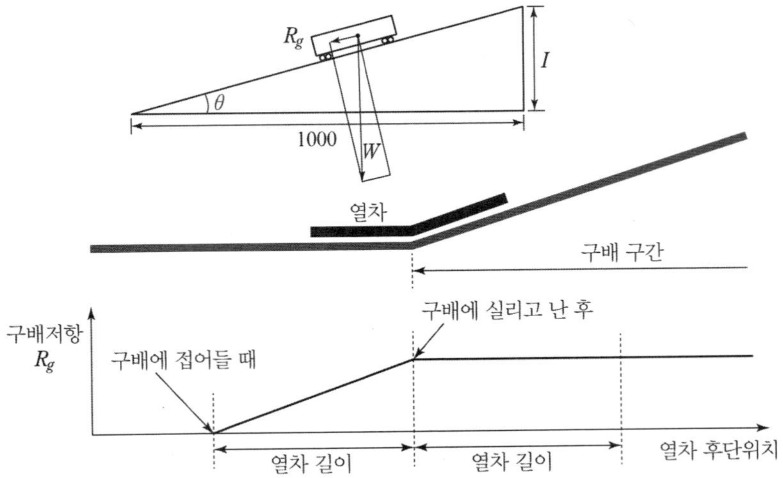

[그림 28] 구배저항

(5) 곡선저항

열차가 곡선구간에 진입하면 원심력에 의해 플랜지가 레일에 눌리고 혹은 좌우내륜 차이에 의해 미끄러짐 등의 발생으로 마찰저항이 생긴다.
이러한 곡선저항 Rc는, 재래선에서는 반경 800 m를 기준으로 해서 이용되고 있고 곡선반경 r [m]로서 $Rc = (800/r) \times 9.8 \times W$로 표시된다.
다만, 그 수치는 예를 들면, 반경 400 m일 때에도, 0.17 km/h/s 정도의 낮은 주행 저항치가 나타나는 것으로 되어 있어 주행제어에는 그다지 영향을 주는 것이 없고 통상의 제어 여유 범위에서 충분히 흡수할 수 있다. 따라서 상당한 급곡선이 아닌 한, 통상적으로는 특별히 고려하지 않지만, 필요가 있으면 간편하게 진행 방향 상구배 데이터에 환산해서 등가적으로 포함하는 것도 가능하다.

(6) 등가 관성질량

열차는 차륜 주행을 하고 있고 전동차와 전기기관차의 경우 모터, 기어, 축 베어링, 차륜과 같은 회전계를 통하여 동력을 전달한다. 최종적으로는 차륜 답면에 생기는 인장력으로 열차를 주행시키지만, 모터 출력원의 부하가 되는 질량은 열차의 질량 외에, 상기 회전계의 회전에 필요한 것도 포함된다. 따라서 이 회전계의 관성질량은 열차 진행 방향의 가속도와는 별개로 마치 열차 질량이 증가한 것처럼 운동으로 나타난다. 이것을 등가 관성질량이라 부르고 일반적으로 M차에서는 열차 질량의 10% 정도를 예상한다. T차에서는 모터, 구동계가 없으므로 6% 정도로 하는 것도 많다.
열차 전체로서는 MT 비율에 따라 배분되는 수치가 되고, 최근의 열차로 예를 들어 M : T 비가 1 : 1이라고 하면 열차 전체로서는 8%로 하면 괜찮다.

$$\text{전체 M차의 경우 : } F - R = (Wm + 0.1 \times Wm) \times \alpha$$

또한 열차의 추진력, 제동력은 등가 관성질량을 포함한 수치에 영향을 주지만, 구배 저항력은 열차의 질량에만 관계하는 점에 주의가 필요하다.

(7) 거리, 속도, 가감속도

주행제어에 기본적으로 이용되는 열차의 주행거리, 속도, 가감속도는 하나의 물리 현상의 한 측면을 나타내고, 순차적 시간 미분하는 것으로 얻을 수 있다. 주행제어에서는 이러한 관계를 실용 단위로 치환한 다음에 표시한 2차 식이 편리하게 사용된다.
속도 V1에서 속도 V^2까지 일정한 가감속도로 주행하는 경우, 그사이의 속도 V km/h, 가감속도 β km/h/s, 주행거리 S m의 사이에는 다음식이 성립된다.

(그림 29 참조) $V_1^2 - V_2^2 = 7.2 \times \beta \times S$

여기에서 $V_2 = 0$으로 하면, 속도 V_1에서 감속도 β로 정지할 때까지의 주행거리가 쉽게 구해진다. 예를 들어 초기속도 100 km/h에서 3.5 km/h/s로 감속하면 397 m에서 정지하는 것을 알 수 있다.

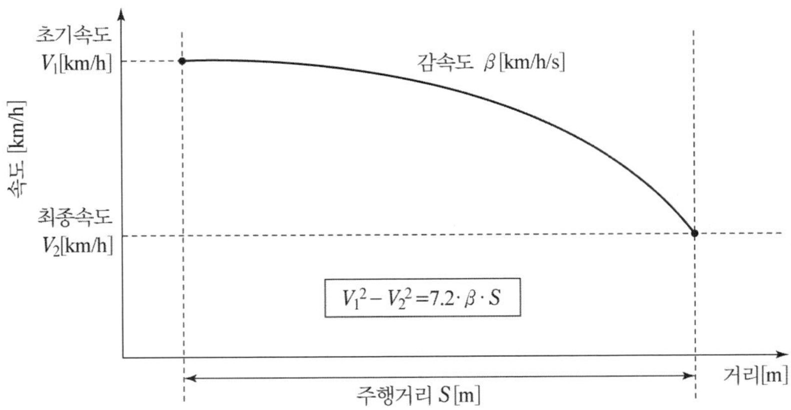

[그림 29] 거리, 속도, 가감속도

3.4.2 가 · 감속 제어

(1) 응하중 제어

상기에서 서술한 것과 같이, 열차의 운동은 열차의 질량에 직접 의존한다.

열차의 총질량은 당연히 그 적재량(승차율)에 대응해서 변화한다. 여객열차에 있어서는 승차율보다 공차상태부터 만차 상태, 심지어는 그 이상이 되는 것도 있다. 질량의 변화에 반해서 동일 인장력이라면 무거우면 무거울수록 주행할 때 가감속도는 낮아지게 된다. 따라서 동일 가감속력을 얻기 위해서는 열차 질량에 비례해서 인장력 F를 변화시킬 필요가 있다. 이것을 자동으로 하기 위해서 각 차량에는 차중의 변화를 검지하는 응하중장치가 있고 대차의 에어 스프링 압력과 대차 변위량을 측정하여 추진 제어장치와 제동 제어장치에 전달하고 있다.

각 제어장치는 이것에 근거해서 대응하는 차량의 차중에 따른 인장력, 제동력을 출력하는 것으로(평탄지에 있을 때) 차중의 변화와 관계없이 명령 값에 대응한 일정의 가감속력을 얻을 수 있는 것과 같이 된다. 이 때문에 자동운전장치도 차중에 관계없이 항상 명령 출력에 응하는(평탄지에서) 가감속력이 얻어지는 것을 전제로 해서 제어를 하는 것이 가능하다. 이를테면 열차의 명령 토크 F를 열차 질량 W에 비례해서 증감시키는 것으로 같은 가감속도 α_i를 실현하고 있다.

$$F_0 = W_0 \times \alpha_i$$

$$F = W \times \alpha_i$$

$$F = (W/W_0) \times F_0$$

여기서, F_0 : 공차시 출력, W_0 : 공차시 질량, F :보정 후 출력, W : 현재질량

(2) 역행 노치와 주행제어

일반적인 VVVF 제어 전차의 역행 노치 특성곡선을 [그림 30]에 나타냈다.

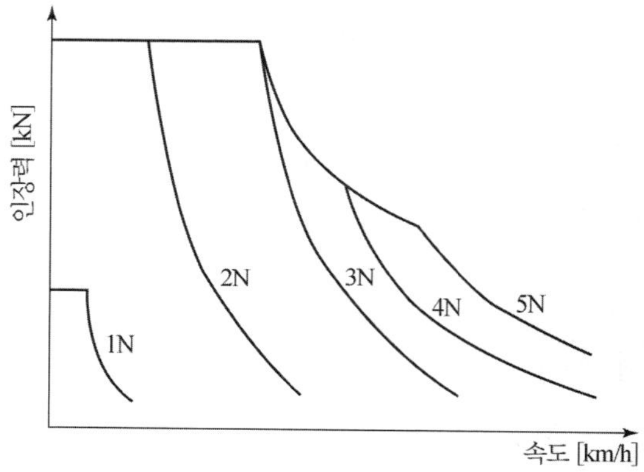

[그림 30] 역행 노치 성능곡선(재래선)

이것은 기본적으로 저항제어차의 노치 진단 특성을 답습하는 형태가 되고 있다. 각 노치는 특정의 속도에 이르면 급격히 토크가 저하되고 주행저항과의 균형점에서 속도가 균형을 이룬다. 따라서 노치마다 균형 속도가 정해져 버린다. 노치 변경에 의해서는 미묘한 속도 유지조정에 적합하지 않다. 그 때문에 기본적으로는 On-Off 제어, 이를테면 노치를 넣고 빼는 것에 의해 역행과 타행을 교대로 조합한 주행방법이 된다. 하지만 이대로는 속도조정이 중요한 기능이 되는 ATO 운전에는 상응하지 않기 때문에, ATO 운전용에 필요한 속도조정이 쉽게 가능하도록 노치 곡선을 변경하여, 토크에 비례하는 ATO 노치 곡선을 하고 있다.

ATO 운전용의 노치 곡선 사례를 [그림 31]에 표시하였다.

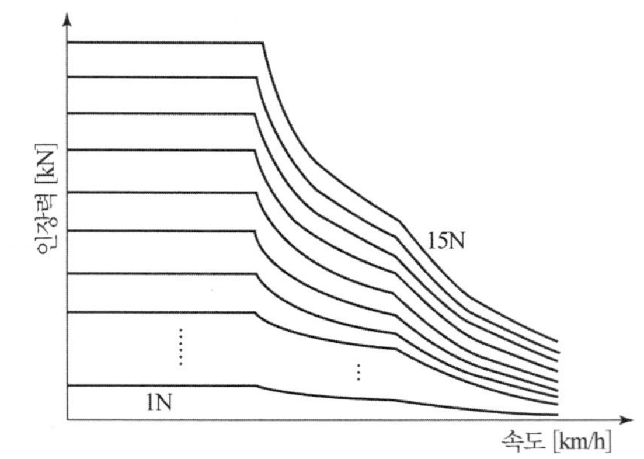

[그림 31] 역행 ATO 노치 성능곡선(재래선 토크 비례)

이 노치 곡선에 의하면, 어느 속도 대역에 있어서도 노치를 변화시키는 것으로 토크를 증감하는 것이 가능하고 쉽게 속도조정을 하는 것이 가능하다. 게다가 노치 단수를 증가시켜서 더욱 세밀하고 순조로운 제어가 실현될 수 있다. ATO에서는 4bit 15단계 및 5bit 31단계와 다단화하는 경우가 많고, 전송을 활용하는 것에는 8bit 255단계로 더욱 세분해서 하는 것도 있다.

한편, 신칸센에서는 원래 다단으로서 [그림 32]에 나타난 것과 같이 고속 영역까지 노치 곡선이 연장되어 있어 각 속도 영역에 걸쳐서 균형 노치가 선택되고 특별히 변경시키지 않고도 ATO에 의한 속도조정을 시행하는 것이 가능하다.

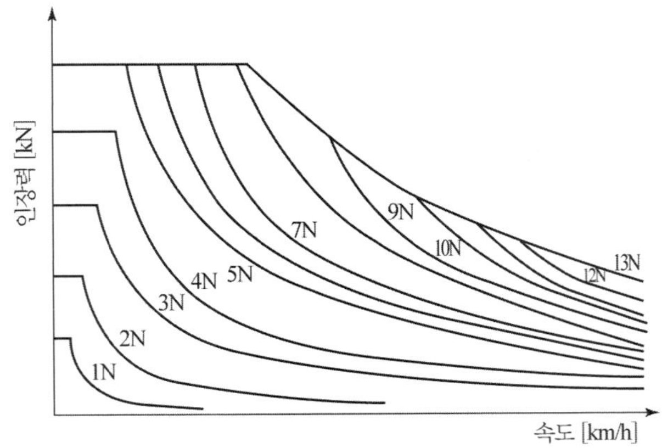

[그림 32] 역행 노치 성능곡선(고속철도)

(3) 제동 노치와 주행제어

일반적으로 VVVF 제어 전동차에서는(회생) 전기제동(이하" 전제"라 한다)을 최대한 활용 할 수 있게 하고, 부족분을 공기 제동(이하" 공제"라 한다)으로 보충하고 있다. 이 전공(전기 공기제어) 브랜딩은 속도 영역에 따라 여러 가지로 다르지만, ATO에 의해 명령에 대한 필요한 감속도가 얻어지면 기본적으로는 제어 상 특별히 의식할 필요는 없다. 다만, 감속제어 중 정지 전 10 km/h 부근에서 전체 차량에 "전제"에서 "공제"로 전환될 때, 이 타이밍에서 약간의 감속도 변화가 발생하는 경우가 있다. 이것은 제어의 외적 요소가 되지만, 사전에 발생 속도가 판명되어 있으면 그것을 예측한 제어로 대응하는 것도 가능하다. 또한, 최근의 차량에서는 전체 전기제동으로 정지에 도달할 때까지 "전제"가 작용한다. 이렇게 하면 제어의 연속성이 높아지고, ATO에 의한 제어에 대해서도 보다 좋은 조건이라 할 수 있다.

재래선에서는 일반적으로 전체 속도 영역에서 제동 단계(평탄지) 가감속도가 일률적으로 대응하고 어느 속도 대역에서도 필요한 감속도를 얻을 수 있게 되고 있다. 한편, 고속열차에서는 고속 영역에서의 점착 한계 저하를 고려하여 고속 측면에서 체감하는 제동 형태를 보인다. 이 경우 상용 최대 제동 패턴을 기준으로 하여 각 제동 단계는 이것에 비례 배분되는 패턴이 된다.

ATO에 의한 정확하고 매끄러운 정지제어를 실현하기 위해서 제동 명령에서도 다단화되어 있어 4bit, 15단계 및 5bit, 31단계 등으로 하는 것이 많지만. 역시 전송을 활성화하기 위해 8bit, 255단계로 세분화한 것도 있다.

(4) 속도, 가감속도, 거리의 검출

주행제어에 있어서 제일 기본적인 정보로서 거리, 속도, 가감속도의 계측치가 있다. 이런 것들은 상호 관련돼서 져크(가감속도의 변화율로 승차감의 지표도 된다)도 포함하여, 순차 미분해서 얻어지는 하나의 물리현상 측면을 나타내고 있다.

이전부터 차륜의 공전, 활주에 의한 검출오차를 피하고자 지상 속도를 직접 계측하는 방법이 다양하게 개발됐다. 대부분 도플러레이더(Doppler radar) 방식에 의한 것으로 검출파로서 마이크로(micro)파, 밀리(milli)파, 레이저(Laser) 파 등이 이용되고 있다. 그 외에 화상처리에 의한 공간주파수를 검지하는 것도 시험되고 있다. 어떠한 방식에서도 검지 정확도는 매우 높아 성능적으로는 문제가 되지 않으나, 비용 및 신뢰성을 고려해 볼 때 열차에서의 실용화 예는 거의 없다. 따라서 주행제어에서 실용화되고 있는 속도 센서는 차륜의 회전에 연동(모터 축 센서도 차륜에 연동)하여 속도 펄스를 발생시키는 것에 한정된다고 말할 수 있다. 항공기, 선박, 자동차 내비게이션 등에서 채택하고 있는 GPS는 단독 측정 위치에서 오차가 큰 점, 상시 연속수신이 보장될 수 없는 점, 위도 경도로부터 키로(kilo)단위로 변화가 필요한 점 등으로 주행 제어용으로는 어디까지나 보완적인 것으로 머무르고 있다.

회전식 속도센서의 대표적인 것으로서 AG20B 속도발전기가 있다. 90 펄스/회전의 3권선 발전출력을 갖고, 아주 많이 이용되고 있으나 차축 끝에 핀(pin)을 끼워 로터(roter)를 회전하는 방식으로 접촉마찰 때문에 간극형의 회전 진동으로 펄스 파형에 지터(Jitter)가 생기는 것도 있으며 이것을 피해 비접촉센서가 개발되었다.

AG48, WAG49와 같은 비접촉형 속도발전기에서는 회전자를 차축 측에 고정하고 고정자를 대차 측에 고정하는 것으로 접촉 부위를 없애고 있다. 또한 자기(magnetic) 센서에 의해 펄스를 생성(자기 발전없이 전원이 필요한)하는 센서가 부착된 베어링 방식도 채택하는 범위가 넓어지고 있다.

어떤 상황에서도 기본은 모두 공통으로 차륜의 회전으로 발생하는 속도 펄스를 카운트(count)하는 것으로서 거리, 속도, 가감속도 연산을 하는 것이다.

연산의 근원이 되는 펄스 수는 펄스 카운트로 정수치가 되는 연산정밀도의 한계가 생긴다. 일정 시간당 계측 펄스 수가 속도가 되고, 이것을 적분하면 거리, 미분하면 가감속도가 된다. 실제로는 적분은 누적 가산, 미분은 차분 연산을 이용한다.

차륜 1회전당 출력 펄스 수는 센서의 종류에 따라 다르지만, 이것이 많으면 많을수록 높은 정확도로 검출할 수 있고 같은 정확도라면 보다 빠른 검출이 가능하다. 높은 정확도를 유지하며 높은 빈도로 데이터 갱신을 하기 위해서 타임시프트(time-shift) 연산을 하고 있다. [그림 33 참조]

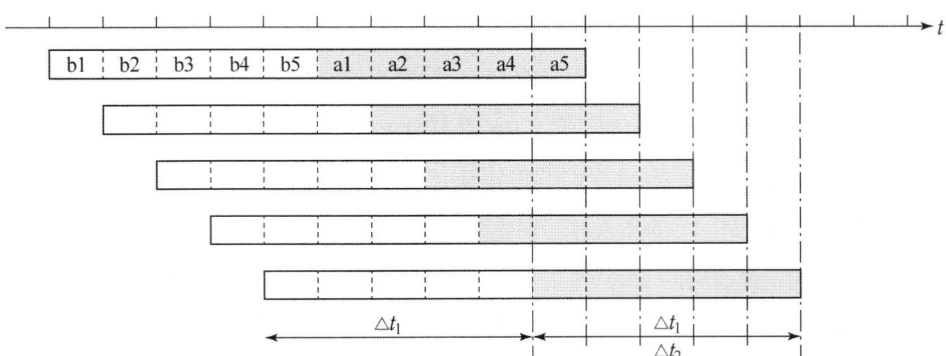

$$\alpha = \frac{\dfrac{a1+a2+a3+a4+a5}{\Delta t_1} - \dfrac{b1+b2+b3+b4+b5}{\Delta t_1}}{\Delta t_2}$$

[그림 33] 시간 이동에 의한 가감속도 연산

이것에 의하면, 예를 들어 과거 500 ms분의 속도 데이터 2회의 차분에서 구한 가감속도를 100 ms로 갱신하여 이행하는 것이 가능하다. 차륜 회전에 의한 연산에 있어서 이전에 그 계수로서 차륜 지름 설정치가 필수였지만. 실제 차륜 지름과의 차이가 그대로 연산오차로 되었다.

또한 차륜의 공회전, 활주에 의한 측정오차가 발생하는 것도 불가피하므로. 그때에는 복수의 차축속도를 참조하거나 가상적인 가감속도로 보완하는 연산방식을 이용하고 있다.

3.4.3 ATC 와 목표속도

(1) ATC와 ATO

보통 철도 규칙에 따르면 자동열차제어장치가 설치된 철도 이외의 철도에 설치되어서는 안 된다. 라고 되어 있다.

이를테면, ATC 운전구간에서가 아니면 ATO에 의한 자동운전은 할 수 없다. ATS 구간에서는 비록 궤도회로에 의한 연속신호 수신방식이라도 ATO는 도입할 수 없게 된다. 최소한도 ATC로서는 궤도회로와 루프회로에서 항상 연속적인 신호를 수신하지 않으면 안 되며, 현시 변화가 있으면 즉시 대응할 수 있어야 한다.

더욱이 기본적인 차이로서는 ATC가 당해 수신 위치에서의 제한속도를 나타내는 것에 대해 ATS에서는 전방의 폐색구간과의 관계를 나타내는 점이 있다. 최근 디지털 ATC에서는 당해 구간의 속도제한 등 전방의 정지점 또는 감속 완료지점에 도달하는 연속적 패턴에 의한 제어도 받게 된다.

(2) 목표속도 설정

ATO가 주행 제어할 때 기준이 되는 목표속도는 기본적으로 ATC 제한속도의 ⊟ 5km/h라 하는 일정 이하 속도로 설정된다. 다시 말해, ATO는 ATC와 종속관계에 있다. ATC에 의한 제한속도가 일정할 때는 목표속도도 상기와 같이 일정하지만, 디지털 ATC의 경우에, 정지 또는 감속점에 도달하는 연속패턴이 걸려 있을 때는 이것에 저촉되지 않게끔 ATC 정지점 또는 ATC 감속점의 일정 앞에 목표 정지점 또는 감속점을 설정하여 그곳에 도달하게끔 ATO에 의한 감속제어를 실시하고 당연히 ATC 패턴 제어의 감속도 이하에 낮도록 설정하게 된다.

3.4.4 ATC 장치 기본 구성

여기에서 ATO에 의한 주행제어를 설명하는 것 이상으로 필요 있는 기본적인 1인 운전 형식의 구성 예를 [그림 34]로 나타낸다.

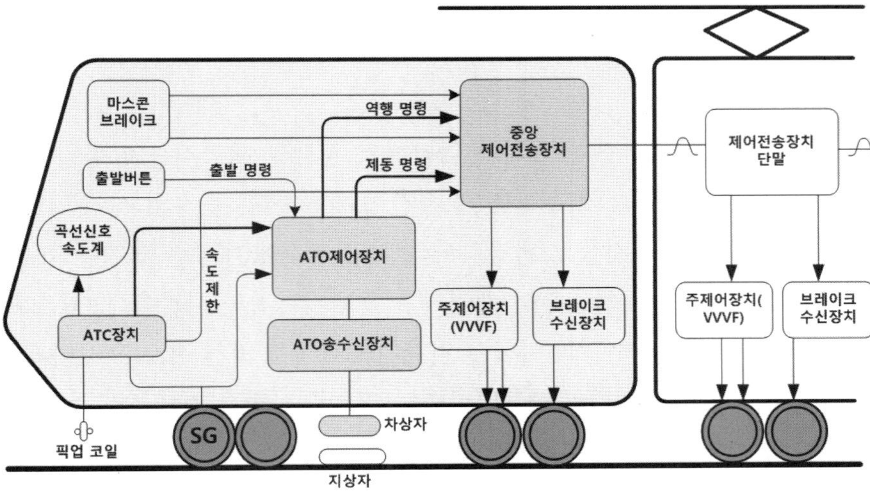

[그림 34] ATO장치의 기본 구성 예

ATO에의 입력정보로서는, 운전모드(자동/수동), 출발 명령, 목표속도 설정용 ATC 신호, 지점 검지용 지상자신호, 속도신호 등이 중요한 것이다. 기본적인 출력이라고 하면 역행 명령, 제동 명령, 정지위치설정(Short, Just, Over)정보가 있다. ATO는 입력정보에 근거하여 주행제어 연산을 하고 연산 결과를 역행, 제동 명령으로 출력하고, 이것에 대응해서 움직이는 열차의 주행상태를 속도신호에 의해 검출하는 Feed Back 제어계이며 제어대상은 열차의 운동이 된다.

4 ATO에 의한 주행제어

ATO에 의한 열차주행은 열차의 운동을 제어해 가는 것으로, 기본적 제어이론인 PID 제어에 의해서도 충분히 효율적이고 확실한 제어가 가능하다. "PID제어는 예전부터 있는 피드백 제어의 기본으로서 간단하면서도 효과적인 방식으로 현재도 산업계의 주력 제어방식으로 폭넓게 활용되고 있다.

4.1 PID 제어에 의한 정속 주행제어 방법

ATO에 의한 주행제어 예로서, 우선 원리적으로 이해하기 쉬운 정속 주행제어를 꼽을 수 있다. 정속 주행제어라는 것은 ATC 제한속도가 일정할 때 정해지는 목표속도에 추종하게끔 역행, 제동명령을 변화시켜 열차가 일정 속도를 지키도록 주행하게 하는 것이다. 제어목표로서는 목표속도와 실제 열차속도의 편차를 제로(Zero)로 하는 것이다.

(1) 제어응답

제어명령을 출력한 후, 실제 효과가 나타나기 시작할 때까지는 일정의 시간이 필요하고 그것을 시작하는 데에도 한층 더 시간이 필요하다. 특정의 제어 명령치를 단번에 출력하여 유지하는 것을 스텝명령이라 하고 그것에 대응한 제어응답을 스텝응답이라 한다. 명령을 출력하고부터 제어가 시작되기까지의 시간을 "응답소요 시간"이라고 하고, 그 후 제동력 등의 시작은 일반적으로 "1차 지연"으로 표시하게 된다. 1차 지연에서는 최종치의 63%까지 시작하는 시간이 "시정수"가 된다. 주행제어에서는 ATO부터 명령이 출력되고 나서 실제 목적의 가감속도가 얻어지기까지의 응답성이 중요하고 스텝응답으로 취급하게 된다. (그림 35 참조)

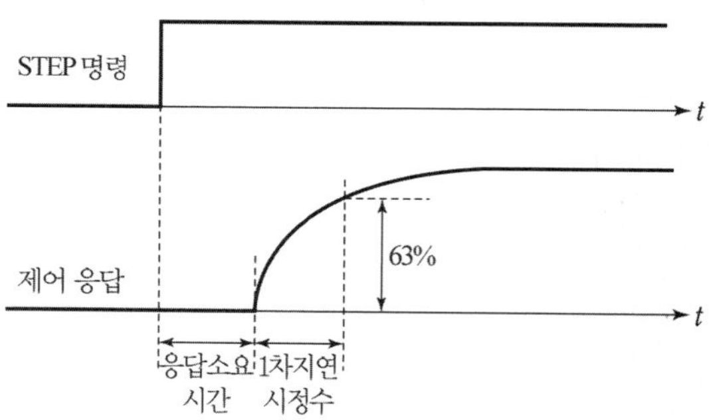

[그림 35] 제어응답

(2) P(비례) 제어

비례제어에서는 현재값과 목표치와의 편차량($\Delta y(t)$)에 비례(K_p)해서 제어량($\Delta x(t)$)을 정하게 된다.

$$\Delta x(t) = K_p \cdot \Delta y(t)$$

정속 주행제어라면, 열차의 현재 속도와 목표속도와의 차이부분(편차) ΔV에 대응해서(비례해서) 역행노치를 제어하는 것이 된다. 속도가 목표속도를 밑돌면, 그 편차에 비례해서 역행노치를 올리게 하고, 속도가 목표속도를 웃돌면, 같은 방식으로 그 차이 부분에 비례하여 노치를 내리게 한다. 이것이 하구배에서 제동 동작 중이라면 제동 스텝을 속도차에 비례하여 변화를 주게 된다. (그림 36 참조)

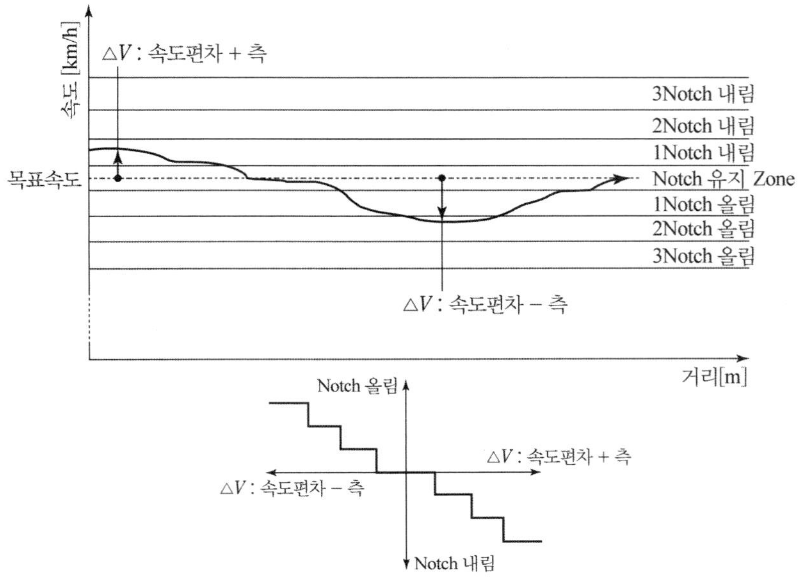

[그림 36] 비례제어에 의한 정속주행

비례제어에서는 편차가 크게 되면 역시 노치 변화량도 크게 되고, 제어이득도 크게 된다. 이에 의해 보통은 목표치를 향하여 힘이 움직여, 목표 지점에서는 제어이득이 "0"이 되어 안정된다. 이것은 중심으로부터 떨어질수록 경사가 크게 되는 U자형의 관을 공이 구르는 형태로서 중심에서 떨어질수록 돌아가려는 힘이 강하게 된다. 중심으로 돌아가면 제어이득이 "0"으로 안정된다. 외부조건이 변화하지 않으면 이것은 안정적인 제어가 된다고 말할 수 있다.

하지만 비례제어의 불충분한 점은, 편차가 발생해도 그것이 정리되지 않은 경우가 있다는 것이다. 단적인 예로서 평탄 구간에서 구배구간으로 이행할 때 편차분의 노치를 변화시켜도 그것과 구배 저항분이 균형되면 속도편차도 그대로 남아버린다. 이를테면 하구배에서 속도가 상승하고 편차에 대응하여 하강한 노치가 하구배와 평형이 되어 버리면 속도는 되돌아가지 않고 편차가 남게 된다. 그것을 잔류편차라 한다. 이것은 U자형의 관이 중심점에서 좌우로 경사진 모양으로, 평형점은 원래의 중심점에서는 어긋난 상태로 정리된다. (그림 37 참조)

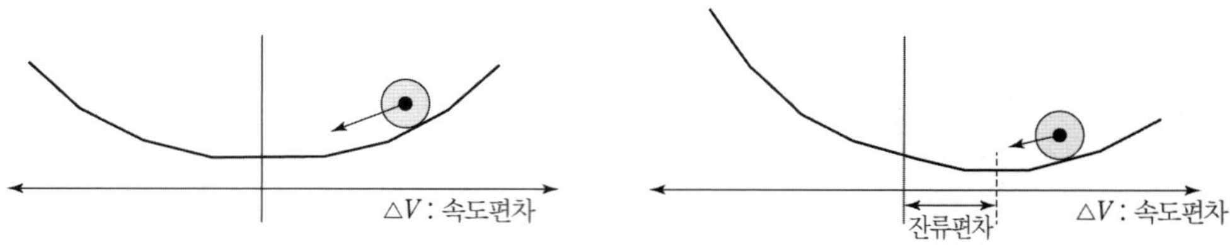

비례제어에 의한 정리 비례제어 및 조건 변화(구배)

[그림 37] 비례제어에 의한 절차와 조건변화

(3) I (적분) 제어

비례제어에서는 편차가 남아있는 상태도 적분제어를 이용하게 되어, 그 편차분을 해소하게 된다. 적분제어에서는 편차량을 시간적분하게 되어 그 양에 대응하여 제어량을 변화한다. 이에 의해서 편차가 남게 되어도 시간이 지나면 편차량이 다음에 적분되어 보다 큰 제어량이 된다. 편차가 해소되기까지 이것이 연속되기 때문에, 외부조건이 변화하지 않으면 언젠가는 편차가 해소된다.

$$\Delta x(t) = K_i \int_0^t \Delta y(\tau) d\tau$$

좌변이 이를 위한 적분항으로 편차 $\Delta y(\tau)$을 적분하고 있고 그것에 비례하여 명령을 변화시킨다. 예를 들면 상구배에 걸리는 비례제어에서는 커버를 다하지 못해 속도 저하가 계속되는 경우, 속도편차가 남아있는 한 그 적분량에 대응하여 노치가 점차 올려지게 되고, 속도가 목표치에 다시 도달할 때까지 그것이 제어되어 진다. (그림 38 참조)

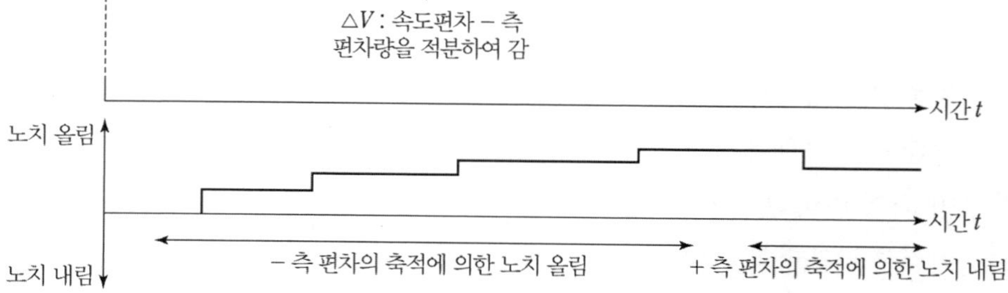

[그림 38] 적분제어에 의한 노치변경

(4) D(미분) 제어

적분제어에서는 편차의 축적 시간이 필요하여 해소될 때까지는 시간이 소요된다. 언젠가는 원래대로 돌아간다고 해도 상응하는 시간이 걸리게 된다. 이것은 상황이 급변할 때는 대응이 늦어지게 된다. 이에 반해 미분제어에서는 편차의 변화량에 착안하여, 그것을 없애는 식으로 제어한다. 따라서 상황이 크게 변화할 때 빠르게 반응되는 유력한 제어가 된다고 말할 수 있다. 그 때문에 편차의 변화량을 검출하고 그것에 비례한 제어량을 얻게 되어, 적분제어에 비하면 보다 신속한 제어 동작이 된다. 그에 반해, 과도한 반응은 제어진동을 일으키는데 연결될 가능성도 나타난다.

$$\Delta x(t) = K_d \cdot d\Delta y(t) / dt$$

미분제어에서는 편차의 미분량에 비례하여 제어이득을 얻는다.

예를 들면, 급한 상구배에서 목표속도를 벗어나 감속을 시작하여, 일정 이상의 감속도가 검출되는 경우, 그 감속도를 보충만하는 가속력을 연산하여 상당하는 만큼의 노치를 올려 감속상태로부터 회복하게 하는 것이 된다. 다만 속도편차의 미분인 가감속도는 고속으로 샘플링하게되면 정도가 떨어지고 높은 정밀도의 검출에는 시간이 걸리는 성질을 갖고 있다. 게다가 상황이 급변하는 과도기에는 가감속도도 변화한다. 따라서 미분제어에서는 응답성은 높고 제어 정밀도는 떨어져서, 목표점에 대해서 오버슈트(overshoot)나 언더슈트 (undershoot)를 초래하기 쉬워. 정리되기에는 불충분한 것이 많다. (그림 39 참조)

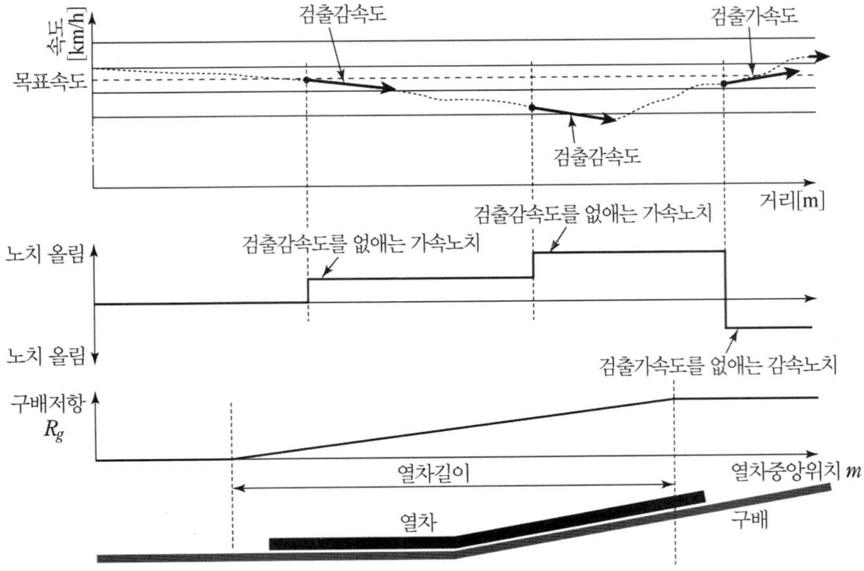

[그림 39] 미분제어에 의한 노치변경

(5) PID 제어의 조합 주행제어

실제의 주행제어에서는 여러 가지 특징을 가지고 비례, 적분, 미분의 각 방식을 적절하게 조합하여 제어하고 있다. 이러한 것들을 상황에 대응해서 능숙하게 선택함으로써 전체적으로 능숙하게 커버할 수 있게 된다. 비례제어는 그 성질이 일정 조건에서 속도의 미세조정이 적합하다. 예를 들면 ±1 km/h 이하에 있는 고정밀도 정속주행을 하게 되는 경우, 미세 속도편차에 대응해서 노치를 세밀하게 조정하는 것이 가능하다. 기본적으로 실시간(Real Time) 속도 검지만으로 직접제어 하는 것이 가능하여 정밀도가 양호한 고응답제어의 실현이 가능하다. 다만, 적용범위는 노선 조건이 일정한 목표속도 근방에 한한다.

적분제어는 노선의 기본조건이 변했을 경우의 회복에 적용된다. 비례제어가 유효한 목표속도 근방에서 미세편차가 상하로 발생하는 정속주행이 유지되고 있는 경우에는 적분치가 상쇄하는 적분제어가 동작하지 않는다. 하지만 구배변화 등에서 목표속도를 크게 벗어나 상하 어딘가의 영역에 길게 점유할 때는 적분치가 크게 되어 효과를 발휘한다. 이를테면 속도가 비례제어 바깥쪽에 차이가 계속될 때 이용된다. 다만, 정리되기까지에는 더욱 시간이 있어야 하는 방식이다.

미분제어는 급격하게 조건이 변화할 때 대응하여 적용되고 있다. 미분제어는 차이나는 부분의 변화에 대응해서 그 변화를 없애는 것으로 제어한다. 그 때문에 제어응답성이 우수하고 급격한 변환에 대응하는 것이 가능하다. 그에 반해, 제어량이 크게 되면 반대 방향으로 흔들림이 과다하여 진동이 발생하는 등 불안정 동작으로 연결되기 쉽다. 따라서 상황이 급격한 과도기에만 사용되어 속도변화가 적어지면 역할을 마치고 다른 제어로 이어받게 된다.

이상과 같이 정속주행 제어에서는 PID 제어를 조합하여 제어하고 있다.

$$\Delta x(t) = K_P \cdot \Delta y(t) + K_i \int_0^t \Delta y(\tau)\, d\tau + K_d \cdot d\, \Delta y(t)/dt$$

원리적으로는 위의 식이 되지만, 실제에서는 이와 같은 한 가지 식으로 전체를 처리하는 것은 아니다. 여러 가지 제어 모드마다 상세한 조건을 설정하여 나누고 있다.

(6) 정속주행에서의 예측제어

PID제어와 같은 피드백제어에서는 외부혼란에 의하여 제어가 불안정하게 된 후에 그 결과에 따라 보정을 실시하기 때문에, 필히 일단은 목표를 벗어난 다음에 보정하는 것으로서 불안정한 지연이 수반된다. 한편 피드 포워드(Feed Forward) 제어에서는 외부혼란 요소를 검지하는 수단을 갖추어, 외부혼란을 검지한 단계에서 그 외부혼란을 기초로 제어의 혼란을 미리 억제하게 동작한다. 앞에서 말한 바와 같이 구배에 의한 적분제어에서는 일정 기간 목표속도와의 차이분을 적산한 다음 서서히 되돌려 시작한다. 하지만 외부혼란 요인이 되는 구배를 직접 검지 가능하면, 그 구배량에 대응한 노치를 미리 바로잡는 것으로서 목표속도에서 벗어나지 않고 정속주행을 계속할 수 있다. 사실은 이 점이 기관사와 피드백제어에 의한 자동운전과의 결정적인 차이가 된다. 기관사는 전방의 노선 조건을 숙지하고 그것을 예견한 운전 방법을 취할 수 있다. 머지않아 하구배에 걸린다는 것을 알고 있으면 불필요한 가속 등을 하지 않을 것이며 상구배에 걸린다면 미리 노치를 올려 속도 저하를 커버할 것이다. 한편 자동운전에서는 전방 시야보다는, ATC 신호와 속도계만을 의존하여 운전하는 것이다.

하지만 열차의 주행은 미리 정해진 선로 형상 위를 예정된 통행 방법으로 주행하는 것으로 현재 지점부터 다음에 어떠한 선로 상태인지는 충분히 예측 가능한 것이다. ATO는 지상자신호와 신호경계 등에 의한 지점 검지수단을 갖고, 속도센서에 의해 거리적산과 아울러 열차위치를 실시간(Real Time) 인식하는 것이 가능하다. 따라서 ATO도 미리 노선정보를 기억하고 있으므로 열차 자체의 현재 위치인식부터 당해 위치의 노선정보를 읽어, 구배 등의 외부혼란 요소에 미리 대응하는 피드포워드(Feed Forward) 제어가 가능하다.

열차는 구배에 접어들고부터 전체 길이가 구배구간 내에 완전히 들어설 때까지 직선적으로 구배저항이 증가하는(감소하는) 일정한 값으로 정해진다. 이 이행시간은 열차길이와 열차속도에 의해 정해지지만, 그 사이에 구배치에 상당하는 평형노치(balance notch)까지 차례차례 단수를 진행하게 되면 좋다. (그림 40 참조)

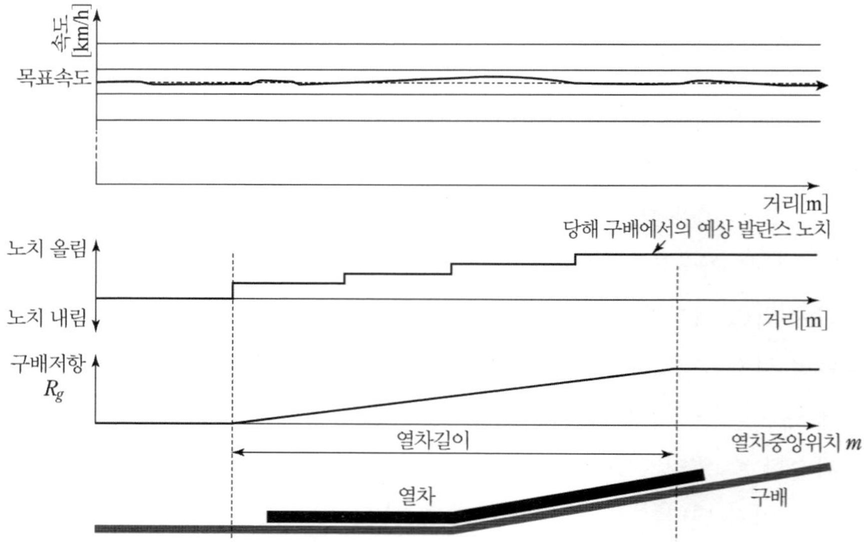

[그림 40] 예측제어에 의한 노치변경

열차 자체 위치를 정확하게 검지할 수 있을 때는, 당해 위치에 도달하는 시점부터 즉시 단수진행을 개시하면 좋으나, 과거의 위치보정지점에서 떨어져 있고, 현재의 지점검출에 적산오차가 고려될 때는 외부혼란 검지의 피드포워드 제어로서, 당해 구배방향에 대응하는 속도편차(상구배에서의 속도 저하, 하구배에서의 속도 상승)가 나타나는 시점에서 구배에 접어든다고 판단되어 단수를 진행해 갈 수도 있다.

이러한 예측제어는 제어를 더 매끄럽고 정확하게 시행하기 위한 보조수단이지 반드시 필수사항은 아니다. 이를테면 지점 검지정보의 에러와 초기화 단계에 있어서 확실한 위치정보가 얻어지지 않을 때도 통상의 PID제어를 이용하면 약간의 속도편차 증대가 있다 하더라도 충분히 안정된 주행제어를 시행할 수 있기 때문이다. 따라서 예측제어가 시행되지 않을 때도 PID만에 의한 주행제어는 정상운전으로 계속할 수 있고, 운행저해의 요인이 되지 않는다. 이 때문에 자기위치가 불명확할 때는 통상의 PID에 의한 주행제어로의 이행을 수시로 실행할 수 있게 되어 있다.

4.2 최적의 제어방식 선택

사람에 의한 운전이 우수하고 능숙한 점은 여러 가지 다른 운전상황에 있어서 그 국면에 최고로 적절한 제어를 해서 정확하고 임기응변으로 판단하면서 운전하는데, 있을 것이다. ATO에서도 이러한 기관사의 고도의 운전수법에 가능한 한 근접하게 노력해 왔다.

[그림 41(a)]와 [그림 41(b)]는 어떤 2차 지연 요소를 갖는 시스템의 PID제어에 의한 스텝응답 예이다. 제어이득을 크게 받는 [그림 41(a)]에서는 처음은 목표를 향해 세차게 잘 가속해가며, 목표에 가깝게 따라가서 가속도를 떨어뜨리기 시작하지만 떨어뜨리지 않고 오버슈트(Over shoot)하고 있다.

다음에는 저하하는 것으로 이번에는 언더슈트(Under shoot)가 생겨나서 너무 떨어뜨려져 다시 한번 가속하고 있다. 곧이어 정리되지만, 일단은 진동이 일어나고 있다.

한편 [그림 41(b))에서는 제어이득을 낮게 하는 것으로서 동작의 시작부터 억제하여 천천히 목표에 접근하고 있다. 이쪽에서는 진동은 생기지 않고 제어응답이 늦게 되어 버린다. 이러한 하나의 제어 방정식을 사용하는 경우, 제어이득을 크게 받으면 진동이 발생하고, 제어이득을 작게 하면 정리가 지연되는 것과 같이 저쪽을 올리면 이쪽이 올라가지 않아, 상반된 현상이 일어나는 일이 많다. 거기서 전체를 일괄하는 제어방식을 따르지 않고 제어상태에 대응해서 구분하고 여러 가지 다른 제어방식을 적용하는 것이 고려된다. 예를 들면 [그림 41(c)]에서는 제어 모드를 분할하고 각 모드에 의해 단순한 제어를 시행하는 것이다.

"기동모드"에서는 기동시에 일정 목표 가속도까지 매끄럽게 시작한다.

"고 가속모드"에서는 가능한 한 높은 가속도로 가속을 지속한다.

"가속완화모드"에서는 목표치에 가깝게 서서히 가속도를 낮춰 목표치 근방에서 가속도 “0”이 되도록 제어한다.

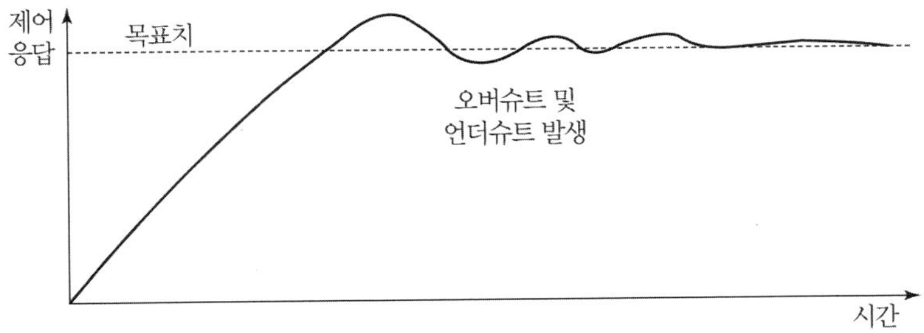

(a)

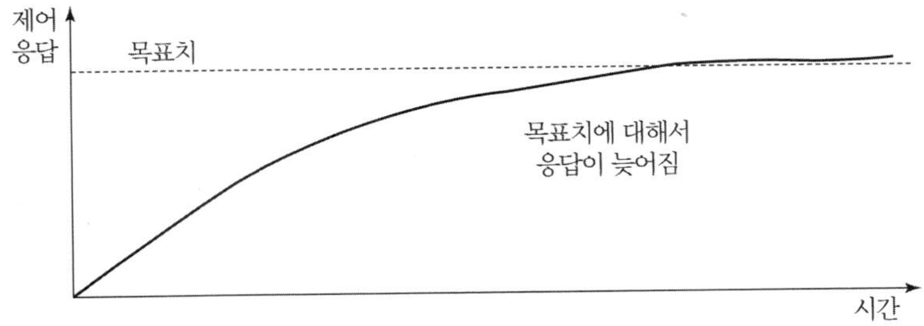

(b)

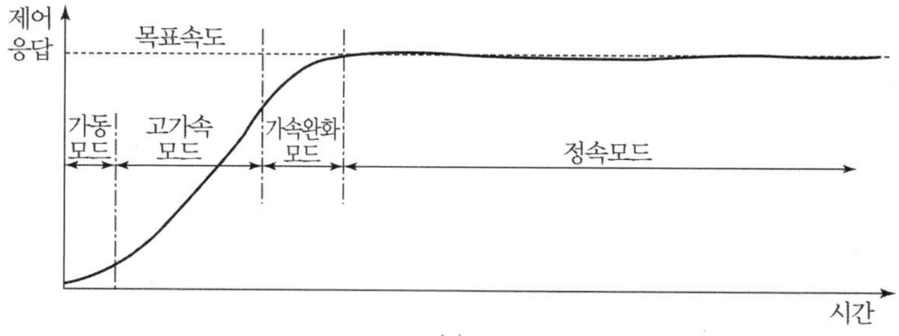

(c)

[그림 41] 고 Gain 이차 지연 응답

"정석모드"에서는 목표치와의 속도차가 좁은 범위로 편차가 적게 되도록 미세 조정한다.

이 예로서는 모드마다 제어목표를 세분화해서, 더욱 단순화된 제어방식을 조합하는 것으로, 전체적으로 응답성이 높아지는 것과 동시에 진동도 발생하지 않고 신속하게 정리되고 있다. 거대한 질량을 구동하는 열차의 운전은 컴퓨터에 의한 고속 연산처리속도에 비하면 충분하게 천천히 동작하여 다양한 제어방식으로 전환하여 적용할 여유가 있다. 이 때문에 제어모드를 세분화해서 다양한 제어방식을 그때마다 적용하는 것이 모든 국면에서 원활하고 정확한 제어를 하는데 유효하다고 생각된다.

4.3 가속제어

가속제어의 목적은 승차감을 훼손하지 않는 범위에서 가능한 한 높은 가속을 하고 목표속도에 도달하는 시점에서 정속이 되는 형태로 매끄럽게 이행하는 것이다. 기본적인 제어모드로서 기동, 고가속, 정속주행 및 정속의 경우에 대해 설명한다.

(1) 기동모드

역 출발시에는 움직이기 시작하는 것이 느껴지지 않을 정도로 매끄럽게 출발시키고 싶다. 여기는 ATO의 특징이 나타나는 장면이다. 역 정차중에는 다소 구배가 있어도 움직이지 않는 것처럼 낮은 상용 제동에 의해 "전동방지 제동"을 작용시키고 있다. 기동시에는 이것을 완화시키기 직전(또는 동시)에 필요 최소한의 가속을 얻게 역행 초기노치를 출력해서 잠시 유지하고, 이것으로 역행노치 초기 투입시의 긴 기동지연(응답소요시간) 부분을 커버한다. 초기 노치로서는 "출발저항"과 "구배저항"은 확실히 상회하는 것이고, 낮은 가속력으로 세워 두는 것으로 출발시의 쇼크는 느껴지지 않을 정도로 낮게 억제된다. 열차가 기동한 후에는 저크(가속도의 변화율)을 억제하면서 매끄럽게 최대역행 노치까지 단수를 진행시킨다. ATO의 토크 세분화 노치에 의해 매끄러운 가속도 상승이 보장된다. (그림 42 참조)

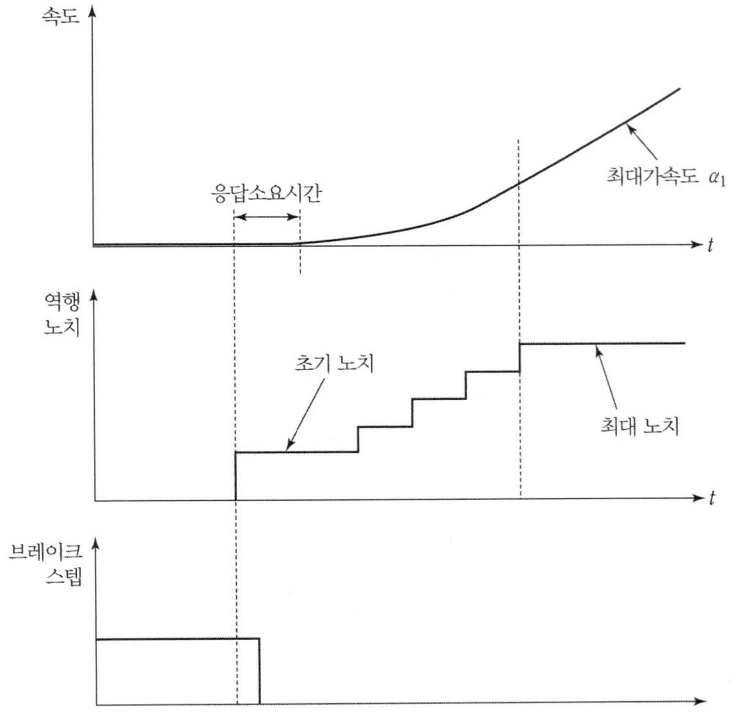

[그림 42] 기동모드

수동 마스콘 제어에서는 노치단수가 적고, 노치 절환시에 쇼크가 발생하지 않게 VVVF제어장치측에서 져크 제어를 하고 있다. 한편, ATO노치에서는 노치 단수를 세분화한 위에 제어 응답성도 높이기 위해 이러한 세밀한 노치 제어가 유효하게 된다.

(2) 고가속모드

고가속모드에서는 일정 가속노치로 고가속을 계속한다. 여기에서는 통상 역행 최대 노치를 출력하는 것으로 최대 가속을 얻어 표정속도를 얻는 것에 반해 에너지 절약에도 공헌한다. (에너지 절약운전은 고가속, 고속주행, 타행운전, 고감속이 기본이다.)

열차의 가속도로서는 이것에 구배에 따른 가감속도가 영향이 있다. 전동열차에서는 통상 최대가속도에서도 0.1 G(3.5 km/h/s)에 도달하는 것이 적고 가속도 절대치 자체가 승차감에 영향을 줄 정도가 되지 않는다. 영향이 나타난다면 져크가 있어 노치를 변화시키지 않으면 역행노치 특성에 반해, 완만한 변화만이 있다. 다음에 언급하겠지만, 하구배에 의한 추가 가속력이 얻어지는 경우에는 이것을 이용해서 역행노치를 저감 또는 노치오프(Notch Off)시키는 것도 있다.

(3) 정속주행모드

속도가 상승하여 정속의 목적속도에 근접하면 정속주행모드가 된다. 정속주행모드에서는 고가속 노치부터 정속모드로의 평형노치에 이르기까지 일정 시간 간격으로 노치 다운시키고, 이때 고가속도에서, 목표속도 도달시점으로의 정속 (가속도=0 km/h/s)에서의 체감율을 정하는 것으로 정속 이행모드로의 이행 개시속도가 정해진다. 예를 들면 고가속모드가 역행 15노치에서 가속도 2.0 km/h/s, 정속모드의 평형노치가 7노치, 응답시간 0.5초, 목표 져크 0.5 km/h/s/s(가속도 체감율) 이라고 하면, 목표속도 4 km/h에 도달하는 시점이 이행 개시속도가 되고 거기부터 1초마다 15 ➡ 13 ➡ 11 ➡ 9 ➡ 7 노치로 변화시키면 좋게 된다. (그림 43 참조)

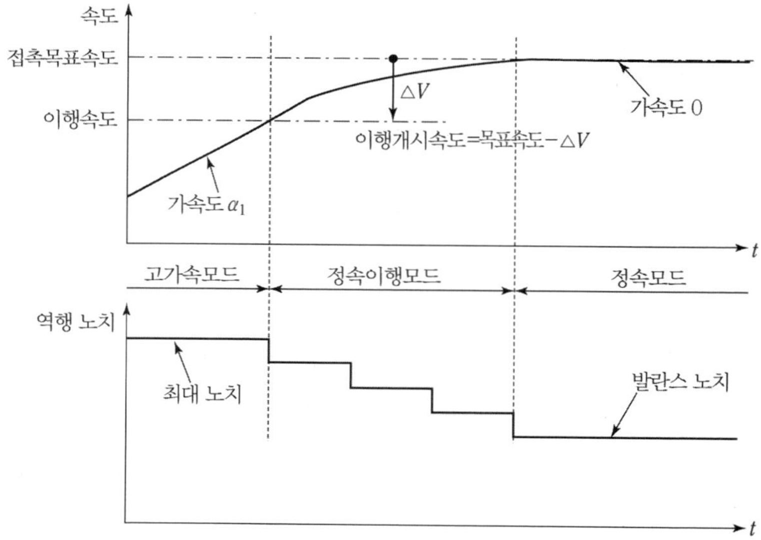

[그림 43] 정속주행모드

이것이 구배구간에 있다면, 고가속모드의 가속도 및 정속모드에서의 평형노치가 평탄조건과는 다르게 된다. 또한, 고가속모드의 가속도는 고속이 되는 것에 반하는 특성에 따라 체감하는 것도 있고, 주행속도를 목표속도 단계마다 나누어, 현행 노치와 평형노치와의 사이를 균등분할하여 출력하는 것보다 간략한 방법으로도 실용상으로는 충분할 것이다.

(4) 정속모드

정속모드에 의한 제어방식의 기본은 앞의 항목 "PID제어에 의한 정속주행"에서 언급하였지만. 본 모드에서의 중요한 포인트인 이행시의 "초기노치의 설정"이 있어 제어의 초기조건을 주게 된다. PID제어에서는 초기조건부터의 편차량이 제어에 직결되기 때문에 초기치의 타당성이 제어에 큰 영향을 준다. 이것이 적절하지 않으면 잔류편차가 발생하는 등 나중의 제어 원활성에 타격을 주게 된다. 정속모드의 초기노치는 열차속도에 대응한 "주행저항"과 열차위치에서 정해지는 "구배저항"에 의존한다. 이 열차저항에 정확히 대항하는 노치를 평형 노치라 칭하고 이것을 출력하는 것으로 열차속도는 균형 되어진다. 이 수치를 법칙대로 정밀도가 좋게 맞추어서 통상적으로 전체의 이행지점과 구배 변화지점에서 계산대로 결과를 얻게 된다.

4.4 감속제어

감속제어는 곡선 및 분기 등에 의한 제한속도의 저하가 따라오고, 제한 지점까지의 목표속도까지 감속되는 제어가 있다. 다만 열차자동 정위치 정지장치와 같은 엄밀한(cm 단위의) 감속종단의 위치 정밀도는 요구되지 않기 때문에 전용지점 검지용 지상자를 이용하기까지는 없는 것이 많다. 예를 들면 직전의 ATC 현시 변화점 위치부터의 적산 거리 등을 위치 검지수단으로 사용할 수 있다.

감속제어에서는 일반적으로 ATC의 현시 강하를 따르지만, 이 ATC 제동 동작을 피해 사전에 ATC 제한속도 이하에 속하게 하는 경우 및 굳이 ATC에 맞추는 경우가 있다. [그림 44(a)참조]

열차의 운행 면에서는 ATC에 맞추는 방법이 역간 주행시분에 유리한 것은 말할 것도 없다. 다만, 갑작스런 ATC에 의한 상용 최대 제동 인가는 ATC측에 완화책이 있어도 져크가 크므로 가능한 한 피하고 싶다. 다시 말하자면 상용 최대 제동이 있어도 0.1G 정도의 절대적인 감속도 만이 아니라 그에 이르는 져크량이 문제가 된다.

그러나, ATO라면 그 ATC동작을 예측하는 것이 가능하기 때문에 (구간에서 정하는 평상적인 현시 강하 및 예고 신호가 있는 경우) 사전에 ATO에 의해 매끄럽게 감속도를 증가시키는 것으로 ATC에 의한 져크가 느껴지지 않고 ATC 통제를 받는 것이 가능하다. 더욱이 ATO에 의한 완화 제동 출력은 ATC 제동 동작 중에도 보존하는 것으로서, ATC완화시의 져크완화에도 역할을 하며, 그때 ATO는 ATC완해를 검지한 후 정속의 평형노치까지 매끄럽게 실행시킨다. (그림 44(b)참조)

이 ATO의 사전 완화 제동에 의한 약간의 속도 저하 등 역간 주행시분의 영향은 얼마 되지 않는 것이어서. 그것보다는 져크저감에 의한 효과가 크다. 따라서 충분한 시간을 갖고서 가능한 한 매끄럽게 ATC 제동이 이행되게 하는 것이 중요하다. 이것에 의해 ATC에 의한 영향을 느끼게 하지 않고 높은 표정속도를 유지하면서 양호한 승차감을 유지하는 것이 가능하게 된다.

상기 ATC동작을 따르지 않는 ATO자체에 의한 감속제어에 대해서는 다음의 역 정위치 정지제어 응용을 참고 바란다.

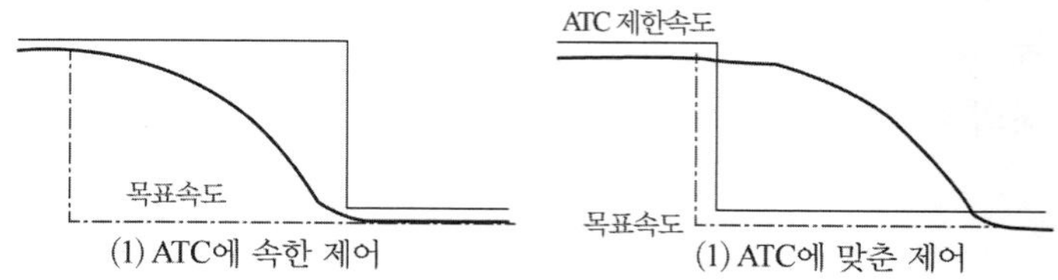

(a) 감속모드 및 ATC 제어

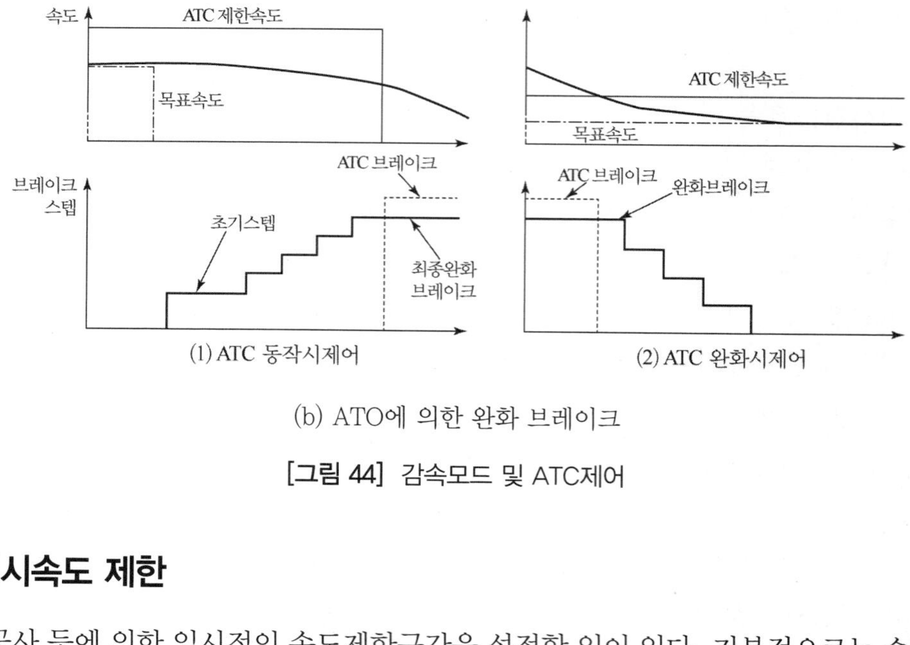

(b) ATO에 의한 완화 브레이크

[그림 44] 감속모드 및 ATC제어

4.5 임시속도 제한

공사 등에 의한 일시적인 속도제한구간을 설정할 일이 있다. 기본적으로는 속도 제한 구간 개시점 바로 앞에 임시속도 제한용 무전원 지상자를 설치하고, 필요에 따라 해제용 지상자를 설치한다. 지상자 전송문자 예로서는 "00m 앞부터, 00m 간, 속도제한 00 km/h" 등으로 한다. 다시 말해 거리정보는 10m 단위로 해서 전송문자를 줄이는 것도 가능하다. 이 지상자에 의한 제어는 ATO측에서 실시하고 ATC는 그 백업(back-up)으로 설정하는 방법이다. 이때의 설치조건에 의해 전항과 동일하게 ATC에 속하게 하든지 맞추게 하든지 선택한다. 뭐라 해도 ATO에 의해 사전 감속을 실시하기 위하여, 승차감을 해치지 않고 ATC 백업 아래에서 임시속도 제한구간을 설정하는 것이 가능하다 (그림 45 참조)

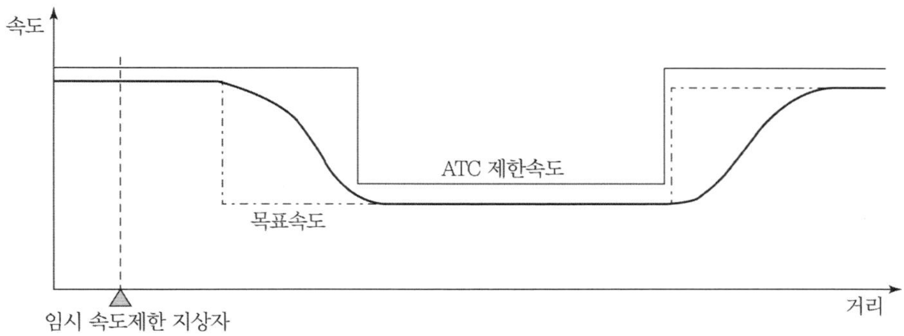

[그림 45] 임시속도제한

5 역 정위치 정지제어

역 정위치 정지제어는 고속에서 목표 정지점에 도달하기 위해 속도 및 가감속도를 다이나믹하게 제어해 가는 정밀한 장치로서 ATO 주행제어의 하이라이트라고 할 수 있다. 이전의 구형 컴퓨터에 의해서도 이 복잡한 제어를 실시간(Real Time)으로 해낼 수 있는 다양한 연구가 되어왔다. 여기에서는 먼저 초기의 전형적인 제어방식을 예로 들어, 기본적인 원리를 포괄적 개념으로 설명한다.

5.1 초기 정위치 정지제어방식

(1) 가변 이득 존(Gain Zone) 방식

초기 ATO에서 채용하고 있는 "가변 이득 존 방식"으로 불리는 것은 목표 정지점에 도달하는 감속도가 조금씩 다른 복수의 감속 패턴에 의해 존(Zone)에 분할된다. 각 존에는 출력해야 할 제동 스텝이 할당되어 진다. (그림 46 참조)

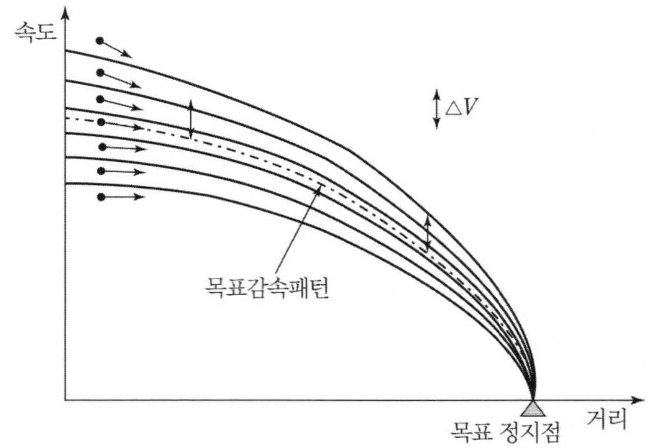

[그림 46] Zone 방식에 의한 열차 자동 정위치 정차 제어

열차 정위치 정지제어 구간에 진입한 열차는 정지점까지의 거리(잔여 주행거리)와 현재 속도에 대응하여 어느 존에 들어 있을까를 판정한다. 다음에 그 해당 존에 할당된 제동 스텝을 출력한다. 이것을 반복하는 것으로 목표 정지점에 도달하는 감속제어가 진행된다. 여기에서 "가변이득"이라 부르는 이유는, 중심에 있는 목표 감속 패턴과 열차속도와의 속도편차가 일정하더라도 정지점에 가까워 짐에 따라 존 폭이 좁게 되고 보다 강한 제동력을 지속하는 제동 스텝이 선택되기 때문이다. 가변이득으로 하는 것으로, 목표 정지점까지 거리가 있는 여유 있는 고속대역에서는 천천히 제동이 제어되고, 목표 지점에 가까워짐에 따라 세밀하고 정밀하게 조정해 가는 모양은 제어의 수습성을 높이는 교묘한 수단이 있다는 것을 직감적으로 느낄 수 있을 것이다.

여기에서 제어이득은 목표 감속 패턴에 접근하려고 한다. 이를테면, 각 존에서 지정된 제동 스텝을 선택하는 것으로 특정 범위 내에 머물게 되지 않고 각 존으로부터 보다 목표 감속 패턴에 가까워지는 감속도가 되는 것으로 설정한다.

다시 말해, 목표 감속 패턴보다 높은 속도 대역에 있다면 존의 평균 감속도가 선택 제동 스텝보다 작게 되고 기대되는 감속도 목표 감속 패턴보다 낮은 속도 대역에 있다면, 존의 평균 감속도가 선택 제동 스텝보다 크게 감속도가 되는 것으로 설정한다. 이것으로 항상 목표 감속 패턴으로 향하는 제동 스텝이 선택되게 된다.

이 방식에서는 존의 간격을 좁게 하는 것으로, 목표 감속 패턴과의 속도편차가 같아도 목표 패턴으로 향하는 보다 강한 스텝이 선택되게 된다. 이를테면 존의 간격보다 더 전체의 제어이득을 조정하는 것이 가능하다. (그림 47 참조)

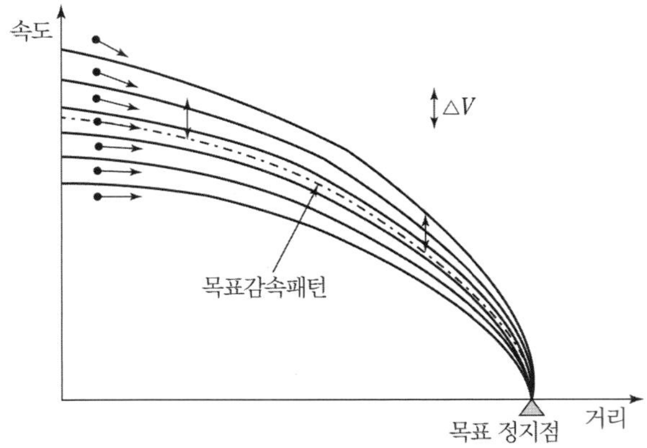

[그림 47] Zone 방식에 의한 열차 자동 정위치 정차 제어(높은 Gain)

사실은 이 제어도 열차 자동 정위치 정차 제어구간 내에 있어서는 목표 감속패턴에서의 감속도 편차에 비례한 제동 스텝이 선택되므로 "비례제어"의 일종으로 말할 수 있다. 횡축을 속도의 제곱편차(감속도편차)에, 종축을 제동 스텝으로 한 것을 [그림 48]에 나타냈다.

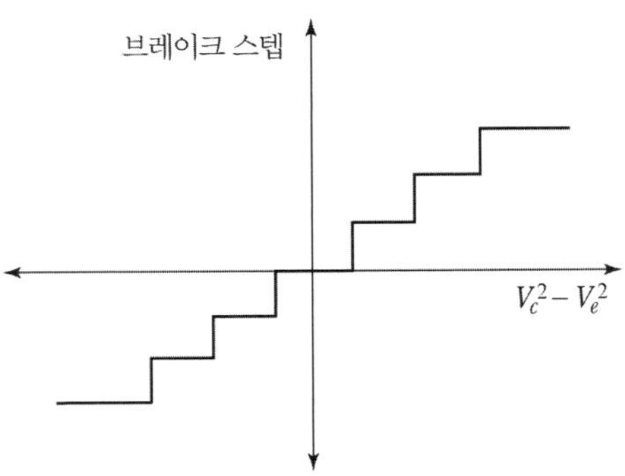

[그림 48] 속도제곱편차에 비례한 제동 스텝

횡축을 압축하면 보다 높은 이득이 된다. 비례제어의 특징으로서 제어응답이 빠른 이점이 있다. 속도 및 위치 검출로 존의 변화를 검지한 후 즉시 제어출력을 변화시켜도 그것에 의해 제어가 발산 혹은 진동을 일으킬 우려는 적다. 다만 각 노치의 기대 감속도가 실제의 감속도와 다르면 그 부분이 잔류편차가 되는 것도 비례제어의 특징이다.

(2) 2단 감속패턴

주행시간 단축을 위해서는, 가능한 한 고감속도로 감속하고 싶지만, 그대로는 갑자기 정지 후의 감속도 “0”로 이행하는 것이 되어 정지시의 쇼크가 크게 된다. 그래서 정지 직전에는 될 수 있는 한 낮은 감속도로 떨어뜨려 정지 쇼크를 완화하고 싶다. 그 때문에, 고속대역에서의 고감속도 제어와 정지 직전의 승차감 향상과 정위치 정차를 시행하는 저감 속도제어를 분리하는 것이 고려된 수단으로서" 2단 감속패턴" 방식이 있다. 이를테면 비교적 고감속이 되는" 기본패턴"과 저감속도의"정지패턴"을 조합한 것이 있다. (그림 49 참조)

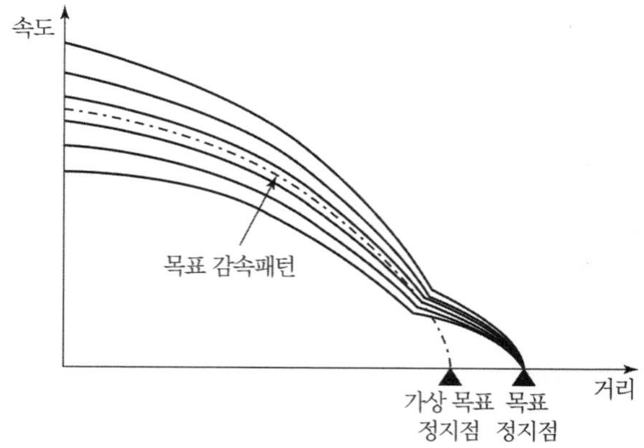

[그림 49] 2단 감속패턴에 의한 Zone제어

기본패턴은 목표 정지점의 일정 거리 앞에 가상의 목표 정지점을 설정해서 그곳에 도달하는 패턴이 된다. 목표 정지점과 가상 정지점 간의 거리는 정지 패턴측에 제어가 전환된 후 제어가 수습되는 데에 충분한 여유를 갖지 않으면 안 된다. 그것이 짧으면 제어의 여유가 없고 정지 정밀도도 나쁘게 된다. 반대로 너무 길면 저감속 주행의 시간이 길게 되고, 표정속도를 낮추어 버리게 되어, 시뮬레이션을 하는 등 적절한 이행위치를 정해야 한다. 정지 패턴도 목표 감속도가 낮기는 하지만 같은 존 방식이다.

(3) 존 제어방식

존 제어방식에서는 어느 존에 속했을까를 판정하는 것만으로 즉시 제어출력을 내는 것이 가능하므로, 초기의 구형 컴퓨터에 의해서도 쉬운 제어를 할 수 있게 되어 있었다. 앞에서 설명한 정속주행 제어에서도 초기의 컴퓨터 제어는 속도편차, 가감속도 편차, 편차의 적분치 등에 대응해서 구분한 존(매트릭스)이 마련되어 존 판정에 의해 고속이면서 효율적인 PID 제어가 실현될 수 있게 되어 있었다. 현재는 고정밀도의 부동점 소수 연산과 함수연산이 고속으로 이행될 수 있어서 복잡한 알고리즘(algorithm)이 있어도 실시간으로 적용 가능하며 제어의 고도화 및 최적화가 진행되고 있다.

5.2 숙련된 기관사 따라 하기

(1) 열차 자동 정위치 정차 제어 목표

역의 정위치 정지제어에서 숙련된 기관사의 운전제어는 우선 한 번에 높은 제동 노치를 취해 잠시 그것을 유지하고, 정지 위치에 근접함에 따라 서서히 완화하여 최후에는 낮은 노치 위치로 쇼크 없이 매우 높은 정지 위치 정밀도를 실현한다.

초기의 ATO 기술로는 섬세하고 정밀한 운행제어를 모방할 수 없었다. 최초의 고감속도 유지제어에 대하여 ATO에서는 조건이 다른 전체 역에 있어서 일정의 제어여유를 확보한 상태에서 제어하기 때문에, 공통의 목표 감속패턴은 낮게 설정하지 않을 수 없어 이러한 고감속도의 실현은 곤란했다.

예를 들면 하구배가 있는 역에서는 동일 감속도에 대해 높은 제동 스텝이 선택되기 때문에, 제어 여유를 예상하면 목표 감속도를 낮게 억제할 필요가 있다. 또한 서서히 제동을 완화하는 완화제어에 대해서는 두 가지의 목표 감속도를 전환하는 것만의 2단 패턴 방식과는 기본적으로 제어방식이 다르다. 정지 직전의 매끄러운 낮은 제동 스텝 제어에 비하여, 2단 패턴방식의 낮은 목표감속도에 있어서도 제어여유를 확보하기 위해서는 낮은 제동 측에도 선택의 여지를 남길 필요가 있으며 중앙은 조금 높은 제동 스텝 출력이 된다.

하지만 이러한 고도의 운전 제어는 높은 표정속도와 승차감의 유지를 양립시키고 있어, ATO에 의해서도 많이 배울 점이 있게 되었다. 이것을 제어목표로 해서 종합해 보면 먼저 할 수 있는 한 부드럽게 제동을 높게 하고 전반은 고감속도를 유지한다. 목표 정지점에 근접함에 따라 서서히 제동을 완화하고 마지막에는 낮은 감속도로 목표 정지점에 정확히 정지하게 된다.

(2) 제어목표의 실현방식

위의 제어목표를 명확히 하기 위해, 목표감속도를 중심으로 하여 운전 제어하는 관점으로 정리된다. [그림 50]은 열차 자동 정위치 정차 제어 전체를 운전 순서로 명확하게 하여 거리 축에서는 없는 시간 축으로 표현하고 있다.

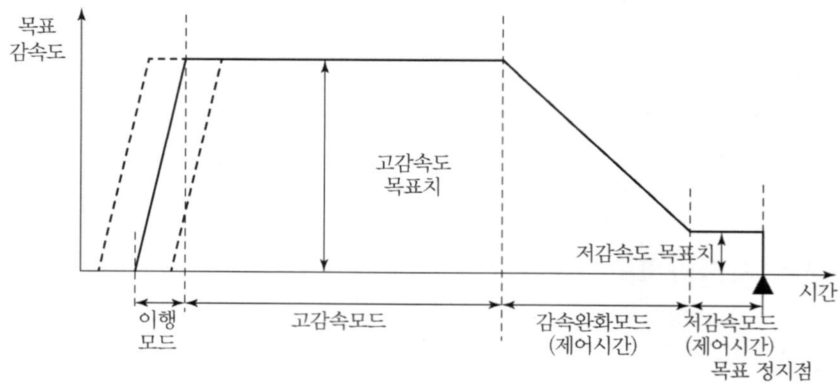

[그림 50] 목표 감속도, 시간 그래프

우선 일정 고감속도까지 부드럽게 상승시킨다. 이 고감속도에의 이행 타이밍은 거기까지의 주행속도와 위치에 의존해서 결정하므로 폭이 있으며, 파선으로 표시하였다. 다음에 고감속도를 일정기간 유지한다. 정지점에 가까워지면 감속도를 서서히 저하해 최종 정지감속도 까지 도달시킨다. 최후는 일정 시간 저감속도를 유지해서 정지시킨다. 이 제어는 정지부터 거슬러 올라가면 기본적으로 4개의 파라미터(parameter)에 의해 결정된다.

- 저감속도 목표치
- 저감속 제어 시간
- 감속도 완화시간
- 고감속도 목표치

열차 자동 정위치 정차 제어에의 이행 타이밍은 거기까지의 열차속도와 고감속도 패턴의 교점부터 실시간으로 산출되기 때문에 고정된 것은 아니다.

다음에 제어목표라고 말해지는 4가지 파라미터를 역마다 최적이 되게 설정한다. 예를 들면 하구배를 갖는 역에서는 제어 여유를 예상하여 고감속도 목표치는 낮게 하고, 반대로 상구배 구간에서는 높게 설정할 수 있다. 감속도 완화시간은 구배 변화점 등의 외부혼란 요소가 있는 경우에는 길게 하고, 상구배에서 감속도 변화가 적으면 짧게 설정할 수 있다. 저감속 제어시간이 짧게 되는 것은 아니지만, 충분히 제어가 종식되어 정지 정밀도가 확보되는 시간이 필요하다. 또한 저감속도 목표치는 낮은 편이 승차감에는 좋지만, 낮은 측의 스텝부분도 제어여유로서 확보해 둘 필요가 있다.

그런데, 이 감속도가 연속적으로 변화하는 감속도 완화 구간을 갖는 제어를 실현하는 방법으로 어떤 것이 있을까? 기관사의 측면에서 보면, 최초의 고감속 제어 중에는 실제의 목표 정지점보다 상당히 앞에 가상으로 정한 잠정 목표점을 겨냥하여 고감속을 하고 있고, 속도가 충분히 낮아지면 서서히 잠정목표점을 멀리 잡는 것으로서 제동을 완화하고 최종적으로 목표 정지점을 겨냥해서 낮은 스텝으로 정지시키는 제어라고 할 수 있는 것은 아닐까? 이를테면 고감속용의 가상 목표 정지점을 정해 감속완화시에는 최종 목표 정지점을 향하여 연속적으로 늦추어 시행하고, 최후는 목표 정지점에 저감속도로 정지시키는 것에 해당한다.

거기에서 감속도 · 시간축의 [그림 50]에 따라, 목표 정지점을 기점으로 해서 역산하여 적분하면 속도 · 거리축의 그래프에 한 의미로 변환하는 것이 가능하다. 이 그래프로부터 감속완화의 종료지점과 개시지점 및 개시지점에 걸친 가상의 목표 정지점도 같이 구할 수 있다. (그림 51 참조)

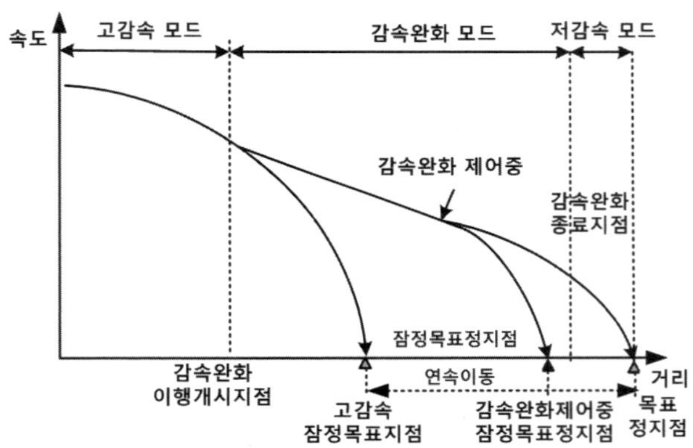

[그림 51] 감속도 · 시간축 에서 속도 · 거리축으로의 변환

또한 그 결과로부터 잔여 주행거리와 가상 목표 정지점과의 관계에 관해서도 같이 그래프에 표시할 수 있다. (그림 52 참조)

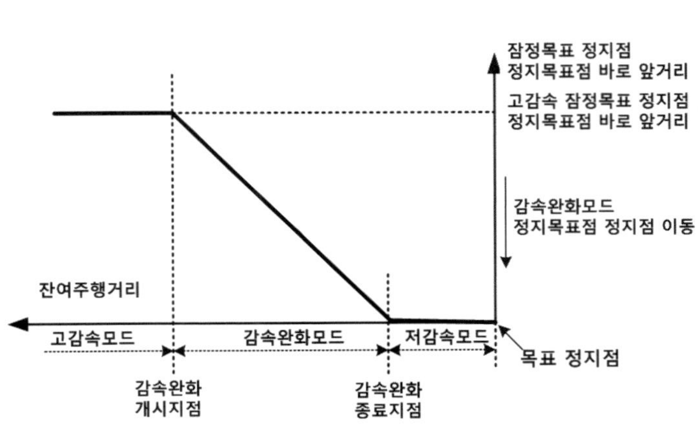

[그림 52] 잔여주행거리와 잠정목표 정지점

이 그래프로부터 알 수 있듯이, 잔여주행 거리와 가상의 목표 정지점은 비례관계가 되고 직선상에 나타낼 수 있다. 이상의 제어 파라미터를 추출하여 열차 자동 정위치 정차제어 제어순서대로 정리하면,

① 고감속모드(목표감속도, 잠정 목표 정지점, 목표감속도 패턴 및 이행패턴) "잠정 목표 정지점을 겨냥해서 일정 목표 감속도로 감속 시킨다."

② 감속완화모드(감속완화, 감속완화 종료지점, 잔여주행거리 · 잠정목표 정지점 변환식)
"잔여주행거리에 따라 직선적으로 변화하는 잠정 목표 정지점을 향해서 정지 가능한 감속도를 산출하여 그 감속도에 상당하는 제동 스텝을 출력한다."

③ 저감속모드 (목표감속도)
"목표 정지점에 도달하도록 감속 시킨다"로 되며, 이것에 따르면 변화하는 설정 목표감속도에 따라 주행제어가 실현 가능하다.

(3) 열차 자동 정위치 정차 제어의 제어모드

열차 자동 정위치 정차 제어를 아래 모드로 분할할 경우의 제어동작에 관해 설명한다.

- "열차 자동 정위치 정차 제어 이행모드"에서는 역행 혹은 타행제어로부터 고감속모드까지 매끄럽게 이행시킨다.
- "고감속모드"에서는 소정의 고감속도가 되도록 높은 제동 스텝을 유지한다.
- "감속 완화모드"에서는 고감속으로 부터 정지전의 저감속도까지 연속적으로 감속도를 완화시킨다.
- "저감속모드"에서는 저감속도가 되도록 낮은 제동 스텝을 유지한다.
- "정지모드"에서는 제동 스텝을 가능한 한 변화시키지 않고 정지위치 정밀도를 높인다.

① 열차 자동 정위치 정차 제어 이행모드

열차 자동 정위치 정차 제어 이행모드는 그것까지의 역행, 정속 혹은 타행 주행상태부터 고감속모드까지 매끄럽게 이행시키기 위한 모드이다.

㉮ 이행지점의 연산

고감속모드에 있어서 설정시킨 목표가 되는 감속패턴을 기준으로, 거기에 도달하는 "일정시간 바로 앞"이 되는 이행패턴을 생성한다. 열차가 이행패턴에 도달한 시점에서열차 자동 정위치 정차 제어 주행모드를 실행한다. (그림 53 참조)

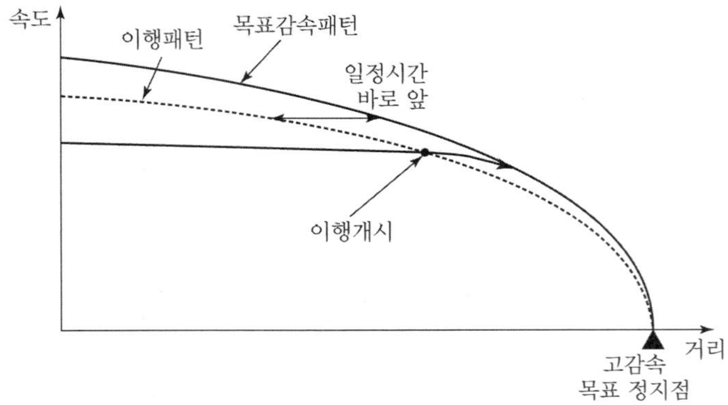

[그림 53] 열차 자동 정위치 정차 제어 주행모드

㉯ 제동 스텝 단수 높임

주행하면 져크(가감속도의 변화율)가 크게 되지 않도록 고감속모드의 높은 초기제동 스텝까지 일정시격으로 스텝 단수를 높인다. 다만, 역행이나 타행 등의 비제동 상태로부터 제동이 걸리기 시작하는 실제 목적의 감속도가 발생하기까지는 통상의 제동 변경응답보다 시간이 걸린다(초기 충진시간). 그 때문에 초기시격만은 오래 걸리고 이후는 일정시격으로 단수가 높아 간다. 이러한 연산방법은 앞장의 감속제어와 동일한 양상이다.

② 고감속모드

㉮ 목표감속도 설정

고감속모드에서는 가능한 한 높은 감속도로 설정하고 싶지만 이것에는 제약조건이 존재한다. 제일 큰 것이 구배의 영향이다. 하구배에서는 같은 제동력에서도 얻을 수 있는 감속도는 저하한다. 출력가능한 제동 스텝에는 한계가 있고, 제어를 시행하기 위해서 상한치 끝까지 사용하는 것은 아니나, 어느 정도의 "제어여유"를 유지시킬 필요가 있다. 이와 같이 목표감속도를 중심으로 제어여유를 갖기 때문에 구배에 대응해서 목표감속도를 저하시켜 통상의 동등한 제어여유를 갖는 것이 중요하다. 반대로 상구배라면 보다 높은 목표감속도에 있어서도 제어여유를 확보하는 것이 가능해진다.

이러한 구배조건은 정지역마다 다르기 때문에 역마다 전용 목표 감속패턴을 설정할 필요가 있다. 역 정위치 정지에는 지상자로부터 지점신호를 수신하는 것이 가능하여, 이중에 "역 코드"를 저장해두면 정지제어 개시 시에는 해당역의 정지제어 데이터를 읽어내어 대응제어를 실행하는 것이 가능하게 된다.

㈏ 제어방식

고감속모드에서는 비교적 높은 감속도를 목표로 하여 이것이 실현될 수 있는 제동 스텝을 변화시킨다. 고감속모드에서는 PID 내에, 기본적인 미분제어가 적용되어 있다. 미분제어에서는 열차의 실제 감속도를 검출하여 이것과 필요한 감속도와의 차이 분을 보완할 수 있도록 제동 스텝을 가감하여 간다. 실제의 감속도를 검출해서 보정하고 있으므로 명령된 기대감속도와 실제 얻은 감속도가 다르더라도 그 차이 분을 보정할 수 있게 된다. 이를테면 과부족으로 나온 감속도를 직접 보정하기 위해 전류편차가 나오지 않게 하는 특징이 있다. (그림 54 참조)

다만, 고정밀도(예를 들면 0.1 km/h/s의 분해능력을 갖춤)의 감속도 검지를 실행하려 하면 검출에 시간(예를 들면, 과거 1초간 사이의 샘플링 데이터가 필요)이 걸리게 된다.

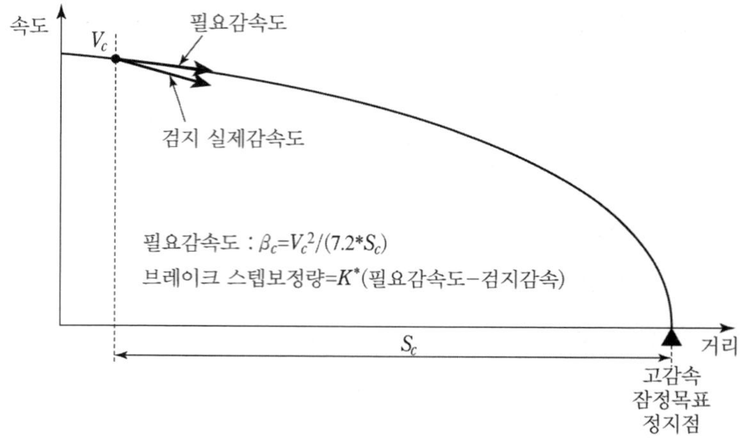

[그림 54] 고감속모드에 걸리는 미분제어

그러므로 고빈도의 제어간격(interval)에서는 진동발생을 초래하는 것도 나름 좋지 않다. 하지만 고감속모드 대역에서는 아직 충분히 제어를 수습할 시간적 여유가 있고, 제어량도 보정분만으로는 적어 제어간격을 길게 잡아도 차이가 없다. 예를 들면 1초 이상의 편차가 확대될 때에도 보정하는 데에는 여유가 있다.

또한, 고감속모드에 있어서도, 존(Zone)방식과 동일하게 비례제어를 사용하는 것도 가능하다. 이를테면 목표 감속도에 대한 감속도 편차를 구하고, 그 감속도 편차에 비례한 제동 스텝을 선택하게 된다. 이를 위해서는 속도를 검출하는 목표감속도패턴 속도로부터 제곱편차를 구하고, 이편차량에 비례한 제동 스텝을 출력하게 된다. 다만 비례제어에 있지만 기존 구배 등에 의한 보정분을 미리 조합해 두지 않으면 잔류편차를 제거할 수 없는 점이 있다.

예를 들어 상구배에 있으면 낮은 제동 스텝이, 하구배에 있으면 높은 제동 스텝이 선택되어, 목적하는 고감속도에 대해 제어여유를 감소시키게 되어 좋지 않다. 그 외에 적분제어로서 목표감속도 패턴과의 감속도 편차를 적산해서, 그 적산량에 대응하여 보정하는 것이 고려된다. 이를테면 잔류 편차분을 누적해 가지만 이 적분치는 평균적 잔류편차를 나타내게도 되고, 뒤에 설명하는 학습제어에 이용되는 것이 가능한 수치가 있다. 다만, 앞에서 설명한 미분제어가 동작하고 있으면 목표감속도 패턴을 상하로 하는 것으로서 적분치는 상쇄되며, 편차가 한 방향만으로 축적을 계속하는 것은 없으므로 그다지 유효하다고는 볼 수 없다. 그러므로 고감속모드에서는 시간적 여유가 있는 편차가 보정되는 미분제어가 적당하다고 말할 수 있다.

③ 감속도 완화모드

감속 완화모드는 고감속모드에서 감속완화 이행지점에 도달한 시점부터 제어를 개시하고, 감속완화 종료지점(저감속모드로의 이행지점)까지의 과도적 제어가 된다. [그림 55]에 나타낸 것과 같이 감속 완화모드에서는 잠정목표 정지점이 잔여 주행거리에 비례해서 연속적으로 이동한다. 따라서 목표감속도도 연속적으로 변화하여 제어의 안정성을 얻는 데 어려운 조건이 된다.

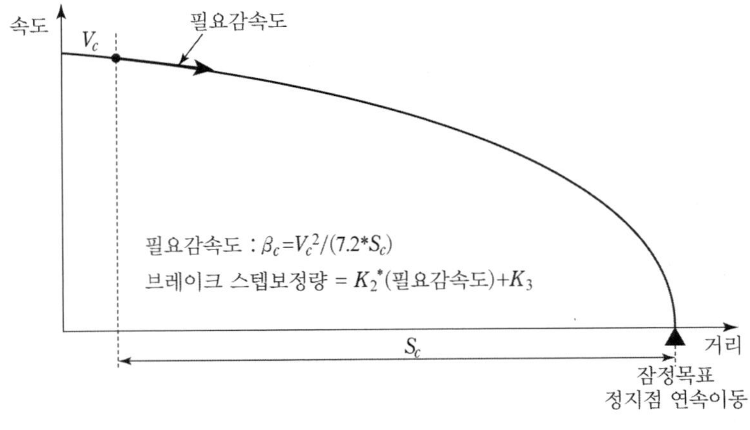

[그림 55] 감속 완화모드에 걸리는 스텝 선택

그 때문에 응답시간이 필요한 미분제어나 적분제어가 아닌, 더욱 안정된 비례제어를 이용하는 것이 유효하다고 한다. 구체적으로는 현재 속도로부터 잔여 주행거리보다 정해진 잠정목표 정지점을 향하여 정지할 수 있는 감속도를 구하고 이것을 필요 감속도로 한다. 이 필요 감속도에 대응한(비례한) 제동 스텝을 연산하여 출력하게 된다. (그림 57 참조)

④ 저감속모드

저감속모드에서는 낮은 목표 감속패턴에 추종하게 제어된다. 정지전에 제어를 수습시킬 필요가 있으므로 응답성이 뛰어난 비례제어가 요구된다. 목표 정지점은 고정된 것이어서 고감속모드에서도 가능성을 나타낸 (비례제어)를 그대로 이용하면 좋다. 목표 감속패턴으로의 추종 조정에서 고속응답이 필요하므로 역시 일정 제어시간을 필요로 하는 미분제어 혹은 적분제어에서는 상응하지 않는 것으로 보인다. (그림 56 참조)

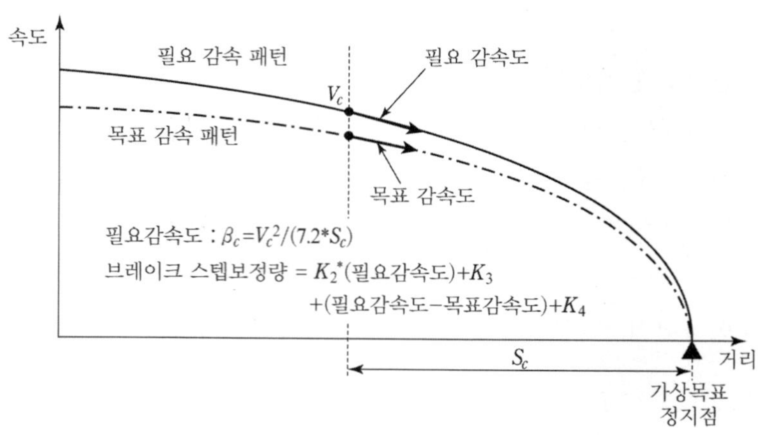

[그림 56] 저감속모드에 걸리는 비례제어

이 단계에서 제일 큰 외부혼란 요인은 전공 전환이다. 일반적으로 속도 10km/h 내외에서 전기제동으로부터 공기제동으로의 일제 전환이 일어난다.
이때 제동력의 연속성이 일단 끊어지면 감속 완화모드 또는 저감속모드에서는 제어 응답성이 비교적 높아서, 예정된 감속도가 얻어지지 않을 때는 즉시 제동 스텝을 강하게 한다. 하지만 본래의 제동력이 회복됨에 따라 더욱더 강한 추가 제동력이 가해지고 다음에는 필요 이상의 제동력이 출력된다. 이것을 바로잡기 위해 이 다음에는 제동을 완화하는 제어가 되고 진동을 시작하기 쉽게 된다.

이것을 피하려고, 우선 먼저 전공 전환을 부드(smooth)럽게 시행할 수 있도록 제동 조정을 중점적으로 하고 있지만, 차량마다 불균형도 있어 취할 수 없는 일도 있다. ATO측의 대응책으로는 전공전환 속도에 걸리는 제어응답을 필요 이상으로 빠르지 않게 해야 한다. 전공전환 완료 후에는 공기제어만이 되어 공기제어의 응답속도에 대응한 제어에 특화하는 것이 가능하다.

또한 최근에 채용이 진행되고 있는 전(순)전기식 제동에서는 정지까지 전기제동 동작을 계속함으로써 위의 문제를 해결(clear)할 수 있어 ATO에 있어서는 보다 좋은 방식이라 할 수 있다.

⑤ 정지모드

정지모드에서는 함부로 제동스텝을 변화시키지 않고, 높은 정지 정밀도를 실현하는 것을 목표로 한다. 이 스텝변화를 적지 않게 하기 위해서는 목표 감속패턴에 접근하기 위한 제어 이득(gain)을 갖지 않게 한다. 이를테면 해당 스텝출력을 계속하면 정확한 목표 정지점에 정지할 수 있게 진행 제어로 일관한다. 또한, 이 제어의 전제로서는 저감속모드에 의해 최종단계에서 충분히 낮은 감속도 패턴에 올라 있는 것이 필요하게 된다. 낮은 감속패턴에 태운 후에 있으면, 기본적으로는 이 최종단계에서 낮은 스텝 출력이 그대로 출력을 계속하는 것이 된다. [그림 57 참조]

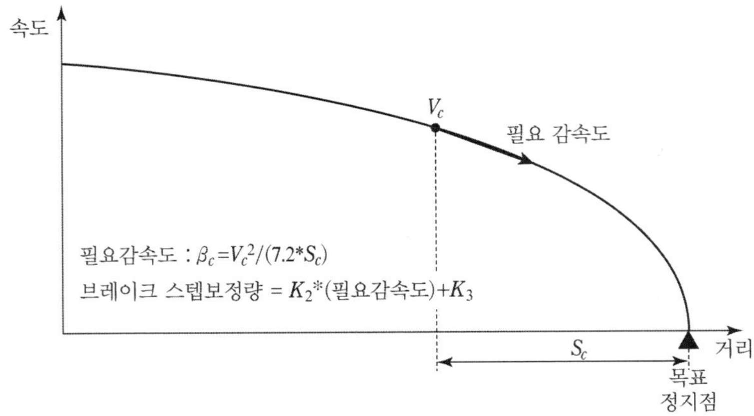

[그림 57] 정지모드에 걸리는 스텝 유지제어

이 방식에 문제점이 있다고 하면, 명령감속도와 실제 감속도와의 편차가 큰 경우이다. 예를 들면 실제 감속도 쪽이 낮아지면 점차 스텝이 높게 되고, 실제 감속도가 높게 되면 점차 스텝이 낮아지게 되어 제어는 그 나름대로 정리되지만, 초기 스텝변화를 적지 않게 하기 위한 목적으로서는 빗나가게 된다. 스텝을 변화시키지 않는 것과 제어이득을 강하게 바로잡는 것의 상관관계(trade off)가 있지만, 정지 직전은 스텝변화를 시키지 않는 편이 결과적으로 정밀도 및 승차감에는 양호한 것으로 생각된다.

7장 ERTMS/ETCS 신호시스템

1 ERTMS/ETCS 신호시스템

ERTMS/ETCS 신호시스템은 호환성이 절대적으로 필요한 유럽철도에서 열차운행을 최적화하기 위하여 개발을 시작하였으며, 이는 신호시스템과 열차운행 안전에 기본을 두고 현재 유럽에 존재하는 약 15개의 다른 신호시스템을 통합하는 것을 주목적으로 하고 있다.

ERTMS/ETCS는 유럽 신호 관련 시장의 단일화는 물론 현존하는 신호시스템의 성능에서 요구하는 기본 기술사양을 표준화함으로써 관련 철도산업체 간에 표준화한 기술사양을 공유하여 통합된 철도신호 시장 형성이라는 부수적 목적을 기대하고 있다.

그 결과 ERTMS/ETCS의 실현은 현재의 기술 한계와 미래의 가능한 무선통신시스템 기술개발 능력을 고려하여 기능적인 면에 있어서 ERTMS/ETCS Level 1, Level 2, Level 3으로 분류하여 취급하고 있다. [표 1]에 Level 별 특징을 나타내었고, [그림 1]에는 ERTMS/ETCS 시스템 기능구조를 나타내었다.

[표 1] ERTMS/ETCS Level 별 특징

구분	Level 1	Level 2	Level 3
선로변 신호기	사용함	사용하지 않음	사용하지 않음
전송장치	Balise, Loop, Radio infill	Balise, Radio	Balise, Radio
무선통신시스템	사용하지 않음	일부 사용함	사용함
무선폐색센터	사용하지 않음	사용함	사용함
열차 무결성	선로변 체크	선로변 체크	열차 자체 체크
고성능 폐색	불가능함	가능함	가능함
이동폐색	불가능함	불가능함	가능함

구분	Level 1	Level 2	Level 3
위치보정	Balise	Balise	Balise
열차검지 방법	궤도회로, 액슬카운터 (선로변설비 이용)	궤도회로, 액슬카운터 (선로변설비 이용)	차상연산 (선로변설비 사용안 함)
발리스 종류	고정/가변	고정	고정
LEU	사용함	사용하지 않음	사용하지 않음

2 ERTMS/ETCS 개요

2.1 ERTMS/ETCS 기술 개요

ETCS 및 LTE-R 규격의 집합을 형성하고 있는 기본적인 기술은 다음과 같은 문서로 이루어져 있다.

- 기능 요구사항 규격(FRS : Functional Requirement Specification)
- 시스템 요구사항 사양(SRS : System Requirement Specification)
- 내부 사양(FIS, FFFIS : Functional Interface Specification, Form Fit Functional Specifications)
- 표준(EN : European Standards)

2.2 구조 설명

HS/HC(High Speed/High Capacity) 노선은 안전하고 정기적인 교통 운영을 보장하기 위해 열차의 이동을 제어할 수 있는 ETCS L2 신호 시스템 해법이 장착된 복잡한 교통 시스템을 장착할 수 있다.

다음 [그림 2]에서는 HS/HC 운송 시스템을 구성하는 지상 및 열차 본 시스템의 단순화된 구조를 보여준다.

전체 지상 시스템은 철도 회사에 의해 HS 노선에 공급된다. 이 시스템은 전력 및 통신 HSSS(High Speed Signaling System : 고속 신호시스템)와 지상 선로변 서브시스템으로 구성되어 있으며, 다음과 같다.

- 열차제어 및 거리 분리 서브시스템 (ETCS)
- IXL(Interlocking)이라는 노선 관리 하위 시스템
- 열차 명령 및 감독 하위 시스템 (ATS 또는 TMS)

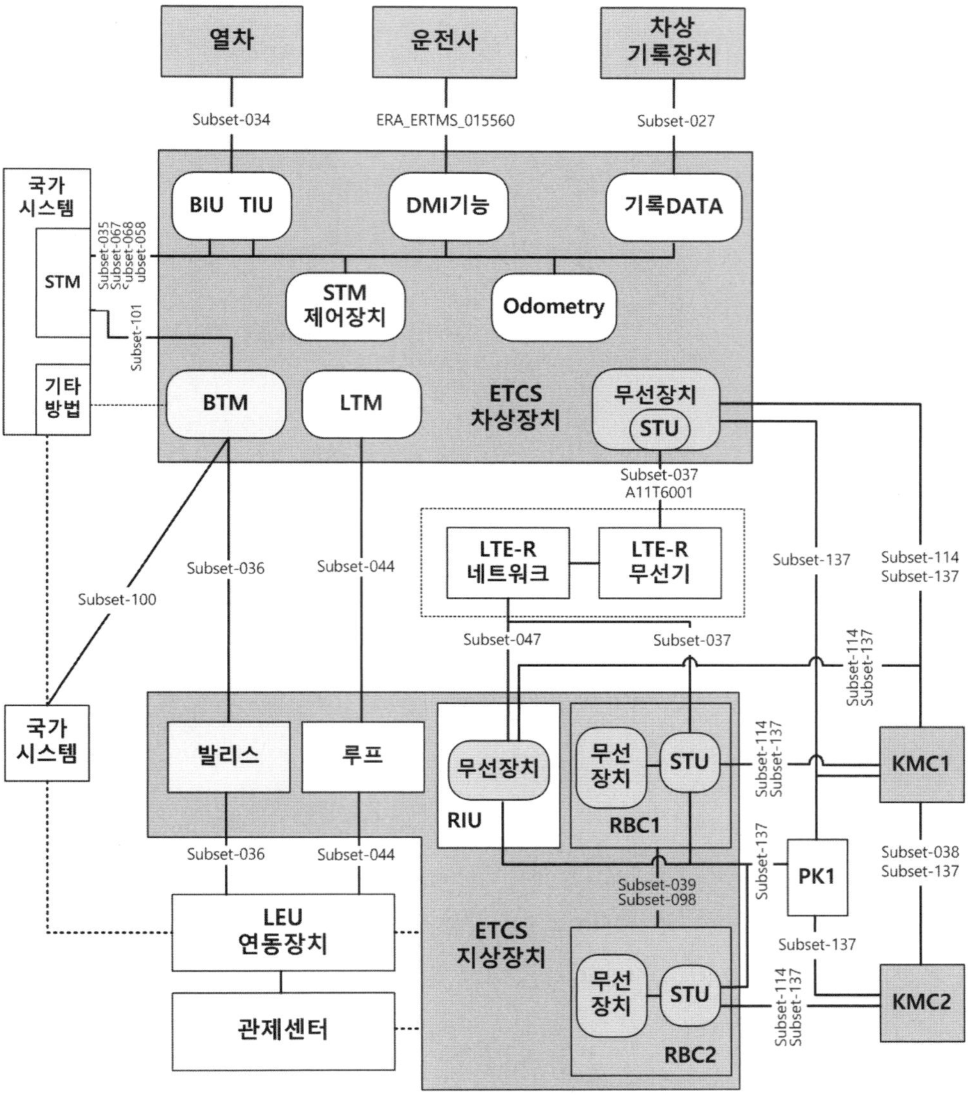

[그림 1] ERTMS/ETCS 구성도

열차 차상 시스템은 주로 다음과 같이 구성된다.

- 차상 HSSS;
- KVC(Korean Vital Computer);
- DMI(Driver Machine Interface);
- 주행 기록계 하위 시스템

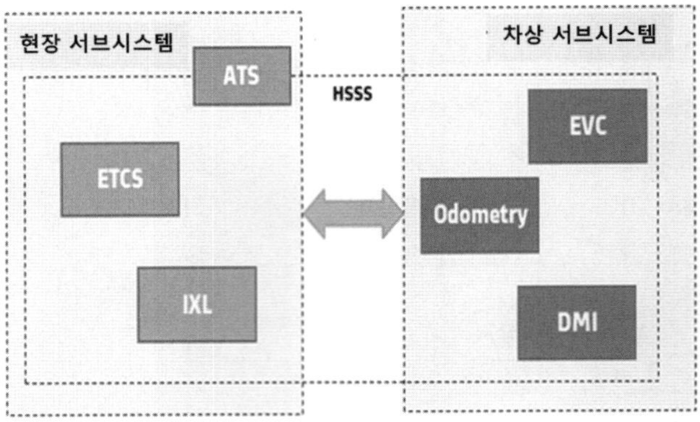

[그림 2] ETCS 지/차상신호시스템

2.2.1 ETCS 레벨

서로 다른 통신 기술에 기초하여, 선로변 장비에 대한 몇 가지 레벨이 지정되었다. 이러한 레벨에 의해, ETCS는 다양한 작동 요구에 적응할 수 있다. 이 모든 레벨에서 같은 차상 장치가 사용된다.

(1) ERTMS/ETCS Level 1

ERTMS/ETCS Level 1에서 ETCS는 기존의 지상신호장치 위에 설치되며 열차 위치는 전자연동장치와 연결된 궤도회로, 액슬카운터 등의 선로변 장치로 검지 된다. 선로변 신호기를 유지한 상태로 유도루프 또는 발리스에 의해 지상에서 열차로 고정 데이터와 가변 데이터를 전송한다.

발리스는 각각 감시된 선로 구간의 처음과 끝부분의 폐색구간 경계에 필요하며, 보통 전방 신호기와 주신호기 위치에 설치된다. 발리스는 두 신호기 사이에 임의로 추가 설치(인필 등)가 가능하다.

ERTMS/ETCS Level 1을 사용할 때는 발리스 데이터 전송만이 활성화되고, 고정 또는 가변의 선로변 데이터는 이 채널을 통해 열차에 전송되며 시스템 구성은 [그림 3]과 같다.

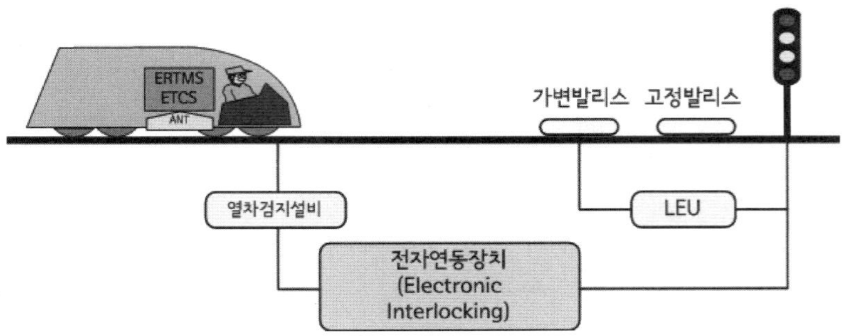

[그림 3] ERTMS/ETCS Level 1 구성

정지신호에 접근하면 제동 거리 시작 부분에 있는 발리스가 데이터를 전송하여 차상 유닛의 제동 관리 곡선을 계산한다. 열차는 소위 적절한 속도에 도달할 때까지 이 곡선을 따라가야 한다. 이 속도라면 신호는 통과할 수 있다.

기관사가 해제 속도로 정지신호를 통과하면 열차는 비상제동 개입을 받고 과주여유 거리 내에서 안전하게 정지한다. 이 시스템은 열차가 과주여유거리 끝에 있는 위험 지점 (이른바 감독 위치)을 절대 위반하지 않을 것을 보장한다. 그사이에 신호기가 해제된 후 신호기 부근에 설치된 발리스가 신호기를 벗어난 구간에서 차상 장치에서 허용되는 속도로 갱신한다.

선로용량 향상을 위해, 정지신호에 접근하는 열차는 인필 정보를 전송하여 신호가 해제된 후 제동 곡선 관리에서 해제될 수 있다. [그림 4]와 같이, 인필 정보는 추가 발리스(인필 위치), 루프 안테나(루프 인필) 또는 디지털 무선(무선 인필)에 의해 제공될 수 있다.

ETCS 레벨 1은 완전한 감독 또는 제한된 감독 모드에서 운영될 수 있다. 완전한 감독에서, 열차속도는 ETCS에 의해 영구적으로 감독이 된다. 이동 권한을 제한할 수 있는 모든 지점에서 루프 또는 무선 인필 정보가 제공되면, 열차는 선로변 신호 없이 차내 신호로 제어될 수 있다. 그러한 인필 정보가 없다면, 어떤 종류의 선로변 신호가 여전히 필요하다. 열차가 신호에 멈춘 후, 진행 권한은 ETCS에 의해 전송될 수 없다. 신호가 해제된 후 운전자는 해제 속도로 진행할 수 있다. 신호기의 발리스에 도달하면 차상 장치가 전자 이동 권한을 읽고 차내 디스플레이를 갱신한다.

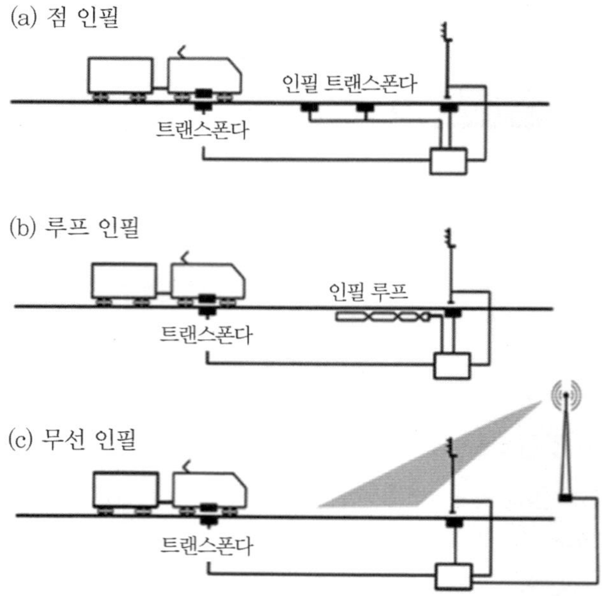

[그림 4] ETCS 레벨 1을 위한 인필 해법

이 절차에는 완전한 연동 및 폐색 신호가 필요하지 않다. 대신에, 발리스에 유효한 권한이 있음을 나타내는 단일 신호등이 있는 ETCS 정지 마커가 충분한 해결책이다(그림 5). 단, 등급 해제 모드 작동을 위해 완전한 장비를 갖춘 신호기가 제공될 수 있다.

[그림 5] 권한 표시기가 있는 ETCS 정지 마커

제한된 감독에서, ETCS는 전통적인 간헐적 ATP 시스템의 기능을 모방한다. 이러한 모드에서, ETCS 감독이 뒤에서 작동하는 동안, 열차는 항상 선로변 신호기로 관리된다.

(2) ETCS 레벨 2

ERTMS/ETCS Level 2에서는 지상의 RBC(Radio Block Center)와 열차 간 데이터 교환을 위해 ETCS는 무선을 사용하며, 전자연동장치는 진로를 제어하는 대상의 상태를 RBC에 보고하고, RBC는 제어구역의 다른 열차 간의 적절한 이동권한을 생성한다. Level 2에서는 선로변 신호기는 더 이상 사용하지 않으며, 열차 위치 검지를 위해 선로변 설비를 갖춘 기존의 폐색제어장치는 여전히 사용한다. ERTMS/ETCS Level 2시스템의 구성을 [그림 6]에 나타내었다.

무선통신시스템을 이용하여 지상과 차상 간 연속적인 양방향 데이터 통신을 수행하며 발리스에 의해 열차에 고정 기반 시설 데이터를 전송하여 열차에서 정확한 속도 제어를 할 수 있도록 한다.

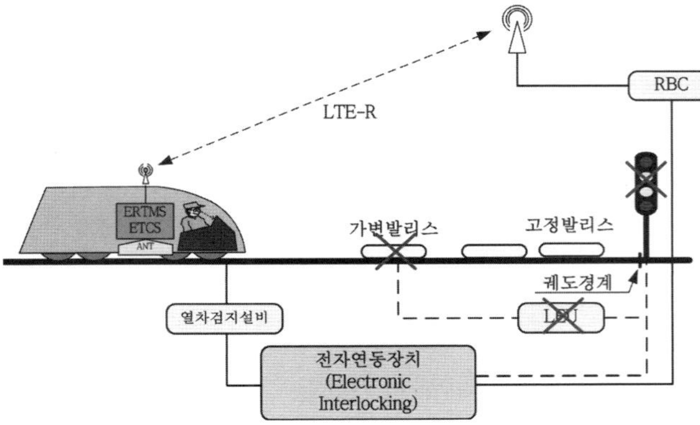

[그림 6] ERTMS/ETCS Level 2 구성

레벨 2에서, ETCS는 열차 제어 데이터가 디지털 무선에 의해 전송되는 연속 ATP 시스템으로 작동한다. (그림 6) 제어되지 않는 발리스는 열차 내 위치 시스템을 위한 참조 지점 ('전자 마일포스트')으로 사용된다.

지정된 간격으로, 열차는 자동으로 위치 데이터를 열차에 이동 권한을 발급하는 무선 폐색 센터(RBC)로 전송한다. 하지만, 열차 간격은 여전히 전통적인 궤도점유 검지기술 (궤도회로 또는 차축 카운터)이 장착된 고정 폐색구간에 의해 영향을 받는다. 선로변 신호는 필요하지 않지만, 등급 해제 모드 작동을 위해 제공될 수 있다. 대부분 철도는 유효한 권한 없이 통과되어서는 안 되는, 제어된 신호를 ETCS 정지 마커로 대체하는 것을 선호한다. 개별 철도의 운영 규칙에 따라, 중간 폐색구간은 ETCS 위치 표시기 때문에 제한될 수 있다. 이러한 ETCS 위치 표시기는 절대적인 정지표시를 제공하지 않기 때문에, 설계는 ETCS 정지 표시기와 다르다. (그림 7)

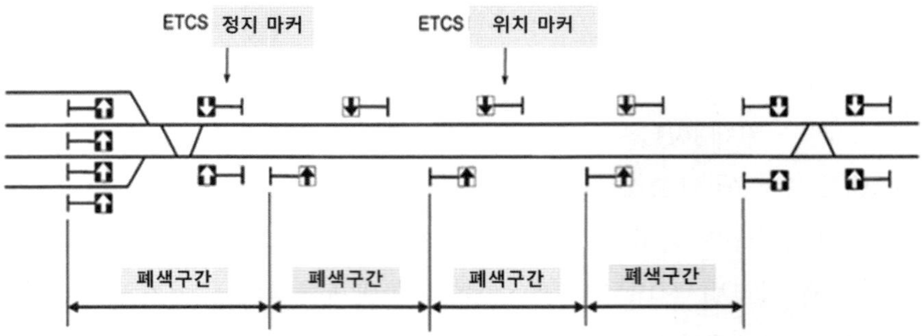

[그림 7] 선로변 신호가 없는 레벨 2노선에서의 ETCS 마커

오늘날, ETCS 정지 및 위치 표시기의 적용과 관련된 규칙은 개별 철도 간에 아직 완전히 조화를 이루지 못했다. 입환 이동에 대한 서로 다른 규칙 때문에, 일부 철도는 ETCS 입환 모드로 운행되는 차량을 위해 특정 ETCS 보드를 사용하는 반면, 다른 철도는 그렇지 않다.

(3) ETCS 레벨 3

ETCS 레벨 3은 마침내 열차 무결성 (즉, 열차 완전성)에 대한 열차 기반 검사를 시스템에 추가한 것이다. 따라서 궤도점유 검지를 위한 고정 폐색구간이 필요하지 않다(그림 9). 레벨 1과 레벨 2와는 대조적으로, ETCS 레벨 3은 ATP 및 차내 신호시스템일 뿐만 아니라 기존의 폐색시스템을 대체하는 무선 기반 열차 간격 기능을 제공한다. 운영상의 필요에 따라, 열차 간격은 가상 또는 이동 폐색에 의해 영향을 받을 수 있다. 기존의 궤도점유 검지기능이 없으므로 성능 저하 모드 작동을 위한 선로변 신호는 사용할 수 없다.

ERTMS/ETCS Level 3은 기능 면에 있어서 완전한 ATC 기능을 수행하여 연속적인 속도제어를 실행한다. 열차검지 및 선행열차와 후행열차의 열차간격을 조정하는 폐색기능이 Level 1과 Level 2에서는 고정폐색 시스템을 이용한 데 비해 Level 3에서는 이동폐색 시스템을 사용한다는 것이 주요 특징으로 주어짐에 따라 ERTMS/ETCS Level 3은 열차운행에 연관된 신호시스템이 완전한 무선방식에 의해 구현됨을 알 수 있다. 이에 따른 ERTMS/ETCS Level 3시스템 구성은 [그림 8]과 같다. 이러한 열차제어시스템의 발전 방향은 기존선 및 고속선 철도망에 있어서 최적의 열차운행 성능 및 안전성을 제공할 수 있음은 물론 기존 시스템과의 호환성, 국가 간의 열차제어시스템 호환성, 국경 없는 철도시스템의 건설, 선로용량의 증대, 그리고 가장 적은 비용의 운영 및 유지보수를 실행할 수 있을 것으로 기대된다.

특히 ERTMS/ETCS 시스템은 하위 Level에서 상위 Level로 개량할 수 있음에 따라 선로변 설비는 새로운 무선시스템 관련 설비로 대부분 교체될 것이며, 이로 인한 선로변 설비의 축소로 설비의 운영 및 유지보수 비용이 감소하게 될 것이다.
ERTMS/ETCS Level의 모든 설비는 하위 Level과 서로 호환성을 가지며 선로변 설비는 Level이 증가할수록 적어진다.

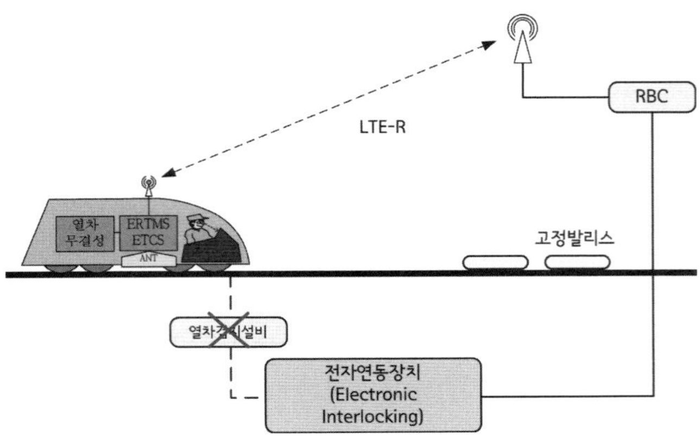

[그림 8] ERTMS/ETCS Level 3 구성

ERTMS/ETCS 시스템은 차상거리 연산제어 방식을 사용하는 차상신호시스템으로 폐색구간에 대한 특별한 제한조건은 없으며, 운행되는 열차의 종류 및 속도에 따라 폐색구간이 결정된다. ERTMS/ETCS Level 1, 2는 고정폐색 원리에 기초하여 열차의 이동권한이 부여되고 Level 3은 이동폐색의 개념으로 선행열차의 위치에 따라 이동권한이 부여된다.
국내의 ERTMS/ETCS Level 1은 폐색구간 경계 지점에 설치되는 발리스(고정 및 가변)를 이용하여 불연속적으로 차상에 정보를 전송하고 차상 컴퓨터는 선행열차와의 운행 거리(간격)에 따라 제동목표속도와 목표거리를 연속적으로 연산하여 열차운행의 안전을 확보한다.
가상 폐색을 사용하면 실제 물리적 폐색구간이 선로에 없는 제어 컴퓨터에 가상 폐색구간이 설정된다. 이러한 가상 폐색구간에는 선로변 궤도점유 검지기능이 장착되어 있지 않지만, 폐색 한계는 성능 저하 모드 작동을 위한 ETCS 위치 마커에 의해 표시될 수 있다. 무선으로 열차로부터 수신된 위치정보는 점유 및 명확한 가상 폐색구간을 보여주는 정보로 변환된다. 이동 권한은 열차에 다수의 폐색구간을 할당함으로써 제공된다. 이동 권한의 끝은 어떤 경우에도 가상 폐색구간의 제한이다. (그림 9 a) 이동폐색과 달리 전방 열차 후단의 움직임에 따라 이동 권한이 지속해서 갱신되는 것이 아니라 가상 폐색구간 해제에 따라 이동 권한이 갱신되는 것이다. 이는 RBC에서 열차로의 안내 데이터 전송을 위한 무선 교통을 심하게 감소시킨다. 교통 수요에 따라 제어 컴퓨터의 가상 폐색을 재구성하여 운영 성능을 유연하게 변경할 수 있다.

무선 기반 이동 폐색시스템에서, 열차는 열차 위치의 추적 간격에 따라, 후방 끝의 선로를 비운다. (그림 9 b) 이동 폐색은 균일한 속도 프로파일을 가진 단방향 교통 밀도가 매우 높은 선로에서만 의미가 있다. 일반적인 이동 폐색 적용은 대중교통 철도이다. 표준 철도에서는, 대부분은, 가상 폐색이 더 효율적인 해법이 될 것이다. 그러므로 오늘날 대부분 철도는 이동 폐색보다는 가상 폐색에 더 관심이 있다.

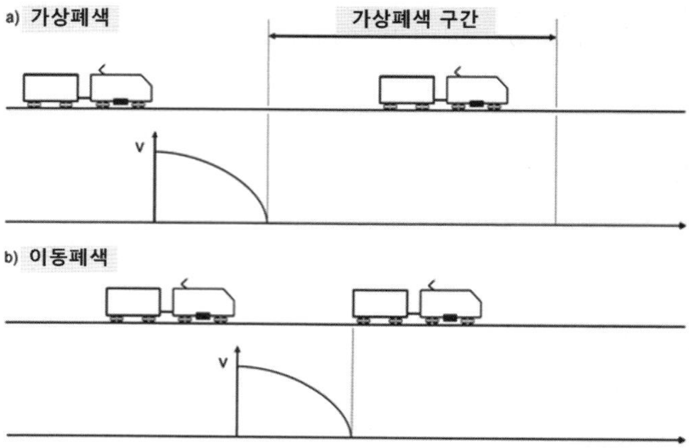

[그림 9] 가상 폐색 및 이동 폐색

(4) ETCS 하이브리드 레벨 3

ETCS 레벨 3은 모든 열차에 열차 무결성에 대한 차상 감시를 장착할 것을 요구한다. 여객 열차의 경우, 열차 구성을 통해 기존의 전기선을 사용함으로써 이를 달성할 수 있다. 전통적인 화물 운영에서는, 열차를 통과하는 그러한 전기 통신선은 아직 존재하지 않는다. 몇몇 유럽철도는 현재 소위 디지털 자동 연결기의 개발에 힘쓰고 있다. 그 새로운 커플러는 화물 왜건들이 차량이 결합할 때 연결되는 전기 데이터 라인을 갖추도록 요구한다.

이러한 발전으로, 우리는 가까운 미래에 열차의 무결성을 검사하는 최초의 화물 열차를 볼 수 있을 것이다. 그러나 새로운 커플러로의 완전한 이동은 수십 년이 걸릴 것이다. 따라서, 다소 오랫동안, 열차 무결성에 대한 열차 내 감시가 있는 열차와 없는 열차의 혼합 교통을 보게 될 것이다.

그러한 조건에서 ETCS 레벨 3을 적용할 수 있게 하려면, 여러 철도에서 레벨 2와 레벨 3의 원리를 결합한 하이브리드 해법이 선호된다. 이러한 하이브리드 해법은 선로변 궤도점유 검지기술에 의해 제어되는 더 긴 폐색구간에 의해 과주여유거리가 된 가상 폐색구간이 있는 ETCS 레벨 3을 기반으로 한다. 열차 무결성에 대한 차상 감시를 갖춘 열차는 가상 폐색구간에 따라 노선을 점유하고 해제한다. 미장착 열차는 가상 폐색구간에 따라 노선을 점유할 수 있지만, 궤도점유 검지기술에 의해 제어되는 더 긴 폐색구간에 따라서만 노선을 해제할 수 있다. 일부 철도에서는 하이브리드 레벨 3을 레벨 2 HD(고밀도)라고 부른다.

[그림 10]은 폐색 시간 다이어그램을 통해 그 원리를 보여준다. 두 열차 사이의 최소 노선의 경우, 첫 번째 열차에 열차 무결성 감시가 장착되어 있는지가 항상 관련이 있다. 열차 무결성 감시기능이 장착된 열차의 비중이 증가함에 따라 인프라 상의 어떠한 변화도 없이 선로용량이 향상될 것이다.

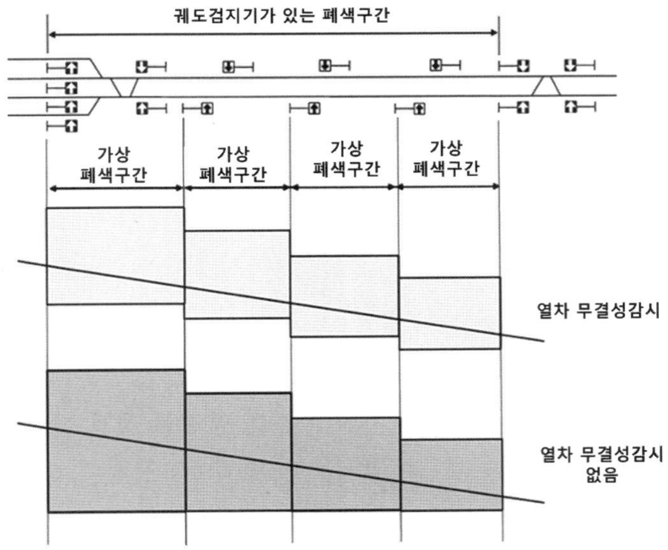

[그림 10] ETCS Hybrid 레벨 3에서의 시간 계단 폐색

2.2.2 선로변 서브시스템

선로변 서브시스템은 [그림 11]과 같이 다른 외부 요소와 통신한다. [그림 11]에서, 두 개의 서로 다른 하위 시스템을 인식할 수 있다.

- ETCS
- 연동장치
- ATS 또는 TMS

각각은 기능적, 구조적 관점에서 본 문서에서 간략하게 설명되어 있다.

응용 사례로서, 우리는 고속철도 노선에 설치된 선로변 신호 서브시스템에 대한 아키텍처를 설명하고자 한다. 일부 고속철도는 목적지–중간역–목적지로 운행하는 경우가 대부분이나 목적지–목적지를 직통으로 연결 운행하여 더욱더 빠른 시간 여행을 보장하는 경우도 있다.

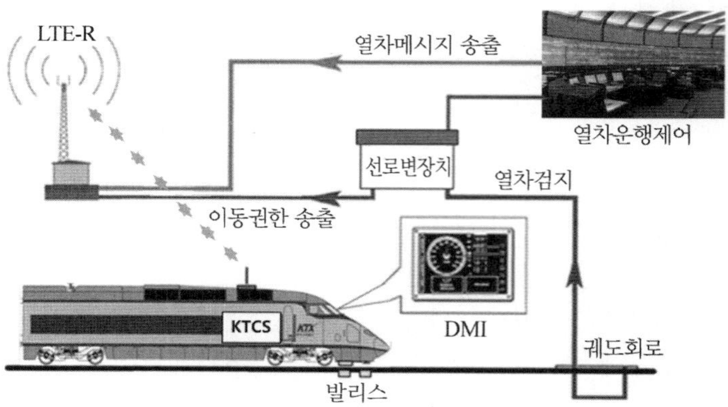

[그림 11] ERTMS L2 장비와 선로변 신호시스템과의 통신시스템

(1) ETCS

ETCS L2 시스템은 다음의 두 가지 주요 기능을 실현한다.

1) 고속철도 노선에서 작업하는 열차 간의 안전한 공간 간격 보장
2) 열차의 운행 상황을 모니터링하여 적색(위험) 신호를 통과하거나 속도제한을 초과하면 기관사에게 알린다. 이 경우 기관사가 경고에 응답하지 않으면 시스템이 자동 제동 작동시켰다.

다음 단락에서는 현재 사용되는 이러한 하위 시스템의 주요 구성 요소를 설명한다.

① RBC

RBC(무선 폐색 센터)는 ERTMS/ETCS 레벨 2 선로변 시스템의 심장부이다. RBC는 ERTMS/ETCS 레벨 2의 안전한 중앙 선로변 장비이며 LTE–R 통신이 설정된 레벨 2 지역에서 운행되는 모든 열차의 안전을 담당한다.

다시 말해, RBC는 관할 안전관리 책임관리 구역 내의 모든 열차에 대하여 안전한 열차 이동과 간격에 필요한 데이터 교환을 관리하며, 관리 책임 구역은 [그림 12]와 같이 평균 70 km이다.

- 노선 점유, 노선 상태 등 연동장치로부터 받은 정보에 따라 이동 권한을 열차에 전송한다.
- 위치 보고를 통해 열차로부터 정보를 수신한다.

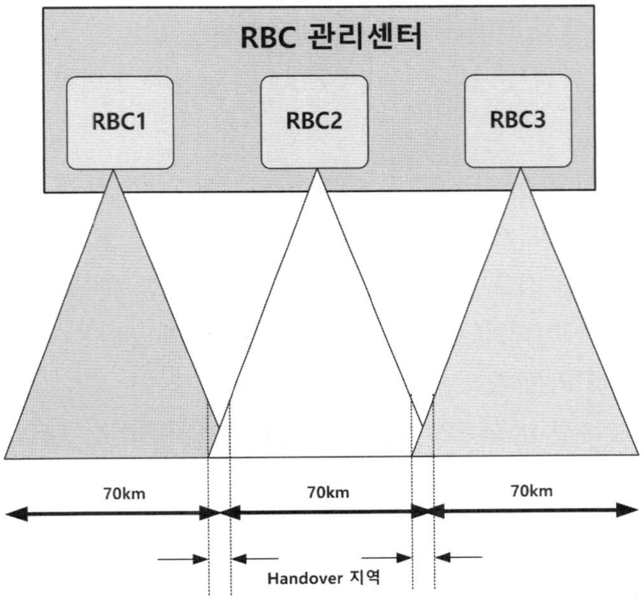

[그림 12] RBC의 책임관리 구역

RBC와 열차 사이의 데이터 교환은 LTE-R 통신 네트워크를 통해 이루어진다. 각 RBC는 각 열차의 위치를 계산하여 자체 데이터베이스에 기록한다. (이 데이터베이스는 선로 배치도를 포함한다) 이러한 방식으로, RBC와 통신하는 모든 열차는 언제든지 감독 되어야 한다.

ETCS L2 장착 노선으로 운행되는 열차가 특정 RBC 지역을 넘어갈 경우, 이는 열차가 몇 km 내에 다음 RBC 지역으로 접근함을 의미하므로, 성능 저하 없이 운행되게 하려고 인접한 두 RBC가 열차 정보를 교환해야 한다.

이 교환 프로세스를 Handover라고 한다.

인계 과정 동안 열차가 진출하는 영역을 RBCO (RBCHO)라고 하며, 열차가 진입하는 영역을 RBCCO (RBCACC)라고 한다.

② NTG

NTG (Network Transmission Gateway)는 신호 장비 네트워크와 LTE-R 하위 시스템 네트워크 사이의 인터페이스 게이트웨이이다. NTG는 RBC에서 수신되는 정보를 LTE-R 프로토콜로 변환하여 RBC와 ERTMS/ETCS 레벨 2 장착 열차 간을 통신할 수 있게 한다.

NTG는 RBC와 LTE-R 네트워크 사이에 접속하여 RBC로부터 오는 정보를 LTE-R 프로토콜로 변환하는 장비이며, 그 반대의 경우도 RBC와 ERTMS 레벨 2 장착 열차 간을 통신할 수 있게 한다.

하나의 NTG는 동시에 여러 RBC 및 열차와 통신할 수 있다.

③ KMS

KMS(키 관리 시스템)'은 안전한 ERTMS 데이터 무선 통신을 쉽게 하려고 철도에서 암호화 키의 관리를 담당하는 선로변 구성 요소다.

ERTMS는 선로변 장비와 열차 사이의 정보를 데이터 메시지의 형태로 교환한다. 이러한 데이터 메시지에 라디오를 사용하면 보안 연결이 필요하며 연결의 양쪽에서 해당 키를 사용할 수 있어야 한다.

KMS 구성 요소(기본적으로 서로 다른 두 장비로 구성되는 경우)는 서로 다른 작업을 수행한다.

KMC(키 관리 센터) 및 PKI(공공 키 인프라)가 있다.

KMC(Key Management Center)는 KMS 일부로서 인증 키를 생성, 업데이트 및 ERTMS 선로 및 열차 운반 장비에 배포하고 외국 KMC(인접 노선에 속하는 같은 장비)와 키를 교환하는 역할을 담당한다.

PKI(Public Key Infrastructure)는 비대칭 키 물질의 관리에 사용된다. 핵심 자료는 대개 스마트카드나 이와 유사한 하드웨어를 통해 관리된다.

④ 유로발리스(Balise)

[그림 13]에서 선로 자석이라고 불리는 유로발리스는 열차에 ETCS 메시지를 전송하는 선로에 설치된 장비이다. ETCS 레벨 2에서는, 열차 위치 관리를 위해 주로 사용된다. 유로발리스는 내부 메모리에 저장된 같은 메시지를 항상 전송하는 경우 고정된 것으로 간주한다. 열차 내 이동 기능에 필요한 정보를 열차에 제공하고, 위치 보고를 통해 열차의 위치를 RBC에 알리기 위해 주로 사용된다. 반대의 경우(변동적인 메시지), 전환 가능한 유로발리스에 관해 이야기할 수 있다.

안전등급은 SIL 4를 준수하여야 한다.

[그림13] 철도 궤도에 설치된 유로발리스

⑤ LEU

LEU(Lineside Encoder Unit)는 연동장치와 다른 외부 시스템, 그리고 궤도에 설치된 전환 가능한 유로발리스 사이를 연결하는 안전한 장비이다.
이 장비는 동시에 전환 가능한 여러 유로발리스와 인터페이스 할 수 있다. 연동장치 또는 외부 시스템에서 수신된 정보에 따라 적절한 사전 정의된 ERTMS/ETCS 메시지를 전송한다. 안전등급은 SIL 4를 준수하여야 한다.

⑥ 마커 보드

ETCS 마커 보드는 폐색구간의 각 끝에서 선로를 따라 설치된다. 이들은 기관사에게 이동권한이 종료되면 정차해야 할 정확한 위치를 알려주는 데 사용된다.
ETCS 마커 보드는 멀리서도 볼 수 있도록 색상과 반사 패널이다.

[그림 14] ERTMS/ETCS 마커 보드

(2) 연동장치

열차가 출발지와 도착지 사이의 단일 선로만을 따라가야 한다면, 방금 제시된 것과 같은 ATP/ATC 시스템이 대략 적절할 것이다.

실제로, 열차의 목적지와 출발 지점은 일반적으로 역이며, 초기 지점 A에서 최종 지점 B까지 가는 진로(Path 1, Path 2)가 있다. (그림 15)

역은 2개 이상의 평행 레일과 그 선로전환기로 구성되어 있어 서로 다른 선로에서 열차를 운행할 수 있다. 열차가 처음부터 역을 출발하는 경로를 진로라고 한다.

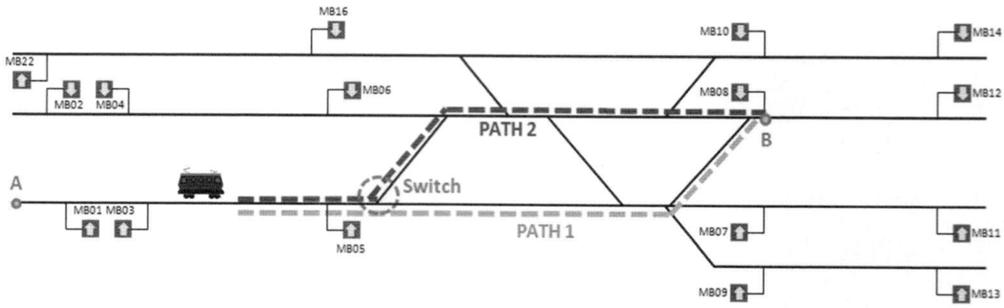

[그림 15] A에서 B 지점으로 가는 2개의 진로

정거장 구내의 열차 운행과 차량의 입환을 안전하고 신속하게 하려고 신호기, 선로전환기, 궤도회로 등의 장치를 기계적, 전기적 또는 소프트웨어적으로 상호 연동하여 동작하도록 한 제어 시스템을 연동장치라고 한다. 노선을 설정하는 것은 여러 폐색구간을 쇄정하는 것을 의미하며, 이 구간들은 함께 열차의 진로를 형성한다. 노선이 활성화되고 궤도회로가 점유될 때까지 열차는 노선의 어떤 부분에도 존재할 수 없으며, 이는 상호 배타적인 공유 자원으로 간주 된다.

(3) ATS(Automatic Train Supervision)

ATS (자동 열차 감독) 또는 TMS (교통 관리 시스템) 하위 시스템은 철도 교통 흐름을 감독하고 연동/RBC 장비가 포함된 시스템의 장비 진단을 수행하는 설비이다. 열차 교통 순환을 계획, 규제 및 최적화하는 기능, 인프라 상태 관리, 관련된 모든 장비의 모니터링 및 진단 수행 기능을 갖춘 완전한 교통 관리 수명 주기를 지원한다. 이러한 모든 기능은 철도 노선의 실시간 상태를 표시하기 위한 하나의 통합된 휴먼 머신 인터페이스를 공유하며, 인간의 감독에 의해 관리된다.

[그림 16] 고속철도 열차제어센터(TCC)

[그림 16]은 ATS(자동열차감독장치) 하위 시스템 일부로 TCC (교통관제센터)의 일부를 나타내고 있다. 이곳에서는 일반철도나 고속철도 전 구간의 열차 운행현황을 매일 지휘 감독하고 제어한다.

2.2.3 열차 차상 서브시스템

고속철도 선로변 ETCS 서브시스템은 열차의 안전한 이동을 허용하기 위해 열차 차내 서브시스템과 통신한다. 다음은 차상 서브시스템에 대한 종류에 대하여 간략하게 설명하였다.

(1) KVC

KVC(Korean Vital Computer)는 다음을 기반으로 열차 본연의 기능을 안전하게 처리하는 차상 컴퓨터이다.

1. 선로변 장비로부터 받은 정보
2. 기관사가 소개한 데이터
3. 차상 센서에서 전송되는 데이터

한국 Vital 컴퓨터 (약칭 KVC)는 유럽 열차 제어 시스템 ETCS의 안전한 차량 컴퓨터이며 차량 장비의 핵심으로 선로변 장비로부터 받은 정보를 기반으로 제동 곡선을 유지하거나 전차선의 보호 라인에서 메인 스위치를 활성화하는 등의 결과적인 작업을 수행한다. 다른 보안 작업에는 경로 및 속도 모니터링이 포함된다. ETCS 주행 허용, 레벨 및 모드 변경. 트랙 측에서 제공되는 정보에는 예를 들어, 허용 속도, 경사

프로필 및 슬립 경로가 포함된다.

기관사와 KVC는 DMI(Driver Machine Interface)를 통해 인터페이스 된다.

[그림 17] KVC(Korean Vital Computer)

(2) DMI

이 장치와 관련하여 다음과 같은 특성이 있다.

- 회전식(축 인코더라고도 함), 축 또는 차축의 각 위치 또는 움직임을 아날로그 또는 디지털 코드로 변환하는 전기 기계 장치이다.
- 초기 위치에 대해 아무것도 알지 못하더라도 이동 거리를 점진적으로, 계산할 수 있다.

[그림 18] ERTMS/ETCS 운전석 콘솔

[그림 19]와 같이 DMI 모니터의 표시장치는 의미에 따라 특정 영역에 위치한다. 그림의 하단에는 속도제어 영역에 특정한 초점을 두고 다음을 표시한다.

① 순간 속도

실제 열차속도이며 모니터에 원형 눈금 및 중앙 표시기가 있는 디지털 회전 속도계로 표시된다. [그림 18]은 디지털 회전 속도계를 나타내며, 최대 400 km/h까지의 척도로 104 km/h의 순간 속도를 나타낸다.

② 경고 개입 시간

세로 세그먼트로 길이가 감소한다. 기관사의 남은 개입 시간을 나타낸다.

③ 최대 허용 속도

이 값은 회전 속도계의 상한으로 표시된다.

④ 목표속도

목표속도는 색이 변하는 아크의 포인트로 표시된다. 열차가 목표지점 바로 앞에 도달해야 하는 속도입니다. 원형 호로 표시되며 회전 속도계의 상한으로 표시된다.

⑤ 대상 거리

열차와 위험지점 사이의 남은 거리이다.

⑥ 해제 속도

해제 속도는 목표속도가 0일 때 열차가 EOA 근처에서 달릴 수 있는 제한속도다. 한 해제 속도는 위험지점과 연관될 수 있고 다른 해제 속도는 겹침과 연관될 수 있다. 해제 속도는 열차 내에서 계산될 수도 있다. 허용 속도를 나타내는 원호의 바깥쪽 부분에 표시되며, 디지털 표시도 제공된다.

[그림 18-1] EMU 320 운전석 콘솔

[그림 19]의 하단부와 상단부에 있는 두 개의 원형 아크 속도 사이의 다른 색상에 주목한다. 특정 색상의 사용은 사전 정의된 우선순위 순서에 따라 반응하며, [표 2]에 표시된 색상 기준을 확립한다.

[표 2] DMI 칼라 상세

우선순위	칼라	기관사 조치
낮은 우선순위	gray	즉각적인 조치가 필요하지 않다.
평균 우선순위	yellow	기관사의 적절한 조치(열차제동)가 필요
높은 우선순위	orange	즉각적인 시정 조치(즉, 제동 증가)가 필요
매우 높은 우선순위	red	필요한 작업이 수행되지 않았음.

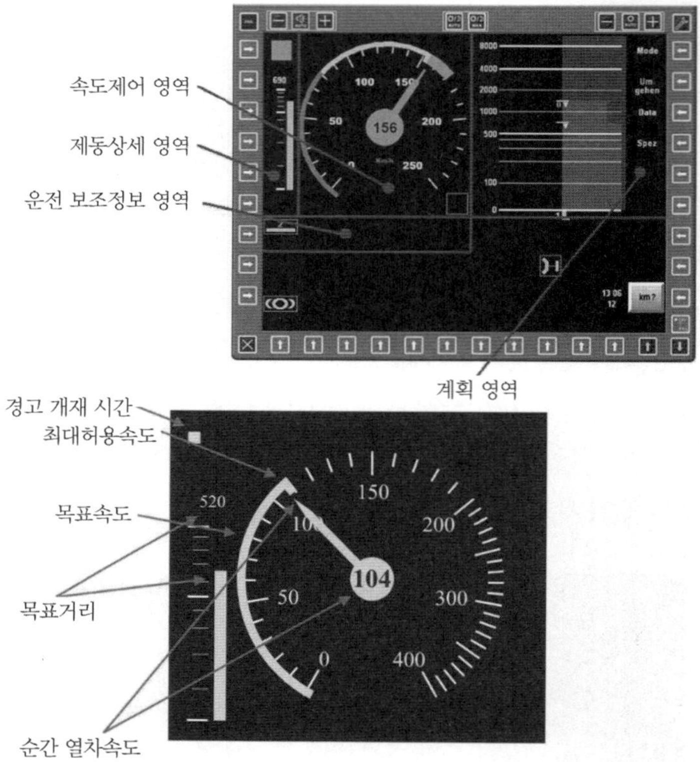

[그림 19] ETCS DMI 모니터

(3) 주행 기록계 하위 시스템

주행 기록계는 주행거리 측정을 위한 센서 정보를 기반으로 차량의 위치와 속도를 추정하는 기술이다. 주행 기록계는 주어진 크기/반경에서 특징지어지는 바퀴의 회전을 감지함으로써 차량의 주행 가능 거리를 측정한다.

제한된 가이드가 있는 모든 차량에 적용 가능하므로, 철도 시스템은 일반적으로 이 기술을 사용한다. 따라서, 차상 시스템과 관련하여, 주행 기록계 하위 시스템은 다음 단락에서 설명하는 장비로 구성되어 있으며, 이는 이동 열차에 의해 운행되는 거리와 속도를 계산하기 위해 KVC에 필요한 정보를 제공한다.

KVC는 두 개의 서로 다른 발리스로 식별되는 궤도 P1, P2의 정의된 두 지점 사이에서 이러한 각각의 값을 주기적으로 계산할 수 있다. 열차가 P2 지점을 통과하면 위치가 업데이트되고 주행 기록계 추정 과정이 다시 시작된다.

아래의 [그림 20]은 주행 기록계 서브시스템의 주요 장비를 나타내는 밝은 파란색 박스의 단순화된 차상 시스템 구성을 보여준다.

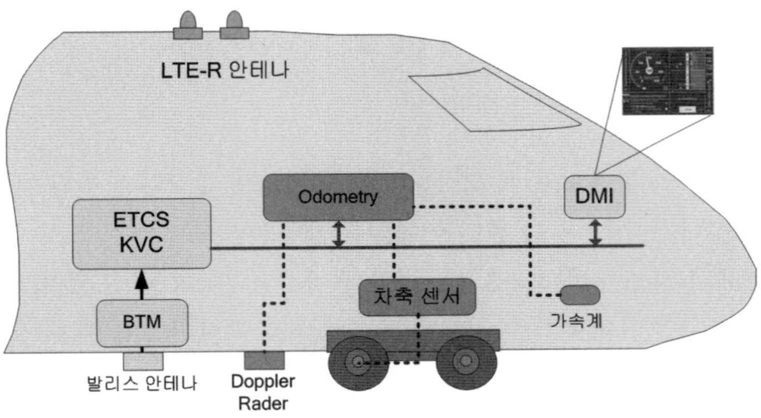

[그림 20] 차상장치 신호시스템

① 휠 센서

움직이는 차량의 주행속도는 바퀴의 회전 속도를 알고 계산할 수 있다. 이 계산은 주행거리 측정 기법을 기반으로 하며 결과적으로 적용되는 거리는 바퀴가 지면에 대해 선형으로 회전한다는 가정에 기초한다.

회전축과 휠의 속도 측정은 휠에 배치된 증가하는 회전 인코더를 통해 실행할 수 있다.

이 장치와 관련하여 다음과 같은 특성이 있다

- 회전식(축 인코더라고도 함), 축 또는 차축의 각 위치 또는 움직임을 아날로그 또는 디지털 코드로 변환하는 전기 기계 장치이다.
- 초기 위치에 대해 아무것도 알지 못하더라도 이동 거리를 점진적으로, 계산할 수 있다.

인코더를 한 바퀴 회전할 때 지정된 양의 펄스를 제공한다. 출력은 속도 회전을 결정하기 위해 오프셋 되는 단일 펄스 라인("A" 채널) 또는 두 펄스 라인("A" 및 "B" 채널)일 수 있다.

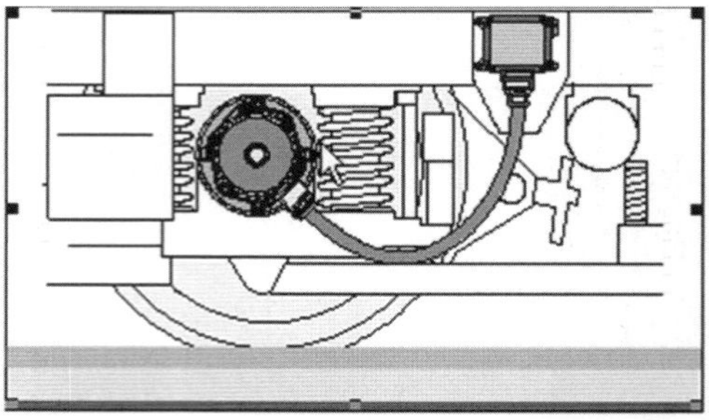

[그림 21] 휠 센서(Wheel Sensor)

② 레이더

도플러 원리에 기초하여, 레이더 센서는 열차의 속도와 관련된 거리에 대한 정보를 제공하기 위해 지상 변위 이미지를 제공한다.

공중에서 전송된 마이크로파는 지상에 반사된다. 열차속도에 비례하는 방사선과 수신 방사선 간의 주파수 차이는 처리 장치로 계산된다. 레이더 센서에는 소프트웨어가 내장되어 있으며 열차 배터리로 구동된다.

[그림 22] Radar Sensor

③ 가속도계

표준 열차 기반 구성에서, 가속도계가 사용되며 열차 가속/감속을 ETCS 열차 기반 하위 시스템에 제공한다.

가속도계는 힘의 균형 원리에 기초한다. 가속에 굴복하면 지진 질량은 움직이는 경향이 있다. 광학 위치 검출기가 새 위치를 감지하여 전류로 변환한다. 이 전류는 가속도에 비례한다.
가속도계는 정확한 부하 저항을 통과하여 열차 가속도에 비례하는 출력 전압을 제공한다.

[그림 23] 가속계

2.3 ETCS – 상호운용성 구성 요소

ETCS 관련 상호운용성 구성 요소 (IC) 가 법률 문서에 정의되어 있어서, 상호 수용 원칙에 관한 간단한 설명뿐만 아니라 참고 자료와 함께 간략한 설명이 필요하다.

2.3.1 기본 상호운용성 구성 요소

ETCS는 차상설비와 지상설비로 구성되며 차상은 주요 상호운용성 구성 요소다. 일부 예외를 제외하고, 지, 차상 장비의 하드웨어 및 소프트웨어 개체로 구성되어 있다.

(1) 선로변 장치의 기본 상호운용성 구성 요소

① RBC

- 안전
- 선로변 ETCS 기능 (유로발리스, 무선 충전 및 유로루프를 통한 통신 제외)
- ETCS 및 EIRENE 공극 인터페이스 (열차와의 무선 통신만 가능)

② RBC 인터페이스

- 인접 RBC
- 키 관리 시스템
- 연동장치
- EMC
- ERTMS LTE-R 선로변
- ETCS-ID 관리
- 환경 조건

③ 무선 인필 장치

- 안전
- 선로변 ETCS 기능(유로발리스, 유로루프)
- ETCS 및 EIRENE 에어캡 인터페이스 (열차와의 무선 통신만 가능)

④ 무선 인필 장치 인터페이스

- ERTMS LTE-R 선로변
- 키 관리 시스템
- ETCS-ID 관리
- 연동장치 및 LEU
- 환경 조건
- EMC

⑤ 유로발리스:

- 안전
- ETCS 및 EIRENE 공극 인터페이스 (열차와의 유로발리스 통신만 가능)

⑥ 유로발리스 인터페이스:

- LEU 유로발리스
- ETCS-ID 관리
- 환경 조건
- EMC

⑦ LEU 유로발리스:

- 안전
- 선로변 ETCS 기능 (무선 인필, 유로루프)

⑧ LEU 유로발리스 인터페이스:

- 선로변 신호
- 유로발리스
- ETCS-ID 관리
- 환경 조건
- EMC

(2) 차상장치 기본 상호운용성 구성 요소

① ETCS 차상장치:

- 안전
- 차상 ETCS 기능
- ETCS 및 EIRENE 공극 인터페이스
- RBC (레벨 2/3)
- 무선 인필 장치(옵션 레벨 1)
- 유로발리스 에어캡

② ETCS 차상장치 인터페이스:

- STM (인터페이스 K의 선택적 구현)
- LTE-R 탑재
- 주행거리 측정
- 키 관리 시스템
- ETCS ID 관리
- ETCS 드라이버 기계 인터페이스 (DMI)
- 키 관리
- 물리적 환경 조건
- 전자파 적합성(EMC)
- 경계(선택 사항) 및 교육 무결성을 포함한 데이터 인터페이스
- 안전 정보 기록기

Fail-Safe 전자 장비의 특수성 때문에, 탑승한 안전 플랫폼은 별도의 상호운용성 구성요소로 선택된다.

③ 주행거리 측정:

- 안전
- 차상 ETCS 기능 (오드리 전용)

④ Odometry 인터페이스:

- ERTMS ETCS 탑재
- 환경 조건
- EMC

⑤ 안전 정보 기록기:

- 차상 ETCS 기능 (데이터 기록 전용)

⑥ 안전 정보 레코더 인터페이스:

- JRU 다운로드 도구
- ETCS 차상
- 환경 조건
- EMC

기본적인 상호운용성 구성요소인 ETCS 차상장치에는 ETCS 차상 장비 구성에 따라 무선 인필 기능이 포함되거나 포함되지 않을 수 있다.

⑦ LTE-R 탑재

- EIRENE 기능 (레벨 2/3 또는 레벨 1의 무선 충전 데이터 통신만 가능)

⑧ LTE- R 차상 인터페이스:

- ERTMS ETCS 차상 (레벨 2/3 또는 무선 충전 레벨 1)
- LTE-R
- EIRENE DMI
- 환경 조건
- EMC

⑨ 외부 STM:

- 기능 및 안전

⑩ 외부 STM 인터페이스:

- ERTMS ETCS 탑재
- 클래스 B 시스템 공극
- 환경 조건
- EMC

(3) 선로변장치 안전 플랫폼 구성 요소

① 선로변 유로발리스, LEU 유로발리스:

- 안전
- 선로변 ETCS 기능 (유로루프 및 레벨 2/3 기능을 통한 통신 제외)
- ETCS 및 EIRENE 공극 인터페이스 (열차와의 유로발리스 통신만 가능)

② 선로변 유로발리스, LEU 유로발리스 – 인터페이스:

- 선로변 신호
- ETCS–ID 관리
- 환경 조건
- EMC

(4) 차상장치 안전 플랫폼 구성 요소

① ETCS 차상 안전 정보 기록기(주행거리 측정)

- 안전
- 차상 ETCS 기능
- ETCS 및 EIRENE 공극 인터페이스:
  - ➢ RBC (레벨 2/3)
  - ➢ 무선 충전 장치(옵션 레벨 1)
  - ➢ 유로발리스 에어캡
  - ➢ 유로루프 에어캡(옵션 레벨 1)

② ETCS 차상, 안전 정보 기록기(Odometry–인터페이스)

- STM (인터페이스 K 구현 옵션)
- ERTMS LTE–R 탑재
- 키 관리 시스템
- ETCS ID 관리
- ETCS DMI
- 물리적 환경 조건
- EMC
- JRU 다운로드 도구
- 경계(선택 사항) 및 교육 무결성을 포함한 데이터 인터페이스

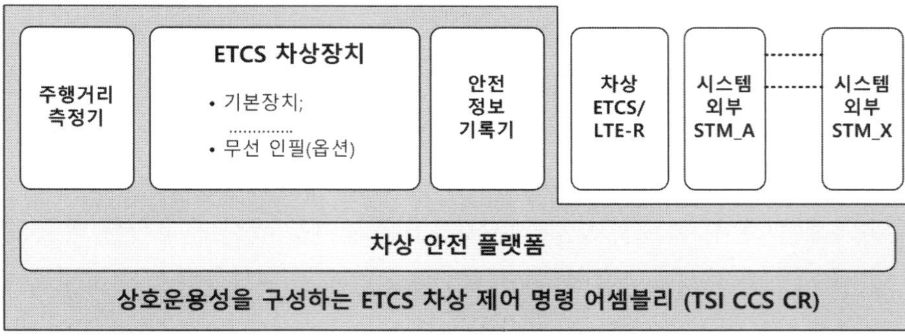

[그림 24] ETCS 차상장치 상호운용성 구성 그룹의 예

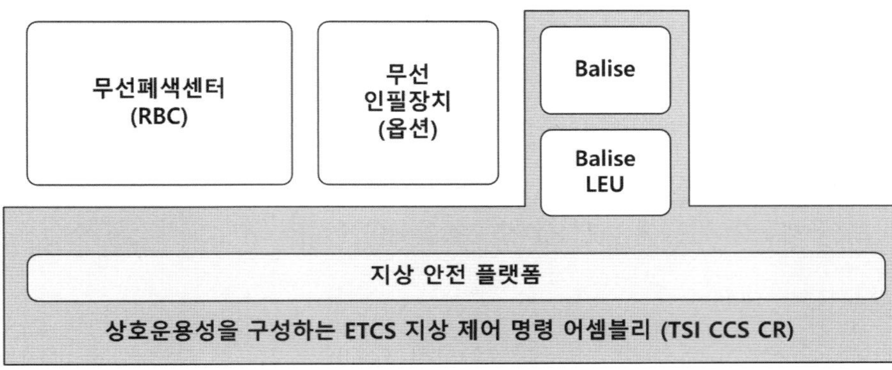

[그림 25] ETCS 선로 측면 조립체 상호운용성 구성 그룹의 예

2.3.2 구성요소의 적합성 평가 및 검증

유럽 회원국들이 유능한 기관들에 의해 독립적인 적합성과 평가의 대상을 유럽 위원회(NoBos라 함)에 통보하였다. 평가 통과 후 NB가 발행한 "적합성 증명서"에 기초하여 생산자는 지역사회 회원국을 통한 교차 수용의 기초가 되는 "EC 적합성 선언서"를 발행한다.

ETCS 시스템의 경우, 정의된 모든 IC는 다음 사항을 사용하여 평가된다.

- 설계검사를 통한 완벽한 품질보증
- 유형 검사
- 생산 품질보증
- 제품 확인

(1) 설계검사와 품질보증 원칙

본 모듈은 NB가 상호운용성 구성 요소의 설계를 검사하고 제조업체가 관련된 상호운용성 구성요소가 TSI의 요건을 충족하는지 확인하고 선언하는 절차를 설명한다.

① 제조업체는 설계, 제조 및 최종 제품 검사 및 시험을 위해 승인된 품질 시스템을 운영해야 하며, 반드시 NB에 품질 시스템 평가를 위한 신청서를 제출해야 한다. 품질 시스템은 상호운용성 구성 요소가 TSI의 요구사항을 준수하도록 보장해야 한다.

② NB는 품질 시스템이 요건을 충족하는지를 판단하기 위해 평가해야 한다.
관련 일치 표준을 구현하는 품질 시스템과 관련하여 이러한 요건의 준수를 가정해야 한다. 이것과 일치되는 표준은 EN 9001-2000이어야 한다.

③ NB는 신청서를 검토하고 시험 결과를 평가해야 한다. 설계가 TSI에 적용되는 규정을 충족하는 경우, NB는 EC 설계 시험 증명서를 신청자에게 발급해야 한다. 인증서는 검사의 결론, 유효성 조건, 승인된 설계의 식별에 필요한 자료 및 관련되면 제품의 기능에 대한 설명을 포함해야 한다.

(2) 형식시험의 원칙

본 모듈은 NB가 예상 생산을 대표하는 형식이 해당 TSI의 규정을 충족한다는 것을 확인하고 증명하는 절차의 부분을 설명한다.

① 신청자는 자신이 선택한 NB, 즉 시료를 제공해야 하며, 아래 '형식'으로 불리는 생산의 대표자를 선정해야 한다.

② 버전 간의 차이가 TSI의 조항에 영향을 미치지 않는 한, A 유형은 상호운용성 구성요소의 여러 버전을 포함할 수 있다.

③ NB는 다음을 수행해야 한다.

- 기술 문서 검토
- 시험에 필요한 시료가 기술 문서에 적합하게 제조되었는지, TSI 및/또는 관련 유럽 규격에 따라 형식시험을 시행하였는지 확인한다.
- TSI에서 설계검토를 요청하는 경우, 설계 프로세스 완료 시 상호운용성 구성요소의 적합성 요건에 대한 능력 평가를 위해 설계 방법, 설계도구 및 설계 결과에 대한 검토를 수행한다.
- TSI에서 요구하는 경우 상호운용성 성분 제조를 위한 제조공정 검토
- TSI의 관련 규정에 따라 설계한 요소를 식별하여 적절한 검사 및 필요한 시험을 시행한다. 시험 및 필요한 시험을 시행할 위치에 대해 신청자와 합의한다.

(3) "생산 품질보증" 원칙

이 모듈은 제조업체가 다음 사항을 확인하고 선언하는 절차를 설명한다.

상호운용성 구성요소는 형식 검사에 설명된 유형에 부합한다.

인증 및 그에 적용되는 TSI 요건을 충족한다.

① 제조업체는 생산, 최종 제품 검사 및 시험을 위해 승인된 품질 시스템을 운영해야 한다. 제조자는 관련 IC를 위해 자신이 선택한 NB와 함께 품질 시스템 평가 신청서를 제출해야 한다. 품질 시스템은 IC가 형식 검사 증명서에 기술된 형식과 그에 적용되는 TSI의 요구사항을 준수하는지 확인해야 한다.

② 품질관리시스템을 평가하여 요구사항 충족 여부를 판단한다. 제조업체가 표준 EN과 관련하여 생산, 최종 제품 검사 및 시험을 위한 품질 시스템을 구현하는 경우 이러한 요건을 준수한다고 가정한다. 그래서 EN ISO 9001-2000, 구현 대상 상호운용성 구성 요소의 특수성을 고려한 것

③ 제조자는 EC 상호운용성 구성 소의 적합성 선언서를 작성해야 한다. 이 선언문의 내용은 지침 01116/EC에 표시된 정보를 포함해야 한다.

(4) "제품 검증" 원칙

본 모듈은 제조업체가 상호운용성 구성요소가 형식 검사 인증서에 기술된 형식에 적합하고 그에 적용되는 TSI 요건을 충족하는지 확인하고 증명하는 절차 일부를 설명한다.

① 제조공정이 형식 검사인증서에 기술된 형식과 TSI의 요구조건에 대한 IC의 적합성을 보장하는 데 필요한 모든 조치를 해야 한다.

② NB는 상호운용성 구성요소가 형식 검사 인증서에 기술된 형식과 TSI의 요구조건에 부합하는지 확인하기 위해 모든 상호운용성 구성 요소의 검사 및 테스트 또는 통계 기반 IC의 검사 및 테스트를 다음과 같은 적절한 검사와 테스트를 수행해야 합니다.

③ 제조업체는 EC 상호운용성 구성 요소의 적합성 선언서를 작성해야 한다.

④ 본 선언문의 내용은 최소한 지침 96148/EC, 부속서 IV (3)에 명시된 정보를 포함해야 한다.

⑤ 제조업체는 마지막 상호운용성 구성 요소를 제조한 후 10년 동안 EC 적합성 선언서 사본을 보관해야 한다. (알림: 모든 모듈에 대해)

제어 명령 하위 시스템 전체도 유사한 모듈을 사용하는 적합성 평가의 대상이지만 하위 시스템 요건에 적합하도록 조정되었다.

3 ETCS 기능의 개요

본 장에서는 ETCS 애플리케이션 레벨 및 구성뿐만 아니라, 주로 FRS와 SRS에 대한 ETCS 문서의 더 자세한 설명을 참조하면서, 주요 ETCS 기능을 정의한다.

3.1 ETCS 주요 기능

ETCS는 철도 및 산업, 운영 및 CCS 전문가를 포함하는 국제 협력 내에서 구현된 현대적인 통합 열차 제어 시스템이다. 결과적으로, ETCS는 철도 선로 - 열차 공극 전송 기반 신호의 최첨단 기술을 형성하는 현대 기술에 기반을 두고 있으며, 이에 따라, 기존 시스템에 비해 안전성과 성능을 크게 향상할 수 있다.

(1) 안전 개선 – 이동 권한의 정확한 주행 한계

전통적인 철도 신호는 주로 컨버전스 경로를 제외한 연동 및 폐색 시스템에 기반을 두고 있으며, 열차 간격을 보장한다. 이러한 시스템에 의해 정교하게 설명되는 중요한 메시지는 기관사가 존중해야 할 색에 의해 선로변 신호기로 표시된다. 열차 제어 시스템은 이러한 메시지를 수신하고 수신 거리와 속도제한을 준수하는 주행을 보장하기 위해 발명되었다.

따라서, 선로 - 열차전송은 운행 제한에 대한 정확한 정보를 이동 권한의 형태로 열차에 전송하기 위해 사용된다. 이러한 운용 당국은 열차에 의해 통과되어서는 안 되는 선로 위의 장소를 정확히 정의한다. (권한 종료 - EoA) 또한 속도 프로필과 같은 다른 정보가 차상으로 전송된다. ETCS 이동 권한(MA)에 대한 자세한 정보는 하위 Subset-026, 3장을 참조한다.

(2) 안전성 향상 – 열차 운전 감독

수신된 데이터는 열차 기관사를 감독하기 위해 차상 ETCS 장비로 사용된다. 이러한 목적을 위해, 차상 장비는 노선과 관련된 데이터뿐만 아니라 열차와 관련된 데이터도 알아야 한다. 따라서 이러한 열차 데이터는 운행을 시작하기 전에 기관사에 의해 입력될 수 있다.

선로 데이터와 기관사가 입력한 데이터에 기초하여, 차상 장비는 열차 이동 감독을 위한 제동 곡선 세트를 계산한다. 제동 곡선 및 제동 곡선 사용 방법은 SRS Subset-026에 설명되어 있다. 각각의 기본원칙은 표적에 대한 제동 예로 제시되어 있다.

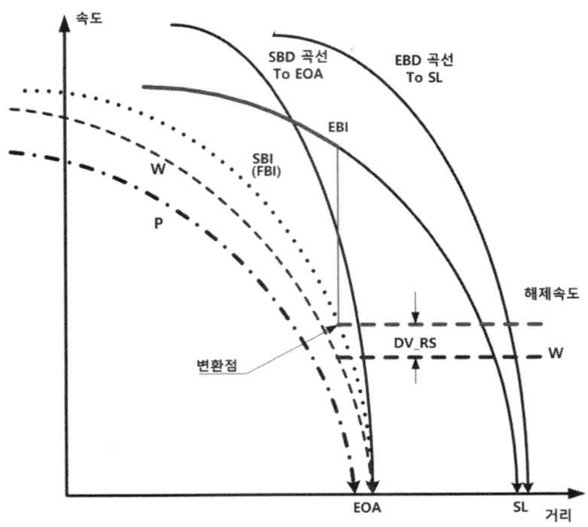

P : 허용 속도제한 곡선
W : 경고 제한 곡선
SBI : 서비스 브레이크 개입 제한
FBI : 완전 제동 개입,
EBI : 비상 브레이크 개입 한계
SBB : 서비스 브레이크 감속 곡선,
EOA : 권한 종료
EBD : 비상 브레이크 감속 곡선,
SL : 감독 위치
DV_RS : 경고와 해제 속도제한 사이의 고정 속도 차이

[그림 26] 서로 다른 제동 곡선 간의 관계(대상으로 제동)

(3) 성능 향상 – 속도와 용량 증가

열차 이동을 감독하는 선로-열차전송 기반 시스템은 운행 제한에 대한 정확한 정보를 활용한다. 따라서, 그러한 시스템은 제한속도가 초과하는 것을 피하려고 열차를 지속해서 감독할 수 있다.

열차 운행 제한에 대한 차상 장비 지식은 기관사들이 날씨 조건으로부터 독립적으로 한계를 볼 수 있도록 디스플레이를 통해 기관사에게 알리는 데 사용된다. 게다가, 이것은 철도의 선로변 신호 관측을 위한 시간 단축에 대한 걱정 없이 운행속도를 증가시킬 수 있게 해준다. 철도는 일반적으로 속도 증가가 제동 거리의 연장에도 영향을 미친다는 사실을 고려하여 고속열차에 그러한 종류의 시스템을 사용한다.

더욱 발전된 시스템에서의 데이터 전송은 선로에서 열차로 가는 방향뿐만 아니라 열차에서 선로로 가는 방향도 있다. 예를 들어, 이것은 선로변 장비에 열차 위치를 알리기 위해 사용된다.

(4) 상호운용성 – 다른 국가에서 운용할 수 있는 기능

선로변 신호에 기초한 신호 시스템은 국가 규칙에 따라 다른 색상 현시를 활용한다. 또한 선로 – 열차 데이터 전송에 기반한 자동 열차 제어 시스템은 국가별로, 때로는 특정 노선에 대해서도 별도로 개발되었다. 현재 20개 이상의 다른 시스템이 사용되고 있다. 열차 운행 감독 시스템은 주로 수년간의 개선과 철도 행정에 따른 맞춤화라는 두 가지 이유로 버전이 달라서 정확한 숫자는 어떤 경우에는 제시될 수 없다.

ETCS는 다른 철도 관리 기관에 속한 노선에 대해 고안된 열차 제어 시스템이다. 결과적으로, ETCS는 광범위한 보호 기능, 다양한 애플리케이션 레벨 및 다양한 구성을 제공한다. 국가 값은 서로 다른 국가의 시스템 행동과 규칙 및 규정 사이의 일관성을 보장한다.

ETCS 애플리케이션 레벨 및 구성은 ETCS SRS Subset–026, 4장에 설명되어 있다. 국가 값이 어떻게 정의되는지에 대한 정보는, ETCS SRS Subset–026, 7장을 참조한다.

3.2 ETCS 애플리케이션 수준 및 구성

선로와 열차 사이의 운행 관계를 정의할 수 있는 다양한 가능성이 있다. ETCS 시스템에서, 그러한 일련의 관계를 애플리케이션 수준이라고 한다.

다음 사이의 차이점을 확인하고 이해할 필요가 있다.

- ETCS 선로변 장비와 관련된 노선 또는 선로 부분의 ETCS 수준
- ETCS 차상 장비와 관련된 견인 장치의 ETCS 수준
- 양쪽의 작동 사용과 관련된 ETCS 작동 수준

3.2.1 견인 장치를 위한 ETCS 수준

견인 장치는 레벨 1, 레벨 2 또는 레벨 3 ETCS 차상장비 설치를 장착할 수 있다.

(1) 레벨 1 ETCS 차상장비

견인 장치를 위한 레벨 1 ETCS 차상 장비는 기본 차상 ETCS 세트를 형성하는 모든 필요한 모듈을 포함한다.

레벨 1 차상 ETCS 설치는 선택적으로 무선 인필 장치, 유로루프 전송 모듈 및 / 또는 STM, STM을 장착하여 클래스 B 시스템과 협력할 수 있다.

(2) 레벨 2 ETCS 차상

견인 장치를 위한 레벨 2 ETCS 차상 장비는 기본 차상 ETCS 모듈 세트와 데이터 전송을 위한 LTE-R 차상 모듈을 포함한다. 이러한 장비가 LTE-R을 통해 전송되는 MA를 수신할 수 있어야 하므로, 본 모듈은 레벨 2 ETCS 차상에 필수적이다.

레벨 2 ETCS 차상장치는 ETCS 레벨 1에서 실행될 수 있지만, 레벨 1 ETCS 차상용으로 개발된 선택적 모듈도 장착할 수 있다. 결과적으로, 또한 ETCS 애플리케이션 레벨 내에서도 가능한 구성이 있다.

(3) 레벨 3 ETCS 차상

견인 장치를 위한 레벨 3 ETCS 차상 장치에는 레벨 2와 더불어 열차 무결성 모듈에 대한 기본적인 차상 ETCS 모듈과 LTE-R 차상 모듈이 포함되어있다. 이동 폐색 원칙에 따라, RBC는 LTE-R을 통해 열차 위치 및 열차 간격을 감독하기 위한 무결성에 대한 중요한 정보를 수신해야 하므로, 열차 무결성 모듈은 ETCS 차상 레벨 3에 필수적이다.

레벨 3 ETCS 차상은 ETCS 레벨 1에서 실행될 수 있지만, 레벨 1 ETCS 차상에 사용되는 선택적 모듈도 장착할 수 있다. 결과적으로, 또한 이 경우에는 ETCS 애플리케이션 레벨 내에 가능한 구성이 있다.

3.2.2 노선을 위한 ETCS 수준

노선 및 선로 구분에 대한 서로 다른 ETCS 레벨은 개별 철도 관리자들이 전략에 따라 선로변 인프라와 필요한 성능에 적합한 ETCS 애플리케이션 선로변을 선택할 수 있도록 한다. 게다가, 서로 다른 애플리케이션 레벨은 ETCS에 대한 개별 신호 시스템 및 등급 B 열차 제어 시스템의 인터페이스에 일부 제약을 가한다.

(1) 레벨 0 ETCS 노선

레벨 0 ETCS 노선은 ETCS도, 클래스 B 국가 시스템도 갖추지 않은 노선이다. 이는 ETCS 및 클래스 B 장비의 부재 또는, 예를 들어, 선로변 ETCS 인프라가 존재하지만 무시되어야 하는 상황에 해당 장비의 존재를 의미할 수 있다.

레벨 0에서, ETCS 외부에서의 회선 측 색등식 신호 또는 다른 신호 수단은 기관사에게 존중되어야 한다. 열차 감지 및 열차 무결성 검증은 ETCS의 범위를 벗어난다. 레벨 0은 Eurobalise 외에는 궤도-열차 송신을 사용하지 않는다. 그러므로 유로발리스는 여전히 읽혀야 한다. 특정 특수 명령을 제외한 데이터는 해석되지 않는다.

(2) 레벨 STM ETCS 노선

레벨 STM ETCS 노선은 클래스 B 국가 시스템을 갖춘 노선이다. STM이 존재하지 않는 국가 시스템을 갖춘 노선 (예를 들어, 클래스 B 시스템이 아님)은 레벨 0 ETCS 노선으로 취급되어야 한다.

(3) 레벨 1 ETCS 노선

레벨 1 ETCS 노선은 MA를 열차로 보내는 유로발리스를 통한 지점 전송을 갖추고 있다. ETCS 설치는 기존 신호 시스템에 오버레이를 형성한다. 열차의 허용 속도는 지속해서 감독이 된다. MA를 전송하는 발리스는 전환 가능하며, 예를 들어 LEU(선로변 전자장치)를 통해 신호에 연결하여 신호 시스템에 연결된다.

열차 검지 및 열차 무결성 감시는 ETCS의 범위를 벗어난다.

열차가 신호기에 도달하기 전에 새로운 정보를 수신하도록 원거리 신호와 주 신호 사이에 추가 유로발리스를 배치할 수 있다. 인필은 유로루프 또는 무선 인필을 사용하여 제공될 수도 있다. 이 경우, 이용 가능한 경우 새로운 정보가 열차로 전송된다.

레벨 1 ETCS 노선의 가능한 구성은 다음과 같다.

① 유로발리스 근방 및 주 신호기(인필이 없는 레벨 1)
② 추가 인필 유로발리스가 있는 레벨 1
③ 선로변 신호기가 있고 인필 유로루프가 있는 레벨 1
④ 선로변에 신호기가 없고 인필 유로루프가 있는 레벨 1
⑤ 선로변 신호기가 있는 무선 레벨 1
⑥ 선로변 신호기가 없는 무선 인필 레벨 1

특히 차상 시스템이 MA를 나타낼 수 없는 경우 선로변 신호를 폴백 상황에서 사용할 수 있다는 점에 유의해야 한다.

3.2.3 ETCS 작동 수준

ETCS 차상 장비를 갖춘 열차는 정의된 ETCS 수준에서 ETCS 선로변 장비와 항상 협력한다. 선로와 열차 사이의 운영 관계와 두 장비 종류의 사용을 정의하는 이러한 운영 수준을 ETCS 애플리케이션 수준이라고도 한다. ETCS는 다음 애플리케이션 레벨 중 하나에서 작동하도록 구성할 수 있다.

① 레벨 0 – ETCS 또는 국가 시스템이 없는 노선 또는 시운전 중인 ETCS 시스템을 갖춘 열차

② 레벨 STM – ETCS가 STM을 사용하여 상호 접속하는 국가 시스템이 장착된 노선에서 운행하는 ETCS를 갖춘 열차
③ 레벨 1 – 유로발리스와 선택적으로 유로루프 또는 무선 인필식 노선을 운행하는 ETCS를 장착한 열차
④ 레벨 2 – RBC에 의해 제어되고 유로발리스와 LTE-R이 장착된 노선으로 운행되는 ETCS를 장착한 열차
⑤ 레벨 3 – 레벨 2와 유사하지만, 열차 위치 및 열차로부터 수신된 정보를 기반으로 한 열차 무결성 관리로 상호 운용 가능한 부분

레벨 1, 2, 3은 하향 호환된다. 즉, 레벨 3 장착 열차는 레벨 1과 레벨 2에서, 레벨 2 장착 열차는 레벨 1에서 운행할 수 있다. STM에 따른 작업은 하향 호환성 체인의 일부가 아니라는 점에 유의해야 한다. 수준 간의 모든 전환은 잘 지정된 규칙에 따라 수행된다.

(1) 레벨 0 – ETCS 작동

① 선로변 장비

㉮ 레벨 전환 및 기타 특정 명령을 발표하기 위해 Eurobalise를 제외하고 ETCS 선로변 장비는 사용되지 않는다.
㉯ 주요 ETCS 선로변 기능 – 없음

② 차상 장비:

㉮ Eurobalise 송신기가 장착된 탑재 장비
㉯ 주요 ETCS 차상 기능:

- 최대 열차속도 감독
- 미개척지역에서의 최고속도 감독
- 레벨 전환 및 특정 특수 명령을 감지하기 위한 유로발리스 판독. 다른 모든 메시지가 거부됨

③ 작업:

㉮ ETCS 차상 장비는 열차의 최대 설계 속도 및 제한되지 않은 지역에서 허용되는 최대 속도 외에는 어떠한 감독도 제공하지 않는다.
㉯ 열차속도를 제외하고 DMI에는 감독 정보가 표시되지 않는다. 최대 허용 속도는 기관사의 요청에 따라 일시적으로만 표시된다. 열차 데이터를 입력해야 한다.

(2) 레벨 STM – ETCS 작동

① 선로변 장비:

㉮ 레벨 STM은 ERTMS/ETCS의 부분이 아닌 기본 국가 시스템의 선로 열차 전송 시스템을 사용한다.

㉯ 레벨 전환 목적으로 유로발리스 사용

㉰ 주요 ETCS 선로변 기능 - 없음

② 차상 장비:

㉮ Eurobalise 송신기가 장착된 차상 장비

㉯ 각 국가 인프라와 호환되는 STM

㉰ 주요 ETCS 차상 기능:

- 국가 시스템 및 STM 구현에 따라
- 레벨 전환 및 특정 특수 명령을 감지하기 위한 유로발리스 판독. 다른 모든 메시지가 거부됨
- STM의 관리
- 차상신호를 기관사에게 보내는 표시(국가 시스템에 따라 다름)

③ 운영

㉮ 레벨 STM은 국가 열차제어 및 속도 관리 시스템이 장착된 노선에서 ETCS 장착 열차를 운행하기 위해 사용된다. 탑재된 ETCS가 국가 시스템의 전송 시스템을 활용할 수 있도록 하는 장치를 STM이라고 한다.

㉯ 국가 열차 제어 시스템에 의해 생성된 열차 제어정보는 기본 국가 시스템의 통신 채널을 통해 열차로 전송되며, ETCS에 의해 해석 가능한 정보로 차상 내에서 변환될 수 있다. 선로변 색등식 신호는 예상 교통 구조 및 기본 시스템의 성능 및 기능에 따라 필요하거나 필요하지 않을 수 있다.

㉰ 달성 가능한 감독 수준은 기본 국가 시스템이 제공하는 수준과 유사하다. STM을 정의할 때 국가 운영 중 DMI 정보도 고려해야 한다. 열차 감지 및 열차 무결성 감시는 ETCS 외부 장비로 수행된다.

㉱ 레벨 STM은 발리스 전송과 관련된 공지/명령 수준 전환 및 특정 명령을 제외하고, ETCS 선로–열차 전손을 사용하지 않는다. 그러므로 유로발리스는 여전히 읽혀야 한다. 레벨 전환 명령 및 특정 특수 명령을 제외한 데이터는 해석되지 않는다.

㉮ 기관사에게 표시되는 정보는 기본 국가 시스템의 기능에 따라 달라진다. 활성 STM은 해당 정보의 부분으로 기관사에게 표시된다.

㉯ 열차 데이터를 입력해야 한다.

㉰ 국가 선로변 시스템의 각 조합은 ETCS 차상 시스템에 외부적으로 결합하여야 하며, 하나의 STM 수준으로 간주하여야 한다.

㉱ ETCS 차상 기능의 재사용은 특정 STM의 구성에 따라 다를 수 있다.

㉲ ETCS 차상 감독 기능에 대한 접근 지원

3.2.4 Level 1 – ETCS 운영

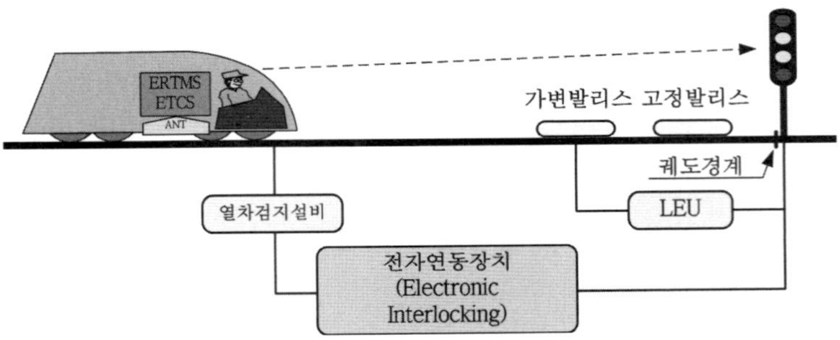

[그림 27] ETCS Level 1 운용

(1) 선로변 장비:

① 선로 열차에서 지점 전송을 위한 유로발리스

② 유로발리스는 가변 정보를 전송할 수 있어야 한다.

③ Euroloop 또는 무선 인필을 이용한 인필 전송은 선택 사항(중복되지 않으면 의무화 가능)

④ 주요 ETCS 선로변 기능:

- 기초 신호 계통에 따른 MA 결정
- 열차에 MA 전송 및 선로 데이터 열차로 전송

(2) 차상 장비:

① Eurobalise 송신기가 장착된 차상 장비

② 무선으로 인필 해야 하는 경우 무선 인필 전송

③ 주요 ETCS 차상 기능:

- 송신 발리스와 관련된 MA 및 선로설명 데이터 수신
- 지속해서 속도 감독
- 전방 각 위치에서 허용되는 속도 중 가장 제한적인 값의 선택
- 차상에 알려진 열차 운행/제동 특성 및 선로설명 데이터를 고려한 동적 속도 프로필의 계산
- 실제 열차속도와 허용 속도 비교 및 필요한 경우 제동 작동 명령
- 차상신호를 기관사에게 표시

(3) 운영

① ETCS 레벨 1은 지속적인 속도 감시 시스템을 제공하며, 이는 MA의 과주로부터 보호하기도 한다.

② 선로변 신호가 제거되지 않고 레벨 1에 있으면, 접근하는 열차는 해당 신호에서 유로발리스 그룹을 통과할 때까지 이 정보를 수신할 수 없다. 따라서 기관사는 선로변 신호를 관찰해야 하며, 언제 진행해야 하는지 알아야 한다. 열차는 최대 허용 해제 속도 이하로 정지 위치에 접근할 수 있어야 한다.

3.2.5 Level 2 – ETCS 운영

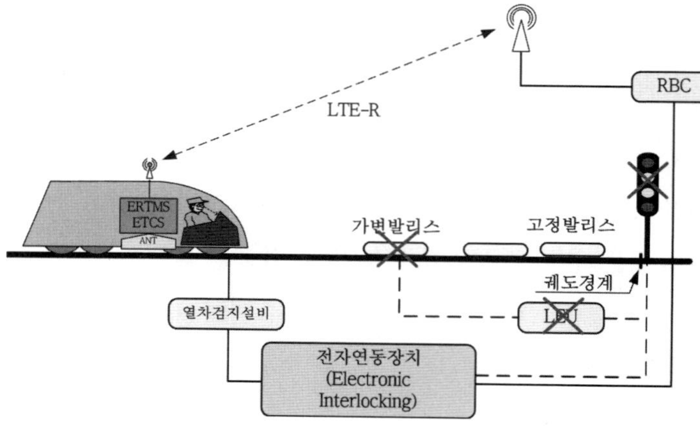

[그림 28] ETCS Level 2 운용

(1) 선로변 장비:

① RBC

② 양방향 선로 열차 통신을 위한 LTE-R

③ 주로 위치 참조용 유로발리스

④ 주요 ETCS 선로변 기능:

- ETCS ID에 의해 RBC 영역 내에서 ETCS를 탑재하고 운행하는 각 열차에 대한 인식
- RBC 영역 내에서 각 ETCS 제어 열차의 위치 추적
- 열차별 기본 신호체계 별 MA 결정
- 열차마다 MA 및 선로설명 데이터 전송
- RBC-RBC 경계에서 RBC간 열차제어권 핸드오버

(2) 차상 장비:

① Eurobalise 및 LTE-R 송신기가 장착된 차상 장비

② 주요 ETCS 차상 기능:

- 열차 유로발리스 판독 후 검출된 발리스에 대한 위치를 RBC에 전송
- 열차는 LTE-R을 통해 Balise와 관련된 MA 및 선로 정보를 수신
- 지속적인 속도 감독
- 전방 각 위치에서 허용되는 속도 중 가장 제한적인 값의 선택
- 차상로 알려진 열차 운행/제동 특성 및 선로 정보 데이터를 고려한 동적 속도 프로필의 계산
- 실제 열차속도와 허용 속도 비교 및 필요한 경우 제동 작동 명령
- 차상신호를 기관사에게 표시

(3) 운영:

① ETCS 레벨 2는 지속적인 속도 감시 시스템을 제공하며, 이는 MA의 과주로부터 보호한다.

② 데이터 전송은 연속 무선 전송(LTE-R)으로 달성된다. MA는 선로변에서 생성되어 LTE-R을 통해 열차로 전송된다. 일부 기능의 경우, 무선 전송은 지점 전송(유로발리스)에 의해 보완되어야 한다. 열차의 검지는 선로기반 장비, 대개 궤도회로 또는 차축 카운터에 의해 달성된다. 열차에 정보를 제공하는 선로변 RBC는 관련 ETCS 차상 장비의 ETCS ID에 의해 각 열차를 개별적으로 인식한다. 신호정보는 운전실의 장비 및 선택적으로 선로변 신호로 기관사에게 전달된다. 그러나 선로변 신호가 필요하지 않으면 노선에서 교통량이 혼합되거나 예비로 인해 제거될 수 있다.

3.2.6 Level 3 – ETCS 운영

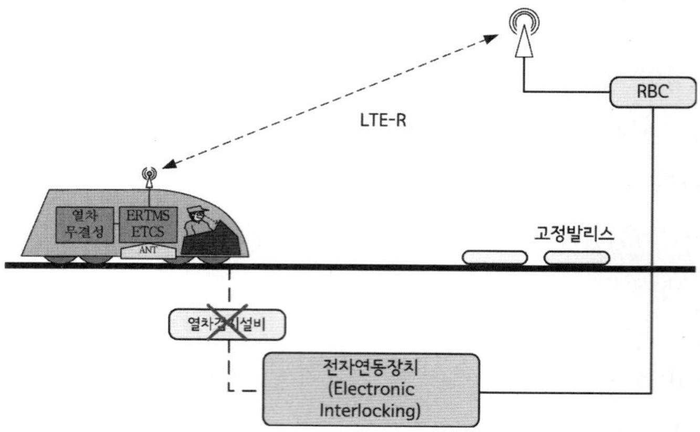

[그림 29] ETCS Level 3 운용

(1) 선로변 장비:

① RBC

② 양방향 선로 열차 통신을 위한 LTE-R

③ 주로 위치 참조를 위한 유로발리스

④ 주요 ETCS 선로변 기능:

- RBC 영역 내의 각 열차를 ETCS ID로 파악
- RBC 지역 내 각 열차 위치 추적
- 열차로부터 수신된 정보에 따른 진로 쇄정 및 진로 해정
- 열차별 개별 MA 결정
- MA 및 선로별 개별 전달
- RBC-RBC 경계선 내 RBC간 열차제어권 인계

(2) 차상 장비:

① Eurobalise 및 LTE-R 송신기가 장착된 차상 장비

② 열차 무결성 시스템

③ 주요 ETCS 차상 기능:

- 열차 유로발리스 판독 후 검출된 발리스에 대한 위치를 RBC에 전송
- 열차는 열차 무결성(ERTMS/ETCS 일부가 아닌 외부 기능)을 감시하여 RBC에 이 정보를 전송

- 열차는 LTE-R을 통해 발리스 연속 속도 관리 관련 MA 및 선로 정보를 수신
- 전방 각 위치에서 허용되는 속도 중 가장 제한적인 값의 선택
- 차상에 알려진 열차 운행/제동 특성 및 선로 정보 데이터를 고려한 동적 속도 프로필의 계산
- 실제 열차속도와 허용 속도 비교 및 필요한 경우 제동 작동 명령
- 차상신호를 기관사에게 표시

(3) 운영:

① ETCS 레벨 3은 무선 기반 열차 제어 시스템이다.

② MA는 선로변에서 생성되고 LTE-R을 통해 열차로 전송된다. ETCS 레벨 3은 지속적인 속도 감시 시스템을 제공한다. 이 시스템은 또한 MA 열차 위치의 과주행을 방지하고 열차 무결성 감시는 열차와 협력하여 선로변 RBC에 의해 수행된다. (위치 보고서를 전송하고 무결성 정보를 보낸다.)
레벨 3은 열차 간 선로 통신을 위한 LTE-R과 주로 위치 참조를 위한 지점 전송 장치로서 유로발리스에 기반을 두고 있다. 열차에 정보를 제공하는 선로변 RBC는 선도적인 ETCS 차상 장비의 ETCS ID에 의해 각 열차를 개별적으로 알고 있다. 선로변 신호는 레벨 3에서 작동할 때 사용될 것으로 예상되지 않는다.

3.2.7 레벨 간 전환

분리되지 않은 ETCS 장비는 항상 위에서 설명한 수준 중 하나에서 작동한다. 이러한 레벨 간의 모든 전환은 정의된 기능과 절차에 따라 수행된다.

예를 들어, 개별 철도에 의해 사용될 수 있는 추가적인 국가 기능과 규칙은 ETCS 사양에 명시되어 있지 않으며, ETCS 외부에서 구현되어야 한다.

모든 레벨 간의 전환이 가능하다. 같은 레벨 내의 전환은 레벨 0과 1에는 적용되지 않는다. 레벨 STM과 레벨 STM 간의 전환은 한 STM에서 다른 STM으로 전환되는 과정을 설명한다. 레벨 2와 레벨 2 사이의 전환과 레벨 3과 레벨 3 사이의 전환은 RBC 사이의 핸드오버로 이루어진다.

3.2.8 단일 노선에서 ETCS 애플리케이션의 중첩

이 기능의 목적은 단일 노선에 서로 다른 ETCS 애플리케이션 수준을 중첩하는 것이다. 열차가 적절하게 장착되지 않았을 때는 다른 레벨로 수평 전환을 시도해서는 안 된다.

대신 현재 수준에서 계속 작동해야 한다. 열차가 장착되지 않은 다른 레벨 구역으로 진입하는 것에 대한 보호는 반드시 그 레벨에서 제공되어야 한다.

어떤 장소에서는 같은 노선에 대해 서로 다른 적용 수준에서 열차를 운행해야 할 수도 있다. 레벨 1선이 레벨 2선과 교차하는 연결 지점이 그러한 예일 수 있다. 따라서, 무선이 장착되지 않은 열차는 레벨 1노선에서 레벨1으로 운행할 수 있어야 하며, 동시에 레벨 2 열차는 레벨 2노선에서 운행할 수 있어야 한다.

열차가 무선 및 발리스를 통해 수신된 서로 다른 레벨에 대한 충돌 정보를 해석하는 경우, 잠재적으로 위험하거나 통제 불가능한 상황이 발생할 수 있다. 그러므로, 열차가 관련 정보만을 해석하도록 보장하기 위한 명확한 규칙이 요구된다. 또한 레벨 1만 장착된 열차가 레벨 2 구역으로 진입하도록 지시받더라도 진입을 시도하지 않도록 해야 한다.

예를 들어, 열차 무결성 장치가 없는 열차를 레벨 2에서, 열차 무결성 장치가 장착된 병렬 열차에서 운행하는 것과 같이, 같은 선로에 여러 애플리케이션 레벨을 병렬로 중첩하는 것도 가능하다. 다른 예로는 레벨 1 및 레벨 2 노선 기능을 통해 도착하는 열차에 의해 공유되는 역 또는 ETCS를 통한 혼합 레벨이 지원되는 국가 시스템의 병렬 운영이 있다.

3.2.9 기술 및 운영 상호운용성

다양한 ETCS 애플리케이션 레벨과 구성은 상호운용성을 보장할 수 있다. 그러나, 통일 수준이 항상 같은 것은 아니다. 이러한 논의는 ETCS 수준과 기관사의 선로변 신호 관찰, 이해 및 준수 의무 사이의 관계에 기초한 기술적, 운영적 상호운용성에 대한 논의로 이어졌다. 광범위한 기술적 맥락을 고려한 철도 상호운용성에 대한 추가적인 논의는 유럽철도 시스템을 위한 통일 단계로 기술, 운영 및 법적 상호운용성을 정의한 명령 제어만으로 좁혀지지 않았다.

기술적 상호운용성은 열차와 기관사가 서로 다른 철도 관리 기관 간의 국경을 넘을 수 있다는 것을 의미하지만, 기관사는 선로변 신호와 표시기를 관찰, 이해 및 준수해야 할 뿐만 아니라, 선로에 적용되는 운영 규칙과 규정을 준수해야 한다.

운영 상호운용성은 이용 가능한 모든 선로변 정보가 운전실 신호 시 통일된 방식으로 포함되어야 하며 운영 규칙과 규정의 통일이 요구되어야 한다.

이러한 운영자 규칙과 규정의 통일은 안전한 철도 운영에 영향을 미치는 인력과 관련하여 일반적인 문서뿐만 아니라 일상적인 관행의 통일이 필요하다.

그러나, 운영 상호운용성은 현재 ETCS 규칙에 따라, 그리고 다른 모든 경우에 기관사의 규칙에 대한 지식과 인프라 소유자의 언어를 말할 수 있는 능력에 의해 달성된다.

법적 상호운용성은 애매한 표현이다. 한쪽에서는 유럽철도 운행을 위한 모든 기술적, 운영적 및 법적 장벽이 제거될 먼 미래의 상황에 사용된다. 다른 한편으로 이 표현은 기술적 해결책과 법적 요건 사이의 적합성을 강조하기 위해서도 사용된다. 이러한 맥락에서 CCS TSI의 부속서 B에 포함된 국가 ATP/ATC 시스템이 장착된 노선은 "법적으로 상호 운용 가능"하다.

3.3 ETCS – 작동 모드

주로 ETCS 열차의 운영 방식에는 여러 가지의 모드가 있다:

완전한 감독, 부분적인 감독 및 입환 등 열차의 특성 및 열차 노선에 대한 모든 필요한 데이터가 열차 운행을 감독할 수 있을 때 완전한 감독이 이루어진다.

입환은 열차 데이터가 시간이 지남에 따라 변화하는 것으로 인정될 때 발생한다.

부분적인 감시는 열차 데이터가 알려져 있고 안정적이지만 열차 노선 데이터는 부분적으로 알려져 있을 때 이루어진다. 부분 감독은 다른 운영 상황에 적합한 운영 모드로 세분된다. SRS Subset-026, 4장에 각각의 작동 모드와 전환 모드가 설명되어 있다.

- 완전 감시 모드(FS: Full Supervision)
- 기관사 시각 모드(OS: On Sight)
- 기관사 책임 모드(SR: Staff Responsible)
- 입환 모드(SH: Shunting)
- 비장착 모드(UN: Unfitted)
- 휴지 모드(SL: Sleeping)
- 대기 모드(SB: Stand By)
- 트립 모드(TR: Trip)
- 포스트 트립 모드(PT: Post Trip)
- 시스템 고장 모드(SF: System Failure)
- 격리 모드(IS: Isolation)
- 무전원 모드(NP: No power)
- 비선도 모드(NL:‘ Non Leading)
- STM(국내) 모드 (SE: STM National)
- 역방향 모드 (RV: Reversing)

(1) 완전 감시 모드 (FS: Full Supervision)

FS 모드인 ETCS 차상장치에서 트립 수행 시 요구되는 모든 정보를 사용할 수 있다. 기관사가 FS 모드를 수동으로 선택할 수 없다.

ETCS 차상장치(예; 레벨의 주신호기 발리스 그룹)가 이동권한 및 이와 관련된 일관성 있는 프로파일 데이터(정적속도 프로파일 및 구배 프로파일) 전체를 수신하여 평가한 경우, FS 모드로 자동 전환된다.

동적 속도 프로파일에 대해 KVC(Korean Vital Computer)가 계산한 제동곡선에 따라, ETCS 차상장치가 트립(trip)을 감시한다. 이것은 최대 허용속도, 허용 운행거리가 얼마나 오래전에 종료되는지 여부, DMI의 목표속도를 보여준다. 트립에 대한 안전성은 전적으로 ETCS 시스템이 책임을 진다. 기관사는 단순히 이동권한의 끝에서 권한의 종단(EOA)과 FS 모드로 변환 시 속도제한을 준수하는지에 관한 책임을 진다.

이 모드는 ETCS 레벨 1. 레벨 2 및 레벨 3에서 사용할 수 있다.

(2) 기관사 시각 모드 (OS: On Sight)

예컨대 진입할 궤도 선택 시 궤도점유 검지(track vacancy detection) 정보를 알지 못하거나 구간이 이미 점유된 경우, ETCS 시스템에서 "기관사 시각(OS)" 모드를 제공한다. OS 모드에서는 ETCS 선로변 장치의 예상에 따라 미리 정해진 최대 허용속도를 초과해서는 안 된다.

이 모드의 사용 권한은 기관사가 아닌 ETCS 선로변 장치를 통해서만 부여될 수 있다. OS 모드는 높은 등급의 기관사 책임을 수반하기 때문에 기관사는 OS 모드로의 변환을 확인 응답해야 한다. 5초 이내에 이를 확인하지 못하면, ETCS 차상장치가 상용 제동을 체결할 것이다. "OS 모드"는 기관사에게 궤도의 지장물을 확인할 책임을 부여한다. 트립 실행을 위한 기타 모든 행동의 책임은 전적으로 ETCS 차상장치의 책임이다. ETCS 차상장치는 (부분적으로) 모든 행동을 감시한다. 예를 들어, 이 행동들은 동적 속도 프로파일. 목표거리(Target Distance). 최대 속도와 관련이 있을 수 있다. 완전 감시(FS) 모드의 경우, 신호 기술에 따라 진로가 감시(전환)된다고 가정한다.

이 모드는 ETCS 레벨 1. 레벨 2. 레벨 3에서 사용할 수 있다.

(3) 기관사 책임 모드 (SR: State Responsible)

이 모드는 기관사 책임하에 열차를 ETCS 설치 지역으로 이동할 수 있도록 허가하는 모드이다. 예를 들어, 진로 불명(Route not known), 선로변 장치와의 연결 손실, "정지" 신호 과주(Overrun of Stop Signal) 등이 포함된다.

차상장치는 부분 감시(Partial Supervision)를 수행할 수 있다(예 : 최대한계 속도(Ceiling Speed), 지정 거리, 'SR 모드인 경우, 열차 정지(Stop if in SR)' 명령을 내리는 예상 발리스 및 발리스 그룹 목록 등을 감시). "SR 모드"는 기관사에게 궤도 점유 같은 선로를 확인할 책임을 부여한다. 기관사는 올바른 선로전환기 위치, 진로 상의 신호기 감시 등을 수행해야 한다. 기관사는 SR 모드에서 최고속도 및 허용 거리에 대한 값을 변경할 수 있으며, 적절한 값의 입력은 전적으로 기관사의 책임 소관이다.

이 모드는 ETCS 레벨 1, 레벨 2, 레벨 3에서 사용할 수 있다.

(4) 입환 모드(SH: Shunting)

입환 모드는 입환 영역의 경계(Limits)에서 기술적으로 입환을 보호하고, 최대 허용 입환 속도의 준수를 보장한다. ETCS 차상장치는 선로변 장치 또는 기관사의 명령에 따라 이 모드로 변경할 수 있다. 기관사가 기관사 책임이 증대된 것을 알고 있는지 보장하기 위해서, 기관사는 선로변의 SH 모드로의 변경 명령을 확인 응답해야 한다. 5초 이내에 확인응답을 수신하지 못한 경우, ETCS 차상장치는 상용 제동 체결을 시작할 것이다. 기관사가 SH 모드를 요청하면 확인응답이 불필요하지만, 레벨2와 레벨3에서는 무선폐색센터(RBC)가 요청을 거절할 수 있다. 이 모드에서는 역방향(Reversing) 운행이 허용된다. 이 모드는 운영자 제어 활동으로 종료할 수 있다. 기관사는 입환 이동 및 입환 영역의 제한을 준수할 책임을 진다. 차상장치는 부분 감시만 수행할 수 있다.

이 모드는 ETCS 레벨0, 레벨1, 레벨2, 레벨3에서 사용할 수 있다

(5) 비장착 모드 (UN: Unfitted)

이 모드에서 ETCS 장착 열차는 다음의 진로 구간으로 이동할 수 있다.

- ETCS 선로변 장치가 설치되지 않은 지역
- ETCS 선로변 장치가 아직 공사 중인 구간
- 기존의 특정 전송 모듈이 장착되지 않은 국내 열차 방호 시스템

비장착 모드로 열차를 운행하는 것이 기관사의 책임이 아님에도 불구하고, 비장착 모드로 변경 시, 추가로 확인응답이 필요하지 않다. 차상장치는 부분 감시만을 수행하

고 최대 한계속도(Ceiling Speed) 및 임시속도제한에 대한 열차 이동을 감시한다. 이 모드는 레벨 0에서 사용할 수 있다

(6) 휴지 모드(SL: Sleeping)

기관사(동력 분산식 기관차)가 운전실을 점유하고 있지 않은 상태를 말한다. 주도 엔진(leading engine)의 원격 제어를 받으면서, 견인력을 제공하는 종속 엔진(Slave engines)이 휴지 모드이다.
이 모드는 ETCS 레벨 0. 레벨 1. 레벨 2. 레벨 3, 레벨 STM에서 사용할 수 있다.

(7) 대기 모드 (SB: Standby)

대기 모드는 차상장치 모드로서, 운전대를 작동시키고 (Cold Start로) ETCS 차상장치를 부팅한 후 시작된다. 또한 운전대가 종료된 경우에도 대기 모드가 시작된다. 이 모드에서 자가 진단 시험 및 주변기기 시험을 시행한다. 필요한 열차 데이터를 입력할 수 있다. 시험 및 입력 결과를 기관사에게 표시한다. 차량의 정지 상태 감시를 수행한다. 이 모드는 ETCS 레벨 0, 레벨 1, 레벨 2, 레벨 3. STM에서 사용할 수 있다.

(8) 트립 모드 (TR: Trip)

특정 중요 보안 사건이 발생하면, ETCS 차상장치가 트립 모드로 전환된다. (예 불법적인 정지신호의 과주) TR 모드는 비상제동을 시작하고, 열차가 정지 상태가 될 때까지 열차를 감시한다. 기관사는 이에 대해 확인응답 요청받고, 기관사가 확인응답을 한 경우, ETCS 차상장치가 포스트 트립 모드로 전환된다.
이 모드는 ETCS 레벨 1, 레벨 2, 레벨 3. 레벨 STM에서 사용할 수 있다.

(9) 포스트 트립모드 (PT: Post Trip)

이 모드는 트립(TR) 모드 확인 후에 시작되며, 열차가 계속 진행하지 않으리라는 것을 보장한다. 국가 값에 정의된 거리 내에서 열차의 역방향 이동은 가능하다.
SOM(Start of Mission) 절차, 또는 입환모드 또는 기관사 책임 모드가 발동될 때는 열차를 계속하여 진행만 시킬 수 있다. 또한 ETCS 레벨 2에서는 RBC가 이동권한을 전송함으로써, 열차가 계속하여 진행할 수도 있다.
이 모드에서는 ETCS 차상장치가 부분 감시만을 수행할 수 있다. 이 모드는 ETCS 레벨 1. 레벨 2, 레벨 3에서 사용할 수 있다.

(10) 시스템 고장 모드 (SF: System Failure)

안전 관련 오류가 발생할 경우, ETCS 차상장치가 시스템 고장 모드를 시작한다. 이 경우, 비상제동이 활성화된다. 이 모드는 ETCS 레벨 0, 레벨 1, 레벨 2, 레벨 3, STM에서 사용할 수 있다.

(11) 격리 모드 (IS: Isolation)

이 모드에서는 ETCS 차상장치가 제동을 포함하는 모든 인터페이스와 완전히 분리되어 있으며, 차량 또는 선로변 장치로부터 어떠한 정보도 수신하지 않는다.

- 활용 : ETCS 차상장치가 복구 불가능한 결함을 판별하고, 영구 비상제동이 시작되면, 기관사가 격리 모드를 활성화한다. 이 모드에서 열차는 전적으로 기관사의 책임 소관이다. 이 모드를 종료하기 위해서는 KVC 기능이 완벽하게 보장된 특수 운영 조치가 요구된다.

이 모드는 ETCS 레벨0. 1, 2, 3, STM에서 사용할 수 있다.

(12) 무전원 모드 (NP: No Power)

이 모드에서는 ETCS 차상장치가 상용 전원장치와의 연결이 해제되어 비상제동을 시작한다. (더 안전한 상태) 이 모드는 ETCS 레벨0. 1, 2, 3, STM에서 사용할 수 있다.

(13) 비선도 모드 (NL: Non leading)

비선도 모드란, 기관사가 종속 엔진의 운전실을 점유하고는 있지만, 주도 엔진(leading engine)과 전기적으로 결합하여 있지 않은 상태를 말한다. 견인력을 제공하고 있지만, 주도 엔진의 원격 제어를 받는 종속 기관차는 원격으로 통제되지 않는다. UNISIG 사양서 Subset-026 버전 2.3.0에서는 기관사가 이 모드를 선택하고, 버전 3.0.0에서는 전기적 신호에 따라 비선도 모드를 발동하도록 하고 있다. 이 모드에는 실질적으로 감시기능이 없음에도 불구하고, 다양한 표시장치가 구현되어 있다. 이 모드는 ETCS 레벨 0, 1, 2, 3, STM에서 사용할 수 있다

(14) STM(국내) 모드

이 모드에서는 STM(국내)이 정보 교환을 목적으로, ETCS 차상장치의 개별 구성요소와 이전 열차방호시스템(Class B systems)의 선로변 장치를 사용한다. 국내형 STM(SN)을 통해 ETCS 차상장치와 국내 시스템이 결합한다. STM 인터페이스에 오류가 발생하면 ETCS 차상장치가 이에 대해 안전하게 대응한다. STM은 제동제

어, 국내 시스템 견지에서의 열차제어에 대한 유지보수, 국내 선로변 장치와 기관사 간의 상호작용 등에 대한 책임을 진다. 기관사의 책임은 특정 전송 모듈 (STM) 및 국내 선로변 장치의 사용에 따라 결정된다.
이 모드는 ETCS 레벨 STM에서 사용할 수 있다

(15) 역방향 모드 (RV: Reversing)

역방향 모드에서는 기관사가 운전실을 변경하지 않고도 열차의 이동 방향을 변경할 수 있다. 이 모드는 선로변에서 표시하는 특정 지역에서만 가능하며, ETCS 선로변 장치는 이를 미리 통보해야 한다.
ETCS 차상장치는 부분 감시만을 수행할 수 있으며, RV 모드에서는 열차를 역방향으로 이동시킬 수 있는 최대 허용속도 및 거리를 감시한다. 이동 거리를 초과할 경우, ETCS 차상 장치가 비상제동을 체결한다. 이 모드는 ETCS 레벨 1, 2, 3에서 사용할 수 있다.

4 ETCS를 철도에 정착하기 위한 기준

본 장에서는 ETCS와 국가 규칙 및 규정 간의 일관성을 보장하기 위해, ETCS가 특정 노선에서 ETCS를 구현하기 전에 수행해야 할 기본적인 고려 사항이 포함되어있다.

4.1 ETCS – 구현 전략

ETCS 구현을 위한 국가 전략 선택은 실제로 다음의 두 가지 중요한 결정을 내릴 필요성을 의미한다.

• 특정 노선에 ETCS가 장착될 절차의 선택
• 특정 노선에 대한 ETCS 레벨 선택 또는 최소한, 그에 대한 기준 선택

제어 명령 시스템의 현황은 나라마다 다르다. 기술 시스템과 시스템이 제공하는 안전성과 신뢰성 수준에는 큰 차이가 있다.

이러한 차이는 라인의 용량에도 영향을 미친다. 그것들을 고려하여, ERTMS 규격은 특정 국가에서 공통 표준이 어떻게 달성될 수 있는지에 대한 정확한 방법을 제시하지 않는다. 사양이 다소 일반적인 다른 중요한 이유는 법적 요건과 기존 시스템의 다양한 수명 때문으로 보인다. ETCS에 대한 첫 번째 우선순위가 설정될 경우, 선호되는 옵션은

다음과 같다.

- 국제 간선 (10개 노선)에서의 ETCS 설치, 되도록 ETCS 장비 제공
- 다른 10개 노선에 ETCS 설치
- 다른 노선에 ETCS 설치

순수 ETCS 시스템은 새로운 노선이나 이전에 열차 제어 시스템이 없었던 노선에만 설치될 수 있다.

다른 모든 경우에는 ETCS의 이동을 고려해야 한다. 기존의 국가 시스템은 모든 국가 견인 장치에 ETCS가 장착될 때까지 새로운 시스템과 동시에 존재할 것이다. 이러한 구현을 위해서는 STM이 필요하며, STM이 차상장치와 통합되지 않는 것이 중요하다. STM은 국가 시스템의 선로변 장비가 제거될 수 있을 때 제거될 수 있어야 한다.

4.2 ETCS 옵션의 운용 평가

대부분의 기존 노선에는 건널목이 존재하며, 이러한 투자로 인해 막대한 비용이 들기 때문에 입체교차로나 터널을 통해 모두 교체할 수는 없다. ETCS 구성은 다양한 기능을 제공하며, 이는 선로에서 열차로 전송되는 데이터에서 LX 보호를 반영하기 위해 사용될 수 있다.

비상상황에서는 속도를 줄이거나 열차를 멈추기 위해 최대한 신속하게 열차에 연락을 취할 필요가 있다. 기관사에게 제공되는 음성 정보와 ETCS 차상 장비에 대한 데이터 전송으로 제공되는 지시 또는 명령 사이에는 상당한 차이가 있다. 음성 정보의 전송은 더 많은 시간이 걸리고 정보가 데이터에 의해 전송될 때 달성 가능한 안전 수준을 보장하지 않는다. 그러나 구성에 따라 데이터는 언제든지 전송되거나 특정 상황에서만 전송될 수 있다. 이것은 모든 긴급 메시지에 중요하다.

다음은 다양한 가능한 ETCS 레벨 및 구성에 대한 기본적인 고려 사항이다.

(1) ETCS 레벨 1

레벨 1에서는 다음과 같은 구성이 가능하다.

① 인필

② 인필은 다음 기기와 같이 작동된다.

- 추가 발리스
- 유로루프
- 유로라디오

(2) 인필 없는 레벨 1

인필이 없는 ETCS 레벨 1의 구현의 경우, ERTMS가 없는 기존 시스템 상태와 비교하여 선로용량이 감소할 수 있다. 이러한 선로용량 감소는 열차가 위험을 나타내는 신호가 전달되기 전에 마지막 발리스 그룹을 통과하고 난 이후에 신호가 진행으로 변경될 때만 발생한다. ETCS 기관사는 신호가 덜 제한적인 측면으로 변화할 때 속도를 높일 수 있는 반면, ETCS 레벨 1은 인필이 없는 경우, 차상 시스템은 통과될 신호 근처의 발리스 그룹까지 속도 상승을 방지한다. 용량 감소는 해제 속도에 따라 달라진다. 해제 속도가 느릴수록 열차가 가속하기 전에 지연이 커질 수 있다.

기존 색등식 신호에서 기관사에게 선로변 신호가 보여야 하는 거리는 규칙으로 정의된다. 이 거리는 실제로 "기관사의 눈으로 입력"이 포함된 "장착된" 신호 앞의 구간 길이와 같다.

신호 시스템과의 협력에 관한 한, 이러한 시스템에 대한 영향은 상대적으로 적다. 레벨 1의 주요 이슈는 LEU와 발리스 설치이다. LEU는 전환식 발리스에 대한 정보를 신호 또는 연동 시스템에서 직접 가져옵니다. 때에 따라 신호에서 직접 전달되는 정보를 스위치 위치정보로 보완해야 할 수도 있다. 색등식 신호에서 직접 정보를 가져오는 경우 신호 장비 유형은 일반적으로 중요하지 않다. 이 경우 기존의 전자, 계전기 및 전기 설비에 대한 인터페이스가 가능하다. 색등식 시스템을 갖춘 기계적 설치와 ETCS 레벨 1의 협력 또한 이론적으로 상상할 수 있다. 그러나 연동장치에서 정보를 가져오면 전자 또는 계전기 신호 장비만 사용하는 것이 좋다.

ETCS 차상 장비 또는 발리스 전송 모듈이 작동하지 않는 경우, 선로변 신호를 기반으로 계속 운행할 수 있다. 비슷하거나 동등한 용량을 달성할 수 있지만, 기관사가 시스템의 감독을 받지 않기 때문에 안전 수준은 더 낮습니다. 후퇴 상황은 현지 신호, 운영 규칙 및 관련 직원의 규정에 대한 지식을 요구한다.

서로 다른 속도로 운행되는 열차에 대한 LX 점유 시간 최적화는 ETCS 레벨 1의 일부가 아니다.

(3) 인필이 있는 레벨 1

인필이 있는 레벨 1의 경우 기존 신호 시스템과의 협력은 원칙적으로 인필이 없는 레벨 1과 같다. 차이점이 있다면 LEU와 발리스 외에 인필 장치를 설치해야 한다는 점이다. 이러한 인필 장치는 앞서 언급한 바와 같이 추가적인 발리스, 유로루프 또는 유로라디오 (LTE-R)가 될 수 있다.

인필이 있는 레벨 1의 폴백 전략은 인필이 없는 레벨 1과 같다. 모든 관련 직원은 현지 신호, 운영 규칙 및 규정을 알아야 한다. 그들은 선로변 신호정보를 사용하여 계속 달린다.

LTE-R은 또한 입력 매체로서의 MA의 업데이트에도 사용될 수 있다. 이러한 구성은 RBC에 의한 데이터 중앙 집중화와 MA 처리가 필요하지 않지만, 고정 무선 인프라가 필요하다.

서로 다른 속도로 운행되는 열차에 대한 LX 점유 시간 최적화는 ETCS 레벨 1'의 일부가 아니다.

(4) ETCS 레벨 2

레벨 2에서는 다음과 같은 구성이 가능하다.

- 선로변 신호 포함
- 선로변 신호 미포함

ETCS 레벨 2, 열차 간격의 구현은 여전히 선로변 열차 감지 시스템을 기반으로 할 것이다. 그러나, 모든 정보는 RBC에서 이용할 수 있을 것이다. MA는 노선 폐색 신호 측면보다 열차 앞쪽의 더 긴 구간 (더 많은 폐색구간)의 선로 점유 정보에 기초할 수 있다. 이는 RBC가 열차에 더 긴 MA (예를 들어, 4-5 폐색구간 기준)를 제공할 수 있게 한다. 그 결과 열차의 속도가 빨라질 수 있다. 따라서, ETCS 레벨 2가 노선 용량에 미치는 영향은 정확하게 결정되어야 한다.

각기 다른 속도로 운행되는 열차에 대한 LX 점유 시간 최적화는 ETCS 레벨 2에서 실행될 수 있다.

4.3 ETCS 이동 권한 정의

MA는 인프라의 제약조건 내에서 열차가 특정 위치로 운행할 수 있는 허가로서, 기본 ETCS 원칙에 속한다. MA에 대해서는 ETCS SRS Subset 026, 3장에서 설명되어 있다. 본 장에서는 ETCS MA의 목적과 구조를 설명한다. 자세한 내용은 선로변에서 차상 ETCS 어셈블리로 ETCS MA를 전송하기 위해 사용될 패킷을 정의하는 SRS 4.2.3 - 4.2.4장에 제시되어 있다.

MA는 기관사가 열차를 운행하는 방식을 감독하는 주요 근거 중 하나이기 때문에 가장 좋은 방법으로 MA를 정의하는 것이 매우 중요하다. MA가 선로변 신호기의 현시를 대체하고 있어서 기존 선로변 신호와 새로운 기관사 보조를 위해 운전실에 표시되는

MA 사이의 관계를 고려하는 것이 중요하다.

선로변 신호기의 현시는 기관사에게 양상을 보여주는 신호 시의 최대 열차속도, 다음 신호 앞의 최대 속도, 신호 뒤의 비어 있는 선로 구역의 수 또는 이들 조합에 대해 알려준다.

정확한 속도와 거리 제한을 부여하는 MA로 변경하는 것은 국가 차원에서 정의되어야 하는 몇 가지 규칙이 필요하다. 일부 사례에서의 속도 및 거리 제한 외에도 구형 시스템은 MA의 시간 경과와 중복된 시간 경과로 MA에 포함되어야 하는 별도의 규칙에 정의된 시간 제약을 포함한다.

다음의 고려 사항은 ETCS 레벨 1, ETCS 레벨 2 및 STM의 관련 고려 사항으로 세분된다. ETCS 레벨 1 애플리케이션에서 MA는 LEU에 의해 정의되고, ETCS 레벨 2 (3) 애플리케이션 MA는 RBC에 의해 정의되며, 차상 처리되는 국가 시스템 데이터에 기초하여 정의된다.

(1) ETCS 레벨 1 애플리케이션에서 이동 권한

ETCS 레벨 1 애플리케이션의 경우, MA는 전환 가능한 발리스에 의해 제공된다. 이러한 발리스에 의해 전송되는 데이터는 인터페이스 "C"를 통해 발리스에 연결된 LEU에 의해 정의된다. LEU와 기본 계층 신호 시스템 사이의 링크는 기본 데이터 수집에 매우 중요하며, ETCS 사양으로 정의된다. 그러나 이 링크는 안전과 최소 비용 모두를 고려한 기본 필수 데이터의 적절한 수집을 보장해야 한다.

(2) 연동장치로 LEU를 연결하는 케이블 길이 감소

ETCS 사양은 LEU와 연동장치 사이의 직접 연결을 제안하고 있다. 이는 소스에서 중요한 데이터를 가져오는 동시에, 많은 경우에는 긴 케이블을 의미한다. 케이블 길이를 줄이기 위해 LEU를 선로변 신호기로 연결할 수 있다. 따라서 각 경우에 신호 데이터를 안전한 방법으로 수집할 수 있는지 확인해야 한다.

둘째, 연동장치의 모든 데이터를 제공하여 MA에 대한 속도 및 거리 제약조건을 정의할 수 있는 기회를 제공하는 반면, 선로변 신호기는 현시된 데이터를 추출할 수 있기 때문이다.

같은 현시가 다른 운영 상황 (예를 들어, 그러한 신호기를 통과하는 열차에 대해 설정된 다른 경로)에서의 신호기로 나타날 수 있다. 결과적으로 거리 제약조건은 신호기 뒤에 있는 선로전환기의 설정에 따라 달라질 수 있다. 이 LEU를 해결하기 위해 선로전환기에 보조적으로 연결할 수 있다. 다른 가능성은 MA를 정의하기 위해 최단

거리를 사용하고 적절한 경우 거리를 바로잡기 위해 인필을 사용하는 것이다. 인필 발리스 수신에 문제가 있으면 안전 운전을 위해서는 최단 거리를 사용하는 것이 중요하다.

(3) LEU를 선로 폐색 신호와 연결

현대의 선로 폐색 시스템은 종종 인접 역의 연동장치와 통합되지만, 자동 선로 폐색 시스템이 사용되고 있으며 앞으로도 사용될 것이다. 두 경우 모두 LEU를 폐색 시스템 논리로 연결하는 데 긴 케이블이 필요할 수 있다. LEU를 신호에 연결하여 케이블 길이를 줄이려면 첫 번째 질문에 대한 답변이 필요하지만 두 번째 질문에 대한 답은 필요하지 않다. 선로전환기가 없음으로 인한 거리 제약은 신호에 따라 다르지만, 신호로 표시되는 신호 측면에서는 안정적이다. 거리 제약은 특정 LEU에 대해 사전 프로그래밍할 수 있다.

(4) ETCS가 현재의 신호 규칙을 얼마나 정확하게 반영해야 하는가?

신호 현시에 기초하여 MA 및 관련 데이터를 정의하는 쉽고 안전한 현시 방법은 현재의 신호 규칙에 명시된 내용을 정확하게 반영하는 것이다. 그러나 이것은 오래된 기술이 부족한 것을 반영하는 새로운 기술의 오래된 제약에 부과될 수 있다.
두 가지 예가 있다.:

① PKP 52 신호 (규칙에 따라 EoA 대신 LoA)

규칙에 따른 S2(녹색) 신호 현시는 다음 신호까지 최대 속도(160 km/h)를 의미한다. 규칙은 속도나 다음 신호 이후의 거리에 대해서는 말하지 않는다. 결과적으로 규칙을 정확하게 반영하기로 하면 MA는 주어진 거리에 대한 최대 속도 및 추가 정보 없는 권한 한계(LoA)로 정의되어야 한다.

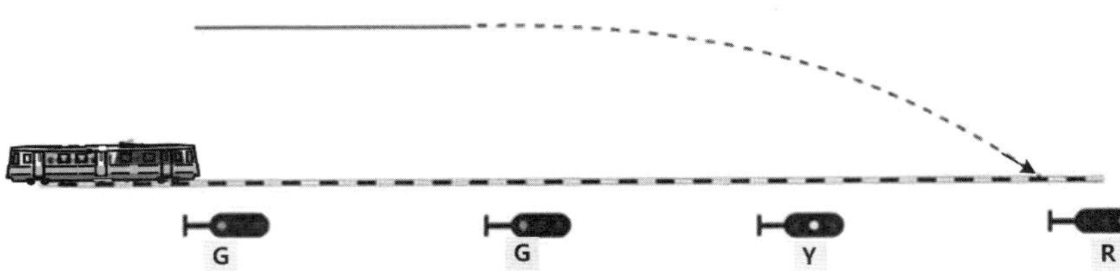

[그림 30] LoA

이로 인해 특히 다음 신호와 관련된 발리스 그룹이 제한 범위 내에서 발견되지 않을 때 비상제동이 발생할 수 있다. 따라서 각각의 MA를 EoA로 정의할 가능성을 고려해야 한다.

EoA는 EoA까지의 거리(0 속도제한)가 필요하지만, 특정 위치, 회선 또는 네트워크에 대한 최단값(신호 규칙에 기초함)이 사용될 수 있다. 그 후 거리는 다음 발리스 그룹의 정보에 의해 업데이트될 것이다.

② PKP 53 신호 (규칙에 따라 다음 신호에서 부과되는 속도제한)

규칙에 따른 S3(녹색 점멸) 신호 현시는 신호에서 허용되는 최대 속도(160 km/h), 다음 신호에서 최대 속도 100 km/h를 의미한다. 따라서 S1(빨간색) 신호 이전에 정지를 보장하기 위해 특정 위치에서 100 km/h로 속도제한이 적용된다. ETCS에서, 그러한 속도제한이 여전히 필요한지를 고려해야 한다.

속도제한 신호표지는 다음 신호 앞에서 정지를 보장하는 등 보다 제한적인 속도제한 앞에서 제동을 위한 적절한 거리를 보장하기 위해 특정 속도제한이 부과된 경우에만 승인될 수 있다. 이러한 신호표지는 원활한 열차 운행과 에너지 소비 감소, 노선 용량 증가를 가져올 것이다. 다만 속도제한이 적용되면 같은 신호 현시가 사용될 수 있어 신호표지에 관한 결정은 신중해야 한다.

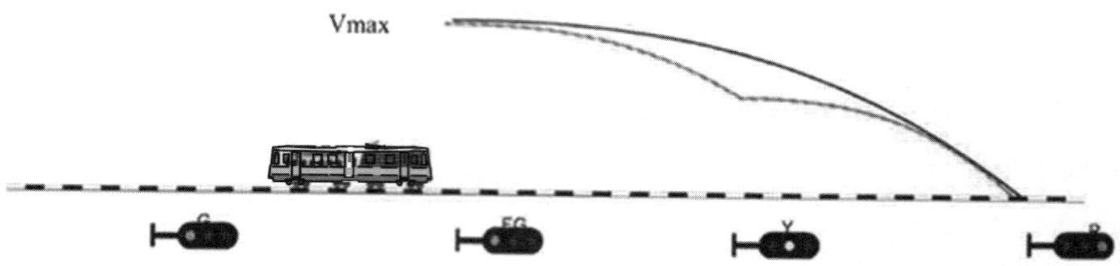

[그림 31] 녹색 신호 현시 점멸에 의한 속도제한

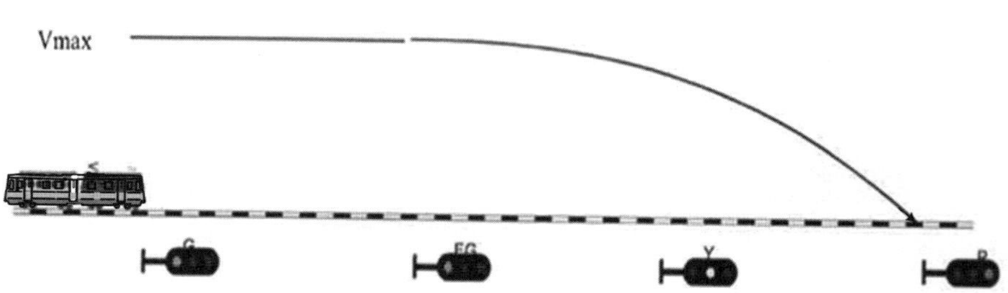

[그림 32] EoA

(5) 긴 MA 및 취소

ETCS 레벨 1 애플리케이션의 경우, 신호 현시가 허용하는 한, 원칙적으로 MA가 존재하게 된다. 선로의 더 먼 부분에 대한 데이터는 쉽게 구할 수 없다. 이론적으로 전용 광섬유 케이블과 같은 추가 요구 자료를 수집할 수 있지만, 그 결과 레벨 1 적용의 경우 제한된 MA의 해지 가능성이 필요할 것이다.

(6) 건널목 보호 시스템 제약조건 고려

건널목 (LX) 보호 시스템은 열차에 제약을 가한다. 정확한 규칙은 나라마다 다르며, LX 카테고리에 따라 다르다. 게다가 LX 보호 시스템은 자율적이며, 그것은 그것들에 의해 부과되는 제약들이 주요 신호 현시 때문에 다루어지지 않는다는 것을 의미한다. 또한, 특정 LX 범주에 대한 일부 철도는 기관사에게 각각의 LX 보호 시스템의 상태를 알려주는 선로변 신호를 사용한다. LX 보호 시스템의 제약조건을 ETCS에 포함할지는 인프라 관리자가 각각의 LX에 대해 개별적으로 결정할 수 있다. 또한 LX로 인한 영구 속도제한과 결함 있는 LX 보호로 인한 속도제한은 별도로 고려할 수 있다.

ETCS SRS baseline 2.3.0은 차상 ETCS 장비에 LX 보호 시스템에 의해 부과되는 제약 사항을 알리는 통일된 방법을 포함하지 않는다. 기존의 ETCS 기능을 통해, 철도는 여러 가지 방법으로 ETCS 차상 장비에 관련 정보를 전달할 수 있다. 통합 해결책은 ETCS SRS baseline 3.0.0에 포함될 것으로 예상된다.

(7) ETCS 레벨 2 (3) 애플리케이션에서 이동 권한

ETCS 레벨 2 (3) 애플리케이션의 경우, MA는 무선 전송을 사용하여 RBC에 의해 제공된다. RBC는 연동 및 폐색 시스템에서 수집된 데이터를 사용하여 MA를 준비하고 있다. 이 경우 광섬유 케이블 절단을 최소화하고 케이블 데이터 길이를 최소화하기 위해 신호기나 선로전환기가 아닌 연동장치에서 가져온다. 그러면 RBC는 선로전환기가 설정된 방식을 포함하여 운영 상황에 대한 모든 데이터를 갖게 된다. 이를 통해 선로변 신호기로 부과되는 제약 없이 정의된 열차 및 정의된 경로에 대한 MA를 준비할 수 있다. 모든 속도제한은 필요한 경우(지점, 교량 등으로 인한 제한) 또는 그렇지 않으면(다른 속도제한 앞에 제동거리를 보장하기 위해 부과됨) 평가해야 한다.

(8) 긴 MA 및 취소

그 결과, 기관사들에게 편안한 긴 MA와 예외적인 경우, 선로변 신호 전송 제한에 대한 속도 증가를 가능하게 할 수 있다. 안전상의 이유로 이미 정해진 노선과 검증된 노선에 근거하지는 않지만, 이미 부여한 MA의 지속적인 전송 취소로 인한 교통대란이 발생할 경우 열차 앞 먼 노선 일부를 해제(해제 확정 시)하여 다른 열차에 사용할 수 있다.

(9) LX 보호 시스템의 제약 조건 고려

LX 보호 시스템에 의해 부과되는 제약조건은 RBC에서 열차로의 ETCS 데이터 전송에 포함될 수 있다. 그러나 이를 위해서는 RBC에서 관련 정보를 이용할 수 있어야 한다. LX로 인해 영구적으로 적용되는 속도제한의 경우에는 문제가 되지 않는다. 결함 있는 LX 보호로 인한 제약을 고려하려면 LX 보호 시스템과 RBC 간 데이터 전송이 필요하다. 이러한 측면에서 요구사항은 통합되지 않으며 인프라 관리자가 정확하게 정의해야 한다.

(10) STM을 사용하는 경우 정의된 차상 STM 프로필

국가 시스템과 ETCS 차상장치가 장착된 노선의 경우, STM 데이터 정밀도를 통해 국가 시스템으로부터 주행 제약조건을 수신하는 것은 주로 사용 중인 국가 시스템에 의해 제한된다. 이 데이터는 일부 경우에만 차상(on-board)에서 사용할 수 있는 보다 정확한 정보로 보완할 수 있다.

많은 국가 시스템이 MA를 대체하고 열차가 "STM 유럽 모드"로 운행할 수 있도록 허용하는 STM 프로필을 ETCS에 정의하기에 충분한 데이터를 포함하고 있지 않기 때문에, ETCS 사양은 또한 STM이 ETCS 차상장치 구성 요소를 사용하여 국가 시스템 원리에 따라 주행을 감독할 수 있는 "STM 국가 모드"를 정의한다.

STM 기술은 국가 시스템에서 ETCS로의 이동을 덜 문제시한다. 순수한 ETCS로의 전환 시간은, 경제적 제약으로 인해, 적어도 20년 동안 사용될 것으로 예상되기 때문에, STM 기술은 STM 모드에서 실행되는 경우, STM 프로파일이 MA를 어떻게 대체할 수 있는지에 대해 자세히 연구될 가치가 있다.

4.4 제동 곡선 계산

기관사는 위험을 나타내는 신호 앞에서 열차를 멈추거나 속도제한 앞에서 속도를 적절하게 늦출 수 있는 방식으로 제동력을 가해야 한다. 기관사가 실제로 제동을 시작하는 순간은 실제 조건에 따라 달라진다. 기관사는 차륜과 레일 사이의 경사도와 접착 조건을 고려한다. 그러므로 안전 제동은 무엇보다도 기관사의 경험에 달려있다고 말할 수 있다.

또한 정상 상황에서 최대 1.5 m/s^{2}로 가정되는 감속이 시간 내에 안정적이지 않다는 것을 알아두는 것이 중요하다. 예를 들어, 적은 양의 젖은 나뭇잎도 이러한 값을 세 배까지 감소시키는 것으로 알려져 있다. 따라서 ETCS 구현에는 신중한 열차제동 곡선 계산이 필요하다.

(1) ERTMS의 제동 곡선

제동 곡선의 목적은 열차가 MA에 의해 정의된 일정한 거리 및 속도제한 범위 내에서 유지되도록 보장하는 것이다. 속도제한은 선로에 따라 달라질 수 있으며 부과된 모든 속도제한을 고려하여 가장 제한적인 속도 프로파일 (MRSP)에 의해 정의된다.

ETCS에 의해 사용되는 주요 제동 곡선은 다음과 같다.

- 비상제동 감속(EBO)
- 비상제동 개입(EBI)
- 서비스 제동 개입(SBI)
- 경고(W)
- 허용 속도(P)

동적 속도 모니터링은 Subset-056, 3장에 설명되어 있다. 비상제동 감속 곡선의 목적은 열차가 MRSP의 한계 내에 머물며 EoA를 통과하지 않도록 하기 위함이다. 다른 모든 곡선 및 표시의 목적은 열차속도를 적절한 한계 이내로 유지함으로써 기관사가 비상제동 개입을 방지할 수 있도록 돕는 것이다. 제동 곡선에 대한 요구사항은 다음 세 가지 영역에서 서로 다릅니다.

- 천장 속도 감시
- 목표속도 감시
- 해제 속도 감시

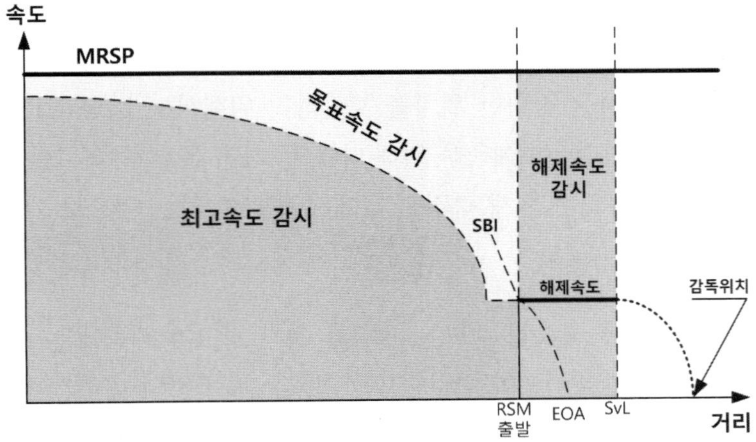

[그림 33] 다양한 유형의 속도 감시

천장 속도 모니터링은 MRSP가 일정하게 유지되고 열차가 목표물을 돌파할 필요 없이 MRSP에 의해 정의된 속도로 달릴 수 있는 영역이다. 목표속도 모니터링은 열차가 목표물에 제동하는 영역이다. 해제 속도 모니터링은 EoA에 가까운 지역으로, EoA에 접근하기 위해 해제 속도로 열차가 주행할 수 있는 영역이다.

MRSP 초과를 위한 세 가지의 지정된 속도 여유가 있다. 측정된 속도가 MRSP보다 높은 여유 dV_경고보다 크면 ETCS는 기관사에게 청각 경고를 제공해야 한다. 선택적으로 측정된 속도가 MRSP보다 높은 여유 dV_sbi 이상일 경우, 서비스 제동을 명령할 수 있다. ETCS는 비상제동을 명령해야 한다. MRSP에 따르면 측정된 속도가 속도보다 큰 여유 dV_ebi 이상일 경우. 저속에서의 성능 최적화를 위해 속도 여유도의 값은 속도에 따라 달라진다. 이 값은 V = 0km/h의 최소값에서 V = 200km/h의 최대값으로 선형적으로 증가한다. 속도 여유도의 최소값과 최대값은 [표 3]에 제시되어 있다.

[표 3] 최댓값은 200km/h 이상의 속도에도 유효

Braking curve	Speed Margin	V= 0km/h	V= 200km/h	Remarks
음성 경고	dV_warning	2.0 km/h	8.0 km/h	
상용 제동	dV_sbi	2.5 km/h	12.5 km/h	옵션
비상 제동	dV_ebi	2.5 km/h	12.5 km/h	상용 제동 미인가
비상 제동	dV_ebl	3.0 km/h	15.0 km/h	상용 제동 미인가

계산된 SBI가 통과되기 전에 시간 간격 T_경고에서 ERTMS가 청각 경고를 제공해야 한다. 이 간격은 기관사가 전체 서비스 제동인 T_react를 작동하기 위한 반응시간이다. 반응시간에 대한 값은 열차속도와 최솟값, dT 반응 최솟값 = 1초 및 최댓값 dT 반응 최댓값 = 2초에 따라 달라진다.

경고가 주어져야 하는 정확한 위치를 계산하기 위해서는 T_warning 간격 동안의 속도 예측이 필요하다. 이 예측을 위해 다음 두 가지 옵션 중 하나를 사용해야 한다.

- 현재 속도, 즉 속도는 현재 측정된 값에서 변하지 않는 것으로 가정함
- 예상 감속

청각 경고와 더불어 시각적 경고는 열차가 청각 경고가 제공되는 순간에 접근하고 있음을 기관사에게 표시해야 한다. 시각 경고는 출발점의 최솟값에서 열차가 청각 경고 곡선을 통과하는 순간의 최댓값까지 크기를 증가시켜야 한다. 시각 경고 증가

의 시작점은 청각 경고 곡선에 도달하기 전 시간 간격 T_visual이어야 한다. 저속에서의 성능 최적화를 위해 T_visual은 T_react에 대해 정의된 것과 같은 규약을 따라야 한다.

T_visual의 값은 2s의 최솟값과 3s의 최댓값 사이에 있는 것으로 잠정적으로 제안되었다.

(2) 미끄러운 선로

지나치게 미끄러운 선로에서 충분한 안전 수준을 유지하기 위해서는 속도 의존적 감속에서 감소한 점착 조건을 고려할 필요가 있을 수 있다. 점착 정보는 "정상 점착" 및 "점착 감소" 값을 갖는 1bit 매개변수로 표현해야 한다. ERTMS에서 감소한 점착 조건에 대한 속도 관리 기능의 기본 반응은 보장 또는 예상 감속을 계산할 때 속도 의존 감속을 줄이는 것이어야 한다.

차상 시스템에는 점착 계수를 정상 점착과 감소 점착 사이에서 전환할 수 있는 버튼이 장착될 수 있다. 기관사가 해당 버튼을 작동할 때 및 버튼 작동이 국가 가치에 의해 허용될 때 점착력 감소를 고려해야 한다. 선로변으로부터 관련 부분의 시작과 끝이 있는 메시지가 전달될 때 접착력 감소가 고려되어야 한다.

(3) ETCS 제동 곡선 대 선로 용량

제동 곡선 계산을 위한 매개변수는 높은 수준의 안전성을 달성하도록 설정된다. 그들은 많은 요소를 고려한다. 이러한 매개변수를 사용할 때의 단점은 선로 구성(선로변 신호 유무)에 따라 선로용량이 감소할 수 있다. 이는 열차가 ERTMS 없이 (선로변 신호에 따라) 주행 시보다 약간 더 일찍 감속을 시작해야 하므로 발생할 것이다. 대표적인 예가 EoA에 접근하는 것인데, 이 경우, 프로그래밍이 되면 열차는 해제 속도로 진행되어야 하는데, 이는 일반적으로 비 ERTMS 환경보다 낮으며, 특히 완벽한 노선 지식을 갖춘 숙련된 기관사에 의해 열차가 운전되면 더욱 그렇다.

(4) 상용 제동 감시는 선택 사항

일부 열차의 경우, 서비스 제동 감시를 선택 사항으로 하는 것이 중요하다. 기존 열차의 경우 비상제동은 감속률이 더 낮으며 서비스 제동과 속도/거리 다이어그램에 나타나는 절차를 변경한다는 특징이 있기 때문이다. 추가로, 일부 열차에는 두 개의 다른 제동시스템이 장착되어 있지 않다.

5 ETCS 설치 설계 방법

이 장에는 발리스 배치, 개선 가능성 및 인터페이스 관리에 대한 정보가 포함되어있다.

5.1 발리스 위치 고정

선로에 발리스를 설치하는 것은 첫눈에 보이는 것만큼 쉽지 않다. 기본원칙은 SRS Subset-026, 3장에 설명되어 있다. 선로상의 발리스 위치 결정에 적용되는 상세한 의무 규칙은 치수 및 엔지니어링 규칙(Subset-04)에 설명되어 있다. 장착과 관련된 정확한 요구사항은 유로발리스의 FFFIS(Subset-036)에 설명되어 있다. 더욱이, 상호운용성을 위한 성능 요구 조건 (Subset-041)은 거리, 속도, 시간 측면에서 ETCS 주행 기록계에 요구되는 최소 정확도를 정의하고 인프라 관리자가 그러한 한계를 고려하여 발리스를 설치하도록 요구한다.

ETCS 발리스는 1개에서 8개 사이의 발리스를 포함하는 발리스 그룹으로 궤도에 올려진다. 발리스 그룹은 방향성을 가지고 있다. 각 발리스 군과 관련하여 우리는 공칭 방향과 역방향을 정의한다. 적어도 두 개의 발리스로 구성된 군에서, 그룹의 발리스 수로부터 방향성을 알 수 있다. 단일 발리스 그룹의 경우 이전 발리스 그룹의 데이터를 링크하여 결정한다.

예를 들어, 엔지니어링 규칙은 같은 발리스 그룹에 속한 발리스 사이의 최소 및 최대 거리, 시간 단위당 처리할 수 있는 발리스 수를 정의한다. 레벨 1 애플리케이션의 경우, 엔지니어링 규칙은 예를 들어, 열차가 정지해야 하는 그룹과 위치 사이의 최소 거리, 발리스 그룹과 EoA 사이의 최소 거리, 그리고 마지막 전환식 발리스와 열차 감지 구역의 한계 사이의 최소 거리를 정의한다. 같은 문서는 ETCS 차상 발리스 안테나 장착 제약조건도 정의한다. 유로발리스의 FFFIS는 예를 들어 높이, 가로 방향 및 각도 발리스 장착 허용오차를 정의한다. 이러한 모든 요소는 ETCS 선로변 장비 설계자들에게 수많은 제약조건들과 여전히 몇 가지의 발리스 배치 가능성을 제공한다.

(1) 레벨 1의 발리스 위치설정 가능성

레벨 1 적용을 위한 발리스 배치 가능성은 엔지니어링 규칙에 따라 부과되는 레벨 1 발리스 배치 제약으로 인해 제한된다. 또한 레벨 1의 전환식 발리스가 사용되므로 전원 공급 케이블 길이와 데이터 케이블 길이를 고려해야 한다. 경제적인 이유로 모든 케이블의 길이는 LEU에서 전환 가능한 발리스까지 데이터 케이블과 안전한 데이터 소스에서 LEU까지 데이터 케이블을 포함하여 짧아야 한다. 안전한 데이터 소스로 우리는 연동장치, 신호기와 선로전환기 (신호로부터 가져온 데이터를 보완하는데 필요한 때도 있음)을 수용할 수 있다. 결과적으로, ETCS 레벨 1 애플리케이션에서, 발리스 체인이 선로에 놓이는 방식은, ETCS 상부 구조가 구축되는 신호 시스템에 의해, 크게 확장적으로 미리 정의된다.

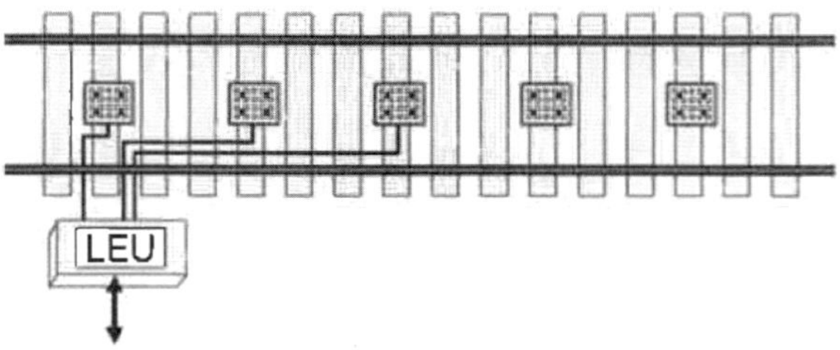

[그림 34] 레벨 1의 발리스 위치 조정 가능성

(2) 레벨 2의 발리스 위치설정 가능성

ETCS 레벨 2의 경우, 서로 다른 원칙에 따라, 선로에 발리스가 놓일 수 있다. 한 가지 가능성은 레벨 1에서 채택된 원칙을 적용하는 것이다. 그러나 이것은 각 신호에 대한 발리스가 필요하며 선로는 많은 경우 양방향이다. 이 경우 발리스 사이의 거리가 다르고 절대 거리 오차도 다르다. 두 번째 가능성은 발리스를 일정한 거리에 두는 것이다. 예를 들어, 모든 발리스들이 양방향에서 같게 잘 배치되어 있어서 이 방법은 양방향으로 사용되는 선로에 매우 효과적인 것으로 보인다.

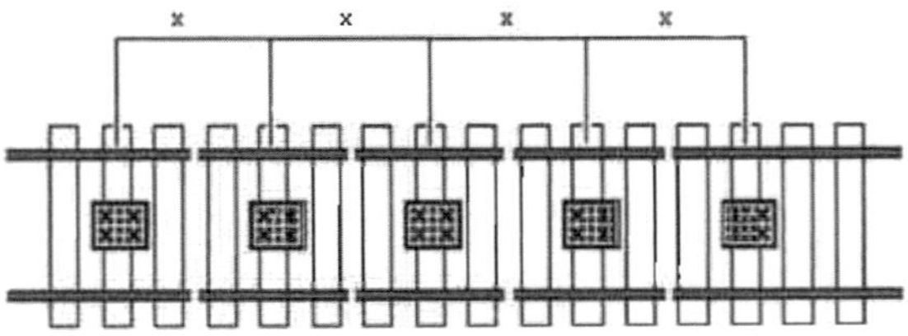

[그림 35] 레벨 2의 발리스 위치 조정 가능성

세 번째 가능성은 선로 중간에 발리스를 놓는 것이다. 이 개념은 양방향 트랙에도 좋지만, 긴 선로 구간의 경우 두 개의 발리스 그룹이 허용 가능한 절대 오차 한계 내에서 (위치 기준 지점으로서) 발리스와 (선호되는 EoA 1 정지 위치로서) 구간 끝 사이의 거리를 유지하는 데 필요할 수 있다.

(3) 싱글 발리스 사용

발리스 그룹은 발리스 하나를 포함할 수 있다. 이러한 그룹을 첫 번째 그룹으로 통과시키는 경우, ETCS 열차는 선로의 방향성을 정의할 수 없다. 하지만, 발리스 체인 내의 그룹일 경우, ETCS 내부의 연결 정보를 통해 선로의 방향성을 빠르고 안전하게 결정할 수 있다. 그 결과, 인프라 관리자는 열차가 장착된 노선으로 진입하는 입구에서 적어도 두 개의 발리스를 포함하는 노선과 그룹에 단일 발리스 그룹을 사용하기로 할 수 있다.

(4) 트리플 발리스 사용

만약 발리스들이 오작동할 가능성이 있다는 것을 보여줄 수 있다면, 철도는 그러한 방식으로 프로그램된 각 그룹에 3개의 발리스들을 사용하기로 할 수 있다.

(5) 주행 기록계 정확도 및 발리스 연결

거리 측정을 위해 현재 요구되는 최소 ETCS 차상 주행 기록계 정확도 (부분 집합 041 참조)는 5m + 마지막 기준점으로부터 이동한 거리의 5%로 정의된다. 이를 통해 예상 정지 위치에서 최대 절대 오류를 예측할 수 있으며 상호 운용 가능한 모든 열차가 원활하게 운행될 수 있다. 결과적으로 주행 기록계 정확도와 작동 정지 위치를 사용하여 체인 두께를 예측할 수 있다.

5.2 운영 개선 가능성

(1) ETCS 구성 및 운영 개선 사항

ETCS 구현하는 동안의 운영 개선은 ETCS 레벨 및 구성과 관련된 결정에 크게 좌우된다. 3.2장에서 설명한 바와 같이, 중앙 집중화와 인필에 대한 예단 및 구성이 될 것이다. 이는 장애 해결과 관련하여 운영 가능성에 직접적인 영향을 미칠 것이다. 운영상의 유연성 측면에서 다음 세 가지 주요 설치 유형을 구분할 수 있다.

① 인필 없는 점 전송 – MA는 전환 가능한 발리스 그룹을 통과할 때만 변경/해제될 수 있으며, 기본 신호 시스템에 의해 사전 정의된 방식으로만 변경/해제될 수 있다.

② 인필 포함 지점 전송 – 이전 유형처럼 MA 변화는 인필 간 열차에 의해 수신될 수 있다.

③ RBC를 사용한 중앙 집중식 신호 – 연속 전송 가능성이 있으므로 언제든지 변경/해제가 가능하며 구간/노선 열차 운행 관리자에 의해 사용되는 필수 운영 기능에 의해 보장되는 한 유연한 방식으로 변경할 수 있다

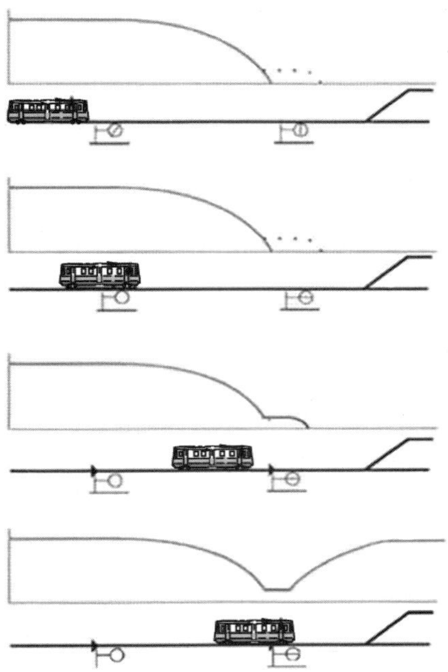

[그림 36] 인필 없는 점 전송

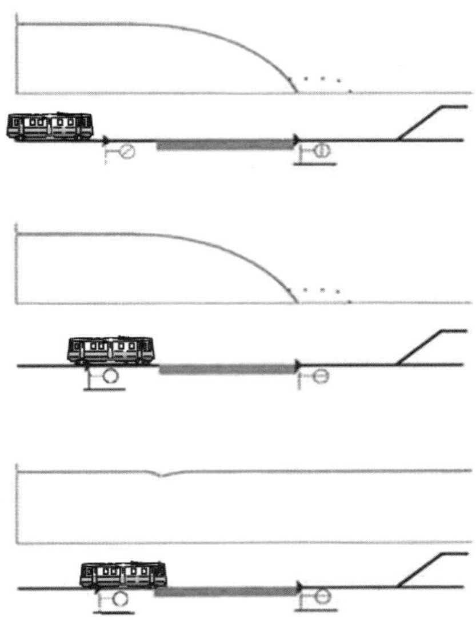

[그림 37] 인필 있는 점 전송

이러한 옵션들 사이의 차이는 열차가 이전 신호를 통과한 후 신호 현시가 지워지는 예를 들어 그림에 표시되어 있다. 이는 운영 장애 동안의 일반적인 상황이며 인용된 점 전송 옵션 간의 차이를 정확하게 보여준다.

상단 그림의 좌측(인필이 없는 점 전송);

- 정지신호에 접근하는 열차
- 열차 통과 신호 후 전방 신호 삭제
- 열차가 해제 속도보다 낮은 속도로 다음 신호를 전달한다.
- 열차가 다음 신호에서 발리스를 수신하여 새로운 속도 프로필을 계산하고 가속할 수 있다.

상단 그림의 우측(인필이 있는 점 전송):

- 정지신호에 접근하는 열차
- 열차 통과 신호 후 전방 신호 삭제
- 열차가 인필(infill) 구역에 진입하여 새로운 속도 프로필을 계산하고 계속 진행 가능

세 번째 옵션 (RBC에 의해 주어진 MA)은 사진에 나타나지 않는다. 이 경우, 열차에 의해 알려진 속도 프로파일은 RBC-열차 통신이 계속 가능하므로 열차가 있는 선로 상의 위치에 의존하지 않기 때문이다.

(2) ETCS – 이동 권한

운영 개선은 엔지니어링 단계 동안 MA가 사전 정의되는 방식에 따라 크게 좌우된다. 한쪽에서는 선로변 신호로 열차에 부과된 모든 제한과 제한이 규칙과 규정을 충족하기 위해 전자 MA로 이전될 수 있다. 다른 한쪽에서는 속도제한의 정확한 위치와 제한의 적용 가능성뿐만 아니라 보다 적절한 제한을 정의할 가능성이 있다. 다른 열차 범주에 대한 이온뿐만 아니라 속도제한에 대한 제동도 보장한다.
예를 들어 위치 전환과 관련된 선로변 신호로 부과되는 일부 속도제한을 준수해야 한다. MA의 정의와 관련된 질문의 설명은 4.4장에 포함되어있다.

(3) ETCS – 중앙역에서의 구현

운영 결과를 위해, ETCS를 장착해야 하는 역의 거리가 얼마나 되는지에 관한 질문에 답하는 것이 매우 중요하다. 물론 주 선로에서만 ETCS를 구현하는 것은 가능하지만, 열차역의 주 선로를 떠나는 각 열차는 비장착 구역으로 진입한다. 차상 장비가 언핏(unfitted) 모드로 전환되고, 완전 감시로 복귀하려면 공간과 시간이 필요하다는 의미다.

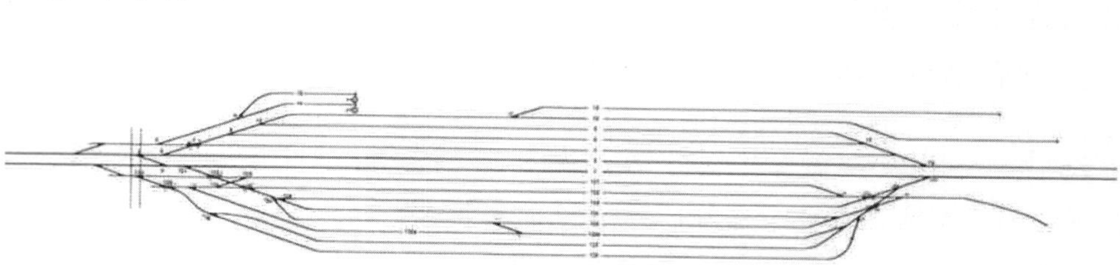

[그림 38] 역 배치 배열

역 배치의 예는 주 선로를 장착하는 것이 많은 경우에 특정 역을 통과하는 대부분 열차에 영향을 미친다는 것을 보여준다.

레벨 1의 발리스, LEU, 케이블을 더 설치하면 역에 더 많은 선로를 장착해야 한다. 레벨 2의 경우, 우선 RBC에 더 많은 데이터가 필요하며, 고정 발리스가 추가로 필요하다. 두 경우 모두, 미장착 선로와 이러한 선로를 사용하는 장비된 열차에 의해 부과되는 운영 제약 사이의 균형을 찾기 위해 세부적인 고려가 필요하다.

(4) ETCS – 예비 전략

철도 운행의 경우, 정상적인 운행 방식에 영향을 미치는 고장 발생 시 열차가 어떻게 운행될 것인지 답하는 것이 중요하다. 이러한 목적을 위해, ETCS 설치를 준비하는 동안, 예비 장치를 정의할 필요가 있다. 레벨 2 애플리케이션의 경우 예비와 같은 선로 레벨 1 설치에 겹칠 수 있지만, 이는 값비싼 해결책이다. 다른 해결책은 선로변 신호를 유지하고 예비 신호로 처리하는 것이다. 이는 ETCS가 장착되지 않은 열차를 운행하기 위해 같은 노선을 사용하는 경우, 자연스러운 선택이다. 클래스 B 시스템을 예비로 사용하는 것도 가능하지만, 그러한 해결책은 모든 열차에 클래스 B 차상 장비 또는 STM이 있어야 한다.

그것은 유럽 횡단 해결책으로 가는 길이다. 예비 목적을 위해 예비 상황에서 지켜지지 않은 적절한 규칙과 규정을 정의할 수도 있다. 한편, 이러한 마지막 해결책은 예비 상황에서 유연하고 원활한 작동을 보장하는 것이 아니라 ETCS의 고가용성을 고려하는 것이다.

ETCS는 주어진 구간 또는 노선에서 전체 CCS의 가용성에 영향을 미치는 기본 신호를 사용하므로, 예비 전략은 항상 신중한 고려가 필요하다.

5.3 기술적 개선 가능성

현재의 개발 단계에서, ETCS는 기능 및 시스템 요구조건 정의에 관련된 산업 및 철도 파트너들에 의해 결정되었듯이, 고급 기능을 갖춘 완전한 열차 제어 시스템이다. 이 현재의 개발 단계를 통합 단계라고 한다. 시제품 선로변과 차상 장비는 필요한 테스트를 통과했고 일부 시범 설치 프로젝트가 진행 중이다. 그러나 이것은 여전히 살아있는 시스템이다. 즉, 여러 가지 기술적 개선이 가능한 것으로 보이며 그중 일부는 다음 시스템 버전에 도입될 것으로 예상된다. 현재의 ETCS 장비는 기준선 2.3.0을 기반으로 한다. 새 기준선 3.0.0으로 마이그레이션할 예정이다. 이러한 새로운 ETCS 버전에 아래에 언급된 가능한 기술적 개선 사항 중 일부를 포함하기 위한 노력이 이루어지고 있으며, 경제적 타당성을 고려한 EC 의도로 인해 몇 년 동안 동결될 수 있다.

(1) 과주여유거리의 재정의

대부분 철도는 안전 철학의 하나로 과주여유거리를 사용한다. 과주여유거리는 진로 종료 후에 있는 진입 선로의 일부로 정의된다. 열차가 멈출 때까지 과주여유거리가 풀리면 안 된다. 역 선로 배치의 과주여유거리 구현에는 특정 공간이 필요하다.
가능한 선로 길이를 줄이고 반대 방향으로의 열차에 필요한 시간을 늘린다.
ETCS 기능은 과주여유거리를 줄이고 특정 주행 기록계 정확도 및/또는 주입구 기능의 사용에 대한 안전 철학을 구축할 수 있다. 그러나 그러한 결정은 적절한 비용 편익 분석으로 검증되어야 한다.

(2) 속도제한의 재정의

속도제한은 많은 경우에 현재 신호로 주어지며 신호 사이의 전체 섹션에 적용된다. 이는 색등식 선로변 신호의 한계 때문이다. ETCS 구현을 통해 인프라 관리자는 속도제한을 재정의할 수 있다. 예를 들어, 지점에 의해 부과되는 실제 제한을 정확하게 고려하여야 한다. 예는 다음과 같습니다.

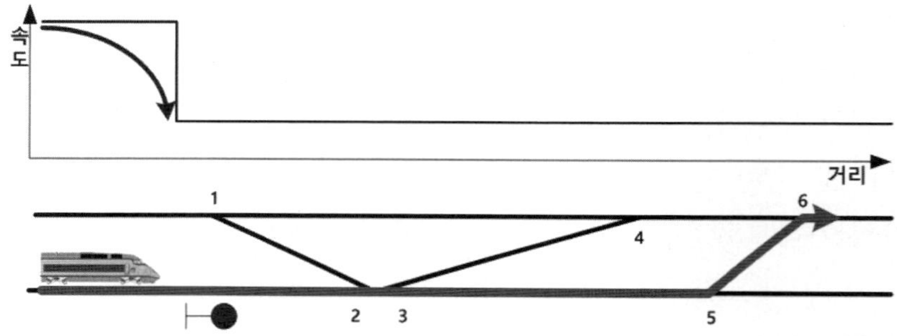

[그림 39] 색등식 신호 시스템에 의해 부과되는 속도제한 (선로전환기 5/6)

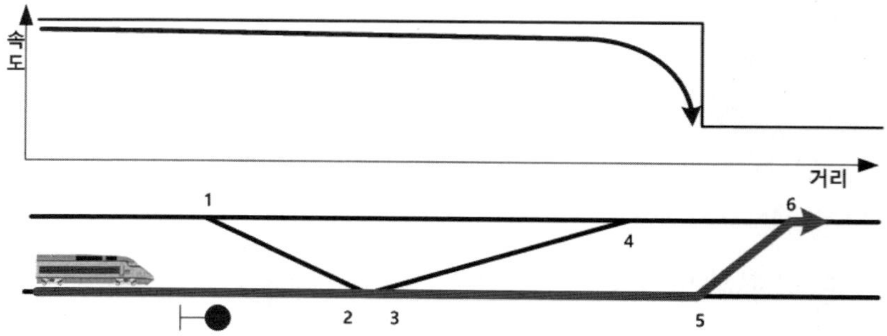

[그림 40] ETCS에 의해 부과되는 속도제한 (선로전환기 5/6)

(3) TSR을 도입하는 다양한 방법

임시 속도제한 (TSR)은 가장 제한적인 정적속도 프로필을 계산할 때 고려된 속도 프로필에 포함함으로써 열차에 부과될 수 있다. TSR을 다루는 데는 원칙적으로 두 가지 방법이 있다. 하나는 기존 선로변 데이터 저장소에 각 패킷을 추가하는 것이다. – 레벨 1의 경우 발리스 또는 레벨 2와 3의 경우 RBC 데이터베이스에 추가한다. 이 방법은 RBC의 경우 편리할 수 있지만, 레벨 1의 경우 어려울 수 있으므로 인프라 관리자는 필요할 때 선로 TSR 발리스를 추가하는 절차를 가질 수 있다. 이러한 발리스는 발리스 링크에 포함되지 않으므로 발리스를 놓치지 않도록 특별한 예방 조치를 취해야 한다. 최소한 두 명씩 짝을 지어 선로에 올려야 한다.

(4) STM 모듈 사용

ETCS 시스템이 개발되기 전에, 대부분 철도는 서로 호환되지 않는 서로 다른 국가 ATP/ATC 시스템을 사용했다. 이러한 국가 등급 B 시스템에서 대상 등급 A 시스템으로의 이동 단계 동안, 클래스 B 선로변 장비를 사용하고 특정 등급 B 시스템에 대한 관련 STM을 사용하여 선로와 열차 간 통신을 변환할 수 있다. STM을 사용하는 아이디어는 첫 번째 ETCS 프로토타입 설치 이전에 개발된 것으로, 특히 다른 클래스 B 시스템이 장착된 지역 사이의 많은 경계를 통과할 것으로 예상되는 열차에 대해서는 효과적이지 않은 것으로 보이다.

견인 차량에서 다수의 클래스 B 안테나를 위한 제한된 공간과 ETCS 차상 장비와 클래스 B STM 사이의 복잡한 인터페이스는 클래스 B의 이러한 방식이 클래스 A로의 이동에 회의적인 이유가 되었다. 부분적으로 호환되는 여러 클래스 B 시스템을 하나의 STM으로 결합하려는 노력이 있었다.

3개의 클래스 B 시스템을 위한 ETCS 인터페이스를 결합한 인터페이스 K: KER로 불리는 프랑스 KVB, 스웨덴, 포르투갈 에비캅과 이탈리아 RSDD가 가능한 해결책의 예이다.

경제적 평가 및 ETCS 배치 추정에 기초한 현재의 EC 정책은 특정 영역에서 STM이 있는 클래스 B 시스템에서 대상 클래스 A 시스템으로의 이동보다는 선택된 노선에서 순수 클래스 A 구현을 선호한다. 그러한 접근 방식은 더 빠른 ETCS 배치 전략이 될 것으로 예상된다.

(5) ETCS에서 건널목 방호

일부 유럽철도 인프라 관리자의 노력은 가장 가까운 ETCS SRS 버전을 위한 LX 기능 구현에 대한 합의를 이끌어냈다. 이에 대한 기능 시나리오가 준비되었다. 다음과 같은 기본 시나리오가 결정되었다.

① 정상 상황에서 LX 통과 (LX로 인해 실제 열차속도 및 DMI 표시에 영향을 미치지 않음)
② DMI에서 LX 표시가 시작된 후 보호되는 LX 통과
③ 정지가 필요한 보호되지 않은 LX 통과
④ 정지를 요구하지 않는 보호되지 않는 LX 통과

LX가 혼합 교통량의 노선에 위치하는 경우, LX 장비 활성화와 열차가 LX에 접근하는 시간 사이의 차이가 매우 큰 경우, LX 보호 상태를 전송하는 최대 허용 속도로 인해 하나 이상의 활성화 지점을 설치할 수 있고 둘 이상의 발리스를 설치할 수도 있다. 이럴 때, 첫 번째 LX 활성화 지점은 속도에 의존해야 한다. 발리스를 전송하는 첫 번째 LX 보호 상태는 발리스를 LX로부터 그러한 거리에 위치해야 하며, 첫 번째 활성화 지점 임계값보다 낮은 속도를 가진 열차가 제동 곡선에 의해 제한되는 속도보다 낮은 속도로 발리스를 통과하여 이 열차를 LX 앞에서 정지시켜야 한다.
대부분의 특정 LX 기능 요구는 제안된 LX 시나리오, 기타 ETCS 기능 및 특정 발리 배치의 조합에 의해 충족될 수 있다.
예를 들어, 열차가 특정 기간 동안 활성화 후, LX에 도달하지 않았을 때, "충분히 보호되지 않음"이라고 불리는 특별한 LX 상태를 도입하기 위해 독일 철도에서 요청한 기능은 제안된 LX 시나리오와 ETCS "구간 시간 경과" 함수 중 하나에 의해 달성될 수 있다.

(6) 레벨 1 제한된 감시

ETCS에 대한 다음과 같은 추가 요구조건이 제안되었다.

① 특정 장소에서만 완전한 감시를 제공하고, 다른 장소에서는 제한된 감시를 제공할 수 있어야 한다.
② 또한 기존 시스템(AWS, Crocodile, Signum 등)이 제공하는 것과 유사한 경고 및 열차 트립 기능을 제공할 수 있어야 하며, 구현의 단순성을 유지하고 선로변 신호와 데이터 준비에 대한 인터페이스 비용을 절감할 수 있어야 한다.
③ 완전한 운전실 신호 없이 그리고 속도 모니터링 기능에 대한 안전 수준이 낮아진 상태에서 ETCS 1을 구현할 수도 있어야 한다.

L1 LS는 ETCS 레벨 1 구성 요소를 갖춘 2차 라인을 장착하기 위해 제안된 더 저렴한 방법이다.
L1 LS는 인프라 관리자가 모든 신호가 아닌 선택된 신호를 갖추고 클래스 B 시스템과 유사한 기능을 제공할 수 있도록 지원한다. 모든 ETCS 견인 장치는 ETCS L1 LS 노선에서 실행될 준비가 될 것으로 예상된다.

5.4 ETCS 외부 인터페이스

(1) ETCS 선로측 – 외부 인터페이스

① 기본 계층 신호 ↔ LEU / RBC

ETCS 선로변 어셈블리는 모든 신호 기능을 제공하지 않으므로, 현재의 운영 상황에 대한 정보를 얻기 위해, 연동장치, 선로 폐색 시스템, LX 보호 시스템 및 그 구성 요소들과 같은 기본 계층 신호 시스템과 협력해야 한다. 이는 ETCS MA의 준비에 매우 중요하다. ETCS MA는 열차 운행 감독에 필수적이므로, 정확성을 보장하기 위해 안전한 장소에서 안전한 방식으로 수집된 데이터를 기반으로 해야 한다.
레벨 1 신호 자료수집의 경우, 선로를 따라 분산되며 선로변 신호, 선로전환기, 궤도회로 등과 같은 기본 레이어 신호 요소로부터 정보를 얻거나 연동으로부터 정보를 얻는 것으로 볼 수 있다. 이 데이터는 지점 위치에 따라 달라지지 않는 거리, 경사도, 속도제한 등과 같은 일부 영구 데이터로 LEU 수준에서 보완된다.
레벨 2의 경우, 모든 신호 데이터는 RBC에 의해 수집된다. 또한 이 경우 운영 데이터는 거리, 경사도, 속도제한 등과 같은 인프라를 설명하는 영구 데이터로 보완된다. 이 경우 모든 데이터는 RBC 데이터베이스에 축적된다.
이 인터페이스는 국가 또는 로컬이며 사용 중인 기본 계층 신호 시스템에 크게 의존한다. 이러한 인터페이스에 관한 요구조건은 인프라 관리자에 의해 정의되거나 ETCS 구현을 담당하는 산업 파트너에게 맡겨질 수 있다.

② RBC ↔ LTE–R

반면에, ETCS 레벨 2 또는 3의 경우, RBC는 LTE–R과 통신하고 있다. LTE–R은 기지국, 기지국 제어기, 네트워크 관리 하위 시스템 및 모바일 스위칭 센터를 구성하는 네트워크 스위칭 하위 시스템으로 구성된 무선 셀 네트워크이므로, 내부 ETCS 구성 요소가 아닌, ETCS 외부의 전송 매체로 취급되는 것으로 등록한다.

결과적으로, ETCS SRS는 무선 메시지와 애플리케이션 계층에서의 내용만을 정의하고 다른 모든 요구조건은 다수의 LTE-R 관련 문서에 의해 정의된다.

Subset-037은 개방형 네트워크를 사용하여 안전 관련 애플리케이션 프로세스를 위한 통신 서비스를 제공하는 무선 통신 시스템에 적용된다. 그것은 ETCS 클래스 1에 대해 ETCS 레벨 2/3의 자동 열차 제어와 같은 안전 관련 애플리케이션 프로세스와 관련하여, 열차 내 장비와 선로변 장비 간의 메시지 교환을 위한 무선 시스템 상호운용성을 명시한다. 또한, ETCS 레벨 1에 대해, 열차 내 장비와 무선 입력 장치 사이의 선택적 메시지 교환이 명시되어 있다.

(2) ETCS 차상장치 – 외부 인터페이스

① 열차 ↔ ETCS 차상장치

ETCS 차상 어셈블리는 기관사가 열차를 운전하는 방식을 감시한다. 이를 위해 일부 철도차량 기능 및 장치 상태에 대한 추가 정보가 필요하다. 이러한 ETCS 사양은 열차 측에서 자료수집을 지원하는 열차 인터페이스 장치 (TIU)를 6개의 변수 그룹에서 정의한다 [표 4 참조].

두 번째 열의 문자 1과 0은 변수 목적이 TIU를 통해 전송되는 데이터를 입력 및/또는 출력하는 것인지 나타낸다. 이 인터페이스는 열차 인터페이스-Subset-034에 대한 FIS에 설명되어 있다.

그러나, 실제로, 이러한 인터페이스의 모든 세부 사항은 열차의 유형에 따라 달라지며, 각 기관차 유형 및 각 고정 구성 열차 유형에 대해 별도로 인용 문서에 따라 설계되어야 한다. 그러므로 이 인터페이스의 비용은 장착될 기관차의 수에 크게 좌우된다.

[표 4] 열차 인터페이스 장치로 수집된 데이터

열차제어 I 엔진		모드제어기능	
견인전력 변경	0	ETCS 차상장치 휴지	
판타그래프	0	ETCS 차상장치 격리	
기밀 I Flap 제어 (에어콘디션)	0	LZB STM 격리	
출입문제어	I /0	Indusi STM 격리	

열차제어 I 엔진		모드제어기능	
Tilting		Control of brakes	
주 스위치 I 회로 차단기	O	상용제동	I / O
견인 차단	O	비상제동	I / O
자동열차 운전	O	회생제동	O
커플링 상태		Magnetic shoes	O
Cold Movement 검지기		Eddy current 재동	O
차상장치 상태정보		제동 압력	
방향제어 위치		제동 핸들	
차상장치 상태 (데스크 상태)		승객 비상제동 억제	I / O
경계행동		**EIRENE–무선관련 기능**	
경계 비활성화	O	열차 주행번호	I / O
경계 재설정	O	주행기록 데이터	
열차 무결성		비상 버튼/ Radio Alert	
열차 무결성			

② 운전석 ↔ ETCS 차상

차상 장비와 기관사 사이의 이 인터페이스는 Subset-033 문서에 정의되어 있다.

③ LTE-R 차상 ↔ ETCS 차상

이 인터페이스는 EuroRadio용 (MORANE) 무선 전송 FFFIS에 의해 정의된다.

④ 국가 시스템 ↔ ETCS 차상

STM은 국가 제어 명령 시스템에서 유럽 ETCS 표준으로의 전환을 위해 매우 중요하다. 산업 파트너들은 철도 ETCS 차상 어셈블리에 통합된 STM을 제공하였다. "내부 STM"이라고 불리는 이러한 해결책은 다음의 두 가지 중요한 이유로 인해, 열차를 운영하는 회사들에게는 그다지 좋지 않다.

첫 번째 내부 STM은 단일 기업(대개 과거에 국가 시스템을 생산하던 기업)에 의해 제공되므로 경쟁이 없다.

두 번째로 필요한 내부 STM은 ETCS 차상 어셈블리가 주문될 때 정의되어야 한다. 나중에 내부 STM을 추가하는 것은 불가능하지는 않지만 매우 어렵다. 이러한 이유로 외부 STM에 대한 인터페이스를 정의하여 각 차상 어셈블리가 생명주기의 어떤 순간에든 필요한 만큼의 STM을 장착할 수 있도록 하였다. 국가 시스템이 크게 다르므로 이 인터페이스와 STM은 여러 문서를 준수해야 한다. 즉,

STM FFFIS – Subset-035; STM FFFIS 안전 시간 계층 – Subset-056; STM FFFIS 안전 링크 계층 – Subset-057 및 FFFIS STM 응용 계층 STM

⑤ 인터페이스 "K" 및 "AK"

일부 국가 시스템이 ETCS 유로발리스와 유사한 발리스를 사용하고 있으므로, 에어갭 "AK"에 대한 공통 인터페이스와 KER STM을 차상 ETCS 어셈블리 "K"에 연결하기 위한 공통 인터페이스를 정의할 필요가 있었다. 그렇지 않으면 기관사는 이러한 시스템 중 하나만을 준수할지 결정해야 할 것이다. 왜냐하면 단일 기관차에 둘 이상의 안테나를 설치하는 것은 효과적이지 않을 뿐만 아니라 대부분은 불가능하기 때문이다. 유로발리스와 KER발리스 에어갭 정의의 주요 차이점은 신호 변조/변조와 비트 전송률과 관련이 있으므로 두 시스템 안테나를 단일 유닛에 결합하는 것까지 가능하다.

인터페이스 "AK ": ETCS 차상 유로발리스 안테나와 유로발리스 사이의 공극 인터페이스를 "A" 인터페이스라고 부른다. 유로루프를 위한 이러한 인터페이스는 각각 "AL" 인터페이스라고 불린다. 마찬가지로, KER 발리와 ETCS 차상 안테나 사이의 에어 갭 인터페이스는 "AK" 인터페이스로 서명된다.

인터페이스 "K": ETCS와 KER 공기 간격 전송을 결합한 모듈 – 유로발리스와 KER 발리스 모듈은 "K" 인터페이스와 KER STM을 사용하여 ETCS에 연결된다.

5.5 ETCS 내부 인터페이스

ETCS 내부 인터페이스는 공극을 통한 통신과 선로변 어셈블리의 IC 간, 그리고 차상 어셈블리의 IC 간 인터페이스로 세분될 수 있다. IC의 전체 목록은 IC를 다루는 2.5장에 나와 있다. 가장 중요한 인터페이스에 대한 해설은 아래에 정리되어 있다.

IC 및 이들 사이의 인터페이스와 관련하여 EU 법률이 별도의 IC 인증 없이, 즉 그룹을 형성하는 IC 간의 인터페이스를 테스트하지 않고 IC의 사용자 그룹에 제공하는 것을 허용한다는 것을 강조해야 한다. 그룹의 예는 2.4장에 나타나 있지만, 새로운 그룹은 법규를 변경할 필요 없이 산업별로 제안될 수 있다. 더 많은 그룹과 더 복잡한 그룹이 있다는 것은 공급업체에 대한 교환 가능성을 낮추고 더 높은 신뢰도를 의미하기 때문에 최종 사용자는 이 과정을 주시해야 한다.

EU 법률이 일시적으로 인증되지 않은 IC를 포함하는 ETCS 차상 어셈블리 및 ETCS 선로변 어셈블리의 인증을 허용한다는 것을 강조해야 한다. 그러나 이것은 일시적인 상황이다. EC는 IC와 그 집단에 대한 인증이 시장에 의해 추진되지 않더라도 법으로 요구될 것이라고 선언한다.

(1) ETCS 선로변 – 내부 인터페이스

① 유로발리스 ↔ LEU

전환 가능한 유로발리스와 LEU 사이의 통신을 위한 유로발리스 인터페이스 "C"는 유로발리스 – Subset–036에 대한 FFFIS에 정의되어 있다. 그러나 이것은 그룹의 내부 인터페이스이다.

② 라디오 입력 ↔ LEU/Interlocking

무전기는 인필 목적으로 사용되며, 선로변 무선 인필 장비는 LEU 또는 연동장치와 통신해야 한다. LEU/Interlocking – Subset–049를 사용한 FIS 라디오 인필에 기술되어 있다.

③ RBC ↔ RBC

인접한 RBC 간의 통신은 프로젝트의 구현 관점에서 내부 또는 외부로 볼 수 있다. 그 결과, RBC/RBC Subset–039를 위해 FIS에 따라 열차를 인도할 뿐만 아니라, 다른 목적을 위한 RBC 간의 통신도 책임져야 한다.

(2) ETCS 차상 – 내부 인터페이스

이러한 인터페이스는 현재 사실상 공개되지 않았다. TSI에서 차상 어셈블리에 대한 CSI용으로 제안된 그룹을 살펴보면 차상 LTE–R과 외부 STM만이 외부에 있다는 것을 알 수 있으며 이는 서로 다른 공급업체에서 공급받을 수 있으며 인터페이스를 통해 문제없이 작업해야 함을 의미한다. 이러한 두 가지는 ERTMS에 대해서는 외부가 아니지만, ETCS에 대해서는 외부로 취급되며, 이전 장에서 설명된다.

인간과 기계 간 인터페이스용 FIS – Subset–033에 정의된 차상 커널에 DMI를 연결하기 위한 인터페이스와 같은 예외가 있다.

(3) 선로–열차 통신 인터페이스

① 유로발리스 ↔ 안테나(인터페이스 "A")

유로발리스 (전환 가능 및 비전환 가능)와 유로발리스 차상 안테나 사이의 통신을 위한 유로발리스 인터페이스 "A"는 유로발리스 Subset–036을 위한 FFFIS의 하위 계층과 ETCS SRS – Subset –026의 애플리케이션 계층에 정의된다.

② 인터페이스 "AK"

5.2 (2) ⑤항 참조

③ 무선 인필 인터페이스

무선 입력 인터페이스는 무선 입력-Subset-047 및 무선 입력 FFFIS-Subset-048을 위한 선로변 열차 소유 FIS에 의해 하위 계층에서 정의되며 ETCS SRS Subset-026에 의해 애플리케이션 계층에서 정의된다.

④ LTE-R

ETCS 전송 매체로서의 LTE-R은 EuroRadio – A 11T600112, LTE-R SRS – ElREN SRS, EuroRadio FIS – Subset-037 및 키 관리 FIS – Subset-038에 의해 정의된다.

추가로, 무선 메시지와 그 내용은 ETCS SRS – Subset-026에 정의되어 있으며, LTE-R에 대한 요구조건은 유럽 표준 EN 310515 에서 명시되어 있다.

5.6 인터페이스에 대한 책임

외부 및 내부 인터페이스는 각각 5.4와 5.5에 설명되어 있다. 본 장에서는 철도업계에 인터페이스의 생성 및 관리에 대한 책임과 관련된 계약서의 중요성을 보여주기 위한 별도의 장이다. 이 문구는 외부 인터페이스뿐만 아니라 특히 다른 산업 파트너가 시스템 구성 요소를 공급하는 경우 내부 인터페이스에도 적용할 수 있다.

ETCS 사양은 공개 도메인에 속하며, 서로 다른 신호 회사들에 의해 사용되고 있다. 이는 철도 회사가 공급업체 간의 경쟁에서 우위를 점할 수 있는 시장을 창출한다. 그러한 공급업체들은 특정한 경우, 인접한 노선이나 역에 ETCS를 설치하고, 다른 경우, 하나의 제어 명령 설치 내에서 사용될 구성 요소를 공급한다. 두 경우 모두 그 구성 요소들이 협력해야 한다.

최종 사용자는 모든 인터페이스에 대한 책임이 프로젝트에 대한 참조 조건에 정확하게 정의되어 있는지 확인하는 것이 매우 중요하다. 이것은 제안과 결과적으로 계약에 관련 작품을 포함하는 유일한 방법이다.

6 ERTMS Level 3와 Hybrid Level 3

6.1 Level 3의 필요성

현재 철도는 포화상태가 되어가고 있다. 철도 네트워크에는 현재 고객의 요구를 충족시킬 수 있는 충분한 역량이 모자란다. 예를 들어 일부 국가에서는 1996년 이래 승객 숫자가 두 배가 되었고 앞으로 25년 동안 다시 두 배가 될 것으로 예측된다.

기존 기술로 예상되는 수요를 충족시키는 것은 불가능하다. 기존 선로변 신호 시스템은 한계에 맞게 최적화되었다. 많은 지역에서 여분의 궤도를 건설하고, 운행 거리를 확장하고, 더 큰 열차를 도입하는 것과 같은 용량을 증가시키기 위한 재래식 방법의 사용이 고갈되었다. 그러나 디지털 기술의 대안이 있다. 이는 철도 네트워크의 용량을 증가시킬 수 있는 좋은 기회를 제공한다.

이것을 제공할 수 있는 주요 디지털 기술은 ERTMS이다. 현재 ERTMS의 세계적인 구현은 ERTMS Level 1 및 ERTMS Level 2 시스템이 있다. 이 중 ERTMS Level 2는 주의 깊게 구현하여 선로용량 향상을 제공할 수 있다. ERTMS Level 2의 용량을 대폭 개선하려면 선로변 열차 검지시스템의 양을 늘리는 것이 중요하다. 이것은 분명히 기술적으로 가능하지만 저렴한 가격인지를 검토할 필요성이 있다.

선로용량이 대폭 증가하면 50m 열차 검지 구간이 필요할 수 있다. 이것은 선로변에서 상당한 양의 열차 검지장비를 구매, 설치 및 유지 보수하는 것을 의미한다. 이는 재정적 관점에서 볼 때 적당하지 않으며 ERTMS Level 2 운영의 높은 성능과 안정성을 쉽게 실현하지 못한다.

ERTMS Level 3로 이동하면 이 문제가 해결된다. ERTMS Level 3는 ERTMS Level 2와 비교하여 용량을 증가시키고 비용을 줄이며 유연성을 향상하고 신뢰성을 높여 열차 검지 장비에 대한 의존도를 없애준다. 그러나 ERTMS Level 3는 실제로 존재하는가? 아니면 아직 완전히 정의되지 않은 이론적 개념인가?를 검토해보아야 한다.

사실 ERTMS Level 3은 이미 CCS TSI (명령 제어 및 신호 – 상호운용성에 대한 기술 사양) 에 정의되어 있으며 운영 서비스에 ERTMS Level 3의 일부 응용 프로그램이 있다. 스웨덴의 Malung과 Borlänge 사이의 ERTMS Level 3 라인과 카자흐스탄의 Bolzak의 Uzen과 같은 현재까지 구현된 철도는 주로 교통량이 적은 단선 철도에 설치되어 있다. 따라서 ERTMS Level 3이 분명히 존재하고 구현되었지만, 현재까지의 애플리케이션 경험은 제한적이다. ERTMS Level 1 및 ERTMS Level 2를 운용하고 있지만,

앞으로의 철도 네트워크 발전을 위해서는 더 많은 개발이 필요하다.

이러한 요구는 이미 유럽의 철도 산업에 의해 인정되어 유럽 철도청의 장기 전망 계획에 포함되었다. 우리나라에서도 이러한 요구사항이 인정되어 ERTMS Level 3의 개발이 현재 진행 중이다.

유럽에서는 ProRail과 Network Rail이 대용량의 수요와 복잡한 혼합 교통량 네트워크를 많이 가지고 있어 두 네트워크 모두 높은 용량과 높은 가용성을 제공해야 할 과제를 갖고 있다.

문제의 핵심 사안은 현재 ERTMS Level 2 프로그램을 구축하고 최소한의 위험으로 네트워크에서 단계적으로 용량을 늘릴 수 있는 비용 효율적인 방법을 찾아야 할 필요가 있었다.

ProRail과 Network Rail은 이전에 사용 가능한 ERTMS Level 3 제품의 상태를 이해하기 위해 몇 가지 ERTMS Level 3 시험을 시행했다. 2013 년에는 네덜란드의 Lelystad에 있는 ProRail에서 Level 3 시험을 시행했다. 영국은 2014년에 ERTMS 국가 통합 시설 (ENIF)의 테스트 궤도에서 Level 3 테스트가 수행되었다. 이러한 테스트는 향후 작업을 위한 좋은 토대를 제공했다.

이 공통 관심사로 ProRail과 Network Rail은 ERTMS Level 3을 배치하기 위한 효과적인 경로의 정의에 대한 공동 접근 방식을 채택하기로 합의했다.

이에 따라 ERTMS Level 3에 대한 필요성이 수립되었고 일부 작업을 수행하겠다는 합의가 이루어졌지만, ERTMS Level 3에 대한 합의된 사항을 확인하는 것이 필요했다.

Subset-026 ERTMS Level 3는 CCS TSI에 의해 지정된 대로 이동 권한이 선로변에서 생성되고 Euroradio를 통해 열차로 전송되는 무선 기반 열차 제어 시스템이다. ERTMS Level 3은 지속적인 속도 감독 시스템을 제공하며, 이는 또한 이동 범위의 초과를 방지한다. Radio Block Center (RBC)는 선도적인 ERTMS 차상 장비의 ERTMS ID로 각 열차를 개별적으로 알고 있으며, 속도, 위치 및 무결성 정보를 RBC에 정기적으로 보고한다. ERTMS Level 3은 Euroradio를 기반으로 통신을 위한 궤도를 추적하고 주로 위치 참조를 위한 지점 전송 장치로 발리스를 사용한다. 이것은 ERTMS Level 2의 모든 공통 기능이다.

ERTMS Level 2와 ERTMS Level 3의 주된 차이점은 ERTMS Level 3에서 열차 위치 및 열차 무결성 감독이 열차가 보고한 위치 및 무결성을 사용하여 RBC가 수행하여 이동 권한을 발급하는 것이 안전한지를 결정한다는 것이다. 이것은 더 정확한 열차 위치를 제공하고 Level 2의 필수 기능인 고정 폐색 및 선로변 열차 위치 장비 (궤도회로 및 액슬 카운터)를 사용할 필요가 없다. ERTMS Level 3은 선로변을 사용하여 고정 폐색을 사용하지 못하게 한다. 장비 (Level 2에서와 같이)를 보다 빈번한 열차 위치정보 (고정된 가상 폐색 또는 이동 폐색)로 전환한다.

이러한 변화로 인해 ERTMS Level 3는 용량 이점 (선로에서 더 많은 열차를 허용)을 제공하고 선로변 장비의 감소로 인해 비용을 절감하며 (선로변 요소 제거) 신뢰성을 향상시킨다.

6.2 Level 3의 과제

Level 3는 열차가 열차 무결성 모니터링 (TIM)의 형태로 추가 기능을 갖추도록 요구한다. TIM 기능의 목적은 ERTMS 선로변에 보고 된 열차 길이와 관련하여 열차가 확인되었음을 알리고 열차 뒷면의 위치에 대한 확신을 주며 열차가 이전의 보고 된 위치 이후로 끊어지거나 분리되지 않았음을 알려주는 것이다. 여객 열차용 TIM 시스템을 이미 제공하는 것이 가능할 것으로 보이지만, 화물과 같은 다양한 복합 열차에 대한 제공은 현재 미해결 문제이다. 가변 구성 열차에 사용할 수 있는 안정적이고 운영상으로 강력한 TIM 시스템 구현은 아직 없다. 이것은 단 하나의 열차의 무결성이 큰 Level 3 지역의 많은 열차의 운행 성능에 영향을 미칠 수 있으므로, Level 3 에서 해결해야 할 중요한 영역이다.

열차의 궤도검지가 없다면, Level 3 개념은 RBC가 통제하에 있는 지역에 물리적으로 존재하는 모든 열차 또는 차량의 위치와 무결성 상태를 항상 알고 있다는 조건에 완전히 의존한다. 문제는 실제로 성능 저하 모드가 고려 될 때 이 조건이 충족될 수 없다는 것이다.

무선 연결이 없는 상황을 생각해보면 여기서 열차는 RBC에 표시되지 않는다. 예를 들어, ERTMS 차상장치가 입환모드로 들어가면 의도적으로 스위치가 꺼진다(캡 닫힘, 전원없음모드). RBC가 열차의 마지막 보고 위치와 열차가 이동할 수 있는 지역을 기억하더라도 열차가 끊어져 있는 동안 열차가 이 지역에 머물러 있다는 보장은 없다. 예를 들어 운영 절차의 감독하에 열차를 옮길 이유가 있거나 열차가 무단으로 이동할 수 있다. 선로변 열차 검지가 없다면 선로변에서 충분히 신뢰할만한 방법으로 그러한 열차의 위치를 알 수 있는 방법이 없다.

그런 다음 RBC가 켜지거나 꺼지는 위치 (예 : 의도적인 다시 시작 또는 충돌로 인해)를 해결할 수 있다. 이 시나리오에서 RBC는 해당 지역의 열차에 대한 모든 지식을 잃게 된다. 이 상황에서 복구하는 것은 번거롭고 (전체 RBC 영역을 소탕하는 것과 관련하여)

상당한 운영 중단을 초래하여 오랜 시간이 걸릴 수 있다. 그러한 프로세스의 안전성은 운영 절차에만 근거한다.

또 다른 문제는 보고 된 열차 위치의 정확성이다. 보고 된 열차 위치의 마진과 안전한 열차 길이는 사실은 지역이 물리적으로 비점유였다면 이 정보를 기반으로 하는 후속 열차는 쇄정 상태로 유지될 수 있다. 이렇게 하면 성능이 저하되고 교착(Deadlock) 상황이 발생할 수 있다. 단선 궤도의 추월 지역. 또한 이 상황에서 열차가 유효한 위치를 잃는 경우 Level 3 시스템은 열차를 찾을 수 없으므로 추가적인 작업 절차가 필요하다.

6.3 Level 3 구현의 유형

이러한 과제를 극복하고 기존 철도 시스템에서 업그레이드하는 방법을 고려하기 위해 여러 유형의 Level 3이 제안되었다. 이러한 유형은 다음 항목을 기반으로 개발되었다.

① 기존의 차량을 ERTMS로 업그레이드해야 하는 필요성, 즉 기존 신호 시스템에 Level 3를 중첩할 잠재적 필요성.

② 열차 무결성 모니터링 해법을 사용할 필요가 있으며 모든 유형의 열차에 적합해야 한다.

③ ERTMS 열차 정보를 사용할 수 없는 경우 궤도 열차 검지에 사용한다.

④ Level 3에서 안전 열차 간격을 위한 두 가지 유형의 기술이 존재한다:

- 고정 가상 폐색 : 이 해법은 가상 고정 구간 (보고 된 정수 열 위치정보 기반)의 사용에 의존한다.
- 전체 이동 폐색 : 두 열차 간의 안전한 분리에는 보고 된 정수 열차 위치정보의 동적 처리가 제공된다.

[주] '정수 열차 (Integer Train)'는 위치 측량 보고서를 토대로 궤도면에서 인프라를 해제할 수 있게 하는 것이다. 이것은 열차 무결성 감시 시스템 덕분에 완성도 (즉, 객차 또는 화차가 남지 않음)를 보장할 수 있기 때문이다. 고정 형성 부대의 경우, 이 완전성 정보는 영구적으로 이용 가능할 것이다.

6.4 비보고 열차에 대한 보호

비보고 열차의 감지되지 않은 이동으로부터 보호하기 위해 선로 측에서 단선이 감지될 때 열차가 위치한 VSS 섹션은 '알 수 없음'으로 설정된다. 열차가 여전히 이동 권한(MA)을 완전히 사용할 수 있도록 하려면, 해당 열차로 전송되는 MA의 일부인 마지막 열차 위치 이전의 모든 VSS도 기본 선로측 열차 감지 기능이 '점유'를 보고하는 경우 '알 수 없음'으로 설정해야 한다.

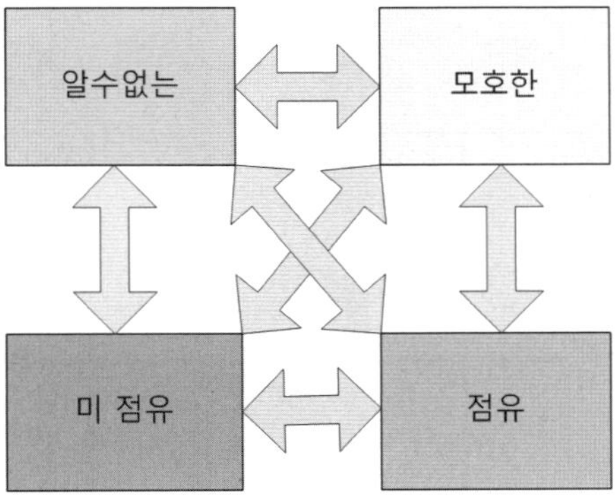

[그림 41] VSS 섹션 상태 다이어그램

레벨 3의 선로용량 편익을 운행 중인 혼합 열차 편성이 있는 상황에서 실현하려면(즉, 일부 열차에는 ERTMS가 장착되지만 다른 열차에는 장착되지 않음) 이러한 다양한 열차 유형의 시간표 최적화를 고려해야 한다.

선로 측 열차 감지 및 ERTMS 열차 위치의 타이밍과 공간 정확도가 상당히 다르므로 '모호한' 및 '알 수 없는' 두 가지 내부 VSS 상태가 추가로 도입된다. 이러한 상태는 외부 시스템(예: 교통 관리 시스템)에 '사용 중'으로 보고되므로 이러한 시스템에 대한 새로운 요구사항이나 운영 절차가 필요하지 않습니다. 선로 측 열차 감지 승객 정보는 VSS 상태에 대한 입력으로만 사용된다.

이 개념은 기존 시스템을 사용할 수 있는 기능입니다. [그림 41]과 같이 다양한 VSS 상태 전환은 일반 원칙 레벨 3 VSS [R6]에 자세히 설명된 보고된 열차 정보 및 선로 측 정보를 기반으로 정의된다. 예를 들어 정수 열차가 이 VSS를 떠났다고 보고하는 경우 '점유'에서 '미점유'로 전환된다. 또 다른 예는 '점유'에서 '모호한'으로의 전환이다. 이 문제는 열차가 무결성을 잃거나 무결성을 보고하지 않을 때 발생한다. 애매한 VSS 섹션에 정수가 아닌 열차에 의해 남겨진 VSS 섹션은 기본 선로 측 열차 감지 보고서가 비워질 때까지 '알 수 없음' 상태가 된다.

선로 측에서 움직임을 인지하지 못한 채 열차가 무선 링크 분리 후 이동할 수 있으므로, '알 수 없음' 상태는 지정된 시간이 지난 후 미점유 선로 측 열차 감지 섹션 또는 다른 열차에 도달할 때까지 전방 및 후방으로 인접한 VSS로 전파된다. 길이가 변경되지 않은 같은 열차를 다시 연결하면 VSS 상태를 복원하여 여행을 계속할 수 있다. 전파 시간은 특정 위치와 방향으로 구성할 수 있다.

즉, 시스템이 방향 변경 및 반대 방향 이동이 필요한 조건을 고려할 수 있다. 이는 [그림 42]에 나와 있다.

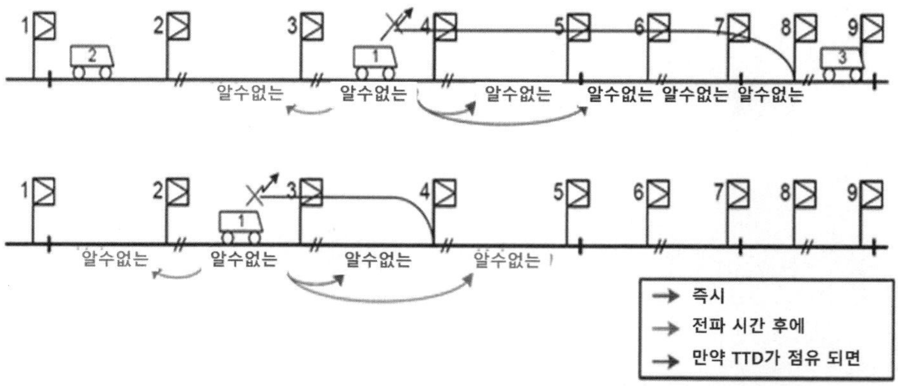

[그림 42] 임무 수행 중 단절 후 '미확인 열차' 전파

역방향 전파는 열차가 무결성 손실을 보고하는 상황에 대해서도 구성할 수 있다. 이것은 열차의 분리된 부분이 감지되지 않고 자유 VSS 섹션으로 롤백 될 수 있는 위험을 커버한다.

이 메커니즘과 선로 측 열차 감지에서 얻은 추가 정보를 통해 레벨 3 시스템 내에서 열차가 주차, 분리 및 결합할 수 있는 영역을 구성할 수 있다. 선로 측 열차 감지 기능이 있으면 정상 운행에 미치는 영향이 방지되며, 이는 열차 위치정보가 충분하지 않을 때 레벨 3의 일부 이점을 제공할 수 있다는 것을 의미한다.

6.5 '고스트'와 '그림자' 열차 위험

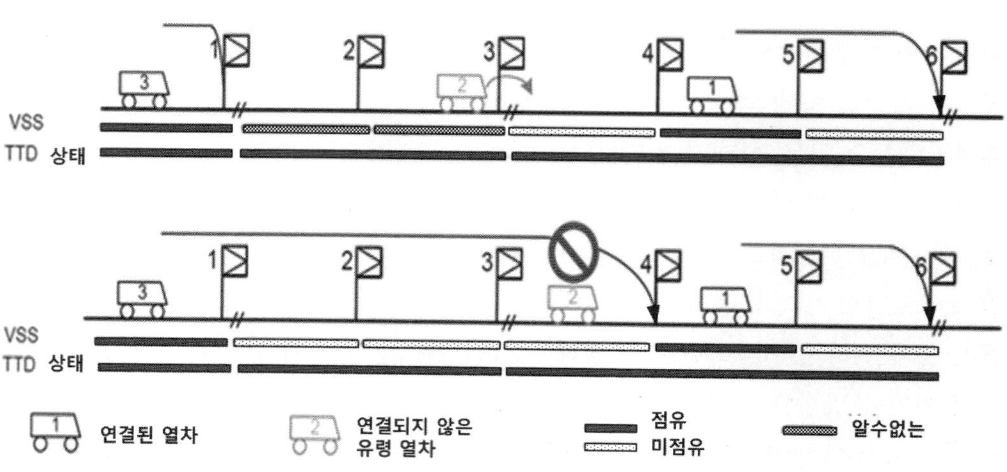

[그림 43] 그림자 열차의 위험

Level 3 시스템의 경우 [그림 43]에서와 같이 '그림자 열차' 위험이 발생할 수 있다. 즉, 열차 (2)의 검지 되지 않은 이동으로 인해 선로변은 정수 열차에 의해 해제된 인프라로 다른 열차 (3)을 인증 할 수 있다(1). Hybrid 레벨 3 개념의 그림자 열차 이동에 대한 보호 기능을 추가하기 위해 선로변 열차 검지정보를 사용하여 열차 뒤쪽의 인프라를 안전하게 해제하는지 확인한다. 여기에는 선로변 열차 검지기능이 있는 '고스트' 열차 이동 검지기능이 포함된다.

선로측 열차 탐지는 위치 보고서 외에도 선로 및 해정 구간을 해제하여 잠재적인 성능 문제를 극복하고 가능한 교착 상태를 방지하는 데 사용할 수 있다. 추가 성능은 열차 위치 보고가 적당히 빠르지 않거나(예: 위치 보고의 빈도 때문에) 매우 정확하지 않은 상황에서 달성된다(열차 위치가 주행 기록계 신뢰 구간의 여백을 포함하여 정의됨). 예를 들어, 통신이 끊겼을 때 열차의 움직임을 감지하거나 열차 위치에 추가된 여백으로 인해 점유된 것으로 간주할 때 불필요하게 잠긴 것으로 간주되는 추월 구역의 지점을 안전하게 해제함으로써 교착 상태를 피할 수 있다.

선로 측 열차 감지 기능이 '알 수 없는' 섹션을 해제할 수 없는 상황에서는 정수 열차가 이러한 VSS 섹션을 '스위핑'할 수 있다. 열차 정보는 또한 선로 측 열차 감지 장애로부터 복구하기 위한 '소거' 열차를 지원함으로써 인프라의 가용성을 높이는 데 사용될 수 있다. 즉, 이 경우 열차 위치정보 기능은 선로 측 열차 탐지의 가용성과 신뢰성을 증가시킨다.

6.6 Hybrid Level 3

Hybrid 레벨 3은 기존 기술 솔루션을 사용하여 위에서 설명한 레벨 3의 과제를 완화하는 레벨 3의 한 유형으로 개발되었다. 이는 제한된 양의 선로 측 열차 탐지를 사용하여 열차 정보가 불충분할 수 있는 잠재적 문제를 처리함으로써 이루어진다. 이러한 방식으로 이 개념은 새롭고 복잡한 운영 절차의 필요성을 방지하고 도입 시 성능을 보장해야 한다. 이는 확인된 무결성을 보고할 수 없는 열차가 비록 더 길지만, 여전히 허용 가능한 운전시격으로 운행할 수 있다는 것을 의미한다.

RBC에서 분리된 열차는 더 이상 손실되지 않는다. 그것들은 여전히 분리된 열차의 운영 이동, 허가되지 않은 분리된 열차에 대한 보호, 그리고 RBC 다운 후 복구를 쉽게 하는 선로 측면 열차 탐지를 통해 볼 수 있다. 또한 특정 주요 위치에서 선로 측면 열차 감지는 열차 위치 보고서(예: 위치 보고가 지연되거나 보고된 열차 길이에 여백이 있는 경우)를 기반으로 하는 것보다 중요한 인프라(예: 지점)의 빠른 해제를 제공하여 우수한 성능을 가능하게 해야 한다.

기존 철도 노선에서 Hybrid 레벨 3으로의 업그레이드를 고려할 때, 이 개념은 기존 선로 측 열차 감지 장비를 사용할 수 있도록 하며, 이미 설치된 장비를 재사용할 수 있도록 한다. 이는 노선에서 선로용량 증가를 위해 커미셔닝 작업이 수행될 때 이점을 제공한다. 이는 다른 ERTMS를 사용하여 용량을 늘리는 데 필요한 작업과 비교할 때 선로 측에 필요한 최소한의 엔지니어링 작업이 있음을 의미한다.

따라서 비용 효율적인 방식으로 선로용량을 늘릴 수 있다.

Hybrid 레벨 3 개념은 정수 열차와 비정수 열차를 모두 지원하는데, 이는 열차 무결성이 있는 열차와 없는 열차이다. 이는 모든 유형의 열차가 아직 장착되지 않았거나 TIM을 장착할 수 없을 때 모든 열차의 전체 운행이 가능하도록 노선에 있는 열차의 이동 경로를 제공한다. TIM을 탑재한 열차의 수준이 높아짐에 따라 노선의 용량은 증가할 것이다. 따라서 주로 TIM 장착 열차가 예약된 경우(예: 피크 시간대에 추가 용량을 생성하기 위해) 대용량 노선을 만들 수 있다. 또한 TIM이 없는 열차(예: 화물 열차)를 운행할 수 있지만 피크 시 최대 용량 편익을 유지하기 위해서는 비피크 시간표 슬롯에서 이를 예약해야 한다.

또한 이 해법은 비 ERTMS 장착 열차가 (예: 엔지니어링 열차를 작업 영역으로 이동할 수 있도록) 절차적으로 운행할 수 있어야 할 경우보다 간단한 운행을 지원한다. 이러한 상황에서는 이러한 열차 통과 후 청소와 같은 운영 절차 없이 정상 운행이 자동으로 복구된다. 열차가 RBC에 위치를 보고하지 않는 입환 이동에도 같은 고려 사항이 적용된다.

마지막으로 Hybrid 레벨 3은 CCS TSI에 정의된 ERTMS 사양을 완전히 준수한다. 탑재된 ERTMS에 대해 도입이 필요한 추가 요건은 없다.

6.7 Hybrid Level 3 이동 또는 고정 폐색

현재 정의된 Hybrid 레벨 3 개념은 가상 폐색을 사용한다. 이것은 개념의 근본적인 요건이 아니라 실용적인 이유에서이다. 이동 폐색에 비해 고정 가상 폐색은 RBC 및 트래픽 제어 센터와 같은 관련 시스템뿐만 아니라 운영 절차에도 영향을 덜 준다. 이것들은 [그림 44, 45]에 예시되어 있다.

레벨 3 이동 폐색 시스템에서 열차 분리는 선두 정수열차의 마지막 보고된 안전 후단 위치를 기반으로 하며, 최적의 레벨 3 용량을 제공한다. '이동폐색'은 열차의 후방 끝 위치를 주기적으로 보고하는 것을 기반으로 하므로 주기적으로 점프한다. 예를 들어 160 km/h의 속도에서 이동 폐색은 200m 이상의 거리로 점프한다. RBC로만 알려진 가상 폐색의 길이를 줄임으로써 Hybrid 레벨 3 개념에서도 이동 폐색 성능이 달성된다.

6.8 Hybrid Level 3 가상 폐색 주요 원칙

Hybrid 레벨 3의 경우, 선로 측 열차 감지 섹션은 여러 가상 하위 섹션(VSS)으로 나눌 수 있다. 이는 이동 가능한 요소를 포함하는 선로 측 열차 감지 섹션을 여러 VSS 섹션으로 나눠서는 안 된다는 제약조건을 수반한다.

VSS의 '점유' 및 '미점유' 상태는 열차 위치정보와 선로 측 열차 감지 정보를 모두 기반으로 한다. 기본 선로 측 열차 탐지가 미점유라고 보고되면 VSS는 '미점유'로 보고된다. 열차가 이 섹션 내에서 보고하는 경우(프런트 엔드 위치와 보고된 열차 길이를 기준으로) '사용 중'으로 보고된다.

[그림 44]와 같이 ERTMS 선로측에서는 열차가 위치하는 관련 VSS만 점유한다고 간주하고 TIMS는 열차 후면의 위치에 대한 확신을 제공한다. 그러나 TIMS가 장착되지 않은 열차는 RBC의 경우 열차 후방을 안전하게 알 수 없으므로 후방 부분을 차지한다. RBC의 경우 열차 위치를 알 수 없으므로 ERTMS가 장착되지 않은 열차는 열차 감지 섹션 전체를 차지한다.

TIMS가 없는 ERTMS 열차는 VSS 구간에서 정수 열차를 따라갈 수 있지만, 다른 열차는 별도의 열차 감지 구간에서만 따라갈 수 있다. 그 결과 ERTMS 열차에 대해서만 용량 편익이 달성되고 TIMS가 장착된 ERTMS 열차 주변에서는 최대 이득이 달성된다.

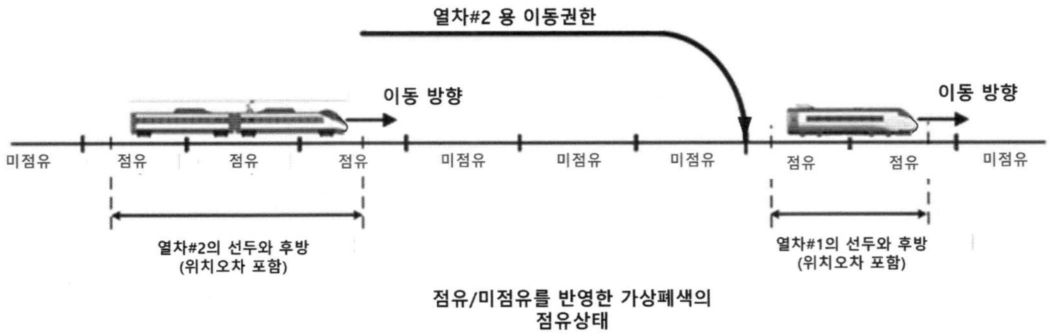

[그림 44] 가상 폐색 시스템

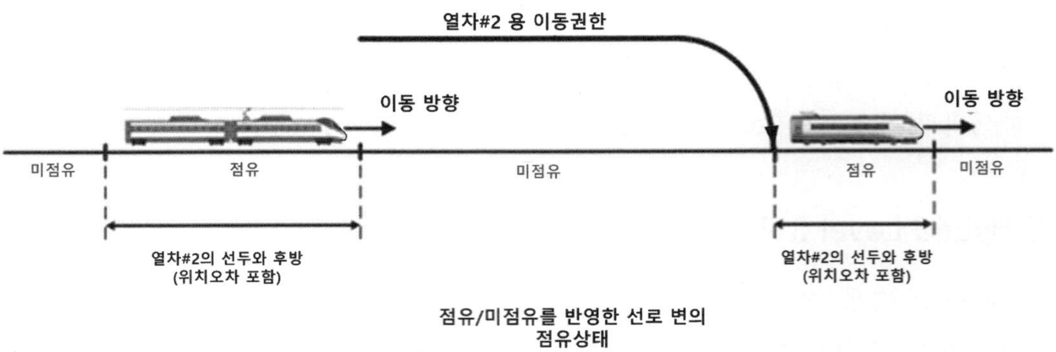

[그림 45] 완전 이동 폐색 시스템

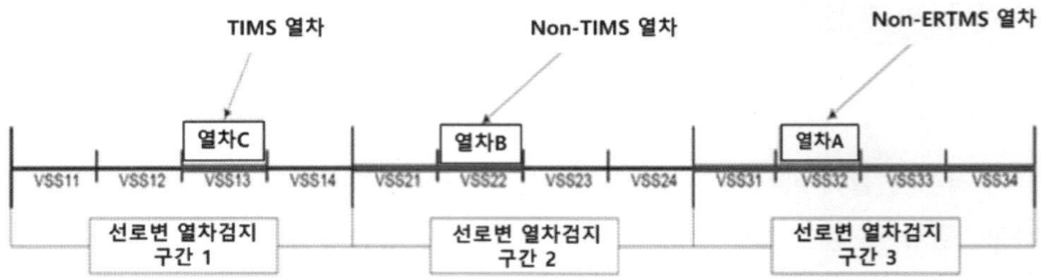

[그림 46] ERTMS 차상 및 TIMS의 유무에 따른 다양한 용량 활용

6.9 Hybrid Level 3 사용의 장점

Hybrid 레벨 3 개념의 기존 선로 측 열차 감지 기능을 재사용할 가능성은 여러 가지 이점을 제공한다.

Hybrid 레벨 3은 열차 정보(예: 열차 분리 및 열차 무결성 고장)를 사용할 수 없는 시나리오를 관리할 수 있도록 한다. 또한 열차가 주차되어 있거나, 방향을 바꾸거나, 입환 등을 하는 장소에서의 시나리오도 관리한다. 이러한 시나리오는 열차 또는 열차 일부가 RBC에 연결되지 않고 이동할 수 있다는 점을 고려해야 한다. Hybrid 레벨 3은 문제를 완화하기 위해 선로 측 열차 감지 시스템을 사용하여 이러한 문제를 다룬다.

열차 위치와 선로 측 열차 감지 정보의 조합은 특히 레벨 3 구역의 입구와 출구 지점에서 요구되는 유령 및 그림자 열차 위험으로부터 보호를 제공한다.

또한 선로 측 열차 감지 및 열차 위치정보의 조합은 이러한 시스템의 성능과 신뢰성에 상호 이점을 제공한다.

레벨 3에서 열차는 일반적으로 무결성(즉, 열차의 완전성)을 올바르게 감시해야 한다. 그러나 문제는 이러한 무결성 정보의 안전한 관리이다. 즉, 화물 및 승객을 포함한 모든 유형의 열차에 대한 솔루션을 찾는 것이다. Hybrid 레벨 3은 혼합 열차의 운행이 허용된다. 즉, 무결성 모니터링이 있는 열차와 없는 열차가 지원된다. 따라서 TIM을 사용하여 기존 차량을 즉시 업그레이드할 필요가 없다. 그러나 이 솔루션은 TIM 기능이 장착된 열차 주변에서만 용량 이점을 제공한다는 점을 인식해야 한다. 따라서 ERTMS 장착의 일부로서 TIM 시스템을 가능한 한 빨리 구현할 수 있도록 열차에 대비해야 한다. 초기 설계의 하나로 ERTMS 및 TIM과 함께 새 열차가 자동으로 장착되는 것이 좋다.

ERTMS 레벨 2 트랙사이드에서 Hybrid 레벨 3으로의 업그레이드는 주로 RBC의 소프트웨어 업데이트로 구성된다. 기존 연동 및 선로측 하드웨어(예: 궤도회로 또는 액슬 카운터)가 재사용된다.

마지막으로 Hybrid 레벨 3은 최소한의 변경으로 레벨 2 배치를 위해 개발된 운영 규칙을 사용하여 작동할 수 있어야 한다. 이는 TIM 장치가 아직 장착되지 않은 열차의 경우, 레벨 2에서처럼 레벨 3에서 운행될 것으로 예상되기 때문에 매우 중요하다. 즉, 그러한 구현에 대한 직원 교육 요건은 최소가 될 것으로 예상된다. (운전사, 신호기 및 기타 사용자가 레벨 2를 작동하도록 이미 교육되었다고 가정한다)

이 해법을 통해 열차, 운영 규칙 및 선로 측을 쉽게 업그레이드할 수 있다.

6.10 Level 3 가상 폐색

ERTMS Level 3 가상 폐색 관리는 궤도점유 및 열차 분리를 관리하기 위한 가상 객체(소프트웨어 및 데이터베이스 관련 객체)에 의존한다. '가상 폐색'이라는 용어는 ERTMS RBC에 정의된 운전시격 구간을 지정하는 데 사용된다. 이러한 가상 물체의 점유는 열차의 보고를 통해 정의된다.

RBC는 열차가 제공한 위치 메시지를 기반으로 이 구간에 열차를 지정하고, 한 번에 하나 이상의 구간이 하나 이상의 열차 이동의 대상이 되지 않도록 한다. 가상 폐색에 미리 정의된 고정 제한이 있는 경우에도 (이 경우 기존 고정 폐색 시스템에서와 같이)이 구성은 선로에 적용할 수 있는 폐색의 길이와 수에 유연성을 제공한다. 이 접근 방식의 이점은 운영자의 요구에 따라 가상 폐색의 크기를 조정할 수 있다는 것이다. (예 : 운전시격 축소) 폐색 크기를 조정하기 위한 이러한 미세조정은 해당 데이터베이스의 업데이트를 통해 쉽게 달성할 수 있다. 이론상으로, 선로는 무한히 짧은 길이의 가상 폐색의 거의 무한한 수로 나눌 수 있다. 실제로 선로전환기와 분기기를 보호해야 하는 필요성 때문에 연속되는 열차 사이의 안전한 거리와 일부 지역의 폐색 길이가 제한된다.

[그림 46]은 두 번째 열차의 이동 권한이 첫 번째 점유된 가상 폐색에 의해 하류로 정의되는 가상 폐색 시스템의 예를 보여준다. 선로변 열차 검지 시스템은 ETCS Level 3의 이 유형에서 제거된다. 이렇게 하려면 가상 폐색 영역 내에서 작동하는 모든 열차는 TIMS가 장착되어야 하고 열악한 상황에서는 Level 3 작동 절차가 필요하다.

6.11 Level 3 이동 폐색

여기서 선로 쪽은 구간으로 나눠지 않고, 두 열차 사이의 안전한 분리는 더 이상 고정 폐색에 의해 강제되는 정적 값에 의해 주어지지 않고, 열차속도와 보고된 열차 위치의 실시간 계산에 기초하여 조정 가능한 거리에 의해 주어진다.

따라서 [그림 43]에서 보듯이, 각 보고 열차는 열차와 함께 이동하는 하나의 가상 폐색과 연결된다. 선두 열차가 앞으로 이동하면 다음 열차가 안전거리 분리를 유지하면서 뒤따르며, 선두 열차의 후방까지 이동 권한이 계산된다. 분리가 최소로 유지되기 때문에 낭비되는 공간이 없고, 열차는 (고정 폐색에 있는 것처럼) 폐색이 제거되기를 기다리는 상태로 방치되지 않으며, 가장 중요한 것은 진행이 가능한 짧게 유지된다는 것입니다.

이동 폐색은 안전을 보장하면서 가장 효율적인 방식으로 선로를 활용하기 때문에 안전성을 유지하면서 연속 열차가 레벨 3 가상 폐색 솔루션보다 서로 더 가깝게 운행되는 결과가 된다.

이 해법에서는 선로 측 열차 감지 시스템이 제거되었다. 즉, 이동 폐색 구역 내에서 운행되는 모든 열차에 TIMS가 장착되어야 하며, 열화된 상황에 대해서는 레벨 3 운영 절차가 필요하다.

6.12 Level 3 및 Hybrid Level 3 레벨 3의 형태와 장점

성숙도가 다른 Level 3의 유형은 다음과 같이 분류할 수 있다.

① Level 3 오버레이

② Level 3 Hybrid

③ Level 3 가상 폐색

④ Level 3 이동 폐색

[표 5] 레벨 3의 다양한 유형과 주요 특징에 대한 장점 및 과제 요약

Level 3 형태	차량 장착	기반	장점 및 과제
Overlay (on Class B)	• ERTMS는 필수적이지는 않으나 권장되어 ERTMS의 차량 적합성을 허용한다. • TIMS는 의무적인 것은 아니며 단계적으로 차량을 장착할 수 있다.	• 신호 (클래스 B 시스템) 및 선로변 열차 검지가 유지된다. • 가상 폐색 기술의 사용.	• ERTMS + TIMS가 있는 열차의 용량은 클래스 B 시스템을 사용할 때 비해 약간 증가한다. (혜택 전달을 돕기 위해 시간표를 업데이트해야 할 수도 있음) • ERTMS L3 열차가 Stop 측면을 보여주는 선로변 신호를 전달할 수 있도록 해법을 찾아야 한다.
Hybrid (가상 폐색)	• ERTMS가 필요하다. • TIMS는 권장 사항이나 의무 사항은 아니며 단계별 차량 설비 (특히 화물과 관련이 있음)를 허용한다.	• 신호가 없다. • 선로변 열차 검지가 유지된다. • 가상 폐색 기술의 사용.	• 선로변 열차 검지기능을 추가하지 않고 TIMS로 열차의 용량을 늘린다. • 열차 로컬리제이션의 중복으로 인해 안정성이 향상되었다.
Hybrid (이동폐색)	• ERTMS + TIMS권장 됨 (필수사항은 아님)으로, 단계적으로 차량을 설치할 수 있다. (화물과 관련이 있음).	• 신호가 없다. • 제한된 궤도 열차 검지. • 움직이는 폐색 기술 사용.	• 소프트웨어 데이터베이스의 가상 폐색 크기를 조정하여 용량을 늘린다. • 교통 관리 시스템 및 운영 영향 (한 폐색에 두 개의 열차)에 대한 영향을 고려해야 한다.
가상 폐색 (열차검지 없는)	ETCS + TIMS 장착 열차만	• 신호가 없다. • 선로변 열차 검지가 필요 없다. • 가상 폐색 기술의 사용.	• 소프트웨어 데이터베이스의 가상 폐색 크기를 조정하여 용량을 늘린다. • 궤도 기기 제거로 인한 비용 절감 및 신뢰성 향상. • 무선 연결 및 열화된 상황이 없는 열차에 대한 해법을 찾아야 한다.
이동폐색 (열차검지 없는)	ETCS + TIMS 장착 열차만	• 신호기가 없다. • 선로변 열차 검지가 필요 없다. • 이동 폐색 기술의 사용.	• 사용 가능한 인프라의 용량을 극대화한다. • 비용 절감 및 궤도 기기 제거로 인한 비용 절감. • 무선 연결 및 낮은 단계로 된 상황이 없는 열차에 대한 해법을 찾아야 한다.

8장 건널목 보안장치

1 건널목 보안장치의 개요

건널목 보안장치(safety equipment of railway crossing)는 철도와 도로가 평면 교차하는 곳에 설치하여 열차가 건널목을 통과하기 일정 시간 전에 열차의 접근을 알려주어 통행하는 모든 차량과 보행자를 정지하게 함으로써 건널목의 사고를 사전에 방지하기 위한 설비를 말한다.

2 건널목 보안설비

건널목에는 종별에 따라 표 1과 같은 설비를 설치한다.

표 1. 건널목 종류에 따른 설비구성

구분 단선 복선별	종별	건널목경보기	전동차단기	열차진행방향표시등	고장표시장치	고장감시장치	전동차단기 수동취급장치 및 사용안내문	경광등	출구측 차단간 검지기	지장물 검지장치	정시간제어기	원격감시장치	신호정보분석장치	조명장치	비상신고통화장치
단선구간	1종	○	○		○	△	○	△	△	△	△	△	△	△	△
	2종	○			○	△			△	△	△	△	△		
	3종														
복선구간	1종	○	○	△	○	△	○	△	△	△	△	△	△	△	△
	2종	○		△	○	△		△	△	△	△	△	△		
	3종														

주1) ○표는 반드시 설치해야 하는 것

주2) △표는 현장 여건에 따라 생략할 수 있는 것

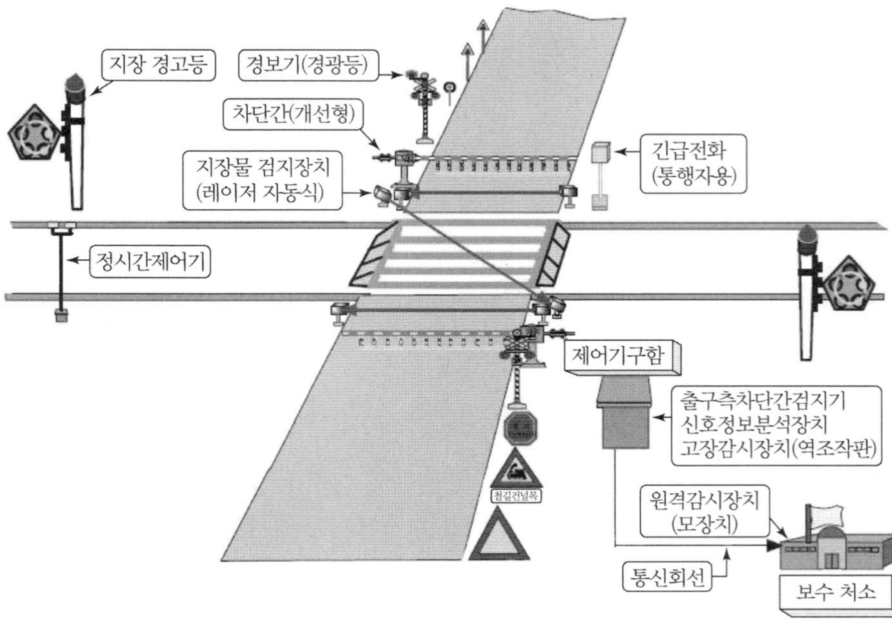

[그림 1] 건널목 보안장치

2.1 건널목 경보기

건널목 경보기는 열차가 건널목에 접근하는 것을 건널목 통행자나 차량에 알려주는 설비이다.

건널목 경보시간은 구간 최고속도를 고려하여 30[sec]를 기준으로 하고 최소 20[sec] 이상으로 한다. 단, 차단기가 설치된 건널목은 차단봉이 하강한 후 열차의 앞부분이 건널목에 도달할 때까지 15[sec] 이상을 확보하여야 하며 건널목 경보기는 다음에 의하여 설치 관리한다.

① 경보기 설치위치는 도로 우측 차량 진행 방향이며(부득이한 경우 좌측) 안쪽 궤도중심에서 2.8[m]의 위치(전동차단기를 병설할 때 3.5[m])
② 경보종의 타종수는 기당 매분 70~100회
③ 경보종 코일의 전류는 정격값의 ±10[%] 이내
④ 경보음량은 경보기 1[m] 전방에서 60~130[dB]
⑤ 경보등의 확인 거리는 특수한 경우 이외에는 45[m] 이상
⑥ 경보등의 단자전압은 정격값의 0.8~0.9배
⑦ 경보등의 점멸회수는 등 당 50±10[회/min](현수형, 가교형 경보등은 경보 시 계속

점등)

⑧ 건널목경보장치는 열차가 건널목을 통과한 후에는 즉시 경보가 정지되도록 설비한다.

⑨ 잠바선단에서 0.06[Ω]의 단락선으로 단락시켰을 때 2420형(201형)의 계전기는 낙하하고 2440형(401형)의 계전기는 여자하여야 한다.

2.2 전동차단기

전동차단기는 다음에 의하여 설치 관리한다.

① 전동차단기 설치위치는 도로 우측에 궤도중심으로부터 차단봉까지 2.8[m]의 위치

② 전동차단기는 도로 전체를 차단하고 차단봉이 하강한 상태에서 차량이 건널목 내로 진입할 수 없도록 한다. (중앙차선이 없고 건널목상에서 교행 가능 건널목의 차단봉 길이를 2[m]까지 축소 조정할 수 있다)

③ 건널목을 차단하였을 때 차단봉의 높이는 도로면에서 차단봉 중심까지 일반형은 800±100[mm], 장대형은 1,000±100[mm]

④ 건널목을 차단하기 위하여 차단봉이 하강하는 시점은 양단에 설치된 차단기의 간격 및 도로의 차단 형태에 따라 정하되 경보가 시작한 후 3[sec] 이상으로 한다.

⑤ 전동차단기는 열차가 건널목을 통과하는 즉시 차단봉이 상승하도록 한다.

⑥ 전동차단기는 다음의 각호에 의하여 설치 관리한다.

1) 제어전압은 정격값의 0.9~1.2배로 한다.

2) 정지할 때는 차단봉에 충격이 가지 않게 회로제어기를 조정한다.

3) 차단봉이 내려오기(올라가기) 시작하여 작동이 완료되어 정지할 때까지 시간은 정격전압에서 다음 값 이하로 한다.

하강시간 : 8±2[sec]

상승시간 : 12[sec] 이하

4) 전동기의 클러치 조정은 차단봉 교체할 때 시행하여야 하며 전동기의 슬립 전류는 5[A] 이하로 한다.

5) 차단봉은 전원이 없을 때는 자체 무게에 의하여 10[sec] 이내에 하강하여 수평을 유지하여야 한다. 다만, 장대형 전동차단기 차단봉은 작동된 상태를 유지한다.

6) 장대형 전동차단기는 다음 각호에 의하여 설치 관리한다.

㉮ 기기의 조정범위는 다음에 의한다.

차단봉의 길이 : 14[m] 이하

정격전압 : DC 24[V]

기동전류 : 70[A] 이하

㉯ 와이어 턴버클 각 부분의 너트는 이완되지 않도록 하여야 하며, 와이어는 느슨함이 없도록 조정한다.

2.3 고장감시장치

고장감시장치는 건널목 보안장치를 집중감시하고자 할 때 장치의 기능을 검지할 수 있도록 고장검지장치를 각 건널목에 설치하고 이를 집중하여 감시하는 고장감시장치를 역 또는 보수 처소에 설치하는 설비이다

건널목 보안장치의 고장 발생에 따른 검지 내용은 다음과 같다.

① 경보종 배선의 단선 및 제어카드 발진 회로 고장(경보종 고장)

② 경보 등의 배선 단선(경보등 단신)

③ 열차가 건널목 구간을 진입하여 건널목 제어유닛의 제어계전기(APR, BPR, ASR, BSR) 낙하 시 경보제어계전기(R1)가 낙하하지 않을 때(무경보)

④ 궤도회로 장애로 경보선택계전기(SLR, CSR) 또는 제어자(2420) 장애로 제어회로 복귀계전기(CSR)가 설정 시간(3분)이 지나도록 복귀(낙하)하지 않을 때(계속 경보)

⑤ 경보 장치 작동 후 15초 이내에 전동차단기가 하강하지 아니하거나 경보 종료 후 15초 이내에 차단기가 상승하지 아니할 때 (차단간 6° 이상 84° 이하에서 15초 이상 경과 시 검지)(차단간 고장)

⑥ 경보장치 제어전원이 DC 11[V](12[V]용), DC 22[V](24[V]용) 이하 시(저전압)

⑦ 경보제어계전기(R1)가 설정시간(5~20분, 5단계) 이상 낙하하였을 때

⑧ AC 입력 전원 정전 시(정전)

⑨ 지장물 검지장치 발진부 고장 및 제어회선 단선 시(지장물 검지 장치 고장)

2.4 지장물 검지장치

(1) 레이저식

건널목 지장물 검지장치는 자동차 등이 고장으로 건널목 보판 위에 정차하여 있을 때 레이저(laser) 광선에 의하여 이를 검지한 후 건널목에 접근하고 있는 열차의 기관사에게 알려주어 열차를 정지하도록 함으로써 사고를 방지하기 위한 설비이다.

건널목 가까이에 발광기와 수광기를 40[m] 이하 간격으로 설치하여 건널목 내의 장애물을 검지할 수 있도록 레이저 광선을 방사한다.

열차가 건널목에 접근하여 경보 개시구간에 진입하면 발광기가 동작하여 장애물 검지가능 상태로 된다.

그리고 건널목 지장 경고등은 건널목 주변의 선로 상태, 지형 조건 등에 따라 선구 최고속도를 기준으로 건널목 경계지점 외방까지의 최소 제동거리를 확보할 수 있는 지점에 설치하고 그 외방 400[m] 위치에서 건널목 지장경고등의 확인이 가능하게 설비한다. 다만, 확인 거리 미달 또는 지형 조건 등에 따라 건널목 지장 경고 등의 설치 위치를 조정하거나 중계기를 설치할 수 있다.

또한 발광기, 수광기, 반사기의 광선 중심축까지의 표준은 지상에서 745[m]로 하고 발광기의 광신 확산 각도는 3° 이하로 하며 수광기는 일출 또는 일몰 시에 5° 이내에 직사광선이 들어가지 않도록 한다.

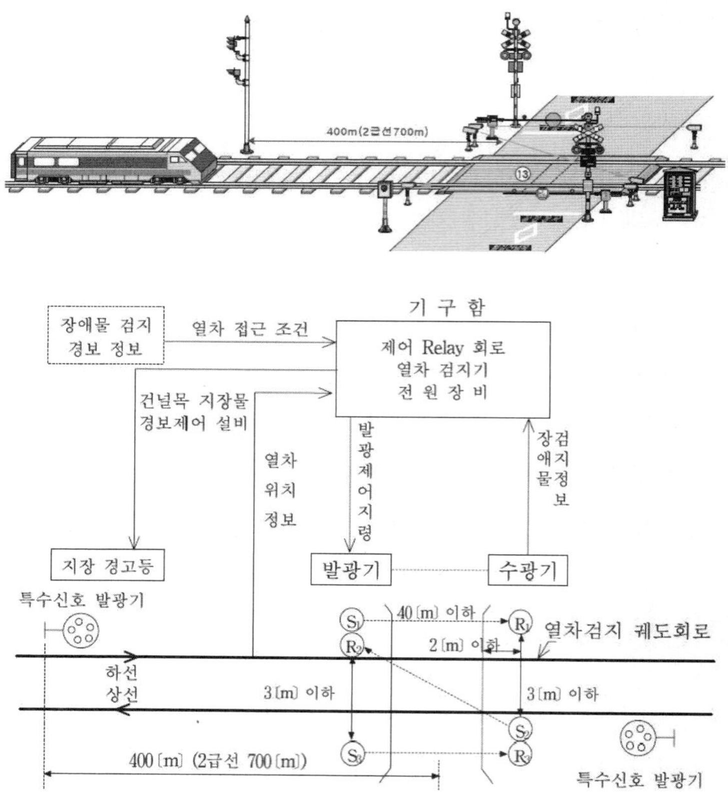

[그림 2] 지장물 검지장치 구성도

2.5 출구측 차단간 검지기

출구측 차단간 검지기는 경보장치가 작동 중이고 차단기가 하강 직전에 차량 등이 진입하여 출구측 차단기 하강으로 건널목을 통과하지 못하고 정차하고 있을 때 마이크로프로세서에 의해 자동차의 운전 방향을 검지하여 출구측 차단기의 하강을 일시 정지시켜 차량이 건널목을 통과할 수 있도록 하고 있다.

그리고 차량이 통과하게 되면 정지되었던 차단기는 하강하게 되는 설비이며 도로가 완전히 차단되는 개소로 차량이 상호 교행이 불가능한 건널목에 설치한다.

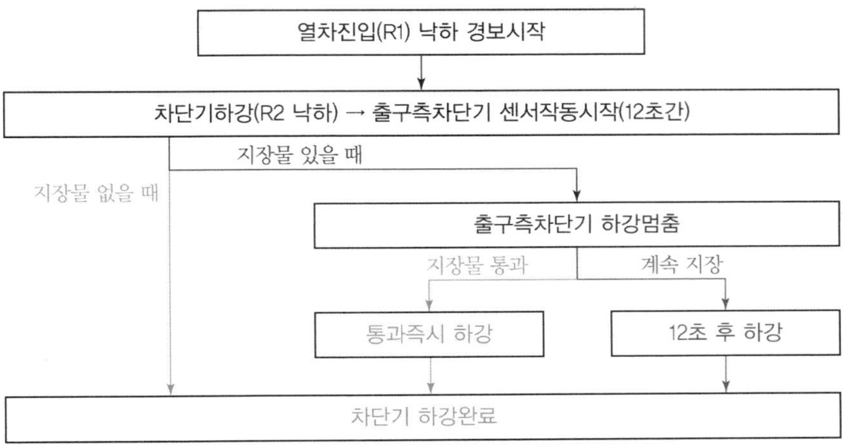

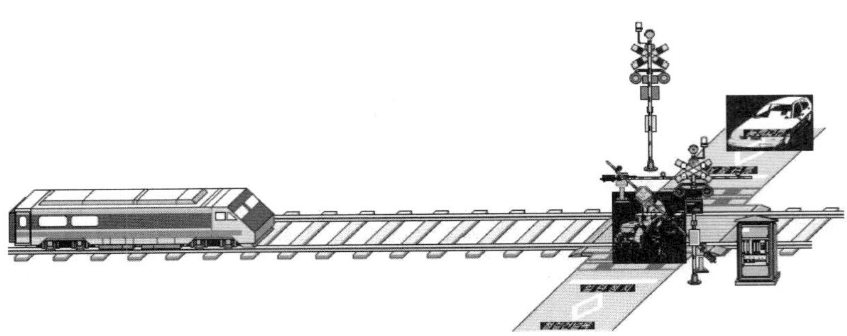

[그림 3] 출구측 차단간 검지기

3 건널목 보안장치의 제어

건널목 보안장치의 제어방법은 단선과 복선구간에 따라 다르고 전철, 비전철과 자동, 비자동구간에 따라 제어방식도 다르다.

복선구간의 열차운행방식은 동일 선로를 동일 방향으로 열차가 운행하므로 제어가 간단하나, 단선 구간은 동일 선로에 서로 다른 방향으로 열차가 통과하게 되므로 복선구간의 제어방식보다 복잡하다.

건널목 제어방법으로는 궤도회로를 이용한 연속제어법과 건널목 제어자를 이용한 점제어법으로 구분하여 사용하고 있다. 건널목 제어장치를 제어방법에 따라 분류하면 표 2와 같다.

[표 2] 궤도회로식과 제어자식의 사용 개소 비교

종별 / 제어구간	자동	비자동	
		전철	비전철
역구내	궤도회로식, 필요에 따라 제어자식	제어자식	궤도회로식
역사이	기설치된 궤도회로를 사용할 경우에는 반드시 궤도회로식, 사용하지 안을 경우에는 제어자식	제어자식	궤도회로식
역에 근접	궤도회로식, 필요에 따라 제어자식	제어자식	궤도회로식

3.1 연속제어법

궤도회로를 이용하는 방법은 경보 개시점과 경보 종점 사이에 궤도회로를 만들어 열차 점유에 따라 궤도계전기가 무여자하는 특성을 이용한 것으로서 특히 단선구간의 제어에는 궤도연동계전기를 사용하였으나 현재는 궤도계전기를 사용한다.

궤도회로 방식은 회로의 구성방식이 간단하고 보수가 쉬우며, 연속제어식이므로 안전도가 가장 높고 입환차량 등에 의한 제어에도 효과적으로 사용할 수 있다.

(1) 복선구간의 제어

궤도회로를 이용한 복선구간의 경보제어회로는 열차의 진행 방향에 따라 경보 개시점과 경보 종점에 각각 다른 궤도회로를 구성하여 열차 점유 시 궤도계전기의 무여자접점을 이용하여 경보하도록 하는 방식으로서 비자동, 비전철 구간에 주로 사용된다. [그림 4]

① 평상시(열차가 건널목 경보구간에 없을 때) APR, BPR, R1, R2는 여자상태이다.

② 열차가 A방향에서 AT에 진입할 때 궤도계전기 ATR이 낙하되어 APR을 낙하시키고 APR 낙하로 R1이 낙하하여 경보가 시작된다. 또한 R1이 낙하하면 약 3초 후에 R2가 낙하되어 차단기가 하강하게 된다.

③ 열차가 AT 구간을 벗어날 때 궤도계전기 ATR 이 여자하여 APR을 여자시키고 APR 여자 조건을 R1, R2가 여차하여 경보가 끝나면 차단기는 상승하여 평상시 상태로 복귀된다. B방향에서 열차가 진입할 때도 같은 원리로 BTR, BPR, Rl, R2가 동작된다.

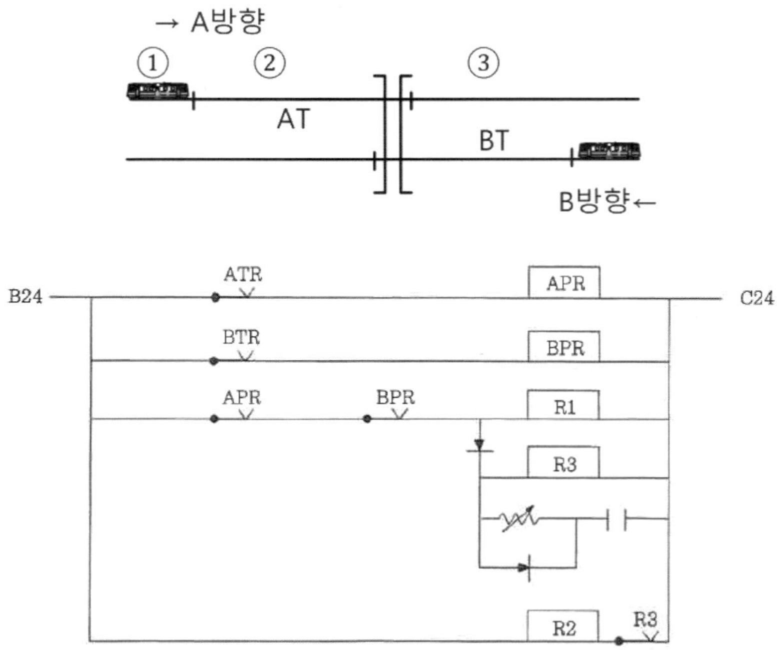

[그림 4] 복선궤도회로식 경보 로직

(2) 단선구간의 제어

단선구간의 궤도회로식 경보제어회로는 궤도연동계전기를 사용하거나 궤도계전기만을 사용하여도 궤도연동계전기와 동일한 효과로 사용할 수 있다.

① 평산시(열차가 건널목 경보구간에 없을 때)APR, BPR, R1, R2는 여자상태이며 SLR 및 CSR은 낙하상태이다.

② 열차가 A방향에서 AT에 진입할 때 ATR의 낙하로 APR이 여자되어 CSR낙하조건으로 R1이 낙하하고 R1 낙하로 정보가 시작되며, R2가 낙하하여 차단기가 하

강한다. 또한 APR 낙하 및 CSR낙하조건으로 SLR이 여자한다.

③ 열차가 AT 및 BT를 동시에 점유하고 있을 때 BTR이 낙하하여 BPR이 낙하된다.

④ 열차가 AT를 완전히 지난 · 후 BT를 점유할 때 ATR 이 여자하여 APR 이 여자한다. 그리고 APR 여자 및 SLR 여자조건으로 R1이 여자되어 경보가 중단되고 R2 여자로 차단기는 상승하게 된다.

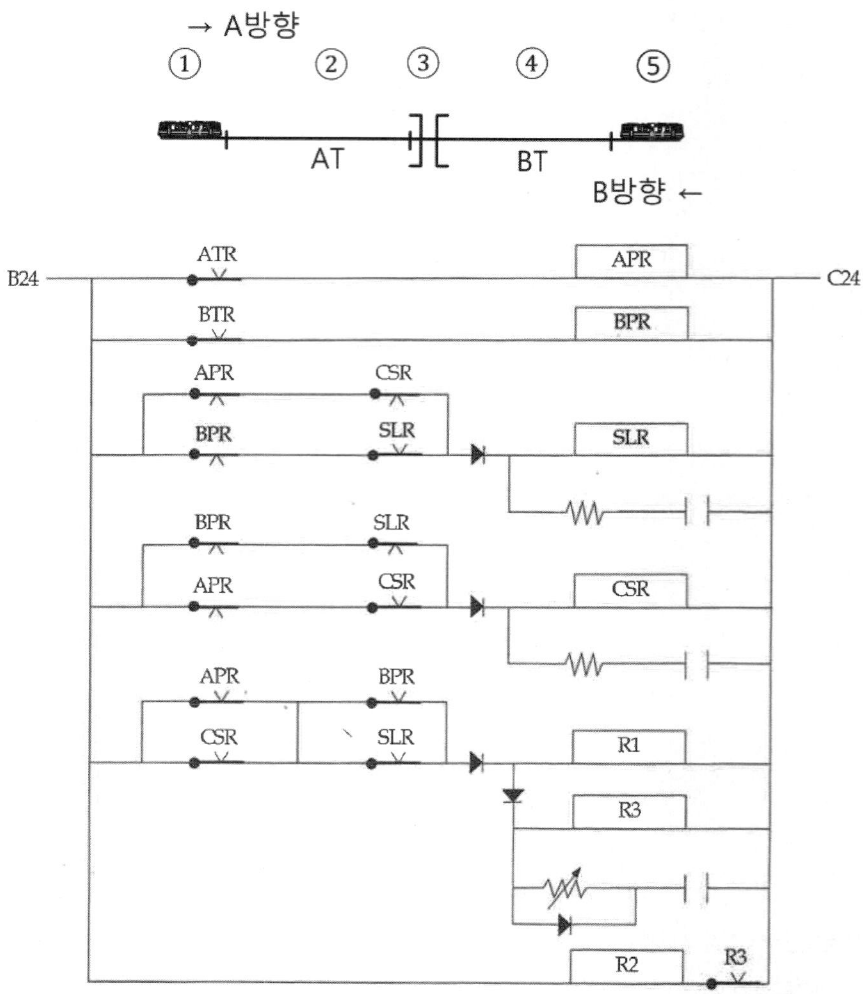

[그림 5] 단선궤도회로식 경보제어회로

⑤ 열차가 BT를 완전히 벗어날 때 BTR이 여자되어 BPR이 여자하고 BPR 여자로 SLR이 낙하되어 평상상태를 계속 유지한다. 열차가 B방향에서 진입할 때도 같은 원리로 동작한다.

3.2 점제어법

건널목 제어자는 발진주파수가 2420(201) 형은 20[kHz]±2[kHz] 이내이며 2440(401) 형은 40[kHz]±2[kHz] 이내의 고주파를 레일에 통하게 한 것으로 근거리에서 감쇠되며 제어자는 발진부, 여파부, 입·출력 변성기, 계전기 및 단자반으로 구성되며 본체 이면에는 출력을 10단계로 조정할 수 있는 가변 인덕턴스로 되어 있다. [그림 6]은 건널목 제어자의 결선도를 나타낸 것이다.

즉 AC 전원에서 정류한 직류 전원을 사용하고 트랜지스터를 사용한 LC 발진회로 에 의해 20[kHz] 또는 40[kHz]를 발진하여 T3 변성기를 경유 그 일부를 귀환시켜 출력단자에 출력을 보내고 있다.

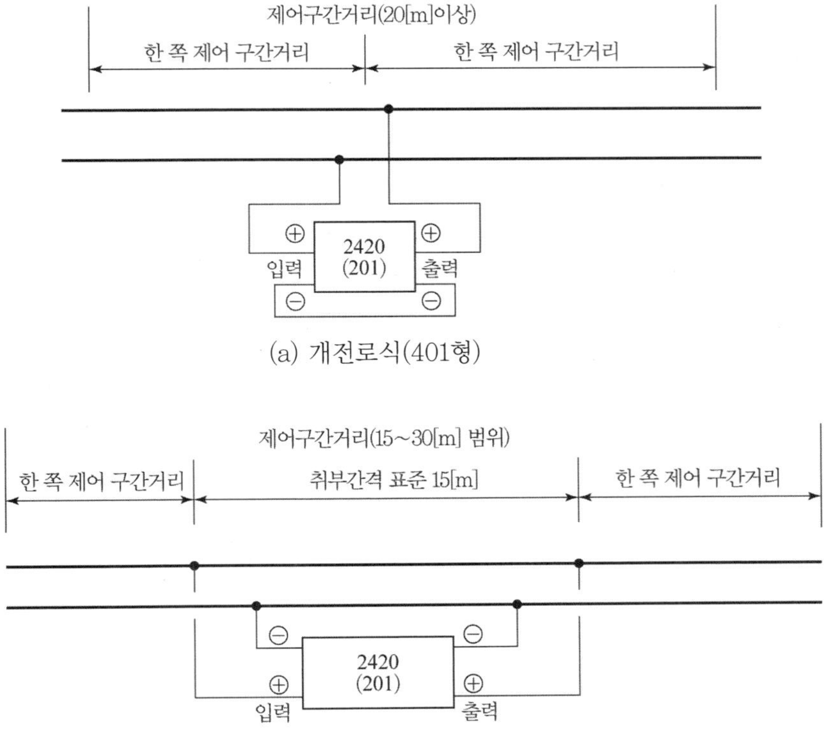

(a) 개전로식(401형)

(b) 폐전로식(201형)

[그림 6] 건널목 제어자의 레일접속

결선도에서 알 수 있는 바와 같이 출력단자에서 송전선으로 레일에 연결시키고 레일에 연결된 다른 수전선을 입력단자에 연결하여 회로를 구성한다.

입력단자에 들어오는 귀환전압은 대역여파기(BPF)를 통하여 규정 주파수만을 같은 트랜지스터로 증폭한 다음 T3 변성기를 통하여 다이오드로 전파정류하여 계전기를 여자시킨다. 따라서 출력 또는 입력단자 사이를 열차의 차축으로 단락하면 계전기는 무여자된다. 이것은 폐전로식으로서 경보제어의 시점에 사용된다.

개전로식은 [그림 6](a)의 입출력단자의 ⊟단자를 연결하고 출력단자 ⊞를 한쪽 레일에, 입력단자 ⊞를 다른 쪽 레일에 연결하여 구성한다. 이것은 경보제어의 종점에 사용된다.

계전기는 삽입형 직류무극 선조계전기를 사용하는데 정격은 다음과 같다.

① 선륜전류 : 13[mA]

② 선륜저항 : 20[℃]에 있어서 1,800[Ω]

③ 사용전압 : DC 24[V]

건널목 제어자의 동작시간은 수신하고 나서부터 정위접점 구성까지 171[ms] 정도이고 입력을 차단한 다음 정위접점을 개방할 때까지의 시간은 224[ms] 정도이다. 또 사용온도가 −20[℃]부터 +60[℃]의 범위 내에서는 지장이 없으며 전원전압의 변동 이 정격의 ±20[%] 일 경우에도 동작에는 지장이 없도록 설계되어 있다.

건널목 제어자는 시점용(20[kHz])과 종점용(40[kHz])을 동일지점에 설치하여도 상호 간섭하는 일은 없다. 그러나 콘덴서로 공진하고 있는 임피던스본드, 공진 임피던스 등의 영향을 받으므로 이들과 약 40[m] 이상의 거리를 두면 이와 같은 영향을 받지 않는다.

(1) 복선구간의 제어

건널목 제어자를 이용하여 복선구간을 제어할 경우에는 경보종점에 401형 제어자를 [그림 7]과 같이 상·하선에 따로 설치하는 것이 이상적이라 할 수 있다.

차단공사 등으로 열차가 역방향으로 운행할 때에는 경보장치는 동작하지 않으며 자동, 비전철 및 전철구간 구분 없이 사용이 가능한 것이 특징이라 할 수 있다.

① 평상시 열차가 건널목 경보구간에 없을 때 ADC, BDC는 여자되어 있고 CDC, DDC는 낙하되어 있다.

② 하행 열차가 ADC 제어지점에 진입하면 여자되어 있던 ADC가 낙하하며 따라서 APR 낙하로 R1이 낙하되어 경보종 및 경보등이 동작하게 된다. 또한 R1 낙하 후 약 10초 후에 R2가 낙하하여 전동차단기가 하강한다. APR은 계속 낙하되어 있으므로 경보작동은 지속된다.

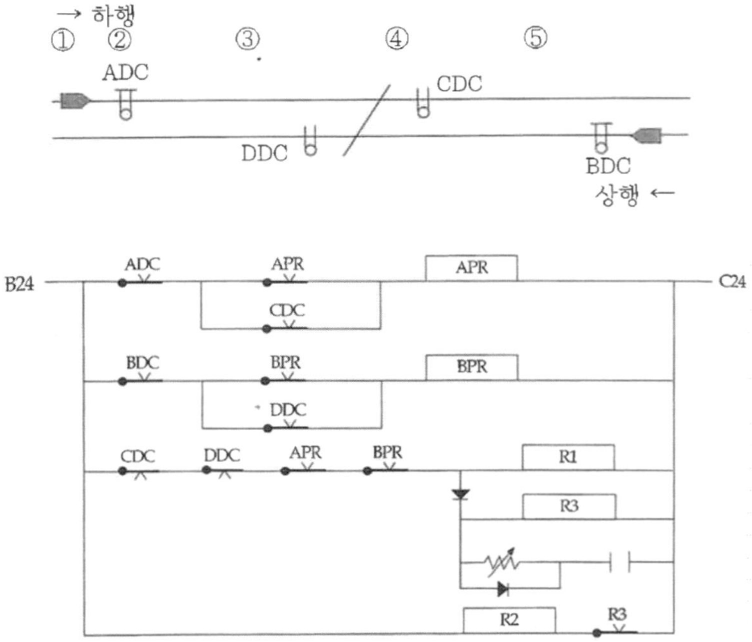

[그림 7] 복선 제어자식 경보제어회로

③ 열차가 ADC 제어지점을 완전히 벗어나더라도 APR은 계속 낙하되어 있으므로 경보작동은 지속된다.

④ 열차가 CDC 제어지점에 진입할 때 CDC가 여자되어 APR이 여자된다.

⑤ 열차가 CDC 제어지점을 완전히 벗어날 때 여자되어 있던 CDC가 낙하되며, 따라서 Rl, R2가 여자되어 경보 및 차단기는 평상상태로 복귀된다. B방향에서 열차가 진입할 때에도 같은 원리로 동작하게 된다

(2) 단선구간의 제어

건널목 제어자를 이용한 단선구간 제어는 건널목 경보장치 제어회로 중 가장 복잡하다.

① 평상시 열차가 건널목 경보구간에 없을 때는 ADC 및 BDC는 여자되어 있고 2440 인 CDC는 낙하되어 있다. 따라서 APR, BPR, SR, Rl, R2가 여자되어 있으며 SLR, CSR, CPR은 낙하되어 있다.

② 하행 열차가 ADC 제어지점에 진입하면 여자되어 있던 ADC가 낙하되고 따라서 APR 낙하로 SR이 낙하되며 R1 이 낙하되어 경보종 및 경보등이 동작한다. 또한 Rl 낙하 일정시간 후에 R2가 낙하하여 전동차단기가 하강하게 된다.

③ 열차가 ADC 제어지점을 완전히 통과한 후 CDC 제어지점에 도달하지 않은 중간에 있을 때 열차의 통과로 ADC는 여자되고, SR 낙하접점으로 SLR이 여자한다.

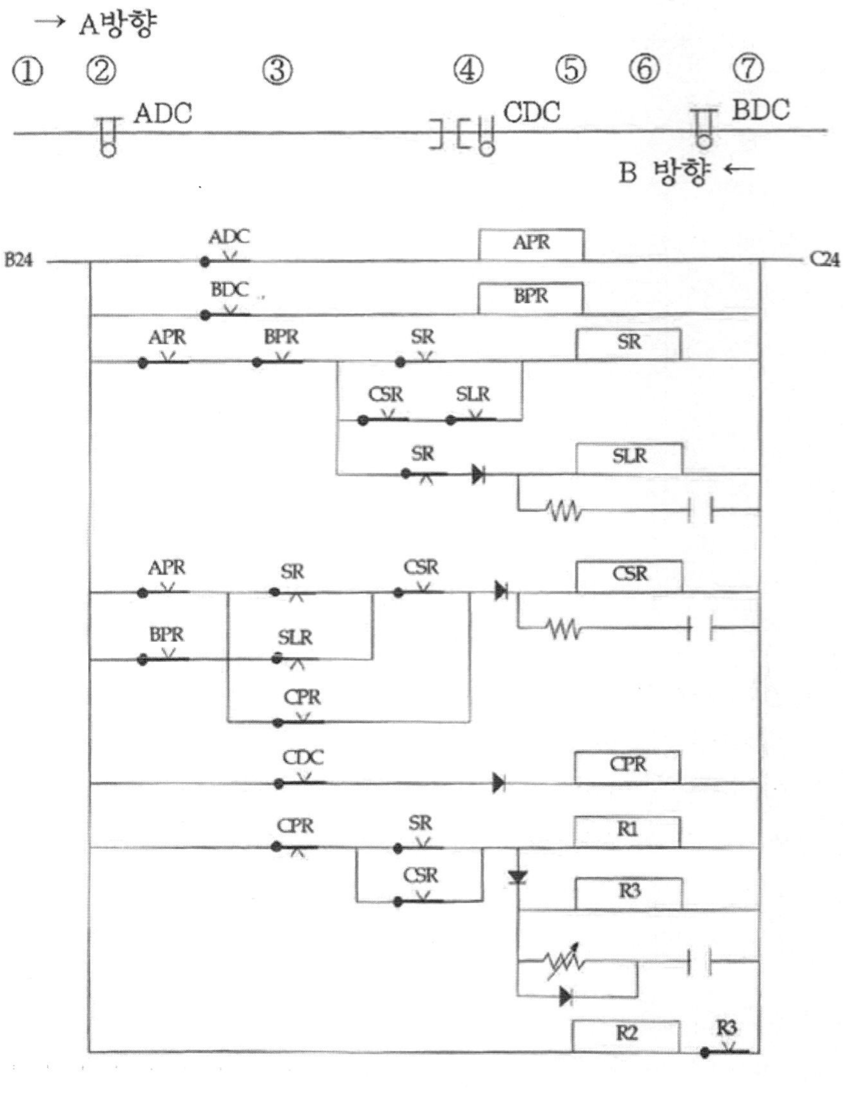

[그림 8] 단선용제어기(SC) 방식

④ 열차가 CDC 제어지점에 진입함으로써 CDC는 여자된다. 따라서 CPR이 여자되며 CPR 여자로 CSR 이 여자한 후 CSR 의 자기접점 및 SR의 낙하조건으로 자기유지 하게 된다. 또한 CSR 동작접점과 이미 여자되어 있는 SLR 동작접점으로 SR이 여자하여 자기유지하게 되고 이어서 SR 여자조건으로 SLR은 낙하하게 된다. 즉 이 과정에서 CSR과 SR은 여자되고 SLR은 낙하된다.

⑤ 열차가 CDC 제어지점을 완전히 통과한 후 BDC 제어지점에 도달하지 않은 중간 지점에 있을 때 CDC 제어지점 통과 완료와 동시에 여자되어 있던 CDC는 낙하하여 CPR이 낙하하고 CPR 낙하조건 및 SR, CSR 여자 조건으로 R1이 여자하여 경보가 끝나게 되며, 전동차단기가 상승하게 된다.

⑥ 열차가 BDC 제어지점에 진입할 때 BDC 낙하로 BPR이 낙하하여 SR이 낙하된다.

⑦ 열차가 BDC 제어지점 통과를 완료할 때 BDC가 여자되어 BPR이 여자된다. 동시에 SR 낙하조건으로 SLR은 순간 여자되어 SR을 여자시킨 후 CSR과 같이 낙하되어 평상시 상태로 복귀된다. B방향에서 열차가 진입할 때도 같은 원리로 동작하게 된다.

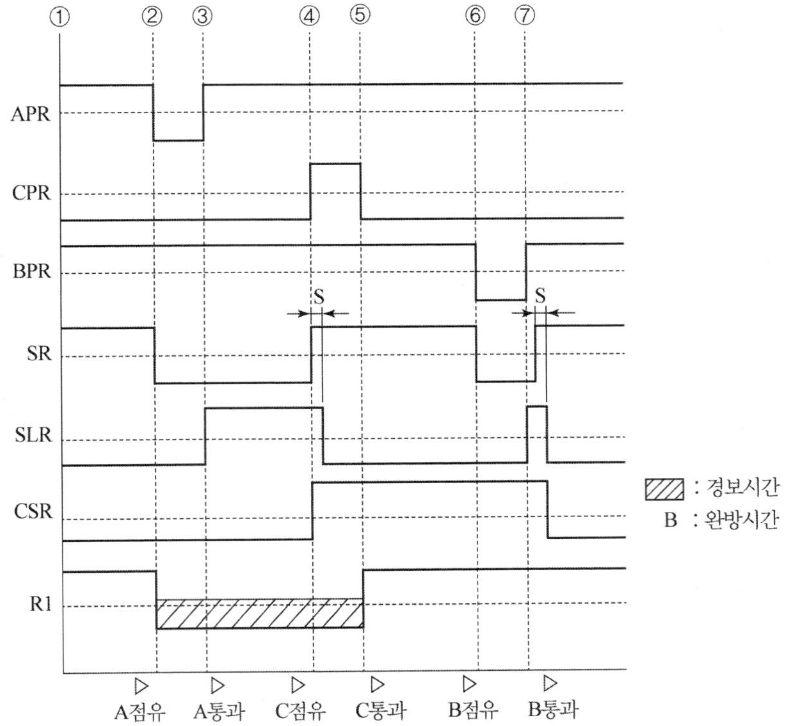

[그림 9] 단선구간 완방계전기를 이용한 타임차트

4 건널목 경보 시간과 제어거리

4.1 경보 시간

경보 시간을 필요 이상으로 길게 해서는 안 된다. 적절한 경보 시간을 설정하기 위해서는 열차의 종류를 고려해야 하는데, 우리나라에서는 30[sec]를 기준으로 하고 있으며 특별한 경우라 하더라도 20[sec] 미만으로 할 수 없도록 규정되어 있다.

동일 구간을 운행할 경우라 하더라도 열차의 종류에 따라 최고 경보시간과 최저경보시간 사이에는 큰 차이가 있으므로 경보시간을 적절히 조정해야 하며 경보 시간의 적정화를 위해 다음과 같은 방법들이 사용되고 있다.

4.2 건널목 정시간 제어기

4.2.1 정시간 제어기법

건널목 정시간 제어기는 건널목 제어 구간에 있어 열차가 진입하는 경보 개시 시점(2420 제어자 설치지점)에 차륜 검지기 S#1과 S#2의 2조를 1.5~3[m] 간격으로 설치하여 열차의 진입을 검지함과 동시에 이들 두 검지기를 열차(차륜)가 통과할 때 발생하는 펄스간의 시간을 CPU가 측정하여 열차의 속도를 연산한다.

이때 고속열차의 경우 즉시 건널목의 경보계전기 R의 동작전원을 차단하여 경보를 개시하고, 저속 열차의 경우는 열차가 건널목에 도달하는 시간을 고려하여 경보 시간이 40[sec]가 되도록 경보계전기 R의 전원을 차단하여 경보를 개시하도록 하는 것이다.

① 열차의 속도계산[V] : $3.6L_1/\mathrm{T}$

② 열차의 건널목 도달시간[T] : $3.6L_2/\mathrm{V}$

고속열차가 130[km/h]인 경우 : 1,000[m]÷130[km/h]×3.6≒ 27[sec](즉시 경보)

저속열차가 60[km/h]인 경우 : 1,000[m]÷60[km/h]×3.6≒ 60[sec]

(20초 후 경보, 정시간 40초로 설정 시)

(1) 열차의 검지

비접촉식 자기근접센서를 차륜검지기로 응용하여 인접한 두 위치의 통과 열차의 차륜을 검지하고 이를 이용하여 속도를 계산하여 건널목 제어유닛으로 정시간 경보신호를 출력한다.

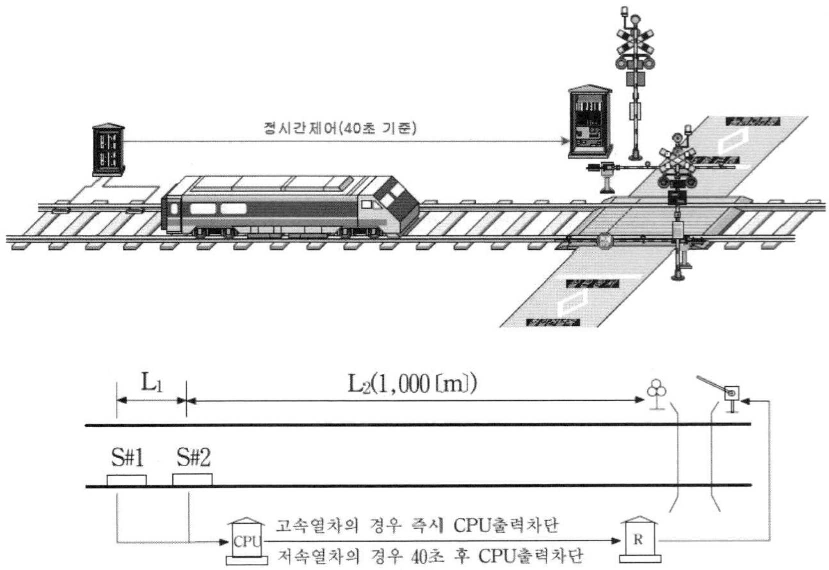

[그림 10] 정시간 제어기

(2) 차륜검지와 저속열차 처리

보선용 핸드카나 금속 공구 등으로 인한 경보를 방지하기 위하여 차륜이 2개 이상 검지 될 때만 정시간 경보를 출력한다.

열차의 속도를 분석한 결과 45[km/h] 이하인 저속열차의 경우에는 열차의 가속성을 대비하여 45[km/h]로 처리한다.

(3) 열차의 속도 변화 적용

최초 차륜 검지 시 속도 및 경보시점을 계산하여 경보개시 시점까지 기다리는 중 다음 차륜이 검지 되면 그 차륜에 대한 속도를 분석하여 최초의 경보개시 시간을 바꾸어 동작하도록 한다.

4.3 경보시간과 제어거리의 산출

(1) 경보시간 계산

건널목의 경보시간은 건널목을 통행하는 보행자와 모든 차량을 기준으로 계산한다. 경보시간이 너무 짧으면 예기치 않은 열차의 진입으로 사고가 발생하게 되므로 통행인이나 차량 등이 건널목을 충분히 횡단할 수 있는 시간을 고려해야 한다.

건널목을 횡단하는 데 걸리는 시간을 T[sec]라 하면 다음 식과 같은 식을 가정할 수 있다.

$$T = \frac{2L_1 + L_2(n-1) + L_3}{V} + t\,[\text{sec}] \qquad \cdots\cdots (1)$$

여기서, L_1 : 바깥쪽 궤도의 중심에서 통행인의 정지 위치까지의 거리[m]

L_2 : 복선 이상인 때의 선로 간격[m]

L_3 : 자동차의 길이[m]

n : 선로의 수

t : 안전 확인에 필요로 하는 시간[sec]

V : 건널목 횡단 속도[m/sec]

(2) 경보제어거리 계산

경보제어구간의 길이를 구하려면 산출된 경보시간에 그 구간을 운행하는 열차의 최고속도를 곱하면 된다.

경보제어구간의 길이를 L[m]이라 하면 다음과 같이 된다.

$$L = T \times V_{\max} \qquad \cdots\cdots (2)$$

여기서, T : 건널목 경보시간[sec]

$V_{\max}$: 열차 최고속도[m/sec] 이다.

어느 구간에 운행되는 열차의 최고속도가 150[km/h]이고 경보시간을 30[sec]라 하면 제어구간의 길이 L은 다음과 같이 계산할 수가 있다.

$$L = 30[\text{sec}] \times 150[\text{km/h}] = 1250.1[\text{m}]$$

이 구간을 저속열차가 50[km/h]로 주행할 경우의 경보시간은

$$1250.1[\text{m}] \div 50[\text{km/h}] = 89.99 \fallingdotseq 90[\text{sec}]$$

가 되어 최고속도 운행열차와의 경보시간의 차이는 60[sec]가 된다. 이처럼 경보제어시간이 문제가 되므로 정시간 경보장치가 필요하다.

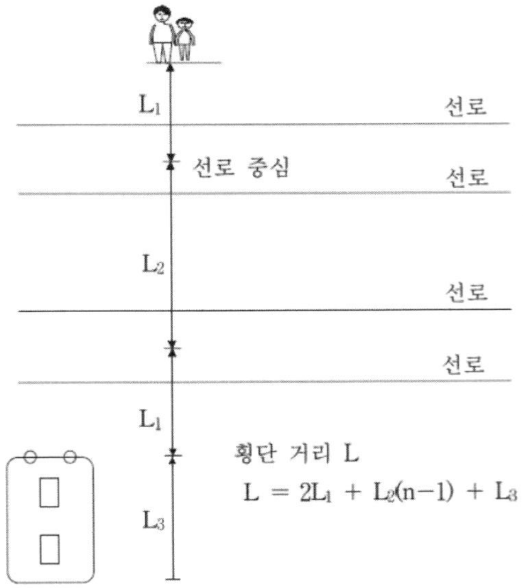

[그림 11] 건널목 횡단거리의 계산

5 건널목 관리 및 감시

신호등 또는 장애물이 있는 신호등에 의해 보호되는 건널목은 세 가지 방법으로 제어할 수 있다.

- 수동으로 제어되는 건널목
- 자동 건널목
- 연동시스템에 의해 제어되는 건널목

순수 횡단 연산자는 오늘날 거의 없어졌다. 지역 운영자가 제어하는 건널목은 여전히 지역 연동 역에서 확인할 수 있다. 여기서 건널목은 일반적으로 제어된 신호와 연동된다. 건널목은 원격 카메라로 건널목을 감시하는 관제센터의 운영자에 의해 제어될 수도 있다. 때때로, 건널목 보호는 열차 운행자에 의해 수동으로 활성화되지만, 열차 통과 후 선로변 장치 때문에 자동으로 비활성화된다.

자동 건널목에서, 신호등과 장애물은 건널목의 접근에서 필요한 거리에 있는 선로변 장치 (레일 접촉부, 궤도회로)에 의해 활성화된다.

선로변 장치도 열차 통과 후 열차가 자동으로 차단막을 열고 신호등을 끄는 데 안전하도록 건널목을 제거했는지 확인할 예정이다.

자동 건널목은 원격 감시 장치, 운전자 횡단 표시기 또는 주 신호로 감시할 수 있다. 원격 감시 장치는 지나가는 열차에 대해 건널목 보호 장치가 제대로 작동하는지 점검한다. 또한, 접근하는 열차의 탐지를 위한 선로변 장치도 영구적으로 감시된다. 오작동이 검지 되면 관제센터 운영자에게 경보가 울린다. 그런 다음, 모든 열차는 신호 유지보수 요원이 정상 작동을 회복할 때까지 조심스럽게 해당 건널목을 통과하라는 명령을 받아야 한다.

운전자의 건널목 표시등에 의해 감시되는 건널목에서, 건널목 접근 시 제동거리에 선로변 표시등이 배치된다. 건널목에 접근할 때, 열차는 해당 표시등에 의해 건널목 보호 장치가 제대로 작동하는지 점검해야 한다. 접근하는 열차에 의해 신호등이 올바르게 작동되었다면, 기관사는 열차가 제한 없이 건널목을 통과할 수 있다는 표시를 받게 된다. 보호 장치가 올바르게 활성화되지 않으면 기관사는 열차 속도를 늦추고 건널목을 조심스럽게 통과하라는 경고 표시를 받게 된다.

주 신호로 감시되는 자동 건널목에서, 건널목 보호를 보호하는 주 신호는 접근하는 열차에 의해 건널목 보호가 올바르게 작동되었을 때만 삭제된다. 건널목 통과 오작동 시, 열차가 정지 위치에서 주 신호를 통과하도록 운전자에 의해 승인되어야 하는 경우, 운전자는 주의하여 해당 신호로 보호되는 건널목 통과를 명령해야 한다. 양방향 작동이 있는 선로에서 건널목은 한 방향의 주 신호로 감시될 수 있지만 반대 방향의 운전자 횡단 표시기로 감시될 수 있다.

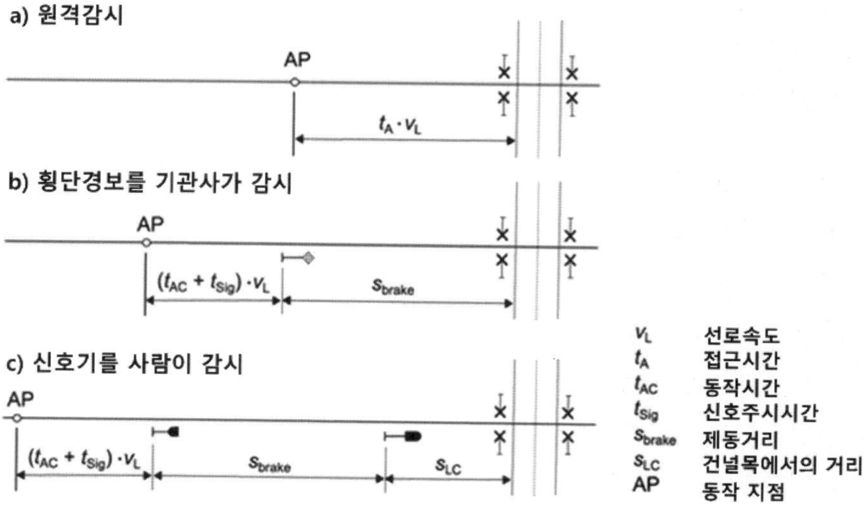

[그림 12] 시작 구간 계산

연동시스템에 의해 제어되는 건널목은 쇄정 경로의 일부이므로 경로를 지배하는 신호와 연동된다. 건널목 보호는 노선 설정으로 활성화되고 건널목을 통과하는 열차에 의해 비활성화된다. 건널목이 오작동하는 경우 경로를 제어하는 신호가 지워지지 않는다. 또한, 연동 구역 내부에 자동 건널목이 있을 수 있다는 점에 유의해야 한다. 이러한 건널목은 쇄정 된 진로 일부가 아니지만, 연동 신호를 통해 감시할 수 있다.

6 경보 시작 부분의 계산

경보 시작 구간은 접근하는 열차가 건널목 보호를 활성화해야 하는 거리이다. 이 거리는 감시 원리에 따라 달라진다. [그림 12] 원격으로 감시되는 건널목에서 시작 구간의 길이는 선로 속도 및 필요한 접근 시간에서 계산된다. 운전자의 건널목 표시등에 의해 감시되는 건널목에서, 운전자가 명확한 표시를 관찰할 수 있도록 건널목 표시기에 접근할 때 충분한 시간 동안 건널목 보호가 작동되어야 한다. 신호 감시 시간은 차단 시간 모델에서 설명한 것처럼 전방의 신호에 대한 접근 표시를 제공하는 선로변 신호에서 필요한 시간과 같다. 시작 구간은 원격으로 감시되는 건널목보다 상당히 길며 도로 사용자의 건널목 차단 시간을 연장한다. 주 신호로 감시되는 건널목에서, 시작 부분은 주 신호와 건널목 사이의 거리만큼 확장된다. 이것은 또한 도로 사용자의 건널목 차단 시간을 더욱 연장할 것이다.

9장

신호시스템 접지, 전원장치, 전기방식, 전식

전자부품으로 이루어진 신호시스템의 가용성을 높게 안정적으로 유지하려면 시스템의 환경, 예컨대 AC 전원, 온도나 습도, 지진, 정전기 등 여러 가지 항목에 대해 검토하여 신호시스템이 설치되는 기기실의 환경을 적정하게 조성하여야 한다. 이 중에서도 신호시스템을 구성하는 각 기기를 접지하는 것이 민감한 전자장비의 동작과 운영자의 안전 측면에서 중요한 항목이라 볼 수 있다. 신호시스템의 접지 방법에 대하여 알아보자.

1 접지의 필요성

1.1 안전 접지

신호시스템도 보통의 전기기기와 같게 인간의 조작, 즉 전원의 ON/OFF나 보수자가 요구하는 기능의 선택 등의 동작으로 그 기능을 발휘한다.

따라서 인간이 보통 접촉하는 부분에 어떤 원인으로 인해 전위가 생기면 감전되고 당시의 전륫값에 따라서는 근육이 경련을 일으키거나 심할 경우는 감전사를 일으키는 때도 있다.

이러한 사고를 방지하기 위해 기기에는 접지단자를 설치하고 케이스, 외함이나 인간이 조작하는 부분의 전위가 "0전위"가 되도록 접지를 연결하고 있다.

그러나 개인용 컴퓨터나 워드 프로세서와 같은 기기는 가전기기와 같이 사용될 것을 전제로 제조되었으며 특별히 접지가 필요하지 않은 기기도 있다.

1.2 Noise 대책을 위한 접지

신호시스템의 처리 속도의 향상이나 통신회선 네트워크의 접속 등으로 외래 Noise에 대해 더 엄격한 조건이 요구된다. 그러나 시스템이 설치된 장소에서의 여러 가지 Noise를 발생원마다 정량적으로 측정한다는 것은 현재로서는 대단히 어렵다. 운용상 문제 되는 일이 많은 Noise에 대해 알아보자.

1.2.1 전원 라인 Noise

모터나 계전기 등 유도성 부하가 접속된 전원선을 신호시스템이 공용하면 유도성 부하에 대한 전류가 차단되었을 때 전원 라인에 스파이크(spike) Noise가 생겨 오동작이 발생할 수 있다. 또 시스템 중의 기기에 사용되는 스위칭 전원 내에서 발생하는 스위칭 Noise가 전원 라인으로 나와 다른 장치의 오동작을 유발할 수 있다.

그 밖에도 AC 전원 라인에 혼입되는 Noise나 기기에서 외부로 나오는 Noise는 여러 가지가 있으며 이것이 동작에 악영향을 준다. 이러한 Noise의 유입, 방출을 방지하기 위해 라인필터를 삽입하여 그 접지단자를 접지한다.

1.2.2 정전기 Noise

정전기는 기기 운영자인 사람에게 대전 될 뿐 아니라 종이처럼 이동하는 매체에도 발생된다. 정전기가 방전할 때의 Noise는 기기의 오동작을 발생시킨다. 정전기에 대한 대책으로 기기의 설치 환경에(바닥재, 운영자의 의류, 신, 습도 등) 대해 고려하여 적절한 접지가 필요하다.

1.2.3 전계에 대한 Noise

방송국의 송신소 부근이나 출력이 큰 무전기를 기기의 곁에서 사용하면 전파에 의해 유기된 Noise 때문에 신호시스템이 오 동작하는 경우가 있다. 또 신호시스템 내부의 회로에서 방출되는 Noise 전파 때문에 미약한 신호를 취급하는 장치에 오동작을 발생하거나 라디오나 무전기에 잡음이 발생하기도 한다. 이러한 경우의 대책으로는 기기의 뚜껑이나 문짝(보통 유전체)을 확실히 접지하여 실드(Shield) 효과가 있게 하고 또 전원 라인에 유기되는 성분은 라인필터를 삽입하여 방지하여야 한다.

1.2.4 낙뢰에 대한 Noise

낙뢰에 의한 영향은 단지 시스템을 오 동작시킬 뿐 아니라 부품의 소손, 파괴를 일으킨다. 낙뢰에 의한 사고를 경감시키기 위해서는 서지 옵서버나 어레스터(Arrester)를 부착하여 그 접지단자를 낮은 접지저항으로 접지한다. 또 시스템의 접지극과 피뢰용 접지극은 되도록 간격을 두어야 한다.

2 접지 방법

신호시스템의 접지는 접지 모선에 접속하는 것을 원칙으로 하고 모선이 없으면 접지를 설치하여 공통접지로 접지하여야 한다.

2.1 공통접지

1개소 혹은 여러 개소에 설치한 공통의 접지극에 개개의 설비기기를 모아서 접속하여 접지를 공통으로 사용하는 것이다. 공통접지 방법은 독립된 접지를 상호 연결하는 것과 접지선을 한곳으로 모으는 것 그리고 건축구조체에 접지선을 연결하는 방법 등이 있다.

2.1.1 공통접지의 장점

공통접지가 독립 접지보다 유리한 점은 표 1과 같다.

[표 1] 공통접지의 장점

항 목	장 점
접지저항	접지전극의 병렬연결로 합성저항이 낮고 건축구조체를 이용하면 접지저항을 더욱 낮게 유지 가능
접지저항 신뢰도	접지전극 중 하나가 단선되어도 타 극으로 보완
경제성	접지전극의 수가 적어 설비시공비 절감
접지의 공용	제2종, 제3종 접지 공통으로 접촉전압 경감
지락 보호	지락전류의 귀로 형성으로 보호장치 동작 확실
개량, 보수	접지선이 짧아 보수가 쉬움.

2.1.2 공통접지의 단점

공통접지의 경우 접지를 공용하고 있는 설비 중 어떤 설비에 접지전류가 발생하면 그것은 대지로 유출하게 되는데 이때 각 접지전극에는 다소의 접지저항이 있으므로 접지점의 전위가 상승한다.

독립 접지인 경우는 접지전류에 의한 전위상승이 독립 접지 전극에만 한정되지만, 공통접지에서는 접지전류에 의한 전위상승이 접지를 공용하고 있는 모든 설비에 파급되는 단점이 있다.

전위상승 파급의 위험에 대해서는 접지 시스템의 접지저항이 매우 작은 경우는 거의 문제가 되지 않는다. 이러한 기능을 할 수 있는 것이 건축구조체를 접지전극으로 활용하는 방법이다. 따라서 접지를 공용할 때는 공통접지에 의해 서로 연결되는 모든 설비에 대하여 발생하는 접지전류의 성질과 전위상승이 기기에 미치는 영향 등을 점검해볼 필요가 있다.

2.2 공통접지의 필요성

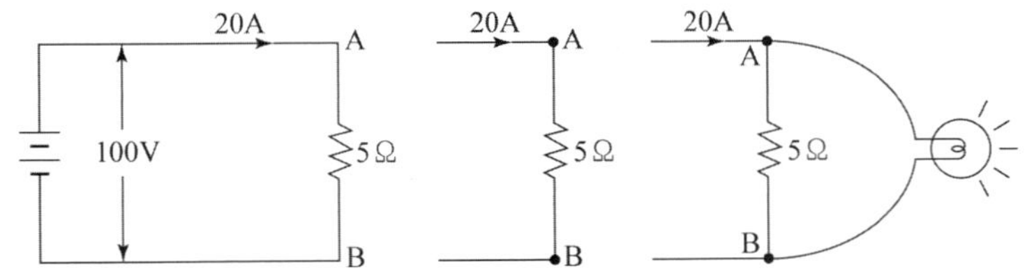

[그림 1] [그림 2] [그림 3]

위의 [그림 1]에서 직류전압 100 V를 저항 5 Ω에 흘리면, 20 A의 전류가 흐른다.

한편, [그림 2]에서 20 A가 저항 5 Ω을 통과할 때, 점 A, B 사이의 전압을 측정하면 100 V가 될 것이다. 또 점 A, B 사이에 전구를 연결한다면 [그림 3]과 같이 점등된다. 즉 전류(i)가 저항(R)을 흐르게 되면 양단에 전압($V=iR$)이 걸리게 되는 것을 알 수 있다.

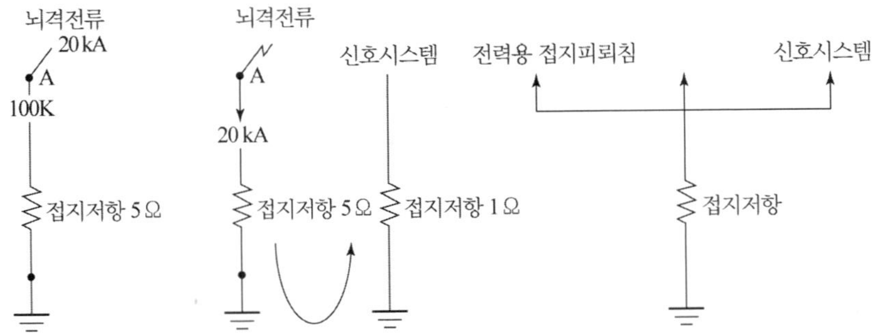

[그림 4] [그림 5] [그림 6]

위의 원리를 뇌격(피뢰)에 대해서 예를 들면 [그림 4]와 같다.

뇌격전류 20 kA가 접지저항 5 Ω을 흐르게 되면 양단에 전압이 약 100 kV가 걸리게 되고, A점의 대지 전위가 상승하게 된다.

만일 신호용 접지를 [그림 5]와 같이 별도로 시설할 경우, 뇌격할 때 A점과 신호 장비 사이에는 뇌격전류로 인한 A점의 전위상승으로 신호장비에 큰 전류가 흐르게 되어, 고가의 신호 장비는 타서 손상될 수 있다. 하지만 [그림 6]과 같이 신호 장비를 전력용 접지망에 공통접지 할 경우엔 어떠한 크기의 뇌격전류가 흐르더라도 A점의 전위는 다 같게 되므로 신호장비의 소손을 막을 수 있게 된다. 따라서 신호용 접지는 접지 모선에 공통접지 하여야 한다. (KSC IEC 62305-3, 4 규정 참조)

2.3 접지선 굵기 산정

접지선은 지락전류나 뇌전류가 흘렀을 경우 녹아서 끊기거나 피복이 타서 손상되면 주위의 가연물 등에 위험이 미치게 되므로 그러한 온도에 견딜 수 있도록 도체의 단면적을 충분히 해야 한다. 이 전류용량 외에 기계적 강도, 내식성에 대해서도 검토할 필요가 있다.

2.3.1 각국의 규격

접지 망을 구성하는 요소(도체, 접지선, 접지 동봉) 중 접지선은 다음과 같은 조건을 만족하여야 한다.

1) 최대 지락전류가 고장 지속시간 동안 지속되어도 용단, 열화되지 않을 것.
2) 기계적으로 충분한 강도를 가져야 한다.
3) 접지망에서 국부적으로 위험한 전위차를 발생시키지 않도록 충분한 도전율을 가져야 한다.

일반적으로 접지선에 사용한 연동선 또는 알루미늄선은 기계적 강도와 도전율을 충분히 가지고 있으므로 위의 조건 중 첫째 조건만 고려하여 녹아서 끊기지 않은 굵기로 선정하는 것이 바람직하다.

최대지락전류 및 고장 지속시간을 고려하여 접지선 굵기를 결정하는 규격으로는 ANSI/IEEE std 80 및 IEC Pub 364-5, JIS 등이 있으나, IEEE std 80 및 IEC 규격은 적용 방법이 같으며 일본규격도 IEEE 등과 차이가 없으나 계산조건은 표 2와 같다.

[표 2] 규격 비교

계산조건	ANSI/IEEE std 80	일본(국내 규격 동일)
피복 재료	PVC, XLPE, EPE 등	Ⅳ 절연전선
물리적 정수	도전율, 열저항율, 열용량 계수 적용	적용 안 함
최고허용온도	사용 재질에 따라 적용 (접지선 피복과 도체 재질 적용)	150℃
고장 지속시간	계통에 따라 다르게 적용	0.1초(계통에 따라 다르게 적용)
낙뢰 지속시간	일반적으로 10 kA ..... 80 μsec 적용	

PVC : 폴리비닐 클로라이드, XLPE : 가교 폴리에틸렌
EPE : 에틸렌 프로필렌 컴파운드

2.3.2 접지선 굵기 계산식

(1) ANI/IEEE std. 80

접지선에 전류가 흐르면 주울(Joule) 법칙에 따라 열이 발생하고 지락 및 최악의 경우 녹아서 끊길 수 있다. 따라서 충분한 전류용량의 도체 굵기는 전류, 통전시간, 온도, 재료의 특성값은 다음 계산식에 의해 계산한다.

$$A\,[\mathrm{mm}^2] = I \frac{1}{\sqrt{\left(\frac{TCAP \cdot 10^{-4}}{t_c\,\alpha_r\,\rho_r}\right)\ln\left(\frac{K_o + T_m}{K_o + T_a}\right)}}$$

여기서, I : 접지선에 흐르는 전류[kA], A : 도체 단면적[mm^2]
T_m : 최대 허용온도[℃], T_a : 주위온도[℃]
T_r : 기준온도[℃], α_0 : 0℃일 때 도체의 열 저항률
α_r : Tr일 때 도체의 열 저항률, t_c : 통전시간[s]
ρ_r : Tr일 때 도체의 저항률[μΩ/cm^3]
TCAP : 열용량 계수[J/cm^3/℃], K_0 : $\frac{1}{\alpha_0}$ 이다.

접지선 재료에 주로 쓰이는 금속의 물리적인 정수는 [표 3]과 같다.

[표 3] 접지선 재료의 물리적인 정수

전선재료	도전율 [%]	α_r (at 20℃)	K_0 (at 0℃)	용융온도 [℃]	ρ_r [μΩ/cm³]	TCAP [J/cm³ · ℃]
연동선	100	0.00393	234	1,083	1.7241	3.422
경동선	97	0.00381	242	1,084	1.7774	3.422
알루미늄선	61	0.00403	228	657	2.8262	2.556

① 계산조건

접지선 굵기를 계산할 때 물리적인 정수 이외에 필요한 최대허용온도 및 주변 온도에 대한 제한조건은 없다.

② 계산 결과

접지선의 굵기를 고장전류 크기별, 고장 지속 시간별로 계산한 결과는 표 4와 같다.

[표 4] ANSI/IEEE 규격에 의한 접지선 굵기 계산 결과 (단위 : mm²)

고장지속시간	10kA	20kA	30kA	비 고
0.1초	18.1	36.1	54.2	
0.5초	40.4	80.8	121.2	
1.0초	47.2	114.3	171.5	

(2) IEC pub. 364-5-54

계산식은 수식 다음과 같으며 재질별 물리적 정수는 표 5와 같다.

$$A = \frac{I\sqrt{t_c}}{k}$$

여기서, I : 접지선에 흐르는 전류[A]

t_c : 통전시간[초]

$$k = \sqrt{\frac{Q_c(B+20)}{\rho_{20}} \ln\left(1+\frac{\theta_f - \theta_i}{B+\theta_i}\right)}$$

Q_c : 접지선 재질의 체적비열[℃mm³]

θ_i : 도체의 최종온도[℃]

θ_f : 도체의 초기온도

B : 0℃에서 도체 열 저항률의 역수[℃]

ρ_{20} : 20℃에서의 도체 전기 저항률[Ωmm]

① 계산조건

접지선 굵기를 계산하는 공식을 사용하는 데 물리적인 상수 이외에 필요한 최대 허용온도 주변 온도 및 k값 등에 주어지는 조건은 표 5, 6과 같다.

[표 5] IEC 규격에 사용된 재질별 물리적 정수

재질	B[℃]	Q_c[J/℃ mm³]	ρ_{20}[Ωmm]	$\sqrt{\frac{Q_c(B+20)}{\rho_{20}}}$
동	234.5	3.45×10^5	17.241×10^{-6}	226
알루미늄	228	2.5×10^5	28.264×10^{-6}	148

[표 6] IEC 규격의 계산조건

내 용		접지선 피복의 재질		
		PVC	XLPE, EPR	Butyl rubber
최종온도		160℃	250℃	220℃
초기온도		30℃로 가정		
접지선 재질(k)	동	143	176	166
	알루미늄	95	116	110

② 계산 결과

IEC 규격을 사용하여 고장전류 크기별, 고장 지속 시간별의 접지선 굵기를 계산한 결과는 표 7과 같다.

[표 7] IEC 규격에 의한 접지선 굵기 계산 결과 (단위 : mm²)

고장지속시간	10kA	20kA	30kA	비고
0.1초	18.0	35.9	53.9	
0.5초	40.2	80.4	120.5	
1.0초	56.8	113.6	170.5	

* 번개 : 80 μsec

(3) 일본규격

일본에서 적용하고 있는 접지선 굵기 계산 방법의 계산조건과 계산수식은 아래와 같다.

$$A = I\sqrt{\frac{t_c(8 \times 10^{-3})}{T_m - T_a}}$$

단, I : 접지선에 흐르는 전류[A]
A : 도체 단면적[mm^2]
T_m : 최대 허용온도[℃]
T_a : 주위온도[℃]
t_c : 통전시간[s]

① 계산조건

수식을 이용하여 계산하면 전원측 과전류차단기의 동작 특성과 관계되며 다음과 같은 조건을 제시하고 있다.

㉮ 접지선에 흐르는 고장전류는 전원측 과전류차단기 정격전류의 20배로 한다.
㉯ 과전류차단기는 정격전류의 20배가 흐를 때 0.1초 이내에 동작한다.
㉰ 고장전류가 흐를 때 접지선 주위온도는 30℃로 한다. (따라서, 허용온도 상승은 120℃가 된다.)
㉱ 고장전류가 흐를 때 접지선 최대허용온도는 150℃로 한다.

② 계산 결과

고장전류 크기별, 고장 지속 시간별 접지선의 굵기(동선)를 계산한 결과는 [표 8]과 같다. 단, 고장 지속시간이 0.1초인 경우 위 계산조건에서 제시한 것에 따라 계산한 결과지만, 나머지는 앞의 다른 규격과 계산 결과를 비교하기 위해 주변 온도는 30℃, 최대허용온도는 250℃를 적용한 데이터이다.

설비기기에서 접지극까지의 접지선은 일반적으로 600V 비닐절연전선(IV)이 사용되고 피복은 녹색이며 최고허용온도는 60℃이다. 또한 기타 접지선에는 600V 비닐절연 캡타이어 케이블(VCT), 이중 비닐 절연전선 등이 이용된다.

[표 8] 일본규격에 의한 접지선 굵기 계산 결과 (단위 : mm^2)

고장지속시간	10kA	20kA	30kA	비고
0.1초	25.8	51.6	77.5	
0.5초	42.6	85.3	127.9	
1.0초	60.3	120.6	180.9	

(4) 한국산업규격

한국산업규격의 접지도선에 관한 종류는 표 3.13에 의하고 접지선 굵기는 가장 빈번히 일어나는 최대 뇌격전류가 일정 기간 계속 흘러도 용단, 손상 등을 일으키지 않고 온도상승을 100℃ 이하에서 멈추도록 야외 실측 및 실험 결과를 바탕으로 한 계산식과 다시 안전계수를 예측한 수치다.

접지선의 굵기는 다음 수식은 다음과 같다.

$$A = I\sqrt{\frac{8.5\times10^{-6}\times S}{\log_{10}(\frac{t}{274}+1)}}$$

여기서, I : 전류[A]

A : 구리선의 단면적[mm^2]

S : 통전시간[S]

t : 전선의 온도 상승값[℃]

위와 같이 접지선의 굵기 계산식을 국내와 국외로 구분하여 살펴보았으나 우리나라에서는 IEEE에서 제시하는 계산식을 적용하고 있다. 그러나 IEC 규격을 국제적으로 통용하여 ISO 규격으로 통일되고 있으므로 IEC 규격을 권장한다.

3 접지 연결 방법과 원리

설치할 신호시스템이 결정되면 시스템을 가동하기 위한 설비로서 어떤 것이 필요한가를 검토하여 시공한다. 이 중에는 온도, 습도, 먼지, 진동, 유해가스 등 환경이나 흡음, 바닥의 강도, 내진 등 기기실의 구조에 대해서도 검토해야 하지만 전기적 조건에서는 안정적인 가동이 가장 중요한 항목이므로 오류가 없도록 계획, 검토한다. 접지점과 시스템을 구성하고 있는 여러 기기와의 접속 형태는 1점 접지 직렬, 병렬 연결 방법과 2점 접지 연결 방법이 있다.

3.1 1점 접지 직렬 연결 방법

아래 [그림 7]과 같이 기기의 수가 많을수록 접지 임피던스가 높아진다. 기기C에서 본 접지 임피던스 +Zab+Zbc 로 된다.

➡ 기기 a, 기기 b의 Noise가 기기 c에 영향을 준다.

➡ 기기 b를 따로 나누면

➡ 기기c는 접지되지 않을 우려가 있다.

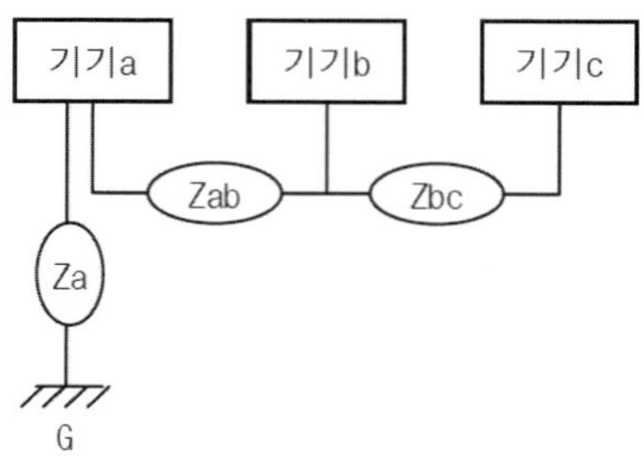

[그림 7] 1점 직렬접지 방법

3.2 1점 접지 병렬 연결 방법

기기a, 기기b, 기기 c로부터의 접지선은 접지극과 각각 1:1로 연결접속 하는 방법으로 각 기기의 접지선이 분리되더라도 한 개의 기기만 영향을 받으며 또한 고주파 임피던스가 낮아지게 되고, 기기, 접지극과의 순환전류도 방지할 수 있다.

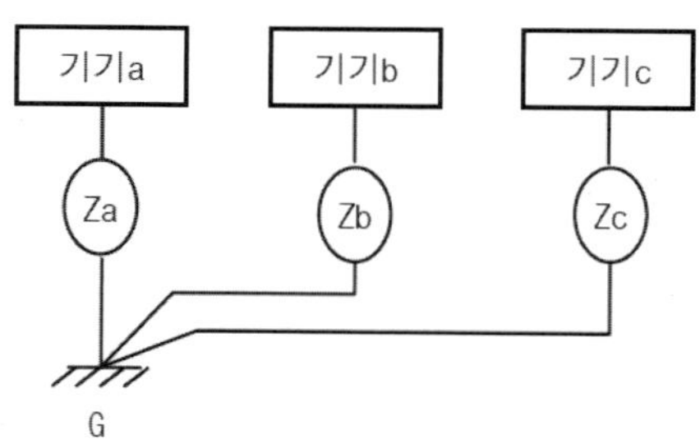

[그림 8] 1점 병렬접지 방법

신호시스템을 구성하는 각 기기와 접지판과의 접속도 고주파 임피던스가 낮은 선으로 되도록 짧게 한다. 보통 22 mm^2 이상의 것을 사용하고 있는데 때에 따라서는 단면적이 더 큰 것을 사용한다.

3.3 2점 접지 연결 방법

접지 접이 2점 있으면 접지점 간의 전위차 Vac에 의하여 접지전류 Iac가 흘러 기기 간의 인터페이스에 Noise가 발생한다.

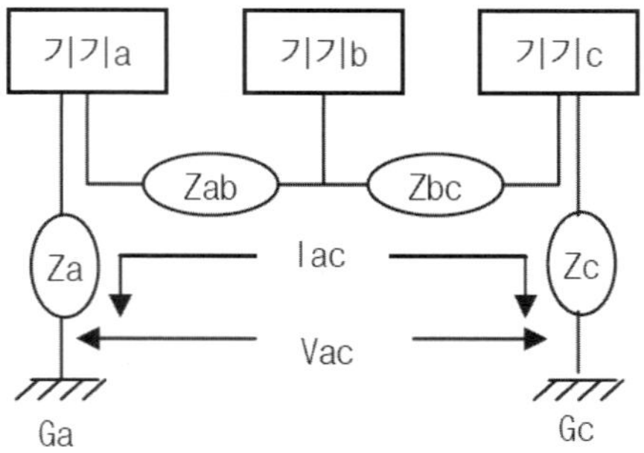

[그림 9] 2점 접지 연결 방법

3.4 접지극과의 접속

신호용 시스템의 접지극은 시스템으로서의 단독으로 가져야 하고 다른 기기, 특히 Noise 원이 되기 쉬운 전력 설비 등과 공용은 되도록 피한다.

신호시스템에서는 분전반 내에 각 기기로부터의 접지선을 연결하기 위한 접지 바(Bar) 또는 접지판(Ground Board)을 설치한다. 또 때에 따라서는 액세스 플로와의 바닥 밑에 주접지단자 판(MGB: Main Ground Board)을 놓고 짧은 접지선으로 각 기기와 주접지판을 접속한다.

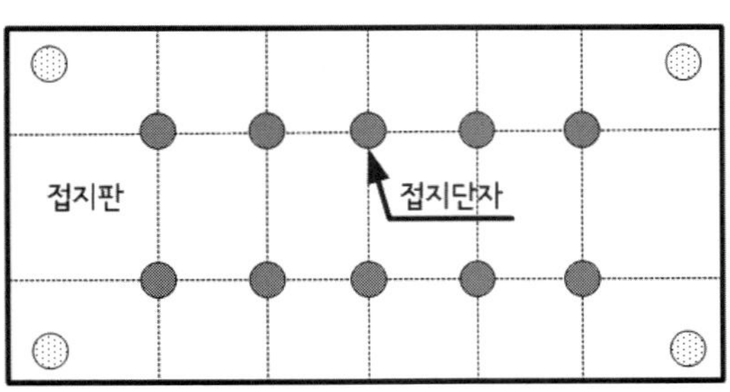

[그림 10] 접지판

접지판으로는 [그림 10]과 같은 동판에 도금한 10 mm 정도 두께의 것을 사용한다. 접지바 또는 접지판은 접지 간선을 직접 접속한다. 접지극에서 신호기계실 접지판까지의 간선에는 22 mm^2 이상, 가능하다면 38 mm^2 이상의 단면적의 도체를 사용한다. 도체의 길이는 고주파 임피던스가 낮아지도록 선을 되도록 짧게 하여야 한다.

신호시스템을 오동작시키는 Noise는 고주파 성분의 Noise이므로 접지선의 임피던스(주로 인덕턴스 성분)를 낮게 하는 것이 내(耐) Noise 성능을 향상시키게 된다.

참고로 22 mm^2의 접지선이 30 m일 때 수 10 mΩ이지만 10 MHz의 임피던스는 3~5 kΩ이 되므로 가능한 접지선은 단면적은 넓게, 길이는 짧게 하는 것이 좋다.

4 접지에 관한 중요사항

4.1 고려할 사항

(1) 안전한 신호접지는 회로 차단기 또는 퓨즈를 빠르게 단락시키고, 사람의 안전을 위해 노출된 금속 표면의 전압 차이를 최소화해야 한다.

(2) 좋은 접지는 보호장치를 훨씬 쉽게 만들지만, 데이터 회로의 손상이나 손상으로부터 보호하는 기능이 항상 접지에 포함하지는 않는다.

(3) 대부분의 전자시스템의 회로는 항상 수십 볼트 또는 1~2V 정도의 전압에 민감하다. 결과적으로 이 시스템은 과도 전류를 실제 회로에서 꺼내고 시스템의 상호 연결된 장치 간에 신호 경로를 벗어나는데 매우 주의해야 한다. 이를 달성하기 위해 일부 장비는 정전기 차폐 절연변압기 기술과 과도 전압을 차단하도록 설계된 AC-DC 전원 공급 장치를 사용한다. 그러나 이러한 기술이 충분히 효과적으로 되기 위해서는 KS C에서 요구되는 동등 이상의 우수한 접지 및 접속 방식을 사용해야 한다.

(4) 대부분의 전자시스템 내부의 데이터 신호는 진폭이 약 5V인 구형파나 임펄스로 처리되는 정보 비트와 200 MHz를 초과할 수 있는 클록(Clock) 속도로 구성된다. 장비 간에 전송되는 데이터의 크기는 대개 5~18 V이며 전송 속도는 장비 내부에서 사용할 수 있는 신호 처리 속도보다 빠르다. 어떤 경우이든, 클록의 신호 상승시간과 비트 전송에 사용되는 것과 같은 대부분의 다른 신호 펄스는 일반적인 벼락보다 훨씬 빠르다. 그러나 이러한 속도에서도 시스템을 높은 신뢰성과 우수한 접지 및 본딩을 위해서는 Noise 간섭에 상대적으로 면역할 수 있도록 만들 수 있어야 한다.

(5) 번개 관련 파형은 일반적으로 대부분의 AC 전원시스템 배선 및 관련 접지시스템에서 과도 전류의 "최악의 상황"으로 분류해야 한다.

(6) 전기기계식 접촉기가 있는 일부 장비에는 빠른 전기 과도현상이 발생한다. 이러한 항목의 간섭 문제는 심각할 수 있지만, 문제의 접점, 코일 또는 두 항목 모두에 RC Snubber(저항기와 커패시터로 구성)를 설치하면 해결하기가 어렵지 않다.

4.2 점검할 사항

(1) 별도의 전자장비의 금속 프레임 또는 외함 사이에 설치되는 현장 설치형 전기 접지/본딩 컨덕터는 플로팅 접지나 대지접지에 녹색 선으로 접지시스템에 연결되어야 한다.

(2) 전자장치의 전력을 공급하는 분전반에 사용되는 패널에는 권선 사이에 정전 차폐를 갖는 절연변압기를 이용하여 전기시스템과 연결하여 사용해야 한다. 변압기와 패널 보드의 설치는 가능하면 제공된 전자장비에 물리적으로 가까운 거리에서 이루어져야 한다. 정전기 차폐는 약 1000 : 1 (예를 들어, −60dB)까지의 대부분의 공통모드 과도상태의 유용한 감쇄를 제공할 수 있다. 절연변압기는 제조업체의 권장 사항을 최대한 준수하여 지침을 따르는 경우에만 최대 이점을 얻을 수 있다.

(3) 장비실 내의 전자시스템 외함 사이의 상호 연결 케이블은 되도록 하부 바닥에 근접하여 배선해야 한다. 특히 철판과 같이 잘 접지된 금속 구조물이 포함되어있을 때 특히 그렇다. 그러나 최상의 결과는 이 케이블을 특별히 설치된 신호 기준 그리드에 아주 가까이 놓았을 때 얻을 수 있다. 신호기계실에는 액세스 플로워를 설치하는 것을 권장한다.

상호 연결 케이블이 케이블 트레이 또는 전선관의 여러 위치 사이를 연결하는 경우 이러한 유형의 케이블 배선에서 "깔끔한" 배치보다는 무작위 배치를 사용하는 것이 좋다. (이것은 무작위 배치(Random Lay)는 하나의 인접한 컨덕터에서 상당한 길이 동안 서로 평행하게 놓일 때 다른 도체로의 Noise 커플링을 감소시킨다)

(4) 케이블을 배선하는데 전선관을 사용하는 경우 금속으로 만들어지고 잘 접지되고 접속되어야 하며 나사로 고정된 것과 같은 단단한 덮개가 장착되어야 한다.

(5) 현장에 설치된 데이터 케이블은 일반적으로 전원 케이블, 도관과 최대한 실용적인 거리로 격리해야 한다. 이렇게 하면 두 회로 간의 원하지 않는 커플링이 줄어든다. 한 회로가 다른 회로와 교차하거나 교차하는 노이즈 커플링 문제를 피하려면 크로스오버를 직각으로 만드는 것이 좋다.

(6) 금속 전선관 또는 도관이 상호 연결되는 데이터 케이블을 포함하는 데 사용되는 경우, 길이 방향의 좋은 결합을 보장하기 위해 전체 길이의 여러 지점에서 추가 본딩

연결을 수행하는 것이 좋다. 도선 끝부분에서 장비에 잘 접지, 결합하는 것 외에도 도관 또는 케이블 트레이는 도중에 인근 구조용 철재에 접합해야 한다.

(7) 설치된 모든 신호접지(Signal Reference Grid)의 180㎝ (수평 또는 수직) 내에 있는 모든 금속 배관, 닥트, 전선관과 전선관, 전선관 및 케이블 트레이는 신호접지에 본딩 되어야 한다. 이 도체가 신호접지에 정의된 영역으로 들어가거나 나가는 곳에서 특히 중요하다. 이렇게 하지 않으면 위에서 또는 근처에 접지 된 금속 물체가 신호접지에 번개 등으로부터 플래시 오버가 생길 수 있다. 또한, 측면 플래시는 화재, 전자회로 손상 등을 유발할 수 있다.

(8) KSC 또는 NEC 요구 사항 외에도, 별도로 파생된 시스템의 Y 형 2차 변압기의 Xo 단자와 같은 중성 단자는 신호접지에 연결되어야 하며 가능한 경우 가장 가까운 건물에도 연결해야 한다.

(9) 신호접지는 인근의 접근 가능한 건물의 구조물과 연결 접속하여 많은 접지점을 만들도록 하여야 한다.

(10) 특히, 전자시스템의 장비 접지 전도체와 AC 전원시스템의 장비 접지 전도체 및 관련 접지 전극의 연결은 설치 도중 또는 설치 후에도 시도하지 않아야 한다. 이러한 연결은 잠재적인 전기 화재 및 충격 위험을 일으킨다. 또한 관련 전자장비 내부의 회로를 손상하거나 적어도 전자장비의 작동을 저하할 수 있다.

(11) 피더 또는 분기회로의 장비 접지도체는 항상 해당 회로의 관련 전원회로 도체가 들어있는 같은 도관 또는 케이블 트레이 내에서 배선해야 한다. 이는 유연한 코드 및 케이블 어셈블리에도 적용된다.

(12) 절체스위치 (UPS 시스템 포함)가 사용되는 경우 공통모드 노이즈의 가능성은 제거되지 않는다. 일반적으로 2개의 시스템 중성점의 단단한 상호 연결을 통해 대체 전원 소스 간에 적절한 접지가 필요하지만 두 개의 AC 시스템 중 하나만 중성점을 접지로 연결해야 한다. 두 개의 관련된 교류 시스템이 물리적으로 서로 인접하여 설치되지 않는 한, 스위치의 절체 동작 중에 접지 전위 변동 교란이 발생할 수 있다. 이렇게 접지 전위가 변하면 스위치에 의해 처리되는 부하에 원치 않는 공통모드 노이즈가 발생할 수 있다.

(13) 절연변압기가 서비스되는 부하에 인접하여 설치되고 절체스위치의 출력과 서비스되는 전자 부하의 입력 사이에 위치할 때 일반적으로 접지 전위 시프트 문제 및 공통모드 잡음 문제는 피할 수 있다. 이 경우 절연변압기의 2차 측에 있는 중성 단자는 단단히 접지되어 있어야 하며 장비에 설치된 신호접지에도 연결되어있는 경우 광대

역 접지를 위해 변압기와 전자 부하 장비를 서로 공통으로 사용한다.

(14) 현장이 큰 경우 하나 이상의 절연변압기를 사용할 수 있다. 예를 들어 기계실에 신호접지가 연결된 여러 절연변압기는 대형 현장의 경우 권장되는 방법이다.

(15) 연결된 접지는 임의로 연결을 제거하는 것은 좋지 않다. 이 연결을 제거하면 화재 / 충격으로 안전 위험이 발생할 수 있어서 임의 연결 제거는 권장하지 않는 방법이다.

(16) 신호시스템이 설치가 완료된 후, 안전성 및 성능 기준이 모두 충족되도록 배선을 주의 깊게 검사해야 한다. 접지와 관련하여 다음 사항이 검사 과정의 일부가 되어야 한다.

① 중성선[2] 및 접지선의 도체를 각각 잘못 식별하는 경우가 종종 발생한다. 중성선과 접지선을 교차로 연결하여 장비 접지 시스템에서 원하지 않는 전류가 흐르지만, 일반적으로 과전류 보호장치가 작동하지 않는다. 따라서 전원이 처음 적용될 때와 같은 문제의 즉각적인 표시가 없는 경우가 종종 있다. 전원이 공급되기 전에 이러한 도체의 연결을 확인해야 한다.

② 모든 금속 도관, 전선관, 궤도 및 기타 금속 외함은 끝에서 끝까지 연속성을 확보할 수 있도록 길이에 따라 잘 결합하여야 한다. 또한 효과적인 고주파 접지를 제공하기 위해 길이와 길이가 1.8m 이내인 철재 및 신호접지를 여러 지점에서 잘 접지해야 한다. 효과적으로 접지된 장비와의 종단 처리가 가장 중요하다.

③ 보호할 도체에 서지 방호 장비를 연결할 때 가능한 가장 짧은 리드 길이가 사용되었는지 확인하여야 한다. 이상적인 서지 방호 장비는 보호장비에 직접 또는 내부에 장착된다. 별도의 외함에 외부 장착 및 보호장치에 대한 도관 연결은 서지 방호 장비와 서지 방호 장비가 보호하는 부하 간에 더 긴 거리를 만든다. 이것은 보호 효과를 감소시킨다. 설치 수명 동안 양호한 전기적 연결이 필요하다. 연결 불량은 신호 처리 또는 전원 연속성의 전체 중단 또는 잡음의 원인이 될 수 있다. 연결은 사양에 맞게 제대로 연결해야 한다.

---

2) 중성선에는 3상 평형부하일 때 전류가 흐르지 않으나 불평형이 발생하면 3상4선식일 때 30%의 전류가 흐를 수 있다.

5 신호전원장치

5.1 개요

신호설비의 전원장치는 정전이 될 때도 정상적인 열차운행을 위해 상용과 예비전원으로 2 중계 구성을 원칙으로 한다. 전원이 정상일 경우에는 상용 고압배전선로에서 수전하는 전원을 상용전원으로 사용하고 정전이나 장애가 발생하면 자동절체기에 의해 예비전원으로 절체되도록 하고 상용전원이 복구되면 다시 상용전원으로 환원되는 구조로 한다.

5.2 전원설비의 구성

1) 신호용 전원장치의 구성은 입력측 수전반, 자동절체스위치(ATS : Automatic Transfer Switch)반, 무정전전원장치(UPS), 정류기, 축전지, 신호배전반 등으로 구성한다.
2) 신호제어설비에 사용되는 직류전원은 24V를 원칙으로 하며 정류기는 축전지와 병렬로 연결하여 부동, 균등 충전을 할 수 있다.
3) 제어회로의 전원은 제어조건 측에 설비하는 것으로 하며 제어회로가 혼선되는 경우 오동작을 방지하는 설비로 한다.
4) 연동장치에 사용되는 계전기 전원은 역기전력을 제거하는 구조로 하고, 고조파 및 역률 개선용 설비를 포함한다.

5.3 무정전전원장치(UPS)

1) 무정전전원장치는 설비의 입력전원을 연속 공급하여야 하며, 절체 시 무순단 자동절체가 가능하여야 한다.
2) 정전 시 무정전전원장치의 출력전압 변동범위는 정격전압의 10% 이내에 유지하여야 한다.
3) 일반철도의 전자연동장치에는 입력전원을 안정시키고 전원공급이 중단될 경우의 소프트웨어 데이터를 보호하기 위하여 무정전전원장치를 설치한다.
4) 고속철도의 신호제어설비 전원공급은 무정전전원장치를 통하여 공급한다.
5) 열차집중제어장치(CTC) 전원은 기존 무정전전원장치 전원을 사용하는 것을 원칙으

로 하며 용량 부족 시 증설하는 것으로 한다.

6) 무정전전원장치의 고장발생 시 역 조작판에 고장상태를 표출토록 하여야 한다.
7) 전원을 공급하면서 동시에 축전지를 부동충전하며 정상 운전 중 상용전원의 동기주파수 지정범위를 벗어나거나 입력위상과 바이패스 전원의 위상각이 5°를 벗어나면 해당표시등이 점등되고 부하용 전원에서 인버터로 절환 된다.
8) 인버터가 운전 상태에서 내부온도가 65℃ 이상이거나 고장이 발생할 때 자동으로 인버터를 바이패스하고 경고등과 경보음이 작동된다.
9) 상용 또는 예비전원이 정전되면 축전지의 직류전원이 인버터로 입력되어 부하에 전원을 공급하고 축전지의 방전시간 동안 정상적으로 전원을 공급하게 된다.

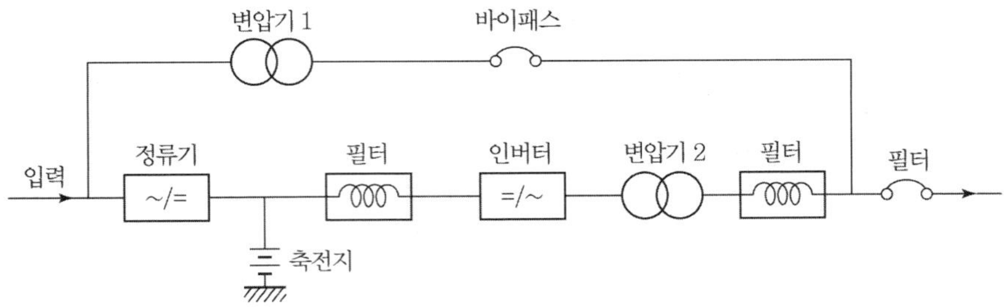

[그림 11] UPS 기능 다이어그램

5.4 정류기 및 축전지

5.4.1 정류기

1) 부동 또는 균등 충전 시 소정의 출력 전압 범위를 유지한다.
2) 정전 회복 후 축전지의 충전 시 과대 전류가 흐르지 않도록 한다.
3) 출력전압 변동률은 정격전압의 ±3 % 이내를 유지한다.

   출력전압변동률 시험방법

$$\text{출력전압변동률} = \frac{V_f - V_e}{V_f} \times 100$$

   최소출력전압 : V_e, 최대출력전압 : V_f

4) 정류기 전환회로 : 2중계화 된 정류기는 평상시 자동모드에서 상용 정류기로 동작하고 상용 정류기가 고장 또는 출력이 고전압이거나 저전압일 때는 예비 정류기의 입력

측에서 자동으로 전환되고 수동모드로 전환하면 예비계로 동작하여야 한다. 또한 상용 정류기 시험 · 수리 후에는 자동모드로 전환 후 복구용 버튼을 누르면 3초 이내에 상용 정류기로 자동 전환되어야 한다.

5.4.2 정류기, 축전지 및 무정전전원장치의 용량 산정

1) 설비 총 부하(최대부하 시)의 20% 이상 여유분을 갖도록 하여야 한다.
2) 선로전환기의 운전 부하는 가장 많은 선로전환기가 전환되는 2개의 진로에 해당하는 수량으로 하되 그중에서 동시에 기동 되는 선로전환기 총합 부하를 기동 부화로 한다.

5.4.3 축전지

1) 축전지는 환경친화적 축전지로 설치한다.
2) 축전지는 사용 용도 및 경제성 등을 검토하여 연(鉛)축전지, 니켈-카드뮴 축전지, 니켈-수소 축전지, 니켈-이온 축전지 중에서 적합한 축전지를 사용한다.
3) 축전지의 방전종지전압은 종별에 따른 전압을 적용한다.
4) 축전지 설치 시 열차 진동으로부터의 방진 구조로 하여야 하며 유지보수가 쉬운 거치형 또는 캐비닛(Cabinet)형 구조로 설치한다.
5) 신호제어설비의 정전보상시간은 설계 시 열차집중제어장치(CTC)는 3시간(역정보전송장치 제외) 이상으로 하고, 고속철도는 2시간, 일반철도의 실내 계전기실은 1시간으로 한다.
6) 연축전지 충 · 방전 화학식

   $PbO_2 + 2H_2SO_4 + Pb \leftrightarrow PbSO_4 + 2H_2O + PbSO_4$
7) 알칼리 축전지 화학식

   니켈-카드늄형 : $2Ni(OH)_3 + Cd \leftrightarrow 2Ni(OH)_2 + Cd(OH)_2$

   철-니켈형 : $2Ni(OH)_3 + 2Fe \leftrightarrow 2Ni(OH)_2 + Fe(OH)_2$

5.4.4 균등 충전과 부동충전

(1) 균등충전법

축전지의 용량이 저하되었거나 각 단전시간에 전압이 불균형할 때 원상태로 회복시키기 위해서 시행하며, 충전시기는 6~12개월에 1회 정도, 균등충전전압은 1.50~1.55 V로 충전한다.

균등충전은 여러 개의 축전지를 한조로 장기간 사용하고 있는 경우에 자기 방전등의 부분적인 방전으로 충전상태가 평균치를 벗어남을 없게 하기 위한 충전법이다.
균등충전전압은 부동충전전압보다 다소 높은 전압으로 충전하는 방법이다. 즉 충전기의 출력전압을 부동충전전압에서 균등전압으로 전환하여 일정 시간 충전하고 다시 부동충전전압으로 변환하는 것이다.

(2) 부동충전법

알칼리 축전지의 충전법은 주로 부동충전법을 많이 채택하고 있다. 이 충전법은 축전지를 정류기 및 부하에 병렬로 접속하여 평상시에는 정류기가 부하를 부담하고 축전지에도 미소전류를 공급하며, 정전시 등에는 축전지로부터 전류가 공급되게 하는 방식이다. 부동충전 전압은 보통 셀 당 1.40V~1.45V이며 충전전류는 5시간율 전류의 약 1/100~1/150이 되고 총 부동충전 전압은 셀 당 부동충전전압×셀 수 이다. 부동충전전압이 낮게 되면 충전 부족 상태가 되고 반대로 높아지면 과충전이 되어 전해액 보충 횟수가 많아진다.
고정용 축전지는 상용전원이 정전되었을 경우와 같은 비상시에 부하에 전력을 공급하기 위해 항상 최적의 충전상태로 유지하는 것이 필요하다.
부동충전으로는 항상 정류기와 축전지와 부하를 병렬 접속하여 평상시에는 정류기가 주로 부하에 전원을 공급하면서 축전지에도 미세전류로 충전하여 최적의 충전상태로 유지한다. [그림 12]와 같이 정전 시 또는 부하변동 시에는 축전지에서 전력을 공급하는 방식이다.
부동충전전압은 축전지의 형식에 따라 다르며 부동충전전압의 설정치가 너무 낮으면 충전상태를 유지할 수 없다. 반대로 너무 높은 경우에는 전해액 중의 수분이 전해되어 소멸하므로 증류수 보충 빈도를 높이는 결과가 된다.
축전지가 상당히 방전되었다면 부동충전만으로 완전충전하는 데는 시간이 오래 걸리므로 이 경우에는 회복충전을 하고 나서 부동충전으로 전환하는 것이 필요하다.
축전지의 부동충전전압은 정해진 전압을 유지하고 필요한 경우 균등충전을 하여 셀 당 전압을 같게 유지한다.

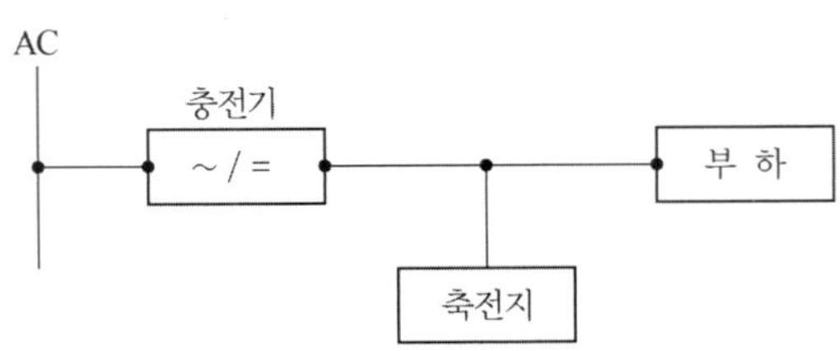

[그림 12] 부동충전 방법

5.4.5 축전지 셀 감시장치(BMS)

알칼리 축전지인 니켈-수소 및 리튬-이온 축전지를 적용하면 축전지의 과충전 및 과방전 등이 발생하지 않도록 축전지 셀 감시시스템(BMS)을 적용한다.

5.4.6 신호용 배전반

(1) 특성과 성능

① 배전반의 보호스위치는 주 회로전자개폐기의 경우 부하전류가 설정전류의 130% 이상 초과하였을 때 2분 이내 자동으로 차단되며 설정전류는 조정이 가능하여야 한다.

② 배전반의 상용전원이 정전되거나 93V 이하가 되면 0.1초 이내에 비상전원으로 자동으로 전환되고 상용전원이 회복되어 93% 이상 전압이 상승하면 40초 후에 다시 상용전원으로 자동 절환 된다. 배전반 공급전원이 정전일 경우와 85% 이하일 경우에는 경보가 발생하고 철도전원 또는 한전전원으로 구분한 사용전원 표시가 된다.

③ NFB는 해당 회로의 최대 전류치가 개폐기 및 차단기 정격전류의 80%를 초과하지 않아야 한다.

④ 전자개폐기는 개폐속도가 100 ms 이하이고 2F2B 이상의 충분한 전류용량을 갖는 접점과 진동 및 아크(Arc)에 이상 없이 동작하여야 한다.

⑤ 이상전압 등으로부터 기기를 보호할 수 있도록 상용(N1), 예비(N2)측과 선로전환기 양쪽 단자측에 KRS SG 0061 또는 KS C IEC 61643-11에 따라 접지 단자를 설치하고 결선한다.

⑥ 회로 보호용 배선용 차단기(NFB)는 정격전류의 130% 이상 흐르면 2분 이내에 자동으로 차단한다.

⑦ 배전반에는 신호기용(STr), 선로전환기용(PTr), 궤도회로용(TTr), 조작표시용(ITr)을 절연변압기를 설치하여야 하며 필요한 경우 진로표시기용(RTr), 보수용(ETr), 자동폐색용(BTr), 건널목용(LTr), ATP지상 설비용(ATPTr), 정보처리용(CTr) 절연변압기를 설치한다.

⑧ 교류 입력전압 자동전환 계전기는 주전원이 93% 이상이면 여자되고, 85% 이하에게서는 낙하하는 것을 기준으로 하여 정전상태를 검지하고 설정전압을 임의로 조정할 수 있는 구조로 한다.

⑨ 순간적인 정전에는 영향을 받지 않아야 하며 현재 급전되고 있는 전원의 종(NET1, NET2)을 배전반, 표시제어부(조작반) 및 전기기술지원시스템에 정보를 제공하여 표시할 수 있도록 하며, 전환 횟수를 기록 할 수 있도록 한다.

⑩ 상용전원(NET1)이 정전되거나 85% 이하가 되면 0.1초 이내에 예비전원(Net2)으로 자동 절체 되고 상용전원이 회복되어 93% 이상이 되면 전원이 충분히 안정되도록 60초 경과 후 다시 상용전원으로 0.1초 이내에 자동 절체 되는 조합회로를 가진 구조로 한다.

⑪ 상용전원이 정전 또는 85% 이하일 때는 경보가 발생하고 확인 압구를 취급하면 경보는 멈추고 경고등은 회복 시까지 계속 점등되도록 한다.

⑫ 배전반과 현장 설비까지를 연결하는 전원케이블의 대지 절연저항이 20[kΩ] 이하일 경우 자동으로 접지 표시가 나타나고 절연저항계에 저항치를 표시하고 수동취급 없이도 군별(4개군. 이상)로 절연저항치를 측정할 수 있도록 한다.

⑬ 내부 전환회로(NET1, NET2) 등 각종 전환회로 동작 중에 발생하는 개폐서지를 주전원 전압의 130% 미만으로 해소하여야 하고, 이로 인해 기기에 영향이 없도록 제작하여야 한다. 상용전원 전환회로에 사용하는 전자개폐기, 계전기, 타이머의 고장 발생 시에도 예비회로로 전환되어 안정적으로 전원이 공급되어야 하며, 사용하는 계전기의 접점용량은 5A 이상을 사용한다.

6 전기방식과 급전방식

전기철도의 급전방식은 단권변압기 방식인 AT(Auto−transformer) 급전방식과 흡상변압기를 사용하는 BT(Booster Transformer) 방식으로 구분하며 상세 내용은 아래와 같다.

6.1 AT 급전방식

단권변압기(Auto−Transformer) 급전방식에서는 급전선과 레일 사이와 전차선과 레일 사이에는 25[kV], 전차선과 급전선 사이는 50[kV]가 급전되는 시스템으로 급전선과 전차선과의 사이에 단권변압기를 병렬로 삽입하고 중성점은 레일 및 비절연보호선(FPW)에 접속되어 전기차의 부하전류의 귀선회로를 구성한다. 또 통신유도장해를 보다 경감하기 위하여 AT-AT의 중간에서 보호선용 접속선(CPW)에 의하여 비절연 보호선과 레일을 접속하고 있다.

단권변압기는 전자적인 밀결합[密結合]으로 설계된 변압기로 약 10 km 간격으로 배치한다. 권선의 중앙을 레일에 접속하고 양단자의 어느 한 편과 레일과의 사이의 전압을 전기운전에 적합한 전압(25 kV)으로 선정하여 전차선에 급전하고 다른 한 단을 급전선에 접속한다.

단권변압기(AT)방식의 급전계통구성은 다음 [그림 13]에 의한다.

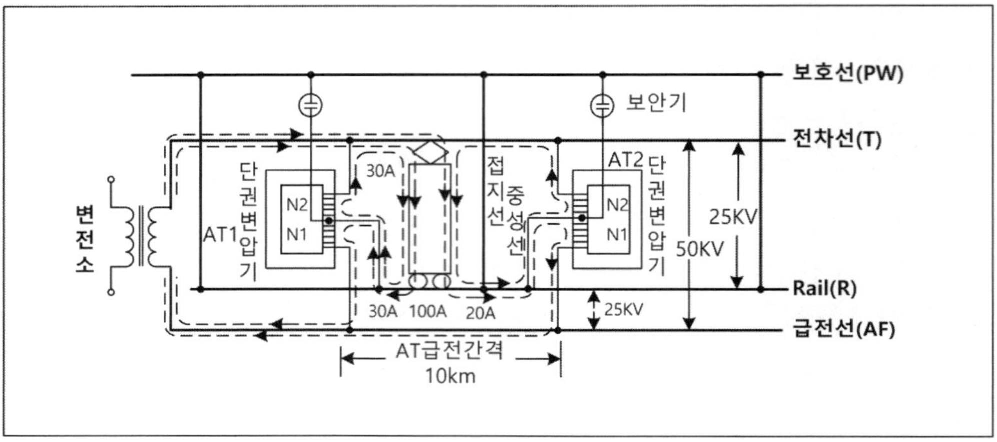

[그림 13] 단권변압기 급전방식 (전류 흐름도)

6.2 BT 급전방식

흡상변압기(Booster Transformer) 급전방식은 전차선과 부급전선을 시설하고 25 [kV]의 급전이 이루어지며, 약 4[km]마다 흡상변압기를 직렬로 시설하여 레일에 흐르는 귀선전류를 부급전선에 흡상시켜 전차선 전류에 의한 통신선의 유도장해를 감소 시켜주는 것을 목적으로 사용된다.

흡상변압기는 교류 전차선과 직렬로 설치되며 유도작용을 경감하기 위하여 대지로 흐르는 전류를 경감시키고 이것을 부급전선에 총체적으로 흡상시키기 위하여 사용되는 것으로 전류를 흡상하므로 흡상변압기라 부른다. 흡상변압기는 권선비 1:1의 변압기로서 그 1차측을 전차선에 접속하며 2차측은 부급전선 또는 레일에 접속한다. 흡상변압기(BT) 방식의 급전계통 구성은 [그림 14]에 의한다.

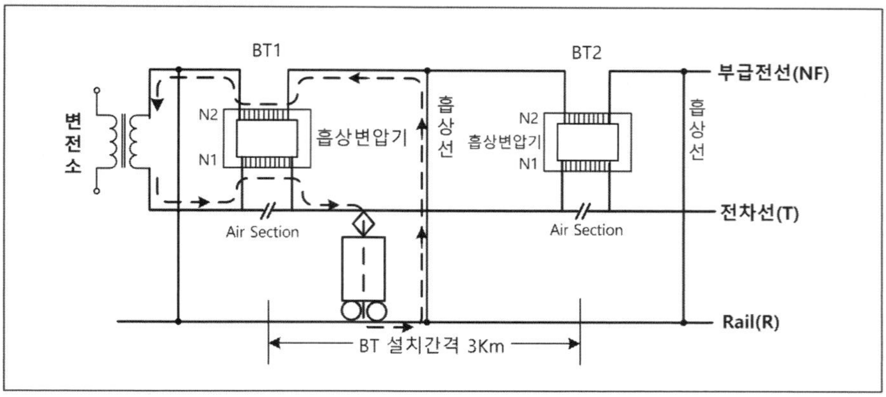

[그림 14] 흡상변압기 급전방식 (전류 흐름도)

6.3 급전방식의 비교

항목		BT 급전방식	AT 급전방식	기타
1	급전전압 및 급전거리	교류 25 kV 변전소 간격(약 30 km) 전기차 급전전압 25 kV	교류 50 kV 변전소 간격(약 40~100 km) 전기차 급전전압(25 kV)	송전건설비가 AT 방식이 저렴함.
2	전차선로	간단하다 - 건설비 저렴	복잡하다 - 건설비 고가	지지물
3	통신유도	감소	BT보다 감소	
4	전압강하	동일용량비교 전류가 크게 되며 전차선로의 전압강하가 커진다.	BT방식의 1/3이면 된다. (대용량 장거리급전에 가장 적합하다)	급전전압의 2배 (전류는 1/2, 전압강하1/4)
5	회로해석	회로 단순	회로 복잡 계산 어려움.	
6	보호회로	보호가 어렵다.	보호가 용이하다.	고장전류 전압에 비례
7	고장점 표정	용이하다.	복잡하다.	
8	부스터섹션	아크발생 대책 필요		
9	경제성	변전소 간격이 AT보다 짧아 수전점 거리 조정이 어렵다. 수전점이 긴 경우 건설비가 많다.	수전점 임의 조정 가능하며 경제적이다.	송전선을 고려 AT측이 경제적이다.

7 전식피해와 방지대책

전식(電蝕)이란 지하 구조물이나 배관 등이 전기의 흐름으로 인해 부식되는 것을 말한다. 이는 지하 매설 배관에서 발생 되는 부식의 원인 중 가장 큰 비중을 차지하는 것으로서 특히 지하철 선로 부근 가스관의 전식 피해는 대형 사고의 원인이 될 수 있으므로 대책이 필요하다.

7.1 일반적 개념

(1) 용어 정리

① 부식(腐蝕) : 금속이 화학작용에 의해 광물로 돌아가려는 현상.

② 전식(電飾) : 금속에 전류가 흘러들어 부식하는 현상.

③ 방식(防蝕) : 금속이 화학작용으로 부식되지 않는 현상.

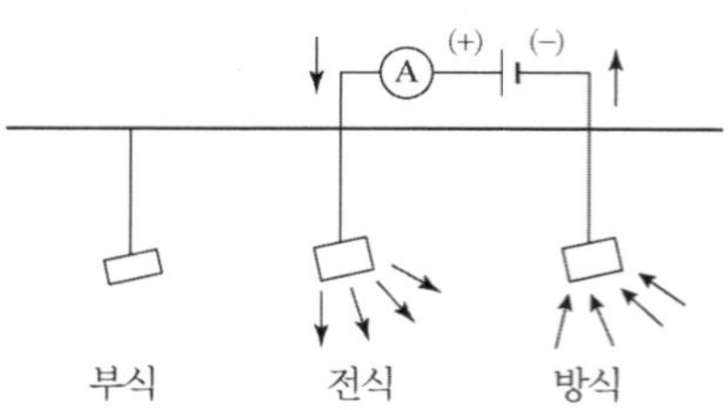

구분	부식정도	전류흐름
부식	녹 발생(少)	없음
전식	**녹 발생(多)**	**유출**
방식	녹 미발생	유입

[그림 15] 부식의 종류와 정의

7.2 전식 현상(핀홀 현상)

(1) 전식 현상의 발생 원리

① 전식이란 물이나 토양과 같은 전해질 속의 금속이 전류의 흐름으로 이온화하여 소모되는 현상으로서 패러데이 법칙(Faraday's Law)에 따라, 1 파라데이의 전류(96,500 coul)가 흐를 때 1g 당량의 금속이 이온화하여 떨어져 나가는 것을 말한다.

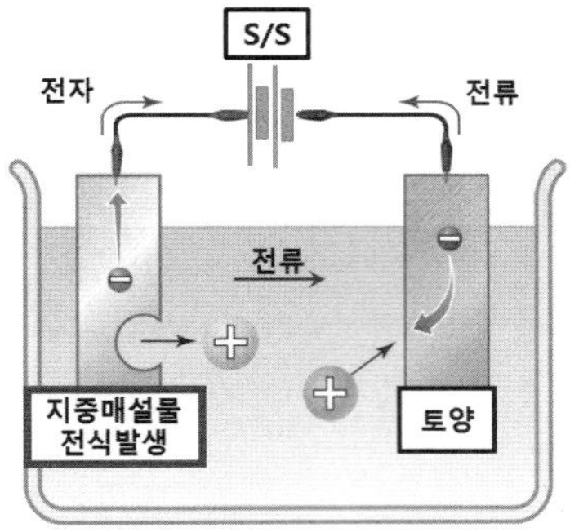

※ 패러데이의 전기분해 법칙

$$W = k \cdot i \cdot t[\mathrm{kg}]$$

· W : 석출량[kg]
· k : 전기화학당량[mg/A · sec]
· i : 통전전류[A]
· t : 통전시간[sec]

[그림 16] 패러데이의 법칙으로 해석한 전식(電蝕)

② 전식현상은 직류에서 발생하며, 교류에서는 거의 발생하지 않는다.

구 분		전식 여부	원 인
직류 (DC)	DC +	발생	– 전류방향 일정(주파수 없음) – 전류가 지속적으로 유출
교류 (AC)	AC + – + –	거의 없음 (DC의 1%수준)	– 전류방향 주기적 변화(주파수 존재) – 실질적인 전자 유출입이 거의 없음

[그림 17] 직류전기와 교류전기의 비교표

(2) 직류전기철도에서의 전식현상

국내 지하철과 같이 직류전원을 동력원으로 하게 되면 레일을 통해 누설전류(Stary Current)가 발생한다. 이렇게 발생 된 누설전류는 레일 주위에 매설된 배관이나 기타 철구조물에 유입되고 다시 변전소에 가까운 쪽에서 유출된다. 이때 전류 유출부에서는 유출 전류량에 비례하여 금속이 이온으로 떨어져 나가며 전식이 발생하게 된다.

– [그림 18]에서 ②와 같이 직류전원으로 전기차를 구동시킨 후 레일을 통하여 변전소로 귀환하는 전류 중의 일부가 레일에서 대지로 누설된다.
– [그림 18]에서 ①과 같이 누설전류는 인근의 지중금속관로에 유입되어 직류변전소로 귀환하며, 전류의 유출지점에 전식이 발생한다.

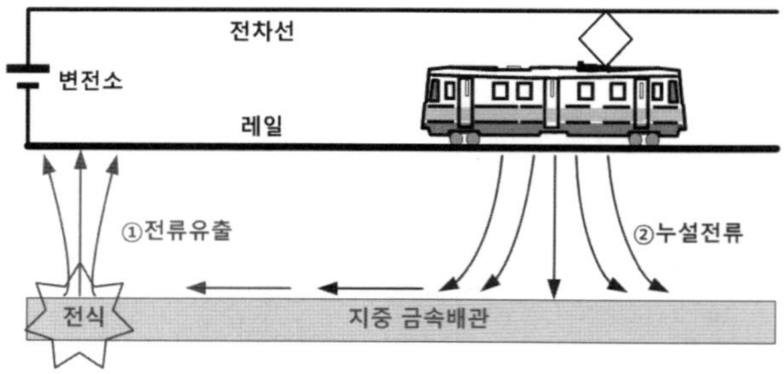

※ 누설전류의 크기

$$I_1 = k \cdot i \cdot \frac{r}{R} \cdot L^2[\mathrm{A}]$$

- I_1 : 누설전류
- r : 단위길이 귀선저항
- k : 비례상수
- R : 궤도누설저항
- i : 궤도전류
- L : 변전소 간격

[그림 18] 직류전기철도의 누설전류 발생과 흐름

(3) 음극방식배관과 비방식 배관간에 간섭전류에 의한 전식

방식배관(음극방식을 규정한 가스배관)과 비방식배관(상수도 배관)이 가까이 매설될 때 방식배관의 양극(희생양극 또는 불용성양극)에서 흘러나온 전류가 비방식배관에 유입되고 다시 유출될 때 비방식배관의 유출부에서 발생하는 전식을 말한다.

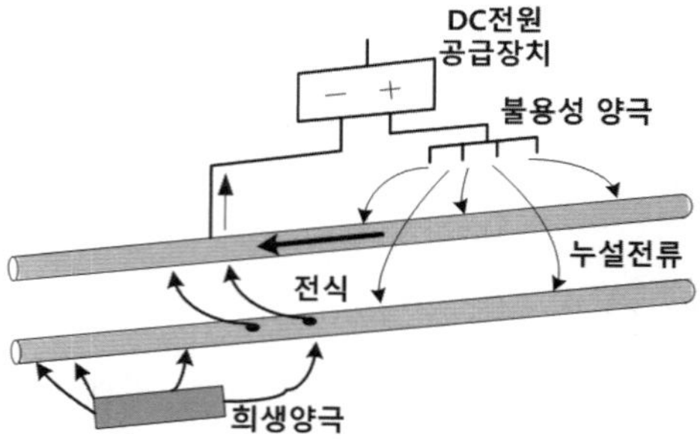

[그림 19] 배관 간의 전식 사례

(4) 궤도주변의 콘크리트 구조물 철근에서의 전식

콘크리트는 배합률에 따라 흡습률과 저항률이 차이가 크다. (표-1 참조)

[표 9] 토양의 부식성

배합율			흡습률(%)	저항률(%)
시멘트	자갈	모래		
1	6	3	4.9	8.000
1	4	2	6.2	5.160
1	0	3	13.9	4.720
1	0	2	16.1	3.790

따라서 레일로부터 흘러나온 누설전류가 저항률이 적은 콘크리트에 유입되어 철근에 닿게 되면 철근은 음극화되며 알칼리가 생성됨으로써 철근과 콘크리트 간의 접착력이 저하되고 반대로 유입된 전류가 유출되는 곳에서는 전식이 발생한다. (전철용 터널, 교량, 교각 등에서 철근 손상)

7.3 문제점

7.3.1 전식의 영향

(1) 현황

도심의 미관 향상과 안전상의 이유로 가스관, 상하수도관, 송유관 등의 기간시설이 지중 매설되었으며, 일부에서 전식이 발생한다.

(2) 문제점

전식에 대한 대책이 미흡한 경우, 직류전기철도에서 발생하는 누설전류에 의해 지하 매설물에 전식이 발생하여 심각한 안전상의 문제와 재산상의 손해, 사회적인 이슈가 발생한다.

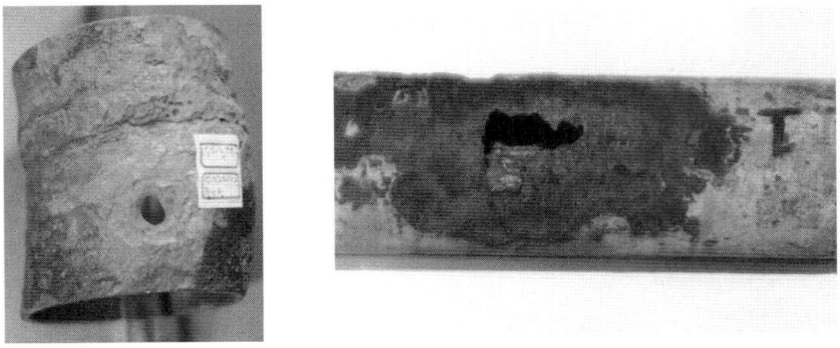

[그림 20] 전식으로 인한 상수도관, 도시가스배관 손상 사례

7.4 전식 방지대책

전식방지법은 누설전류의 원인을 제거하는 방법과 유입된 전류가 유출되는 지점에서 배류기를 설치하여 도선을 통해 유출시키는 방법이 있다. 즉, 누설전류를 억제하는 방법, 피방식체의 표면 저항을 높여 전류의 유입을 차단하는 방법, 그리고 배류기를 설치하는 방법 등이 있다.

7.4.1 전철 측 대책

(1) 변전소 간격(L) 축소($I_1 \propto L_2$)

① 변전소 간격을 축소하여 누설전류를 감소시키는 설계방법

② 전압강하 및 전력손실을 감소 시킬 수 있음

③ 변전소의 수가 증가하므로 건설비, 유지비, 전력손실 등을 종합적으로 비교하여 경제적인 방법으로 검토 필요함

(2) 도상 철근 배류 시스템

① 도상 콘크리트 내부의 철근을 레일과 전기적으로 연결

② 누설전류를 포집하여 변전소로 귀환하는 시스템(누설전류 I_1 감소)

③ 우리나라 지하철에 적용된 시스템

(3) 지하철 건설단계 조치

① 전철구간의 토양을 조사, 비저항이 작은 구간과 변전소 부근에 매설배관 리드선을 설치. (지하철 개통 후 레일의 전위변화, 배관의 전위변화를 측정하여 배류기 설치의 필요성 여부를 결정하며 필요시 도선으로 이용)

② 지하철 건설단계에서 콘크리트 구조물의 표면에 침투성 방수피막을 형성하도록 건설하여 누설전류의 확대 방지

(4) 누설전류 포집 시스템

① 지하철 변전소 주변에 누설전류 포집시스템을 설치

② 누설전류를 포집하여 변전소로 귀환하는 시스템(누설전류 I_1 감소)

(5) 차량기지/레일 절연 시스템

① 레일을 비접지 방식으로 시설, 차량기지와 전기적으로 절연

② 레일과 배관간의 누설저항(R) 증대($I_1 \propto \frac{1}{R}$)

③ 우리나라 지하철에 적용된 시스템

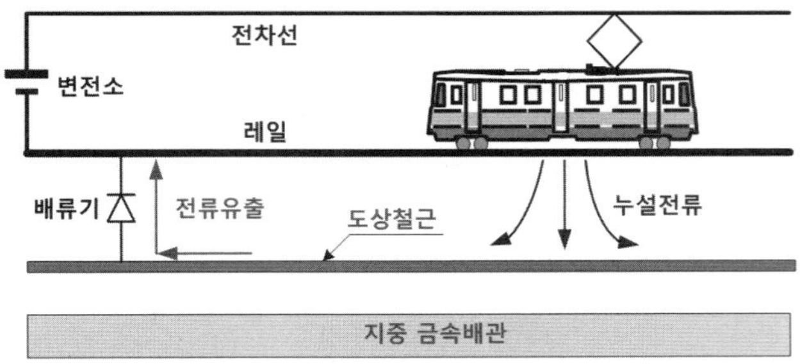

[그림 21] 도상 철근 배류 시스템

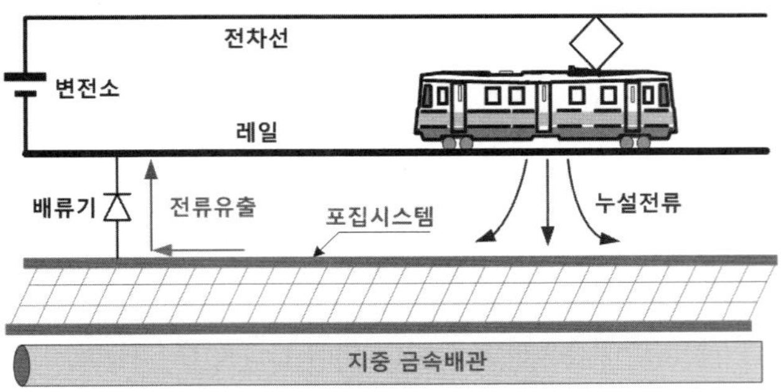

[그림 22] 누설전류 포집 시스템

7.5 지중 매설체 측 대책

(1) 배류 시스템(선택배류, 강제배류)

① 지중 매설물과 레일에 배류기를 설치하여 전기적으로 연결

② 누설전류를 전기적 경로를 통해 유출함으로써 부식을 방지

③ 우리나라 지하철에 적용된 시스템

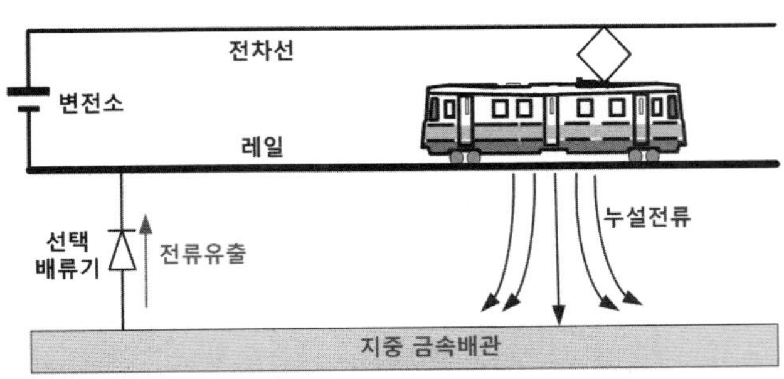

[그림 23] 선택배류 시스템

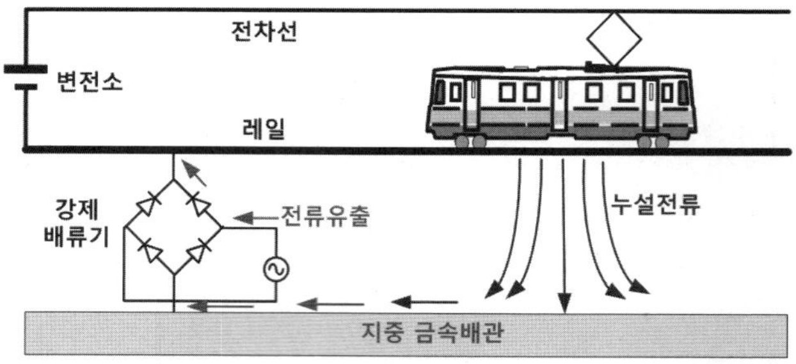

[그림 24] 강제배류 시스템

(2) 희생양극 시스템

① 지중 매설물보다 이온화 경향이 큰 금속을 전기적으로 연결

② 금속을 통해 누설전류를 유출하여 전식을 방지하는 시스템

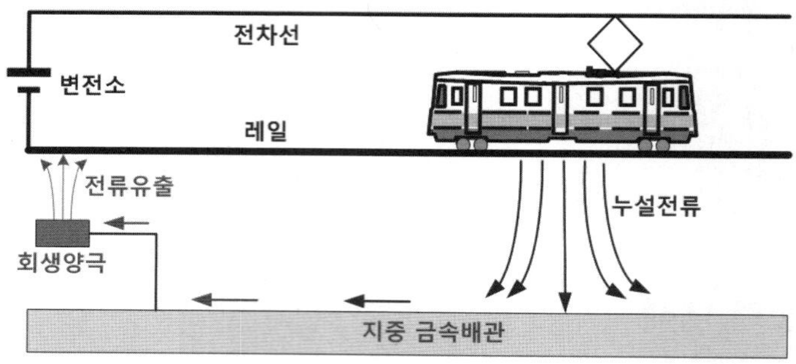

[그림 25] 회생양극 시스템

(3) 외부전원 시스템

① 외부전원을 지중 매설물에 연결

② 외부전원의 전류를 소비하여 전식을 방지하는 시스템

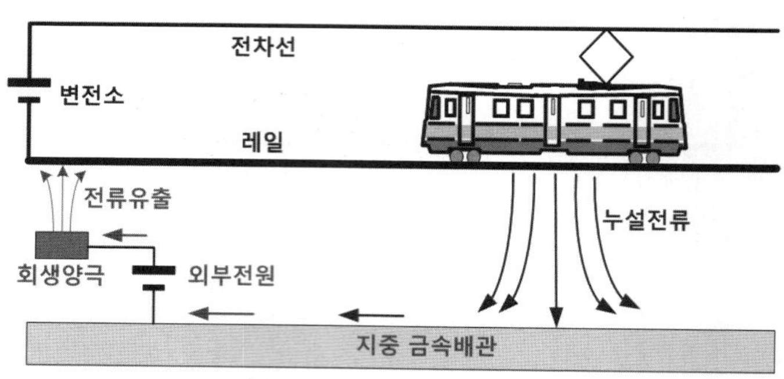

[그림 26] 외부전원이 부가된 회생양극 시스템

[표 10] 지중매설체 측의 시스템 비교

구 분	장 점	단 점
선택배류	– 전철 운행시 부식 방지 – 공사비, 유지비 저렴 우리나라 지하철에 적용	– 전철 미운행시 효용 없음
강제배류	– 효과범위 넓음 – 전철 미운행시에도 부식 방지 우리나라 지하철에 적용	– 타 매설물과 간섭 발생 – 통신장해 가능성 있음
회생양극	– 설치 간편 – 타 매설물과 간섭 없음	– 공사비 고가 – 주기적 유지보수 필요 – 강한 전식에 효과 없음
외부전원	– 효과범위 넓음 – 소모가 적어 유지보수 간편	– 공사비 고가 – 타 매설물과 간섭 발생

(4) 배류법의 효과

배류설비는 배류효과가 가장 큰 지점, 즉, 레일 부위의 배류전류치가 크고, 그 시간이 긴 장소에 설치한다. 전철변전소의 위치, 매설관의 루트를 통해서 어느 정도 예측은 가능하나, 매설관과 레일 사이의 전압은 복잡하게 변화하기 때문에 예비조사를 행하고 설치장소를 정하는 것이 보통이다. 장소가 선정되면 가배류시험을 실시하여 배류전류의 크기를 앎과 동시에 배류에 의한 방식효과를 확인한다.

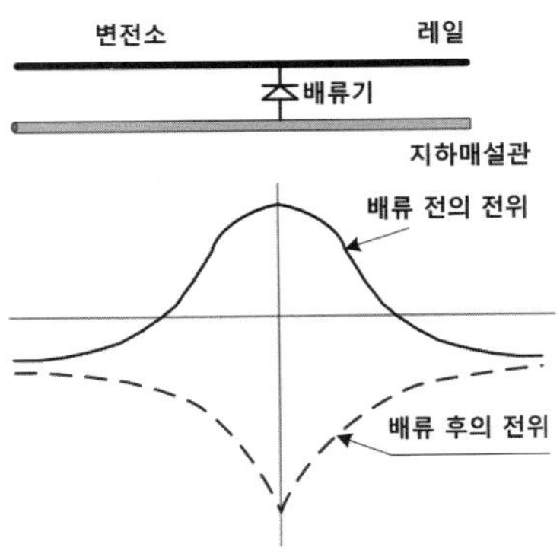

[그림 27] 배류기 설치에 따른 전위 변화

배류전류 I와 매설관의 전위변화 V_x는 다음식으로 표시되며, 방식효과는 배류전류의 대, 소만으로는 판정될 수 없다. 예를 들면 매설관의 누수저항 (접지저항)이 크면 배류전류는 작더라도 그 유효범위는 넓다.

$$I = \frac{V}{(R_1 + R_2 + R_3)} \cdot V_X^{-\alpha X} = IR_2 e$$

V : 배류점에 있어서의 매설관-레일간의 전압

R_1 : 레일의 접지저항

R_2 : 매설관의 접지저항

R_3 : 배류선의 저항

X : 배류점 에서의 거리

α : 매설관의 감쇄정수 ($\alpha = \sqrt{r/\omega}$, r : 도체저항, ω : 누수저항)

배류를 시키면 배류 전에 매설관에 유입해 있던 이상의 전류가 배류선을 통해 귀선으로 흐르고 매설관의 전위는 [그림 27]과 같이 변화하여 자연 부식의 일부도 방지된다. 그러나 배류에 의해 매설관 전위가 과도하게 음극화되면 매설관의 도복장3)을 열화하고 또 다른 매설관에 영향을 미칠 우려가 있기 때문에 배류회로에 저항을 넣어 배류전류를 제한할 필요도 있다.

3) 도복장(塗覆裝) 내외면 혹은 한 면을 도료와 코팅제를 이용하여 부식 방지 처리함

10장

EMI, EMC, EMS

1 EMI

무선 주파수 스펙트럼에서 무선 주파수 간섭(RFI)이라고도 하는 전자기 간섭(EMI : Electromagnetic Interference)은 전자기 유도, 정전기 결합 또는 전도 때문에 전기회로에 영향을 미치는 외부 소스에 의해 생성되는 교란이다. 교란은 회로의 성능을 저하하거나 작동을 멈출 수도 있다. 데이터 경로의 경우 이러한 효과는 오류율 증가에서 데이터의 전체 손실에 이르기까지 다양할 수 있다. 점화 시스템, 휴대전화기의 셀룰러 네트워크, 번개, 태양 플레어 및 오로라(북부/남극광) 등 인공 및 천연자원은 모두 EMI를 유발할 수 있는 변화하는 전류와 전압을 생성한다. EMI는 AM 라디오에 자주 영향을 미친다. 또한 휴대전화, FM 라디오나 텔레비전뿐만 아니라 전파 천문학 및 대기 과학 관측에도 영향을 미칠 수 있다.

(1) EMI 분류

❖ **협대역 EMI 또는 RFI** : 일반적으로 라디오, TV 방송국 또는 휴대전화와 같은 의도된 전송에서 발생한다.

❖ **광대역 EMI 또는 RFI** : 전력 전송 라인과 같은 소스에서 의도하지 않은 방사선이다.

① EMI(Electro Magnetic Interference) : **전자기 방해 (전자 간섭, 전자 장해)**

방사 또는 전도되는 전파 및 고주파가 다른 기기의 기능에 장애를 주는 현상. 이로 인해 전자회로의 기능을 악화시키고 동작을 불량하게 할 수 있다.

② **전도** Noise

기기나 회로 간을 연결하는 신호선이나 제어선, 전원선 등이 본래 전송해야할 신호들과 달리 이들 도선을 통해 피해 측에 유도되는 Noise이다.

➡ 차동(differential) 모드 Noise(노멀 모드 Noise) : 전원 라인 사이에서 발생하여 전류와 동일한 방향으로 흐르는 Noise

➡ 공통 모드 Noise : 케이스 등을 경유하여 부유 용량 등을 통해 신호원으로 되돌아오는 Noise

③ 방사 Noise

방송이나 휴대무전기등의 통신용 전파에 의한 장애는 물론 송전선의 코로나 방전, 오토바이 점화 시의 Noise 등으로 공간으로 직접 피해측에 전파되는 Noise이다.

(2) EMI 대책

EMI는 다른 회로에 영향을 미치므로, Noise를 발생시키지 않도록 하는 것이 중요하다. Noise가 발생하는 포인트는 큰 전류를 스위칭하는 노드 및 라인이다. 대책으로는 기본적으로 임피던스의 정합 및 바이패스 / 필터의 역할을 하는 콘덴서 및 저항 / 콘덴서 회로를 추가하는 것이다. 다음 회로에서 대책 포인트를 확인할 수 있다.

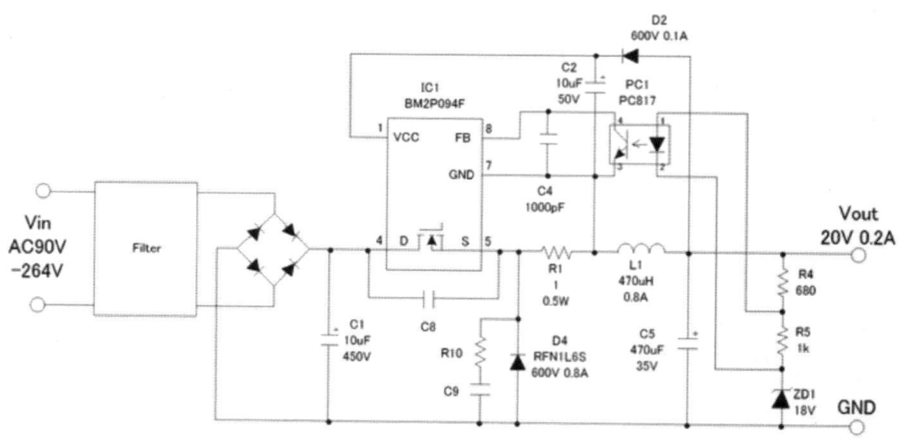

[그림 1] 일반적인 회로에서 EMI 대책

① 입력부에 필터 추가

입력전압은 리플을 지닌 고전압으로, 내장 MOSFET에서 고속으로 ON / OFF하므로 입력부에 필터를 추가함으로써 Noise를 저감시킬 수 있다.

② 내장 MOSFET의 드레인 - 소스 사이에 콘덴서 추가

회로도의 C8에 해당된다. 정전 용량 47~100pF 정도, 내압은 500V 이상의 콘덴서를 추가한다. 이는 스너버의 일종으로, 고속 스위칭으로 인한 OFF 시의 서지를 저감한다. 단, 손실이 증가하므로 온도 상승에 주의해야 한다.

③ 출력 정류 다이오드 D4에 RC 스너버 추가

C9 : 500V / 1000pF, R : 10Ω / 1W 정도를 D4에 병렬로 추가한다. 이는 ON / OFF 시에 발생하는 스파이크를 저감한다. 입력 스너버와 동일한 개념이며, 정수는 참고치이므로 실제의 Noise를 확인하여 조정해야 한다.

④ 출력에 LC 필터 추가

오른쪽 회로도는 출력에 LC 필터를 추가한 예이다. (L2는 10 μH, C은 10 μF~100 μF 정도) 출력전압에는 스위칭 주파수에 의존한 리플이 존재하며, 그 이외에도 고조파나 인덕턴스, 용량으로 인한 Noise가 존재한다. 이러한 Noise가 문제시 되는 경우에는 출력에 LC 필터를 추가하는 것이 효과적이다.

Noise의 발생은 기판 레이아웃, 부품 배치, 부품 성능 등에도 관계가 있다. 경우에 따라 LC 필터는 L형에서 π형 및 T형으로 확장하거나, 회로 기판에 실드를 설치할 필요가 있다.

기기의 사양에 따라서는, 국제 무선 장해 특별 위원회(CISPR) 규격과 같은 Noise 규격에 적합해야 한다. 규격 준거가 필요한 경우에는 설계 초기 단계부터 이를 염두에 두고 설계를 진행하는 것이 매우 중요하다.

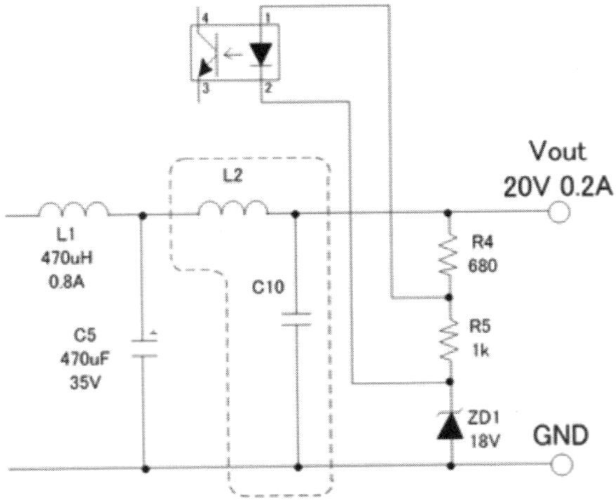

[그림 2] LC 필터

2 EMI의 3요소

Noise의 전파경로는 공간으로 방사되는 전자기파와 도선을 통하는 전도잡음으로 구분되며 대부분의 전자기기는 잡음 발생원과 잡음 수신기로의 두가지 작용을 동시에 한다. EMI(전자파 장애)현상에는 방해원, 전달매체, 피해장비가 있으며 이것을 EMI 3요소라 한다.

전기/전자장비에서 EMI 현상이 발생하는 과정에 대한 기본원리는 [그림 3]와 같이 잡음원과 잡음의 전달경로 및 피해장비가 동시에 존재할 때만이 가능한 것으로써 이중의 한 요소라도 제거되거나, 존재하지 않으면 발생하지 않는다. 통상 잡음원에서 방지하는 쪽이 최저비용의 대책이다

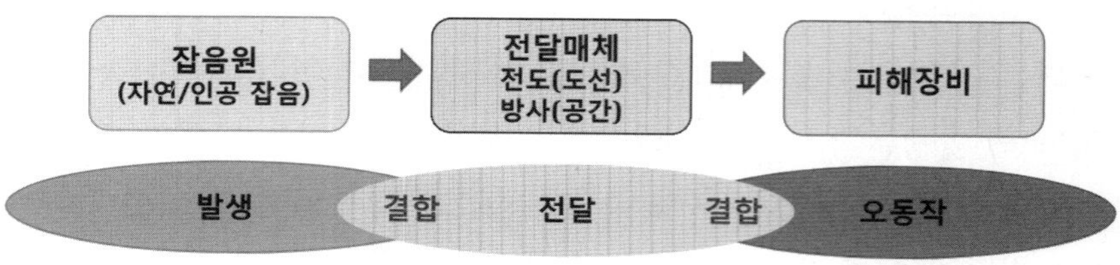

[그림 3] EMI 의 3요소

3 EMC

EMC는 Electromagnetic Compatibility의 약자로, 「전자 양립성」 및 「전자 적합성」이라고 한다. 「다른 기기에 전자 방해를 주지 않고, 다른 기기로부터 전자 방해를 받아도 본래의 성능을 유지하는 것」을 의미하며, 양쪽의 성능을 양립시킬 필요성이 있으므로 「전자 양립성」이라고 한다.

"다른 기기에 전자 방해를 주지 않고"라는 것은, 이러한 배려를 하지 않으면 다른 기기에 전자 방해를 미친다는 의미이다. EMI (Electromagnetic Interference)는 전자 방해 (전자 간섭, 전자 장해)를 나타내는 용어이다. 전자파를 출력하는 것이 방해로 이어지므로, 방사, 방출(Emission)이라는 단어와 함께 사용되는 경우가 자주 있다. 스위칭 전원을 예로 들면, 스위칭으로 인해 스위칭 Noise가 발생하는 것이 해당 된다.

이와 반대의 「다른 기기로부터 전자 방해를 받아도」에 관련되는 용어는 EMS (Electromagnetic Susceptibility) - 전자 감수성이다. EMS에는 내성, 내량, 배제 능력 (Immunity)이 함께 사용된다. EMI를 받아도 오동작 등의 장해를 일으키지 않는 내성이 요구된다.

EMI의 종류로서 전도 Noise(Conducted Emission)와 방사(복사) Noise(Radiated Emission)가 있다. 전도 Noise는 와이어 및 기판 배선을 경유하여 전달되는 Noise이다. 방사(복사) Noise는 공기중에 방출(방사)되는 Noise이다. EMS의 경우, 각각에 대한 내량이 요구된다. 다음과 같은 표현이 가능하다.

- **EMC (전자 양립성)**
  - EMI (전자 방해)
    - CE (Conducted Emission : **전도 노이즈**)
    - RE (Radiated Emission : **방사 노이즈**)
  - EMS (전자 감수성)
    - CI (Conducted Immunity : **전도 내량**)
    - RI (Radiated Immunity : **방사 내량**)

용어	의미	비고
EMI : Electromagnetic Interference 전자 방해, 전자 간섭, 전자 장해	전자파 방사 / 방출 (Emission)로 인한 방해	EMC의 관점에서는 EMI를 방출하지 않거나 / 최소한으로 억제하는 것이 요구된다.
EMC : Electromagnetic Compatibility 전자 양립성, 전자 적합성	다른 기기에 전자 방해를 주지 않고, 다른 기기로부터 전자 방해 를 받아도 기존의 성능을 유지	EMI와 EMS 양쪽의 성능을 양립시킬 필요성이 있으므로, 전자 양립성이라고 한다.
EMS : Electromagnetic Susceptibility 전자 감수성	전자파 방해 (EMI)에 대한 내성(Immunity)	EMC의 관점에서는 EMI를 받아도, 장해가 발생하지 않는 내성이 요구된다.
전도 Noise Conducted Emission	도선 및 기판 배선을 경유하여 전달되는 Noise	
방사 (복사) Noise Radiated Emission	공기 중에 방출 (방사)되는 Noise	

4 EMC 방출과 내성

EMC(전자파 환경 적합성)가 확보된 전자기기는 주변기기 동작에 나쁜 영향을 끼치지 않으며, 다른 전자장비에서 발생한 전자기 현상에 근접되더라도 정상 동작을 할 수 있다. 즉 EMC는 EMI와 EMS 두 가지 요소를 동시에 포함하고 있다.

다른 기기에 능동적으로 장해를 일으키는 것을 EMI라고 하며 EMI의 상대적 개념으로 외부 기기로부터 침입한 전자파에 의해 장해가 발생하지 않는 능력 즉 이를 전자 감응성(EMS) 혹은 전자파 배제능력(Immunity) 특성이라고 볼 수 있다.

- **EMI 분류**
  CE(Conducted Emission)
  RE(Radiated Emission)
- **EMS 분류**
  CS(Conducted Susceptability)
  RS(Radiated Susceptability)

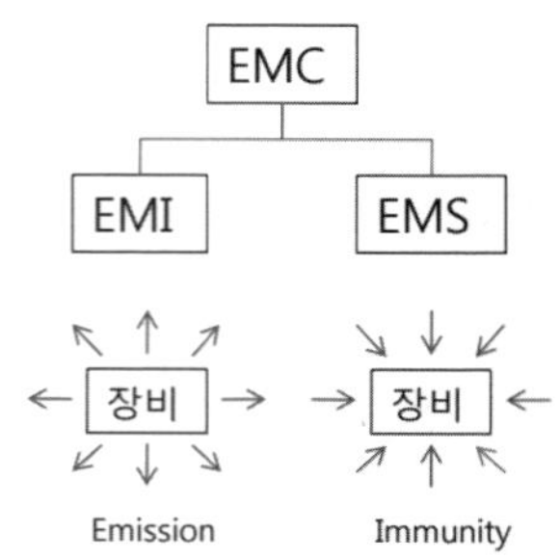

[그림 4] EMC 방출과 내성

5 Noise

전자회로에서 Noise란 "정상 신호에 간섭하여 정보의 전달을 방해하거나 시스템의 오동작을 일으키는 원하지 않는 신호" 혹은 " 전기, 전자기기의 기본 동작 주파수와 다른 전압 전류 즉 정상동작을 방해하는 불필요한 전기, 전자적 에너지를 말한다"를 의미한다.

전자기파잡음은 발생원에 따라 자연잡음 인공잡음으로 분류되며 인공잡음은 의도성 잡음과 비의도성 잡음으로 분류된다. 의도성 잡음은 TV, FM, 무전기, 휴대폰 등과 주로 통신기기에 활용되는 전자파 에너지이며 비의도성잡음은 계전기접점, 모터, 형광등, 컴퓨터 등에서 발생되는 의도하지 않은 Noise를 의미한다.

** 도체에 전류가 흐르거나 전압이 걸리면 어떤 형태이든 전자기파(電磁氣波)가 발생하며 이러한 현상을 적극적으로 생활에 이용하는 것이 오늘날의 각종 통신기기류의 제품이다.

전자제품을 설계하는 엔지니어 처지에서는 필요한 경우, 이러한 전자기파(電磁氣波) 현상을 살려야 하고 어떤 경우에는 억제해야 한다.

6 Normal mode Noise와 Common mode Noise

(1) Normal mode Noise

일반적으로 하나의 폐루프 전기회로에서 원 신호(Vs)에 Noise 신호(Vn)가 중첩되었다고 보는 형태의 Noise를 Normal mode Noise 라 한다.

이 경우 Noise 전류(I)방향이 한 방향이며 이러한 Noise의 대책은 비교적 용이하다. 즉 Filter 등의 회로로 가능하다. 이러한 Noise를 Differential mode Noise 혹은 Loop mode Noise라고도 한다.

(2) Common mode Noise

일반적으로 하나의 폐루프 전기회로에서 제3의 전기회로(접지)에서 야기된 Noise가 신호라인의 전송선과 귀환선로에 공통의 Noise원이 인가되는 형태를 Common mode Noise라 한다. 즉 접지부 회로의 경로가 길거나 복잡할 경우 접지면 자체에서 Noise원(Vn)이 형성되어 전송선과 귀환선로에 공통의 Noise원(Vn)이 중첩되는 형태이다. 대부분이 경우 접지(GND)의 불안에 의한 Noise로 Common Impedance Noise라고도 한다.

7 전자기 적합성(EMC) 시험 종류(IEC 62236-4 규격 적용)

(1) 정전기방전 내성시험(Electrostatic discharge immunity test)

정전기 방전에 영향을 받는 전기, 전자기기의 성능을 평가하기 위한 일반적이고 재현 가능한 기본 사항을 시험하는 것이다. 또한, 정전기 방전에 취약한 기기 근처의

물체에서 운용자로부터 발생할 수 있는 정전기 방전의 영향을 포함한다. (IEC 600-4-2)

(2) 방사선 방출 시험(Radiated Emission Test)

방사선 방출 테스트에는 제품에 의해 의도하지 않게 발생한 방출의 전자장 강도를 측정하는 작업이 포함된다. 배출량은 디지털 회로 내의 스위칭 전압 및 전류에 따라 달라지며, 배출량이 얼마나 되는지와 배출 한도를 준수하는지 여부를 확인하는 시험.(IEC 600-4-3)

(3) 전기 고속 과도/버스트 내성시험(Electrical Fast Transient/Burst Immunity Test)

전기 및 전자장비에 대하여 전원공급포트, 신호포트, 제어포트에 매우 빠른 Noise 펄스의 연속된 전기적 과도현상이 인가될 때 장비의 성능을 평가하는 시험. (IEC 600-4-4)

(4) 서지 내성시험 (Surge Immunity Test)

전기 및 전자장비에 대하여 전원공급 포트, 신호 포트, 제어 포트에 매우 빠른 Noise 펄스의 과전압이 인가될 때, 장비의 성능을 평가하는 시험. (IEC 600-4-5)

(5) 무선주파수 전자기장 내성시험

(Conducted Radio Frequency Electromagnetic Field Immunity Test)

환경이나 주변 장비에서 발생할 수 있는 전자파 Noise를 대기 중에 방사하여 피 시험기기의 오작동, 성능 저하 등을 검사하는 시험. (IEC 600-4-6)

(6) 전원주파수 전자기장 내성시험

(Power Frequency Electromagnetic Field Immunity Test)

전원주파수 자기장(연속적이고 단기간 지속되는)의 영향를 받는 전기전자 제품에 대한 내성을 검사하는 시험(IEC 600-4-8)

(7) 펄스 자기장 내성시험 (Pulse Magnetic Field Immunity Test)

산업 설비, 철도설비, 중전압 및 고전압 변전소에서 발생하는 임펄스 자기방해를 받는 기기에 대한 내성 요구조건 및 내성을 검사하는 시험. (IEC 600-4-9)

8 EMS(ElectroMagnetic Susceptibility) : 전자파 내성(면역)

전기 · 전자기기 또는 시스템이 전자파 교란(EMI)에 견디는 허용치. 또는 전자기 교란의 영향으로 성능 저하없이 작동하는 시스템 또는 장치의 능력

(1) 감수성의 최소 입력(Threshold of Susceptibility)이 교란 신호에 대한 허용치(내성 기준)와 같은 경우이므로 EMS는 시스템의 내성 능력으로 평가된다. 외부의 주된 물리적 특성(Intensive Property)이 원하는 신호가 아닌 교란 신호일 경우는 그 세기에 따라 기기 또는 시스템의 종량적 특성(Extensive Property)인 성능이 저하되기 시작하여, 최종에는 운용붕괴(disruption) 상태에 이르게 되는 것이 전자파 감수성이다.

(2) 전자파 교란 환경에서도 기기 또는 시스템이 성능 저하 없이 견딜 수 있는 내성의 조건은 감수성의 최소 입력 레벨을 교란 신호에 대한 내성 기준과 같거나 높게 시스템 설계를 해야 하는 것이 필수적 요건이다. 이 결과 EMS는 내성 기준과 같거나 높은 전자파 내성 능력을 갖게 된다. 내성 기준은 오염된 전자파 환경에서 전기 · 전자기기 또는 시스템의 안전한 운용 환경(EMC) 확보를 위해 국제 전기기술 위원회(IEC)와 미국 국가표준 협회(ANSI) 등에서 제정한 기준이다.

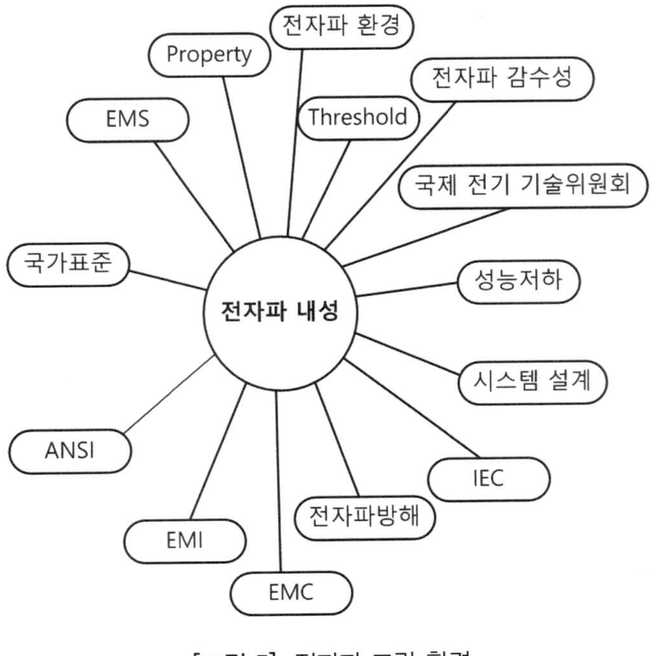

[그림 5] 전자파 교란 환경

전자기 적합성(EMC) 시험은 크게 두 가지로 나누어 볼 수 있다. 하나는 전기 · 전자 기기가 외부로 얼마나 전자기 Noise를 방출하는지 확인하는 전자기 장해(EMI), 다른 하나는 전기 · 전자 기기가 외부에서 전자기 Noise를 받았을 경우 어느 정도의 내성을 갖추었는지를 확인하는 전자기 민감성(EMS) 이다. 또한, 이는 각각 방사성 전자기 Noise에 의한 부분과(Radiated Emission-RE/Radiated susceptibility-RS) 전도성 전자기 Noise에 의한 부분(Conducted Emission-CE/Conducted Susceptibility - CS)으로 나누어 볼 수 있다.

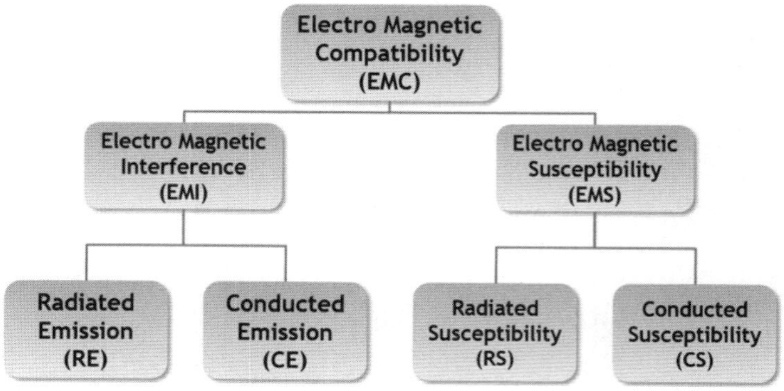

[그림 6] 전자기 적합성

전자기 적합성(EMC)은 Noise가 어떠한 경로를 통해 방출되고, 유입되는지에 따라 다른 구분을 갖게 되고, 이러한 구분 내에서도 다양한 규격과 다양한 시험들이 존재한다.

EN 55024, EN 600-4-2 (ESD)
레벨 2/3, EN 600-4-3 (RS)
레벨 2, EN 600-4-4 (EFT) 레벨 2

EN 600-4-5 (서지) 레벨 2, EN 600-4-6 (CS) 레벨 2, EN 600-4-8 레벨 1, EN 600-4-8 레벨 1, EN 600-4-11

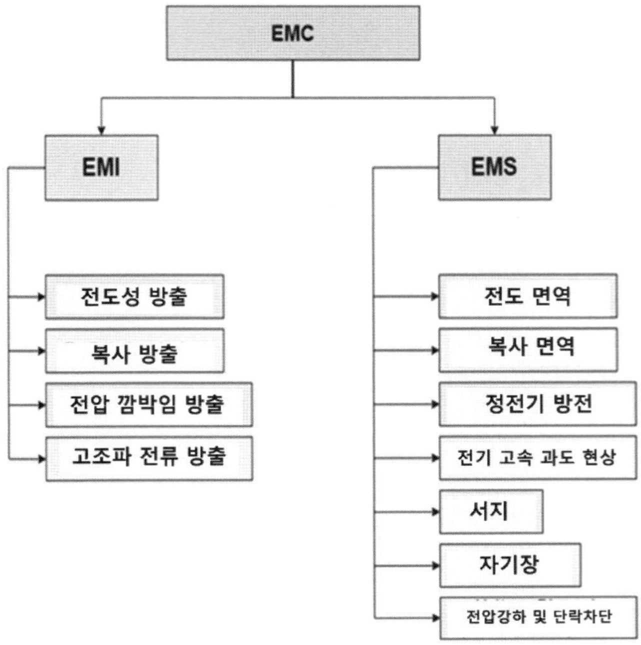

[그림 7] EMC의 EMI, EMS 분류

9 전자파 내성(EMS) 시험

EMS 시험은 관련 법규에 명시된 기술 규정에 따라 전자기 간섭이 있을 때 방송 및 통신 장비가 안전하고 정상적으로 작동하는지 여부를 측정한다.

EMS는 외부로부터 유입되는 잡음에 대해 전자기기가 얼마나 잘 견딜수 있는지를 의미한다.

EMS는 전자기기로 유입되는 경로에 따라 두 가지로 분류된다.

① CS(Conducted Susceptibility) : 전원선과 같이 선을 통해 들어오는 잡음에 대한 내성

② RS(Radiated Susceptibility) : 전자파 형태로 방사되어 유입되는 잡음에 대한 내성

(1) 시험 항목 :

① 정전기 방전 내성 시험
② 방사 RF 전자기장 내성 시험
③ 전기적 고속 과도 상태/버스트 내성 시험
④ 서지 내성 시험
⑤ RF 전계 내성 시험
⑥ 전력 주파수 자기장 내성 시험
⑦ 전압 딥, 단락 중단 및 전압 변동 내성 시험

10 전자기유도

도체의 주변에서 자기장을 변화시켰을 때 전압이 유도되어 전류가 흐르는 현상을 말한다.

전자기유도(電磁氣誘導)는 자기장이 변하는 곳에 있는 도체에 전위차(전압)가 발생하는 현상으로 마이클 패러데이가 처음으로 수학적으로 설명하였다. 그는 발생한 전압은 자기선 속의 변화율에 비례한다는 사실을 알아냈다. 이 법칙은 자속밀도가 변화하거나, 도체가 일정하지 않은 자속밀도가 퍼져있는 공간을 움직일 때 적용할 수 있다. 전자기유도는 발전기와 전동기 등의 전기 구동기의 바탕에 있는 법칙이다.

패러데이 전자기 유도 법칙은 전자기 유도에 의한 유도 기전력의 크기는 단위 시간당 자기 선속의 변화율과 코일의 감긴 횟수에 비례한다는 것인데, 이것은 다음과 같다.

$$\epsilon = -N\frac{d\phi}{dt}$$

여기서, ϵ는 기전력으로 단위는 볼트(V)이고, N은 전선이 감긴 횟수, ϕ는 자기 선속으로 단위는 웨버(Wb)이다.

이 법칙에서 자기선 속의 변화율에 영향을 미치는 요소에는 면적의 변화와 자기장의 세기 변화가 있다. 이 중 하나만 변화하면 자기선 속의 크기는 변화하며 유도 기전력이 발생할 수 있다.

유도 기전력을 강하게 발생시키기 위해서는 자기선 속의 변화율 값을 키우는 방법이 주로 사용되는데, 다른 요소값을 고정한 후에 면적의 변화율이나 자기장 세기 변화율의 크기를 크게 하여 큰 전력을 발생시킨다. 여기서 주의해야 할 점은 변화율이라는 것인데, 자기선 속이 커도 변화율이 작으면 큰 기전력은 발생하지 않는다.

전자기 유도에 의해 발생하는 기전력의 부호는 렌츠의 법칙을 통해 알 수 있다. 즉, 회로에 유도된 전류의 방향은 유도된 기전력을 발생시킨 자기장의 변화를 상쇄하는 방향이다. 즉,

회로에 기전력이 유도되고 유도된 전류가 흐르면 회로 주변에 다시 자기장이 형성되는데 그 자기장의 방향은 최초 기전력을 유도했던 자기장의 변화를 상쇄하는 방향이 된다.

로렌츠 법칙을 활용하여 기전력을 새로운 식으로 나타낼 수 있다.

$$\epsilon = \frac{1}{q}\oint_{wire} F \cdot d\ell = \oint_{wire} (E + v \times B) \cdot d\ell$$

여기서, F는 로렌츠 힘을 나타낸다.

이는 직선이나 원형 전류 또는 솔레노이드에 의한 자기장에서 알아볼 수 있다.

11 전자기파(電磁氣波)

전자기파란 전기장과 자기장으로 구성된 파동으로서, 공간 상에서 전기장이 시간적으로 변화하게 되면 그 주위에 자기장이 발생하고, 또한 자기장이 시간적으로 변화하면 그 주위에 전기장이 발생하게 되어 공간 상을 빛의 속도로 전파(propagation)하는 파동이다.

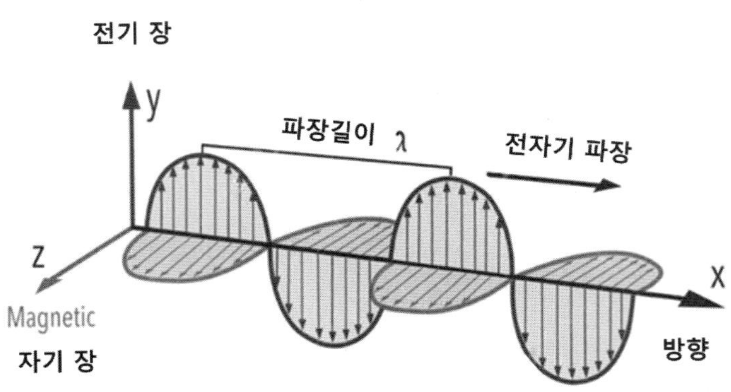

[그림 8] 전자기파 전파

(1) 전자기파 발생 원리(전압이나 전류가 고주파로 변화하는 부분에서 발생)

① 전기장 신호원에 의한 방사

분리된 도체에 직류를 인가하면 대전된 상태로만 유지되며, 교류 신호를 인가하면 시간상으로 변화하는 전기장이 발생하고 따라서 시간상으로 변화하는 자기장이 발생하며 이를 반복하는 전자기파가 발생한다.

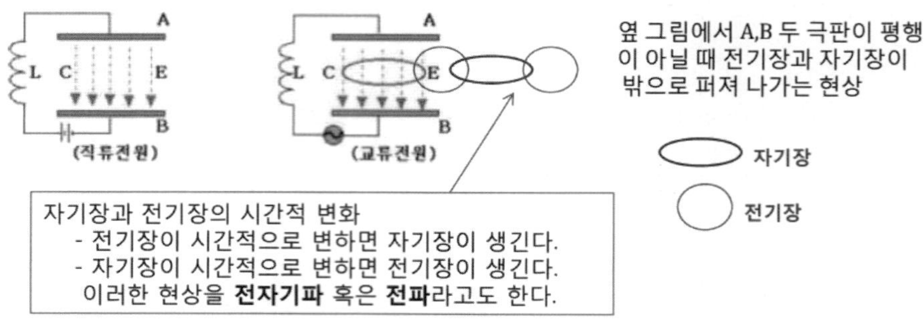

[그림 9] 자기장과 전기장의 시간적 변화

② 자기장 신호에 의한 방사

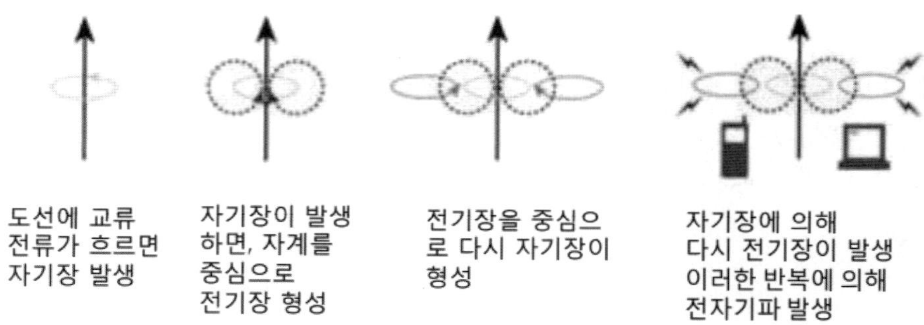

[그림 10] 자기장 신호원에 의한 방사

③ 전자기파 발생원리(전류변동 또는 전압변동의 가속전하운동)

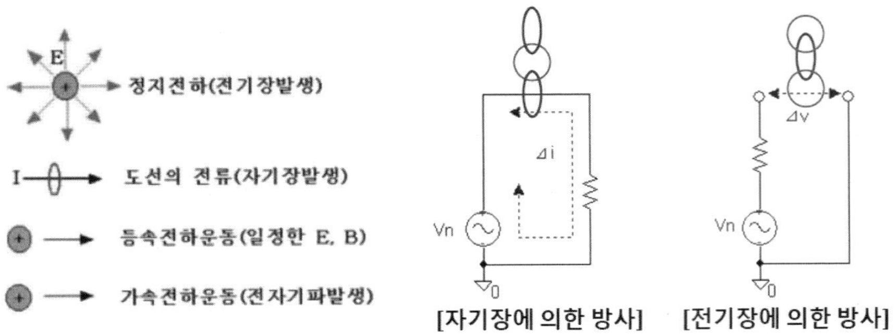

[그림 11] 전자기파 발생원리

④ 전자기파 발생 구조

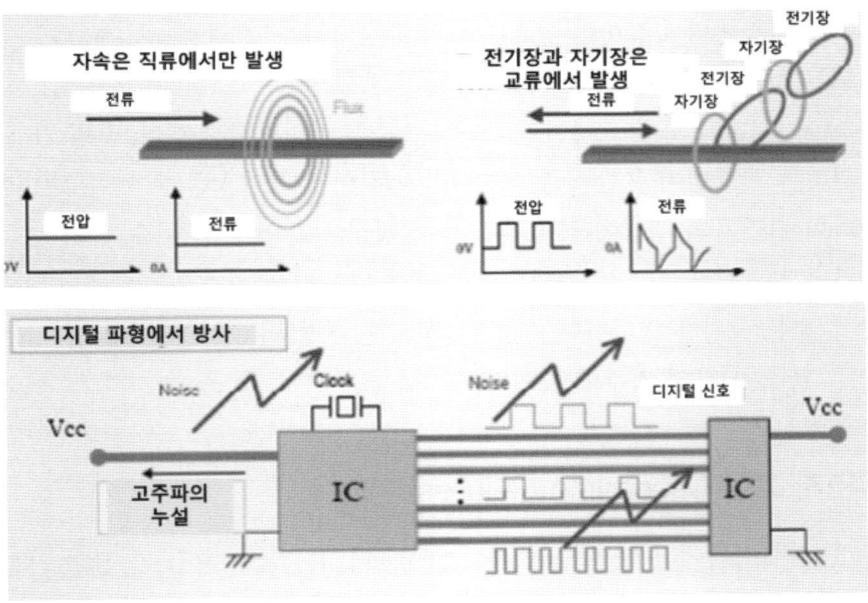

[그림 12] 전자기파 발생 구조

12 공통 원인 고장과 제거

시스템의 어느 한 부품의 고장 확률이 p라면, 하나를 사용하는 대신 3개의 부품(3oo3 시스템)을 사용하면 전체 시스템의 고장 확률이 p3로 낮아질 것으로 가정할 수 있다. 하지만 이는 3개 부품의 고장 확률이 상호 배타적인 경우에만 해당하는 가설이다. 이는 한 부품의 고장 원인이 다른 부품에서도 고장을 일으키지 않는 경우에만 보장될 수 있다.

2개 이상의 부품에 고장을 발생시키는 고장 원인을 CCF(Common-Cause Failures, 공통 원인 고장, ISO26262-1 1.14)라고 부른다. 따라서 리던던시를 사용하여 시스템의 안전성을 강화하려면 공통 원인 고장을 최소한으로 줄이기 위해 노력해야 한다.

12.1 고장(Failure)

안전 시스템의 고장이란 필요에 따라 요구되는 안전 기능을 수행할 수 있는 역량이 종료되는 것으로 정의할 수 있다. 자동차의 경우 안전 시스템에는 에어백 제어, 전자 안정성 제어, 전자식 파워 스티어링, 연료분사 제어, 점화시간 제어, 후방 카메라, 시야 등을 관리하는 시스템이 포함될 수 있다. 따라서 이러한 시스템 중 어떤 것이라도 고장이 발생하면 관련자의 생명에 직접적 또는 간접적으로 영향을 줄 수 있다.

종속 고장이란 동시 또는 연속 발생 확률을 각각의 비조건부 확률의 단순 산물로 표현할 수 없는 고장을 의미한다. CCF(공통 원인 고장)와 CF(Cascading Failures, 연계 고장)는 종속 고장의 범주에 속한다.

12.2 연계 고장(Cascading Failures)

CF는 시스템에 속한 요소의 LF(Local Faults, 국부 고장)가 상호 연결된 요소를 통해 전파되면서 동일 시스템 및 동일 채널의 다른 요소에 고장을 일으키는 것을 의미한다.

12.3 공통 원인 고장(Common-Cause Failures)

공통의 원인으로 동시에 또는 짧은 시간 간격으로 두 가지 이상의 부품 장애 상태가 존재하는 고장을 의미한다. CCF는 하나의 근본 원인으로 인해 시스템이 의도된 안전 기능을 수행하지 못하도록 만드는 리던던시 기반 시스템의 별도 채널에 있는 두 가지 이상 부품의 무작위 고장 상태의 동시 발생을 의미한다.

(1) CCF의 원인

시스템에는 의도된 안전 기능의 비작동으로 이어질 수 있는 CCF의 원인이 다수 존재한다. 여기에는 무작위 하드웨어 고장, 환경적 조건, 공통 신호의 오류 등이 포함될 수 있다.

예를 들어, 래치업(설비의 전원 공급 레일 사이에 저 임피던스 경로가 부주의하게 생성됨)과 같은 무작위 하드웨어 오류는 예비 부품에서 사용하는 공유 로직의 고장(록스텝 코어에서 공유하는 메모리 손상 등)으로 이어질 수 있다.

과도한 온도 변동, EMI 등과 같은 환경적 조건의 영향 또한 예비(Redundant) 부품의 고장, 더 나아가 궁극적으로 시스템 고장으로 이어질 수 있다. 전원공급 선로 전반의 장애 전파 또한 동일한 전원을 공유하는 예비 부품의 고장을 일으킬 수 있다.

예비 부품에 공통적인 신호의 오류는 시스템 리던던시의 효과를 상쇄시킬 수 있다. 이러한 신호에는 클록, 전원공급, 비 애플리케이션 제어 신호(테스트, 디버그 등) 또는 안전 메커니즘이 없는 다른 부품에서 발생된 신호가 포함될 수 있다.

(2) CCF의 제거 방법

① 공간적으로 분리된 하드웨어 장치

MooN(N 부호 중 M) 시스템에서 모든 부품을 함께 배치하면 둘 이상의 부품에 고장을 일으키는 장애의 발생 확률이 크게 증가한다. 하지만 시스템을 설계할 때 부품을 공간적으로 분리하면 둘 이상의 부품에서 동일한 원인으로 고장이 발생할 확률이 감소한다. 별도의 예비 물리 부품의 경계 사이 최소 거리는 해당 부품의 고장으로 이어질 수 있는 각 부품 사이의 단락과 혼선을 방지하기에 충분해야 한다.

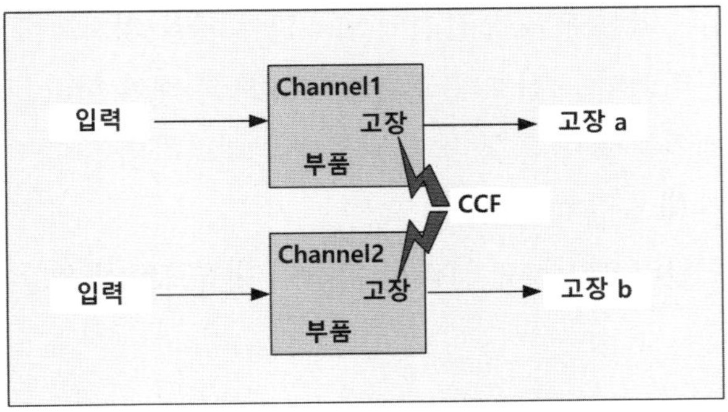

[그림 13] 공동원인 고장(CCF)

[그림 13]은 서로 공간적으로 가까이 배치된 하드웨어 부품이 동일한 고장으로 서로 영향을 받을 수 있음을 보여준다. 그러한 고장의 원인은 전압 급상승, 국부적 과열, SEE 등과 같이 국부적으로 제한된 장애가 될 수 있다. 더불어 단락은 일반적으로 EM(전기적 이동), 비아(Via: 일반적으로 PCB에서의 Hole을 의미) 이동, 접점 이동, 국부적 결함 게이트 산화막 파괴 등으로 인해 발생할 수 있다. 혼선은 일반적으로 기판 전류, 용량성 결합 등으로 인해 발생할 수 있다.
이는 기술 노드에 따라 특정 거리 내에 배치된 부품이 작동하지 않는 원인이 될 수 있다. 이를 방지하려면, 일반적으로 ~50 사이의 안전(곱셈) 계수를 포함하여 관련 설계 규칙에 따라 최소 거리를 선택해야 한다. [설계가 생산되는 기술 노드에 따라, 물리적 설계에서 따라야 할 특정 사전 정의 설계 규칙(최소 거리 등)이 존재한다. 따라서 핵심 안전 부품의 경우 그 거리가 연동 부품의 중요성을 기준으로 표준 기술 노드의 지정 거리보다 ~50배여야 한다]

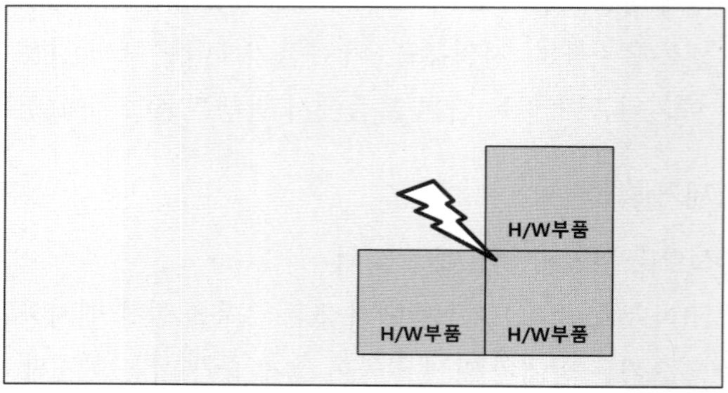

[그림 14] 공간적으로 밀접하게 배치된 예비 하드웨어 부품은 CCF에 더 취약

또한 예비 부품 사이의 인터페이스 신호는 일반적으로 여러 계층으로 구성된다. 하나의 장애로 여러 부품에 간섭이 발생할 확률을 최소화하려면 인터페이스 신호가 나머지 인터페이스 신호와 교차되지 않도록 해야 한다. 예비 부품의 공간적으로 분리된 배치는 독립적 동작 가능성을 극대화하며 그에 따라 의도된 안전 기능을 달성하는 데 도움이 된다.
부품을 서로 멀리 배치하면 그러한 고장이 대규모로 발생할 확률을 줄일 수 있다.

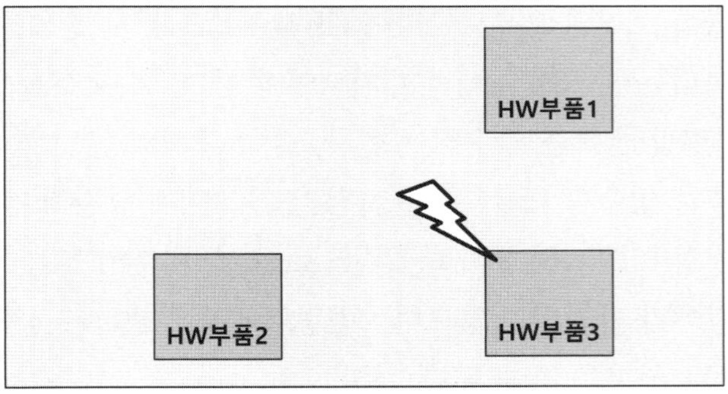

[그림 15] 공간적으로 분리된 예비 하드웨어 부품은 CCF의 발생률 감소

② 예비 부품의 개별 합성

예비 부품은 개별적으로 합성되어야 한다. 이는 논리 회로의 공간적 다양성(Spatial Diversity)을 달성하는 데 기여한다. 이를 통해 동일한 논리 회로로 인해 발생할 수 있는 유사한 고장을 줄일 수 있다. 또한 레이아웃 및 라우팅 제한을 통해 시스템 내 예비 부품의 독립성을 극대화함으로써 CCF에 대한 내성을 높일 수 있다.

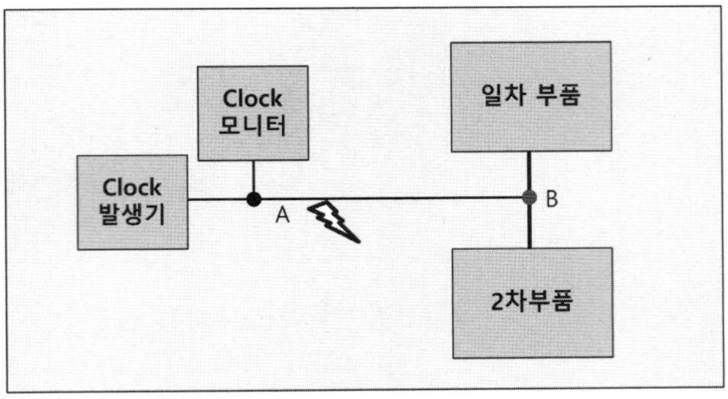

[그림 16] CCF에 취약한 클록 트리

③ 클록 트리 및 클록 모니터링

SoC에서 리던던시 방식으로 사용되는 부품은 동일한 클록을 공유할 수 있다. 클록에 오류가 발생한다면 모든 예비 부품에 동일한 고장이 일어날 수 있다. 따라서 고장이 포착되지 않을 수 있다. 가능하다면 클록 트리에서 클록을 분할해야 한다. 또한 분할 작업은 클록 트리가 가능한 클록 소스에 가깝게 분할되는 방식으로 이루어져야 한다. 이는 시스템에서 CCF의 발생 확률을 줄여준다.

또한 클록 트리의 오류로 인한 CCF가 감소되는지 클록을 모니터링해야 한다. 클록 모니터는 시스템 내에서 배치되어야 하며, 예비 부품에 가능한 가까운 곳에서 모니터링할 클록을 입수해야 한다. 클록 트리의 근원과 가까운 곳에서 모니터링할 클록을 입수할 경우, 분할 지점([그림 16]에 빨간색 점으로 표시) 이전과 모니터링 지점([그림 16]에 파란색 점으로 표시) 이후의 클록 트리 공통 경로에서 발생하는 장애가 발견되지 않으며, 이 경로에서 발생하는 장애는 예비 부품에 동일한 방식으로 영향을 주게 된다.

예비 부품에 최대한 가까운 곳에서 클록을 모니터링하면 클록 오류의 감지 확률이 높아진다. 이는 다음과 같은 이유로 도움이 된다.

클록 발생 모듈에서 클록 트리의 분할 지점에 이르는 공통 경로의 대부분을 다루게 되므로, 클록을 모니터링하여 이 경로의 모든 장애를 감지할 수 있다.

예비 부품의 기능 비교를 위해 배치되는 비교 장치를 통해 분할 이후 예비 부품을 향한 클록 경로에서 발생하는 장애를 포착할 수 있다.

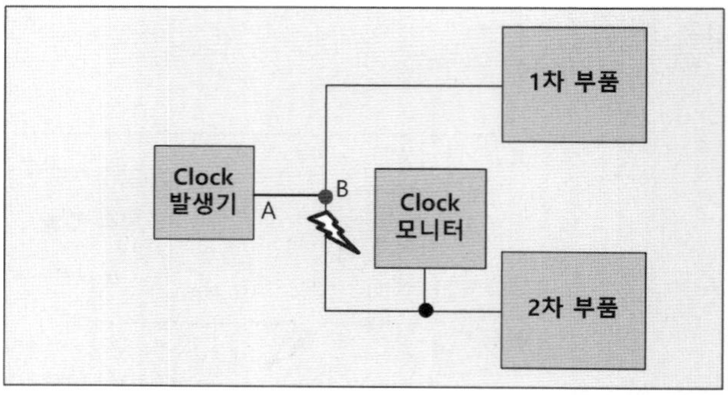

[그림 17] 개선된 클록 트리

④ 전압 모니터링

예비 부품이 작동하는 전원이 너무 높거나 너무 낮은 값이 되지 않도록 모니터링/관리해야 한다. 이를 위해 LVD(저전압 감지기) 및 HVD(고전압 감지기)가 내장된 일련의 전압 모니터를 사용해야 한다. 모니터링 대상 전압 중 하나가 지정된 임계값 아래(LVD) 또는 위(HVD)로 변동되면, CCF를 통한 시스템 고장으로 이어지기 전에 이상 전압에 대한 예방 조치를 취해야 한다.

또한 안전 상태로 직접 전환이 이루어질 수 있도록 저전압 및 과전압 상태가 보고되어야 한다. 장애가 있는 전원이 디바이스의 예비 부품의 장애 표시 메커니즘을 비활성화 할 수 있으므로 이 솔루션이 선택됐다. 또한 디바이스의 기능성을 보장하려면 디바이스 내부의 모든 안전 관련 전압을 모니터링해야 한다.

⑤ 온도 모니터링

온도로 인해 발생하는 공통 원인 고장에 대응하기 위해 설계에서 관리용 온도 센서를 구현할 수 있다. 온도 센서는 기판 온도를 모니터링하여 CCF(예: 예비 채널 모두에서 동일한 이상 결과를 유발하는 과열로 인한 장애)를 일으키기 전에 과열 상태를 감지한다. 온도 센서는 디바이스의 절대 전류 정션 온도에 비례하는 아날로그 전압과 정션 온도가 사전 설정 저온 임계값 또는 사전 설정 고온 임계값에 도달했는지 알리는 디지털 출력을 발생시킨다.

온도 센서 출력은 측정치 변환을 위해 적절한 ADC 채널로 전달될 수 있다. 온도 임계값 감지 기능이 활성화된 경우, 온도 센서는 칩의 내부 정션 온도를 모니터링하고 지정된 온도 임계값이 초과되면 신호를 발생시킨다. 허용 범위를 벗어난 온도는 디바이스 내의 장애 표시를 트리거하는 데 사용할 수 있다.

⑥ 공통 신호 모니터링

기능상 안전과 관련이 없고, 따라서 기능상 안전 메커니즘이 포함되지 않은 부품 및 공통 모드 신호(예: 스캔, 테스트, 디버그 등)가 CCF의 원인이 되는 일은 절대 없어야 하며, 설계에 포함된 예비 부품과의 상호작용으로 인해 기능상 안전 목표를 침범하지 않아야 한다. 이러한 제어 로직/신호의 오류가 복제된 부품에서 유사한 오류를 일으키거나 안전 조치를 비활성화하지 않아야 한다.

이러한 오류는 치명적으로 될 수 있고 리던던시 효과를 상쇄시킬 수 있으므로 확실하게 제거해야 한다. 이는 시스템의 기능상 안전 관련 예비 부품과 간섭이 일어나지 않도록 하거나 또는 그러한 간섭을 감지하는 것으로 달성할 수 있다.

예를 들어, 안전 애플리케이션을 실행하는 동안 시스템의 디버그(의도되지 않은 디버그 모드 진입) 또는 정상 애플리케이션 실행 모드가 아닌 다른 특별 모드로 전환되지 않도록 보장해야 한다. 따라서 시스템이 의사 활성화되어 안전 위반으로 이어지는 것을 방지하려면 시스템이 기능 모드일 때 모든 해당 신호를 모니터링해야 한다.

⑦ IO 배치

SoC에 여러 주변장치를 중복 사용하는 경우("안전 규정 준수 자동차용 디바이스의 리던던시" 문서의 1.3.3절 주변장치 복제 참조), CCF 발생을 줄이려면 주변장치 IO를 공간적으로 분리하여 배치하는 것도 마찬가지로 중요해진다.

예비 부품이 모두 공간적으로 분리됐지만, IO가 함께 배치된 아래 설계 예를 살펴보자. 부품 IO 모두에서 CCF가 발생하여 부품 모두에서 동일한 고장으로 이어질 수 있으며, 결과적으로 안전 시스템 애플리케이션의 고장이 일어날 수 있다. 이는 리던던시 효과를 상쇄시키며 시스템 안전을 위험하게 만들 수 있다.
따라서 시스템을 설계할 때 주의를 기울여야 한다. 또한 예비 주변장치의 올바른 기능을 보장하려면 예비 주변장치의 IO가 공간적으로 분리되도록 IO 배치가 이루어져야 한다. [그림 17]은 개선된 복제 주변장치의 IO 배치를 보여준다. 이 그림에서는 한 주변장치 IO에서 발생한 장애가 복제된 주변장치의 IO에 영향을 주지 않도록 복제된 주변장치의 IO가 분리되어 있다.

12.4 필요한 조치

설계에서 "리던던시"는 안전에 핵심적인 개념 중 하나다. 하지만 리던던시가 전반적인 시스템 고장 확률 감소에 기여하도록 하려면 설계에서 "공통 원인 고장"을 줄일 필요성 또한 부각된다. CCF를 줄일 수 있는 설계 조치를 적용하지 않으면 리던던시 효과가 상쇄될 수 있다. 하드웨어 장치의 물리적 분리, 전압 모니터링, 클록 모니터링, IO 배치 등과 같은 다양한 설계 조치를 통해 예비 시스템의 견고성을 강화할 수 있다.

11장 RAMS

1 RAMS란?

산업 시대가 시작된 이래로, 엔지니어들은 신뢰할 수 있고 내구성이 있는 장비와 시스템을 만들기 위해 노력해왔다. 그 당시, 설계 과정에서 이루어진 개발은 주로 시행착오 과정으로 인해 일어났다. 그 이후로 모든 개선이 이루어졌음에도 불구하고, 어떠한 인간의 활동도 완벽하고 실패와 위험이 없을 것이라고 기대하는 것은 여전히 불가능했다. 장비나 시스템의 복잡성 증가와 납기 단축으로 인해 고장과 관련된 비용과 위험이 커짐에 따라, 고장과 위험을 평가하고 설계 단계에서 이를 예측하는 것이 점점 더 중요해졌다. 새로운 시스템, 장비 또는 설계 개선의 동작이 얼마나 견고한지 체계적으로 연구해야 할 필요성이 제기되었고, 이것이 오늘날 RAMS이라고 불리는 것의 시작이었다.

RAMS는 일반적으로 여러 분야를 아우르는 일련의 활동으로 평가되며, 이는 궁극적으로 시스템의 고장, 유지보수 및 가용성에 관한 연구와 관련이 있다. 주요 용도는 시스템 1의 수명주기 단계에서 예상 고장률 또는 MTBF, MDT, 가용성, 필요사항에 대한 고장 확률 등과 같은 다른 RAMS 기준이 무엇인지 예측하는 것이다. 이러한 매개변수는 운전 정지 및 유지보수 조치와 관련된 비용이 있어서 수명주기 비용 예측에 사용된다.

RAMS 프로세스에 관련된 계산은 현장에서 정확히 예상할 수 없는 값이 산출된다. 그런데도 RAMS는 다음과 같은 여러 측면에서 장점이 있다.

① 시스템 설계가 잠재적으로 얼마나 견고하고 신뢰할 수 있는지를 보여주는 지표들이 제공된다.

② 시스템의 어떤 부분이 시스템 수준 고장에 큰 영향을 미칠 수 있는지, 또한 어떤 고장 모드가 예상되고 어떤 위험이 사용자, 고객 또는 사회에 미치는지를 식별하는 데 도움이 된다.

③ 비용 효율적인 유지보수 및 교체 운영 계획 수립

④ 위험/사고의 방지. 위험 평가는 안전 수준을 향상하는 데 도움이 된다. RAMS는 안전 무결성 수준 평가에 점점 더 많이 사용된다.
⑤ 새로운 부품의 구현이나 중복성과 같은 설계 개선의 우수성에 대한 평가.

이러한 평가의 결과 데이터를 통해 수명주기 비용 편익 분석을 수행할 수 있다. 후자는 엄격한 경제적 관점에서 행해질 수 있다.: 만약 시스템이 실패한다면, 그것은 그것의 기능을 올바르게 수행하는 것을 막을 것이다. 이는 생산 중단으로 인한 비용과 수리 작업으로 환산된다. 사고, 부상 및 사망은 논란이 되고 설명하기가 어려울 수 있지만, 환경 손상, 기업 이미지 및 고객 인식과 같은 다른 측면도 경제적으로 평가할 수 있다. 이러한 측면의 계량화는 인간 및 환경 안전 및 환경 지속 가능성 측면에 대한 사회적 인식의 증가로 인해 더욱 어려워지고 논란이 되고 있다.

RAMS는 신뢰성 R(Reliability), 가용성 A(Availability), 유지보수성(Maintainability), 안전성 S(Safety)로 구성된다.

2 철도의 RAMS 관리

고속 주행, 장거리 주행, 고용량 수송과 같은 철도 시스템의 기술적 성능은 최근 몇 년 동안 극적으로 향상되었다. 그러나 가용성, 안전성 및 비용 효과와 같은 운영 성과는 의미가 있는 진전을 이루지 못했다. 철도서비스의 빈번한 지연, 총소유비용의 증가, 심지어는 인명과 전자제품의 잠재적 피해의 지속적 증가 등이 그것이다. RAMS 관리는 오늘날의 글로벌 및 국내 철도 사업에서 중요한 의사 결정 요소가 된다. 많은 철도 기관들은 운영 효율성을 개선하기 위한 노력의 하나로 RAMS 관리의 도입이 지속해서 이루어졌다.

RAMS 관리는 철도 시스템 엔지니어링 프로세스를 통해 제한된 자원을 시스템 제품에 최적으로 할당한다. 이에 따라 초기 시스템 개념 단계부터 RAMS 관리에 많은 관심이 쏠리고 있다. RAMS 관리는 시스템의 운영 목표 개선을 위한 신뢰성 및 안전 엔지니어링에서 비롯된 전문 엔지니어링 분야이다.

1980년대 이후 RAMS 관리는 시스템의 운영 목표 달성에 영향을 미치는 모든 잠재적 위협을 효과적으로 정의, 식별, 평가 및 제어하기 위해 시스템 엔지니어링의 급속한 발전과 함께 널리 채택됐다. 항공기 및 철도와 같은 임무 및 안전 중요 시스템의 RAMS 관리는 엔지니어링 개념, 방법, 기법, 측정 가능한 매개변수 및 수학적 도구를 확립한 별개의 엔지니어링 분야로 개발되었다.

특히, 철도 조직은 정의된 운영 효율성을 달성하기 위해 장기적인 운영 측면에서 RAMS 관리를 적용했다. RAMS 관리는 일반적으로 철도 시스템 엔지니어링 프로젝트에 세 가지 측면을 적용했다. (1) 신뢰성, 가용성, 유지관리성 및 안전성과 같은 RAMS 특성의 정의, RAMS 요구사항 및 운영 상황에 적합함, (2) 고장, 고장 및 오류와 같은 잠재적 위협의 평가 및 제어철도 교통 서비스의 품질에 영향을 미치는 오류, (3) 고장 예방, 고장 공차, 고장 제거 및 고장 예측과 같은 제어 수단 제공. (BS EN 50126-1)

철도 시스템 내에서 확인된 많은 내재적 위험과 철도 시스템 설계 및 개발 프로젝트에서 제기되는 과제는 전체 시스템 수명 주기에 걸쳐 초기 개념 설계 단계부터 지속적인 개선이 요구되어야 한다. 철도 위험은 부상 또는 직원이나 승객의 인명 손실, 환경 악화, 철도 재산 또는 화물 손상 및 경제적 악영향을 초래할 수 있는 큰 잠재력을 가지고 있다.

RAMS 관리는 초기 시스템 개념 설계 단계부터 확립되어야 하며 가능한 모든 위험을 정의, 평가 및 제어하기 위해 기술적 측면에서 요구되어야 한다. 또한 엔지니어링, 기술, 정책 또는 목표의 변화에 신속하게 대응하고 RAMS 성능을 지속해서 개선하기 위해 관리 관점에서 구현해야 한다.

RAMS 관리시스템은 RAMS 관리의 방침, 기능 및 활동을 수립하고, 이를 RAMS 관리 프로세스를 통해 구현하도록 요구되어야 한다. 또한 RAMS 관리시스템의 효과와 RAMS 요구사항의 달성도를 측정, 평가 및 개선해야 한다. RAMS 관리시스템은 항상 시스템 엔지니어링 프로젝트에서 고객의 요구와 고객의 기대치를 효과적으로 충족하고 심지어 이를 초과하기 위해 수행되어야 한다.

그러한 측면에서 RAMS 관리는 시스템 기반 RAMS 관리, 위험 기반 RAMS 관리, 수명주기 기반 RAMS 관리의 3가지로 나눌 수 있으며 개략적인 내용은 다음과 같다.

2.1 시스템 기반 RAMS 관리

RAMS 관리에 대한 시스템 접근법은 전체 시스템 엔지니어링 프로젝트와 일치하는 RAMS 관리의 비용, 기능 및 활동에 관한 연구이다. RAMS 조직의 관리 구조와 환경을 할당할 수 있다. 따라서 시스템 접근 방식은 철도 시스템의 복잡성이 급격히 증가함에 따라 철도 시스템 관리의 핵심 요소가 되고 있다. 이는 RAMS 조직이 더 적절한 의사 결정 및 정보 흐름을 제공한다는 것을 의미한다. 이러한 기대를 달성하기 위해 RAMS 조직은 전반적인 관리시스템을 갖추어야 하며, 이는 관리 문제를 효과적으로 해결하는 프로세스가 되어야 한다. 그러나, 많은 RAMS 조직들은 관리 구조와 환경을 시스템으로써 갖추지 못하고 있으며, 어떠한 정해진 프로세스 없이 RAMS 관리를 구현하고 있다. 따라서 이 연구는 RAMS 관리의 정책, 기능 및 활동에 대한 시스템 접근 방식을 적용하려는 시도를 다룬다. (BS EN 50126-1, 1999; BS EN 60300-1, 2003; BS ISO 9000, 2005)

2.2 위험 기반 RAMS 관리

철도 시스템은 항상 정의된 철도 교통 서비스의 성공적인 달성에 영향을 미치는 많은 잠재적 위협에 노출된다. 철도 시스템 내에서 확인된 많은 내재적 위험은 부상 또는 인력 손실, 환경 악화, 철도 재산 또는 화물 손상 및 수익에 대한 악영향을 초래할 수 있는 큰 가능성으로 인해 초기 개념 설계 단계부터 지속해서 개선되어야 한다. 따라서, 철도 위험은 시스템 엔지니어링 설계 프로세스에서 정의, 식별, 평가 및 제어되어야 한다. 그러나 철도 조직은 철도 시스템 엔지니어링에서 위험 관리에 집중하지 않았고 RAMS 관리는 위험 관리 측면에서 수행되지 않았다. (BS EN 50126-1, 1999)

2.3 수명주기 기반 RAMS 관리

시스템 수명 주기는 시스템의 전체 수명을 다루고 시스템 엔지니어링을 위한 RAMS 관리 기능과 활동을 계획, 평가, 제어, 모니터링 및 검토하는 구조를 제공하는 순차적 단계로 구성된다. 따라서, 수명 주기 관리는 운영 및 유지관리 단계에서 시스템의 높은 실현 가능성을 보장하기 위한 개념적 기반을 제공한다. 수명 주기 관리는 많은 다른 산업 분야에서 더 일반적이다. 철도 분야에서는 수명 주기 관리에 대한 고객의 관심이 높고 요구사항이 지속해서 증가하고 있다. (BS EN 50126-1, 1999)

2.4 RAMS 주기

RAMS의 목표는 수명주기에서 시스템의 적합성을 평가하기 위한 입력 데이터를 생성하는 것이다. 즉, 시스템의 고장률, 가능한 고장 모드, MDT, 유지보수 운영, 위험 및 그 결과 등에 대한 데이터를 제공한다. RAMS 시뮬레이션의 이 출력을 통해 수명주기 전문가는 비용을 계산하고 비용 편익 분석(CBA)을 수행할 수 있다. 그러나 시스템 수준에서 RAMS 시뮬레이션 전에 알려진 구성요소 고장 데이터에 대한 입력이 제공되어야 한다. 그런 다음 RAMS를 적용하기 위한 세 가지 단계가 있으며, 모든 단계가 상호 연결된다. 이는 [그림 1]에 설명되어 있다.

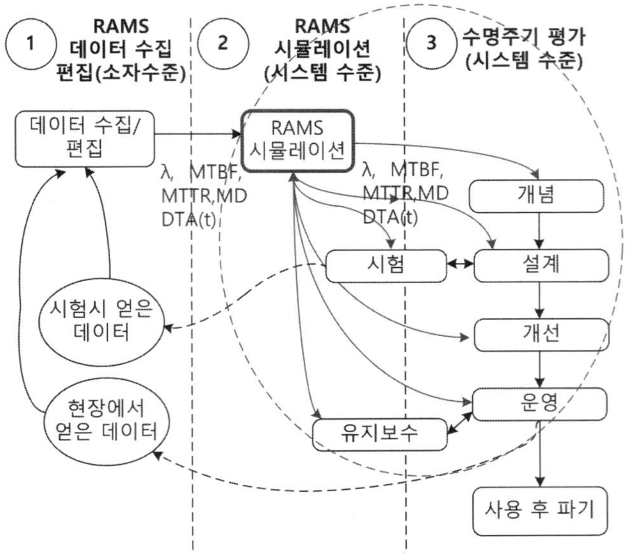

[그림 1] RAMS 및 수명주기를 포함하는 단계 표시

[그림 1]에 표시된 각 단계는 서로 다른 방법으로 구성되어야 한다. 2단계와 3단계에 대한 간략한 언급이 있어야 하며, 1단계에 특별한 초점을 두어야 한다. 이것은 본 연구의 주요 목표와 직접 연결된 단계이다. 고속 네트워크를 위한 철도 선로의 짧은 고장 데이터 시계열로부터 2단계와 3단계(고장률, MTBF, MDT, 가용성 등)에 대한 신뢰할 수 있는 입력을 생성할 수 있다. 2단계와 3단계는 분리할 수 없다. 한 단계는 다른 단계에 영향을 미친다. 그림에서 붉은 타원은 반복적인 성질의 이 연결을 강조한다. RAMS 목표는 목표에 따라 달라지는 수명주기 예측에 따라 계속 수정된다.

2.4.1 1단계: RAMS 데이터 편집(부품 수준)

고장 데이터 컴파일은 모든 RAMS 시뮬레이션 또는 프로세스의 기반이 된다. 시험을 통해 이루어지든 현장 운영 및 유지보수 피드백을 통해 이루어지든 개별 구성요소 고장에 관한 연구는 고장률 및 기타 모든 신뢰도 매개변수에 대한 데이터를 제공한다. 이 데이터는 2단계인 RAMS 시뮬레이션의 입력으로 사용된다.

위에서 설명한 바와 같이, 복잡한 신뢰성 모델(2단계)의 사용이 일반적으로 관련 신뢰성 데이터가 부족하므로 반드시 더 나은 결과를 의미하지는 않는다고 언급하기 때문에, 이것은 가장 중요하다. 신뢰성 데이터는 RAMS 시뮬레이션 모델 자체보다 RAMS 시뮬레이션 결과에 더 많은 영향을 미친다.

2.4.2 2단계: RAMS 시뮬레이션(시스템 수준)

이 단계에서는 신뢰성 측면에서 시스템을 모델링하는 것이 목표이다. 즉, 개별 구성요소의 고장률 값에서 MTBF, MDT는 시스템과 명시된 환경에서 상호 작용하면서 같은 구성요소를 참조하는 값을 계산할 수 있다. 이를 위해 개발된 첫 번째 방법(예: 예비 위험 분석 및 고장 모드 및 영향 분석)은 정성적 성격이며 주로 시스템 수준에서 고장을 식별하기 위한 것이다. 나중에 등장한 다른 방법들은 정량적인 성격을 지녔으며 신뢰성 공학자들이 수학적 공식화를 통해 시스템의 고장률과 관련 매개변수에 대한 몇 가지값을 예측할 수 있게 했다. 이러한 시뮬레이션 결과 값을 설계 또는 기대 신뢰도라고 한다.

RAMS의 주요 시뮬레이션 방법은 다음과 같다. 시계열은 다음과 같은 순서대로 나열되어 있다.

(1) 정성적 접근 방식 :

- 예비 위험 분석(PHA), 1960년대
- 고장 모드 및 효과 분석(FMEA), 1940년대

(2) 정량적 접근법 :

- 성공 다이어그램 방법(SDM)
- 원인 트리 방법(CTM)
- 진실표법(TTM)
- 수집된 고장 조합 방법(GFCM)
- 결과 트리 방법(CQTM)
- 원인-결과 다이어그램 방법(CCDM), 1971

오늘날 사용되는 RAMS 소프트웨어 분석 패키지의 예로는 프로젝트(시스템) 수준 분석에 사용되는 RAMS Commander와 고장률이 일정하지 않은 구성요소의 통계 연구에 사용되는 Weibull++가 있다.

2.4.3 3단계: 수명주기 평가(시스템 수준)

수명주기 단계에서는 시스템이 가져올 이점을 평가하는 것이 목표이다. 그러기 위해서는 비용과 수입이 평가되어야 한다. 수입은 비교적 잘 알려져 있는데, 철도 시스템 측면에서 더 큰 몫은 여객 티켓이나 화물 서비스에 속한다. 계량화할 또 다른 부분은 비용이다. 위에서 설명한 바와 같이, 고장은 시스템에 비용, 즉 신호 시스템 고장으로 인해 정지되는 열차의 비용, 교통을 강제로 방해하게 하는 철도 선로의 교정 정비 운영비용, 심각한 부상 또는 사망을 수반할 수 있는 사고 비용 등. 따라서 이 단계에서는 RAMS 시뮬레이션 결과를 취하여 연구 대상 시스템을 만드는 것이 목표이다. 목표물은 시스템의 임무 프로파일과 수명주기의 CBA에 영향을 미치며, CBA의 결과는 RAMS 목표의 수정이 필요하다는 것을 나타낼 수 있다. 그러므로 이것은 반복적인 과정이며, RAMS 목표는 CBA에 영향을 주고 CBA는 RAMS 목표에 영향을 준다. 그런 다음 2단계로 돌아가서 시뮬레이션을 다시 실행하여 RAMS 대상을 수정해야 한다. 마지막으로, 수명의 시험 및 운용 단계는 1단계에 영향을 미치며, 데이터는 수명의 시험 및 운용 단계를 통해 수집될 수 있다. 이것이 신뢰성 성장을 달성하는 방법이다.

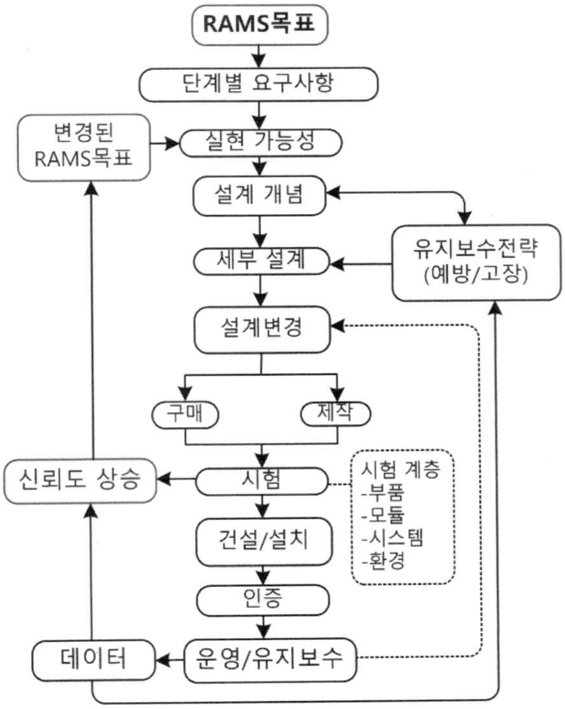

[그림 2] RAMS 주기

RAMS 주기는 시스템의 수명주기 전체에 걸쳐 RAMS가 존재하는 것을 보여준다. 모든 프로젝트에서 가장 먼저 해야 할 일은 RAMS 목표를 정의하는 것이다. 요구사항 단계에서 이러한 목표를 계약적으로 정의하는 것이 가장 중요하다. 그렇지 않으면 예산과 시간 자원 측면에서 성가신 일이 될 뿐이며, 완전히 무시될 것이다.

철도 인프라 사례에서, 세 가지 주요 참여자가 있다.: 인프라 소유자(일반적으로 정부 또는 지방 당국), 열차 운영자, 그리고 선로 유지관리 관리자. 따라서 두 가지 계약 수준이 있다.

첫 번째는 인프라 소유자와 열차 운영자 사이의 양보이다. 소유주는 일반적으로 열차 교통 운행을 열차 운영자에게 할당하며, 그런데도 안전 수준을 요구한다. 이것은 고객(승객 및 화물)을 보호하기 위한 정부와 지방 당국의 임무이기 때문에 발생한다. 그런 다음 열차 운영자는 일반적으로 신호 유지보수 관리자를 고용하거나 이 작업을 정비 부서에 의뢰하고 고장 모드와 발생 측면에서 원하는 안전 및 쾌적 수준을 RAMS 대상으로 전환한다. 또한 이러한 작업을 의뢰할 직원을 정의하는 것도 매우 중요하다. 직원은 기술적으로 업무를 수행할 수 있어야 한다.

다음으로, 타당성 평가가 이루어지는데, 이는 목표 수준을 따라가는 어려움과 이용 가능한 생산 기술 및 자원 사이의 균형에 따라 설정된 목표를 변경할 수 있다.

설계 단계는 유지관리 전략과 동시에 따르며, RAMS 목표의 첫 번째 예측은 시뮬레이션 방법과 모델을 사용하여 이루어진다.

유지관리 전략은 또한 RAMS 목표를 염두에 두고 구상된다. 이는 신뢰성에 대한 예측에 영향을 미치기 때문에 가장 중요하다. 유지보수 작업의 용이성은 설계 조건과 그 뒤의 수송 지원(예비품 보관, 구성품 접근 등)으로 결정되기 때문에 설계와 유지보수가 연계되어야 한다.

제조와 조달이 뒤따르며, 시스템의 첫 번째 실제 시연과 테스트가 이루어질 수 있다. 결과가 만족스러우면 설치를 시작할 수 있다. 마지막으로, 현장 운영 단계에서 데이터를 획득하여 RAMS 시뮬레이션 방법과 모델에 피드백을 제공할 수 있으며, 이는 첫 번째 RAMS 목표와 설계 전제를 변경할 수 있으며, 결과적으로 수정된 RAMS 목표와 이후 버전에 대한 설계 수정으로 이어질 수 있다.

[그림 2]에 표시된 체계는 RAMS가 적용될 수 있는 모든 가능한 단계를 보여주지만, 이는 분명히 프로젝트의 규모와 계약 요건에 따라 달라진다. 제시된 계획은 가장 광범위하며, 소규모 프로젝트에서는 시간 또는 예산 제약으로 인해 일부 단계가 생략될 수 있다. 이해 상충, 정의되지 않은 책임, RAMS 목표의 잘못된 해석, 정의의 모호성 또는 불가능하거나 측정할 수 없는 특징에 대한 요구와 같은 함정을 피하고자 RAMS 요건에 대한 계약상의 문제는 명확하게 해결되어야 한다.

신뢰할 수 있고 안전한 제품 또는 장비를 달성하기 위해 각 수명주기 단계에 대해 제안할 수 있는 여러 가지 권장 사항이 있다.

설계 단계에서 신뢰성에 이르는 경로는 단순하고(다른 유형의 구성요소가 거의 없다는 것을 의미하며), 중복성을 포함하며, 적절하게 기능하는 데 필요한 것보다 더 큰 스트레스를 견딜 수 있는 설계를 거친다고 말하는 것이 일반적이다.

제조 단계에서 주요 관심사는 품질 관리시스템에 관한 것이어야 하며, 마지막으로 현장 사용에서 적절한 작동 지침을 제공해야 하며, 유지보수 계획을 준수해야 하며, 기술 공급 및 고객 피드백을 통해 고객과 지속해서 연락하는 것이 중요하다.

2.5 예비 위험 분석(PHA)

이 방법은 1960년대부터 사용되었으며, 원래 미국에서 개발되었다. 그것의 목표는 모든 시스템에서 잠재적 위험을 식별하고 그 원인을 식별하며, 마지막으로 잠재적 위험의 심각도 수준을 결정하는 것이다.

이 작업이 완료된 후 엔지니어링 판단은 이러한 위험을 제어, 회피 또는 궁극적으로 제거할 수 있는 조치를 개발하는 데 사용된다. 이 방법은 확인된 위험의 정량적 측정을 허용하지 않기 때문에 이러한 조치는 질적 성격을 띤다.

결과의 표시는 모든 시스템 구성 요소, 가능한 고장, 가능한 원인 및 고장과 관련된 위험을 요약한 표로 구성된다.

이 방법 자체는 안전성 측면에서만 유용하며, 엄격한 의미에서 신뢰도 평가에서는 그다지 유용하지 않다. 이름에서 알 수 있듯이, 이 방법은 다른 신뢰성 평가 연구의 예비 단계에서 사용되어야 하는 방법으로, 고장 모드와 그러한 고장으로 이어지는 바람직하지 않은 사건들을 이해하고 나열하는 데 유용하다.

2.6 고장 모드 및 영향 분석(FMEA)

이 방법은 1960년대에 항공기 안전 분석에 맞춰 개발되었지만, 그 이후 원자력 발전소와 군을 포함한 많은 다른 분야에도 적용되었다. 그 단계를 보여주는 흐름도는 [그림 3]에 나와 있다.

FMEA의 목표는 시스템 기능에서 구성요소의 고장 모드의 영향을 평가하고 시스템의 신뢰성, 가용성, 유지보수성 또는 안전성의 측면에 유의한 영향을 미치는 요소를 식별하는 것이다. 고장 모드는 신뢰성 엔지니어가 정의한다. 고장 모드는 고장과 다르다. 고장 모드는 시스템에 대한 고장의 결과를 살펴봄으로써 또는 시스템의 조치(예: 수리 조치)를 초래하는 특정 고장 정도를 정의함으로써 정의될 수 있다. 따라서 고장 모드는 고장

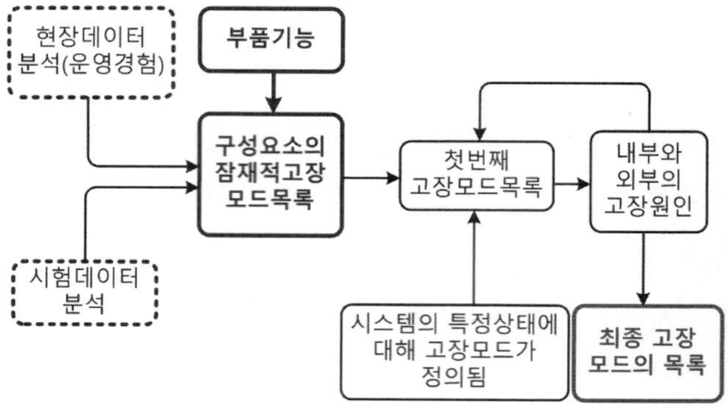

[그림 3] FMEA의 개략적 표현

의 심각도에 따라 달라진다. 모호성을 방지하기 위해 물리적으로 측정 가능한 고장 매개변수를 정의하고 각 고장 모드에 연결해야 한다. 철도 신호 인프라와 같은 시스템에서 고장 모드는 다양한 궤도회로의 고장, 발리스, 연동장치의 고장 수준에 의해 정의될 수 있다.

고장 모드의 정의로 인해 각 고장 유형은 심각도에 따라 다른 고장 모드를 초래할 수 있다. 또한 서로 다른 고장의 조합으로 인해 서로 다른 고장 모드가 발생할 수 있다. 이것이 복수의 고장 모드에 대한 이유이다.

첫 번째 단계에서 시스템을 정의해야 한다(기능 및 구성요소). 즉, 고장 또는 분해능력 수준이 설정되어야 하며, 시스템 경계, 제한 및 사양을 식별해야 한다. 가장 중요한 것은 FMEA가 수행될 시스템 상태(작동, 대기, 유지보수, 테스트 등)를 결정해야 하는데, 이는 일반적으로 FMEA가 한 번에 하나의 시스템 상태에만 수행될 수 있기 때문이다.

그 후 구성요소의 고장 모드와 원인을 식별해야 한다. (여기서 PHA는 유용할 수 있다) 시스템이 모델링되는 방식을 위해 이 단계를 서두르거나 간과해서는 안 되며, 따라서 모든 분석 결과가 이 단계에 크게 좌우된다. 고장 모드와 원인은 철저히 조사해야 한다.

그런 다음 고장 모드 효과에 관한 연구가 수행된다. 가능한 경우 다른 모든 구성요소가 작동하는 동안 한 가지 고장 모드가 저절로 발생한다고 가정하면서 이러한 사항을 체계적이고 철저하게 설명해야 한다.

두 번째 단계 모든 구성요소의 고장에 대한 설명이 분석가가 2차 고장과 연쇄 효과를 깨닫고 시스템을 개선하는 데 도움이 될 수 있어서 반복적인 방식으로 개선의 여지가 있다. 고장 모드의 상호의존성 문제는 구성요소 고장의 다른 조합을 가정하고 각 시스템 상태가 각 고장 모드에 미치는 영향을 연구하면서 가능한 시스템 상태를 나열함으로써 해결할 수 있다. 그런데도 목표를 잘 지키는 것이 중요하다. 그렇지 않으면 작업이 너무 부담스럽고 비효율적일 수 있다. (Villemeur, 1992-A) 결국 결론과 권고안을 도출할 수 있다. FMEA가 올바르게 수행되면 단일 고장의 모든 영향, 고장 모드를 유발하는 방법 및 시스템 기능에 대한 후자의 영향(그리고 다른 고장 모드에 대한 영향을 초래하는 연쇄 효과)이 확인된다는 보장이 있다. 이러한 결과는 경보 시스템, 새로운 설계 규격 및 방법, 설계 중복성 또는 유지관리 계획의 구현에 대한 지침으로 사용될 수 있다.

이 분석은 일반적으로 (PHA에서 발생한 일 등) 표로 제공된다. FMECA라고 불리는 이 방법의 확장이 있는데, 여기서 소개된 "C"는 임계도를 의미하며, 고장 모드의 임계도 분석(심각도)도 수행된다는 것을 의미한다.

3 철도 신호시스템의 안전성과 신뢰성

철도 신호시스템은 안전한 운행을 보장하기 위해 철도 교통을 보호, 제어 및 감독한다. 신호시스템은 열차가 지나갈 때뿐만 아니라 항상 열차를 감독하기 때문에 철도가 지속해서 운영된다. 따라서 모든 유지관리 시간은 신호시스템의 작동에 영향을 미친다.

신호시스템은 다중 계층 및 계약 수준으로 구성된 대규모 복합 시스템의 한 예이며, 긴 예상 내용 수명(일반적으로 20년에서 30년 사이)을 가지고 있다. 복잡한 시스템의 성능 평가에는 시스템 개요의 부재와 관련된 행위자 간의 어긋나는 목표 또는 책임의 불명확한 분배(예: 제조자, 운영자, 유지관리자 등)라는 자체 과제가 있다.

시스템의 긴 사용 연한은 고장을 기록하는 프로세스와 절차가 그 시간 동안 수정되어 불일치를 보이거나 불완전한 데이터를 가질 수 있음을 의미한다. 부품공급자의 변경, 설계 갱신, 유지보수 절차 변경 등에도 영향을 미칠 수 있다. 또한, 데이터 세트는 신뢰성 엔지니어보다는 유지관리를 위해 수집된다. 따라서 적절한 신뢰성 평가를 위한 필수 정보가 부족할 수 있으며, 이는 잘못되거나 불완전한 결론을 초래할 수 있다. 표준 IEC 62278(EN 50126)는 신뢰성, 가용성, 유지보수성 및 안전(RAMS)의 조건을 다음과 같이 정의한다.

① 신뢰성은 항목이 주어진 시간 간격 동안 주어진 조건에서 필요한 기능을 수행할 확률이다.

② 가용성은 필요한 외부자원이 제공된다고 가정할 때 특정 순간 또는 특정 시간 간격에 걸쳐 특정 조건으로 필요한 기능을 수행하는 제품 상태에 있는 능력이다.

③ 유지보수성은 지정된 조건과 명시된 절차 및 자원을 사용하여 유지보수가 수행될 때

지정된 시간 간격 내에 특정 사용 조건에서 항목에 대해 특정 활성 유지보수 작업을 수행할 수 있는 확률이다.

④ 안전은 허용할 수 없는 위해의 위험으로부터 자유로운 것이다.

철도시스템의 RAM은 세 가지 방식으로 영향을 받는다. 시스템 수명 주기의 모든 단계에서 시스템 내부에 도입된 고장 원인(시스템 상태), 운영 중 시스템의 외부 고장 원인(운영 조건) 및 유지보수 활동 중 시스템의 외부 고장 원인(유지관리 10개 조건) 이러한 고장 원인은 상호 작용하고 철도 시스템의 운영 성능에 큰 영향을 미칠 수 있으며, 기존 시스템의 본질적 신뢰성과 효과적 신뢰성 사이에서 관찰된 큰 불일치를 설명한다.

특정 철도 노선에서 운행하기 위해서는, 열차와 인프라의 신호시스템이 상호 운용이 가능해야 한다. 철도 신호시스템의 주요 목적(즉, 철도의 안전한 운영을 보장하기 위한)은 각 부분이 자체적인 목표를 가지고 있고 그 자체로 복잡한 시스템으로 간주할 수 있음에도 불구하고, 모든 부분의 기능을 조합함으로써 달성된다.

철도 신호시스템의 성능을 분석할 때, 서로 다른 부분을 독립적으로 분석하는 것은 (안전한 철도 운영을 보장하는) 최종 목적이 그들 사이의 관계에 달려 있어서, 글로벌 성능의 완전한 그림을 보여주지는 못할 것이다.

신호시스템의 고장은 경제적인 결과(벌금, 많은 양의 유지보수 자원 소비 등)를 초래하고, 운행에 영향을 미칠 수 있으며(지연, 취소, 속도 제한 등) 안전에 영향을 미칠 수 있다. 신호시스템이 고장 나면 저속 제한과 같은 다른 완화 조치를 통해 안전이 보장된 상태에서 운전자가 성능저하 모드로 작동한다. 성능저하 모드에서 운영될 가능성은 신호시스템의 고장으로 인한 경제적 및 운영적 영향을 감소시키지만, 안전이 훼손되더라도 지연 또는 취소를 고려할 때 고장이 반드시 가시화되지는 않을 것이기 때문에, 철도 운영을 평가하는 것은 더욱 어렵다. 유지관리 영역 내에서, 신호시스템의 차상 부분의 열차 기록은 신호시스템의 인프라 부분으로부터 수신한 정보를 포함하기 때문에 고장을 식별하는 데 도움이 될 수 있다.

철도 신호시스템의 안전성과 가용성을 평가하기 위해 다양한 접근 방식을 사용할 수 있다. 가용성과 장애의 하위 집합으로 분류하는 것은 철도 시스템의 신뢰성과 안전성을 모델링하기에 충분하지 않다. 철도 운행의 안전성과 가용성을 평가하고, 신호시스템이 철도 교통을 감독하지 않을 가능성을 정량화할 필요가 있다.

안전성과 가용성은 수명주기의 유지보수 및 운영 단계에서 평가되며, SoS(System of System)의 다양한 서브시스템의 다른 시스템 수리 및 교체를 모두 처리한다. 습득한 지식은 철도 인프라를 개선하거나 업데이트할 때 의사 결정 과정을 용이하게 할 것이다.

4 철도 신호시스템 Fail-Safe 개념

철도 신호시스템의 사명은 안전, 신속, 정확을 그 목적으로 하고 있다. 신호시스템은 고도의 안전성과 신뢰도가 요구되며, 어떤 경우에도 설비고장으로 인한 열차 사고가 발생하지 않도록 설계되어 있다.

설비는 고장이 나지 않아야 하며, 고장이 발생하더라도 열차 운행상 안전 측으로 동2 작하도록 시설하는 것을 Fail safe 원칙이라 한다.

4.1 철도에서 Fail Safe 적용 역사

안전을 확보하기 위해서는 설비 자체의 고장에 대한 안전대책도 필요하지만, 설비가 고장이 난 경우에도 안전 측이 되는, Fail-Safe의 개념은 철도 분야에서 일찍부터 발달해 왔다.

① 철도의 발상지인 Nen Stockton · Darlington 철도에서는, 야간에 창가에 초를 세워 빛이 보일 때는 '정지', 보이지 않을 때는 '진행'의 신호로 열차 운행을 제어했으나 가끔 촛불이 꺼지는 바람에 정지해야 할 열차가 진입하는 사태가 발생해 여러 가지 대책을 검토하기 시작했다. 이처럼 초기 단계부터 Fail-Safe의 사고방식을 논의한 흔적이 있고, 이러한 사고를 바탕으로 기계적, 전기적 신호에서 근래의 전자적 신호에 이르기까지의 Fail-Safe를 중심으로 한 안전성 기술이 발달하여 왔다.

② 철도에서 신호의 안전성 기술은 Fail-Safe의 사고방식을 중심으로 다양한 기술 · 수법이 사용되어, 안전성의 향상에 이바지하고 있다.

③ 철도 신호 분야의 경우에는 안전성은 항상 절대적이며 기본적이었고 이미 지난 20여 년 동안 유럽과 일본은 철도 신호 분야에 대한 마이크로 전자화의 적용에 관한 노하우를 쌓았다. 따라서 폭넓은 안전성 시대로 진입하고 있다는 것은 의심할 여지가 없다.

④ 안전성과 비용, 규격의 구현 깊이 등 이 세 가지는 삼각관계를 형성한다. 여기에 대한 경험이 축적되면 이 관련성에 대한 구체적인 값을 얻게 될 것이다. 또 복잡한 안전성 관리 접근방식은 필연적이다. 다른 분야의 진보된 안전성 시스템(예를 들어 핵발전, 항공교통제어)에도 유사한 패턴이 이어지고 있다.

4.2 철도 안전 원칙

철도 안전의 목적은 안전한 철도 운영을 제공하는 것이다. 철도 안전은 철도 운영의 안전, 안전 위험의 관리, 철도 안전 관리의 지속적인 개선, 철도 운송의 안전에 대한 대중의 신뢰에 중점을 둔다. 여기에는 공유 책임, 안전 위험 관리에 대한 책임, 통합 위험 관리, 시행, 투명성 및 일관성과 관련된 많은 중요한 정책 원칙이 포함되어 있다.

철도 안전 준수는 필수적인 부분이며, 따라서 철도 신호 응용 프로그램 일부를 구성하는 시스템, 하위 시스템은 Fail Safe를 위해 투명하게 정리되어야 한다.

4.3 Fail Safe 설계, 신뢰성 및 확률

(1) Fail Safe 설계

Fail Safe 설계 이론은 가능한 모든 고장이 시스템을 가장 안전하거나 가장 제한적인 상태에 놓이게 하는 방식으로 시스템과 장비를 만드는 것이다. 예를 들어, 건널목 경보장치에서 장비가 접근하는 열차를 감지하는 것을 방해하는 어떤 일이 발생하는 경우, 감지 장치가 제대로 작동하지 않는다는 것을 대중에게 알리기 위해 경보 시스템을 활성화해야 한다. 예를 들어, 기기가 접근하는 열차를 감지하는 것을 방해하는 어떤 일이 발생하는 경우, 감지 장치가 제대로 작동하지 않는다는 것을 대중에게 알리기 위해 경보 시스템을 활성화해야 한다. 불완전한 세계에서는 어떤 것도 완전히 Fail Safe 할 수 없다는 것이 인정되지만, 경보장치를 비활성 상태로 유지하고("잘못된 고장") 의심하지 않은 대중이 다가오는 열차의 경로로 운전할 수 있도록 하는 것은 결코 받아들일 수 없다. 모든 잘못된 고장은 철저히 조사된다. 발생확률이 아무리 낮더라도 또 다른 발생을 방지하기 위해 시스템 또는 시스템 구성요소에 대한 설계 변경을 수행할 수 있다면, 시행하여야 한다. 이 정책은 1세기가 넘도록 시행되어 왔다. 그것을 통해 오늘날 우리가 사용하는 장비를 매우 안전한 장비로 발전시켰다.

(2) 신뢰성

장비의 신뢰성은 종종 Fail Safe로 오인된다. 고장 확률이 낮은 고품질 기기를 사용하면 잘못된 측면 고장 가능성이 매우 희박하다고 가정한다.

장비의 신뢰성이 중요하다는 것은 인정된다. 위험이 없을 때도 자주 작동하는 경보장치는 '경보'를 너무 많이 울린 양치기 소년처럼 결국 무시될 것이다, 신뢰성을 희생하지 않고 최대한 Fail Safe가 가능한 시스템을 설계하기 위한 싸움이 끊이지 않는다. 현재 사용되는 대부분의 정교한 장비들이 지속해서 판매되고 있으며 모든 구성요소를 검사하고 있다. 만약 어떤 하나의 부품이 제대로 작동하지 않는다면, 건널목은 비활성화될 것이다. 그러한 시스템에서, 적절한 작동의 신뢰성은 그것을 구성하는 모든 또는 일부 부품에 달려 있다.
일부 시스템에서는 기본 장치가 점검 테스트에 실패하면 "중복" 또는 백업 경보장치가 인계하도록 설계되었다. 건널목의 신뢰성을 높이기 위해 이 작업이 완료되었지만, Fail Safe 작동과는 아무런 관련이 없다. 백업 장치에는 기본 장치와 같은 자체 검사 회로가 포함되어 있다. 의도한 대로 작동하지 않으면 경보 시스템이 활성화된다.
고품질 구성요소를 사용하지만, 현장에서의 중복 장비, 광범위한 품질 검사 및 주기적 시험이 이루어지고 있음에도 아직도 건널목 경보장치가 잘못 활성화되는 경우가 종종 있다. 장비가 작동하는 환경은 매우 험난하다.
번개, 물, 도난, 그리고 심지어 해충도 때때로 문제를 일으킬 것이다. 하지만 무엇보다도, 경보 시스템이 있는 수천 개의 건널목이 있다. 장치가 많을수록, 또는 당연히 하나 이상의 장치가 문제를 감지하고 열차가 접근하지 않더라도 경보 시스템을 작동할 가능성이 커진다. 아마도 모든 사람은 건널목 시스템이 작동해서는 안 될 때 작동하는 것을 본 적이 있을 것이다. 하지만, 건널목 경보 시스템이 작동해야 할 때 작동하지 않는 것을 본 사람은 거의 없다. 장비를 설계할 때 레일 안전이 아닌 신뢰성만 문제가 된다면, 현재 발생하는 경보장치의 잘못된 활성화 중 많은 부분이 장비가 작동해야 할 때 작동하지 않는 "잘못된 고장"일 가능성이 있다. 그로 인한 대중들의 위험은 참을 수 없을 것이다.

(3) 확률

확률은 누적된다. 릴레이가 99.9999%(1백만 번의 작동 후 고장)의 시간 동안 제대로 작동하고 케이블, 배터리 및 연결부에 같은 신뢰성이 있는 경우 건널목 고장 확률은 배터리에 대해 0.0001%이고, 6개 연결부 각각에 대해 0.0001%이고, 3개 와이어 각각에 대해 0.0001%이다. 잘못된 고장의 총 확률은 83,000회 작동 시마다 0.0012% 또는 약 1회 고장이다. 만약 우리가 하루에 10대의 열차가 있다고 가정한다면, 그 확률은 8,300일마다 또는 23년마다 한 번 고장이 난다. 이것은 매우 신뢰할 수 있는 건널목이다.
열차가 건널목에서 멀어질 때 건널목 경보 시스템이 계속 작동하지 않도록 하기 위한 많은 건널목 접근방식, 타이밍 회로, 컷아웃 회로가 겹친다는 사실과 건널목에서 필요한 다른 많은 기능을 더하면 단순 경보 회로의 구성요소가 증가한다. 이 사실은 잘못된 고장 확률을 증가시킨다.
분명히, 단지 매우 신뢰할 수 있는 구성요소를 사용하는 것만으로는 우리의 건널목을 안전하게 만들 수 없을 것이다. Fail Safe 원칙을 충족하려면 설계 변경이 이루어져야 한다. 먼저 배터리를 가지고 한 단자를 절연 이음매 근처의 한 레일의 끝에 연결하고, 다른 단자를 저항기를 통해 궤도 구간의 같은 끝에 있는 다른 레일에 연결한다. 이제 궤도구간의 다른 끝으로 가서 한 레일에서 릴레이 코일의 한쪽으로 와이어를 연결한다. 마지막으로 릴레이 코일의 다른 쪽 레일을 연결한다. 이제 전류가 배터리의 한 단자에서 저항을 통해 하나의 레일로 흐른다. 그런 다음 레일을 따라 릴레이에 연결된 와이어로 이동한다. 릴레이를 통과하여 다른 레일을 통과하여 배터리의 다른 단자로 돌아간다. 이제 릴레이는 레일을 두 개의 와이어처럼 사용하여 전류가 흐른다.

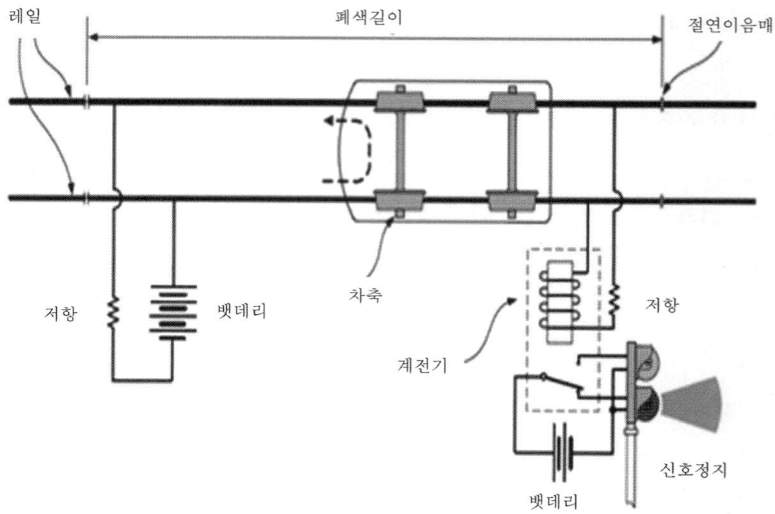

[그림 4] 궤도회로의 단락

열차가 선로 부분에 들어오면 [그림 4]와 같이 바퀴가 레일 사이에서 단락된다. (배터리에서 레일로 가는 와이어의 저항기는 레일에 의해 레일이 단락되었을 때 배터리가 손상되지 않도록 하기 위한 것이다) 릴레이로의 에너지는 열차에 의한 단락으로 인해 차단된다. 릴레이 접점이 이전 예와 반대로 배선 된 경우, 릴레이가 열차에 의해 단락되었을 때 건널목 경보 시스템이 활성화된다.

이 회로는 Fail Safe 원칙에 따라 설계되었다. 배터리 방전, 레일 파손, 연결부가 느슨하거나 와이어가 끊어지거나 절단되었을 때 릴레이가 꺼짐으로써 건널목 경보 장치가 작동하게 된다. 이제 구성요소의 신뢰성은 경보 시스템이 필요할 때 경보가 발생하지 않을 확률보다는 경보 시스템의 잘못된 활성화를 줄이는 문제가 된다.

신 시스템 설계에 사용되는 "폐쇄 루프" 원칙이 위의 예에서 매우 단순하지만, 가장 복잡한 첨단 기술 장치에서도 사용되는 기본 개념을 보여준다.

모든 최신 철도 경보 시스템은 예상 전기 전압 또는 신호가 없을 때 활성화되는 것을 기반으로 한다. 이렇게 하면, 어떤 것이라도 제대로 작동하지 않으면 경보 시스템이 활성화된다.

트랜지스터와 집적회로를 포함하는 전자회로를 사용할 경우, Fail Safe 개념은 조금 더 어려워진다. 트랜지스터는 기본적으로 릴레이와 같다. 베이스에 작은 전압이 가해지면 스위치처럼 전도된다. 문제는 트랜지스터의 고장 모드가 릴레이만큼 예측할 수 있지 않다는 것이다. 릴레이 접점은 고장이 나면 거의 항상 닫힌다. 트랜지스터는 전도성 모드 또는 비전도성 모드에서 고장이 날 수 있다. 대부분의 신호 장비는 트랜지스터를 계속 켜고 끄면서 확인한다. 트랜지스터 또는 기타 구성요소 고장 때문에 장비의 출력이 계속 켜져 있거나 계속 꺼져 있으면 건널목 경보 시스템이 활성화된다. 여기서도, 예상된 신호가 없는 것은 경보 시스템을 켜는 데 사용된다.

마이크로프로세서 역시 비슷한 방식으로 점검된다. 두 프로세서가 서로 지속해서 검사하든, 또는 프로세서를 검사하기 위해 일부 외부 회로를 사용하든, 적절한 시간에 적절한 출력에 예상된 펄스가 없으면 경보가 활성화된다.

일단 이해하였다면, Fail Safe 설계개념은 매우 어렵지 않다. 그것의 기초는 회로의 어떤 부분이 고장 날 경우, 경보 시스템이 작동하지 않을 가능성을 허용하지 않고 작동하게 하려면 가능한 모든 것을 하는 데 있다. 철도 신호 설계는 Fail Safe 설계개념을 따르기 때문에 매일 수백만 건의 건널목 작업이 발생하더라도 잘못된 고장이 발생하는 경우는 극히 드물다.

4.4 열차 운전상 안전 측의 의미

열차 운전에서 안전 측 동작이란 다음과 같이 설비 자체가 운전사고를 방지하는 방향으로 동작하는 것을 말한다.

정상상태	여건 변동	안전 측
운행 중인 열차	➡	정지
진행신호	➡	정지신호
궤도회로 여자	➡	궤도회로 낙하
계전기 여자	➡	계전기 낙하

5 Fail-Safe 구현 방법

5.1 설비의 장애 발생 시 에너지를 최소화하여 안전 측으로 분배하는 방법

저에너지를 안전 측으로 하여 고장상태가 고에너지(위험 측)로 작동할 확률을 최소화하여 고장을 일방적으로 제한하는 '비대칭 오류'개념을 적용한 방법이다.

위험 측의 출력은 항상 정당한 에너지가 얻어지지 않으면 구성되지 않도록 하며 비정상적인 에너지에 의해 불안전한 상태를 일으킬 확률을 극히 적게 만드는 것이다. 고장상태가 낮은 저에너지에서는 안전 측이 되고 고에너지에서는 위험 측으로 하여 실수할 확률을 최소화하는 방식이다.

(1) 기계적 중량을 이용하는 방법

위치에너지를 이용하는 방법이 일찍부터 고안되었다. 대표적인 예로 완목식 신호기를 들 수 있다. C.H.Gregory는 1841년에 완목식 신호기를 고안했지만, 그 당시에는 지금처럼 중력 낙하의 개념이 없어서 강한 비바람 때문에 신호기를 정지현시로 되돌리지 못하여 사고가 발생하게 되자, 중력을 이용한 정지신호를 현시하는 신호기가 고안되었으며, 이와 같은 사고방식이 오늘날까지 이어지고 있다.

(2) 전자흡인력과 중력을 이용한 방법

제어에너지로서 전기에너지를 이용하여, 전자흡인력과 중력을 이용한 전자기적인 방법이 1870년경부터 사용되고 있다. 이 방법에서는 전기회로가 구성되어 전자석이 여자 되면, 전자흡인력은 '중력'에 저항하는 방향으로 동작하게 되어, 위험 측의 상태를 구성한다. 전기회로, 코일 등의 단선 장애가 발생하면 전자흡인력을 잃어, 중력에 의해 안전 측 상태를 구성하게 된다. 대표적인 예로 전기쇄정기, 궤도계전기 등이 있고, 신호 분야에서 가장 많이 사용되고 있으며, 기본으로 사용되고 있다. 근래의 신호용 계전기는 중력 대신 접점 탄력을 이용하고 있지만, 기본 개념은 중력을 이용하는 것과 차이가 없다.

(3) 폐회로에 의한 전기회로 구성법

전기회로에서 에너지 차단을 안전 측으로 하는 Fail-Safe 회로에서는 폐회로를 구성하여 위험 측으로 사용하는 것을 기본으로 한다. 1872년 W.Robinson이 폐전로식 궤도회로의 발명을 시작으로 최근의 ATC에서 레일에 흐르는 신호파를 상시 통신하는 개념에 이르기까지 많은 제어회로에 사용되고 있다.

5.2 장치의 장애 발생 시 현상 유지를 안전측으로 하는 방법

제어에너지가 차단되어도, 여전히 차단되기 직전의 상태를 유지하고 있는 것이 안전측인 경우로, 주로 선로전환기 등의 안전성 확보에 사용되고 있다. 즉, 선로전환기는 정위 또는 반위의 어느 한쪽에 밀착하고 있는 것이 안전 측으로, 어느 쪽에도 밀착하지 않고, 텅레일(tongue-rail)이 개구(떨어져 있는) 상태에 있는 경우가 위험 측이다. 따라서, 선로전환기가 밀착하고 있는 상태에서, 전환을 제어하는 시스템에 차단 장애가 발생하여도 밀착을 유지할 수 있도록 구성하는 방법이 필요하다.

5.3 Inter-lock 방법

연동장치, 즉 연동의 개념은 본래 일반적으로 Fool-Poof의 개념이지만, 계전연동장치의 출현이래, 단순히 인간의 오조작을 방지하는 것에 그치지 않고, 다입출력 제어계에서 위험 측의 오류 출력을 제거하는 방법으로 사용할 수 있게 되었으며, 또한 Fail-Safe로 회로가 구성되고 있으므로 Fail-Safe로 분류하였다. 이러한 방법의 구체적인 예로 연동장치의 각종 쇄정 등이 해당한다.

5.4 현장에 적용된 안전 측 동작 방식

신호시스템은 다음과 같이 설비하며 고장 발생 및 어떠한 경우라도 안전 측으로 동작하는 것을 원칙으로 하고 있다.

(1) 궤도회로 폐전로식

열차의 유무를 검지하는 궤도회로는 상시 전기회로가 구성된 폐전로 전기회로 방식으로 해당 구간에 열차가 진입하면 차륜에 의해 전기회로가 단락되어 착전단에 충분한 전류가 흐르지 못하여 궤도계전기가 낙하하고 신호기가 적색으로 정지를 현시하게 된다.

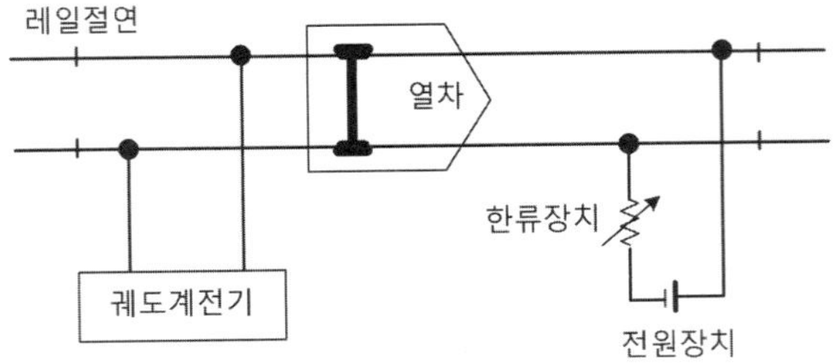

[그림 5] 폐전로식 궤도회로

(2) 계전기 회로는 무여자시 기기를 쇄정하는 방식

미세전류 혼촉에 대한 방호방식으로 제어접점이 아래로 움직이면 전원을 차단함과 동시에 계전기를 단락한다. 따라서 미세전류가 흘러도 피제어계전기는 오동작하지 않으므로 한선 또는 양선 어느 쪽이나 안전측으로 동작한다.

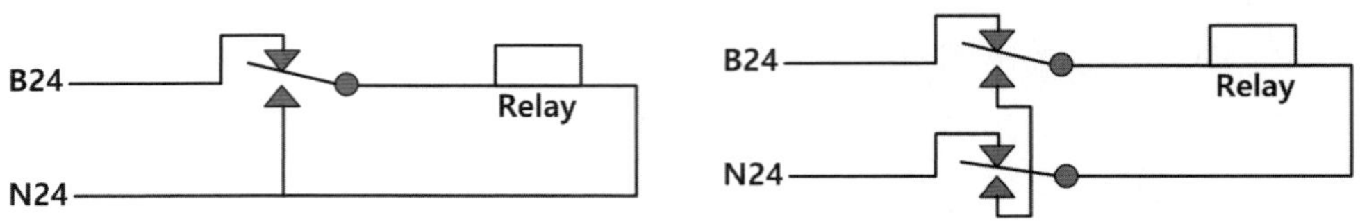

(a) 한선 (b) 양선

[그림 6] 양단을 단락하여 쇄정하는 방식

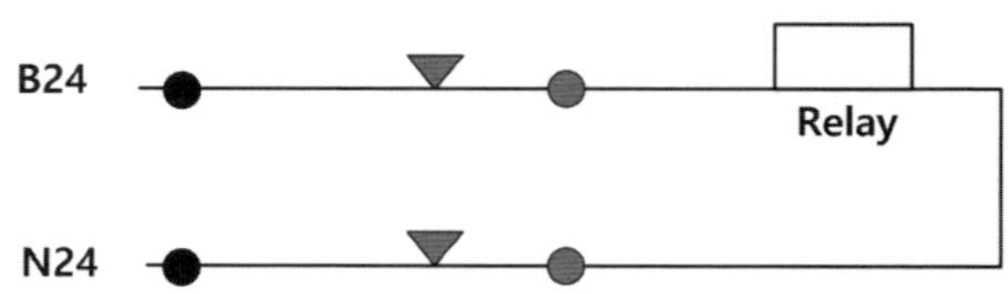

[그림 7] 전원과 계전기의 위치

(3) 전원과 계전기의 위치를 양단으로 하는 방식

정거장으로 접근하는 열차가 있을 때 진로 내의 선로전환기를 전환하지 못하게 하는 접근표시 계전기 회로로, 상시 폐전로 회로로 구성하며 동종의 신호케이블이 단락하였을 때는 계전기는 무여자 되고, 접근 열차가 있을 때 쇄정회로가 안전 측으로 동작하도록 그림과 같이 전원과 피제어 계전기의 위치를 양단으로 하는 방식이다.

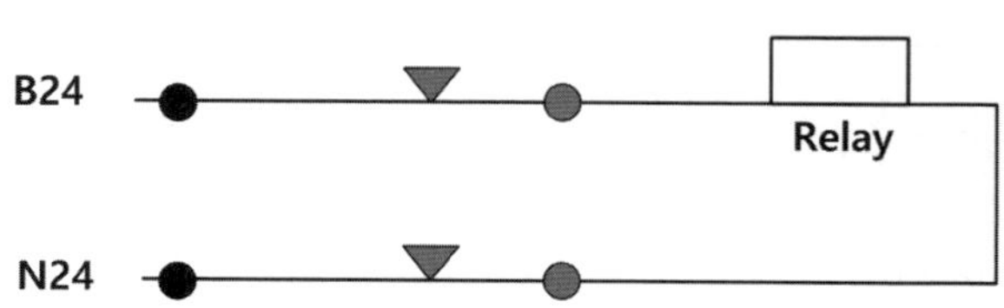

[그림 8] 전원과 계전기의 위치

(4) 계전기는 양선(⊞, ⊟) 모두를 제어하는 방식

제어조건을 양선으로 넣어, 회로의 혼촉, 미세한 전류에 대해서 Fail-Safe로 하는 방식으로 한 선 제어인 겨우 점선과 같은 혼촉, 미세한 전류가 있으면 제어조건의 유무와 관계없이 오동작하게 되나 제어조건을 양선으로 하면 한 선이 혼촉 되더라도 오동작을 피할 수 있어 Fail-Safe가 가능하다.

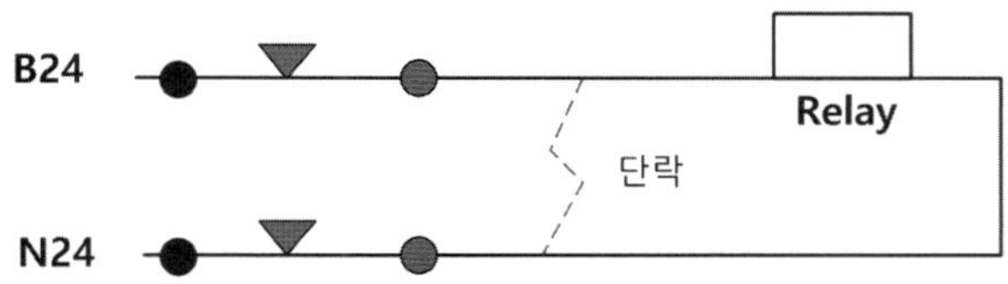

[그림 9] 양선으로 계전기를 제어하는 방식

(5) 계전기는 무여자시 전원을 차단하는 방식

그림과 같은 회로에서 한쪽 선에 미세전류가 흘러들어와 계전기가 순간적으로 동작하면 그 접점이 아래로 떨어져 전원을 차단하고 단락하게 된다. 미세전류가 다시 들어오더라도 계전기가 오동작하지 않는 Fail-Safe 구조이다.

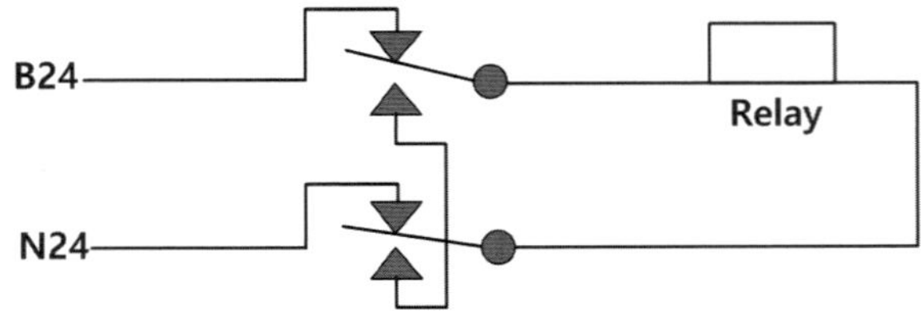

[그림 10] 전원 차단 방식

(6) 위상제어 방식

교류전력계의 회전력은 전류코일과 전압코일의 위상차에 의해 변화하게 되는 원리로 정하여진 위상차 이하가 되면 회전력이 저하하게 된다. 상용주파수 궤도회로에서 외부에서 전류가 들어오더라도 위상차가 일정 각도에 부합하지 않으면 궤도계전기가 동작하지 않도록 하여 Fail-Safe 기능을 수행하고 있다. 이 방법은 직류 유극계전기도 같은 방식이다.

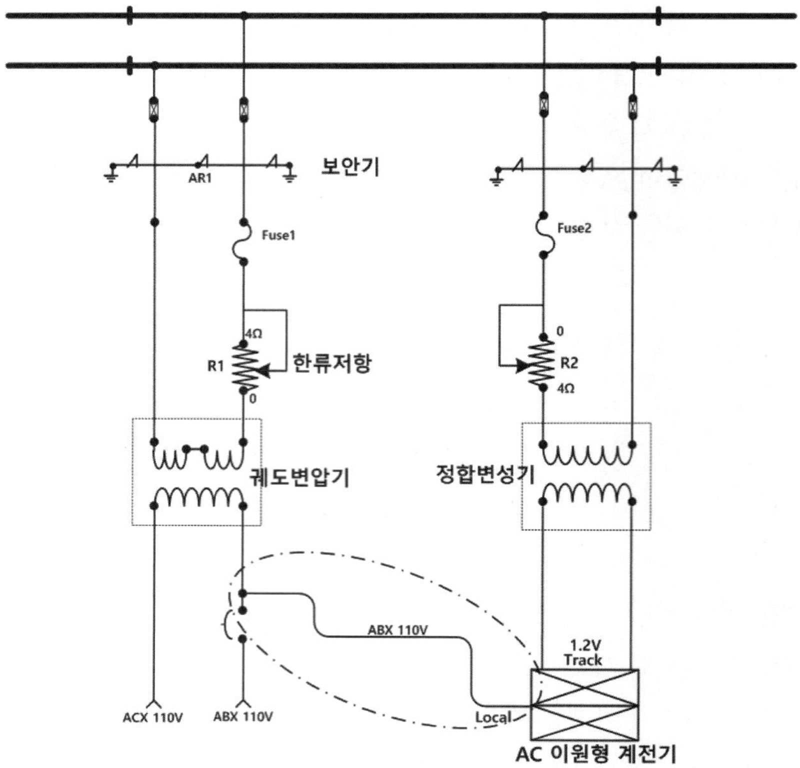

[그림 11] 위상제어 방식

6 안전 수락 및 승인 요건

6.1 안전 사례의 종류

안전 사례에는 시스템, 하위 시스템, 장비에 대한 문서로 만들어진 안전 증거가 포함되어 있으며 다음 그림과 같이 구성되어야 한다. 안전 사례는 품질 관리, 안전 관리, 기능 안전 및 기술 안전의 증거에 대해 논의해야 한다.

안전 사례는 3가지 종류를 생각할 수 있다. IEC 62425(ENV 50129) 참고

① GP : 일반 제품 안전 사례(GP: Generic Product Safety Case)는 다양한 적용 환경 속에서 일반 제품이 안전하다는 증거를 제공한다.

② GA : 일반 적용 안전 사례(GA: Generic Application Safety Case)는 특정 등급의 적용 환경 속에서 일반 제품이 안전하다는 증거를 제공한다.

③ SA : 특정 적용 안전 사례(SA: Specific Application Safety Case)는 어떤 특정 적

용과 관련되어 있다.

이들은 안전 증거의 효율적인 재사용을 가능케 하는데 이용될 수 있다. 예를 들어, 재신호 구조에 대한 특정 적용 안전 사례는 특정 종류의 교차로에서 사용되는 선로전환기 사용에 대한 일반 적용 안전 사례를 참고할 수 있으며, 이는 반대로 해당 절차에 대한 일반 제품 안전 사례를 참고할 수도 있다.

IEC 62425(ENV 50129)은 특정 적용 안전 사례를 2개의 안전 사례: 적용 설계와 물리적 수행으로 나누기를 요구한다. 그러나 안전 사례를 모든 적용 사항에 대하여 이렇게 나누도록 권고하지는 않는다.

안전 사례에 대한 관리와 보고서는 다음과 같이 표시할 수 있다.

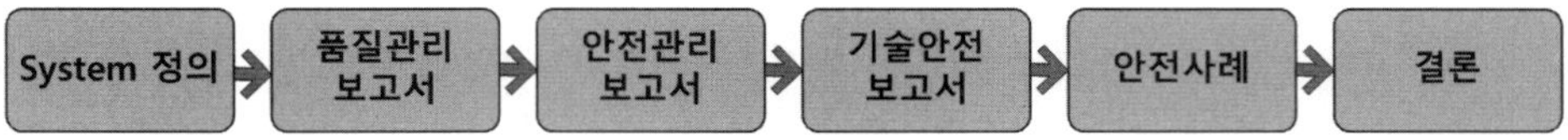

[그림 11] 안전 사례

(1) System 정의

제기된 안전 논의에 대한 이해를 제공하기 위해 변경 사항에 대한 개요를 제공해야 한다. 여기에서는 목적, 기능, 구조, 설계, 운영 및 검토 시 품목 지원을 다루는 문서를 다루거나 참고문헌을 제시하며 다음이 포함된다.

① 물리적 위치를 포함한 시스템 설명
② 다른 시스템, 서비스 및 설비에 대한 가정을 포함하는 시스템 경계 및 인터페이스에 대한 정의
③ 구성 하부 시스템 정의 및 필요한 경우 하부 시스템 안전 사례에 대한 언급

안전 사례에 적용되는 시스템의 구성은 명확하게 정의되어야 한다. 시스템이 효과적인 구성관리와 변경 관리에 따르며 안전 계획서가 요구하는 모든 기준을 참고하고 있다는 것을 보여야 한다.

(2) 품질 관리 보고서

효과적인 안전 사례의 사전 조건은 효과적인 품질 관리 시스템(QMS)을 통하여 업무 품질이 현재 관리되고 있고, 지금까지 관리되어야 한다. QMS 활동을 요약하고 프로젝트에 대해 이들의 적절했음을 정당화해야 한다. 관련 QMS에 관해 설명하는 정확한 참고문서들이 제공되는 경우, 많은 양의 구체적인 증거 및 근거 문서는 필요치 않다.

(3) 안전 관리 보고서

프로젝트의 EMS 측면이 어떻게 수행되었는지를 보여주고 이에 대해 검토를 해야 한다. 이는 안전계획서 상에 명시된 활동들을 요약하고 이를 언급해야 하며, 이 활동들이 계획대로 수행되었다는 것을 보이는 증거를 제공하거나 이에 대해 언급을 해야 하며, 이들 활동들의 적절성을 정당화하여야 한다. 위험일지는 위험이 관리되고 있었다는 최우선 증거 자료가 될 것이다. 다음은 다루어져야 할 ESM 논의사항들이다.

① 역할 및 책임 ② 안전 수명주기 ③ 안전 분석 ④ 안전 요건
⑤ 안전 기준 ⑥ 안전성 감사 및 평가 ⑦ 공급자 관리 ⑧ 안전 관리
⑨ 구성관리 ⑩ 프로젝트 안전 교육

(4) 기술 안전 보고서

기술 안전 보고서에서는 모든 관련 증거(예를 들어, 설계 원칙 및 측정법, 테스트 규정 및 결과, 안전 분석)를 포함하여(또는 이에 대한 언급을 포함하여) 설계에 대한 안전성을 보증하는 기술적 원칙을 설명해야 한다. 이러한 문서에 대한 정확한 근거 자료를 제공하는 경우 많은 양의 증거 및 근거 문서들이 필요하지는 않다. 다음은 기술적 안전 복서의 구조에 대한 지침을 제공한다.

① 개론 ② 정상적인 기능의 작동 보증 ③ 고장의 영향
④ 외부 영향과의 작용 ⑤ 안전 관련 적용 조건 ⑥ 안전 자격시험
⑦ 기타 특별한 안전 문제

(5) 안전 사례

관련 안전 사례에서의 가정, 한계나 제약이 이 안전 사례에 대해 만족시키거나 수행되었다는 입증과 함께 안전 사례가 의존하는 다른 안전 사례에 대한 참조를 포함한다.

(6) 결론

이 부분에서는 안전 요구사양에 따라 시스템의 수용 가능성에 대해 언급한다. 여기에는 다음 사항들이 포함되어야 한다.

① 안전 사례에 정해진, 특히 안전 요건에 대해 정해진 가정에 대한 목록
② 시스템에서 나타나는 잔여 위험의 언급
③ 시스템 결함에 관한 기술
④ 모든 미해결 위험 요인 및 기타 특별한 문제의 규명
⑤ 안전 원인에 이바지하는 운영 제약이나 절차
⑥ 수행될 향후 과업의 규명 및 권고 사항

6.2 기능 및 기술 안전 증명

위에서 설명한 품질 및 안전 관리의 증거 외에도, 시스템, 하위 시스템, 장비 시스템, 장비가 의도된 용도에 적합하게 안전한 것으로 인정되기 전에 세 번째 조건이 충족되어야 한다. 이는 설계의 안전성에 대한 기술적 증거로 구성되며, 이는 기술 안전 보고서에 기록되어야 한다.

6.3 위험 분류

허용 위험률(THR)은 시스템의 안전 무결성에 대한 체계적이고 무작위적인 고장 모두에 대한 목표 측정값이다. 위험 분석을 수행하기 위해 다음 단계를 따라야 한다. 안전 무결성은 네 가지 개별 수준 중 하나로 지정되어 있다. 레벨 4는 안전 무결성 수준이 가장 높고 레벨 1은 가장 낮다. 레벨 0은 안전 요건이 없음을 나타내기 위해 사용된다. 안전무결성(SIL)은 품질 및 안전 관리 및 기술 안전 조건과 같은 요소의 질적 평가를 다루어야 한다.

이 안전은 고장을 방지하거나 허용하기 위한 적절한 조치(시스템 고장에 대한 안전장치로서)와 무작위 고장을 제어하기 위한 적절한 조치에 모두 의존한다. 시스템 최적의 안전 성능을 달성하기 위해 두 가지 고장 원인에 대한 조치가 균형을 이루어야 한다. 이를 위해 안전 무결성 수준(SIL: Safety Integrity Level)의 개념이 사용된다.

SIL은 체계적 고장을 정량화할 수 없으므로 (체계적 고장을 피하기 위한) 정성적 접근법과 (무작위 고장을 제어하기 위한) 정량적 접근방식을 일치시키는 수단으로 사용된다. 이 균형은 안전 무결성 수준 0, 1, 2, 3, 4 목록과 허용 위험률 I_0, …, I_4에 대한 해당 간격 또는 대역 목록으로 구성된 표로 표시된다.

SIL 표는 이러한 기능 중 하나 이상을 구현하는 안전 관련 기능 또는 하위 시스템에 적용할 수 있다. SIL x에 필요한 조치와 방법을 준수하였으므로 THR이 달성되었음을 증명할 때 체계적인 고장을 고려할 필요가 없다. SIL 표는 허용 가능한 위험률(THR)에서 안전 관련 기능에 필요한 SIL을 식별한다. 따라서 함수 F에 대한 THR이 정량적 방법에 따라 도출되면 필요한 SIL은 다음 표를 사용하여 결정해야 한다.

SIL	THR/hour/기능
4	$10^{-9} \geq 10^{-8}$
3	$10^{-8} \geq 10^{-7}$
2	$10^{-7} \geq 10^{-6}$
1	$10^{-6} \geq 10^{-5}$

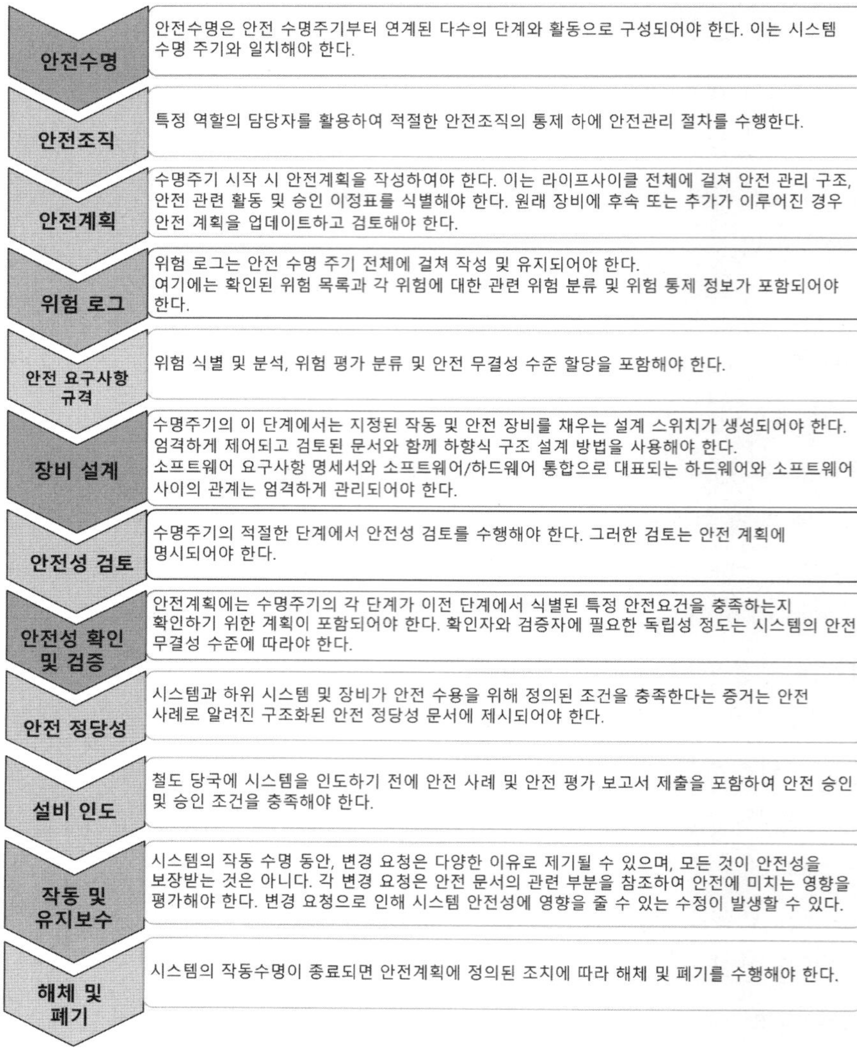

[그림 13] 안전 관리 증거

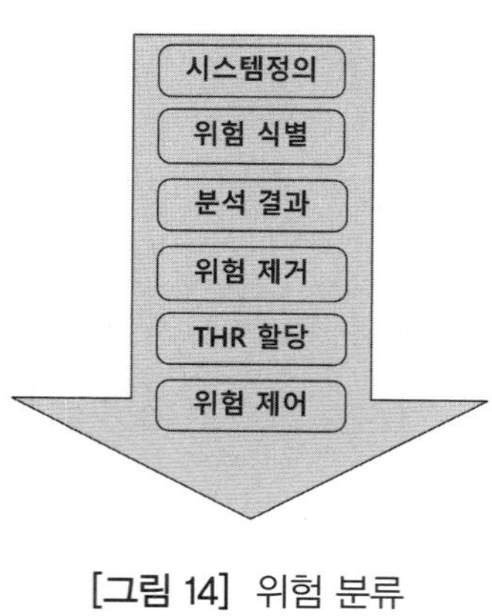

[그림 14] 위험 분류

7 신뢰성 개념

신뢰성은 제품, 서비스, 시스템의 수명주기 동안 장애를 최소화하고, 장애가 발생하여도 적절한 대응과 복구가 가능하도록 설계되는 과정을 포괄적으로 다루는 공학이다. 이를 위해 제품의 설계 초기부터 신중하게 계획하고 검증함으로써 신뢰성을 행상시키는 방법을 사용한다. 철도신호에서 안전과 관련된 신뢰성을 높이는 방법으로 품질관리, 데이터분석 기술활용, 다중화와 이중화 활용 예측 가능성에 대한 내용은 다음과 같다.

7.1 전기/전자/프로그램 가능한 전자 안전 관리시스템의 기능 안전

다양한 산업과 적용을 다루는 "포괄적" 표준인 IEC 61508은 안전 기능을 수행하는 데 사용되는 전기, 전자, 프로그램할 수 있는 전자(E/E/PE) 요소로 구성된 컴퓨터 기반 시스템의 국제 표준이다. (IEC, 2010) 그것은 전반적인 요구사항을 제공하고 부문별 표준 개발의 기초가 된다. 이 표준의 중요한 특징은 안전 수명 주기 동안 안전 관련 시스템의 안전 요구사항을 결정하기 위한 위험 기반 접근 방식을 강조한다는 것이다.

7.2 안전에 중요한 시스템

안전에 중요한 시스템은 고장이 심각한 결과를 초래할 수 있는 시스템이다. 오늘날 많은 안전 중요 시스템은 전기, 전자 또는 프로그래밍할 수 있는 전자(E/E/PE) 기술을 기반으로 설계되었다. 이러한 시스템은 표준 IEC 61508에서 E/E/PE 안전 관련 시스템이라는 용어로 명명되었다. 안전에 중요한 시스템은 적용 범위가 넓다. 그들은 공정 산업, 기계 산업, 원자력 산업에 사용될 수 있다. 철도 환경에서 신호시스템과 자동 열차 제어 시스템은 안전에 중요한 시스템의 두 가지 예이다.

7.3 안전 기능

안전 기능은 위해를 일으킬 수 있는 특정의 원치 않는 사건으로부터 보호하기 위해 구현된다. 안전에 중요한 시스템에는 하나 이상의 안전 기능이 있을 수 있다. 안전 기능을 정의하려면 먼저 원하지 않는 이벤트를 식별하는 것이 중요하다. 철도 신호시스템에서 가장 심각한 결과를 초래하는 원치 않는 사건은 열차의 탈선과 충돌이다. 신호시스템과 관련된 두 가지 원치 않는 사건이 발생하지 않도록 안전 기능을 정의해야 한다. [그림 15]와 같이 신호시스템의 가장 중요한 다섯 가지 요소는 연동시스템, 열차 검지, 선로전환기, 신호기와 ATC 인프라이다. 원하지 않는 사건의 결과를 완화할 수 있는 이 다섯 가지 시스템에 의해 수행되는 기능은 신호시스템의 안전 기능으로 간주할 수 있다. 정의된 안전 중요 기능은 표 2에 나열되어 있다.

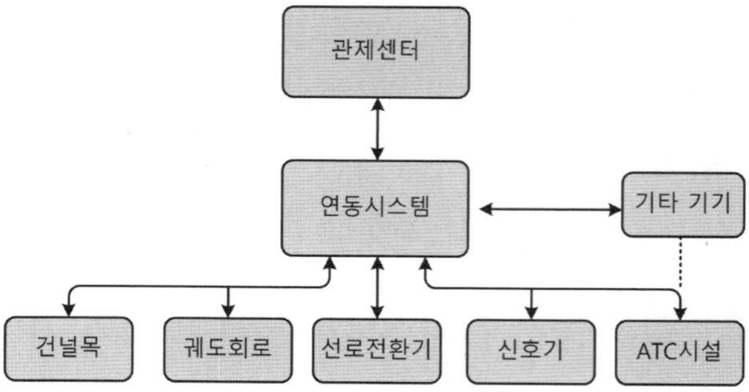

[그림 15] 철도 신호시스템의 구성

[표 2] 안전에 중요한 기능, 고장 모드 및 고장

	안전에 중요한 기능	고장 모드	고장
SCF 1 (연동장치)	연동장치는 연동장치에 정확한 입력 신호/데이터를 주면 정확한 출력 신호를 설정/제어 대상물에 정확한 데이터를 전송해야 한다.	연동시스템이 신호에 대한 사전 요구사항에 따라 허용되는 것보다 덜 제한적인 지침을 제공한다.	주행 신호에 대한 잘못된 명령(연동 시스템 고장)
		연동시스템이 조건이 충족되지 않더라도 이동 가능한 궤도 요소에 명령을 제공한다.	선로전환에 대한 잘못된 명령 (선로전환기 고장)
		연동시스템이 ATC 인프라에 대한 전제조건에 따라 허용되는 것보다 덜 제한적인 지침을 제공한다.	잘못된 주행 신호/과속 (ATC 고장 – 연동시스템에서 보내는 메시지)
SCF 2 (선로전환기)	선로전환기는 선로전환기를 쇄정하고 위치 및 쇄정 상태에 대한 올바른 정보를 연동시스템에 제공한다.	선로전환기가 쇄정 조건이 충족될 때 가동 부품을 잠그지 않으며, 가동 부품이 잠긴 상태를 유지하도록 보장하지 않는다.	선로전환기가 잘못된 제어 (선로전환기 고장)
		선로전환기가 쇄정 및 위치 제어에 대한 올바른 정보를 연동시스템에 제공하지 않는다.	
SCF 3 (궤도회로)	열차 검지 기능은 비어 있는 선로 구간을 검지하고 선로 구간이 점유되었는지에 대한 정확한 정보를 연동시스템에 제공해야 한다.	열차 검지 기능은 열차가 점유하지 않는 선로 요소에 대해 확실하게 감지하지 못한다.	점유 선로 구간 검지 안 됨 (열차 검지 실패)
		열차 검지 기능은 연동시스템에 점유되거나 점유되지 않은 궤도 요소를 정확하게 제공하지 않는다.	

	안전에 중요한 기능	고장 모드	고장
SCF 4 (신호기)	신호기는 열차에 대한 정확한 신호등을 보여주고 신호 상태에 대한 정확한 정보를 연동시스템에 제공해야 한다.	신호기가 조건에 따라 열차에 대한 올바른 신호등이 표시되지 않는다.	잘못된 주행 신호 (신호기 내 고장)
		신호기가 연동시스템에 신호기 상태에 대한 올바른 정보를 제공하지 않는다.	
SCF 5 (ATC)	ATC 기반구조는 연동시스템/신호 상태에 대한 정확한 정보를 열차에 제공해야 한다.	ATC 인프라는 연동시스템/신호 상태에 대한 올바른 정보를 열차에 제공하지 않는다.	잘못된 주행 신호/과속 (고장) ATC 인프라)

SCF : Safety Critical Function(안전에 중요한 기능)

7.4 안전 무결성 수준

안전 무결성 수준(SIL)은 특정 안전 중요 기능의 허용 위험률(THR) 또는 위험률을 나타내는 방법이다. 안전에 중요한 시스템이 일정 수준의 안전 무결성을 달성했다고 말하는 것은 잘못된 표현이다. SIL은 안전에 중요한 기능과 이러한 기능을 구현하는 해당 하위 시스템에 할당된다. 안전에 중요한 시스템은 다른 SIL을 갖는 많은 안전에 중요한 기능을 가질 수 있다는 점에 유의해야 한다.

표준 IEC 61508은 PFD 또는 PFH 측면에서 SIL을 정의한다. [표 3]

- 수요가 적은 사용 모드에서 필요한 위험한 고장 수요(PFD)의 평균 확률
- 수요가 많은 사용 모드에서 시간당 위험 고장(PFH) 발생 확률

[표 3] SIL 테이블

안전 무결성 레벨	필요상 위험 고장 확률	시간당 위험 고장 확률
SIL4	10^{-5} to 10^{-4}	10^{-9} to 10^{-8}
SIL3	10^{-4} to 10^{-3}	10^{-8} to 10^{-7}
SIL2	10^{-3} to 10^{-2}	10^{-7} to 10^{-6}
SIL1	10^{-2} to 10^{-1}	10^{-6} to 10^{-5}

EN 50129는 SIL을 THR로 정의한다. [표 4] 참조

- 시간당 허용 위험률 및 기능(THR)

[표 4] THR/SIL 관계

SIL	THR (h^{-1})
SIL4	$10^{-9} \leq THR < 10^{-8}$
SIL3	$10^{-8} \leq THR < 10^{-7}$
SIL2	$10^{-7} \leq THR < 10^{-6}$
SIL1	$10^{-6} \leq THR < 10^{-5}$

※ PFD(Probability of dangerous Fialure on Demand)
※ PFH(Probability of dangerous Fialure per Nour)

EN 50129가 왜 SIL을 결정하기 위해 PFD 및 PFH 이외의 THR을 권장하는지 물어볼 수 있다. EN 50129에서는 THR만 SIL을 결정하는 데 사용된다. 그러나, PFD (필요한 위험한 고장)를 선택하지 않는 것에 대한 한 가지는 철도의 신호시스템이 연속 모드 또는 고수요 모드로 작동한다는 것이다. IEC 61508에 사용된 PFH(시간당 위험 고장)Probability of a dangerous Failure per Hour)는 E/E/PE 안전 관련 시스템에만 관심이 있으며 EUC(제어중인 장비) 제어 시스템과 EUC에는 관심이 없다. EN 50126 시리즈 표준에서는 E/E/PE 안전 관련 시스템, EUC 제어 시스템 및 EUC를 구분하지 않는다. THR 값은 기술 계통 전체에 적용할 수 있지만, PFH는 E/E/PE 안전 관련 계통에만 적용할 수 있어서 THR 값을 선택하는 이유이다. 그러나 SCF와 관련된 THR은 SCF를 구현하는 전체 시스템의 PFH와 일치한다는 것을 알아야 한다. 즉, THR = PFH 전체 시스템이다.

7.4.1 SIL 개념의 의도

안전에 중요한 기능에 대한 SIL 레벨이 THR 측면에서 결정될 때, 철도 애플리케이션에서 이 SIL 레벨은 무엇을 의미할까? 철도에서 안전 무결성은 두 부분으로 구성된다(CENELEC, 2003).

(1) 시스템 고장 무결성(SFI)

안전 무결성을 정량화할 수 없는 부분으로, 위험한 시스템 고장(하드웨어 또는 소프트웨어)과 관련이 있다. 시스템 고장은 시스템/하위 시스템/장비 수명주기의 다양한 단계에서 사람의 실수로 인해 발생한다.

(2) 랜덤 무결성장애(RFI : Random Failure Integrity)

위험 무작위 결함, 특히 하드웨어 구성요소의 신뢰성에 관한 하드웨어 결함

체계적인 고장 무결성을 달성하기 위해 품질 관리 및 안전 관리 전략을 수립해야 한다. 체계적 고장의 기술적 측면도 표준에 따라 입증되어야 한다. 이러한 시스템 고장에 대한 모든 방법, 도구 및 기법은 EN 50129, 부록 E에서 권장한다. 이러한 정성적 측정은 시스템의 수명 주기 동안 인간 오류의 부정적인 결과에 사용된다.

고장률은 무작위 고장 무결성에 사용되는 정량화된 안전 목표이다. 시스템/하위 시스템의 경우 고장률은 하드웨어 구성요소 고장에 대해 알려진 데이터를 기반으로 계

산할 수 있다. 안전 무결성, 체계적 고장 무결성 및 무작위 고장 무결성 사이의 관계는 [그림 16]에 나와 있다.

또한 [그림 16]은 SCF의 SIL 요구사항과 SIL 성능 사이의 차이를 보여준다. 그림의 위쪽 부분은 철도 당국의 책임인 SCF에 대해 SIL 요구사항이 정의되어 있음을 보여준다. 하부에는 SCF의 SIL 성능이 반영된다.

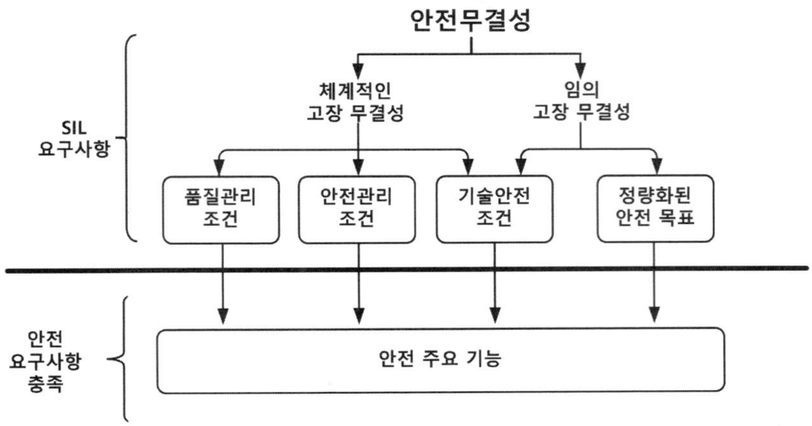

[그림 16] SI, SFI 및 RFI의 관계

SCF의 SIL 성능을 검증하기 위해 SCF의 고장률을 계산하고 SIL 요구사항과 비교한다. SIL 요구사항이 충족되지 않는 경우, SCF의 실현은 아키텍처를 변경하거나 다른 구성요소를 사용하여 수정되어야 한다.

7.5 THR 결정

허용 위험률(THR) 형태의 안전 요건은 기능에 할당된다. 시스템 내 위험 및 관련 TR 목록을 정의해야 한다. THR 할당에서 수행해야 하는 주요 활동은 [그림 17]에 나와 있다.

이러한 활동에는 위험 식별, THR 결정 및 하위 시스템에 대한 THR 할당의 체계적인 접근 방식이 포함된다. 단계 THR 결정은 여기서 논의될 것이다.

7.5.1 연속 모드 기능을 위한 THR

연속 모드 기능에 대한 THR 할당을 위해 MODURBAN 방법(MODSafe, 2011)이라고 불리는 방법이 도입되었다. 이 방법은 EN 50126에 도입된 위험 매트릭스에 기초한다. 위험 매트릭스에 사용된 발생 빈도 및 심각도 수준 외에 세 가지 매개변수를 추가로 도입한다. 이러한 매개변수는 심각도 수준을 낮출 수 있다. 세 가지 매개변수와 설명은 (MOD Safe, 2011)에 정의되어 있다.

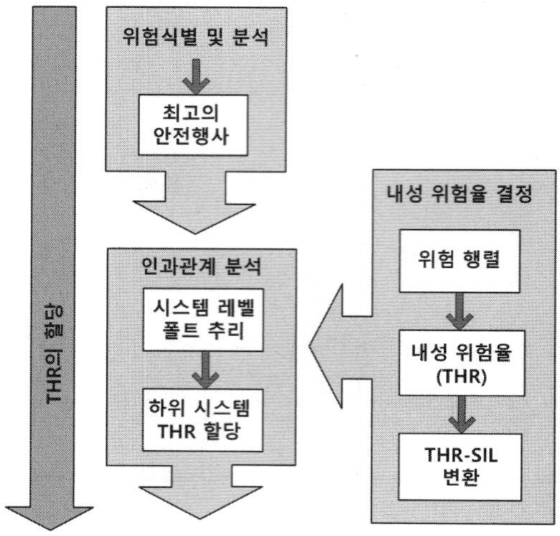

[그림 17] THR의 전체 SIL 분석 프로세스 할당

① 위험 노출 확률(E) : 위험 그룹 구성원의 위험 노출 확률

② 사고 확률 감소(P) : 추가 장벽에 의한 특정 위험의 사고 감소

③ 결과 감소 확률(C) : 위험 그룹의 구성원이 특정 위험의 결과를 피할 수 있는 확률 또한, 이 방법에 대한 위험 매개변수에 대한 수치 해석을 제공한다. 이러한 매개변수의 수치 해석은 다음과 같이 표현된다. (MOD Safe, 2011)

④ 심각도 수준:

- 치명적 : THR = 10^{-9}/h
- 중요 : THR = 10^{-8}/h
- 한계 : THR = 10^{-7}/h
- 미미한 : THR = 10^{-6}/h

⑤ 위험 E에 대한 노출 확률:

- E = 1 : 위험 그룹 구성원의 위험 노출은 보수적으로 빈번하거나 영구적인 것으로 가정한다.
- E = 10^{-1} : 위험군 구성원의 위해성 노출은 예외적인 경우에만 보수적으로 드물다고 가정할 수 있다.
- E = 10^{-2} : 위험군 구성원의 위해성 노출은 매우 드문 경우에만 예상할 수 있다.

⑥ 사고 확률 감소 P:

- P = 1 : 위험이 사고로 진화할 확률을 감소시키는 추가 장벽은 보수적으로 가정할 수 없다.

- $P = 10^{-1}$: 특정 위험이 사고로 발전할 확률을 명확하게 감소시킬 수 있는 수단 또는 상황이 존재한다.
- $P = 10^{-2}$: 특정 위험이 사고로 발전할 확률을 독립적으로 감소시키기 위한 두 가지 수단 또는 상황이 존재한다.

⑦ 결과 감소 확률 C:

- $C = 1$: 위험 그룹의 구성원이 특정 위험의 결과에 영향을 받는 것을 피할 수 있다고 보수적으로 가정할 이유는 없다.
- $C = 10^{-1}$: 위험 그룹의 구성원이 특정 위험의 결과에 영향을 받는 것을 피할 수 있다고 보수적으로 가정할 수 있는 충분한 이유가 있다.
- $C = 10^{-2}$: 위험 그룹의 구성원이 특정 위험의 결과에 영향을 받는 것을 피할 수 있다고 보수적으로 가정할 수 있는 두 가지 독립적인 이유가 있다.

위험의 심각도 수준과 세 가지 위험 감소 요인을 고려할 때, THR을 나타내는 빈도 비율을 추정할 수 있다.

$$THR = \frac{\text{심각도}}{E.P.C} \quad \cdots (1)$$

참고사항 적용 예시

이 방법을 사용하는 방법의 예는 표 5에 제시되어 있다.

[표 5] MODURBAN 방법의 적용 예

항목		설명
SCF 이름		연동장치는 연동장치에 정확한 입력 신호/데이터를 주면 정확한 출력 신호를 설정/제어 대상물에 정확한 데이터를 전송해야 한다.
고장 이유		잘못된 주행 신호 명령
위험 상황		연동시스템은 신호에 대한 사전 요구사항에 따라 허용되는 것보다 덜 제한적인 지침을 제공합니다.
위험 결과		충돌
위험 노출 확률		승객은 영구적으로 열차에 있다.
사고 확률 감소		어떠한 장벽도 가정할 수 없다.
결과 감소 확률		승객이 결과를 피할 수 없음
결과의 심각도		대재앙
시간당 초기 THR		10E-9
위험 감소 계수	E	1
	P	1
	C	1
최종 THR		10E-9
최종 SIL		10E-9

7.5.2 수요가 적은 모드 기능을 위한 THR

현재 표준은 수요가 적은 모드에서 작동하는 SCF의 개념을 다루지 않는다. 열차가 너무 빠른 속도로 역에 진입하는 상황을 고려해 ATC는 강제로 열차를 멈춰야 한다. ATC가 수행하는 이 SCF는 이러한 상황이 드물어서 수요가 적은 모드로 동작한다. 이러한 시스템에 대한 THR을 결정하려면 마르코프 방법이 유용할 수 있다. 상태 및 전환은 이러한 시스템을 모델링하기 위해 정의되어야 하며, 이는 아래 목록에 설명되어 있다. 이 시스템의 안전 요소는 고장률이 μ_{SE}인 상태로 전환될 수 있으며, 안전 기능을 제공할 수 없다. 잠재적으로 안전하지 않은 사고는 속도 λ_I로 발생할 수 있다.

① 상태 0 : 시스템이 안전한 상태이며, 안전 요소가 의도한 대로 작동하고 있다.

② 상태 1 : 안전 요소에서 감지되지 않은 고장이 테스트에서 고장이 드러날 때까지 고장률 λ_{SE}로 발생했으며, 잠재적으로 안전하지 않은 사고는 발생하지 않았다. 시스템이 안전한 상태로 유지된다. 이 시스템은 수리율 μ_{SE}로 수리할 수 있다.

③ 상태 2 : 잠재적으로 안전하지 않은 사고는 안전 요소에서 감지되지 않은 고장이 수리되지 않은 동안 위험률 λ_I로 발생했다. 수리율 μ_R로 수리할 수 있으며, 이 시스템은 안전하지 않은 상태이다.

④ 상태 3 : 잠재적으로 안전하지 않은 사고는 위험률 λ_I에서 발생한다. 시스템은 안전 상태 μ_{SR}로 돌아간다.

검출된 고장은 안전의 관점에서 중대한 고장으로 간주하지 않는다. 감지되지 않은 고장만 중요하다. μ_{SE}는 고장률 및 잠재적으로 안전하지 않은 사고의 비율보다 훨씬 크다고 가정한다. 시스템의 상태 전이도는 [그림 18]에 도시되어 있다.

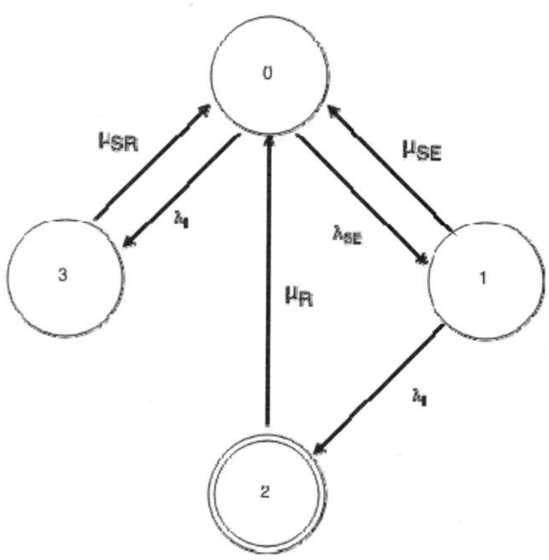

[그림 18] 안전 요소의 상태 전이도

전환 행렬은

$$\begin{pmatrix} -(\lambda_{SE}+\lambda_I) & \lambda_{SE} & 0 & \lambda_I \\ \mu_{SE} & -(\mu_{SE}+\lambda_I) & \lambda_I & 0 \\ \mu_R & 0 & -\mu_R & 0 \\ \mu_{SR} & 0 & 0 & -\mu_{SR} \end{pmatrix} \quad \cdots\cdots (2)$$

정상상태 확률은 다음과 같이 결정된다.

$$[P_0, P_1, P_2, P_3] \cdot \begin{pmatrix} -(\lambda_{SE}+\lambda_I) & \lambda_{SE} & 0 & \lambda_I \\ \mu_{SE} & -(\mu_{SE}+\lambda_I) & \lambda_I & 0 \\ \mu_R & 0 & -\mu_R & 0 \\ \mu_{SR} & 0 & 0 & -\mu_{SR} \end{pmatrix} = [0, 0, 0, 0] \quad \cdots\cdots (3)$$

과

$$P_0 + P_1 + P_2 + P_3 = 1$$

해법은

$$P_2 = \frac{\lambda_I \cdot \lambda_{SE} \cdot \mu_{SR}}{\mu_R \cdot \mu_{SE} \cdot \mu_{SR} + \mu_R \cdot \lambda_I \cdot \mu_{SR} + \mu_R \cdot \lambda_{SE} \cdot \mu_{SR} + \lambda_I \cdot \lambda_{SE} \cdot \mu_{SR} + \mu_R \cdot (\mu_{SE}+\lambda_I) \cdot \lambda_I^2 \cdot \lambda_{SE}} \quad \cdots\cdots (4)$$

여기서, P_2는 시스템이 안전하지 않은 상태에서 보내는 시간의 평균 비율입니다.

수리된 비율 μ_{SE}, μ_{SR}, μ_R이 고장률보다 훨씬 크다고 가정하고 P2의 근사 결과를 얻을 수 있다.

$$P_2 \approx \frac{\lambda_I \cdot \lambda_{SE} \cdot \mu_{SR}}{\mu_R \cdot \mu_{SE} \cdot \mu_{SR}} = \frac{\lambda_{SE}\lambda_I}{\mu_R \mu_{SE}} = \frac{\frac{\lambda_{SE}\lambda_I}{\mu_{SE}}}{\mu_R} \quad \cdots\cdots (5)$$

시스템 고장의 빈도 ω_F는 기능 상태(상태 1)에서 고장 상태(상태 2)로의 정상 상태 전환 빈도이다.

$$\omega_F = v_2 = P_2 \cdot \alpha_2 = P_2 \cdot \mu_R = \frac{\lambda_{SE}\lambda_I}{\mu_{SE}} \quad \cdots\cdots (6)$$

여기서, α_2는 공정이 상태 2를 벗어나는 속도입니다.

7.6 적용 결론

ω_F는 고장/시간 단위의 치수를 가지며, 이는 시스템이 위험한 상태에 있을 수 있는 비율이다. 이 비율은 허용 가능한 위험 수준을 결정하는 THR과 같다.

공식 5는 다른 각도에서 해석될 수 있다. λ_I는 잠재적으로 안전하지 않은 사건이 발생할 수 있는 비율이지만, 안전 요소가 구현되었기 때문에 잠재적으로 안전하지 않은 사건은 위험으로 이어지지 않을 수 있다.

따라서 $\dfrac{\lambda_{SE}}{\mu_{SE}}$는 잠재적으로 안전하지 않은 사건으로 인해 위험이 발생할 수 있는 가능성으로 취급될 수 있다. 이 가능성은 안전 요소의 고장률과 수리율에 의해 결정되며, 다음과 같이 표현될 수 있다.

$$P = \frac{\lambda_{SE}}{\mu_{SE}} = \frac{\omega_F}{\lambda_I} \qquad \cdots\cdots (7)$$

저수요 모드 시스템에 대한 동등한 안전 무결성 요건을 결정하기 위한 첫 번째 단계는 잠재적으로 안전하지 않은 사건 및 결과(THR)를 결정하는 것이다. 안전 요소의 고장률 λ_{SE} 및 수리율 μ_{SE}는 THR에 기초하여 결정되어야 한다.

[그림 19]에 표시된 단계이다.

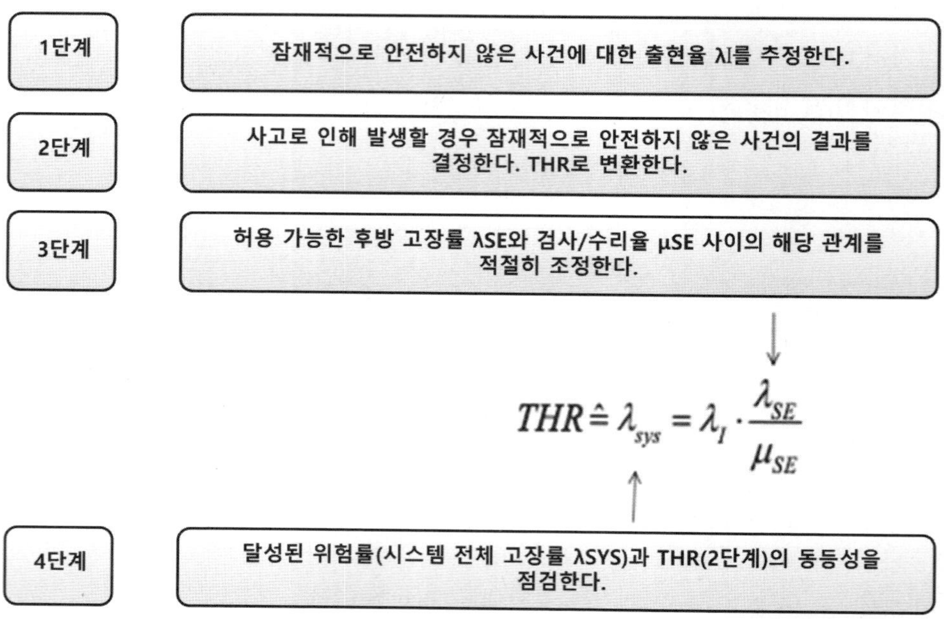

[그림 19] 저수요 모드에서 작동하는 기능에 대한 안전 무결성 요구사항 결정

우리는 열차에 화재 감지 장치가 있고, 잠재적으로 안전하지 않은 사건이라고 가정한다.

즉, 화재 발생 속도는 $\lambda_I = 10^{-5}/h$이다. 이러한 이벤트의 THR은 10^{-9}/h이다. 따라서 고장 확률은 $P = 10^{-4}$이다. 그 결과 $\lambda_{SE} = 10^{-6}/h$, $\mu_{SE} = 10^{-2}/h$ 또는 $\lambda_{SE} = 10^{-5}/h$, $\mu_{SE} = 10^{-1}/h$는 이 고장 확률을 만족한다. 단, 유지관리 전략(점검/수리율)에 따라 운영자가 어떤 해법이 가장 좋은지 정당화해야 한다.

공식 3.6과 HEF(Hazardous Event Frequency) 사이의 연관성이 무엇인지 알아내는 것은 흥미롭다. 수요가 적은 시스템에 대한 위험 사건의 빈도는 수요의 빈도와 SCF의 신뢰성에 따라 달라지며, 다음과 같이 주어진다.

$$HEF = PFD_{avg} \cdot \lambda_{de} \qquad \cdots\cdots (8)$$

식 3.8과 식 3.6 사이에는 몇 가지 유사점이 있다. 매개 변수 λ_I와 매개 변수 λ_{de}는 모두 매개 변수의 표시가 같지 않더라도 원하지 않는 이벤트의 빈도를 나타낸다. 위에서 설명한 바와 같이, $\frac{\lambda_{SE}}{\mu_{SE}}$는 SCF가 고장 났을 때 잠재적으로 안전하지 않은 사건이 위험을 일으킬 수 있는 확률이다. 이는 SCF를 수행할 수 없는 위험한 결함이 존재할 확률인 PFD_{avg}와 일치한다. 따라서, 식 (8)과 식 (6)은 동등하다.

8 철도 안전과 안전 사례

관제센터 및 철도신호 관련 절차를 적용하려면 안전 특성에 대한 완전한 설명이 필요하다. 이 장은 철도 신호시스템에서 중요한 시스템의 제어 논리와 일부 주요 안전 특성을 설명하고 공식화하는 것을 목표로 한다.

신호 기반 철도 시스템의 안전성 측면에서 단계별 분석이 수행되었다. 다음으로 철도 시스템의 구성 구조와 주요 구성요소가 명시된다. 마지막으로, 신호 센터의 일반적인 구조와 다양한 운영 단계를 포함한 철도 연동시스템이 도입된다.

8.1 철도 안전

특정 철도 신호시스템 또는 장치의 안전성을 분석할 때, 우리는 전체 시스템의 구성요소로 참여하는 외부 환경으로의 통합을 고려해야 한다.

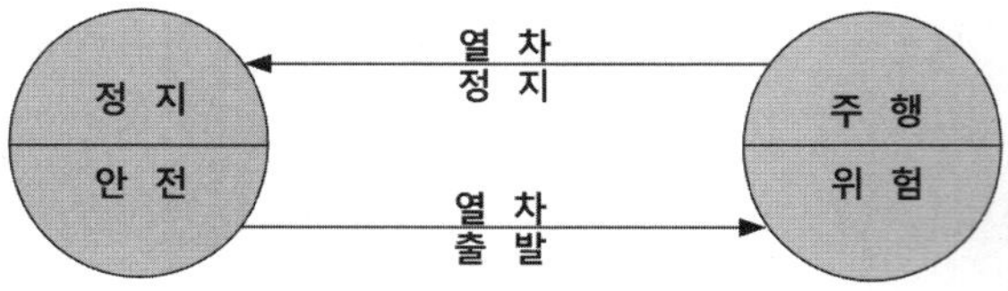

[그림 20] 철도 시스템 상태

8.1.1 안전의 개념

안전의 개념은 시스템 및 활동의 특성에 따라 다양한 설명이 있다. 철도의 안전성은 특히 "정지 가능성"에 기초한다. 대부분의 신호 규칙은 이 개념을 주요 요구사항으로 채택한다. 만약 열차가 움직이지 않는다면, 열차 자체에 어떠한 위험도 없을 것이다. 따라서 기본 시스템 상태는 [그림 20]과 같이 단순화할 수 있다.

이러한 안전 개념은 충돌을 피하려고 무선 기반 신호에 따라 열차를 정지시키는 ATP 시스템과 같은 열차 제어 절차에서도 널리 사용된다.

일부 엔지니어링 표준에서는 이와 유사한 개념인 신뢰성을 언급할 수 있다. 신뢰성은 "특정 기간에 명시된 조건에서 요구되는 기능을 수행하는 시스템 또는 구성요소의 능력"으로 정의하는 IEEE와 같은 수많은 일반적인 정의가 있다. 그런데도, 철도에 대한 명확하고 정량적인 정의를 내리기는 어렵다. 하지만, 우리가 그들의 각각의 결과를 본다면, 그것은 더 분명해질 것이다. 신뢰성은 위험이 시스템 고장이 될 수 있는 동안 시스템이 안전을 유지한다는 것을 의미한다.

시스템의 신뢰도를 평가하는 방법과 바람직하지 않은 모든 상태가 같은 중요성이 있는가? 이것은 특정 안전 수준 하에서 더 안전한 시스템을 제공하는 것을 목표로 하는 안전 요구 엔지니어링 영역에 있다. 하지만 절대 안전은 결코 이룰 수 없는 아름다운 꿈이기 때문에 엔지니어들은 항상 기계의 신뢰성에 직면해야 한다. 이 사실에 대한 유명한 설명은 머피의 법칙이다.: "잘못될 수 있는 것은 잘못될 수 있다." 이 법칙은 확률을 확실성으로 바꾼다. 발생확률이 결정되는 특정 안전하지 않은 사건의 경우, 충분한 시간이 주어진다면 제한된 시간 내에 이 안전하지 않은 사건의 확률은 실제로 매우 높다.

시스템이 신뢰성의 부족으로 어려움을 겪을 때 어떻게 안전을 보장하는지 기존 애플리케이션을 살펴보자. 컴퓨터가 도입되기 전에 철도 신호시스템 대부분에 사용되었던 전기 기계장치에서는, 중력이 시스템을 어떤 중대한 사건에서도 Fail Safe 상태로 만드는 데 사용되었다. 예를 들어, 중요한 이벤트가 발생하면 스위치 자체가 구간을 차단하지 못할 수 있다. 또 다른 중요한 점은 그러한 시스템의 안전성이 주로 기기의 신뢰성에 달린 것이 아니라 일부 물리적 법칙과 "지향적" 설계개념의 신뢰성에 달려 있다는 것이다. 전기 기계 장치의 경우처럼 시스템 상태는 같이 안정적이지 않다. 따라서 시스템은 다음 원칙에 따라 "방향"이 설계된다.

- 어떤 상태는 다른 상태보다 더 안정적이다.
- "자발적" 서브시스템은 항상 가장 안정적인 상태 변화가 지향이다.
- 가장 안정적인 장치 상태와 가장 안전한 시스템 상태를 일치시킬 수 있다.

이러한 방식으로, 철도 시스템은 위의 기술로 설계되어 운영 결과가 항상 안전한 상태를 지향하는 안정적인 상태로 발전하게 된다. 그러나 향상된 시스템 신뢰성은 "절대 안전"에 충분하지 않다. 안전의 관점에서, 신뢰성 외에도, 엄격한 예방적 신호 규칙이 필요하다.

철도의 신호 규칙은 역사적으로 결정론에 기반을 두고 있다. 모든 시스템 상태에는 하나 이상의 원인이 있다. 상태가 바람직하지 않으면 원인을 제거하면 상태를 피하는 데 도움이 된다. 일반적으로 사용되는 방법의 하나는 추리인데, 추리는 모든 상태에 활용하고 특히 바람직하지 않은 사건이 발생하지 않도록 하는 데 필요하다. 따라서 시스템은 다음과 같은 설계 규칙에 따라 설계된다.

- 하나의 원인이 사고로 이어질 수 있다.
- 잠재적 고장은 Fail-safe 기술로 복구할 수 있다. 감지할 수 있는 고장은 항상 안전한 방향으로 간다.
- 인력과 절차의 공유를 제한
- 각자의 역할에 대한 정확한 정의
- 서로 다른 행위자 간에 가능한 한 독립적인 복구 루프 필요
- 감독(영구적, 인적, 절차 또는 도구)
- 피드백을 기반으로 한 지속적인 개선

더욱이, 신호 규칙의 신뢰성은 시스템 안전에 직접적인 영향을 미친다. 시간 지연 및 사고가 적을수록 필요한 발송자 및 절차도 줄어들고 위험도 낮아진다. 또한, 요구되는 안전 수준을 보장하기 위해 고정 설비는 신속한 수리 또는 자체 복구가 가능해야 한다. [그림 21]에서, "안전하지 않은" 상태로 가는 두 가지 경로가 있다. 따라서, 시스템이 "고장 감지됨" 상태에서 빠르게 복구할 수 있다면, 사고의 수를 분명히 줄일 수 있을 것이다.

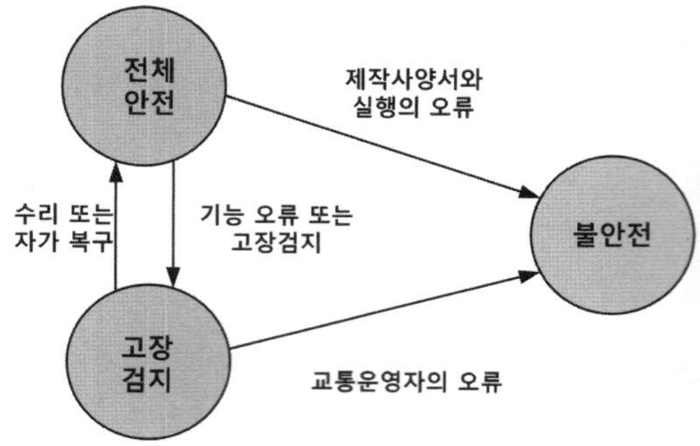

[그림 21] 신호 시스템의 전반적인 안전성에 대한 신뢰성의 영향

그런데도, 기술적 관점에서, 자동화된 시스템에 완벽하게 통합될 수 없는 인간은 여전히 신호 제어 루프에서 약한 링크이다. 하지만, 인간은 철도 시스템에서 주요한 역할을 한다. 운행 관리자와 운영자는 일반적으로 전체 시스템의 최상위 수준에 있지만, 신뢰성은 기술에 의존하지 않는다. 일반적으로 안전 수준이 높아지면 시스템 성능이 보장된다. 시스템의 고장률은 완전히 안전한 상태에서 고장이 나며 고장 감지 상태는 상당히 낮아서 제어 절차에서 인간 작동을 "보상"할 수 있다. 그러나 교통량이 증가하면 운영자의 오류율이 허용되지 않을 수 있다는 점을 항상 염두에 두어야 한다.

8.1.2 철도 시스템의 안전 관리

결정론적 추론은 폐쇄된 시스템에만 적용될 수 있는데, 개방형 시스템은 외부 세계와 예기치 않은 상호작용을 하고 있고, 예기치 않은 시스템 상태의 위험이 있기 때문이다. 이 전제조건은 다른 산업 안전 영역에도 적용된다.

따라서 외부 환경의 구성 원리는 혼돈의 유입을 피하려고 상호 작용의 수를 제한하는 것이다. 외부 환경은 안전설계의 기초 중 하나이므로 안전과 직결되는 환경만을 고려해야 한다. 또한 모든 시스템에 대해 적어도 하나의 안전 상태가 있어야 한다. 시스템 상태 공격에서 찾을 수 있으며 액세스할 수 있어야 한다.

사실, 국가 철도 시스템은 모든 시스템을 개발하지 않는 운송 서비스 제공자에 의해 관리된다. 오히려 외부 공급업체로부터 구매한 시스템의 시스템 통합업체 역할을 한다. 따라서, 철도의 기술적 특성은 통합 안전 수준을 향상하기 위해 잠재적 충돌을 식별하고 예측해야 한다. 전반적으로, 다양한 시스템의 통합은 충분히 안전한 시스템을 달성하는 데 도움이 된다. 안전 관리는 그 특성에 따라 크게 두 가지 범주로 나눌 수 있다.

- 작동 안전은 통합 시스템 간의 상호 작용이다. 상호 작용 간에 예상되는 변화는 궤도를 방해할 수 있다. 신호 규칙 및 절차를 따르는 운영자에 따라 다르다.
- 기술적 안전은 열차가 기반 시설에서 운행할 수 있도록 하는 철도 열차의 기능적 특성을 보존하는 것을 목표로 한다. 그것은 운전자와 운전자의 제어 절차와 관련하여 장치 개발 및 유지보수에 따라 달라진다.

이러한 철도 시스템에서 시스템 구성요소의 수정은 다른 구성요소에 영향을 미칠 수 있으며 기존 시스템 안전을 위협할 수 있다. 확인 및 검증, 기능 및 안전성 평가 및 안전 승인에 기초한 엄격한 통합 절차가 필요하다.

철도 관행은 본질적 안전성이라고 불리는 결정론적 접근 방식에서 비롯되었으며, 이는 구성요소 고장 모델에 대한 철저한 지식을 함축한다.

- 고장 모드는 물리적 법칙에 따라 결정된다. (중력 Fail-Safe 구성요소)
- 유지관리 상태에 대해 고장 조합에 액세스할 수 있다.
- (첫 번째) 고장이 기본 시스템 상태에서 감지될 수 있다.

오늘날 컴퓨터의 발달로 컴퓨터 제어 장비는 많은 산업 분야에서 중요한 역할을 하고 있으며, 다음과 같은 이점이 있다.

- 복잡한 신기능의 처리
- 원거리 원격 제어 기능
- 직원의 감소

하지만 모든 것에는 양면이 있으며, 또한 다음과 같은 단점도 있다.

- 개발 주기가 길고 한 번 제품이 완성되면 안전한 수정이 어렵다.
- 자격 있는 운영 및 유지관리 상태 필요
- 글로벌 시스템에서 검증 및 통합하기 위한 보다 다양한 기능
- 컴퓨터 장치의 수명주기는 기계장치의 수명주기보다 짧다.

또 다른 중요한 사실은 컴퓨터가 중력에 의존할 수 없다는 것이다. 즉, 이러한 시스템이 자동으로 기본 상태로 전환되는 것은 불가능하며, 안전하지 않은 고장의 모든 가능한 원인을 식별하고 해결하는 것도 불가능하다. 이는 컴퓨터 제어 신호 장비의 수용을 오랫동안 지연시켜 온 원인이기도 하다.

철도 적용에서 컴퓨터 제어 장비의 채택을 위한 철저한 기능적 적용의 수정을 보장하기 위한 매우 안정적인 방법론을 찾는 것은 인프라 관리의 핵심 측면이었다.

8.1.3 컴퓨터 제어시스템의 문제

안타깝게도, 많은 경험에서 현재의 개발 방식은 SIL 3 또는 SIL4에 따른 안전 보장 시스템을 제공할 수 없음을 알 수 있다. 그리고 통합의 안전은 글로벌 프레임워크 아래서는 보장될 수 없다. 한 연구에 따르면 "전산 시스템과 관련된 3/4 이상의 사고는 사양 오류로 인해 발생한다." 이러한 사고는 잘못된 허구 설명, 부주의한 수정 또는 부적절한 유지보수로 인해 발생한다.

기존 시스템에서는 고장 사건을 식별하고 발생 원인을 감소시킬 필요가 있었다. 따라서 컴퓨터 제어시스템을 채택할 때 공식적인 증명이나 검증이 필수로 간주한다. 다음과 같은 측면을 고려해야 한다.

- 그러한 자동화된 시스템의 기능과 행동은 결정적이어야 한다.
- 일부 속성은 엄격하게 지정되어야 한다.
  - 안전 용어
  - 함수 술어
  - 외부 환경과의 상호작용에 대한 가정
- 모델 검사 기반 형식 증명의 경우, 도달할 수 있는 시스템 상태가 유한할 때만 가능하다.

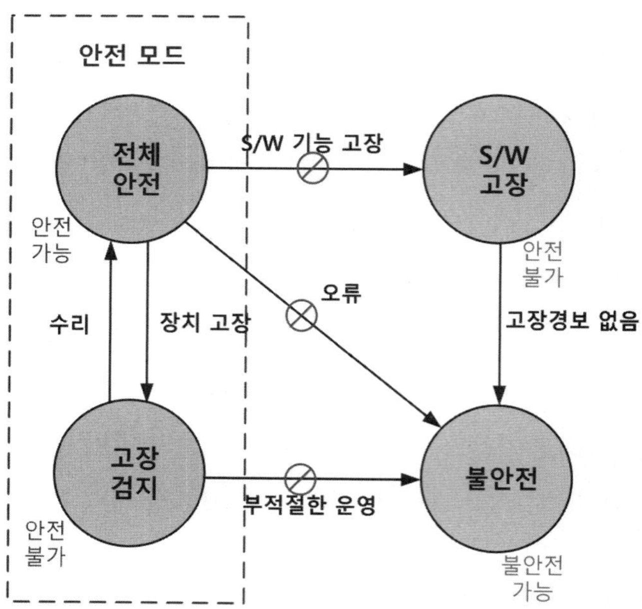

[그림 22] 컴퓨터 제어 신호 시스템의 전반적인 안전성

컴퓨터 제어 신호 시스템의 안전 상태는 [그림 22]에 나와 있다. 빨간색 금지 표시가 있는 전환은 원하지 않는 시스템 변경이며, 이는 공식적인 사양과 검증을 통해 식별되고 감소하여야 한다. 이러한 방식으로, 최종 시스템은 "Fail Safe" 시스템으로 작동할 수 있다.

8.2 안전 사례

8.2.1 다양한 역할 및 책임

철도 시스템의 개발은 일반적으로 EN 50126에 따라 14단계로 구성된다. (CENELEC, 1999) 전체 시스템 수명주기에는 각 단계에 따라 다른 역할과 책임이 수반된다. 일반적으로 철도 시스템 개발의 주요 참여자는 운영자, 공급업체, 안전 당국 및 독립 안전 심사이다.

운영자의 주요 책임은 수명주기 단계 1-4 및 수명주기 단계 10-14와 관련이 있다. 운영자의 일반적인 활동은 다음과 같다.

- 시스템, 기능, RAM 요구사항 정의
- 시스템 요구사항 이행 점검
- RAMS 요구사항 이행 점검
- 운영, 유지보수 및 서비스 전략 결정
- 시스템 승인
- 안전 당국, 독립 안전 평가자 및 공급업체와의 커뮤니케이션 공급업체는 설계, 제조, 설치와 시스템 유효성 검사 수명주기 단계를 담당한다. 공급업체의 일반적인 활동은 다음과 같다.
- 시스템/하위 시스템/제품 설계
- 시스템 요구사항을 하위 시스템/설계에 맞게 세분화한다.
- 시스템/하위 시스템/제품의 제조, 설치, 테스트 및 커미셔닝
- 시스템 요구사항 이행 시연
- 안전 요구사항의 이행 입증
- 안전 당국, 독립 안전 평가자 및 운영자와의 커뮤니케이션

안전 관리는 철도 산업에서 중요하다. 독립 기관으로 기능하는 안전 당국은 철도 시스템의 모든 단계에서 활동을 감독한다. 안전 당국의 의무는 다음과 같다.

- 작업자의 의무를 명시한다.
- 관련 표준, 규칙, 기술 원칙에 대한 지침 제공
- 새/수정된 시스템 승인
- 시스템의 안전, 기능 및 시스템 요구사항 승인

안전 당국은 운영자와 공급업체가 제공한 증거를 바탕으로 시스템 유효성 확인 및 안전 승인 후 철도 시스템의 운영을 승인해야 한다. 증거의 신뢰성을 보장하기 위해 제3자인 독립 안전 평가자는 설계 중인 시스템이 관련 안전 표준 및 안전 요건에 부합하는지를 평가해야 한다. 대표적인 활동은 다음과 같다.(사기, 2012)

- 운영자의 시스템 기준 평가
- 공급업체의 품질관리 체계 평가
- 공급업체의 안전 관리 체계 평가
- 공급업체의 안전 프로세스 구현 평가
- 기능적 및 기술적 안전성 평가
- 관련 안전 사례의 평가

[그림 23]은 다양한 역할의 관여를 보여준다.

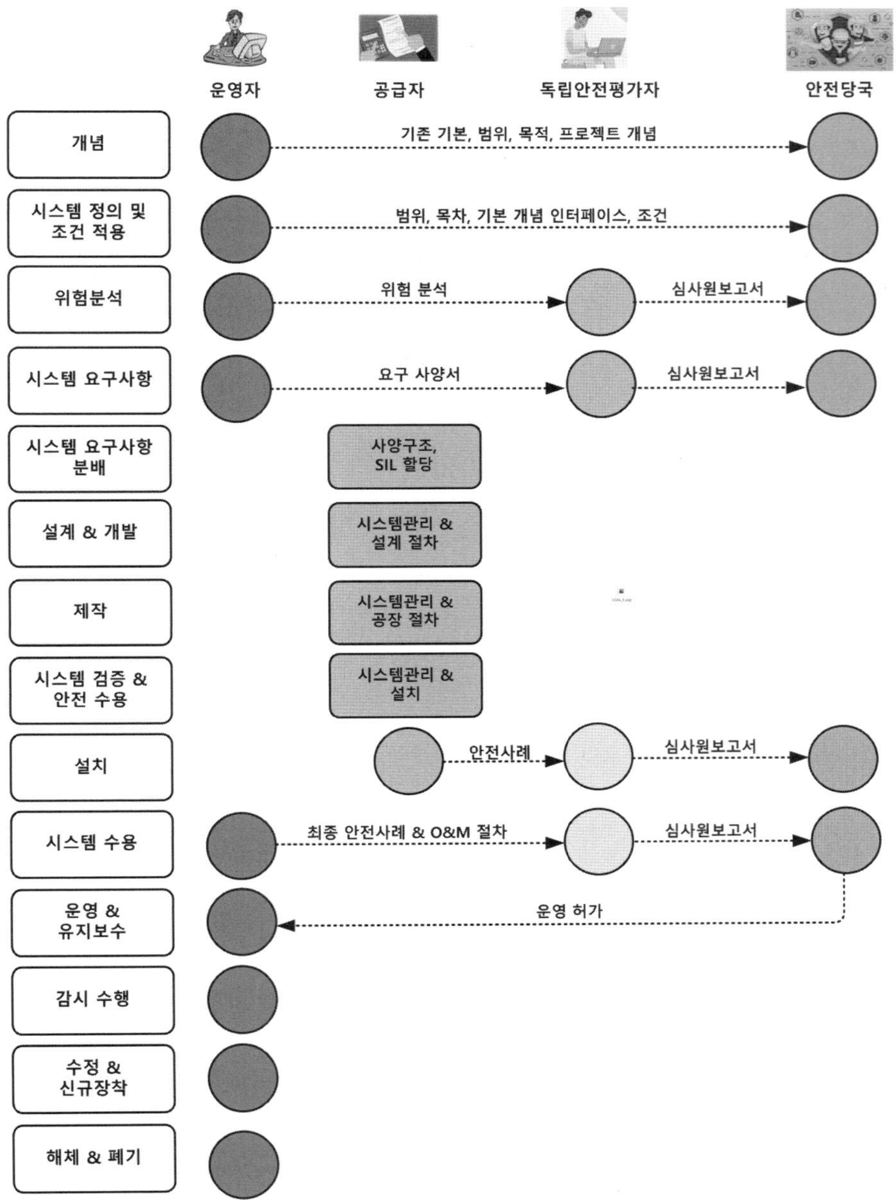

[그림 23] 역할과 책임이 있는 수명주기

8.2.2 안전 케이스

안전 사례는 시스템이 주어진 환경에서 주어진 애플리케이션에 대해 충분히 안전하다는 설득력 있고 유효한 주장을 제공하는 증거 문서로 정의될 수 있다.

안전 사례는 시스템의 안전한 작동을 보여주기 위한 안전 논쟁을 형성하는 상이한 정보들의 모음이다. 안전 사례의 메커니즘을 사용하는 개념은 시스템의 수명 동안 일정 수준의 안전성을 보장하고 안전을 유지하는 것이다. 증거와 주장은 안전 사례에 필수적인 두 가지 요소입니다. 전자는 시스템의 안전성을 유추하는 근거로 사용할 수 있는 시스템의 특성을 분석, 시험, 시뮬레이션 및 검증한 결과이다. 후자는 가용한 증거에 의해 적절한 수준의 안전이 달성되는 이유를 명확히 한다.

안전 사례는 인프라, 열차 운영 및 역 운영에 대해 이루어져야 한다. 이상적으로 그러한 안전 사례는 독립적이어야 한다. 상호의존성은 시스템의 복잡성 때문에 항상 존재할 것이다. 따라서 서브시스템 또는 장비의 안전 사례에 대한 참조를 기록하는 것이 중요하다. 철도 시스템이 특정 운영 환경에서 운영하기에 충분히 안전하다는 것을 정당화하기 위한 안전 사례가 개발된다. 안전 사례의 구조는 EN 50129(CENELEC, 2003)에 의해 제시된다.

- 1부 시스템(또는 하위 시스템/장비)의 정의
- 2부 품질관리 보고서
- 3부 안전관리 보고서
- 4부 기술 안전 보고서
- 5부 관련 안전 사례
- 6부 결론

(1) 다양한 범주의 안전 사례

안전 사례의 규모와 세부 사항은 안전 사례가 도입된 이후 안전 당국이 직면한 주요 문제점이다. 세부 사항이 너무 많으면 문서의 크기가 커진다. 일부 문서가 안전 시연에 무용지물이 되는 것은 어쩔 수 없는 일이다. 안전 사례의 허용 가능성 또는 품질에 관한 결정을 보장하기 위해 EN 50129는 다음과 같은 세 가지 범주의 안전 사례를 고려할 수 있다고 제안한다. (CENELEC, 2003)

① 일반 제품 안전 사례(GPSC):

일반 제품은 서로 다른 독립 애플리케이션에 재사용할 수 있다. 이것은 응용 프로그램의 구성요소 중 하나이다.

② 일반 애플리케이션 안전 사례(GASC):

일반 애플리케이션은 공통 기능이 있는 애플리케이션 클래스/유형에 재사용할 수 있다. 구성할 수 있지만 구성할 준비가 되지 않았다.

③ 특정 응용 프로그램 안전 사례(SASC):

특정 응용 프로그램은 특정 설치에만 사용된다. 구성이 완료되었다.

GPSC와 GASC의 구분이 명확하지 않은 예도 있다. 이는 일반 제품으로 적용되거나 보다 복잡한 시스템에서 하위 시스템으로 사용될 수 있는 시스템 때문이다. 그러나 시스템, 위험 및 인과적 요인을 전체적으로 고려한다면 모호성이 해소될 것이다. (국제 철도 산업, 2013)

위험을 식별하기 위해 공급자는 종종 제품이 사용될 상황에 대해 가정한다. 이에 따라 공급자는 위험 요소를 제거하기 위해 제품을 설계할 것이다. 이 제품은 일반 제품이며 GPSC에 기록되어야 한다. 위험은 적용 분야마다 다르다. GASC는 제품이 적용될 환경을 고려하지 않고 통제되는 위험을 보장하기 위해 만들어졌다. 따라서 시스템/제품의 특정 용도의 경우, 이 시스템/제품의 경계가 결정된다. SASC는 이 시스템/제품이 경계 내에 적절한 안전 수준에 도달하는 방법에 대한 기록을 보관해야 한다.

(2) 기술 안전 보고서

시스템의 기술적 안전 특성은 안전 사례의 이 파트에서 설명된다. 안전 표준에 비추어 시스템이 어떻게 안전을 달성하는지 설명해야 한다. 시스템의 달성된 안전 특성, 즉 시험 및 분석 결과, 검증 및 유효성 검사 보고서, 인증서 등의 증거는 이 기술 안전 보고서에 제시되어야 한다. (Nordland, 2000) EN 50129는 기술 안전 보고서의 구조를 정의한다.

① 소개:

이 섹션은 설계에 대한 설명의 개요를 제공하고 설계의 기술적 안전의 기초로 사용되는 표준을 표시해야 한다.

② 올바른 기능 작동 보장:

이 섹션에는 명시된 작동 및 안전 요건에 따라 결함이 없는 정상 조건에서 시스템/하위계통/장비의 정확한 작동을 입증하는 데 필요한 모든 증거가 포함되어야 한다.

③ 결함의 영향:

이 부분은 시스템/하위 시스템/장비가 지정된 안전 요건을 지속해서 충족하고 결과 위험을 허용할 수 있는 수준으로 줄이기 위해 어떤 기술적 조치를 했는지 입증해야 한다. 또한 이 부분에는 전체 시스템의 SIL 수준보다 낮은 시스템/하위 시스템/장비의 결함이 전체 시스템의 안전을 감소시킬 수 없다는 입증이 포함되어야 한다.

④ 외부 영향을 받는 작동:
이 부분은 시스템 요구사항 명세서에 정의된 외부 영향의 영향을 받을 때 이를 입증해야 한다.

⑤ 안전 관련 적용 조건:
이 부분은 시스템/하위 시스템/장비 적용 시 준수해야 하는 규칙, 조건 및 제약조건을 명시해야 한다.

⑥ 안전 자격시험:
이 부분은 작동 조건에서 안전 자격시험의 성공적인 완료를 입증하는 증거를 포함해야 한다.

기술안전보고서는 안전사례의 한 부분이기 때문에, 이 보고서는 일반제품기술안전보고서(GPTSR), 일반적용기술안전보고서(GATSR), 특정적용기술안전보고서(SATSR)의 세 가지 범주로 구분되어야 한다. 두 가지 흥미로운 질문은 이 세 가지 기술 안전 보고서 간의 관계는 무엇이며 각 기술 안전 보고서 유형의 내용은 무엇인가이다.
일반 제품의 경우, 일반적으로 철도에서 안전에 중요한 응용 프로그램을 위해 설계된 기성품 시스템/구성품이다. 공급업체가 어떤 형태의 인증(예: 이 일반 제품의 SIL 수준)을 획득하는 것은 상업적 이익이다. 그러나 이 일반 제품은 결국 다른 시스템 일부가 될 것이다. 따라서 표준에 따라 GPTSR의 안전에 대한 충분한 원시 증거를 제공하는 것이 필수적이다. 일반 응용 프로그램이 이 일반 제품을 사용하는 경우, 일반 응용 프로그램의 제조업체는 해당 일반 제품의 GPTSR에 기초하여 일반 응용 프로그램의 안전 요건을 달성할 수 있는지를 확인할 수 있다.
또한, 일반 애플리케이션은 설치, 즉 특정 애플리케이션에 사용될 수 있다. 이 일반 애플리케이션이 기능 및 안전 요건을 충족할 때 이 일반 애플리케이션의 GATSR은 SATSR 개발을 위한 증거로 사용될 수 있다. SATSR은 설계와 물리적 구현을 위한 두 부분으로 구성된다. 이전 버전에는 애플리케이션이 올바르게 설치되었다고 가정하면 이 설치를 수락해도 안전하다는 것을 증명할 수 있는 증거가 포함되어 있다. 후자는 애플리케이션이 이전의 기술 안전 보고서에서 만들어진 가정에 따라 설치되었다는 증거를 제공한다. 그 이유는 물리적 구현이 종종 설치의 구체적인 조건과 관련이 있기 때문이다. 따라서 최종 테스트는 시스템이 사용되기까지 짧은 시간밖에 걸리지 않을 수 있다. 이러한 이유로, 기술 솔루션이 이 특정 애플리케이션을 설치하기 전에 먼저 설계 승인을 하고 이 애플리케이션을 테스트하는 것이 실용적이다. 이 신청서와 관련된 실제 구현은 안전 관련 활동의 증거, 즉 기반 시설에서 이 신청서의 제어 활동과 시험 기록에 기초하여 승인되어야 한다. 이 세 가지 유형의 기술 안전 보고서 간의 관계를 [그림 24]에 나타낸다.

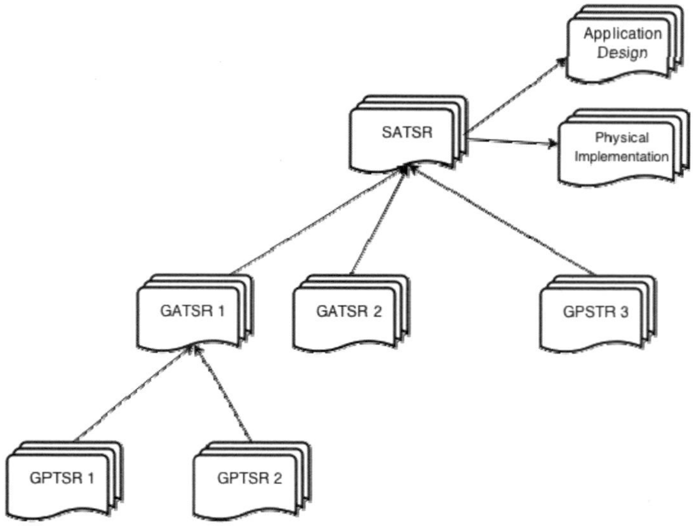

[그림 24] 세 가지 유형의 기술 안전 보고서 간의 관계

9 안전 시스템의 투표 방식

안전 시스템(SS : Safety System) 설계의 핵심 설계 변수 중 하나는 안전 기능(SF: Safety Function)을 구성하는 다양한 서브 시스템의 아키텍처 또는 투표 배열이다. 구조 또는 의결약정은 본질적으로 한 요소의 고장을 견딜 수 있는 능력을 창출하고, 여전히 SF가 그 작용을 수행하도록 하기 위한 목적으로 중복된 장비를 사용하는 것이다. 적절한 투표 약정의 선택은 SS 장비의 기능 상실 모드, 달성해야 하는 안전 수준, 모의 고장 비율 및 모의 트립의 관련 결과(경제적 또는 그 밖의)를 고려한다.

프로세스 산업 SS 설계에는 몇 가지 공통적인 투표 방식이 있다. 이 토론의 목적을 위해 센서 서브 시스템에 초점을 맞추면, 같은 논의는 논리 해결기와 최종 요소 서브 시스템에도 적용될 것이다. 가장 일반적으로 사용되는 의사결정 방법은 다음과 같다.

- One-out-of-one (1oo1)
- One-out-of-two (1oo2)
- Two-out-of-two (2oo2)
- Two-out-of-three (2oo3)

의결약정 서술에는 두 부분이 있다. 첫 번째 숫자는 트립이 발생하기 위해 "투표"해야 하는 장치의 수이다. 두 번째 숫자는 총 장치 수이다. 따라서 2oo2 투표 합의에서 정지 조치가 취해지려면 총 2개의 장치 중 2개의 장치가 정지하도록 투표해야 한다.

서로 다른 상황에서 서로 다른 투표 약정의 가치를 논의하기 전에 먼저 SIS 장비의 고장 모드를 이해하는 것이 중요하다. SIS 장비는 두 가지 방법의 하나로 고장 날 수 있다.

- 안전(비논리적, 시작, 오버)(Spurious, Initiating, Overt)
- 위험(금지, 은폐) (Inhibiting, Covert)

SS가 안전 고장을 겪는 경우, SS는 실제 수요가 없거나 시스템의 정지가 필요할 때 SS가 시스템을 가동하고 정지하도록 할 것이다. 이러한 고장은 생산이 불필요하게 중단되었기 때문에 종종 모의 고장이나 성가신 고장으로 언급된다.

- SIS(Safety Instrumented System)가 요구되지 않았을 때의 조치를 개시하기 때문에 개시 실패라고도 하며, 고장이 명백하므로 명백한 실패는 시스템 정지를 초래하여 존재를 알리는 것을 의미한다.
- 위험한 실패는 그 반대다. 위험한 고장은 SIF(Safety Instrumented Function)가 요청되었을 때 조처하지 못하도록 억제하기 때문에 실패를 억제하는 것으로도 불리며, SIF가 안전 조치를 취할 때까지 기다리면서 실패가 드러나지 않기 때문에 실패를 은폐하는 것으로도 불린다. 중복성의 사용은 투표 약정에 따라 이들 모드 중 하나에 영향을 미칠 수 있으므로 이 두 고장 모드를 아는 것이 중요하다.

이제 실패 모드가 설명되었으니, 각각의 투표 방식을 살펴보고 물리적으로 그것을 설명하고 그들의 거짓된 트립뿐만 아니라 위험하게 실패할 확률을 비교해 보자.

(1) 1oo1 Voting 

투표한 표 중 한 표는 하나의 장치를 나타낸다. 이것은 가장 보편적인 투표 방식일 뿐만 아니라 유지하기에 가장 저렴하고 쉬운 투표 방식이다. 만일 안전 목표와 번거로운 트립 회피 목표가 심플렉스 장치로 달성될 수 있다면, 그것은 사용되어야 하는 배열이다.

단일 기기가 성능 메트릭 중 하나를 달성할 수 없는 경우에만 이중화를 고려해야 한다. 그림에는 압력 스위치 또는 레벨 스위치에 포함될 수 있는 스위치와 같은 1oo1 투표 스위치가 표시된다.

SIS(Safety Instrumented System)에서, 우리는 일반적으로 무전원-통전 회로 설계를 사용한다. 이 설계는 회로로부터 전원이 제거될 때 기본값으로 시스템이 정지하고 안전 상태가 되는 위치로 설정된다. 이 구성 스위치의 경우, "접점 용접 폐쇄"의 고장 모드는 회로의 전원을 차단하고 시스템 정지를 초래하기 때문에 위험한 고장이다.

반면에 스위치나 관련 배선이 개방되어 회로의 전원이 차단되는 "개방 회로"의 고장 모드는 안전 또는 가짜 고장이다. 부품 고장으로 인해 공정상 실제 수요가 없을 때 공장이 정지된다.

고장 확률과 가짜 트립율은 특정 장비의 신뢰성에 대한 함수이다. 1oo1 투표 방식에서는 위험한 실패나 안전한 실패에 대한 실패 허용도가 없다.

비교를 위해 PFD(수요 시 평균 고장 확률)와 STR(가짜 트립율)의 값을 설정하여 서로 다른 투표 약정의 특성을 비교할 수 있도록 기준을 설정했다.

Voting 배열	PFD		STR
1oo1	3.3E-2	0.033	4.5E-6

STR(Spurious Trip Rate) 주변형 트립율

PFD(Average Probability of Failure on Demand) 요구되는 평균 고장 확률

(2) 1oo2 Voting 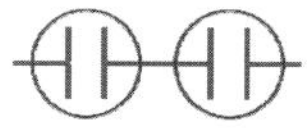

물리적으로 이는 직렬로 연결된 두 개의 스위치로 표시된다. "A" 스위치가 회로를 열거나(즉, 트립 투표), "B" 장치가 종료 조치한다.

시스템이 위험하게 고장 나려면 개별 스위치 두 개가 모두 위험하게 고장 나야 하므로 이 배열은 "안전한" 배열이다. 이러한 배열은 "A" 스위치 접점이 가깝게 용접된 경우에도 "B" 스위치가 개방되어 회로의 전원을 차단하고 시스템을 안전한 상태로 되돌릴 수 있으므로 하나의 위험한 고장에 대한 내성이 있다. 이 배열은 하나의 위험한 고장에 대해서는 내성이지만 안전한 고장에 대해서는 내성이 없다.

따라서 "A" 스위치만으로 안전 고장(즉, 단선)이 발생하면 전체 시스템이 급작스럽게 고장 난다. 모의 고장도 시스템 모의 고장을 유발할 수 있는 두 번째 장치를 추가하는 것은 1oo2 투표가 안전성을 향상하지만 모의 고장 발생률이 두 배 높다는 것을 의미한다.

아래 표에서, 수학적으로 투표 배열의 효과를 볼 수 있다. 1oo2 투표는 실패 확률이 훨씬 낮지만(크기 개선 순서보다 높음), 가짜 트립율은 두 배가 된다.

잘못된 트립율이 두 배로 증가하면 고장이 시스템의 잘못된 트립을 초래하는 성분 수가 두 배로 증가하기 때문에 논리적으로 타당하다.

궁극적으로, 더 많은 안전이 필요한 경우, 즉 시스템이 SIL 목표를 달성할 수 없는 경우 1oo2 투표가 사용되지만, 가짜 고장률의 증가는 허용할 수 있다.

Voting 배열	PFD	STR
1oo1	3.3E-2	4.5E-6
1oo2	1.4E-3	9.0E-6

(3) 2oo2 Voting 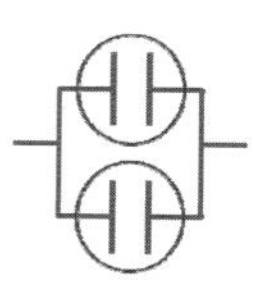

이는 두 개의 스위치가 병렬로 물리적으로 표시됩니다. "A" 스위치 또는 "B" 스위치 중 하나의 전원을 차단해도 전체 회로의 전원이 차단되지 않는다. 두 스위치가 모두 열렸을 때만 회로에 전원이 공급되지 않고 시스템이 안전한 상태로 전환된다.

이 배열은 위험한 고장에 대한 내성이 없다. 용접 폐쇄 모드에서 "A" 장치의 고장 자체가 시스템 전체의 위험한 고장을 초래할 수 있으며, "B" 장치도 마찬가지이다.

이 배열은 위험한 고장에 대해서는 내성이 없지만 안전한 고장에 대해서는 내성이 1 도입니다. 안전 개방 모드에서 "A" 장치가 급작스럽게 고장 날 때도 "B" 스위치를 통해 전원이 계속 전도되어 잘못된 정지를 방지할 수 있다. "B" 스위치의 유사 장애에도 마찬가지이다.

하나의 안전 고장에 대한 내성이지만 위험한 고장은 없으므로, 이 투표 배열은 일반적으로 단일 기기만 사용하는 경우보다 안전 성능이 저하되는 비용으로 가짜 고장에 대한 내성을 향상하는 데 사용된다.

아래 표에서 볼 수 있듯이, 2oo2 투표를 사용하면 가짜 트립율을 획기적으로 줄일 수 있지만, 가짜 트립에 대한 내성의 개선은 안전성의 저하를 동반한다.

구체적으로, 2oo2 투표 약정의 요구에 따른 실패 확률은 단일 장치의 경우보다 두 배 더 높다. 결과적으로, 이 투표 배정은 SIL 1과 같이 SIL 요건이 낮은 시스템의 가짜 트립율을 감소시키는 데만 사용될 수 있다.

Voting 배열	PFD	STR
1oo1	3.3E-2	4.5E-6
1oo2	1.4E-3	9.0E-6
2oo2	6.6E-2	2.9E-9

(4) 2oo3 Voting

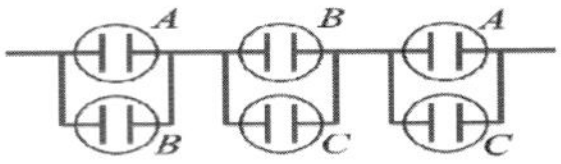

이 배열에서 두 개의 스위치가 투표를 통해 셧다운을 일으키면 셧다운이 발생한다. 위의 그림과 같이 각 스위치가 두 개의 접점을 가져야 하므로 이 배열은 개념적으로 시각화하기 위한 작은 하드웨어이다.

기본적으로 직렬에는 세 세트의 병렬 스위치가 있다. 이 배열은 어떤 모드에서도 2도 내결함성을 제공하지 않지만, 안전한 고장에 대한 1도 내성과 위험한 고장에 대한 1도 내성을 제공한다는 장점이 있다.

따라서 한 스위치에서 위험한 용접-폐쇄 고장 모드가 발생하더라도 나머지 두 스위치는 여전히 프로세스를 안전한 상태로 이동할 수 있다.

마찬가지로, 3개의 스위치 중 하나라도 안전 개방 회로 고장 모드가 발생하는 경우, 나머지 2개의 스위치는 전체 시스템에 급전되는 것을 방지할 수 있다.

수학적으로, 이 시스템은 안전을 위한 3개의 1oo2 시스템과 가짜 트립 방지용 3개의 2oo2 시스템처럼 작동한다.

아래 표에서 볼 수 있듯이, 2oo3 시스템은 안전 및 방해 트립 방지와 관련하여 간단한 1oo1 투표 배치와 비교하여 성능이 우수하다.
그런데도 2oo3 투표 시스템의 PFD는 1oo2 시스템의 PFD보다 3배 높고, 가짜 트립율은 2oo2 시스템의 PFD보다 3배 높다.
2oo3 시스템이 가장 복잡하고 비용이 많이 드는 반면, 더 높은 SIL(즉, SIL 2와 SIL 3)을 달성해야 할 때 여전히 매우 인기가 있지만, 시스템은 1oo2 투표와 관련된 높은 가짜 트립율을 견딜 수 없다.

Voting 배열	PFD		STR
1oo1	3.3E−2	0.033	4.5E−6
1oo2	1.4E−3	0.0014	9.0E−6
2oo2	6.6E−2	0.066	2.9E−9
2oo3	4.3E−3	0.0043	8.7E−9

(5) 중복성 종합

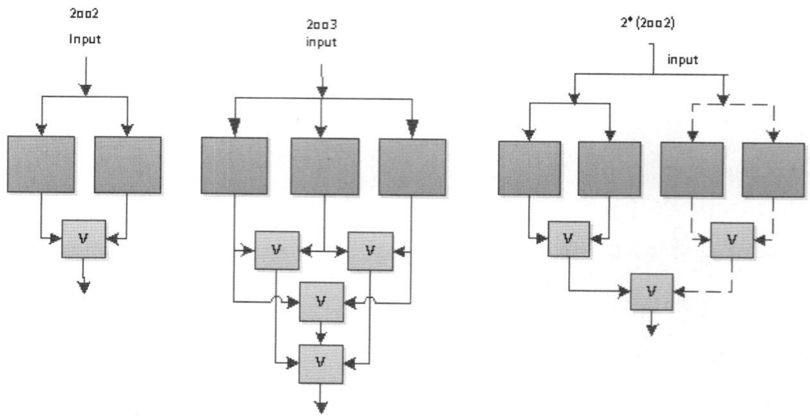

[그림 25] 전자 시스템의 서로 다른 중복성

2oo2 시스템의 경우 같은 입력이 두 개의 독립 채널에 의해 처리된다. 두 독립 채널의 출력은 투표 회로를 사용하여 비교된다. 연동장치 기능은 두 결과가 같은 경우에만 수행되며, 그렇지 않으면 시스템이 안전 상태로 전환된다. 이 시스템은 1oo2 시스템에 비해 스플리어스 트립의 확률을 상당히 낮춘다. 반면 이 시스템은 DU 고장만 고려한다는 점에서 위험한 고장의 평균 빈도가 1oo2 시스템보다 2배 높다는 단점이 있다.

2oo3 시스템의 경우, 두 개의 채널이 작동하는 한 시스템이 작동할 수 있다. 1oo2 시스템에 비해 가용성이 향상되었다. 2oo2 시스템과 마찬가지로 DU 고장만 고려된다는 점을 고려할 때 위험한 고장의 평균 빈도는 1oo2 시스템의 3배이다. 안전 및 가용성 측면에서 2×2oo2 시스템은 더 나은 안전성과 가용성을 제공한다. 이는 중복된 2oo2 시스템 하나가 활성 모드이고 다른 시스템이 대기모드에서 작동하기 때문이다. 활성 서브시스템에 장애가 발생하면 대기 서브시스템에 의해 프로세스가 계속된다.

10 내결함성 시스템(Fault Tolerance System)

10.1 철도 신호용 내결함성 Fail-Safe 시스템의 일반 개념

실시간 컴퓨팅은 컴퓨팅에서 가장 까다로운 영역 중 하나이다. 실시간 소프트웨어는 모든 믿을 수 있고 안전성이 중요한 응용 프로그램에 없어서는 안 되기 므로 매우 중요하다.

비 실시간 시스템의 올바른 작동은 결과의 논리적 정확성에 근거한다. 반대로 실시간 시스템은 결과의 논리적 정확성과 타이밍 정확성을 모두 필요로 한다. 논리적 정확성은 입력과 관련하여 정확하고 바람직한 기능적 결과로 표현된다. 타이밍 정확성은 고유한 새로운 차원, 응용 프로그램 요구사항, 실시간을 포함하는 논리적 정확성의 확장으로 볼 수 있다.

실시간 시스템은 크게 두 가지로 나눌 수 있다.

하드웨어 실시간 시스템에서 타이밍 정확성은 매우 중요하며 다른 어떠한 요소의 이득보다 우선적이다. 전형적인 예로 원자력 발전소의 제어시스템이 있다.

소프트웨어 실시간 시스템에서 타이밍 정확성은 중요하지만 그다지 중요하지 않다. 전형적인 예는 컴퓨터 금융, 표 예약 등이 될 수 있다.

이러한 시스템의 기반이 되는 컴퓨팅의 특성은 레이더와 같이 복잡한 수치 계산에서부터 이미지 처리와 같이 방대한 양의 데이터에 대한 비교적 간단한 계산에 이르기까지 다양하다. 시간 척도는 응용 프로그램에 따라 초에서 밀리초, 마이크로초까지 다양하다. 그러나 이러한 시스템의 주요 특징은 작동 시간 규모가 아니지만, 시스템 동작을 정의하는데 실시간으로 강조된다. 따라서 실시간 컴퓨팅은 반드시 빠른 컴퓨팅을 의미하는 것이 아니라 외부 이벤트에 대한 시스템의 적절한 시간에 대응을 보장한다.

기존 설계의 주요 관심사는 시스템 또는 제품이 올바르게 작동하는지 확인하는 것이다. 시스템의 기능을 지원하는 모든 것이 올바르게 작동한다고 가정한다. 그러나 이상적인 행동에 대한 확신이 잘못 배치될 수 있는 많은 응용 프로그램이 있다. 시스템과 시스템을 둘러싼 환경을 지원하는 구성요소 또는 인프라가 실패할 수 있다. 정전 또는 전자파 간섭 일 수 있다. 또한 열악한 설계 또는 설계 오류로 인해 내부 오류가 발생할 수 있다. 최선의 노력으로도 현대전자시스템은 여전히 고장에 취약하다. 그러한 상황에서 다른 모든 엔지니어링 부서와 마찬가지로 시스템의 기능을 완전히 또는 부분적으로 계속 제공하거나 최악의 경우 모든 시스템의 안전을 보장하는 시스템의 기능을 보장하는 몇 가지 안전장치가 있어야 한다. 인간의 삶은 환경과 시스템 자체와 관련이 있다.

안전성과 안정성은 신뢰할 수 있는 실시간 시스템에 적용할 수 있는 엄격한 설계 기준을 지정하는 논리적인 정확성과 타이밍 정확성 이상의 추가 핵심 속성이다.

초기 시스템은 엄격한 품질 관리 및 구성요소 엔지니어링을 통해 오류 방지에 중점을 두어 안정성을 향상했다. 이는 부품 고장률을 줄임으로써 장치에 높은 신뢰성을 엔지니어링 하기 위한 비용상 불이익이 있었음에도 매우 만족스러운 것으로 입증되었다.

오늘날 신뢰성과 안전성은 중복성, 복구 및 보호 메커니즘 등과 같은 고도로 전문화된 조치의 집합체인 내결함성을 통해 현실적으로 달성된다. 이러한 중복은 여러 가지 형태로 나타난다. 여기에는 하드웨어의 중복성, 소프트웨어의 중복성 및 개발 프로세스 중 다양한 도구와 방법론의 채용이 포함될 수 있다. 디지털 기술과 마이크로프로세서의 발전으로 더 낮은 비용, 중량, 부피 및 중복 하드웨어와 관련된 전력 소비로 실시간 시스템에서 초 신뢰성을 달성하는 것이 훨씬 더 실현 가능해졌다.

중복성만으로는 운영 중인 시스템의 안정성이나 안전성을 보장할 수 없다. 중복 시스템의 내결함성과 Fail Safe를 실현하기 위해서는 중복 시스템의 정확한 관리가 필수적이다. 실시간 컴퓨팅과 함께 중복 요소 간의 결함 전파, 동기화 및 합의 및 기타 중복 관리 고려사항은 내결함성 Fail Safe 실시간 시스템을 설계하는 데 있어 핵심 문제이다.

10.1.1 결함허용 시스템의 기원

결함허용은 새로운 분야는 아니다. 최초의 컴퓨터도 낮은 신뢰성을 갖기는 하지만 오류검출과 결함허용 기술이 사용되었다. 예를 들어 초기의 Bell Relay Computers (BRC)는 두 개의 CPU를 사용하였다. 하나의 CPU는 다른 CPU가 오류가 없음을 검증해야만 다음 명령을 수행하였다. 이후에 개발된 BRC에서는 오류검출 시 재시도 기능도 포함되었다.

① 1949년에 설계된 EDVAC 컴퓨터는 ALU를 이중화한 최초의 컴퓨터이며 두 ALU 값을 비교하여 일치할 때만 처리하였다.

② 1952년에 Von Neumann은 복제된 로직 모듈을 직렬로 연결하여 시스템의 신뢰성을 높이는 방법을 발표하였다. 이후 Von Neumann은 Voting 개념을 핵심으로 하고 시스템에서 발생 되는 오류를 확률적으로 접근한 "Probabilistic Logics and the Synthesis of Reliable Organisms from Unreliable Components"(확률론적 논리와 신뢰할 수 없는 구성요소로부터 신뢰할 수 있는 생물의 합성)를 발표하였다.

③ 1970년대부터 결함허용 컴퓨팅 분야는 급속하게 발전하였다. 1971년에는 Fault Tolerant Computing Sympotium(FCS)기술이 등장하면서 결함허용 컴퓨팅 이론을 적용하여 시스템이 신뢰성을 높이기 위한 직접적인 응용 분야로 다시 발전을 시작했다.

10.1.2 결함허용의 목표

가장 일반적으로 의문을 가질 수 있는 부분은 왜 결함허용이 중요하며 많은 엔지니어가 관심을 두는 것이다. 결함허용은 시스템 설계 시에 적용되어 설계 목표를 만족시킨다. 시스템 설계는 다양한 기능과 성능목표를 설정하여 다른 요구사항을 만족시킨다. 추가적인 요구사항 중 대표적인 것은 신뢰성, 가용성, 안전성, 성능(Performability), 독립성, 유지보수성 그리고 테스트 용이성이다. 결함허용은 이러한 요구사항을 이행할 수 있는 능력이다.

(1) 신뢰도(Reliability)

신뢰도 $R(t)$는 t_0 시간에서 정상 동작하는 시스템이 $[t_0, t]$까지의 운영시간 동안 정상 동작할 확률이다. 다시 말해 주어진 시간 동안 시스템이 올바르게 동작할 확률을 신뢰도라 한다. 따라서 신뢰도는 주어진 시간에 동작에 의존하는 시스템의 상태확률이다. 고장에 대한 확률을 표현할 때 사용하는 신뢰성 없음(Unreliability) $Q(t)$는 신뢰도를 역 수취한 개념으로 주어진 시간 동안 시스템이 오동작할 확률이다. 신뢰도는 시스템에 허용할 수 없는 오동작이나 수리 불가능한 상태의 시스템 특성을 표현하는 데 많이 사용된다. 수리 불가능한 경우는 항공우주 분야처럼 무보수 동작 목표 시간이 10년 정도 되는 시스템이 좋은 예이다.

이러한 높은 신뢰성을 요구하는 분야의 컴퓨터 시스템 적용을 위해서는 정확하게 동작하기 위한 확률이 0.99999999거나 보다 높아야 한다. 또한 이러한 표기는 0.9_i로 표시하고 i는 반복되는 9의 숫자를 10진수로 표시한다.

예를 들어 0.9999999는 0.9_7로 표기한다. 여기서 결함허용과 신뢰도는 서로 다른 개념이라는 것을 분명히 해야 한다. 결함허용은 신뢰도를 높이기 위한 기법이지만 결함허용시스템이 반드시 신뢰도가 높아야 하는 것은 아니다.

시스템이 단일 하드웨어 결함 또는 소프트웨어 오류의 발생을 허용하도록 설계되었다고 하더라도 이러한 결함이 발생할 확률이 높다면, 신뢰도는 매우 낮아진다. 마찬가지로 높은 신뢰도를 갖는 시스템도 반드시 결함을 허용하지는 않는다.

결함이 발생할 확률이 매우 낮은 장치를 사용하여 간단하게 시스템을 구성하는 경우 결함이 발생할 확률은 매우 낮지만, 결함이 발생하면 시스템이 기능을 수행할 수 없게 된다. 요약하면 결함허용은 하드웨어 결함과 소프트웨어 오류의 발생으로부터 시스템 동작을 유지 시켜 시스템의 신뢰도를 개선 시킨다.

예를 들어 여분을 갖는 시스템으로 구성하여 Task의 연속 동작 성능을 개선 시키면 하나의 프로세서가 동작할 수 없는 경우에도 임무를 계속 수행할 수 있다.

(2) 가용도(Availability)

가용도는 결함허용을 사용하여 도달해야 하는 설계 목표이다. 가용도 $A(t)$는 시간 t의 순간에서 시스템이 정확히 운용될 확률이다.

가용도는 임의 순간 t에서 시스템이 정상 동작할 확률이라는 점에서 임의 시간 기간 $[t_0, t]$에 시스템이 정상 동작할 신뢰도와 다른 개념이다.

높은 가용도는 시스템이 동작하는 중에 서비스를 제공하지 못하는 시간이 극소화될 때 가능하다. 다시 말하면 시스템의 가용도는 시스템 고장이 얼마나 자주 발생하는지 뿐만 아니라 얼마나 이른 시간에 복구되었는지에 좌우된다.

가장 일반적인 가용도 계산방식은 시스템이 정확하게 기능을 수행하는가를 기대되는 시간 분수형으로 산출한다. 가용도는 서비스 가능 시간이 중요한 요소인 시간 공유 컴퓨팅 시스템과 항공사 좌석 예약 시스템과 같은 분야의 설계 목표로 사용된다.

고가용도 시스템의 사용자들은 그들이 원하는 순간에 시스템으로부터 정확한 동작의 서비스 제공을 원한다.

결함허용은 시스템이 여분을 갖도록 구성하여 주 프로세서에서 고장이 발생하는 경우 여분의 프로세서 동작을 수행하여 임무를 완성하는 등의 시스템 가용도 향상을 위해 사용된다. 다시 말하면 주 프로세서가 보수되는 동안에 여분의 프로세서가 동작하여 시스템을 가용한 상태로 유지하는 것을 의미한다.

(3) 안전도(Safety)

시스템의 특징 중 간과하고 넘어가기 쉬운 성질 중의 하나가 안전도이다. 안전도 $S(t)$는 시스템이 정확하게 동작할 확률 또는 기능수행이 정지되더라도 다른 시스템의 장애를 유도하거나 시스템과 연관된 사람에게 피해를 주지 않을 확률이다. 안전도는 시스템의 fail-safe 능력으로 측정한다. fail-safe 능력은 시스템이 정확하게 동작하지 못하더라도 안전한 특성으로 시스템이 고장 나는 성질을 의미한다. 예를 들어 항공기의 fail-safe는 자동 항법 모드의 고장 시 조종사에게 의지하는 수동모드로의 전환을 의미한다. 마찬가지로 화학공장 밸브의 안전측 동작은 고장 발생 시 밸브의 차단으로 볼 수 있다. 따라서 안전성은 시스템이 안전한 결과 쪽으로 고장 나는 확률이다.

신뢰도는 시스템의 기능이 올바르게 동작할 확률이고, 안전도는 시스템이 올바르게 동작하거나 올바르게 동작하지 않더라도 시스템이 위험한 결과를 발생시키지 않을 확률이라는 점에서 신뢰성과 안전성은 서로 상이하다.

안전성 향상을 위해 고장 시 시스템을 차단하는 방법도 사용된다. 예를 들어 핵발전소에서는 시스템에서 결함이 검출될 때 안전 측으로 유도하기 위해 핵반응 과정을 중지시킨다.

(4) 성능(Performability)

대부분은 하드웨어 고장과 소프트웨어 오류가 검출되어도 시스템이 정상 동작은 계속 수행하도록 시스템을 설계한다. 하지만 시스템의 실행성능은 어떻게 되었든 감소한다. 예를 들어 최근 사용되는 멀티프로세서에서 하나의 프로세서가 고장 나도 나머지 프로세서에 의해 임무를 계속 수행하지만, 처리 속도, 사용할 수 있는 메모리 영역 등의 시스템 성능은 저하된다. 성능 $P(L, t)$는 시간에 종속되는 함수로 임의 시간 t에서 정의된 실행 수준 L과 같거나 그 이상의 성능을 발휘할 확률이다.

성능(performability)을 멀티프로세서를 사용하는 예에 적용하면 실행 능력의 수준은 사용할 수 있는 프로세서의 수로 간단히 표현할 수 있다.

신뢰성은 시스템의 모든 기능요소가 정상 동작하는 것을 기준으로 하고 성능은 하위 기능요소의 일부가 정확히 동작하는 것을 측정기준으로 삼는다는 점에서 신뢰성과 성능은 차이가 있다.

정상적 기능 저하(Graceful Degradation)는 실행성과 밀접한 관계를 갖는 특성이다. 정상적 기능 저하는 하드웨어 고장과 소프트웨어 오류를 보상하기 위해 시스템 실행성능의 수준이 자동으로 감소하는 특징이다.

예를 들어 항공기의 자동 조정장치가 동작하지 못하면 정상적 기능 저하는 자동 조정기능을 사용하지 못하게 한다. 따라서 자동 조정기능의 상실도 성능 수준은 저하되고 성능은 시간 t 에서 항공기의 성능이 이 수준을 만족할 확률이다. 결함허용은 고장 난 하드웨어와 소프트웨어를 시스템에서 제거하여 정상적인 기능 저하와 실행 성능향상을 제공한다. 따라서 성능 수준의 하락이 발생한다.

(5) 유지보수성(Maintainability)

모든 설계는 유지보수성을 목표에 포함한다. 유지보수성은 고장이 발생하면 보수의 용이성을 측정한 값이다. 보다 정량적으로 이야기하면 시스템이 고장 난 후 사전에 정의된 시간 t 동안에 보수가 완료되어 시스템이 다시 동작을 수행할 확률을 유지보수성 $M(t)$으로 정의한다. 프로세서의 복구는 문제 부분의 격리, 물리적인 시스템 보수, 시스템 동작상태의 백업을 포함한다.

유지보수성은 모든 시스템에서 중요하지만, 유지보수 동안의 위험한 환경에 노출되는 인간의 생명과 설비들도 매우 중요하다.

많은 시스템에서 유비보수 특성 중 시스템에서 발생한 문제의 검지와 격리를 사용하여 결함허용에 접근하고 있다. 문제를 격리하고 유지보수자에게 보수가 필요함을 표시하며, 자동 진단기능은 유지보수 기간 단축이라는 관점에서 시스템의 유지보수성을 개선 시킨다.

(6) 테스트 용이성(Testability)

테스트는 시스템이 동작하는 과정에서 발생하는 특징을 의미한다. 예를 들어 초당 100만 명령을 수행하는 시스템에서 사용자는 시스템이 설계 사양에 부합하는 성능으로 동작하는지 궁금해할 수 있다.

테스트 용이성은 이러한 시스템의 특성을 시험할 수 있는 능력을 의미한다. 테스트 용이성의 측정은 사용자가 성능을 시험하기 쉬운 정도를 의미하면 시험이 자동화되고 시스템의 집적회로에 직접 인터페이스 하는 기술들을 사용하여 테스트 용이성을 향상한 방법들에 대하여 이후에 연구하였다.

많이 사용되는 기술의 문제 검출과 격리로 테스트 용이성을 개선 시킨 결함허용 방식이다. 발생 된 문제의 검출과 격리는 결함 발생 후 대처 시간과 대처 범위에 많은 영향을 준다는 관점에서 유지보수성과도 밀접한 관계가 있다.

(7) 종속성(Dependability)

종속성은 신뢰성, 가용성, 안전성, 유지보수성, 성능성과 테스트 용이성을 포함한 개념이다. 종속성은 시스템이 제공하는 특징에 의한 서비스의 질이다. 신뢰성, 가용성, 안전성, 유지보수성, 성능, 테스트 용이성의 측정은 시스템 종속성을 정량적으로 표현한다.

10.2 안전 요구사항 적용 설계

안전에 중대한 시스템의 설계는 안전이 시스템 설계 레벨에서 고려해야 할 최상의 설계 목표임을 인식하는 것으로 시작된다. 이것은 다른 기술적 설계 목적과 비용 절감을 위해 상쇄될 수 없다. 또한 안전이 무엇인지, 즉 안전 목표에 대한 명시적인 설명으로 시작된다. 이것은 다음을 포함한다.

1) 관련된 위해 요소의 식별.
2) 바람직하지 않은 시스템 동작의 경우, 어떤 안전 조처해야 하는지는 안전 요구사항 사양에 지정된다.
3) 안전 조치를 얼마나 엄격하게 준수해야 하는지.

이러한 요구사항은 위험 수준을 반영한 표준 확률적 기준을 통해 표현된다.

10.2.1 안전 목표

Fault Tolerance 적용의 목적은 안전에 중요한 시스템의 맥락에서 전체 시스템 성능이 구성요소 오류로 인해 과도하게 영향을 받지 않도록 오류의 영향을 지역화하는 것이다. 그러나 치명적인 오류가 발생하면 시스템이 안전하게 작동하지 않는다. "고장의 심각성" 정도에 비례하여 영향을 받는 다단계 고장 메커니즘은 모든 고장 안전 설계의 전반적인 성능 및 비용 효율성의 기초를 형성한다.

Fault Tolerance 컴퓨터는 이제 다양한 응용 프로그램 집합에서 사용되며 Fault Tolerance를 달성하기 위한 기술은 응용 프로그램 요구사항만큼 다르다. 이러한 시스템에 대한 신뢰성 요구사항을 정의하는 한 가지 방법은 위험하거나 심각한 실패의 허용 가능한 확률을 지정하는 것이다. 일반적으로 다양한 용도로 고려되는 일반적인 안전 목표는 Fault Tolerance 원칙은 안전을 위해서가 아니라 시스템의 가용성을 높이기 위해 다양한 중요하지 않은 애플리케이션에도 적용된다.

	적용	고장 확률	비고
A	임무 중요 응용 프로그램	$10^{-4} \sim 10^{-6}$	실패하면 임무가 중단된다.
B	군용기	$10^{-7} \sim 10^{-9}$	아마도 조종사들은 탈출할 수 있을 것이다.
	차량 중요 응용 프로그램		실패에 따른 비용이 막대함
	원자력 발전		보조 보호 기능이 있다.
C	상업용 항공기	10^{-10}	관련된 승객의 안전.
	철도 신호		잘못된 신호는 사고로 이어져 재산과 인명을 잃을 수 있다.

대표적인 예는

1) 온라인 처리 과정(OLTP : Online Transaction Processing)의 이중 컴퓨터.
2) 링크 고장으로부터 보호하기 위한 정보 네트워크의 이중 링.
3) 빈번한 다중 경로 페이딩(Multipath Path Fading) 보호를 위한 히트 리스 스위칭(Hitless Switching)과 주파수 / 공간 다양성 마이크로웨이브 라디오.

고려 중인 응용 프로그램에 대한 실시간 응답 요구사항도 매우 중요하다. 예를 들어, 제어가 40~100 ms마다 적용되지 않으면 항공기가 불안정해질 수 있다. 마찬가지로 원자력 발전소는 특정 제어장치가 20~50 ms마다 적용되지 않으면 폭발할 수 있다.

반대로 OLTP 응용 프로그램은 온라인 트랜잭션을 처리하는 데 몇 초의 지연을 견딜 수 있다. 어쨌든 느린 응답에 대한 벌칙은 큰 재앙이 아니다.

Fail Safe 시스템에 대한 또 다른 중요한 요구사항은 검증 기능이다. 검증은 안전성에 대한 질적 및 양적 평가에 필수적일 뿐만 아니라 시스템의 신뢰도를 높인다. 모든 안전에 중요한 응용 프로그램은 실제 사용을 위탁하기 전에 각 기관의 검증을 거친다. 그러나 신뢰할 수 있는 고장 안전 시스템의 고장률은 매우 낮으며 인증을 위한 수명주기 시험은 논리적으로 불가능하다. 검증의 주요 수단은 분석 모델의 계층 구조, 시뮬레이션, 신뢰성의 수학적 공제이다. 이와 함께 실험실의 테스트 기사와 현장 보고서에서 수집한 경험적 데이터가 유효성 확인의 기초가 된다.

10.3 안전 용어, 안전 기술

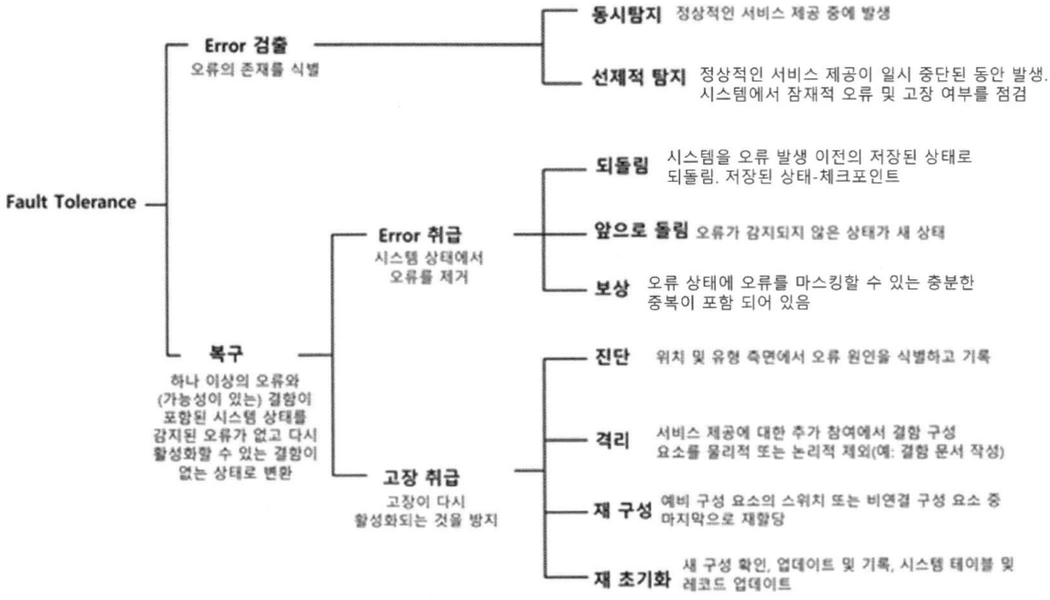

[그림 26] Fault Tolerance 분류

10.3.1 안전 용어(CENELEC EN 50126, IEC 62278)

(1) 고장(Failure)

오류의 영향으로 발생하며, 이것은 구성요소, 서브 시스템 또는 시스템의 외부 동작의 부적합이다.

시스템을 사용할 수 없는 상태로 결함이 있는 프로그램을 실행하면 정상적으로 실행이 되지 않는다.

(2) 오류(Error)

인간의 판단이 잘못되었을 때 발생하는 오류를 에러라고 한다.

시스템을 설계하는 단계에서 고려할 사항이 누락 되었거나 프로그램 동작을 잘못 상정했을 때 실제로 프로그래밍에서도 에러가 발생한다. 오류는 6가지로 분류한다. (내부, 외부, 일시적, 간헐적, 영구적, 영원한)

(3) 결함(Fault)

하드웨어, 소프트웨어 또는 설계상의 결함. 오류는 식별된 또는 잠재적인 오류의 원인이다. 오류는 두 가지 범주로 분류할 수 있다.

① 인적 오류로 인한 하드웨어 및 소프트웨어의 시스템 오류.

② 임의 하드웨어 오류

10.3.2 다양한 안전 관리 기술

(1) 고장 예방: 고장 발생을 방지한다.

장애 예방은 장애가 발생할 수 있는 모든 잠재적 영역을 식별하고 이러한 격차를 해소하기 위한 사전 예방적 전략이다.

요구사항 단계에서 불완전하거나 모호한 비즈니스 규칙 및 요구사항은 개발 중에 더 많은 결함을 일으킨다. 이 문제는 크게 두 가지 방법으로 방지할 수 있다.

① 요구사항을 체계적이고 명확한 방식으로 문서로 만들어 가능한 경우 숫자로 수량화

② 요구사항을 여러 뷰로 표시하여 요구사항의 교차 뷰를 제공한다. 예를 들어, 사용 사례와 프로토타입 뷰를 조합하는 것이 비즈니스 규칙을 통해서만 요구사항을 캡처하는 것보다 더 효과적이다.

(2) 내결함성: 결함이 있는 경우 사양을 충족할 수 있도록 구성요소를 제작한다.
(예: 결함이 있는 경우 마스킹)

내결함성은 다양한 수준에서 달성될 수 있다. 내결함성은 인프라 시스템과 소프트웨어 측면에서 논의할 수 있다. 소프트웨어 애플리케이션은 기능 저하 대안을 통해 기능의 총체적 손실을 방지할 수 있다. 핵심 및 비즈니스 주요 기능은 지원 기능을 사용할 수 없음에도 불구하고 사용할 수 있어야 한다.

패치 적용 및 서버 업그레이드와 같은 예정된 운영 중단 시 다운타임을 최소화할 수 있는 원격 설치 패치 기능을 사용하면 한 번에 한 노드씩 패치를 적용할 수 있다.

(3) 고장 제거: 고장의 존재, 수, 심각도를 줄인다.

장애 제거는 네트워크 내에서 장애의 수와 심각도를 줄인다. 네트워크의 구현 중에 수행될 수 있다. 네트워크 설계는 검증을 통해 개발되는 동안 검증될 수 있다. 네트워크를 사용하는 동안 오류 제거도 수행할 수 있다. 이는 시정 유지보수 및 예방 유지보수를 통해 유지관리 주기를 통해 달성된다.

(4) 고장 예측: 현재 수, 미래 발생률 및 결함의 결과를 추정한다.

결함 예측의 경우, 현재 결함 수, 향후 발생 빈도 및 향후 발생 빈도를 추정한다. 결함이 발생하기 전에 그 영향을 제거하는 것을 목표로 한다.

10.4 내결함성 기본 정의

내결함성이란 단순히 하나 이상의 구성요소에 장애가 발생하더라도 중단 없이 계속 작동할 수 있는 시스템의 기능을 의미한다. 이것은 컴퓨터 시스템, 클라우드 클러스터, 네트워크 또는 다른 어떤 것이든 사실이다. 즉, 오류 허용이란 운영 체제(OS)가 소프트웨어나 하드웨어의 오작동 및 장애에 대응하고 이를 허용하는 방식을 말한다.

장애 없이 장애를 복구하고 견디는 OS의 기능은 하드웨어, 소프트웨어 또는 부하 평형기(Load Balancer)를 활용하는 결합 해법을 통해 처리할 수 있다. 일부 컴퓨터 시스템은 여러 개의 중복 내결함성 시스템을 사용하여 장애를 우아하게 처리한다. 이를 무장애 네트워크라고 한다.

① Fault Tolerance란 시스템의 한 부분에서 장애(Fault)가 발생하더라도 시스템 운영에 전혀 지장이 없도록 구현 설계하는 것을 말한다.

② 장애가 발생해도 작동하는 중에 전체 수행에 심각한 영향을 미치기 전에 자동 복구를 시키는 것이 목표이다.

③ 적용 분야 : 시스템에 고장이 발생하면 인명이나 재산에 피해를 초래하는 사고가 발생하는 필수 안전(Safety-Critical) 및 필수 임무(Mission-Critical) 설비제어 시스템에서 사용된다. 구체적으로는 철도, 원자력, 국방, 항공, 우주, 발전, 에너지, 자동차, 조선, 플랜트, 금융, 의료 등에서 사용된다.

10.5 내결함성 실행 방법

10.5.1 다중화에 의한 장애 마스킹

시스템에 내결함성을 부여하는 한 가지 방법은 시스템에 중복성을 도입하는 것이다. 즉, 시스템이 복제되고 모든 복사본에 입력이 공급된다. 모든 복사본의 출력을 가져와서 실제 출력을 결정한다. 한 복사본에 결함이 있으면 다른 복사본과 다른 출력이 생성되며, 대부분의 출력은 실제 출력으로 간주 된다. 이 유형의 정책은 시스템에서 하나의 오류만 해결할 수 있다.

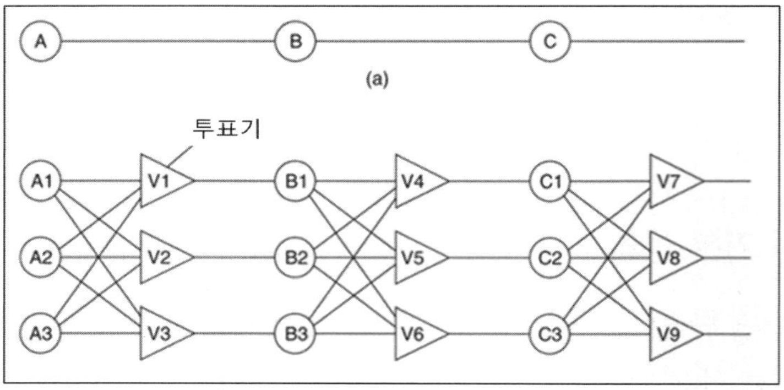

[그림 27] 삼중 모듈식 이중화

※ 여러 개를 중복하여 가동하면 비용은 증가하지만, 더 많은 시스템 장애 방지가 가능하다.

10.5.2 프로세스를 활용한 복원

데이터의 고장을 방지하기 위해 프로세스를 복제하여 그룹을 만드는 방식으로 그룹의 구성과 결함 있는 시스템의 합의로 손실된 데이터를 복구하는 방법이 있다.

(1) 그룹 구성 방법

① 무계층 그룹

- 프로세스 내의 노드들이 서로 대등한 관계를 갖고 문제를 동료들의 합의로 처리한다.
- 내결함에 좋다. 다만 통제가 분산되기 때문에 많은 오버헤드가 발생할 수 있다.

② 계층 그룹

- 코디네이터가 전체 노드를 관리하는 시스템
- 구현이 쉽지만 코디네이터가 다운되면 전체 시스템이 멈추기 때문에 내결함에는 적합하지 않다.

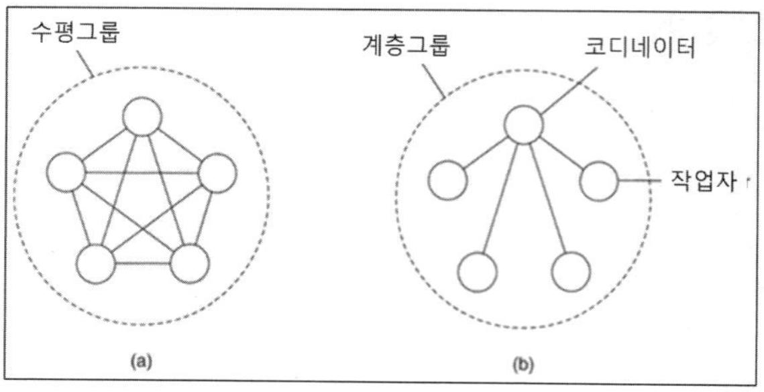

[그림 28] 무계층 그룹 대 계층 그룹

(2) 결함 있는 시스템의 합의

분산시스템에서 내결함을 구현하려면 합의 과정이 필요하다. 이때 모두가 같은 상태면 문제가 없으나 일부가 문제, 특히 단순한 실패가 아닌 악의적인 공격이 발생했을 때는 나머지가 어떻게 합의할 것인가는 중요한 이슈이다.

① 합의를 할 수 있는 4가지 유형

유 형	비교 항목	
프로세스	동기	비동기
통신 지연	제한	무제한
메시지 전달	순차적	무순차적
메시지 전송	Unicasting	Multicasting

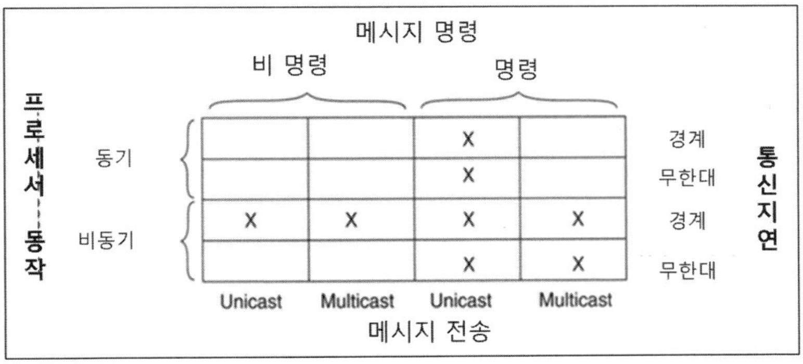

* X는 합의 가능함을 의미하며, 빈칸은 합의 불가능을 의미한다.

[그림 29] 결함 있는 시스템의 합의

② 투표를 통한 합의

오류를 가려내려면 이중화 채널의 출력을 비교하고 투표해야 한다. 이러한 기능을 제공하기 위해 두 가지 별개의 유권자 접근 방식이 발전했다. 이러한 방법은 Fault Tolerance의 효율성과 결함 범위에서 하드웨어 및 소프트웨어의 유효성 검사에 이르는 모든 것에 영향을 미친다.

첫 번째는 대부분의 Fault Tolerance 시스템에서 사용되는 정확한 비트 합의이다. 정보가 이진 정보인 철도 신호 응용 프로그램의 경우 이는 분명한 투표 방법이다.

두 번째 접근법은 근사 합의를 사용한다. 대부분의 물리적 매개변수는 본질적으로 아날로그이므로 이중화 하드웨어로 측정한 값은 정확도에 따라 다르다.

이러한 매개변수는 합의에 도달하기 위해 임곗값에 의해 유효성이 검사된다. 그러나 이러한 임곗값 또는 계약 창을 정의하는 수학적으로 정확한 방법이 없으므로 설계자 대부분은 반대 요구사항에 따라 경험적 방법을 사용한다. 임곗값을 너무 작게 하면 불필요한 오작동이 발생한다. 다시 거짓 경보를 피하려고 창을 너무 넓게 만들면 실제 오류를 억제하고 오류 감지 범위를 줄일 수 있다.
어쨌든, 안정적인 합의에 도달하기 위해서는

- 모든 이중화 채널은 같은 상태이다.
- 모든 이중화 하드웨어가 같은 순간에 입력을 읽는다.
- 각 채널은 제한된 시간 왜곡 내, 같은 입력 / 프로세스에서 같은 동작 순서를 실행한다. 즉 가장 느린 채널과 가장 빠른 채널 간의 실행 시간이 한도 내에서 정의된다.

위의 요구사항을 충족하려면 오류 포함 영역(FCR :Fault Containment Regions)이 실시간 동시성을 위한 몇 가지 수단으로 동기화되어야 한다. 널리 사용되는 기술은 FCR 간에 세마포어를 교환하는 동시에 데이터 프레임을 서로 교환하는 것이다.
다른 방법은 Fault Tolerance 외부 하드 클록을 사용하여 동기화 작업을 수행하는 것이다. 이 접근법은 응용 프로그램 소프트웨어에 솔직하다.
일반적으로 발생하는 문제 중 하나는 입력으로부터 도착하거나 타이밍 왜곡으로부터 발생하는 일시적인 오류를 차단하는 것이다. 이는 데이터의 유효성을 검증하고 데이터가 정착되기까지 합리적인 시간을 허용함으로써 처리된다. 그러나 이것은 시스템이 Fail Safe 상태로 강제될 수 있는 합의 시간에 한계를 두었다.
이 시점에서 일반적으로 비잔틴 실패라고 알려진 특정한 유형의 실패는 내결함성 시스템의 구조에 중요한 역할을 하므로 언급할 가치가 있다. 내결함성 시스템과 비잔틴 장군들 사이의 유사점은 람포트, 쇼스타크, 피세(Lamport, Shostak, Pease)가 쓴 유명한 논문에서 비롯된다. 신뢰할 수 있는 컴퓨터 시스템은 시스템의 다른 부분에 상충하는 정보를 제공하는 오류를 처리해야 한다.
비잔틴은 문제를 가상의 역사적 맥락에서 일반화하며 전투를 준비하는 군대와 관련이 있다. 전투를 지휘하는 장군들은 서로 직접 의사소통을 할 수 없다. 그들이 마음대로 사용할 수 있는 기술은 겸손하고 메신저에 한정되어 있다. 문제는 장군들이 한 명 이상의 장군에 관련된 전령 중 어느 쪽이든 잠재적 배신자들이 있는 상황에서 합리적인 전장을 마련할 수 있느냐 하는 것이다.

예를 들어, 세 명의 장성이 관련된 시나리오와 그중 한 명이 관련된 배신을 생각해 보라. 충직한 두 장수가 서로 다른 결론을 내린다고 가정해 보자. 그들 중 한 명은 "공격"으로, 다른 한 명은 "철수"로 결론짓고, 따라서 그들은 서로와 세 번째 장군에게 독립적으로 도달한 결정을 알린다. 그러나 세 번째는 그의 결론에 대해 상반되는 정보를 전달받는다. 그는 첫 번째 장군의 '공격'과 두 번째 장군의 '철수' 메시지로 소통한다. 결과적으로, 두 '충성' 장군들은 전령의 배신이 없었더라면, 세 사람이 함께 상호 일관된 결정을 내릴 수도 있었음에도, 그들의 견해를 바꾸는 이유가 발생했다.
이 이론에 따르면, 임의 또는 비잔틴 결함이 있는 상황에서 입력 소스 일치를 달성하려면 다음 조건이 충족되어야 한다.

- 시스템은 3f + 1개의 FCR로 구성되어야 한다.
- FCR은 2f + 1 연결 해제 경로를 통해 상호 연결되어야 한다.
- 참가자는 참가자들 간에 f + 1번 교환해야 한다.
- FCR은 유한 왜곡과 동기화되어야 한다. 비잔틴 시스템은 아날로그 또는 연속 변수를 처리하고 공간에 분산되는 Fail Safe 시스템에 특히 중요하다. 비잔틴의 일반적인 장애는 주변 버스 송신기 또는 잡음이 많은 통신 채널이 두 수신기가 전송에 대해 다른 값을 인식하게 할 때 발생한다.

통신에서 충돌하는 정보는 오류 감지 코드, 체크섬, 주기적 중복 검사 등을 포함하는 엄격한 프로토콜을 채택함으로써 사실상 제거할 수 있다.
철도 신호의 경우, 모든 정보는 본질적으로 이진 (접촉 상태, 지점 상태 등)이므로 아날로그값에 필요한 대략적인 합의가 아닌 데이터 검증에 대한 정확한 합의를 적용할 수 있다. 따라서 철도 신호 응용 프로그램의 경우 비잔틴 오류 방지 원칙에 따라 3-out-of-3 대신 2-out-of-3 투표를 사용하는 내결함성 아키텍처가 적절한 안전 정도이다.

참고사항 K-FT(K-Fault Tolerant) 그룹(= Byzantine, BFT)

- 임의의 k에 대해 Fail이 발생하여도 정상 노드의 합의에 따라 계속 동작하게 하는 방식이며, 비잔틴 합의 방식, 즉 BFT(Byzantine Fault Tolerance)의 개념을 사용하는 것이다.
- 동기식 네트워크에서만 합의할 수 있다.

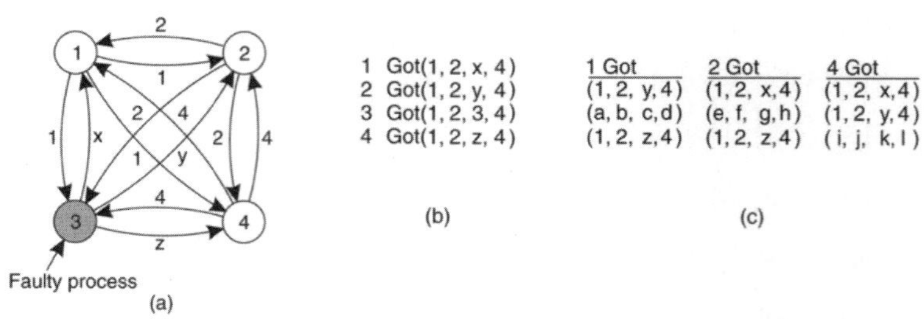

[그림 30] 비잔틴 협정 문제

※ 비잔틴 협정 문제 설명

- 3번 프로세서에서 오류가 발생했을 경우의 합의를 하는 순서
- 각각의 프로세서가 자신이 가지고 있는 값을 다른 프로세서로 보낸다. 이때 3번은 장애 상태지만 자기가 알고 있는 임의의 값(x, y, z)을 다른 프로세서로 보내게 된다.
- 이 결과를 투표기 형식으로 정리한다.
- 자기가 있는 투표기를 나머지 노드로 뿌려준다. (예를 들어 1번은 2, 3, 4에 보내준다.)
- 각각의 투표기값을 비교하여 과반수가 맞는지를 확인한다. 그림에서 보면 3번 프로세스를 제외한 2개의 프로세스가 정상이므로 합의에 이른다.

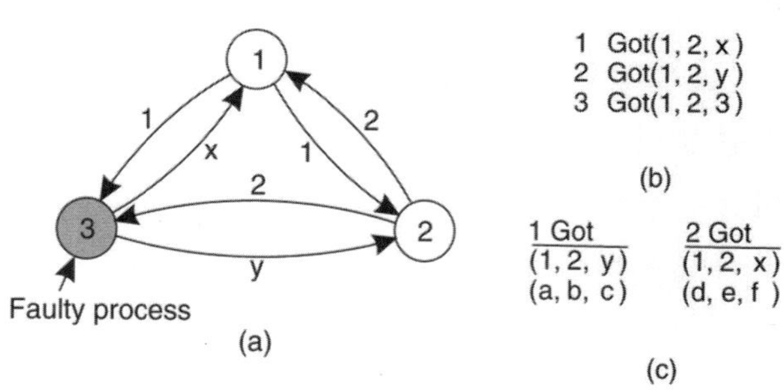

[그림 31] 비잔틴 협정 문제 (2)

※ 비잔틴 협정 문제 (2) 설명

- 노드가 3개이고 1개의 프로세스에서 장애 발생 시 과반수가 되지 않기 때문에 합의가 되지 않는다.
  ➡ 즉 K-FT 방법은 K가 1일 때 정상 노드가 최소 2K+1 만큼은 되어야 합의할 수 있다.

③ PBFT(Practical Byzantine Fault Tolerance: 실용적인 비잔틴 내결함성)

- 리더가 클라이언트들의 요청을 수집하여 정렬하고 실행 결과와 함께 다른 노드들에 전파한다.
- 모든 노드는 자신이 다른 노드에서 가장 많이 받은 같은 메시지(정족수 이상의)가 무엇인지 다른 노드들에 전파한다.
- 비동기 네트워크에서도 합의를 이룰 수 있다.
- 실패 노드가 F 개 있을 때, 총 노드의 개수가 3F + 1 이상이면 해당 네트워크에서 이루어지는 합의는 신뢰할 수 있다는 것을 수학적으로 증명하는 알고리즘이다.

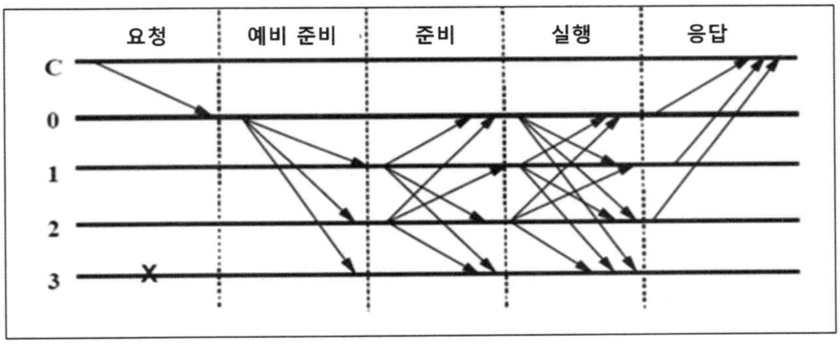

[그림 32] PBFT(실용적 비잔틴 장애 허용)

참고사항 PBFT 동작 이론 설명

- C : 고객, 0 : 기본 복제본
- 요구 : 고객이 상태 변환을 요청하는 요구 메시지를 일차(0)로 전송한다.
- 사전 준비 : 1차는 나머지 모든 노드로 메시지를 전송한다.
- 준비 : 메시지를 받고 문제가 없는 경우 (1, 2번 노드)는 자신의 값을 다른 노드에 전송한다.
- 위임 : 사전 준비 메시지와 준비 메시지를 수집, 합의한 후 결과를 모든 노드에 전송한다.
- 응답 : 최종 합의 결과를 고객에게 전송한다.

10.5.3 신뢰성 멀티캐스팅 방법

여러 개의 프로세스 그룹이 동일 데이터를 공유하는 상황에서 갱신하고 싶은 경우, 일반적인 멀티캐스팅 환경 (방송 같은 경우)에서는 일단 송신만 하면 끝이나, 신뢰성 멀티캐스팅 환경에서는 잘 받았다는 확인을 받음으로써 항상 신뢰성을 보장해주는 방식

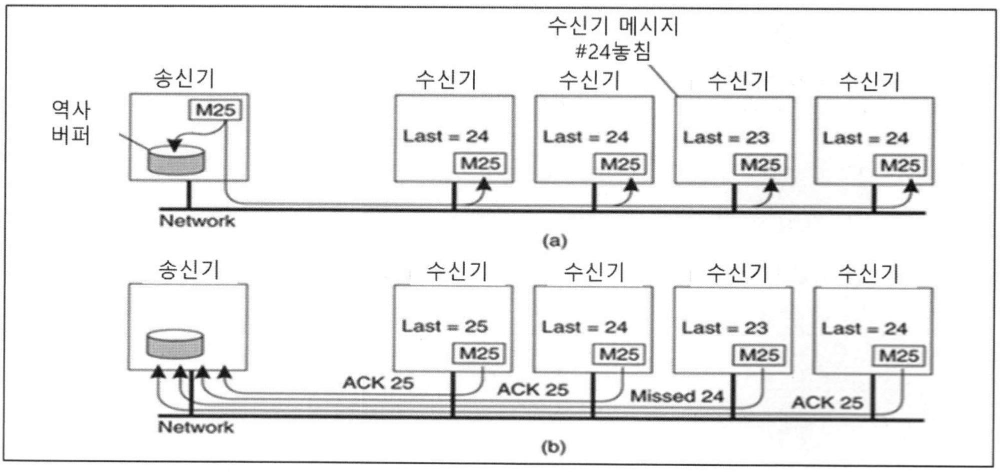

[그림 33] 신뢰할 수 있는 기본 멀티캐스팅

참고사항 신뢰할 수 있는 기본 멀티캐스팅 설명

ⓐ 3번째 노드는 24번 메시지를 받지 못하였기 때문에 23번 메시지를 가진 상황이다. 이때 송신기에서는 새로운 25번 메시지를 멀티캐스팅 한다.

ⓑ 정상 노드는 25번 메시지를 정상적으로 수신받았다는 의미로 ACK 25를 송신기에 보내고 24번 메시지를 받지 못했던 3번째 수신기는 24번 메시지를 수신받지 못했다는 피드백을 전송한다.

ⓒ 그림과 다르게 수신기가 수십, 수백 개로 많은 경우에는 피드백이 많이 발생하게 되고 대량의 오버헤드가 발생하게 되므로 신뢰성 멀티캐스팅 구조의 기본적인 문제점이 된다. (피드백 내폭 : Feedback Implosion)

(1) 피드백 내폭의 해결 방법

① SRM (확장 가능한 신뢰성 M–C, = 비계층적 피드백 제어)

- 정상일 때 별도 ACK 메시지가 없어도 정상으로 가정하고 문제가 있으면 NACK 메시지를 송신기 측으로 전송하는 방식이다.
- 다만, 언제까지 데이터 패킷을 가지고 있어야 하는지 알 수 없으므로 시간을 정해 NACK 발생하면 순차적으로 NACK 메시지를 전체 노드로 멀티캐스팅 한다.

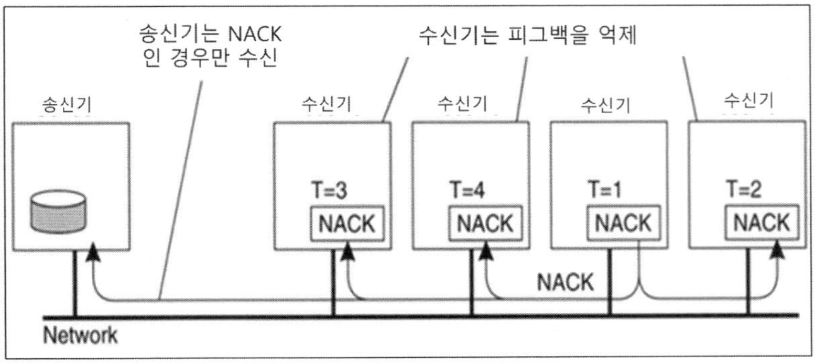

[그림 34] SRM

② 계층적 피드백 모델

- 수신기를 그룹별로 묶고 각 그룹 내에서 코디네이터를 지정하여, 코디네이터를 통해서 수신자에게 전송하는 방식이다.
- 피드백이 아무리 많이 발생하더라도 그룹 내에서만 발생하여 전체 시스템 관점에서는 큰 문제가 발생하지는 않는다.

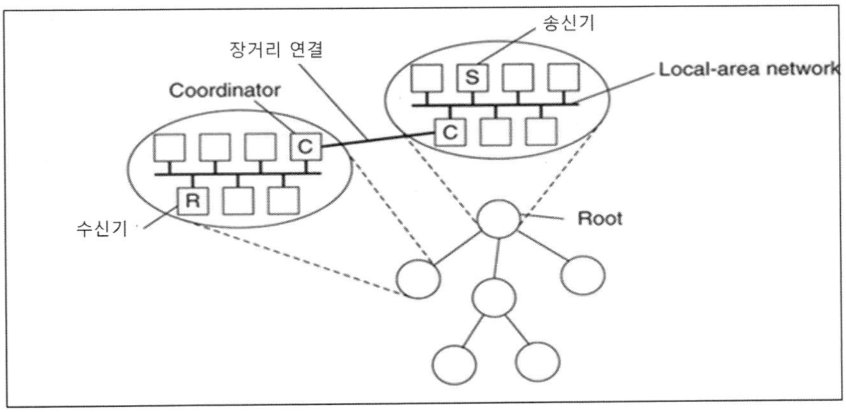

[그림 35] 계층적 피드백 모델

(2) 가상 동기화 ★

- 신뢰성 멀티캐스팅 환경에서 동기를 맞추는 기법
- 네트워크에서 메시지가 들어오면 통신 계층에서 메시지를 수신하여 응용계층에 전달하는 논리적인 구조에서 동기화가 필요하다.

① 원자력 멀티캐스트

- 가상 동기화 시스템의 중요 개념으로 하나라도 실행되지 않는 경우 모두 삭제

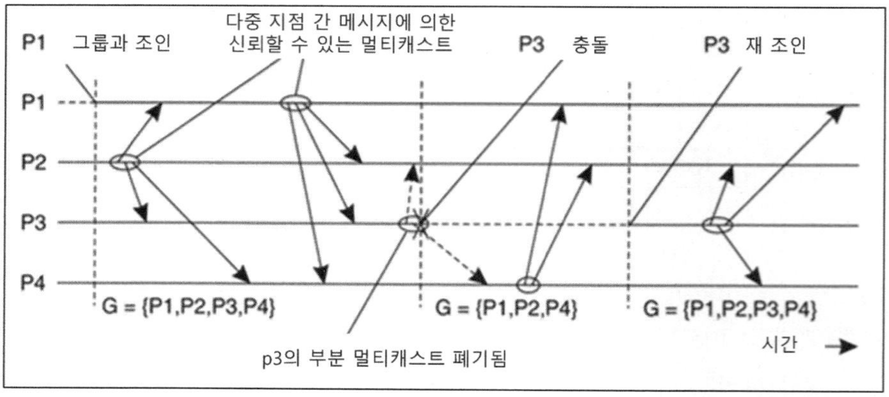

[그림 36] 가상 동기화

참고사항 가상동기화 설명

① P1과 P2가 각 노드로 메시지를 송신한다.
② 어느 시점에 P3가 다운된다면 P3의 답변은 P1과 P2에 전달되지 않을 수도 있다.
③ P3가 정상 작동할 때까지 기다린 후(Atomic Multicast), P3가 정상 작동되면 P3는 갱신을 위하여 모든 노드로 메시지를 송신한다.
➡ 즉, 어떠한 프로토콜이 동작하여 프로세스가 충돌되었는지 아닌지를 확인할 때 하나의 프로세스라도 충돌되면 모든 프로세스에 전달하지 않는다.

② 가상 동기화의 구현 과정

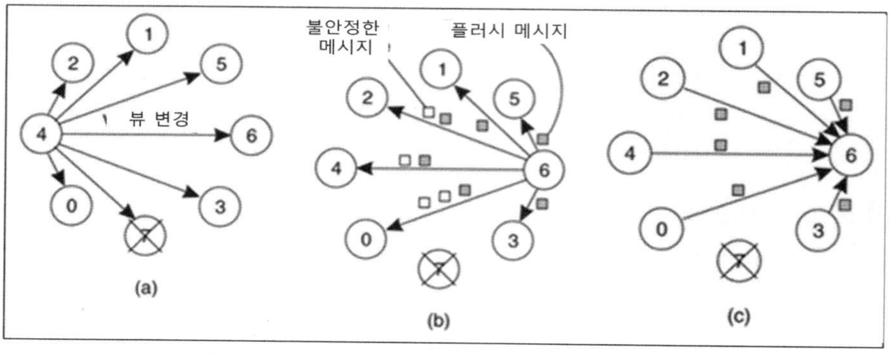

[그림 37] 가상 동기화 구현

참고사항 **가상동기화 구현 설명**

ⓐ 8개의 노드가 모두 정상적으로 가동하다가 7번 노드가 다운되면 먼저 인지한 4번 노드가 모든 노드에 View Change 요청을 전송한다.
ⓑ 6번 노드는 코디네이터가 되어 죽은 7번 노드를 포함하여 불안전한 메시지를 먼저 보내고 갱신하는 동안 메시지 플러시를 전체 노드로 송신한다.
ⓒ 메시지 플러시는 새로운 멀티캐스팅 메시지의 생성을 다운된 7번 노드를 제외한 그룹 수정 이후로 지연하는 역할을 하며, 메시지 플러시를 받은 다른 전체 노드로부터 ACK 메시지를 받으면 새로운 그룹 리스트를 작성한다. (New View)

(3) 메시지 순서 지정

가상 동기화와는 독립적으로 메시지 수신 시 순서를 결정하는 데 사용된다.

① 순서가 지정되지 않은 멀티캐스트(무순서)

- 같은 그룹 내에서 메시지를 보낸 순서와 무관하게 수신된다.

처리 P1	처리 P2	처리 P3
송신m1	수신m1	수신m2
송신m2	수신m2	수신m1

[그림 38] 순서가 지정되지 않은 멀티캐스트

② FIFO 순서 멀티캐스트(선입선출)

- 같은 프로세스에서 보낸 순서 그대로 다른 프로세스가 받아야 한다.
- 다른 프로세스에서 보낸 것은 제한이 없다.

처리 P1	처리 P2	처리 P3	처리 P4
송신m1	수신m1	수신m3	수신m3
송신m2	수신m3	수신m1	수신m4
	수신m2	수신m2	
	수신m4	수신m4	

[그림 39] FIFO-Ordered Multicasts

③ 원인 순서 멀티캐스트 (인과관계)

- 인과관계에 맞게 메시지를 받는 방식
- FIFO 순서가 전제되어 있어야 한다.

④ 완전히 정렬된 멀티캐스트 (전체적인 관점)

• 보낸 순서와 관계없이 받는 순서가 같아야 한다.

멀티캐스트	기본 메시지 명령	전체 명령 도달?
신뢰 멀티캐스트	없음	No
FIFO 멀티게스트	FIFO 명령 도달	No
우발 멀티게스트	우발 명령 도달	No
원자 멀티게스트	없음	Yes
FIFO 원자 멀티게스트	FIFO 명령 도달	Yes
우발 원자 멀티게스트	우발 명령 도달	Yes

[그림 40] 완전히 정렬된 멀티캐스트

참고사항 **완전히 정렬된 멀티캐스트 설명**

• 멀티캐스트의 6개의 상황 중에서 완전히 정렬된 멀티캐스트가 가능한 상황은 원자력, FIFO 원자력, 원인 원자력 3개의 상황이다.
• 원자력 멀티캐스트가 아닌 경우에는 완전히 정렬된 멀티캐스트가 되지 못한다.

10.5.4 복구 방법(Recovery)

(1) 복구 – 안정적 저장

① 복구 : 프로세서 진행 중 충돌이 발생하거나 사이트 오류가 발생하면 원래의 상태로 복구시키는 것

② 안정적 저장 : 어떠한 상황에서도 복구할 필요가 있는 정보를 항상 안전하게 저장하는 장치

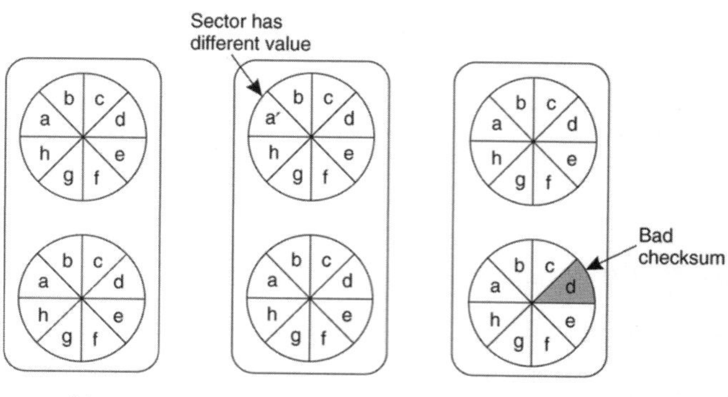

[그림 41] 복구 – 안정적 저장

참고사항 **복구-안정적 저장 설명**

ⓐ 일반 디스크로 구현된 저장 장치로 두 개의 드라이브로 구성되어 같은 값의 블록(a~h)를 가지고 있다. 블록의 데이터가 갱신될 때는 드라이브 1이 먼저 갱신하고 그것을 확인한 드라이브 2에 같은 블록이 저장된다.
ⓑ 드라이브 1 이 갱신 되고 드라이브 2가 갱신되기 전에 시스템이 멈추면 드라이브 1의 특정 블록 (a') 가 다른 값을 가지는 경우가 발생할 수도 있다.
ⓒ 드라이브의 특정 블록이 쇠퇴가 되어 잘못된 체크섬 오류가 발생할 수 있다.

(2) 점검 지점

① 정보를 안전하게 저장할 수 있는 가장 기본적인 방법이다.

② 정보의 현재 상태를 중간마다 점검 지점을 찍어서 안정 저장장치에 저장하고, 고장이 발생하면 불러내어 점검 지점으로 돌아가 이전의 정보를 다시 활용한다.

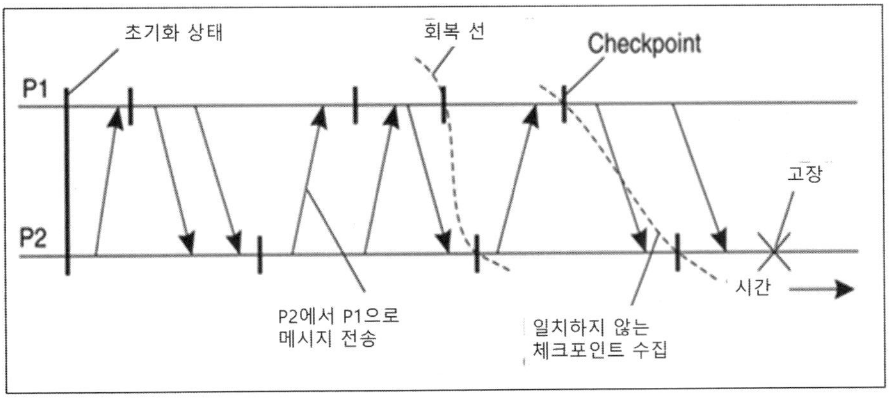

[그림 42] 점검 지점

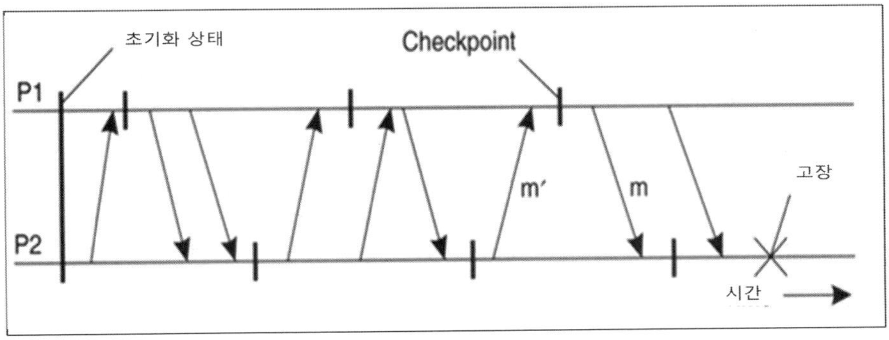

[그림 43] 독립 점검 지점

참고사항 **독립 점검 지점 설명**

프로세스 P1, P2가 동작 진행 중에 P2가 충돌될 때는 P2를 복구 – 점검 지점으로 되돌아가 이전 정보로 되돌아가야 하나 마지막 점검 지점에서 받은 메시지 m의 송신자가 불확실하여 사용할 수 없고 더 이전의 점검 지점으로 되돌아가야 한다. 이러한 과정이 반복되면 결국 초기 상태로 돌아가는 도미노 효과가 발생할 수 있다. 이러한 문제는 각 프로세스에서 독립 점검 지점을 가지고 있기 때문이다.

(3) 메시지 로깅 체계 특성 분석

도미노 효과를 줄이기 위하여 메시지 로깅을 보조 수단으로 사용한다.

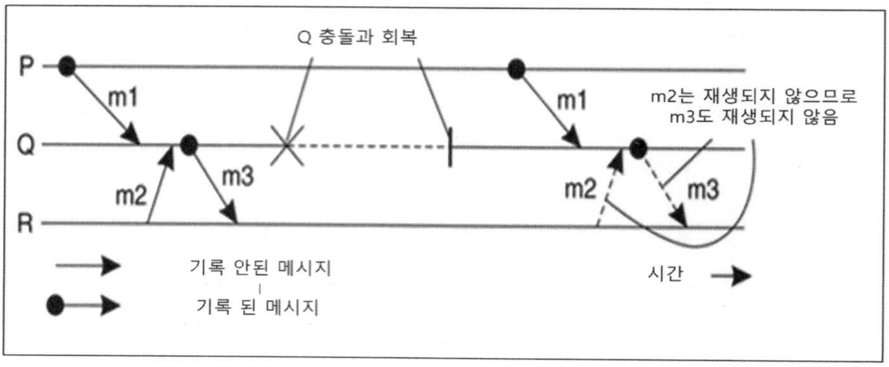

[그림 44] 메시지 로깅 체계 특성 분석

11 수명주기 단계

이 장에서는 EN 50126-1과 EN 50128에서 가져온 소프트웨어 개발 단계를 고려하여 CENELEC 5012X 표준의 수명주기 단계와 관련된 정형 기법의 적용을 설명한다.

비록 정형 기법(Formal Method)이 CENELEC 표준에 의해 강력히 권장되고, 표준이 일부 정형 기법을 언급하고 있지만, 정형 기법을 수명주기 단계와 정확하게 관련시키지는 않는다. 사실, EN 5012X 표준은 기본적으로 각 시스템 개발 활동이 수동으로 수행된다고 가정하는 것처럼 보이기 때문에 정형 기법과 수명주기 단계 사이에 완벽한 일치는 없다. 그러한 이유로, 그리고 시스템 개발에 대한 집단 경험에 따르면, 전체 개발 프로세스는 충분히 작은 것으로 간주하고 인간이 시스템 복잡성을 관리할 수 있는 충분한 명확한 인터페이스를 가진 많은 단계로 나뉜다. 또한, 적절한 RAM 수준을 유지하기 위해 많은 점검과 이중 점검 - 검증 및 확인(V&V) 활동을 수립한다.

정형 기법을 사용할 때 자동화 도구는 개발 단계와 검증 작업에 사용되며 복잡성을 관리하고 시스템 속성을 증명한다. 이는 매우 높은 수준의 신뢰를 제공할 수 있으며, 추가 검사, 검토 및 이중 검사를 쓸모없게 만들 수 있다. 반면에 정형 기법 도구를 적용하려면 시스템과 속성을 적절하게 공식화해야 하며, 이는 수동 활동으로 남아 있으며 CENELEC 표준의 수명주기에서 별도의 활동으로 예측되지 않는다. 또한, 현재 최신 기술은 정형 기법이 하위 시스템에 대한 활동의 하위 집합을 대체할 수 있으므로 CENELEC 표준의 전반적인 접근 방식은 전혀 쓸모없지 않다. 정형 기법과 CENELEC 표준 단계 사이의 관계를 묘사하는 것을 어렵게 만드는 것은 다른 정형 기법이 다루는 단계와 다루는 단계의 수를 상당히 변화시키면서 다른 활동의 하위 집합을 다룰 수 있다는 사실이다. 요약하면,

① 수동 또는 전통적인 방법을 사용하여 수행되는 활동의 품질 및 안전 보장과 관련하여 (정형 기법) 도구에 의한 것과 상당한 차이가 있다.
② 정형 기법은 시스템/SW 개발의 활동을 (일부) 대체할 수 있다.
③ 정형 기법은 정형 기법이 취급하는 자산과 관련된 V&V 활동을 낮추거나 제거할 수 있다.
④ 정형 기법은 적어도 형식화를 위해 새로운 활동을 도입한다.

위에서 설명한 과제에도 불구하고, 본 장의 나머지 부분은 정형 기법을 CENELEC 표준 단계에 관련시킨다. 이러한 단계는 철도 산업에서 잘 알려져 있으므로, 이는 고전적인 접근 방식과 관련하여 정형 기법의 도입으로 인한 변화를 설명할 수 있다.

11.1 수명주기 단계

안전에 중요한 철도 신호 시스템의 개발은 일반 기능 안전 표준 IEC 61508에서 파생된 CENELEC 표준 EN 50126-1/2, EN 50128 및 EN 50129에 의해 규제된다. EN 50126은 시스템 레벨 뷰를 취하며, 첫 번째 부분 [2]는 각 제품이 통과하는 일련의 수명주기 단계를 수립한다. 그러나 일반적으로 신호 시스템은 하드웨어와 소프트웨어 모두로 구성되며, 안전 관련 개발의 경우 몇 가지 다른 특성을 갖는 것으로 알려져 있다. 그러한 이유로 EN 50128[3]은 "소프트웨어 개발 단계"로 간주할 수 있는 일반적인 활동을 포함하여 소프트웨어 개발 방법에 대한 지침을 추가한다. EN 50126의 부분 2는 기본적

으로 방법의 집합이며 EN 50129는 품질 및 안전 관리 및 증명과 관련되므로 수명주기 단계에 대한 추가 정보는 포함하지 않는다.

11.2 시스템 수준

EN 50126-1:2017에 제시된 12개의 시스템 수준 수명주기 단계는 개념 단계부터 폐기 단계까지 [그림 45]의 화살표로 표시된 대로 선형으로 정렬되어 있다. 실제로 (프로젝트 시간 척도에 따라) 인접 단계의 중복, 중첩 및 병렬 단계의 절차, 이전 단계로 돌아가는 반복이 있다. [그림 45]의 V 표현은 시스템을 보고 작업하는 추상화 수준을 반영한다. 상단 부분에는 하단 부분(하위 시스템 및 구성 요소 보기)보다 높은 수준(시스템 보기)이 있다. 하부 단계 6 내지 8은 각 서브시스템에 대해 작은 V를 형성하는 것을 상상할 수 있다. V의 왼쪽 지점은 시스템의 개발/정비를, 오른쪽 지점은 시스템의 조립 및 작동을 나타낸다.

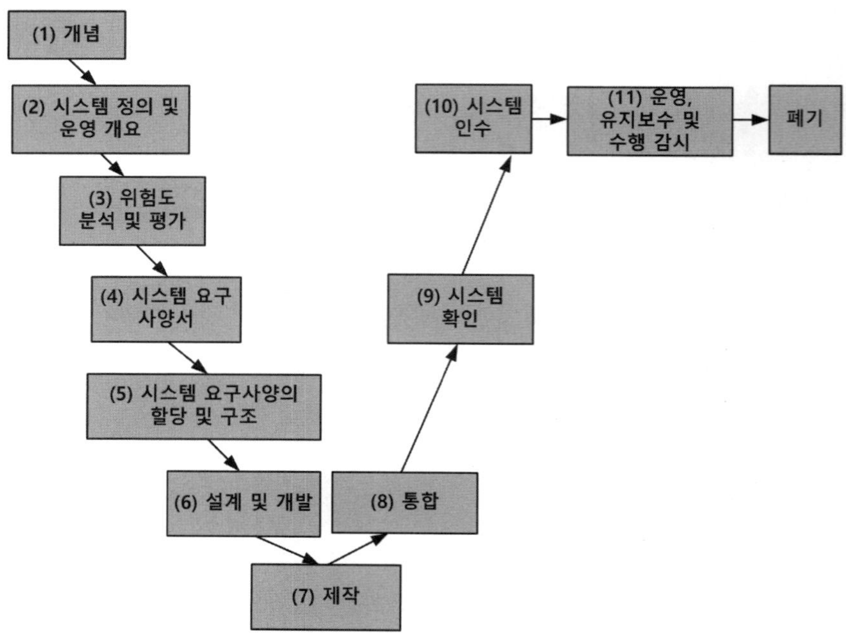

[그림 45] EN 50126-1에 따른 "V 표시"의 시스템 수명주기

정형 기법은 대부분 제품의 지정, 개발 및 검증과 관련된 수명주기 단계에 관련된다. 수명주기의 시작에서, 정형 기법을 적용하기 위해 시스템과 그것의 속성에 대한 충분한 정보가 없다. 결국, 작업 대부분은 정형 기법에 따라 직접적으로 처리될 수 없는 그것의

물리적 표현을 포함하여 제품 전체에 관련된다. 새로운 제품 버전의 의미에서의 제품의 유지보수는 정형 기법을 재사용할 수 있지만, 기본적으로 핵심 단계 중 일부를 다시 반복해야 한다. 따라서 우리는 4단계부터 9단계까지를 "관련된" 단계로 간주한다. 우리는 정형 기법이 역할을 할 수 있는 이러한 단계와 활동을 간략하게 설명한다.

- 시스템 요구사항 명세

  이 단계에서 시스템에 대한 정보는 나중에 제품의 유효성 검사를 위한 참조가 될 수 있을 정도로 매우 상세해진다. 시스템 설명에서 예상되는 시스템 기능은 시스템 요구사항에 자세히 설명되어 있다. 여기에는 신뢰성, 가용성, 유지관리성 및 안전성(RAMS)과 관련된 요구사항, 위험 평가 결과 고려 및 시스템이 요구사항을 충족하는지를 평가하는 기준이 포함된다.

- 시스템 요구사항의 아키텍처 및 배분

  아키텍처를 정의하여 시스템을 하위 시스템으로, 하위 시스템을 구성요소로 구조화한다. 안전 요구사항 및 허용 기준을 포함한 요구사항은 하위 시스템과 구성요소로 구분된다.

- 설계 및 구현

  하위 시스템 및 구성요소는 요구사항에 따라 생성된다. 안전 사례(시스템이 안전 요건을 충족하는 이유)가 준비된다.

- 제조

  하위 시스템 및 구성요소는 고장 모드에 대해 제조 및 테스트 된다.

- 통합

  구성요소와 하위 시스템이 전체 시스템에 통합되고 안전 요구 사항을 포함한 요구사항이 충족됨을 입증한다. 시스템을 테스트하고 분석한다.

- 시스템 유효성 검사

  이 단계는 시스템 요구사항을 참조하며 유사한 추상화 단계에 있다.

4단계 레벨(V-cycle 사진에서 종종 같은 수직 위치에 있음, [그림 45] 참조. 시스템이 요구사항을 준수하는지 검증해야 한다. 단계 동안 확립된 모든 안전 관련 적용 조건이 수집된다.

11.3 소프트웨어 하위 시스템/구성요소 수준

안전에 중요한 신호 소프트웨어(SW)의 경우 표준 EN 50128:2011이 적용된다. 프로젝트별 구체적인 수명주기 모델은 필수(표준 5.3.2항)이지만 EN 50126-1과 달리 SW 개발을 위한 구체적인 단계 순서는 제공하지 않는다. 이 표준은 7절에서 SW 개발 중 활동만을 설명하고 수명주기를 형성하기 위해 어떻게 배열될 수 있는지 두 가지 예를 제시한다. (EN 50128:2011의 [그림 46]과 47) 활동은 "소프트웨어 요구 사항", "아키텍처 및 설계", "부품 설계", "부품 구현 및 테스트", "통합" 및 "검증"입니다. 또한 구성 가능한 신호 시스템("일반 제품/응용 프로그램") 개발 및 특정 구성 데이터("특정 애플리케이션") 개발과 관련된 활동을 위해 표준 부분 8에 따라 "응용 프로그램 데이터/알고리즘 생성" 단계를 추가한다. 우리는 다음과 같이 간략하게 설명한 모든 SW 수명주기 단계가 정형 기법 적용과 관련이 있다고 생각한다.

① **요구 사항** : 관련 시스템 요구사항(안전 요구사항 포함)을 충족하는 전체 소프트웨어 요구 사항이 명시되어 있다. 또한 SW가 SW 요구사항을 충족하는지 확인하는 테스트도 명시되어 있다.

② **아키텍처 및 설계** : 소프트웨어 아키텍처 및 소프트웨어 설계는 테스트 및 검증 요구 사항뿐만 아니라 소프트웨어 요구 사항과 관련하여 정의된다. 또한 통합 테스트가 지정된다.

③ **구성요소 설계** : 소프트웨어 설계는 소프트웨어 아키텍처가 설명하는 각 구성요소의 소프트웨어 구성요소 설계로 세분된다. 또한 소프트웨어 구성요소 테스트는 필요한 소프트웨어 무결성 수준을 지원해야 하는 각 구성요소에 대해 지정된다.

④ **구성요소 구현 및 테스트** : SW 구성요소를 분석, 테스트 및 검증할 수 있도록 구현한다. 해당 성분 테스트가 실행된다.

⑤ **통합** : SW 컴포넌트는 하드웨어뿐만 아니라 다른 SW 컴포넌트와 통합되고 통합 테스트가 실행된다.

⑥ **검증** : 완전히 통합된 SW(관련 하드웨어 포함)를 테스트하고 SW 요구 사항을 충족하는지 분석한다. 이는 기능 및 안전성과 관련이 있다.

⑦ **애플리케이션 데이터/알고리즘 생성** : 시스템의 구성 가능한 부분(일반 응용 프로그램이 특정 응용 프로그램으로 인스턴스화되는 부분)은 응용 프로그램 아키텍처, 설계 및 테스트를 포함하여 개발된다. 또한 구성 데이터도 개발된다. 구성된 시스템에서 테스트가 실행된다.

11.4 소프트웨어 개발과 시스템 개발의 통합

EN 50126-1:2017은 SW 개발을 시스템 개발에 통합하는 것에 대해 많은 것을 말하지 않는다. 적어도 5.2.1절에서는 시스템이 구성요소로 분해되는 하위 시스템으로 분해되는 시스템 계층을 정의한다. 소프트웨어는 항상 일부 하드웨어에서 실행되기 때문에 SW가 EN 50126-1의 의미에서 하위 시스템 또는 구성요소를 구성한다고 결론을 내릴 수 있다.

EN 50128:2011은 [그림 45]에서 SW 개발을 시스템 개발에 통합하는 것에 대한 아이디어를 제공한다. SW 개발을 시작하려면 적어도 시스템 아키텍처(5단계)를 완료해야 하고, 소프트웨어 검증 후 개발된 SW가 시스템 엔지니어링에 다시 넘어간다는 의미다. 이는 SW를 전체 시스템의 하위 시스템 또는 구성 요소로 간주하는 것과 일치하며, SW 개발 단계가 시스템 수명주기 내에 "하위 수명주기"를 형성한다. [그림 46] 참조)

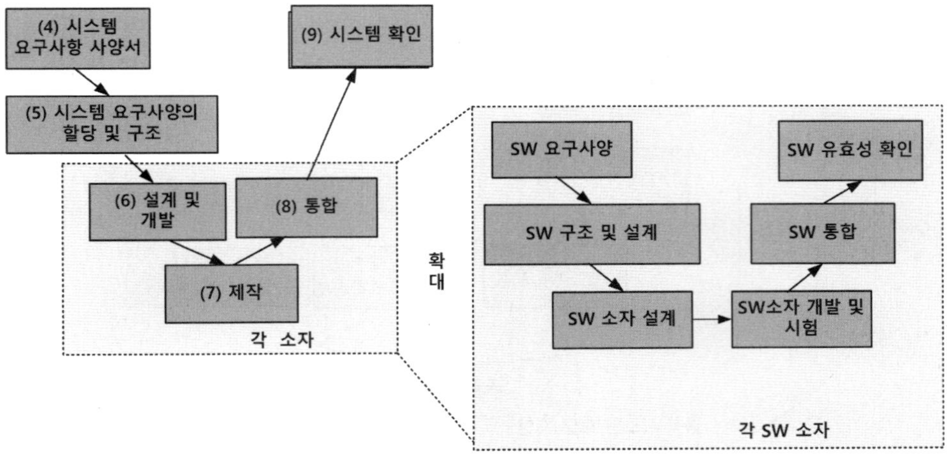

[그림 46] SW 단계를 수명주기에 통합

EN 50128의 [그림 45]의 또 다른 SW 단계도 보여준다. SW 개발 직전에 수행되는 SW에 대한 후순위 위험 평가가 있는 것으로 보인다. SW의 운영은 분명히 전체 시스템의 운영과 결합하여 있고, SW 유지보수는 운영을 시작한 후에 발생한다.

소프트웨어/하드웨어 통합은 소프트웨어 개발 단계의 일부이며 시스템 통합 단계는 이미 소프트웨어 개발 일부로 수행된 통합 작업을 의미할 수 있다(SW 통합 단계, 시스템 통합 단계, 부분 참조).

EN 50128의 7.6 또한 CENELEC 표준 EN 5012X는 시스템 특성과 회사의 프로세스가 다양하므로 의도적으로 해석의 여지를 남겼다는 점을 상기하는 것이 유용할 수 있다.

11.5 수명주기의 형식적 방법

여기서는 개발될 소프트웨어 시스템 또는 적어도 소프트웨어 구성 요소를 포함하는 시스템을 가정하여 소프트웨어 단계를 연결한다. [그림 46]는 [그림 47]의 안쪽 부분에 표시된 수명주기를 획득하여 V-사이클에 삽입한다. 이 결합한 프레젠테이션은 그림의 외부 부분에 묘사된 것과 같이 공식적인 방법을 구체적인 수명주기에 더 쉽게 부착할 수 있게 한다. 다른 (비 SW) 구성 요소의 경우 SW 단계 대신 일반적인 수명주기 단계(6)에서 (8)을 사용하고 기본적으로 코드 생성과 같은 순수 SW 관련 활동은 생략함으로써 그림을 쉽게 조정할 수 있다.

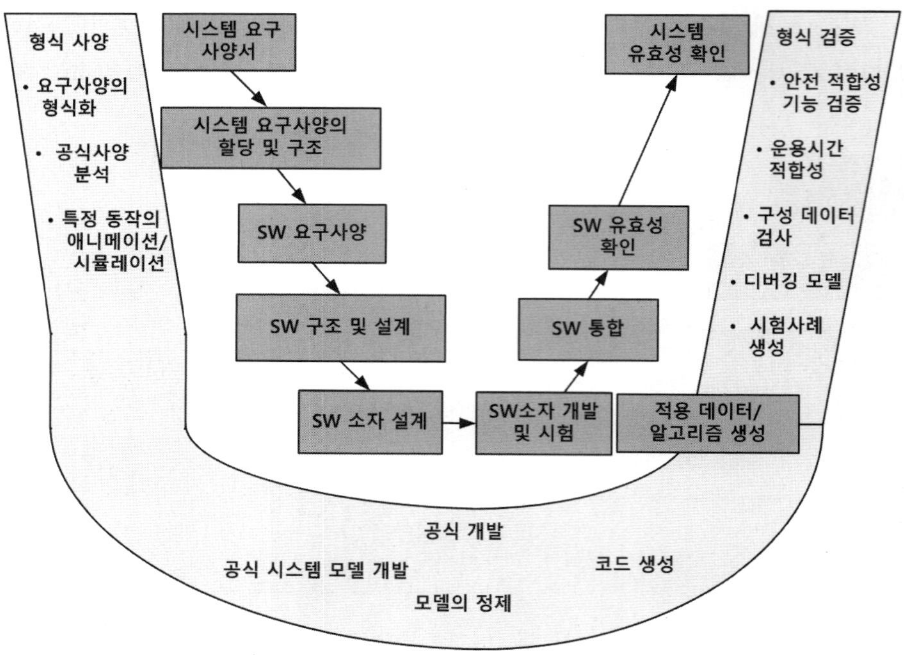

[그림 47] 수명주기 단계(SW)와 관련된 형식 방법의 빈번한 사용 개요

4.1절의 정형 기법 분류에 따라 공식 규격, 공식 개발 및 공식 검증에 따라 [그림 47]은 적용할 공식 방법의 등급에 대한 수명주기의 3개 영역을 식별한다. 이러한 지역 내에서는 각 정형 기법 클래스와 관련된 직간접적인 활동("Also:")이 명명된다. 특수 목적 정형 기법은 더 상세한 수준이기 때문에 사진에 포함되지 않는다. 그러나 이는 또한 필요할 때 수명주기와의 구체적인 관계를 더 쉽게 파악할 수 있게 해준다. 일반적으로 대부분 특별한 형식적 검증 목적을 이행하는 것으로 보인다.

11.6 수명주기에서의 정형 기법 사용 지침으로

이 부분 9에는 철도 산업에서 잘 알려진 CENELEC 표준 단계와 관련된 정형 기법이 있다. 그런데도, 이것은 수명주기가 어떻게 특정한 공식적인 방법을 적용하기 위해 조정되어야 하는지에 관한 질문에 대한 구체적인 해답을 구성하지는 않는다. 이러한 지침을 만들기 위해서는 다른 철도 이해 관계자들과 함께 철도 업계의 주요 공동 노력이 필요하다. 그러한 문서가 철도 신호 시스템에 대한 최신 기술을 훨씬 더 높일 수 있으므로, 철도 업계는 그러한 지침을 너무 빨리 수립하는 것을 꺼릴 수 있다.

12 열차제어시스템 검증 및 확인(V&V)

12.1 개요

검증 및 확인(V&V) 기술은 군사, 우주, 원자력 및 기타 산업 분야에서 디지털 시스템의 품질을 개선하기 위해 사용된다. V&V는 고품질의 고급 열차 제어 시스템(ATC)이 구현되고 실제로 ATC가 기대 수준의 활력을 제공할 수 있도록 보장한다. 철도 시스템 공급업체는 ATC 구현 시 사용할 V&V 절차, 계획, 업무 및 활동을 개발할 때 V&V 프로그램을 사용할 수 있다.

검증 및 확인(V&V) 프로그램은 성공적인 열차 제어 시스템(ATC) 설계 및 성능에 필수적이다. V&V 프로세스는 하드웨어, 소프트웨어 및 사용자 터미널을 포함한 전체 ATC에 적용될 수 있다. V&V 프로그램은 V&V 프로세스가 구현될 때 따라야 할 권장 절차와 작업을 제공하는 구현 계획 문서에 정의되어 있다. 이러한 문서를 시스템 검증 및 유효성 검사 계획 문서라고도 한다. 권장되는 검증 및 확인 절차는 ATC 하드웨어 및 소프트웨어의 중요 항목과 중요하지 않은 항목 모두에 적용되며 ATC 개발과 동시에 수행된다. 검증 및 확인은 ATC 개발자와 공급업체로부터 독립된 그룹에 의해 수행되어야 한다. 이 그룹은 ATC 프로젝트 시작 시 지정되어야 하며 다음과 같은 임무를 수행한다.

- 자세한 V&V 계획을 준비하고,
- 계획에 정의된 대로 V&V 활동을 수행한다.
- 시험계획서, 시험절차서 및 합격 기준 문서 작성에 참여한다.
- 시스템 시험 확인 및 시험 결과를 평가한다.

ATC가 외부 공급자 및/또는 시스템 통합자에 의해 개발되는 경우, 철도 회사는 엔지니어링 직원을 V&V 팀의 능동적 참여자로 배치해야 한다.

검증 및 확인 활동은 ATC 개발 프로젝트의 각 단계에 대한 포괄적인 평가를 제공할 수 있으며 다음을 보장하는 데 도움이 된다.

- ATC 수명주기에서 가능한 한 빨리 결함을 발견하고 수정한다.
- 프로젝트 위험, 비용 증가 및 일정 지연의 가능성을 줄이거나 제거한다.
- ATC 품질 및 신뢰성이 향상되었다.
- 적절한 활력 기능은 ATC와 함께 제공된다.
- ATC 개발 프로세스에 대한 경영진의 지식이 향상된다.
- 제안된 변경/개선사항과 그에 따른 결과를 평가하고 감시한다.

12.2 용어 정의

① 필수 입력 : 시스템의 각 수명주기 단계에 대한 검증 및 확인 작업을 수행하는 데 필요한 항목.

② 필수 출력 : 시스템의 각 수명주기 단계에 대해 V&V 작업을 수행한 결과 발생하는 항목.

③ 시스템 통합 시험 : 통합 하드웨어 및 소프트웨어 시스템을 시험하여 시스템이 지정된 요구사항을 충족하는지 확인하는 프로세스이다.

④ 시험 계획 : 의도한 시험 활동의 범위, 접근 방식, 자원 및 일정을 명시한 문서.

⑤ 시험절차 : 각 시험 항목에 대한 시험절차, 입력, 예측 결과 및 실행 조건을 자세히 설명하는 시험절차 문서.

⑥ 검증 : 시스템 개발 주기의 특정 단계의 제품이 해당 단계에 대해 설정된 요구사항을 충족하는지를 결정하는 프로세스이다. 검증은 시스템 개발 문서를 기반으로 한다. 검증은 개발의 한 단계에서 다음 단계로 정확한 정보 변환이 수행되었음을 보장한다. (예: 설계 명세서의 검토는 설계가 기능적 요구사항을 충족함을 보장한다)

⑦ 확인 : 개발 프로세스가 끝날 때 시스템을 평가하여 기능 및 성능 요구사항을 준수하는지 확인하는 프로세스이다. 그것은 하드웨어와 소프트웨어의 통합시험을 평가하는 것을 기반으로 한다. 유효성 검사 프로세스는 요구사항 규격 문서에 기술된 바와 같이 시스템의 기능이 하드웨어와 소프트웨어에서 구현된다는 것을 보장한다.

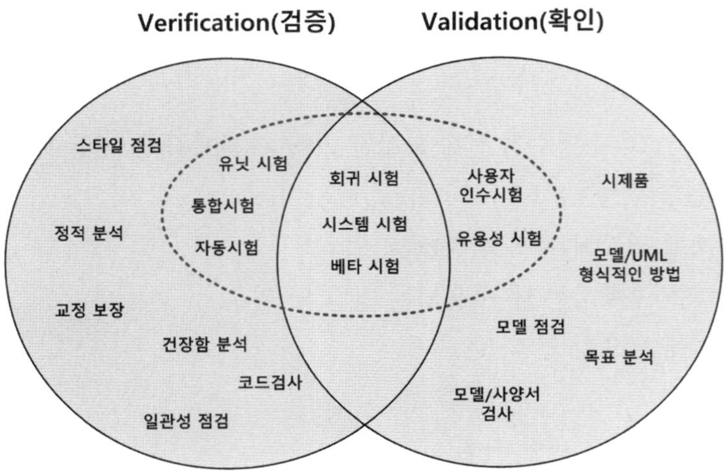

[그림 48] Verification과 Validation

12.3 검증 및 확인 구현 계획

특정 ATC 프로젝트에 대한 V&V 작업은 ATC 시스템 검증 및 확인 계획(SVP)에 정의된다. 이 작업은 각 ATC 개발 단계의 제품이 정확성, 완전성, 일관성 및 정확성에 대한 단계 요구사항을 준수하는지 검증하고 완성된 ATC가 확립된 요구사항을 준수하는지 검증하기 위한 것이다.

[그림 48]은 SVP에 정의된 ATC V&V 활동에 대한 요약 검토를 제공한다. 각 ATC 수명주기 단계에 대한 V&V 입력, 작업 및 출력이 식별된다. SVP에 사용되는 ATC 수명주기 단계는 다음과 같다.

- 개념
- 요구사항
- 설계
- 구현
- 시험
- 설치 및 점검
- 작동 및 유지관리

[표 1]에는 각 프로젝트 구현 단계에 적용할 수 있는 V&V 작업과 이러한 작업을 수행하는 데 필요한 입력 및 출력이 설명되어 있다. SVVP(System Verification and Validation Plan)의 각 부분의 범위 및 내용은 다음과 같다.

(1) **목적** : 제안된 V&V 계획의 목적과 범위 및 계획서 작성에 필요한 사업을 기술한다.

(2) **참조 문서** : 계획 구현을 지원하는 문서가 식별된다.

(3) **계획 개요**: ATC V&V 업무 수행에 필요한 조직, 일정, 자원, 책임 및 계획 관리 방법론이 설명된다.

(4) **V&V 과제** : ATC 수명주기 전체에 걸친 V&V 과제에 대한 세부 계획이 제공되며, 다음이 포함된다.

① 각 단계에 권장되는 특정 V&V 작업
② 각 작업을 수행하는 데 사용되는 방법 및 기준
③ 각 작업에 필요한 입력 및 출력,
④ 작업 예약,
⑤ 작업을 수행하기 위한 자원,
⑥ 업무 수행을 책임지는 개인의 역할과 책임
⑦ 태스크 관리.

(5) **V&V 보고** : 모든 V&V 보고서의 내용과 형식이 설명된다. V&V 활동을 지원하기 위해 다음과 같은 유형의 보고서가 생성된다.

① 검증 및 확인으로 검출된 각 결함 또는 이상에 대해 결함보고서를 작성한다. 각 보고서에는 결함, ATC 운영 및 성능에 미치는 영향, 원인, 중요도 및 권장 사항에 대한 설명이 포함되어 있다.
② 검증 및 확인 단계 요약 보고서에는 각 수명주기 단계에 대해 수행된 특정 검증 작업의 결과 요약이 포함되어 있다. 각 보고서에는 검증 및 확인 작업에 대한 설명, 작업 결과 요약, 결함 및 해결 방법 요약, ATC 품질 평가 및 권장 사항이 포함되어 있다.
③ V&V 최종 보고서는 설치 및 체크아웃 단계가 끝날 때 발행된다. 여기에는 모든 V&V 작업 요약, 결함 및 해결 방법 요약, ATC 품질 평가 및 권장 사항이 포함된다.

(6) **검증 및 확인 행정 절차** : 결함 보고 및 해결, 구성 관리 절차, 표준, 관행 및 정책 등의 검증 및 확인 행정 절차를 설명한다.

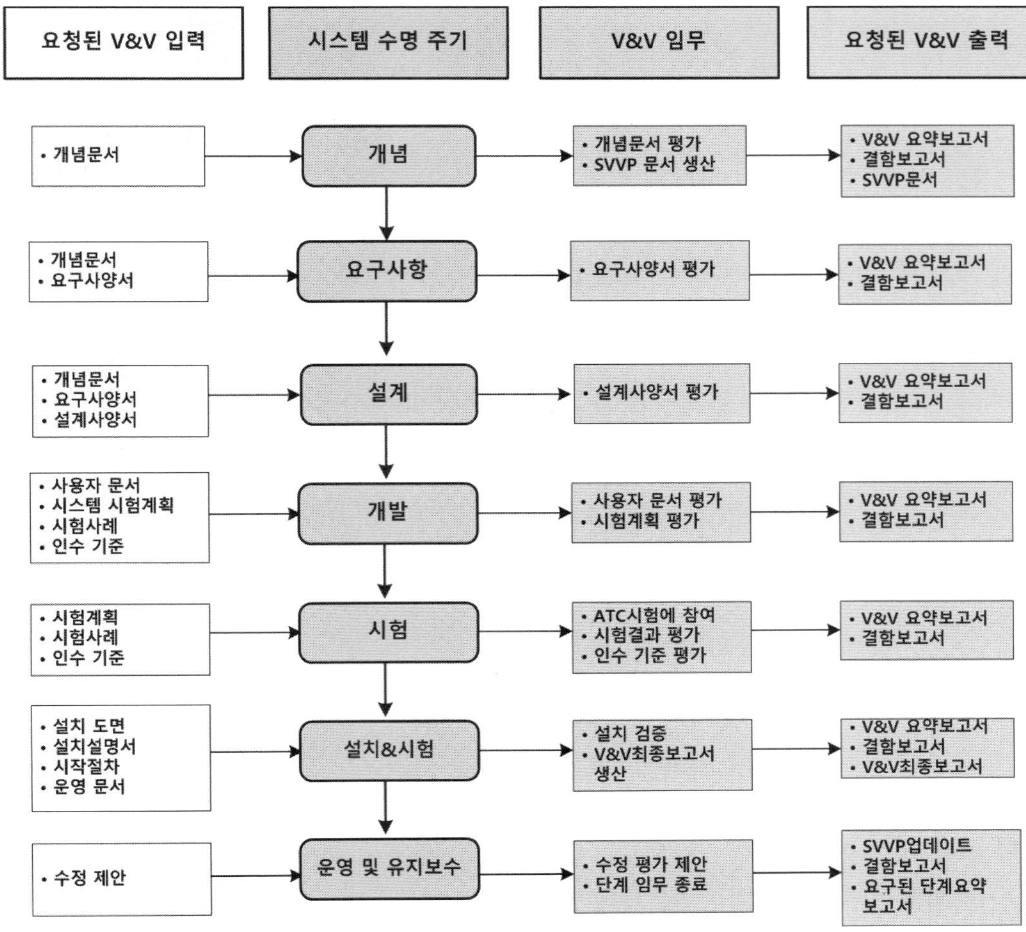

[그림 49] V&V 계획 개요

12.4 V&V 필수 활동

검증 및 확인 활동은 ATC의 기능 규격 요건, 설계, 건축, 시험, 설치 및 수용을 마무리하는 데 사용되는 품질 보증 프로세스의 필수적인 부분이다. 따라서 V&V 활동은 ATC 프로젝트 활동에 통합된다.

V&V 활동 중 일부는 매우 유익하므로 의무적인 것으로 간주하는 반면, 다른 것들은 바람직하고 따라서 선택적인 것으로 간주한다. 필수 업무는 요구사항(ATC 요구사항 검증), 설계(ATC 설계 검증), 시험(ATC 유효성 검사), 설치 및 점검(ATC 설치 검증), 운영 및 유지보수(ATC 수정 및 업그레이드의 V&V) 단계에서 수행된다.

이러한 필수 활동은 다음과 같다.

(1) ATC 요구사항 확인

이 검증 프로세스 동안 ATC 요구사항 규격 문서를 검토한다. 주요 목표는 ATC 요건이 완전하고, 이해할 수 있으며, 일관되고, 실행 가능하고, 시험 가능한지를 결정하는 것이다. 이 검토는 하드웨어 및 소프트웨어의 상세 설계 및 개발 전에 수행되어야 한다.

(2) ATC 설계 검증

이 검증 프로세스는 ATC 설계 규격 문서의 검토로 구성된다. 하드웨어 및 소프트웨어 설계의 검토는 설계가 ATC 요건의 올바른 구현인지 확인하는 데 중점을 둔다.

(3) ATC 유효성 검사

ATC 유효성 검사는 전체 ATC가 ATC 요구사양의 올바른 구현인지 확인하는 시험으로 구성된다.

(4) 현장 검증

현장 검증은 ATC가 제대로 설치되었는지 확인하기 위한 현장 설치 시험으로 구성된다.

(5) 운영 및 유지관리 확인 및 확인

이 활동은 향후 ATC의 모든 업그레이드 및 수정을 지원한다.

ATC 개발 프로젝트를 위한 이러한 5가지 필수 V&V 활동은 다음 단락에서 더 자세히 설명된다.

12.5 ATC 요구사항 검증

시스템 요구사항은 ATC를 설계, 구축 및 승인하는 기초이다. 시스템 요구사항은 ATC 요구사항 규격 문서의 정확성, 완전성, 일관성, 이해성, 타당성, 시험성 및 추적성에 대한 검토를 통해 검증된다. ATC 요구사항 명세서의 검증은 아마도 가장 중요한 V&V 활동일 것이다. 주요 목표는 ATC 요구사항이 철도 목표의 실질적인 해결책으로 귀결되는지를 독립적으로 결정하는 것이다. ATC 요구사항 검증에서는 다음을 다룬다.

- ATC의 기능적 능력 및 성능 요구사항을 지정할 때 완전성과 정확성.
- ATC 내부 인터페이스와 철도 회사 컴퓨터에 대한 외부 인터페이스를 지정할 때의 완전성 및 정확성

- 각 주요 하위 시스템 및/또는 소프트웨어 패키지에 대한 기능 특성 및 성능에 대한 명확하고 정확하며 일관된 설명
- 합리적이고 달성할 수 있으며 적합한 ATC 시험 요건
- 서브시스템의 물리적 특성, 신뢰성 및 유지보수성 목표, 운영 환경 및 설계 및 개발 표준의 정의
- 사용자 인터페이스 요구사항
- 설치, 작동, 교육, 문서 및 유지관리 요구사항의 정의

12.6 ATC 설계 검증

ATC 설계서의 검증은 ATC 설계서의 검토를 통해 수행된다. 하드웨어 및 소프트웨어 설계로 구현된 ATC 기능 요건이 준수되고 모호성이나 결함이 없는지 확인하기 위해 ATC 설계 규격을 검토한다. 설계 검토는 성능 및 기능 요건을 충족하는 능력과 관련하여 하드웨어 및 소프트웨어의 설계를 검토한다.

- 아키텍처(하드웨어 및 소프트웨어 모두)
- 주요 장비 인터페이스
- 운영 절차(초기화, 시작, 오류 감지, 재시작 등);
- 시험성(시뮬레이션과 같은 시험 장비 사용)
- 타이밍 분석(디스플레이 응답 시간, 통신 응답 시간 등)
- 가용성(신뢰성 예측 보고서 지표)
- 정보 흐름(주요 하드웨어 구성요소 간의 데이터 통신)
- 인적 요인(사용자 인터페이스의 배치 및 내용을 평가하기 위해 수행되는 분석)

ATC 설계 규격 문서는 일반적으로 시스템 요구사양 문서보다 상세하다. 요구사항 충족 방법을 자세히 설명한다. 설계 검증의 핵심 목표 중 하나는 ATC 설계가 ATC 요구사항과 일치하는지 확인하는 것이다. 따라서 설계 검토는 기능 및 성능 요구사항을 충족하는 설계의 능력에 대한 독립적인 평가를 제공한다. 응답 시간, 가용성, 인간-기계 인터페이스, 데이터 품질, 작동 환경 및 시험성과 같은 기능은 설계 평가의 일부로 분석되어야 한다.

V&V 팀은 정확성, 타당성 및 일관성을 위해 설계 규격 문서에 포함된 정보를 검토한다. 일부 성능 요구사항은 확인하기 어려울 수 있지만, 유효성 검사 시험 중에 나중에 확인할 때보다 설계 단계에서 이러한 문제를 식별하는 것이 더 효율적이다.

설계 검토의 또 다른 결과는 시험 요건과 기준의 평가이다. 이 정보는 ATC 성능 및 기능을 검증하기 위한 ATC 시험절차를 평가하는 데 유용한다. 또한 시험 요건과 기준의 평가는 ATC가 시험할 수 있도록 설계되고 시험계획이 효율적으로 개발될 수 있도록 보장한다.

설계 검증 활동의 결과를 문서화한다. 모든 결점이 확인된다. 설계검증보고서에 기재된 정보는 다음과 같다.

12.7 ATC 유효성 검증

ATC 검증은 광범위한 ATC 시험을 통해 수행된다. 이 시험은 통합 ATC가 ATC 기능 사양 문서에 설명된 기능 및 성능 요구사항을 충족함을 입증한다. ATC 유효성 검사 시험에는 (a) 시험계획 검토, (b) ATC 시험절차 검토, (c) ATC 시험실행 참여, (d) 시험 결과 분석의 네 가지 활동이 관련되어 있다. 시험 결과, 분석 및 허용 기준의 비적합성은 유효성 검사 보고서에 기록된다. 이러한 보고서의 일반적인 내용은 다음과 같다.

(1) 배경:

① 시험의 목적
② 시험계획 요약
③ 참고문서

(2) 시험 결과 분석:

① 시험 환경 및 구성
② 시험결과 수집
③ 허용기준
④ 시험결과 분석
⑤ 취해야 할 조치
⑥ 결론

(3) 요약:

① 역량 입증
② ATC 결함

(4) 권장 사항:

① ATC 개선사항
② 추가 시험

12.8 현장 검증

현장 검증을 통해 ATC가 올바르게 설치되었는지 확인한다. 설치 절차, 도면 및 시운전 절차는 V&V 팀에서 검토한다. 현장 검증은 모든 ATC 구성요소가 올바르게 설치되었는지 확인하기 위해 모든 시스템 케이블, 기계적 구조 및 소프트웨어 설치에 대한 고정 시험을 수반한다. 현장 검증 활동은 SVVP에 포함된 현장 검증 계획에 정의되어 있다. 계획은 적절한 설치와 다양한 하위 시스템의 환경을 확인하는 데 사용되는 방법을 식별합니다. 현장 검증 결과의 분석은 현장 검증 분석 보고서에 기록된다. 이러한 보고서의 대표적인 내용은 다음과 같다.

(1) 배경:

① 현장 검증 목적
② 현장 검증 활동 요약
③ 참고문서

(2) 결과 분석:

① 설치 도면 및 시운전 절차 완성도
② 시스템 케이블의 적절한 설치 확인
③ 하드웨어 장치의 적절한 설치 확인
④ 적절한 기계적 구조 확인
⑤ 시스템 소프트웨어(유틸리티, 진단, 운영체제, 펌웨어 등)의 올바른 설치 확인

(3) 요약:

① 설치 결함 및
② 취해야 할 조치

(4) 권장 사항:

① 결함의 시정 및
② 재작업 될 설치작업에 대한 추가 확인

12.9 운영 및 유지관리 단계 V&V

ATC 운영 및 유지관리에 대한 경험이 쌓이면 개선 및 수정이 이루어질 것이다. 이러한 수정에는 새로운 요구사항이나 기능 또는 성능, 가용성 또는 신뢰성을 향상하는 설계

수정이 수반될 수 있다. 수정 범위가 정의되고 승인되면 수정에 대한 V&V 구현 단계는 ATC 개발 중에 사용된 단계와 유사하다.

ATC 수정에 대한 검증은 각 수정의 유형과 범위에 따라 달라진다. 예를 들어, 차상 표시장치의 형식 변경과 같은 사소한 수정의 경우 변경 결과를 메모하는 것으로 구성될 수 있다. ATC의 성능이나 기능 능력에 큰 영향을 미치는 수정은 더 상세한 검증과 확인이 있어야 할 것이다.

12.10 V&V 시행 기대 효과

① ATC에 따른 안전한 열차 운행
② 정확한 비용 견적 및 일정 계획
③ ATC 요구사항 이해
④ ATC의 적절한 시험
⑤ ATC의 적절한 문서
⑥ 만족스러운 ATC 성능
⑦ 건전한 인적 요인 엔지니어링 관행의 활용
⑧ ATC 개발에 대한 사용자 참여
⑨ ATC 개발 중 관리 통제
⑩ 기대되는 이익의 달성

13 MTBF 평균 고장 간격

평균 고장 간격(MTBF: Mean Time Between Failure)은 정상적인 시스템 작동 중에 기계 또는 전자 시스템의 고장과 고장 사이의 예상 경과 시간이다. MTBF는 시스템의 고장 사이의 산술 평균(평균) 시간으로 계산할 수 있다. 이 용어는 수리 가능한 시스템에 사용되며 평균 고장 시간(MTTF)은 수리 불가능한 시스템의 예상 고장 시간을 나타낸다.

MTBF의 정의는 장애로 간주하는 것의 정의에 따라 달라진다. 복잡하고 수리 가능한 시스템의 경우, 고장은 시스템을 사용할 수 없게 하고, 수리를 위한 상태로 만드는 설계 조건을 고장으로 간주한다. 수리되지 않은 상태로 유지되거나 유지될 수 있으며, 시스템을 중단시키지 않는 고장은 이 정의에 따라 고장으로 간주하지 않는다. 또한 정기적인 정기 유지보수 또는 재고 관리를 위해 해체된 단위는 고장 정의에 포함되지 않는다. MTBF가 높을수록 시스템이 고장 나기 전에 더 오래 작동할 수 있다.

13.1 개요

평균 고장 간격(MTBF)은 수리 가능한 시스템의 두 고장 사이의 예상 시간을 나타낸다. 예를 들어, 시간 0에 제대로 작동하기 시작하는 세 개의 같은 시스템은 모두 고장이 날 때까지 작동한다. 첫 번째 시스템은 100시간 후, 두 번째 시스템은 120시간 후, 세 번째 시스템은 130시간 후에 고장이 난다. 시스템의 MTBF는 세 가지 고장 시간의 평균으로, 116.667시간이다. 시스템을 복구할 수 없는 경우 MTTF는 116.667시간이 된다.

일반적으로 MTBF는 다음과 같이 작동 중 수리할 수 있는 시스템의 두 가지 고장상태 사이의 "업타임"이다.

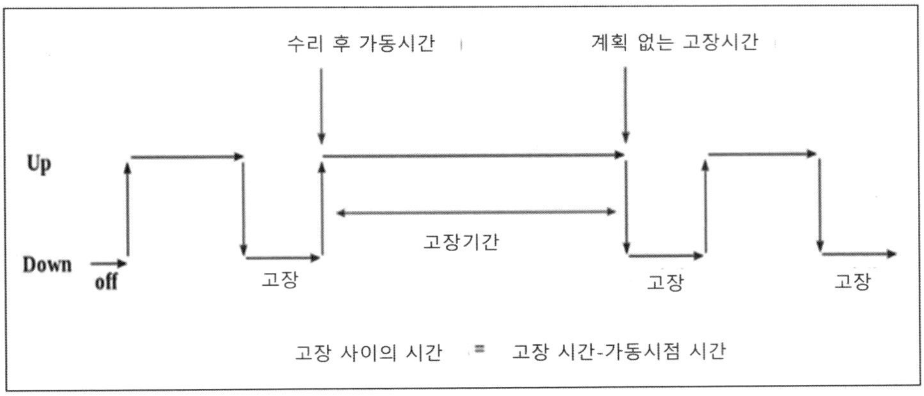

[그림 50] 고장 평균 시간

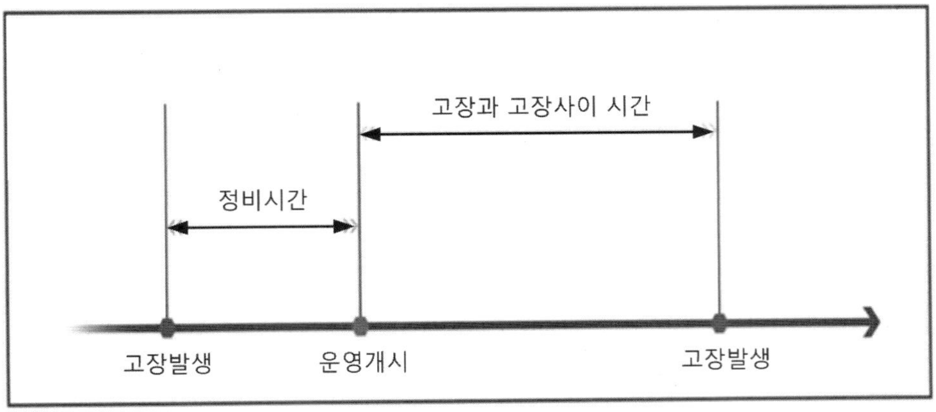

[그림 51] 고장 평균 시간

각 관측치에 대해 "가동 중지 시간"은 내려간 순간 시간이며, 이는 상승한 순간 (즉, 상승 시간보다 큼) 이후이다. 차이("가동 중지 시간"에서 "가동 시간"을 뺀 값)는 이 두 이벤트 간에 작동하는 시간이다.

위의 그림을 참조하여 구성요소의 MTBF는 작동 기간의 길이를 관찰된 고장 수로 나눈 값이다.

$$MTBF = \frac{\sum(\text{다운타임시작} - \text{업타임시작})}{\text{고장회수}}$$

유사한 방식으로, 평균 중단 시간(MDT)은 다음과 같이 정의될 수 있다.

$$MDT = \frac{\sum(\text{다운타임시작} - \text{업타임시작})}{\text{고장회수}}$$

13.2 계산

MTBF는 신뢰성 함수의 산술 평균값으로 정의됩니다. $R(t)$ 밀도 함수의 예상값으로 표현될 수 있는 $f(t)$ 실패할 때까지의 시간:

$$MTBF = \int_0^\infty R(t)dt = \int_0^\infty tf(t)dt$$

MTBF에 기초한 MTBF 또는 확률론적 고장 예측의 실제적 관련 계산은 시스템이 "유용한 수명 기간" 내에서 작동해야 하며, 이는 무작위 고장만 발생할 때 상대적으로 일정한 고장률("욕조 곡선"의 중간 부분)로 특징지어진다.

일정한 고장률 α를 가정하면 다음과 같은 고장 밀도 함수가 발생한다. 즉, 위에서 언급한 MTBF의 계산은 시스템의 고장률의 역수에 대해 단순화된다.

$$MTBF = \frac{1}{\lambda}$$

사용되는 단위는 일반적으로 시간 또는 수명주기이다. 시스템의 MTBF와 고장률 사이의 이러한 중요한 관계를 통해 두 가지 수량 중 하나가 알려져 있고 지수 분포(즉, 지속적인 고장률, 즉 체계적인 고장 없음)를 가정할 수 있을 때 간단한 변환/계산을 할 수 있다. MTBF는 지수 분포의 기댓값, 평균 또는 평균이다.

시스템의 MTBF가 알려지면 특정 시스템이 MTBF와 같은 시간에 작동할 확률을 추정할 수 있다. 일정한 고장률을 가정하면, 어떤 특정 시스템은 36.8%의 확률로 계산된

MTBF까지 생존할 것이다(즉, 63.2%의 확률로 이전에 고장 날 것이다). 이 기간 내에 작동하는 시스템의 MTTF에도 같은 사항이 적용된다.

13.3 MTBF 의미

MTBF가 공정에서 차지하는 위치 때문에 종종 다른 유지관리 전략과 결합한다. MTBF는 다음과 같은 정보를 제공하여 결정을 내릴 수 있도록 지원한다.

(1) 고장 비용

MTBF를 MTTR 및 고장 코드와 함께 사용하면 현재 데이터를 기반으로 미리 계획을 세워 비용이 많이 드는 고장을 방지할 수 있다. 이는 수익에 큰 영향을 미칠 수 있다.

(2) 고장 빈도

MTBF는 장애가 발생할 것으로 예상할 수 있는 빈도를 측정한다. MTBF 수치가 높을수록 시스템이 고장 나기 전에 더 오래 실행될 가능성이 크다.

13.4 MTBF 적용 시기

다운타임을 극복하는 데 사용한다. 이것은 단연코 MTBF의 가장 중요한 적용이다. 또한 MTBF를 사용하여 계획되지 않은 대부분 고장을 예측, 예방 및 극복할 수 있다. 다음 용도로 사용할 수 있다.

① 재고계획
② 설비 투자 예산
③ 유지관리 일정 계획 중.
④ PM 성과 지표
⑤ 시스템에 있는 정보의 품질 및 사용 방법

13.5 MTBF를 증가시키는 방법

실패 사이의 시간을 늘리기 위해 할 수 있는 작은 것들이 있다.

① **보다 사전 예방적인 유지관리 작업을 수행**한다. 잘 유지 관리된 자산은 중대한 고장을 일으킬 가능성이 작다.
② **고품질 교체 부품을 사용**한다. 가장 싼 부품이 항상 장기적으로 가장 좋은 것은 아닙니다. 품질 좋고 검증된 부품을 작업 중에 사용하고 있는지 확인한다. 그것은 장기적으

로 보면 당신을 많이 아낄 것이다.

③ **권장되는 입력 재료를 사용**한다. 가금류 가공 시스템에 있는 닭의 크기든 제품 포장에 사용되는 포일의 두께든, 모든 기계는 특정 파라미터 내에서 작동하도록 설계되어 있다. 그 매개변수를 준수한다.

④ **적절한 작업 조건을 확인**한다. 생산성 수치가 좋아 보이도록 기계를 한계 이상으로 밀어붙이지 않는다. 기계를 잘못 사용하는 것은 기계의 사용 연한과 MTBF를 줄일 수 있는 확실한 방법이다.

⑤ **기계 조작자를 위한 견고한 운용 프로그램을 준비**한다. 자산은 설계 방법과 관련하여 사용되어야 한다. 부적절한 취급은 MTBF를 단축할 수밖에 없다. 프로그램을 사용하여 작업 주문을 기록하고 장애 발생 시 장치가 어떻게 사용되었는지에 대한 세부 정보를 관리할 수 있으므로 자산 사용량을 감시할 수 있다.

⑥ **오래된 장비 및 노후화된 자산의 문제점을 파악**한다. 가능한 경우 유지보수 기술자는 기계 조작자에게 피할 수 있는 반복적인 문제를 관리하기 위해 오래된 자산으로 하지 말아야 할 조치에 대한 팁을 제공해야 한다.

14 MTTF 평균 고장 시간

14.1 MTTF(평균 고장 시간) 의미

평균 고장 시간(Mean Time To Failure)은 수리 불가능한 시스템에 사용되는 매우 기본적인 신뢰도 측도이다. 이 값은 장비를 교체해야 할 때까지 작동 상태를 유지할 것으로 예상되는 기간을 나타낸다.

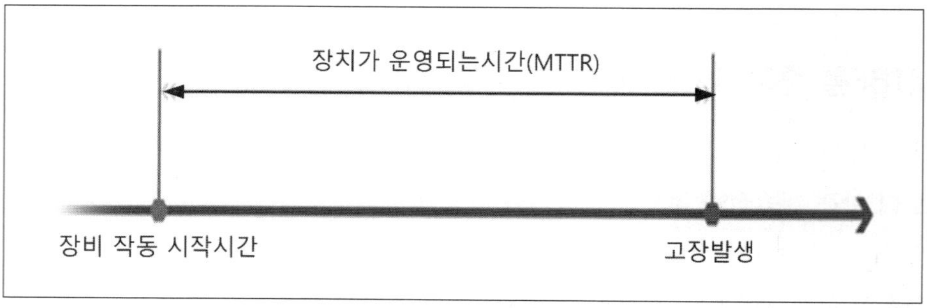

[그림 52] 평균 고장 시간

MTTF는 제품 또는 장치의 수명을 나타내는 데 사용될 수 있다. 그것의 가치는 오랜 기간에 걸쳐 같은 종류의 많은 품목을 보고 그것들이 얼마나 오래 지속되는지 추적함으로써 계산된다.

제조 산업에서, MTTF는 제조된 제품의 신뢰성을 평가하기 위해 일반적으로 사용되는 많은 지표 중 하나이다. 그러나, MTTF와 MTBF는 둘 다 정의가 다소 유사하므로 여전히 구별하는 데 많은 혼란이 있다. 이는 수리 가능한 항목을 참조할 때 MTBF가 사용되는 반면 수리 불가능한 항목은 MTTF가 사용된다는 점을 기억함으로써 해결된다.

14.2 MTTF 활용 방안

평균 고장 시간은 다음 경우에 사용할 수 있다.

(1) 재고 리드 타임

MTTF를 이해하면 교체 장비를 계획하는 데 도움이 될 수 있으며, 새 장비가 들어오기를 기다리는 데 주저하지 않을 수 있다.

(2)품질 관리

점점 짧아지는 MTTF는 공급업체의 품질 문제를 나타내는 지표가 될 수 있다. 이 정보를 사용하여 대화를 나누거나 새로운 공급업체를 찾아야 할 시기를 알 수 있다.

(3) 장비의 오용

품질 관리에서와 마찬가지로 MTTF를 변경하면 사용자가 장비를 올바르게 사용하지 않는다는 것을 의미할 수 있으며, 이는 더 나은 교육이 필요하다는 것을 의미한다. 또한 일반적인 사용의 증가 또는 이 특정 부분에 부정적인 영향을 미치는 업스트림 문제를 나타낼 수 있다. 어느 쪽이든, 이것들은 주목할 만한 중요한 정보들이다.

14.3 MTTF 사용 시기

현재 장비를 대체할 새로운 장비에 대한 투자를 고려하고 있다고 가정해 보자. 그것들이 얼마나 오래 지속될 것으로 예상되는지 아는 것이 중요하다. 이것은 예산을 합칠 때 핵심 구성요소가 될 것이다.

MTTF는 자본비용 및 운영비용 예산에 대한 많은 지출에 대해 알려주며, 또한 얼마나 자주, 그리고 얼마의 비용으로 물건을 교체할 예정인지 알려준다.

때때로 OEM에서 MTTF에 대한 정보를 찾을 수 있다. 우리는 항상 그것들이 옳다고 낙관하지만, 때때로 오해의 소지가 있을 수 있다. 가능하면 다른 유지관리 관리자에게 문의하여 의견을 구한다. 자산 수명을 추적하려면 항상 자체 MTTF 보고서를 실행한다.

14.4 MTTF 증가 전술

보다 내구성이 뛰어난 소재로 제작되어 철저한 품질 관리 과정을 거친 최고의 품질의 제품을 사용한다. 좋은 부품과 공급업체를 추적하여 항상 올바른 부품과 서비스를 위탁할 수 있도록 한다.

자산의 수명을 개선하기 위한 조처를 한다. 장치가 의도한 목적과 설계된 조건(습도, 열, 압력, 전압 등)에서 사용되는지 확인한다. 장비 작동 및 유지관리 설명서를 저장하여 장치를 사용하기 전에 장치가 올바르게 설치/재장착되었는지 다시 확인할 수 있다.

시간, 예산 및 자원을 현명하게 사용한다. 아무것도 수정할 계획이 없으므로, 여기서는 유지보수 일정을 잡는 것이 선택 사항이 아니다. 먼지를 닦아내거나 높은 수준의 진단을 실행하여 남은 사용 수명을 추정할 수 있다. 그래도 컴퓨터 하드 드라이브나 전구에 대한 예방 유지관리를 수행할 수는 없다.

15 MTTR 평균 수리 시간

평균 수리 시간(Mean Time To Repair)은 시스템을 복구하고 전체 기능으로 복원하는 데 필요한 시간을 말한다. MTTR 시계는 복구가 시작되면 똑딱거리기 시작하고 작업이 복원될 때까지 계속된다.

다음을 포함한다.

- 문제 해결 및 진단 시간
- 수리 시간
- 시험 기간
- 자산 조립 및 시작 시간

15.1 MTTR 활용 방안

MTTR는 특이한 값에 의해 쉽게 왜곡될 수 있다. 하나의 장애가 다른 장애와 해상도 또는 복구가 크게 다를 경우 데이터가 왜곡될 수 있다.

MTTR는 시간에 얽매이지 않는다. 사용량이 많거나 적거나 하지 않는 사용 시간을 계산할 수 없다. 즉, 수리 시간에 영향을 미치는 과다 사용 또는 조용한 기간을 정확하게 보고할 수 없다.

MTTR를 해석할 방법은 매우 많으므로 MTTR를 무엇을 의미하는지 명확하게 정의할 때만 성공이 찾아온다. 이를 잘 훈련된 팀과 정보를 관리하기 위한 시스템과 결합해야 한다. 찾고 있는 전체 그림을 제공하는 올바른 메트릭 세트를 찾는다.

15.2 MTTR 계산

MTTR를 계산하려면 수리에 든 시간을 모두 더하고 수행한 수리 횟수로 나누어야 한다.

$$MTTR = \frac{\text{전체 유지보수 시간}}{\text{전체 수리 시간}}$$

하루 종일 세 번 고장이 나는 설비를 상상해 보자. 첫 번째 수리는 30분 동안 지속되었고, 다른 두 가지 수리는 15분 동안만 지속되었다. 이 경우:

MTTR = (30 + 15 + 15) / 3

MTTR = 60 / 3

MTTR = 20

해당 설비를 수리하는 데 걸리는 평균 시간은 20분이다.

15.3 MTTR 의미

MTTR 수치 자체는 훌륭하지만, 특정 작업을 수행하려면 훨씬 더 많은 데이터 분석이 필요하다. MTTR는 다음과 같이 말할 수 있다.

(1) 수리 대 교체

MTTR는 자산 수리를 중단하고 교체할 시기를 결정하는 데 도움이 되는 특히 좋은 도구이다. 수리에 점점 더 많은 시간이 걸리고 비용이 계속 상승하는 것을 알게 되면

MTTR를 보고서 중 하나로 사용하여 새로운 장비에 투자하는 사례를 만들 수 있다.

(2) 더 많은 교육

가장 잘 훈련된 직원조차도 실수한다. MTTR은 특정 직원 또는 팀의 교육 또는 기술 격차를 강조 표시할 수 있다. 특정 개인 또는 그룹에 대해 비정상적으로 높은 MTTR이 표시된다고 가정해 보자. 이 경우, 당신은 그들의 훈련을 보다 자세히 살펴보고 재교육을 고려할 수 있다.

(3) 더 나은 프로세스

교육과 마찬가지로 작업 흐름 및 운영 절차는 MTTR에 큰 영향을 미칠 수 있다. 성능과 관계없이 정기적으로 평가해야 한다. MTTR 보고서를 사용하면 자산과 관련된 문제를 쉽게 발견할 수 있다.

15.4 MTTR을 줄이기 위한 전술

모든 효율적인 유지보수 시스템은 MTTR를 가능한 한 줄이는 방법을 살펴봐야 한다. 이는 몇 가지 다른 방법으로 수행할 수 있다.

(1) **예비 부품 관리 및 자산 재고 관리 프로세스를 최적화**한다. 이렇게 하면 기술자가 필요할 때 도구와 예비 부품을 신속하게 사용할 수 있다.

(2) **상태 모니터링 센서**를 사용하여 시스템 상태 및 성능을 추적한다. 예상치 못한 고장을 방지하기 위해 센서를 활용해야 하지만 센서 데이터는 진단 및 문제 해결 프로세스 속도를 높일 수 있다. 기준선을 파악하고 열화 징후를 추적하면 팀이 수리를 완료하는 데 필요한 모든 자원을 준비할 수 있는 시간을 늘릴 수 있다.

(3) **소프트웨어 구현** 기술자는 모바일 솔루션을 사용하여 유지보수 기록(로그, 보고서, 이전 수리의 참고 사항 등)에 신속하게 액세스할 수 있으므로 수리 프로세스를 가속화하고 계획된 다운타임과 계획되지 않은 다운타임을 모두 단축할 수 있다.

(4) **수리 프로세스를 간소화** 정기적으로 수행되는 수리에 대한 명확한 표준 작동 절차 및 유지관리 점검 목록을 작성한다.

(5) **적절한 훈련**. 가능한 한 짧은 시간 내에 적절하게 작업을 완료하려면 기술자가 자격을 갖추고 자신이 무엇을 하고 있는지 알아야 한다. 프로그램을 사용하면 각 정비사의 생산성을 추적할 수 있다. 부족한 점이 있는 경우, 이를 필요로 하는 팀원을 급습하여 교육하여 매일 최상의 서비스를 제공할 수 있다.

15.5 평균 수리 시간 대 평균 복구 시간

MTTR는 많은 다른 의미가 있다. 논의와 가장 관련이 있는 두 가지는 "평균 수리 시간"과 "평균 복구 시간"이다.

평균 복구 시간은 장애가 처음 발견된 후 장비가 다시 작동할 때까지의 시간을 측정한다. 따라서 수리 시간, 테스트 기간 및 정상 작동 상태로 복귀하는 것 외에도 고장 알림 시간을 캡처한다.

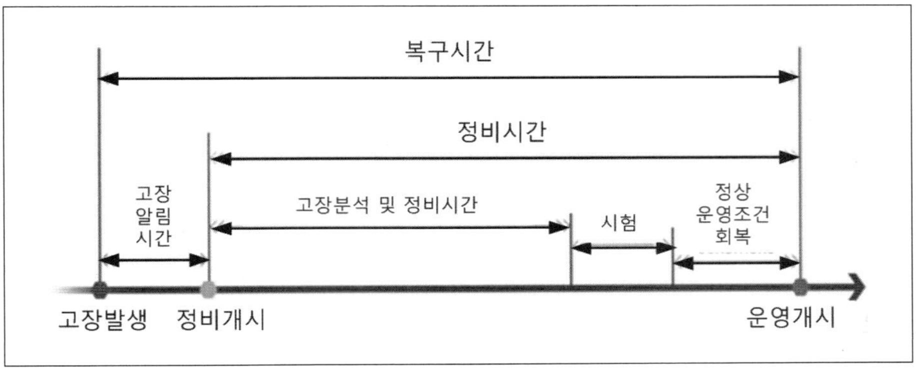

[그림 53] 평균 수리 시간

MTTR는 가용성에 영향을 미치지만, MTBF는 가용성과 신뢰성을 측정한다. MTBF 수치가 높을수록 시스템이 고장 나기 전에 더 오래 실행될 가능성이 크다.

16 고장 트리 분석

16.1 고장 트리 다이어그램

고장 트리 분석(FTA)은 시스템의 바람직 하지 않은 상태를 검사하는 고장분석의 한 유형이다. 이 분석 방법은 주로 안전 공학 및 신뢰성 공학에서 시스템이 어떻게 고장이 날 수 있는지 이해하고, 위험을 줄이기 위한 최고의 방법을 식별하고, 안전사고 또는 특정 시스템 수준(기능적) 고장의 사건 비율을 결정(또는 느낌)하기 위해 사용된다. FTA는 철도, 항공우주, 원자력, 화학 및 공정, 제약, 석유화학 및 기타 고위험 산업에도 사용된다. FTA는 소프트웨어 공학에서 디버깅 목적으로도 사용되며 버그를 탐지하는 데 사용되는 원인 제거 기술과 밀접한 관련이 있다.

항공우주, 철도 분야에서 "시스템 고장 조건"은 고장 트리의 "원하지 않은 상태"/상위 사건에 대해 더 일반적인 용어로 사용된다. 이러한 조건은 영향의 심각도에 따라 분류된다. 가장 심각한 조건에서는 가장 광범위한 고장 트리 분석이 필요하다. 이러한 시스템 고장 조건과 그 분류는 종종 기능적 위험 분석에서 미리 결정된다.

(1) 사용법

고장 트리 분석을 사용하여 다음을 수행할 수 있다.

① 상위 이벤트/원하지 않는 상태로 이어지는 논리를 이해한다.

② (입력) 시스템 안전/신뢰성 요구사항을 준수함을 나타낸다.

③ 다양한 중요도 측정을 위한 중요 장비/부품/부품 목록 작성과 같은 상위 이벤트를 유도하는 기여자의 우선순위를 지정한다.

④ 복합 시스템의 안전 성능 모니터링 및 제어

⑤ 자원을 최소화하고 최적화한다.

⑥ 시스템 설계를 지원한다. FTA는 요구사항을 만드는 데 도움이 되는 설계 도구로 사용될 수 있다.

⑦ 상위 이벤트의 원인을 식별하고 수정하기 위한 진단 도구로서 기능을 한다. 진단 매뉴얼/프로세스 작성에 도움이 될 수 있다.

(2) 이벤트 심볼

이벤트 기호는 기본 이벤트 및 중간 이벤트에 사용된다. 기본 이벤트는 장애 트리에서 더 이상 개발되지 않는다. 중간 이벤트는 게이트의 출력에서 찾을 수 있다. 이벤트 기호는 다음과 같다.

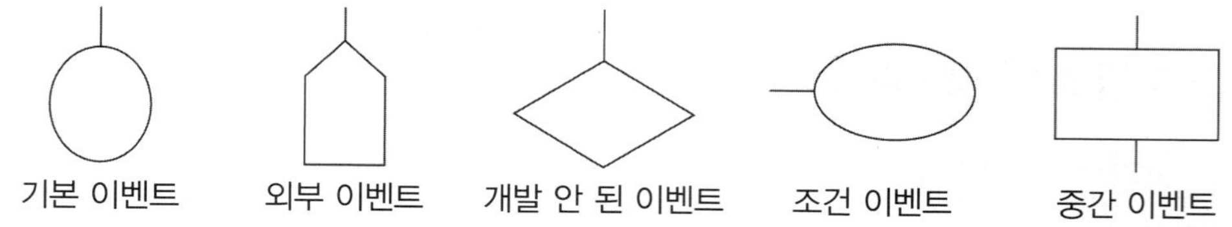

기본 이벤트 기호는 일반적으로 다음과 같이 사용된다.

① **기본 이벤트** : 시스템 구성 요소 또는 요소의 고장 또는 오류(예: 스위치가 개방 위치에 고착됨)

② **외부 이벤트** : 일반적으로 발생할 것으로 예상됨(자체 고장이 아님)

③ **개발되지 않은 이벤트** : 불충분한 정보를 사용할 수 있거나 중요하지 않은 이벤트

④ **조건 이벤트** : 논리 게이트를 제한하거나 영향을 미치는 조건(예: 실제 작동 모드)

기본 이벤트 바로 위에 중간 이벤트 게이트를 사용하여 이벤트 설명을 입력할 수 있는 추가 공간을 제공할 수 있다. FTA는 위에서 아래로 내려가는 접근법이다.

(3) 게이트 기호

게이트 기호는 입력 이벤트와 출력 이벤트 간의 관계를 나타낸다. 부울 논리 기호는 다음과 같다.

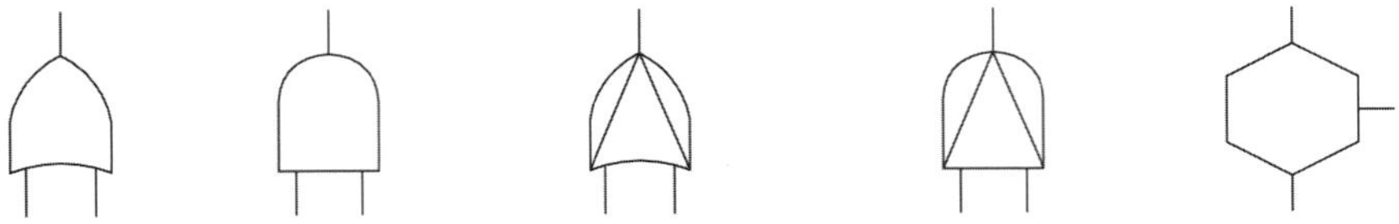

OR 게이트 AND 게이트 전용 OR 게이트 우선순위 And Gate 금지 게이트

게이트는 다음과 같이 작동한다.

① **OR 게이트** – 입력이 발생하면 출력이 발생한다.

② **AND 게이트** – 모든 입력이 발생하는 경우에만 출력이 발생한다. (입력물은 소스와 독립적이다)

③ **배타적 OR 게이트** – 정확히 하나의 입력이 발생하는 경우 출력이 발생한다.

④ **우선순위 AND 게이트** – 입력이 조건화 이벤트로 지정된 특정 순서에서 발생하는 경우 출력이 발생한다.

⑤ **금지 게이트** – 입력이 조건화 이벤트에서 지정된 활성화 조건에서 발생하는 경우 출력이 발생한다.

(4) 전송 기호

전송 기호는 하위 시스템의 고장 트리와 같은 관련 고장 트리의 입력 및 출력을 해당 시스템에 연결하는 데 사용된다. 나사는 실제적인 사건들을 통해 FTA에 대한 완전한 문서를 준비했다.

이송 전송아웃

(5) 기본 수학적 기초

고장 트리의 이벤트는 통계적 확률 또는 포아송-지수 분포 상수 비율과 연관되어 있다. 예를 들어, 부품 고장은 일반적으로 일정한 고장률 α(일정한 위험 함수)에서 발생할 수 있다. 가장 간단한 경우, 고장 확률은 속도 α와 노출 시간 t에 따라 달라진다.

$$P = 1 - e^{-\lambda t}$$

where :

$$P \approx \lambda t \quad \text{if} \quad \lambda t < 0.001$$

고장 트리는 종종 비행시간이나 평균 임무 시간과 같은 주어진 시간 간격으로 정규화된다. 사건 확률은 이 간격에 대한 사건 위험 함수의 관계에 따라 달라진다.

입력과 출력이 TRUE(1) 또는 FALSE(0)의 이진값을 유지하는 기존의 논리 게이트 다이어그램과 달리, 장애 트리의 게이트는 부울 논리의 설정된 연산과 관련된 확률을 출력한다. 게이트의 출력 이벤트 확률은 입력 이벤트 확률에 따라 달라진다.

AND 게이트는 독립적 이벤트의 조합을 나타낸다. 즉, AND 게이트에 대한 입력 이벤트의 확률은 같은 게이트에 대한 다른 입력 이벤트의 영향을 받지 않는다. 집합 이론적 관점에서, 이것은 입력 이벤트 집합의 교차점과 같으며 AND 게이트 출력의 확률은 다음과 같이 주어진다.

$$P(A \text{ and } B) = P(A \cap B) = P(A)\,P(B)$$

반면에 OR 게이트는 집합 결합에 해당한다:

$$P(A \text{ or } B) = P(A \cup B) = P(A) + P(B) - P(A \cap B)$$

단층 트리의 고장 확률은 작은 경향이 있으므로, $P(A \cap B)$는 일반적으로 매우 작은 오차항이 되며, OR 게이트의 출력은 입력이 상호 배타적인 사건이라는 가정을 사용하여 보수적으로 근사할 수 있다:

$$P(A \text{ or } B) \approx P(A) + P(B),\ P(A \cap B) \approx 0$$

두 개의 입력이 있는 배타적 OR 게이트는 둘 다 아닌 하나 또는 다른 입력이 발생할 확률을 나타낸다.

$$P(A \text{ xor } B) = P(A) + P(B) - 2P(A \cap B)$$

다시, $P(A \cap B)$는 일반적으로 매우 작은 오차항이 되기 때문에, 배타적 OR 게이트는 결함 트리에서 제한된 값을 갖는다.

종종, 포아송-지수적으로 분포된 속도는 확률 대신 고장 트리를 정량화하는 데 사용된다. 확률은 시간의 함수지만, 속도는 종종 시간에 일정한 것으로 모델링 된다. 포아송-지수 사건은 두 사건이 겹치지 않도록 무한히 짧은 것으로 모델링 된다. OR 게이트는 포아송 점 공정으로 모델링 된 두 입력 고장 빈도 또는 고장률의 중첩(율 추가)입니다. AND 게이트의 출력은 한 이벤트의 가용성(Q_1)을 사용하여 계산되며, 다른 이벤트의 포아송 포인트 프로세스(μ_2)를 솎아낸다. 그런 다음 다른 이벤트의 가용성(Q_2)은 첫 번째 이벤트의 포아송 포인트 프로세스(θ_1)를 솎아낸다. 두 개의 결과 포아송 점 공정은 다음 방정식에 따라 중첩된다.
AND 게이트의 출력은 AND 게이트에 대한 독립 입력 이벤트 1과 2의 조합이다.

$$\text{고장 주파수} = \lambda_1 Q_2 + \lambda_2 Q_1 \text{ where } Q = 1 - e\lambda t \approx \lambda t \text{ if } \lambda t < 0.001$$

$$\text{고장 주파수} = \lambda_1 \lambda_2 t_2 + \lambda_2 \lambda_1 t_1 \text{ if } \lambda_1 t_1 < 0.001 \text{ and } \lambda_2 t_2 < 0.001$$

장애 트리에서 가용성(Q)은 안전 작동의 불능으로 정의될 수 있으며 장애 트리의 구조 방식에 따라 시스템 작동의 불능을 의미하지는 않을 수 있다. 고장 트리에 대한 입력 항은 신중하게 정의해야 한다.

16.2 고장 트리 분석

FTA를 모델링하기 위해 많은 다른 접근법이 사용될 수 있지만, 가장 일반적이고 인기 있는 방법은 몇 단계로 요약될 수 있다. 단일 장애 트리는 하나의 원하지 않는 이벤트만 분석하는 데 사용되며, 이후 기본 이벤트로 다른 장애 트리에 공급될 수 있다. 원치 않는 사건의 성격은 크게 다를 수 있지만, FTA는 원하지 않는 사건의 경우 같은 절차를 따른다. 전력 발생, 감지되지 않은 화물칸 화재, ICBM의 의도하지 않은 무작위 발사를 위해 0.25ms의 지연이다.

FTA 분석은 다섯 단계를 포함한다:

(1) 연구할 원치 않는 이벤트를 정의한다.

원하지 않는 사건의 정의는 발견하기가 매우 어려울 수 있지만, 일부 사건은 매우 쉽고 명백하다. 시스템 설계에 대한 폭넓은 지식을 갖춘 엔지니어가 원치 않는 이벤트를 정의하고 번호를 매기는 데 도움을 주는 데 가장 적합한 사람이다. 원치 않는 사건들은 FTA를 만드는 데 사용된다. 각 FTA는 원치 않는 하나의 이벤트로 제한된다.

(2) 시스템을 이해한다.

원치 않는 사건이 선택되면 원하지 않는 사건에 영향을 미칠 확률이 0 이상인 모든 원인을 연구하고 분석한다. 사건 발생확률에 대한 정확한 숫자를 얻는 것은 보통 매우 비용이 많이 들고 시간이 오래 걸릴 수 있으므로 불가능하다. 컴퓨터 소프트웨어는 확률을 연구하기 위해 사용된다. 이것은 비용이 덜 드는 시스템 분석으로 이어질 수 있다.

시스템 분석가는 전체 시스템을 이해하는 데 도움을 줄 수 있다. 시스템 설계자는 시스템에 대한 완전한 지식을 가지고 있으며 이 지식은 원하지 않는 사건에 영향을 미치는 원인을 놓치지 않기 위해 매우 중요하다. 그러면 선택한 이벤트에 대해 모든 원인에 번호가 매겨지고 발생 순서에 따라 순서가 지정되며, 결함 트리를 그리거나 구성하는 다음 단계에 사용된다.

(3) 장애 트리를 구성한다.

원하지 않는 이벤트를 선택하고 시스템을 분석하여 모든 원인 효과(가능한 경우 그 확률)를 파악한 후 결함 트리를 구성할 수 있다. 장애 트리는 장애 트리의 주요 특성을 정의하는 AND 및 OR 게이트를 기반으로 한다.

(4) 고장 트리를 평가한다.

특정 원치 않는 사건에 대해 고장 트리를 조립한 후 가능한 개선을 위해 평가 및 분석하거나 위험 관리를 연구하고 시스템 개선 방법을 찾습니다. 광범위한 정성적 및 정량적 분석 방법을 적용할 수 있다. 이 단계는 식별된 위험을 제어하기 위한 마지막 단계의 도입부이다. 간단히 말해서, 이 단계에서 우리는 직접 또는 간접적인 방법으로 시스템에 영향을 미치는 모든 가능한 위험을 확인한다.

(5) 확인된 위험을 통제한다.

이 단계는 매우 구체적이고 시스템마다 크게 다르지만, 주요 포인트는 위험을 확인한 후 발생 확률을 낮추기 위해 가능한 모든 방법을 추구한다는 것이다.

17 위험도 평가

17.1 시스템 레벨에서 리스크 평가 및 축소

위험 평가는 시스템 완성 제조자가 수행한다. 그 이유는 시스템의 사용과 함께 발생하는 위험과 시스템의 사용 환경에 대한 지식을 가진 것은 완제품 제조자뿐이기 때문이다.

위험 평가의 목적은 다음과 같다.

- 위험요인 파악
- 각 위험에 연결될 수 있는 위험 사건 식별
- 위험감소 필요 여부 판단
- 요구된 위험감소에 도달하는 방법 결정
  - 위험 요소 제거
  - 내인성 설계
  - 안전장치로 설계
  - 사용정보별

아래 [그림 54]는 위험 평가의 작업 흐름을 설명한다.

SRP/CS : Safety-Related Part of a Control System

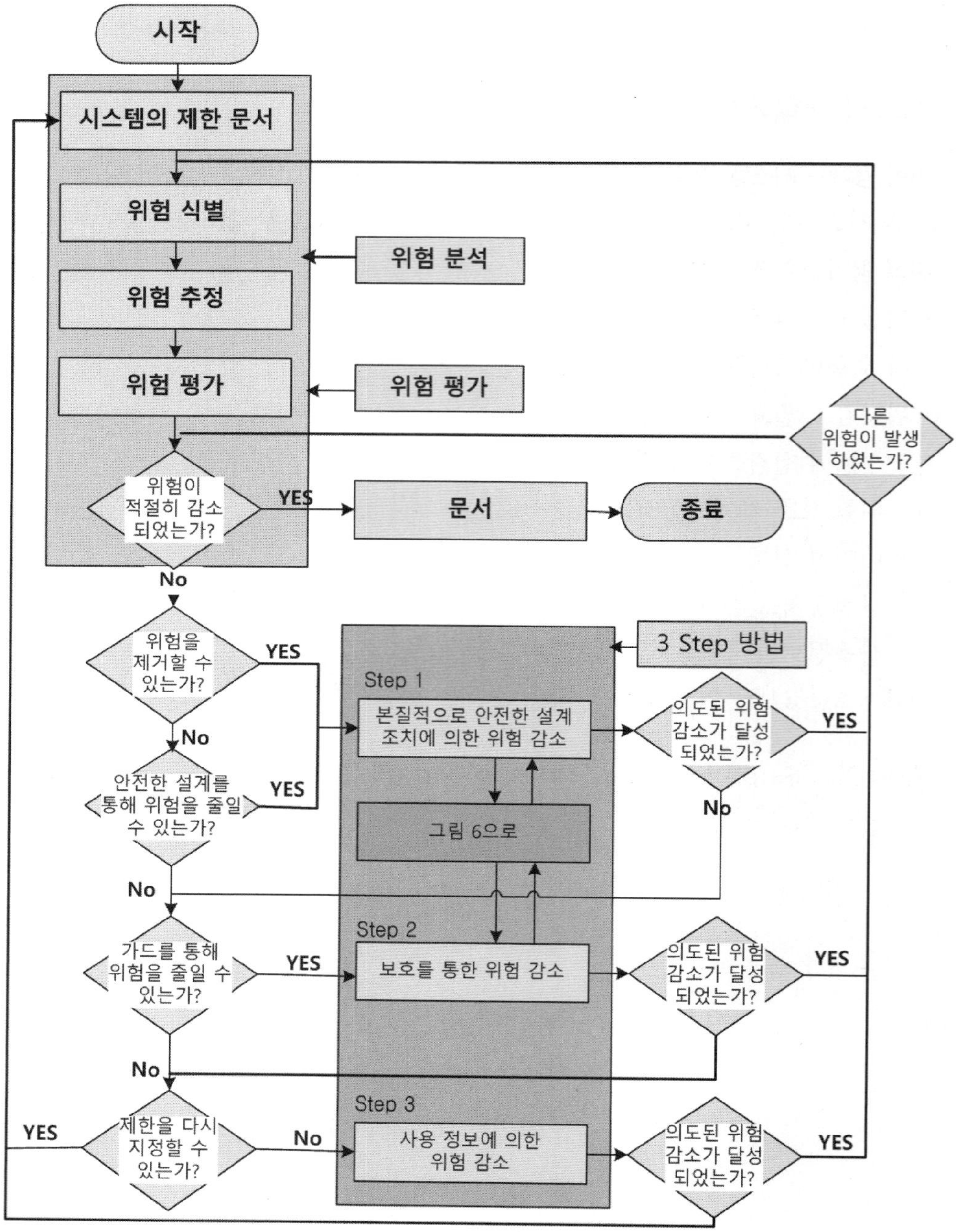

[그림 54] 위험 감소 프로세스 [EN ISO 12100, 그림 (수정)]

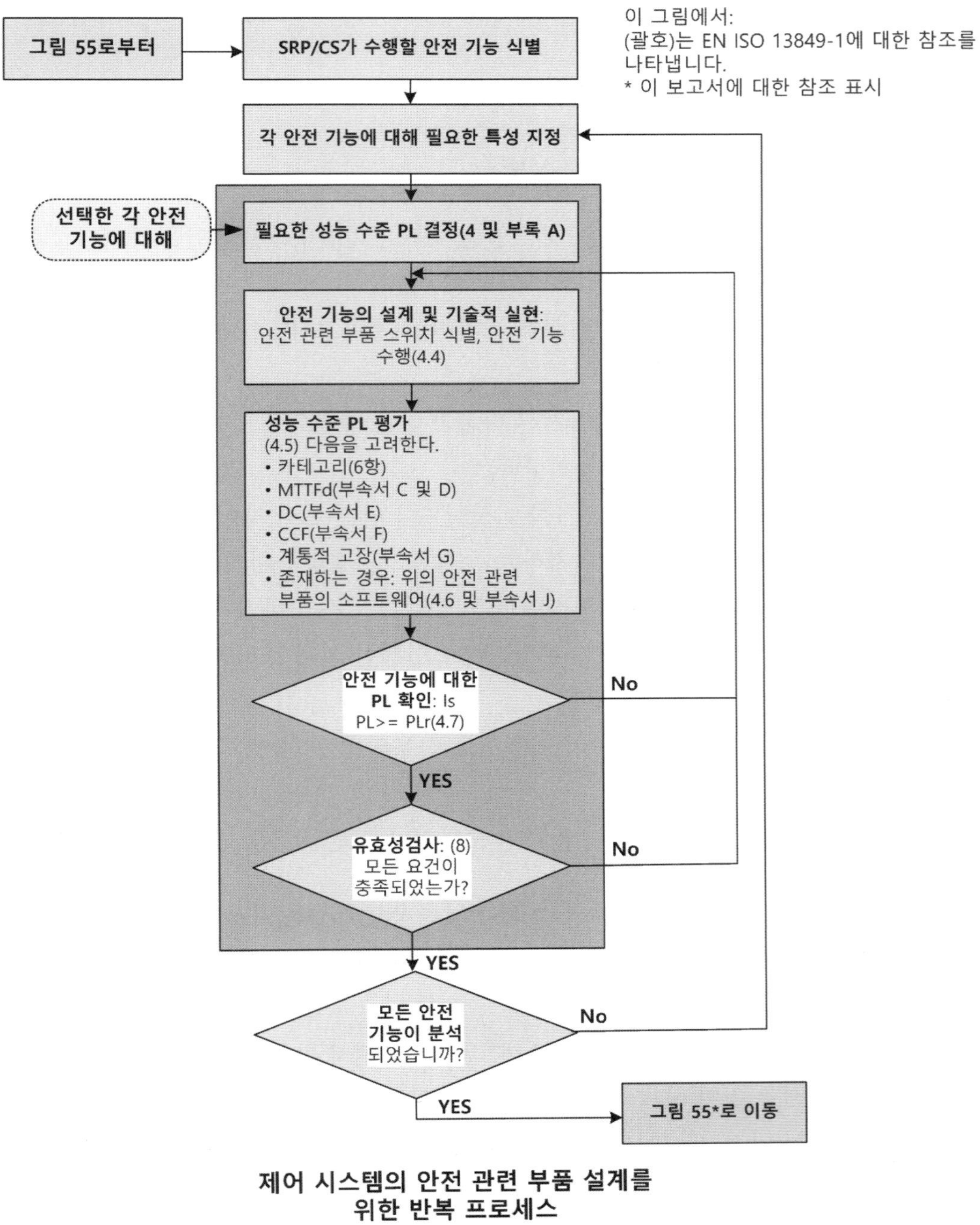

[그림 55] 제어 시스템의 안전 관련 부품 설계를 위한 반복 프로세스(SRP/CS)

E/E/PE(Electrical, Electronic, Programmable Electronic) 안전기능을 구현하여 위험 감소를 실현하기로 결정된 경우 EN ISO 13849-1은 추가 지원을 하고 다음의 작업 절차를 개략적으로 설명한다.

17.2 SRP/CS가 수행할 안전기능 식별

EN ISO 13849-1의 조항 3.1.20에서 안전기능은 고장이 즉시 위험을 증가시킬 수 있는 시스템의 기능으로 정의된다.

안전 기능은 본질적으로 안전한 설계 조치 및/또는 [그림 54]에 따른 안전 지킴이로 사용될 수 있다.

EN ISO 13849-1의 3.1.38 장에서는 다음과 같은 방법으로 E/E/PE 안전 기능에 대한 높은 수요 또는 연속 모드를 정의한다.

SRP/CS에 대한 요구 빈도가 연 1회 이상이거나 안전 관련 제어 기능이 정상 작동의 일부로 시스템을 안전한 상태로 유지하는 운전 모드, 예를 들어 연속 작동 모드에서 작동하는 안전 기능에 대한 예는 전자식 조향 시스템이 있는 모바일 시스템을 사용하는 경우 조향 기능이 될 수 있다. 이 예는 본질적으로 안전한 설계 조치의 일부로 안전 기능이 이미 도입될 수 있는 경우를 상징한다.

요구량이 많은 운전모드에서 안전지킴이로 사용되는 안전기능의 예는 다음과 같다.

- 빛 커튼 기능
- 운전자가 운전석에 앉아 있지 않으면 모바일 시스템의 유압 장치 전원 끄기

EN ISO 13849-1은 수요율이 연 1회보다 낮은 안전기능은 다루지 않는다. 이러한 유형의 요구율은 기능 안전 표준 EN 61511이 적용되는 프로세스 제어 부문 내에서 사용되는 안전 기능에 공통적이다.

안전기능을 정의할 때는 정확해야 하며, 위험분석에서 확인된 특정 위험사건에 대해 상세하게 고려하는 것이 중요하다. 안전기능은 위험을 감소시키기 위해 다루어야 한다. 좋은 아이디어는 안전기능의 기능을 명확하게 설명하는 이름을 주는 것이다. 예를 들어, "도어가 열리면 모터의 전원을 끄십시오"라는 안전기능은 안전기능을 촉발하는 조치가 무엇이며, 안전기능이 트리거된 후에는 어떤 조치를 취해야 하는지에 대한 표시를 제공할 것이다.

17.3 각 안전 기능에 대해 필요한 특성을 지정

본 절의 목적은 각 안전기능의 특성을 보다 상세히 기술하는 것이다. 이 부분은 설계와 기술적 실현에 대한 투입물일 뿐 아니라 각 안전기능의 유효성검사의 근거이기 때문에 중요하다.

안전기능에 이름만 붙인 뒤 하드웨어와 소프트웨어 설계를 직접 진행하는 것으로 충분하다는 것은 일반적인 오해다. 경험에 비추어 볼 때 안전 요구사항 규격은 시스템에 대한 초기 지식이 없는 사람이 하드웨어와 소프트웨어의 구현을 계속할 수 있을 만큼 충분한 정보를 찾을 수 있는 상세 수준이어야 한다.

EN ISO 13849-1의 5.1 조항은 각 안전기능에 대한 안전요건을 정의할 때 고려해야 할 최소 정보에 대해 알려준다. EN ISO 13849-1의 5.2 조항은 특정 안전기능에 대한 안전요건을 보다 상세히 설명한다.

품질이 좋은 안전 요구사항 규격을 개발하는 것은 반복적인 과정이다. SRP/CS가 안전 기능에 포함되도록 설계할 때와 비교했을 때 전체 안전 기능을 설계할 경우 안전 요구사양이 다르게 나타난다.

제어 시스템 제조업체(로직 SRP/CS)의 경우 안전 요건은 예를 들어 매우 일반적인 수준일 수 있다.

- 일정 입력값으로 일정 출력값을 생성하여야 함

  예를 들어, 완전한 시스템 제조자의 반대편에서는 안전 요건이 훨씬 더 구체적인 수준에 있을 수 있다.

- 위험구역의 도어가 열린 후 X ms 회전부위를 완전히 정지하여야 한다.

지침 :

- SRP/CS(예: 기성품 서브시스템, 안전기능의 일부만 구현)만 개발하는 기업의 경우, 예를 들면 다음과 같이 완전한 안전기능을 개발하는 회사와 비교했을 때 안전 요구사항 규격이 다르게 보일 것이다.
  - PLR은 시장 기대치 또는 제품 표준의 PLR 요구사항의 판단에 기초함
  - 특정 SRP/CS에 대한 요건만 포함하며, 완전한 안전기능은 포함하지 않는다.
- 안전요구사항 명세서에는 각 안전기능에 대한 기능요건이 기술되어야 하며, 따라서 구체적인 이행요건을 포함하지 않는 것이 중요하다.
- 안전요건 명세서의 품질은 개발, 서비스, 품질 문제를 다루는 사람 등 서로 다른 역량을 가진 사람이 다수 작업에 포함되면 높아진다. 문서 개발에 관여하지 않은 사람이 안전요건 명세서를 검토할 수 있도록 하는 것도 효율적인 방법이다.

- EN ISO 13849-1의 5.1 및 5.2항을 검토하여 안전 요구사항 규격에 포함되어야 하는 정보에 대한 지침을 얻는다.
- 안전요구사항 명세서 작성 시 안전요구사항 명세서의 각 특정요건의 검증방법을 기술하는 안전확인계획서 작성을 시작할 수 있다.

17.4 필요한 성능 수준 PLR 결정

EN ISO 13849-1에서는 PLa에서 PLe까지 5가지 위험감소 수준(성능 수준)을 정의하는데, 여기서 PLe는 가장 높은 위험 감소를, PLa는 가장 낮은 위험감소를 제공한다.

[표 6] PFHD에 대한 PL 대응 [EN ISO 13849-1, 표 3]

PL	시간당 평균 위험 확률 (PFHD) [1/h]
a	$\geq 10^{-5}$ to $< 10^{-4}$
b	$\geq 3 \times 10^{-6}$ to $< 10^{-5}$
c	$\geq 10^{-6}$ to $< 3 \times 10^{-6}$
d	$\geq 10^{-7}$ to $< 10^{-6}$
e	$\geq 10^{-8}$ to $< 10^{-7}$

위의 표 1에서 정의한 각 PL은 안전기능에 대한 시간당 위험고장의 특정 평균 확률(PFH_D)에 해당한다. 특정 SRP/CS 제조사의 경우 시장의 기대치를 확인하여 적합한 PL을 찾을 수 있거나 특정 제품 표준에서 PL의 구체적인 요건이 발견될 수 있다. EN ISO 13849-1에 따라 적절한 위험감소 수준을 결정할 때 다음 그림을 사용할 수 있다.

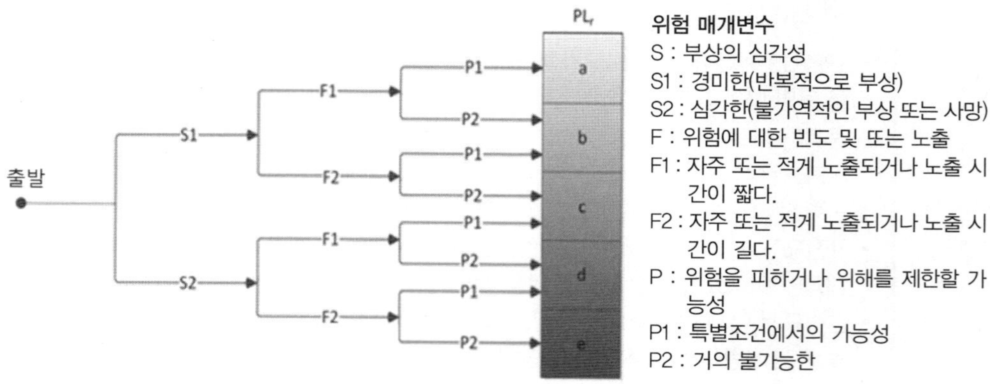

[그림 55] 위험 그래프 [ISO 13849-1, 그림 A.1]

[그림 56]은 안전 기능에 대한 PLr을 결정하는 간단한 방법을 제공한다. EN ISO 13849-1에서는 위험 사건의 발생확률이 낮다는 동기를 부여하여 PLr을 한 단계 줄일 가능성이 존재한다. EN ISO 13849-1의 부록 A의 A.2.3.2 조항에 따라 위험 사건의 확률이 낮은지 여부를 추정하는 것은 다음 요인에 기초해야 한다.

- 신뢰성 데이터
- 비교 가능한 시스템의 사고 이력

  [참고] 위험 상황의 발생은 낮지만 시스템에 대한 안전 조치가 충분하다.
- 비교할 수 있는 컴퓨터
- 관련 안전기능이 감소하고자 하는 것과 동일한 위험을 포함한다.
- 동일한 프로세스 및 운영자 조치가 필요하며,
- 위험을 유발하는 동일한 기술을 적용한다.

이 가능성을 이용하여 PLr을 한 단계 줄이고 이것에 대한 아주 좋은 동기를 가지는 것을 시도할 때 주의하는 것이 중요하다.

17.5 안전기능을 수행하는 안전관련 부품 식별

안전 기능은 항상 센서, 논리 및 최종 요소의 조합에 의해 구축된다. EN ISO 13849-1 조항 3.3.1의 주 1은 다음과 같은 방법으로 전체 안전기능을 설명한다.

제어 시스템의 조합된 안전 관련 부품은 안전 관련 입력 신호가 시작되는 지점(예: 위치 스위치의 작동 캠과 롤러 포함)에서 시작하여 전원 제어 요소(예: 접촉기의 주요 접점 포함)의 출력에서 종료된다.

안전기능에는 안전과 관련된 부품만 포함되어야 한다. IEC 62061의 조항 3.2.5에 있는 하위시스템의 다음 정의는 안전기능에 포함되어야 하는 부분을 식별하기 위해 EN ISO 13849-1과 협력할 때에도 유용하다.

SRECS의 최상위 아키텍처 설계의 실체로서, 하위시스템의 위험한 고장으로 인해 안전 관련 제어기능의 위험한 고장으로 이어질 수 있다.

또한 [그림 57]을 보면 안전기능을 정의할 때 지지할 수 있으며, 작동 부품으로 간주되는 시스템의 어떤 부분과 제어 시스템 부품으로 간주될 수 있는 시스템의 어떤 부분을 이해할 수 있다.

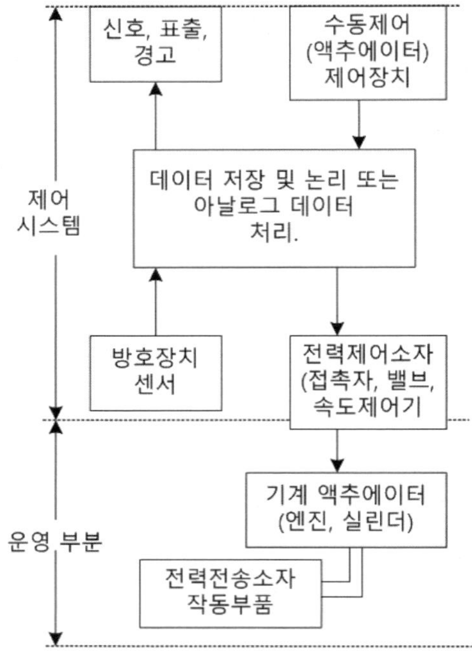

[그림 57] 시스템의 개략적 표현 [ISO 12100, 그림 A.1]

위의 [그림 57]의 제어 시스템 부분에 속하는 부품/구성요소만이 안전 기능에 포함되어야 한다.

이 단계는 안전기능의 설계와 기술적 실현에 관한 것이다. 안전 기능은 일반적으로 다수의 SRP/CS에 의해 구축되며, 각 SRP/CS에는 아래에 설명된 입력, 논리 및 출력이 별도로 포함된다.

[그림 58] 다양한 SRP/CS 조합에 의해 제공되는 안전 기능(예: 여러 개의 기성 서브시스템)

그러나 어떤 경우에는 입력, 로직 및 출력이 아래에 설명된 것과 동일한 SRP/CS에 통합될 수 있다.

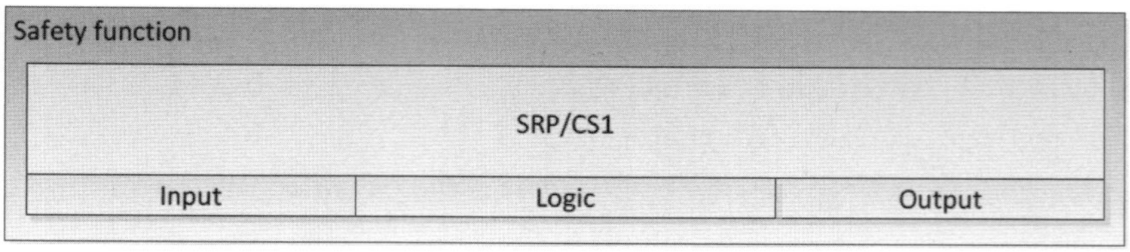

[그림 58] 하나의 SRP/CS가 제공하는 안전 기능(예: 특정 목적을 위해 설계된 제어 시스템)

또는 [그림 58]과 [그림 59]을 조합하여 다음과 같은 경우도 있다.

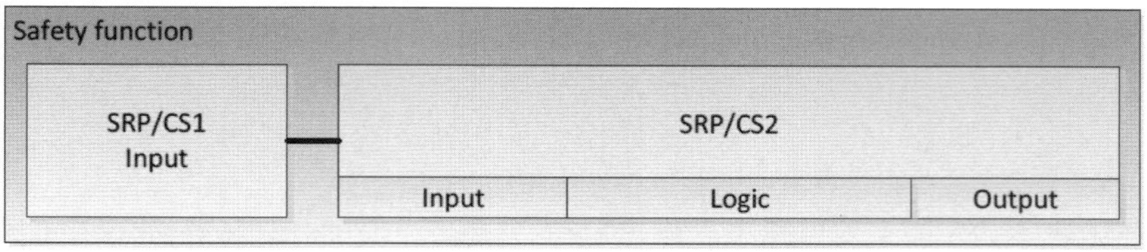

[그림 60] SRP/CS 조합에 의해 제공되는 안전 기능
(예: 특정 목적을 위해 설계된 제어 시스템과 결합된 기성 서브시스템)

지침 :

- [그림 60]은 안전기능에 포함되어야 하는 부품/구성요소에 관한 지침을 제공한다.
- 각 안전기능에 포함되는 SRP/CS를 파악하는 것이 중요
- SRP/CS의 고장이 안전 기능의 고장으로 이어질 경우 SRP/CS는 안전 기능의 일부로 포함되어야 한다.
- 안전기능에 대한 이 높은 수준의 설명에서는 다수의 SRP/CS를 직렬로 조합하여 구축한다.
- 일부 상황에서는 안전기능이 더욱 복잡해질 수 있으며, 예를 들어 두 개의 입력 SRP/CS를 포함한다.

17.6 성능 수준 평가

모든 안전기능과 그에 상응하는 SRP/CS가 확인되면 다음 단계는 안전기능 설계를 계속하는 것이다. EN ISO 13849-1은 다음과 같은 문제를 고려해야 한다.

SRP/CS의 PL은 다음 측면의 추정에 의해 결정되어야 한다.

– 단일 구성요소에 대한 MTTFD 값(EN ISO 13849-1의 부록 C 및 D 참조)
– DC(EN ISO 13849-1의 부록 E 참조)
– CCF(EN ISO 13849-1의 부록 F 참조)
– 구조, 즉 고장 조건에서 안전 기능의 동작 (EN ISO 13849-1의 6조 참조)
– 안전 관련 소프트웨어(EN ISO 13849-1의 섹션 4.6 및 부록 J 참조)
– 예상 환경 조건하에서 안전 기능을 수행할 수 있는 능력
– 체계적 고장(EN ISO 13849-1의 부록 G 참조)

마지막으로 안전기능을 구현하는 안전관련 제어시스템 설계가 상기에 따라 완료되었을 때 안전기능별로 달성된 PL을 평가해야 한다.

18 ETCS RAM 요구사항

18.1 시스템 임무 개요

ERTMS/ETCS 임무 개요는 시스템이 임무를 수행하는 데 필요한 조건을 정의한다. 다음을 위한 기준조건을 구성한다.

- 시스템 수명주기의 시스템 요구사항 할당 단계까지 ERTMS/ETCS 시스템 RAM 요구사항 정의
- 분석과 시험을 통해 각 특정 구현이 설계 및 구현 단계부터 시작되는 모든 수명주기 단계에서 위의 요구사항을 충족함을 입증.

(1) ERTMS/ETCS의 임무

ERTMS/ETCS의 임무는 다른 수준의 적용에서 다른 유럽 철도 네트워크에서 안전하게 운행되는 열차의 이동을 감독하는 것이다.

(2) ERTMS/ETCS 범위

대상 시스템은 다음과 같이 RAM 요건 명세서의 맥락에서 정의된다.

- ERTMS/ETCS 장착 열차와 최악의 경우 1시간 주행 중에 발생하는 모든 ERTMS/ETCS 선로 측 및 선로 측 장비(가장 복잡한 구성을 고려할 때 유럽 철도에서 허용되는 최대 속도 500 km/h)

ERTMS/ETCS에 대해 다음과 같은 기능적 경계 한계가 정의된다.

① 교통 규제는 시스템 일부가 아니다. 그것은 국가의 특수성을 고려하여 외부 시스템의 일부를 구성한다. ERTMS/ETCS 시스템과 연계하는 것은 의무사항이 아니다. 단, 규제 시스템과 ERTMS/ETCS 사이의 인터페이스는 다음을 위해 제공되어야 한다.
- ERTMS/ETCS와 통신하고, 궁극적으로는 교통흐름을 최적화하기 위한 규정에 따라 작성된 운전 권고사항을 열차에 전달한다.
- ERTMS/ETCS에 알려진 열차 위치를 알려 환경 조건에 따른 규제 전략의 실시간 활용을 위한 정보를 제공한다.

② 신호 기구함은 ERTMS/ETCS 일부를 형성하지 않지만, 다음과 같은 목적을 위해 그것과 상호 연결되어 있다.
- ETCS, 지점 또는 경로 설정 위치 또는 레벨 1과 2의 경우 기존 외부 시스템에 의해 작성된 폐색 조건과 통신한다.
- 열차 안내나 모니터링을 목적으로 열차 위치와 관련하여 ERTMS/ETCS에 알려진 두 가지 정보와 신호 기구함에 대한 기타 정보를 모두 신호 기구함으로 전송한다.

③ KVB, TVM, LZB, BACC, TBL 등과 같이 ERTMS/ETCS와 상호운용 가능한 다른 시스템은 ERTMS/ETCS 자체의 일부를 형성하지 않고 ERTMS/ETCS와 이들 시스템 사이의 인터페이스가 투명하게 제공되어야 한다. (STM)

④ 고장 감지기, 알림 시스템 등과 같은 추가 시스템은 ERTMS/ETCS 외부에서 고려되어야 하며 이 시스템과 함께 적절한 표준화된 인터페이스가 제공될 것이다.

⑤ 규제 시스템과 신호 기구함 사이의 링크는 ERTMS/ETCS 일부를 형성하지 않는다.

(3) 환경 조건

ERTMS/ETCS가 작동하도록 호출되는 환경 조건은 ERTMS 환경 조건(97s066 V5-)에 명시되어 있다.

이 규격에서 정의한 RAM 요건은 위의 환경 조건을 참조한다.

이러한 환경 조건은 신뢰도 분석 수행을 위한 기준조건, 신뢰도 검증 및 검증, ERTMS/ETCS RAM 프로그램 계획에 계획된 신뢰성 입증시험을 구성해야 한다.

(4) 유지관리 조건

ERTMS/ETCS 유지관리 조건은 ETCS 시스템의 "서비스 및 수리" 규정에 정의된 유지관리 시스템과 관련이 있다.

문서 시스템 RAM 프로그램 계획 요건은 ERTMS/ETCS 설치에 대한 건설 원칙, ERTMS/ETCS 유지관리 문서, 진단 및 테스트 장비 및 예비 부품의 가용성에 관한 한 ERTMS/ETCS 유지관리 시스템에 대한 일반적인 요구사항과 관련된 품질 요건에 추가된다.

또한 소프트웨어 개발 및 ERTMS/ETCS 설명서에 대한 구체적인 요구사항은 시스템 RAM 프로그램 계획 요건에 정의되어 있다.

ERTMS/ETCS 유지관리 조건을 식별하기 위한 고유 적용 설명서가 시스템 RAM 프로그램 계획 요건이므로, 이 규정에서 확립된 모든 RAM 요건은 해당 문서에 명시된 원칙을 참조한다.

상호운용성 원칙에 관한 한, ERTMS/ETCS 유지관리 시스템은 다음 단락에서 요약한 것과 같이 구성된다.

선로측 장비 선로측 장비에 대한 ERTMS/ETCS 유지관리 시스템은 특정 적용을 담당하는 국가철도 당국에 의해 결정된다. 어쨌든, 시스템 RAM 프로그램 계획 요건에서 정의한 일반 요건은 충족되어야 한다.

차상 장비 차상 장비를 위한 ERTMS/ETCS 유지관리 시스템은 상호운용성 원칙을 고려해야 한다. ERTMS/ETCS 장착 라인을 담당하는 각 국가철도청은 국적과 관계없이 결함이 있는 ERTMS/ETCS 장착 차량을 수리할 수 있는 유지관리 시스템을 정의해야 한다. 이 작업은 다음과 같이 수행해야 한다.

① 교환 가능한 ERTMS/ETCS 탑재 장비 항목에 예비 부품을 제공함이 규격에서 정의한 물류 지원 요건을 충족하기 위해 라인 운영을 담당하는 국가철도청이 재고 위치 및 부품 가용성과 관련하여 예비 부품의 가용성을 결정하고 선언해야 한다.

② 교환할 수 없는 ERTMS/ETCS 탑재 장비 수명, 중요 항목에 대한 특정 예비 부품을 제공함으로써, 교정 고장이 가능하다. 이 규격에서 정의한 물류 지원 요건을 충족하기 위해 라인 운영을 담당하는 국가철도청이 재고 위치 및 부품 가용성과 관련하여 예비 부품의 가용성을 결정하고 선언해야 한다.

③ 작업장에서 교환 가능 및 교환 불가 ERTMS/ETCS 탑재 장비 항목을 모두 유지관리할 수 있는 설비를 제공함(출고 수준 유지관리) 이 규격의 후반에 정의한 창고 수준 유지보수를 위한 서브시스템 수정 유지보수 요건이 충족되어야 한다.

이 규격에서 정의한 RAM 요건은 특정 국가 적용과 관계없이 시스템 RAM 프로그램 계획 요건에서 정의한 일반 원칙과 현재 단락에서 규정되며, 결과적으로 특정 유지관리 시스템과 관련된다.

RAM 요구사항의 입증 목적을 위해, ERTMS/ETCS 장비 제공에 대해 계약자, 하도급업체 및 공급업체와 규정한 계약의 정의에 따라 재고의 위치 및 해당되는 경우 예비품의 관련 가용성을 포함하여, 특정 유지보수 조건을 명확히 정의하고 선언해야 한다.

(5) 작동 조건

ERTMS/ETCS의 각 특정 구현은 이 규격에 정의된 전체 RAM 요건을 충족해야 한다. 이 때문에 ERTMS/ETCS 서브시스템 RAM 요건은 시스템의 최대 구현 수준에 해당하는 작동 조건의 심각도 측면에서 가능한 최악의 경우와 관련되어야 한다.

① RAM 요건 정의 기준조건

RAM 요건 정의의 경우, 최악의 경우 적용에 대한 참고사항으로 다음 조건을 사용할 수 있다.

- 여행 지속 시간 = 1시간
- 열차 속도 = 500 km/h
- Balise 메시지 = 940
- 무선 메시지 = 1200
- 연속정보지점(RBC) = 10
- 불연속 정보 포인트 충족
- (스위치 가능 및 비스위치 지역) = 940
- 정보지점별 인구(각 1.25 km당 1명)

  LAT = 2

  LCU = 1
- 각 진입점/출입 지점별 인구 (각 12.5 km)

  LAT = 8

  LCU = 1
- 재설정 지점에 대한 모집단(1 km당 1명)

  LPT = 2

ERTMS/ETCS 서브시스템에 대해 정의된 RAM 요건은 위의 최악의 경우 작동 조건에 기초하여 덜 심각한 적용 조건에서 ERTMS/ETCS 전체 RAM 요건이 확실히 충족되도록 보장한다.

② RAM 요건 입증 기준조건

RAM 요건 입증 목적을 위해 ERTMS/ETCS 작동 조건은 특정 용도에 따라 달라져야 한다.

애플리케이션별 운영조건은 다음 사항에 영향을 미치지 않아야 한다.

- ERTMS/ETCS 전체 RAM 요구사항
- 최악의 경우에 대해 정의된 ERTMS/ETCS 기능 RAM 요구사항의 차상 부분

반면, 적용 별 운영조건은 다음 사항에 영향을 미친다.

- RAM 검증과 관련된 RAM 분석이 기초가 되는 시스템 조건
- RAM 입증 활동을 위한 시험조건

18.2 시스템 RAM 요구사항

ERTMS/ETCS RAM 요건은 [2.18]에서 도출되며, 일부 수치 및 방법론적 조정이 있다.

ERTMS/ETCS 가용성 목표를 결정하기 위해 정의된 수량을 고려한다. 그러한 수량은 다음과 같이 재정의되었다.

(1) 열차 지연

열차는 지연시간이 1분을 초과할 때 지연되는 것으로 간주한다.

(2) 확률 모수

일반적인 원인에 대한 주행 지연 확률		= 15%
기술적 원인에 의해 지연될 확률	40%, 15%	= 6%
신호 시스템 고장으로 인한 지연 확률	30%, 6%	= 1.8%
ERTMS 고장으로 인한 지연 확률(Pds)	15%, 1.8%	= 0.27%

(3) 시간 매개 변수

① 평균 주행 정상 시간 : Tdnd = 90분 Tdn

② 지연 평균값(주행 종료 시) : Tdy = 10분

③ 지연된 각 주행에 대한 ERTMS 고장 시간의 평균 지속 시간 : = 0.9 Tdy

상기 수치는 해당할 때 ERTMS/ETCS에 대한 일정 준수 요건으로 해석할 수 있다. 계량 가능한 원인제공은 ERTMS/ETCS 시스템의 전체 다운타임의 60%로 정의되며 분석 및 테스트로 입증해야 하는 정량적 시스템 요건에 해당한다.

계량화할 수 없는 원인제공은 단지 품질 요건이 정의된 체계적인 측면만을 포함하는 소프트웨어 신뢰성과 관련이 있다. 특히, 시험 계획을 포함한 품질 관리의 증거는 설계 단계 동안에 제공되어야 하며, 적용에 대해 예견된 다른 시험 수준에서 시험 결과가 달성된 수량화 기여도를 고려하여 운용 가용성 목표가 달성되었음을 입증해야 한다.

18.2.1 ERTMS 가용성 목표

(1) 일정 준수

이 정량적 요건은 ERTMS/ETCS의 불가항력으로 인해 열차 운행에 지연될 확률과 지연 자체의 허용 평균값과 관련이 있다.

- ERTMS/ETCS 고장으로 인한 지연 발생 확률은 0.0027 이상이어야 한다.
- ERTMS/ETCS 고장으로 인한 열차당 허용되는 평균 지연시간은 90분의 평균 주행 종료 시 10분 이내로 한다.

(2) 운영 가용성

운용 가용성 목표 공식은 다음과 같다..

$$A_o = \frac{T_{op}}{T_{op} + T_{fault}} = \frac{T_{dn} + P_{ds} \cdot (T_{dy} - 0.9 \cdot T_{dy})}{T_{dn} + P_{ds} \cdot T_{dy}}$$

$$= \frac{90 + 0.0027 \cdot 0.1 \cdot 1.0}{90 + 0.0027 \cdot 10} = 0.99973$$

- ERTMS/ETCS의 모든 고장 원인에 의한 운용 가용성은 0.99973 이상이어야 한다.

정량적으로 입증할 가용성 수치를 나타내는 계량 가능한 기여는 ERTMS/ETCS 사용 불가능성의 60%에 해당한다.

$$A_o = \frac{T_{op}}{T_{op} + T_{fault}} = \frac{T_{dn} + 0.6 \cdot P_{ds} \cdot (T_{dy} - 0.9 \cdot T_{dy})}{T_{dn} + 0.6 \cdot P_{ds} \cdot T_{dy}}$$

$$= \frac{90 + 0.6 \cdot 0.0027 \cdot 0.1 \cdot 1.0}{90 + 0.6 \cdot 0.0027 \cdot 10} = 0.99984$$

- 하드웨어 고장 및 전송 오류로 인한 운용 가용성에 대한 ERTMS/ETCS 정량적 기여도는 0.99984 이상이어야 한다.

(3) 가동중단 요구사항

가동중단 요건은 운영 가능성 목표치에 해당하는 허용되는 평균 가동중단의 관점에서 정의된다.
이러한 가동중단은 시범 목적에 유용하며, 1년 단위로 시간 단위로 다음과 같이 계산할 수 있다.

$$DT = (1 - A_o) \times 8760$$

18.2.2 ERTMS 신뢰성 목표

ERTMS/ETCS 임무 신뢰성 목표는 정성적 및 정량적 요구사항으로 구성된다. 정량적 요건은 평균 고장 간 시간(MTBF) 단위로 표현되며 고려 중인 고장의 중요도(이동, 서비스 또는 경미한)를 이유로 구분된다. 다음과 같은 전제조건이 식별된다.

① 이동 불능 고장은 시스템 작동에 영향을 미치는 총 고장량의 10%를 초과해서는 안 된다(작동 가용성에 대한 기여).
② 서비스 고장은 시스템 작동에 영향을 미치는 총 고장량의 90%를 초과해서는 안 된다(운용 가능성에 대한 기여).
③ 경미한 고장은 가용성 목표치 0.995 이상에 원인제공이 되어야 한다.
④ 차상 장비 기여도는 전체 시스템 고장의 4.34%에 명시되어 있다.
⑤ 선로변 중앙집중식 장비 기여도는 전체 시스템 고장의 0.08%에 명시되어 있다.
⑥ 선로변 분산 장비(LNS) 기여는 전체 시스템 고장의 95.58%에 명시되어 있다.
⑦ 차상 장비의 평균 재저장 시간(MTTRS)은 1,737시간이며, 기하급수적으로 분산된 수리 시간을 가정하여 차상 장비 정지시간이 비계획 수리의 90%에서 4시간 미만임을 확인하는 적절한 값이다.
⑧ 선로변 중앙집중식 장비의 평균 재저장 시간(MTTRS)은 0.869시간이며, 기하급수적으로 분산된 수리 시간을 가정하여 선로변 장비 정지시간이 예정되지 않은 수리의 90%에서 2시간 미만임을 보장하기 위한 적절한 값이다.

⑨ 선로변 분산 장비의 평균 재저장 시간(MTTRS)은 1,737시간이며, 기하급수적으로 분산된 수리 시간을 가정하여 선로변 장비 정지시간이 예정되지 않은 수리 90%에서 4시간 미만임을 보장하기 위한 적절한 값이다.

(1) 품질 요구사항

신뢰성 품질 요건은 주로 ERTMS/ETCS 신뢰성 프로그램의 구현을 위한 요건을 시스템 RAM 프로그램의 하위 집합으로 간주한다.

신뢰도 품질 요건은 ERTMS/ETCS 소프트웨어에 특히 중요하다. 이 요건은 정의되고 입증될 수 있는 유일한 신뢰성 요건을 나타낸다는 점에서 시스템 수준에서 ERTMS/ETCS 설계 기준과 관련된 특정한 품질 요건도 정의된다.

전체 RAM 요건 수준에서 다음과 같은 신뢰성 품질 요건이 정의된다.

① RAM 프로그램의 Subset인 시스템 신뢰성 프로그램이 구현되어야 하며, RAM 프로그램 계획의 Subset인 시스템 신뢰성 프로그램 계획이 시스템 RAM 프로그램 계획 요건에 명시한 RAM 프로그램 계획 요건과 ERTMS/ETCS의 시스템 품질 계획에 따라 생산되고 유지되어야 한다.

② 소프트웨어 품질보증 및 V&V 프로그램은 국제 표준 특히 소프트웨어 무결성에 따라 구현되어야 한다. 소프트웨어 품질 보증 및 V&V 계획은 상기 표준에 따라 생산 및 유지되어야 한다.

③ 어떤 단일고장에서도 이동 불능 고장을 일으켜서는 안 된다.

④ 단일고장으로 인해 고정장치가 고장 나지 않도록 중복을 사용하는 경우, 중복을 입은 장비의 독립성을 보장하는 적절한 조치를 채택하고 문서화해야 한다. 중복된 안전 관련 기능의 경우 공통원인고장분석을 수행해야 한다.

(2) 이동 불능 고장

이동 불능 고장은 성능이 저하되어 노선 내 2대 이상의 열차가 기관사 육안 모드로 전환하여 운행하는 고장을 말한다.

이 단락의 목적은 상기 조건 중 하나를 초래할 수 있는 ERTMS/ETCS 시스템 수준 고장을 식별하고 이러한 고장에 대해 적절한 신뢰성 목표를 정의하는 것이다.

그런 다음 관련 임무는 이동 불능 고장이 없는 경우 ERTMS/ETCS 작동으로 정의되며, 해당 임무에 대해 다음과 같은 신뢰성 요건이 정의된다.

① 장치에 대해 정의된 고정 하드웨어 고장 사이의 평균 시간은 2.7×10^6 시간 이상이어야 한다.

② 궤도측 중앙집중식 장비에 대해 정의된 MTBF-ITRK 이동 불능 하드웨어 고장 사이의 평균 시간은 3.5×10^8 시간 이상이어야 한다.

③ 선로측 분산 장비에 대해 정의된 MTBF-SILNS 이동 불능 하드웨어 고장 사이의 평균 시간은 1.2×10^5시간 이상이어야 한다.

(3) 서비스 고장

서비스 고장은 성능이 저하되어 운행 지연이 발생하거나 노선 내 1대 이상의 열차가 기관사 시각 모드로 전환하여 운행하는 고장을 말한다.

이 단락의 목적은 상기 조건 중 하나를 일으킬 수 있는 ERTMS/ETCS 시스템 수준 고장을 식별하고 이러한 고장에 대해 적절한 신뢰성 목표를 정의하는 것이다.

그런 다음 서비스 장애가 없는 경우 관련 임무는 ERTMS/ETCS 운영으로 정의되며, 해당 임무에 대해 다음과 같은 신뢰성 요건이 정의된다.

① 차상 장비에 대해 정의된 서비스 하드웨어 고장 사이의 평균 시간은 3.0×10^5 시간 이상이어야 한다.

② 궤도 중앙집중식 장비에 대해 정의된 서비스 하드웨어 고장 사이의 평균 시간은 4.0×10^7 시간 이상이어야 한다.

③ 선로변 분산 장비에 대해 정의된 서비스 하드웨어 고장 사이의 평균 시간은 1.4×10^4 시간 이상이어야 한다.

(4) 경미한 고장

경미한 고장은 위 고장을 제외하고 교정유지보수를 발생시키는 모든 고장을 말한다.

이 항의 목적은 상기 조건을 일으킬 수 있는 ERTMS/ETCS 시스템 고장 수준을 식별하고 이러한 고장에 대해 적절한 신뢰성 목표를 정의하는 것이다.

그런 다음 관련 임무는 경미한 고장이 없는 경우 ERTMS/ETCS 운영으로 정의되며, 해당 임무에 대해 다음과 같은 신뢰성 요건이 정의된다.

① 내장 장비에 대해 정의된 경미한 하드웨어 고장 사이의 평균 시간은 8.0×10^3 시간 이상이어야 한다.

② 궤도 중앙집중식 장비에 대해 정의된 경미한 하드웨어 고장 사이의 평균 시간은 1.0×10^3 시간 이상이어야 한다.

③ 선로변 분산된 장비에 대해 정의된 경미한 하드웨어 고장 사이의 평균 시간은 3.0×10^2 시간 이상이어야 한다.

18.2.3 ERTMS 유지관리성 목표

(1) 품질 요구사항

유지관리성 품질 요건의 목적은 ERTMS/ETCS 장비에 대한 시정 및 예방적 유지보수 조치와 ERTMS/ETCS 소프트웨어 모듈에서 수행되는 문제 해결 및 수정 활동을 모두 쉽게 할 수 있는 솔루션을 향한 설계를 다루는 것이다.

① 하드웨어

- **접근성** : ERTMS/ETCS 장비는 필요한 장비의 치수를 고려하여 모든 부품과 관련 연결부가 검사, 수리, 수정 및 교체를 허용하도록 설계되어야 한다.
- **분리** : 유지보수 작업 중 특정 유지보수 작업과 직접 관련이 없는 다른 항목을 강제로 포함하지 않고 항목을 분해하고 반출할 수 있어야 한다.
- **편리** : 유지관리 조치와 관련된 분해 대상 ERTMS/ETCS 장비는 운반이 쉽도록 설계되어야 한다. 이들은 해당 이동에 배정된 운영자 수를 이유로 국가 규제 당국이 설정한 가중치를 초과해서는 안 된다. 후크, 앵커 플레이트, 하중 포크 등으로 수행되는 조치가 가능한 적절한 장치를 장착해야 한다.
- **청소 친화성** : ERTMS/ETCS 부품의 구획, 장비 등은 최대한의 외부 청소 작업을 쉽게 하도록 설계되어야 한다.
- **표준화** : ERTMS/ETCS 시스템 수명주기의 설계 단계 초기에 ERTMS/ETCS 시스템 구성요소의 가능한 최저 다변화로 이어지는 해법을 적용해야 한다. 가능한 경우 표준화된 요소를 사용하여 부품 교환성을 극대화해야 한다.
- **상호 교환성** : 품목은 장비 특성에 영향을 미치지 않고 제거될 수 있으며 그 위치에 다른 품목을 설치할 수 있다. 교체는 형태, 적합성 및 기능 면에서 호환되어야 한다.
- **테스트 가능성** : ERTMS/ETCS 시스템에 속하는 각 항목에는 시스템 RAM 프로그램 계획 요건에 따라 적절한 시험 가능성 기능이 제공되어야 한다.

② 소프트웨어

- **분석 가능성** : ERTMS/ETCS 소프트웨어는 결함이나 고장 원인을 추적하고 수정할 부품을 식별하기 위해 요구되는 노력을 최소화하도록 설계되어야 한다.
- **변경 가능성** : 수정 및 결함 제거 활동이 촉진되어야 하며, 환경 변화(예: 운영체제, 하드웨어 아키텍처 등)에 소프트웨어를 적응시키는 데 필요한 노력을 최소화해야 한다.

- **안정성** : 변경의 결과로 바람직하지 않은 영향이 발생할 수 있는 위험을 최소화해야 한다.
- **테스트 가능성** : 수정에 따른 소프트웨어 시험 및 검증 활동은 가능한 한 촉진되어야 한다.

(2) 예방적 유지보수

예방적 유지보수의 경우 시스템 수준에서 품질 요건만 정의된다.

① ERTMS/ETCS 장비 또는 부품의 제공을 책임지는 각 계약자/하청업체/공급업체는 본 규격에서 정의한 대로, 해당 역량의 장비에 대해 요구되는 RAM 성능을 보장하는 데 필요한 예방적 유지관리 요건을 명시하고, 이를 명시해야 한다.

② 각 계약자/하청업체/공급업체가 정의한 예방적 유지관리 요구사항은 이 규격에서 정의한 물류 지원 요구사항을 준수하여야 하며, RAM 프로그램의 적절한 활동을 통해 시스템 수명주기의 후속 단계에서 검증되고 입증될 효과적인 요구사항이 되기 위해 고객 프로젝트 관리자의 동의를 얻어야 한다.

(3) 교정 유지보수

교정 유지보수 요건은 다음 두 가지 범주로 세분된다.

일반 정량적 요건 및 특정 정량적 요건;

① 일반 교정 유지보수 정량적 요건은 계획되지 않은 수리의 경우 허용되는 최대 정지시간을 고려한다. 이 요건은 운전요건을 나타낸다.

② 특정 교정 유지보수 정량적 요구사항은 고장 감지/배출, 고장 모듈 교체 및 고장에 관심이 있는 시스템을 다시 시작하는 경우, ERTMS/ETCS 장비 제공을 담당하는 계약자/하위 계약자/공급자가 충족하고 입증해야 하는 설계 요건을 나타낸다.

ERTMS/ETCS에 대해 다음과 같은 일반 교정 유지보수 정량적 요건이 정의된다(시스템 RAM 프로그램 계획 요건 참조).

① 탑재되지 않은 장비 수리의 90%에 대해 허용되는 최대 정지시간: 4시간

② 선로변 중앙집중식 장비의 계획되지 않은 수리 중 90%에 대해 허용되는 최대 정지시간: 2시간

③ 선로변 분산형(선로측) 장비의 계획되지 않은 수리의 90%에 대해 허용되는 최대 정지시간: 4시간

ERTMS/ETCS에 대해 다음과 같은 특정 교정 유지보수 정량적 요건이 정의된다.

- 결함이 있는 품목을 검출/분리/교체하는 최대 시간은 사례의 90%, 관련 장비에 대해 정의된 최대 허용 정지 시간의 65%를 초과하지 않아야 한다.

18.2.4 ERTMS 물류 지원 제약 조건

(1) 유지관리 비용

유지보수 비용 제약은 선택한 적용 수준을 이유로 ERTMS/ETCS의 각 특정 적용에 책임이 있는 국가 규제 당국이 정의해야 한다.

ERTMS/ETCS 유지보수 비용 제약은 다음을 위해 지출되는 전체 시스템 수명주기 비용의 최대 허용 백분율로 표현되어야 한다.

- 유지관리 담당자의 교육
- 고용된 인력의 비용을 포함한 예방, 예정 및 시정 유지 조치
- 유지관리 현장 도달에 따른 여행비용
- 예비 부품 획득, 제공 및 보관
- 상업용 컴퓨터 시스템의 공급업체와의 지원 계약
  - ERTMS/ETCS의 유지관리 비용은 ERTMS/ETCS 수명주기 30년 동안 시스템 취득 비용의 연 2%를 초과할 수 없다.

(2) 공급 및 관리 지연

행정적 이유로 인해 유지보수에 대한 최대 허용 지연과 관련된 제약 조건의 이행은 선택한 적용 수준 때문에 ERTMS/ETCS의 각 특정 적용에 책임이 있는 국가 규제 당국의 책임이다.

기술적 RAM 요건의 효과적인 충족을 보장하기 위해 최소한 발생의 90%에서 다음의 제약 조건이 보장되어야 한다.

① 현장 유지보수 작업을 수행하기 위해 유지보수 직원에게 알리는 데 필요한 최대 시간은 해당 장비에 대해 정의된 최대 허용 정지 시간의 5%를 초과할 수 없다. 이 요건은 유지관리 담당자에게 제공하는 조언이 진단 때문에 자동으로 작성되는 경우와 수동으로 제공되는 경우 모두 유효하다.

② 유지보수 현장에 도달하는 데 필요한 최대 시간은 해당 장비에 대해 정의된 최대 허용 정지 시간의 30%를 초과할 수 없다.

(3) 예비 부품 가용성

계약자는 계약의 부품이 합의하는 전체 시스템 수명주기 동안 모든 ERTMS/ETCS 장비에 예비 부품의 공급을 보장해야 한다. 계약자는 승인을 위해 부품 공급 계획을 고객에게 제출해야 한다.

부품 공급 계획은 시스템 분석을 통해 식별된 각 항목에 대해 계약자가 관련 MTBF를 이유로 예비 부품의 가용성을 보증하는 방법을 상세히 설명해야 한다.

재고용 예비 부품의 가용성과 관련된 제약 조건은 선택한 적용 수준 때문에 ERTMS/ETCS의 각 특정 적용을 담당하는 국가 규제 당국이 정의해야 한다.

국가 철도가 ERTMS/ETCS 장착 라인에서 ERTMS/ETCS 장착 외제차량을 수용하는 경우, ERTMS/ETCS 장비에 고장이 발생했을 때 차량기지 수준 유지보수를 수행할 수 있도록 열차 운영자와 공동으로 예비 부품을 사용할 수 있도록 해야 한다. 관련 세부사항은 차량 교환을 위해 호출된 철도에 의해 합의되어야 한다.

18.3 RAM 확인 및 검증

이 단락에서 ERTMS/ETCS 시스템에 대한 시스템 RAM 요건 준수를 입증하기 위한 기본 원칙은 ERTMS/ETCS 검증 절차에 따라 정의된다.

관련 관리 구조를 포함한 RAM 확인 및 검증의 규격은 관련 국가 규정 및 국가철도 당국의 필요에 근거하여 특정 국가 용도에 대한 특정 공급 계약의 부품 간에 합의되어야 한다.

상기 특수성은 특정 공급 계약에서 명확히 정의되고 선언되어야 한다.

시스템 수준에서 RAM 검증은 RAM 입증 검사 결과의 평가 또는 실제 또는 경제적인 이유로 시험이 적용되지 않는 경우, ERMTS 제어/명령 RAM 요구사항 규격의 현재 섹션에 정의된 대로 시스템 RAM 요구사항 준수를 확립하기 위해 RAM 대상의 이행에 대한 문서 증빙에 기초한다.

RAM 유효성 검사에 대한 세부 정보는 다음을 포함하여 ERTMS/ETCS 테스트 사양의 맥락에서 제공된다.

- 시험 기간
- 시험 환경
- 시험조건
- 시험 대상 장비

- 시험에 대한 신뢰 구간
- 기타 비용 효과적인 테스트가 불가능한 장비에 대한 입증 방법 및 세부 사항 (예 : 문서 증명)
- 시험사례의 조직 구조(예 : 유지관리, 물류 지원 등을 담당하는 주체 등)
- 역할 및 책임
- 기타 세부 사항

18.3.1 허용기준

(1) 신뢰성 수용 기준

신뢰성 수용은 ERTMS/ETCS 시험 규격에 명시된 대로 신뢰성 입증시험의 성공 또는 불성공을 문서로 만드는 것을 목적으로 유효성 검사팀에서 발행한 RAM 유효성 검사 보고서의 적절성에 따라 조건화된다.

신뢰성 입증시험은 다음과 같은 조건이 충족될 경우 성공한 것으로 간주해야 한다.

Ⓡ ERTMS/ETCS 정성적 임무 신뢰성 목표와 정량적 임무 신뢰성 목표가 충족되어야 한다.

Ⓡ 모든 ERTMS/ETCS 장비는 지정된 시험 시간 동안 지정된 조건에서 운용되었다.

시험 명세서에 명시된 모든 관련 조건이 충족되면 문서 증명은 성공적인 것으로 간주해야 한다.

신뢰성 입증시험이나 문서 증명(해당하면)이 실패하는 경우, 유효성 검사팀은 비적합성의 책임을 확인하고 적절한 시정조치를 요구한다.

예를 들어 예방적 유지보수가 잘못되거나 빠지어 시스템 운영자 활동에 책임이 인정되는 경우 계약자의 개입이 필요하며 관련 시정조치는 시스템 운영자의 책임이다. 그렇지 않으면, 시스템 공급을 책임지는 계약자는 해당 하도급업체/공급업체에 요구해야 하며, 필요한 경우 지정된 목표를 준수하기 위해 시스템 신뢰성을 개선할 수 있는 적절한 수정을 수행해야 한다.

① 과금 가능 고장

다음 고장은 계약자의 경우 신뢰성 입증에 대해 부과할 수 있는 것으로 간주한다.

- 정격 조건 아래에서 시스템 작동 중 고장 발생

- 잘못된 작동, 부적절한 유지보수 조치 또는 잘못된 시험 절차로 인한 고장, 하청업체/공급업체 결함 추적 가능
- 예방 정비계획에서 시간제한이 예상되는 품목의 예정 정비계획 수립 누락

② 과금 불가 고장

다음 고장은 계약자, 신뢰성 입증에 대해 과금할 수 없는 것으로 간주해야 한다.

- 유도 결함
- 인적 오류로 인한 결함
- 우발적 사건에 대한 고장
- 정격 시스템 조건을 벗어나는 동안 고장 발생;
- 예정된 유지보수 작업이 잘못된 방식으로 수행되었거나 수행되지 않은 마모 대상 품목의 성능 저하

(2) 유지관리성 수용 기준

유지관리성 인정은 유효성 검사팀에서 발행하는 RAM 유효성 검사 보고서의 적정성을 조건화하여, 유지관리성 입증시험의 성공 또는 실패를 문서로 만드는 것을 목적으로 한다.

유지관리성 입증시험은 다음 조건이 충족되면 성공한 것으로 간주해야 한다.

Ⓡ ERTMS/ETCS 품질 유지관리성 요구사항이 충족됨

Ⓡ 시정유지분석에 따른 예방 정비분석 및 정량적 교정 정비목표의 결과로 사업관리자가 정량적 예방 정비목표를 이행한다.

Ⓡ 모든 ERTMS/ETCS 장비는 지정된 시험 시간 동안 지정된 조건에서 운용되었다.

유지관리성 입증 테스트가 실패하면 검증팀은 부적합한 사항에 대한 책임을 확인하고 적절한 시정조치를 요구한다.

예를 들어 유지보수 요원의 충분한 기술 부족으로 시스템 운영자 활동에 책임이 인정되면 계약자의 개입이 필요하며 관련 시정조치는 시스템 운영자의 책임이다.

그렇지 않으면, 시스템 제공을 책임지는 계약자는 해당 하도급업체/공급업체에 요구해야 하며, 필요한 경우 지정된 목표를 준수하기 위한 시스템 유지관리성을 개선할 수 있는 적절한 수정을 수행해야 한다.

(3) 소프트웨어 허용기준

ERTMS/ETCS RAM에 대한 소프트웨어 신뢰성의 정량적 기여 및 안전성과 성능은 RAM 및 안전, 프로그램의 다음 활동 중 하나 이상을 고려한다.

- 신뢰성 및 유지관리성 입증시험
- 운영 가용성 평가
- 시스템 안전 입증

상기 어느 경우에도 소프트웨어 신뢰성의 정량적 측정은 소프트웨어 수용에 대한 직접적인 제약요인을 구성하지 않는다.
소프트웨어 신뢰성에 대한 정량적 추정 또는 측정은 시스템 운용 가능성과 안전성에 영향을 미치기 때문에 전체 시스템 수용에만 영향을 미칠 수 있다.
대신 ERTMS/ETCS 기능에 할당된 SIL에 따라 소프트웨어 개발 중에 몇 가지 정성적 RAM 목표에 도달해야 한다.
따라서 시스템 제공을 책임지는 계약자는 다음 사항을 입증하기 위해 고객 프로젝트 관리자의 동의하에 적절한 하도급업체/공급업체 문서를 수집해야 한다.

① 소프트웨어 수명주기 전체에 걸쳐, V&V 활동에 관련된 당사자는 소프트웨어 무결성 수준에서 요구하는 범위 내에서 개발 활동에 관련된 당사자와 독립적이다.
② 책임의 정의는 RAM 프로그램 계획과 소프트웨어 품질 보증(SQA) 계획을 충족한다.
③ 소프트웨어 개발을 위한 수명주기 모델은 소프트웨어 품질보증계획에 상세히 기술된 모델에 따른다. 여기서 각 단계에 대해 다음과 같은 항목을 정의해야 한다.
  - 활동 및 기본 과제
  - 출입국 기준
  - 입력 및 출력
  - 주요 품질 활동
④ 모든 문서는 RAMS 프로그램 계획 및 소프트웨어 품질 보증 계획을 준수하도록 구성된다. 그것들의 추적 가능성은 고유한 참조번호와 정의되고 문서로 만들어진 다른 문서와의 관계를 각 문서에 의해 제공된다.
⑤ 소프트웨어 요구사항은 시스템 수명주기 전체에 걸쳐 모든 문서에 대해 완전하고 명확하며, 정확하고, 검증 가능하며, 시험 가능하며 유지할 수 있고, 실현할 수 있고 추적할 수 있다.

⑥ 소프트웨어 아키텍처는 소프트웨어 무결성 수준에서 요구되는 범위 내에서 소프트웨어 요구사항을 달성한다.

⑦ 안전 관련 측면은 잘 정의된 기능 영역에서 제한된다. 이러한 기능 영역의 개발은 계약자가 정의하고 고객 프로젝트 관리자에 의해 합의된 가장 엄격한 통제에 제출된다.

⑧ 소프트웨어의 복잡성과 크기를 최소한으로 유지하고, 요구되는 소프트웨어 무결성 수준을 충족시킨다. 그들의 가치는 일부 정적 소프트웨어 측정기준을 사용하여 모니터링된다.

⑨ 각 소프트웨어 모듈은 읽을 수 있고, 이해할 수 있으며, 테스트할 수 있으며, 특정 기능에 할당된 필수 무결성 수준에 따라 개발되었다.

⑩ 프로그래밍 언어와 번역기/컴파일러는 소프트웨어 무결성 수준에서 요구되는 정도까지 무결성 기능이 있다.

⑪ 운영 개요와 시험 환경은 추정된 실생활 조건에 기초하여 정의되며, 입력 공간에 대한 수정의 최종 효과를 조사 및 평가하였다.

⑫ 시험 적용 범위는 요구되는 소프트웨어 무결성 수준을 충족하며, 계약자가 정의하고 고객 프로젝트 관리자에 의해 동의한 모든 것을 준수한다.

⑬ 소프트웨어 고장 데이터는 엄격하게 수집되었고 시스템 안전성과 서비스 품질에 미치는 영향에 따라 분류되었다. 교정 조치는 전체 RAM 요구사항에 도달하는 데 효과적이었다.

⑭ 문제 보고, 시정조치 관리 및 변경 관리는 계약자가 수립하고 고객 프로젝트 관리자가 동의한 구성 관리 계획을 준수한다.

⑮ 유지보수성 수준은 시스템의 운용 수명 동안 필요한 가용성 목표치에 도달할 수 있도록 교정 유지보수 조치를 촉진한다.

⑯ 시스템의 운용 수명 동안, 적응적이고 완벽한 유지보수 조치는 오프라인에서 수행될 계획이었다. 시스템의 실제 성능을 유지하기 위해 수정 또는 변경의 영향을 분석한다.

이러한 품질 요건이 충족되지 않는 경우, 시스템 제공을 담당하는 계약자는 해당 하도급업체/공급업체에 요구해야 하며, 필요한 경우 적절한 수정을 수행하거나 특정 목표를 준수하기 위한 소프트웨어 품질을 개선할 수 있는 추가 문서를 작성해야 한다.

(4) 가용성 수용 기준

가용성 수용은 유효성 검사팀에서 발행하는 RAM 유효성 검사 보고서의 적합성에 따라 조건화되며, 이 보고서는 실제 시스템 신뢰성 및 ETCS 운용 가용성을 평가하는 데 목적이 있는 운영 가용성 평가의 성공 또는 불성공, 신뢰성 입증 테스트, 유지관리성 입증 테스트 및 소프트웨어 승인 테스트로 인한 유지관리성 성능을 문서로 만드는 데 목적이 있다.

운용 가능성 평가는 운용 가능성 계산에서 소프트웨어 고장을 충전할 수 있는 적절한 지표를 이용하여 ERTMS/ETCS 소프트웨어의 기여도를 고려한다.

다음 조건이 충족되면 ERTMS/ETCS 운영 가용성을 검증할 수 있다.

ERTMS/ETCS 가용성 목표가 충족되어야 한다.

- 모든 ERTMS/ETCS 장비는 신뢰성 및 유지관리성 입증시험 중 및 소프트웨어 승인 시험 동안에 명시된 시험 시간 동안 지정된 조건에서 운용되었다.

운용 가능성 평가가 시스템 운용 가능성 검증을 시행하지 않는 경우, 검증팀은 불만족상태의 책임을 파악하고 적절한 시정조치를 요구한다.

예를 들어 물류 지원의 잘못된 조직으로 인해 시스템 운영자 활동에 책임이 인정되는 경우, 계약자의 개입이 필요하며 관련 시정조치는 시스템 운영자의 책임이다.

그렇지 않으면, 시스템 제공을 담당하는 계약자는 해당 하도급업체/공급업체에 요구해야 하며, 필요한 경우 지정된 목표를 준수하기 위해 시스템 가용성을 개선할 수 있는 적절한 수정을 수행해야 한다.

18.3.2 확인 및 검증(V&V) 프로그램

RAM 확인 및 검증은 § 2.4에 명시한 대로 시스템 RAM 프로그램의 하위 세트를 구성하는 RAM 입증 프로그램에 정의된 적절한 활동과 관련 문서에 의해 시스템 수준에서 수행된다.

(1) 신뢰성 확인 및 검증

신뢰성 확인 및 검증과 관련된 활동은 신뢰성 입증시험을 다루며 신뢰성 입증 계획에 따라 수행되어야 한다.

신뢰성 입증 계획은 ERTMS/ETCS 검증 절차의 해당 절을 준수해야 한다.

신뢰성 입증 계획은 각 계약자가 수립하고 ERTMS/ETCS RAM 프로그램과 관련된 활동의 맥락에서 프로젝트 관리자에 의해 합의해야 한다.

(2) 유지관리성 확인 및 검증

유지관리성 확인 및 검증과 관련된 활동은 유지관리성 입증시험을 다루며 유지관리성 입증 계획에 따라 수행되어야 한다.
유지관리성 입증 계획은 ERTMS/ETCS 검증 절차의 해당 절을 준수해야 한다.
유지관리성 입증 계획은 ERTMS/ETCS RAM 프로그램과 관련된 활동의 맥락에서 각 계약자가 수립하고 프로젝트 관리자의 동의를 얻어야 한다.

(3) 소프트웨어 검증 및 검증

RAM 측면에 관한 한 소프트웨어 확인 및 검증과 관련된 활동은 소프트웨어 검증 시험을 처리하며 소프트웨어 검증 계획에 따라 수행되어야 한다.
소프트웨어 검증 계획은 ERTMS/ETCS 검증 절차의 해당 절을 준수해야 한다.
소프트웨어 검증 시험 계획은 각 계약자가 수립하고 ERTMS/ETCS 소프트웨어 품질 보증 계획과 관련된 활동의 맥락에서 프로젝트 관리자의 동의를 얻어야 한다.

(4) 가용성 평가

운영 가용성에 관한 한, 검증 및 검증 활동은 신뢰성 및 유지관리성 테스트와 소프트웨어 승인 테스트의 결과에 기초하여 운영 가용성 분석을 수행하는 데 있다.
운용 가용성 분석은 ERTMS/ETCS 검증 절차의 해당 절을 준수해야 한다.
운용 가용성 분석은 § 2.4.4에 정의된 요건을 준수하여 수행되어야 한다.

18.3.3 RAM 대상에 대한 배분

(1) ETCS 운영 가용성 목표

이 장의 목적은 하드웨어와 전송을 다루는 다양한 고장 원인에 의해 계량 가능한 ERTMS/ETCS 전체 운영 가용성 목표에 대한 기여도를 그 심각성을 이유로 정의하는 것이다.
이러한 기여는 RAM 기능적 배분에 대한 각 고장 유형의 최대 허용 가능 영향과 관련된 제약 조건을 정의한다.

① 하드웨어 기여도

시스템에 대한 하드웨어의 사용 불가능에 대한 기여도를 90%로 명시한다.

결과적으로 운영 가용성 AOP의 수량화 가능한 부분에 대한 하드웨어 기여 AHW는 다음과 같은 공식에 기초하여 설정된다.

$$A_{HW} = \frac{T_{op}}{T_{op} + T_{fault}}$$

$$= \frac{[(1-P_{ds})\,T_{dn} + P_{ds}\,T_{dnd}]}{[(1-P_{ds})\,T_{dn} + P_{ds}\,T_{dnd}] + 0.9 \cdot 0.6 \cdot P_{ds} \cdot 0.9 \cdot T_{dy}}$$

$$= \frac{90}{90 + 0.9 \cdot 0.6 \cdot 0.0027 \cdot 0.9 \cdot 10} = 0.999854$$

Ⓡ 하드웨어 고장으로 인한 운용 가용성에 대한 ERTMS/ETCS 정량적 기여도는 0.999854 이상이어야 한다.

② 이동 불능 고장

Ⓡ ERSTMS/ETCS 사용불능에 대한 이동 불능 하드웨어 고장의 최대 기여도는 10%를 초과하지 않아야 한다.

따라서 하드웨어 이동 불능 고장으로 인한 최대 다운타임은 하드웨어 관련 ERTMS/ETCS 다운타임의 10%를 초과해서는 안 된다.

따라서

$$DT_{HW} = 1.279\text{h} = 1\text{시간 } 17\text{분}$$

하드웨어로 인한 연간 평균 작동하지 않는 시간

$$DT_{HW,I} = 0.1,\ \ 1.279\ \text{h} = 8\text{분}$$

이동 불능 장애의 결과로 견딜 수 있는 연간 평균 작동하지 않는 시간

해당 가용성 목표는 다음과 같이 계산된다.

$$A_{HW,I} = \frac{1 - DT_{HW,I}}{8760} = 0.9999854$$

Ⓡ 하드웨어 이동 불능 고장과 관련된 최소 허용 가용성은 0.9999854이어야 한다.

③ 서비스 고장

Ⓡ ERTMS/ETCS 사용 불가능에 대한 서비스 하드웨어 장애의 최대 기여도는 90%를 초과할 수 없다.

따라서 하드웨어 서비스 고장으로 인한 최대 작동하지 않는 시간은 하드웨어 관련 ERTMS/ETCS 다운타임의 90%를 초과해서는 안 된다.

따라서

$$DT_{HW} = 1.279\text{h} = \text{하드웨어로 인한 연간 평균 작동하지 않는 시간} = 1\text{시간 } 17\text{분}$$

$$DT_{HW,S} = 0.9 \cdot 1.279\text{h} = 1.151\text{h} = 1\text{시간 } 9\text{분}$$

서비스 장애의 결과로 견딜 수 있는 연간 평균 작동하지 않는 시간의 해당 가용성 목표는 다음과 같이 계산된다.

$$A_{HW,S} = \frac{1 - DT_{HW,s}}{8760} = 0.99987$$

Ⓡ 하드웨어 서비스 고장과 관련된 최소 허용 가용성은 0.99987이어야 한다.

④ 경미한 고장

이 요건은 정의상 서비스에 영향을 미치지 않는다는 점에서 ERTMS/ETCS 운용 가능성과는 관련이 없다.

어쨌든 서비스 주요 서브시스템이 아닌 서브시스템에 대한 물류 지원의 과도한 요청을 피하고자 이 고장 범주에 대해서도 적절한 가용성 요구사항을 정의해야 한다.

따라서 다음과 같은 요구사항이 정의된다.

㉮ 하드웨어 마이너 고장과 관련된 최소 허용 가용성은 0.995이어야 한다.

㉯ 경미한 고장으로 인한 연간 평균 다운타임은 다음과 같아야 한다.

$$DT_{HW,M} = (1 - A_{HW,M}) \cdot 8760\text{h} = 43\text{시간 } 48\text{분}$$

(2) 전송 오류 목표

전송 오류는 송신 장비에 어떤 종류의 고장이 발생하지 않은 경우, 메시지가 수신되지 않거나, 잘못된 방식으로 수신되거나, 허용된 지연시간 내에 수신되지 않아 시스템 고장을 유발하는 이벤트를 의도한다.

전송 오류로 인한 시스템 사용 불가능에 대한 기여도를 10%로 명시한다.

결과적으로 운용 가용성 AOP의 수량화 가능한 부분에 대한 전송 오류 기여 ATX는 다음 공식에 기초하여 설정된다.

$$A_{TX} = \frac{T_{op}}{T_{op} + T_{fault}}$$
$$= \frac{[(1-P_{ds})\,T_{dn} + P_{ds}\,T_{dnd}]}{[(1-P_{ds})\,T_{dn} + P_{ds}\,T_{dnd}] + 0.1 \cdot 0.6 \cdot P_{ds} \cdot 0.9 \cdot T_{dy}}$$
$$= \frac{90}{90 + 0.1 \cdot 0.6 \cdot 0.0027 \cdot 0.9 \cdot 10} = 0.999984$$

Ⓡ ERTMS/ETCS는 전송 오류로 인해 운영 가용성에 대한 계량 가능한 기여도가 0.999984 이상이어야 한다.

① 연속 송신 목표

연속적인 전송 오류로 인한 전송 오류에 대한 기여도를 50%로 명시한다.
이 기여도는 다음 공식을 사용하여 계산한다.

$$A_{TX,C} = \frac{T_{op}}{T_{op} + T_{fault}}$$
$$= \frac{[(1-P_{ds})\,T_{dn} + P_{ds}\,T_{dnd}]}{[(1-P_{ds})\,T_{dn} + P_{ds}\,T_{dnd}] + 0.5 \cdot 0.1 \cdot 0.6 \cdot P_{ds} \cdot 0.9 \cdot T_{dy}}$$
$$= \frac{90}{90 + 0.5 \cdot 0.1 \cdot 0.6 \cdot 0.0027 \cdot 0.9 \cdot 10} = 0.999992$$

그런 다음, 다음과 같은 요건이 정의된다.

Ⓡ 연속 전송 오류로 인한 운영 가용성에 대한 계량적 기여도는 0.999992 이상이어야 한다.

Ⓡ 연간 전송 오류로 인한 연간 평균 다운타임은 다음과 같아야 한다.

$$DT_{TX,C} = (1 - A_{TX,C}) \cdot 8760\,\text{h} = 4.2\text{분}$$

1시간 동안 1,200개의 메시지가 연속 전송을 통해 차상과 선로변 장비 간에 교환된다고 가정할 경우, 메시지가 손상되지 않을 확률을 의미하는 각 메시지의 가용성 수치는 다음과 같다.

Ⓡ 연속 전송 시스템에 의해 전송된 메시지가 손상되지 않을 확률은 0.9999999932 이상이어야 한다.

② 불연속 송신 목표

불연속 전송으로 인한 전송 불능에 대한 기여도는 50%로 명시되어 있다. 이 기여도는 다음 공식을 사용하여 계산한다.

$$A_{TX,D} = \frac{T_{op}}{T_{op} + T_{fault}}$$

$$= \frac{[(1-P_{ds})T_{dn} + P_{ds}T_{dnd}]}{[(1-P_{ds})T_{dn} + P_{ds}T_{dnd}] + 0.5 \cdot 0.1 \cdot 0.6 \cdot P_{ds} \cdot 0.9 \cdot T_{dy}}$$

$$= \frac{90}{90 + 0.5 \cdot 0.1 \cdot 0.6 \cdot 0.0027 \cdot 0.9 \cdot 10} = 0.999992$$

그런 다음, 다음과 같은 요건이 정의된다.

Ⓡ 불연속 전송 가용성은 0.999992 이상이어야 한다.

Ⓡ 불연속 전송 고장으로 인한 연간 평균 다운타임은 다음과 같아야 한다.

$$DT_{TX,C} = (1 - A_{TX,D}) \cdot 8760\text{h} = 4.2\text{분}$$

1시간 동안 940개의 메시지가 불연속 전송을 통해 차상과 선로측 장비 간에 교환된다고 가정할 때, 메시지가 손상되지 않을 확률을 의미하는 각 메시지의 가용성 수치는 다음과 같다.

Ⓡ 불연속 전송 시스템에 의해 전송된 메시지가 손상되지 않을 확률은 0.9999999914 이상이어야 한다.

19 KTCS-2 RAMS 요구사항

19.1 신뢰성

(1) 계약상대자는 한국형 열차제어시스템(KTCS-2)의 고장을 정의하고, 정의된 각각의 고장에 대하여 발생확률을 정량적으로 제시하고 본 제안요청서에서 요구하는 신뢰도 정량목표 이상임을 입증하여야 한다.

(2) 계약상대자는 한국형 열차제어시스템(KTCS-2) 전체의 신뢰도 목표를 제시해야 하며, IEC 62278의 수명주기 단계별로 KTCS-2의 신뢰성을 관리해야 한다.

(3) 신뢰성관리의 최소단위는 현장교체 최소단위(LRU)로 하며, 독립안전평가기관(ISA)의 평가를 받아 제출해야 한다.
단, 이미 적합성 평가를 받은 장비를 제외할 수 있으나 현행 기준(관련 법규 포함) 및 전라선의 노선환경에 따라 변경이 필요한 설비는 독립안전 평가기관(ISA)의 평가받아야 한다.
(4) 무선폐색센터(RBC)의 고장유형별 목표는 다음 사항을 만족하여야 한다.
1-1) 이동불능고장 MTBF-ITKR 3.5×10^{8} hours 이상
1-2) 이동불능고장률 2.86×10^{-9}/hour
2-1) 서비스고장 MTBF-STKR $4.0 \times$ hours 이상
2-2) 서비스고장률 2.50×10^{-8}/hour
3-1) 경미한고장 MTBF-MTKR 1.0×105hours 이상
3-2) 경미한고장률 1.00×10^{-5}/hour
(5) 고장유형별 정의는 아래와 같다.
1) **이동불능고장(Immobilizing Failure)** : 노선 내 2대 이상의 열차가 육안모드(On sight)로 전환하여 운행하는 고장
2) **서비스고장(Service Failure)** : 운행지연이 발생하거나 노선 내 1 이상의 열차가 육안모드로 전환하여 운행하는 고장
3) **경미한고장(Minor Failure)** : 위 고장을 제외하고 교정유지보수를 발생시키는 모든 고장

19.2 가용성

무선폐색센터(RBC)의 고장유형별 가용도 목표는 다음 사항을 만족하여야 한다.
(1) 이동불능 고장관련 가용도 99.999% 이상
(2) 서비스 고장관련 가용도 99.99% 이상
(3) 경미한 고장관련 가용도 99.5% 이상
본 사업의 한국형 열차제어시스템(KTCS-2)이 연간 서비스를 제공하지 못할 평균 시간을 예측하여야 하며, 예측에 적용된 가정과 중간과정을 제시해야 한다.

19.3 안전성

(1) 계약상대자가 구축하는 전체시스템의 안전성을 입증하기 위하여 IEC 62278 및 IEC 62425를 적용하여 수명주기 단계별로 수행하기 위한 계획을 사업 착수 시 제시해야

하며, 독립안전평가(ISA)기관의 평가결과를 공단에 제출해야 한다. 또한 사고를 정의하고 한국형 열차제어시스템(KTCS-2) 전체의 위험도 허용수준을 정의한 후 모든 위험원의 위험도가 허용수준으로 제어됨을 입증해야 한다.

(2) 독립안전평가(ISA)기관의 평가는 계약상대자가 구축한 시험 범위 전체에 대한 안전성 인증 활동(SA)으로 한다.

(3) 한국형 열차제어시스템(KTCS-2)의 안전관리는 최소한 아래의 위험원에 대하여 관리되어야 하며, 독립안전평가(ISA)기관의 평가에 따라 수명주기별 위험원을 추가하고 위험도를 관리하여야 한다.

1) 시스템 안전성 목표와 기준 정의 및 실행
2) 설계단계에서 사전평가 및 위험 확인
3) 중요 안전회로와 기능의 조기 확인
4) 비용 및 시간 측면에서 효과적인 방법으로 모든 위험을 관리 또는 제거
5) 확인된 시정활동이 규정된 안전성 요구사항 달성에 적정함을 보증
6) 시범사업의 위험도 허용수준은 다음의 매트릭스를 적용하여야 한다.

19.4 유지보수성

(1) 계약상대자는 한국형 열차제어시스템(KTCS-2)의 예방유지보수와 교정유지보수 활동을 정의하고, 특히 교정유지보수에 대해서는 고장 발생 후 서비스 복구까지의 평균시간을 정량적으로 제시하여야 한다.

(2) 계약상대자는 한국형 열차제어시스템(KTCS-2) 전체의 고장발생 후 서비스 불능에 소요되는 평균시간 목표를 제시해야 하며, IEC 62278의 수명주기 단계별로 유지보수도를 관리하여야 한다.

(3) 한국형 열차제어시스템(KTCS-2)의 평균 MTTR은 1시간 이내(부품 이동시간 포함 최대 3시간 이내)로 되어야 한다.

19.5 고장 분석

고장분석 자료의 작성과 관리는 관련규격 IEC 62278과 IEC 62425의 위험원목록(Hazard Log)의 요건을 만족해야 하며, 계약상대자는 독립안전성평가(ISA) 기관의 평가를 받아 준공 10일 전에 제출해야 한다. 단, 이미 적합성 평가를 받은 장비를 제외할 수 있으나 현행 기준(관련 법규 포함) 및 전라선 노선환경에 따라 변경이 필요한 설비는

적합성을 평가받아야 한다.

(1) 고장 분석 자료는 국가의 철도안전 목표를 조사 분석하여 동등 이상임을 입증하도록 정량적 목표를 포함한 계획을 수립·시행하여야 한다.

(2) 계약상대자는 신뢰성, 가용성, 유지보수성 및 안전성 목표입증에 사용된 고장률 및 수리율 등 정량적 수치에 대하여 준공 후 6개월 동안의 고장정보 수집과 분석을 통해 목표 수치를 입증하여야 한다.

19.6 독립안전평가(ISA)기관의 적합성 평가

(1) 독립안전평가(ISA)는 국가표준기본법에 의한 IEC 62278, 62279, 62425, 62280에 대한 ISO/IEC 17020 또는 17065기관이 수행하여야 한다.

(2) 계약상대자는 본 사업에 구축되는 한국형 열차제어시스템(KTCS-2)의 사업전반에 대한 RAMS를 IEC 62278, 62279, 62425, 62280에 따라 수행하고 독립안전성평가(ISA)기관으로부터 인증서를 획득하여야 한다.

(3) 독립안전성평가(ISA)는 시험실(LAB)시험 및 종합시험운행이 평가범위에 포함되고, 그 결과가 인증서에 포함하여야 한다.

19.7 최종 보고서 발행

설계부터 종합시험운행까지 단계별로 검증을 거쳐 모든 요구조건이 충족되었음이 준공 단계에서 성능 및 안전성이 최종 확인되어야 하며 준공 후 6개월 간 신뢰성, 가용성, 유지보수성을 검증하여 준공 후 8개월 이내에 최종 보고서를 제출하여야 한다. 시스템 보증 및 안전성 프로그램은 신뢰성, 가용성, 유지보수성 및 안전성을 보증하여야 한다. 이 프로그램은 설계, 제작, 시험 및 영업운행을 포함한 사업의 모든 단계에서 적용되어야 한다.

시스템 보증 및 안전성 프로그램 계획을 수립하여 관리하여야 하며, 다음 사항을 포함하여야 한다.

(1) 가용성
(2) 신뢰성
(3) 유지보수성
(4) 안전성
(5) 고장분석

SA 범위

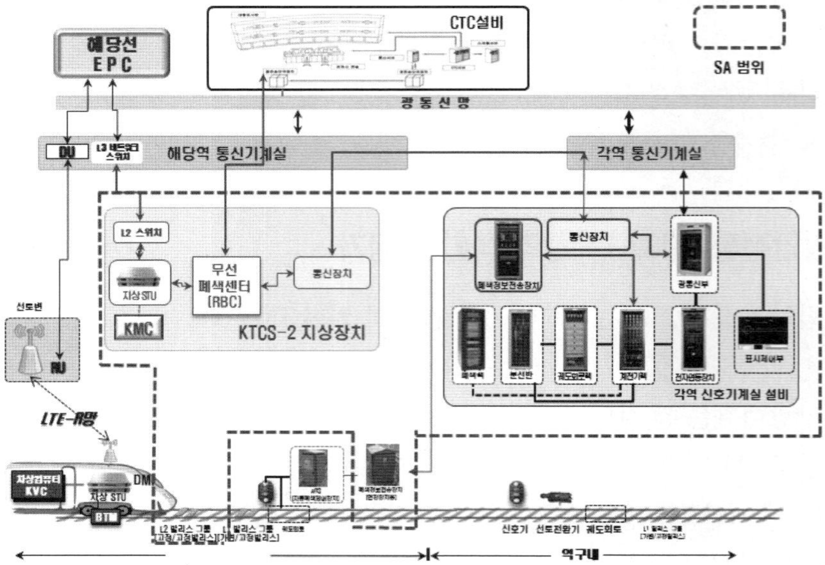

[그림 61] KTCS-2 시범사업 SA 수행 범위

12장

열차운행 동력과 제동

1 견인력

기관차의 최대 견인력은 다음의 두 변수에 의해 이루어진다.

- 차륜과 레일 사이의 점착에 의한 최대 힘을 전달할 수 있는지
- 동력장치에 의해 가능한 최대 힘을 만들 수 있는지

차륜과 레일 사이에는 점착력의 효율성에 의해 구동차륜의 무게와 같은 힘이 전달된다. 점착효율은 레일 조건에 따라 0.1~0.4로 변화하나 속도에는 거의 변화가 없다. 실제의 힘은 동력장치로 동력장치의 마력을 속도로 나눈 것과 같다.

$$F_{점착력} = m \cdot g \cdot \mu_{점착력}$$

$$F_{마력} = \frac{P}{V}$$

$F_{점착력}$: 점착력에 의한 견인력 범위

$F_{마력}$: 마력에 의한 견인력 범위

$\mu_{점착력}$: 점착력 효율

g : 중력가속도(9.8 m/s^2)

P : 마력

V : 속도(km/h)

양쪽 힘을 속도의 기능과 같이 다이어그램으로 표시하면 그 결과는 견인력 곡선(그림 1)과 같다. 양 곡선은 임계점 속도(V_c)에서 만나며, 견인력은 점착력과 동력장치의 마력에 의해 결정된다.

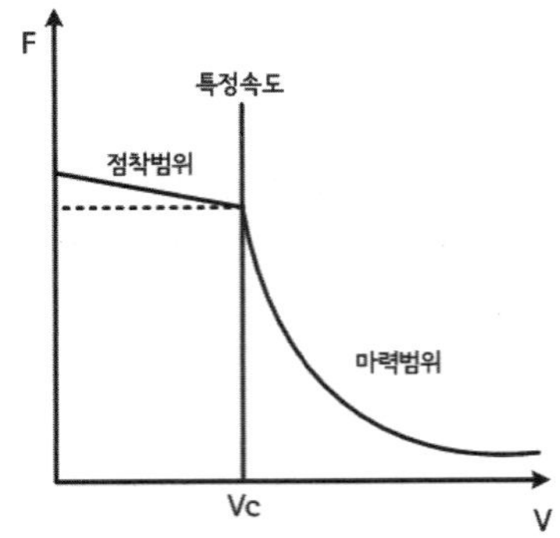

[그림 1] 견인력 곡선

2 열차제동이론

열차제동이론의 기본이 되는 제동장치의 종류와 제동 배율, 효율, 제동율, 제동력, 마찰계수 및 활주에 대하여 알아본다.

2.1 열차 제동장치

철도차량에 있어서 제동장치는 열차를 주행시키기 위한 동력장치와 같이 열차의 속도제어와 정차를 위해 매우 중요한 장치이다. 철도차량은 편성 단위로 운행하고 같은 레일 위에 많은 열차가 주행한다. 제동장치의 상실은 열차 충돌로 연결되기 때문에 절대적인 신뢰성이 요구된다. 제동장치의 고장 시에도 Fail Safe가 확보되어야 하므로 열차의 분리 등의 사고 시에도 제동장치가 확실하게 동작하여야 한다.

철도차량용 제동장치에 요구되는 기본적인 구비조건은 다음과 같다.

- 제동 작용이 확실하고 원활할 것.
- 제동력의 제어가 자유로울 것.
- 편성된 각 차량에는 동기적으로 제동을 작동시키는 것이 가능할 것.
- 반복하여 제동장치 사용이 가능할 것.
- 비상시에는 전 차량에 비상제동이 가능할 것.
- 열차 분리의 경우에는 자동으로 제동이 가능할 것.
- 전기를 사용할 때는 전원의 신뢰성이 높을 것.

- 구조가 간단하고 고장이 발생하지 않는 구조이며, Fail Safe 기능이 있으며 고장 발견 시 처치가 쉬울 것.
- 환경을 오염하지 않는 자재 및 방식을 사용할 것.

(1) 제동장치의 종류

철도차량에 사용되고 있는 제동방식을 크게 나누면 점착 제동장치와 비 점착 제동장치가 있으며, 전자는 차륜과 레일 접촉부의 점착을 이용한 제동장치이고 후자는 점착을 이용하지 않는 제동장치이다. 또 점착 제동장치와 비 점착 제동장치는 각각 기계 제동장치와 전기제동장치가 있으며 철도 차량용 제동장치는 [그림 2]와 같다.

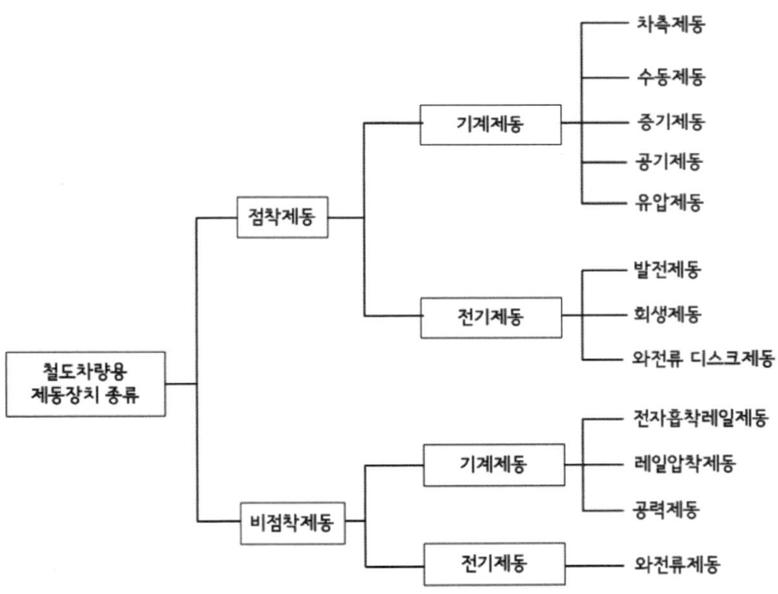

[그림 2] 제동장치의 종류

위 그림에서 도시철도에 사용되는 전동차의 제동장치는 점착제동–기계제동–공기제동과 전기제동–회생제동을 사용하고 있다.

① 기계제동

차축, 수동, 증기, 유압, 공기제동장치가 있다.

② 공기제동

철도차량에 제일 많이 사용되고 있는 제동장치방식으로, 점착 제동장치의 기계 제동장치이고, 그 중의 공기제동장치이다. 공기 제동장치의 제어명령방식에는 공기압력제어, 전기명령식 제어방식의 2종류가 있다.

공기압력 제어방식은 공기압력의 가 · 감압에 의한 제동장치 제어 명령을 하는 방식이고, 전기명령식 제어방식은 전기신호에 따라 제동장치 제어 명령을 하는 방식이다. 공기관 압력제어방식에는, 직통관 압력제어방식과 제동장치 관 압력제어방식이 있으나 관통 제동장치 기능을 가질 수 있는 제동장치관 압력제어방식이 보편적으로 사용되고 있다. 제동장치관 압력제어방식은, 제동장치관을 차량에 연결 관통시켜서, 평상시 제동장치 관 압력을 일정한 압력[490(kPa)]으로 유지해 놓고, 제동장치 시에는 적당히 제동장치관의 압력을 감압해서 제어변을 동작시켜, 제어변을 개입하여 제동장치 실린더 압력을 제어하는 방식으로, 다른 이름으로는 감압방식이라고 한다. 공기관 압력방식은, 제동장치의 전달속도가 늦고 응답성과 제어성이 떨어지는 단점이 있다.

전기명령식 제어방식은, 제동장치 명령을 전기적으로 하고, 각 차에서 전기명령을 공기압으로 변환해서 제동장치 실린더 압력을 얻는 방식으로, 디지털 방식과 아날로그식 제어전달 방식이 있다. 이 방식은 응답성, 제어성, 전기제동장치와의 협조성 등이 우수한 방식이다.

③ 전기제동

전기제동은 전기식 제동이라고도 말하며, 주행하는 차량의 운동에너지나 위치에너지를 전기 에너지로 변환하여, 소비 또는 재이용하는 것에 의해 생긴 감속력을 이용하는 시스템의 총칭이다. 그중에서, 구동용 전동기를 발전기로 사용하는 발전 제동장치와 전력회생 제동장치가 전기제동장치의 중심으로 되어 있다. 철도차량의 상용제동장치 방식은 예부터 내려온, 공기압력제어에 의해 마찰재로 차륜 등을 밀어붙이는 기계식 제동장치에 의존하고 있었으나 주전동기와 제어장치의 진보에 따라, 그 처리 에너지가 크게 안정되고 있는 전기 제동장치를 상용 제동장치 계통에 접목하여, 공기 제동장치와 혼용하는 다시 말해 전공(電空)겸용 제동장치가 보급되었다. 이 방식은 기계 전달 계통의 동작 손실로 인한 효율의 저하, 마찰재 특성의 산포, 조작성, 응답성, 보수성, 환경성, 재점착 제어성의 과제를 경감시켰다. 또 현재는 공기 제동장치에 전혀 의존하지 않는 순수한 전기제동장치도 사용되게 되었다.

④ 회생제동

주 전동기를 발전기로 해서 발생한 전기에너지를 전차선(가선)으로 되돌려 에너지의 재활용을 기하는 것을 전력회생 제동장치라 부른다. 전력회생 제동장치는 산악선로에서 일부 시도되었으며, 회생제동이 본격적으로 정지용 제동장치로서 보급된 것은 전력용 Thyristor 등으로 대표되는 반도체 전력장치의 발전 도입 이후이다. 전력회생 제동장치는 발생 에너지를 재이용하기 위해 직류급전의 경우, 다음과 같은 회생부하가 필요하다.

- 동일 공급 전차선로 내에 존재하는 다른 편성 역행 부하
- 동일 공급 전차선로 내에 존재하는 다른 편성 보조회로 부하
- 자차 편성 내에 보조회로 부하
- 전력회생 인버터를 통해 변전소부터의 철도 관련 일반부하
- 전력회생 인버터를 통해 전력회사로의 전력공급
- 잉여전력 재이용을 위해 각종 전력저장시스템

2.2 열차제동거리

열차의 제동거리는 상당한 질량, 속도, 제동 특성 및 궤도 경사도로 인해 상대적으로 길 수 있다.

결과적으로 제동거리는 제동 신호가 적용되는 정지신호와 관련하여 첫 번째 경고 현시 위치를 결정할 때 중요한 고려사항이 되며, 특히 제동거리가 다른 열차가 같은 노선에서 운행할 때 더욱 그러하다.

(1) 제동거리

제동거리는 기관사가 브레이크를 작동시킨 지점과 열차가 정지한 지점 사이의 열차 주행 거리이다.

(2) 상용 제동거리

상용 제동거리는 운전자에게 주어진 첫 번째 경고 현시와 이를 적용하는 정지신호 사이의 최소 거리를 결정하는 데 기초한다.

(3) 비상 제동거리

비상 제동거리는 열차가 "비상" 제동을 걸었을 때의 제동거리이다.

비상 제동거리는 정지신호 이후에 제공될 최소 과주여유거리 거리를 결정하는 데 사용할 수 있다.

참고사항

비상 제동은 예를 들어 "데드맨 레버"를 해제하거나 제공하였을 때 열차 정지 메커니즘을 통해 상용 제동과 독립적으로 시작할 수 있다.
비상 제동거리는 반드시 상용 제동거리보다 작을 필요는 없으며, 일부 유형의 열차에서 더 크다.

3 신호시스템에서 제동거리

3.1 제동거리의 결정

특정 노선을 운행하는 각 유형의 열차에 대한 제동거리는 이론적인 계산이나 열차 자체에 대해 수행한 동적 시험을 통해 얻거나 두 가지 정보 출처를 혼합하여 얻을 수 있다.

승인된 제동표를 사용하여 신호 설계 요구사항을 결정해야 한다.

어느 쪽이든 사전에 정해진 제동거리에 영향을 미치는 요소가 많다. 제동표에는 다음과 같은 고려사항이 포함되어 있다.

- 제동 작동이 시작되었을 때의 열차 속도
- 달성할 수 있는 기본 제동 속도
- 제동 시스템 반응 시간의 영향
- 차단될 수 있는 제동 수
- 제동 성능에 대한 허용 가능한 마모량
- 상승 또는 하강 기울기의 영향
- 우발성 비율

상기로부터, 각 열차 유형에 대해 상용 제동 및 비상 제동용 제동표 두 세트를 제작할 수 있다.

3.2 상용 제동(SB) 곡선

이 원칙과 함께 사용할 상용 제동 곡선은 표준 신호 차량 인터페이스에 지정된 곡선이 되어야 한다.

신호계통을 설계할 때 신호 간격은 신호에서 정지하기 위해 경고 신호에서 상용 제동을 가하고 최대 허용 및 달성 가능한 속도로 주행하는 가장 긴 제동거리 열차가 가능하도록 결정해야 한다. 경고 신호의 가시거리는 시스템 설계 시 제동을 위한 최소 신호 간격 결정에 포함되지 않아야 한다.

3.3 가장 긴 제동거리의 결정

주행 노선의 특정 구간에서 요구되는 가장 긴 (사용 가능한) 제동거리는 다음을 고려하여 해당 상용 제동 테이블에서 결정해야 한다.

① 노선의 특정 구간을 달리는 열차의 종류

② 각 열차 유형에 대해 허용되는 최대 속도(노선 속도) 경고 신호와 가장 관련성이 높은 정지신호 사이의 노선 속도가 아니라 첫 번째 경고 신호에 접근하는 노선 속도라는 점에 유의.

③ 예를 들어, 화물 열차의 일부 유형은 노선 속도와 관계없이 최대 속도로 제한되며 일부 상황에서는 열차가 항상 노선 속도에 도달하지 못할 수 있다.

④ 특히 경고 신호에 접근하는 경사도와 경고 신호와 정지신호 사이의 경사도. 경사도에 변화가 있으면 제동거리는 경사도의 각 구간에 대한 속도 감소를 점진적으로 결정하여 계산해야 한다. 긴 열차가 있는 경우, 열차의 질량 중심점을 계산에 적용할 수 있는 경사도를 결정하기 위해 사용해야 한다.

⑤ 노선의 특정 구간에 적용되는 현재의 속도 제한.

가장 긴 (사용 가능한) 제동거리를 정확하게 결정하기 위해 라인의 특정 구간을 운행하는 "최악" 제동 열차를 정확하게 식별하도록 주의를 기울여야 한다.

전원 고장으로 인해 연동장치 또는 연동장치 자체에 의해 제어되는 영역에 영향을 미칠 때는, 접근 쇄정의 궤도회로 해제는 연동장치를 위한 가장 긴 접근 쇄정시간 해제를 억제해야 한다.

4 제동거리에 영향을 미치는 변수

이 절에서는 차륜과 레일 간의 점착현상이 제동장치에 미치는 영향과 기후와 점착계수와의 관계, 두 물체 사이에 미끄럼 운동을 방해하는 현상인 마찰력과 마찰계수에 대하여 알아보자.

4.1 점착계수

열차의 제동 시 기후변화에 따른 점착 한계 변화에 대하여 차륜이 활주하지 않는 범위 내에서 예측 가능한 제동거리로 안전하게 정차하는 것이 필수적이다. 차륜의 활주가 발생하면 제동거리가 길어질 뿐만 아니라, 차륜이 편마모 되어 진동이나 소음이 유발되며 승차감이 크게 저하된다. 또한 비상 제동 시에는 차륜과 레일 간의 점착력을 잘 활용하여 최단 거리에 열차를 정차시키는 것이 필요하다. 이를 위하여 제동장치의 설계 시 차륜과 레일 간의 점착현상의 이해가 필수적이다. 점착력이란 제동이나 주행 시에 차륜과 레일 간에 거시적인 미끄럼이 발생하기 직전에 접선방향으로 발생하는 힘으로 제동토크가 점착력으로 인한 모멘트보다 클 경우는 활주가 발생하며 제동토크가 점착력으로 인한 모멘트보다 작은 경우는 충분한 제동을 하지 못한다는 것을 의미한다.

대부분의 제동에서 제동력의 최대크기는 휠과 레일 사이의 점착으로 결정된다. 그런데 이 점착력은 비, 눈, 낙엽 등 외부의 환경조건이나 기름의 누출, 산업오염과 같은 사고성 조건 등에 의존하며 임의로 변화하는 성질이 있다. 따라서 점착력의 크기는 제동성능의 한계를 나타내는 요소의 하나라고 할 수 있다.

(1) 점착계수의 정의

두 물체의 접촉 시에 발생하는 마찰은 크게 구름마찰과 미끄럼마찰로 나누어 볼 수 있다. 일반적으로 구름마찰은 미끄럼마찰에 비해 작은 마찰력을 가지며 접촉조건, 슬립비, 속도 등과 같은 변수들에 영향을 받는 매우 복잡한 현상 중의 하나이다. 이러한 구름마찰은 크게 두 가지로 나뉘는데, 자유 또는 순수 구름이라 하여 $5\times10^{-3}\sim10^{-5}$ 정도의 마찰계수를 가져 매우 작은 접선력이 전달되는 경우와 견인구름이라 하여 열차의 구동이나 제동 시에 발생하며 $0.01\sim0.5$ 정도의 마찰계수를 가져 비교적 큰 접선력이 전달되는 경우가 있다. 이때 후자의 경우에 생기는 접선력을 점착력이라 하며 다음과 같이 정의할 수 있다. 차륜과 레일 사이의 미끄럼 마찰계수, 차륜이 레일 위를 구를 때 수직하중에 대한 접선방향으로 발생하는 힘의 비, 차륜과 레일 간에 발생하는 접선력이 임의의 슬립비에서 최댓값을 가질 때, 이 최대 접선반력을 수직하중으로 나눈 값으로 그 의미에 있어 조금씩 차이가 있었다. 여기서 슬립비라 하면 차륜과 레일 간의 상대적인 속도 차로서 다음과 같이 정의된다.

$$\xi = \frac{V_{train} - V_{wheel}}{V_{train}} \qquad \cdots\cdots (1)$$

ξ : 슬립비 또는 Creepage
V_{train} : 열차의 진행 속도
V_{wheel} : 차륜의 접선속도

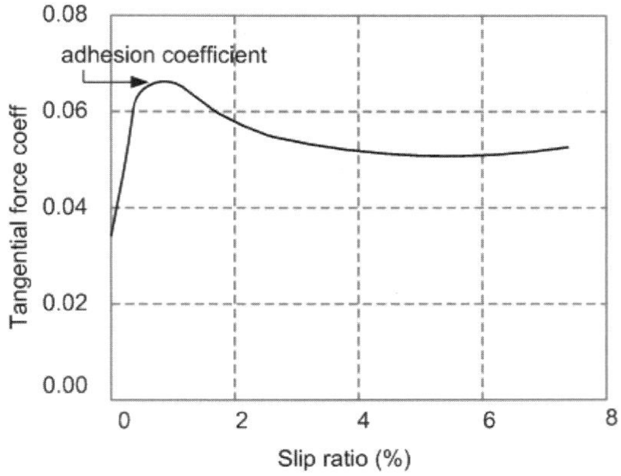

[그림 3] 점착계수와 슬립비의 관계

차륜 고착이 발생하면 V_{wheel}은 '0'이 되어 슬립비는 1이 되며 순수 구름 운동 시에는 V_{train}과 V_{wheel}이 같아져 슬립비는 '0'이 된다.

이러한 슬립비는 백분율로 표시되기도 하며, 점착계수가 가장 정확한 의미로 [그림 3]과 같이 슬립비와 접선력계수의 관계에서 슬립 1% 시에 해당하는 최대 접선력 계수값을 점착계수라 한다.

(2) 점착력에 영향을 미치는 인자와 그 특성

최대 접선력으로 정의되는 점착력에 영향을 미치는 인자들을 살펴보면 [그림 4]와 같다. 점착력에 영향을 미치는 인자는 차륜과 레일 간의 수분이나 오염물질로서 이는 점착력을 감소시키며, 이것을 억제하기 위하여 차륜답면에 제륜자를 밀착시켜 오염물질을 제거하기도 한다. 또한 일반적으로 속도가 증가할수록 점착계수가 감소하며 급작스러운 축중 이동이나 윤중 변동으로 점착력이 증감하기도 한다.

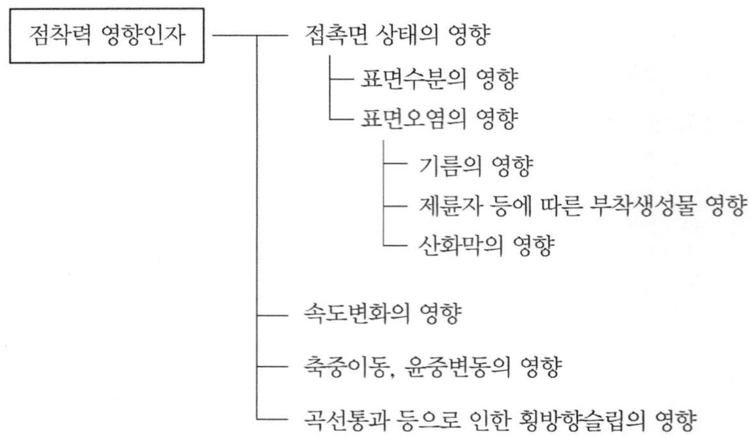

[그림 4] 점착력에 영향을 미치는 인자들

(3) 점착에 관한 기존의 개념

① 접촉조건에 따른 점착계수 변화

차륜과 레일의 점착계수는 접촉부의 표면 상태에 대하여 민감하게 반응한다. 같은 레일이라 할지라도 이전에 기름이 묻었던 것과 그렇지 않은 것에 따라 점착계수는 큰 차이를 보일 수 있다. 그러므로 기존의 개념에서는 건조한 상태, 비가 온 후의 습식상태, 그리고 열차에서 나온 기름이나 건널목 부근의 자동차에서 나온 오일류에 의해 오염된 상태일 경우 등에 대하여 구름마찰 시험기나 실차를 이용하여 점착계수를 측정하였다. 마찰시험기에서는 두 개의 롤러를 접속한 후 제각기 구동시켜 속도차를 발생시켜 슬립비를 임의로 조절해가며 토크미터로 점착력의 변화를 측정하였으며, 실차 실험은 임의의 속도, 접촉조건에 대하여 차륜의 고착이 발생하는 순간의 제동압을 측정함으로써 점착계수를 측정한다. 이사예브와 골루벤코가 실시한 마찰시험기의 결과를 살펴보면 표 1과 같다.

[표 1] 레일 조건에 따른 점착계수

레일 조건	슬립비(%)	점착계수
모래가 뿌려져 있는 건조한 레일	2.9	0.62
건조하고 기름을 입힌 레일	3	0.52
건조하고 깨끗한 레일	3	0.49
모래와 젖은 레일	2	0.45
젖은 레일	4	0.25
얇은 기름막이 있는 레일	1.5	0.17

점착계수는 표면 상태의 변화에 민감하여서 깨끗한 상태라도 기름이 완전히 제거된 경우와 그렇지 않은 경우로 나누어 측정되었다. 점착계수는 모래가 첨가된 깨끗한 상태의 값인 0.62부터 그리스가 첨가된 상태의 값인 0.17 정도의 값을 나타내었다. 슬립비는 위, 아래 롤러의 속도를 바꾸어 가며 조절하는 값으로 3[%] 정도이며 조건마다 최대 접선력계수인 점착계수를 갖는 슬립비가 조금씩 다르다. 마찰시험기나 실제 차를 이용한 실험의 결과에 따르면 점착계수는 각 시스템과 접촉상태의 미묘한 차이에 의해 변하였지만, 전반적으로 건식, 습식, 기름 상태의 순으로 감소하는 경향을 보인다.

② 속도에 따른 점착계수의 변화

일반적으로 점착계수는 속도가 증가할수록 감소하는 경향을 보인다고 알려졌지만 [그림 5]와 같이 건식상태에 대해서는 속도 증가에 따라 증가하는 구간도 있어서 뚜렷한 경향은 없다. 그러나 습식이나 결빙상태에 대해서는 항상 속도가 증가하면 점착계수는 감소하는 경향을 보인다.

또한 국내외 여러 연구기관에서는 실제 차 실험을 통하여 건식, 습식조건에 대하여 속도 증가에 따른 점착계수 변화를 측정하여 실험식을 산출하였는데 이는 [그림 5]와 같다. 국내에서 측정한 점착계수는 건식상태가 습식상태보다 전반적으로 큰 값을 가지고 있으나 모두 속도가 증가할수록 감소한다. 또한 디젤 열차에 알루미나를 뿌린 상태에서 실험한 결과도 0~50[km/h]의 작은 속도영역에서의 결과이지만 감소하는 경향을 보였다.

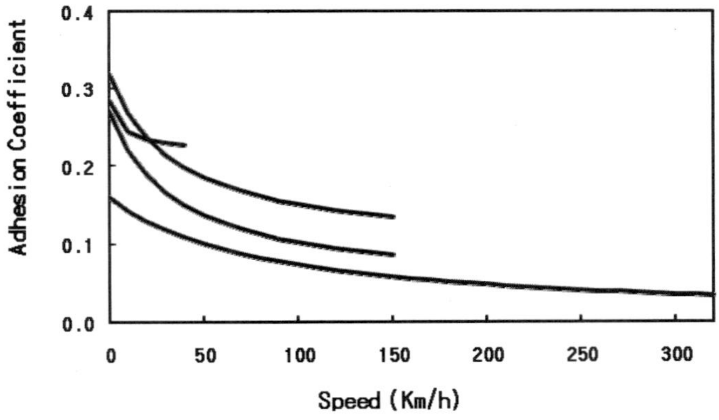

[그림 5] 속도에 따른 점착계수(0~300[km/h])

③ 수직하중에 따른 점착계수 변화

점착계수는 일반적으로 수직하중이 증가할수록 감소한다는 경향을 보인다. 하나의 차륜당 걸리는 하중을 8톤에서 12톤으로 증가시키면 12[%]의 점착계수 감소가 있다는 결과도 제시됐지만 [그림 6]과 같이 파라핀을 첨가한 상태에서 165[km/h]의 속도로 회전하고 있는 롤러의 수직압력에 대한 점착계수의 변화는 거의 없다고 볼 수 있다. 건식, 습식, 기름의 조건에서 행해진 실험에서도 수직하중이 커질수록 점착계수가 조금 작아지는 경향을 보이나 그 정도는 크지 않다.

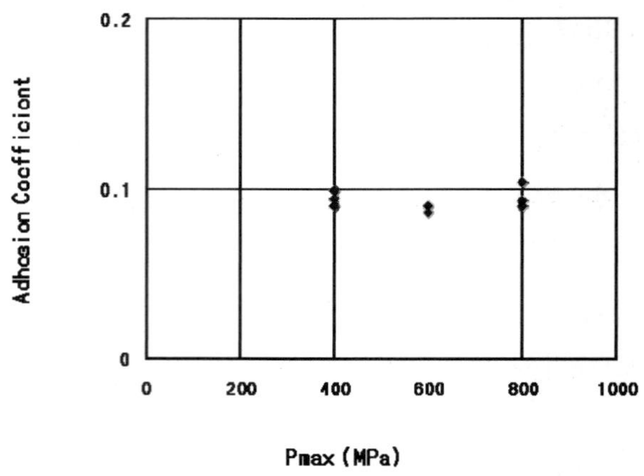

[그림 6] 수직하중에 따른 점착계수

(4) 축중 이동에 의한 변화

일반적으로 차량이 정차 상태에 있으면 1축에 차량 중량의 1/4씩 중량을 부담하게 되며 가속이나 감속할 때 차량 중량의 이동 현상이 발생하게 된다. 이때의 차량 중심은 가속력 또는 제동력이 작용하는 점보다 위쪽에 위치하기 때문에 차량의 관성에 따라 발차하면 차량의 뒤쪽에, 제동하면 차량의 앞쪽에 차량 중량이 더 가해진다.

(5) 점착계수의 값

레일과 차륜과의 점착계수는 여러 인자에 영향을 받아 변화가 심하여 기관사나 자동제어시스템이 사전에 점착계수를 예측하기가 어렵다. 견인 시의 공전이나 제동 시의 활주를 방지하기 위해서는 견인력이나 제동력은 점착력을 고려하여 일정한 크기 이하가 되어야 한다. 제동 작용하면 활주가 일어나지 않기 위해서는 이 점착계수 및 점착중량이 충분히 큰 값을 갖는 것이 요구된다. 점착계수는 기후조건(비, 눈, 서리 등), 레일과 차륜의 재질, 레일면의 상태(기름, 낙엽 등), 차륜과 레일 간의 상대적 활주량 등에 크게 의존한다. 시험 결과에 의하면 아주 많은 양의 비가 활주에 미치는 영향은 소량의 비가 내릴 때나 젖은 상태보다 작다.

열차의 제동과 밀접한 관계가 있는 점착계수의 측정에는 세 가지 방법이 사용된다. 첫 번째 방법은 일정 속도에서 열차를 견인할 때 소요되는 힘과 시험 열차의 하중으로부터 점착계수를 구하는 방법이고, 두 번째 방법은 과속 운행을 할 때 측정하는 방법이며, 마지막 방법은 감속운행을 이용하는 방법이다.

가속할 때나 감속하면 속도 변화에 따라 관성력이 작용하므로 순수한 견인력을 측정하기가 쉽지 않아 실험적 관점에서 볼 때 일정 속도로 운행하면서 측정하는 것이 바람직하다. 넓은 범위의 속도영역에서 점착계수를 구하기 위해서는 속도를 점점 증가시키면서 활주가 일어날 때까지 실험하는 것이 필요하다.

일반적으로 기관차의 경우 감속할 때 측정한 점착계수의 값은 가속하면 측정한 값보다 5 ~8[%] 정도 크고, 모터에 공급된 전원의 종류(주파수, 전압)는 점착계수에 큰 영향을 미치지 않는다. 정류기와 직류 모터가 장착된 기관차의 점착계수가 교류 모터가 직접 장착된 기관차보다 더 큰 점착계수를 갖는다. 이는 주어진 노치에서 속도에 대한 전류의 변화가 직류 모터의 경우 더 완만하기 때문이다.

차륜의 반경은 점착계수에 거의 영향을 미치지 않는 것으로 알려져 있으며, 일반적으로 점착계수는 속도와 하중이 증가하면 작아지는 경향이 있다.

일반적으로 하중의 영향은 속도의 영향에 비하여 크지 않으며, 점착계수는 또한 선로의 곡선반경에도 영향을 받는다. 영국에서 얻어진 시험 결과에 의하면 곡선부의 점착계수는 아래의 식으로 표현된다.

$$\mu R = \mu\left(1 - \frac{12100}{r^2}\right) \qquad \cdots\cdots (2)$$

여기서, r 은 선로의 곡선반경이고, μR은 곡선구간에서의 점착계수이다. 이식에 의하면 r =600[m]에서의 점착계수의 값은 직선구간에서의 값보다 3.3[%] 작게 된다.

점착계수를 증대시키는 실용적인 방법의 하나가 모래를 이용하는 것이다. 현재의 기관차는 대부분 살사장치를 장착하고 있다. 살사에 의한 μ의 증가는 20[%] 정도이다. 살사장치는 모래통의 모래를 필요시 살사관을 통하여 동륜의 앞쪽 레일에 뿌리게 되어 있다. 또 다른 μ의 증대 방법으로 레일 면에 열풍을 불어 레일을 건조하는 방법, 기계적으로 레일과 차륜을 청소하는 방법, 특수한 점착재를 사용하는 방법, 전기아크나 플라스마 아크로 레일과 차륜을 처리하는 방법 등이 시도되고 있다.

(6) 점착 이론 종합 검토

점착현상은 고착부, 경계부, 미끄럼부로 나누어 구름, 정, 동마찰계수를 적용함으로써 파악할 수 있었다. 노면 상태가 건식, 습식, 기름 순으로 점착력은 감소하는데 그 이유는 점착현상의 지배적인 요소인 동마찰계수가 기계적 간섭의 감소로 작아지기 때문이다. 그러므로 각 노면상태에 따라 점착 한계를 파악하여 기후조건에 따른 제동한계도 예측할 수 있다. 또한 연구 모델을 이용하여 미끄럼 마찰계수와 구름 마찰계수를 측정하여 노면상태 외에 속도 및 차륜, 레일의 재질과 같은 다른 인자가 점착계수에 미치는 영향에 대해서도 예측할 수 있다.

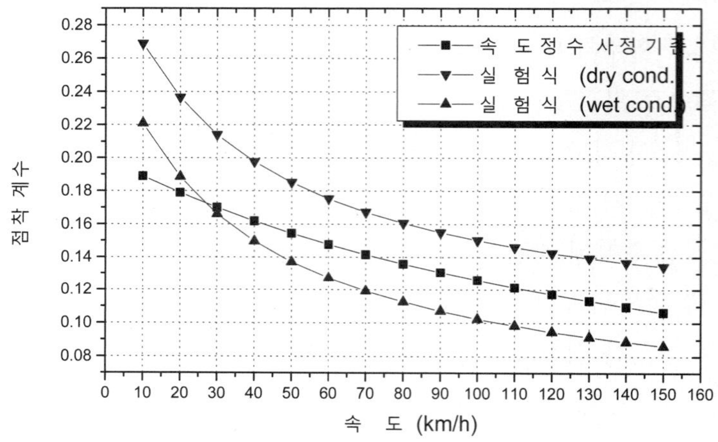

[그림 7] 점착계수의 비교

제동 시의 점착계수에 대하여 속도정수사정기준규정과 실험식의 비교는 [그림 7]과 같으며, 실험식의 경우가 레일의 조건에 따라 점착계수의 변화를 좀 더 정확하게 표현한 식이라 할 수 있다. 따라서 표준상태에서는 기준 규정의 식을 적용하도록 하고 적용실험식에 나타난 결과는 건조, 습기 조건 시에 적용하면 유용할 것이다.

점착계수의 축중 이동에 의한 영향은 윤중이 점착 한계중량의 약 20[%]까지 영향을 끼치게 되므로 이 범위 안에서 점착계수에 영향을 미치고 있음을 알 수 있다. 점착계수는 제동장치 설계 및 차량 설계의 중요한 요소이고 기후조건, 레일과 차륜의 재질, 레일 면의 상태 등에 따라 많은 차이가 있으므로 앞으로 많은 실험과 데이터의 분석이 필요하다.

4.2 마찰계수

두 물체 사이에 상대적인 미끄럼운동이 있을 때 이 상대운동을 방해하는 힘이 작용한다. 접촉면에서 미끄럼운동을 방해하는 접선방향의 힘을 마찰력이라 하고 수직력에 대한 마찰력의 비를 마찰계수라 한다. 철도차량에 사용되는 답면제동이나 디스크제동은 마찰재와 차륜 혹은 제동 디스크와의 마찰력을 이용하므로 마찰력 즉 마찰계수에 대해 충분한 이해를 할 필요가 있다. 점착계수와 마찬가지로 마찰계수도 재질, 온도, 기후조건, 마찰하는 면의 표면상태, 작용압력, 속도, 제륜자의 형상 등 많은 인자에 의존한다. 먼저 재질의 영향을 살펴보면, 극히 저속에서 철과 철 사이의 마찰계수는 0.44, 동과 철은 0.32, 강과 강은 0.351 ~0.365 정도이다. 마찰력만을 생각하면 차륜과 마찰재 모두 철로써 만들면 최고의 마찰력을 얻을 수 있지만, 마모가 심하여 자주 차륜을 삭정 교환하여야 하므로 실제로 사용하기는 어렵다. 양자를 모두 강으로 만들었을 때도 마모가 문제가 되므로 차륜은 강, 제륜자는 철로써 만들어 제륜자가 쉽게 마모되도록 하여 상대적으로 강한 차륜의 수명을 길게 하나 이 경우 마찰계수는 작아진다.

마찰계수는 온도에도 의존한다. 제동이란 움직이는 열차의 운동에너지를 마찰열의 형태로 흡수하는 것이다. 낮은 온도의 마찰재는 열을 더 쉽게 흡수할 수 있으므로 마찰특성이 고온에서보다 더 좋아진다고 생각할 수 있다. 이러한 관점에서 저온에서는 마찰계수가 크며 고온으로 갈수록 점점 줄어들 것으로 예측된다. 제동 초기에 마찰재는 냉각되어 있으므로 마찰계수가 커 제동이 양호하지만, 제동시간이 오래 지속되거나 짧은 시간에 반복제동을 하는 경우 마찰재의 온도가 상승하여 마찰계수가 작아져 제동력이 저하된다. 제륜자가 크면 온도상승이 느리고 냉각면적도 커지지만, 마찰계수의 값은 큰 변화가 없다. 따라서 마찰재는 가능하면 열의 방산을 쉽게 하는 형상으로, 그리고 온도의 변화에 의한 마찰계수의 변화가 적은 특성을 갖도록 설계되어야 한다.

점착계수와 마찬가지로 속도와 압력이 증가할수록 마찰계수는 작아지는 경향이 있다. 속도 증가에 따라 마찰계수가 작아지는 이유는 마찰재와 차륜(혹은 제동디스크)의 접촉면에는 각각 요철이 있는데 저속에서는 요철간의 치합이 비교적 좋게 되어 상대적인 미끄럼에 큰 힘이 소요되나 고속에서는 접촉면의 속도가 빠르므로 그 치합이 불완전하여 상대적인 미끄럼에 저속에서보다 더 작은 마찰력이 발생하기 때문이라 생각할 수 있다. 위체르트는 독일에서 5,600여회의 실험결과로부터 아래의 식을 제안하였다.

$$f = C\,\frac{1+0.0112\,V}{1+0.06\,V} \qquad \cdots\cdots (3)$$

C : 기후에 따른 상수 (0.45~0.50)

한편 일본철도에서는 주철 제륜자의 경우 위식을 아래의 식과 같이 수정하여 사용한다.

$$f = C\frac{1+0.01V}{1+0.05V} \qquad \cdots\cdots (4)$$

C : 0.42(맑을 때), 0.30(우천시), 0.32(통상 계산시)

V : 속도

[표 2] 속도와 평균 마찰계수의 관계

속도 (km/h)	일정속도에서의 순간마찰계수 $f=C\frac{1+0.01V}{1+0.05V}$	평균마찰계수 $f_m = \frac{0.5CV^2}{2.5V^2-400V+40000\log e(1+0.01V)}$		
	$C=0.32$	$C=0.42$	$C=0.32$	$C=0.30$
0	0.320	0.420	0.320	0.300
5	0.269	0.371	0.282	0.265
10	0.235	0.336	0.255	0.240
30	0.166	0.254	0.193	0.181
50	0.137	0.213	0.162	0.151
70	0.121	0.188	0.143	0.134
90	0.111	0.171	0.131	0.122
100	0.107	0.165	0.126	0.118
120	0.098	0.147	0.118	0.111
150	0.094	0.144	0.109	0.103

5 운행저항

운행저항에는 2가지의 필수 저항이 있다.

① 선로저항

② 열차저항

5.1 선로저항

선로저항은 2가지 구배저항과 곡선저항으로 구성된다. 구배저항의 공식은 열차의 무게와 구배각도의 사인값을 곱한 것과 같다.

$$R_{구배} = m \cdot g \cdot \sin\alpha \qquad \cdots\cdots (5)$$

여기서, $R_{구배}$: 구배저항
m : 질량
g : 중력가속도
α : 경사도각

이 공식은 현재의 구배저항을 구하는데 실용적이지 못하다. 구배저항은 열차의 무게에 절대적인 영향을 받기 때문에 열차시간표나 이와 유사한 서류에 넣기에는 적합하지 않다. 보통 구배저항은 열차의 중량으로부터 독립하여 특별한 형태에 의해 결정된다. 그러므로 특수 구배저항은 구배의 사인각의 값이 같다. 철도의 구배각의 값이 적기 때문에 정확성에 큰 손실 없이 사인값을 탄젠트 값으로 바꿀 수 있다. 다시 말해서 구배저항은 구배지수와 같다.

$$r_{구배} = \frac{R_{구배}}{m \cdot g} = \sin\alpha \approx \tan\alpha = i \qquad \cdots\cdots (6)$$

여기서, $r_{구배}$: 특별 구배저항
$R_{구배}$: 절대 구배저항
m : 질량
g : 중력가속도
i : 구배지수

구배지수는 ‰ 나 직접 1 : n의 지수로 측정된다. (예 25‰는 1 : 40과 동일)

같은 방법으로 어떠한 저항도 저항의 힘을 무게로 나눈 특별한 형태로 변환할 수 있다. 그리하여 모든 저항은 상구배 등가에 의해 쉽게 표현할 수 있다.

견인력은 또한 특별한 형태인 하구배 등가에 의한 대푯값으로 변환할 수 있다.

나라에 따라서는 특수저항값 또는 어떠한 계산의 요구 없이 구배의 값과 같은 직접 작용력 때문에 이는 극히 간단하게 미터법을 사용한다. 특수저항 또는 작용력은 N/kN(뉴턴 퍼 킬로 뉴턴) 1N/kN=1/1000=1‰.

미터법을 사용하지 않는 나라에서는 특수저항은 lb/ton(파운드 퍼 톤)으로 사용한다.

곡선저항은 레일과 차륜 사이에 세로로 미끄러짐과 교차 미끄러짐이 원인이다. 철도 차량의 차륜과 차륜의 차축 사이가 고정되어 있기 때문이다. (그림 8) 차축에 의해 고정된 차륜은 반드시 같은 속도로 회전하여야 한다. 거기에는 고속버스와 같은 차륜장치가 없다. 차륜형태의 주행표면의 차축과 차륜의 각은 미국과 러시아는 1:20, 유럽은 1:40이다. 만약 차륜과 차축 세트가 궤도의 중앙 센터에 정확히 맞지 않으면 두 차륜의 레일과 차륜의 접촉점의 반지름은 달라진다.

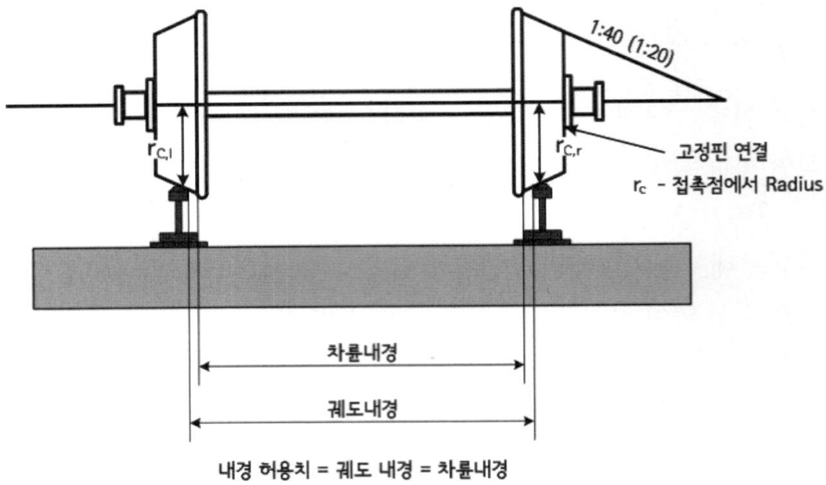

[그림 8] 궤도상의 차륜과 차축

두 개의 차륜은 차축과 연결되어 있다. 두 개의 바퀴는 언제나 같은 횟수로 회전하며 자동차에서와 같은 차등조절은 하지 않는다. 이러한 특수성의 원인은 원칙적으로 궤도에 따른 운행에서 비롯된다. 차륜의 바깥쪽에 설치된 플랜지는 트랙유격을 허용한다. 바퀴의 접촉면은 원추형으로 만들어져 있어서 선로에서 바퀴 형태는 이중원추형으로 나타난다. (그림 9)

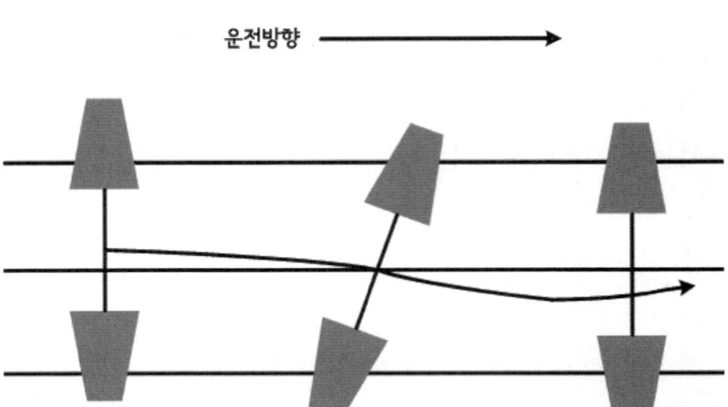

[그림 9] 탄젠트 궤도상의 Sine 주행

양쪽 바퀴의 회전수를 같게 함으로써 바퀴가 진로 변경을 위해 선로 중앙 쪽으로 움직인다. 선로중앙으로 넘어오면 똑같은 상황이 다른 쪽에서도 진행된다. 이 결과 주행시 바퀴는 일직선상의 선로에서 사인 형태의 곡선을 그리는데, 이를 정현진행이라 한다. 정현진행은 플랜지를 사용하지 않고 방향을 스스로 중앙으로 모으는 것이다. 이 같은 장점은 곡선 주행시 빠지는 차등조절의 단점과 상극을 이룬다. 곡선주행시 차이가 나는 길이는 선로에서 세로주행, 즉 세로방향으로 미끄러지는 주행으로 서로 같게 만든다.

열차는 스스로 조종, 방향을 잡을 수 없다. 레일을 따라 곡선 주행을 한다. 바퀴의 평행상태에 종속되어 움직이는 운동 축은 곡선중심점에 완벽하게 일치하지 않는다. (그림 10)

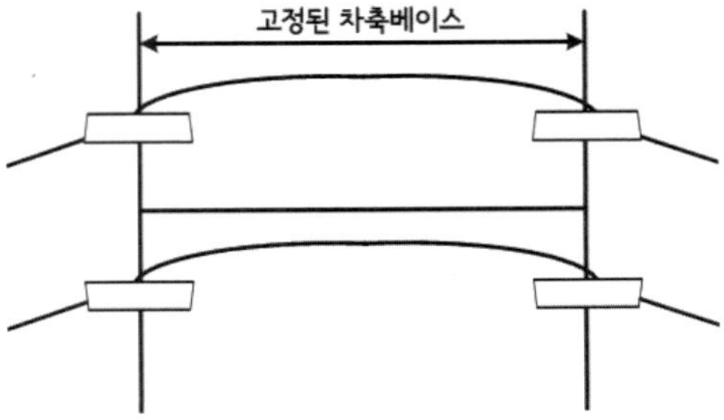

[그림 10] 시계방향 활주

이러한 각도 차이로 곡선주행을 하면 바퀴가 수평으로 미끄러지게 된다. 세로 및 수평 활주는 플랜지접촉과 함께 곡선선로에서 주행저항을 높이는 원인이 된다. 이러한 곡선저항은 단, 작은 곡선에서만 구간저항에 큰 영향을 미친다. 주행시간 조사는 아래의 공식에 따라 계산할 수 있다.

$$r_{곡선} = \frac{650}{R-55} \quad R > 300 \text{ m}$$

$$r_{곡선} = \frac{500}{R-55} \quad R < 300 \text{ m}$$

$r_{곡선}$: 특수 곡선저항 ‰, R : 곡선반경

구배저항과 곡선저항을 비교하면 그 영향이 크게 차이가 나지 않는다. 그러나 열차운행에 받아들일 수 없는 선로저항의 결과 때문에 급구배가 위치한 곡선 장소에서는 구배를 감소시켜 곡선저항을 보상하여야 한다. 그러므로 특수 곡선저항과 같은 구배는 등가구배의 값에 의해 감소한다.

5.2 열차저항

열차가 출발 또는 주행하고 있을 때 항상 진행방향과 반대방향으로 저항이 작용하는데, 이처럼 열차의 진행을 방해하려는 힘을 일반적으로 열차저항이라고 한다. 열차저항의 종류로는 출발저항, 주행저항, 구배저항, 곡선저항, 터널저항이 있으며 선로의 상태(구배의 완급, 곡선반경의 대소, 궤도의 크기, 궤도의 구조, 보수의 상태), 차량의 종류 및 상태(차량의 구조, 보수상태, 회전부분의 급유, 하중상태 등), 기후(눈, 비, 기온, 풍속, 바람위치와 열차의 진행 방향) 의 변화에 따라서 그 크기가 변한다.

5.2.1 출발저항

열차가 구배 없는 직선구간에서 출발할 때 받는 저항을 출발저항이라 한다. 출발저항은 롤러축, 평축 등의 베어링구조에 따라 크기가 변한다. 평축의 경우, 정차하고 있는 차량을 출발시킬 때 마찰하는 면의 유막이 형성되어 있지 않은 상태이므로 금속과 금속이 직접 접촉하기 때문에 마찰저항이 매우 크다. 일단 기동하면 유막이 형성되어 마찰은 유막 사이의 마찰로 인해 급격히 감소한다. 이 출발저항의 크기는 베어링의 종류, 차량의 정차시간, 기온에 따라 다르며 속도 증가시 직선적으로 감소하고 속도 3[km/h]부터 주행저항으로 이행한다.

속도정수사정기준규정에 정의된 단위 톤당의 출발저항 γ_s[kg/ton]은 다음과 같다.

(1) 평상시 출발의 경우

① 객차 열차 : • 평　축 : $\gamma_s = 8$

• 롤러축 : $\gamma_s = 3$

② 전동 열차 : $\gamma_s = 3$

(2) 도중 구배 출발시

① 객차 열차 : • 평　축 : $\gamma_s = 6$

• 롤러축 : $\gamma_s = 3$

② 전동 열차 : $\gamma_s = 3$

위 식에서 γ_s는 속도 0[km/h]에서의 출발저항[kg/ton]이다.

5.2.2 주행저항

열차가 주행할 때 그 진행방향과 반대로 작용하는 모든 저항을 총칭하여 말하며 전동기의 입력 대 출력 간의 손실, 치차의 전달손실 등은 포함하지 않는다. 주행저항은 그 중 요원인에 따라 다음과 같이 분류되고 있다.

- 주행저항
  - 기계저항
    - 기계부의 마찰 및 충격에 의한 저항
    - 차륜과 축수간의 마찰저항
    - 차륜과 궤도간의 마찰저항
  - 속도저항
    - 공기저항
    - 동요에 의한 저항

[그림 11] 주행저항의 분류

열차가 구배 없는 직선구간을 운전할 때 생기는 저항으로 차축과 베어링간의 마찰저항, 차륜과 레일간의 마찰저항, 공기저항, 차륜의 동요에 의한 저항, 기계 부분의 마찰저항 등으로 구성된다. 주행저항은 일반적으로 다음과 같이 표현된다.

$$\gamma_s = A + BV + CV^2 \qquad \cdots\cdots (7)$$

V : 속도 (km/h)

A : 속도와 관계없는 상수

B : 속도에 비례하는 항의 상수

C : 속도의 제곱에 비례하는 항의 상수

A 와 관계하는 저항으로는 기계부분의 마찰저항, 차축과 베어링 사이의 마찰저항, 차륜의 회전마찰 저항이고, 속도에 비례하는 저항으로는 차륜의 플랜지와 레일 사이의 마찰저항, 속도의 제곱에 비례하는 저항으로는 공기저항, 열차의 동요에 의한 저항이 있다.

한국철도(KORAIL)에서 규정하고 있는 열차의 주행 저항식들은 속도정수사정기준규정에 정의되어 있으며 열차의 종류별로 나누어 구별하고 있다. 일본에서 사용하고 있는 주행 저항식들도 쉽게 비교할 수 있도록 역시 열차의 종류별로 분류하였다.

속도정수사정기준규정에 정의된 주행저항식 γ_r[kg/ton]은 다음과 같다.

(1) 디젤전기기관차

① 역행 $\gamma_r = 1.30 + \frac{29}{w} + 0.030V + \frac{0.0024AV^2}{wN}$ ...... (8)

② 타행 $\gamma_r = 2.30 + \frac{29}{w} + 0.012V + \frac{0.0024AV^2}{wN}$ ...... (9)

(2) 전기기관차

① 역행 $\gamma_r = 1.30 + \frac{29}{w} + 0.030V + \frac{0.0024AV^2}{wN}$ ...... (10)

② 타행 $\gamma_r = 2.30 + \frac{29}{w} + 0.012V + \frac{0.0024AV^2}{wN}$ ...... (11)

(3) 전동차

$$R_r = (1.65 + 0.024V)WM + (0.78 + 0.0028V)WT + \{0.028 + 0.0078(n-1)\}V^2 \quad \cdots\cdots (12)$$

(4) 객차

① 평축 $\gamma_r = 2.40 + 0.014V + 0.00035V^2$ ...... (13)

② 롤러 $\gamma_r = 1.50 + 0.012V + 0.00040V^2$ ...... (14)

R_r : 주행저항(kg)
γ_r : 단위 톤당의 주행저항(kg/t)
V : 운행속도(km/h)
w : 축당중량(ton)
W : 차량중량(ton)
WM : M 및 M' 차량중량
WT : T 및 T_c 차량중량(ton)
n : 편성량 수
N : 차축 수
A : 전면단면적(m^2)

(5) 프랑스 SNCF의 주행저항 식

$$\gamma_r(\text{daN}) = \lambda\sqrt{\frac{10}{w}} + BV + \frac{k_1AV^2 + k_2pLV^2}{W_t} \quad \cdots\cdots (15)$$

λ : 열차의 형식에 의존하는 상수, $0.9 < \lambda < 1.5$
B : 상수, 보수유지가 양호한 경우 $B = 0.01$
k_1 : 열차의 전두부와 후두부의 형상에 의존하는 계수

일반열차 $k_1 = 20 \cdot 10^{-4}$

TGV $k_1 = 9 \cdot 10^{-4}$

k_2 : 열차 측면부의 형상에 의존하는 계수

일반열차 $k_2 = 30 \cdot 10^{-6}$

TGV $k_2 = 20 \cdot 10^{-6}$

p : 열차 단면의 외부 둘레길이(m) (레일 쪽의 길이 제외), $p \approx 10\text{m}$

L : 열차의 길이(m) A : 열차 전두부의 단면적(m^2)

w : 축당중량(ton) W_t : 열차 총중량(ton)

5.2.3 구배저항

열차가 구배선로를 운전할 때 지구의 중력에 반하여 진행하므로 이 중력을 이기기 위한 힘이 더 필요하게 되며 이 저항을 구배저항이라고 한다. 구배저항은 지구중력에 의하여 생기는 것이므로 그 크기는 열차의 중량과 구배의 경사에 정비례하여 증감한다. 급구배선이 많은 구간에는 그 구배저항의 값이 상당히 크기 때문에 열차의 운전에 영향을 주게 되는 값도 상당히 크게 된다. 구배저항은 상구배의 저항치에 (+), 하구배의 저항치에 (−)의 부호를 붙여 구별한다.

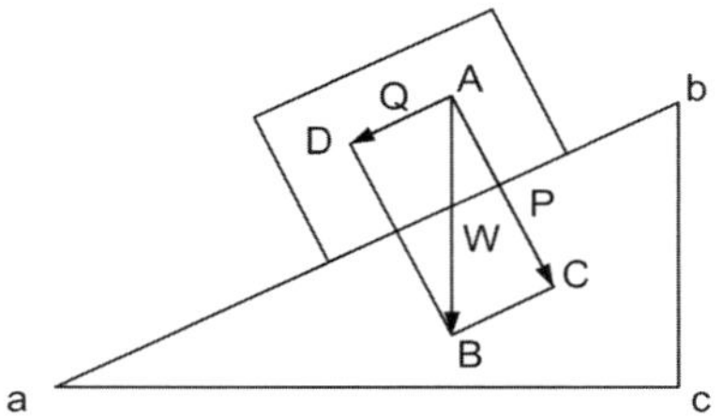

[그림 12] 구배저항

구배저항의 일반식은 r_g[kg/ton]= $\pm i$이며 'i'는 구배(‰), '±'는 선로가 상향구배와 하향구배일 경우에 열차에 작용하는 힘의 방향이 반대이기 때문이다. 열차의 중량을 W[ton]로 하면 W의 크기는 경사면에 수직인 방향과 평행한 방향으로 나누어진다. 수직 방향 힘을 P, 평행방향 힘을 Q로 하면 P는 레일에 대한 수직 압력, Q는 구배에 따라서 끌어내리는 힘, 즉 구배저항이 된다. [그림 12]에서 확인할 수 있는 것과 같이 $\triangle ABC$와 $\triangle abc$는 닮은꼴이기 때문에

$$\frac{BC}{AB}=\frac{bc}{ab}=\frac{Q}{W}\ (\because\ BC=AD=Q,\ AB=W)$$

그러므로 $Q=W\times\frac{bc}{ab}=W\sin\theta$ 이 된다. 그런데, θ가 작을 때에는 $\sin\theta$와 $\tan\theta$의 차가 근소하므로 다음과 같이 $\sin\theta \fallingdotseq \tan\theta$의 관계식을 이용하여 $Q=W\times\tan\theta$를 사용한다. 실제로 구배는 $\frac{bc}{ac}$로 표현하고 있으므로 위와 같이 $\tan\theta$로 구배를 나타내는 것이 편리하며, 이렇게 구배를 $\frac{bc}{ac}=\frac{i}{1000}$로 나타내면 구배저항은 다음과 같은 식으로 표현된다.

$$R_g(\text{ton})=Q=W\times\frac{i}{1000} \qquad \cdots\cdots (16)$$

$$R_g(\text{kg})=1000\,W\times\frac{i}{1000} \qquad \cdots\cdots (17)$$

$$r_g(\text{kg/ton})=Wi\times\frac{1}{W}=i \qquad \cdots\cdots (18)$$

$r_g=Wi\times\frac{1}{W}=i$가 '1 ton'당 구배저항이다. 열차가 2개 이상의 다른 구배 상에 놓여 있을 때 평균 ton당 구배저항을 구하는 방법은 각 구배 저항치를 구한 뒤 합한다. [그림 13]과 같이 객화차 1 m당 평균중량을 미리 계산해 놓으면 비교적 간단히 평균 구배저항을 구할 수 있으며 a, b 2개의 구배에 열차가 운행 중인 것을 고려해 보면 다음과 같다.

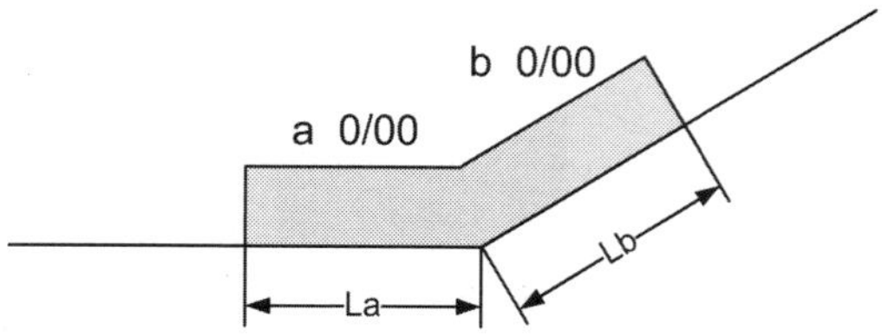

[그림 13] 다른 구배 사이의 총 구배저항

L_a : 구배 a‰에 있는 열차 길이(m)

L_b : 구배 b‰에 있는 열차 길이(m)

W_t : 기관차 중량(ton)

W : 열차 중량(ton)

w : 객화차 1 m당 평균 중량(ton)

구배 a(‰)에 있는 열차의 구배저항은 $aw\ L_a$ 이고, 구배 b(‰)에 있는 열차의 구배저항은 $bw\ L_b$가 된다. 따라서 전체 구배저항 $R_g(\text{kg}) = awL_a + bwL_b + bWt$가 되며, 톤당 평균 구배저항 r_g는 이것을 열차 중량으로 나누면 된다.

$$r_g(\text{kg/t}) = \frac{r_g}{W} = \frac{awLa + bwLb + bWt}{W} \qquad \cdots\cdots (19)$$

구배가 3개 이상이면 위와 같은 방법으로 구하여야 하며, 위의 방법은 열차중량이 전 열차에 대하여 균일한 경우를 가정하여 산출한 것이나 열차중량이 불균일한 경우에는 한 개의 차량마다 개별적으로 구하여야 한다.

5.2.4 곡선저항

곡선저항의 발생 원인은 열차가 곡선인 선로를 따라서 주행할 때 발생하는 차륜의 회전 마찰저항과 바깥쪽 궤도와 안쪽 궤도와의 길이 차에 의해 생기는 바깥쪽 차륜의 미끄럼마찰 저항 그리고 원심력의 작용에 의한 플랜지와 바깥쪽 궤도 간의 마찰저항 때문이다.

곡선저항은 선로 곡선반경의 대소, 곡선의 켄트, 슬랙, 고정축과 플랜지와 레일 간격의 대소 및 속도의 고저 등에 따라 다르지만, 이런 모든 조건을 곡선저항식에 표시하려면 복잡하므로 다음과 같은 일반식을 사용한다. 일반적으로 사용되는 곡선저항식은 모리슨의 공식이 있는데 이의 유도과정은 다음과 같다.

$$r_c = \frac{f(L+G)1000}{2\rho} \qquad \cdots\cdots (20)$$

여기서, r_c : 곡선저항(kg/ton)

f : 차륜, 레일 간의 마찰계수

G : 궤간(m)

L : 고정축거(m)

ρ : 곡선반경(m)

열차가 ABCD 위치에서 곡선반경 ρ인 선로를 따라 각도 'ϕ'만큼 이동하여 A'B'C'D'에 도착하였을 때 차체의 미끄럼에 의한 일은 $\frac{L}{2}\varphi f W$ 이다.

한편 열차가 곡선구간을 지나갈 때 내외 측 거리의 차이로 인하여[그림 14] [그림 15] 다음과 같은 마찰력에 의한 일을 한다.

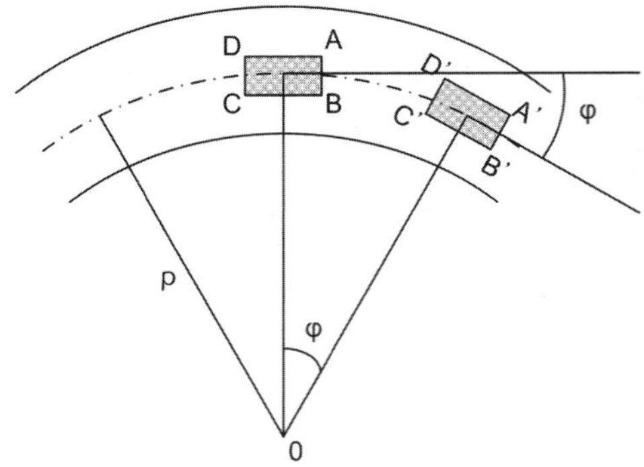

[그림 14] 곡선저항

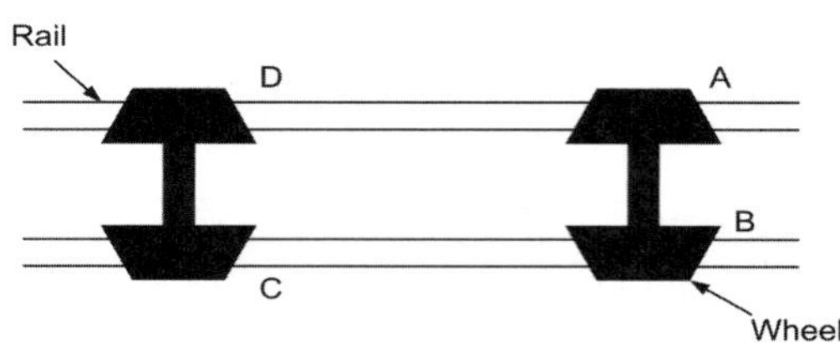

[그림 15] 직선구간에서 휠과 레일

AD와 BC의 회전반경을 고려하면 AD의 이동거리가 $\left\{(\rho+\frac{G}{2})\varphi-(\rho-\frac{G}{2})\varphi\right\}= G\varphi$ 만큼 더 많으므로 더 많은 일을 하게 되며, 더한 일의 양은 $G\varphi\times\frac{fW}{2}= G\varphi\frac{fW}{2}$ 이다. (외측 바퀴만이므로 하중은 $\frac{W}{2}$ 이다) 따라서 곡선저항이 한 일은 다음과 같다.

$$r_c\times\frac{W}{1000}\times\rho\times\varphi=\frac{r_c W\rho\varphi}{1000} \qquad \cdots\cdots (21)$$

$$\frac{r_c W\rho\varphi}{1000}=\frac{L}{2}fW\varphi+f\frac{W}{2}G\varphi=\frac{fW}{2}\varphi(G+L) \qquad \cdots\cdots (22)$$

$$r_c=\frac{1000f(G+L)}{2\rho} \qquad \cdots\cdots (23)$$

일반적으로 $\begin{cases} f=\frac{1}{4.5}\fallingdotseq 0.222 \\ G=1435\,\mathrm{mm} \\ L=4.6\,\mathrm{m}\end{cases}$ 이므로 $r_c\fallingdotseq\frac{670}{\rho}$[kg/ton] 이 된다.

일본에서 사용되는 곡선저항의 식은 다음과 같다.

① 전 열차 $\gamma_c = \dfrac{610 \sim 630}{r}$ ······ (24)

② 기관차 $\gamma_c = \dfrac{1050 \sim 1220}{r}$ ······ (25)

③ 객화차 $\gamma_c = \dfrac{525 \sim 630}{r}$ ······ (26)

④ 전동차 $\gamma_c = \dfrac{800}{r}$ ······ (27)

일본에서는 열차운영계획에서는 위 평균값 $\gamma_c = \dfrac{800}{r}$ 이 사용되고 있으며, 우리나라의 경우는 속도정수사정기준규정에 곡선저항은 $\gamma_c = \dfrac{700}{r}$ 을 사용한다.

5.2.5 환산구배

구배저항과 곡선저항의 합 또는 임의의 곡선저항과 등가인 구배저항에 해당하는 구배를 환산구배라 한다. 이는 구배구간에 곡선선로가 있든가 혹은 곡선구간에 구배가 있는 경우 곡선저항을 구배저항으로 환산하여 열차 저항을 구하는 것이다. 구배가 i[‰]이고 곡선의 반경이 r 미터일 때 환산구배 i_c는 다음과 같이 주어진다.

$$i_c = i + \frac{700}{r} \qquad \cdots\cdots (28)$$

한편 열차가 구배 i 에서 전체 길이 l 인 n개의 곡선에 걸쳐 있다면 각 곡선부의 저항을 평균하여 실재의 구배에 더하면 아래와 같이 환산구배가 얻어진다.

$$i_c = i + \frac{700}{l}\left(\frac{l_l}{r_1} + \frac{l_2}{r_2} + \cdots + \frac{l_n}{r_n}\right) \qquad \cdots\cdots (29)$$

환산구배를 이용하면 열차가 평탄선과 곡선부에 걸쳐 있을 때의 저항은 평탄선과 구배에 걸쳐 있는 경우와 같은 방식으로 구할 수 있다.

5.2.6 터널저항

오늘날 열차의 고속화와 더불어 터널에서의 열차운행에 많은 연구가 행해지고 있다. 열차의 전두부가 터널에 들어갈 때, 터널입구의 공기를 압축하고 이 압축된 공기는 고압력파를 발생시킨다. 이 압축파의 진폭은 열차의 후두부가 터널에 진입할 때까지 증가한다. 고압력파는 열차의 운행과 함께 터널을 따라 소리의 속도로 전파되고 터널의 벽에 부딪힌 고압력파는 저압력파로 되돌아온다. 한편 열차의 후두부에서 만들어진 저압력파는 벽에 부딪혀 고압력파로 되돌아온다. 이런 파들이 서로 간섭될 때 시간과 함께 감소하는 압력의 변화를 일으킨다. 이러한 압력의 변화와 압력의 변화율이 승차감에 영향을 미치므로 터널 설계시 고려되어야 할 항목이다. 국내의 경우 속도정수사정기준규정에 정의된 터널저항 γ_t[kg/ton]은 다음과 같다.

$$\text{단선터널} \quad \gamma_t = 2 \quad \cdots\cdots (30)$$

$$\text{복선터널} \quad \gamma_t = 1 \quad \cdots\cdots (31)$$

이 절에서는 열차의 진행방향과 반대방향으로 영향을 미치는 출발저항, 주행저항, 구배저항, 곡선저항, 환산저항, 터널저항에 대하여 알아보았으며, 다음 절에서는 제동거리 계산식에 대하여 알아보고자 한다.

5.3 제동거리 계산식

5.3.1 국내의 제동거리 계산식

열차질량 m, 가속도 a[m/s/s]로 운행하는 열차중량 1톤당 소요되는 힘 F[kg/t]는 식(3.54)과 같이 표현된다.

$$F = ma \quad \cdots\cdots (32)$$

열차질량 m은 열차중량÷중력가속도로 나타낼 수 있다.

$$F = \frac{1000}{9.8}a = 102a \quad \cdots\cdots (33)$$

식(3.55)은 차량을 직진시키는 데 필요한 힘이다. 그러나 차량에는 회전부분인 차륜, 기어, 차축, 전동기 등이 있어 직진에 필요한 가속력 외에 회전부분의 운동에 여분의 힘이 필요하다. 이와 같은 여분의 힘을 관성계수로 나타내며 이러한 회전부분의 관성은 열차가 가속할 때는 가속도를 감하게 하고 타행 또는 제동시에는 감속도를 줄어들게 하는 성질로서 열차에 영향을 미친다.

즉, 회전부분을 가지고 있는 중량의 물체에 가속도를 부여하는 힘은 회전부분이 없는 동일 중량의 물체에 동일 가속도를 부여하는 힘보다 크게 된다. 이것은 회전운동에 필요한 힘보다도 여분의 힘을 필요로 해서 일반적으로 이 여분의 힘을 중량으로 환산하여 실제중량에 가함으로써 회전부분을 갖지 않는 중량의 물체로 다루는 것이다. 이를 다음과 같은 식으로 나타낼 수 있다.

$$관성계수(\%) = \frac{부가관성중량}{실중량} \times 100 \qquad \cdots\cdots (34)$$

회전부분에 의한 부가관성중량은 다음 식 (3.57)과 같이 나타낸다.

$$부가관성중량 = 1량당\ 회전부분의\ 중량 \times \left(\frac{회전부분\ 회전반경}{회전부분의\ 반경}\right)^2 \qquad \cdots\cdots (35)$$

회전부분의 회전반경은 다음과 같다.

① 차륜 = 회전 부분의 반경×0.77
② 전기자 = 회전부분의 반경×0.7
③ 기어 = 회전 부분의 반경×0.8

5.3.2 감속도 및 제동 소요시간

열차의 감속도를 평가하는 방법은 총 제동시간에 의한 방법(β_1)과 공주시간 및 비상 제동거리를 이용하여 구하는 방법(β_2)이 있다. (JIS E 6004)

$$\beta_1 = \frac{V_0 - V_1}{t_1} \qquad \cdots\cdots (36)$$

$$\beta_2 = \frac{{V_0}^2 - {V_1}^2}{7.2\left(S - \dfrac{V_0 \cdot t_0}{3.6}\right)} \qquad \cdots\cdots (37)$$

여기서, β_1 : 제동시간 기준 감속도
β_2 : 제동거리 기준 감속도
V_0 : 초속도
V_1 : 종속도(열차가 정차시는 0)
S : 제동거리
t_0 : 공주시간
t_1 : 총 제동 소요 시간

제동거리를 기준으로 한 감속도는 공주시간을 제외한 실 평균 감속도이며 [그림 16] 속도곡선의 아랫부분의 면적이 제동거리가 되므로 속도곡선의 안쪽 면적과 바깥쪽 면적이 같게 평균 감속도를 구한 것이다.

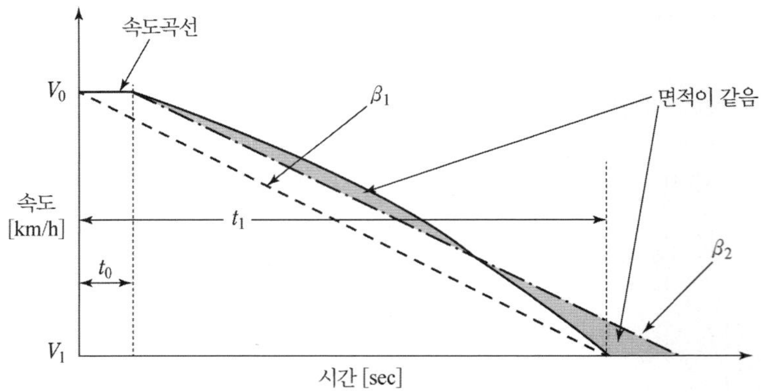

[그림 16] 감속도 적용 곡선

총 제동소요시간의 이론치는 등 감속을 한다고 가정하고 계산할 수 있으며 다음 식으로 구할 수 있다.

$$t_1 = \frac{2S}{V},\ t = t_1 + t_0 \qquad \cdots\cdots (38)$$

5.3.3 외국의 적용식

(1) 프랑스 SNCF (Maison의 식)

① 객차 (V=70~140[km/h])

$$S = \frac{\varphi V^2(\mathrm{km/h})}{1.09375\lambda + 0.127 - 0.235 g\varphi} \qquad \cdots\cdots (39)$$

② 디젤전기 객차

$$S = \frac{0.0386 V^2}{\gamma - \frac{g}{100}} \qquad \cdots\cdots (40)$$

식에서 g : 선로구배(‰), 하구배이면 양이고, 상구배이면 음이다.

φ : 구배에 의존하는 마찰계수

a : 차량총중량

$\varphi = 0.10$ if $g < 15$(‰)

$\varphi = 0.10 - 0.00133(g-15)$ if $g > 15$(‰)

[표 3] 프랑스 차량의 제동율

상용제동	λ
견인차량, 축중 = 15~20[ton]	0.80~0.95
피견인차량, 축중 = 15~20[ton]	0.65~0.90
비상제동	λ
견인차량	1.60~2.20
피견인 차량	1.30~2.20

5.3.4 변수의 영향에 대한 제동거리 변화

제동거리에 영향을 미치는 변수들은 앞에서 설명한 바와 같이 제륜자압력, 하중, 마찰계수, 주행저항, 구배저항, 곡선저항, 터널저항 등이 있다. 이들 각 변수의 영향을 분석해보기 위하여 새마을(16량 편성)차량에 대하여 속도 150[km/h], 구배 −20[‰], 곡선반경 600R의 조건에서 열차에 작용하는 외력 F를 계산해 보았다. 그 결과 [그림 17]과 같이 전체 외력에 제동력이 대부분인 88[%]을 차지하며, 압력과 마찰계수가 10[%] 증가하였을 경우 제동거리는 8[%] 감소하였고, 하중이 10[%] 증가하였을 경우 제동거리는 8[%] 증가하였다.

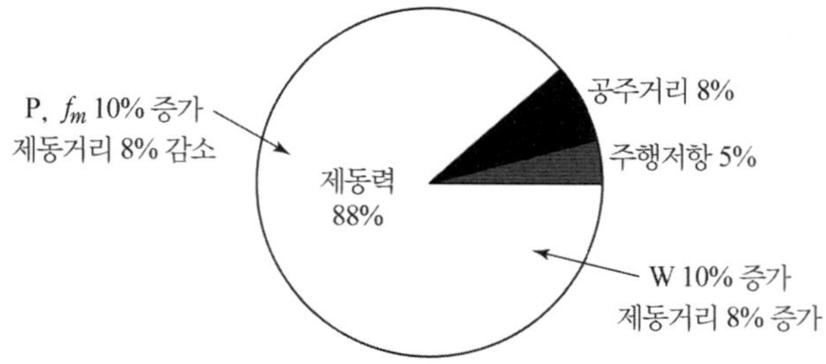

[그림 17] 제동거리에 영향을 미치는 요소

5.3.5 구배가 제동에 미치는 영향

열차의 제동력은 평지에서 고려한 값이다. 따라서 열차가 상향구배 혹은 하향 구배를 주행할 때는 제동력을 가감한다. 선형에 따라 제동력에 영향을 미치므로 열차에서 같은 제동력을 인가하더라도 제동거리는 증감한다. 영국철도에서는 W와 표준복합제동 곡선이라 하여 선로 구배에 따른 표준 제동 거리표를 사용하고 있다. 식 (3.83)에서 구배는 제동력에 해당하는 것으로 $g \cdot G$로 표시할 수 있다. g는 중력가속도, G는 평균 구배를 나타낸다. 따라서 위의 제동거리 표시 식을 구배를 고려하면 다음과 같이 된다.

$$D(v_i, v_{i-1}) = \frac{(a(\mu) + g \cdot G(l_d))}{2J}(v_i + v_i) + \frac{1}{2(a(\mu) + g \cdot G(l_d))}(v_i^2 - v_{i-1}^2) \quad \cdots\cdots (41)$$

여기서, l_d : 제동 시작 후 주행한 거리

g : 중력가속도

$G(l_d)$: 제동 후 l_d에서 평균 구배

평균 구배는 폐색구간에서 연속적으로 변하게 되기 때문에, $D(v_1, v_2)$의 값은 Trial and Error 방법에 의해서 평가하여야 한다.

5.3.6 공주시간

실제로 제동장치는 기관사의 지상신호 인지 혹은 지상신호를 차상에서 수신하여 처리하며 제동을 체결하는 데에는 약간의 시간 t_r을 필요로 한다. 이는 공주시간으로 정의도 되며 다음 식으로 표시된다.

$$D(v_i, v_{i-1}) = t_r \cdot v_i + \frac{(a(\mu) + g \cdot G(l_d))}{2J}(v_i + v_{i-1}) + \frac{1}{2(a(\mu) + g \cdot G(l_d))}(v_i^2 - v_{i-1}^2) \quad \cdots\cdots (42)$$

$l_1 = t_r \cdot v_1$

t_r : 기관사 반응시간

v_1 : 기관사 반응시간 동안의 주행속도

5.3.7 과주거리

과주구간은 정차 신호 지점을 과주 할 수 있는 가능성에 대비하여 약간의 안전여유를 준비하여 놓은 것이다. 선행열차의 후미가 과주구간을 완전히 벗어나기 전에 신호상태를 바꿀 수 없다는 것을 의미한다. 보통 과주구간이 축소되는 곳은 열차의 운행이 저속으로 운행되는 곳으로 운영자에 의해서 허용되는 곳이다. 일부 철도에서는 열차가 신호를 통과하여 위험한 상태에서 비상제동을 인가하는 지점에 열차정차 장치가 설치된다. 경고신호가 없는 시스템에서는 여유구간은 최대속도에서 비상제동거리에 30[%]의 안전계수를 고려하여 설정한다. 이럴 때 여유구간은 실제로는 과주구간으로 주어진다. 최대 진입 속도에 대한 최소 과주거리는 다음과 같이 계산할 수 있다.

$$D(v_i,\ v_{i-1}) = (1+\alpha)(t_r \cdot v_i + \frac{(a(\mu)+g \cdot G(l_d))}{2J}(v_i + v_{i-1}) + \frac{1}{2(a(\mu)+g \cdot G(l_d))}(v_i^2 - v_{i-1}^2)) \qquad \cdots\cdots (43)$$

α : 안전계수

6 구배–속도 다이어그램

주행역학 특성을 요약하면 소위 구배–속도 다이어그램을 만들 수 있다. 이 다이어그램을 통해 지속상태로 정해진 일정속도에서 어떤 상승(어떤 구간저항)이 일어나는지 알 수 있다. 여기에는 열차 중량에 따라 다이어그램에서는 다른 곡선을 보여준다. (그림 18) 곡선은 다음의 식에 따라 값을 구할 수 있다.

$$i = \frac{(F - R_{기관차} - r_{조성차량} \cdot m_{조성차량} \cdot g)}{(m_{기관차} \cdot g + m_{조성차량} \cdot g)} \qquad \cdots\cdots (44)$$

i : 상승 또는 노선저항,
F : 견인력
$R_{기관차}$: 기관차의 절대 저항
$r_{조성차량}$: 특수 조성차량 저항
$m_{기관차}$: 기관차 중력 크기
$m_{조성차량}$: 조성차량 중력 크기
g : 중력의 가속

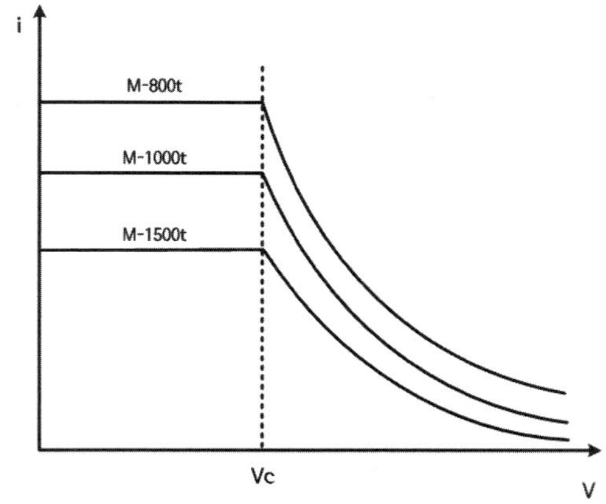

[그림 18] 구배–속도 다이어그램

i의 숫자는 구배에서 움직임이 가능하거나 열차 가속이 가능한 특수 견인력과 같은 것을 다이어그램에서 볼 수 있다.

$$i_{diagram} = i_{exit} + f_{accel} \qquad \cdots\cdots (45)$$

$i_{diagram}$: 다이어그램으로부터 얻은 i의 수

$i_{구배지수}$: 현재 구배지수

$f_{가속}$: 가속용 특수 힘

그리하여 열차가 올라갈 때 가속이상의 기관차 견인력 계산이 가능하다.
이것은 주행시간 계산에 매우 중요한 정보 중의 하나이다.

7 주행시간 계산

주행시간을 계산하기 위해 2단계로 진행한다.

- 속도곡선의 계산
- 속도곡선을 통합하여 주행시간을 결정

두 정지점 사이를 주행할 때 열차의 운행은 다음과 같은 모델 순서로 진행된다. (그림 19)

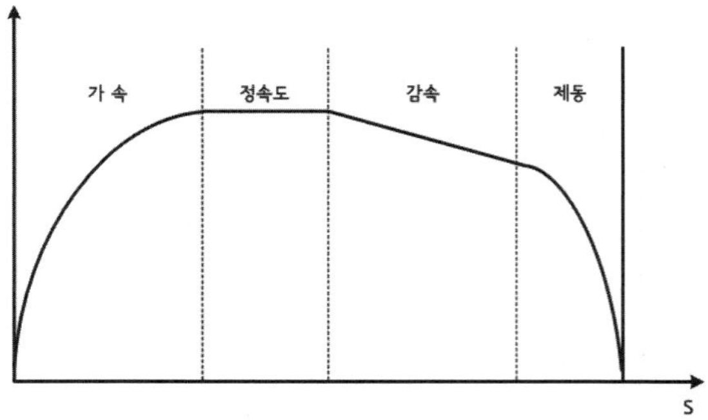

[그림 19] 정지점 사이의 열차운전 요소

- 가속
- 정속운행
- 타력운전
- 제동

가속하는 동안에 견인력은 모든 저항과 가속력을 합한 총계이다.

$$F = \sum R + F_a \qquad \cdots\cdots (46)$$

여기서, F : 견인력

R : 저항력

F_a : 가속력

정속운전 상태에서 견인력은 가속력이 없는 열차저항의 합계와 같다.

$$F = \sum R$$

타력운전 모드에서는 견인력은 없다. 열차의 관성력은 저항력의 합을 사용한다.

$$R_{i\ 관성} = \sum R$$

$R_{i\ 관성}$: 관성력

제동하는 동안에 관성력은 저항력의 합과 제동력을 합한 것이다.

$$R_{i\ 관성} = \sum R + F_{제동}$$

$F_{제동}$: 제동력

다음과 같은 사실로 인하여 분석하는 방법으로는 열차의 속도곡선 계산이 불가능하다.

- 기관차 견인특성 형태 때문에 가속열차는 일정하지 않은 가속력을 갖고 있다.
- 선로의 저항은 선로의 궤도장치 특성으로 인하여 짧은 시간 내에 변화된다.

[그림 19]와 같이, 속도곡선은 직선 선로 일부의 순서 형태의 단계에 의해 대략적인 단계로 나타낼 수밖에 없다. 정확도는 직접 다각형의 점 밀도에 달려 있다.

여기에 2개의 다각형이 이웃하는 2개의 점 사이에 변화하는 변화량의 계산은 가속모드(그림 20)의 본보기를 나타내었다. 먼저 실제 가속을 계산한다. 그러므로 특수 가속력은 구배 사이의 차이에 의해서 결정되며 이는 구배-속도-다이어그램에서 읽어볼 수 있다. 그다음 특수 가속력은 뉴턴공식($F = m \cdot a$)에 의하여 절대 형태에서 가속을 얻고 변환된다.

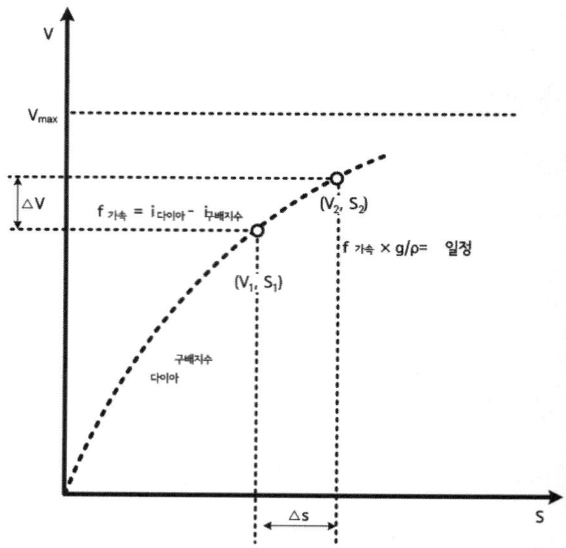

[그림 20] 가속모드에서 단수 다각형 단계의 계산

열차가 가속할 때 약간의 에너지가 차륜의 회전 장치의 관성에 의해 잃어버린다. 그러므로 그것을 계산할 때 "회전관성 계수"를 포함해야 하는 이유이다. 이 효과는 회전중력 관성의 증가로 설명된다. 열차 운동에너지의 두 부분은 일정하다. 이동에너지와 회전에너지 · 회전 관성 계수는 다음과 같이 계산한다.

$$\rho = 1 + \frac{E_{회전}}{E_{이동}} \quad \cdots\cdots (47)$$

ρ : 회전관성 계수, $E_{회전}$: 회전에너지, $E_{이동}$: 이동에너지

평균 회전관성 계수는 약 1.10이다.

[표 4] 평균 회전관성 계수

열차 형태	질량 요소	비고
승객수송열차	1.10	
화물열차, 미 적재화물열차	1.15	
화물열차 화물 적재됨	1.06	
디젤수력 기관차	1.20	
디젤전기 기관차	1.20	
전기 열차	1.30	
전동차 연결열차	1.06	

이러한 방법으로 조사한 가속을 이용하여, 다음 가변정지 마찰점이 움직이는 폭에 맞추어 조사할 수 있으며 주행시험선도 점차 구성되어 간다. 계산은 방향페이스 또는 속도에 적용, 실행된다. 이 두 가지 중 속도상으로 계산하는 방법이 바람직하다.

[그림 21]에서 보여주는 출발과정은 아날로그 방식으로 다른 운동 과정에도 적용할 수 있다. 속도감소 단계에서 가속력 대신에 열차저항공식에 의해 계산된 저항력이 영향을 미치는 요소로 작용하고, 제동시에도 추가적으로 제동력에 영향을 미친다. 또한 이러한 운동과정에서 질량요소는 반드시 고려되어야 한다.

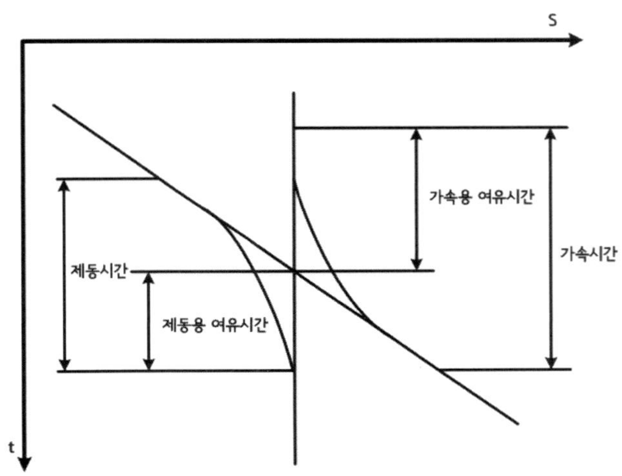

[그림 21] 제동과 가속의 여유시간

출발 및 속도감소단계와 비교하였을 때 제동단계에서 문제가 되는 것은 아주 짧은 프로세스 과정이다. 따라서 여기서 지속적인 제동지연(제동 작동 $a_b = 0.5\ \mathrm{m/s^2}$)을 계산할 수 있다. 이러한 방법으로 얻어진 주행시험선으로부터 시간–방향–선이 도출된다. 여기에서 주행시험선은 숫자로 통합된다. 어떤 특정 노선의 주행시간을 s 라 했을 때 주행시간 s 는 아래 공식으로 계산할 수 있다.

$$s = \int \frac{1}{V(s)}\, ds \qquad \cdots\cdots (48)$$

숫자를 통합할 때 같은 단계 폭의 증가는 주행시험선 계산에서와 마찬가지로 유용하게 쓰인다. 주행시간 조사를 위해 기본적으로 필요한 운행시간표는 정확하게 작성된 것이어야 한다. 이때 수작업으로 계산된 운행시간표는 실제로 별 쓸모가 없다. 따라서 과거에는 그래픽을 이용한 방법을 개발하여, 이 방법으로 주행시험선을 만들었으며, 주행

시간 조사 또한 그래픽을 이용하여 조사하였다. 그래픽 주행시간 조사방법을 위해 여러 가지 기기(그래픽 적분기)가 사용되었다. 이 중 가장 널리 알려진 것이 기계식 아날로그 계산기로 독일 철도는 물론, 컴퓨터 정보처리구축에 이르기까지 여러 분야에 사용되었다. 오늘날 주행시간은 컴퓨터 정보처리에 의한 방법으로만 계산한다.

주행시간 계산 결과는 주행시간표에 반영된다. 동시에 출발 및 제동 추가시간을 별도로 표시되며, 이러한 추가시간은 달리고 있는 열차의 주행시간과 정차열차의 주행시간으로부터 나오는 차이이다.

주행운행계획에 필요한 주행시간 조사 이외에, 높은 정확도를 요구하지는 않지만, 운영상 연구를 위해서도 주행시간 조사가 필요하다. 이러한 연구를 시행할 때 복합, 정확한 방법 대신에 일정하게 지속되는 출발가속을 이용, 대략적인 주행 조사방법을 활용한다. 이 출발가속은 통과속도 아래에서의 열차 주행을 가정하여 시행한다.

13장 선로용량

철도시스템의 선로용량은 다음 세 가지 의해 이루어진다.

① 현재의 스케줄 또는 기반 시설 계획의 평가

② 철도기반시설의 적정한 선로용량 설계

③ 제안된 서비스에 요구되는 기반시설의 결정

1 선로용량의 개념

1.1 선로용량의 정의

선로용량은 일정한 선로 구간의 1일 동안 운행할 수 있는 최대 열차 횟수를 의미한다. 편도 용량을 보통 기준으로 하는데 기본적으로 수요에 의해 좌우되며 이를 뒷받침해 주는 차량 조건, 신호 조건, 선로 조건 및 운영조건에 의해 가변적으로 결정된다. 또한 선로용량(Capacity)은 선로뿐만 아니라 부속 시설물인 정차장, 조차장 등 여러 가지 요인에 의하여 영향을 받으므로 각 부속 시설물의 처리능력이 함께 검토되어야 더 정확한 선로용량을 산정 할 수 있다.

선로용량은 기본적으로 역 간 시설 용량에 좌우되는데, 역 간 용량은 하나의 역이 소화할 수 있는 편도 운영 횟수로 선로용량은 역 간 용량이 모여 이루어지며 역 간 용량의 최소치가 그 선로의 용량이 된다.

선로용량을 산정하는 주된 목적은 열차 운행 계획상 최대 최적의 열차 운행 횟수 산정 및 수송력의 증강에 필요한 투자 우선순위 판단 및 병목 구간을 판단하는 데 있다.

1.2 선로용량 개념

선로용량은 지정 주기(일일, 1시간)를 구간 운전시격과 도중 정차시간의 합으로 나눈 값이다. 특히 운전방식, 열차시간계획(Train Scheduling 이하 열차다이아로 표시)에 영향을 받으며, 그 외 요인들은 아래와 같다.

(1) 선로의 단선, 복선

단선철도는 수요와 함께 투자 비용의 관계로 전형적인 노선은 단선으로 건설되어 상 · 하행 동일 선상을 서로 어긋나게 운행하게 된다. 따라서 정거장 거리에 따른 운전시분과 폐색취급시분이 추가되어 가용시간에 대한 선로용량이 산정되며, 복선철도는 단선으로 수요를 감당하기 곤란한 경우 양방향으로 선로가 별도 건설되어 상행과 하행이 분리 독립적으로 운행하는 형태로서 신호시스템과 폐색구간 분할 등의 영향 등을 받으나 가장 단순하게 열차 간 운전시격에 따라 용량의 대소가 상이하다.

(2) 폐색방식과 폐색구간 분할

임의의 두 정거장 간 열차의 안전을 확보하도록 1개 열차만을 운전시키기 위하여 정한 구간을 폐색구간이라 하며 그 방식은 여러 가지로 개발되어 있으며, 자동폐색시스템의 출현으로 정거장 간을 여러 구간으로 나눠서 운전시격을 단축하는 방법이 실현되고 있다.

그러나 폐색구간을 나누는 데는 열차길이(최대)와 차량성능에 따르는 제동거리 및 여유거리 등의 요소들이 결합하고, 선로선형(특히 구배)에 따라 기준길이 보다 가감이 이뤄지는 것으로 폐색구간 길이는 직접 계산식에 적용되는 요소이다.

폐색방식은 이를 제어하는 신호제어방식과 연관되어 선로용량을 변화시키므로 단선 계산식과 복선 계산식을 별도로 사용하여 기초조사 내용에 따라 상세 비교분석할 필요가 있다.

(3) 신호제어시스템

열차안전 확보와 운행관리를 위하여 신호시스템은 여러 가지 방식으로 발전되어 왔고 계속적으로 산업기술의 발달과 함께 진화하고 있다.

수신호, 기계식 방식으로부터 시작되어 자동화 및 현시방식, 선로변, 차내신호 등에 따라 선로용량 계산식에 방식별 운전시격 등의 논리를 적용하여 그 변화가 분석 대상이 된다.

(4) 노선선형 및 열차속도

노선선형은 열차운행에 직접 영향을 미치며, 구배, 곡선, 노반설계에 따라 열차속도를 제한시키게 된다. 또한 차량 성능과 조합되어 선로용량에 직접 영향을 주는 구간 운전시분을 변화시키는데 이 인자에 대한 직선화 효과와 인프라 개량에 대한 분석도 필요하다.

(5) 열차종별의 회수비와 정차시분

열차종별은 기본적으로 영업목적이나 차량형식, 화물종류에 따라 달라지므로 사전에 운행열차 종별을 설정하여 선로용량을 산출하게 된다.

저속과 고속 등으로 분류되고, 화물, 여객, 고속열차 그리고 정차유형에 따라 급 완행 등으로 구분된다. 여기에 수요에 의한 열차종별 운행회수가 결정되어 그 운행회수 비율과 정차시분 등은 상호간 교행 혹은 대피현상을 발생시키므로 열차 배열 순서에 따라 운전시격을 변화시키는 계산 인자로 설정된다. 이 인자들은 역간거리와 대피 여부에 따라 직접 계산식에 의해 비교분석 하여야 한다.

(6) 역간거리와 평균 운전시분

역간거리는 구간 운전시분에 직접 영향을 미치는 인자이며, 평균 운전시분과 상호 관계된다. 열차종별로 서로 다른 구간 운전시분이 산출되며, 이에 대한 계산식 반영과 분석은 대피거리 산출 및 TPS 분석으로 비교하여야 한다.

(7) 교행 및 대피설비의 유무

단선 운전 시 교행이 발생하며, 대피는 단선과 복선에서 속도의 높낮이 차에 따라 운전구간이 긴 경우에 발생하는 것이다.

정거장에 운전설비인 선로배선수를 결정하여 대피선의 유무에 따라 선로용량은 변화되므로 계산식에 대피선 유무를 반영하고 상세 분석할 필요가 있다.

(8) 구내작업 상황 및 분기기 형태와 재질

구내작업 상황은 열차취급의 제한으로 작용하지만, 일단 선로용량 계산에는 제약이 없는 것으로 제외되며, 선로 분기기 형태에 따른 철차번호별 제한속도에 따라 상세 분석이 필요하며, 재질은 통과속도의 제한을 주는 인자로서 운전시각표에 반영된다.

(9) 착발선 용량

정거장의 착발선의 배선수는 운전시격 및 회차반복, 차량 정비시간(청소 등) 등과 함께 상호작용하므로 선로용량 상 최소운전시격을 감당할 수 있도록 계획되어야 한다. 만약 착발선의 용량이 부족 시(유효장 포함) 열차운행회수가 제한되므로 결국 선로용량에 영향을 준다. 그렇지만 이 인자는 충족한 것으로 보고 계산식에는 반영되지 않는다. 따라서 계산식 외 운전시격별 배선수 계산으로 가름하며, 반드시 노선계획 시 장래 최대 수요를 감당할 수 있는 정거장 설계에 반영하도록 하여야 한다.

(10) 열차제어장치의 취급시분

단선에서는 구간 운전시분과 함께 직접 취급시분이 계산되며, 자동화가 이뤄지면서 그 시간도 짧아지는 경향이다. 계산식에는 운전시격 및 안전도착, 출발시격에 포함되어 있으며 그 영향은 미미하다.

(11) 선로 유지보수시간

선로 기반시설의 유지보수는 열차운행이 빈번한 노선은 더욱 피로도가 증가하여 빈도를 높여야 하며, 계절별, 기후변화 등, 노후화에 따른 교체작업 및 정기 예방보수 긴급점검 혹은 수리정비 등 필연적으로 시간을 배정하여야 한다.

만약 합리적인 유지보수시간을 계산하고 이를 반영하지 않는다면, 열차운행에 막대한 지장과 비용의 낭비가 초래될 수 있을 것이다. 그러므로 선로이용률의 가장 큰 제한인자로 작용하여 사전에 열차운영 불가 시간으로 확보하여야 한다.

(12) 열차운전 여유시분

여유시분의 책정은 철도환경에 따라 다양하다고 판단되는 인자로서, 만약 열차운전 여유시분의 설정이 없다면 TPS 등의 무리한 실행으로 얻은 구간 시간을 적용하여 계획 시 결국 커다란 시행착오가 발생하는 것이다.

실제 열차 운전시간은 차량 성능에 가장 영향을 받으며, 운전 기량 및 열차운영 관리자 기법, 그리고 기후변화와 제반 설비(궤도) 상태에 따라 상당한 차이를 나타낸다. 그리고 열차 지연은 필연적으로 발생하며, 예측불허의 각종 장애 및 사고가 발생하면 이에 대한 지연회복 여유를 설정해 두지 않으면 운영혼란이 초래되고 이는 그대로 열차운행에 지장을 주면서 전체적으로 파급되어 운행다이아의 정상 복원이 불가하므로 경험적으로 일정한 여유를 두고 선로이용률을 60～75% 사용이 보편적이다.

(13) 철도환경 및 기타

철도환경에 대하여는 특정하기 곤란하지만, 전반적인 기술수준과 인적 구조, 기량, 사회환경 등의 영향에 따라 선로용량 산정 시 영업시간, 정차시간, 운전취급시분, 폐색취급시간 등의 설정에 포함한다.

1.3 선로용량의 종류

선로용량으로는 설계용량, 운영 용량으로 구분할 수 있다.

(1) 설계용량

이상적인 조건에서 수송량이 제한 없이 있다는 조건을 전제로 즉 다른 조건을 고려하지 않고 선로 자체가 감당할 수 있는 용량을 의미한다. 철도회사에서 구분하고 있는 용량 중에서 한계용량과 같은 의미이며 운전시간은 이론적 운전시간 및 각 역의 열차 통제를 기준으로 하며, 선로 보수나 선로건설공사에 따른 주행 지연시간은 고려하지 않는다.

(2) 운영용량

운영용량은 수송량의 변화와 수송의 질 즉 열차 지체시간 등의 영향을 고려하여 산정되는 용량을 의미하는데 일반적으로 철도의 선로용량이라고 부를 때 이를 지칭하는 것이다. 철도회사에서 구분하는 실용용량과 같은 의미인데 열차의 유효 시간대. 시설보수 시간, 운전 취급 등을 고려한다.

1.4 용량 산정에서 고려할 사항

선로용량에 관계된 4가지 변수는 시설 측면의 용량 제한 요인, 차량 측면의 제한 요인, 운영 제한 요인과 신호방식 등이 있다.

(1) 시설요인

① 최급구배(보조기관차 사용 및 중련운전)
② 최소곡선 반경
③ 구내 통과속도
④ 곡선 제한속도
⑤ 구배 제한속도(여객열차, 화물열차)
⑥ 역간거리 및 구내배선
⑦ 역 통과속도
⑧ 선로 및 배차선 시설보수 시간

(2) 차량 요인

① 기관차/전동차 성능
② 열차속도 종별(여객열차와 화물열차)
③ 견인정수 혹은 환산량수 (여객열차, 화물열차)
④ 최고속도 (여객열차, 화물열차)

(3) 운영요인

① 속도별 기관차 성능별 열차 횟수 비율
② 여객열차 및 화물열차 횟수 비율
③ 열차의 종별 순서 및 배열
④ 열차의 운전취급 순서
⑤ 열차의 유효 시간대
⑥ 열차운전의 여유시간

(4) 신호방식

① 신호현시 방식과 폐색방식

2 철도 선로용량 산정방식

2.1 야마나기식(山岸式)

야마나기식 선로용량(1945)은 실제 열차 운행 도표 도표를 기준으로 복선구간에서 열차의 추월 대피, 단선 구간에서 교행 대피하는 경우의 열차 지연시분에 착안한 산출식이다. 이 산출식은 「최대 운전시분이 소요되는 두 역간에서 최저속열차가 운전하는 총시간과 그 역간을 저속열차 모두가 고속열차에 대피 당하며 발생하는 지연시간 (d, 고속열차운전시분과 신호취급시분 포함)을 합한 값이 1일 작업시간 1,440분과 같다」 라고 가정한다. 현재 일본과 한국철도에서 수정하여 산정식으로 사용 중이며 그 산출식과 요소는 아래와 같다.

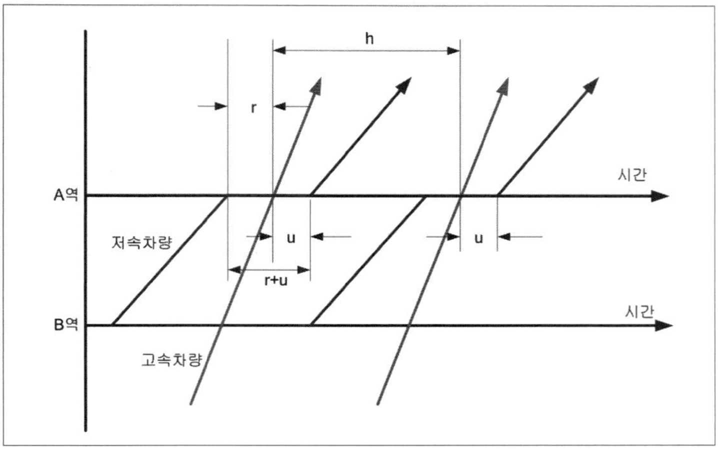

[그림 1] 선행열차와 후속열차의 대피 관계도

여기서, h : 주행하는 고속열차의 상호 간의 최소운전시격

r : 정차장에 선착할 저속열차와 후착 고속열차와의 사이에 필요한 최소운전시격

u : 정차장에 선발할 고속열차와 후발 저속열차와의 사이에 필요한 최소운전시격

$$N = \frac{f \cdot T}{hv' + (r+u+1)\Sigma v} \quad \cdots\cdots (1)$$

$$N = \frac{f \cdot T}{h(v' + \Sigma v - \Sigma w) + \Sigma wd} \quad \cdots\cdots (2)$$

$$d = \frac{p}{2q}(tn' - tn) + r + u - (1 - \frac{p}{2q}) \times (s' - s) \quad \cdots\cdots (3)$$

여기서, N : 선로용량

T : 1일 총 시분(1,440분)

f : 선로이용률(보통 0.6)

h : 속행하는 1군의 고속열차 상호 시격(분)

v' : 저속열차운행회수비{저속열차운행회수(설정/편도열차운행회수(설정)}

v : 고속열차 운행회수비율{고속열차운행회수(설정)/편도열차운행회수(설정)}

d : 저속열차가 단독의 고속열차를 1회 대피 추정 지연시분

ω : 열차그룹수 비율,

p : 지정구간의 총 역간수

q : 지정구간의 총 대피역간수(시 · 종착역은 대피역으로 계산)

tn' : 저속열차구간 평균운전시분

tn : 고속열차 평균운전시분
r : 안전 도착시격(감속하지 않고 진행신호 현시 조건)
u : 안전 출발시격 (진행지시 신호현시 조건)
s' : 저속열차 표준정차시분
s : 고속열차 표준정차시분

위 산정식은 속행 시격 h값을 고정한점 즉, 복선구간 야마기시식을 이용하며 일률적 운전시격 $h=6$분을 사용하며, 고속열차그룹을 하나로 취급하여 열차 속도향상과 다양화를 반영치 못하는 한계를 갖는다.

2.2 UIC CODE 선로용량 산출식

UIC CODE 선로용량 산출식(2004)은 유럽철도에서 주로 사용되고 있다. 이 식은 실제 40개 철도 구간 샘플 통계자료를 응용한 간략식으로서 평균 최소시격과 운영상 여유시분 및 추가 시분을 적용하고 있다.

$$L = \frac{T}{t_{fm} + t_r + t_{zu}} \qquad \cdots\cdots (4)$$

여기서, L : 노선구간 용량[열차수/기준 주기]
T : 기준주기(일일, 1시간 주기)
t_{fm} : 최소 열차운전시격의 평균시분[분]
t_r : 여유시분[분]
t_{zu} : 추가시분[분]

운전시각표의 유무에 따라 평균시분 t_{fm}은 열차들의 전체 최소운전시격의 평균치로서 복선과 단선으로 구분한다. 여유시분은 최소운전시격에 추가된 휴식시격(Breathing space)을 의미하며 실제 운영조건 아래에서 실험을 기초로 선로이용률이 $N=60\%$ 때 $t=0.67t_{fm}$[분/열차], $N=75\%$ 때 더 짧은 $t=0.33t_{fm}$[분/열차]을 적용한다. 추가 시분은 선로구간수 a에 열차당 0.25분을 곱하여 사용한다. 위 국내 철도 야마기시 산정식과 UIC산출식을 비교하면, UIC산출식은 하루 중 열차운용 가용시간 T(예, 미운용시간 제외)에 따라 다르다는 점을 간과해선 안 되며, 운영상 여유시분 t_r과 추가시분 t_{zu}을 산입하고 있으므로 상대적으로 선로용량 산정값이 낮아진다.

3 선로용량 산정 산출식 분석

3.1 단선철도 선로용량 분석

단선에서 운전시분이 가장 긴 구간이 결정 용량구간이며, 역간거리와 차량성능, 폐색방식 및 각 열차 구성비가 영향을 미친다. 식5의 계산 시 폐색취급시분은 궤도회로를 이용하는 자동구간의 경우, 통상 분기기 및 신호전환 시분 0.5분 신호확인과 출발전호시분 0.4분, 합 0.9분 정도가 소요되므로 1.5분에서 1.0 분으로 단축하는 것이 타당하다고 판단된다.

$$N = \frac{f \cdot T}{t + c} \qquad \cdots\cdots (5)$$

여기서, N : 선로용량

f : 선로이용률(60%)

T : 1일 1,440분

t : 각종 열차 상 · 하행 운전시분의 최대평균치(분)

3.2 복선구간 선로용량 분석

3.2.1 전동열차 전용노선(기존 완행전동 노선)

한 종류의 전동열차만 운행하는 경우 식 6과 같이 평행다이아를 구성하여 가용시간을 Peak Time 기준 최소운전시격으로 나눠서 산정한다. 이는 최대허용용량으로서 일정 승차율을 적용한 설비용량에 약간의 여유가 더해진 실용용량이다. 예를 들어 전동열차 전용구간은 2.5~3분 시격을 적용하고, 고속철도는 TVM 430시스템의 설비용량 3분 시격에 여유시분을 추가한 4분 시격으로 선로용량을 산정한다. (예: 경부고속철도기본계획보고서)

$$N = \frac{1440 \times f}{h} \qquad \cdots\cdots (6)$$

여기서, N : 선로용량

f : 선로이용률(0.70~0.75)

T : 1440(분)

h : 운전시격 (분)

전동열차 급완행방식의 경우는 추가로 규격다이아를 그리고 최소평균시격 h값을 이용하여 선로용량을 산정한다. 이때 h값은 급완행열차 배치비율에 따라 달라진다.

4 선로용량 계산 방법

철도시스템의 선로용량 계산 방법은 2가지로 나눌 수 있다. [그림 2]

1) 분석적 방법

2) 시뮬레이션

분석적 계산 방법은 기반시설과 열차시간표 특성 결정과 선로의 용량 또는 철도 네트워크에 나타난 것을 분석하여 데이터를 계산하는 방법으로 전체 대기시간 곡선을 계산하는 것은 불가능하나 이 곡선에서 일부 중요한 포인트를 얻을 수 있는데 예를 들면 열차시간표 용량이다.

분석적 계산은 많은 열차운행 비중이 낮은 개소에 사용되며, 문제를 해결하는 것 보다 시뮬레이션을 교정하고 만드는데 좀 더 시간이 요구되지만 비교적 단순한 시뮬레이션이기 때문에 유용하게 사용할 수 있다.

컴퓨터 시뮬레이션 실험방법은 다음과 같다.

1) 비동기 시뮬레이션

2) 동기 시뮬레이션

비동기 시뮬레이션은 스케줄과 매우 유사하게 작동하며, 열차주행과 별개로 스케줄 처리 시뮬레이션이 가능하다. 스케줄 처리 시뮬레이션을 시행할 때, 시뮬레이션 시스템은 스케줄의 규칙에 따라 열차시간표에 확률론적 열차 경로를 만들어 넣는 노력을 한다.

서로 다른 열차 등급은 그것들의 우선권에 따라 스케줄이 결정되므로 열차시간표 용량을 직접 결정하는 것이 가능하다. 주어진 열차 수량에 대한 스케줄된 대기시간의 합은 스케줄의 경합이 없는(과주여유거리 방호시간) 열차경로의 열차시간표를 얻기 위하여 지연시키는 시간의 합과 같게 결정하게 되고 두 열차의 경합되는 스케줄 해결 전략은 우선권이 낮은 열차 경로를 지연시키는 규칙에 따른다.

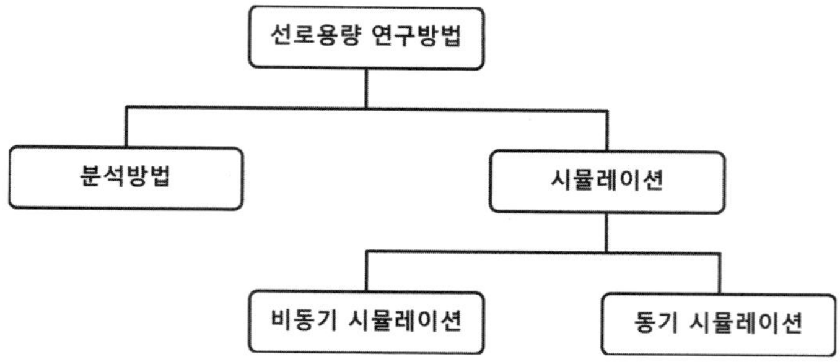

[그림 2] 선로용량 연구방법의 분류

열차주행을 시뮬레이션 할 때, 확률론적인 지연은 추가적 경합 발생 원인이 되므로 이러한 경합경로는 실제 운행관리 원칙을 따르는 규칙으로 해결한다.

과주여유거리 방호시간의 경우 열차 경로는 연기되거나 열차 순서가 열차의 우선권에 따라 변경된다. 따라서 열차주행 시뮬레이션은 혼란스러운 스케줄과 같이 출력되므로 연구자들이 비동기 시뮬레이션보다 시뮬레이션을 선호하는 이유이다.

경합은 열차 경로와 열차의 방호시간을 조정하여 단지 해결할 수 있으나 구부려서는 할 수 없다. 사실 빠른 열차에서, 최소 선로 운전시격보다 거리가 짧고, 저속 열차가 따라갈 때 강제로 느리게 시뮬레이션을 할 수는 없는 것이다. 결과적으로 모의시험 운행은 실제 철도운영 상황과 다르게 된다.

열차 지연의 발견은 현행 운행에서 비동기 시뮬레이션으로 언제나 약간의 불확실성이 보이나 동기 시뮬레이션에서 철도운행의 모든 부분적인 처리는 실제 시간 순서에서 모의시험 된다. 그러므로 동기 시뮬레이션의 결과는 실제 운행에서 기대하는 데이터와 매우 가깝다. 비동기 시뮬레이션에서의 스케줄 처리는 모의시험을 직접적으로 할 수 없으나 컴퓨터 기반 스케줄 프로그램의 도움이 있으면 동기 시뮬레이션으로 평가할 수 있는 열차시간표 생성이 가능하다.

4.1 선로용량 계산 방법

4.1.1 분석적 방법

분석적 방법은 현재 운행 중이거나 설계방식에서와 같이 앞으로 계획하고 있는 운행상황을 분석하는 것이 아니라 운행이 실제로 가능한 용량을 산출하는 데 그 목적이 있다. 이를 위하여 운행상황을 규정할 수 있는 내부적인 관계나 법칙 등으로서 추상적인 모형을 개발하고 확률이론으로 이를 보완함으로써 일반적인 운행상황을 예측할 수 있게 된다. 앞으로 철도용량의 산정을 위하여 여러 가지의 분석적인 기법이 소개되고 평가된다. 이때 다음과 같은 세 가지 방식으로 분류될 수 있다.

① 수학 · 경험적 방식

② 서비스 이론적 방식

③ 기초도를 이용한 방식

(1) 수학 · 경험적 방식

이 방식은 서비스 이론에 근거하지 않은 분석적인 방법을 의미한다. 명칭에서 알 수 있듯이 운행상황의 관측 자료를 활용하게 된다. 이 결과를 바탕으로 운행상황에 관한 일반적인 예측이 가능하다.

이때 철도선로의 용량을 이 노선 내에서 가장 포화도가 높은 구간의 용량(기본구간, 또는 병목 구간)과 같이 간주할 것이다, 또는 노선 내 구간의 수를 고려하여 용량을 결정할 것인가를 결정하여야 한다.

철도노선은 차량의 수가 같게 유지되는 다수의 부분 구간으로 구성된 두 개의 긴 철도교차점으로 정의된다. 부분 구간은 역과 역 사이의 기본구간이나 추월 구간으로 구성되며 이에는 열차의 배열에 변화가 있을 수가 없게 된다. 기본구간은 폐색구간으로 세분된다.

① 기본구간

◆ 딜리(Dilli : 1952/54)

딜리는 병목구간과 완충시간(Tolerance)에 관한 연구를 수행하였다. 철도의 실제 운영 상황을 관측한 결과 그는 철도운행계획 상에 주어진 완충시간이 충분할수록 운영의 수준이 높아짐을 알게 되었다. 평균적인 완충시간이 5분 미만일 경우 병목구간에 의한 지체현상이 발생하게 됨으로 평균적인 완충시간을 5.5분으로 결정하였다. 이러한 평균적인 최소차 두 간격을 고려하였을 경우 용량은 다음의 공식과 같이 산출될 수 있다.

$$N = \frac{1440}{Z+r}$$

여기서, N : 선로용량(회/일), Z : 최소차두간격(분), r : 완충시간(분)

딜리가 경험적으로 산출한 완충시간은 오랫동안 용량을 산정하는 데 이용됐으며 유럽철도의 시방서에도 3분에서 5분 간격으로 수정된 형태로 적용되고 있다.

② 부분구간

◆ 아들러(Adler : 1967)

아들러는 부분구간의 용량이 병목구간의 용량보다 낮음을 증명하고 부분구간의 최대허용 가능한 용량을 역구간의 수를 고려하여 산출하는 기법을 고안하였다. 그는 전체 운행노선에 대한 여러 개의 차량운행 시공도를 분석하여 주어진 시간 내에서 운행되고 있는 차량 간 최단 완충시간의 합을 산출하였다.

전체노선에 대하여 최소 완충시간의 합으로부터 전체노선의 포화도를 산정할 수 있다. 부분구간의 포화도와 전체노선의 포화도의 비율을 연쇄율로 표현하였다. 이 비율은 전체노선을 구성하고 있는 그간의 수 a 와 상관성을 갖고 있다. 구간수 a 와 연쇄율 간의 관계를 나타내는 방정식으로부터 부분구간의 최대 허용가능한 포화도를 산출하는 것이 가능하다. 또한 이로부터 노선용량의 산출도 가능하다.

$$e = \frac{1}{0.8838 + 0.1676 . a - 0.00514 . a^2}$$

$$\overline{t_R} = \overline{t_B} \cdot \frac{1-e}{e}$$

$$N = \frac{Tu}{\overline{t_B} + \overline{t_R}}$$

여기서, N : 선로용량

t_B : 최소 운전시격

t_R : 최소 차량 완충시간

e : 선로 점유도

a : 선로구간 수

(2) 서비스 이론적 방식

다음에 설명되는 기법은 대기행렬이론에 근거하고 있다.

◆ 쉬반호이져 (Schwanhausser : 1974)

쉬반호이져는 운행계획에서 요구되는 완충시간의 산정과 이를 이용한 구간용량을 산정하는 방법을 개발하였다. 운행상황의 수준을 결정하는 기준과 잣대로서 충분한 크기의 완충시간에 포함되어야 할 연속지체의 합을 이용하고 있다.

연속지체의 합을 산출하기 위한 방정식은 3차방정식으로서 변수를 갖고 있다. 따라서 수학적으로 완벽한 계산이 가능하다. 그러나 이를 실제에 적용시키는 데에는 많은 복잡한 문제들이 해결되어야 한다. 쉬반호이져는 충분할 정도의 정확성을 갖는 세 가지의 방법을 제안하였다.

ⓐ 그래픽을 이용한 기법
ⓑ Iteration을 이용한 기법
ⓒ 근사치를 이용한 기법

근사치를 이용한 기법에는 필요한 완충시간을 산출하기 위한 도입변수의 수가 감소되는데 근사치기법은 연방철도의 구간용량산정을 위한 지침서의 한 부분으로 인용되고 있다.

때때로 24시간 용량이 외에도 예를 들어 첨두시간과 같은 시간당 용량이 필요할 경우가 있다 이 경우 이 기간 동안에 우연적으로 발생 할 수 있는 작은 완충시간이 발생하는 것으로 가정한다. 이와 같이 우연적으로 발생하는 작은 완충시간의 발생으로부터 철도선로의 시간당 용량을 산출 할 수 있다. 쉬반호이져은 그의 연구에서 평균완충시간과 평균 최소 차두간격간의 관계를 나타내는 도표를 통하여 첨두시간 동안의 최대차량의 수를 구할 수 있도록 하였다.

(3) 기초도 이론기법

도로교통공학에서는 교통량, 교통밀도와 속도와의 상관관계가 기초도로서 정의되고 있다. 교통량을 밀도의 함수로 볼 때 교통량이 최대가 되는 교통밀도를 구할 수가 있다. 이때의 최대값이 도로의 용량이 최대가 되는 것을 의미한다.

- 호프만 (Hoffman : 1989)

  호프만은 도로교통의 가스, 유체역학의 이론을 철도에 응용하였다. 고정식 신호체계를 갖는 기존 철도운영방식에서 구간내의 열차운행에 대한 기본적인 상관관계를 제시하고 이로부터 교통량, 밀도와 속도간의 기초도를 도출하였다. 열차운행밀도와 상관된 열차운행간의 함수는 블록모양이며 안정적인 운행과 불안정한 운행을 구분 짓는 최대값을 가지고 있다.

4.1.2 시뮬레이션 방법

실제적인 연간 차량편성계획에 따라 차량은 그 우선순위에 의하여 일정구간에 배열된다. 예를 들어 가장 우선순위가 높은 KTX가 IR(Inter Region)에 우선하며 이는 다시 RE(Region)차량보다 우선적으로 배치된다.

[그림 3]은 시뮬레이션의 흐름 차트를 나타내고 있다.

먼저 시설물의 데이터가 입력된다. 이때 선로계획은 궤도자료로 구분된다. 궤도자료는 열차의 운행궤적이 정확히 묘사되고 필요한 시설물의 데이터 (허용속도, 정차대수, 구간부하)가 명확히 설명되고 신호 기술적으로 운행의 분리가 명확하도록 정의된다. 궤도자료는 추가적으로 폐색구간을 나타내는 점유구간으로 구분된다.

시설물의 정의 이외에도 시뮬레이션이 시작되기 전에 열차운행 특성이 결정되어야 한다. 이를 위하여 기존의 또는 계획된 운행에 대한 모형차량이 구성된다. 이들 차량에 대하여 운행궤도의 정의, 연착과 조착의 허용정도, 운행의 수와 시간적인 분포가 필요한 경우 확정된 희망운행시간과 함께 차량 동력학적인 특성이 입력된다. 실제적인 시뮬레이션 프로그램은 다음과 같이 3단계로 구성된다.

(1) 1단계 : 운행계획의 구성과 시뮬레이션

임의로 발생하거나 기입력한 희망운행시간에 따라 운행계획이 구성된다. 이때 다음과 같은 배차기준에 의하여 차량운행이 편성된다.

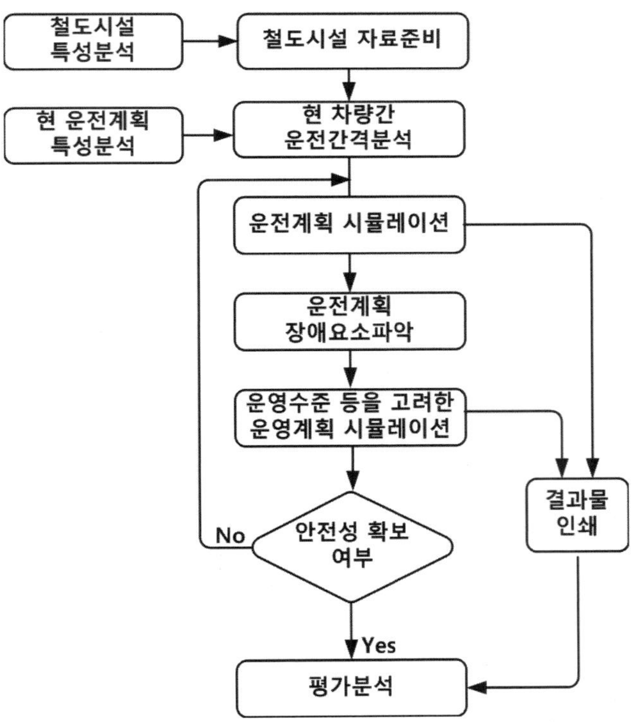

[그림 3] 열차 시뮬레이션 모형 수립 절차

- 우선순위가 높은 차량이 우선 고려된다.
- 이미 편성된 차량과 새로 편성된 차량 간에 장애가 발생하면 두 가지의 해결 방법이 있다.
  - 공간적인 우회, 다른 궤도로의 회피
  - 시간적인 우회, 궤도에 열차가 없을 때까지 기다림

같은 우선순위를 갖는 차량 간에는 시간적인 우선순위에 따라 차량이 편성된다.
희망운행시간에 비하여 상대적으로 발생한 늦은 출발시간은 계획적 대기시간으로 정의된다.

(2) 2단계 : 운행계획의 장애

정의된 분포를 고려하여 열차운행에 연착과 조착이 주어진다.

(3) 3단계 : 운행 시뮬레이션

2단계에서 산출된 운행계획 오차를 고려하여 1단계의 차량편성에 따른 시뮬레이션이 시작된다. 이때의 운행계획상의 출발시간에 상대적으로 발생하는 연착은 비계획적 대기시간으로 정의된다. 위의 3단계 시뮬레이션은 충분할 정도의 통계학적인 자료가 수집될 때까지 계속해서 반복된다.
마지막으로 시뮬레이션 결과가 평가된다. 이 기법에 따른 결과는 다양한 면을 보여주고 있다. 점유와 대기시간은 파악된 병목구간의 해소를 위하여 시설측면이나 신호측면에서 기술적인 대안책을 수립하는 데 이용된다. 계획하고 있는 운행과정이나 시설물이 적합한지에 대한 예측을 위해서는 대기시간, 연속지체와 속도율 (평균 수송시간으로 나눈 최소 수송시간) 등의 자료를 모형차량그룹에 대하여 산출하고 이를 테이블이나 그래픽의 형태로 나타낼 수 있다.
여러 가지 수준을 결정하는 변수를 파악함으로써 실제적인 차량운행에 대한 시설물의 용량에 대한 예측이 가능하다. 만일 더 이상 유효한 연착률이 증가하지 않으면 분석구간 내의 운행의 수준은 만족할 만한 것으로 인정된다. (연착감소 ≥ 연착증가)
화물열차의 경우, 만일 속도율이 0.8 이상이면 만족스러운 운행수준으로 여겨지며, 여객의 경우에는 정시율이 0.8(모든 여객차량의 운행이 운행계획과 비교하여 80%의 오차가 발생하지 않는다. 이때 1분의 오차율이 허용됨) 이상이 되어야 한다.
시뮬레이션은 여러 가지 종류로 수행될 수 있다.
① 현실적으로 운행이 가능한가를 파악하기 위한 고정 운행계획의 단독 시뮬레이션
② 운행계획에 장애현상을 시뮬레이션(연착, 선형 통제제어 장치의 고장, 정차 시간

의 연장, 저속구간에 따른 운행 장애 등을 고려함)

③ 도착곡선과 차두간격 분포를 기초로 한 특정한 운행계획의 산출
운행상황을 더 정확하게 묘사할 수 있으므로 광범위한 운행 결과의 도출이 가능하다.

④ 도면상 운행계획으로 계획과 실제 운행의 평가

⑤ 열차군별, 운행방향별, 차량특성별로 분석이 가능한 여러 가지 연착지수(연속지체, 비계획적 대기시간 등)의 산출

⑥ 특성 시간대나 구간을 고려할 수 있는 연착통계자료를 표나 그림으로 분석할 수 있음.

⑦ 환승으로 인한 연착 등 운행데이터의 통계적 분석

⑧ 연착으로 인해 운행시간을 감소시켜야 할 차량의 비율

4.1.3 각 방법의 주안점

선로용량을 산출하여 기존의 철도시설을 보다 효율적으로 활용하기 위해서는 철도선로의 용량분석이 매우 중요하다.

차량운행관리에 적용되는 관측방식은 차량의 현재 운행상황을 시공도에 작성하고 이를 기존의 차량 운행시간표와 지속적으로 비교하고 이 편차를 분석하여 운행의 수준을 파악하게 된다. 이를 통하여 차량정체가 반복적으로 발생하고 지체가 자주 발생하는 지역(연착발생빈도, 연착시간 등을 지표로 함)을 병목지점으로 판단하는 근거가 된다. 이 방식은 현시점에서의 운행상황을 판단하는 데에는 적합하나, 추가적인 차량의 투입이나 새로운 운행계획을 수립하면 이용할 수가 없다.

설계방식은 다양한 크기의 열차운행간격을 가정하고 차량운행을 시공도에 미리 제도함으로서 계획하고 있는 운행프로그램의 실현성을 예측하게 된다. 이 자료를 통하여 일정시간 내에 계획하고 있는 운행프로그램만의 분석이 가능하며 운행계획의 변경시에는 적용이 불가능하며 또한 운행상황의 수준을 파악하기가 힘들다는 단점이 있다.

분석적 방법의 수학 · 경험적 방식은 확률 및 서비스 이론에 기초한 용량과 서비스수준과의 관계를 분석할 수 있다. 실제용량과 선로용량은 운행계획과는 상관없이 산출될 수 있으며, 또한 운행상황과 시설의 모형화에 필요한 부담이 시뮬레이션 기법에 비교하면 매우 적은 편으로서 비계획적인 용량의 분석에는 적당한 기법이다. 따라서 이때의 결과 역시 일반적으로 적합한 것으로 인정할 수 있다. 그러나 구체적 운행계획상의 상황에 대한 영향(환승연결, 배차조건 등)에 대한 평가는 거의 불가능하다. 또한 기초도에 근거한 이론들이 얼마나 용량을 예측하는데 타당한 지에 대한 연구도 더욱 진행되어야 한다.

시뮬레이션방식에서는 실제상황이 수학과 확률적으로 재현된다. 분석 대상인 시설과 운행계획 등은 매우 정확하게 분석될 수 있다. 이 방식은 입력데이터가 많을수록 모형의 정확도는 높아지나, 이에 필요한 자료의 수집이 큰 문제로 정확한 결과를 기대할 수 있다. 특히 철도망에서의 시설물과 운행계획의 변경 등을 분석하기 위해서는 시뮬레이션 기법 외에는 다른 대안이 없다.

결론적으로 언급된 방식들 중에서 선로용량, 운영수준과 철도의 시설 등을 모두 고려할 수 있는 시뮬레이션방법이 선로의 용량뿐만이 아니라 전체적인 철도시설을 평가할 수 있게 하는 데 가장 바람직하다.

시뮬레이션을 이용함으로써 앞으로 다양한 가능성이 열리게 된다. 특히 연착에 따른 환승의 불편 등의 외부적인 환경에 대한 고려가 가능하고 또한 충분한 용량의 컴퓨터를 활용하여 광역철도망에 대한 연간운행계획의 시뮬레이션이 가능하고, 이를 통하여 철도운행의 단점이 미리 확인되고 보완될 수 있다.

최근의 철도는 시장경제에 알맞은 경제성 측면을 중시하게 되었다. 현재의 시장을 확보하고 이를 더욱 확대하기 위해서는 특히 앞으로 철도의 정시성, 안정성과 신뢰성 등의 고객 위주의 정책을 수행하는데 도움이 되도록 이러한 용량산정기법의 개발이 절실하다.

4.2 연동장치와 선로용량

선로용량과 같이 연동장치의 선로용량은 분석적 방법 또는 시뮬레이션에 의해 연구할 수 있다.

분석적 선로용량 연구에서 연동장치의 배치는 작은 요소 배치로 나누어지며, 단선 시스템과 관련된다. 연구를 위하여 요소 배치는 병렬 진로[그림 4]를 가급적 포함하지 않아야 한다. 이는 구성요소의 단일 평면에 배치된 선로를 주행하는 각 열차의 진로는 이 구성요소를 통하여 주행하는 다른 모든 열차의 진로에 의하여 쇄정된다는 의미이다.

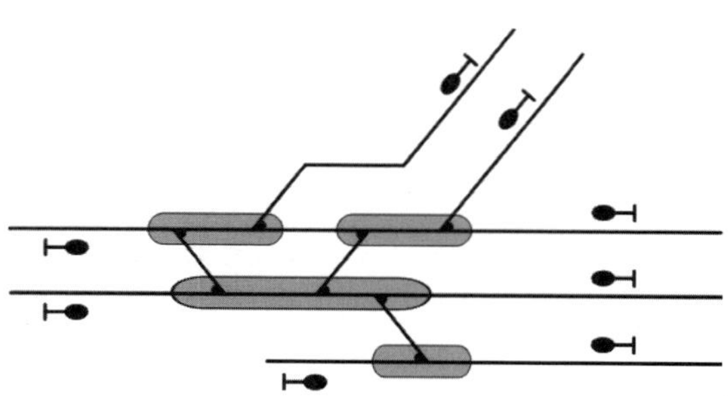

[그림 4] 단일 채널 요소 배치로 연동장치 분할

그 같은 구성요소 배치를 통하여 각 열차 주행 편성은 특별한 구성 요소용 최소운전시격을 결정할 수 있으므로 이를 기초로 하여 평균 최소 운전시격과 단일 채널 구성요소 배치용 이용률을 결정하는 것이 가능하다.

이러한 형태의 연구 장점은 선로용량과 관련된 가장 중요한 구성요소인 복잡한 연동장치에 대하여 구성요소에 대한 정보를 얻을 수 있다는 점이지만, 문제는 구성요소 배치 사이에 상호성이 아직 고려되지 않았다는 것이다. 단일 채널 구성요소에서 두 진로가 상호쇄정 되었을 때, 이 구성요소를 접촉하지 않는 제3 진로에 의해 그러한 진로는 쇄정하는 것이 가능하다.

[그림 5]에 예를 나타내었다. 요소 A 상의 각기 다른 진로 1과 진로 2는 쇄정되며, 양 진로는 요소 밖의 3 진로에 의해서도 또한 쇄정된다.

이와 같이 요소 A의 진로 1에 열차와 진로 2 사이가 최소운전시격일 때 결정된다. 진로 3에서의 주행은 무시할 수 없는 열차의 영향이며, 거기에는 시간의 좁은 통로가 존재하며, 양쪽 진로 1과 진로 2는 쇄정되고 또한 요소 A는 점유되지 않는다. 그 의미는 진로 3의 열차는 요소 3에 간접 점유를 생성하게 된다.

그 같은 간접 점유를 컴퓨터 모델로 처리할 수 있으나 복잡하고 특수한 경우로(대형 구내도에서는 3개 열차보다 더 많이 진로가 연루된다) 이 문제는 시뮬레이션에 의해 완전하게 풀 수 있다.

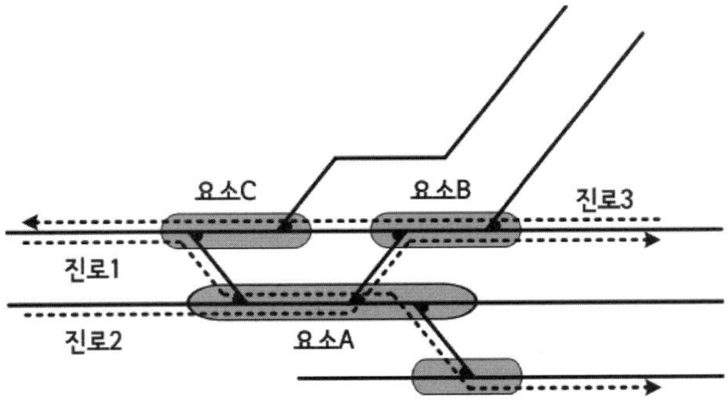

[그림 5] 3진로 사이의 연계의 예

그렇지만 매우 복잡한 연동장치에서는 이러한 기간시설의 민감한 요소를 실제로 찾아내기 위해 시뮬레이션 전략을 선택하기는 쉽지 않은 일이다.

그러므로 큰 연동장치의 효과적인 선로용량 연구에는 많은 철도운영 경험과 컴퓨터 모델을 사용하는 범위와 가능성에 관하여 상세한 지식을 가지고 있는 전문가가 필요하다.

고비용의 연구를 시작하기 전에 복잡한 연동장치를 단순한 방법으로 서로의 설계를 비교하는 것은 매우 큰 도움이 되므로, 일반적인 방법은 진로 쇄정표를 사용하는 것이다. 이러한 연동도표는 모든 진로를 줄과 열로 나타낸다. 단순화를 위해 정위 연동명칭이 각기 다른데, 예를 들어 각 진로는 입구와 출구를 한 개의 문자로 표시를 한다. 모든 표상에서 요소들의 상호쇄정은 쇄정(크로싱, 분기, 집중)의 종류와 약어에 의해 표기되어 진로가 설명된다.

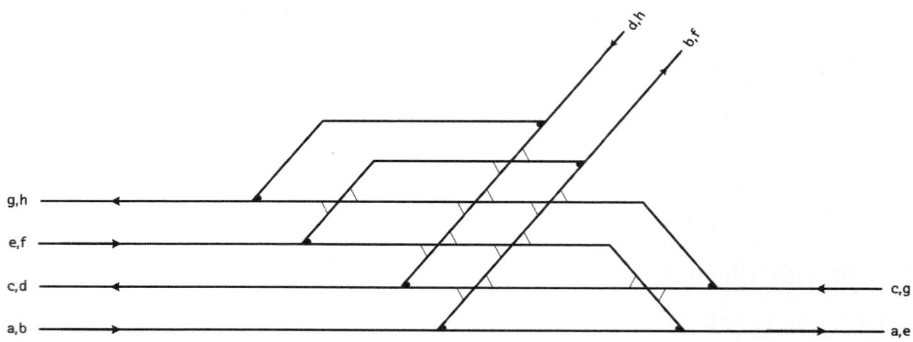

	a	b	c	d	e	f	g	h
a	S	D	-	-	C	-	-	-
b	D	S	X	-	X	C	X	-
c	-	X	S	C	X	-	D	-
d	-	-	C	S	X	X	X	
e	C	X	X	X	S	D	-	-
f	-	C	-	X	D	S	X	-
g	-	X	D	X	-	X	S	C
h	-	-	-	D	-	-	C	S

D - 분기진로　　X - 교차진로
C - 통합진로　　S - 자가상호관계

[그림 6] 진로 쇄정표

진로 쇄정표의 쇄정율은 진로 조합 전체 숫자로 쇄정된 진로 조합의 숫자를 나누는 것으로 즉시 결정할 수 있다.

$$\eta = \frac{\sum(c_{ij})}{n^2}$$

여기서, η : 진로쇄정율

c_{ij} : 진로조합 ij 의 쇄정 상태

쇄정 : $c_{ij} = 1$

쇄정 안 됨 : $c_{ij}=0$

n : 진로의 전체 숫자

이러한 간단한 형태의 진로쇄정율은 다른 진로상의 열차의 숫자를 고려하지 않은 것이다. 만약 서로 다른 진로 상의 교통흐름이 상이하게 다르다면, 진로쇄정율은 현실과 매우 다른 배치의 장 · 단점을 나타내지는 않을 것이다. 보다 나은 결과를 달성하기 위하여 열차의 숫자에 의한 진로 조합에 무게를 둔다.

$$\eta_w = \Sigma(c_{ij}) - f_{ij}$$

$$f_{ij} = \frac{n_i \cdot n_j}{n^2}$$

여기서, η_w : 진로쇄정율에 무게를 두다.

c_{ij} : 진로 조합의 쇄정 상태 ij (1 or 0)

f_{ij} : 진로조합의 상관 주기 ij

n_i : 진로 i상의 열차 숫자

n_j : 진로 j상의 열차 숫자

n : 모든 열차의 전체 숫자

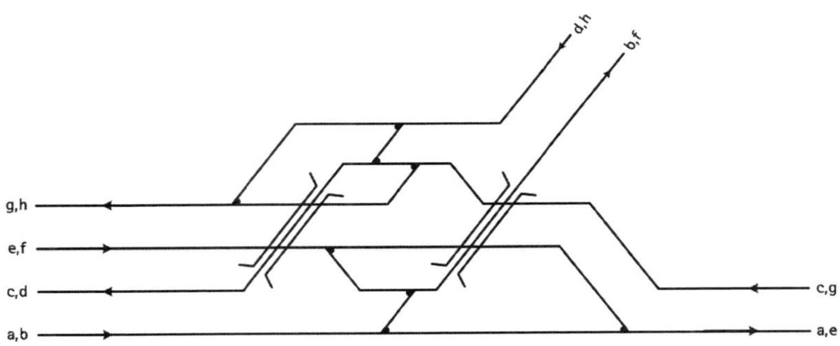

	a	b	c	d	e	f	g	h
a	S	D	-	-	C	-	-	-
b	D	S	-	-	-	C	-	-
c	-	-	S	C	-	-	D	-
d	-	-	C	S	-	-	-	-
e	C	-	-	-	S	D	-	-
f	-	C	-	-	D	S	-	-
g	-	-	D	-	-	-	S	C
h	-	-	-	D	-	-	C	S

D - 분기진로　　X - 교차진로
C - 통합진로　　S - 자가상호관계

[그림 7] [그림 6]의 개선된(이상적) 배치도 배열

모든 진로 경합도표로부터 이동에 의하여 궤도배치를(과주여유거리에 의한 분기부 진로와 경합진로) 수정하여 제거할 수 있으며, 더 이상적인 배치의 진로 쇄정을 얻을 수 있다. 이러한 이상적인 배치에서 모든 경합진로는 분기기나 집중분기 진로이다. 연동장치의 서로 다른 설계를 평가하기 위하여 진로쇄정율은 같은 진로를 연결하는 그 진로쇄정율과 이상적인 배치의 진로쇄정율로 비교하여 설명된다.

[그림 7]은 [그림 6]의 관련 배치도의 이상적인 배치를 나타내었다.

다음 예제는 원래 배치 형태에서 개선된 배치 형태의 진로쇄정율을 나타내었다.

예, 다른 진로 상의 열차 숫자를 고려하지 않고 [그림 6]과 [그림 7] 쇄정율의 궤도 배치를 위하여 진로쇄정표에서 직접 계산할 수 있다.

원래 배치 : $\eta+\frac{40}{64}=0.625$

개선된 배치 : $\eta+\frac{24}{64}=0.375$

상관적 개선 : $1-\frac{0.375}{0.625}=0.40=40\%$

위 숫자가 의미하는 것은 원래 배치보다 개선된 진로에는 경합진로가 40% 정도 적게 포함되어 있다. 개선된 배치는 벌써 이상적인 배열이기 때문에 그 이상의 개선은 불가능하다. 또한 쇄정율에 무게를 두고 계산하려면 다른 진로 상의 열차 수량을 반드시 고려하여야 한다. 예를 들면 열차의 숫자는 다음과 같이 주어진다.

[표 4] 다른 진로 상의 열차

진로	열차수량/일	진로	열차수량/일
a	80	e	30
b	40	f	60
c	80	g	30
d	40	h	60

진로쇄정율에 무게를 두고 계산하기 위하여 계산식을 사용하며, 계산식의 요소는 해정된 진로조합($f_{ij}=n_i\cdot n_j/n^2$)의 상관 주기를 포함하고 있다.

[표 5] 원래 배치의 계산서

진로		a	b	c	d	e	f	g	h	합계
	열차	80	40	80	40	30	60	30	60	420
a	80	0.018	0.018			0.014				0.050
b	40	0.018	0.009	0.018		0.007	0.014	0.007		0.073
c	80		0.018	0.036	0.018	0.014		0.014		0.100
d	40			0.018	0.009	0.007	0.014	0.007	0.014	0.068
e	30	0.014	0.007	0.014	0.007	0.005	0.010			0.056
f	60		0.014		0.014	0.010	0.020	0.010		0.068
g	30		0.007	0.014	0.007		0.010	0.005	0.010	0.053
h	60				0.014			0.010	0.020	0.044
합계	420	0.05	0.073	0.1	0.069	0.057	0.068	0.053	0.044	0.512

[표 6] 개선된 배치 계산서

진로		a	b	c	d	e	f	g	h	합계
	Trains	80	40	80	40	30	60	30	60	420
a	80	0.018	0.018			0.014				0.05
b	40	0.018	0.009				0.014			0.041
c	80			0.036	0.018			0.014		0.068
d	40			0.018	0.009				0.014	0.041
e	30	0.014				0.010	0.010			0.034
f	60		0.014			0.020	0.020			0.054
g	30		0.007	0.014			0.010	0.005	0.010	0.046
h	60				0.014			0.010	0.020	0.044
합계	420	0.05	0.048	0.068	0.041	0.044	0.054	0.029	0.044	0.378

상관적 개선 : $1-\dfrac{0.378}{0.512}=0.26=26\%$

위 예에서 알 수 있듯이 진로쇄정율에 무게를 둔 개선은 열차의 수량이 적을 때 과다하게 계상된 진로 조합 쇄정의 단순 계산 영향을 개선하는 것보다 중요하다.

위 예에서 원래 배치에 교차 진로 b-g와 e-d가 해당한다.

단순 진로쇄정율의 계산은 합리적인 결과를 생성할 것이며, 다른 진로 상의 열차 수량과 매우 다르지 않다.

연동장치의 다른 비교방법으로는 비 경합진로의 다이어그램이며, 이 다이어그램에서는 각 진로를 원의 형태로 배치되는 Node로 설명할 수 있다.

Node에서 동시에 설정할 수 있는 진로의 Node는 선로와 연결되고, 그렇게 해서 기하학적 그림이 나타나며, 이는 완전하게 연동장치의 모든 경합진로 쇄정을 설명할 수 있다.

[그림 8]은 [그림 6]과 [그림 7]의 같은 배치용 다이어그램을 보여주고 있다.

진로 쇄정표의 차이점은 정확히 2개 진로의 조합으로 나타내며, 비 경합 진로의 다이어그램은 두 진로보다 더 많은 모든 조합의 가능성을 나타낸다.

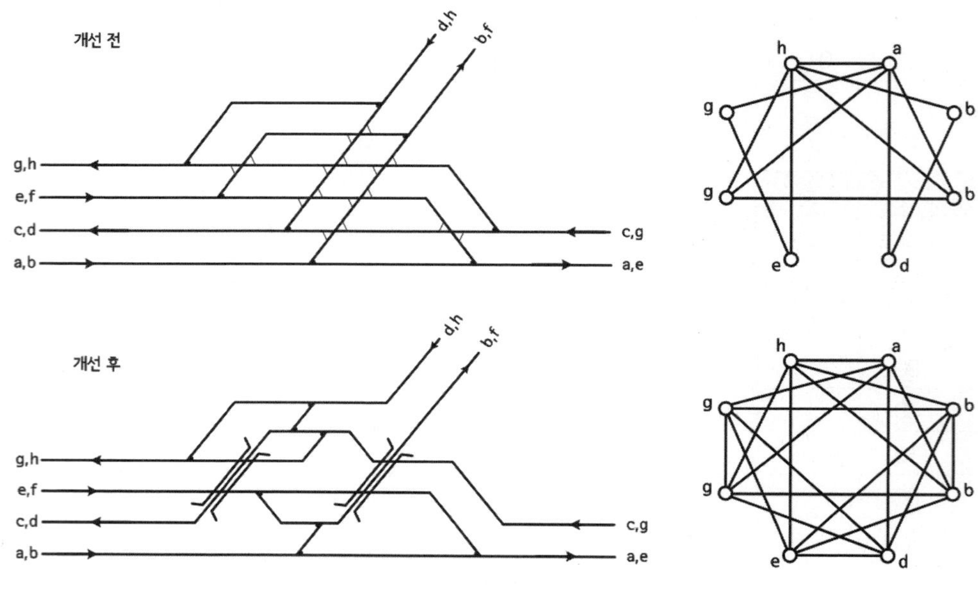

[그림 8] 비 경합진로의 다이어그램

많은 진로를 포함하고 있는 광역 배치에서는 이러한 종류의 다이어그램은 매우 복잡하게 되고 연구자에게 혼란스러운 경향이 있으므로, 가능한 모든 상태의 전체 전망을 보기 위하여, 또 다른 형태의 다이어그램이 매우 유용하다.

이 다이어그램에서 비 경합 진로의 가능한 모든 조합은 나무구조(그림 9) 형태를 보이고 있고, 이 나무구조에서 각 요소는 비 경합 진로의 조합 가능성으로 기술될 수 있다.

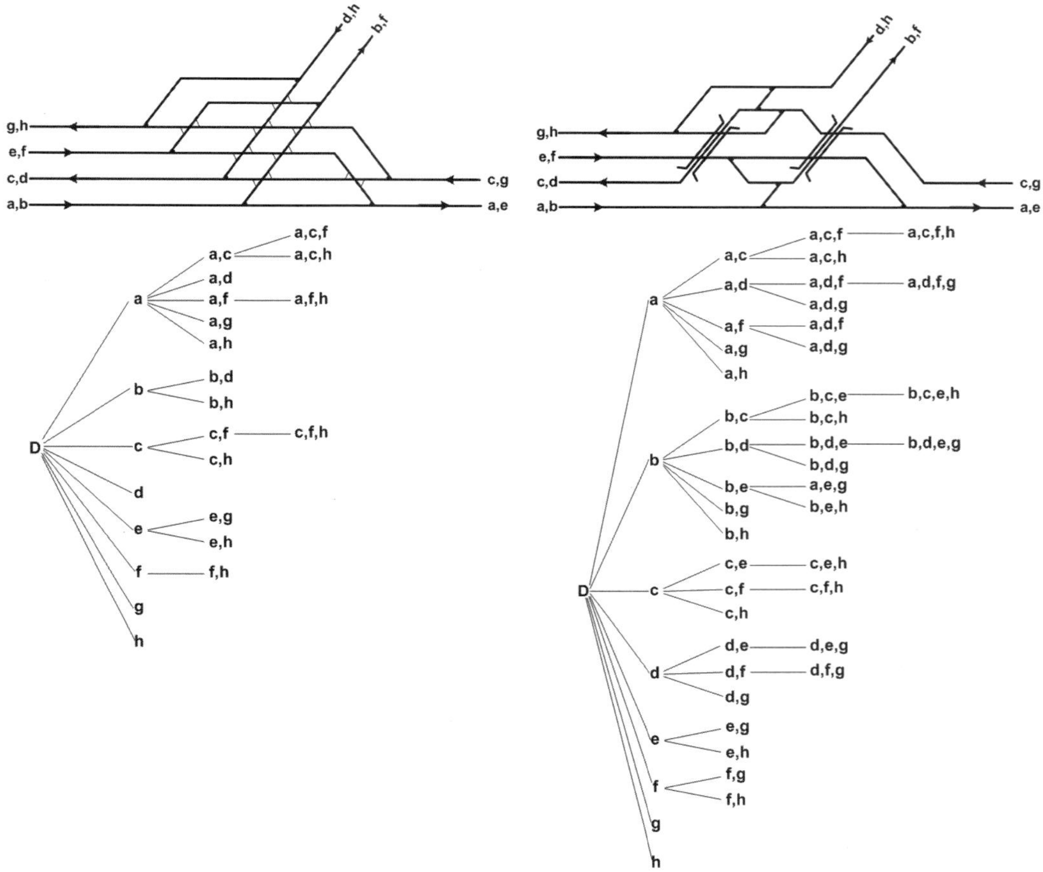

[그림 9] 연동 가능한 상태의 나무구조 다이어그램

4.3 터미널 궤도의 선로용량

터미널 궤도배치도(여객역 궤도 또는 화물기지궤도)의 선로용량은 궤도의 숫자와 터미널 궤도에 서비스되는 열차의 정차시간에 달려 있다고 볼 수 있으며, 터미널역에서 취급하는 교통흐름의 입출력에 따라 궤도의 숫자가 필요하게 된다. 평균적으로 들어오는 교통흐름과 나가는 교통흐름은 반드시 같아야 한다.

교통흐름은 열차의 출발 도착뿐만 아니라 또한 터미널 궤도에 들어오는 열차 조성 입환 유닛(일부의 들어오는 교통흐름)과 터미널역을 떠나 운행이 종료 되는 입환 유닛(일부의 나가는 교통흐름)과 같은 열차를 포함한다.

따라서 궤도의 절대 최소 숫자는 다음 방정식에 의해 결정된다.

$$n_{궤도,최소} = t_{정차시간,평균} \cdot \left(\frac{n_{열차}}{t}\right)_{평균}$$

$n_{궤도,최소}$: 궤도의 최소 숫자

$t_{정차시간,평균}$: 평균 정차시간

$(\frac{n_{열차}}{t})_{평균}$: 평균 교통흐름

실제 운영에 필요한 궤도 숫자의 결정은 평균 교통흐름 뿐만 아니라 시간에 따른 입출고 교통흐름의 변동까지도 고려하여야 하며, 거기에는 제한된 첨두시간 동안에 들어오는 교통흐름은 나가는 교통흐름보다 크다.

터미널역은 혼잡을 피하려고 반드시 첨두시간 동안의 교통에 대한 완충을 할 수 있는 여유가 있어야 한다.

터미널역의 진출입 교통량 다이어그램은 터미널역 궤도에 들어오고 나가는 교통흐름을 시간대별로 보여줄 수 있어 이러한 목적으로 매우 유용하며, 이러한 다이어그램은 교통흐름(열차/유닛시간)뿐만 아니라 입출고 교통흐름 시간의 절대값을 분리된 곡선으로 표시된다. [그림 10]곡선의 등급은 교통흐름과 같다.

터미널 한계는 두 곡선이 보여주는 터미널 궤도의 사용 궤도 숫자에 의해 제한되며, 수직 눈금 상의 곡선의 차이점은 첨두시간의 교통흐름 취급을 결정할 수 있도록 요구되는 터미널 궤도의 숫자와 같다.

시간 눈금 상에서 곡선 간의 다른 점은 정차시간과 같으며, 대표적으로 들어오는 교통량은 나가는 교통량보다 변동이 많다. 나가는 교통량 곡선은 직선 모양을 나타내는데 이는 교통흐름이 일정한 것을 나타낸다. 이러한 이유는 터미널역이 첨두시간 동안 교통 완충작용에 의해 교통흐름을 균등하게 하기 때문이다.

광역 터미널역은 철도 네트워크에서 제동자와 같은 역할을 한다고 볼 수 있으며, 이는 경로를 터미널역[그림 10]에 의해 부분적으로 빠지는 조수 파형을 광역 화물 터미널역을 통하여 주행하는 첨두 교통흐름과 비교하는 이유이다.

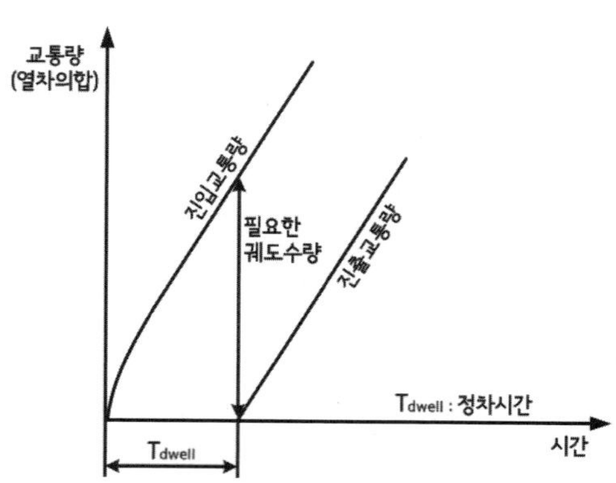

[그림 10] 터미널역의 진출입 교통량 다이어그램

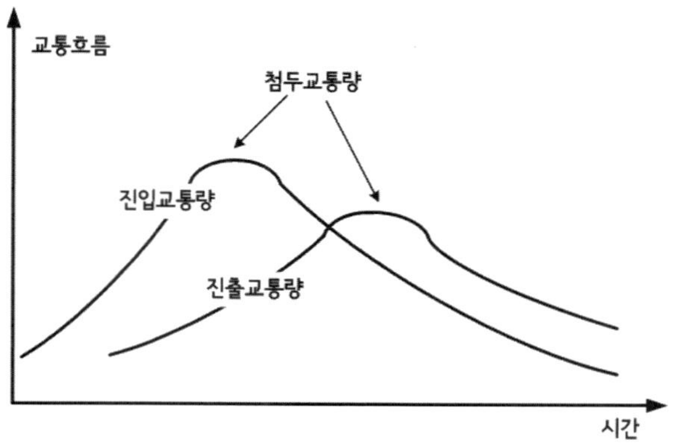

[그림 11] 대형 화물터미널을 통한 첨두 교통 주행흐름의 "조수 파형"

4.4 선로용량의 증진

철도 네트워크의 일부 또는 단독 선로용량이 부족한 경우에 선로용량은 다음의 각기 다른 방법으로 증진시킬 수 있다.

① 열차시간표 또는 운영 절차의 변경

② 저속구간의 제거

③ 신호기 장치의 수정

④ 궤도배치의 수정

먼저, 운행 방법에 의한 선로용량 문제를 해결하여야만 한다.

이는 예정된 스케줄의 열차를 다른 선로로 변경하거나 충분한 선로용량이 가능하지 않은 네트워크의 일부를 선로 교통 밀도를 줄이는 작업에 의해 이행할 수 있으며, 교통 밀도를 감소시키는 대신에 선로 구간 선로용량은 열차시간표에서 열차경로를 연속지정하여 개선할 수 있다. 연속진로의 개념은 선로 최소운전시격의 변동을 감소시켜 높은 열차시간표의 선로용량을 달성할 수 있으며, 복선 궤도에서의 연속진로는 속도연속이 가능하며, 단선 궤도선로에서는 방향연속을 시행할 수 있다.[그림 12]

연속진로를 시행하더라도 관련 구간 내에 교통밀도가 높으면 인접구간 또는 터미널역의 대기시간이 증가하는 경향이 있다. 열차의 연속 조합은 속도등급과 방향에 따른 열차가 연속진로로 출발하거나 대기하는 열차를 의미한다. 대기시간은 연속진로의 영향을 받는 구간 길이를 증가시키므로, 연속진로의 영향은 선로를 개선하기 전에 조심스럽게 분석하여야만 한다.

광역 터미널역의 짧은 접근구간에 서로 다른 집중선로의 교통과 확장된 터미널역 지역 범위 내의 연결선으로는 함께 넣을 것을 권고하며, 저속구간은 폐색구간의 방호시간이 증가함에 따라 선로용량이 심하게 감소하므로 대기시간을 생성하여 열차를 늦추는 것이 필요하다.

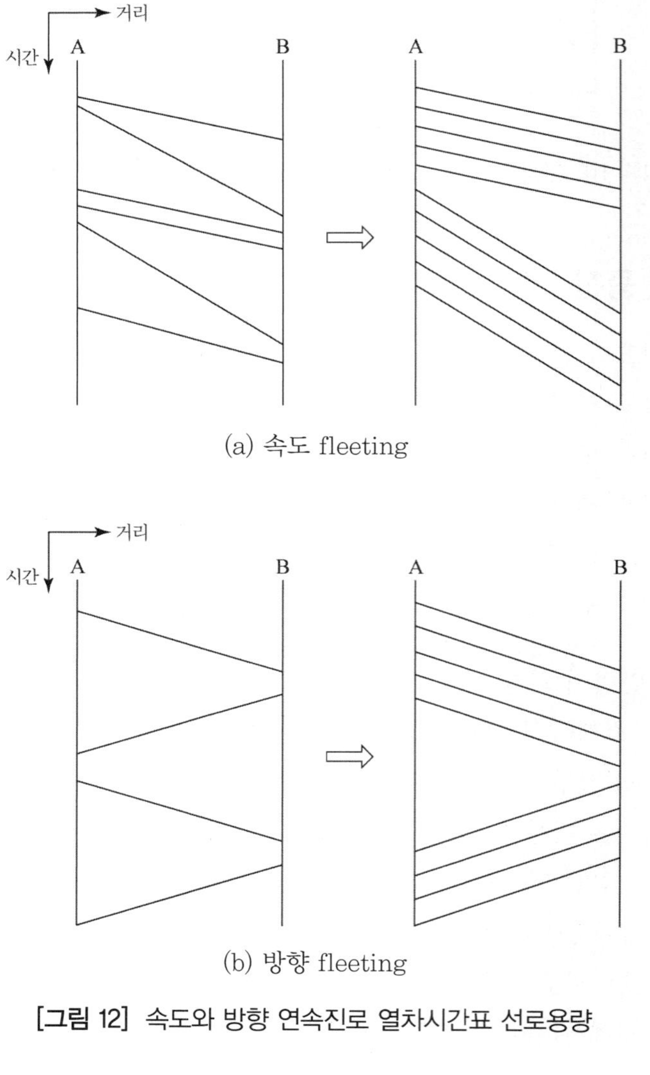

[그림 12] 속도와 방향 연속진로 열차시간표 선로용량

❖ 신호시스템 구성을 변경하여 선로용량을 증가시킬 수 있다.

- 구두 또는 승인서 방식을 신호제어방식으로 대체 운영
- 연속 차상신호의 도입

- 폐색신호를 추가하여 폐색구간의 길이를 감소
- 이동폐색의 도입(폐색길이를 '0'으로 감소)
- 연동신호기의 위치, 접근 및 해정지점의 최적화

신호시스템의 운영은 신호장치에 의해 선로용량 개선을 가장 효과 있는 단계로 개선시키는 것으로 구두 또는 승인서에 의해 운영제어를 대체 할 수 있으나 CTC운영에서는 컴퓨터에 의한 자동제어를 기본으로 하고 있으므로 신호제어 운영이 필수적인 것은 아니다.

많은 유럽의 본선에서는 19세기 말부터 신호제어 철도 운영을 시행하였다. 북미철도에서 발행한 책자에 의하면 철도운영과정에서 가끔 선로용량 증가 요청이 발생하기도 하였으나 CTC 도입으로 중대한 개선이 이루어졌다.

신호제어 운영에 대한 북미의 철학은 CTC는 2개의 구성요소가 있으며 신호제어 운영과 신호제어의 집중화로 이 요소들은 선로용량에 서로 다른 영향을 갖는다.

물론, 음영영역의 선로용량은 CTC에 의해 증가될 것이지만 이 영향은 신호제어 운영의 도입 결과이며, 신호제어 집중화의 결과는 아니다. 참고로 로컬운영자에 의해 신호제어운영이 이미 시행되는 선로에 CTC의 도입은 선로용량 증가가 이루어지지 않는다.

때때로 선로용량은 집중화의 결과를 저하할 수도 있는데 일정 지역을 제어하는 연동장치 운전취급실을 가진 선로에서 로컬운영자에 의해 많은 신호기가 유사하게 제어되고 관제사는 교통량 조정을 CTC 상에서 집중할 수 있어서 모든 신호기 제어는 관제사에 의해 이루어진다. 그것은 신호제어의 집중화가 유용하지 않다는 의미는 아니다. 그러나 집중화의 주요 장점은 합리성이나 선로용량을 증가시키지는 않는다.

집중화의 합리성은 높은 중앙 집중 운영을 위해 많은 자동기술을 사용하여 로컬운영자를 없애고 문제가 되는 관제사의 작업량을 감소시키는 점에 의의가 있다고 볼 수 있다.

열차는 궤도측 접근 현시로부터 독립적이기 때문에 연속적인 차상신호에 의해 선로용량이 증가할 수 있다.

선로변 신호기가 있는 선로에서 신호 접근거리는 빠른 열차의 제동거리에 맞게 설계되어 있어, 저속열차에서 보면 신호 접근거리는 실제 제동거리보다 매우 길다.

연속 차상신호의 선로에서 신호접근거리는 실제 제동거리에 맞게 되어 있어 저속열차에서는 폐색구간 방호시간의 일부와 같이 접근시간이 중요한 감소 요인이 될 것이다.

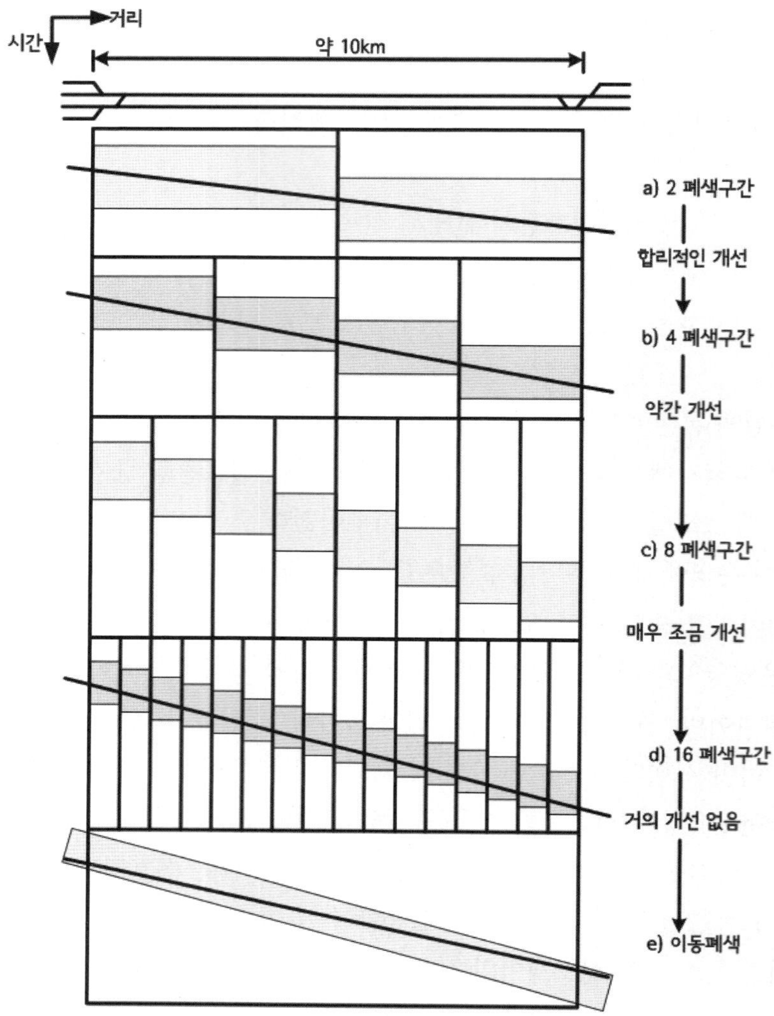

[그림 13] 방호시간에서 폐색길이 감소 효과

폐색구간의 길이 감소 값과 이동폐색의 도입은 종종 과대평가 될 수 있다.

물론, 폐색길이를 줄이면 이 폐색구간의 주행시간은 줄어들지만, 폐색구간 내의 주행시간은 단지 이 구간의 방호시간 일부이다. 그러므로 같은 관계식으로 폐색길이를 감소시키는 것으로는 방호시간(최소 신호운전시격)을 감소시키지 못한다. 짧은 폐색구간의 폐색길이를 더욱더 짧게 감소시키면 낮은 선로용량을 개선할 수 있다.

[그림 13]에 약 10 km 선로의 구간을 단계에 의한 폐색길이 계단의 영향을 나타내었다. 제동거리보다 폐색길이가 더 짧으면 특별한 신호를 배치하거나 차상신호방식으로 전환할 필요성이 있다.

열차운행이 혼합된 복선 철길 선로에서 선로용량은 서로 다른 열차 등급 사이의 속도 차이가 큰 변수로 작용하고 있다.

거의 모든 선로의 역에서 저속열차를 추월하는 고속열차 주행시간의 평균 차이는 폐색구간 내의 주행시간보다 선로 평균 최소운전시격이 매우 크다.

각종 열차가 운행되는 혼합 교통 복선 궤도선로가 일반적인 유럽철도에서 이동폐색인 경우에도 선로용량의 증가는 "방향별 연속신호율" 로부터 현재 교통량 변화 주기에 중요하게 의존한다. 거기에 폐색길이를 감소시키는 것은 복선궤도선로 보다 선로용량을 보다 적게 개선하지만 단선궤도 선로에서의 이동 폐색은 어떤 개선도 어렵다. 그러므로 폐색길이를 감소시키는 것은 열차 사이에 속도 편차가 낮게 나는 도시철도의 복선 궤도 선로의 선로용량 증진에 특별히 유용하며, 이러한 경우는 이동 폐색에서도 같다.

연동신호기의 위치, 접근과 연동된 진로의 해정점의 최적화는 경합진로의 폐색시간을 감소시켜 연동장치의 선로용량을 증가시킨다.

일반적인 예로 구분해정의 도입은 다른 진로에서 이미 사용하고 있는 연동지점의 폐색을 감소시킨다. 연동장치의 선로용량은 많이 증가하지 않으나 신호 배치 측면에서 작은 수정을 통해 가끔 변화를 줄 수 있다.

궤도배치의 수정은 선로용량 증가 측면에서 가장 비싼 방법이므로 이 방법은 다른 방법으로 용량문제 해결이 실패했을 때만 추천한다.

선로용량 개선은 다음에 의해 시행한다.

- 선로에 궤도 추가
- 터미널에 궤도 추가
- 연동장치에 경합진로 제거

연동장치에서 경합진로는 궤도 크로싱을 제거하고 브리지로 설치하여 독립진로용 선로전환기를 설치한다. [그림 14]

a) 독립 진로용 선로전환기 추가

b) 크로싱을 제거하고 브리지를 설치

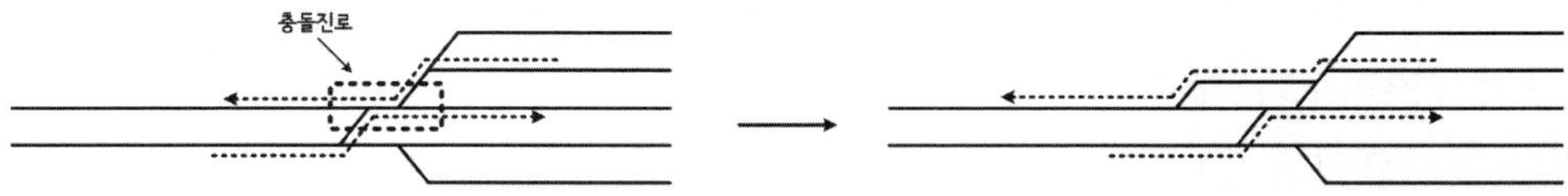

(a) 독립진로용 선로전환기 추가

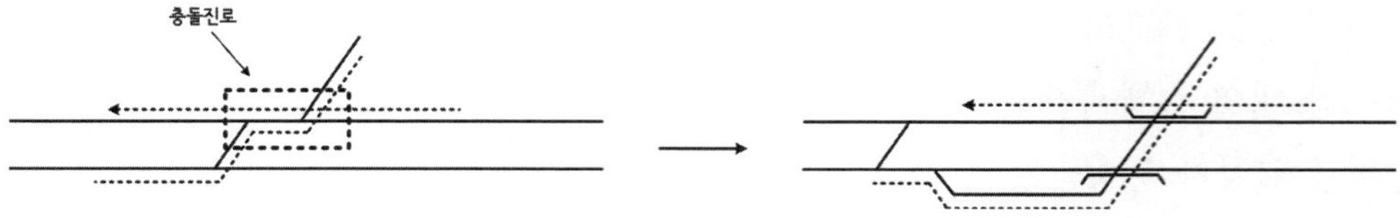

(b) 육교에 의한 교차개소 제거

[그림 14] 궤도 배치도 수정에 의한 연동장치 선로용량 개선

14장

열차운행계획

열차운행계획은 일반적으로 열차의 주행 과정을 보여준다. 이 계획에는 각 열차에 대해 아래와 같은 기본적인 사항이 포함되어 있다.

- 하루에 열차가 주행하여야 할 거리
- 노선상의 열차 운행진로
- 역 도착, 출발 및 통과주행시간
- 각 운행구간의 허용속도

가장 적절한 열차운행계획표는 열차운행에서 예견할 수 있는 모든 조건을 고려하는 것이다. 열차시간표는 노선의 같은 구간의 모든 조건이 계획된 열차주행에 대한 조사서라고도 볼 수 있다. (표 또는 다이어그램) 열차운행계획 작성에는 다음의 세 가지 기본 전제조건을 갖는다.

1) 열차운행계획표는 각 철도교통 운영서비스의 시간, 주어진 인프라구조상의 운영 등 개략도를 포함한다. 열차운행계획표는 경영관리와 인프라 사용 마케팅을 위한 경영도구로 밀접한 상호작용 관계가 있다.
2) 열차운행계획표는 운영성과를 위해 계획된 과정을 나타내는데 필요한 결정적인 정보를 제공한다. 이러한 목적을 위해 다양한 형태의 열차운행계획표가 개발되었다. 지역운영관리의 경우 인프라구조(부분구간, 교차점)의 특정 부분을 주행하는 모든 열차를 나타내는 표기방식을 사용한다. 열차운영을 위해 총운행구간에 대한 열차의 모든 운행시간표 데이터를 포함하는 열차운행계획표에 대한 자료가 만들어진다. 열차운행계획표 상에 포함된 정보는 열차를 직접 운영 관리하는 데 필요함은 물론, 다른 운영계획시스템과 특히 차량 회송시간 및 인력투입을 계획하기 위한 데이터로써 사용된다.
3) 열차운행계획표는 승객에게 정보를 제공한다. 승객용 자료는 특히 이해하기 쉽고 간단하게 표시하여야 한다. 인터넷 수준이 급격하게 발전함에 따라 승객들은 오프라인 또는 온라인 시스템을 이용하여 열차운행시간 정보시스템에 접근할 수 있다. 승객이 필요로 하는 정보를 제공하는 이러한 최신 미디어는 전통적인 운행시간표를 대체하게 되었다.

1 교통 다이어그램

주어진 인프라에서 원하는 예정 노선을 나타내기 위해서는 모든 열차주행을 표시하는 표기방식이 필요하다. 이렇게 하기 위해서는 복잡한 문제들이 많아서 그래픽으로 표시하는 방법이 가장 효과적인 방법으로 도입되었다.

구간의 운영과정을 표시하기 위해 소위 열차운행그래프(그래픽 운행시간표로 표현)가 사용된다. 열차운행그래프는 각 운영소의 교통 노선망을 나타낸다. 열차주행은 이 교통 노선망에서 시간-거리 그래프로 기록된다.

[그림 1]은 이러한 표기 원리를 나타내었다.

열차운행그래프를 수작업으로 작성할 경우, 시간-거리-라인을 표시할 때 정확한 주행 과정은 다각원호(圓弧)로 대체된다. 이때 각 운영소에서의 출발, 도착, 통과 주행시간점이 직선으로 연결되어 있다. 시간-거리 그래프의 교점은 알아보기 쉽게 하려고 각 시간은 분 값으로 표시한다. 복선구간의 한 주행 방향만 나타낸 [그림 1]과 같이 단순한 표시방식과는 달리, 실제로는 복선구간의 양 방향 주행이 표시된다. 몇몇 철도에서는 평행으로 표시된 수평 열차운행그래프 [그림 2a] 대신에 수직 열차운행그래프(그림 2b)를 사용하기도 한다.

두 가지 표기방식은 같은 값을 가진다. 이 두 가지 중 어떤 방식을 선호하느냐는 운영기관의 전통적인 측면이 많이 작용한다.

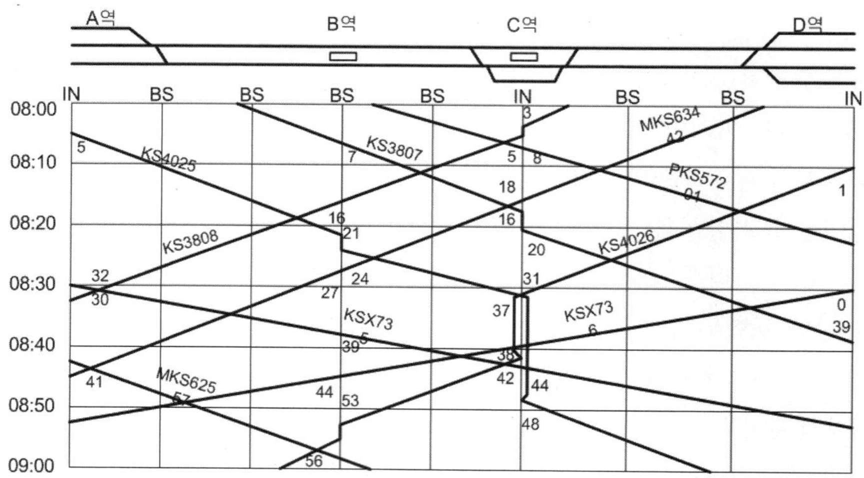

BS : 폐색신호기 IN : 연동장치

[그림 1] 교통 다이어그램(복궤조 선로)의 원리

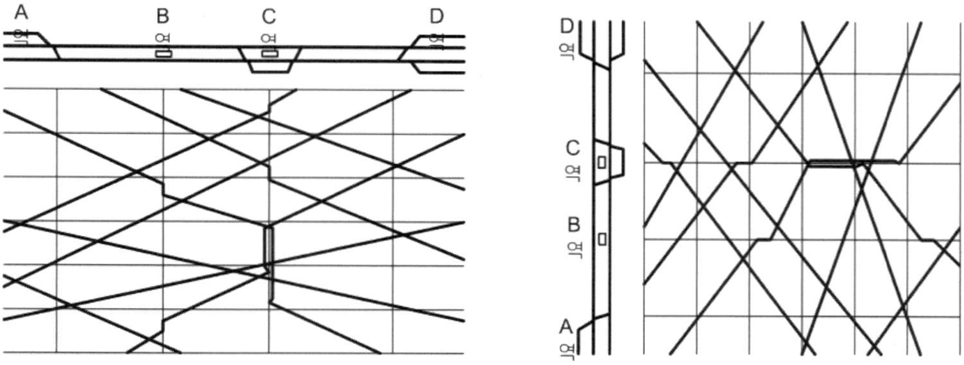

(a) 수평 역사 축　　　　(b) 수직 역사 축

[그림 2] 수평과 수직 역사 축의 교통 다이어그램

열차운행그래프 표기 방식은 구간의 운영과정을 알아보기 쉽게 표현하기는 하나, 각 열차 주행 시 실제 운영상 사용되는 인프라구조에 대한 충분한 역사 설비 및 선로변 설비에 대해 추론을 할 수 없다. 이러한 역사 설비 및 선로변설비에 대한 추론은 차간시간 표기(차간시간 그래프)를 위해 시간-거리 그래프를 보충함으로써 가능하다. 열차운행계획표 구성을 위한 최신 컴퓨터정보처리 방법은 예정 노선을 시험할 수 있는 차간시간을 넣을 수 있는 기능이 있다.

평행으로 이어진 여러 철도역 선로 교차점에서는 운영과정을 나타내기 위해 열차운행그래프 대신에 열차순서표로 나타낸다.

일부 철도에서는 역 선로의 점유는 선로 교통다이어그램에 통합된다. (그림 3)

작은 중간역에서는 이 방법이 교통을 나타내는 데 충분하다. 광역 터미널역에서는 역 교통다이어그램을 분리하여 더 전체적으로 나타낸다.

여러 유입 구간을 구별하기 위해 점유된 선로를 몇몇 특별표시로 보완한다. 이 특별표시는 주행 방향 및 구간의 선로점거 배열을 쉽게 하도록 한다. 열차순서표는 필요한 경우, 열차운영계획을 고려하여 일정하게 운영되는 조차(操車) 운행도 표시할 수 있다. 열차운행그래프와 마찬가지로 열차순서표는 특정 열차 상황을 완전하게 평가하기에는 불충분하다. 또한 진입 및 진출로의 차간시간 동안 점유된 선로를 표시하는 보조 수단으로도 완벽하다고 할 수 없다. 왜냐하면 이러한 표기방식으로 경합진로를 분명하게 나타낼 수 없기 때문이다. 모든 경합진로를 이용하여 열차순서표를 보강하는 것은 외견상 복잡하고 알아보기에 쉽지 않기 때문에 열차운행계획표 자료로써 사용할 수 없었다. 열차순서표를·수작업으로 작성할 경우, 운영 경험상으로 보았을 때, 특정 열차주행의 신뢰도를 평가할 수 있다. 열차운행계획표 구성을 위한 결정적인 방법은 진로 차단 및 제외 시간을 내부적으로 완전히 테스트할 수 있는 컴퓨터 정보처리 방법을 사용하는 것이다.

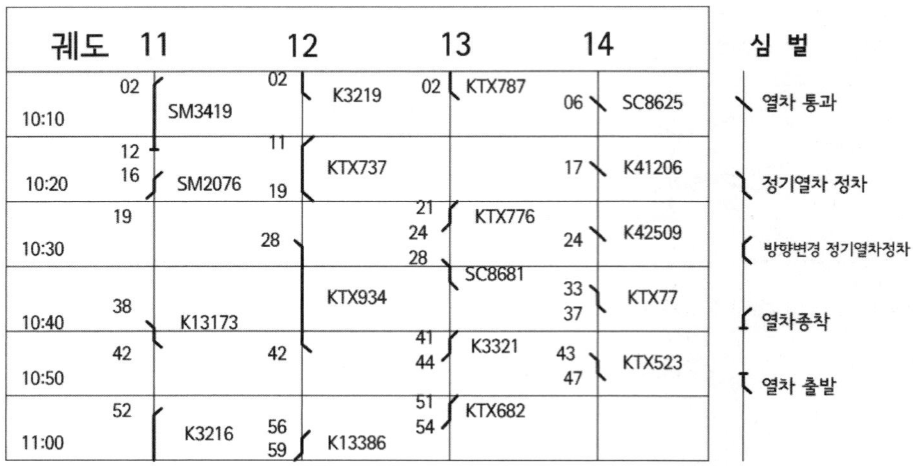

[그림 3] 역사 교통다이어그램

2 열차 주행시간

승객이 열차를 이용하여 목적지까지 여행하고자 할 때 소모하는 여행시간은 출발역 승차시간에서부터 최종 목적지 도착시간까지를 말한다. 열차운행계획표에서 시간을 할당할 때 승객이 철도역 내에서 이동하는 시간을 포함한다. 이 이동시간에는 승객이 탑승한 열차의 이동시간과 환승시의 경과시간이 포함된다.

열차 이동시간은 주행시간과 정차시간으로 이루어져 있다. 열차운행계획표를 작성할 때 두 개 정차장 간의 지정된 주행시간은 아래 부분 시간의 합으로 계산한다.

- 열차운행계획된 정차장 간의 순수 주행시간
- 열차운행계획된 정차장에서 정차시간
- 회복시간
- 열차운행계획된 대기시간

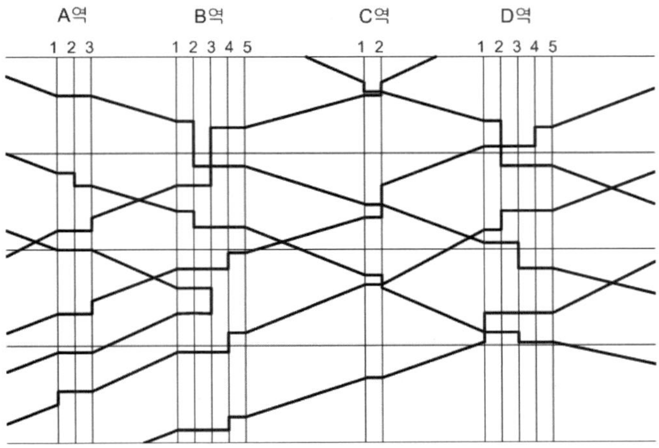

[그림 4] 선로 점유와 역 궤도를 나타낸 조합 교통량 다이어그램

순수 주행시간은 일반 역학적 계산으로 산출된 열차의 주행시간이다. 주행시간 조사를 위해 주행을 역학적 방법으로 순수하게 계산에 의해서만 조사된 값은 주행시간의 예상 확률변수 값만을 다루며, 실제 운행에서는 편차가 발생할 수 있다. 열차 출발시간을 결정하는 데 영향을 미치는 차륜과 선로간의 마찰계수는 전적으로 기상 상태 등 변수에 달려있다.

열차가 작은 지연이 이루어지도록 회복시간은 반드시 순수 주행시간에 더해주어야 한다. 회복시간은 다음의 두 종류가 있다.

- 정규 회복시간
- 특별 회복시간

정규 회복시간은 순수주행시간의 비율과 같이 경로에 더해진다. 정규가산은 주행시간 변동과 기타 비정규적인 사항(예를 들어, 승객이 갑자기 몰려 정차시간을 연장하는 경우)을 조절하기 위해 사용된다. 정규가산은 백분율 가산으로 순수 주행시간에 똑같이 포함된다. 여객열차면 대략적인 부족 시간은 유럽 3~7%이며, 북미에서는 6~8%이다.

어떤 철도에서의 정규 회복시간은 다른 철도의 중간 광역 터미널역(그림 5)과 주행 종료 시의 회복시간에 집중하여 열차 경로를 평평하게 피는 것을 더 좋아한다.

어떤 때에는 광역 터미널역에서의 회복시간은 터미널역 구간의 접근 주행시간을 가산하지 않으나 터미널역에서의 정차시간은 가산한다.

공사 시행 또는 완행주행 구간으로 인해 주행시간이 부족할 때 예정된 주행시간 초과가 예상되는 구간에서는 특별가산이 고려된다. 특별가산은 지정된 가산과는 달리 주행시간에 백분율로 포함되지 않고 해당 구간에서 절대 주행 분(分) 값으로 가산된다. 특별가산 값은 각 지역 상황에 따라 달라진다.

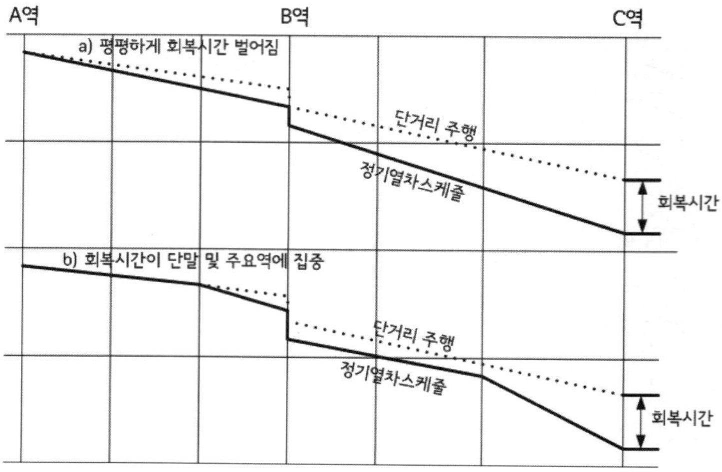

[그림 5] 열차운행계획상의 회복시간 합산의 원리

특별 회복시간은 일시적으로 구간의 궤도 상태가 나쁘거나 공사 작업 또는 보수작업으로 인하여 보상할 때 사용된다.

정규 회복시간과 다른 점은 주행시간의 백분율로 가산되지 않으나 관련된 구간의 주행시간에 고정적으로 보상된다.

다른 한편으로는 계획에 따른 대기시간을 주행시간에 포함할 필요성이 발생하기도 한다. (예: 계획에 의한 교차 및 추월 시 대기시간) 연장 주행시간 또는 연장 정차시간 형태로 나타난다.

지금까지 계산으로 얻어진 결과는 열차운행시간표에 제시된 계획에 의한 주행시간이다. 승객이 실제 느끼는 주행시간은 열차가 연착했을 경우, 계획에 의한 주행시간과 물론 차이가 있을 수 있다. 실제 주행시간과 계획한 주행시간을 일치시키는 것은 운영수준을 평가하는 결정적인 기준이 되며, 승객이 철도 시스템을 받아들이는 데 커다란 영향을 미친다.

열차운행계획된 대기시간은 예정된 정차시간에 대부분 가산되나 때로는 주행시간과 똑같다.

3 운전시격과 완충시간

3.1 운전시격

선로의 운전시격은 4가지 종류로 나눌 수 있다. (그림 6)

① 같은 선로에서 출발하는 두 열차 사이의 운전시격(출발–출발 운전시격)

② 같은 선로에서 도착하는 두 열차 사이의 운전시격(도착–도착 운전시격)

③ 같은 선로에서 도착하는 열차와 반대 방향으로 출발하는 열차 사이의 운전시격 (도착–출발 운전시격)

④ 같은 선로에서 출발하는 열차와 반대 방향으로 도착하는 열차 사이의 운전시격 (출발–도착 운전시격)

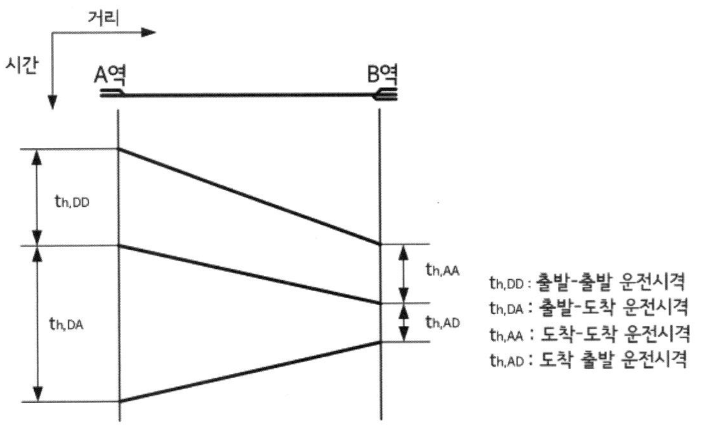

[그림 6] 선로 운전시격의 분류

차간거리 시간은 연달아 운행되는 두 대의 열차 간에 시간 간격을 측정한 것이다. 실질 차간거리에 종속되어 아래와 같이 차간거리 시간이 구분된다. (그림 7)

최소 차간거리 시간은 차간시간 계산으로 산출 가능한 가장 짧은 차간거리 시간이다. 최소 차간거리 시간은 두 대의 열차 차간시간 그래프가 주행거리 요소 (폐색구간 및 부분진로)에 접촉할 때 나타난다. 최소 차간거리 시간 내에서 열차의 연착이 발생할 경우, 항상 뒤따라 주행하는 열차로 연착이 전달된다. 따라서 열차운행계획표 구성 시 사용되는 차간거리 시간에는 최소 차간거리 시간 이외에 완충시간 형태의 추가 예비시간이 포함되어야 한다.

3.2 완충시간

완충시간(정확하게 표현하자면 차간거리-완충시간)은 연달아 주행하는 두 대의 열차 차간시간 그래프 간에 차간시간에 의해 점유되지 않는 시간을 말한다. 완충시간은 각 차간거리에 대해 결정적인 주행거리 구간과 항상 관련되어 있다. (그림 7 & 8)

두 열차 사이에 열차운행계획된 운전시격은 작게 지연되어 이를 보충하는 완충시간과 최소 선로운전시격으로 이루어져야 한다. 완충시간은 두 열차의 폐색시간 계단 사이의 작은 통로로 표시된다. (그림 7 & 8)

완충시간을 회복시간과 혼동해서는 안 된다.

회복시간은 다른 열차로 전송된 것으로부터 완충시간을 방호하는 작은 지연하는 동안에 열차가 작은 지연을 만든다. 한편으로는 완충시간이 열차운행계획되어 있는 열차의 수를 감소시키는 동안에 회복시간은 열차의 주행시간을 연장한다.

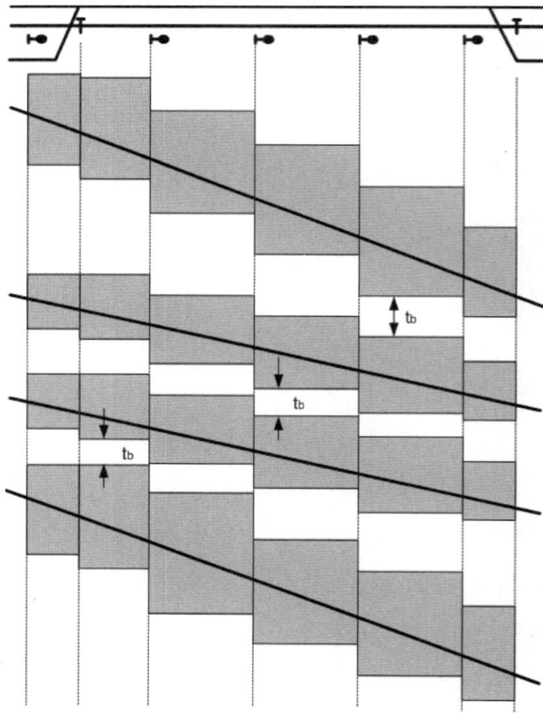

[그림 7] 복선 궤도선로 완충시간

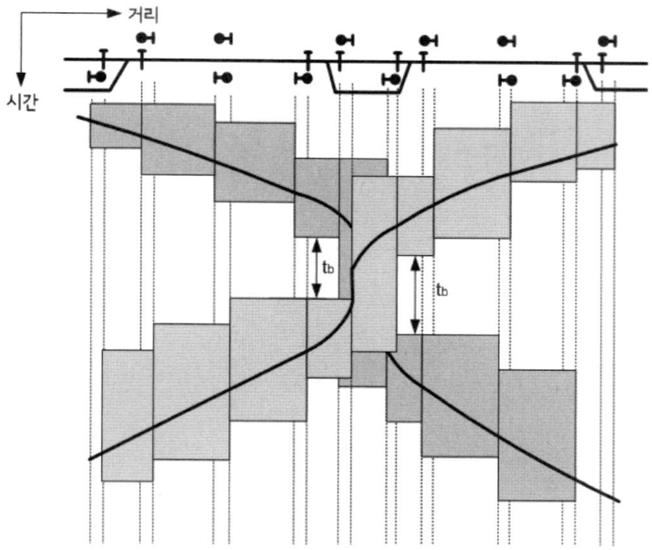

[그림 8] 통과역에서의 완충시간

완충시간은 연쇄 연착을 줄여 운영수준에 긍정적인 영향을 미친다. 그러나 다른 한편으로 완충시간은 구성 가능한 열차시간표 배치수를 감소시켜 운영능률을 제한한다. 따라서 완충시간 할당 및 분배는 철도운영계획진이 철도능률과 수준을 위해 사용하는 중요한 도구라 할 수 있다.

모든 철도에서 다음과 같은 기본 규칙을 사용한다.

- 첫 번째 열차보다 두 번째 열차가 등급이 높을 때 완충시간이 크다.
- 두 번째 열차보다 첫 번째 열차가 등급이 낮으면 완충시간이 작다.
- 양 열차가 등급이 같으면 완충시간은 중간이다.

차간거리가 계획한 열차운행순서와의 편차 때문에 전혀 발생하지 않으면 특정 차간거리에 대한 완충시간은 그 효력을 잃는다. 이는 특히 계획과는 달리 편차가 다수 발생하는 화물열차운행의 경우에 해당한다. 따라서 각 완충시간대에 화물열차 편성을 피하고 대신 최소 차간거리 시간 내에서 예정 노선을 설정하여 하나 또는 여러 개의 완충 노선을 만들어 연쇄 연착을 피하도록 한다. (그림 9)

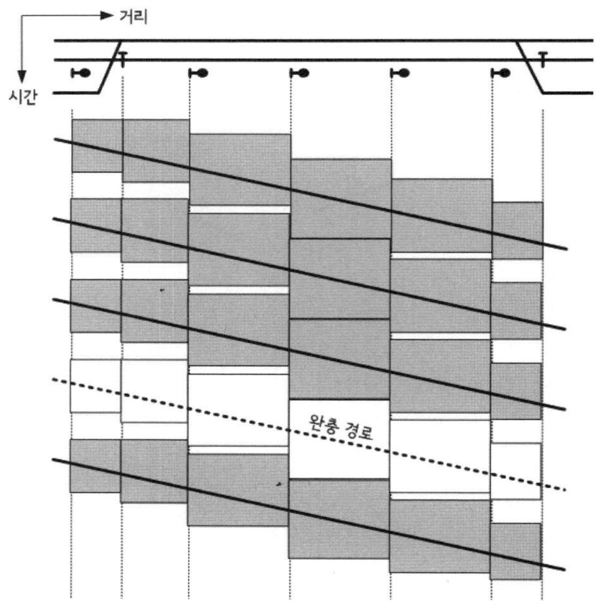

[그림 9] 완충 경로

완충시간 길이는 예상되는 연착 시간에 따라 달라진다. 시스템이 확실하게 작동하고, 예정 노선이 정확하게 유지될수록, 완충시간이 짧아지고 시스템상에서 실현되는 운영 성과도 높아진다. 최종 열차운행계획표를 통계적으로 평가하여 예상되는 연착이 분명할 경우, 조종이론식 모델(예: 컴퓨터 정보처리 방법에 따른 대기시간 계산)을 이용하여 연쇄 연착 기댓값을 정할 수 있다.

여기에서 승객이 받아들이는 운영수준과 관계된 필요 완충시간 길이가 계산된다. 전형적인 혼용 운영구간의 실험계수 외에 완충시간 책정시 기준값을 정할 수 있다. 즉, 장시간에 대한 연쇄 점유율은 기본적으로 값 0.5를 넘지 않아야 한다. 이는 장시간에 대한 평균 완충시간이 평균 최소 차간거리 시간과 일치하여야 한다는 뜻이다. 이 값은 최고조 시간대에는 분명히 줄어든다. 완충시간이 줄어든 고부하 구간, 즉, 부하가 감소하는 구간이 연속될 때도 이러한 값을 구할 수 있다. 이는 여러 부하 구간이 결합하여 한계 구간에서 높은 부하가 발생하는 큰 교차점의 경우에 해당한다.

필요한 완충시간의 길이를 정한 다음, 각 차간거리에 대한 완충시간을 분배하여야 한다. 완충시간을 배열하고자 할 때 기본적으로 2가지 방법이 있다.

① 특정 차간거리 또는 열차운행계획표에 고정 완충시간을 배치한다.

② 특정 시간대에 총 완충시간을 확정하여야 한다는 규정을 고려하지 않고 특정 차간거리에 대한 완충시간을 배치하지 않는다.

특정 차간거리에 고정된 완충시간을 배치하는 것은 열차운행계획표에서 계획된 열차 운행순서가 그대로 지켜질 가능성이 클 때 한해 효과를 얻을 수 있다. 승객수송 열차나 상급의 화물열차 운행이 이에 해당한다. 완충시간 배치를 위해 아래와 같은 기본 규정이 있다.

- 제 2열차가 통과할 때 완충시간을 길게 할 것
- 제 2열차가 제 1열차보다 빠르게 주행할 때 완충시간을 길게 할 것
- 제 2열차가 제 1열차보다 느리게 주행할 때 완충시간을 짧게 또는 없앨 것
- 제 2열차가 출발할 때 완충시간을 짧게 또는 없앨 것

3.3 전환시간

전환시간은 승객 환승 시 또는 타 열차로 인력 및 차량을 교체할 때 걸리는 시간을 말한다. 전환시간은 최소 전환시간과 전환-완충시간으로 이루어진다. (그림 10) 전환-완충시간은 차간거리-완충시간처럼 이와 유사하게 연쇄 연착을 방지하거나 최소화하여야 한다. 차간거리-완충시간과는 달리 전환-완충시간은 예상되는 연착 이외에 교통 수단상의 전환을 목적으로 한다.

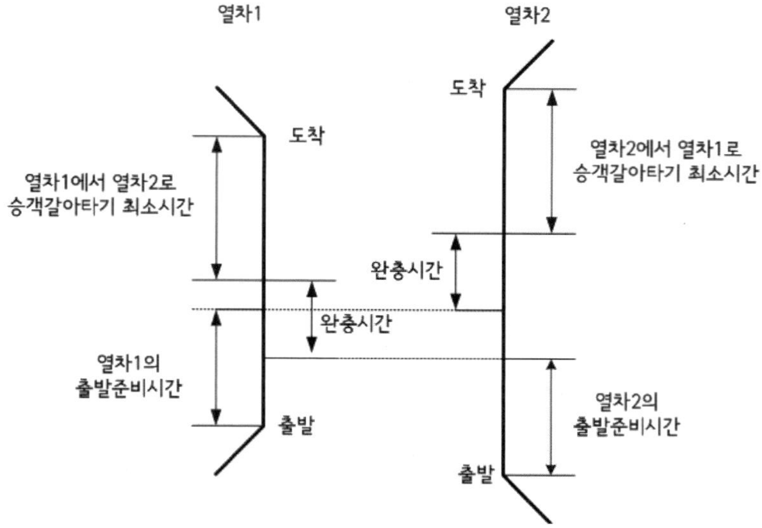

[그림 10] 환승역에서 승객 환승 완충시간

3.4 정차시간

정차시간은 열차운행 과정에서 정차 또는 운영상 정차할 때 발생한다. 열차운행과정에서 정차는 열차를 운용할 때 꼭 필요한 요소이며, 또한 승객을 수송할 때 승객 환승, 화물열차 운송할 때 차량그룹을 편성, 분리할 때, 또는 열차에 화물을 적재할 때 열차운행과정에 정차가 필요하다. 운영상 정차는 내부 운영 요인에 의해 필요할 경우 실시하는 정차이다.

여기에는 승객 환승 및 열차 교체를 위한 정차와 운영상 필요한 교차 및 추월을 위한 정차가 포함된다.

승객의 시간 손실을 최소화하기 위해 가능한 경우, 운영상 필요한 정차와 열차운행과정에서 정차를 혼용할 수 있다.

정차시간을 정할 때, 주행시간과 유사하게 계획 동기시간 및 대기시간을 연장할 필요성이 발생할 수도 있다. 이렇게 산출된 계획 정차시간은 열차 연착시 실제 정차시간과 편차가 날 수 있다. 특별 처리를 통해 정차시간을 단축하고 연착을 피하려고 시도할 경우, 주행시간과 달리 도착 열차의 연착은 정차시간을 단축하는 효과가 있을 수 있다.

3.5 동기화 시간(Synchronization time)

동기화 시간은 여러 열차주행을 서로 조정하는 데 쓰인다. 동기화 시간은 아래에 제시한 근거에 의해 발생한다.

- 열차 연결 생성
- 원하는 열차간격에서 출발시간 조절

두 대의 열차를 연결하기 위한 동기시간은 열차의 교통-정차시간 시발점에서 시작하여 이 열차의 전환시간이 끝나는 지점에서 종결된다. 열차 도착시간의 차이 및 전환시간 길이에 따라 동기화 시간은 두 열차에 필요할 수도 있고, 한쪽 열차에만 필요할 수도 있다.

원하는 열차간격에 맞추기 위한 동기화 시간은 예를 들어 교통정리를 교대로 시행할 때 또는 불균형하게 겹쳐 발생하는 두 개의 열차를 같은 형태의 열차로 바꿀 때 필요하다. (연결지점에서 서로 다른 열차의 두 라인을 연결할 때)

3.6 계획 대기시간

계획 대기시간은 차간거리에 달려있으며 열차운행계획표에 수송 시간을 연장하여 만든다. 이러한 대기시간은 아래의 경우에 나타난다.

- 방해지점 앞 대기시간
- 열차교차를 위한 대기시간
- 열차추월을 위한 대기시간

계획 대기시간은 열차운행계획표에서 아래 방법에 따라 고려된다.

- 정지 시간 연장
- 부가적인 운영정지를 계획에 포함함
- 주행시간 연장

주행시간을 연장한 형태로 만들어진 계획 대기시간을 이용하여 부하가 높은 구간에서 최소차간거리 시간을 줄이기 위한 열차의 시간-거리-라인 성향을 서로 균등하게 맞출 수 있다.

4 주 운전 열차운행계획

주 운전열차운행계획(고정간격 열차시간표의 주기라고 부름)의 열차시간표는 모든 열차 사이의 고정된 시간 가격을 기본으로 한다. 주 운전열차운행계획은 승객의 편의를 증진하기 위하여 유럽 선로에서는 매우 일반적이다.

단선궤도 선로에서 주 운전 열차운행계획에 의해 운영되고 있을 때 열차운행계획된 두 교차지점 사이의 주행시간은 고정된 열차운행계획 운전시격의 절반과 같다.

두 통과역이 너무 가까울 때 주행시간 또는 정차시간은 총계를 연장한다.

이것은 단선 궤도선로에서 주 운전계획 시간표를 작성하는데 매우 큰 저해 요소로 작용한다.

이러한 규칙 때문에 단선 궤도선로 상에서 교차지점의 수는 필요한 주 운전 계획 시간표를 다음 방정식에 의해 쉽게 결정할 수 있다.

$$n_{MP} \geq 2 \cdot \frac{t_{rt}}{t_{fix}}$$

n_{mp} : 선로의 주행시간

t_{fix} : 열차 사이에 고정 열차운행계획 간격

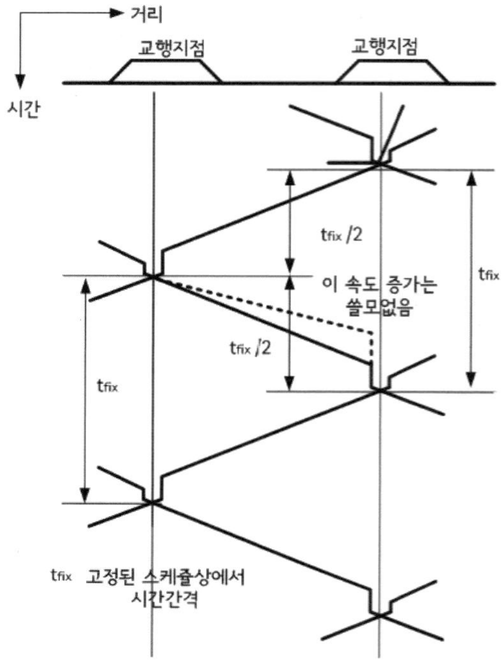

[그림 11] 단선 궤도선로 상에서 주 운전 열차운행계획의 억제

광역 승객을 취급하는 철도에서는 네트워크의 서로 다른 노선의 주 운전시간표를 연결하여야 한다. 그러한 통합된 주 운전 열차운행계획은 서로 다른 노선이 그와 같은 방법으로 열차운행계획을 조정하여 연결 터미널에서 모든 열차가 항상 같은 시간과 모든 노선 사이에서 승객을 환승할 수 있도록 만날 수 있어야 한다.

노선마다 많은 제약 조건 때문에 서로 다른 노선 사이의 통합 주 운전열차운행계획 같은 시스템의 운영은 조정된 교통량과 매우 조심스러운 열차운행계획 작업이 필요하다.

서로 연결된 모든 노선의 열차는 네트워크 교차점에서 네트워크-시스템 시간 전에 도착하고 다시 교차점을 떠날 수 있도록 모든 열차 간에 충분한 전환시간이 생성될 동안 교차점에 머무른다. (그림 12) 네트워크-시스템 시간으로 30분 또는 1시간을 지정한다. 모든 열차의 동시 도착 및 출발은 사실상 어렵기 때문에 열차 연결을 위해 가벼운 동기화 시간은 필요하지 않다.

한 노선에 여러 개의 네트워크 교차점이 놓여있을 경우, 이 교차점간의 수송시간은 간격시간 절반의 배수에 일치하여야 한다. 수송시간을 조정하는 문제는 현 인프라구조 상에 네트워크를 도입할 때 결정적인 관건이 된다.

때에 따라, 몇몇 구간에서는 주행시간을 단축하기 위한 확대 조치가 필요하다. 이때 다른 구간의 수송시간은 계획 대기시간(네트워크–동기시간)을 추가하여 인위적으로 연장해야 한다. 이러한 동기화 시간은 열차를 연결할 때 연착이 전달되는 것을 막기 위한 완충시간으로서 임무를 수행할 수 있어서 네트워크 교차점에서 나누어져야 한다.

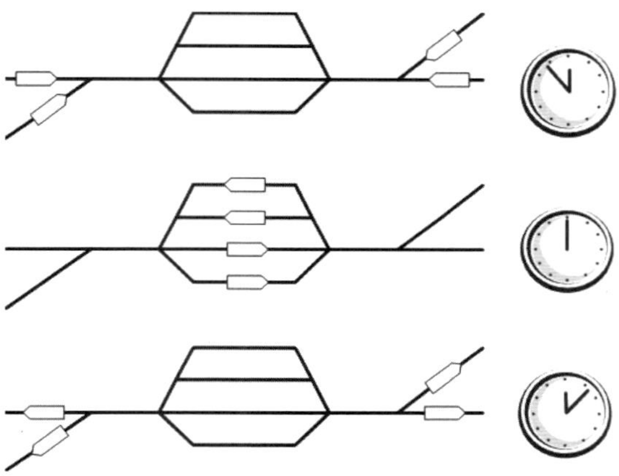

[그림 12] 대표적인 열차운행계획이 조합된 운행시간표 원리

5 열차운행계획표 작성 방법

철도의 여러 분야에서 이미 오래전부터 컴퓨터 처리방법이 도입됐지만, 열차운행계획표를 컴퓨터로 작성하는 방법은 상대적으로 늦게 도입되었다. 그 이유는 열차운행계획표 구성에서 고려해야 할 사항과 부수 조건을 수학적으로는 쉽게 나타낼 수 있음에도 불구하고 매우 복잡하게 이루어져 있기 때문이다. 열차운행계획표 작성에는 다음의 두 가지 방법이 있다.

- 수동 열차운행계획표
- 컴퓨터 기반 열차운행계획표

수동열차 계획표는 거의 모든 철도에서 150년 전부터 사용되었다. 1990년대에 높은 수행 능력의 컴퓨터에 의해 컴퓨터기반의 열차운행계획표 작성방법이 소개되었다. 그렇지만 수동 열차운행계획표는 아직도 여러 철도에서 사용되고 있다.

5.1 수동 열차운행계획표 작성

수작업으로 열차운행계획표를 작성하는 것은 150여 년 이상 동안 지속되어 왔으며 오늘날에도 많은 철도에서 수작업으로 열차운행계획표를 작성하고 있다. 물론 주행시간은 1960년대부터 전산방식에 의해 계산하는 것으로 조사되었다. 이때부터 모든 열차의 주행시간이 중앙통제식으로 변경되었고 주행시간표에 통합, 작성되었다. 주행시간표는 열차의 시간-거리-라인을 구성하기 위한 모든 데이터를 포함한다. 각 주행구간을 위해 아래 사항이 필요하다.

- 최대 허용속도
- 주행시간 계산에 의한 예상 속도
- 순수 주행시간
- 출발 및 제동 추가시간
- 통과 주행할 때 계획 주행시간(정규가산 포함)
- 정차 주행할 때 계획 주행시간(정규가산 포함)

열차운행계획표 작성자는 이러한 사항을 포함한 해당 열차의 주행 과정을 조사할 수 있다.

열차운행그래프의 각 예정 노선을 조합할 경우, 차간시간과 완충시간을 고려하기 위해 가능한 한 간단하게 사용 규정을 작성하여야 한다. 운영학적으로 조사할 때 차간시간 그래프를 처음부터 끝까지 수작업으로 계산하는 일이 종종 있다. 그러나 이 같은 방법을 추천하기는 힘들다. 대신에 최소 차간거리 시간을 조사할 때 시간-거리에서 직접 알 수 있는 폐색구간 내의 주행시간에 1분씩 가산하는 방법을 사용한다. 이러한 가산은 주행시간 측정지점으로 열차운행그래프에 표시된 각 운영소에서 이루어진다. 구체적인 신호기 설치지점에서는 가산이 이루어지지 않는다.

[그림 13]은 이러한 규칙을 열차차간거리를 예로 들어 나타낸 것이다. 교통체증이 생기는 지점에서는 완충시간을 1분으로 단축할 수 있다. (교통체증 지점 완충시간)

진로 종속성이 광범위하게 연결된 큰 교차점에서는 주행시간에 1분을 가산하여 차간 시간을 고려하는 방법이 일반적으로 사용되지 않는다. 이러한 이유로 광역 교차점에 대해서 각 차간거리를 유지하는 최소차간거리 시간표가 만들어진다. 열차운행계획표 작성자들은 이 시간표를 열차운행그래프 또는 열차순서표를 만들 때 참작한다. 이러한 자료를 만들 때 차후의 운행시간표 주기를 고려할 수 있도록 최소 차간거리 시간을 현 운영 상황 아래에서 측정하거나, 또는 선로전환기 요원의 운영상 경험에서 비롯된 경험값을 사용한다.

열차운행그래프를 만들 때 진보된 시스템으로 예정 노선을 계획한다. 이 시스템상에서는 긴 주행거리에서 발생한 제약 조건 지점 때문에 물리 자유도가 종종 몇 개밖에 존재하지 않는다. 예정 노선 계획 후 지역 반복시스템을 추가한다. 그런 후에 개별 운행시간표를 가진 나머지 열차를 처리한다. (주로 화물열차)

수동 열차운행계획 작업에서 열차경로는 역에서 다음역이 다각형으로 작성된다.

주행시간은 모든 역 사이에 주행시간과 여유시간이 필요한 가속과 감속을 특수표에서 읽는다.

그러한 주행시간은 정규 회복시간에 이미 포함되어 있다. 유지보수를 위한 특수한 회복시간은 수동으로 첨가하여야 한다.

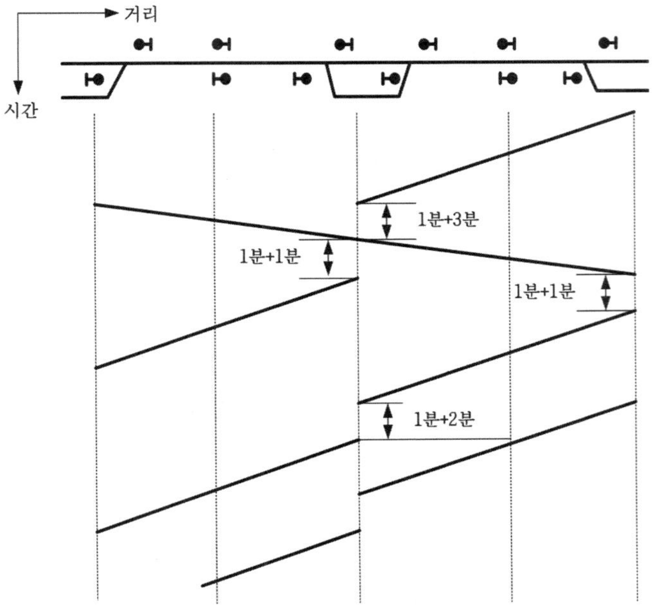

[그림 13] 수동 열차운행계획 작업 원칙

주행시간 계산은 복잡하여 이것들의 표는 일반적으로 컴퓨터에 의해 준비된다.

따라서 수동 열차운행계획 작성은 컴퓨터의 지원 없이 완벽히 처리하기 어렵다. 어떤 철도에서는 몇 가지의 열차 등급이 존재하므로 승차하여 주행시간을 점검한다.

최소 선로운전시격을 결정하기 위한 폐색시간 그래프의 전체 계산은 수동 열차운행계획 작성으로는 쉽지 않다.

최소 선로운전시격은 간단한 방법으로 결정할 수 있다.

폐색구간의 방호시간은 일반적인 추가시간이 구간 안의 주행시간에 더해지도록 고려되었다. 유럽철도에서는 이 여유시간이 보통 1분이다. 그 위에 1~3분 범위의 완충시간이 더해진다. 유럽철도에서는 다음 규정에 따라 최소 완충시간이 결정된다.

- 첫 번째 열차의 등급이 후속열차보다 높을 경우, 1분
- 동급의 열차인 경우, 2분
- 후속열차의 등급이 첫 번째 열차보다 높을 경우, 3분

열차운행계획 정차에서 정차시간의 정확한 할당은 폐색구간의 역사 신호기 배열에 달려있다. 신호기가 역사 궤도의 입구와 출구 양쪽에 있는 역사에서 정차시간은 역사에 접근하는 폐색구간도 역사, 후방 폐색구간도 속하지 않는다.

열차가 도착한 후에 역사에 접근하는 폐색구간은 해정 된다.

역사의 후방 폐색구간은 열차가 출발하면 점유될 것이다.

역사의 출구 쪽에만 신호기가 있는 역사에서의 정차시간은 역사의 접근 폐색구간에 속해 있다. (그림 14b)

역사의 접근 폐색구간은 열차가 출발한 후에만 해정 된다.

역사 입구신호기만 있는 역사에서의 정차시간은 역사, 후방 폐색구간에 속해 있다. 역사 접근 폐색구간은 열차가 도착하면 해정 된다.

역사의 입구신호기만 설치하는 것은 역사 설계가 잘된 것은 아니다.

전방의 폐색구간이 점유되어 열차가 신호기에서 대기할 때 열차는 플랫폼 궤도에 들어갈 수 없으며 승객의 통과 탑승용 대기시간으로 사용한다.

북미철도에서는 차내신호기가 없는 자동폐색구간에서는 역사의 출발신호기 없이 자동폐색신호기 뒤의 역사에 정차하여 다음 신호기에서 제한속도로 진행하는 열차에 대한 운영규정이 필요하다.

그러한 신호기 배열은 단점에 가깝다.

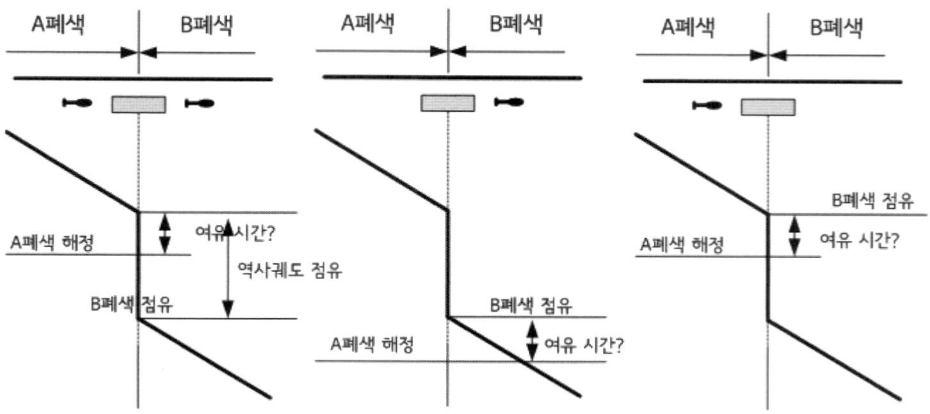

(a) 입구와 출구 신호기가 있는 역

(b) 역사가 폐색신호기 앞에 위치

(c) 역사가 폐색신호기 뒤에 위치

[그림 14] 폐색구간에서 정차시간의 할당

5.2 컴퓨터기반 열차운행계획표 작성

컴퓨터에 의한 열차운행계획표 작성 시 가장 중요한 핵심부분은 설정된 각 노선의 열차운행계획표에 대한 차간시간그래프를 만드는 것이다. 새로운 열차운행계획표를 만들 때 우선 희망 예정노선위치에 대한 시간-거리-라인 및 해당 차간시간그래프를 계산하고 이를 열차운행계획표 작성자의 작업 화면에 나타낸다. 이미 계획된 열차와 예정노선과의 경합은 차간시간 교차에 의해 직접적으로 나타난다. 열차운행계획표 작성자는 예정위치를 밀거나, 추가, 교차를 설정하는 방법으로 설정된 예정 노선상에서 경합이 없는 곳을 발견할 수 있다. 또한 예정노선 경합을 해결하기 위한 학술적 방안을 고려할 수 있다.

컴퓨터로 열차운행계획표를 작성할 경우, 열차운행계획표 작성을 합리화한다. 또한 수작업으로 열차운행계획표를 작성할 때, 차간시간 교차를 이용하여, 수준 미달을 완전하게 막을 수 없는 것에 반해, 컴퓨터에 의한 열차운행계획표 작성은 일정 수준을 확보할 수 있는 효과적인 도구가 될 수 있다.

연쇄 연착 예상값을 조사하기 위해 조종이론 방법을 사용하여 완충시간 분배를 최적화할 수 있다. 수작업으로 열차운행계획표를 작성할 경우, 특정 차간거리에 대한 완충시간을 고정 배치하는 데 비해, 컴퓨터로 작성할 때는 연쇄 연착 최솟값이 발생할 때까지 완충시간 분배를 변화시킬 수 있다.

- 차간시간 교차
- 설정 예정노선의 희망 위치

컴퓨터 기반 열차운행계획 작업 시스템은 수동 열차운행계획 작업에서 설명한 바와 같은 원칙을 사용한다. 특별히 복잡한 궤도배치에서도 열차운행계획 작업에서는 경합 진로가 검지 되지 않는다. 그러한 이유로 시스템에서는 사용자에 의한 많은 경험과 제어가 아직도 필요하다. 그렇지만 컴퓨터기반 열차운행계획 작업의 종류는 순수 수동 열차운행계획 작업에 비해 매우 성공적이며, 귀중한 노력을 감소시킬 것이다.

최신의 컴퓨터기반 열차운행계획 작업 시스템은 방호시간 계단까지 계산한다.

어떤 철도에서는 수송용량 계산 및 열차운행계획 작업을 동일 시뮬레이션 시스템을 사용하여 시행한다.

그러나 순수한 시뮬레이션 소프트웨어는 완충시간을 더해주어야 하는 열차 경합 경로의 정확한 위치를 검지하기가 쉽지 않다. 철도회사의 요구에 맞도록 많은 시뮬레이션 소프트웨어 공급자들이 그들의 소프트웨어에 추가할 수 있는 열차운행계획 작업 모듈을 최근에서야 만들었다. 이러한 모듈, 계산, 열차 경로 시뮬레이션 방호시간 계단 표시는 순수 열차운행계획 시스템과 매우 유사하다.

방호시간 계단은 스크린 상에서 보여줄 수 있다. 그리하여 열차운행계획 경합은 방호시간의 중첩으로 정확히 검지할 수 있다. (그림 15)

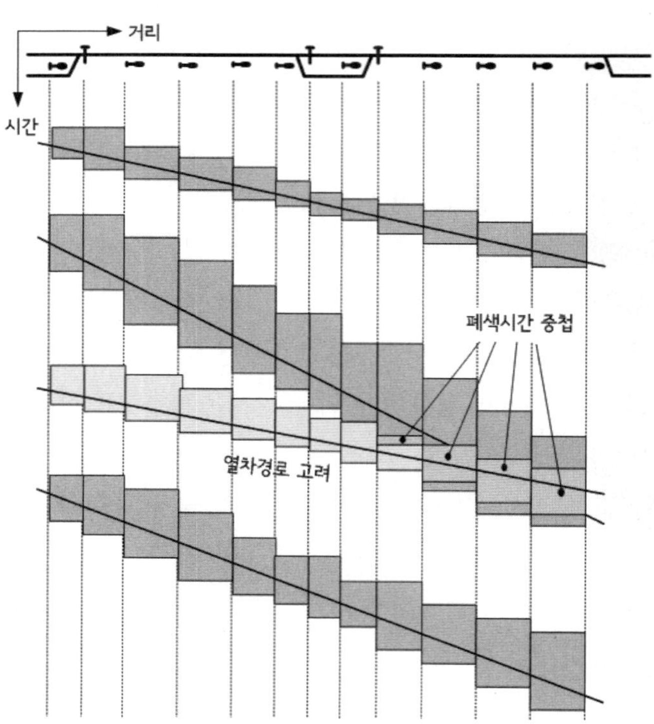

[그림 15] 열차운행계획상의 경합경로 보기

컴퓨터 기반 열차운행계획 같은 작업은 매우 정교한 인프라 데이터베이스가 필요하다. 인프라 데이터베이스에는 모든 속도제한 궤도배치와 선로 저항뿐만 아니라 폐색시간 계산에 필요한 모든 신호 데이터가 필요하다.

운용자는 스크린에 표시해보거나 시간-거리 곡선으로 열차운행계획상의 경합을 해결할 수 있다. 머지않은 장래에 열차운행계획 작업 시스템이 운용자에게 경합에 관한 전망, 자문뿐만 아니라 배경지식을 기반으로 하여 경합의 해결책을 제시하게 될 것이다.

6 열차운행계획의 품질평가

열차운행계획표의 수준은 세 가지 핵심 차원으로 나타난다.

- 계획수준
- 열차운행계획표의 안정성
- 운영수준

계획수준이란 열차 수, 시간당 노선 배치, 열차운행계획표 상 실현이 가능한 수송시간 등 고객이 원하는 바와 열차운행계획표가 어느 정도 일치하는지 그 정도를 의미하는 것이다. 계획수준을 평가하기 위한 핵심 요소는 수송시간에 포함된 예정 대기시간이다. 유럽의 철도공사들이 도입한 시스템의 경우, 철도인프라구조 사용을 위해 도입한 예정 노선등급에 계획수준을 반영시킨다. 수송시간에 포함된 예정 대기시간 할당에 따라 열차주행시간표 배열구성의 등급을 상향하거나 하향 평가한다. 또한 계획수준에서 열차운행계획표 구성을 평가하는 문제가 다루어진다. 이러한 평가는 구성된 열차운행계획표에서 고객에게 약속한 서비스가 실제로 실현 가능한지를 확인하는 것은 아니지만 이러한 작업은 열차운행계획표의 안정성을 조사하기 위한 것이다.

안정성이란 열차운행계획표가 방해로 인한 영향을 받지 않고 유지되는 것을 말한다. 즉 유입연착이나 연쇄 연착을 시간적, 공간적으로 제한하고 없앨 수 있는 능력을 안정성이라 한다. 열차운행계획표가 고정된 일정 조건(같은 운영 프로그램이 장시간 지속됨)에서 다음의 조건을 유지할 때 안정성을 지닌다고 한다.

열차운행계획 작업의 품질은 다음 두 가지 사항에 의해 특징을 준다.

- 열차운행계획 품질
- 시간표의 회복 능력

열차운행계획의 품질은 고객의 요구에 열차운행계획을 어떻게 맞추는가에 의해 결정된다.

열차운행계획 품질의 측정은 전체 주행시간 상에서 열차운행계획에 대한 대기시간 비율이다.

대기시간 비율은 교통의 종류에 따라 좋은 품질이 인정된다.

화물교통에서는 승객 교통보다 대기 시간비율이 더 높다.

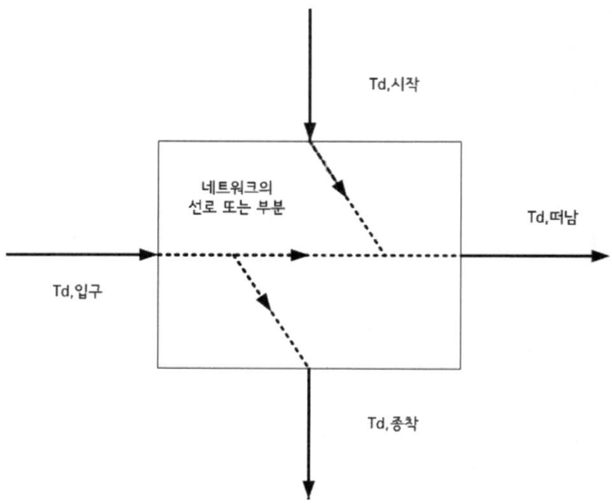

[그림 16] 열차운행계획표의 회복 능력 기준

열차시간표의 회복 능력은(안정도 또는 건전성) 지연을 감소시키는 능력으로부터 나온 결과이다. 열차시간표의 회복 능력의 기본 요구조건은 시스템의 출력에서 지연의 합(시스템에서 열차의 떠남과 종착)은 시스템의 입력 상의 지연 합보다 낮다. (열차의 시스템 입고와 시스템에서 열차의 시작)

시간표 회복 능력의 주요 사항은 다음 방정식으로 설명될 수 있다.

$$t_{d,\le 평균} + d,종착 \le d,입력 + d,시작$$

$t_{d,\le 평균}$: 시스템에서 떠나는 열차의 지연

$t_{d,종착}$: 시스템에서 열차 종착의 지연

$t_{d,입력}$: 시스템에 들어가는 열차의 지연

$t_{d,시작}$: 시스템에서 열차 시작의 지연

유입연착은 외부에서부터 철도시스템 내부로 전달되는 모든 연착을 말한다. 도착 연착은 철도시스템상에서 종료되는 열차의 유입연착을 말한다.

고유 연착은 시스템상에서 새로 생성되는 최초 연착이다. (연쇄 연착이 아님) 돌발 연착은 시스템을 떠나는 열차의 모든 연착이다.

도착 연착은 열차 전환 없이 종결되는 열차에서만 발생한다. 변환 열차나 기타 열차 전환은 통과 주행으로 연결된다.

운영수준은 안정성과는 달리 시행되고 있는 운영시스템에서의 운영과정 수준단계를 뜻한다. 열차운행계획표의 안정성은 뛰어난 운영수준을 위한 근본적인 전제조건이다.

도달 가능한 열차운행계획표의 안정성과 운영수준은 결정적으로 완충시간과 주행시간 가산 방법에 달려있다. 이러한 시간의 할당을 높이게 되면 열차운행계획표 배열의 수와 승객의 관점에서 수송시간이 단축되길 바라는 것과는 상반되는 결과가 나타난다. 안정성이 높은 열차운행계획표는 자동으로 고객의 입장에 맞춘 열차운행계획표가 아니라고 할 수 있다.

다른 면으로 봤을 때 안정성이 낮은 열차운행계획표는 운영수준에 만족스럽지 못한 승객이 이탈하여 상품화할 수 있는 열차운행계획표 배열의 수를 한정시킨다. 예정 노선 관리를 할 때 항상 승객의 입장을 고려하여 열차운행계획표의 안전성을 높게 유지하면서 계획수준을 향상할 수 있는 공통의 타협점을 찾아야 한다.

열차운행계획표의 수준은 열차운행계획표 능률과 밀접한 관계가 있다. 가장 핵심 되는 부분은 이미 서술한 바와 같이 열차운행계획표의 성능이다. 열차운행계획표의 능률은 항상 최적 능률 범위 내에 존재하여야 한다.

열차운행계획표의 능률은 인프라구조를 측정하는 결정적인 파라미터인 동시에 열차운행계획표 구조와 관련을 맺고 있다. 차간거리가 잘 조화되어 있을수록 불필요한 시간 간격이 줄어든다. 열차운행계획표 구조를 가늠하는 단위는 폐색구간의 개별 점유율 평균값과 연쇄 점유율과의 관계이다. 열차운행계획표 구조의 조화가 잘 되어 있을수록 이 분수의 값은 1에 가깝게 된다.

두 열차의 간격을 유지하기 위한 차간시간은 속도를 이용하여 필요한 차간거리 간격에서 환산한다. 이것으로 평균 점유율을 시간 및 공간적 부하로 해석한다.

회복 능력은 보통 시뮬레이션으로 확인된다.

간단한 조건에서(교통량이 적은 단선 선로) 교통다이어그램에 입력 지연으로 정의된 것으로부터 결과 지연의 전도 구조에 의해 안전성이 수동으로 입증되었다. (그림 17) 주 열차운행계획이 있는 노선에서 회복 능력을 실제로 측정하여 평가 회복 능력 값을 계산할 수 있다.

$$q_{회복} = \frac{t_{d,입력}}{\sum t_{b,주기} + \sum t_{회복,주기}}$$

$q_{회복}$: 회복 능력 값

$t_{d,입력}$: 구간에 들어가는 열차의 지연

$\sum t_{b,주기}$: 두 교류 지점 사이에 한 사이클 완충시간의 합

$\sum t_{회복,주기}$: 두 교류 지점 사이에 한 사이클 지연을 감소시키는 여유시간과 회복시간의 합

안정성 값은 완전히 지연을 보상하는 것이 필요한 사이클의 번호와 같다.

이 측정은 두 교차점에 의해 제한되는 각 구간을 결정한다.

높은 회복 능력을 갖추는 구간은 그 노선의 열차시간표 안정성용 주요 구간이다.

유럽의 철도 규칙에서는 초기의 10분 지연에 2.00보다 적은 회복 값을 추천한다.

그 의미는 초기의 10분 지연은 두 개의 메인 사이클 내에서 완전히 보상되어야 한다는 뜻이다.

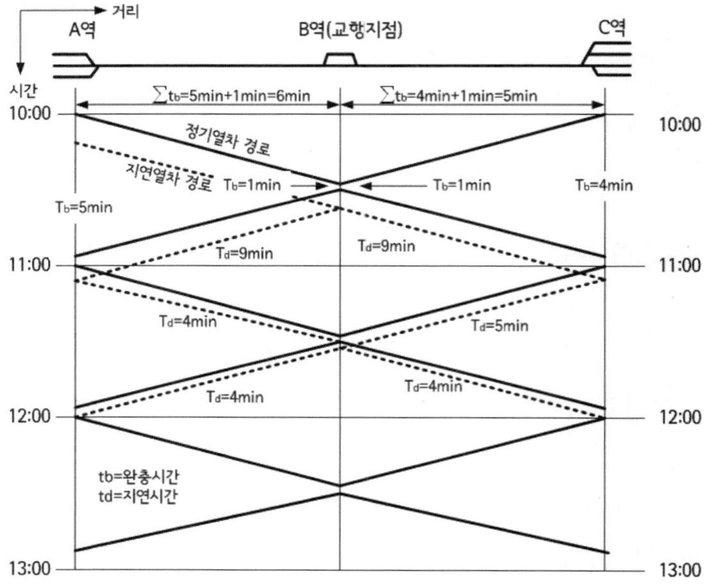

[그림 17] 단선 궤도선로상의 주 열차운행계획의 수송 지연

예, [그림 17]에서 첫 번째 열차가 10분 지연되어 역사 A에 들어간다.

역사 B에서 정차시간을 줄여 1분 지연으로 만든다.

그러나 이는 역방향의 열차에는 영향력이 미치지 않는다.

초기 지연은 1분의 완충시간에 의해 감소하여 역방향 열차로 지연이 송신된다.

지금 양 열차는 9분의 지연하고 주행하고 있다.

노선의 양 끝에서 이러한 지연은 다시 역방향 열차로 송신되며 역사에서 완충시간에 의해 감소한다.

A와 C. C역으로부터의 열차는 B역에서 정차시간을 줄여 1분을 회복한다.

B역사로부터 열차는 역사 B에서 지연이 더 커지게 되는 역방향 열차를 기다려야 하므로 회복할 수 없다.

두 사이클 후 모든 지연은 사라지며, 회복 능력 값은

구간 A-B : 10분/(5분 + 1분) = 1.67
구간 B-C : 10분/(4분 + 1분) = 2.00

따라서 구간 B-C는 이 노선의 회복 능력에 주요 영향을 주는 중요한 구간이다.

열차시간표의 회복 능력은 열차 경로 열차운행계획작업의 문제만이 아니다.

지연은 연결 역사에도 송신된다.

여객열차 사이의 연결은 네트워크에서 중대한 문제의 원인이 되어 종종 주의 되기도 한다. 연결 역사에서 한 열차에서 다른 열차로 승무원이나 장비를 바꾸는 작업은 상황을 더 어렵게 한다.

한 열차에서 다른 열차로 바꿀 예비 승무원 또는 장비가 없고 큰 지연일 경우에는 연결을 취소할 수 없다. 따라서 승무원과 장비의 순환을 주의 깊게 계획하는 것은 철도 네트워크의 운영에서 받아드릴 수 있는 회복 능력을 유지하는데 매우 필수적인 조건이다.

이상에서 기술한 내용을 토대로 양질의 열차시간표 작성의 중요한 열쇠는 다음과 같이 표현할 수 있다.

- 궤도 및 다른 기반시설의 효과적인 이용
- 신호시스템의 효과적인 이용
- 폐색시간 이론에 근거한 선로용량 상태의 예술적인 모델링
- 열차 주행시간의 정확한 예측
- 증명된 에너지 절약형 운전표준의 적용
- 경합지점에 초점을 두고, 병목지점과 네트워크에 대해 안정되고 문제점 없는 분석
- 결정론적인 결합, 확률론적 분석과 시뮬레이션 모델
- 운영으로부터 피드백되는 평가에 대해 정규적인 감시분석

15장

철도운영제어

1 중앙집중식 열차제어설비(CTC 설비)

1.1 CTC 설비의 역사

최초의 중앙 집중식 교통제어설비는 1927년 미국의 GTS(General Railway Signal) 회사에서 톨레도주 스탠리와 오하이오주 버윅 사이의 뉴욕 중앙철도 40 mile(64 km) 구간에서 이루어졌으며, 유럽철도는 제2차 세계대전 중에 미군에 의해 철도서비스 운영에서 관제 제어를 시행하는 것이 효율적이고 이점이 있다는 것을 발견하여 나중에는 거의 모든 노선을 관제-제어 운영형태로 바뀐 것이 역사가 되었다.

자동폐색장치보다 설치 비용이 많이 들지만, 선로용량과 효율성 측면에서 큰 이점이 있다. 단선 CTC는 복선 자동폐색장치 용량의 약 70%를 차지하며 유지보수, 세금 등의 비용을 절감할 수 있다.

1.2 신호제어 선로

신호기와 선로전환기를 운영하는 전통적인 철도선로에서는 연동장치가 있는 연동타워에서 역 운영자에 의해 신호와 선로전환기가 제어된다. (그림 1)

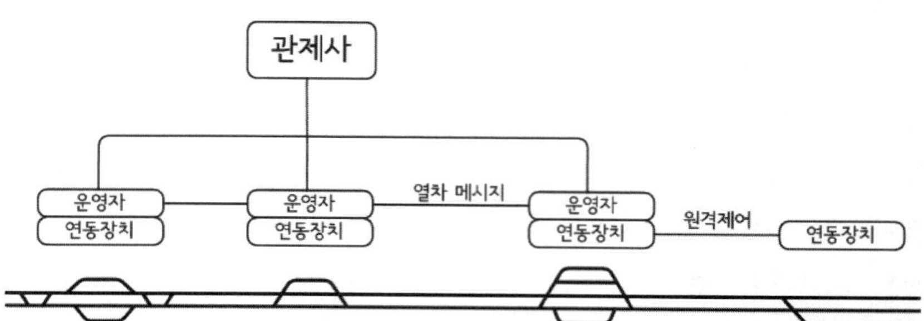

[그림 1] 신호제어 선로상에서 운영자의 교통량제어

인접 연동역과의 통신은 각자 간에 매우 간단한 전신, 전화 연결에 의하며, 모든 운영자 간 통신은 열차 운영기록과 함께 기록되었으며, 철도관제사의 업무를 비교하면 큰 차이점은 권한의 차이이다.

북미철도의 관제사는 노선의 모든 열차의 운전을 승인하며, 지역운영자는 관제사의 보조 역할로 진로를 설정하고, 신호를 현시하며, 관제사의 지시를 추종하여 지시한다.

유럽철도에서 열차 운전승인은 지역운영자에 의해 이루어진다. 왜냐하면 지역 운영자는 “승인할 수 있는 사람”이고 관제사로 교통량을 감시하고 운행스케줄 경합으로 인한 지연과 혼잡을 책임지고 있기 때문이다. 그러므로 관제사는 지역운영자의 효과적인 운영을 도와주는 것이다.

1.3 관제 시트

노선의 감시는 관제사에 의해 행하여지며, 역 운영자는 모든 도착과 출발시간에 대하여 그래픽 또는 관제 시트를 가진 관제사에게 보고한다.

교통 다이어그램, 그래픽과 같은 관제 시트는 수직과 수평축으로 설계되어 있다.

관제 시트는 노선의 운행상황 전체를 볼 수 있으며 관제사가 문제 상황을 일찍 인지할 수 있다. 그리하여 관제사가 운전정리(열차 순서 변경)와 관련한 결정을 할 수 있고 지역운영자에게 관련 지시를 할 수 있다.

1.4 장점

① 선로용량 효율적 관리 개선 : 대규모 구간에 대한 중앙 집중식 제어 및 관리
② 자동진로 설정 가능
③ 열차운행 시간표 관리
④ 열차 번호 관리
⑤ 열차 운행 그래프 자동 생성
⑥ 열차운행 기록을 재생 가능
⑦ 중앙 위치에서 장애 관리 제어
⑧ 향상된 재해 관리를 효과적으로 수행

2 열차집중제어장치

열차집중제어장치는 모든 신호기, 선로전환기를 관제사에 의해 내부에서 직접 제어하는 장치이다. [그림 2]

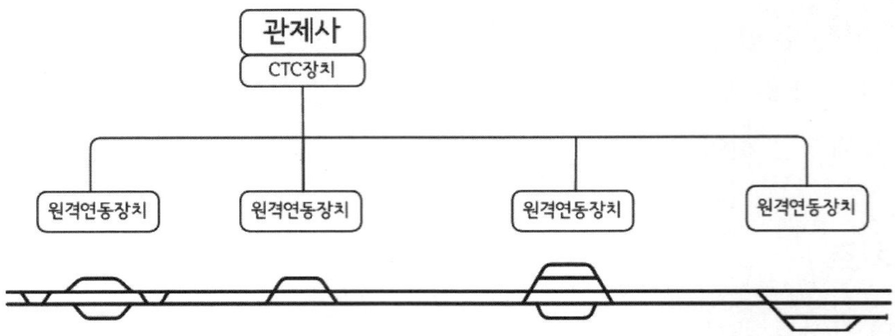

[그림 2] 열차집중제어장치(CTC)

모든 열차 운행은 신호기의 현시로 제어되고 지역 연동장치는 지역의 직원 없이 원격으로 제어된다. CTC 범위 내에서는 모든 본선 궤도는 열차를 검지하는 궤도회로장치를 설치하여야 한다. CTC는 철도마다 근본적으로 상이한데 이는 각 나라에 따라 운영절차가 다르기 때문이다.

3 자동화 기술

현대의 컴퓨터 기반의 전자연동장치가 설치된 선로에서도 철도시스템을 운영하는 관제사들에게는 운영자에게 수동조작에 필요한 많은 안내서가 필요하므로 수동조작을 줄이기 위하여 자동화 기술이 도입되었다.

요즘은 이러한 기술을 로컬운영자와 CTC 운영자가 모두 사용하고 있다.

3.1 열차 주행 추적

열차 주행 추적 장치는 각 열차의 위치를 추적하고 이러한 정보를 다양한 방식으로 표시, 평가하기 위한 임무를 갖는다. 아래 사항은 열차 주행 추적을 기술적으로 실현하는 방안들이다.

- 각 열차를 1회, 수동으로 전화하여 열차 위치 파악
- 고정 설비기기로 파악할 수 있는 인식기를 열차에 장착
- 현 위치측정 결과를 중앙으로 전송하는 위치측정방법 채택

열차 주행 추적은 다음 장치를 사용하여 시행한다.

- 열차번호인식기
- 컴퓨터에 의한 열차감시

열차번호인식기는 다음과 같은 임무를 수행한다.

- 열차운행사무장을 위해 차량번호를 표시하여 궤도배치도에 운행상황 표시
- 열차 보고를 자동으로 교환함으로써 유선을 이용한 열차 보고 방식 대체
- 유치 열차 설명 장치를 이용, 수작업에 의한 운영명세표 대체

열차번호인식기는 조정영역을 확대할 수 있다. 열차 주행 과정을 수작업으로 파악하는 것과는 달리 열차 주행 과정을 실시간으로 표시함으로써 그 기능이 차별화된다.

컴퓨터를 이용한 열차감시의 경우, 지역 열차번호인식기가 제공한 정보가 중앙으로 전달되고 열차 운행상황을 파악할 수 있도록 모니터에 표시된다. 열차감시담당자는 자신이 맡은 감시영역에서 열차 운행과정을 철저하게 관찰할 수 있으며, 필요한 경우 수동으로 정보를 입력할 수도 있다.

그러나 열차감시 담당자가 각 운영사업소 운행사무장에게 전달하는 지시는 유선에 의한 방법으로 이루어진다. 열차 운행상황을 표시하기 위해 시간-거리-라인 도식표뿐만 아니라 구간도표를 사용한다. 이러한 시간-거리-라인 도식표는 수작업에 의한 운영 일람표 구조와 유사하다. 시간-거리-라인의 투시를 통해 방해요인을 쉽게 파악한다. 오늘날 대체방안으로 사용되는 설비로는 열차운행 전개 상황을 예견하기 어렵다. 즉, 주행요소 차단시간을 고려하지 않은 시간-거리-라인은 단순히 계획한 주행 과정에만 일치하여 표시되기 때문이다. 시간-거리-라인 도식표 외에 구간도표는 위상 기하학적 궤도배치도 상에 열차주행을 나타낸다. 교차점의 열차감시를 위해 교차점을 관찰하는 방법도 개발되었다.

3.2 열차자동제어장치

열차자동제어장치는 각 지역 운영사업소의 열차 진로 설정을 자동화하기 위한 것이다. 열차자동제어장치는 아래와 같은 기능을 가진다.

- 주행 교차로 이전에 자동으로 진로 선택
- 정해진 시간에 신호기에 위치명령 지시
- 지역적인 점유 경합이 발생할 때 열차 순서 조절

지금까지 실용화된 열차자동제어장치는 시스템 원리에 따라 두 가지 그룹으로 분리할 수 있다.

- 프로그램 자동 운영 설비
- 열차에 의한 진로 선택 설비

(1) 프로그램 자동 운영 설비

- 프로그램 자동 운영 설비의 경우 각 신호를 위해 진로 저장장치가 마련되어 있다. 진로 저장장치는 예정된 순서에 따라 각 신호에 설정되어야 할 모든 진로를 저장한다. 열차가 신호에 접근하면 진로 설정 장치의 임펄스에 의해 다음 위치에서 신호가 차단되고 저장된 진로를 위한 위치명령이 내려진다.
- 프로그램 자동 운영 설비는 열차 운행순서가 지켜질 가능성이 큰 운행시간표를 기본으로 작동한다. 열차와 열차 주행거리 사이에 논리 관계가 형성될 수 없으므로 열차가 잘못 운행되는 것을 막기 위해 열차교차로 이전에 열차 순서에 편차를 둘 수 있다.
- 특히 프로그램 자동 운영 설비를 사용하기 위한 운영의 기술적 전제조건이 마련되어야 할 곳은 고정 운행시간표로 운영되는 도시철도 및 교외와 시내를 연결하는 열차이다.
- 프로그램 자동 운영 설비 형태는 1950년대 런던 지하철에 처음으로 도입되었으며, 진로 저장장치로서 펀치 테이프를 사용하였다. 그간 프로그램 자동 운영 설비는 다양한 형태로 개발, 사용되고 있으며 현대식 설비는 컴퓨터에 의해 작동된다. 운행사무장은 컴퓨터를 이용, 열차 운행순서에 편차가 생겼을 때 진로 저장장치의 내용을 미리 바꿀 수 있다.

(2) 열차에 의한 진로 선택 설비

- 열차에 의해 진로가 선택되는 열차자동제어장치는 일반적으로 컴퓨터 전산시스템에 의해 작동되고 있다. 열차가 신호에 접근하면 열차접근을 파악할 뿐만 아니라 열차 관련 자료를 이용하여 열차를 인식한다. 우선 각 열차의 진로순서가 포함된 열차제어계획표가 작성되고, 이 열차제어계획표에 의해 제어구역 내에서 열차가 운행 제어된다. 열차가 인식되고 나면 열차제어컴퓨터는 이 열차에 대한 열차제어

계획표에 따라 설정된 진로를 알려준다. 이 진로는 해당 신호기에만 내려져야 한다. 이러한 방법은 열차 운행순서를 변경할 때도 별 영향을 받지 않으며 운용할 때 유동성이 높다. 이 방법을 사용할 경우, 전제조건은 열차번호인식기가 있어야 한다는 것이며, 오늘날 열차번호인식기는 기본 장비에 속한다.

- 이상적인 신호 지시 시간은 열차의 위치가 원방신호기에 접근하여 시야에 보이는 위치에 존재할 때이다. 이러한 조건 전제하에 조절 충격 위치가 만들어진다. 진로형성시간은 허용오차범위 내에 전환 스위치의 숫자에 따라 달라지므로, 조절 충격 위치를 확정하기 위해서 진로형성시간을 가능한 한 길게 설정하여야 한다. 조절 충격위치는 원방신호기 앞 최소 300 m 지점에 배치하는 것이 좋다.
- 현재 대체용으로 사용하고 있는 열차자동제어장치의 경우, 주행거리 선택 및 위치 명령 시간에 대한 문제가 해결되었으나 이에는 항상 인력이 강하게 개입하여야 한다. 지역적인 점유 경합이 있을 경우의 순서 조절은 담당 운행사무장의 의사결정에 따라 이루어지며, 열차 순서 변경에 대한 결정권을 갖는다. 계획에 따라 운행할 경우, 운행사무장은 진로 설정을 제어해야 하는 부담을 덜게 되나, 운행과정을 자세히 관찰하여야 한다. 지금까지 실현된 모든 열차자동제어장치를 사용하는 데 한 방향으로 주행할 때는 분기점 및 유입점이 문제가 된다.
- 담당자의 업무 부담을 덜기 위한 전제조건은 열차자동제어장치의 제어논리에 의해 지역적인 단순한 점유 경합은 자동으로 해결될 수 있어야 한다는 것이다. 여기에는 특히 아래의 사항이 포함된다.
  - 방해지점(유입 및 교차)에서 우선순위에 따른 조정
  - Deadlock-상태 방지
- 서로 다른 선로에 여러 대의 열차가 방해지점으로 접근하고 이 열차의 시간 간격이 방해지점에서 필요한 최소 차간거리 시간보다 짧다면, 이 열차들을 방해 요소 없이 주행시키는 것은 불가능하다. 이때 어떤 열차가 방해지점을 통과할지를 결정지어야 한다. 프로그램 자동 운영 열차제어설비에서는 일반적으로 조절 충격 위치를 지나는 열차가 우선권을 가진다. 동시에 조절 충격 위치를 앞당겨 처음부터 정해진 진로에 우선권을 부여할 수 있다. (예. 보조 구간 유입 시 주 선로에서)
- 열차에 의해 진로가 선택되는 열차제어설비의 경우, 각 열차에 대한 개별적인 우선기준은 우위 등급이나 우위 결정 규정을 정하여 이에 따라 고려한다. 우위를 결정하기 위해서 열차가 방해지점에 접근하는 것을 적시에 파악하여 이 열차가 조절 충격 위치를 지나기 이전에 우선순위가 낮은 진로가 차단될 수 있도록 한다.

- 이는 예비시간 형태가 각 열차의 차단시간보다 먼저 시작될 때도 가능하다. 이때 예비시간은 속도에 종속된 예비구간으로 해석할 수 있다. 고정 공간 간격을 주행할 때 예비구간은 속도에 종속된 폐색구간의 숫자를 미리 예견하여 만들 수 있다. 주행거리 요소에 여러 예비구간이 놓여있다면, 즉 여러 대의 열차가 동시에 주행거리 요소를 예비하고자 한다면, 상위순위 열차를 확정하고 다른 열차를 위한 진로 설정이 차단된다.
- 방해지점에서의 우위조정 이외에 열차제어설비의 제어논리에 따르면 Dead-lock 상태를 막을 수 있어야 한다. 각 열차의 운행시간표 편차(연착)가 예정 열차 운행순서에서 벗어날 정도로 커진다면, 원하지 않은 운영상황이 발생할 수 있다. 즉 각 열차의 주행 과정이 이어지기 힘들 수도 있다.
- 이러한 예를 수학적으로 관찰하면 자동화기술에서 발견되지 않는 Deadlock 문제에 이르게 된다. 철도 노선망 운영은 제어시스템으로 해석될 수 있으므로 제어 이론적 관점에서 Deadlock의 개념은 아래와 같이 정의된다.
- Deadlock이란 두 열차가 서로를 향해 진로가 설정되어 모두 더 이상 진행을 하지 못하는 상황을 일반적으로 교착(Deadlocking) 상태라고 정의한다.
- 운영 장애 파악과 장애가 해결하면 나타나는 다른 문제와는 달리 Deadlock을 방지할 때 시간과 관계없이 순서 문제가 다루어진다. 열차 속도 및 차단시간은 Deadlock 상황을 적시에 파악하는 데 그리 중요하지 않다. 열차가 주행할 때 강제적으로 작용하는 순서를 논리적으로 분석하여 대기 고리 구조를 파악할 수 있으며, 신호 열차 주행을 허용하기 이전에, 대기 고리를 차단하기 위한 점유변경과 이 점유변경이 Deadlock을 발생시키는지를 검토하여야 한다.
- 양방향 운행을 시행할 때 사용되는 구간에서 유입 숫자가 많은 궤도 그래프는 특히 Deadlock이 발생하기 쉽다. 교차역 즉, 점유구간이 이어져 있는 복선구간은 최악의 상황이다. 또한 대 교차점에서도 Deadlock 발생 위치가 나타난다.
- Deadlock 발생을 막을 수 있는 가장 안전한 방법은 한 방향으로만 운행 가능한 복선의 노선을 만드는 것이다.
- 현대의 컴퓨터 기반 전자연동장치를 사용하는 노선에서도 지금까지 철도시스템 운영에 운영자와 관제사의 많은 수동 개입이 이루어지고 있으며, 이러한 개입을 감소시키기 위하여 자동화 기술이 발전되었다. 현재 이러한 기술은 CTC 노선의 역 운영자도 사용하고 있다.

3.3 열차표시기

열차표시기는 표시반 상에 열차가 폐색을 점유하는 것을 운영자나 관제사에게 나타내주는 시스템이다.

현대의 열차표시시스템은 또한 모든 열차 움직임의 자동 기록을 제공하여 열차의 지연이나 운전정리 평가에 사용된다. 따라서 정상적인 열차운전을 위하여 열차 기록을 수동으로 작성하는 것이 필요 없게 되었다.

열차표시기는 또한 열차 운전에 관하여 연동역간의 운영자 간에 사용되던 전화 정보를 대신하게 되었다. 그러나 열차표시기는 연동장치와 폐색시스템과 같은 신호장치와는 달리 Fail-Safe 시스템이 아니다. 따라서 열차표시기에서 얻어지는 정보는 운전정리에만 사용되어야 하며 안전 목적으로 사용되어서는 안 된다.

특별한 조건에서 열차를 운전할 때 신호시스템에 의해 안전을 완전하게 받지 못하므로 운영자 사이에 안전에 대한 통신이 요구되며 이는 통화기록 및 내용이 기록되어야 한다. 이러한 경우에 열차 기록이 수기로 작성되는 것이 요구된다.

열차표시기를 실현하는 방법에는 3가지 원칙이 있다.

- 열차가 제어 영역으로 들어갈 때 확인되어야 한다. (수동으로 입력할 때) 제어영역 내에서의 열차표시는 신호시스템에서 제공하는 궤도 점유에 따라 구간에서 다음 구간으로 진행된다.
- 열차는 열차표시기를 포함하는 꼬리표가 설치되며, 꼬리표는 선로변장치에 의해 읽을 수 있다.
- GPS 또는 선로변의 발리스를 인식하여 열차위치는 확인된다.

열차위치와 열차표시기는 연동 타워 또는 CTC 사령실 등 제어센터로 무선으로 전송된다.

신호설비와 독립적으로 작동하는 열차표시시스템은 매우 유익한 시스템이므로 신호시스템의 구성요소가 고장이 났을 때도 열차표시기는 적절하게 동작할 수 있으므로, 신호시스템의 결함으로 인하여 고장이면 열차 운영자가 모든 열차의 위치 및 표시기를 볼 수 있어 매우 중요하다.

관제센터는 넓은 범위를 관리하므로 열차표시기 때문에 정보가 제공되는 교통 다이어그램은 스케줄상에서 사용되는 교통 다이어그램과 매우 유사하다.

관제사는 노선의 실제 교통량과 스케줄 상 교통량을 쉽게 비교할 수 있으며, 그 같은 관제사 표시는 그래프 관제시트를 수동으로 그리는 것을 대체한다.

경합 인지와 해결을 더욱더 매끄럽게 하기 위하여, 미래의 모든 시스템 프로젝트는 시간-거리 곡선 스케줄로 되어 있다.

열차표시기는 매우 진보된 배차 시스템과 별개로 작동되는 폐색시간과 최소 운전시격이 고려되지 않았기 때문에 아직은 매우 간단하지만, 경험 있는 배차원에게는 매우 중요한 도구이다.

3.4 자동진로설정

자동진로설정(ARS), 또는 자동열차진로(ATR)로 불리는 이 장치는 열차가 신호기에 접근하면 적절한 진로를 자동으로 설정하는 기능을 제공한다. ARS시스템은 다음과 같은 3가지 기능이 포함 되어야 한다.

① 대향 선로전환기 신호기에 접근하였을 때 자동진로선택이 되어야 한다.
② 적절한 시간에 진로 설정 명령이 출력되어야 한다.
③ 경합 진로의 경합이 해결되어야 한다.

자동진로설정은 2가지 원칙이 공통적이다.

① 프로그램된 진로 순서에 의한 진로 설정
② 열차 등급에 의한 진로 설정

프로그램된 진로 순서에 의해 진로가 선택되었을 때 프로그램된 순서의 모든 진로를 포함하는 모든 대향 선로전환기와 신호기용 진로 프로그램이 존재한다.

열차가 접근하고 있을 때 프로그램은 다음 위치로 전환되고 다음 설정을 위한 진로를 준비한다. (그림 3) 그러한 로직은 매우 간단하나 열차가 스케줄된 열차 순서를 따르지 않으면 오진로가 되는 단점이 있다. 그러한 시스템은 열차운행순서 변경이 거의 없는 고정된 운전시각으로 운행하는 노선인 지하철과 전철화된 도시철도에 매우 유효한 특성이다.

첫 번째 ARS 장치가 이 원칙에 따라 1950년대 영국 런던 지하철의 자동분기기 작동 목적으로 설치되었다. 열차 순서 변경이 필요하면 운영자는 진로프로그램을 수동으로 변경하였다. 열차등급에 의한 진로설정은 신호기에 접근하는 열차만 등록하는 것이 아니고 열차 등급에 의해 진로를 확인한다.

ARS시스템은 모든 스케줄된 열차의 진로를 포함하고 있는 파일에 접근한다.

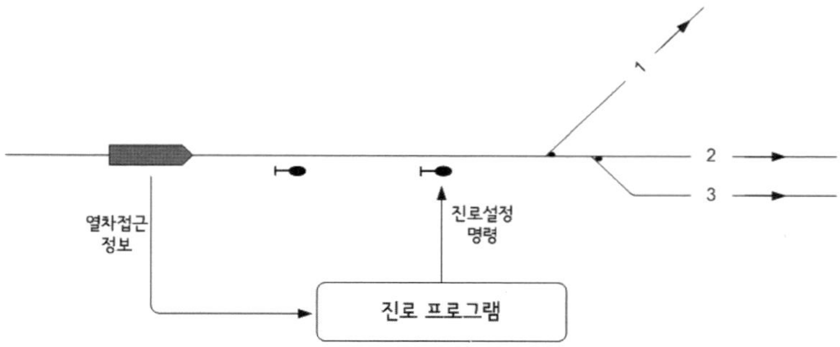

[그림 3] 프로그램 된 진로순서에 의한 진로 선택

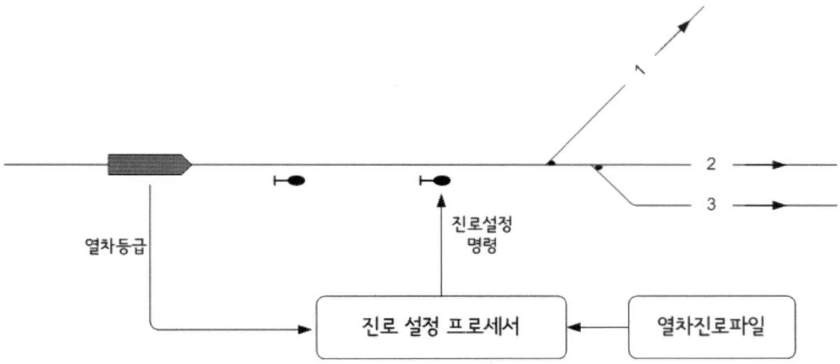

[그림 4] 열차 등급에 의한 진로 선택

열차가 신호기에 접근할 때 진로설정 프로세서는 이 파일로부터 열차 등급이 속해 있는 진로를 읽을 것이다. (그림 4) 그러한 시스템은 실제 열차 순서와는 독립적으로 작동한다. 혼합된 교통 노선에서 이 원칙은 프로그램된 진로 순서에 의해 진로를 설정하는 것보다 적합하다. 그렇지만 열차 등급에 의한 진로 설정은 열차 배차원의 열차 등급 정보 제공이 요구된다.

최적의 신호 현시 시간은 진로(원방신호기 또는 폐색신호기 후방)의 진입신호기의 접근 현시를 제공하는 신호기가 보이는 상태로 열차가 접근하였을 때이다.

진로설정 명령은 선로전환기를 전환하기 위하여 요구되는 시간을 고려한 조건에 부합하는 시간이 있어야 한다.

그러나 진로설정 명령은 낮은 운행 빈도로 인하여 전환시간을 고려할 필요가 없으므로 폐색시간이 증가하지 않는 대신에 너무 일찍 시행하지 않아야 한다. 진로 자동 설정을 위한 접근 선로전환기 최적의 위치는 [그림 5]로부터 찾아낼 수 있다.

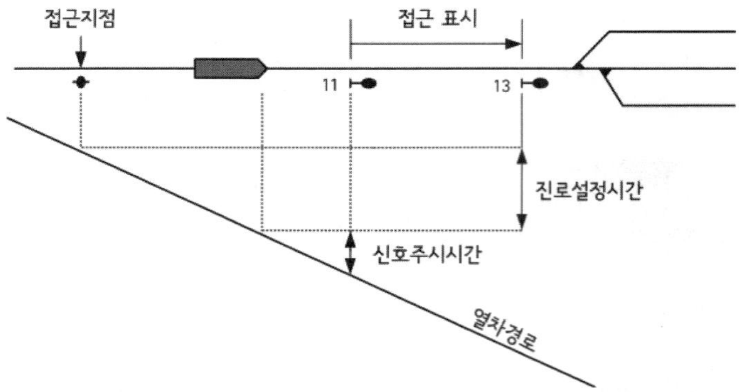

[그림 5] 진로의 자동 설정을 위한 접근 선로전환기의 최적 위치

열차 등급에 의한 진로 선택이 있는 ARS시스템에서는 열차 경합 경로를 취급하는 2가지 전략이 있다.

① 시간 기반 ARS
② 목적지 기반 ARS

시간 기반 ARS시스템에서는 모든 진로는 스케줄된 열차 순서를 추종하여 설정된다. 열차 경로가 경합하면 자기 자신의 스케줄을 지키는 열차는 지연열차를 언제나 기다린다.

시간 기반 ARS시스템은 열차 등급에 의한 진로 선택을 언제나 적용하며, 모든 열차의 진로뿐만 아니라 열차시각표를 포함하는 데이터베이스가 요구된다.

열차 경합경로는 교번 시각표에 의해 해결된다.

ARS 시스템과 컴퓨터 기반 배차시스템의 연결이 요구되며, 작성된 스케줄의 열차순서를 바꾸고자 할 때는 배차시스템은 ATS시스템용의 새로운 시간표 데이터를 자동으로 생성한다. 목적지 기반 ATS시스템은 스케줄된 열차순서에 관계치 않고 자동으로 진로를 설정한다.

데이터베이스에는 진로 선택이 포함되어 있으며 모든 열차의 진로 또는 열차 등급과 같은 특수 목적지 코드(목적지 번호)를 사용한다. 목적지 기반 ARS시스템에서 2개 열차가 경합 진로로 접근하고, 최소 운전시격보다 열차 사이의 교차 통과 간격이 적용될 때 어떤 열차가 먼저 통과할 것인가를 결정하여야 한다. 이러한 목적으로 열차가 자동 진로 설정용 접근 지점에 도착하기 전에 ARS 시스템에 의해 등재 되어야 한다.

이것은 열차가 점유한 전방 폐색구간이 확실한 궤도길이가 확보되어야 한다.

만약 교행 지점에서 다른 두 개의 열차의 과주여유거리가 확보되었다면 등급이 높은 열차를 우선하여야 한다. (그림 6)

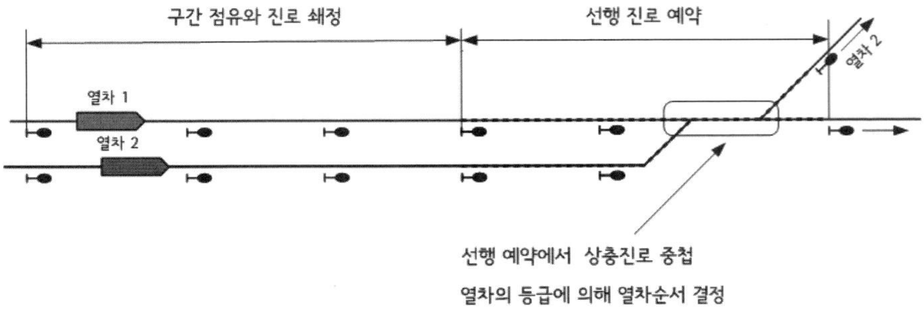

[그림 6] 열차등급에 의한 열차 순서 결정

또 다른 경합의 형태는 ARS시스템에 의해 해결할 수 있으며 교착상태이다.

교착상태는 두 열차가 서로를 향해 진로가 설정되어 모두 더 이상 진행을 하지 못하는 상황을 말한다. (그림 7)

그러한 상황이 나타날 개연성은 특별히 높은 어떤 통과 궤도를 포함하고 있는 단선 궤도선로와 높은 밀도의 교통량이다.

그러나 교착상태는 복잡한 연동배치에서도 발생할 수 있다.

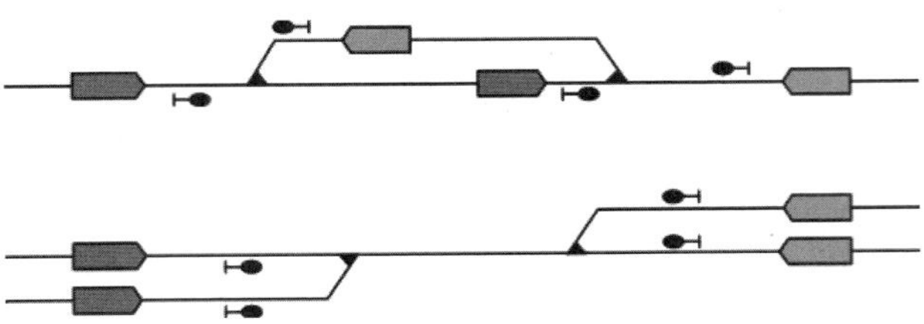

[그림 7] 간단한 교착상태 예

교착상태를 피하는 것은 일의 순서를 푸는 순수한 문제이다.

원형으로 루프가 체인으로 연결되어 있을 때는 접근 교착상태를 피하지 못한다.

진로 설정을 하기 전에 신호 현시에 따라 열차 운전을 승인받는다.

ARS시스템은 열차의 진행이 교착상태에 빠지지 않도록 점검한다.

교착상태를 피하려고 ARS시스템의 필수 기능은 실제 자동열차진로가 가능하게 만든다. 그러나 오늘날 많은 목적지 기반 ARS시스템에서는 교착상태를 피하는 완벽한 방법의 도구가 발견되지 않고 있다. 그리하여 교착상태가 일어날 확률이 높은 노선에서 아직도 관제사에 의한 강도 높은 배차 작업이 이루어지고 있다.

시간 기반 ARS시스템에서 교착상태는 시간표 데이터베이스가 생성하는 배차시스템에 의하여 회피하여야만 한다. ARS시스템의 이러한 형태 때문에 배차시스템에 의해 생성되는 시간표를 추종하는 열차운전제어가 이루어지며, ARS 시스템상에서는 교착상태 방지가 불필요하다.

3.5 컴퓨터 기반 배차

컴퓨터 기반 배차시스템은 현재 운영 상태에서 스케줄의 경합을 해결하여 배차원을 지원한다.

컴퓨터기반 배차의 중심은 다음과 같은 기능을 제시하여 재 스케줄한다.

- 열차 운전의 예비 검토(보통 1~2시간 전)
- 들어오는 경합 스케줄 검지
- 경합 해결 스케줄을 제안

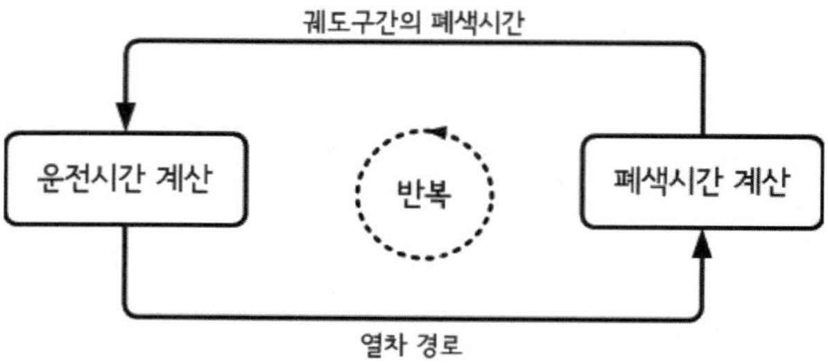

[그림 8] 열차 경로의 계산과 폐색시간 사이의 반복

열차운전의 예비검토는 장래 열차 경로의 돌출 부분을 검토하는 것으로 장래 열차 운전의 현실적인 전망을 얻어 같은 진로와 조인하게 될 다른 열차 경로의 방호시간을 고려하여 반영한다. 방호시간이 겹치면 우선권이 낮은 열차의 경로는 연기한다. 따라서 예비검토는 열차 경로의 계산과 방호시간의 계산 사이를 반복하여 시행한다. (그림 8)

스케줄 경합은 방호시간의 겹침과 열차 경로의 연기에 의해 해결되어 검지 된다.

스케줄 경합이 자동으로 해결되는 시스템은 아직 발전 단계에 있다.

그 같은 시스템에 관한 아이디어는 발생순서 변화에 따라 해결 숫자를 만든다.

예제에서 보여주는 것과 같이 [그림 9]는 열차1의 입력 지연으로 인한 스케줄의 경합 교통 다이어그램을 보여준다.

[그림 10]은 발생순서 그래프의 일치 상터를 보여준다.

매 꼭짓점은 교통 다이어그램의 사건과 일치한다.

한 방향 화살은 앞으로의 운영을 변경할 수 없는 사건순서를 나타내며, 양방향 화살은 아직 변경 가능한 발생순서를 나타낸다. 이러한 발생순서 그래프 형태는 한 방향 화살표가 포함된 변경 가능한 발생순서 그래프의 수이다.

발생순서 그래프 각각은 스케줄 경합의 한 가지 해법을 나타낸다. 그러한 해결방법에 따라 가장 최적의 재 스케줄 작업을 발견할 수 있다.

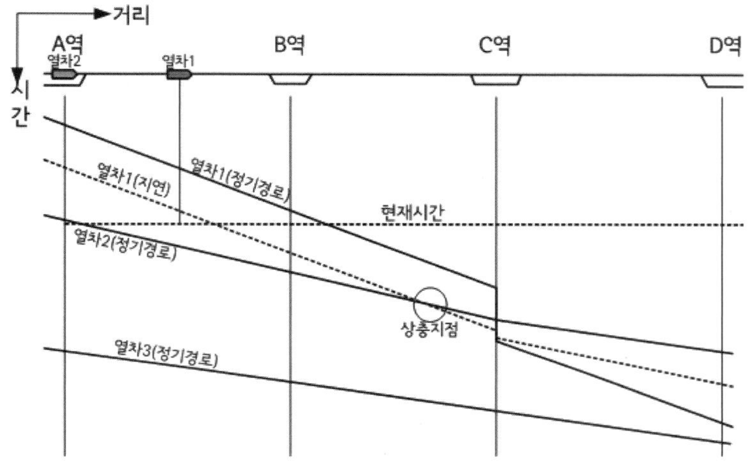

[그림 9] 스케줄 경합과 교통량 다이어그램의 예

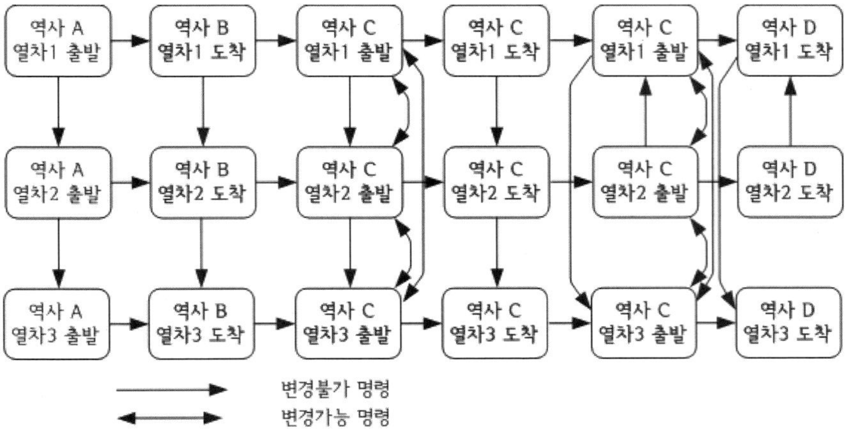

[그림 10] [그림 9] 발생순서 그래프의 예

컴퓨터 기반 배차시스템의 자동 경합 검지 및 해결에 대한 현재 발전 동향은 아직 초기 단계에 머물러 있다. 그것에 관한 철도시스템에서의 합리적인 자동화 수준에 대하여 논의 중이지만 어떤 면에서 교통량제어의 완벽한 자동화는 매우 어려운 과제라고 알려져 있다.

자동화 기술의 가장 최대의 장점은 모든 철도가 자동으로 운행되는 동안에 배차원은 주의력을 집중하여 현재의 문제점을 해결할 수 있다는 점이다. 그러나 자동화 기술은 기술 장비(차량, 신호, 궤도)의 고장과 탈선, 폭발물, 기상악화와 같은 비상상태에 대처할 수 없다. 그것은 자동화의 레벨을 높이는 것을 의미하며, 비상사태의 취급과 다른 비정상적인 것이 배차원의 작업량을 증가시키게 되는 것을 의미한다.

비상 운영의 합이 자동화에 의해 감소하지 않기 때문에 관제센터 직원은 같은 급의 정규운전보다 인력을 줄여서는 안 된다. 관제센터에서는 항상 비상운전 취급에 대한 대비를 하여야 한다. 관리자는 매우 집중화되고 자동으로 운전되는 곳의 인력 수를 결정할 때 이러한 점을 마음에 두어야 한다. 만약 그렇지 않으면 철도 네트워크의 운영은 비상사태에 의해 무너지게 된다.

4 종합관제센터

일반적으로 철도 운영 성과는 기술적 지원보다도 각 역에 배치된 인력이 어떻게 움직이느냐에 따라 크게 달라진다. 철도개혁으로 도입된 규정을 통해 늘어나는 재정 부담을 줄이고자, 철도에서는 운영센터를 만들기 위한 계획을 수립하였다.

전통적으로 CTC 운영에서 관제사는 CTC 장비를 운용하고 운전정리를 시행하며, 관제사의 업무 범위는 모든 열차의 운행승인을 통해 주요 범위를 제어할 수 있다.

열차 점유 승인의 물리적인 제한을 하기 전에 계획시간의 부족은 실행을 나쁘게 할 수 있다. 높은 밀도의 철도에서의 관제사는 아주 작은 역 만을 제어하여야 한다.

관제사가 그의 관리역 밖으로부터의 교통정보를 받는 열차 배차시스템에 접근하면 그는 노선의 개략적인 운영 상태를 알게 될 것이다. 그러나 그는 자기의 조그마한 관리역 내에 대해서만 결정을 내릴 수 있다. 열차관제사에게 시각적인 정보만으로는 계획수립에 만족할 만한 정보를 제공하지 못하며, 거기에는 작업량을 증가시키는 추가적인 통신이 필요하다. 그러므로 운전정리는 매우 효과적이지 못하게 된다.

그것이 CTC센터에 많은 관제사 워크스테이션이 필요한 이유이며, 많은 철도에서 운영제어의 또 다른 구조를 채용하는 결과를 초래하였다.

운전정리의 이러한 구조는 CTC운영과 분리되며, 운전정리원은 전체 노선 또는 광역 종단역 역의 운영을 감시한다. 운전정리원은 운영 상태를 감시하며, 스케줄, 열차 경합 경로, 임시열차운행 등을 해결하고 결정한다. 그러나 그들은 열차운행승인을 직접 하지는 않는다.

모든 운행은 운전정리원의 아래에서 근무하는 CTC운영자의 승인을 받아야한다. (그림 11) CTC운영자는 안전운전 승인과 운전정리, 비상운영에 대한 책임이 있다. 단지 CTC운영자는 명령을 서면으로 열차 직원에게 할 수 있다.

본선 궤도에서의 입환 역시 CTC운영자의 완전한 책임이다. CTC운영자는 운전정리 업무로부터 경감되기 때문에 그들은 완전히 안전운영에 집중할 수 있다.

한 운전정리원의 제어범위 내에서 일하는 CTC 운영자의 수는 교통밀도와 비상상황으로부터 관련되어 날마다 변화될 수 있다.

운전정리원과 CTC운영자에 추가로 비상 및 유지보수 관리와 스케줄용의 특수 워크스테이션이 통상적으로 존재한다. 스케줄 워크스테이션은 정규 스케줄 처리용으로 사용하지는 않지만 비상상황이나 장비 고장의 경우 재 스케줄이나 임시열차의 스케줄에 사용된다.

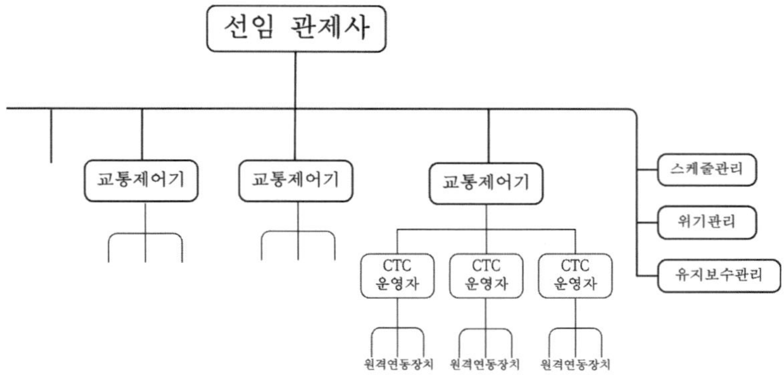

[그림 11] 제어센터의 일반적인 구조

현대의 제어센터에서 운전정리원의 워크스테이션은 CTC 표시판과 같은 유사한 궤도 배치도에 모든 열차의 위치를 볼 수 있는 스크린과 시간-거리 특성 그래프로 표시되는 운전 다이어그램 스크린이 설치된다. [그림 9]

스케줄과 열차 경합 진로를 해결하기 위하여 운전정리원은 폐색시간의 중복 없이 열차 경로 위치를 마우스를 사용하여 움직일 수 있다. 가장 진보된 시스템에서는 운전정리원의 제어시스템이 자동 진로 설정(ARS)시스템용 제어데이터를 자동으로 생성한다.

시간표-기반 ARS시스템 같은 시스템은 매우 높은 자동화로 적은 운영자로 정규 교통량을 처리할 수 있다. 그러나 비상 운영 상태 같은 극단적인 작업량이 증가하면 예비 운영자가 필요하다. 예비 운영자의 수는 자동 운영의 신뢰성에 달려 있다.

4.1 관제센터의 기능 분류

중앙 집중화의 수준은 각 역 관제센터에서 관제하던 것을 종합관제센터로 통합하여 관제하도록 조정 운영하도록 하였으며, 중앙 집중화는 두 가지 관점을 갖는다.

- 넓은 노선의 운행업무를 공간적으로 통합
- 등급에 따른 열차감시 및 운행업무 통합

역 운행업무와 상위 처리방식 사이에서 이러한 운영구조로 발생하는 전형적인 업무분담은 운영조정 전환 시 열차감시를 통해 새로운 제어기능 분류를 이용하여 운영센터에서 대체되어야 한다.

관제센터의 제어는 열차 주행을 처리하기 위한 주요 운영선로에 한정시키는 것이 좋다. 각 역의 측선 입환 운행은 역 제어 설비를 사용하여 입환 및 철도운영요원이 처리한다. 운영센터는 운행업무조직을 위한 2단계 구조를 계획한다.

일반적인 운영을 할 때 열차 운행사무장과 담당자의 임무는 관제센터와 각 역 담당 운행사무장으로부터 전달된다.

각 역 담당 운행사무장은 자신에게 할당된 구역 내에서 선로전환기를 제어하고 신호를 현시할 수 있다.

규정에 따른 원활한 열차주행을 위해 각 역에서 취해야 할 제어업무는 더 이상 필요하지 않기 때문에 역 운행사무장은 아래와 같은 임무를 수행한다.

- 정규 운행 시 방해 요소 및 오차 발생 시 제어업무(안전 차원에서 보조 대책 강구)
- 입환 운행 처리
- 전환주행에서부터 운영센터 외부에 놓인 역 제어구역으로까지의 업무처리

운영센터 운용에서는 일반적인 운영보다 비용 및 소모가 줄어들기 때문에 자동화 기술 대체가 필요하다.

운영센터 대체를 위해 아래와 같은 자동화 기술이 요구된다.

- 컴퓨터 처리시스템
- 열차자동제어설비

컴퓨터 처리시스템은 장애 발생 상황을 적시에 파악하고 해결책을 제시함으로써 열차운행을 지원한다. 시뮬레이션 프로그램을 이용하여 예상되는 장해를 정확한 시간에 알아낸다. 해결방안 제시는 기본적인 해결책(전문가시스템)을 전제로 한다.

열차자동제어설비는 하위 소속 센터에 설치되어 열차 운행과 컴퓨터 처리시스템으로부터 내려지는 열차제어지시를 적시에 진로 설정 명령으로 전환하기 위한 임무를 갖는다. 각 역 차원에서 발생하는 점유 경합은 열차제어담당자에 의해 해결된다.

컴퓨터 처리시스템 및 열차자동제어설비에 의해 열차 운행과 해당 역 운행사무장은 일반적인 열차제어를 수행할 때 요구되는 제어업무 부담에서 크게 벗어날 수 있다. 이러한 설비의 개발은 물론, 아직은 중기단계에 머무르고 있다.

4.2 장애 발생

각 역에 설치된 선로전환장치를 사용하여 철도를 운영하는 전통적인 제어방식에서는 장애가 발생하면 각 역 운영요원의 대책 조치로 철도 운행이 이루어진다. 철도 운영 중앙화가 실현되면 역 운영요원이 필요 없게 된다. 따라서 중앙방식으로 철도 운영을 할 경우, 장애 요소 발생 시 열차 운행을 계속하기 위해서는, 운영요원의 대책 조치가 필요하지 않은 새로운 방법을 개발해야 하는 문제가 발생한다. 또한 자동폐색시스템이 없으면, 간격을 유지할 수 있는 대체 방법이 필요하다.

지금까지 철도 운영에 도입된 여러 가지 방법은 두 가지 그룹으로 나눠진다.

- 운행사무장의 지시가 없는 육안 주행
- 운행사무장의 지시가 내려진 육안 주행

열차 운행사무장의 지시가 없는 육안 주행은 일반적으로 허용 주행이라 한다. 이는 대부분 철도에서 사용되고 있으며 원리는 고정 위험지점을 포함하지 않는 자동 폐색신호기를 특별표시장치로 설비하는 것이다. 이 표시장치는 열차가 신호 이전에 정차하면 기관사는 정지신호에서 속도를 줄여(최대 40 km/h) 육안으로 계속 주행할 수 있도록 한다. 여기서 장애가 발생하면 공간 간격 주행은 육안 주행으로 대체된다. 몇몇 철도에서는 특별 표시장치 대신에 주행 허용을 나타내는 신호를 현시할 때 특별 정지개념을 사용한다. (허용정지)

장애 구간에서 열차 주행시간이 늘어나기는 하나, 장애 구간 앞에서 정체현상은 생기지 않는다. 이는 장애 구간의 능률이 제동거리 간격에서 매우 높기 때문이다.

허용 주행의 전제조건은 열차종결신호(특히 야간열차 종결 신호)를 분명히 파악할 수 있어야 하고 또한 자동 폐색신호의 안전한 정지신호가 있어야 한다. 자동 폐색신호기가 열차가 통과한 후에도 잘못하여 주행 표시에 머무르고 있으면, 구간 폐색 조건에 따라 정지위치에서 신호가 차단된다. 이는 허용 주행 열차가 정지위치에서 신호를 통과하고 점유된 구간의 시작점에서 잘못하여 주행 표시 신호에 접근하게 만들 수도 있다. 주행위치에서 신호에 잘못 머무르는 것을 기술적으로 해결하지 못한다면, 허용 주행은 항상 최소 2개 폐색구간에 걸쳐 이루어져야 한다는 규정을 도입해야 한다.

인간의 실수로 인해 급속히 속력을 낮추어도 고속 경합과 같은 위험한 결과를 초래하는 사고가 발생할 수 있다. 기관사가 책임져야 할 안전 분야를 넓혀 관제센터에서 안전 보조 대책이 필요하지 않도록 하여야 한다.

허용 주행 시, 열차는 완전한 안전설비장치가 마련되면 육안으로 운행될 수 있다. 기관사는 장애나 선로점거 때문에 신호 표시 여부를 명백히 알 수 없다. 따라서 허용 주행은 여러 장점을 갖고 있음에도 불구하고 허용하는 철도는 드물다.

운행사무장의 허가가 내려진 육안 주행의 경우 운행사무장은 공간 간격 주행을 위한 조건을 검사한다. 열차는 장애 구간에서 육안으로 주행하도록 추가 신호 및 문서로 된 명령에 따른 지시를 받는다. 이러한 육안 주행은 열차 간격을 유지하는 대체 방법일 뿐만 아니라 눈에 띄지 않는 열차 분리를 막을 수 있다. 일부 철도회사들은 마지막 선행열차의 열차 종결을 확인하지 못할 때만, 이 방법을 사용한다.

5 최신 스마트 메트로 관제시스템과 기능

5.1 스마트 메트로 관제(SMCC)

SMCC(Smart Metro Control Center)는 고급 분석 시스템으로 구동되며, 복합 수송 네트워크를 전체적으로 모니터링하고 감시한다. SMCC는 통합 GIS(Geographical Information System) 지도를 사용해, 열차 이동, 도로 교통 및 통근자 밀도를 추적할 수 있다. 또한 복합 수송 네트워크 상황을 통합된 뷰를 통해 볼 수 있게 함으로써, 관계기관 및 운영자가 통근자를 위한 원활하고 스마트한 이동 서비스를 제공할 수 있게 한다.

주요 기능은 다음과 같다.

- 분석과 예측
- 교통 감지
- 승객 감지
- 감시와 제어
- 이벤트 및 위기관리
- 승객 참여(승객 중심 서비스)
- 장치 유지보수 이력

다음과 같은 장점이 있다.

- 전반적인 상황 인식
- 상황 기반 사고 대응 계획
- 의사 결정 지원
- 시나리오 기반 시뮬레이션
- 기관 간 통일된 협업 플랫폼
- 메트로 성능 지수 자동 생성
- 수송 자원 계획 및 최적화
- 실시간 및 사후 운영 분석

5.2 명령, 제어 및 통신 C3 시스템

명령, 제어 및 통신시스템은 노선 레벨에서 메트로 운영에 대한 감시와 제어를 수행한다. 이 시스템은 사고 및 비상 상황을 포함해 메트로 운행을 안전하고 효과적으로 관리한다. C3(Command, Control, Communication) 시스템은 필수적인 전기/기계(E&M) 서브시스템과 인터페이스 하여, 실시간 상황 인식을 가능케 한다. 또한 에너지 소비를 추적하고, 데이터 분석 정보를 기반으로 성능 편차를 분석하여 잠재적으로 발생할 수 있는 정전 또는 장애를 예측한다.

도시철도에서 메트로 운행은 항상 보장되어야 한다. 이를 위해, 사이버 위협과 보안 침입을 탐지, 식별 및 무력화 할 수 있는 내장형 멀티-레이어(다중 계층) 사이버 보안 시스템 기능을 갖추고 있다.

C3 시스템은 다음과 같이 구성된다.

- 운영제어센터 (OCC) 기능
- 역관리시스템 (SMC) 기능
- 교육 및 개발 시스템 (TDS) 기능
- 에너지 관리 시스템 (EMS) 기능
- 기지제어센터 (DCC) 기능
- 인터페이스 시스템 기능
- 사이버 보안 기능
- 비디오 분석

(1) 운영제어센터 (OCC : Operation Control Center)

OCC는 현대적인 통합 메트로 시스템 운영의 핵심으로, 전체 선로 용량과 운영 효율성을 향상시키면서 인프라 비용을 줄인다. OCC는 전기/기계(E&M) 감시, 통신, 복잡한 메트로 전력 시스템 네트워크 원격 관리를 포함해 통합 메트로 운영을 실시간으로 모니터링 및 제어할 수 있다. 또한 사고 또는 비상시, 운영자가 시기 적절한 결정을 내릴 수 있도록 도와주는 의사결정지원시스템(Decision Support System : DSS)을 구성하고 있다.

(2) 기지제어센터 (DCC : Deport Control Center)

DCC는 전체 메트로 시스템 유지관리에 중추적인 역할을 하며, 메트로 노선의 주박

설비와 유지보수 설비가 있는 차량기지의 운영을 관리한다. 또한 기지 내 열차 이동을 감시한다. 통합형 다기능 터미널(integrated multi-functional terminals)을 사용하여, 기지 운영자는 매일 열차 세척을 감시하고 쉽게 세척 작업을 수행할 수 있다. 통합형 모니터링/제어 시스템을 통해, 운영자는 향상된 효율성과 편의성을 바탕으로 차량기지 운영을 원활하게 관리할 수 있다.

(3) 역관리시스템 (SMS : Station Management System)

SMS는 자동적이고 효율적인 일상 정거장 운영에 필수적인 다양한 서브시스템으로 구성된다. 예를 들면:

- CCTV 시스템
- 승객정보표시 시스템
- 방송(PA) 시스템
- 액세스 컨트롤(진출입 제어) 시스템
- 통신 관리 시스템
- E&M 모니터링 시스템
- 화재 경보 시스템

당사의 다기능 터미널을 사용한 모니터링과 제어를 통해, 역 운영자는 멀티 태스킹(다중 업무수행)이 가능하고 작업 효율성을 향상시킬 수 있다.

(4) 인터페이스 시스템

통합 감시 제어 시스템(ISCS)은 전체 노선상의 다양한 장치를 모니터링 및 제어한다.

인터페이스가 되는 서브시스템은 다음과 같다:

- 견인 전력 배전 시스템
- 고전압(HV) 배전 시스템
- 저전압(LV) 배전 시스템
- UPS 및 예비용 발전기 시스템
- 승강장 스크린 도어(PSD)
- 통신 시스템
- 자동역무화설비(AFC)
- 화재 검지 및 보호
- 배수펌프
- 엘리베이터 및 에스컬레이터
- 자동열차감시(ATS)

(5) 교육 및 개발 시스템 (TDS : Training Development System)

교육 개발 시스템(TDS)의 주요 목표는 메트로 운영을 위한 다양한 교육, 개발 및 시험 요구를 충족하기 위해 운영자 교육, 새로운 데이터베이스 및 구성도를 개발하고 다양한 소프트웨어 시험을 수행하는 것이다.

따라서, TDS는 다음과 같은 모드가 구성된 전용 제어 환경이다:

- 교육 모드에서, 시스템은 일반 실제 시나리오에서 운영자를 교육할 수 있다.

- 개발 모드에서, 소프트웨어, 구성도, 데이터베이스 및 RTU/PLC 구성을 개발할 수 있다.
- 시험 모드에서, 새로운 소프트웨어, 구성도 및 구성 업데이트에 대한 시험과 배포가 가능하다.

(6) 사이버 보안

사이버 보안 솔루션은 사이버 공격에 대한 비-침입성(Non-Invasive) 다중 계층(Multiple-Layer) 검지 및 방어 기능을 제공한다. 이 기능은 악의적인 사이버 위협을 탐지하고 그에 대한 조사 및 조치를 시행하도록 운영자에게 알린다.

- 신뢰할 수 있는 방식의 데이터 수집을 위한 탄력적인 모니터링 인프라 설비
- 고급 영구 위협(Advanced Persistent Threat)을 포함한 고급 사이버 위협을 탐지하기 위한 빅데이터 분석
- 내부 위협으로부터 보호하기 위해 악의적인 내부자(malicious insiders) 탐지 및 방어
- 현장 제어 장치에 대한 사이버 공격 탐지 및 방어

(7) 에너지 관리 시스템 (EMS)

환경 문제와 지구 온난화에 대한 인식이 높아짐에 따라, 에너지 효율과 최적화가 점점 중요해지고 있다. 당사의 에너지관리시스템(EMS)은 다음을 제공한다:

- 사용량이 최대(피크)인 시간, 그 외 시간 및 연장 서비스 시간 시나리오에 대한 에너지 소비 예측
- 다이내믹한 실시간 시스템 상태 표시
- 상태 모니터링 데이터 수집 및 예측 경보 생성
- 데이터 트렌드 표시

(8) 비디오 분석

비디오 분석 솔루션은 다음 기능을 포함한다:

- 대상자의 안면 인식 및 식별
- 무인 물체 탐지 및 식별
- 검토 및 후속조치를 위한 플레이백(재생) 기능

5.3 기업 자산 관리 시스템(EAMS)

EAMS를 통해 관련 기관 및 운영자는 네트워크 수준에서 자산의 수명주기 관리를 최적화 할 수 있다. 이 통합 시스템을 사용해, 이해관계자들은 자신들이 가진 자산의 실시간 상태를 파악할 수 있다. 또한 예측 분석 기능으로 선제적 결함을 예측할 수 있다. EAMS는 효율적이고 효과적인 운영/유지보수, 안전 및 품질 서비스를 위한 플랫폼을 제공하면서, 운영비용을 절감한다.

5.4 시스템 엔지니어링 및 사업 관리

다분야 엔지니어링 노하우와 도메인 지식을 활용해, 견고한 시스템 엔지니어링 프로세스를 구축할 수 있다. 여기에 사업 관리에 대한 경험과 전문성을 결합함으로써, 적시에 제공해야 하는 매우 복잡한 설계와 인터페이스를 포함한 사업들을 수행할 수 있는 능력을 갖추게 되었다.

철도 수송은 현대 문명에서 가장 혁신적인 발전 중 하나이다. 전 세계적으로, 고속철도, MRT, LRT 시스템은 국가 교통 인프라의 핵심을 구성하며 고속으로 많은 승객들을 이동시킬 수 있다.

5.5 승강장 스크린 도어 (PSD)

PSD는 통근자들에게 안전하고 편안한 기능을 제공한다. 다이내믹 디스플레이(Dynamic Display, DD) 형식의 고급 기능을 갖추고 있어, 운영자는 다목적 멀티미디어 플랫폼(Versatile Multimedia Platform)을 통해 승객들과 통신할 수 있다. 긴급 경보 및 열차 가용성(Train Carriage Availability)과 같은 실시간 정보를 표시할 수 있으며, 고객 요청에 따라, 비디오 컨텐츠 및 수익 창출 스트림 광고를 표시할 수 있는 다이내믹 디스플레이 기능을 제공할 수 있다.

5.6 역무자동화 (AFC) 시스템

AFC 시스템은 통근자들이 지하철역에서 처음으로 상호 이용하는 시스템이다. 이러한 상호작용은 원활하고 쉽고 안전해야 한다. 이에 따라, 여객 서비스 사무소(Passenger Service Office), 탑-업 터미널(Top-Up Terminal) 및 티켓 자동판매기(Ticket Vending Machine)와 같은 기능이 구성된 새로운 대화형 여행자 터미널

(Interactive Traveller Terminal)을 구축한다. 발권 기능 외에도, 대화형 여행자 터미널은 광고를 통해 수익을 창출할 수 있는 플랫폼을 운영자에게 제공한다. 자동개찰구 시스템은 RFID(Radio-Frequency Identification, 무선 주파수 식별) 또는 안면 인식(Facial Recognition) 기능으로 "핸즈-프리" 액세스(손을 대지 않고 개찰구 진출입)를 실현한다. 자동개찰구는 또한 신용카드, 애플(Apple) 및 안드로이드 페이(Android Pay)와 같은 다양한 지불 모드를 제공하고 있다.

5.7 승객정보시스템 (PIS)

PIS 시스템은 정거장 및 열차 내에서 다양한 실시간 정보, 예를 들면 메트로 역/공항/항구 (열차/항공기/선박의) 도착 또는 출발, 관심 장소, 공공 행사, 상업 광고 및 날씨 정보를 승객들에게 제공한다. 비상사태가 발생할 경우, 승객들은 오디오 및 화상회의 기능을 갖춘 승객비상통신장치(Passenger Emergency Communications Unit)를 통해 열차 운전자 및/또는 OCC와 통신할 수 있다. 운영자를 위한 이동식 열차 운영자 제어반(Mobile Train Operator Control Panel)을 사용해 열차 내 PIS와 CCTV 시스템을 원격 제어 및 운영할 수 있다.

16장 TRAM

1 트램이란?

트램은 지상에 레일을 설치하여 운행되는 전차를 말한다. 트램, 시가전차라고 불리며 해외에서는 미국, 일본, 독일, 러시아, 프랑스, 호주 등에 도입되어 운행 중이다. 전기를 동력으로 삼아 운전하게 되며 운행속도는 최대 70 km/h까지이다.

2 트램의 역사

트램은 처음에는 말이 트랙 위의 차량을 끄는 방식에서 스팀을 이용한 방식으로 발전되었으며, 전기가 활성화되면서부터 전동기를 이용한 전차가 도입되었다.

전기를 이용한 방식에는 노면 위에 전차선을 설치하여 운영되는 트램과 일정한 장소에서 대형 전동기를 이용한 케이블 제어 전차가 적용되었다.

일반적인 트램의 첫 도입은 미국에서 1887년에 이루어졌으며 이후 세계로 퍼져나가며 곳곳에 도입되었고 우리나라에서는 1899년에 도입되어 1960년대까지 대중교통으로 운행하였다. 그러나 개인차량의 증가로 도로 교통량이 많아지자 대중교통 수단을 버스로 대체하여 트램은 자취를 감추게 되었다.

3 트램-트레인(Tram-Train)

노면선로를 주행하는 트램으로 설계되었지만, 일반 철로를 따라서도 달릴 수 있도록 설계된 트램을 트램-트레인이라고 한다. 노면선로에서는 일반적인 트램의 속도로 운행하고, 일반 철로를 따라 주행할 때는 고속으로 운행할 수 있다. 즉 트램-트레인은 과거의 도시 간의 철도가 현대화된 것이라 할 수 있다.

영국의 Sheffield Supertram이 운영하는 트램-트레인이나 프랑스 리옹에서 운영하는 트램-트레인의 경우 최고속도가 100km/h이다.

4 트레인-트램(Train-Tram)

트램-트레인과는 반대로, 일반 철로를 따라서 주행하는 일반 열차로 설계되었지만 노면선로를 따라서도 주행할 수 있도록 설계된 열차를 트레인-트램이라고 한다. 미국 South Shore Line과 독일 츠비카우 Vogtlandbahn, 스위스의 일부 지방 노선들, 일본의 케이신선과 이시야마 사카모토선 등이 있다.

5 트램 신호설비

5.1 개요

1) 신호설비 설계기준은 트램 건설 및 운전 등에 관한 규칙에서 정한 규정에서 도로교통법 및 하위지침과의 상호 연동성을 고려하여야 한다.
2) 교차로 안전대책(트램 우선신호체계) 및 철도신호설비 등 철도설비의 도로 운영체계로의 편입 기준에 중점을 두어 기준을 제시하고, 제한속도별로 시스템 운전 및 시계운전 허용여부에 따라 설비 구비 조건을 설정한다.
3) 트램의 안전운행과 이용주체의 안전성 확보를 목표로 도로교통 정보를 전달하기 위한 신호설비 일체의 상세 기준을 제시한다.

5.2 신호설비 설계기준

5.2.1 기본방향

트램의 신호설비는 도로신호(도로교통 신호제어기, 트램 신호기[일반신호기]), 열차위치 검지설비와 철도신호(선로전환기, 분기부 신호기, 연동장치, 열차위치 검지설비 등)로 구성되어 있으며, 표지는 속도제한 신호표지와 서행 신호표지 및 특별 신호표지로 구성된다.

트램의 경우 노선의 제한 속도에 따라 70 km/h 이상에서는 시스템 운전을 위한 신호설비를 구성하고 70 km/h 이하에서는 시계운전 또는 시스템 운전(폐색)이 가능하도록 구축할 수 있다. 다만 차량기지는 철도 신호설비에 의하여 안전하게 운전하도록 계획한다.

1) 트램이 가고자 하는 방향의 진로를 안전하게 확보하여 주고, 트램 운전자에게 운전조건을 제시하기 위하여 트램 신호기, 선로전환기, 연동장치, 열차위치 검지설비 등 트램 노선의 특성, 승객수요에 따른 열차운전시격에 적절한 신호설비를 설치한다.
2) 신호설비는 트램의 안전 운행을 위해 해당 지역의 도로선형 특성, 열차운행 특성, 기후 특성, 운전자 가시거리 확보 여부, 트램 노선망, 트램 운행계획 등을 감안하여 계획한다.
3) 트램이 기존 철도노선과 연계할 경우 기존 철도노선을 고려하여 별도의 신호설비를 검토할 필요가 있다.
4) 트램은 일반적인 철도시스템의 신호시스템인 ATS, ATP 등을 채택할 수 있으나, 도심부 트램 정거장 간 거리가 짧은 곳에서 트램 운전자의 시계운전이 가능할 경우 등 해당 노선의 특성에 따라 해당 신호시스템 도입 여부를 선정한다.

5.2.2 신호설비 설계

1) 안전(Fail-Safe)측 동작을 원칙으로 원활한 열차운전과 운전능률 향상의 효과를 기대할 수 있는 시스템으로 선정한다.
2) 도로교통신호와의 원활한 연계성을 고려하여 열차운행을 위한 신호 시스템을 선정한다.
3) 트램 운전방식
   ① 트램 신호설비는 선로전환기, 분기부 신호기, 열차위치 검지설비 등과 상호 연동하여 동작하고 도로교통시설과 연계성을 확보한다.

② 시계운전과 시스템운전에 따라 신호설비를 구축한다.

4) 분기부 안전제어

분기부는 분기구간에 트램이 접근하거나 분기부 통과 운전을 할 때 안전하게 통과하고, 분기기 이전에 안전하게 정차하도록 하여 분기부와 관련된 안전사고를 미연에 방지하도록 전자연동장치와 분기부 신호기 및 정확한 열차검지를 위한 검지장치 등의 안전시설을 설치하여야 한다.

5) 교차로 안전대책

① 도로교통 신호제어기가 타교통과 연계하여 도로교통 신호기가 연동된 신호를 운전자에게 트램 전용 신호를 제공할 수 있도록 별도로 트램 운행을 위한 트램 신호기를 제어하도록 구성해야 한다.

② 도로교통 신호는 동일 진행 방향에 대하여 교차로에는 1편성의 트램만 점유하여 통과할 수 있도록 설비를 구축하여 안전을 확보해야 한다.

5.3 신호설비 구성

5.3.1 도로교통 신호기 및 표지

(1) 일반사항

① 트램 도로교통 신호기 및 표지는 도로교통법에서 정하는 교통안전표지, 교통신호기를 말하며, 하위지침인 『교통안전표지/ 교통신호기/ 교통노면표시 설치 · 관리 매뉴얼』 을 준용한다.

② 트램 전용차로 및 전용도로 설치 시 도로 구조 변경에 따른 운전자의 혼란방지 및 주행성, 안전성 확보를 위해 필요한 지점이나 구간에 교통안전표지를 설치한다.

③ 트램 신호기-일반 신호기는 트램 선로 및 교차로 등에서 도로 및 트램 선로에서의 위험을 방지하고 교통의 안전을 보장하도록 설치할 수 있다. 또한 통행우선권을 트램에게 제공하도록 설치한다.

④ 교차로 등에서 트램에 통행우선권을 부여하기 위해서는 관계부처와 협의를 하여야 한다.

(2) 트램 신호기-일반신호기 및 분기부 신호기

① 트램 전용신호기는 트램이 운영되는 교차로, 단일로 횡단보도 등 기타 신호기가 필요한 곳에 설치한다.

② 신호기는 트램 운행방향 우측에 지주 등 종형으로 교차로 정지선 부근 또는 인접한 곳에 설치하고, 일반신호등과의 혼란을 방지하기 위해 트램 신호등은 별도의 지주에 설치한다.

③ 황색T자형등은 트램의 우선 신호 정보를 제공하며, 우선신호 요청 및 도로교통에서 접수되어 우선신호처리 정보를 제공한다.

④ 설치 위치는 통과하는 교차로의 전방에 설치되며, 현장 여건에 따라 위치 변경은 가능하다. 단, 운전자가 쉽게 볼 수 있는 위치에 설치한다.

⑤ 트램 신호등의 경우 시인성과 안전성을 고려하여 신호등의 높이를 3.5 m 이상으로 설치한다.

⑥ 선로 분기부에는 트램 진행방향을 안내하는 분기부 신호기를 설치한다.

[표 1] 신호의 종류, 명칭, 의미(도로교통법 시행규칙 별표2)

종 류	명 칭	의 미	
	황색 T자형	등화	트램이 직진 또는 좌회전 · 우회전할 수 있는 등화가 점등될 예정이다.
		점멸	트램이 직진 또는 좌회전 · 우회전할 수 있는 등화의 점등이 임박하였다.
	백색 가로 막대형	등화	트램은 정지선, 횡단보도 및 교차로의 직전에서 정지해야 한다.
		점멸	트램은 정지선이나 횡단보도가 있는 경우에는 그 직전이나 교차로의 직전에 일시정지한 후 다른 교통에 주의하면서 진행할 수 있다.
	백색 점형	등화	트램은 정지선이 있거나 횡단보도가 있는 경우에는 그 직전이나 교차로의 직전에 정지해야 하며, 이미 교차로에 트램의 일부가 진입한 경우에는 신속하게 교차로 밖으로 진행해야 한다.
		점멸	트램은 다른 교통 또는 안전표지의 표시에 주의하면서 진행할 수 있다.
	백색 세로 막대형	트램은 직진할 수 있다.	
	백색 사선 막대형	트램은 백색사선막대의 기울어진 방향으로 좌회전 또는 우회전할 수 있다.	

[표 2] 트램 신호기 및 신호표지(트램 건설 및 운전 등에 관한 규칙 별표1)

일반신호기					
모양	설명	의미	모양	설명	의미
	수평의 흰색 막대형 조명등	정지		왼쪽으로 기운 흰색 막대형 조명등	좌측 진행
	수직의 흰색 막대형 조명등	진행		초점형 흰색 막대형 조명등	정지 예고
	오른쪽으로 기운 흰색 막대형 조명등	우측 진행		노란색 T자형 조명등	출발 예고
속도제한 표시기					
모양	설명	의미	모양	설명	의미
	다이아몬드 모양 흰색바탕에 검은색 숫자	속도 제한		최고속도 제한표지 내 붉은색 사선	속도 제한 해제
서행 신호표지					
모양	설명	의미	모양	설명	의미
	삼각형 흰색바탕에 검은색 삼각형	서행 운행 예고	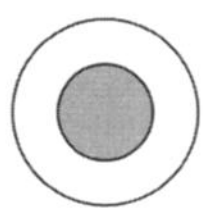	흰색 바탕에 황색 원형	서행 운행
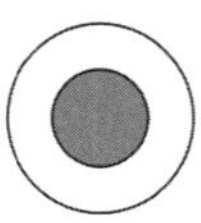	흰색 바탕에 초록색 원형	서행 운행 해제			

[표 3] 신호등의 종류, 만드는 방식 및 설치기준(도로교통법 시행규칙 제7조 제1항 관련)

구분	종류	만드는 방식(단위 : 밀리미터)	설치기준
노면 전차 신호등	종형 육구등	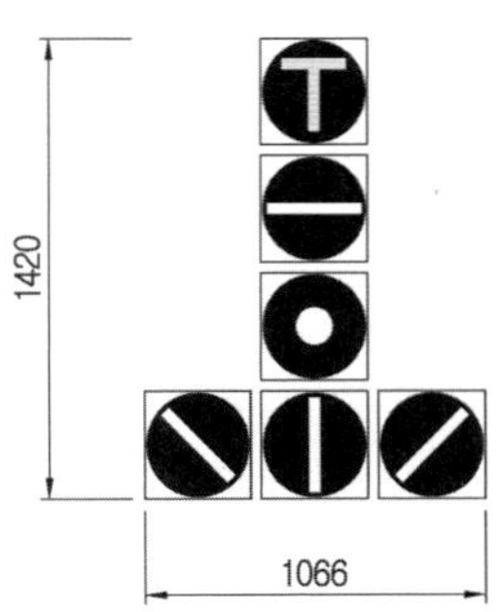	• 트램 전용도로, 전용차로에 설치한다.

(3) 교통신호 제어기

① 교통신호 제어기는 「교통신호제어기 표준 규격서, 경찰청」를 준용하여 설치한다.

② 통행우선권을 부여하기 위한 교통신호 제어기 변경 사항은 관계부처와 협의한다.

(4) 교통안전표지

① 교통안전표지는 도로교통법 및 동법 시행령과 시행규칙에서 정한 기준과 양식에 따라 설계 및 제작되고 설치되어야 한다.

② 관련기준과 양식이 없는 사항은 전문가의 공학적 판단과 관할 기관의 제작 및 설치 허가를 받아야 한다.

③ 교통안전표지의 목적과 기능이 상실되거나 소멸되었을 때는 즉시 제거 또는 교체한다.

[표 4] 교통안전표지

번호	종류	만드는 방식(단위:mm)	표시하는 뜻	실치기준 및 장소
110의 2	노면 전차 주의 표지	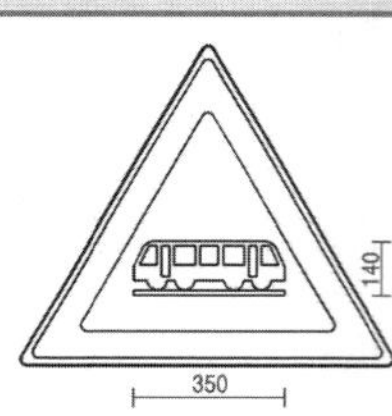	• 차마와 트램이 교차하는 지점이 있음을 알리는 것	• 차마와 트램이 교차하는 지점에 설치 • 주행속도가 높은 구간에는 적당한 간격으 로 중복설치 • 트램 교차로 전 50미터 내지 120미터의 도로의 중앙 또는 우측에 설치
303의 2	노면 전차 전용 도로 표지		• 트램만 통행할 수 있는 전용도로 임을 알리는 것	• 트램전용도로의 구간 또는 장소 내의 필요한 지점 양측에 설치 • 구간 시작 및 끝에는 보조표지를 부착 설치 • 구간 내에 교차하는 도로가 있을 경우에는 교차로 부근의 트램도로 중앙 또는 우측에 설치
331의 2	노면 전차 전용 차로 표지	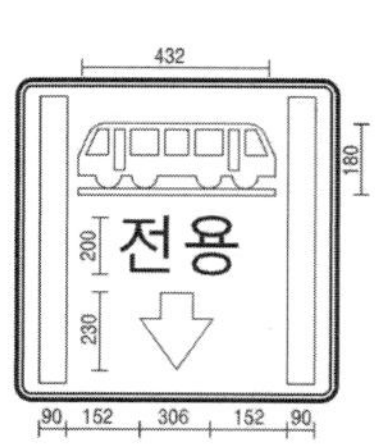	• 트램만 통행할 수 있는 전용차로 임을 알리는 것	• 트램전용차로에서 트램만 통행할 수 있도록 지정된 도로의 중앙 또는 우측에 설치 • 트램전용차로를 예고하는 보조표지는 일반 도로의 경우에는 50미터 내지 100미터 앞에, 고속도로 및 자동차 전용도로의 경우에는 200미터 앞에 설치 • 구간 내에 교차하는 도로가 있을 경우에는 교차로 부근의 트램도로 중앙 또는 우측에 설치

5.3.2 트램 신호기 및 표지

(1) 일반사항

① 트램 신호기 및 표지는 도로교통법 시행규칙 및 도시철도법의 하위지침인 "트램 건설 및 운전 등에 관한 규칙"에서 정하는 트램 신호기-분기부 신호기와 표지의 내용을 따를 수 있다.

② 분기부 신호기는 연동장치와 연계하여 운영되므로 트램 신호기 - 일반신호기와 연계성을 고려할 수 있다.

③ 분기부 신호기는 선로전환기와 연동되도록 설치할 수 있다.

(2) 분기부 신호기

① 분기부가 설치된 정거장이나 차량기지 등에는 트램의 운행에 필요한 신호장치와 진로표지를 설치할 수 있다.

② 신호기는 트램 운행방향 우측에 지주 등 종형으로 설치한다.

[표 5] 분기부 신호기

모양	설명	의미	모양	설명	의미
	수직의 녹색 막대형 조명등	진행		상부 왼쪽으로 기운 흰색 막대형 조명등	좌측 진행
	상부 오른쪽으로 기운 흰색 막대형 조명등	우측 진행		수평의 붉은색 막대형 조명등	정지

(3) 특별신호 표지

① 시계운전 구간에서 시스템운전 구간으로 전환하거나, 시스템운전 구간에서 시계운전구간으로 전환하는 곳에는 특별신호표지를 설치한다.

[표 6] 특별 신호표지(트램 건설 및 운전 등에 관한 규칙 별표3)

모양	설명	의미	모양	설명	의미
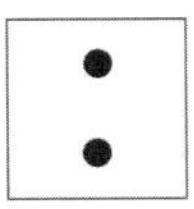	수직으로 위치한 2개의 검은 점을 가진 흰색 사각형	시계운전 구간에서 시스템운전 구간으로 변경		시스템운전 표지에 붉은색 사선	시계운전 구간으로 전환

5.3.3 교차로 우선신호 기술

(1) 트램 우선신호

노면전차가 다른 교통수단에 우선해서 교차로를 통과할 수 있도록 도로교통 신호제어기를 운용하여야 한다. 이때 교차로에 설치된 노면전차 우선신호의 길이는 하나로 편성된 노면전차가 통과할 수 있도록 하여야 한다.

① 해외 적용사례

해외 트램 우선신호체계에서는 특정 위치에 설치되는 유도루프의 지점 검지 방식을 활용하고 있다. 유도루프는 보통 교차로 20m~50m 전방에 레일 사이에 설치하고 제어기까지 연결해야 하므로 설치 및 유지보수가 어려우며 지점검지에 의한 불연속 위치정보를 제공하기 때문에 우선체계 알고리즘 운영상에 한계가 있다.

② 국내 적용 방법

㉮ 우선신호체계는 대상체에 대한 위치검지정보를 기반으로 하며 차상의 타코메타 및 트랜스폰더와 지상 태그를 이용하여 위치를 산정하고, 차상의 위치정보를 실시간 무선통신으로 지상 도로교통제어기에 전송하는 구조이다.

㉯ 지상 도로교통제어기는 교통신호제어영역에서 트램의 위치를 실시간으로 추적하고 정확하게 트램 통과시점을 예측할 수 있어 효율적으로 교차로 신호를 제어할 수 있다.

㉰ 트램과 도로교통제어기간의 무선통신을 통해 트램 위치정보 전송뿐만 아니라 교차로 신호정보를 트램에 전송하여 차량을 제어하도록 하여 신호 무시와 같은 트램 운전자의 부주의를 방지한다.

(2) 긴급차량 우선신호

긴급차량 우선신호는 소방차와 같은 긴급차량이 신호교차로 진입시 녹색시간을 적시에 제공하게 하는 신호체계를 말한다. 현장에서의 차량 검지유무에 따라 제어방식은 다음과 같다.

① 현장제어방식

㉮ 조기 녹색시간, 녹색시간 연장

㉯ 현시의 강제 종료, 삽입, 생략 등 적극적 현시 변환

㉰ 현시 정보에 없는 신호출력 패턴을 생성하여 LSU(Load Switch Unit) 직접 제어

㉱ 다음과 같은 시설이 요구된다.
- 노변통신장치 및 차량단말기
- 긴급차량 우선신호 안내표지 및 우선신호 동작 표시용 경광등 설치 권장

② 긴급차량 우선신호 기법

㉮ 조기 녹색시간 (early green time)

㉯ 녹색시간 연장 (green time extension)

㉰ 현시 삽입 (phase insert)

㉱ 현시 생략 (phase skipping)

㉲ 현시 순서 변경 (phase sequence change)

5.3.4 선로전환기 설비

(1) 트램이 분기부를 통과하는 동안에 선로전환기기의 전환을 금지하기 위한 쇄정을 기구 및 회로적으로 구성한다.

(2) 정전 시에도 수동으로 전환이 가능하도록 한다.

(3) 환경을 고려하여 동절기 강설, 노면이 결빙 시에 필요한 개소에 따라 선로전환기가 원활하게 작동되도록 검토한다.

(4) 분기부의 원활한 운영을 위하여 필요한 개소는 스프링 리턴 기능 또는 턴오버 기능이 있는 선로전환기 설치를 검토한다.

(5) 혼용구간은 레일면과 도로면이 일치하므로 선로가 궤도구조 형태로 매립형 선로전환기를 적용한다.

(6) 혼용구간이 아닌 독립구간은 궤도 분기기 구조(트램용 분기기, 일반용분기기)에 따라 적합한 선로전환기를 적용한다.

(7) 운영자가 선로전환기 상태 감시 및 제어가 가능하도록 설비를 구성한다.

5.3.5 차상연계 신호설비

지상설비는 차상설비에 교통신호상황, 배차정보 등을 송신하고 트램 차량의 상태, 위치정보 등을 수신할 수 있도록 설치해야 한다.

5.3.6 연동장치 설비

(1) 연동장치는 분기부 신호기, 선로전환기, 트램위치검지장치에 기본을 두고 트램 안전운행을 지시 · 제어하는 설비로서 검지정보에 의하여 트램 위치를 검지하고 분기부

신호기와 선로전환기를 상호 연동한다.

(2) 연동장치는 선로전환기와 분기부 신호기 간에 상호 모순이 발생하지 않도록 각 기기의 동작을 상호 연동시키고, 잠금을 체결할 수 있어야 한다.

(3) 트램 운영환경 및 운영계획에 따라 분기부 현장에서 단독으로 선로전환기와 분기부 신호기를 연동하는 제어장치가 필요한 경우 설치 여부를 검토한다.

5.3.7 폐색장치

(1) 트램은 기본적으로 시내구간의 경우 운전자의 시계운전에 의하여 운전하는 관계로 운전자의 책임하에 열차 간의 거리 즉 폐색구간을 확보할 수 있어야 한다.

(2) 트램 운행속도가 70 km/h 이상이거나, 시계운전이 어려운 터널, 지하구간 등에서는 폐색장치를 설치한다.

5.3.8 접지설비

(1) 외부 노이즈, 낙뢰, 전원사고로부터 주요 신호설비를 보호하기 위해 불필요한 전원전류와 고주파수의 전류를 차단하고 시스템의 두 포인트 사이의 전위차를 줄이도록 접지설비를 설치한다.

(2) 실내설비 접지구성은 설비 간 어느 두 지점에서도 전위차가 생기지 않도록 구성한다.

5.3.9 트램 위치검지설비

(1) 트램 위치검지장치는 트램의 운행속도, 교차로 및 보행자 횡단 시설의 안전 등을 고려하여 설치한다.

(2) 트램 위치검지설비는 교통신호제어기, 연동장치, 트램 관제시스템 등에 위치정보를 제공할 수 있도록 구성한다.

(3) 트램 위치검지설비는 해당지역의 선로환경, 열차특성, 기후특성, 전원방식 등을 고려하여 선정한다.

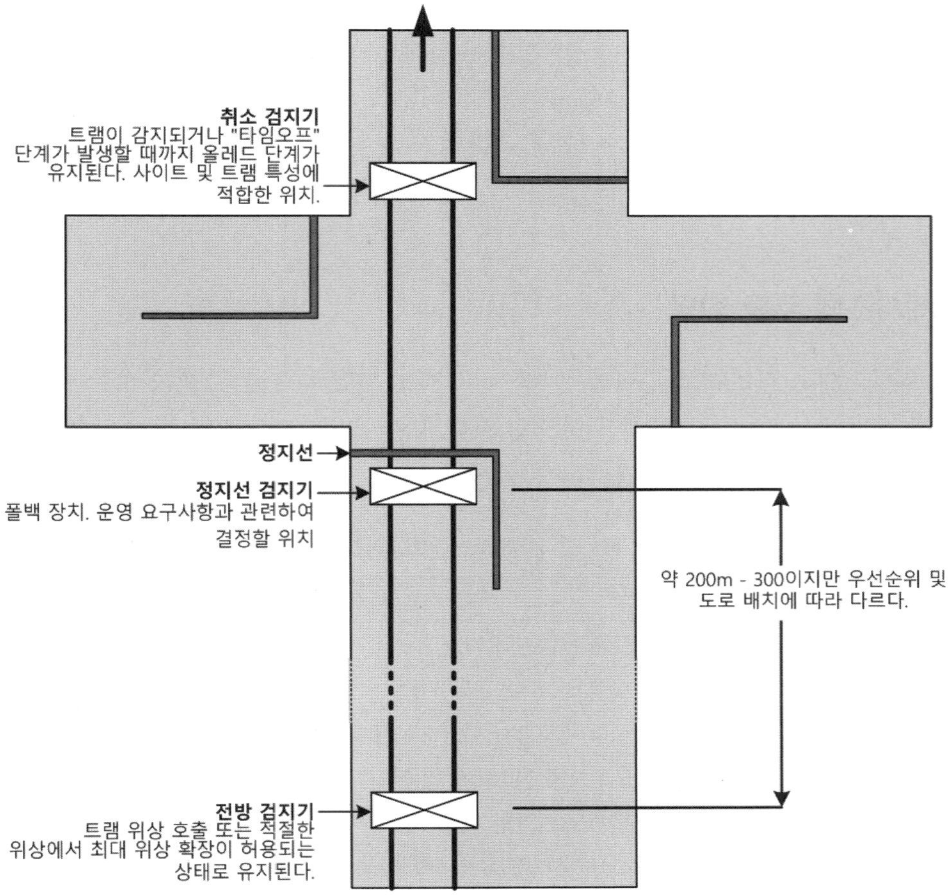

[그림 1] 트램검지기 위치

6 관제설비

6.1 개요

(1) 트램 관제실설비에서는 도로교통 수단과의 운행안전성과 트램 승객 및 보행자 등에 대한 안전성 확보를 목표로 하며 트램 운행관리 · 감독 등의 핵심 역할을 한다.

(2) '도시철도 건설규칙'에서 정한 일반 도시철도의 관제 기능 구성에 목표를 두고 있지만, 트램 시스템 특성상 생략가능하고 불필요한 설비를 제외한다.

(3) 관제실의 기능 구현 수준은 트램의 운행노선 규모, 서비스 수준 등을 감안하여 조정할 수 있으며, 시스템의 안정성, 정밀성 등에 따른 서비스 수준에 따라 트램 관제실의 기능도 차별화하여 설계한다.

(4) 도로교통 관제와 철도관제와의 통합 기능을 구축하고, 도입 도시의 예산 및 도로 기하구조 등의 환경조건을 고려하여 기능별 옵션 방식(필수, 선택)을 채택한다.

6.2 관제시스템 주요 할당

관제시스템은 기본적으로 다음의 [표 5-1]에서 정한 기능을 갖추는 것을 원칙으로 한다. 하지만 해당 지방자치단체장은 도입 트램 차량 제원, 시스템 특성, 선로연장 등의 특성을 고려하여 그 기능을 선택하여 설치한다.

[표 6] 관제시스템의 주요 기능

구분		주요 기능(시스템)	필수	선택
트램 안전운영		• 트램 운행관리 기능	○	
		• 트램 비상대응관리 기능	○	
		• 집중 원격감시 제어 기능(전력 SCADA)	○	
연계기능		• 도로교통 신호체계 연동 기능	○	
		• 운행정보 안내 기능	○	
지원 기능	통 신	• 비상통신망구축 및 열차비상통신기능	○	
	요 금	• 요금징수 모니터링 기능		○
	정보관리	• 트램 운행정보 가공 기능		○
	단 속	• 불법 운행 단속 기능		○

6.2.1 트램 운영

(1) 트램 운행계획 관리 기능(TMS, Tram Management System)

1) 운행계획 관리

① 운행계획은 초기 기준정보를 바탕으로 시스템에 의해 작성되며 이를 운영자가 수정하여 사용하는 것을 원칙으로 한다. 다만, 비정상 운행 (시험운행 포함)인 경우 트램 운행스케줄 계획에 따라 시스템 자동운행보다는 관제사 수동취급에 의한 운행을 권장한다.

② 운행계획 작성, 운행계획 적용, 운행계획 수정, 운행실적 정보전송 등의 운행계획 관리 기능을 제공한다.

2) 운행상태 정보전송

① 트램 관제실은 실시간 정보의 수집과 가공을 통해 운영 안전성 및 정시성을 확보하기 위해 운행제어실과 전력공급제어실을 하나의 공간에 설치하여 통합 · 운영한다.

② 관제실을 부득이하게 분리하여 운영할 경우 운행제어실과 전력공급제어실 간의 전용 통신설비를 갖추는 등의 통합 트램 운행관리시스템(TMS)을 활용할 수 있어야 한다.

③ 트램 관제의 실시간 모니터링 정보는 운행안전을 위한 안전DB와 운행을 지원하기 위한 지원DB로 구분하여 모니터링해야 한다.

[표 7] 트램 운행 실시간 모니터링 정보 현황

정보종류		세부정보
안전 DB	차량운행정보	• 실시간 차량위치, 속도, 차량상태, 혼잡도, 차량내 상태(CCTV)
	여객정보 (승하차등)	• 차량상태(문 개폐여부, 경미한 차량손상 등) • 정거장별 하차인원, 정거장 대기승객 수 등도 가급적 파악 필요
	정류장서비스정보	• 정류장 도착시각 • 정류장 출발시간
	돌발상황정보	• 돌발상황 발생위치 • 돌발상황 유형
	운행위반정보	• 운행위반위치 • 과속, 노선임의 변경
지원 DB	기기상태 정보	• GPS수신기, 무선모뎀, 속도센서, 정류장 자동안내방송기기, 운전자 · 차량인터페이스 장치
	운송실적정보	• 승 · 하차 인원

3) 트램 위치정보

① 관제실에서는 트램 위치검지설비를 통해 위치정보 등을 수집하고 트램의 위치를 관리할 수 있도록 표출되어야 한다.

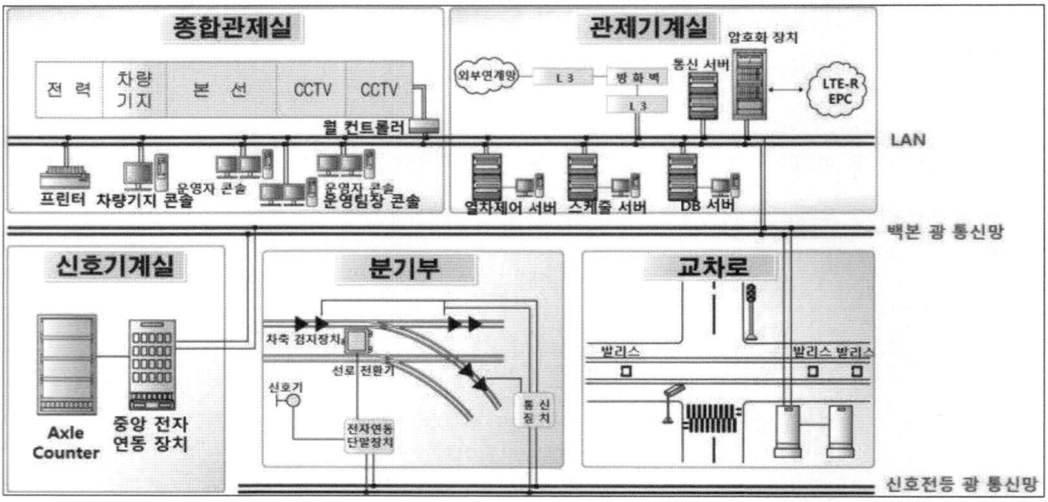

[그림 2] 관제설비 개요도

(2) 트램 운행제어

1) 운행제어 기능

① 트램 운행제어는 신호설비의 상태정보를 관리하기 위해 지상이나 차상신호설비로부터 수신받은 차량 위치, 신호기, 선로전환기, 진로, 역 공통설비 등의 상태정보를 이용하여 진로 및 선로전환기 제어, 열차 출발제어, 인칭제어, 정차시간 제어, 운행일정 전송 등의 제어기능을 수행한다.

② 진로제어는 열차의 이동상황과 계획된 운행일정에 의한 시스템 자동 진로제어와 운영자의 취급에 의한 수동 진로제어로 구분되며, 자동제어 기능이 고장이거나 운영자가 필요로 하는 경우에는 수동 진로제어가 가능하여야 한다.

③ 자동진로제어를 위하여 도로신호관제에 도로교통 우선신호 요청이 가능하여야 한다.

④ 트램의 운행제어시스템은 정상 상태에서의 열차지연과 고장 · 장애로 인한 트램 구원 상황과 승객 구호활동을 위한 119신고, 트램 내 및 정거장 내 승객에 대한 자동안내방송 등의 기능을 고려한 운행제어 계획을 수립한다.

⑤ 트램 운행제어시스템은 도로상황 악화 등에 따른 트램 지연이 발생한 경우 차량의 속도 조정을 통한 제어가 가능하여야 하고, 고장 · 장애 등으로 인해 신규 차량의 투입 등을 통해 원래 운행계획에 맞도록 운전자에게 관련 정보를 제공할 수 있다.

(3) 트램 비상대응관리 기능

1) 트램 비상대응관리시스템의 세부 체계는 '철도안전법 제7조(안전관리체계의 승인)' 중 비상대응 관련 항목을 준용하여야 하며, 트램 비상대응관리는 비상대응계획 수립과 비상대응 연습 · 훈련 항목으로 구분할 수 있다.

2) 트램은 도로 위를 운행하는 철도시스템이므로 도로교통 관리 기관과 철도교통 관리 기관 사이의 유기적인 협력체계를 구축하여 신속한 비상대응 및 승객 구호의 역할을 수행한다.

(4) 집중 원격감시 제어 기능

1) 운행감시 기능

① 열차자동감시장치에서는 열차 영업, 시험, 회차, 주박, 입고, 출고 등의 열차와 열차의 이동상황에 따라 발생하는 다양한 열차 운행 및 현장 상태정보를 수신하여 대형표시반 및 운영자, 열차감시, 유지보수 콘솔의 모니터에 실시간 표출하고, 운영자가 제어 및 표시 화면은 관제 설비 등을 검토 후 관제운영의 편의성과 인적오류 방지를 감안하여 정확하게 확인할 수 있는 형태로 표시되어야 한다.

② 열차 운행감시를 위한 표시 정보에는 역 명칭, 역 제어 모드, 선로전환기 상태, 신호기 상태, 진로 상태, 열차 위치, 열차 통신장애, 열차 번호 표시 등이 제공되어야 한다.

2) 집중 원격감시 제어 기능

① 집중 원격감시 제어(SCADA, Supervisory Control And Data Acquisition) 시스템은 전체 전력계통을 실시간 감시 및 제어토록 관제실로 통합 구성하되, 부득이하게 현장 전력공급제어실과 분리 운영할 경우 무인 운전운영을 고려한 변전소(전력공급제어실), 구분소(전력공급제어실) 등의 기기에 대한 감시 및 제어를 할 수 있어야 한다.

[표 8] (전력) 집중 원격감시 제어기능

구분	세부 내용	비고
H/W 구성	• 주컴퓨터, 통신제어장치, 무정전 전원장치(UPS) • 감시설비(표시반 및 Consol), 제어설비와 정보전송로(LAN) • 기록장치	
운행제어실	• 감시 및 제어설비 설치	
전력공급 제어실	• RTU를 설치하여 관제실에서 전송된 명령 수행 및 전력기기 감시	

② 집중원격감시제어(SCADA) 시스템의 주요 기능은 미표준연구소권고 안에 명시된 다음의 네 가지 기능이 가능할 수 있다.

㉮ 원격장치의 경보 상태에 따라 미리 규정된 동작을 하는 감시시스템의 기능인 경보 기능

㉯ 원격외부 장치를 선택적으로 수동, 자동 또는 수 · 자동 복합으로 동작 하는 감시 제어 기능

㉰ 원격 장치의 상태 정보를 수신, 표시 · 기록하는 감시시스템의 지시 · 표시 기능

㉱ 디지털 펄스 정보를 수신, 합산하여 표시 · 기록에 사용할 수 있는 기능

6.2.2 연계기능

(1) 도로교통 신호체계 연동 기능

1) 트램 관제실은 노선 내 모든 교차로의 신호현시상태를 감시할 수 있어야 한다.

2) 관제실은 트램 신호장치와 도로교통관제센터로부터 교차로 상태정보를 수신하여 현시해야 하며, 도로교통관제센터에 우선신호 요청을 할 수 있어야 한다.

3) 따라서 유관기관에서 제공하는 정보연계를 위해 컴퓨터 및 통신시스템을 이용하여 자동화되도록 설계하여야 하며, 이를 위해 관련 시스템의 인터페이스 프로토콜 설계 시 자료의 호환성이 고려되어 데이터 활용성을 향상할 수 있도록 한다.

(2) 운행 및 환승 정보 안내 기능

1) 운행정보 및 환승 정보 안내 기능

① 구현 정보의 구성

운행정보를 승객에게 효율적으로 제공하기 위해 노선, 요금, 환승 등 정적 이용정보와 함께 트램의 현재 위치정보, 특정 정거장에 대한 도착 예정 시간정

보, 돌발상황 등과 같은 동적 정보가 포함된다.

② 정보의 위탁 및 실시간 제공

관제실이 직접 정보안내시스템을 갖추거나 정보만을 제공하고 실질적 정보안내시스템은 별도의 기관에서 위탁 제공할 수 있으며, 필요한 정보는 실시간 제공되어야 한다.

③ 정보제공의 위치

환승정보 안내 기능은 정거장이나 환승센터 등의 환승시설 내에 설치되어 이용승객에게 노선, 이용요금, 환승 정보 등을 제공한다. 이러한 기능은 차내에도 함께 제공되어야 한다.

6.2.3 지원기능

(1) 요금징수 모니터링 관리 기능

1) 요금징수 기능

① 설정된 요금을 트램 운영자와 승객이 편리하고 정확하게 요금이 징수될 수 있도록 기능을 부여한다.

② 정거장 형태 분류에서와 같이 요금징수 방식은 정거장 지불형과 차량 지불형이 있으며, 용량, 수요, 정거장 특성 등을 고려하여 최대한 정확하게 지불될 수 있는 방식을 사용한다.

③ 트램 운영기관은 불법 무임승차 예방을 위해 '불법무임승차예방 대책'을 마련한다.

2) 대중교통 통합 요금체계 구축

① 트램 운영기관은 트램 수요확보를 위해 트램 요금은 가급적 대중교통 통합요금체계 채택을 검토한다.

② 타 교통수단과의 환승을 고려한 통합 요금징수가 가능하여야 하고, 가급적 트램 도입의 경제성 확보가 필요한 국내 사정을 고려하여 차량지불형 요금징수체계를 권장한다.

(2) 트램 운행정보 가공 기능

1) 트램의 운영 효율성 향상을 위해 정보가공시스템을 도입하여 수집된 정보를 목적 및 유형에 맞는 필요한 형태로 적절히 가공하여 활용한다.

2) 가공된 정보는 트램 운행관리 시스템(TMS)에서 관리될 수 있어야 한다.

[표 9] 정보가공 항목 및 내용

위치	항목	내용
센터	누락자료 처리 및 오정보 판단	• 가공분석의 전처리 기능으로서 오정보 유무 판단 및 보정 • 수집 자료의 적정성 및 신뢰성 확보 • 일상적인 상황 판단
	수집 자료의 평활화	• 수집 자료의 안정성 확보 • 평활화 블록 수 설정 및 이동주기수 선정
	링크별/구간별 소요시간 및 통행속도	• 노선별 통행시간 및 노선별 통행거리 산출
	차량이격 및 대기시간 산출	• 해당차량 및 선행, 후행차량의 위치 및 정류장 출발시간
	서비스 평가	• 무정차, 운행결행 등 • 정시성 산출 • 감 · 가속에 의한 서비스 소요시간
	도착예정시간	• 노선방향별 및 정류장별 평균 여행시간 및 속도 산출 • 도착예정시간 산출
	차량위치추정	• 돌발상황 및 운행사항 확인 • 차량 위치 추정 및 실시간 위치 확인
현장	차량위치추정	• 정류장 도착 · 출발 검지
	정류장 서비스 시간	• 정류장 서비스 소요시간 산출
		• 위반여부 판단

(3) 불법운행 단속 기능

1) 불법 단속시스템

① 트램의 주행선로 등 관련시설물의 불법주행, 무단 주정차, 불법 행위가 예상되거나 발생한 경우, 조직 및 단속 장비를 갖춘 적절한 단속시스템을 구축한다.

② 단속 장비로는 트램에 설치한 자동 단속 카메라 등을 활용한 상시적 · 주기적 · 불시 단속이 가능하고, 단속된 불법 사례는 즉시 경찰에 신고하며, 그 정보에 대해 데이터베이스를 구축하여 트램 운행 안전성 확보를 위한 기초 자료로 활용한다.

2) 무인 단속 시스템

트램 운영주체는 단속의 지속성 및 실효성을 높이기 위해 첨단장비를 이용한 무인단속시스템의 도입을 적극 검토한다. 또한 트램의 차량한계 초과 설비에 대한 단속 장비의 기능도 부여한다.

[표 10] 전용차로 위반 단속 카메라의 종류

종 류	내 용
노측카메라 (Roadside fixed cameras)	• 교차로 등 도로변에 고정식으로 설치 • 주로 혼용차로의 경우 설치
차량 장착카메라 (Tram mounted cameras)	• 트램에 카메라를 장착하여 도로 교통수단의 위반상황을 녹화하여 영상 전송
CCTV 카메라 (Roadside CCTV)	• CCTV를 통한 교통위반 차량을 단속하는 방법 • 카메라는 운영자가 증거를 재검토하고 의사결정을 지원하는 녹화장치와 연계되어 위반차량 파악

7 트램의 장 · 단점

7.1 장점

(1) 트램은 자동차보다 도로 사용 측면에서 훨씬 더 효율적일 수 있다. 한 대의 차량이 약 40대의 자동차를 대체한다.

(2) 트램 차량은 내구성이 매우 뛰어나며 일부는 40년 이상 연속 영업 서비스를 제공한다.

(3) 트램 네트워크는 유사한 버스보다 용량이 커서 승객당 인건비는 버스에 비해 훨씬 낮을 수 있어 요금이 저렴하다.

(4) 트램과 경전철 시스템은 지하철이나 다른 형태의 중전철 보다 설치 비용이 저렴하다. 일반적으로 인용되는 수치는 지하철 1 km 비용이 트램웨이 6 km 비용과 같으며, 경전철 건설의 3분의 1정도 수준이다.

(5) Tramways는 오래된 중전철 정렬을 활용할 수 있다.

(6) 트램 노선은 영구적이기 때문에 적절한 계획 변경이 이루어지면 도시를 재개발하고 재활성화할 수 있다.

(7) 트램 네트워크는 다른 운영 중인 중전철 및 급행 운송 시스템에 연결할 수 있으므로 환승에 유리하다.

(8) 승객은 지하역보다 지상역에 더 빨리 접근할 수 있다.

(9) 트램은 버스가 일반적이지 않은 방식으로 관광 명소가 될 수 있다.

(10) 현대식 트램 시스템은 소음 수준이 낮고, 녹지 공간 확보가 유리하며, 교통정체를 완화하여 사회적 비용 및 환경비용을 감소 시킬 수 있는 친환경적 교통수단이다.
(11) 트램은 고가 또는 지하 구조물이 없어 수직이동이 불필요하므로 교통수단에 대한 접근성이 좋다.
(12) 궤도 위를 운행하므로 버스 등의 차량에 비해 승차감이 좋고 쾌적함을 제공한다.
(13) 공사기간이 2년 정도로 짧아 경제적이다.
(14) 타 도로교통에 대해 우선권이 있다.

7.2 단점

(1) 트램 선로용 레일과 전력용 가공선을 설치하여야 하므로 더 높은 선행 비용을 지급하여야 한다.
(2) 트램 트랙은 자전거 바퀴가 트랙 홈에 걸릴 수 있으므로 사람에게 위험할 수 있다.
(3) 트램 선로가 젖어 있으면 미끄럽기 때문에 특히 교통 상황에서 자전거와 오토바이에 위험하다. 어떤 경우에는 자동차도 영향을 받을 수 있다.
(4) 새로운 트램의 개통은 때때로 운전자가 자동차 사고의 현저한 증가를 동반한다. 이러한 증가는 일시적일 수 있지만 각각의 통행권을 분리하고 적절한 표지판 및 경고 시스템을 설치함으로써 완화될 수 있다.
(5) 철도 운송은 이웃 인구를 적당한 수준의 저주파 소음에 노출할 수 있다.
(6) 트램이 사용하는 머리 위 송전선은 도로와 교차로에서 경관을 해칠 수 있다.

옛 전차(381호)

무가선 트램

[그림 3] 옛 전차와 신형 트램

17장 고속철도 안전설비

고속철도의 안전설비는 열차의 안전을 담당하는 ATC장치, 연동장치 및 CTC장치와 인터페이스 되어야 하고, 어떤 경우에도 CTC사령실에서 감시할 수 있어야 한다. 센서와 접속상태 또는 검지 상태 변화에 따른 기본적인 경보음과 표시가 관제사에게 전달되어야 하며, 영향을 받는 궤도구간에서는 필요한 속도제한을 하고 재 활성화 할 수 있어야 한다.

1 차축온도검지장치

1.1 설치목적

차축온도검지장치는 고속으로 주행하는 열차의 차축온도가 일정온도 이상으로 과열될 경우 이를 검지하여 운영자에게 경고를 전송하고, 열차운행을 감속 또는 정지시킴으로써 열차와 승객의 안전을 도모하는 장치이다.

1.2 관련기준

- 철도시설의 기술기준(제14조_선로의 안전시설)
- 철도의 건설기준에 관한규정(제67조_안전설비)
- 철도설계기준(KDS 47 40 75 안전설비)
- 철도설계지침 및 편람(신호제어편) 안전설비(KR S-13010)

1.3 검측원리

차축온도검지장치(HBD)는 비접촉 기반의 적외선 센서를 사용하여 온도를 검지하는 장치로써, 온도 검지는 중간 적외선 범위에서 주로 사용한다. (파장 3 μm ~ 6μm) 차축 표면이 방출한 복사열을 비접촉 기반으로 온도를 측정하며, 온도 값에 직접 할당되어있는 출력신호를 측정할 수 있는 복사온도계(고온계)를 사용한다.

아래 그림에서 각 구성품은

① 차축베어링, 차륜 및 브레이크 디스크

② 열복사

③ 셔터장치

④ 편향거울

⑤ 광학장치

⑥ 적외선 센서

⑦ 전자장치 등으로 구성된다.

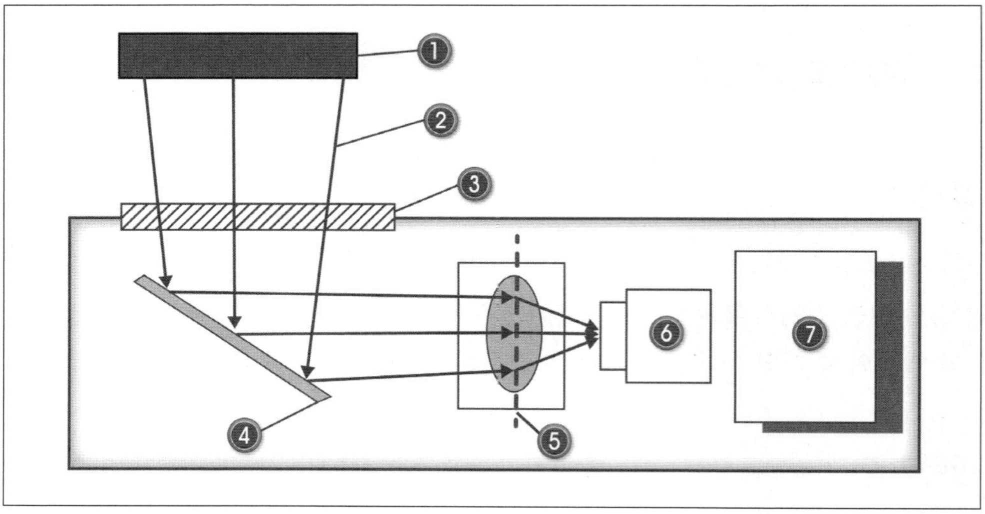

[그림 1] 적외선 복사온도계의 원리

1.4 설치 위치

현재 차축온도검지장치가 설치된 고속철도 구간은 경부, 호남 수도권 고속철도 등 3개 노선이며, 전 노선에 걸쳐 약 25 ~ 30 km 간격으로 상 · 하선에 모두 설치하였다.

1.5 시스템 구성

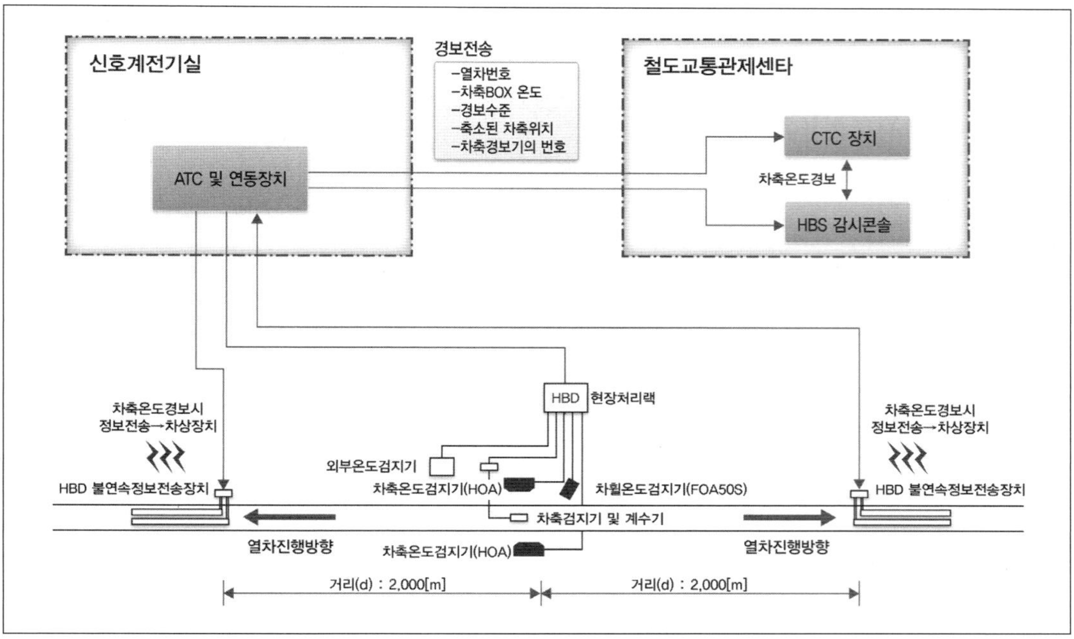

[그림 2] 고속철도 차축온도검지장치(HBD)구성도

(1) 차축온도검지장치의 설치 간격은 25~30 km로 되어 있다.

(2) 차축온도검지장치의 구성은 다음과 같다.

① 차축 온도 측정용 센서

② 외부 온도 측정용 센서

③ 차축 검지기

④ 현장 전자랙

⑤ 관제실 표시 및 경보설비

⑥ 유지보수 컴퓨터

⑦ 프린터

(3) 기능 및 동작

① 열차가 검지기 전방 2개 궤도회로를 동시에 점유했을 때 차축 온도 측정 준비(검지기 셔터 열림)

② 차량 통과 시 차축검지기와 Scanner에서 차축 온도를 측정 · 제어함으로써, 데이터를 전송하며, 제어함에서는 측정된 온도와 외기 온도를 보정하여 실 온도를 측정하여 생성하고, 측정온도에 따라 경보가 발생하도록 한다.

- 단순경보(Simple Alarm) : 70℃ 이상 시
- 위험경보(Danger Alarm) : 90℃ 이상 시

③ 측정된 데이터는 ATC장치와 HBS로 전송되며, HBS에서는 관련 정보를 표시 및 저장하고, 경보와 메시지를 생성하여 CTC에 전송한다. 다음 그림은 차축온도검지장치의 정보전송 계통도를 나타낸 것이다.

2 지장물검지장치

2.1 설치목적

열차가 운행되는 선로변의 낙석 또는 토사붕괴 위험개소, 눈사태 등의 자연재해와 철도를 횡단하는 고가차도 또는 교량 등에서 지장물이 선로에 침입하는 것을 검지하여 열차제어설비와 연동시켜 열차를 안전하게 보호하기 위함이다.

2.2 관련기준

- 철도시설의 기술기준(제14조_선로의 안전시설)
- 철도의 건설기준에 관한규정(제67조_안전설비)
- 철도설계기준(KDS 47 40 75 안전설비)
- 철도설계지침 및 편람(신호제어편) 안전설비(KR S-13010)

2.3 시스템 구성 및 기능

검지선은 병렬 2개선으로 설치되며 지장물 침입 시 단선되는 검지선의 수에 따라 2가지 정보를 CTC에 전송한다.

① 1선 단선 : 경보가 전송되어 무선으로 기관사에게 주의 운전 유도한다.

② 2선 단선 : ATC 장치는 자동적으로 상, 하행선 해당 궤도회로에 정지신호를 전송하여, 진입하는 열차를 정지시키며 기관사는 지장물 확인 후 지장을 주지 않으면 해제

스위치를 조작하여 운행을 재개한다.

③ 구성품

DC접속함, SDC(보조접속함), 보호해제버튼, 검지선 등으로 구성되어 있다.

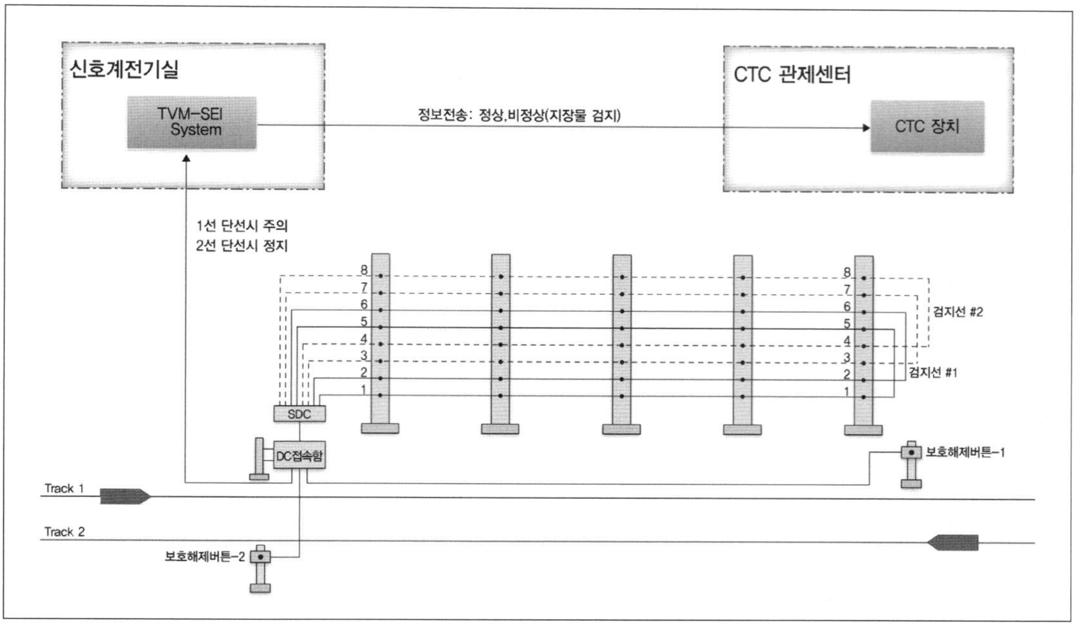

[그림 3] 지장물검지장치 구성도

3 끌림물체검지장치

운행하는 차량의 하부 부속품이 탈락하여 매달린 상태로 주행하는 차량으로 인하여 궤도 사이에 부설된 각종 시설물의 파손을 방지하기 위해 선로 중앙 또는 교량이나 터널 입구 등에 약 60 km 간격으로 설치한다.

끌림검지기 파손 시 ATC장치는 해당 열차에 정지신호 전송 및 CTC에 경보를 전송하고 기관사는 열차 정지 후 열차 상태를 확인하여, 끌림물체를 제거한 후 운행을 하여야 한다. 또 CTC 관제사에게 보수조치를 통보한 후 스위치를 조작하여 정지신호를 해제하여야 한다.

3.1 설치목적

열차 또는 차량의 부속품이 파손이나 이탈로 차량 하부에 부속품이 매달린 상태로 주행할 때 궤도상에 설치한 시설물을 파손시킬 우려 있어 궤도상에 검지장치를 설치하고 조기에 발견하여 적절한 조치를 취하기 위함이다.

3.2 시스템 구성도

끌림검지장치는 검지부, 접속함, 취소 스위치로 구성된다. 끌림검지기는 검지선을 이용하여 전기회로를 구성하며, 열차하부의 부품 이탈물로 인한 절단 및 파손 시 전기회로 차단 정보를 인접역 또는 차량기지의 연동장치를 통해 CTC 및 역 조작반에 전송하여 열차를 정지하도록 한다.

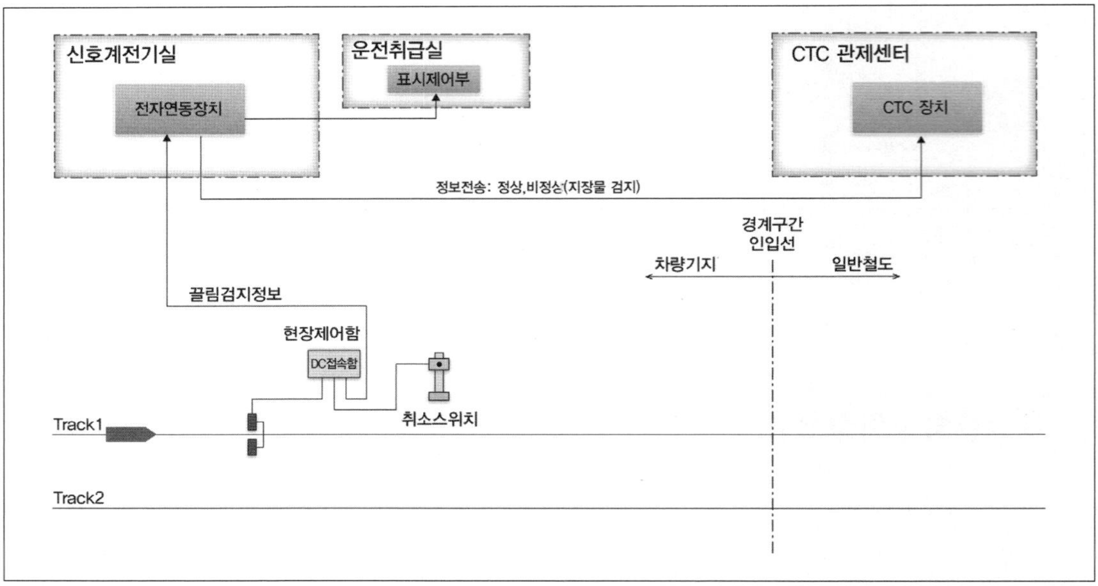

[그림 4] 끌림검지장치 구성도

3.3 설치 위치

국내 일반철도와 고속철도 구간의 끌림검지장치는 **차량기지에서 고속철도 전용 구간 진입 시, 일반철도➡고속철도 시스템 변경구간**에 설치되어 운용 중에 있으며, 시범적으로 강릉선구간의 **강릉차량기지➡일반철도구간**에서 운영하고 있다.

1) 일반철도(ATS&ATP)구간 ➡ 고속철도(ATC)구간
2) 고속철도(ATC)구간 ➡ 일반철도(ATS&ATP)구간
3) 차량기지 ➡ 고속철도(ATC)구간
4) 차량기지 ➡ 일반철도(ATS, ATP)구간

4 기상검지장치

4.1 설치목적

기상검지장치는 선로변의 급격한 기상조건(태풍, 집중호우, 폭설) 변화를 검지하고 관련 정보를 운영자에게 전송하여 기상 조건 상황에 따라 열차를 감속 또는 정지하도록 하여 승객과 열차의 안전을 도모하기 위한 장치이다.

4.2 관련기준

- 철도시설의 기술기준(제14조_선로의 안전시설)
- 철도의 건설기준에 관한규정(제67조_안전설비)
- 기상기측별 설치기준(기상청고시)
- 철도설계기준(KDS 47 40 75 안전설비)
- 철도설계지침 및 편람(신호제어편) 안전설비(KR S-13010)

4.3 시스템 구성도

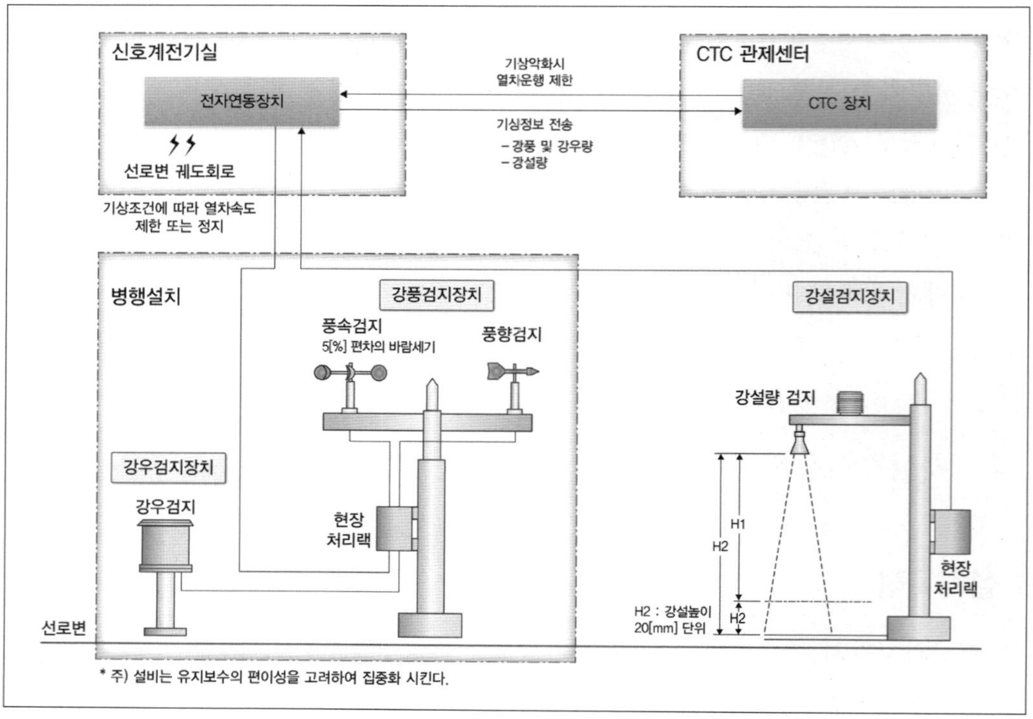

[그림 5] 고속철도 기상검지장치 시스템 구성도

(1) 동작설명

① 강풍검지장치

강풍검지장치는 선로변의 풍속을 검지하여 강풍발생 시 열차운행속도 및 운행을 규제할 수 있게 하기 위해 풍속검지장치의 검지된 정보를 신호기계실 및 CTC 관제실로 전송하고 표시반에 검지상태를 표시하여 현장설비를 집중감시할 수 있도록 한다. 이때 풍속이 초당 20[m] 이상 시 풍속에 따라 단계적으로 감속운행을 하도록 하고 초당 30[m] 이상 시에는 열차운행을 중지시킨다.

② 강우검지장치

선로변의 강우량을 측정하여 집중호우 또는 연속되는 강우로 인한 노반의 침수 및 붕괴사고가 우려되는 선로변에 설치하고, 강우검지장치의 정보를 신호기계실과 CTC 관제실로 전송하여 시간당 강우량이 60[mm] 이상이거나 일일 연속강우량이 250[mm] 이상인 경우에는 열차운행을 중지시킨다.

③ 강설검지장치

선로변의 적설량을 측정하여 폭설이 발생하면 열차운전 속도를 규제할 수 있게 하기 위해 설치되는 적설검지장치의 검지 정보는 신호기계실과 관제실로 전송하여 표시반에 강설검지정보 상태에 따른 경보표시를 제공하여 현장설비를 집중감시하고, 기관사에게 이를 통보하여 감속운행 등의 조치를 취할 수 있도록 한다.

4.4 설치위치

① 약 20[km] 간격으로 선로변에 기상설비 설치가 용이한 장소
② 매년 집중호우 발생 개소
③ 연약지반 또는 성토구간으로 지반침하 및 토사붕괴 우려개소
④ 수위의 급속한 상승이 우려되는 개소

4.5 기능 및 운행제한

① 6단계로 표시할 수 있는 강우검지기를 설치하고 검지 데이터를 CTC 관제실로 전송한다.
② N5 이하의 수위에서는 신호에 영향을 주지 않으나 예방보수를 위해 펌프를 동작시키는 동의 조처를 할 수 있다.
③ N5 이상의 수위(플랫폼 아래 지하가 침수될 정도)에서는 90[km] 이하의 속도로 서행할 수 있도록 운전규제를 한다.
④ N6 이상의 수위(레일 하부까지 침수될 정도)에서는 열차를 자동 정지시킨다.

5 레일온도검지장치

레일온도의 급격한 상승으로 인한 레일 장출 위험을 방지하기 위하여 레일의 온도를 감시하고 한계온도 이상으로 레일의 온도가 상승하면 경보표시와 함께 적정한 운전규제 등의 조치를 하여 열차탈선 등의 대형 사고를 사전에 예방하기 위하여 설치한다.

5.1 설치목적

혹서기 또는 혹한기에 레일온도의 급격한 변화로 인하여 레일의 장출과 신축으로 인한 안전사고를 예방할 목적으로 설치하며, 한계온도 이상으로 레일의 온도가 상승하면 경보표시와 함께 열차 운행 통제로 열차탈선 등의 안전사고를 예방하기 위함이다.

5.2 설치기준

레일온도검지장치 설치개소는 기후분석 및 기상현상에 영향을 받는 취약개소에 설치하는 것을 기본으로 하고 설치구간 및 설치 간격은 다음과 같다.

(1) 설치구간

일반철도 고속 및 저속구간 구분 없이 장대레일 구간 중 좌굴이 발생할 수 있는 취약개소를 기준으로 하여 레일온도검지장치를 20~30km 간격으로 설치한다.

(2) 설치 위치 선정기준

레일온도검지장치는 레일온도에 따라 레일의 장출로 인한 안전사고를 방지하기 위한 것으로 궤도분야와 협의하여 레일 장출이 우려가 예상되는 취약개소에 설치한다.

- 곡선구간
- 광활한 평지
- 통풍이 안되는 구간(방음벽구간)
- 교량구간

5.3 시스템 구성도

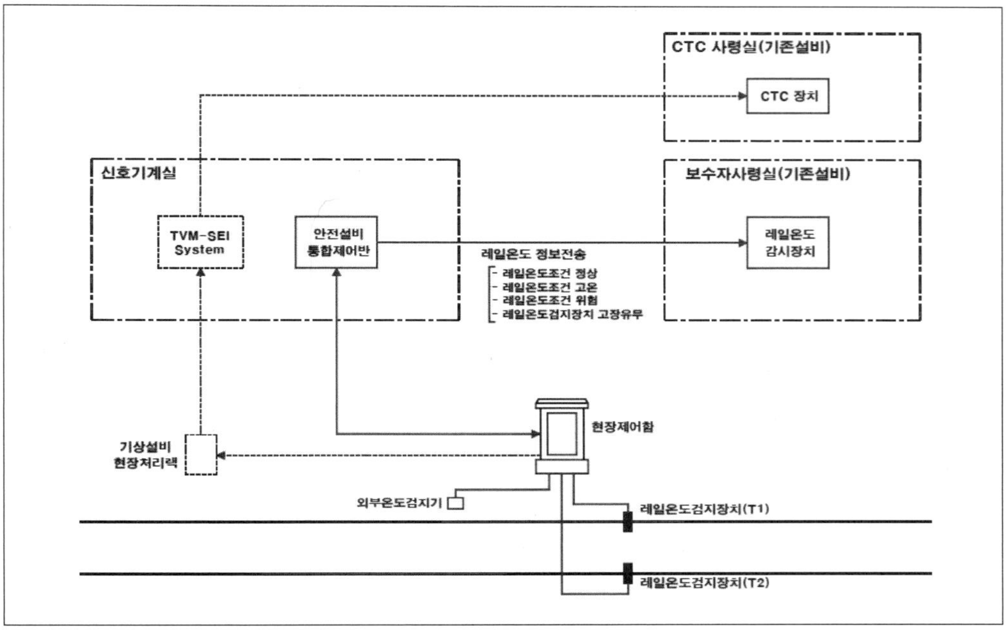

[그림 6] 고속철도 레일온도검지장치 시스템 구성도

5.4 레일온도에 따른 열차운행 제한 기준

(1) 열차운행제한 기준

레일온도에 따른 열차운행제한 기준은 다음과 같다.

[표 1] 레일온도에 따른 열차운행제한(고속철도 운전취급세칙 제30조)

번호	고속철도 운전취급세칙 제30조		비 고
	레일온도	적용	
1	50℃ ~ 55℃	정상운전	계속 감시, 필요시 관제통보
2	55℃ ~ 60℃	230 km/h 이하	
3	60℃ ~ 64℃	70 km/h 이하	
4	64℃ 이상	운행중지	

6 터널경보장치

6.1 설치목적

유지보수자가 터널 내로 진입하여 터널 내에서 작업을 시행할 때, 터널에 접근하는 열차에 대한 접근정보를 받아 통행 후에 진입하거나 터널 내에서 안전하게 대피하고, 무단 침입자나 야생동물이 터널에 접근하였을 때 경보를 울려 통행열차의 안전을 확보하기 위함이다.

6.2 관련기준

- 철도시설의 기술기준(제14조_선로의 안전시설)
- 철도의 건설기준에 관한규정(제67조_안전설비)
- 철도설계기준(KDS 47 40 75 안전설비)
- 철도설계지침 및 편람(신호제어편) 안전설비(KR S-13010)

6.3 시스템 구성도

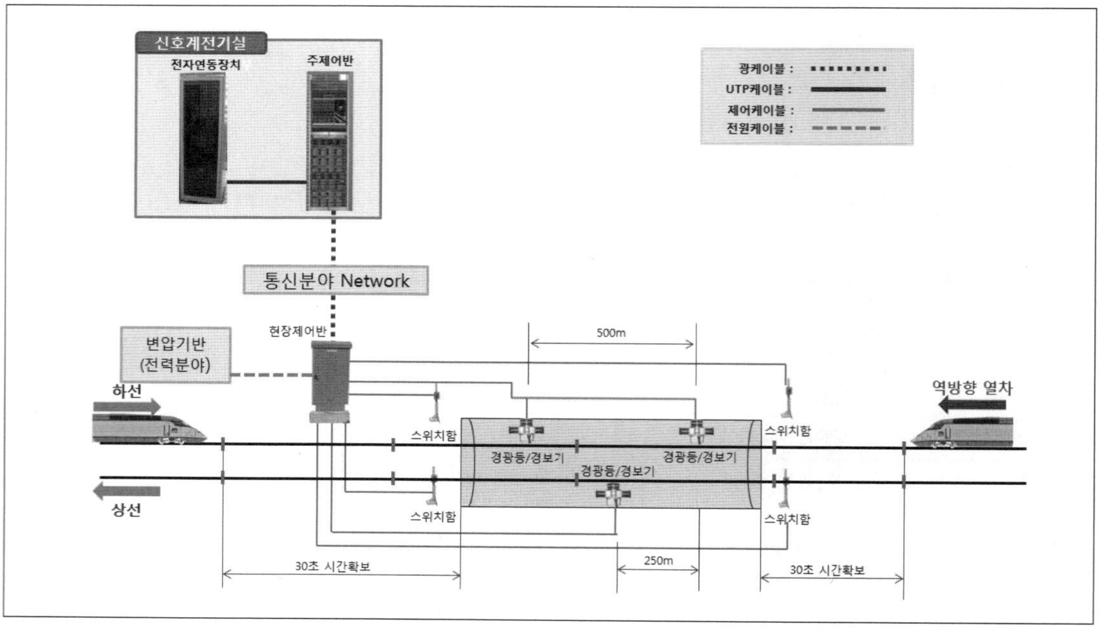

[그림 7] 터널경보장치 구성도

6.4 설치 위치

① 지하 구간을 제외한 모든 터널에 설치

② 터널 양쪽 입구에 경보장치 작동스위치를 설치하여 ON-OFF 할 수 있도록 하고 동작상태를 나타낼 수 있는 표시램프를 설치하며, 시험용 버튼을 설치하여 경보기의 정상 작동 여부를 확인할 수 있도록 한다.

③ 경보시간은 30초가 확보될 수 있도록 경보제어거리를 2,500[m] 정도로 한다.

④ 경보기의 설치 간격은 약 500[m] 정도로 하고 경보기는 터널 벽면에 견고하게 설치하여야 하며, 경보기의 경보음은 터널 내의 보수자가 충분히 인지할 수 있어야 한다.

⑤ 경보장치의 제어는 상, 하선 양방향 어느 쪽으로 열차가 진입하여도 경보가 발생할 수 있어야 하며, 열차가 터널입구에 도착하면 경보가 종료되어야 한다.

6.5 장치별 동작상태

<table>
<tr><th colspan="3">장치명</th><th>동작상태</th></tr>
<tr><td colspan="3">주제어반</td><td>신호계전기실 내에 설치되어 전자연동장치로부터 관련궤도 및 진로에 대한 정보를 수신받아 경보 조건을 생성하고, 감시용 PC에 터널경보장치 동작 상태를 표출</td></tr>
<tr><td colspan="3">현장제어반</td><td>현장제어반은 터널경보장치에 필요한 궤도 상태정보와 경광등/경보기 동작 제어 상태정보를 LED로 표출</td></tr>
<tr><td colspan="3">스위치함</td><td>누름버튼 스위치 및 표시등은 각각 3개로 “점검자 있음”, “점검자 없음”, “시스템 정상 또는 테스트”로 구분한다.
평상시 “점검자 없음” 사각표시등과“ 시스템 정상” 사각표시등이 점등되어 있으며, 통신 이상 시 “시스템 정상” 사각표시등은 점멸한다.
터널 내 작업이 있어 “점검자 있음” 누름버튼을 누르면 “점검자 있음” 누름버튼이 점등되며 “점검자 없음” 사각표시등은 소등되어야 한다.</td></tr>
<tr><td rowspan="4">경광등 /경보기</td><td rowspan="2">경보 시점</td><td>경광등</td><td>선로최고속도를 기준으로 열차 터널진입 전 30초 이상부터 동작
경광등은 터널입구 전방 궤도회로 점유정보 입력 시 열차의 진행 방향별 확인이 가능하도록 구성(1분당 60~80회 점멸)</td></tr>
<tr><td>경보기</td><td>선로 최고속도를 기준으로 열차 터널진입 전 30초 이상부터 동작
경보기는 상 · 하선 구분 없이 모두 동작(80dB 이상)</td></tr>
<tr><td rowspan="2">경보 종점</td><td>경광등</td><td>열차의 마지막 차량이 터널 출구 첫 번째 궤도 경계 통과 정보 입력 시 경보 해제</td></tr>
<tr><td>경보기</td><td>열차가 터널입구 도달 시 경보 해제
터널 진입 궤도회로 점유정보 입력 시 경보 해제</td></tr>
</table>

7 보수자 선로횡단장치

보수자 선로횡단장치는 보수자가 지정된 개소에서 선로를 횡단할 경우 접근하는 열차 유무를 확인하고 접근열차가 없을 때 한하여 선로를 횡단하도록 하기 위한 장치이다.

7.1 설치목적

보수자선로횡단장치는 보수자의 선로횡단 가능 개소로 지정된 특정지점을 보수자가 선로횡단 시 열차의 접근 유무를 확인한 후 횡단가능여부를 확인하여 선로를 횡단하는 보수자의 안전을 보장하기 위함이다.

7.2 관련기준

- 철도시설의 기술기준(제14조_선로의 안전시설)
- 철도의 건설기준에 관한규정(제67조_안전설비)
- 철도설계기준(KDS 47 40 75 안전설비)
- 철도설계지침 및 편람(신호제어편) 안전설비(KR S-13010)

7.3 시스템 구성

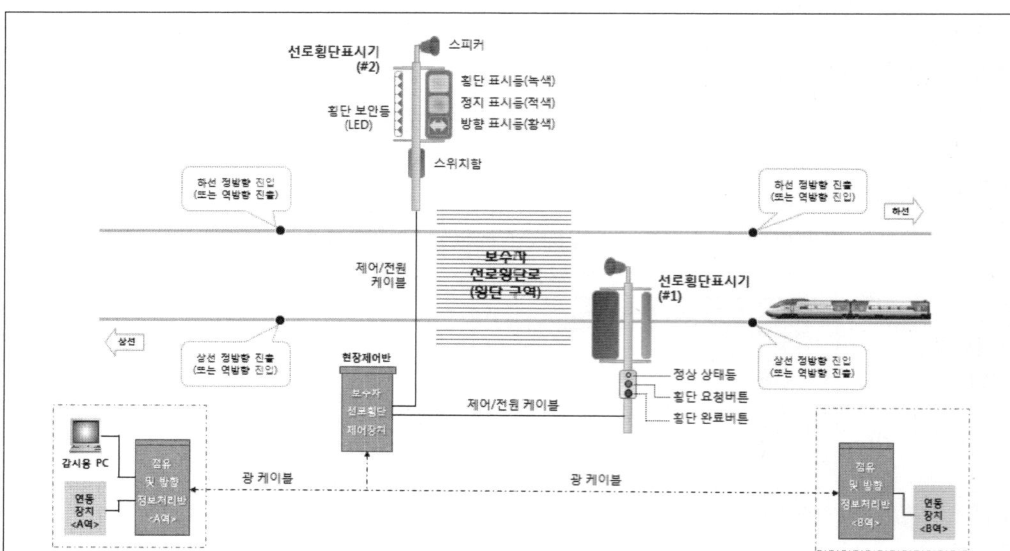

[그림 8] 보수자 횡단장치 구성도

(1) 동작설명

① 선로횡단개소 신호등 기주에 설치된 확인스위치를 눌러 녹색신호가 현시되면 선로를 신속히 횡단하고, 신호등이 적색 또는 현시되지 않을 시에는 횡단하지 않는다.

② 보수자의 횡단소요시간은 20초를 기준으로 한다.

③ 역구내에서 접근하는 열차는 해당 분기부의 열차통과 제한속도를 기준으로 하여 궤도회로 점유 여부를 검지한다.

④ 선로횡단구간의 열차검지구간을 기준으로 하여 제한속도별 검지거리를 충분히 확보하는 전방 궤도회로상의 열차점유 여부를 검지하여 현장신호등으로 신호를 전송한다.

(2) 설치개소

① 선로횡단 지정 개소

② 장대교량구간 및 터널 시 · 종점

③ 분기기 밀집 개소

④ 보수자 선로횡단이 필요한 개소

(3) 주요 구성품

① 점유방향 정보처리반
② 감시용 컴퓨터
③ 현장제어반
④ 선로횡단 표시기

(4) 선로횡단시간 기준 : 20초

(5) 횡단거리 : 11m

8 분기기 히팅장치

8.1 설치목적

겨울철에 강설이나 기온 저하로 기본 레일과 첨단레일 사이에 적설 또는 결빙으로 인한 분기기의 선로전환 첨단부와 크로싱부 선로의 전환불능 장애를 미연에 방지하여 열차의 안전 운행을 확보하는 설비이다.

8.2 관련기준

- 철도시설의 기술기준(제14조_선로의 안전시설)
- 철도의 건설기준에 관한규정(제67조_안전설비)
- 철도설계기준(KDS 47 40 75 안전설비)
- 철도설계지침 및 편람(신호제어편) 안전설비(KR S-13010)

8.3 시스템 구성도

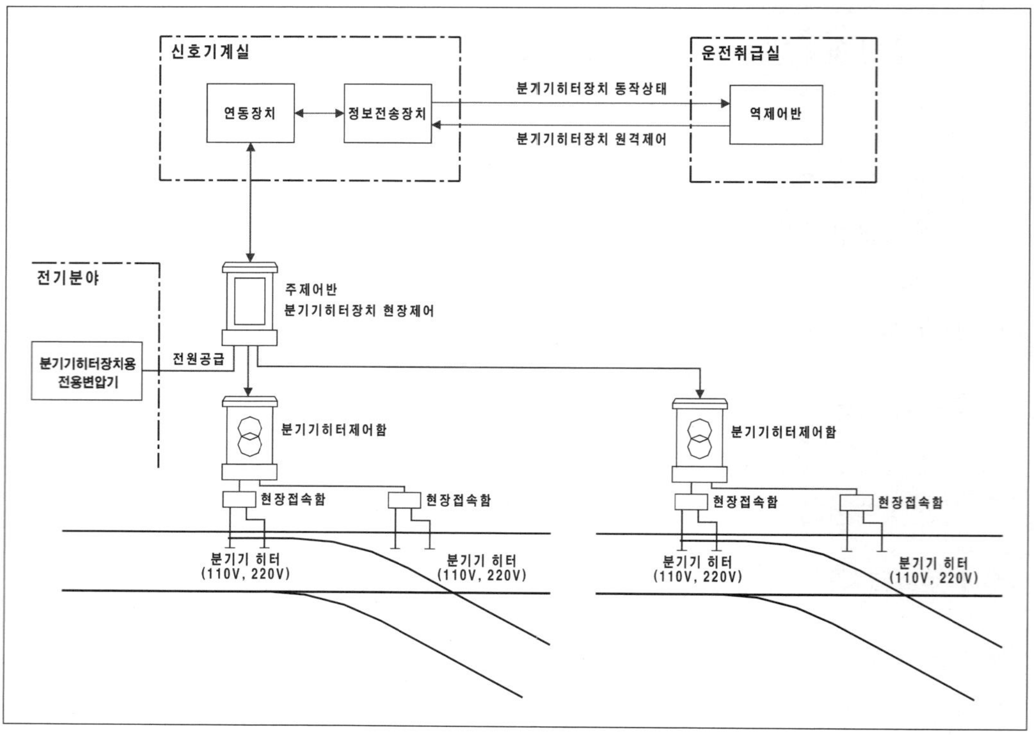

[그림 9] 분기기 히팅장치 구성도

8.4 시스템 기능

(1) 운전취급실에서의 상태감시

현장 분기기 히터 제어반으로부터 전송된 상태신호를 이용하여 조작반 표시램프를 점등시키며, 히타가 정상 작동시는 녹색, 이상 작동시는 적색 램프를 점등한다.

(2) 원격수동조작

원격수동조작은 현장 히타 제어반의 선택스위치가 Remote 상태일 때만 조작할 수 있다. 운전취급실 취급원은 이 상태를 인지한 후 ON, OFF 푸쉬버튼을 눌러 조작한다. 이 버튼은 PBL Type으로 하여 ON 및 OFF를 램프로 현시하도록 한다.

9 안전스위치

선로변을 순회하는 보수자가 선로의 위험 요소를 발견하였을 때 고속으로 해당 구간을 진입하는 열차를 정지 또는 속도를 제한시켜 열차의 안전운행을 확보하기 위한 장치이며 신호 계전기실, 역구내, 역간에 약 250~300[m] 간격으로 설치한다.

9.1 종류

(1) 속도제한 판넬(Speed Limit Panel)

각각의 InEC, IEC신호기계실과 역에서 유지보수자는 장애 또는 작업 시 관련 궤도의 일부 구간에서 감속운행을 승인하기 위해 속도제한 제어를 할 수 있다. 따라서 관련 센터의 동작 구간에 있는 정상 방향 폐색구간에 해당하는 공간에서 90에서 170 kph의 속도제한 제어가 가능하다. 그리고, 서울-부산 고속선 구간에서는 230kph까지 속도제한 제어가 가능하다. 연동 구간 특히 분기기 근처에서 이러한 제어를 통해 속도제한이 필요치 않는 분기 궤도로의 운행을 막지 않기 위해 좀 더 좁은 공간에서 속도제한을 할 수 있다.

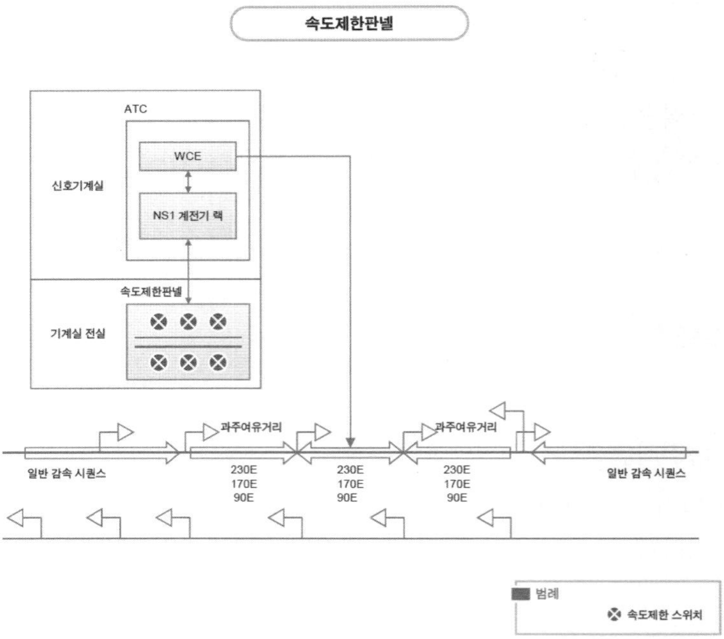

[그림 10] 속도제한 판넬

(2) 선로변 보호스위치

ATC 방식을 이용하는 모든 선로변에는 두 가지 종류의 보호스위치가 있다. 두 가지 스위치 모두 열차를 선로보호구역 내에 진입하지 못하도록 사각 키를 취급해서 ATC 지상장치를 통하여 정지신호를 발생시킨다.

역 구내에는 건넘선구간 보호스위치(Zone for Elementary Switches), 역간에는 폐색구간 보호스위치(Trackside Block Section Protection Switches) 가 설치되어 있으며 차이는 있지만 같은 목적과 기능을 수행한다.

ATC 신호 차단스위치 취급버튼은 2단 스위치를 사용하여 평상시에는 접점이 접속되어 있다가 버튼을 취급하면 접점이 개방되는 구조로 하고 버튼에서 다시 손을 떼면 접점은 다시 접속된다. 신호계전기실에 설치되어 있는 제어계전기는 현장 버튼 취급으로 낙하하여 관계되는 진로의 ATC 신호를 차단하여 열차의 운행을 제한한다. 또한 위험 요소가 제거되어 제어계전기를 여자시킬 수 있는 정보를 주기 전까지는 계속 낙하한 상태로 자기유지를 할 수 있는 구조로 되어 있다.

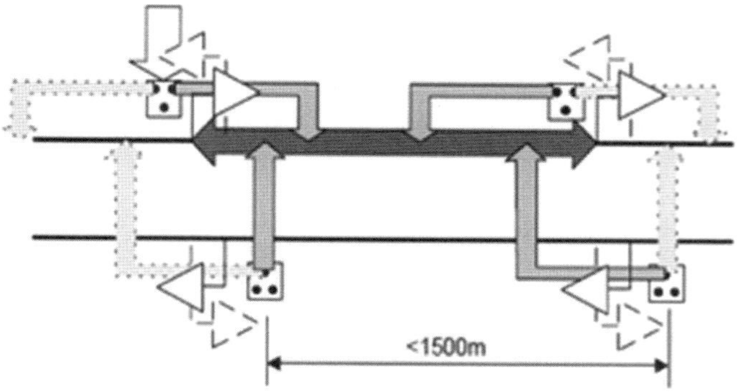

- 각 정상 방향 폐색구간 시점 표지 부근에 설치된 세 개의 스위치:
  - 하향 폐색구간 보호 작동 스위치
  - 상향 폐색구간 두 번째 스위치
  - 인접 궤도 보호용 스위치

[그림 11] 보호스위치 1

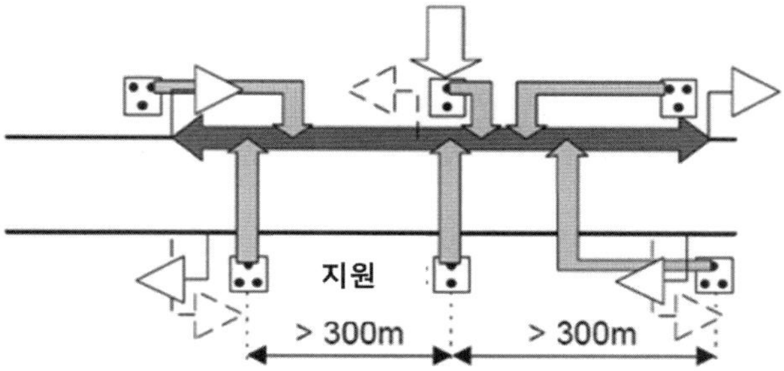

- 각 역 방향 표지 주변 두 스위치
  - 표지가 위치한 정상 방향 폐색구간 보호
  - 인접 궤도 보호

[그림 12] 보호스위치 배치 2

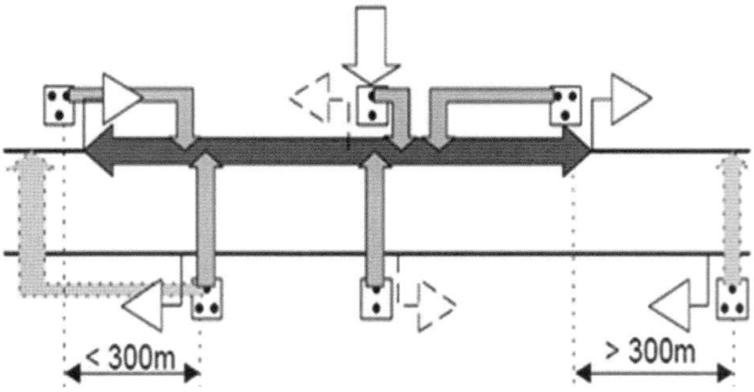

- 궤도에서 두 스위치간 최대 허용 거리는 허용오차 300m (±30m)을 갖는 궤도 1,500m이며 이 거리보다 크면 추가 두 개의 스위치를 그룹 간 최대 허용 거리를 고려하여 추가된다:
  - 관련 궤도 보호 스위치
  - 인접 궤도 두 번째 보호

[그림 13] 보호스위치 3

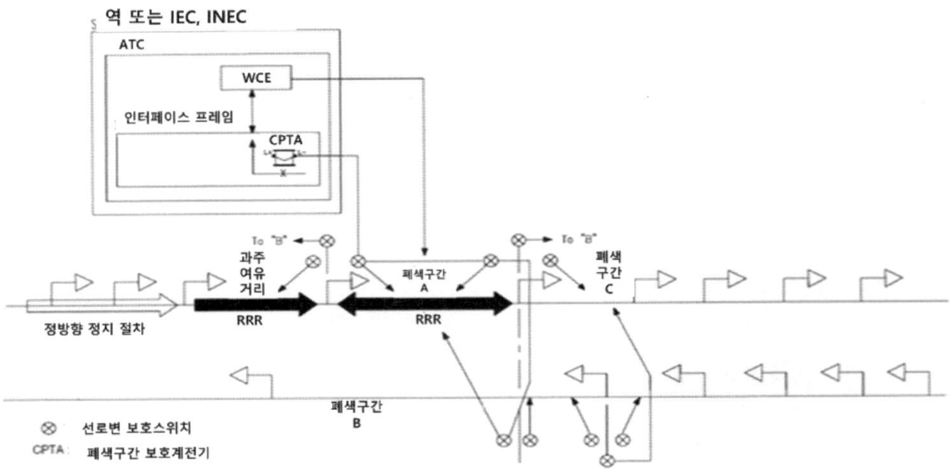

- 선로변 폐색 보호 스위치는 선로변에 설치된 보호스위치를 누르면 CPTA계전기가 동작하고
- 이 접점은 WCE를 동작시켜 폐색구간 A에 RRR을 현시한다.
- 타 스위치도 동작 방법은 같다.

[그림 14] 선로변 폐색 보호스위치

(3) 연동 구역의 인명 보호 스위치 (선로변 ZEP 보호 스위치)

인명 보호 구역 관련 유지보수자가 취급하는 스위치는 단일 분기기 및 몇 개의 분기기가 가까이에 설치되기 때문에 같은 동작을 한다. 이를 TZEP 보호 스위치라 하는데 CTC 또는 LCP에서 제어되는 ZEP와는 별개의 것이다.

ZEP 동작 구역에서 적색 정보를 제어하여 궤도에서 인명을 보호하기 위해 ZEP의 설정(운영자가 명령)을 확인하는 데 사용한다. 또한 허용 구간에서 35 kph의 최대 속도를 갖도록 한다. 이러한 동작 구역은 인명보호구역(기본보호구역: ZEP)에서 정의한 ZEP의 동작과 같은 것이며 선로변 동작은 CPT 보호스위치의 동작과 같다. 이는 ZEP을 보호하는 진로 origin 표지가 닫히는 것과 관련되나 폐색구간 시스템은 폐색구간의 ZEP 위치에 따라 정상 또는 감소된 과주여유거리의 정지 절차 수행을 위한 것이다.

TZEP 스위치에 해당하는 정보는 “선로 변"에서 직접 획득되어 IXL을 경유하지 않고 ATC로 바로 전달된다. 하지만 IXL은 운행에 필요한 각각의 점검(Individual check)을 CTC 및 LCP를 통해 ATC에서 수신된다.

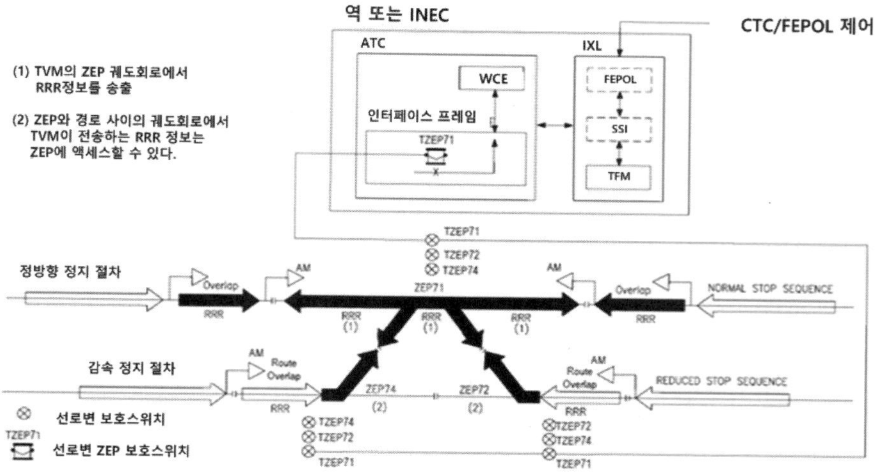

- TZEP71 선로변 보호스위치를 누르면 TZEP71계전기가 동작한다.
- TZEP71 반응은 WCE를 통해 SSI에 전달되며 TZEP71구간과 과주여유거리 구간에 RRR 이 현시된다.
- TZEP72, TZEP74 구간은 동작이 같다.

[그림 15] 선로변 ZEP 보호스위치

10 지진감시장치

10.1 설치목적

지진감시설비는 선로 또는 역사의 진동 정보를 실시간으로 수집 및 분석해 기준치 이상 진동이 측정되면 경보를 발령하여 열차를 감속 운행하거나 운행 중지하는 등 열차운행을 통제하여 승객과 자산을 위험으로부터 안전하게 보호하기 위함이다.

10.2 관련기준

- 지진가속도계측기 설치 및 운영기준(행정안전부고시)
- 철도시설의 기술기준(제14조_선로의 안전시설)
- 철도의 건설기준에 관한규정(제67조_안전설비)
- 철도설계기준(KDS 47 40 75 안전설비)
- 철도설계지침 및 편람(신호제어편) 안전설비(KR S-13010)
- 철도안전관리 시행세칙(한국철도공사)

• 고속철도열차취급 세칙(한국철도공사)

10.3 시스템 구성

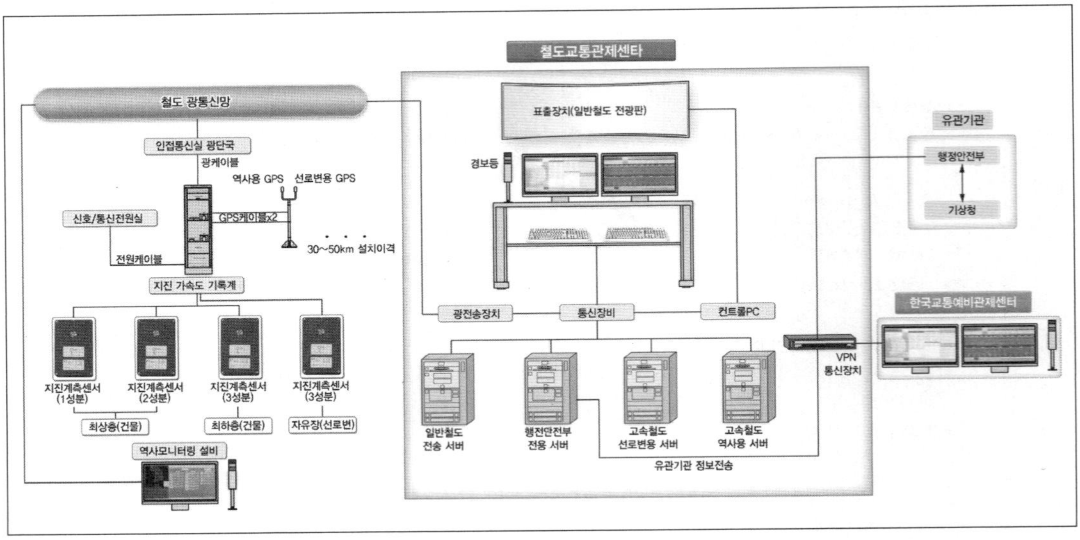

[그림 16] 지진감시장치 구성도

10.4 설치 위치

설치간격은 30~50 km를 기준으로 하며, 설치장소는 역사 건물 내에 설치한다.

(1) 열차통제 시스템 구성

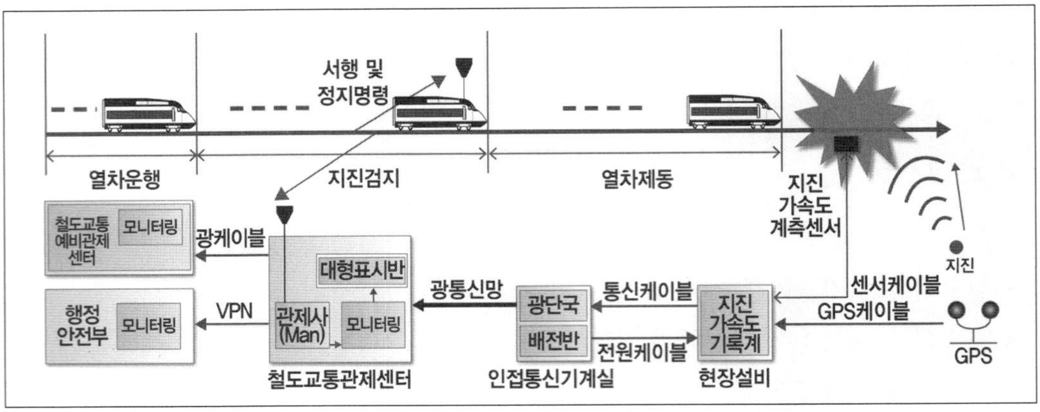

※ VPN : 전송설비 가상사설망(Virtual Private Network)

[그림 17] 열차통제 시스템 구성도

(2) 열차통제 기준

전국의 관측소로부터 수신된 지진정보를 기상청을 통해 고속철도 관제실에서 수신하여 규모에 따라 위험경보를 표출하는 장치이다.

① 15～40[gal] 미만 : 조치사항이 없으며 이벤트 발생을 관제에 알림

② 40[gal] 이상 ～ 65[gal] 미만 : 열차 일단정지 후 최초열차는 30km/h이하로 주의운전, 지진 통과 시 90[km/h] 이하 운전

③ 65[gal] 이상 : 일단정지 후 지진 통과 시 30[km/h] 이하 시계운전
후속열차는 90[km/h], 170[km/h] 등으로 단계별 속도 상승

※ gal : 진동가속도값

부록

약어와 용어

▸ **2방향 동작**(Two way Working)

궤도는 폐색신호기제어 하에 양방향으로 운전되는 더블궤도 선로용 운전 모드

▸ **가동 크로싱**(Movable Frog)

가동 크로싱은 크로싱의 최대 약점인 흠선부를 없게 하여 레일을 연속시켜 격심한 차량의 충격, 동요, 소음 등을 해소하고 승차감을 개선하여 차륜이 안전하게 주행하도록 한 크로싱으로 주로 고속 열차가 운전되는 선로에 사용된다.

▸ **개방 폐색**(Open Block)

선로는 정상적인 상태로 개통되고 단지 열차가 폐색하는 동안에 폐색구간을 점유하는 고정폐색시스템

▸ **거리조정기**(Symmetrical Fictive Line/SFL)

불변적인 송수신전류를 유지하기 위하여 송신기 및 수신기에 사용되는 케이블의 길이가 동일해야 하므로 거리조정기에서 회로 저항 조정

▸ **건넘선**(Crossover)

병행하는 두선의 선로 간에 열차나 차량을 건너가게 하기 위하여 2조의 분기기를 연결시킨 선로

▸ **경합진로**(Conflicting Routes)

연동된 진로로 두 진로를 동시에 설정해서는 안 되는 진로

▸ **계전연동장치**(Relay Interlocking)

연동장치의 구성에 필요한 연쇄관계를 계전기를 이용하여 동작 되도록 한 연동장치. 구성방식에 따라 진로정자식과 진로선별식으로 구분한다.

▸ **고장률**(Failure Rate)

시스템의 주어진 기능 동작 시간 동안 발생되는 예상 고장 건수. 백만 시간(106)에 대한 고장 건수로 표현된다.

▸ **고정 발리스**(Fixed Balise)

노선 설정 또는 현시된 신호에 따라 변경되지 않는 데이터를 갖는 발리스.

▸ **고정간격 열차시간표**(Fixed Interval Timetable)

주 스케줄에 있는 열차시간표

▸ **고정폐색시스템**(Fixed Block System)

신호기와 궤도회로 등으로 고정된 폐색구간에 의해 열차의 간격을 확보하는 공간 간격법

▸ **과주여유거리**(Overlap)

열차 또는 차량을 정해진 정지 위치에 정지시키지 못하여 그 위치를 지나칠 경우 사고를 방지하기 위한 구간의 거리. 열차의 과주여유거리 확보를 위하여 도착지점 외방의 선로전환기를 쇄정하는 경우 해당 진로의 신호취급 시 해당방향으로 쇄정되고 진로구성표시는 하지 않아야 한다. 과주여유거리내의 선로전환기가 쇄정되지 않았을 경우 신호기는 진행신호를 현시하지 않아야 한다. 또 과주여유거리내의 쇄정된 선로전환기는 열차가 도착하여 진로쇄정구간의 모든 구분진로가 해정된 후 해정되어야 한다.

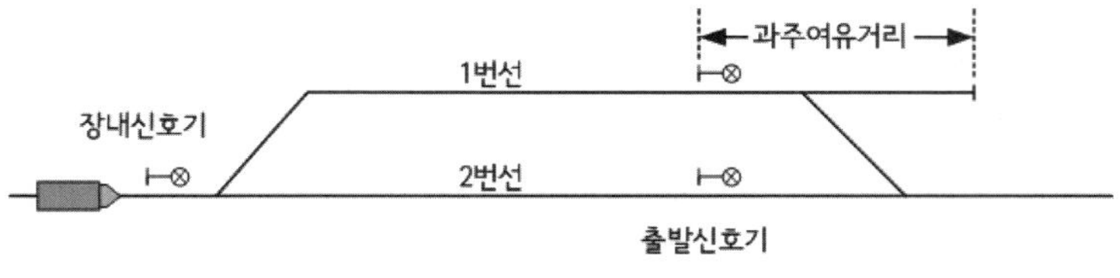

▸ **관제원**(Dispatcher)

노선 또는 일정구간의 열차운행을 감시하는 직원으로 CTC영역의 배차원은 열차운용업무도 시행한다.

▸ **교차 쇄정**(Crosslock)

교차쇄정은 진로가 설정되었을 때에만 영향이 있으며, 이 설비는 쌍동 탈선 선로전환기 또는 다른 쌍동 선로전환기 사이에 상시 연동을 제공한다.

▸ **교통 다이어그램**(Traffic Diagram)

노선을 운행하는 모든 열차의 경로가 포함된 다이어그램

▸ **교통 밀도**(Traffic Density)

노선의 어떤 구간에서 같은 시간에 주행하는 열차의 숫자

▸ **궤도 개방 검지**(Track Clear Detection)

이 장치는 궤도구간의 점유와 개방을 나타낸다.

▸ **궤도회로**(Track Circuit)

레일을 전기회로의 일부분으로 사용하여 차량의 차축에 의해 전기회로를 단락 또는 개방함으로서 열차의 유무를 검지하고 열차운행에 필요한 정보를 지상에서 차상으로 전송하는 장치. 사용전원에 따라 교류, 직류, 임펄스, 가청주파수 및 코드 식으로 구분한다.

▸ **기계연동**(Mechanical Interlocking)

역구내 신호 설비인, 신호기, 선로전환기, 신호취급레버 등이 인력에 의해 수동식으로 동작되고 기기들 상호간 연쇄도 기계적으로 이루어지는 장치를 말한다. 이 장치는 우리나라에서 초기에 사용되었고 그 후 전기연동장치로 개량 되었으며 현재는 전자식으로 개량되고 있다.

▸ **노선의 선로용량**(Capacity of a Line)

선로를 통하여 운영되는 열차의 최대숫자

▸ **다중 폐색 신호기**(Multiple-Block Signalling)

폐색신호기는 한 폐색 이상의 폐색에 대한 정보를 제공하는 신호시스템

▸ **대기시간 다이어그램**(Waiting Time Diagram)

교통흐름의 기능 같이 대기시간을 다이어그램으로 표시한 그림

▸ **대표 스케줄**(Clockface Schedules)

열차 경로 사이에 고정된 시간 간격의 스케줄로 같은 관계에 속하는 열차의 계획된 열차시간표 스케줄

▸ **대향 선로전환기 전환**(Facing Point Movement)

주행하는 열차에서 볼 때 분기기에서 선로가 좌, 우로 갈라지도록 된 구조에 설치된 한 쌍의 선로전환기

▸ 더블 슬립 스위치(Double Slip Switch & Crossing)

2개의 선로가 평면 교차하는 지점에 설치된 Diamond Crossing에서 4개의 방향으로 열차가 운행할 수 있도록 크로싱 좌, 우에 건넘선을 부착시킨 구조의 분기기.

▸ 더블슬립 크로싱(Double Slip Crossing)

포인트의 4쌍으로 결합된 크로싱으로 크로싱의 양 측면에서 슬립 연결을 제공한다.

▸ 독립 선로전환기 쇄정(Independent Point Lock)

분기기에서 선로가 좌, 우로 갈라지도록 된 첨단 레일을 구동장치가 분리되어 동작하는 선로전환기 쇄정.

▸ 등렬식 신호기(Position Light Signal)

2개 이상의 전등의 위치에 의해 표시되고 현시되는 전등신호기

▸ 리버맨(Leverman)

열차 차장의 감시 아래 작업하며 열차 차장으로부터 지시를 받았을 때에만 열차운행을 승인하는 운영자

▸ 마르코프 연쇄 몬테카를로 방법(Markov Chain Monte Carlo, MCMC)

몬테카를로 방법은 마르코프 연쇄의 구성에 기반한 확률 분포로부터 원하는 분포의 정적 분포하는 표본을 추출하는 알고리즘의 한 부류이다.

▸ MCMC(Markov Chain Monte Carlo)

확률 분포로부터 직접 표본을 샘플링하기 어려운 경우 확률밀도 함수에 비례하는 함수를 이용하여 표본을 근사적으로 샘플링하는 방법.

▸ 몬테카를로 방법

Monte Carlo는 통계적인 수치를 얻기 위해 수행하는 '시뮬레이션' 같은 것이다.
무작위 추출된 난수를 이용하여 원하는 함숫값을 얻는 방법의 총칭

① 반복된 무작위 추출(repeated random sampling)을 이용해 함수의 값을 확률적으로 계산하는 알고리즘(시뮬레이션).

② 계산하려는 값이 닫힌 형식(closed form)으로 표현되지 않거나 복잡한 경우에 _근사적_으로 계산할 때 사용됨.

③ 사실 몬테카를로는 예시를 보는 게 더 직관적으로 빨리 이해가 된다.

▸ **마르코프 체인**

Markov Chain은 어떤 상태에서 다른 상태로 넘어갈 때, 바로 전 단계의 상태에만 영향을 받는 확률 과정을 의미한다.
다음 상태가 현재 상태의 영향만 받는 확률 모델.
과거 상태는 미래의 상태에 직접적인 영향이 없음.

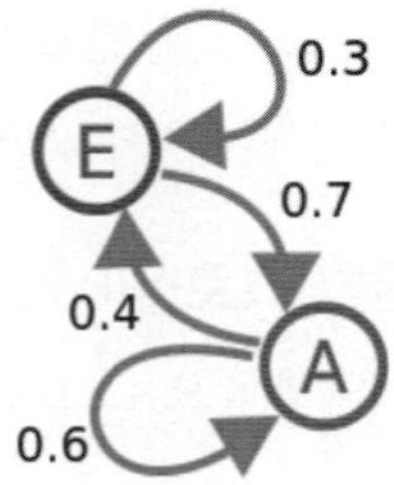

두 상태 Markov 프로세스를 나타내는 다이어그램으로, 상태는 E와 A로 레이블이 지정되어 있습니다. 각 숫자는 Markov 프로세스가 한 상태에서 다른 상태로 바뀔 확률을 나타내며 방향은 화살표로 표시됩니다. 예를 들어, 마르코프 프로세스가 상태 A에 있는 경우 상태 E로 변경될 확률은 0.4이고 상태 A에 남아 있을 확률은 0.6입니다.
마르코프 체인은 특정 조건을 만족할 때 각 상태에 있을 확률들이 특정 감성으로 수렵한다. 즉, (특정 조건을 만족하고) 각 상태의 전이 확률만 안다면 충분한 전이 번복을 통해, 각 상태에 있을 확률을 구할 수 있다.

▸ **목적지 기반 자동진로설정**(Destination-Based Automatic Route Setting)

열차의 적절한 목적지 진로는 열차시간표의 계획된 열차 순서와 관계없이 설정되는 자동진로설정시스템

▸ **목표거리 운행방식**(Distance To Go)

열차간격 유지를 위하여 선행 열차와의 안전거리를 지상 열차자동방호장치에서 변수[목표거리, 최고속도, 선로정수(구배, 거리, 곡선반경 등)와 임시 속도제한, Overlap]를 실시간 연산하여 권고속도와 정해진 목표 거리를 열차로 전송하는 방식으로 고정 폐색을 기반으로 하며, 선행 열차와 간격에 따라 고정폐색의 목표거리를 열차자동방호장치에서 연산하고 관리하며 감시하는 열차 운행 제어방식.

▸ **무선 기반 열차제어**(Radio-Based Train Control)

열차운행 승인을 무선폐색센터에서 행하는 운영형태

▸ **무선 전자 토큰 폐색**(RETB : Radio Electronic Token Block)

폐색구간의 운행 승인은 전자토큰 형태로 주게 되며 이는 무선폐색센터에서 열차에 무선으로 송출되는 무선기반열차제어의 형터. 열차가 폐색구간을 지나면 토큰은 다시 무선폐색센터로 반납된다.

▸ **무선차량정리시스템**

무선차량정리는 열차 차량을 연결, 분리, 교환하는 차량정리 작업 시 수송원이 사용자제어장치(컨트롤러)를 조작해 기관사 없이 기관차를 원격으로 움직이면서 작업하는 방식이다. 인적오류를 원천차단 가능하며 미국연방철도국 지난 2019년 관련 연구결과에 따르면, 무선차량정리 도입 시 사고 건수와 사망자 수가 각각 38%, 68% 감소한 것으로 나타났다.

▸ **무선 폐색센터**(Radio Block Center)

제어센터는 제어범위 내의 무선기반 열차제어를 이용하여 열차운행을 제어 및 감시하는 센터.

▸ **무절연 궤도회로**(Jointless Track Circuit)

AC 가청주파수 전류를 사용하는 궤도회로로 절연체이음매가 필요 없으며 동작 길이는 궤도의 용량성 및 유도특성에 의해 범위가 결정된다.

▸ **발리스**(Balise)

중간 열차방호시스템(ATP) 또는 무선기반열차제어의 열차위치 기준점과 같은 데이터 지점으로 사용하는 트랜스폰더

▸ **ATP 발리스**(ATP Balise)

송신용과 수신용 안테나로 구성되고 함체에는 전자 회로가 구성되어 있고, 데이터 전송에 필요한 전원은 차상 안테나가 발리스 위를 통과할 때 공급되어진다. 전원은 수신용 안테나에 의해 전송되는 주사 신호(Scanning Signal)를 발리스의 수신용 안테나에 의해 수신된다. 발리스는 일반적으로 정상적인 열차 운행 방향에 따라 A와 B의 발리스를 설치하며 한 개의 동일한 정보를 제공하는 발리스 사이의 거리는 2.3~3.5m 이격하여 설치하고 서로 다른 정보를 제공하는 발리스간의 거리는 최소 10.5m 이상 이격하여 설치한다. 발리스에는 다음과 같은 3종류가 있다.

(1) 고정 정보용 “F”(Fixed)

외부 조작에 의해 메시지를 변경시킬 수 없는 발리스를 말하며 고정된 정보(속도 제한, 선로 지장 작업을 위한 임시 속도 제한 등)를 제공하는데 사용한다.

(2) 제어 발리스 또는 “S” 발리스(S=signal)

부호 “X” 또는 “Y”는 신호 부호 전송기(Encoder)의 외부 조작에 의해 제어될 수 있

다. 이 발리스는 변경될 수 있는 정보(신호, 다양한 속도 표시등)를 제공하기 위하여 설치한다.

(3) M(표시)

"A" 발리스에 의해 모든 정보가 전송될 때 "B" 발리스 대신 사용할 수 있는 간소화된 발리스. 각각의 발리스는 부호 "X"에 의해 증명된 특수한 기능(속도, 거리, 구내 특수 기능 등)을 수행하고 이 부호는 적절한 값의 Encoding Card에 의해 발리스 자체에서 영구적으로 부호화 된다.

▸ 방호분기기, 안전 분기기(Protective Points, Safety Points)

방호위치에서 쇄정되어 진로의 측면 방호를 제공하는 분기기

▸ 방호시간(Blocking Time)

궤도구간은 열차를 위해 특별히 배정된 시간 간격이므로 따라서 다른 열차를 방호하는 역할을 한다.

▸ 배향 분기기(Trailing of Turnout)

주행하는 열차가 분기기후단으로부터 전단으로 진입할 때는 배향이라고 하며 운전상 안전도로서 배향분기는 대향보다 안전하고 위험도가 적다.

▸ 배터리 메모리효과

배터리 메모리효과는 니켈-카드뮴 충전식 배터리에서 관찰되는 효과로 충전량을 줄인다. 니켈-카드뮴 배터리가 부분적으로만 방전된 후 반복적으로 재충전되면 점차 최대 에너지 용량을 잃는 상황을 말한다. 배터리는 더 작은 용량을 "기억"하는 것처럼 보인다.

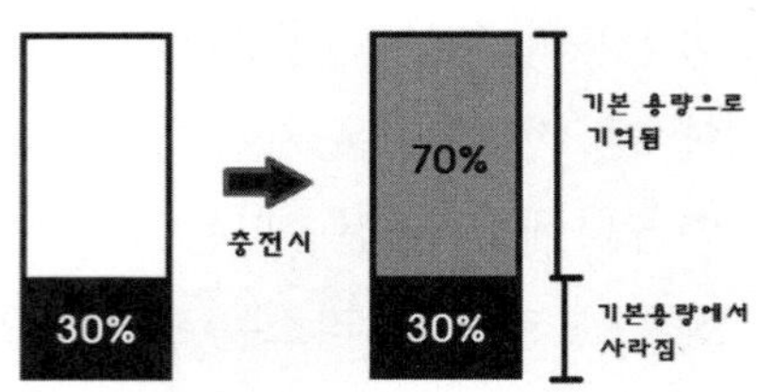

1960년대 엔지니어들이 위성에 사용된 배터리가 시간이 지남에 따라 용량을 잃는다는 사실을 발견

메모리 효과는 NiCd 기반 배터리와 같은 일부 유형의 셀에서 나타난다. 리튬 이온과 같은 다른 유형은 이러한 문제가 없다.

NiCad가 거의 소모되기 전에 충전하면 배터리가 충전한 용량을 "기억"하므로 배터리 용량이 줄어든다. 메모리 효과는 NiCad를 대부분 소모하기 전에 반복적으로 충전하는 경우에만 문제가 된다.

▸ 배터리 셀페이션 현상

납 축전지를 방전상태에서 오랫동안 방치하여 두면 극판의 황산납이 회백색으로 변하며 내부저항이 대단히 증가하여 충전시 전해액의 온도상승이 크고 황산의 비중 상승이 낮으며 가스의 발생이 심하다. 그러므로 전지의 용량이 감퇴하고 수명이 단축되는 현상을 말한다.

▸ 보류 쇄정(Time Locking)

신호기, 입환 표지에 진행신호를 현시한 후 운전취급 절차변경으로 정지현시 했을 경우 신호기 외방에 열차접근 유무에 관계없이 신호기 내방의 선로전환기를 일정시분동안 전환할 수 없도록 쇄정하는 것. 해정시분은 접근쇄정시의 해정시분과 같다.

▸ 복진과 분니

복진은 열차의 주행과 온도변화의 영향으로 레일이 전후 방향으로 이동하는 현상으로 레일체결장치가 불충분할 때는 레일이 밀리고, 체결력이 충분할 때는 침목까지 이동하여 궤도가 파괴되는 장력이 발생한다.
분니 현상은 반복되는 열차 진동으로 인하여 도상표면으로 물과 세립분이 분출되는 현상을 말한다. 열차의 하중에의하여 세립화된 도상자갈을 도상분리라고 부르며 노반토에 의한 분리를 노반분리라고 부른다.

▸ 분기 쇄정(Cascade Locking)

진로는 선로전환기와 신호기 사이에 상시와 조건부쇄정에 의해 영향을 받는 쇄정순서에 의해 설정되는 연동장치 형태

▸ 분기기(Points)

서로 다른 진로로 설정되어 운영되는 분기기의 가동 부품

▸ 분석적 수송용량 연구(Analytic Capacity Research)

기반시설로부터 데이터를 계산하고 열차시간표 특성을 결정하며 시뮬레이션 없이 수송용량을 설명하는 수송용량 연구방법

▸ 불연속 ATP(Intermittent ATP)

궤도를 따라 불연속 지점에서 열차로 데이터를 송신하는 ATP시스템

▸ **비동기 시뮬레이션**(Asynchronous Simulation)

열차 경로를 추론하여 스케줄 작업을 시행하여 철도운영을 시뮬레이션 하는 방법. 서로 다른 등급은 그들의 순서에 따라 차례차례로 스케줄된다. 열차경로 경합은 스케줄 작업 규정에 의해 해결된다.

▸ **색등식 신호기**(Colour Light Signal)

칼라 전등에 의해 표시가 현시되는 등신호기

▸ **색등식 위치 신호기**(Colour Position Light Signal)

칼라 전등과 위치에 의해 표시가 현시되는 등신호기

▸ **선로용량 연구**(Capacity Research)

철도운영연구 방법의 하나로 노선, 연동장치, 터미널, 차량기지의 용량을 결정한다.

▸ **선로전환기 쇄정**(Point Lock)

선로전환기의 해정, 전환, 쇄정을 하는 장치. 선로전환기가 정위 또는 반위로 전환하고 첨단레일이 기본 레일에 밀착하고 있는 것을 조사하여 이를 그 위치에 쇄정하는 것.

▸ **선로전환기**(Point Machine)

선로전환, 가동철차 또는 탈선을 운용하는데 사용되는 기계

▸ **선로전환기**(Switch Machine)

북미에서는 선로전환기(Point Machine)라 부른다.

▸ **선택방호 선로전환기**(Selective Protective Points)

방호 선로전환기는 동시에 정위와 반위 위치 2개의 진로에 의한 측면방호가 필요하다.

▸ **속도 신호**(Speed Signalling)

신호기에 현시되는 속도를 열차가 초과할 수 없는 신호시스템

▸ **수동 폐색**(Manual Block)

신호기를 수동으로 운영하고 폐색구간의 개통은 로컬 운영자가 후부마커에 의해 개통을 점검하는 고정폐색시스템

▸ **순수 주행시간**(Pure Running Time)

주행시간 계산 결과와 같이 예정된 정차 사이의 가능한 짧은 주행시간

▸ **스케줄**(Schedule)

생성된 파일에 의해 운행제어 시스템에서 사용 될 열차의 운행 시간 정보(예: 도착시간, 목적지, 정확도)를 나타내는 표이며, 열차의 목적지, 날짜, 진로, 속도, 도착 출발 시각이 표시된다.

▸ **신호 운전시격**(Signal Headway)

운전시격은 한 개의 폐색구간에서 연속하는 2개 열차의 폐색시간 결과이다.

▸ **신호 현시 지점**(Signal Clearing Point)

열차 과주여유거리 끝 지점에서는 폐색구간의 입구신호기가 다시 개통이 허용 되도록 완벽하게 개통되어야만 한다.

▸ **신호기 표시**(Signal Indiction)

신호기 현시에 의해 제공되는 정보

▸ **신호기 현시**(Signal Aspect)

접근 열차의 방향에서 보이는 선로변 신호기의 현상 또는 차내신호기의 현상

▸ **신호기의 제어거리**(Control Length of a Signal)

열차운행을 위하여 신호기가 개통되기 전에 반드시 개통되어야 하는 신호기 후방의 궤도회로 길이

▸ **신호제어 없는 운영**(Non Signal-Controlled Operation)

교통제어를 구두 또는 서면에 의하여 제어되는 운영절차. 신호제어 없는 운영은 안전한 신호시스템과 대조된다.

▸ **신호-제어 운영**(Signal-Controlled Operation)

열차운행이 신호 현시에 의해 관장되는 운영의 형태

▸ **싱글 슬립 스위치**(Single Slip Switch & Crossing)

2개의 궤도가 서로 교차하는 경우 열차가 한쪽 궤도에서 상대편 궤도로 진행할 수 있도록 Diamond Crossing 의 한쪽에 건넘선을 부착한 스위치 그림.

▸ **안전성 기술**

신호설비에 사용되는 안전성 기술은 다음과 같다.

No	적용 기술	적용율(%)
1	Fail-Safe	39
2	위험측 고장의 저감	21
3	Full Proof(완전검증)	10
4	Fail Soft(고장완화)	8
5	다계중화	8
6	예비계(Back up)	7
7	고장진단, 회복	5
8	안전여유	2
	계	100

▸ 안전 승인 절차

신호시스템을 신설하고 안전승인을 받기 전에 시행하여야 할 절차
- EN50129 (IEC62425) 권고사항 기준

1. 안전 평가

① 안전도 수준이 확보되었는지를 추가적으로 보장하기 위하여, 시스템/하부시스템/장치 및 안전증명에 대한 독립적인 안전평가가 수행되어야 한다. 그 결과는 안전평가보고서에 정리되어야 하며, 보고서에는 시스템, 하부시스템 및 장치(하드웨어와 소프트웨어)들이 지정된 요구사양을 만족하도록 설계되었는지를 평가하기 위한 안전평가자들에 의해 수행되는 행위를 설명하여야 하고, 시스템/하부시스템/장치들의 동작을 위한 추가적 조건까지 가능한 한 지정하여야 한다.

② 안전평가의 심도와, 이 작업이 어느 정도 독립적으로 수행 되었는지는 EN 50126에 기술된 것처럼, 위험등급 분류결과에 근거한다. 신뢰를 높이기 위하여 안전평가자는 특별한 시험을 요구할 수 있다.

2. 안전문서의 작성

전체적인 안전문서는 다음과 같이 구성된다.

① 시스템(또는 하위 시스템/장치) 요구사양

② 안전요구사양

③ 다음 사항을 포함한 안전증명서

Part 1 – 시스템/하부 시스템/장치의 정의

Part 2 – 품질관리 보고서(품질관리의 근거 확보)

Part 3 – 안전관리 보고서(안전관리의 근거 확보)

Part 4 – 기술안전보고서(기능적/기술적 안전에 대한 근거 확보)

Part 5 – 관련 안전증명(적용 가능시)

Part 6 – 결론

④ 안전평가보고서

안전증명에서 입증된 것처럼, 안전수용에 대한 모든 조건이 만족되고, 독립적인 안전평가에 의한 결과라면, 시스템/하부시스템/장치에 대하여 관련 안전승인기관으로부터 안전승인을 받을 수 있다. 승인은 안전평가자가 부여한 추가조건(임시 또는 영구적)을 만족할 것을 조건으로 할 수 있다.

▸ 안전 포인트(Safety Points)

다른 말로 방호지점이라고 부른다.

▸ 안전통신

철도적용–전송시스템(IEC 62280)에서의 안전필수 통신인 표준 프로토콜(KRS SG0063–17R)의 프레임 특징

1. 개요

폐쇄형 전송시스템 기반에서 안전한 통신을 위한 철도 신호 제어 통신 방법에 관한 것이다. 이를 위하여 해당 기술은 기존의 열차 제어 신호 관련 전달 메시지에 응용 데이터 레벨 CRC(Cyclic Redundancy Checking) 코드를 생성하고 또한 시간 날인 및 송신기 출처 식별자를 만들어 기존의 메시지에 추가하여 전달하고 확인하는 방식으로 폐쇄형 전송시스템 기반에서 안전한 통신을 보장하는 특징이 있다.

2. 특징

1) 폐쇄형 전송시스템의 경우 3가지 경우의 안전 위협이 존재한다.

송신기 식별자 오류, CRC 값 오류, 시간 오류(지나치게 오래 지연된 데이터)등이 국제 표준 중 하나인 IEC(International Electrotechnical Commission)62280–1에서 제시하는 위협들이다.

이러한 보안 위협에 대한 안전 방어 대책으로 표준 프로토콜 프레임에서 보이는 바와 같이 시스템 하위 레벨에서 CRC 검출 기법을 사용 및 확인한다.

<table>
<tr><td rowspan="2">Ethernt
정보</td><td rowspan="2">IP
Header</td><td rowspan="2">TCP
Header</td><td colspan="6">장치간 송수신 데이터</td><td rowspan="2">Ethernt
정보</td></tr>
<tr><td>STX</td><td>Data
Length</td><td>Sequence
Number</td><td>Massage
Type</td><td>Data</td><td>CRC</td></tr>
</table>

2) 폐쇄형 전송시스템에서 송수신되는 모든 메시지에 대하여 해당 메시지가 허가된 접속자가 전송한 메시지인지 여부를 파악하고 대응할 수 있도록 기본 전송 프레임의 구조에 1 바이트의 출처 식별자 필드를 생성한다.
3) 폐쇄형 전송시스템에서 송수신되는 메시지는 시간과 밀접하게 관련된 정보도 있으며, 적정 시간이 초과한 경우에는 필요 없거나 유해할 수도 있으므로 이에 대한 대책으로, 기본 전송 프레임의 구조에 1 바이트의 시간 날인 필드를 생성한다.
4) 폐쇄형 전송시스템 기반의 철도 신호 제어 전송에서의 기본 전송 프레임의 구조는 한 번의 오류검출(CRC 코드)에만 의존하여 안전성을 보장하기 때문에 안전 방어 대책이 미흡 부분이 있어 기본 전송 프레임의 구조에 사용자 데이터 레벨의 오류 검출(CRC-32) 필드를 생성하는 기능을 응용계층에서 처리하여 전송한다.
5) 폐쇄형 전송시스템의 수신기에서 송신기로부터 전송되는 기본 전송 프레임을 수신하면 CRC-16 적용하여 생성된 오류검출(CRC-16) 필드를 우선적으로 검증한 후 응용계층으로 송부하고, 응용계층에서 오류 검출(CRC-32) 필드와 안전점검 차원에서 이행한 시간 날인 필드, 출처 식별자 필드를 점검한 후 데이터를 사용한다.

▸ **안전측 동작**(Fail-Safe)

예상되는 고장으로부터 장비를 안전한 상태로 유지하기 위한 설계 원리.

▸ **양방향 신호**(Bidirectional Signalling)

두 개의 방향으로 동작하는 신호시스템

▸ **역방향 쇄정**(Opposite Locking)

단궤조 운영에서 역방향 운행을 방지하는 연동된 폐색시스템

▸ **역사 교통 다이어그램**(Station Traffic Diagram)

연동장치가 설비된 대형 역사 궤도의 계획된 점유를 표시한 다이어그램

▸ **역사**(Station)

운전시간표에 이름이 표시되는 장소

▸ **연동 범위**(Interlocking Limits)

연동장치의 출구 역방향 절대신호기 사이의 궤도

▸ **연동 타워**(Interlocking Tower)

연동기계가 위치한 장소

▸ **연동**(Interlocking)

정거장 구내의 열차 운행과 차량의 입환을 안전하고 신속하게 하기 위하여 신호기, 선로 전환기, 궤도회로 등의 장치를 기계적, 전기적 또는 Software적으로 적절한 안전순서에 의해 상호 연동하여 동작하도록 하는 요소

▸ **연동도표**(Interlocking Table & Tabular Interlocking)

역구내 신호보안장치(신호기, 선로 전환기, 궤도회로)를 일정한 절차에 의해 상호 연쇄적으로 동작되도록 구성하여 제작된 도표. 진로와 취급버튼, 선로전환기 쇄정, 신호제어진로(구분) 쇄정, 접근 · 보류쇄정에 관한 내용이 체계적으로 구성되어 있다.

▸ **연동된 수동 폐색**(Interlocked Manual Block)

폐색기구가 신호기와 연동된 수동 폐색시스템

▸ **연동신호기**(Interlocking Signal)

연동범위 내의 열차진로를 관장하는 신호기

▸ **연락 정차장**(Junction Station)

2개 이상의 선로가 집합하여 연락 수송을 하는 정차장. 일반 연락 정차장, 분기 정차장, 접촉 정차장, 교차 정차장이 있다.

▸ **연면거리**(Creepage)

절연 표면을 따라 측정 한 두 전도성 부품 간 또는 전도성 부품과 장비의 경계면 간 최단 거리

Creepage (Along Surface)

연면거리의 치수에는 절연 물질의 트래킹 지수가 반드시 고려되어야 한다. 트래킹 지수가 표시되어 있지 않을 경우, 절연 물질의 CTI 값은 < 400 그리고 절연 물질 그룹은 III a/b이다.

▸ **연속 자동 열차방호**(Continuous Automatic Train Protection)

ATP시스템은 시스템을 방호하고 제어하기 위하여 열차가 언제나 데이터를 수신하는

것을 말한다.

▸ **연속신호**(Fleeting Signal)

① 자동모드의 연동신호기에서 신호기는 자동폐색신호기와 같이 동작되고 진로는 쇄정된 상태로 남아 있다.

② 열차는 같은 속도 또는 방향이 연속으로 정리되는 것이 스케줄 작업원칙이다.

▸ **열차 경로**(Train Path)

트래픽 다이어그램 내 열차의 스케줄을 나타내는 시간-거리 그래프

▸ **열차 관리자**(Train Director)

열차의 운행문제를 승인하고 전체를 책임지는 운영자

▸ **열차 기록**(Train Record)

모든 열차의 운영기록과 열차메시지를 기록한 기록지

▸ **열차 명령서**(Train Order)

노선에서 열차시간표와 열차명령서에 의해 운전정리용으로 사용되는 명령서 형태

▸ **열차 설명서**(Train Description)

열차의 확인을 위한 숫자 또는 알파벳 코드와 스케줄

▸ **열차 진로**(Train Route)

연동장치를 통해 열차의 안전 통행이 확보된 쇄정된 진로

▸ **열차**(Train)

기관차에 차량이 있거나 없이 특별한 규칙 또는 열차운행에 따라 본선구간을 운행할 수 있는 허가를 받고 후부종단 표시기를 표시한 차량

▸ **열차시간표 용량**(Timetable Capacity)

완충시간 고려 없이 노선에 스케줄된 최대 숫자의 열차 경로

▸ **열차시간표**(Timetable)

한 노선의 모든 열차 스케줄이 포함된 서류

▸ 열차시간표-기반 자동진로 설정(Timetable-Based Automatic Route Setting)

자동 진로설정시스템은 모든 진로가 열차시간표의 스케줄된 열차순서에 순응하여 설정되는 시스템을 말한다.

▸ 열차시간표와 열차 명령(Timetable and Train Order)

열차시간표에 의해 열차의 운영이 이루어지는 북미철도에서 신호기 없는 제어운영 형태. 음영지역에서 열차는 수기 방호가 있는 시공간법과 조합된다.
열차운행은 배차원이 발행하는 우선 규정과 열차 명령에 의해 운전정리가 된다.

▸ 열차시간표의 회복능력(Recoverability of The Timetable)

열차시간표의 지연시간을 줄이는 능력을 말한다.

▸ 열차집중제어장치(CTC : Centralized Traffic Control)

1개소의 관제실에서 수십 개 역을 직접 제어하며 열차의 운전 지시, 감시를 수행하는 신호 보안설비.

▸ 열차표시기(Train Describer)

운영자 또는 배차원의 패널에 폐색구간 점유를 표시하는 열차를 확인하기 위한 시스템

▸ 열차 후부감시기(End-of-Train Telemetry(EOT))

이 장치는 운전실에 설치되는 "운전실 장치"와 마지막 후부차량의 연결기(Coupler)에 장착되는 "후부장치"로 구성되며, 양자 간에 무선통신으로 데이터를 주고받는다. 이 장치의 설치 목적은 1인 승무에 대비한 운전보안장치이며 기관사에게 열차후부의 연결 상태를 편리하고 간편하게 보여주고 연결 상태의 이상시 기관사에게 주의를 환기시켜 즉각적인 조치를 취할 수 있게 하며, 후부장치에 설치된 후부표지등(Marker Light)은 야간 또는 주간 시계가 불량할 때에 점등되어 후속열차 기관사에게 앞에 열차가 있음을 알려준다.

▸ 예정된 대기시간(Scheduled Waiting Time)

대기시간은 통과 스케줄과 추월스케줄 및 고정된 열차운행시간표 간격의 스케줄 동조가 필요하다.

▸ 완목신호기(Semaphore Signal)

기계식 신호기로 완목의 위치에 의해 열차의 운전조건을 지시하는 신호기.

▸ **완충시간**(Buffer Time)

최소 선로 운전시격에 더해져 작은 지연을 피할 수 있는 여분의 시간.

▸ **왕복시간**(Round Time)

각 방향으로 운행되는 열차에 대해 컴퓨터가 생성한 도착 시간(초)을 계산한다. 터미널 입환 시간을 고려하여 이 프로그램은 결국 "왕복 시간"을 제공한다. 즉, 노선의 한쪽 끝에서 다른 쪽 끝까지 운행하고, 터미널에서 대기하고, 출발지로 다시 운행하고, 다음 왕복 출발 시간을 기다리는 데 걸리는 시간이다.

□ 고장율과 시스템 교체 시기

■ 욕조 곡선

욕조 곡선은 고장률 그래프의 특정 모양이다. 이 그래프는 신뢰성 엔지니어링 및 열화 모델링에 사용된다. '욕조'는 양쪽 끝이 위로 구부러진 선 모양을 말하며 욕조와 모양이 비슷하다. 욕조 곡선에는 3개의 영역이 있다.

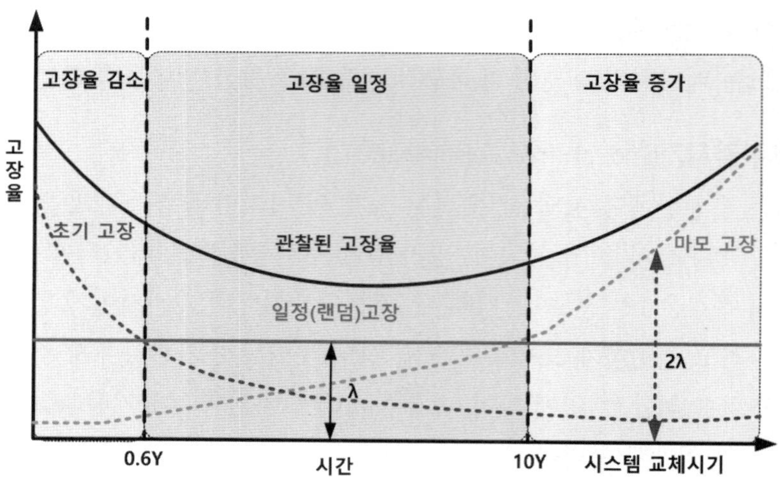

첫 번째 영역은 **초기 오류로 인해 고장율**이 감소한다.
중간 영역은 **임의 오류로 인한 일정한 고장율**이다.
마지막 영역은 **마모고장으로 인한 고장률 증가**이다.

(1) **초기고장 기간**이라고도 하며 자산을 설치하고 사용하기 시작하는 순간 자산 수명 주기의 맨 처음에 발생한다. 고장의 일반적인 원인에는 제조 결함, 설치 오류, 불충분한 구성요소, 설계 결함 및 잘못된 시작 프로세스가 포함된다.

(2) **일정한 고장률 기간**동안 설비는 비교적 일정한 고장률을 유지한다. 이 기간 동안 제조업체 결함 및 부적절한 사용은 훨씬 덜 일반적이며 대부분의 고장은 자산의 정상적인 마모 및 사용으로 인해 발생한다. 시간 경과에 따른 이러한 실패율은 일반적으로 일정한 비율을 유지한다. 외부 환경 요인도 유용한 자산 수명 실패에 어느 정도 영향을 미친다.

(3) **마모 기간** 수명 종료 기간이라고도 하는 이 기간은 설비 수명 주기의 마지막 단계로, 자산 및 부품이 설계된 유효 수명이 다하여 고장이 발생한다. 이러한 수명 종료 오류는 일반적으로 예측 가능하며 자산에 대한 제조업체의 설명서에도 명시되어 있는 경우가 많다. 이 기간 동안 고장률이 급격히 증가하여 욕조의 다른 쪽이 곡선에 빠지게 된다.

(4) **마모고장을 최소화하기 위한 예방적 유지보수 전략**을 확인

- 철저한 자산 검사를 위해 정기적인 유지보수 점검을 계획하고 마모 가능성이 높은 자산의 우선 순위를 지정한다.
- 예방적 교체는 자산 교체보다 비용이 적게 들기 때문에 가능한 한 수리하십시오. 교체에는 때때로 연장된 보증이 제공되므로 자산의 유효 수명을 늘리는 가장 좋은 방법이다.
- 온도 및 공기 습도 수준과 같은 외부 조건을 유지하여 자산을 최상의 작업 조건으로 유지한다.
- 정품이 아닌 부품 대신 제조업체에서 승인한 예비 부품을 사용하여 자산 수명을 늘린다.

(5) **분석** : 신호시스템이 10년이 경과하면 서서히 고장율이 증가하는 마모고장 단계로 진입하며 이는 시스템 교체가 필요한 시기이기도 하다. 일본시스템에서는 공조기(Airconditioner)의 유무에 따라 8~12년 사이에 교체가 필요하다고 하며 이는 주로 사용되는 콘덴서와 IC 류의 수명과 관계가 깊다.

▸ 운영자 콘솔(Dispatcher Workstation)

열차운행에 의해 발생한 각종 실적을 관리하여 보고서 작성 및 각종 통계자료로 활용하는 자동열차 운행감시 설비 장치.

▸ 운영자(Operator)

열차운행을 제어하는 직원.

▸ **운전시격**(Headway)

열차 A와 B사이의 시간 간격으로 열차 A의 운행 지점에서 그에 일치하는 지점의 열차 B가 같은 방향으로 운행될 때 Guide Way상의 고정된 지점에서 측정되는 시간 간격.

▸ **운행 제어실**(OCC : Operation Control Center)

일반적인 영업 운전 기능들을 수행할 수 있는 운행제어실.

▸ **원방신호기**(Distant Signal)

이 신호기는 신호기의 접근 현시를 제고하나 정지신호를 현시하지 못한다. 원방신호기는 폐색구간 범위가 없다.

▸ **유도 신호기**(Call-On Signal)

선착한 열차가 정차중일 때, 후속열차가 진입할 수 있도록 유도하는 신호기로서 장내신호기 하위에 설치함.

▸ **음영지역**(Dark Territory)

신호가 설비되어 있지 않은 영역.

▸ **의존성 고장**(Dependant Failure)

독립적인 고장에 의해 발생하는 부품의 고장. 이러한 고장은 서로 연관이 있는 항목이 고장을 일으킴으로 인해서 발생한다.

▸ **이동폐색시스템**(Moving Block System)

선행열차와 후속열차의 열차 간격을 폐색길이에 의존하지 않고 후속열차의 제동 특성에 의해 열차의 간격을 유지하는 방식. 이는 궤도를 점유한 열차의 특성에 의해 폐색구간의 길이가 가변한다.

▸ **이동폐색의 위험도와 위험별 가능한 원인**

위험 요인	가능한 원인
1. 궤도 상태가 잘못 지워짐	• 선로변 초기화 시 디스패처 상호작용 • 선로변 초기화에 잘못된/구식 정보 사용 • 입환 영역 비활성화 • 기관사가 열차의 무결성을 확인 • 고장난 열차의 복구
2. 열차 위치 에러	• 임무 종료 시 신뢰 구간 감소 • 연계 정보의 결여

위험 요인	가능한 원인
3. 열차 길이 에러	• 실제보다 짧은 열차 길이 보고 • 실제보다 긴 열차 길이 보고
4. 냉간 이동 감지가 위치를 잘못 확인	• 냉간 이동감지의 잘못된 측면 오류
5. 이동 미검지	• 정지 후 롤백 • NP("전원 없음") 모드에서의 이동 • 레벨 3 구역 입구 • 임무 종료 후 • 열차 무결성 상실 • 추진력 있는 열차
6. 궤도검지기의 궤도 미점유를 잘못 표시함	• 궤도검지기의 잘못된 고장
7. 열차운행 중 선로전환기 이동	• 통신 장애 후 선로전환기 이동

▸ **이용 범위**(Exploitation Range)

고려된 기간 동안 총 운전시격의 시간을 전체기간으로 나눈 값.

▸ **임시 열차**(Extra Train)

스케줄에 없는 열차.

▸ **입구신호**(Entrance Signal)

연동된 진로 입구의 연동신호기.

▸ **입구-출구 운영**(NX 운영 : Entrance-Exit Operation)

연동장치 운영의 형태가 출구와 입구 진로 압구를 눌러 작동되는 방법.

▸ **입환 범위**(Shunting Limits)

입환 유닛이 열차관리자로부터의 승인 없이 지역운영자의 책임으로 본선궤도에 들어가는 입환범위표지 또는 운영 설명서에서 가리키는 지점의 영역범위.
북미에서는 입환 범위 대신에 차량기지 범위를 사용한다.

▸ **입환 신호기**(Dwarf Signal)

지면에 설치된 신호기.

▸ **입환신호기**(Shunt Signal)

승인된 입환 운행에 사용되는 고정신호기.

▸ **입환 유닛**(Shunting Unit)

입환운행을 승인 받아 운행되는 차량이 없는 기관차 또는 있는 기관차.

▸ **입환진로**(Shunt Route)

입환운행에 사용되는 쇄정된 진로.

▸ **자가-선택방호 선로전환기**(Self-Selective Protective Points)

방호 선로전환기는 동시에 정위와 반위진로에 대한 측면 방호가 필요하다.
여기에 선로전환기가 쇄정하는데 위치를 결정하여야 한다.

▸ **자동 진로시스템**(ARS : Automatic Route System)

열차가 신호기에 접근하였을 때 적절한 진로가 자동으로 설정되는 시스템.
지상에서 열차의 종별을 선택하여 각 역 구내의 진입, 진출 진로를 열차 자체로 자동 설정하기 위해 사용되는 장치.

▸ **자동열차 정지장치**(ATS : Automatic Train Stop)

열차가 지상에 설치된 신호기의 현시 속도를 무시하고 운행되는 경우 열차를 자동으로 정지시키는 장치. 정지신호에서만 동작하는 점제어식과 제한속도 초과 시 동작하는 속도 조사식이 있다.

▸ **자동열차방호장치**(ATP : Automatic Train Protection)

① 열차의 안전한 운행을 확보하기 위한 설비로서 열차 간격조정, 열차속도 결정과 관리, 자동운행, 비상정지 등을 제어하고 자동 열차운행을 감시하는 장치이다.

② ATP는 열차검지, 선행 열차와 후행 열차 사이의 거리유지, 진로 연동 및 속도제한 등을 통해 안전한 열차 운영을 유지하는 열차자동제어장치(ATC) 하부시스템으로 폐색구간 경계 지점에 설치한 발리스 또는 루프를 통하여 열차 간 운행 정보를 상호 교환하여 최소 제동 거리를 확보함으로서 운전 시격의 단축, 선로 용량 증가 및 열차 추돌에 따른 열차 보호를 실행한다.

③ 열차 운전속도의 Monitoring 및 열차의 안전 확보를 담당하는 열차자동제어장치(ATC)의 Subsystem이며 주요한 기능은 다음과 같다.

- 전체시스템 내의 모든 열차들의 위치를 지속적으로 검지.
- 열차사이의 안전간격 유지(안전제동거리 확보 및 자동제동 기능).
- 기타 연동장치 정보에 의한 안전 기능.

▸ **자동열차운행시스템**(ATO : Automatic Train Operation)

① 역간 열차의 출발, 가속, 주행, 감속 및 정위치 정차, 출입문 제어 등 열차자동방호장치의 제 조건 하에서 자동 운행기능을 수행하는 장치이다.

② 열차가 정거장을 발차하여 다음 정거장에 정차할 때까지 가속, 감속 및 정거장에 도착할 때 정위치에 정차하는 일을 자동적으로 수행하게 하며 열차자동제어장치(ATC) 기능도 함께 하고 있다. 열차에 발차 지시가 주어지면 자동적으로 가속되고 주행 구간의 규정 속도에 이르면 다시 타력 운전으로 열차를 운행하게 한다. 자동 운행 중 ATC에 의해 속도 제한을 받을 경우에는 자동적으로 비상 제동이 동작되며 속도 제한이 해제되면 가속된다. 또 열차 속도가 제한 속도 이하로 떨어지면 제동을 풀어 준다. 그림과 같이 정거장에 접근한 열차는 제동 개시점을 통과한 다음 정차 패턴에 따라 속도 조사를 하여 제동기를 가감하면서 정거장의 정해진 위치에 자동적으로 정차하게 된다.

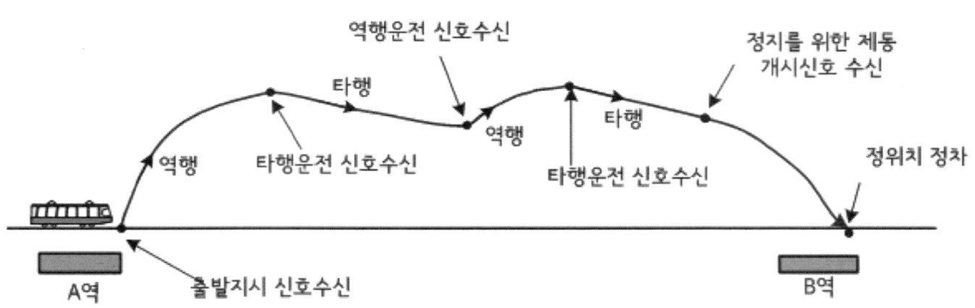

▸ **자동열차제어시스템**(ATC : Automatic Train Control)

① Vital 개념의 연동장치, ATP(Automatic Train Protection)와 Non Vital 개념의 ATO(Automatic Train Operation), ATS (Automatic Train Supervision) 장치를 갖춘 종합적인 열차 제어 장치를 말한다.

② 열차가 현재 점유하고 있는 궤도 회로로부터 속도 정보(ATC 신호)를 수신 받아 그 시점에서 그 구간을 주행할 수 있는 최대 지정 속도를 알아내어 열차의 실제 속도가 지정 속도보다 빠르면 허용 속도까지 자동적으로 제동이 걸리게 하는 장치이다. ATC 설비에는 Subsystem으로서 ATP(Automatic Train Protection)와 ATO(Automatic Train Operation)가 있다.

▸ **자동폐색시스템**(Automatic Block System)

자동폐색신호를 제어하는 기기. 이 설비를 설치한 노선에는 궤도회로설비가 반드시 설치 되어야한다.

▸ **장내신호기 범위**(Home Signal Limits)

정차장에 진입할 열차에 대하여 그 신호기 내방으로의 진입가부를 지시하는 신호기의 방호 범위. 북미철도에서 장내신호기 범위는 연동장치 범위와 같다. 어떤 철도에서는 한 두 대의 연동장치를 포함하는 경우도 있다.

▸ **장내신호기**(Home Signal)

정차장에 진입할 열차에 대하여 그 신호기 내방으로의 진입가부를 지시하는 신호기.

▸ **전기 계전연동장치**(Electric Relay Interlocking)

역구내 신호기, 선로전환기, 궤도회로 장치를 일정한 순서에 따라 계전기에 의해 조작반에서 제어하고 표시회로를 구성하여 열차 운행의 보안도와 신뢰성을 가지는 장치를 말한다.

▸ **전기 기계 연동장치**(Electric Mechanical Interlocking)

역구내 연동장치의 제어방법을 전기식과 기계식을 병행하여 사용하는 방식으로 전기 레버와 기계 레버를 사용하여 선로전환기, 신호기를 조작하는 것으로서 이들 상호간의 연쇄는 제 1종 전기연동기에 의하여 이루어진다. 신호기는 전기적으로, 선로전환기는 기계적으로 제어, 쇄정한다. 열차운행의 고밀도화, 고속도화에 따라 현재는 사용하지 않는다.

▸ **전기-공기 연동장치**(Electro-Pneumatic Interlocking)

이 연동시스템은 연동은 기계레버, 선로전환기, 신호기는 공기 실린더에 의해 동작되며 전기적으로 제어된다.

▸ **전기연동장치**(Electric Interlocking)

신호기 및 입환 표지는 취급소의 탁상전기레버로 조작하고, 선로전환기와의 연쇄는 현장의 전철 레버에 설치한 전기쇄정기로 하는 장치이며 현재 사용하지 않는다.

▸ **전등 신호기**(Light Signal)

전등의 칼라 또는 위치에 의해 표시하고 현시하는 전등 신호기.

▸ **전자연동장치**(Electronic Interlocking)

전기 계전연동장치의 신호제어 및 표시방법이 Relay(계전기)와 LCP(Local Control Panel)에 의해 이루어지던 것을 전자연동장치에서는 Micro Computer를 이용하여 연동논리회로를 계전기방식에서 전자 Logic 회로로 구성하고 역조작반(LCP)을 CRT방식으로 개량한 것이다. 전기 계전연동장치와 비교하여 기기구성의 도형, 경량회로, H/W, S/W에 의한 구현, 개량 등이 용이하고 중앙전산처리장치(CPU)의 2중화로 신뢰도, 안정성, 유지보수성이 향상되었으며 System의 자기진단기능, 제어·고장 등을 자동 기록, 저장한다. 1990년대 중반부터 개발, 설치하고 있다.

▸ **전자유도**(Electromagnetic Induction)

공간중의 어떤 도체에 전류가 흘렀을 때 그것에 근접하고 있는 상호 인덕턴스를 가진 도체에 전압이 유기되는 현상. 도체에 유기된 전압을 전자유도전압이라 하고 전류를 전자유도전류라 하며 전자유도는 그림과 같다. 예를 들어 기유도체를 고압선, 피유도체를 신호선이라 했을 때 고압선의 1선 지락 전류를 I, 신호선과의 상호 인덕턴스를 M[H/M], 평행 길이를 ℓ[km]라 하면 신호선에 유도되는 전압 $V = J\omega MI\ell$[V]이다. 단, $\Omega = 2\pi f$ [rad/sec] 이다.

이 전자유도에 의해 신호선에 발생하는 유도 전압에는 전차선 지락 고장 전류에 의한 위험 전압이나 부하 전류에 함유된 고조파에 의한 잡음 전압이 있는데 이것은 작업자의 감전이나 신호선의 절연 파괴 및 전자 카드의 오동작의 원인이 되므로 전철 구간의 궤도회로는 특별히 방호 대책을 고려해야 한다.

▸ **전화 폐색**(Telephone Block)

폐색구간의 점유는 폐색운영자간의 전화 통화에 의하여 제어하는 수동폐색시스템.

▸ **절대 신호기**(Absolute Signal)

신호기의 현시조건을 절대적으로 존중하여야 하는 신호기로 장내, 출발, 엄호, 유도, 입환 신호기가 있다.

▸ **절대 폐색시스템**(Absolute Block System)

고정폐색시스템으로 열차는 전방열차가 폐색구간을 완전히 빠져나간 경우에만 진입이 가능하며 폐색구간 점유 중에는 정지신호에 의해 방호되는 시스템.

▸ **절대 허용폐색**(APB : Absolute Permissive Block)

역방향 쇄정 없이 역방향과 후속열차에 대하여 방호를 제공하는 궤도회로에 의해 완벽하게 제어되는 북미지역의 단선궤도에서 사용되는 자동폐색시스템.

▸ **절연 레일 이음매**(Insulated Rail Joint)

인접 레일과 전기적으로 절연하여 궤도회로의 범위를 확인시켜주는 레일이음매.

▸ **접근쇄정**(Approach Locking)

장내 신호기에 진행신호를 현시한 후 그 신호기의 외방 일정구간(접근구간)에 열차가 진입하였을 때 또는 열차가 그 신호기의 안쪽에 진입 하던가 또는 그 신호기를 정지 신호로 현시한 후 상당한 시분이 경과하였을 때까지는 열차에 의하여 진로의 선로전환기 등을 전환할 수 없도록 각각 쇄정함을 말한다.

▸ **접근시간**(Approach Time)

접근현시를 제공하는 후속신호기와 신호기 사이의 주행시간.

▸ **접근구간**(Approach Section)

장내신호기 외방에 설치한 일정구간의 궤도회로 구간을 말하며 신호기에 진행신호를 현시한 후 이 구간 내에 열차가 점유하면 신호 현시를 취소하여도 일정의 규정 시분 내에는 관계진로 및 선로전환기가 해정되지 않도록 접근쇄정을 걸어주는 구간이며 또한 조작반에 열차접근 표시등과 벨을 울려주는 역할을 한다.

▸ **정차시간**(Dwell Time)

승강장에서 승객을 태우고 내리기 위하여 역에 정차하고 있는 시간. 일반적으로 20~30초로 설정한다.

▸ **제어되는 수동폐색**(Controlled Manual Block)

신호기는 수동으로 운영되며 연속궤도회로, 인접 폐색구간의 운영자 사이에 협조 요구에 의하여 제어되는 수동폐색시스템.

▸ **제어되는 신호기**(Controlled Signal)

로컬 또는 원격으로 운영자에 의해 제어되는 신호기

▸ **제한속도**(Restricted Speed)

운전의 안전 확보를 위해 여러 조건에 의해 제한을 부여한 속도로 차량 또는 장애물이 허용하는 최소 정지속도

▸ **조건부 쇄정**(Conditional Locking)

갑과 을의 레버 상호간에서 갑의 레버를 반위로 하였을 경우 을의 레버는 다른 레버의 어떤 조건이 만족스럽게 되었을 때만이 쇄정되고 그 조건이 만족스럽지 못하면 쇄정되지 않는 경우를 말함.

▸ **조사쇄정**(Check Locking)

1개의 역구내에서 신호취급소가 남, 북에 각각 있을 경우 취급압구(레버) 상호간에 대한 쇄정.

▸ **주궤도**(Main Tracks)

정규 운행에 사용되는 본선 궤도.

▸ **주신호기**(Main Signal)

열차운행을 관장하는 신호기. 어떤 철도에서는 입환신호기와 이 신호기를 구별한다.

▸ **주기적인 열차시간표**(Periodic Timetable)

주 스케줄이 있는 열차시간표.

▸ **주파수도약 확산방식**(FHSS : Frequency Hopping Spread Spectrum)

주파수 확산대역 방식의 일환으로 일정한 범위내의 주파수 대역에서 약속된 순서대로 주파수 채널을 변화시키면서 보안성을 유지하는 전송방식.

무작위로 채널 도약(Hopping)시 도약하기 전에 대상 채널에 대한 사전 스캐닝 기능이 있어 도약하고자 하는 대상 채널에 잡음 또는 전파간섭이 있을 경우, 그 채널을 피하여 시스템에 의해 자동으로 다른 채널로 도약되므로 잡음 또는 전파간섭에 영향을 받지 않고 안정된 데이터 송수신이 가능한 전송방식.

▸ **주행운전**(Running Movement)

영국에서는 열차운행이라고 부른다.

▸ **중간 선로전환기**(Intermediate Points)

전방 신호기의 선로전환기가 개통되지 않아 기다리고 있는 열차에서 같은 방향의 두 연동신호기사이에 위치한 지점의 중간 선로전환기는 전방과 후방의 신호기 양쪽에 연동되어야한다.

▸ **중간 연동신호기**(Intermediate Interlocking Signal)

장내신호기도 아니고 장내신호기 관할구역을 벗어난 진로의 연동 신호기

▸ **중간 폐색신호기**(Intermediate Block Signal)

서로 다른 연동장치 사이에 위치한 폐색신호기.

▸ **중앙 집중제어센터**(Centralized Control Centre)

넓은 영역의 열차 운전을 제어하는 곳.

▸ **지리학적 연동장치**(Geographical Interlocking)

궤도 요소를 로직목적으로 각각의 궤도 배치도 형태에 의해 나타내는 연동시스템.

▸ **지휘 타워**

종속타워의 지역에 연동신호기를 원격으로 해정하여 진로용으로 개통할 수 있는 연동타워

▸ **직류궤도회로**(Direct Current Track Circuit)

직류 전원을 이용한 궤도회로.

▸ **직원용 열차시간표**(Employee's Timetable)

철도직원들이 공식적으로 사용하는 열차시간표.

▸ **직접 교통제어**(Direct Traffic Control)

열차 승무원이 한 개 또는 그 이상의 폐색을 점유할 수 있는 특수허가를 받아야하는 신호기 제어 없이 운영되는 선로의 무선기반 점유제어시스템.

▸ **직접 확산방식**(DSSS : Direct Sequence Spread Spectrum)

주파수 확산 대역방식의 하나로 디지털 신호에 Pn코드라는 빠른 변화율의 신호를 곱하여 전송함으로써 수신하는 측에서 Pn코드를 모르면 데이터를 수신할 수 없도록 하는 전송방식.

고정 주파수 할당 방식을 채택함으로써, 해당 채널이 잡음 또는 전파간섭에 의해 차단되었을 경우, 시스템에 의한 자동 채널 변경 능력이 없어 수작업으로 해당 채널 사용자의 컴퓨터 세팅을 변경시켜 주어야만 잡음이나 전파간섭에 의해 차단되지 않은 채널을 할당해 데이터 송수신을 할 수 있는 방식.

▸ **진동 과주여유거리**(Swinging Overlap)

조건부 교차쇄정을 이용한 과주여유거리 방호의 형태로 진로의 취소 없이 다른 궤도 안에 전환 중첩이 허용된다.

▸ **진로 개통 지점**(Route Clearing Point)

쇄정된 진로 또는 쇄정진로 구간이 해정될 때까지 열차가 개통구간을 확보하여야 할 지점

▸ **진로 신호시스템**(Route Signalling)

대향신호기가 열차로 보내는 각각의 방향을 표시하는 신호시스템.

▸ **진로 취소**(Route Cancellation)

쇄정된 진로를 수동으로 해정하는 것.

▸ **진로관련쇄정**(Route-Related Locking)

진로의 모든 요소는 진로 쇄정요소인 신호기 해정이 진로용으로 개통되었을 때 한 번에 쇄정되는 연동장치 형태. 분기기 쇄정과 다른 점은 선로전환기와 신호기를 연동순서에 의해 직접 연결하지 않는 것이다.

▸ **진로쇄정**(Route Locking)

신호기에 진행을 현시한 후 열차가 그 진로를 완전히 통과할 때까지 선로전환기를 쇄정하는 것.

▸ **진로해정**(Route Release)

쇄정된 진로를 해제하는 것.

▸ **차내신호**(Cab Signalling)

차량의 운전대에 설치된 신호현시장치. 200 km/h 이상의 고속운전에서는 차상신호방식을 채택하여야 한다.

▸ **차량기지 범위**(Yard Limits)

북미에서는 입환 유닛이 배차원의 허가 없이 간단한 조건으로 본선의 들어갈 수 있는 범위로 설명된다.

▸ **차량기지**(Yard)

열차 조성, 차량유치 등의 목적으로 사용되는 측선을 배열한 장소

▸ **차량접촉 한계점**(Fouling Point)

선로를 점유하여 정차해 있는 차량과 다른 선로의 차량과의 접촉이 발생할 수 있는 장소

▸ **차량접촉한계 표시기**(Fouling Point Indicator)

지면에 설치된 차량접촉한계 지점.

▸ **차축 계수기**(Axle Counter)

LC 발진회로에 금속체가 접근하면 인덕턴스 변화로 발진주파수 이득이 작아지는 효과를 이용하여 차륜을 검지하는 장치. 차륜검지기는 안테나 모듈, 검지(Detector) 모듈, 유지(Hold) 모듈, 조정(Regulator) 모듈로 구성되며, 내부에 회로가 내장되어 있고 유리섬유합성수지(FRP)절연체를 사용하여 방수, 방습, 가스 및 분진 등에 쉽게 부식되지 않으며 내부회로를 보호하기 위하여 몰딩 되어있다. 차륜검지기 2개를 3m간격으로 레일과 평행하도록 수직으로 취부 하여 차륜이 나란히 접근하므로 확실하게 차륜을 검지한다. 검지회로모듈은 수직으로 설치되어 차량에서 떨어지는 금속물에 영향이 없으며 발진주파수 대역은 건널목 제어자 또는 자동열차 정지장치 주파수 대역을 피한 주파수를 사용한다.

▸ **출구 신호**(Exit Signal)

① 장내신호기 범위를 벗어나는 열차운행을 관장하는 연동신호기.

② 연동된 진로의 출구측 연동신호기.

▸ **출발신호기**(Starter Signal)

옛날 영국에서 신호기를 부르는 말로 열차운행의 역사 출발을 관장한다. 지금은 구분신호기라 부른다.

▸ **측면방호**(Flank Protection)

접근 열차에 대하여 개통되어 있는 진로를 주행하는 차량을 방호하는 척도

▸ **측선 궤도**(Ladder Track)

병렬궤도의 숫자로 제공되는 본선 이외의 궤도.

▸ **측선**(Siding)

본선 이외의 모든 선로.

① 정규 열차운전에 사용되지 않는 선로.

② 북미에서는 루프라고도 부른다.

▸ **컴퓨터 기반 연동장치**(Computer-Based Interlocking)

연동장치가 소프트웨어에 의해 작동되는 연동시스템.

▸ **코드 궤도회로**(Code Track Circuit)

궤도에 흐르는 신호 전류를 소정 횟수의 코드(부호)수로 단속(斷續)하고 이 코드(code)

전류가 코드 계전기를 동작시킨 다음 복조기를 통하여 정규의 코드 수일 때에만 코드 반응 계전기를 동작시키는 궤도회로. 궤도 회로 제어 거리의 증대, 궤도 단락 감도 향상, 작은 전류에 의한 잘못된 동작을 방지해 주는 특징이 있고, 제어 방식으로는 무극 코드를 사용하는 방식과 유극 코드를 사용하는 두 가지 방식이 있다.

▸ **크로싱**(Crossing)

같은 평면에서 두 궤도의 교차점. 분기기를 구성하는 일부분으로 궤간선이 교차하는 부분. V자형의 노우스 레일과 X자형의 윙 레일로 구성되어 있다.

▸ **타행운전**(Coasting Movement)

열차 또는 차량이 동력에 의존하지 않고 스스로 가지고 있는 운동에너지로 주행하는 것

▸ **탈선 선로전환기**(Derailing Point or Derailing Switch)

한선에서 착오로 타선에 차량이 진입하여 발생되는 경합과 기타 운전 사고를 방지할 목적으로 차량을 일시 탈선시키는 선로전환기.

단선구간에서 신호기를 오인하는 경우 운전 보안상 중대한 사고가 예측될 때 열차를 고의로 탈선시켜 대향열차 또는 구내 진입시 유치열차와 경합을 방지하기 위하여 사용된다.

▸ **탈선장치**(Derail)

진로를 보호하기 위하여 불안전한 운행시 탈선시키는 측선방호장치.

▸ **터미널**(Terminal)

조차, 분류와 열차 중계의 목적으로 노선의 중간지점이나 종단에 제공되는 설비의 집합.

▸ **토큰 폐색시스템**(Token Block System)

단선 궤도선로용 폐색시스템으로 운행허가는 열차의 기관사가 취급하는 토큰의 소유에 따라 운행허가가 결정되는 시스템.

▸ **통신기반 열차제어**(CBTC : Communication Based Train Control)

고정폐색방식을 무선통신을 이용한 이동 폐색방식으로 개량하여 운전시격 단축, 유지보수비용 절감, 운영 유연성 증대, 수송용량 증대를 할 수 있는 철도 시스템.

▸ **트립 정지**(Trip Stop)

자동열차정지시스템의 가장 간단한 형태로 궤도변 트립 암과 열차의 브레이크 트립 사이에 기계적 접촉에 의해 동작된다.

▸ **페일세이프**(Fail Safe)

시스템의 일부에 고장이 생기거나 오 조작을 했을 때, 시스템 전체에 악영향을 미치지 않고, 안전측으로 동작되도록 고려한 방법.

▸ **폐로 궤도회로**(Closed Track Circuit)

궤도계전기가 상시 여자 되어 열차 또는 차량에 의하여 궤도를 단락 또는 회선이 단선될 경우 궤도계전기가 무여자로 되는 방식의 궤도회로.

▸ **폐로 폐색**(Closed Block)

노선은 평상 상태로 폐색되고 열차는 폐색에 들어갈 때에만 개통되는 고정폐색시스템.

▸ **폐색과 쇄정시스템**(Block and Lock System)

연동된 수동 폐색용 또 다른 경계.

▸ **폐색구간**(Block Section)

열차의 경합 또는 추돌을 방지하기 위해 1개 이상의 열차가 동시에 진입할 수 없도록 일정한 거리로 분할한 선로 구간.

▸ **폐색시간 계단**(Blocking Time Stairway)

시간-거리 다이어그램 상에 모든 폐색구간을 지나는 열차의 폐색시간을 그래프로 표시한 것.

▸ **폐색시스템**(Block System)

폐색구간에서 폐색신호방식을 실현하기 위한 모든 신호제어기기로 열차의 안전한 간격을 유지하며, 고정폐색과 이동폐색으로 나눈다.

▸ **폐색신호**(Block Signal)

폐색구간의 열차 운전조건을 지시하기 위해 설치하는 신호기.

▸ **폐색표시기**(Block Marker)

중간 열차방호시스템(ATP) 또는 무선기반열차제어의 열차위치 기준점과 같은 데이터 지점으로 사용하는 트랜스폰더.

▸ **한 개 폐색 신호**(One-Block Signalling)

폐색신호기가 단지 한 개의 폐색구간의 개통에 관한 정보를 제공하는 신호시스템.

해정지점(Clearing Point)

열차가 신호기 또는 연동진로가 해정될 때까지 완벽하게 해정되어야하는 지점.

허용 신호기(Permissive Signal)

정지신호가 현시되었을 경우에도 일단 정지한 후 서행으로 주의 운전할 수 있는 자동폐색 신호기.

형상관리(Configuration Management)

소프트웨어의 변경사항을 체계적으로 추적하고 통제하는 것으로, 형상 관리는 일반적인 단순 버전 관리 기반의 소프트웨어 운용을 좀 더 포괄적인 학술 분야의 형태로 넓히는 근간을 말한다.

소프트웨어 개발에서 많이 사용하게 된 것은 혼자 개발하는 경우에는 문서 변경과 같은 이력 조회로써 사용할 수 있지만 여러 사람이 함께 개발하는 경우 이에 대한 내역 확인이 필수이다. 버전을 확인하여 변경사항을 확인하고 이에 대해서 반영 및 수정하는 과정이 발생한다. 또한 혼자 개발하는 경우에는 버전의 충돌이 발생하지 않지만 똑같은 파일을 다른 사람과 공유하여 개발하고 있을 경우 이에 대한 충돌 해결로도 많이 사용된다.

회복시간(Recovery Time)

시간보충은 순수 주행시간과 열차에서 일어나는 작은 지연을 합한 것이다.

회전쇄정(Rotation Lock)

어떤 조건에 일치한 후에 제어유닛의 2차 운영을 방호하는 연동설비

후방 표시기(Rear End Marker)

열차의 후방에 있는 표시기

Balise Cross talk

Cross-talk에 대한 정의 및 발리스의 크로스 토크 보호 방법(Subset-036)

1) 정의

대개 어떤 통신 회선의 전기 신호가 다른 통신 회선과 전자기(電磁氣)적으로 결합하여 다른 통신 회선에 대하여 악영향을 미치는 현상을 말한다.

① 전자공학에서 발생하는 누화(crosstalk) : 회로, 회로의 일부분, 채널 등으로부터 원하지 않은 전하 커플링, 유도 커플링, 저항 커플링이 생기는 것.

② 통신이나 전화 통신의 경우, 누화는 통화 연결시 신호음의 일부분이 누설되는 것으로 식별할 수 있다.

2) 발리스 내장 크로스 토크 (누화) 보호

① Eurobalise 송신 시스템은 설치 요건과 관련된 모든 제약이 고려되어야 하며, 신호 레벨에 기초한 크로스 토크에 대한 보호를 보장해야 한다.

② 유로 발리스 전송 시스템에 대한 고유 크로스 토크 보호를 결정하는 요소는 다음과 같다.

- 발리스 입 · 출력에 대한 특성의 적절히 적용
- 외부 케이블이나 금속 매쉬의 근접 발리스에 대한 설치 요구 이행
- 발리스 제어 인터페이스 케이블의 전기 및 회사별 설치 요구 이행
- BTM 기능 수신기의 전계 강도 임계값 V_{th}의 최소값이 되도록 적용

③ 발리스 입출력 특성 및 필드 적합성에 대한 최악의 경우를 고려해야 한다. 차상 송신 장비 및 공극 전파에 대한 최악의 경우를 고려해야 한다.

④ 발리스 설치 X, Y, Z 축과의 최소 이격거리에 적합하도록 설치하여야 한다.

3) Cross-Talk와 관련된 기타 조건

목 적	요구 사항
• 궤도 내의 케이블	케이블은 외부영역으로부터 보호되어야 한다. 케이블의 근접, 또는 발리스의 근접 케이블의 설치 시에는 발리스 설치 요구 사항을 충족해야 한다.
• 차량의 금속 반사경	제조업체가 지정한 같은 금속 물질은 안테나 장치의 금속이 자유로운 영역 외부에 있어야 한다.
• 궤도의 금속 반사경	지상에 금속 물체는 설치 기준에 따라 발리스에 대한 보호 영역 밖에 있어야 한다.
• 가이드 레일	See sub-clause 5.7.10.4 on page 97.

4) 일반적인 크로스 토크 방지 대책

① 두 도선(Signal pattern)간의 평행 거리를 짧게 한다.

② 두 도선(Signal pattern)간의 간격을 넓게 한다.
(3W 규칙 – Trace간의 거리는 중심선에서 중심선까지 Trace Width의 3배 이상이면 Crosstalk Noise가 발생하지 않는 것으로 봄.)

③ 아래 위로 대면한 층의 배선 방향은 수직, 수평으로 교차되도록 한다.
(Dual Strip 구조에서의 층간 Noise coupling 방지)

④ 중요 Line은 Ground로 감싸고 PCB에 빈 공간을 Ground로 처리한다.

[표] 누화 방호영역의 정의

누화 형태	대상기기	누화가 발생하지 않는 지역
횡 방향 (Y 방향)	하나 발리스, 하나의 안테나 장치.	발리스 및 (Z 기준 마크 관련) 안테나 장치 사이에 1.4 m 이상.
횡 방향 (Y 방향)	하나 또는 두 개의 발리스와 두 개의 안테나 유닛.	누화 및 발리스 간섭 안테나 유닛 사이에 3.0 m 또는 그 이상.(Z 참조 마크에 관련된)
수직의 (Z 방향)	하나 발리스, 하나의 안테나 장치.	X,Y 기준 마크와 관련 기준 마크와 4.8m 또는 그 이상
종 (X 방향)	2개의 발리스, 하나의 안테나 장치. (Y 기준 마크에 관련된) 2.6 m 또는 두 개의 연속 된 표준 크기 발리스가 사이 이상, 2.3 m 이상 사이의 두 소형화 발리스가 발리스 크기의 조합을 적용 할 경우 2.6 m가 적용됩니다.	발리스가 같은 트랙을 따라 안테나 기기의 위치.
종 (X 방향)	하나의 발리스와 2개의 안테나 유닛. 4.0 m 이상의 사이에 두 개의 안테나 유닛.	발리스 같은 트랙을 따라 안테나 유닛의 모든 위치.

▸ **Deadlocking(교착상태)**

열차 교착상태 방지(Train Deadlocking Prevention)

두 열차가 서로를 향해 진로가 설정되어 모두 더 이상 진행을 하지 못하는 상황을 일반적으로 교착상태(Deadlocking) 라고 정의 한다. 시스템의 “Y" 분기를 생각해 보면 만약 2개 열차가 분기에 접근하여 대략 같은 시간에 분기의 방호 구역에 도착하면 분기를 먼저 들어갈 어떤 로직이 있어야만 한다.

만약 열차가 정확히 같은 시간에 도착하면 두 열차를 정차시키던지 아니면 움직이게 할지를 움직이게 할지에 직면하게 된다.

교착방지 예방 로직은 관련 규정에 따라 분기부에서 어떤 열차를 먼저 통과시킬 것인가를 책임지게 된다.

열차자동감시장치(ATS : Automatic Train Supervision)는 이러한 교착을 방지하기 위하여 일반적인 두 가지 메커니즘과 종착역 승강장 처리 자동화라는 알고리즘으로 교착을 방지하고 있다.

ATS는 지속적으로 각 열차의 해당 내용을 점검하여 다른 열차와의 교착 상황에 대한 가능성을 감지한다.

ATS는 교착 상황을 방지하기 위한 임계영역 설정(Critical Area)과 양방향 경합(bi-directional conflict)이라는 일반적인 두 가지 메커니즘을 사용하여 교착 가능성을 감지한다.

▸ DES 데이터 암호화 표준

DES(Data Encryption Standard)는 64비트의 평문을 46비트의 암호문으로 만드는 블록 암호 시스템으로 64비트의 키를 사용한다. 64비트의 키(외부 키) 중 56비트는 실제의 키(내부 키)가 되고 나머지 8비트는 거사용 비트로 사용한다. 또한 DES의 안전성을 증가시키기 위하여 키의 길이를 2배, 즉 128비트, 십진수 16개를 키로 선택한 변형된 알고리즘을 일반적으로 사용한다.

DES는 16라운드(Round)의 반복적인 암호화 과정을 갖고 있으며, 각 라운드마다 전치(Transposition) 및 대치(Substitution)의 과정을 거친 평문과 56비트의 내부키에서 나온 48비트의 키가 섞여 암호문을 만든다. 복호화는 암호화 과정과 동일하나 사용되는 키만 역순으로 작용하는 것이다. 현재 DES는 안전하지 않다. DES는 컴퓨터 성능의 발달에 힘입어 보안성이 약화되어 2, 3 DES를 사용하고 있다. 매 5년마다 안전성을 검증하다가 97년에 NIST는 AES를 제시했고 2000년에 Rijndeal을 AES로 선택했다.

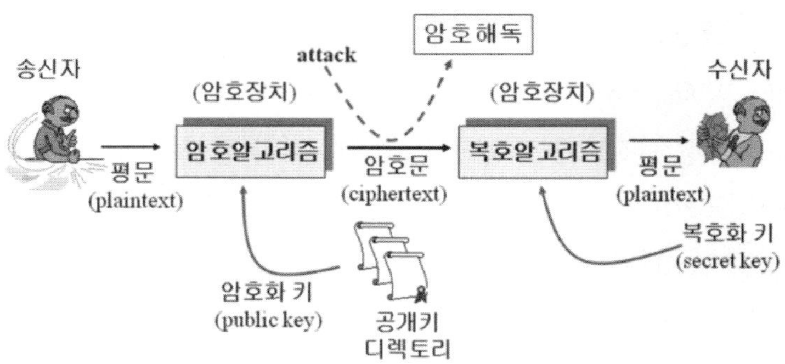

[그림] 송신자와 수신자간 암호화 및 복호화 과정

▸ DTC 신호(Signalled Direct Traffic Control)

노선은 안전이 확보되는 간단한 신호시스템이 설치된 직접 교통제어(DTC) 형태

▸ DWDM(Dense Wavelength Division Multiplex : 고밀도 파장분할다중화) 통신시스템

1) DWDM 이란?

일정 파장 대역에 걸쳐 수십, 수백 개의 파장의 광신호를 동시에 변조시켜서 하나의 광섬유를 통해 전송하는 WDM의 발전된 기술 시스템

2) DWDM 특징

(1) 기존 여러 개의 광섬유를 하나의 광섬유로 전송이 가능

① DWDM은 CWDM 보다 다수개의 파장 사이 간격을 더욱 세밀하게 사용하여, 신호의 속도는 그대로 인체 사용하는 파장의 수를 증가시키므로 광섬유 당 총 전송용량을 많이 증가시킴

② 각기 다른 파장으로 신호를 싣는데 각 파장에 2.5GB에서 10TB 정도가 가능

(2) 사용 가능한 파장대는 낮은 손실을 보이는 1,300nm 또는 1,500nm대 정도

① C 밴드 및 L 밴드에서 많이 사용

(3) 표준 : ITU-T G.692 및 G.694.1

① DWDM 채널 주파수 권고

100 GHz(0.8 nm), 50 GHz(0.4 nm), 200 GHz(1.6 nm) 등으로 간격이 떨어진 81개의 채널 파장 및 주파수 값을 DWDM 채널 주파수로 사용

3) DWDM 기술 동향

(1) 사용 대역 : C Band (1,530~1,565 nm)

• 점차 C Band에서 L Band (1,565~1,610 nm)로 확장 중

(2) 전송속도 : 10 Gbps 이상

(3) 채널 수 : 40~80채널

(4) 채널 간격 : 50 GHz, 100 GHz, 200 GHz

(5) 파장 간격 : 0.4~1.6 nm

4) DWDM 지원 광소자

(1) 파장 분할을 통한 다중화기/역다중화기를 가능케 하는 광소자

배열형 도파로 격자(WAG), 마하-젠더 간섭계, 브래그 회절격자, 광섬유 회절격자 등

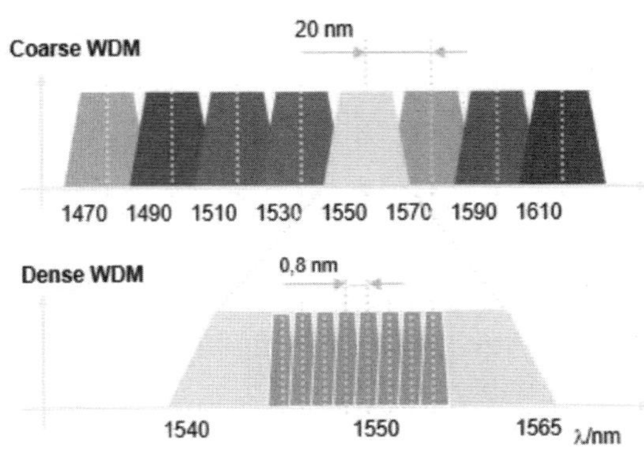

▸ ERTMS 유지관리 목표의 품질요구사항과 예방적 유지관리

1) 품질 요구사항

유지관리 질적 요구사항의 목적은 ERTMS/ETCS 장비에 대해 수행되는 시정 및 예방 정비 조치와 ERTMS/ETCS 소프트웨어 모듈에 대해 수행되는 문제 해결 및 수정 활동을 촉진할 수 있는 솔루션을 향한 설계를 다루는 것이다.

① 하드웨어

하드웨어는 **접근성, 분리성, 운반성, 청소 친화성, 표준화, 시험 가능성**이 있어야 한다.

② 소프트웨어

소프트웨어는 **분석 가능성, 변경 가능성, 안정성, 시험 가능성**이 있어야 한다.

2) 예방적 유지관리

예방 유지 보수의 경우 시스템 수준에서 정성적 요구사항만 정의된다.

① ERTMS/ETCS 장비 또는 부품의 제공을 책임지는 각 업체는 본 규격에 정의된 대로 해당 장비의 RAM 성능을 보장하기 위해 필요한 **예방 정비 요구사항을 적절한 문서로 명시**해야 한다.

② 각 계약자/하위 계약자에 의해 정의된 예방적 유지관리 요구사항

계약자/공급자는 RAM 프로그램의 적절한 활동을 통해 시스템 라이프사이클의 향후 단계에서 검증되고 입증될 수 있는 효과적인 요건이 되기 위한 **관리의 동의**가 있어야 한다.

3) 고장 수리

고장 수리 요구 사항은 두 가지 범주로 세분된다.

일반 정량적 요구 사항 및 특정 정량적 요구 사항.

① 일반 고장 수리 정량적 요건은 계획되지 않은 수리의 경우 허용 가능한 최대 정지 시간을 고려하며, 작동 요건을 나타낸다.

② 특정 고장 수리 정량적 요구사항은 고장 감지/위치 확인, 고장 모듈 교체 및 고장 관련 시스템 재시동에 허용되는 시간을 고려한다.

▸ IPv6 & IPv4

IPv6(Internet Protocol version 6)는 인터넷 프로토콜 스택 중 네트워크 계층의 프로토콜로서 버전 6 인터넷 프로토콜(version 6 Internet Protocol)로 제정된 차세대 인터넷 프로토콜을 말한다.

인터넷(Internet)은 IPv4 프로토콜로 구축되어 왔으나 IPv4 프로토콜의 주소가 32비트라는 제한된 주소 공간 및 국가별로 할당된 주소가 거의 소진되고 있다는 한계점으로 인해 지속적인 인터넷 발전에 문제가 예상되어, 이에 대한 대안으로서 IPv6 프로토콜이 제안되었으며, 국제 표준이 RFC를 통해서 확정되었고, 실제로 IPv6 주소는 휴대폰 및 컴퓨터에 할당되어 적용되고 있다.

IPv4의 232인 4,294,967,296개
IPv6의 2128　약 3.4×1038개

특성

IPv6와 기존 IPv4 사이의 가장 큰 차이점은 바로 IP 주소의 길이가 128비트로 늘어났다는 점이다.

- IP 주소의 확장 : IPv4의 기존 32 비트 주소공간에서 벗어나, IPv6는 128 비트 주소공간을 제공한다.
- 호스트 주소 자동 설정 : IPv6 호스트는 IPv6 네트워크에 접속하는 순간 자동적으로 네트워크 주소를 부여받는다. 이는 네트워크 관리자로부터 IP 주소를 부여받아 수동으로 설정해야 했던 IPv4에 비해 중요한 이점이다.
- 패킷 크기 확장 : IPv4에서 패킷 크기는 64킬로바이트로 제한되어 있었다. IPv6의 점보 페이로드 옵션을 사용하면 특정 호스트 사이에는 임의로 큰 크기의 패킷을 주고받을 수 있도록 제한이 없어지게 된다. 따라서 대역폭이 넓은 네트워크를 더 효율적으로 사용할 수 있다.
- 효율적인 라우팅 : IP 패킷의 처리를 신속하게 할 수 있도록 고정크기의 단순한 헤더를 사용하는 동시에, 확장헤더를 통해 네트워크 기능에 대한 확장 및 옵션기능의 확장이 용이한 구조로 정의하였다.
- 플로 레이블링(Flow Labeling) : 플로 레이블(flow label) 개념을 도입, 특정 트래픽은 별도의 특별한 처리(실시간 통신 등)를 통해 높은 품질의 서비스를 제공할 수 있도록 한다.
- 인증 및 보안 기능 : 패킷 출처 인증과 데이터 무결성 및 비밀 보장 기능을 IP 프로토콜 체계에 반영하였다. IPv6 확장헤더를 통해 적용할 수 있다.
- 이동성 : IPv6 호스트는 네트워크의 물리적 위치에 제한받지 않고 같은 주소를 유지하면서도 자유롭게 이동할 수 있다. 이와 같은 모바일 IPv6는 RFC 3775와 RFC 3776에 기술되어 있다. (IPv4에도 모바일 IP가 정의되어 있지만, 아직 많이 사용되지 않는다.)

L3 기능의 핵심은 라우팅이다.

라우팅이라는 건... 외부 시스템으로 넘어가는 경로 설정 기능이다.

L2 스위치는 LAN 밖으로 트래픽을 벗어 날 수 있게 해주는 기능이 없지만,

L3 스위치는 다른 LAN으로 트래픽을 벗어 날 수 있게 해주는 기능을 가지고 있기 때문에, 해당 스위치가 Routing 기능이 있다면 L3 스위치, Routing 기능이 없다면 L2 스위치라고 보면 된다.

스위치는 네트워크 회선과 서버 컴퓨터를 연결하는 네트워크 장비이다.

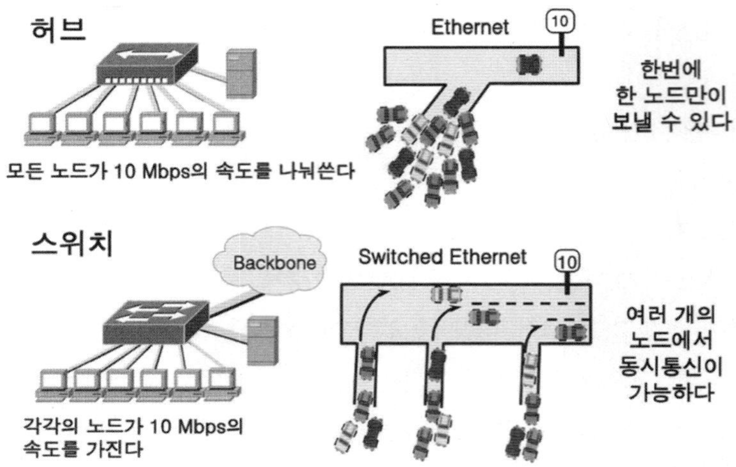

▸ ISA의 정의

독립적인 안전성 평가는 시스템 설계, 개발 또는 운영 요원과 별개로 독립적인 판단의 형성으로, 시스템의 안전 요구 사항이 계획된 적용에 적합하고 적절하며 시스템이 해당 안전 요구사항을 충족시킨다는 것입니다. 독립적인 안전성 평가를 수행하는 사람을 독립적인 안전성 평가자 또는 ISA라고 한다.

참고 : 일부 산업 분야에서 '기능 안전 평가자'라는 용어는 '안전 평가자'에 사용된다.

독립적인 안전 평가를 수행할 때 주요 작업은 다음과 같다.

① 평가의 범위와 상황에 대한 평가

② 비용 효율적인 평가 전략 선택 및 계획

③ 관련 증거 수집

④ 판단 형성

⑤ 결과 관리

증거 수집은 계획된 배치에 대한 적합성 감사, 프로젝트 문서 검토 및 추가 분석 수행의 조합 일 수 있다. 평가를 수행하는 개인, 부서 또는 조직은 수행된 안전 작업에 대해 명백히 유능해야한다. 공급 업체, 회사 또는 프로젝트는 외부 안전 전문가에게 문의 할 수 있다. 그러나 ISA 그룹에서는 현재 국제 및 영국 표준에 정의된 ISA 역할에 속하는 것으로 간주 되지 않는다. 독립적인 안전 평가자에게 공급 업체, 회사 또는 프로젝트에 조언을 제공하도록 요청받을 수 있지만 이는 ISA 역할과 기능의 독립성을 손상시킬 수 있다.

◆ 누가 독립 안전 평가자를 사용하나?

독립적인 안전 평가가 필요하거나 원하는 사람. 이유는 다음과 같다.

ISA가 필요한 표준을 준수하려면

- 계약자의 제품이 안전하다는 것을 보장하기 위해
- 고객에게 제품의 안전을 보장하기 위해
- 제품이 안전하다는 것을 확신하기 위해
- 제품이 안전하다는 것을 규제 기관에 입증

ISA가 제공하는 안전성 평가는 기존의 안전성 분석 및 평가와 무관하므로 안전성 주장이 정당화되고 식별된 약점이 적절하게 처리되었다는 확신을 제공 할 수 있다.
어떤 상황에서는 ISA가 필수이다.
예를 들어, 영국 철도 산업의 안전 핵심 시스템에 대한 작업을 수행할 때.
다른 경우에는 ISA를 사용하는 것이 좋다. IEC 61508은 안전 관련 전기 / 전자 / 프로그램 가능 전자 시스템 (E / E / PES)에 대한 모범 사례를 나타낸다. 독립되는 시스템의 안전 무결성 수준에 따라 달라지는 독립 안전 평가 (표준에서는 기능 안전 평가라고 함)를 사용해야 한다.
독립적인 안전 평가는 IEC 61508에 기초한 산업별 표준으로 유지된다.
최종 고객에게 제공되는 안전에 대한 신뢰 수준을 대변하는 역할을 한다. 안전 보장뿐만 아니라 ISA를 사용하면 안전 계획 및 분석에 집중할 수 있다. 이것은 질문에 대답하고 ISA에 대한 안전 정보를 제공함으로써 자연스럽게 발생할 수 있다. 그러나 ISA는 종종 프로젝트 초기 단계에서 독립성을 훼손하지 않는 일반적인 지침을 제공할 수 있다.

▸ Minimum-Shift Keying (최소 시프트 키잉)

최소 주파수 시프트 키잉 또는 최소 시프트 키잉(MSK)은 특정 스펙트럼의 효율적인 형태의 코히어런트 FSK입니다. MSK에서 더 높은 주파수와 낮은 주파수의 차이는 비트 전송률의 절반과 같다. 결과적으로, 0과 1비트를 나타내는 파형은 반송파 주기의 정확히 절반만큼 다르다. 최대 주파수 편차는 $\delta = 0.25f_m$이고, 여기서 f_m은 최대 변조 주파수이다. 그 결과, 변조 지수 m은 0.5이다. 이것은 0과 1의 파형이 직교하도록 선택할 수 있는 가장 작은 FSK 변조 지수입니다.

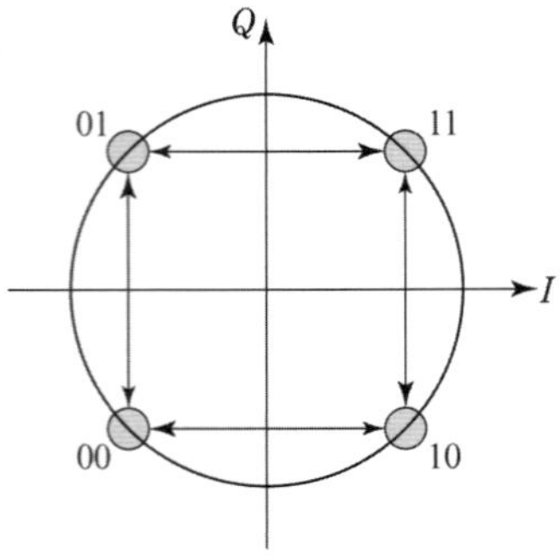

MSK 파형은 또한 정현파 펄스 쉐이핑을 사용하여 OQPSK(즉, I/Q 방식)로 설계될 수 있다. 연속 위상의 매핑 변경 사항. 각 비트 시간마다 반송파 위상은 ±90°만큼 변한다.

디지털 변조에서 최소 시프트 키잉(MSK)은 1950년대 후반 콜린스 라디오 직원 멜빈 L. 도엘츠와 얼 T. 힐드가 개발한 연속 위상 주파수 시프트 키잉의 일종이다. [1] OQPSK와 유사하게, MSK는 직교 컴포넌트들 사이에서 번갈아 가며 비트들로 인코딩되고, Q 컴포넌트는 심볼 기간의 절반만큼 지연된다.

그러나 OQPSK가 사용하는 정사각형 펄스 대신 MSK는 각 비트를 반 정현파로 인코딩합니다. 이로 인해 일정한 모듈러스 신호(상수 엔벨로프 신호)가 생성되어 비선형 왜곡으로 인한 문제가 줄어든다. OQPSK와 관련된 것으로 간주되는 것 외에도, MSK는 비트 레이트의 절반의 주파수 분리를 갖는 연속-위상 주파수 시프트 키드(CPFSK) 신호로서 또한 볼 수 있다.

MSK에서 더 높은 주파수와 낮은 주파수의 차이는 비트 전송률의 절반과 동일하다. 결과적으로, 0과 1비트를 나타내는 데 사용되는 파형은 반송파 주기의 정확히 절반만큼 다르다. 따라서, 최대 주파수 편차는 $\delta = 0.5f_m$이고, 여기서 f_m은 최대 변조 주파수이다. 그 결과, 변조 지수 m은 0.5이다. 이것은 0과 1의 파형이 직교하도록 선택할 수 있는 가장 작은 FSK 변조 지수이다. 가우시안 최소 시프트 키잉 (GMSK)이라고 불리는 MSK의 변형은 GSM 휴대 전화 표준에서 사용된다.

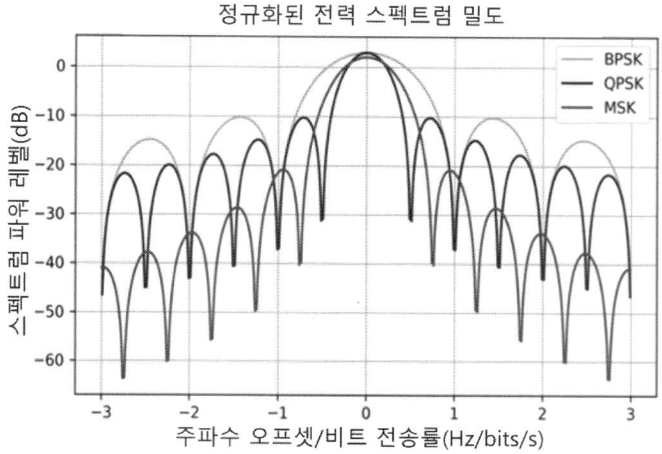

▸ 다중 서비스 지원 플랫폼 통신 시스템(MSPP : Multi-service Provisioning Platform)

1) MSPP 이란

① 모든 서비스를 통합하는 하나의 기술이 아니라,

② 여러 기술 또는 계층을 단지 하나의 장비에서 통합 구현하는 방식

2) 기술적 특징

① 여러 서비스 및 계층을 하나의 공통 플랫폼으로 통합하는 기능을 수행하는 장비

- 기본적으로 SONET/SDH에 의한 Add/Drop Multiplexing 기능에 기초하여,
- 하나의 단일 섀시 공간 안에 OC-3/OC-12/OC-48/OC-192 등 다양한 신호 계위에 대해,
- SONET/SDH ADM(분기결합)과 디지털 크로스커넥트(교차연결) 기능을 통합

② PSTN, IP, SAN 등 모든 신호를 동일 장비(One Box) 내에서 수용이 가능

- 다목적용 장비
  - 데이터 서비스 제공을 위해 별도의 이더넷, ATM 기능까지 갖추고 있는 일종의 대역폭 다양화 및 다목적용 장비
- 다양한 인터페이스 지원 : 기존의 동기식 뿐만 아니라, IP 트래픽까지도 처리 가능
  - SDH 인터페이스 : STM-1/4/16/64 등 STM-n 또는 OC-n
  - PDH 인터페이스 : DS-1/DS1E(T1/E1), DS3 등 DS-n
  - 기가비트 이더넷 인터페이스 : GbE

- SAN(Storage Area Network) 인터페이스 : ESCON, FICON, Fiber Channel
- ATM 및 DWDM 인터페이스 등

– 다기능 멀티 박스 형태
- MSPP 관련장비는 다양한 인터페이스 및 고급 관리서비스를 구현해야 되는 고가의 다기능 멀티 박스 형태를 갖춤
- Provisioning, 관리, 전송, 라우팅, 스위칭 기능 등이 통합되고 확장성을 가짐

③ 기존 SDH/SONET 장비의 차세대 후속모델로 기대됨

– 소위 NG-SDH라고도 불리움 (Next Generation SDH/SONET)

– 차세대 SONET/SDH 장비와는 달리 각각의 트래픽 유형에 대한 별도의 스위칭 패브릭들도 제공

3) 장점

① 기존 SDH 망 및 인프라를 그대로 사용하면서 다양한 서비스 제공

– 기존의 동기식 뿐만 아니라, 이더넷, SAN, 기업 데이터/음성 전용회선 등등

② 대역폭을 사용자가 원하는 만큼씩 세분화, 속도의 고속화 제공 가능

– 622 Mbps, 2.5 Gbps, 10 Gbps 등 N*M Mbps 단위의 세밀한 트래픽 제어관리가 가능

③ 가입자가 원하는 속도 및 서비스를 중단없이 재빨리 구성하여 제공 가능

④ 자동으로 가상망 구성이 가능하며 다양한 형태의 망구성이 가능

– PTP, Ring Type, Multi-Ring, Subtending-Ring 등

4) MSPP 구분

① Transport-based MSPP (SDH/SONET 기반)

– 기존의 SDH/SONET, ADM, OXC 기반의 회선 스위칭 구조

② Data-based MSPP (비 SDH/SONET 기반)

– 이더넷을 기반으로 하는 데이터 스위칭 구조

5) MSPP 특징

① 시스템통합 : 다양한 종류의 서비스를 하나의 시스템으로 통합관리

② 확장성 : 망의 증설 혹은 SDH기반에서 점진적인 통신망 진화 제공

③ 가용성 : 고속데이터 전송률과 높은 가용성 : 50ms

④ 안정성 : BLSR, UPSR 등의 회선복구 알고리즘 사용

⑤ 다중화 : PDH에 비해 단순화된 Single Step 다중화 기법사용
⑥ 집중성 : 구성요소 및 NMS의 집중화를 통한 망 관리비용 절감
⑦ 비용감소 : 불필요한 회선 임대비용 대폭 감소
⑧ 회수기간 단축 : 초기 투자비 절약을 통한 투자비 회수기간 단축
⑨ 능동성 : all IP 통신망에 대비한 능동적인 시스템 구축
⑩ 보장성 : 개별의 대역폭 점유 및 보장
⑪ 편의성 : 대역폭 확장 및 감소의 관리 용이

SDH : Synchronous Digital Hierarchy 동기 디지털 계층
PDH : Plesiochronous Digital Hierarchy 유사 동기식 계층
SONET : Synchronous Optical Network 동기 광 통신망
광 케이블의 WAN 시스템으로서 이론적으로 2.48 Gbps의 전송속도를 가지며 음성, 데이터, 비디오의 정보를 동시에 보낼 수 있다.

▸ OFDM/FDMA (OFDMA) 방식

OFDM 다중접속(OFDM/TDMA, OFDM/FDMA : OFDMA, OFDM/CDMA : MC-CDMA) 방식 중의 하나

- 한 사용자가 모든 유효 부반송파를 독점하는 것이 아니라
- 여러 사용자가 유효한 부반송파의 부분집합을 서로 다르게 분할 할당받아
- 시간 구간별로 서로 다른 부반송파 집합을 사용자별로 사용하는 방식

※ OFDMA는, 주로 상향링크에서 많이 사용
- 부반송파 할당의 제어는 기지국에서 주관

❖ OFDMA 특징

① 동일 셀 내의 각 사용자들은 서로 다른 부반송파 집합을 사용
유연한 자원 할당 가능(Flexible Resource Allocation) ☞ 무선 자원 관리 참조
② ISI(심볼 간 간섭) 및 ICI(채널 간 간섭) 가 발생할 가능성이 적음
만일 사용자 간의 주파수 및 타이밍 옵셋의 영향을 충분히 작은 수준으로 유지하면, 셀 내 간섭은 거의 받지 않게 됨
③ 시간 및 주파수 영역에서 2차원적으로 자원을 분할 할당
- 부반송파들의 일부 집단을 하나의 집합으로 구성하여, 각 사용자에게 할당
- 이를 두고 부채널(Subchannel, Subchannelization)이라고도 함

④ 전 대역을 각 사용자가 요구하는 전송속도에 따라서 주파수 영역 상에서 부반송파를 할당함으로써, 채널용량의 최적화가 가능
- 부채널의 할당을 각 사용자의 요구에 따라 동적으로 할당
- 사용자가 요구하는 전송속도에 따라 할당되는 부반송파의 수를 변화시킴

⑤ 셀 내 간섭의 영향이 적음
※ OFDMA 방식은 사용자 마다 서로 다른 부반송파들을 할당 받음으로 인해, 셀 내 간섭의 영향을 받지 않음
- 통상의 OFDM 방식 보다 많은 수의 부반송파를 사용 ☞ Subcarrier 참조
  예 1) 802.11a는 52개의 부반송파를 사용
  예 2) WiBro는 864개 부반송파 사용
  예 3) LTE는 사용 대역폭에 따라 사용되는 부반송파 개수도 달라짐
- 전력제어 관련
  • OFDMA 방식에서는 CDMA 방식 보다는 전력제어의 중요성이 낮은데,
  • 그 이유는 동일 셀 내에서 직교성이 충분히 보장되기 때문임

OFDMA(Orthogonal Frequency Division Multiple Access) CI(Channel SNR over interference channel gain) 방법

▸ OFDM (Orthogonal Frequency Division Multiplexing)

① 고속의 송신 신호를 수백개 이상의 직교(Orthogonal)하는 협대역 부반송파(Subcarrier) 로 변조시켜 다중화하는 방식

② 동시에 '변조' 및 '다중화'를 수행하는 전송 기법
- 단일 입력의 고속의 원천 데이터열을,
  • 다중의 반송파에 분할하여 실어 전송한다는 측면에서 '다중 반송파 변조' 기술이며
  • 다중의 채널로 동시에 전송한다는 측면에서 '다중화' 기술 임

③ '병렬 전송(다중화)' 구조
  • 산란 반사파에 취약한 고속 데이터를 반사파에 강한 저속 데이터들로 병렬 전송하는 구조
  • 각각의 부반송파들을 선택적 스케쥴링 가능

❖ 기본원리 / 특징

① 변조 및 다중화 동시에 수행
- 고속의 전송률을 갖는 데이터열을 낮은 전송률을 갖는 많은 수의 데이터열로

나누어 다수의 부반송파를 사용하며 변조하고, 이들을 동시에 다중화 전송하는 것. 즉, OFDM은 데이터 열을 여러 개의 부채널(Sub-channel)로 동시에 나란히 전송하는 다중 반송파 (Multi-carrier ☞ MCM) 전송방식의 특별한 형태로 봄

OFDM 변조기 구성

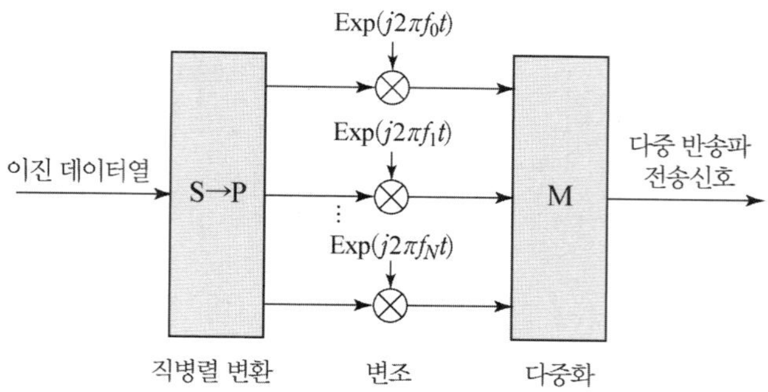

- 장점 : 주파수 다이버시티 효과가 기대됨

② 부반송파 간 직교성 유지

- 각 부반송파 파형은 시간축상으로 서로 간섭을 일으키지 않게 직교(Orthogonal). 주파수축 상에서는 약간씩 겹치게(Overlap) 됨
- 직교 부반송파 및 CP에 의해 개별 OFDM 심볼이 받는 주파수 선택적 페이딩 완화됨

③ 부반송파 간격

- 주파수영역 상에서 부반송파들이 약간의 간격을 두고 촘촘히 겹쳐 보임

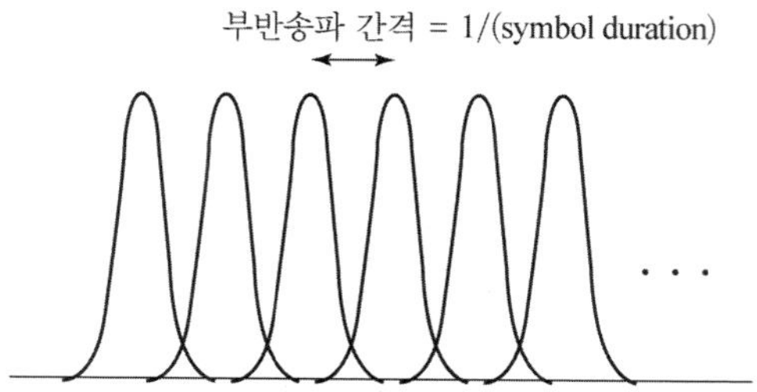

• 부반송파 간격은 주파수 선택성(시간분산) 및 도플러확산(시변채널 변화율)에 따라 달라짐

④ 부반송파 개수

- 보통 수백개 이상의 부반송파를 이용

• 전송가능 허용 대역폭에 따라 달라짐

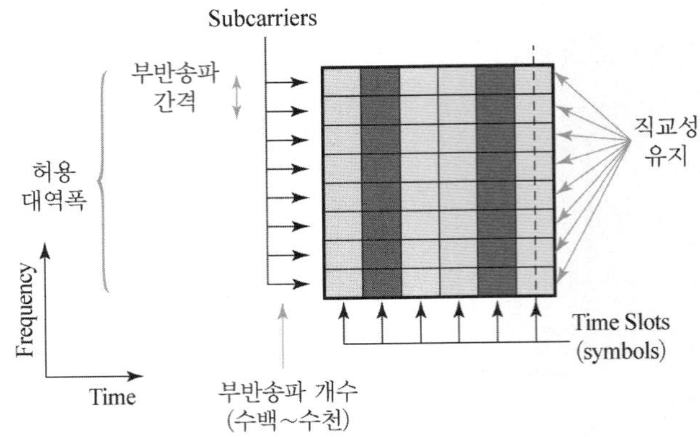

⑤ 시간 뿐 만 아니라 주파수에서도 무선자원 조절 가능

– 시간 영역, 주파수 영역 모두에서 스케쥴링이 가능

– 대역폭에 관계없이 동일한 기저대역 연산 구조를 유지하는 것이 가능

– 대역폭 가변도 가능

❖ 주요 활용분야

① 무선 LAN 분야 : 802.11a, 802.11g, 802.11n, 802.16 등

② 디지털방송 분야 : 유럽식(DVB), 미국식(ATSC), 일본식 모두 OFDM 채용

③ 이동전화 분야 : Beyond IMT–2000 (4G LTE)

▸ PHA, SHA, SSHA, O&SHA 분석 시기 및 목적

1) 시기 : PDR(Preliminary Design Review : 예비설계 검토) 단계

2) PHA(Preliminary Hazard Analysis)

시스템 예비 위험 분석 (System Preliminary Hazard Analysis: PHA)에는 시스템의 설계, 설치 및 운영에서 다루어야 하는 모든 주요 잠재 위험을 포함하며 주요 분석은 다음과 같다.

① 사고로 이어질 수 있는 모든 잠재적 위험 및 위험한 사건 식별

② 식별된 위험한 사건의 심각도에 따라 순위를 지정

③ 필수 유해 요인 통제 및 후속 조치 식별

3) SHA(System Hazard Analysis)

시스템 위험 분석(System Hazard Analysis: SHA)은 다음 사항을 분석한다.

① 시스템이 시스템 사양 및 기타 관련 문서에 포함 된 안전 요구 사항을 준수하는지 확인
② 서브시스템 인터페이스 및 시스템 기능 결함과 관련된 위험을 식별
③ 소프트웨어 및 특히 서브시스템 인터페이스의 전체 시스템 설계와 관련된 위험을 평가
④ 확인된 위험 요소를 제거하고 관련 위험을 수용 가능한 수준으로 통제하기 위해 필요한 조치를 권고

4) SSHA(Sub–System Hazard Analysis)

서브시스템 유해 요인 분석(Sub–System Hazard Analysis: SSHA)의 목적은 설계 초기에 가능한 오류를 식별하고 분석하여 라인 교체 가능 장치 (LRU)에서 확인된 중요한 오류를 제거, 최소화 또는 제어 할 수 있는 적절한 조치를 취하는 것이다.

5) O&SHA(Operating and Support Hazard Analysis)

운영 및 지원위험분석(Operating and Support Hazard Analysis: O&SHA)은 다음 사항을 분석한다.

① 운영 및 운영 작업 관점에서 안전 초점을 제공
② 설계, 하드웨어 오류, 소프트웨어 오류, 사람의 실수, 타이밍 등으로 인해 발생하는 작업 또는 운영상의 위험을 식별
③ 사고의 위험을 평가
④ 운영 작업 위험을 줄이기 위해 설계 시스템 안전 요구사항 (SSR)을 식별
⑤ 모든 작동 절차가 안전한지 확인

▸ Polling

"폴링"은 한 프로그램이나 장치에서 다른 프로그램이나 장치들이 어떤 상태에 있는지를 지속적으로 체크하는 전송제어 방식으로서, 대체로 그들이 아직도 접속되어 있는지와 데이터 전송을 원하는지 등을 확인한다.

명확히 말하면, 여러 개의 장치가 동일 회선을 공유하는 멀티드롭이나 멀티포인트 통신에서, 제어 장치는 각 장치에 한번에 하나씩 메시지를 보내어, 전송할 데이터가 있는지(즉, 회선을 사용하기 원하는지)를 묻는다.

- 장점 : 정해진 순서에 의해 명령을 반복적으로 처리하므로 프로그램을 작성하고 이해하기 쉽다(소규모 프로그램을 작성할 때만).

• 단점 :
- 입출력 장치들과의 상호작용을 폴링 방식으로 많이 할 수록 CPU를 점유하는 시간이 증가하기 때문에 성능이 크게 떨어진다.
- 한 루프를 다 돌아야지만 상태 변화를 확인 할 수 있다. 즉, 정확한 타이밍에 인터럽트가 발생했는지 알 수 없고 폴링 루프가 길어질 수록 반응 속도가 늦어지거나 실행되지 않을 가능성이 높아진다.

실행시간이 아주 짧다면 괜찮지만 실행시간이 길고 복잡할 수록 폴링 방식은 비효율적이다.

1) 예약방식(Reservation)

길고 연속적인 정보에 적당한 방식으로 통신회선의 시간 폭을 미리 예약하는 방식이다. 2차 국에서 1차 국에 송신할 자료가 있다고 신호를 보내면, 1차국에서는 통신회선점유표(Time stamp)를 참조하여 통신회선의 사용을 허가한다.

2) 경쟁방식(Contention)

충돌형이라고도 한다. 트래픽이 적은 소량의 데이터 전송에 적합. 모든 단말기가 컴퓨터에 전송하기 위하여 순서와 규약이 없이 경쟁하여 선로를 점유하는 방식이다.

• ALOHA 기법 : 신호의 충돌이라는 개념을 처음으로 사용하였으며 비어 있으면 점유해서 사용하고 충돌되면 못보내는 형태
• Slot-ALOHA 기법 : 서버에 연결되는 부분의 채널을 한 개에서 두개로 늘림
• CSMA 기법 : 각 단말기들이 1차 국의 허가를 기다리지 않고 서로 경쟁하면서 접근하며, 충돌을 피해가지 않고 충돌을 이용하는 형태
• CSMA/CD 기법 : 통신 채널 상태를 파악하여 통신 채널이 데이터 전송을 하지 않을 때 정보를 전송하는 방식

3) 순서적 할당(Round Robin)방식

1차국이 2차국에게 전송할 데이터의 유무를 순차적으로 묻는 방식으로 하나뿐인 회선을 순차적으로 공유할 수 있게 해준다.

① 중앙형(Roll-Call Polling)방식

1차 국에서 정해진 순서에 따라 단말기에 Poll 메시지를 보낸다. 국 간의 관계가 주종관계일 때 종국이 데이터를 보내려 한다면, 먼저 주국으로부터 Poll 신호를 받아야 하며, 우선권이나 대역폭을 확보하는데 유리하고, 중앙컴퓨터에서 통제하기 때문에 프로그램 및 제어장치가 필요해 효율이나 경제성이 떨어지지만, 단

말기 전송 지연이 거의 없고 공유회선 독점이 불가능하다. 중앙컴퓨터가 고장나면 통신에 막대한 지장이 생긴다.

② 분산형(Token 방식, Hub-go-ahead Polling)방식

허가권(Token)을 갖고 단말기들끼리 통신권을 확보한다.단말기에 공유회선 점유 제어장치 및 프로그램이 존재한다. 단말기들기리 회선을 나누어쓰므로 우선권이아 대역폭을 확보하는데 불리하고 단말기간에 공유회선 독점이 가능해서 전송지연이 발생할 수 있다. 통신중에도 다른 단말기의 영향을 받는다. 중앙컴퓨터가 고장나도 통신이 가능하다.

③ 토큰링(Token Ring)

링 구조에서 Free Token이 빙글빙글 돌고 있는데 데이터 전송을 희망하는 단말기가 프리 토큰을 확보할 수 있는 순서가되어 토큰 획득시 데이터 전송이 수신되길 바라는 단말기에 데이터를 보내려 하고 다시 토큰을 반납한다. 그 후 해당단말기에서 토큰 획득하여 데이터를 수신한다. 하나의 단말기가 고장 나더라도 우회하여 통신하므로 통신이 단절되지 않는다. 공유회선의 이용율을 높이기 위하여 여러 개의 토큰을 사용할 수 있다. IEEE802.5의 표준규약이다.

폴링은 다수의 스테이션이 공유하는 전송 매체에 대한 액세스를 제어하는 방법이다. 스테이션은 서비스를 요청하는 사용자이다. 폴링 기법은 문의-응답 네트워크에서 널리 사용해 왔다. 폴링 네트워크에서 폴링을 시작하거나 수행하려면 컨트롤러가 필요하다.

폴링 네트워크의 기본 기능은 통신 채널에 대한 액세스를 제공하기 위해 미리 지정된 주기적인 순서로 네트워크의 각 스테이션을 폴링하는 중앙 제어 컴퓨터(컨트롤러)의 동작에 있다. 폴링 네트워크는 중앙 제어 네트워크의 종류에 속한다. 각 스테이션에 도착하는 메시지는 먼저 패킷화된 다음 전송 버퍼에 저장되어 폴링을 기다린다. 각 스테이션이 폴링될 때 전송할 패킷이 있는 스테이션은 채널의 전체 용량을 사용하여 패킷을 중앙 컴퓨터로 전송할 수 있다.

스테이션 간의 전송은 중앙 컴퓨터를 통해 이루어지며, 중앙 컴퓨터는 각 스테이션에서 패킷을 수신한 다음 적절한 스테이션으로 전송한다. 역과 중앙 컴퓨터를 연결하는 선은 보통 고속선이다.

폴링 네트워크는 롤 콜 폴링과 허브 폴링의 두 가지 모드 중 하나로 작동할 수 있다. 점호 폴링의 경우, 중앙 컴퓨터는 폴링(또는 폴링 패킷)을 선택한 스테이션으로 전송하여 폴링 시퀀스를 시작한다. 이 스테이션은 패킷을 중앙 컴퓨터로 전송한

후 마지막 패킷에 추가된 Go-Ahead라는 접미사를 중앙 컴퓨터에 알린다. 이 접미사가 붙은 패킷을 수신한 후, 중앙 컴퓨터는 폴링 시퀀스의 다음 스테이션으로 폴링을 전송하고 프로세스는 계속된다.

허브 폴링의 경우, 중앙 컴퓨터는 점호 폴링과 같은 방식으로 폴링을 초기 스테이션으로 보낸다. 이 스테이션은 전송을 완료하면 이전과 같이 마지막 패킷 끝에 승인을 접미사로 붙이지만, 추가로 다음 스테이션 주소가 지정된다. 허브 폴링을 통해 모든 스테이션은 중앙 컴퓨터로 들어오는 트래픽을 지속적으로 모니터링한다. 다음 국에서 승인을 감지하고 자체 주소를 인식하면 즉시 전송을 시작한다.

▸ QoS [Quality of Service]

통신서비스 품질. 네트워크상에서 일정 정도 이하의 지연시간이나 데이터 손실률 등의 보장을 일컫는 말로, 사전에 합의 또는 정의된 통신서비스 수준을 뜻한다. 즉 데이터를 목적지까지 빠르게, 일정한 속도로, 신뢰성 있게 보내기 위해 대역폭, 우선순위 등 네트워크 자원을 할당해 주어진 네트워크 자원에 각종 응용프로그램의 송신 수요를 지능적으로 맞춰주는 여러 가지 기술을 총칭하는 용어이다.

QoS를 보장하기 위해선 대역폭 및 상대적 우선순위 등 적정 네트워크 자원을 각 프로그램에 배정하는 것이 필요하다. 이렇게 해서 '필수 프로그램'이라고 확인된 업무용 프로그램은 네트워크에서 우선 효율적으로 운용될 수 있도록 필요한 우선순위와 대역폭을 배정하게 된다.

▸ Network QoS 우선 순위

데이터 통신 네트워크상에 흐르는 데이터의 중요도를 분류하여, 이를 기반으로 우선순위를 부여한다. 우선순위가 높을수록 빠르고 안전하게 전송이 보장된다.

1) 우선순위가 높은 데이터

- 네트워크 제어 프로토콜
- 음성 통화 – 이에 사용되는 VoIP가 늦게 처리되면, 서로 실시간 전화 통화에 지장을 주게 된다. 만약 중간에 일부 데이터가 소실되더라도 문제가 된다.
- IPTV – TV 데이터가 늦게 가면 버퍼링이 발생하며, 소실되면 화면이 멈추거나 모자이크 증상이 발생한다.

2) 우선순위가 낮은 데이터

- 토렌트 등 일반 파일 전송
- 컴퓨터 바이러스

• 네트워크 공격성 패킷

▸ **RBC가 무선통신을 종료하는 경우**

① 핸드오버 : RBC가 NRBC 간 제어영역 이관으로 통신 종료
② 레벨 전환 : 열차의 레벨이 2에서 1로 레벨 전환이 될 때
③ 임무 종료 : 임차의 임무가 종료되어 절차에 의해 통신 종료
④ 입환 : 운전자가 입환을 위해 입환 모드로 전환할 때

▸ **RFI**(Request for Information) **– 사전정보 요청**

RFI라는 공식적인 경로를 통해 다양한 업체들에 대한 회사소개, 제품/서비스 소개, 간단한 시장 동향, 주요 경쟁사 정보 등을 제공받아 진행하고자 하는 업무에 대한 정보를 미리 수집하고 비교 분석 할 수 있는 준비 단계를 거치게 된다. 대부분 RFI에는 많은 요구사항을 담지는 않는다. 추진하고자 하는 업무(프로젝트)에 대한 간단한 개요, 목적, 기간 정도를 표시하고, 필요로 하는 정보에 대해 리스트업 한 후 제출 날짜를 기재한 공문을 보내고 외주업체는 자신의 업체가 선택받을 수 있도록 최대한 어필할 수 있는 정보를 담아 의뢰업체에 제출하게 된다.

▸ **RFP**(Request for Proposal) **– 제안 요청서**

RFI를 통해 수집된 정보를 바탕으로 1차 업체를 선정하고 그들을 대상으로 '제안 요청서'를 보내게 되는데 사업의 내용에 따라 여러 형식이 있을 수 있지만, 기본적으로 RFP에는 해당 업무(프로젝트)에 대한 자세한 정보, 추진 일정, 예산, 그리고 제안서의 목차, 제안 평가 기준 등을 구체적으로 명시해야 한다. RFP를 얼마나 체계적으로 작성했는가에 따라 제안서의 품질이 결정되고, 업무를 의뢰한 업체와 외주업체 간의 의견 충돌을 미연에 예방할 수 있기 때문에 RFP 작성은 해당 프로젝트의 성공 여부를 결정하는 가장 중요한 단계라고 할 수 있다.

▸ **RFQ**(Request for Quotation) **– 견적요청서**

국내 기업의 경우 대부분 RFP 요청 시, RFQ를 함께 요청하며 최종 업체 선정 시 제안서의 아이템이 아무리 마음에 든다고 하더라도 회사 내에서 이미 정해진 예산보다 터무니없이 높은 견적을 요구한다면 해당 업체를 선정할 수는 없으므로 제안사항을 실행하는데 필요한 대략적인 '견적 가격'을 미리 받고 제안서와 함께 검토 후에 최종 업체를 선정하게 되는 것이다.

▸ SDH(Synchronous Digital Hierarchy) 동기 디지털 계층

동기식 광통신망(SONET: Synchronous Optical Network)과 호환성이 있는 표준이라는 의미에서 SONET/SDH라고도 부른다. 동기 디지털 계층(SDH)은 다양한 전송 기기를 상호 접속하기 위한 광신호와 인터페이스 표준을 제공하고, 고도의 망 운용/관리/보수 (OAM) 기능을 제공한다.

이전에는 북미, 유럽, 일본 등 지역별로 3종류의 다중화 계층과 속도 체계가 존재하고 있었으나, SDH의 등장으로 각기 다른 속도의 고속 전송을 유연하게 다중화할 수 있고 통일적인 망 운용/관리/보수를 실현할 수 있게 되었다.

SDH의 기본이 되는 다중화 단위는 동기 전송 모듈(STM: synchronous transport module)이며 최저 다중화 단계인 STM-1의 전송 속도는 155.520Mbps이다. STM-1을 STM-3, STM-4 등으로 단계적으로 일정한 정수 배로 다중화하는데 다중화 단계와 전송 속도는 표와 같다.

❖ 다중화 단계	전송 속도
STM-1	155,520Mbps (1)
STM-3	466,560Mbps (3)
STM-4	622,080Mbps (4)
STM-6	933,120Mbps (6)
STM-8	1,244,160Mbps (8)
STM-12	1,866,240Mbps (12)
STM-16	2,488,320Mbps (16)

▸ Sofrtware Design Requirements(소프트웨어 요구사항 정의를 위한 요구사항 SRS)

소프트웨어 개발에 있어서 제일 처음으로 해야 할 일은 고객의 요구사항을 정의

소프트웨어의 요구사항은 개발하고자 하는 소프트웨어가 갖추었으면 하는 기능 하나하나를 의미하며, 이를 정의하는 것은 결코 쉬운 일이 아니다.

소프트웨어 개발에서도 필요한 요구사항을 명확히 정의해야 요구되는 기능을 정확히 갖춘 소프트웨어를 개발할 수 있게 된다. 또한 모든 요구사항을 완전히 추출하지 않고 다음 개발단계를 진행하면, 중간에 다시 처음 단계부터 수정 작업 등을 진행해야 하는 경우가 발생할 수도 있다. 이는 프로젝트 기간을 지연시키거나 낮은 품질의 제품이 개발될 가능성을 만들 수 있다. 따라서 요구사항을 정의 할 때에는 고객의 요구사항에 대한 확실한 이해를 통해 명확하고, 완전하며, 일관성 있게 정의해야 한다.

소프트웨어의 요구사항이 표현되는 소프트웨어 요구사항 명세서(SRS, Software Requirement Specification)를 작성하는 방법과 잘 만들어진 요구사항 명세서에 관해 설명한다.

1) 소프트웨어 요구사항 명세서(SRS) 란 무엇인가?

소프트웨어 요구사항 명세서(SRS, Software Requirement Specification)란 소프트웨어 개발 프로세스의 시작인 소프트웨어의 요구사항을 분석하고 정의하는 단계에서 작성되는 최종 산출물이다. 소프트웨어 요구사항 명세서에는 소프트웨어가 수행해야 할 모든 기능과 제약 조건 등이 기술되어 있으며, 이후 진행되는 소프트웨어 개발과 테스팅의 완료 승인에 대한 기준으로서 사용된다.

소프트웨어 요구사항 명세서의 양식을 제시하고 있는 표준인 IEEE Std. 830(IEEE Std. 830-1998: IEEE Recommended Practice for Software Requirements Specifications)에 의하면, 요구사항 명세서는 다음 그림과 같은 기본적인 양식을 갖는다.

❖ 그림1. IEEE Std.830의 소프트웨어 요구사항 명세서 양식

① 서론'에는 문서의 목적과 범위, 용어 정의(정의, 두문자어, 약어), 참조 등 문서의 전반적인 개요에 대한 내용이 작성된다.

② 전체 개요'에는 제품 관점에서의 소프트웨어 동작이나 소프트웨어의 주 기능, 경험이나 전문 지식을 포함한 소프트웨어 사용자의 일반적인 특성, 소프트웨어의 제약사항과 가정 및 의존성 등에 대한 내용을 기술한다. 해당 절의 경우, 명확한 요구사항을 작성하기 보다는 요구사항에 대한 전반적인 내용이 기술되는데, 요구사항을 상세히 작성하는 특별 요구사항'의 이해를 돕기 위한 배경과 같은 내용이 포함된다.

③ 특별 요구사항'에는 소프트웨어의 모든 세부적인 요구사항을 명확하게 기술하며, 명시되어야 하는 요구사항은 아래 표와 같다.

표. IEEE Std. 830에서의 요구사항 항목

항 목	설 명
외부 인터페이스 요구사항	모든 소프트웨어 시스템의 입력과 출력에 대한 요구사항을 상세히 기술한다. 사용자 인터페이스, 하드웨어 리턴인터페이스, 통신 인터페이스 등으로 분류될 수 있으며 다음과 같은 형식의 내용을 포함한다. • 항목의 이름 • 목적 상세 설명 • 입력의 시작점 및 출력의 도착점 • 유효 범위, 정확도, 오차 • 시간(Timing)

항 목	설 명
	• 다른 입력 및 출력과의 관계 • Screen formats/Organizations • Window formats/Organizations • 데이터 형식 • 명령 형식 • 종료 메시지
기능 요구 사항	소프트웨어의 입력 처리와 출력을 생성하는 처리과정에서 발생할 수 있는 기본적인 동작에 관하여 기술하며, '시스템은 ~해야 한다. 형식으로 작성되어야하며 아래와 같은 항목들이 포함된다. • 입력의 유효성 확인 • 동작의 정확한 흐름 • 비정상 상황에 대한 동작 • 파라메터의 영향 • 출력에서 입력까지의 관계
성능 요구사항	소프트웨어 전체적으로 사람과의 상호작용 혹은 소프트웨어에서 확인할 수 있는 정상적이고 동적인 수치적 요구사항을 기술한다. • **정적인 수치 요구사항** : 소프트웨어에서 다루고 있는 정보의 양이나 타입과 같은 고정적인 수치적 요구사항 • **동적인 수치적 요구 사항** : 정해진 시간이 아니라 일정 시간 안에 수행하여야하는 것처럼 정해진 수치가 없는 요구사항
논리적 데이터베이스 요구사항	데이터베이스에서 사용될 정보를 위한 논리적 요구사항에 대하여 기술하며, 다음과 같은 항목을 포함한다. • 여러 기능에서 사용될 정보의 타입 • 사용 빈도 • 접근 가능성 • 데이터 엔티티 및 관계 • 무결성 제약 조건 • 데이터 유지 요구사항
설계 제약사항	다른 표준이나 하드웨어적 제한으로 인해 적용되는 설계적 제한사항에 관하여 기술한다.
소프트웨어 시스템 속성	신뢰도(Reliability), 사용 가능성(Availability), 보안(Security), 유지보수(Maintainability), 이식성(Poryability) 등의 소프트웨어 속성을 요구사항으로서 기술한다.

모든 소프트웨어는 하나의 정해진 구조로 구성되어 있지 않기 때문에, '3. 특별 요구사항'을 작성하는 것에는 정해진 양식이 없다. IEEE Std. 830에서는 시스템의 동작 모드(System Mode), 사용자 그룹(User Class), 시스템의 각 객체(Object), 시스템의 특징(Feature), 시스템으로의 점진적인 변화 혹은 자극(Stimulus), 시스템의 응답(Response), 기능의 계층적 구조(Functional hierarchy)등을 기준으로 작성하는 방향을 제시하고 있으며, 위 표에 명시된 사항들이 요구사항으로 기술되면 어떠한 구성으로 표현되어도 무관하다.

2) 소프트웨어 요구사항 명세서가 갖추어야 할 조건

작성된 요구사항 명세서가 좋은 명세서로 작성되었다고 판단할 수 있는 절대적인 기준은 존재하지 않는다. 하지만 소프트웨어 검증과 확인 절차에 대한 표준 문서인

IEEE Std. 1012 (IEEE Std. 1012-2012, IEEE Standard for Software Verification &Validation)에서 제시하고 있는 요구사항 평가 항목에 따라 요구사항 명세서를 평가하고, 소프트웨어 요구사항 명세에 대한 표준 IEEE Std. 830 문서에서 제시하고 있는 명세서의 특징을 잘 갖추고 있는 요구사항 명세서를 작성하려고 한다면, 그 근거로서 위에서 이야기한 두 표준의 내용 중에서 아래 표와 같은 항목들을 제시할 수는 있을 것이다.

IEEE Std. 1012에 명시되어 있는 요구사항의 평가 항목과 특징은 표 2와 같으며, IEEE Std. 830 표준에서 제시하고 있는 좋은 소프트웨어 요구사항 명세서가 갖춰야 할 항목과 특징은 표 3과 같다.

[표 2] IEEE Std. 1012에서의 요구사항 명세서 체크 항목

분류	항목	설명
요구사항 평가 (Requirement Evaluation)	정확성 (Correctness)	• 소프트웨어 요구 사항이 시스템의 가정, 제약사항, 동작 환경 내에서 소프트웨어에 할당된 시스템 요구사항을 만족하는지 확인한다. • 소프트웨어 요구사항이 표준 참조, 규격, 정책, 물리적 법칙, 비즈니스 등을 따르는지 확인한다. • 도메인 지식, 프로트타입 결과, 공학원리 등과 연결된 로직과 데이터 흐름 상태의 흐름 및 변화를 입증한다. • 데이터의 흐름과 제어가 기능과 성능 요구사항을 만족하는지 확인한다. • 데이터의 사용과 형식의 유효성을 확인한다.
	일관성 (Consistency)	• 모든 용어와 콘셉들이 일관성 있게 작성되어 있는지 확인한다. • 기능 상호작용과 가정들이 일관성 있고, 시스템 요구 사항을 만족하는지 확인한다. • 소프트웨어 요구사항과 시스템 요구사항을 포함한 외부적 일관성이 내부적으로 일관성을 갖는지 확인한다.
	완전성 (Completeness)	• 시스템의 가정과 제약사항 내에서 프로세서의 정의 및 스케쥴링, 하드웨어/소프트웨어/사용자 안터페이스 명세, 성능 규격, 치명적인 구성 데이터, 시스템/장치/소프트웨어 제어 등이 SRS에 명시되어 있는지 확인한다. • SRS에 명시된 구성관리 절차를 만족하는지 확인한다.
	정확성 (Accuracy)	• 시스템 환경에서 로직 및 인터페이스 정밀도가 요구사항을 만족하는지 확인한다. • 만들어진 물리적 현상들이 시스템정확도 요구사항과 물리적인 법칙을 따르는지 확인한다.
	판독성 (Readability)	• 문서가 알기 쉽게 이해하기 쉬우며, 모호하지 않고 명백한지 입증한다. • 문서가 두문자어, 약어 등에 대한 정의가 명시되어 있는지 확인한다.
	시험성 (Testability)	• SRS의 요구사항을 입증하기 위한 객관적인 시험기준이 되는지 확인한다.

분류	항목	설명
인터페이스 분석 (Interface Analysis)	정확성 (Correctness)	• 외부시스템, 내부시스템 소프트웨어 인터페이스 요구사항의 유효성을 확인한다.
	일관성 (Consistency)	• 인터페이스가 SRS와 IRS 사이의 일관성을 갖는지 확인한다.
	완전성 (Completeness)	• 각각의 인터페이스가 데이터 형식과 Timing, Bandwidth, Accuracy, Safety, Security 등의 성능 기준을 포함하는지 확인한다.
	정확도 (Accuracy)	• 각각의 인터페이스가 정확도를 가진 정보를 제공하는지 확인한다.
	시험성	• 인터페이스 요구사항을 입증할 수 있는 객관적인 시험기준이 되는지 확인한다.
추적성 분석 (Traceability Anallysis)	정확성 (Correctness)	• 각각의 소프트웨어 요구사항과 시스템 요구사항 사이의 관계가 정확성을 갖는 것을 확인한다.
	일관성 (Consistency)	• 소프트웨어 요구사항과 시스템 요구사항 사이의 관계가 일관된 수준으로 명시되어 있는 것을 확인한다.
	완전성 (Completeness)	• 소프트웨어 요구사항이 시스템 요구사항에서 추적 가능한 것을 확인한다. • 소프트웨어와 관련된 모든 시스템 요구사항이 소프트웨어 요구사항에서 추적 가능한 것을 확인한다.
	정확성 (Accuracy)	• 시스템 성능과 동작하는 특성들이 추적된 소프트웨어 요구사항에 의해 명시되었음을 확인한다.

[표 3] IEEE Std. 830 에서의 좋은 요구사항의 특징

항목	설명
정확성 (Correctness)	• 명세서상의 모든 요구사항이 소프트웨어에서 만족되고 제품 원래 요구사항을 만족시킬 수 있다면 명세서는 정확성을 갖는다고 할 수 있다.
명백성 (Unambiguous)	• 명세서의 기술은 명확하여야 하며 애매모호한 면이 있어서는 안된다.
완전성 (Completeness)	• 기능, 성능, 제약사항, 속성, 인터페이스 요구사항 등 필요한 모든 정보가 누락되지 않고 모두 기술되어 있다면, 명세서는 완전성을 갖는다고 할 수 있다.
일관성 (Consistency)	• 같은 요구사항의 정의 내에서 요구사항들 간에 모순이 없고 다른 소프트웨어 요구사항이나 상위요구사항(시스템 요구사항)과 충돌되는 부분이 없이 정의되어 있으면, 명세서는 일관성을 갖고 있다고 볼 수 있다.
중요도/안전우선순위 (Ranked for importance and/or stability)	• 모든 요구사항의 중요도는 동등하지 않으며, 소프트웨어의 동작에 치명적인 사항이 존재하기도하므로 중요도 혹은 우선 순위에 따라 작성 되어야한다.

항목	설명
검증 가능성 (Verifiable)	• 기술된 요구사항이 성공이나 실패에 대한 평가 기준이 될 수 있어야 한다.
수정 가능성 (Modifiable)	• 기술된 요구사항의 구조와 형태를 유지하며 다른 요구사항에 영향을 최소화하며 변경할 수 있도록 기술된다면 명세서는 수정 가능성을 갖는다고 볼 수 있다.
추적성 (Traceable)	• 기술된 요구사항이 관련된 문서, 근거 혹은 산출물이 명확하게 참조가능하다면 명세서는 추적 가능성을 갖는다고 할 수 있다.

이와 같이 표2와 표3에 나열된 항목들이 잘 반영된 소프트웨어 요구사항 명세서가 작성된다면 보다 객관적이며 정확하고, 추적성이 용이하며 일관성이 있는 높은 품질의 요구사항 명세서가 될 수 있다. 또한 이러한 명세서를 따라 SW를 개발하게 된다면 초기에 발생 할 수 있는 결함을 줄이고, 유지보수 측면에서 유리한 높은 품질의 SW를 개발할 수 있을 것이다.

▸ SSI(Solid-State Interlocking)

신호의 연동논리를 처리하는 중앙연산기로서 역의 신호계전기실에 위치하며 연동처리장치의 중요한 기능은 정보전송장치로부터 수신한 제어 명령을 처리하여 선로변 기능 모듈을 제어하고 현장 설비의 상태를 선로변 기능 모듈로부터 수신하여 정보전송장치로 전송하는 것이며 연동처리장치 1개가 담당하는 신호 설비의 용량은 다음과 같다.

- 30개의 신호
- 30대의 전기선로전환기
- 100개의 궤도회로
- 100개의 진로
- 40개의 선로변 기능 모듈
- 64개의 시소(時素) 계전기
- 1024개의 양방향 변수
- 1023개의 운영자 제어 명령

연동처리장치의 연동프로세싱은 2 out of 3 방식으로 3중화되어 있으며 사용 중 하나의 장치가 고장 나면 2 out of 2 방식으로 계속 운용되어 시스템의 유용성을 보장하도록 되어 있으며 그 구성 기기는 다음과 같다.

- 2개의 조작반 처리 모듈(PPM)
- 3개의 다중처리모듈(MPM)
- 1개의 진단모듈(DIA)
- 데이터 링크(EDLM, ODLM, LDT)

▸ Stack

스택은 컴퓨터에서 사용되는 기본 데이터 구조 중 하나로 데이터를 후입선출(LIFO : Last In, First Out, FILO : First In, Last Out) 구조로 유지하는 추상 데이터형(abstract data type)을 말한다.

컴퓨터 공학에서 스택 혹은 LIFO는 추상 데이터형으로, 두 가지 기본 연산인 삽입(push)과 삭제(pop)를 수행하는 순서를 가지는 요소(elements) 집합이다.

삽입 연산은 데이터 요소를 스택의 최상위(top)에 추가하고 기존의 요소들은 그 아래에 두는 연산이다.

삭제 연산은 스택의 현재 최상위 요소를 제거하고 이를 반환하는 연산이다.

LIFO라는 용어는 이러한 연산들로 인한 스택의 특성으로부터 기인한 것으로, 스택에서는 각 요소가 삽입 연산의 순서와 반대로 가장 먼저 삽입되어 스택에 들어간 요소가 가장 최후에 삭제된다는 특성을 나타낸다. 스택은 선형 자료구조로 구조의 한쪽 끝(top)에서만 삽입과 삭제 연산이 일어나는 제한된 데이터 구조이다.

스택은 제한된 용량을 가지도록 구현되기 때문에, 만약 스택이 가득 차는 경우 새로운 요소를 삽입 연산을 통해 스택에 추가하려고 하면 오버플로우(overflow) 상태로 간주된다. 제거 연산이 스택의 맨 위에서부터 요소를 제거하면 제거된 요소 아래에 있던 요소가 맨 위에 위치하게 된다. 만약 스택이 비게(empty) 되면 언더플로우(underflow) 상태가 된다.

n개의 요소를 가지는 스택을 구현하기 위한 총 메모리 용량은 스택 길이에 비례한다.

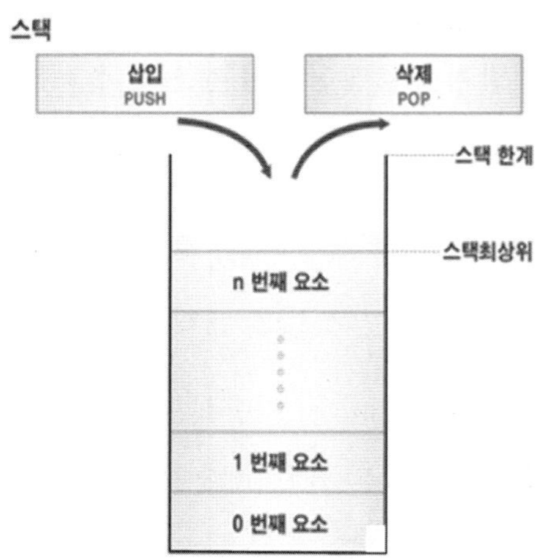

후입선출 구조의 삽입과 삭제

▸ TCP/IP

TCP/IP는 패킷 통신 방식의 인터넷 프로토콜인 IP(인터넷 프로토콜)와 전송 조절 프로토콜인 TCP(전송 제어 프로토콜)로 이루어져 있으며, IP는 패킷 전달 여부를 보증하지 않고, 패킷을 보낸 순서와 받는 순서가 다를 수 있다.(unreliable datagram service)

TCP는 IP 위에서 동작하는 프로토콜로, 데이터의 전달을 보증하고 보낸 순서대로 받게 해주며, HTTP(HyperText Transfer Protocol), FTP(File Transfer Protocol), SMTP(Simple Mail Transfer Protocol) 등 TCP를 기반으로 한 많은 수의 애플리케이션 프로토콜들이 IP 위에서 동작하기 때문에, 묶어서 TCP/IP라 부르기도 한다.
조금 더 간략히 하면, 지역네트워크(Local Area Network = LAN) 혹은 광역네트워크(Wide Area Network = WAN)에서 원활한 통신이 가능하도록 하기 위한 통신규약(Protocol)으로 정의할 수 있다.

▸ LAN 과 WAN & TCP/IP

위에서 언급한 LAN은 Local Area Network의 줄임말로 우리말로 풀어쓰자면 지역네트워크이며, WAN은 Wide Area Network의 줄임말로 광역 네트워크로 해석할 수 있다.

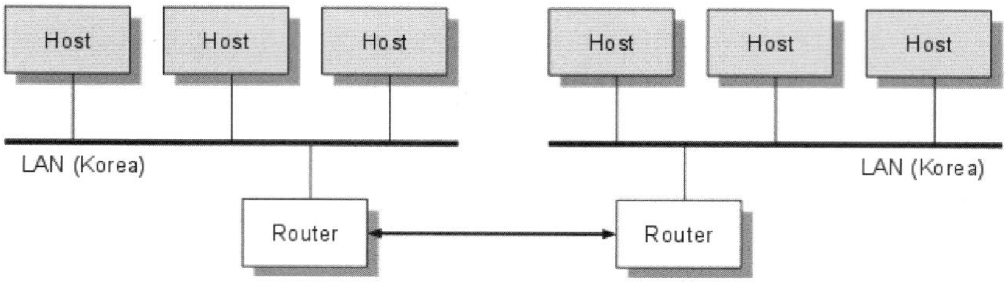

LAN 도식

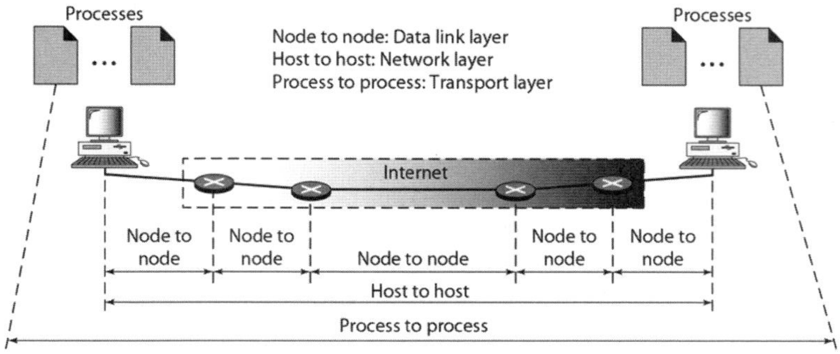

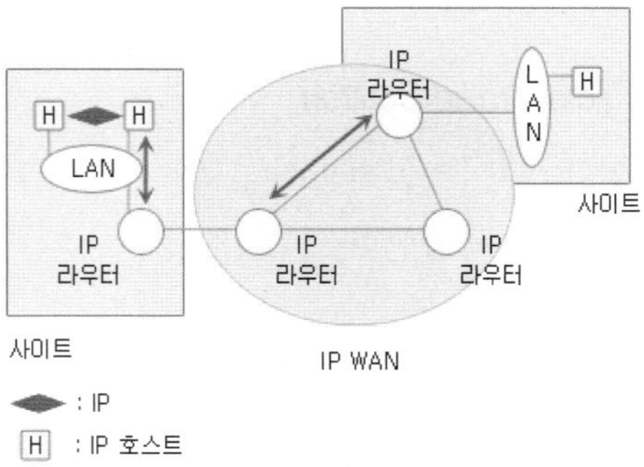

WAN 도식

▸ Transport Layer

HOST 와 HOST 그리고 HOST와 Router는 다양한 종류와 다양한 품질의 네트워크 회선으로 연결될 수 있다.

또한, 이는 데이터를 보내는 중 각기 다른 회선으로 데이터 손상이 일어날 수도 있으며, 데이터의 순서가 뒤바뀔 수 있습니다. TCP/IP는 이러한 연결된 상태에서 서로 올바른 통신을 하도록 도와준다.

▸ Terminal Server ; 터미널 서버

일반적으로 정보기술에서 말하는 터미널 서버는, PC나 프린터 기타 주변장치 등과 같은 터미널들이 근거리통신망, 또는 광역통신망에 접속할 수 있는 포트를 제공하는 하드웨어 장치이다.

터미널들은 RS-232C 또는 RS-423 등과 같은 직렬포트를 이용하여 터미널 서버에 접속한다. 터미널 서버의 다른 한쪽은 네트웍카드를 통하여 이더넷이나 토큰링과 같은 근거리통신망에 접속되거나, 또는 모뎀을 통해 광역통신망, X.25 네트웍 또는 3270 게이트웨이 등에 다이얼업 접속을 한다.

터미널 서버의 사용은 모든 터미널들이 네트웍카드나 모뎀을 각각 가질 필요가 없다는 것을 의미한다. 터미널 서버 내부의 접속자원은 접속되어 있는 모든 터미널들에 의해 동적으로 공유된다.

일부 터미널 서버들은 최대 128대까지의 터미널을 지원할 수 있다. 그러한 터미널들에는 PC나 3270 터미널, 프린터, 기타 RS-232/423 인터페이스를 가지는 여러 가지 주변장치들이 포함된다.

어떤 터미널 서버에서, 터미널들은 호스트에 텔넷 접속을 하기 위해 TCP/IP 프로토콜을 사용하거나, DEC 호스트 접속하기 위해 LAT 등을 사용할 수 있다. 어떤 종류의 터미널 서버에서는 터미널 사용자가 유닉스, IBM, DEC 등 여러 가지 다른 종류의 호스트 운영체계에 다중 접속을 할 수 있도록 허용하기도 한다.

▸ TTC의 기능(Function of Total Traffic Control)

열차 운행을 종합적으로 관리하는 설비로서 주요 기능은 다음과 같다.

① 필요한 열차 다이어그램을 작성한다.

② 열차의 진로를 제어한다.

③ 열차의 다이어그램을 변경한다.

④ 열차 다이어그램 안내 정보 및 역의 상태를 모니터 한다.

⑤ 운전 계통을 감시한다.
⑥ 운행 열차를 추적해서 LDP(Large Display Panel)에 표시하고 모니터 한다.
⑦ 각종 고장 정보를 모니터 한다.

▸ **TWC 신호**(Signalled Track Warrant Control)

노선은 안전이 확보되는 간단한 신호시스템이 설치되는 궤조 보증제어(TWC)의 형태.

▸ **UDP**(User datagram Protocol)

UDP는 TCP와 마찬가지로 수송 계층에서 동작하는 프로토콜이다.

1. UDP의 특성

UDP는 TCP와 마찬가지로 프로세스 대 프로세스 프로토콜이다.

➡ 디바이스 대 디바이스가 아닌, **응용프로그램이 수행되는 프로세스까지가 최종 목적지**가 됨

(IP와의 비교) IP 프로토콜의 종단이 디바이스까지를 나타내는 반면, UDP의 종단은 종단 디바이스의 프로세스까지임

(TCP와의 비교) TCP와는 달리 UDP는 데이터 전송의 신뢰성을 보장하지는 않음

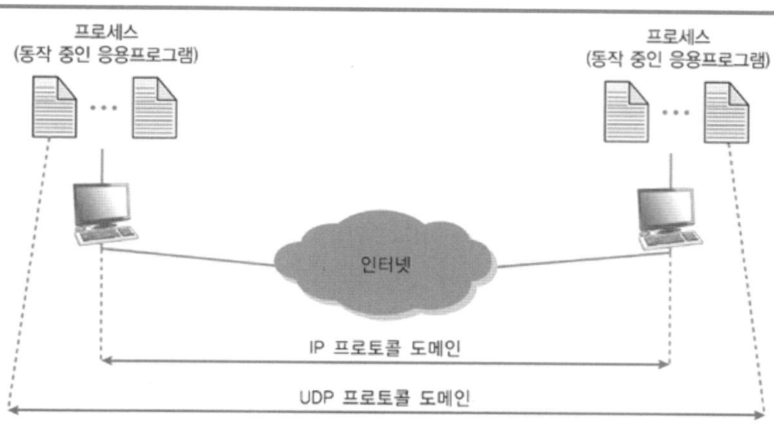

[그림 11-17] **프로세스 대 프로세스 프로토콜(UDP)**

2. UDP의 사용 및 TCP와의 비교

① 단순한 요청-응답을 필요로 하는 프로세스
② 흐름제어와 오류제어가 크게 필요하지 않은 프로세스
③ 내부적인 흐름제어와 오류제어 메커니즘을 갖고 있는 프로세스

④ 멀티캐스팅과 브로드캐스팅을 위한 전송 프로토콜
⑤ SNMP(Simple Network Management Protocol)와 같은 관리 프로세스
⑥ 온라인게임이나, 대량의 데이터를 신속하게 전달해야 하는 스트리밍 서비스 등

[표 4] UDP와 TCP의 비교

UDP	TCP
호스트 사이에 세션이 설정되지 않는 비연결성 서비스	호스트 사이에 세션이 설정되는 연결 지향 서비스
UDP는 전송 승인이나 데이터 정렬을 보장하지 않음	TCP는 승인 및 순차적인 데이터 전송을 통해 전송을 보장
UDP를 사용하는 프로그램은 데이터 전송에 필요한 신뢰성을 제공해야 함	TCP를 사용하는 프로그램은 신뢰할 수 있는 데이터 전송을 보장
UDP는 빠르고 오보헤드가 적으며 지점 간 통신과 지점 대 다중 지점 간(point-to-multipoint) 통신을 지원	많은 오버헤드가 필요하며 지점 간 통신만 지원

▸ **Torrent**

파일을 잘게 쪼개 저장해서 유통하는 방식.

웹하드나 P2P 방식과 달리 토렌트 방식은 파일이 끝없이 쪼개져서 토렌트 이용자들의 컴퓨터에 저장돼 있다가 다시 파일 형태로 모아진다. 그래서 대용량의 파일을 빠른 속도로 내려받을 수 있으며, 금칙어를 설정하거나 서버를 압수하는 것도 불가능하다. 이러한 특성 때문에 불법 콘텐츠의 새로운 유통 경로가 웹하드나 P2P 방식에서 토렌트 방식으로 이동하고 있다.

▸ **UML**(Unified Modeling Language)

요구분석, 시스템설계, 시스템 구현 등의 시스템 개발 과정에서, 개발자간의 의사소통을 원활하게 이루어지게 하기 위하여 표준화한 모델링 언어이다.

객체 관련 표준화기구인 OMG에서 1997년 11월 객체 모델링 기술(OMT; object modeling technique), OOSE 방법론 등을 연합하여 만든 통합 모델링 언어로 객체 지향적 분석 · 설계 방법론의 표준 지정을 목표로 하고 있다. 요구 분석, 시스템 설계, 시스템 구현 등의 과정에서 생길 수 있는 개발자간의 의사소통의 불일치를 해소할 수 있다. 모델링에 대한 표현력이 강하고 비교적 모순이 적은 논리적인 표기법(notation)을 가진 언어라는 장점이 있다. 따라서 개발자간의 의사소통이 쉬워지며 생략되거나 불일치되는 모델링 구조에 대한 지적도 용이하고, 개발하려는 시스템 규모에 상관없이 모두

적용 가능하다.

유스케이스(use case) 다이어그램, 클래스 다이어그램 등 8개의 다이어그램을 기반으로 객체지향 소프트웨어를 개발하기 위한 풍부한 분석 및 설계 장치를 제공하고 있어 향후 상당 기간 동안 산업계의 표준으로 활용될 것이라 예상된다. UML을 가장 잘 적용할 수 있는 소프트웨어 개발 프로세스는 1998년 11월 미국 래셔널(Rational)사에서 개발한 통합 프로세스(Unified Process) 5.0이다. 이 프로세스는 웹 애플리케이션(web application) 개발에 효율적이고 개발팀의 생산성을 극대화하며 UML의 장점을 최대한 살릴 수 있도록 고안된 실무형 개발 프로세스이다.

▸ **Y자 분기기(Wye)**

세 개의 분기기 또는 두 개의 분기기와 높은 각도의 크로싱을 포함하는 3각 궤도 배열.

MEMO

철도신호기술사
최근 기출문제

113~130회

- 철도신호기술사 출제기준 (2023.1.1.~2026.12.31.)
- 철도신호기술사 최근 기출문제 (10점 : 1교시)
- 철도신호기술사 최근 기출문제 (25점 : 2~4교시)

INFORMATION

출제기준

• 필기

직무 분야	전기 · 전자	중직무 분야	전기	자격 종목	철도신호기술사	적용 기간	2023.1.1.~2026.12.31

◦ **직무내용** : 철도신호장치에 관한 오랜 실무경험과 고도의 이론적 전문지식을 바탕으로 철도신호설비의 계획과 설계, 시공, 감리, 운영, 유지보수와 기타 철도신호설비에 관한 기술자문 및 기술지도를 수행하는 직무이다.

검정방법	단답형/주관식 논문형	시험시간	400분(1교시당 100분)

필기 과목명	주요항목	세부항목
철도신호전기설비의 계획과 설계, 시공, 감리, 및 그 밖에 철도신호보안 전기설비에 관한 사항	1. 철도신호일반	1. 선로, 차량, 전기철도, 정보통신, 운전분야의 철도신호에 관한 이론 2. 신호설비 설계, 시공, 감리, 시험, 운영, 유지관리 – 철도신호제어설계 · 감리 – 철도신호제어시공 – 철도신호제어시설물유지보수 3. 전원장치, 이상전압, 접지 4. 철도 건널목에 관한 기술 5. 철도신호 관련 법령, 규칙, 규정, 기준 등
	2. 철도신호계획	1. 철도건설 및 철도경영합리화 방안 2. 철도운전 및 운영계획 – 선로용량 자료분석 및 산정 –운전선도 데이터 조사 및 작성 –표준운전시간 데이터 조사 및 책정 3. 열차운행 수송 및 안전계획 – 수송계획 수립 4. LCC(Life Cycle Cost) 분석 5. 공정관리 기술(PERT/CPM) 6. 토목, 궤도, 건축, 전기철도, 철도통신, 철도차량 분야 신호 관련 인터페이스 – 철도설계 시스템 인터페이스 7. 신호설비의 신설 및 개량
	3. 연동장치	1. 연동기준 및 연동논리 2. 연동도표 3. 양방향 제어기술 4. 기타 철도신호의 연동
	4. 열차제어 관련기술	1. ATS, ATC, ATO, ATP, CTC, TTC 시스템 2. CBTC 및 ERTMS 3. 열차추적, 진로설정 알고리즘 4. 폐색방식 및 기타 열차제어 기술 5. 열차검지 기술

필기 과목명	주요항목	세부항목
철도신호전기설비의 계획과 설계, 시공, 감리, 및 그 밖에 철도신호보안 전기설비에 관한 사항	5. 철도관제	1. 관제시스템 계획 및 운영 2. 열차운행 정보수집, 감시 및 스케줄 관리 3. 열차운행선 지장작업 계획 및 관리 4. 관제설비 유지관리
	6. 안전성 관련 기술 (1 : 3)	1. 철도 RAMS 2. 위험도 분석 및 Fail Safe, Fault Tolerant 3. 시스템 안전성 향상 및 신뢰도 4. IEC, IEEE, CENELEC, UIC 규격 5. 철도 안전설비 기술
	7. 통신, 전자, 제어, 컴퓨터 관련 기술 (3 : 7)	1. 유무선 통신 시스템 및 네트워크 구축 2. 통신방식(프로토콜, 변 · 복조 등) 3. 암호화기술 등 해킹 방지 관련 기술 4. 통신, 전자, 제어, 컴퓨터 중 철도신호 관련 신기술 5. 신교통시스템 관련 기술
	기출문제 : 3	

• 면접

직무 분야	전기·전자	중직무 분야	전기	자격 종목	철도신호기술사	적용 기간	2023.1.1.~2026.12.31

◦ **직무내용** : 철도신호장치에 관한 오랜 실무경험과 고도의 이론적 전문지식을 바탕으로 철도신호설비의 계획과 설계, 시공, 감리, 운영, 유지보수와 기타 철도신호설비에 관한 기술자문 및 기술지도를 수행하는 직무이다.

검정방법	구술형 면접시험	시험시간	15~30분 내외

면접항목	주요항목	세부항목
철도신호전기설비의 계획과 설계, 시공, 감리, 및 그 밖에 철도신호보안 전기설비에 관한 전문지식/기술	1. 철도신호일반	1. 선로, 차량, 전기철도, 정보통신, 운전분야의 철도신호에 관한 이론 2. 신호설비 설계, 시공, 감리, 시험, 운영, 유지관리 – 철도신호제어설계 · 감리 – 철도신호제어시공 – 철도신호제어시설물유지보수 3. 전원장치, 이상전압, 접지 4. 철도 건널목에 관한 기술 5. 철도신호 관련 법령, 규칙, 규정, 기준 등
	2. 철도신호계획	1. 철도건설 및 철도경영합리화 방안 2. 철도운전 및 운영계획 – 선로용량 자료분석 및 산정 – 운전선도 데이터 조사 및 작성 – 표준운전시간 데이터 조사 및 책정 3. 열차운행 수송 및 안전계획 – 수송계획 수립 4. LCC(Life Cycle Cost) 분석 5. 공정관리 기술(PERT/CPM) 6. 토목, 궤도, 건축, 전기철도, 철도통신, 철도차량 분야 신호 관련 인터페이스 – 철도설계 시스템 인터페이스 7. 신호설비의 신설 및 개량
	3. 연동장치	1. 연동기준 및 연동논리 2. 연동도표 3. 양방향 제어기술 4. 기타 철도신호의 연동
	4. 열차제어 관련기술	1. ATS, ATC, ATO, ATP, CTC, TTC 시스템 2. CBTC 및 ERTMS 3. 열차추적, 진로설정 알고리즘 4. 폐색방식 및 기타 열차제어 기술 5. 열차검지 기술

면접항목	주요항목	세부항목
철도신호전기설비의 계획과 설계, 시공, 감리, 및 그 밖에 철도신호보안 전기설비에 관한 전문지식/기술	5. 철도관제	1. 관제시스템 계획 및 운영 2. 열차운행 정보수집, 감시 및 스케줄 관리 3. 열차운행선 지장작업 계획 및 관리 4. 관제설비 유지관리
	6. 안전성 관련 기술	1. 철도 RAMS 2. 위험도 분석 및 Fail Safe, Fault Tolerant 3. 시스템 안전성 향상 및 신뢰도 4. IEC, IEEE, CENELEC, UIC 규격 5. 철도 안전설비 기술
	7. 통신, 전자, 제어, 컴퓨터 관련 기술	1. 유무선 통신 시스템 및 네트워크 구축 2. 통신방식(프로토콜, 변 · 복조 등) 3. 암호화기술 등 해킹 방지 관련 기술 4. 통신, 전자, 제어, 컴퓨터 중 철도신호 관련 신기술 5. 신교통시스템 관련 기술
품위 및 자질	8. 기술사로서 품위 및 자질	1. 기술사가 갖추어야 할 주된 자질, 사명감, 인성 2. 기술사 자기개발과제

철도신호기술사 최근 기출문제

(1교시) 10점

☞ 다음 문제 중 10문제를 선택하여 설명하시오. (각 10점)

1교시 철도신호기술사 111회 (2017년)

1. 감리업무 수행 시 주요업무 및 세부내용에 대하여 설명하시오.
2. 전기선로전환기 선정 시 고려해야 될 사항을 5가지 이상 제시하시오.
3. ERTMS/ETCS 시스템의 구축효과에 대하여 설명하시오.
4. "철도시설의 기술기준" 제9조에서 정한 철도신호제어설비의 안전성 분석 및 안전대책 검증 시 고려사항을 제시하시오.
5. 철도건널목 경보장치의 제어방법(연속제어식, 점제어식)을 설명하시오.
6. 신호장비 간에 개방형 전송시스템(IEC 62280-2)을 사용하는 경우, 인터페이스의 전송 위협에 대한 방어 조치들을 나열하시오.
7. 트램(TRAM)의 우선신호(Signal Priority)에 대하여 설명하시오.
8. 경부고속철도 터널경보장치 완성품의 KRSA-4014-R0 규격에 의한 시험의 종류를 설명하시오.
9. 열차자동방호장치(ATP)의 발리스 설치위치 및 원칙에 대하여 설명하시오.
10. 도시철도 시설안전기준 중 신호 및 열차제어설비가 안전기본원칙에 적합하도록 설계, 제작 및 설치할 사항을 5가지 이상 제시하시오.
11. 신호시스템의 정보처리 방법 중 Static Buffer와 Dynamic Buffer 방식에 대하여 설명하시오.
12. 국내에 설치된 승강장안전문(PSD)의 동작 신호방식에 따른 분류 3가지에 대하여 설명하시오.
13. 전기철도에서 레일의 전기적 역할에 대하여 설명하시오.

1교시 철도신호기술사 112회 (2017년)

1. 철도통합무선망(Long Term Evolution-Railway)에 대하여 설명하시오.
2. 국제전기전자협회(IEEE)에서 정의된 CBTC 표준요구사항인 IEEE1474-1,2,3,4에 대하여 설명하시오.
3. 고속철도에서 사용중인 선로변 기능모듈(TFM : Track Function Module)에 대하여 설명하시오.
4. 건널목보안장치의 경보시간과 제어거리 산출방법을 설명하시오.
5. 컴퓨터를 활용한 정보의 송수신을 교환하는 "데이터 통신(Data Communication)"에 대하여 설명하시오.
6. 경부고속철도에 설치된 지진감시시스템의 경보발령 기준에 대하여 설명하시오.
7. ETCS에서 무선으로 전송되는 데이터를 암호화 및 복호화하는 안전전송유니트(Safety Transmission Unit)에 대하여 설명하시오.
8. 열차자동방호장치(ATP)에 사용되는 발리스(Balise)에 대하여 설명하시오.
9. 신호기와 전차선 절연구분장치의 설치위치에 대하여 설명하시오.
10. 궤도회로 사구간 보완회로에 대하여 설명하시오.
11. 무정전전원장치(UPS) 구성 및 특성을 설명하시오.
12. 철도신호제어설비의 결함 극복 방법에 대하여 설명하시오.

1교시 철도신호기술사 114회 (2018년)

1. 열차자동방호장치(ATP:Automatic Train Protection)의 발리스(Balise)와 선로변제어유니트(LEU:Lineside Electronic Unit) 간의 인터페이스에 대하여 설명하시오.
2. 안전 무결성 레벨(Safety Integrity Level)에서 고장률(FR: Failure Rate)과 허용가능위험률(THR: Tolerable Hazard Rate)에 대하여 각 레벨별로 설명하시오.

3. 사회간접자본(SOC) 사업 시 민간투자로 추진하는 방식에 대하여 설명하시오.
4. 정거장에서 안전측선을 설치하는 조건과 생략하는 조건에 대하여 설명하시오.
5. 한국철도표준규격인 "도시철도용 무선통신기반 열차제어시스템(KRS SG 0069-15)"에서 정의된 열차제어시스템의 특징에 대하여 설명하시오.
6. 전자연동장치의 정거장 규모에 의한 분류 및 주요 구성품에 대하여 설명하시오.
7. 철도통합무선망(LTE-R)의 주파수 대역, 데이터 전송지연시간 및 통화신뢰성에 대하여 설명하시오.
8. 「철도설계기준」에서 정의된 실시설계 시의 신호제어분야와 통신분야 상호간에 제공해야 할 인터페이스 사항에 대하여 설명하시오.

1교시 철도신호기술사 115회 (2018년)

1. 유도신호기의 설치기준 및 현시조건, 운전방법에 대하여 설명하시오.
2. 절대신호와 허용신호의 개념에 대하여 정의하고, 종류 및 특징을 설명하시오.
3. 철도설계기준에서 요구하는 신호제어설비의 일반조건에 대하여 설명하시오.
4. 선로용량을 정의하고, 신호측면에서 선로용량 증대방안을 설명하시오.
5. 표정속도의 정의 및 향상방법에 대하여 설명하시오.
6. 신호설비의 결함허용 시스템(Fault Tolerance System)에 대하여 설명하시오.
7. 운행선 인접공사의 안전사고를 예방하기 위한 안전설계 방안에 대하여 설명하시오.
8. 가치공학(VE)의 유형 및 가치추구 척도에 대하여 설명하시오.
9. 건축한계, 구축한계, 차량한계에 대하여 설명하시오.
10. 접지시설의 설치기준 및 보호대책에 대하여 설명하시오
11. AF궤도회로장치의 구성장치별 기능에 대하여 설명하시오.
12. 신호기 설치위치 결정방법에 대하여 설명하시오.
13. 전기철도 AT급전방식과 BT급전방식에서 선로 주변 통신선에 유도장해를 감소시키는 원리에 대하여 설명하시오.

1교시 철도신호기술사 117회 (2019년)

1. 경부고속철도에 설치된 유절연 궤도회로의 설치조건 및 장비구성에 대하여 설명하고, 구성도를 그리시오.
2. 열차자동방호장치(ATP)의 발리스(Balise) 텔레그램 입력 시 주의사항에 대하여 설명하시오.
3. 동일한 레일체결장치가 레일 좌우로 체결되어 있는 경우, 레일체결장치 1개의 전기저항(r)과 도상의 km당 누설저항값(R)과의 상관관계식을 도출하시오.
   (단, 1 km당 침목개수는 n으로 가정)
4. 경부고속철도에 설치된 BWG 분기기의 HDD(Holding Down Device)와 선로전환기와 의 관계에 대하여 설명하시오.
5. "철도교통관제 운영규정" 제2조(정의)에서 정한 운전정리의 정의 및 종류에 대하여 설명하시오.
6. "철도시설의 기술기준" 제99조에서 요구하는 철도신호제어 설비의 설치 시 고려사항을 설명하시오.
7. 철도 사업에 있어서 PM(Project Management)의 9가지 지식영역(Knowledge Area)에 대하여 설명하시오

1교시 철도신호기술사 118회 (2019년)

1. 캔트(Cant)에 대하여 설명하시오.
2. 고조파 경감 대책에 대하여 설명하시오.
3. 공정관리 기술 중 PERT(Program Evaluation and Review Technique)에 대하여 설명하시오.
4. 과주여유거리(Overlap)에 대하여 설명하시오.
5. 자동진로설정(Automatic Route Calling－연동장치의 연속진로설정)에 대하여 설명하시오.

6. 선로용량(Line Capacity)과 운전시격(Headway)에 대하여 설명하시오.
7. 고속철도 궤도회로(UM71)에서 사용된 방향계전기의 역할을 설명하시오.
8. In–fill Balise 설치가 필요할 경우, 설치 방안 3가지에 대하여 설명하시오.
9. 운행선 인접공사의 안전사고를 예방하기 위한 안전설계 방안에 대하여 설명하시오.

1교시 철도신호기술사 120회 (2020년)

1. 과주방지용 ATS(Automatic Train Stop)에 대하여 설명하시오.
2. 경부고속철도에 사용되는 불연속정보 전송장치의 구성도와 설치개소에 대하여 설명하시오.
3. 무선통신 열차제어시스템(RF–CBTC)의 장점과 단점을 설명하시오.
4. 관제실의 TTC(Total Traffic Control) 시스템에 대한 운전모드 3가지를 설명하시오.
5. 열차위치 검지방법 3가지를 설명하시오.
6. LTI(Linear Time Invariant) 시스템에 대하여 설명하시오.
7. 푸리에변환(Fourier Transform)과 푸리에역변환(Inverse Fourier Transform)에 대하여 설명하시오.
8. 엘리어싱(Aliasing)에 대하여 설명하시오.
9. 서미스터(Thermistor)의 종류와 특성에 대하여 설명하시오.
10. AF궤도회로에서 사전단락(Pre–shunt)과 사후단락(Post–shunt)의 발생 영향 및 대책에 대하여 설명하시오.
11. 철도신호에서 사용하는 안전측 동작 구성방식 6가지를 설명하시오.
12. 생애주기비용 LCC(Life Cycle Cost)의 구성항목 및 LCC와 VE(Value Engineering)의 차이점에 대하여 설명하시오.
13. 연동장치 연쇄(Chain Interlocking)의 종류 3가지를 설명하시오.

1교시 철도신호기술사 121회 (2020년)

1. 열차의 역간 운행 시 평균속도와 표정속도에 대하여 설명하고 계산식을 제시하시오.
2. 5현시 ATS 지상자의 최소 응동거리는 400 mm, 차상 BPM 보드의 주파수 검지시간은 9.6 ms 일 경우 직선부의 열차 최고속도를 산출하시오.
3. 노면전차 운전에서 속도제한에 대하여 설명하시오.
4. 열차집중제어장치(CTC)와 운전집중화장치에 대하여 각각 설명하시오.
5. 연동장치의 결선도를 작성할 때, 일반적인 작성원칙을 설명하시오.
6. 신호용 삽입형 무극선조계전기에 대하여 설명하시오.
7. 공용접지 방식의 장 · 단점을 설명하시오.
8. 신호기의 정위에 대하여 설명하시오.
9. 궤도회로의 점퍼선 설치 시 유의사항에 대하여 설명하시오.
10. 신뢰도 평가에서 사용하는 가속수명시험에 대하여 설명하시오.
11. 펄스 도플러 레이더 방식과 주파수 변조 연속파 도플러 레이더 방식을 각각 비교하여 설명하시오.
12. 철도통합무선망(LTE-R)의 활용방안 및 부가서비스에 대하여 설명하시오.
13. 증강현실(Augmented Reality)의 구현요소 및 철도활용 방안에 대하여 설명하시오.

1교시 철도신호기술사 123회 (2021년)

1. 도시철도의 열차제어 방법 중에서 열차자동재정렬(Auto Jog) 기능에 대하여 설명하시오.
2. 열차 자율주행의 목표와 특징에 대하여 설명하시오.
3. 고무 타이어를 사용하는 열차 운행구간의 가이드 휠 수축 검지기(Guidance Wheel Deflation Detector)에 대하여 설명하시오.

4. GTX(Great Train eXpress)에 대하여 설명하시오.
5. 연동도표 기본조건에 대하여 설명하시오.
6. 통신기반열차제어시스템(CBTC)의 특징 및 구성요소에 대하여 설명하시오.
7. 고속철도에서 사용하는 TVM430의 차상장치 구성에 대하여 설명하시오.
8. 열차의 무인운전 모드에서 자동출입문 제어의 안전설계 개념에 대하여 설명하시오.
9. 관제설비 중 열차운행관리시스템의 기능에 대하여 설명하시오.
10. RCM(Reliability Centered Maintenance)을 적용하여야 하는 필요성과 목적에 대하여 설명하시오.
11. 철도안전관리체계 기술기준에서 사이버테러 대응계획 및 보완대책에 대하여 설명하시오.
12. 열차 주행성능 시뮬레이션(TPS: Train Performance Simulation)에 입력되는 데이터에 대하여 설명하시오.
13. 철도통합무선통신망(LTE-R)에서 핸드오버(Hand Over)의 개념과 절차에 대하여 설명하시오.

1교시 철도신호기술사 124회 (2021년)

1. 연동장치의 설계조건에 대하여 설명하시오.
2. 궤도회로의 한류장치에 대하여 설명하시오.
3. 폐색신호기의 정위 및 확인거리에 대하여 설명하시오.
4. 철도 건설사업에서 기본방침 결정 후 설계시공 일괄입찰공사방식과 기타 공사방식의 건설사업시행 흐름도를 설명하시오.
5. 전기선로전환기의 시공방법에 대하여 설명하시오.
6. 관제설비시스템 중 운행관리용 컴퓨터의 기능에 대하여 설명하시오.
7. 무선통신을 기반으로 하는 열차제어시스템의 성능요구사항에 대하여 설명하시오.
8. 열차제어장치의 기능시험 중 Cold Start 및 Warm Start에 대하여 설명하시오.
9. KS C IEC 62267에 따른 AUGT의 열차운전 자동화 등급에 대하여 설명하시오.

10. "철도시설의 기술기준" 제57조에 따른 승강장 안전설비에 대하여 설명하시오.
11. 연산증폭기를 이용한 대역필터(Band-pass filter)에 대하여 설명하시오.
12. 전기신호를 광신호로 변환하는 광컨버터의 원리에 대하여 설명하시오.
13. 모노레일 시스템에서 차량고장 시 승객대피 방안에 대하여 설명하시오.

1교시 철도신호기술사 126회 (2022년)

1. 분기기 설치 시 본선 구간의 경우, 신축이음매가 있는 경우, 완화곡선이 있는 경우의 3가지에 대하여 각각 몇 m 이상 간격을 두고 분기기를 설치하여야 하는지 설명하시오.
2. 정거장에서 2 이상의 열차가 도착, 출발할 경우 상호 지장 우려가 있을 때는 동시에 진입 또는 진출시킬 수 없다. 예외의 경우에 대하여 설명하시오.
3. 지하철 구간에서 ATC(Automatic Train Control) 속도를 90 km/h 이상 허용할 수 있는 조건에 대하여 설명하시오.
4. 진로를 제어할 때 연동장치의 동작과정에서 진로조사를 하는 목적에 대하여 설명하시오.
5. 연동도표의 "쇄정"란에 표기된 [21단 4A]에 대하여 설명하시오.
6. IEC 62425에서 정의하고 있는 신호 시스템의 안전도 향상을 위한 SIL 4(Safety Integrity Level 4)의 GP(Generic Products), GA(Generic Applications), SA(Specific Applications)에 대하여 설명하시오.
7. 자동열차보호장치(ATP: Automatic Train Protection)의 발리스(Balise)와 선로변제어 유니트(LEU: Lineside Electronic Unit) 장치 간의 인터페이스 A, C, P, S에 대하여 설명하시오.
8. ERTMS/ETCS(European Railway Traffic Management System/European Train Control System) Level 1, 2, 3의 기본개념 및 특징에 대하여 설명하시오.
9. 무인운행을 위한 관제시스템 중 자동열차감시장치(ATS : Automatic Train Supervision)에서 차상신호장치를 이용하여 무인으로 열차를 기동(Awake) 및 정지(Sleep)시키는 방법에 대하여 설명하시오.

10. "철도시설의 기술기준"에서 정한 철도신호제어설비의 안전성 분석 수행 절차와 고려 사항에 대하여 설명하시오.
11. 철도통합무선통신망(LTE-R)에서 EMS(Element Management System), EMS-R(Element Management System-Radio), EMS-C(Element Management System-Core), EPC(Evolved Packet Core)의 용어를 설명하시오.
12. 좀비 사물인터넷(Zombie IoT)에 대하여 설명하시오.
13. 철도통신 시스템의 전송설비 설계 시 전송망 구성을 위한 고려사항을 설명하시오.

1교시 철도신호기술사 127회 (2022년)

1. 낙뢰, 또는 서지 등 이상전압으로부터 전자식건널목제어장치를 보호하기 위한 기기 보호용 보안기, 노이즈필터의 설치위치를 설명하시오.
2. 고속철도 UM71 AF궤도회로장치에 사용되는 보상용 콘덴서의 설치목적, 효과, 설치기준을 설명하시오.
3. 고속선로를 운행하는 열차 또는 차량은 ATC 기능을 확보하고 차내 신호현시 조건에 따라 운전한다. 다만, 관제사의 승인을 받아 ATC에 의하지 않고 운전하는 경우를 설명하시오.
4. 고속선로 350km/h 운행환경에서 요구하는 철도통합무선망(LTE-R: Long Term Evolution - Railway)의 열차제어데이터 전송지연의 정의, 서비스 성능목표를 한국정보통신기술협회(TTA) 표준에 의거하여 설명하시오.
5. 전자연동장치를 선정 할 때 각 역 연동도표의 진로 수에 따른 선정기준을 설명하시오.
6. 고밀도 파장분할다중화(DWDM: Dense Wavelength Division Multiplexing) 통신 시스템에 대하여 설명하시오
7. 다중 서비스 지원 플랫폼(MSPP: Multi-Service Provisioning Platform) 통신방식에 대하여 설명하시오.
8. 이중계 회로에서 두 채널에 동시 고장을 발생시키는 공통원인고장(CCF: Common Cause Failure)을 방지하기 위한 방법을 설명하시오.

9. 네트워크 QoS(Quality of Service)의 우선순위에 대하여 설명하시오.
10. ATS, ATC, CBTC 시스템의 운전패턴도와 신호방식, 특징을 설명하시오.
11. 최고속도 130 km/h인 여객열차의 제동거리를 산출하시오. (단, 감속도 β=1.25 m/s^2, 공주시간 t=4 sec, 여유거리=50 m, 속도조사오차=2 km/h)
12. 열차운행선 지장작업을 시행함에 있어 안전시공을 위한 안전관리조치 사항 중 사전에 점검해야 할 내용을 설명하시오.
13. 열차운행 선로지장작업 업무세칙 중 교통관제센터장의 관제승인 사항에 대하여 설명하시오.

1교시 철도신호기술사 129회 (2023년)

1. 신호제어설비의 구성을 위한 일반 조건에 대하여 설명하시오.
2. 철도시설관리자가 시행하는 성능평가 실시계획에 포함되어야 할 사항에 대하여 설명하시오.
3. 「철도노선간 연계운행을 위한 철도시설 기술기준」 제18조(국토교통부고시 제2019-118호)에서 규정하고 있는 열차제어시스템의 기술요건에 대하여 설명하시오.
4. 일반 및 고속철도용 열차제어시스템(KTCS: Korean Train Control System)의 일반기능 중 기존 열차제어시스템과의 호환성에 대하여 설명하시오.
5. MJ81형 선로전환기의 내구성 시험에 대하여 설명하시오.
6. 무선통신기반 열차제어시스템(CBTC: Communication Based Train Control)의 개념도를 그리고 기본구성에 대하여 설명하시오.
7. 「한국철도표준규격 KRS SG 0069-15(도시철도용 무선통신기반 열차제어시스템)」의 자동열차운전장치 기능에서 정의된 열차 기상(Awake)/휴면(Sleep), 인칭(Inching) 제어에 대하여 설명하시오.
8. 「철도교통관제 운영규정」(국토교통부고시 제2017-603호)에서 정의하는 관제설비와 관제업무에 대하여 설명하시오.
9. 철도교통관제설비에서 열차집중제어장치(CTC: Centralized Traffic Control)의 시스템 기능과 운전모드를 설명하시오.

10. 철도시스템의 통신망 네트워크 구축 시 사용하는 주전송 선로의 전송망 구성 방식 4가지를 상호 비교하여 설명하시오.
11. RF−CBTC 시스템에서 통신 Time−Out 원인 및 방지대책에 대하여 설명하시오.
12. 철도 RAMS(Reliability, Availability, Maintainability, Safety)에 대하여 설명하고, IEC 62278에서 언급하고 있는 RAMS 수행업무 절차에 대하여 설명하시오.
13. 국내에서 사용 중인 고무차륜과 철제차륜 경전철(AGT: Automated Guideway Transit)의 특징 및 장 · 단점에 대하여 설명하시오.

1교시 철도신호기술사 130회 (2023년)

1. 노면전차 건설 및 운전 등에 관한 규칙(국토교통부령 제1201호, 2023.3.31.)에서 정하는 신호기 설치 기준 및 노면전차 신호기에 대하여 설명하시오.
2. 선로변 금속물 등에 의해 발리스장치에서 발생 될 수 있는 혼선(Cross−Talk)의 원인 및 방지대책에 대하여 설명하시오.
3. 승강장안전문(PSD) 등에 사용되는 CAN(Controller Area Network) 통신의 특징 및 계층구성에 대하여 설명하시오.
4. NS형 선로전환기에서 전동기 기동력(기동토크) 발생을 위해 사용되는 콘덴서의 이상 유무 판단법에 대하여 설명하시오.
5. 슬랙(Slack)의 개념과 산출식에 대하여 설명하시오.
6. 연동장치 쇄정조건의 중요한 요소인 궤도회로 단락저항 및 단락감도에 대하여 설명하시오.
7. 최근 급증하는 철도사고 재발방지를 하고자 국토교통부에서 수립한 '철도안전 강화대책' 4가지에 대하여 설명하시오.
   1. 철도현장에서 기본수칙을 반드시 준수하도록 조기 정착
   2. 안전을 최우선하는 조직관리 시스템으로 탈바꿈
   3. 첨단 유지보수 체계 구축
   4. 관제 및 시설유지보수 등 국가 철도안전 기능의 정상화

8. 열차 편성을 위해 입환(차량정리) 업무의 안전한 작업환경을 개선할 목적으로 도입 중인 '무선 차량정리 시스템'에 대하여 설명하시오.

9. 철도신호제어설비 설치공사 중 공사 진척도가 계획대비 일정 수준이상 지연되는 경우 감리원이 시행해야 하는 업무에 대하여 설명하시오.

10. 궤도회로 연장 100[m] 구간에서, 레일간 전압이 5[V]이고, 누설전류가 0.1[A]일 때 궤도회로의 누설 임피던스를 구하시오.

11. KTCS-2 열차제어시스템에서 사용되는 지상-차상 발리스의 기능 및 전송하는 텔레 그램의 종류에 대하여 설명하시오.

12. 정거장 구내에서 진로를 확보하고 열차를 안전하게 운행하기 위한 기본 요구조건에 대하여 설명하시오.

13. 열차제어시스템에 대한 안전성 활동 과정에서 위험원 분석 및 평가시 고려하여야 할 중대위험요소에 대하여 설명하시오.

철도신호기술사 최근 기출문제 (2~4교시) 25점

☞ 다음 문제 중 4문제를 선택하여 설명하시오. (각 25점)

2교시 철도신호기술사 111회 (2017년)

1. 선로용량과 밀접한 관련이 있는 4가지 변수에 대하여 설명하시오.
2. 고속철도구간의 폐색분할에 대한 검증 시행 항목인 인체공학적인 조건 및 안전제약 조건에 대하여 설명하시오.
3. 철도안전법 시행규칙 제76조의3(관제업무종사자의 준수사항)에 규정되어 있는 운전업무종사자, 여객승무원 등에게 제공하여야 할 정보 및 철도사고 등 발생 시의 조치사항에 대하여 설명하시오.
4. RF-CBTC 열차제어시스템의 흐름도를 그리고 설명하시오.
5. 신호시스템의 안전성을 확보하기 위해 시행하는 Hazard Analysis 중, PHA, SHA, SSHA 및 O&SHA의 분석 목적에 대하여 설명하시오.
6. 트램(TRAM) 신호시스템의 제어기능에 대하여 설명하시오.

3교시 철도신호기술사 111회 (2017년)

1. 한 노선의 신호시스템 개량시 계획수립에 필요한 요구조건 등 검토사항을 설명하시오.
2. ATO(유인운전)를 계획하고 있는 관제실에 구비하여야할 기능 및 설비구성을 설명하시오.

3. 차상과 지상의 Balise 기본 기능에 대하여 설명하고, 지상 Balise의 동작순서를 그림으로 나타내시오.
4. Distance To Go 시스템에서 안전구간 및 위험지점을 설명하시오.
5. 경부고속철도 UM71 궤도회로장치의 기능 및 설비구성을 설명하시오.
6. CBTC 또는 ERTMS 시스템에서 적용하는 MRSP(Most Restrictive Speed Profile) 생성 시 고려사항에 대하여 설명하고, 고려사항을 기반으로 MRSP를 생성하시오.

4교시 철도신호기술사 111회 (2017년)

1. 건축한계의 기본개념 및 곡선구간의 건축한계 적용을 설명하시오.
2. 기존선과 연결되는 고속신선의 신호설비를 신규로 설치한 후, 시행하는 시설물검증시험에 있어서 신호시험의 종류 및 내용을 설명하시오.
3. 레이저 레이더(Light Detection And Ranging, LIDAR)의 기본구성 및 동작원리를 설명하시오.
4. Axle Counter의 기능 및 장단점을 설명하시오.
5. 설계 VE(Value Engineering) 수행시, 설계자가 제시하여야 할 자료 및 검토자가 수행하는 업무절차를 설명하시오.
6. 고속철도에 설치되어 있는 지장물검지장치를 설명하시오.

2교시 철도신호기술사 112회 (2017년)

1. 열차 안전운행을 보조하는 기상검지장치의 종류와 설치위치, 단계별 운행제한에 대하여 설명하시오.
2. 열차제어시스템의 궁극적인 목표와 Fail-Safe 원칙에 대하여 설명하시오.
3. 전기선로전환기(NS형)의 구성 및 동작원리에 대하여 설명하시오.
4. 전자연동장치의 구성 및 기능을 설명하시오.

5. 유럽열차제어시스템(European Train Control System)의 레벨 1, 2, 3에 대하여 설명하시오.
6. 고장모드 및 영향분석(Failure Mode and Effect Analysis)에 대하여 설명하시오.

3교시 철도신호기술사 112회 (2017년)

1. 근거리무선통신방식인 RFID(Radio-Frequency IDentification) 기술에 대하여 설명하시오.
2. 국제규격 "IEC 62267 : AUGT 안전요구사항"인 자동화등급에 대하여 설명하시오.
3. 고속철도 UM-71 궤도회로장치의 구성 및 특성에 대하여 설명하시오.
4. 열차자동방호장치(ATP) 구성 및 기능을 설명하시오.
5. 철도건설 및 개량시 설계와 시공을 위한 신호분야 조사업무(현지답사)에 대하여 설명하시오.
6. 열차 안전운행을 위한 신호시스템의 시인성 확보와 비상대응을 위한 운전설비 기능 강화 대책을 설명하시오.

4교시 철도신호기술사 112회 (2017년)

1. 열차집중제어장치(CTC)의 주요 구성 및 기능을 설명하시오.
2. 운전시격 단축방안을 설명하시오.
3. 철도신호시스템에 적용하는 RAMS에 대하여 설명하시오.
4. 선로용량(Track Capacity)에 대하여 설명하시오.
5. 해킹 등 외부로부터 내부망 접속 및 정보유출을 막기 위한 방화벽(Fire-Wall) 구성 방법 중 패킷필터링 방식에 대하여 설명하시오.
6. EMI(Electromagnetic Interference)/EMC(Electromagnetic Compatibility) 문제해결 방안에 대하여 설명하시오.

2교시 철도신호기술사 114회 (2018년)

1. 광역 · 도시철도 급행화의 필요성 및 기존 인프라를 활용한 급행화 기술에 대하여 설명하시오.
2. 무선통신기반 열차제어에 사용되는 무선통신의 보안위협 요소들을 설명하고, 이를 기반으로 위험도 분석을 하시오.
3. 전자연동장치의 부정출력 차단에 대하여 설명하시오.
4. 통신기반 열차제어(CBTC)시스템의 지상장치에서 차상장치로 전송하는 정보 및 차상장치에서 지상장치로 전송하는 정보에 대하여 설명하시오.
5. 고무차륜형식 및 철제차륜형식 자동안내궤도차량(Automated Guideway Transit)의 특징 및 장 · 단점에 대하여 설명하시오.
6. RAMS의 개요 및 IEC 62278에서 정의된 RAMS 관련 수행업무에 대하여 설명하시오.

3교시 철도신호기술사 114회 (2018년)

1. 경부고속철도에 설치된 안전스위치의 구성 및 설치기준에 대하여 설명하시오.
2. 일반 · 고속철도용 한국형 무선기반 열차제어시스템(KRTCS)을 기존 운영노선 혹은 신규 노선에 적용하기 위한 전제조건에 대하여 설명하시오.
3. 철도노선을 새로 건설하거나 기존노선을 개량하고, 영업운행전에 시행하는 종합시험 운행의 절차 및 안전관리책임자의 역할에 대하여 설명하시오.
4. 전기철도 구간에서 구분장치를 설치하는 목적과 전기적 구분장치를 설치하는 위치에 대하여 설명하시오.
5. 「철도차량 기술기준 KRTS-VE-Part81-2014(R1)」에서 정의된 차상 신호보안장치의 검사기준에 대하여 설명하시오.
6. 철도신호제어시스템의 간격제어장치 및 진로제어장치에 대하여 설명하시오.

4교시 철도신호기술사 114회 (2018년)

1. RF-CBTC(Radio Frequency Communication Based Train Control) 시스템으로 운영되는 노선에 RF-CBTC 차상신호장치를 장착하지 않은 차량이 진입할 경우에도 안전성을 보장하며 운영할 수 있는 지상신호장치 보완방안에 대하여 설명하시오.
2. 고속철도 지진감시장치 중에서 지진가속도계측기 설비의 구성과 지진발생 시의 운전 취급 방법에 대하여 설명하시오.
3. 열차자동운전장치(ATO)의 개요와 구성요소인 열차정보송수신장치(TWC)의 기능에 대하여 설명하시오.
4. 고전압임펄스궤도회로장치의 구성도를 도시하고, 구성품 중에서 임피던스본드의 구조 및 특성에 대하여 설명하시오.
5. 열차집중제어장치(CTC:Centralized Traffic Control)의 구축효과와 주요기능에 대하여 설명하시오.
6. 열차 양방향운행의 개념을 설명하고, 단방향운행을 하고 있는 ETCS 레벨 1 구간에서 A역과 B역간에 양방향운행을 위한 개량범위에 대하여 설명하시오.

2교시 철도신호기술사 115회 (2018년)

1. ATS(Automatic Train Stop)장치 운용 구간에 ATP(Automatic Train Protection)장치를 추가하여 구축, 운용하는 경우 장점과 단점을 설명하시오.
2. 차상선로전환기의 구성 및 취급방법에 대하여 설명하시오.
3. 철도신호제어설비를 신설하여 사용개시 후 발생할 수 있는 고장에 대하여 설명하시오.
4. 선로전환기를 동작방식에 따라 구분하여 설명하시오.
5. 신호기장치의 시설기준에 대하여 설명하시오.
6. 궤도회로장치의 원리 및 구성방법에 대하여 설명하시오.

3교시 철도신호기술사 115회 (2018년)

1. 광역철도 구간에서 급행 및 완행열차의 혼용운행 시 고려사항에 대하여 설명하시오.
2. 운전시격을 단축하기 위한 방법에 대하여 설명하시오.
3. 열차제동거리에 대하여 설명하시오.
4. ATO(Automatic Train Operation)장치의 효과와 운전모드에 대하여 설명하시오.
5. 모노레일의 특징과 장점 및 단점에 대하여 설명하시오.
6. 자기부상열차의 특징 및 원리에 대하여 설명하시오.

4교시 철도신호기술사 115회 (2018년)

1. 고속철도 전자연동장치(IXL) SSI 큐비클의 구성기기에 대하여 설명하시오.
2. 고속철도 ATC장치에서 궤도회로 및 케이블 루프를 통하여 차상으로 전송되는 정보에 대하여 설명하시오.
3. 고속철도 구간에 설치된 차축온도검지장치의 구성과 설치기준 및 열차운행 제한방법에 대하여 설명하시오.
4. 고속철도의 안전설비 중 유지보수자의 안전을 위한 열차접근확인장치에 대하여 설명 하시오.
5. 교류전철화 구간에서 발생하는 유도장해의 유형과 대책에 대하여 설명하시오.
6. 열차제어시스템의 종류에 대하여 설명하시오.

2교시 철도신호기술사 117회 (2019년)

1. 철도 건설에 있어서 CM(Construction Management)의 정의, 개념, 구성체계 및 업무내용에 대하여 설명하시오.

2. 철도교통관제 설비의 안전성 및 효율성 향상을 위한 기술발전방향에 대하여 설명하시오.
3. KTX-산천의 귀선전류 고조파가 일반선 TI-21형 AF궤도회로에 미치는 영향을 분석하고 대책을 설명하시오.
4. 호남고속철도 콘크리트 궤도의 전기적 특성을 구하기 위한 3가지 측정방법을 설명하시오.
5. SIL 4(Safety Integrity Level 4) GA(Generic Application)인증을 받은 차상 및 지상 열차자동방호장치(ATP)에 대하여 SA(Specific Application) 인증을 받기 위하여 독립안전성평가자에게 설계, 제작 및 설치, 본선시험 및 시운전 단계별로 제출하여야 하는 소프트웨어 목록을 IEC 62279 기반으로 설명하시오.
6. 철도차량에 적용되는 차상설비인 신호장치, 열차무선장치, 방송/표시기장치, 열차운행정보 전송장치에 대한 설계적합성 또는 형식동등성을 시험으로 입증하는 경우, 지상설비와의 연계동작시험 방법에 대하여 설명하시오.

3교시 철도신호기술사 117회 (2019년)

1. 공용(공통)접지방식의 설계기준과 신호분야 접지시공 방안 및 시공상의 유의점을 설명하시오.
2. 철도신호설비의 보호기기인 서지방지기의 종류와 각 장치별 설치장소에 대하여 설명하시오.
3. 전자연동장치 연동논리부의 연동처리 성능에 대하여 설명하시오.
4. CBTC 또는 ERTMS 시스템에서 언급되는 MRSP(Most Restrictive Speed Profile) 생성 시 고려사항에 대하여 설명하고, 고려사항을 기반으로 MRSP를 생성하시오.
5. "스마트(SMART) 철도안전관리체계 구축 기본계획(2018~2027), 국토교통부"에서 제시된 운행관리분야 및 시설관리분야의 주요내용을 설명하시오.
6. 암호화의 정의와 대칭키(key) 암호화 방식들과 비대칭키(key) 암호화 방식들에 대하여 설명하시오.

4교시 철도신호기술사 117회 (2019년)

1. 신호제어설비의 설치 시 고려하여야 할 방진 및 공해대책과 환경오염 대책을 설명하시오.
2. 철도 건설에 있어서 수송계획에 대하여 설명하시오.
3. 무인운전(Manless Operation)시스템에서 차상 ATP의 동적 프로파일 생성 및 프로파일의 종류 5가지에 대하여 설명하시오.
4. 신호분야 건설 및 개량 후 시행하는 연동검사의 시행절차 및 내용에 대하여 설명하시오.
5. 네트워크 보안방법 중 방화벽, 침입탐지 시스템, 침입방지 시스템, VPN(Virtual Private Network)에 대하여 설명하시오.
6. 다음 그림과 같이 A역에서 B역으로 반대선 운전(하행⇒상선) 시 입환신호기(52L)의 진행 현시조건을 순서대로 설명하시오.

2교시 철도신호기술사 118회 (2019년)

1. 열차의 제동거리에 대하여 설명하시오.
2. 생애주기비용(Life Cycle Cost)에 대하여 설명하시오.
3. 운행선 인접공사 차단작업 시행절차에 대하여 설명하시오.
4. 네트워크 규모에 따른 종류 및 장단점을 설명하시오.
5. KRS SG 0069-15(도시철도용 무선통신기반 열차제어시스템)에서 설명하는 열차운전모드 8가지에 대하여 설명하시오
6. IEC 62425의 인증 중 일반적용(General Application)과 상세적용(Specification Application) 인증에 대하여 설명하시오.

3교시 철도신호기술사 118회 (2019년)

1. 표정속도의 정의와 표정속도 향상 방안에 대하여 설명하시오.
2. 철도신호 설계시 준비, 시행, 준공 단계별 인터페이스 관리업무에 대하여 설명하시오.
3. 연동도표 기재사항을 설명하시오.
4. 한국형 열차제어시스템(KTCS-2) 도입으로 기대되는 효과를 설명하시오.
5. 5세대 이동통신의 개요 및 각 세대(1G~5G)별 특징에 대하여 설명하시오.
6. 노후화된 도시철도 열차제어시스템을 영업운영 중단 없이 신규 열차제어시스템으로 안전하게 개량하기 위한 방안 2가지에 대하여 설명하시오.

4교시 철도신호기술사 118회 (2019년)

1. 철도신호설비의 접지 설치기준에 대하여 설명하시오.
2. 철도신호용 계전기의 종류 및 장단점에 대하여 설명하시오.
3. ERTMS/ETCS Level 1에서 적용되고 있는 Balise 유형별 용도와 전기적 사양인 Interface A1, A4, C1, C6에 대하여 설명하시오.
4. 국토교통부에서 추진 중인 LTE급 철도통신시스템 구축계획에 대하여 설명하시오.
5. RAMS의 수명주기 단계를 나열하고 단계별 목적을 설명하시오.
6. 모노레일 종류별 특성과 장단점에 대하여 설명하시오.

2교시 철도신호기술사 120회 (2020년)

1. 열차제어 방식 중 지상신호 방식과 차상신호 방식의 성능 비교 및 신호현시에 따른 속도 패턴을 설명하시오.

2. ATC(Automatic Train Control) 장치와 ATP(Automatic Train Protection) 장치의 장 · 단점을 비교하고, 차상신호 방식의 필요성을 설명하시오.
3. RAMS의 요소 중 신뢰성(Reliability), 가용성(Availability), 유지 보수성(Maintainability), 안전성(Safety)에 대하여 설명하시오.
4. THR(Tolerable Hazard Rate)과 SIL(Safety Integrity Level)의 관계를 설명하시오.
5. 철도종합시험운행 시행지침(국토교통부고시 제2018-634호, 2018.10.24)에 의한 신호시설물에 대한 시험항목, 세부시험항목 및 내용에 대하여 일반철도와 고속철도를 구분하여 설명하시오.
6. 도시철도차량에 설치되는 신호보안장치의 성능시험 항목과 목적에 대하여 13가지를 설명하시오.

3교시 철도신호기술사 120회 (2020년)

1. 경부고속철도의 안전설비 9가지를 설명하시오.
2. 열차 운행 관리시스템의 기본 구성도를 그리고 주요 기능을 설명하시오.
3. IEC 62278의 설비 수명주기를 순서대로 나열하고 각 단계의 수행사항을 설명하시오.
4. 5세대 이동통신 5G(IMT-2020)와 LTE(Long Term Evolution)를 비교하여 설명하시오.
5. 철도차량 기술기준(KRTS-VE-Part 53-2018(R1))에서 언급하고 있는 차량시스템과 신호장치(차상, 지상)의 인터페이스에 대하여 설명하시오.
6. 전자연동장치의 집중형과 분산형에 대한 기능 및 특징을 설명하시오.

4교시 철도신호기술사 120회 (2020년)

1. 열차집중제어장치(CTC)의 효과와 CTC 관제실의 기술 발전 방향에 대하여 설명하시오.
2. 경부고속철도에서 사용하고 있는 열차제어시스템(TVM-430)에 대하여 지상설비와 차상설비로 구분하여 설명하시오.
3. 레일간의 누설컨덕턴스의 개념과 수분에 대한 영향을 설명하시오.
4. 단상 및 3상 전원의 반파, 전파 정류회로에 대하여 설명하시오.
5. 선로용량을 증대시키기 위한 방안을 신호, 선로, 차량, 정거장 분야별로 구분하여 설명하시오.
6. 전자연동장치의 안전측 동작처리 절차, 부정출력발생 시 차단조건과 차단회로의 동작에 대하여 설명하시오.

2교시 철도신호기술사 121회 (2020년)

1. 신호설비 설치 시 건축한계에 대하여 설명하시오.
2. 철도신호용 계전기의 개리력(복원력)에 대하여 설명하시오.
3. OSI 보안 구조 권고안 X.800에서 정의된 보안공격(Security attack) 중에서 적극적 공격(Active attack)에 대하여 설명하시오.
4. 고속철도에 설치된 폐색구간 안전스위치(CPT) 및 기초보호구역 안전스위치(TZEP)의 구성 및 설치기준에 대하여 설명하시오.
5. 한국형 열차제어시스템(KTCS-2)의 지상장치 구성 및 기능에 대하여 설명하시오.
6. 철도교통관제에서 관제업무 독립성을 확보하기 위한 방안과 선로배분 지침의 업무 프로세스에 대하여 설명하시오.

3교시 철도신호기술사 121회 (2020년)

1. 경부고속철도에 설치된 TFM-PM의 구조를 그리고, 출력감시(Output Monitoring)에 대하여 안전측면에서 설명하시오.
2. 네트워크 저장장치의 대표적인 종류인 DAS(Direct Attached Storage), NAS(Network Attached Storage) 및 SAN(Storage Area Network)에 대하여 개념과 특징을 설명하시오.
3. 서지(Surge)의 유입경로 및 방지대책을 설명하시오.
4. 대지 누설전류와 레일전위에 대하여 설명하시오.
5. 철도교통관제센터 업무의 무(無) 중단 운영을 위한 방안을 제시하시오.
6. 열차자동방호장치(ATP) 구간의 발리스 설치기준에 대하여 설명하시오.

4교시 철도신호기술사 121회 (2020년)

1. 네트워크 설비 L2, L3, L4 및 L7 스위치에 대하여 설명하시오.
2. 신뢰성 모델에 대하여 입출력 블록도를 그리고 설명하시오.
3. 트램(TRAM) 교통의 우선신호(Signal Priority) 방식과 이에 대한 시스템 구성을 설명 하시오.
4. 열차위치 검지 방법으로 광케이블을 이용한 분산형 음향 검지시스템에 대하여 설명하시오.
5. 전차선 구간에서 고전압 임펄스 궤도회로의 전류 불평형의 원인과 불평형률을 구하시오.
6. 완행 및 급행열차의 혼용 운행 시 고려사항에 대하여 설명하시오.

2교시 철도신호기술사 123회 (2021년)

1. 직류 전철 구간에서 전식방지와 배류기 설치에 대하여 설명하시오.
2. 신뢰성 향상을 위해 신호시스템 설계단계에서 수행할 결함허용(Fault Tolerance) 방식검토에 대하여 설명하시오.
3. 철도신호의 열차제어시스템 종류에 대하여 설명하시오.
4. KTCS(Korean Train Control System)시스템 구성 및 인터페이스에 대하여 설명하시오.
5. 클라우드 기반 하드웨어 보안 모듈(Cloud-based Hardware Security Module)에 대하여 설명하시오.
6. 철도안전관리체계의 정의와 승인검사 업무 절차에 대하여 설명하시오.

3교시 철도신호기술사 123회 (2021년)

1. 경량전철의 노선 형태 중 셔틀(Shuttle) 방식과 루프(Loop) 방식에 대하여 설명하시오.
2. 철도신호시스템 연동검사 시행 전 사전 검토사항으로 궤도회로의 단락 감도에 대하여 설명하시오.
3. 국토교통부에서 추진 중인 LTE급 철도통신시스템 구축계획에 대하여 설명하시오.
4. 자동진로제어장치(PRC : Programmed Route Control)의 진로제어 기능과 구조에 대하여 설명하시오.
5. 문자지향 프로토콜(Character-Oriented Protocols), 비트지향 프로토콜(Bit-Oriented Protocols), 바이트지향 프로토콜(Byte-Oriented Protocols)에 대하여 설명하시오.
6. IoT 무선기술 중 와이선(Wi-SUN) 기술에 대하여 설명하시오.

4교시 철도신호기술사 123회 (2021년)

1. 차상선로전환장치의 설치 및 조작방법에 대하여 설명하시오.
2. 전자연동장치 기능에 대하여 설명하시오.
3. 무인운전시스템[UTO(GOA4) : Unattended Train Operation]에서 ATP, ATO, ATS의 주요 기능 및 특징에 대하여 설명하시오.
4. ERTMS/ETCS ATP장치의 차상설비 구성요소에 대하여 설명하시오.
5. Fail-safe, Fail-Proof, Fail-Soft의 정의와 적용사례에 대하여 설명하시오.
6. 한국형 열차제어시스템 KTCS-2(Korean Train Control System-2)에서 사용하고 있는 무선폐색센터(RBC : Radio Block Center)에 대하여 설명하시오.

2교시 철도신호기술사 124회 (2021년)

1. 직류 전철 구간에서 전식방지와 배류기 설치에 대하여 설명하시오.
2. 신뢰성 향상을 위해 신호시스템 설계단계에서 수행할 결함허용(Fault Tolerance) 방식 검토에 대하여 설명하시오.
3. 철도신호의 열차제어시스템 종류에 대하여 설명하시오.
4. KTCS(Korean Train Control System)시스템 구성 및 인터페이스에 대하여 설명하시오.
5. 클라우드 기반 하드웨어 보안 모듈(Cloud-based Hardware Security Module)에 대하여 설명하시오.
6. 철도안전관리체계의 정의와 승인검사 업무 절차에 대하여 설명하시오.

3교시 철도신호기술사 124회 (2021년)

1. 경량전철의 노선 형태 중 셔틀(Shuttle) 방식과 루프(Loop) 방식에 대하여 설명하시오.
2. 철도신호시스템 연동검사 시행 전 사전 검토사항으로 궤도회로의 단락 감도에 대하여 설명하시오.
3. 국토교통부에서 추진 중인 LTE급 철도통신시스템 구축계획에 대하여 설명하시오.
4. 자동진로제어장치(PRC : Programmed Route Control)의 진로제어 기능과 구조에 대하여 설명하시오.
5. 문자지향 프로토콜(Character-Oriented Protocols), 비트지향 프로토콜(Bit-Oriented Protocols), 바이트지향 프로토콜(Byte-Oriented Protocols)에 대하여 설명하시오.
6. IoT 무선기술 중 와이선(Wi-SUN) 기술에 대하여 설명하시오

4교시 철도신호기술사 124회 (2021년)

1. 차상선로전환장치의 설치 및 조작방법에 대하여 설명하시오.
2. 전자연동장치 기능에 대하여 설명하시오.
3. 무인운전시스템[UTO(GOA4) : Unattended Train Operation]에서 ATP, ATO, ATS의 주요 기능 및 특징에 대하여 설명하시오.
4. ERTMS/ETCS ATP장치의 차상설비 구성요소에 대하여 설명하시오.
5. Fail-safe, Fail-Proof, Fail-Soft의 정의와 적용사례에 대하여 설명하시오.
6. 한국형 열차제어시스템 KTCS-2(Korean Train Control System-2)에서 사용하고 있는 무선폐색센터(RBC : Radio Block Center)에 대하여 설명하시오.

2교시 철도신호기술사 126회 (2022년)

1. 운전선도(Run Curve)에 대하여 설명하고, 운전선도 작성 시 필요한 자료, 운전선도의 활용 기준 및 종류에 대하여 설명하시오.
2. TPS(Train Performance Simulation: 열차성능 모의시험)에 대하여 설명하시오.
3. 무인운행을 위한 관제시스템의 자동열차감시장치(ATS: Automatic Train Supervision)의 시스템 운영모드 3가지 및 운영방법에 대하여 설명하시오.
4. CBTC(Communication Based Train Control) 무선 방식을 사용하는 고무차륜 AGT(Automated Guideway Transit)에서 열차 위치 검지 방법에 대하여 설명하시오.
5. CBTC(Communication Based Train Control)로 운영하는 선로와 ATC(Automatic Train Control)로 운영하는 선로간 열차 상호운행을 위한 차상신호장치 설계 및 안전확보방안에 대하여 설명하시오.
6. 한국형 열차제어시스템(KTCS-2: Korean Train Control System-2)에서 사용하고 있는 폐색정보전송유니트(BITU: Block Information Transmission Unit)에 대하여 설명하시오.

3교시 철도신호기술사 126회 (2022년)

1. 무인운전 시스템에서 차상 ATO(Automatic Train Operation) 장치의 미주 및 과주에 대한 인칭제어 기능과 시퀀스(Sequence)에 대하여 설명하시오.
2. 선로용량의 정의, 결정조건, 조사방법, 변경요인을 설명하고, 선로용량이 부족할 경우 나타나는 현상에 대하여 설명하시오.
3. AF-900 series 궤도회로와 "S, "I", "O" 케이블 본드에 대하여 설명하시오.
4. 열차의 안전한 운행을 감시하고 제어하기 위한 온라인(스케쥴) 및 오프라인 열차운행 계획 방법에 대하여 설명하시오.

5. 시스템 결함허용 기법의 종류에 대하여 설명하시오.
6. 무인운전 시스템에서 관제설비가 갖추어야 할 주요 기능에 대하여 설명하시오.

4교시 철도신호기술사 126회 (2022년)

1. 다음 그림을 보고 트램(Tram)교통 운영시스템에서 트램신호 진로설정제어를 할 수 있는 방법 4가지를 우선순위 별로 설명하시오.

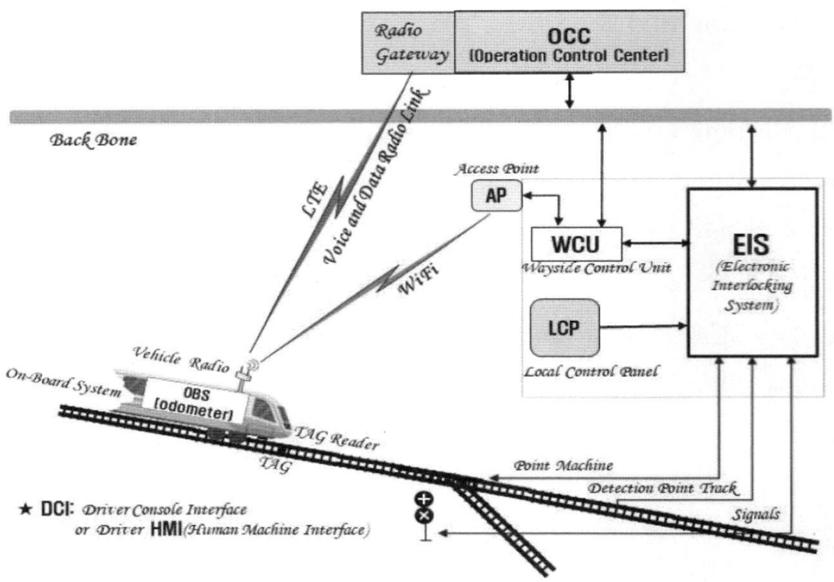

2. 철도신호 시스템의 이중계 개념에서 Cold-Standby System, Hot-Standby System, Warm-Standby System, 2 out of 2 System, 2 out of 3 System에 대하여 설명하시오.
3. 무선을 이용한 무인운전시스템에서 차상 ATP(Automatic Train Protection)의 동적 프로파일 생성 원리 및 생성되는 프로파일의 종류 5가지에 대하여 설명하시오.
4. 무인운전 철도의 열차제어용 통신에서 산업용, 과학용, 의학용 공용밴드를 사용하는 WiFi 통신에 있어서 주파수 간섭으로 인한 타임아웃 발생 시 열차의 비상정차 장애가 발생되고 있는 바, 이에 대한 대책에 대하여 설명하시오.

5. CBTC(Communication Based Train Control)로 운영 중인 노선과 ETCS (European Train Control System) Level-2로 건설되는 노선간 혼용 운영 방안에 대하여 설명하시오.
6. 네트워크 암호화(Encryption)에 있어서 비밀키(대칭키, Symmetric) 암호화 방식과 공개키(비대칭키, Asymmetric) 암호화 방식을 비교 설명하시오.

2교시 철도신호기술사 127회 (2022년)

1. 철도의 건설 및 철도시설 유지관리에 관한 법령에 따라 철도시설관리자가 시행하는 철도신호시설의 정밀진단 실시시기, 결과보고 내용 및 대상설비에 대하여 설명하시오.
2. 고속철도 양방향운행을 위한 UM71 AF궤도회로장치의 정보전송 방향제어방식, 방향계전기, 거리조정기에 대하여 설명하시오.
3. 한국형 열차제어시스템 KTCS-2 지상장치의 규격 요구사항 중 일반사항에 대하여 설명하시오.
4. 도시철도의 종합관제 기계실설비의 기술성능요구사항 중 열차운행제어컴퓨터(TCC)서버의 요구사항에 대하여 설명하시오.
5. 신호시스템을 신설하고 안전승인을 받기 전에 시행하여야 할 안전평가에 대하여 IEC62425(EN50129) 권고사항을 기준으로 설명하시오.
6. ERTMS/ETCS 임무 신뢰성 목표에서 정량적 요건인 품질 요구사항과 각각의 고장에 대하여 설명하시오.

3교시 철도신호기술사 127회 (2022년)

1. 고속선로 노스가동형 분기기에 사용되는 밀착쇄정장치의 개요, 기능 및 구성에 대하여 설명하시오.
2. 신호설비 개량을 위한 실시설계용역 발주에서 준공까지 단계별 시행절차, 현장조사 내용을 설명하시오.

3. 도시철도용 자동화 운전기술(GoA: Grade of Automation)에 대하여 설명하시오.
4. 철도통합무선망(LTE-R: Long Term Evolution - Railway)에서 열차제어서비스의 가용성과 신뢰성을 보장하기 위한 핸드오버(Hand-Over), 주파수대역 및 전송방식을설명하시오.
5. KTCS Level 2에 사용되는 KMC 키 계층과 암호화/암호해독 절차를 도식화 하여 설명하시오.
6. 철도적용-전송시스템(IEC 62280-1)에서의 안전필수 통신인 표준 프로토콜(네트워크 정보전송방식: KRS SG0063-17R)의 프레임을 도식화하고 특징을 설명하시오.

4교시 철도신호기술사 127회 (2022년)

1. 전자연동장치(SSI: Soild State Interlocking)와 선로변기능모듈(TFM: Trackside Functional Module)의 구성도를 설명하고 MPM(Multi-Processor Module), PPM(Pannel-Processor Module), PM(Point Module), UM(Universal Module) 각각의 기능을 설명하시오.
2. 연동도표 작성 시 궤도회로의 분할방법, 명칭부여에 대하여 설명하시오.
3. 고속선로에서 차량과 작업자 안전을 위해 설치된 안전설비의 종류와 기능에 대하여 설명하시오.
4. TI21 궤도회로에 적용된 Fail Safe에 대하여 설명하시오.
5. 이동폐색의 위험도를 위험별로 제시하고 발생 가능한 원인을 열거하여 설명하시오.
6. 크로스 토크 (cross-talk)에 대한 정의 및 발리스의 크로스 토크 보호 방법에 대하여 Subset-036을 기준으로 설명하시오.

2교시 철도신호기술사 129회 (2023년)

1. 도시철도용 무선통신기반 열차제어시스템의 지상설비와 차상설비간 연계 동작시험의 종류 및 목적에 대하여 설명하시오.

2. 「LTE(Long Term Evolution) 기반 철도통신시스템 성능시험 규격」에서 정의한 열차제어 데이터전송 지연시간의 정의, 시험환경, 시험절차, 성능기준에 대하여 설명하시오.
3. 자동열차제어장치(ATC: Automatic Train Control)의 역할을 정의하고 제어방식에 따른 분류에 대하여 설명하시오.
4. 도시철도 운행시스템에서 외란에 의한 열차운행 지연 발생 시 열차 간격을 제어하는 방법에 대하여 설명하시오.
5. 신호제어장치간 통신을 위한 디지털 변조방식인 ASK(Amplitude Shift Keying), FSK(Frequency Shift Keying), PSK(Phase Shift Keying)에 대한 정의 및 특징에 대하여 설명하시오.
6. 철도신호 시스템 설계 시 적용하는 안전측 동작회로 구성방식 6가지에 대하여 설명하시오.

3교시 철도신호기술사 129회 (2023년)

1. 철도시설을 건설 또는 개량하고 철도운영자 등이 시행하는 시설물검증시험의 정의와 시설물검증시험계획 수립 방법에 대하여 설명하시오.
2. 신호제어설비 선정 시 중점적으로 고려할 사항 중 안전성과 신뢰성, 가용성과 유지보수성, 호환성과 확장성에 대하여 설명하시오.
3. IEC 62290-1에 따른 도시철도 열차제어시스템에 대한 자동화 등급(GoA: Grade of Automation)에 대하여 설명하시오.
4. 「한국철도표준규격 KRS SG 0069-15(도시철도용 무선통신기반 열차제어시스템)」에서 정의된 열차제어시스템의 안전설계 원칙에 대하여 설명하시오.
5. 철도용 네트워크 보안방법 중에서 방화벽, 침입방지 시스템, VPN(Virtual Private Network)에 대하여 설명하시오.
6. 무인운전 신호시스템에서 차상 ATP(Automatic Train Protection)의 동적 속도 프로파일 생성 방법 및 생성되는 프로파일의 종류에 대하여 설명하시오.

4교시 철도신호기술사 129회 (2023년)

1. 「한국철도표준규격 KRS SG 0070-22(일반 및 고속철도용 열차제어시스템(KTCS))」의 지상장치 구성품별 주요기능에 대하여 설명하시오.
2. 전철 구간에서 발생되는 고조파에 대하여 발생원 측, 계통 측, 피해 기기 측으로 구분하고 이에 대한 경감 대책에 대하여 설명하시오.
3. 「한국철도표준규격 KRS SG 0062-18(R)(철도신호시스템 간 인터페이스를 위한 점대점 정보전송방식(Point to Point Protocol))」의 메시지 프레임 구조에 대하여 설명하시오.
4. 무선통신기반 열차제어시스템(CBTC: Communication Based Train Control)을 통한 무인운전구간에서 열차와 지상간 통신기능 불능으로 열차 위치정보 상실 시 운행 복구를 위한 대처방안에 대하여 설명하시오.
5. 철도신호장치의 안전측 동작 개념인 Fail Safe, Fail Proof, Fail Soft의 개념 및 적용 사례에 대하여 설명하시오.
6. IEC 61375-3-4의 열차제어 네트워크의 ECN(Ethernet Consist Network)에 대하여 설명하시오.

2교시 철도신호기술사 130회 (2023년)

1. ERTMS/ETCS Level-2 시스템의 일반조건 및 장치별 기능에 대하여 설명하시오.
2. 무인운전(UTO) 방식을 도입함에 따라 필요한 철도교통관제시스템의 열차 및 역·현장 설비 제어 기능에 대하여 설명하시오.
3. 철도신호제어설비를 포함한 철도시설물에 대해 실시하고 있는 정밀진단과 성능평가의 개요와 성능평가에서 시행하는 3가지 평가기준에 관하여 설명하시오.
4. 열차의 안전운행의 중요한 기능을 담당하는 철도신호제어시스템의 설계원칙에 관하여 설명하시오.
5. 철도신호제어설비의 고장률 곡선(Bathtube-Curve)을 도시하고, 설명하시오.

6. 철도신호케이블의 절연저항 측정방법 및 대상, 케이블 접속 및 단말처리 방법에 대하여 설명하시오.

3교시 철도신호기술사 130회 (2023년)

1. 철도에서 LTE-R 시스템의 전파환경 개선방법에 대하여 설명하시오.
2. 도시철도 ATO 시스템에서 TWC를 이용한 전동차 출입문 및 승강장안전문(PSD) 제어 방식에 대하여 설명하시오.
3. 열차 제동거리의 개요 및 공주거리, 실제동거리와의 관계를 계산식으로 설명하시오.
4. 전철화 구간의 임펄스궤도회로 경계구간에 설치하는 임피던스 본드의 원리, 자기포화 원인과 대책에 관하여 설명하시오.
5. 철도시설의 기술기준에서 정하는 철도시설의 안전성 분석 관련하여 다음 사항을 설명하시오.
   1) 안전성 분석대상
   2) 안전성 분석 수행절차
   3) 철도신호제어설비의 안전성 분석 및 안전대책 검증 시 고려사항
6. 철도신호제어설비는 상용전원 정전 시에도 지상신호설비는 1시간 이상, 신호관제실에는 3시간 이상 축전지 또는 예비전원을 공급하여 전원공급이 되어야 한다. 축전지 용량 산출 방법 및 전원실(축전지실 포함) 설치 조건에 대하여 설명하시오.

4교시 철도신호기술사 130회 (2023년)

1. RF-CBTC 시스템에서의 Time-Out 현상의 원인 및 대응조치에 대하여 설명하시오.
2. 시스템 엔지니어링 활동 중에서 형상관리에 대하여 설명하시오.

3. 도시철도 구간에 적용되는 철도신호제어시스템의 특성 및 시스템 설계 시 운영측면의 검토사항에 대하여 설명하시오.

4. 도심의 환경문제 및 교통난 해소 목적으로 트램(Tram)을 도입 및 준비 중에 있다. 트램의 장점 및 단점과 분기기 제어기술에 관하여 설명하시오.

5. 철도신호제어설비 접지 관련하여 다음 사항을 설명하시오.
   1) 접지대상 신호제어설비
   2) 공통접지 · 통합접지의 특징 비교
   3) 접지저항 저감대책

6. 축전지 설페이션 및 메모리 현상에 대하여 설명하시오.

References

참고문헌

1. KR S 04030 궤도회로 종류
2. KR S SG 0031-09R 고전압 임펄스궤도회로장치
3. KR S-02020 신호기(201231,+Rev11)
4. KR S-02010 신호방식(191216,+Rev7)
5. KR S-06010 연동장치 일반사항(200803, Rev.7)
6. KR S-06020 연동장치 종류(121205, Rev4)
7. KR S-06030 연동도표 작성기준(201231, Rev11)
8. KR S-03010 선로전환기 종류 및 기능(121205,+Rev4)
9. KR S-05010 폐색 일반사항(150630, Rev6)
10. KR S-09010 신호전원설비(170726,_Rev9)
11. KR E-01050 전기방식(141226, Rev4)
12. UM 71C AF 궤도회로 Korail AF 궤도회로 설명서
13. TI 21 AF 궤도회로 Audio Frequency Track Circuit Style TI21-Bombardier
14. Standard for Signalling Design and Documentation Comparison Of Constructional Aspects Of Different Railway
15. Handbook on Installation & Maintenance of Electric Point Machine
16. ETCS 및 ATO를 통한 운전시격 최적화
17. 고속철도에서의 운전시격 향상
18. 무선통신기반 열차제어시스템에서의 운전시격 계산과 간격제어 성능개선을 위한 열차간격제어 알고리즘
19. 철도차량기술 서일본여객철도㈜ 차량부 차량설계실
20. 서해선 설계보고서 국가철도공단
21. 경춘선 설계보고서 국가철도공단
22. 신분당선 설계보고서 Rotem
23. Railway signaling Operation and Control Jörn Pachll

24. Commission regulation (EU) 2016/919, of 27 May 2016, on the Technical Specification for Interoperability relating to the 'Control-Command and Signalling' subsystems of the rail system in the European Union
25. ERTMS long term perspective version 1.5, 18/12/15
26. Memorandum of Understanding between Network Rail and ProRail signed on 2/2/2016
27. Shift2Rail Multi-annual Action Plan, Rev 3, November 2015.
28. NGTC-WP5-D-DIM-064-01_-_D5.1_Moving_Block_Principles_Draft_15
29. General Principles ERTMS Level 3 with Virtual SubSectioning, ProRail, 27-08-2015
30. ERA_ERTMS_040026 Introduction to ETCS Braking Curves
31. ETCS Implementation Handbook
32. NCS 내선공사.09+전식방지설비공사
33. IEEE std 142 2007 Grounding of Industrial and Commercial Power Systems
34. KS C IEC 61643-21 저전압 서지보호장치 제21부
35. KS C IEC 62305-3, 4 구조물 물리적 손상과 인명 위험, 구조물 내부의 전기전자시스템
36. 전기설비기술기준. 2018
37. Suggestions for Grounding a Computer Room. 2009 NETA WORLD. Jeff Jowett Megger
37. "직류전기철도에서의 누설전류에 의한 전식방지에 대한 연구" 2006.
38. "직류 도시철도에서 누설전류로 인한 전식방지에 관한 연구", 2011.
39. Understanding electromagnetic compliance tests in digital isolators-Texas Instruments
40. Anant S Kamath and Kannan Soundarapandian, High-voltage reinforced isolation: Definitions and test methodologies, White Paper (slyy063), Texas Instruments, November 2014
41. https://techweb.rohm.co.kr/knowledge/emc/s-emc/01-s-emc/6899
42. https://industrial.panasonic.com/kr/design-support/lecture/noise-filters
43. https://slpower.com/App-slpower/images/whitepapers/SLPower_CommonModeNoise Article.pdf
44. https://techweb.rohm.co.kr/knowledge/thermal-design/s-thermal-design/01-s-thermal-design/9617
45. EMI/EMC 대책_기본-www.kiet.co.kr
46. https://www.kenexis.com/wp-content/uploads/2018/11/Comparison-of-2oo3-voting-and-2oo2-voting.pdf

47. https://www.ia.pw.edu.pl/~tkruk/edu/rso.b/lecture/pre/rso07_pre.pdf
48. http://wiki.hash.kr/index.php/%EB%B9%84%EC%9E%94%ED%8B%B4_%EC%9E%A5%EC%95%A0_%ED%97%88%EC%9A%A9
49. Basic Track Structure – Point & Crossing
50. ERTMS/ETCS SUBSET 2.3.0~3.6.0 SIGNALING ITEMS
51. http://wiki.hash.kr/index.php/%EB%B9%84%EC%9E%94%ED%8B%B4_%EC%9E%A5%EC%95%A0_%ED%97%88%EC%9A%A9
52. https://en.wikipedia.org/wiki/Systems_development_life_cycle
53. https://limblecmms.com/blog/mttr-mtbf-mttf-guide-to-failure-metrics/
54. RAMS Requirements Specification-ERTMS-ETCS-UIC
55. Wikipedia, https://en.wikipedia.org/wiki/Fault_tree_analysis
56. Reliability assessments of railway signaling systems: A comparison and evaluation of approaches-Lichao Tang
57. KSC IEC 61508 전기/전자/프로그램 가능한 전자장치 안전관련 시스템의 기능 안전성
58. Model based system engineering for safety of railway critical systems-Pengfei Sun
59. Safety and availability evaluation of railway operation based on the state of signalling systems
60. The Safety Technology of Railway Signalling: Its Most Distinctive Features and Its Wider Application-IRSE
61. Safety and availability evaluation of railway operation based on the state of signalling systems
62. Fail-Safety Requirement for Railway Signalling Equipment-G Pavan Kumar, IRSSE, Director(Signal), RDSO On of Fail-Safe Design Concepts
63. https://www.cse.psu.edu/~gxc27/teach/513-14/ch4.pdf
64. https://en.wikipedia.org/wiki/Fail-safe
65. A Study on Byzantine Fault Tolerance Methods in Distributed Networks-Byzantine Fault Tolerance, from Theory to Reality
66. Life-Cycle Phases of EN 50126-1 / EN 50128
67. Formal Methods (Taxonomy and Survey), Proposed Methods and Applications-X2Tail
68. RAMS analysis of railway track infrastructure-Mestrado Integrado em Engenharia Civil
69. 철도신호 한봉석외 2인, 동일출판사 2017.6
70. A Study on Reliability Demonstration for Railway Signaling Equipment-신덕호
71. Railway capacity analysis KTH – Anders Lindfeldt

72. 지역간철도 선로용량 관리를 위한 지표개발 연구-한국교통연구원
73. Traffic Capacity Assessment of the Selected Track Section on the Slovak Railways Network after the Implementation of ETCS L3 Based on Signaling Principle
74. https://smartcity.org.tw/b2b/upload/ecatalog/supplier_pdf_en_831_737.pdf
75. Guideline for Design of Tram Infrastructures-국토교통부 2020.08
76. https://www.mottmac.com/download/file?id=42124&isPreview=True Tram-train principles and guidance
77. Tramway-Principles-Guidance-Final-2.pdf(UK)
78. 철도신호공학 박재영외2인, 동일출판사 2016.3
79. 철도신호해설 이만필 도서출판 세화 2015. 5
80. 신호제어시스템, 김영태, 테크미디어 2006
81. 철도공학, 이종득, 노해출판사, 2017.2
82. Railway Timetable & Traffic Eurail Press
83. European Rail Traffic Management System Eurail Press

저자 약력 profile

저　자 | 서 석 철 (徐石喆)

학력 － 서울과학기술대 철도전문대학원

자격 － 철도신호기술사. 공학박사

경력 － 철도청/서울메트로
서울특별시도시철도공사 기술연구소장
㈜대림산업 기술고문
현 ㈜경인기술 전무이사

위원참여 － 서울특별시 설계기술 심의위원
인천/광주/대구광역시 기술자문위원
한국철도공사 기술자문위원
한국철도시설공단 기술자문위원
한국건설기술평가원 미래철도기술위원
한국교통안전공단 철도기술전문위원

철도신호시스템공학

발　　행 / 2024년 1월 30일

저　　자 / 서 석 철

펴 낸 이 / 정 창 희

펴 낸 곳 / 동일출판사

주　　소 / 서울시 강서구 곰달래로31길7 (2층)

전　　화 / (02) 2608-8250

팩　　스 / (02) 2608-8265

등록번호 / 109-90-92166

ISBN 978-89-381-1618-5 13560

값 / 65,000원